本书受厦门大学『中央高校基本科研业务费』资助

刘淼 吴春明 主编

厦门大学海洋考古学研究中心 编

海洋遗产与考古

第三辑

Maritime Cultural Heritage and
Archaeology in Seas Surrounding China

（III）

厦门大学出版社
XIAMEN UNIVERSITY PRESS
国家一级出版社
全国百佳图书出版单位

图书在版编目（CIP）数据

海洋遗产与考古. 第三辑 / 厦门大学海洋考古学研
究中心编 ；刘淼，吴春明主编. -- 厦门 ：厦门大学出
版社，2024. 12. -- ISBN 978-7-5615-9442-1

Ⅰ. P7-05 ；K87

中国国家版本馆 CIP 数据核字第 2024A7V263 号

责任编辑　林　灿

美术编辑　李夏凌

技术编辑　朱　楷

出版发行　

社　　址　厦门市软件园二期望海路 39 号

邮政编码　361008

总　　机　0592-2181111　0592-2181406(传真)

营销中心　0592-2184458　0592-2181365

网　　址　http://www.xmupress.com

邮　　箱　xmup@xmupress.com

印　　刷　厦门集大印刷有限公司

开本　　889 mm×1 194 mm　1/16

印张　　43.25

插页　　2

字数　　1225 千字

版次　　2024 年 12 月第 1 版

印次　　2024 年 12 月第 1 次印刷

定价　　240.00 元

厦门大学出版社
微信二维码

厦门大学出版社
微博二维码

目　录

A 卷　东亚航海起源与史前海洋文化

前　言 ⋯⋯⋯⋯⋯⋯⋯⋯⋯⋯⋯⋯⋯⋯⋯⋯⋯⋯⋯ ［美］巴利·罗莱 / 3
导　论 ⋯⋯⋯⋯⋯⋯⋯⋯⋯⋯⋯⋯⋯⋯ 吴春明　［美］巴利·罗莱 / 5

上编：东亚沿海新石器至早期铁器时代的海洋文化传播

A1　环中国海"海上丝绸之路"传统格局的史前基础 ⋯⋯⋯⋯⋯ 吴春明 / 12
A2　新石器时代农耕文化传入中南半岛的沿海通道 ⋯⋯ ［新西兰］查尔斯·海格姆 / 34
A3　孢粉记录揭示华南晚全新世土地覆被及农业发展历史 ⋯⋯⋯ 马　婷　郑　卓 / 44
A4　环中国海沿岸先秦时期贝丘遗址生业形态分析 ⋯⋯⋯⋯⋯⋯ 赵　荦 / 50
A5　广东沿海新石器时代文化所见海洋开发过程浅析 ⋯⋯⋯⋯⋯ 李　岩 / 59
A6　北部湾沿海的史前海洋经济和适应性文化 ⋯⋯⋯⋯⋯⋯⋯ 李　珍 / 78
A7　越南东北沿海新石器时代晚期至青铜时代早期文化 ⋯⋯⋯ ［越］阮金容 / 86
A8　不爱远航的稻农：中国沿海早期生业经济传统与海洋取向 ⋯⋯ 秦　岭　［英］傅稻镰 / 100

下编：东亚陆、岛间史前文化的跨海传播与航海起源

A9　"南岛语族"早期海洋文化交流的社会互惠动力分析 ⋯⋯⋯ ［美］巴利·罗莱 / 126
A10　从亮岛人遗存看台湾海峡全新世早期的海洋族群 ⋯⋯⋯⋯ 陈仲玉 / 134
A11　从海岸到海岸：3500 年以前栽培谷物跨越台湾海峡传播的初步分析
⋯⋯⋯⋯⋯⋯⋯⋯⋯⋯⋯⋯⋯⋯⋯⋯⋯⋯ ［澳］图卡·凯科南 / 141
A12　从几何形印纹陶看台湾海峡两岸的早期文化交流 ⋯⋯⋯⋯ 付　琳 / 153
A13　台湾发现的距今 5000—4200 年的树皮布石拍及相关文化 ⋯⋯⋯ 郭素秋 / 164
A14　华南、东南亚双肩石拍与史前航海考察
⋯⋯⋯⋯⋯⋯ 邓学文　［越］阮金容　邓学思　廖一璞　邓　聪 / 180
A15　菲律宾群岛间的史前移民与文化变迁 ⋯⋯⋯⋯⋯⋯⋯ ［菲］尤比奥·迪松 / 198
A16　日本琉球群岛的史前航海：文化与环境的考察 ⋯⋯⋯⋯⋯ ［日］木下尚子 / 214

B卷　亚太地区早期航路:海洋考古学的视野

前　言 …………………………………………………………………………………………………… [美]傅罗文 / 231

导　论 …………………………………………………………………………………………………… 吴春明 / 234

B1　欧风东渐前东亚海域的古代沉船与区域海洋贸易网络的发展 ………………………………… 吴春明 / 239

B2　15世纪东南亚船舶与航海的海洋考古研究 ………………………………… [菲]波比·C.奥里朗达 / 257

B3　肉桂、瓷器与丝绸:探寻世界经济一体化过程中的"马尼拉帆船"贸易轨迹

　　……………………………………………………………………………………… [美]卢塞尔·斯科诺内克 / 279

B4　从麦哲伦到乌担尼塔:西班牙的早期太平洋探险与"马尼拉帆船"贸易的建立

　　……………………………………………………… [英]布莱恩·法希　[英]维罗妮卡·沃克·瓦迪箩 / 293

B5　菲律宾"圣迭戈"号(1600)马尼拉帆船沉址水下考古 ………………………… [菲]尤比奥·迪松 / 306

B6　16世纪马尼拉帆船的航海技术史考察 ………………………………… [墨]罗伯特·詹可·桑切斯 / 314

B7　美洲西海岸16世纪马尼拉帆船船货与克拉克瓷器编年研究

　　…………………………………………………………………………… [美]爱德华·冯·德·伯顿 / 323

B8　美国俄勒冈州马尼拉帆船——"蜂蜡"沉船调查 …………………… [美]斯科特·S.威廉姆斯 / 351

B9　美国俄勒冈州"蜂蜡"沉船瓷器分析 …………………………………………… [美]杰西卡·拉莉 / 369

B10　从16—17世纪东亚沉船看东西方间的早期海洋文化交流 ………………………………… 刘　淼 / 390

B11　16—17世纪西班牙、葡萄牙海洋文化传播华南沿海的民族考古提纲 ………………………… 吴春明 / 399

B12　从印尼爪哇万丹城堡出土的17至19世纪早期中、欧陶瓷看全球化初期的物质文化

　　[美]上党薰　[印尼]松尼·C.维比索诺　[印尼]楠克·哈康提宁斯　[新加坡]林陈先 / 411

B13　浙江宁波象山小白礁一号沉船遗址 …………………………………………………………… 邓启江 / 425

C卷　马尼拉帆船港市考古与早期海洋全球化

导　论 ………………………………… 吴春明　[墨]罗伯特·詹可·桑切斯　刘　淼 / 443

上编:月港启航——作为"马尼拉帆船"主要中转港的月港考古

C1　驶向美洲:马尼拉帆船船货主要输出地的月港史迹初探 ……………………………………… 吴春明 / 452

C2　明清时期漳州湾港市输出外销瓷窑口与内涵的变迁 …………………………………………… 刘　淼 / 469

C3　广东"南澳I号"沉船考古发现与初步认识 …………………………………………………… 周春水 / 485

C4　月港—马尼拉航路对中华文化史的贡献 ………………………………………………………… 吴春明 / 497

中编：马尼拉集散——澳门、台湾、长崎、马尼拉等地的"马尼拉帆船"考古遗存

C5　马尼拉大帆船贸易陶瓷的分析 ·· 王冠宇 / 512

C6　福建与日本肥前陶瓷：菲律宾考古发现的 17 世纪"马尼拉帆船"贸易遗存
　　··· ［菲］妮达·奎瓦斯 / 530

C7　菲律宾沿海"马尼拉帆船"沉址的考古调查
　　······························· ［菲］塞尔顿·雅贡　［菲］波比·奥里朗达 / 541

C8　台湾与澳门出土的克拉克瓷及其相关 17 世纪国际陶瓷贸易 ·············· 卢泰康 / 555

C9　日本长崎发现的大帆船贸易陶瓷 ·· ［日］宫田悦子 / 571

C10　日本千叶海岸马尼拉帆船"旧金山"号（1609）沉址的考古调查 ········· ［日］木村淳 / 582

下编：驶向阿卡普尔科——美国与墨西哥海岸发现的"马尼拉帆船"遗存

C11　关岛乌玛塔克城市发展史：马尼拉—阿卡普尔科贸易航路的遗产记忆
　　··· ［美］约瑟夫·奎纳塔 / 592

C12　墨西哥下加利福尼亚巴哈（Baja）1570 年代后期大帆船沉址所见国际贸易因素
　　··· ［美］爱德华·冯·德·伯顿 / 597

C13　墨西哥考古发现的中国古代陶瓷
　　················· ［墨］帕特丽夏·帆尼尔　［墨］罗伯特·詹可·桑切斯 / 620

C14　墨西哥圣布拉斯港发现的中国贸易陶瓷
　　········· ［墨］罗伯特·詹可·桑切斯　［墨］喀达洛普·平松　［日］宫田悦子 / 639

C15　中国古代瓷器对墨西哥陶瓷业的影响研究
　　················· ［美］卡利梅·加斯蒂洛　［墨］帕特丽夏·帆尼尔 / 648

编后记 / 662

彩　版 / 665

Contents

Volume A:
Prehistoric Maritime Cultures and Seafaring of East Asia

Foreword .... Barry Rolett / 3

Introduction .... Chunming Wu, Barry Rolett / 5

Section I: Neolithic and Metal Age Maritime Cultures of the Coast of South China and Southeast Asia

1, A Synthetic Analysis of the Neolithic Origin of Eastern and Southeast Asia's
Maritime Silk Road .... Chunming Wu / 12

2, A Maritime Route Brought the First Farmers to Mainland Southeast Asia
.... Charles Higham / 34

3, Pollen Evidence for Human-Induced Land Cover Change Reveals the History of
Agriculture Development in Southeastern China .... Ting Ma, Zhuo Zheng / 44

4, The Subsistence Patterns Associated with Shell Middens from the
Pre-Qin Period in Coastal Region of China .... Luo Zhao / 50

5, A Preliminary Analysis of the Development of Prehistoric Maritime Culture in
Coast of Guangdong .... Yan Li / 59

6, The Early Maritime Subsistence and Adaptive Ocean Cultures
along the Beibu Gulf Coast .... Zhen Li / 78

7, The Late Neolithic-Early Bronze Age of Northern Coastal Vietnam
.... Kim Dung Nguyen / 86

8, Why Rice Farmers Don't Sail: Coastal Subsistence Traditions and
Maritime Trends in Early China .... Ling Qin, Dorian Fuller / 100

Section II: Prehistoric Seafaring and Exchange: From Coastal Waters to the Open Sea

9. Social Reciprocity Facilitated Overseas Exchange in Early Austronesian Cultures
··· Barry Rolett / 126

10. Perspective on the Early Holocene Maritime Ethnic Groups of Taiwan
Strait Based on of the "Liangdao Man" Skeletons ················· Chung-yu Chen / 134

11. Coast to Coast: The Spread of Cereal Cultivation in the Taiwan Strait
Region before 3500 BP ································· Tuukka Kaikkonen / 141

12. A Study of Geometric Stamped Pattern Pottery and the Early Maritime
Cultural Interaction between Mainland China and Taiwan ················· Lin Fu / 153

13. Tapa Beaters that Existed 4000 to 5000 BP in Taiwan ·············· Su-chiu Kuo / 164

14. Barkcloth Beaters as an Evidence of Seafaring in Prehistoric Southeast Asia
··· Maya Hayashi Tang, Kim Dung Nguyen,
Mana Hayashi Tang, Yipu Liao, Chung Tang / 180

15. Prehistoric Migration and Cultural Change in the Philippine Archipelago
··· Eusebio Z. Dizon / 198

16. Prehistoric Ryūkyūan Seafaring: An Environmental and Cultural Perspective
··· Kinoshita Naoko / 214

Volume B:

Early Navigation in the Asia-Pacific Region:
A Maritime Archaeological Perspective

Foreword ·· Rowan Flad / 231

Introduction ·· Chunming Wu / 234

1. A Summary on Shipwrecks of the Pre-Contact Period and the Development
of Regional Maritime Trade Networks in East Asia ················· Chunming Wu / 239

2. Of Ships and Shipping: The Maritime Archaeology of 15th Century CE
Southeast Asia ··· Bobby C. Orillaneda / 257

3. Cinnamon, Ceramics, and Silks: Tracking the Manila Galleon Trade
in the Creation of the World Economy ··················· Russell K. Skowronek / 279

4. From Magellan to Urdaneta: The Early Spanish Exploration of the Pacific
and the Establishment of the Manila Acapulco Galleon Trade
··· Brian Fahy, Veronica Walker Vadillo / 293

5，Underwater Archaeology of the *San Diego* a 1600 Spanish Galleon

in the Philippines ·· Eusebio Z. Dizon / 306

6，On a Manila Galleons of the 16th Century：A Nautical Perspective

··· Roberto Junco Sanchez / 314

7，Sixteenth-Century Manila Galleon Cargos on the American West Coast and

A Kraak Plate Chronology ···················· Edward Von der Porten / 323

8，The Beeswax Wreck，A Manila Galleon in Oregon，USA ············ Scott S. Williams / 351

9，Analysis of the Beeswax Shipwreck Porcelain Collection，Oregon，USA ····· Jessica Lally / 369

10，Early Maritime Cultural Interaction between East and West：A Preliminary Study on the

Shipwrecks of 16th-17th Century Investigated in East Asia ················ Miao Liu / 390

11，Portuguese and Spanish in Southeast China during the 16th -17th Century：

A Perspective of Maritime Ethno-Archaeology ·················· Chunming Wu / 399

12，Consumption of Chinese and European Ceramics at the Sultanate of Banten，Java，

Indonesia from the Seventeenth and Early Nineteenth Centuries：

Material Culture of Early Globalism

··········· Kaoru Ueda，Sonny C. Wibisono，Naniek Harkantiningsih，Chen Sian Lim / 411

13，The Investigation and Excavation of Xiaobaijiao No.I Shipwreck Site in Ningbo in

Eastern Sea of China ································· Qijiang Deng / 425

Volume C：
Archaeology of Manila Galleon Seaports and Early
Maritime Globalization

Introduction ·················· Chunming Wu，Roberto Junco Sanchez，Miao Liu / 443

Section I：Yuegang Outbound：The Archaeology of Yuegang as the Key Transit Terminal for Manila Galleon

1，Bound for America：A Historical and Archaeological Investigation in Yuegang

(Crescent) Seaport as the Main Origin of Galleon Cargo ·············· Chunming Wu / 452

2，The Cultural Change of Kilns and Contents of Export Ceramics on the Perspective of Development

of Zhangzhou Seaports during the Ming and Qing Dynasties ·············· Miao Liu / 469

3，The Investigation and Preliminary Analysis of Nan'ao No.I Shipwreck in Guangdong

·································· Chunshui Zhou / 485

4，A Historical Review on the Social-Cultural Impact of Yuegang-Manila Navigation
on the Ancient Chinese Civilization ·················· Chunming Wu / 497

Section II: Manila Entrepotting: Discovery of Galleon Trade Heritage at Manila, Macao, Keelung and Nagasaki

5，An Analysis on the Chinese Porcelain in the Manila Galleon Trades ··· Guanyu Wang / 512

6，Fujian and Hizen Ware: A 17th Century Evidence of the Manila Galleon Trade Found
from Selected Archaeological Sites in the Philippines ·················· Nida T. Cuevas / 530

7，Archaeological Researches on the Manila Galleon Wrecks in the Philippines
················· Sheldon Clyde B. Jago-on, Bobby C. Orillaneda / 541

8，The Kraak Porcelains Discovered from Taiwan and Macao, and Their Relationship
with the Manila Galleon Trade ·················· Taikang Lu / 555

9，Ceramics from Nagasaki: A Link to Manila Galleon Trade ············· Etsuko Miyata / 571

10，Searching for the *San Francisco* (1609), A Manila Galleon
Sunk off the Japanese Coast ·················· Jun Kimura / 582

Section III: Bound for Acapulco: The Archaeology of the Pacific and America as the Galleon Navigation Record

11，The Development of Humåtak Village: The Life-Line of the
Manila-Acapulco Galleon Trade ·················· Joseph Quinata / 592

12，Clues to Internationalism in the Manila Galleon Wreck of the
Late 1570s in Baja California ·················· Edward Von der Porter / 597

13，Archaeological Distribution of Chinese Porcelain in Mexico
·················· Patricia Fournier, Roberto Junco Sanchez / 620

14，The Chinese Porcelain from the Port of San Blas, Mexico
·················· Roberto Junco Sanchez, Guadalupe Pinzón, Etsuko Miyata / 639

15，A Study of the Chinese Influence on Mexican Ceramics
·················· Karime Castillo, Patricia Fournier / 648

Afterword / 662
Plates / 665

A 卷
东亚航海起源与史前海洋文化

前　言

［美］巴利・罗莱（Barry V. Rolett）

（美国夏威夷大学马诺阿校区人类学系，Department of Anthropology，University of Hawaii at Manoa，Honolulu，Hawaii，USA）

　　本卷是 2017 年在厦门大学举行的"重建海上丝绸之路史前史与东亚新石器时代海洋文化景观国际学术研讨会（International Conference on the Prehistoric Maritime Silk Road and Neolithic Seascapes of East Asia）"的论文结集，它也是过去十多年来与会学者在亚洲和太平洋早期海洋文化这个共同学术兴趣上合作与友谊的记录。在介绍本卷的学术内容之前，我想说一下组织本次会议的初衷。

　　厦门位于中国东南沿海的福建省南部，福建沿海又与历史悠久的海上丝绸之路上的航海活动密切相关。语言学和考古学的证据表明，太平洋上的土著波利尼西亚人的最早祖先发源地，可以追溯到新石器时代的福建和邻近的中国东南沿海地区。波利尼西亚先民的移民史，是一个波澜壮阔的史前人口扩散过程，从中国大陆东南部开始，扩散到台湾，然后通过菲律宾和印度尼西亚进入西太平洋，最后到达东太平洋几乎所有可居住的岛屿。海洋迁徙是南岛语族历史的本质，原南岛语族是工业革命前世界史上最伟大的航海家。

　　我与吴春明在 2003 年初次见面前，我们都已分别对亚太早期航海史开始了深入的调查研究。春明长期专注于中国东南地区土著民族史的研究，他于 2004 年起还担任中国百越民族史研究会会长，他还是中国第一批水下考古队员，致力于早期沉船的历史研究。我自 20 世纪 80 年代以来，一直参与太平洋法属波利尼西亚马克萨斯群岛的考古工作，主要的研究兴趣是这些迄今仍完全由波利尼西亚土著人居住的岛屿历史，着迷于波利尼西亚起源和南岛语族迁徙的历史与模式。1997 年，我的导师理查德・麦克内什（Richard "Scotty" MacNeish）带我来到中国江西省参加一次史前稻作农业起源的会议，麦克内什当时正与中国考古学家合作，开展长江中游流域水稻驯化史的考古调查、发掘与研究。在会议期间，麦克内什鼓励我到中国做一些合作研究项目。我当时也很有激情，但对这一新想法没有太大信心，我感到将中国作为我的一个新的研究领域对我将是一个不可克服的挑战。在这一点上，麦克内什老师给我了极大的鼓励，他在到江西合作之前曾在美洲工作了 50 年，他笑着对我大声说道："如果我能从墨西哥转到中国，你肯定也能从波利尼西亚扩展到中国！"

　　最初合作的机会始于 2001 年，我当时在哈佛大学人类学系做访问教授，研究的课题是南岛语族最早的老家。2003 年便开始与福建博物院的林公务、范雪春合作，开展调查研究，这也是福建博物院的首次国际合作。其间，春明多次邀请我到访厦门大学，并参加了 2004 年在闽西北国家公园武夷山举行的华南百越民族史研究会的年会。武夷山的那次会上，我做了"中国东南的早期海洋文化"（Early Maritime Cultures of Southeast China）的演讲，那时起我们都对扩大中美合作研究南岛语族起源感到兴奋。

2006年，我协助吴春明申请获批了美国亨利·卢斯基金会(Henry Luce Foundation)和美国学术学会理事会(American Council of Learned Societies)的奖学金，邀请他于2006—2007学年到夏威夷大学马诺阿(Manoa)校区人类学系做访问学者，我是他的合作导师。春明在夏威夷大学的研究课题，是中国东南部土著民族与东南亚和大洋洲南岛语族海洋文化关系的民族考古学研究。他在研究计划中称，这一项目的两个首要目标是：(1)克服严重阻碍中美考古学家在亚洲和太平洋原住民历史问题上相互沟通的学术障碍；(2)加强两国考古学家不同思想、理论和方法的交流。我们在夏威夷大学一年的合作，为未来的研究与交流奠定了基础。这期间，我还开始与中山大学的古环境科学家郑卓合作在华南开展调研与勘测，吴春明则将太平洋航海史的研究扩展到历史时期，如中国在马尼拉帆船贸易中的角色与地位。

2012—2013学年，春明获得了哈佛燕京学社访问学者的身份再次到美，他在哈佛大学人类学系博罗文(Rowan Flad)教授的帮助下开展独立研究。他这次研究的宗旨是，从华南土著史的角度探索环中国海海洋文化的起源，克服传统历史学者所持的以汉族为中心的主观偏见。这项研究，以及在学术兴趣与专业领域越来越多的志同道合者的合作研究，直接促成了2017年的这次学术会议及本卷的结集。

最后，我们要向出席会议的所有学者表达谢意，感谢他们与会，并热切而慷慨地提出了不同的学术观点。他们的专业力量和合作精神为会议的讨论和互动造就了理想的环境。我们还要感谢厦门大学海洋考古学研究中心和夏威夷大学马诺阿校区人类学系对我们的支持，感谢两校对召开此次会议的组织和支持，尤其是会议举行地厦门大学承担了大部分的工作。感谢几个与会但未在本书署名的杰出学者，孙华(北京大学考古文博学院)、赵志军(中国社会科学院考古研究所)、郑君雷(中山大学社会学与人类学学院)和张侃(厦门大学历史与文化遗产学院)，他们主持了小组的讨论并发表了专业评论。还要感谢我在夏威夷大学的学生艾米莉·唐纳珊(Emily Donaldson)，她出色地完成了本书英译稿的语言编辑，让所有学者清晰地表达了自己的学术想法。也要感谢施普林格·自然(Springer Nature)编辑团队以极大的耐心和良好的指导提供了巨大的帮助，使我们成功完成了本卷作为"亚太航海考古"(The Archaeology of Asia-Pacific Navigation)丛书第一辑的出版计划。

导　论

吴春明[1]　［美］巴利·罗莱（Barry V. Rolett）[2]
（1，厦门大学海洋考古学研究中心；2，美国夏威夷大学马诺阿校区人类学系，Department of Anthropology，University of Hawaii at Manoa，Honolulu，Hawaii，USA）

　　本卷是 2017 年 10 月 29 日至 11 月 2 日在厦门大学举行的"重建海上丝绸之路史前史与东亚新石器时代海洋文化景观国际学术研讨会（International Conference on the Prehistoric Maritime Silk Road and Neolithic Seascapes of East Asia）"的论文汇编。这次会议探索的主题是"前海上丝绸之路"的历史，即中国传统历史文献中描述的古代"四海（Four Seas）""四洋（Four Oceans）"航海体系形成之前的航海史。"海上丝绸之路"的起源可以追溯到中国和东南亚沿海新石器至早期金属时代繁荣发展的史前海洋文化。本次会议汇集了来自中国、日本、菲律宾、越南、新西兰、澳大利亚、美国和英国等地的考古学家，就东亚和东南亚早期海洋文化的互动和早期航海术的出现，展开学术对话（图 1，2；彩版一：1，2）。我们讨论的研究涵盖了考古学、民族学、生物考古学、遗传学、历史学、古植物学和古地理学领域等多学科课题。值得注意的是，尽管本卷的许多作者已是各自领域的考古学专家，且已在他们的本国语言内广泛发表了一系列重要论著，但不少人发表在本卷的文章，还是他们的作品首次与国际读者分享。

图 1　研讨会现场

本卷的各篇论文，将做到文化史研究和科学考古的并重。这一研究模式，既体现了传统考古学上对物质文化史和区域编年史的重视，还包括了大约二十年前才开始在东亚（日本除外）考古中传播的新的科技考古方法。例如，中国和东南亚的新石器时代和早期金属时代的历史，正被从沿海遗址出土的人类骨骼中提取的古代全基因组 DNA 的新研究有效地改写。根据现有的遗传学研究模型，来源于东北亚的稻作农人曾发生一系列大规模的向南迁徙、扩散（McColl et al. 2018；Lipson et al. 2018；Bellwood 2018）。此类研究模型佐证了华南和东南亚聚落发展史上经由出土人类骨骼的头骨测量和形态特征分析得出的"两层"假说（Matsumura et al. 2019）。"两层"假说的基本概念是，第一层为东南亚更新世的土著狩猎采集者，第二层为随后又涌入了来自北部的新石器时代、金属时代的农人。本卷中的若干章节支持并进一步补证了这一"两层"假设理论。

这一卷的各篇文章分为两部分。第一部分是关于东亚沿海新石器时代和金属时代文化的起源、分布、生计经济和跨文化互动的论文。第二部分探讨了东亚大陆和岛屿文化之间的史前航海和文化交流的实物证据。

一、东亚沿海新石器至早期铁器时代的海洋文化传播

吴春明讨论了东亚沿海新石器时代文化是如何孕育着历史时期的"海上丝绸之路"。该文分析并反驳了人们普遍将在唐朝（公元 618—907 年）前后达到顶峰的"海上丝绸之路"看成内陆丝绸之路的延伸与扩展的传统理论，展示了航海术和中国古代文献记载的以"四海"和"四洋"航路为代表的"海上丝绸之路"核心贸易线路，实际上是深刻地根植于东亚和东南亚沿海的新石器时代考古学文化中。这些为汉人所熟练掌握的古老海洋文化传统，其核心来源是夷和越等土著文化，这些土著文化奠基的海洋传统曾经主宰着环中国海的"四洋"（北洋、东洋、南洋和西洋）航海。

查尔斯·海格姆（Charles Higham）教授分析了新石器时代农耕人群沿沿海向南扩展到东南亚大陆的意义。他根据来自若干关键遗址的证据，包括他自己在泰国 Khok Phanom Di 的调查研究，将更新世文化到新石器时代文化的转变看成一场真正的革命。他的研究突出了沿海路线和环境因素在塑造土著的狩猎采集者和迁徙来稻农之间文化互动上的重要性，通过分析遗址的年代、物质文化形态、丧葬仪式、人类遗传学和颅骨形态计量学的证据，探讨了更新世到新石器时代的文化变迁。

洪晓纯和张驰通过华南沿海生计经济的研究，对人群史上的"两层"假设做了新的探讨。他们的论文展示了如何更恰当地认识这一地区新石器时代的生计经济形态的发展，即狩猎-采集经济和农耕经济之间连续的过渡形态，而不是截然不同的区别。

马婷和郑卓论文反映了作者的环境科学背景，他们的工作对理解"两层"假设至关重要。该文分析重点是作为区域性植被覆盖史最佳指标的孢粉记录，他们依据对中国东南地区沉积物岩芯的研究，找到了与农业用地的开垦有关的大规模森林砍伐事件的出现时间。作者发现，在 3000 BP 之前，几乎没有或根本没有证据表明人为因素对区域性植被产生了影响，而 3000 BP 开始出现的孢粉成分的显著转变，标志着密集的人类活动和区域农业发展的开始。这一研究结果表明，在 3000 BP 之前，中国东南部的农业活动非常有限，尽管来自北方的稻农较早抵达。

三篇文章涉及中国沿海的新石器时代贝丘、沙丘遗址的概述及文化内涵的比较分析，这些研究所包含的大量材料以前尚未在英语学术圈发表过。赵苹综合考察了数百个海岸贝丘遗址的分布和分期，年代从 10000 BP 到 3000 BP，根据生计经济的证据将这些遗址分为三大类：采集狩猎、农渔

混合和农业经济。研究表明,华南沿海海洋性的文化持续了很长一段时间,而北部沿海海洋性的渔猎传统则较早被农业经济所取代。

李岩考察了包括珠江三角洲在内的广东和香港海岸的贝丘、沙丘遗址内涵。面积超过10000平方公里的珠江三角洲平原是亚洲最大的平原之一,大部分的土地是在过去的5000年中经由自然环境变迁和人类开发活动相结合而形成的。他通过分析咸头岭、古椰和村头等关键遗址的证据,研究了珠江及其新兴三角洲在新石器时代和早期金属时代历史进程中的作用。

李珍分析了北部湾沿岸的一系列新石器时代贝丘、沙丘和洞穴遗址的内涵,这条华南热带海岸地带包括广西、广东南部、越南北部以及海南岛的大部分海岸。在北部湾沿岸地区的考古遗址中,地层学证据揭示了更新世狩猎采集人群文化,其上层覆盖着以陶器、磨光石锛等为代表的新石器时代遗物。值得注意的是,新石器时代的文化层中几乎没有农业人口活动的证据,相反的,现有的生存证据显示更新世和新石器时代之间具有惊人的文化连续性,都以海洋资源和野生植物的开发为主。这可能就是有些学者提到的西米椰型棕榈经济(Yang et al. 2013)。

在上述这些中国沿海遗址的调查研究之后,阮金容(Kim Dung Nguyen)分析了越南北部海岸已发现的考古文化。对此,海格姆教授在前章中也讨论了这一区域在"两层"假设中所具有显著的价值。阮金容曾在越南北部做过一些最重要的沿海遗址的调查、发掘,她将该地区描述为一个文化的十字路口。事实上,除了来自北方的迁徙入口的证据外,该地区似乎是新石器时代文化互动圈的中心,在装饰玉石制品的制造和传播中占据重要地位。综合来看,考古证据表明,越南北部沿海的新石器时代人群与越南北部、南部沿海,甚至可能还有菲律宾群岛的人群之间,存在密切的互动和交流。

秦岭与傅稻镰(Dorian Fulle)的文章回到了新石器时代稻作农业的传播问题,该文质疑灌溉水稻农业是包括新石器时代穿越台湾海峡在内的人口扩张的驱动力。尽管他们不否认定居灌溉水稻农业比游耕稻作策略具有更高的产量,但他们认为,现有考古证据并不支持灌溉稻作农业促进了向外的海洋移民的观点。相反地,新石器时代的农业移民主要依赖低产量的轮种稻作业生存,这可能解释了华南和越南北部新石器时代早期遗址中发现的水稻遗存稀少的原因。

二、东亚陆、岛间史前文化的跨海传播与航海起源

本卷的第一部分重点探讨了华南、东南亚沿海及邻近海域早期贸易、航海和海洋文化史上涉及"谁"、"什么"、"哪里"和"何时"等中心问题。但关于"如何"的问题同样重要,且往往更具挑战性。例如,迁徙的稻农是通过水路旅行还是陆路移动的? 如果是的水路话,他们使用了什么样的船只? 这在约5000 BP有关新石器时代首次穿越台湾海峡的航海术研究中就是焦点问题。在中国大陆沿海,考古发现的新石器时代船只的唯一直接证据是在长江三角洲南面的洪积层中的跨湖桥遗址发现的独木舟(Jiang and Liu 2005)。这艘独木舟在浅水、平静的水面可以有效航行,但在波涛汹涌的水域或开阔的海面上就可能非常不稳定。相比之下,边架艇独木舟在开阔的海面上则更稳定,而且还可以架帆远行。然而,语言学和民族志证据表明,边架艇独木舟似乎是由南岛人发明的,可能出现于大约3500至4000年前的菲律宾,迄今没有考古证据的其他类型舟船可确定用来穿越台湾海峡。笔者之一曾推测竹筏可能是其中的一种重要工具,竹筏具有与边架艇独木舟一样的稳定性,也可以装上帆,在晚近历史时期曾被用于穿越台湾海峡(Rolett 2007)。

巴利·罗莱提出了另一个特殊的"如何"课题，对我们正确理解古代的海洋贸易至关重要。公元前5000年前后，新石器时代的人们穿越了台湾海峡，为南岛语族的起源奠定了基础，南岛语族是前工业时代最伟大的航海者。南岛语族从台湾向东南亚和太平洋岛屿迁徙，最终发现了波利尼西亚。即使是最早的南岛语族的航海技能，也可以通过考古记录的玉石饰品和由优质玄武岩制成的石器在岛屿间的运输来证明。但玉石饰品、玄武岩工具和其他物品交易的社会和经济背景是什么？在使用货币之前，早期航行于台湾和东南亚岛屿间的南岛语族是如何进行贸易和交换的？该文根据波利尼西亚社会的民族志类比和对特罗布里恩德(Trobriand)群岛南岛语族社会的分析，回答了这些问题。他提出了一种社会互惠的模式，包括正式的仪式礼品的交换，成为促进社会联系的纽带，加强了遥远区域多种形式的贸易和日用品交换。

接下来的三篇分别考察了台湾海峡早期的航海活动。陈仲玉介绍了华南福州海岸外约15至20公里的马祖列岛的亮岛的重要考古发现，陈和他的同事在这里发掘了两具埋藏在贝壳堆积层中保存完好的人类骨骼。这些遗骸测定年代距今约7500至8000年，是中国南部沿海发现的已知最古老的人类墓葬之一。DNA和形态计量学研究表明，两道骸骨中的一具（年代约为8000 BP）符合东南亚更新世狩猎采集者的特征，而第二具（年代为7500 BP）符合源自北部的新石器时代农人的体质特征。在台湾海峡近岸岛屿上的单一考古遗址中的这一发现，我们再次发现了支持"两层"假设的惊人证据。

图卡·凯科南(Tuukka Kaikkonen)比较了台湾海峡两岸新石器时代农业的考古证据，并据以分析台湾新石器时代初期聚落中更广泛的问题。他的结论是，福建是台湾新石器时代人群最可能的起源地，台湾主要的栽培谷物稻谷和小米，都存在于福建沿海的新石器时代遗址中。福建北部和南部地区可能也是台湾新石器时代农业的源头，福建离台湾最近，没有任何先验的原因，阻碍它成为台湾新石器时代人群的主要来源。

付琳同样追踪了台湾新石器时代文化的来源，他的分析是基于陶器而非栽培作物的证据。该文所聚焦的几何印纹陶是台湾和华南沿海分布的一种独特的、年代序列清晰的陶器类型，该类型陶器距今3500年至3000年左右在大陆沿海盛行，在这一时期甚至之前传入台湾，在台湾持续发展到距今200年前后。这一研究表明，只有通过海峡两岸的系统航海交流才能形成几何印纹陶这类长期接触和互动的文化形态。

郭素秋和邓学文等考察了物质文化史上另一个引为高度关注的内涵，打制树皮布的石拍即树皮布文化。树皮布与太平洋的南岛语族，尤其是波利尼西亚的文化密切相关。树皮布制作技术和用于制造树皮布的主要植物纸桑树（构树）源自中国大陆和台湾，并伴随南岛语族的海洋迁徙而扩散到太平洋群岛上(Chang et al. 2015)。因此，树皮布文化内涵说明了物质文化遗产在追踪人类迁徙及其之后的文化互动模式的重要性。郭素秋的文章认为，树皮布石拍可以追溯到台湾最早的新石器时代文化，树皮布文化史上的重大技术发展发生在台湾，之后才传播到东南亚和其他地区。邓学文、阮金容（越）、邓学思、邓聪的合作则重点讨论了中国大陆、台湾地区和菲律宾的考古遗址存在的双肩型石拍的文化史价值，他们的分析揭示了这一经由早期航海网络所维系的古代文化的互动圈。

台湾以南广阔的菲律宾群岛，是南岛语族通往东南亚和太平洋的门户。大约3500年前，从菲律宾到马里亚纳群岛的2300公里的海上航行的出现(Hung et al. 2011)，可能标志着边架艇独木舟的发明。尤比奥·迪松(Eusebio Dizon)指出，菲律宾自第一次被南岛人殖民以来，一直是亚洲和太平洋的文化十字路口。他回顾了菲律宾从新石器时代到西班牙殖民时期的海洋历史的考古证据，包括台湾岛与菲律宾北部的巴林塘海峡的首次穿越，菲律宾与越南中部在金属时代建立了常态交流，以及预示着现代全球化时代到来的跨太平洋的马尼拉帆船贸易史。

　　琉球群岛可以看成是从日本南部到台湾岛的踏脚石，日本的木下尚子（Naoko Kinoshita）教授考察了琉球群岛早期航海和岛屿间交流的考古证据。她认为，该地区新石器时代的航海网络在很大程度上与岛屿之间的通视性有关。总的来说，琉球北部和九州（日本最南端的主要岛屿）之间的联系高度发达，而琉球南部和台湾之间的联系则少得多，木下的研究有助于解释为什么南岛语族人口没有从台湾迁移到日本。这一研究还为基于模型模拟和航行实验的航海假设的验证，提供了一个研究路径，这是一种已经成功用于太平洋航行技术探索的研究模型（Finney 1994；Irwin 1992）。

图 2　与会学者合影

　　总之，我们的多学科研究集中于华南沿海和东南亚大陆的新石器时代和金属时代海洋文化分布和互动，以及穿越环中国海的史前航海和文化交流。此次国际学术对话深刻地促进了亚太地区史前海上丝绸之路起源的认识。我们感谢厦门大学海洋考古学研究中心和夏威夷大学马诺阿校区人类学系赞助并共同组织了这次具有挑战性的会议。我们感谢所有与会者和志愿者的共同努力，分享他们对这一主题的知识和看法。我们还要感谢北京大学考古文博学院的孙华教授、中国社会科学院考古研究所的赵志军教授、中山大学社会学与人类学学院的郑君雷教授、厦门大学历史与文化遗产学院的张侃教授，他们主持了小组讨论并在会议上发表了专业评论。应感谢施普林格·自然集团对本卷作为"亚太航海考古"丛书第一辑的编辑和出版所做的认真工作。

参考文献

Bellwood，P.(2018). The search for ancient DNA heads east. *Science 361*(6397)，31-32.

Chang，C. S.，Liu，H. L.，Moncada，X.，Seelenfreund，A.，Seelenfreund，D.，Chung，K. F.(2015). A holistic picture of Austronesian migrations revealed by phylogeography of Pacific paper mulberry. *Proceedings of the National Academy of Sciences*，112(44)，13537-13542.

Finney, B.(1994). *Voyage of Rediscovery*. Berkeley: University of California Press.

Hung, H. C., Carson, M. T., Bellwood, P., Campos, F. Z., Piper, P. J., Dizon, E., Bolunia, M. J., Oxenham, M., Zhang, C.(2011). The first settlement of Remote Oceania: the Philippines to the Marianas. *Antiquity, 85* (329), 909-926.

Irwin, G.(1992). *The Prehistoric Exploration and Colonisation of the Pacific*. Cambridge: Cambridge University Press.

Jiang, L., & Liu, L.(2005). The discovery of an 8000-year-old dugout canoe at Kuahuqiao in the Lower Yangzi River, China. *Antiquity 79*(305), 1-6.

Lipson, M.,Cheronet, O., Mallick, S., Rohland, N., Oxenham, M., Pietrusewsky, M., Pryce, T. O., Willis, A., Matsumura, H., Buckley, H., Domett, K., Nguyen, G. H., Trinh, H. H., Aung, A. K., Tin, T. W., Pradier, B., Broomandkhoshbacht, N., Candilio, F., Changmai, P., Fernandes, D., Ferry, M., Gamarra, B., Harney, E., Kampuansai, J., Kutanan, W., Michel, M., Novak, M., Oppenheimer, J., Sirak, K., Stewardson, K., Zhao, Z., Flegontov, P., Pinhasi, R., Reich, D.(2018). Ancient genomes document multiple waves of migration in Southeast Asian prehistory. *Science 361*, 92-95.

Matsumura, H., Hung, H. C., Higham, C., Zhang, C., Yamagata, M., Nguyen L. C., Li, Z., Fan, X. C., Simanjuntak, T., Oktaviana, A. A., He, J. N.,Chen, C. Y., Pan, C. K., He, G., Sun, G. P., Huang, W., Li, X. W., Wei, X. T., Domett, K., Halcrow, S., Nguyen, K. D., Trinh, H. H., Bui, C. H., Nguyen, K. T. K., Reinecke, A.(2019). Craniometrics Reveal"Two Layers"of Prehistoric Human Dispersal in Eastern Eurasia. *Scientific Reports 9*(1), 1451.

McColl, H., Racimo, F., Vinner, L., Demeter, F., Gakuhari, T., Moreno-Mayar, J. V., Van Driem, G., Wilken, U. G., Seguin-Orlando, A., de la Fuente Castro, C., Wasef, S., Shoocongdej, R., Souksavatdy, V., Sayavongkhamdy, T., Saidin, M. M., Allentoft, M. E., Sato, T., Malaspinas, A. S., Aghakhanian, F. A., Korneliussen, T. Prohaska, A., Margaryan, A., Damgaard, P., Kaewsutthi, S., Lertrit, P., Nguyen, T. M. H., Hung, H. C., Tran, T. M., Truong, H. N., Nguyen, G. H., Shahidan, S., Wiradnyana, K., Matsumae, H., Shigehara, N., Yoneda, M., Ishida, H., Masuyama, T., Yamada, Y., Tajima, A., Shibata, H., Toyoda, A., Hanihara, T., Nakagome, S., Deviese, T., Bacon, A. M., Duringer, P., Ponche, J. L., Shackelford, L., Patole-Edoumba, E., Nguyen, A. T., Bellina-Pryce, B., Galipaud, J. P., Kinaston, R., Buckley, H., Pottier, C., Rasmussen, S., Higham, T., Foley, R. A., Lahr, M., Orlando, L., Sikora, M., Phipps, M. E., Oota, H., Higham, C., Lambert, D. E., Willerslev, E.(2018). The prehistoric peopling of Southeast Asia. *Science 361*(6397), 88-92.

Rolett, B. V.(2007). Southeast China and the emergence of Austronesian seafaring. In T. Jiao(Ed.), *Lost Maritime Cultures: China and the Pacific*(pp. 54-61). Honolulu: Bishop Museum Press.

Yang, X., Barton, H. J., Wan, Z., Li, Q., Ma, Z., Li, M., Zhang, D., Wei, J.(2013). Sago-type palms were an important plant food prior to rice in southern subtropical China. *PLoS One 8*(5),e63148.

上编:东亚沿海新石器至早期铁器时代的海洋文化传播

A1 环中国海"海上丝绸之路"传统格局的史前基础

吴春明

（厦门大学海洋考古学研究中心）

"丝绸之路"是近一个世纪东西方古代交通的历史学和考古学探索焦点，"海上丝绸之路"是由"丝绸之路"派生出来的关于中外海洋交通史的象征表述。中外学者一般也都将"海丝"看成"陆丝"的"延伸"，视为唐宋以后"陆丝"的"地理转移"（沙畹 2004，208 页；斯文赫定 2010，224 页；布尔努瓦 1982，31-57 页；陈炎 1982，2002；中国航海学会 1988；陈高华等 1991；孙光圻 2005；林梅村 2006，4 页）。然而，民族考古的发现与研究表明，汉唐以来以环中国海"四洋"航路为核心的"海上丝绸之路"的传统格局，实际上是奠基于中国东南沿海新石器时代以来土著先民的海洋文化，夷、越的陆岛、逐岛梯航的史前海洋活动，初创了"海上丝绸之路"的传统格局，其形成不晚于我国西北内陆和中亚地带的丝绸之路。数千年前史前百越和"原南岛"先民运用简易的风帆、复合独木舟和天文导航等最初的航海技术与原始航海实践，奠定了历史时期"海上丝绸之路"发展基石（吴春明 2011b，2016）。因此，"海上丝绸之路"并不像传统的认知，是丝绸之路由陆向海变迁的结果，也不是古代中国经济中心由北向南转移的产物。

一、"海上丝绸之路"与中国古代"四洋"航海

将"海上丝绸之路"等同于中西交通史上的南海、印度洋通道的这一传统看法，肇始于西方探险家笔下的"丝绸之路"认知，是古代史研究中的"现代话语"。他们基于陆、海丝绸之路整体史的立场，将"丝绸之路"作为中西交通史的"象征"，而将"海上丝绸之路"看成从东方海路通往西方的另一通道。1877 年，德国学者费迪南·冯·李希霍芬（Ferdinand von Richthofen）提出"丝绸之路"（Seidenstrasse）、"丝绸使者"（Seidenbringer）等概念，并将"丝绸之路"定义为从公元前 2 世纪到公元 2 世纪，中国与西域间以丝绸贸易为特点的交通线（Richthofen，1877，477、496、500、507 页）。到了 1903 年，法国探险家沙畹在《西突厥史料》中提到"中国丝绢贸易，昔为亚洲之重要商业，其商道有二，其一最古，为出康居（Sogdiane）之一道，其一为通印度诸港之海道"（沙畹 2004，208 页），认为"海道"丝路晚于陆道。此后许多西方学者相继论述丝绸之路从陆路到海路的"延伸"或"转移"（斯文赫定 2010，224 页；布尔努瓦 1982，31-57 页）。

我国学者也多强调"海丝"为中西或东西方间的海路交通及陆、海丝路传承的看法。在国内最早的一篇以"海丝"为题的文章中，陈炎先生指出"唐代前期是陆上丝路发展至鼎盛时期，到唐代中期陆上丝路盛极而衰，中期以后是海上丝路的方兴未艾。正是这种陆海两路的兴衰交替，构成了丝

绸之路在唐代中期的变化和特点"(陈炎1982,2002)。陈高华等先生也认为,"大体来说,以唐代中期为分界线。在此之前,陆上丝绸之路是丝绸外销的主要渠道……唐代中期以后,西域交通受阻,中国的经济重心南移,陆上丝绸之路自此急剧衰落下去……于是海上丝绸之路取而代之,并日趋兴盛"(陈高华等1991,"前言")。林梅村先生指出:"唐代以后,东西方的交往逐渐改走海路,并在公元15世纪人类进入大航海时代以后,最终取代了传统的陆路交通"(林梅村2006,4页)。1990—1991年,联合国教科文组织组织"重走"海上丝绸之路考察团,从意大利启航,途经地中海、苏伊士运河、红海、印度洋、马六甲海峡、南海,抵达东亚中、日、韩等国,可视为学界对"海上丝绸之路"传统认知的一次实地放样(联合国教科文组织海上丝绸之路综合考察泉州国际学术讨论会组委会,1991)。

但在历代汉文史籍的记载中,中国古代的海洋交通是一个被冠以"四海""四洋"的海洋实践,反映了以我国东南沿海为中心的环中国海海洋文化史、海外交通史多元(分域)发展的格局。跨越南海、印度洋的"海上丝绸之路",只是中国古代"四海""四洋"航路一部分。

在周汉时代,"四海"为古代"中国"遥远的周边,"四海之内"为早期文明"中国—四方"所在,"四海为壑"体现了史前奠基、历史传承的大陆性与海洋性相对独立的陆海关系秩序。《尚书·商书·伊训》:"始于家邦,终于四海"(阮元2009,344页)。《孟子·告子下》:"禹以四海为壑,今吾子以邻国为壑"(阮元2009,6008页)。《论语·颜渊》:"四海之内皆兄弟也。"《淮南子·地形训》:"阖四海之内,东西二万八千里,南北二万六千里"(刘安2010,65页)。《山海经·海外南经》:"地之所载,六合之间,四海之内。"《山海经·海内经》分别另列东、西、南、北"海之内"的"万国"社会,如"东海之内,北海之隅,有国名曰朝鲜、天毒";"西海之内,流沙之中,有国名曰壑市";"南海之内有衡山,有菌山,有桂山,有山名三天子都"。又《大荒东经》有"东海之渚中""东海之中",《大荒南经》还有"南海之中""南海渚中"等语(袁珂2014,171、371页)。东汉扬雄《交州箴》中称今岭南的交、广海域为"交州荒裔""南海之宇"(欧阳询1965,卷六)。又"南海"通"西海",《汉书·西域传》说"条支""国临西海"(班固等1962,3881、3888页),《后汉书·西南夷列传》语"海西即大秦也"(范晔等1965,2851页),《水经注》卷一引《西域记》语"西海中有安息国"(郦道元1984,31-33页)。周汉时代华夏对"四海"的描述,是地处华夏边缘的海洋先民对环中国海不同海域的认知与海洋开发实践的初期记忆,是晚近历史时期"四洋"航海的重要基础。

唐宋以来,随着中国东南船家的航海区域与航路向亚太海域的纵深发展,环中国海跨界"四洋"视野逐步形成,"四洋"畛域更为清晰,并主要成为闽粤船家的环中国海跨界"海洋观"(陈佳荣1992)。周去非《岭外代答》卷二"海外诸番国"载:"三佛齐(苏门答腊)之南,南大洋海也,海中有屿万余,人莫居之,愈南不可通矣。阇婆(爪哇)之东,东大洋海也,水势渐低,女人国在焉"(周去非1996,37-42页)。《南海志·诸番国》"东洋佛坭国管小东洋"条下的地理包括菲律宾群岛到加里曼丹的北岸,"单重布啰国管大东洋""阇婆国管大东洋"条下的地理包括巽他海峡以东的爪哇、加里曼丹南部、苏拉威西、帝汶、马鲁古群岛一带(陈大震1986,37-38页)。汪大渊《岛夷志略》中也称爪哇为"地广人稠,实甲东洋诸番"(汪大渊1981,159、193页)。张燮《东西洋考》将南海的航海区域东、西二分,"文莱即婆罗国,东洋尽处,西洋所起也"。"东洋"还指台澎至菲律宾群岛、加里曼丹岛东北。"东番"(台湾)之地虽"不在东西洋之列",只是"附列于此"(东洋列国后),但又"人称小东洋"(张燮1981,102、184、185页)。《指南正法》中"东洋山形水势"篇也是指澎湖、台湾、吕宋一带(向达1961,137-139页)。因航路的关系,船家远航西洋途经的南海航段沿岸地区统于"西洋"名下,在《东西洋考》中"西洋"包括了北起交趾、占城(今越南),南至麻六甲、池闷(今帝汶岛)的南海海域。清代郑开阳《海运图说》也明确地将西、南二洋归为一类,"东洋有山可依,有港可泊,非若南洋、西洋一望无际,舟行遇风不可止"(郑若曾1996,卷九)。唐宋、元明以来对"四洋"畛域的清晰认知,体现了古代船家海洋活动的深入、航海区域的纵深推进、不同航路的成熟与定型。

因此，汉文史籍所记中国古代从"四海"到"四洋"的海洋实践与海洋交通是一个多元的整体，也是一个源远流长的文化体系，将跨越南海、印度洋的"西、南洋"航路割裂于"四洋"航路体系之外，不符合环中国海海洋文化史的实际，也将本应作为中外海洋交通史象征的"海上丝绸之路"丰富、多元而一体的内涵简单化了。"四洋"航路实践中，"东洋"所在的东海、台湾海峡及菲律宾群岛海域，历史时期以《东西洋考》《指南正法》所记闽粤放洋台澎吕宋为核心的东洋航路著称（张燮 1981，170-191 页；向达 1961，13-99、101-195 页）；"西、南洋"所在的南海、印度洋水域，相继以《汉书·地理志》所记"徐闻、合浦南海道"和《新唐书·地理志》所录"广州通海夷道"为核心的航路，曾是中西海洋交通的主线（班固等 1962，1670-1671 页；欧阳修等 1975，1153-1154 页）；"北洋"所在的黄海、渤海海域，以《新唐书·地理志》所录"登州海行入高丽、渤海道"著称（欧阳修等 1975，1146-1147 页）。"四洋"实质上代表了历史时期"海上丝绸之路"的传统格局，也是 16 世纪西方航海家东突西进、开辟全球化的"新海上丝绸之路"之前，亚太区域性海洋文化共同体的基本态势（图 1）。

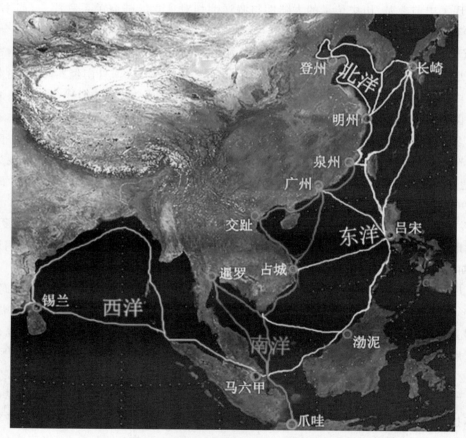

图 1　环中国海古代"四洋"航路的区系格局

考古发现与民族志类比研究还表明，"四洋"航路或"海丝"起源于夷、越先民的史前航海，而非陆地"丝路"的空间转移。我们不否定历史上陆、海二路交通实践的互动与关联，不排除唐宋以来陆上丝绸之路衰落，甚至所谓"堵塞"之后，海路通道承载更多的东西方经济文化交流的功能与角色，但从整体上说，古代中国对外的陆、海"丝绸之路"基本上是两个不同的交通史体系，有着不同的文化价值、技术体系与历史过程，更非一个陆路早海道晚、承前启后的变迁过程。在中华文明"多元一体"的历史进程上，以中国东南沿海为中心、面向亚太海域的跨界海洋文化体系，自新石器时代以来就明显有异于以北方中原农耕文化为中心、面向西北及中亚的大陆性(内陆)性文化体系。陆路与海路的对外交通并行发展,就是源于大陆性的农耕及游牧文化与海洋性文化传统相对独立、并行发展的格局。对此,自1930年代起就为民族考古学界充分论述,如林惠祥的"亚洲东南海洋地带"概述了华南与东南亚、太平洋诸岛土著文化统一性(Lin Huixiang 1937),凌纯声的"亚洲地中海文化圈"强调亚洲与澳洲之间夷越海洋文化与华夏大陆性文化的区别(凌纯声 1954),苏秉琦认为"从山东到广东,即差不多我国整个东南沿海地区","区别于和它们相对应的西北广大腹地诸原始文化"(苏秉琦 1978)。

正是由于陆、海文化体系的差异,大陆性农耕文化逐步发展成以中原华夏为中心的中国早期文明主体,而背依华夏、面向大海的新石器时代夷、越先民,在"力海为田"的海洋实践中,初创了从黄海之滨到南海北岸的原始海洋文化,自新石器时代早期以来就形成了一系列以沿海的贝丘、沙丘遗址等为特征的濒海聚落形态,依托陆缘海湾、河流入海口与下游河岸、海岛等海洋性生态环境,以海生贝类遗存堆积为特征,形成最初的"以海为田""滨海聚居"的海洋文化景观(袁靖 1995,1998,1999)。其中,胶东半岛及庙岛群岛、太湖流域至钱塘江下游及舟山群岛、台海两岸、珠江三角洲及南海北岸等,形成"大分散、小聚集"的若干海岸与海岛聚落密集分布区,反映了夷、越先民海洋适应与海洋开发的初期繁荣格局(吴春明 2012;图2)。这些区域性海洋文化还出现了多元、向外的近岸

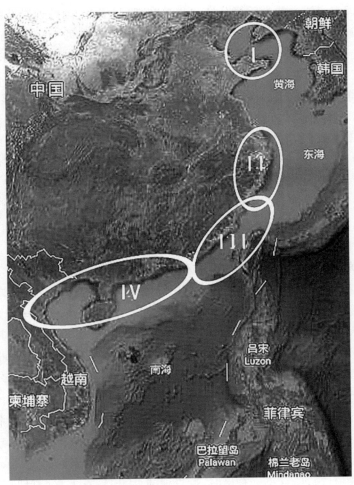

图 2　我国新石器时代滨海聚落密集分布区
注:I,渤海海峡两岸;II,太湖及钱塘江入海口;III,台海两岸;IV,南海北岸。

陆岛穿梭、远海甚至远洋逐岛梯航等史前航海实践，其中东夷史前先民从胶东半岛经庙岛群岛、辽东半岛航行朝鲜半岛、日本列岛，东越、闽越及原南岛先民从东南沿海跨越海峡至台湾、跨越巴士海峡至菲律宾及东南亚群岛、漂航太平洋三大群岛，以及南越、骆越先民在环南海的沿岸、陆岛航行实践，形成海洋文化对外传播与交流的初期形势，构筑起历史时期"四海""四洋"航路的史前基础。

因此，历史时期"四洋"航路实践，就是建立在史前、上古时期夷越海洋文化基础之上的，史前、上古航海史初创了"海上丝绸之路"的基础格局。将以"西、南洋"上的南海、印度洋航路为主轴的早期东西方航路割裂于"四洋"航路体系之外，冠以"海上丝绸之路"，看成（陆地）"丝绸之路"衰落、堵塞后地理转移与文化延伸，有悖于海洋文化史前奠基、源远流长的历史事实。

二、北洋海域"登州海行入高丽、渤海道"源于东夷先民的史前航海

"北洋"是环中国海海洋文化的重要分域，"北洋"航路起于黄、渤海近岸及南北沿岸航运，主线是古代中国往来朝鲜半岛、日本列岛的海上通道，以唐宋时期成熟的"登州海行入高丽、渤海道"为代表，是海上丝绸之路的重要组成部分。考古发现证明，该航路源于胶东、辽东半岛间跨越海峡的史前航海，是"东夷"土著先民初创的海洋遗产。

东夷先民的海洋文化见载于周汉时期的文献。《尚书·禹贡》中提到的夷人有"嵎夷""莱夷""淮夷""岛夷"等；周汉时代有"九夷"，《论语·子罕》说"子欲居九夷"（阮元 2009，5409 页），《尔雅·释地》注疏语"夷者孤也，其类有九，依东夷传夷有九种"（阮元 2009，5691 页），《后汉书·东夷传》又说："夷有九种，曰畎夷、于夷、方夷、黄夷、白夷、赤夷、玄夷、风夷、阴夷"（范晔等 1965，2807 页）。东夷是濒海而居、力海为田的族群，《尚书·禹贡》载："冀州……鸟夷皮服，夹右碣石入于河"；"海、岱及淮惟徐州。……淮夷蠙珠暨鱼。厥篚玄纤、缟。浮于淮、泗，达于河"（阮元 2009，311-312 页）。其中"冀州"之"鸟夷"贡道位于"碣石"左侧，应是沿渤海湾水路而来，"淮夷蠙珠暨鱼"，顾注"蠙珠即珍珠"（顾颉刚 1959）。

汉晋以来，渤、黄海沿岸同朝鲜半岛与日本列岛海上往来的记载逐渐明晰，形成"自辽东而来"的海道。《史记·货殖列传》载："燕亦渤、碣之间一都会也"；"有渔、盐、枣、栗之饶。北邻乌桓、夫余，东琯秽貉、朝鲜、真番之利"（司马迁等 1959，3265 页）。《三国志·魏书·倭人传》："倭人在带方（治所在朝鲜）东南大海之中……从郡至倭，循海岸水行，历韩国，乍南乍东，到其北岸狗邪韩国（朝鲜东南庆尚南道）七千余里始度一海（釜山海峡），千余里至对马国"（陈寿等 2006，509 页）。《文献通考》卷三二四也说，"倭人……初通中国也，实自辽东而来。……至六朝及宋，则多从南道，浮海入贡"（马端临 2000，2554 页）。

唐代贾耽《登州海行入高丽、渤海道》，从胶东到辽东，再南下朝鲜半岛、日本列岛的记载明确、具体而稳定，走的还是这条汉晋老路，"登州东北海行，过大谢岛（今长山岛——引者注，下同），龟歆岛（驼矶岛），末岛（大、小钦岛），乌湖岛（南城隍岛），三百里。渡乌湖海（老铁山水道），至马石山（老铁山）东之都里镇（旅顺口），二百里。东傍海，过青泥浦（大连），石人汪（石城列岛以北海峡），橐驼湾（大洋河口）、乌骨城（丹东市）鸭绿江口，八百里"。之后，沿朝鲜半岛西岸"东南陆行"进入对马海峡、日本海，或沿鸭绿江水行北上，"得渤海之境（日本海沿岸）"（欧阳修等 1975，1146-1147 页）。

《宋史·高丽传》载,北宋淳化四年(993年)陈靖出使高丽也是从东牟(登州,今蓬莱)扬帆东行,"登舟自芝冈岛(今芝罘)顺风泛大海,再宿抵瓮津口(朝鲜黄海南道)登陆。行百六十里抵高丽之境曰海州,又百里至阎州,又四十里至白州,又四十里至其国"(脱脱等1977,14046-14052页)。

以"登州海行入高丽、渤海道"为代表的历代"北洋"跨海通道,是东亚大陆沟通东北亚岛屿带最便捷的跨海通道,基本上沿着东夷先民逐岛航渡渤海海峡、朝鲜半岛到日本列岛新石器时代老路。考古发现表明,以胶东半岛为中心的渤、黄海沿岸与庙岛群岛,是我国史前海洋聚落密集发育的北区。胶东半岛作为"海岱文化区"的一个部分,距今7000到4800年白石村一期、邱家庄一期、紫荆山一期自成序列,最后融入龙山和岳石文化体系,具有鲜明的海洋性(严文明1986;韩榕1986)。据不完全统计,先龙山时期的胶东半岛有近百处古遗址密集分布,庙岛群岛有8处,辽东地区有近40处;到了龙山时代,胶东半岛遗址更有上百处,其中北岸滨海及庙岛群岛就有30多处,辽东半岛也有20多处;岳石时期仍维持龙山时期的聚落数量与密集程度,胶东半岛有近百处,其中北部滨海地带有30处,庙岛群岛有7处,辽东半岛有20多处(图3)。直到商代前后的珍珠门文化时期,胶东半岛仍有30多处聚落,其中北部沿海及庙岛群岛还有20多处,辽东半岛南岸同期还有10多处聚落遗址(王富强、孙兆锋、李芳芳2015)。跨越渤海的沿岸与岛屿间史前、上古聚落的持续"集聚"态势,正是前述东夷先民以海为田、"蠙珠暨鱼"之海洋文化发展的遗产。胶东半岛沿岸发现的史前贝丘遗址,与当时海岸的距离都在3公里以内,分别出土大量牡蛎、泥蚶、蛤仔、毛蚶、蚬、文蛤、玉螺、脉红螺、滩栖螺等黄、渤海常见的贝类和多种鱼类遗存,也有陆生动物骨骼,以及多种果实植物的花粉,反映了史前人类以海洋捕捞、陆上狩猎采集为内容的经济生活(袁靖1998;中国社会科学院考古研究所1999;王富强2008)。

作为东夷先民重要的史前海洋文化遗产,胶东经庙岛至辽东间密集分布、延续发展的史前、上古滨海与近海聚落遗存中,还充分展示出原始文化跨海传播、原始航渡的证据。两半岛间的渤海海峡间距不到百公里,中间散布庙岛群岛的30多个岛礁,逐岛间距仅几海里,最远的北隍城岛到辽东的老铁山水道也仅22.8海里,为古人逐岛梯航的便利场所。庙岛群岛上发现的几十处新石器时代至夏商时期的遗址,内涵与海峡两端的胶东、辽东沿岸史前、夏商时期文化一致。胶东距今7000年的白石村一期文化与辽东的小珠山下层文化、胶东距今5700—5400年的丘家山下层、距今5500—5100年的紫荆山下层、距今5100—4400年的北庄二期文化与辽东的郭家村下层文化(图4),胶东龙山期的砣矶大口一期文化与辽东的郭家村上层文化(图5),都有极为密切的源流与交流关系(佟伟华1989;王锡平、李步青1990)。距今4000—3500年的胶东岳石文化与辽东大嘴子二期文化,距今3500—3000年的胶东珍珠门文化与辽东大嘴子三期文化,同样存在密切的文化交流(王富强、孙兆锋、李芳芳2015)。所有这些都表明,自史前时代起辽东与胶东半岛间海洋文化交流频繁,陆岛航渡持续发展。

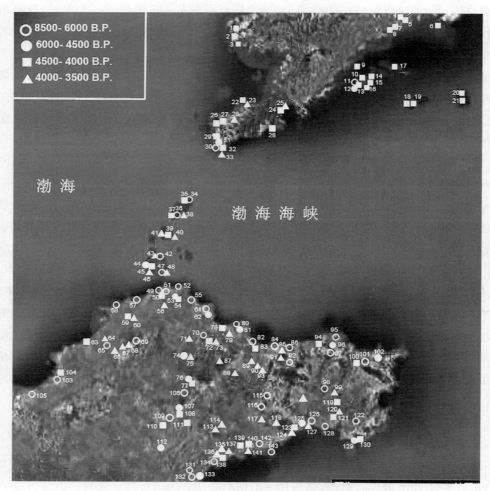

图3 渤海海峡两岸新石器时代遗址时空类聚

注：1，三堂地；2，蛤渣地；3，蛤皮地；4，响水湾；5，王屯；6，石城山；7，振兴；8，塔寺屯；9，东南口；10，吴家村；11、12、13，小珠山；14，塘洼；15，柳条；16，南窑；17，上马石；18，李墙子；19，沙包；20，亮子沟；21，石沟；22，文家；23，双坨子；24，大盐；25，大嘴子；26，东岗；27，蛎渣台；28，大坨子；29，蚬壳地；30、31、32，郭家村；33，小黑石；34、35，山前；36、37，北村；38，东村；39、40，大口；41，后口；42，城后；43，西大井；44、45、46，北庄；47，南河；48，王沟；49、50，紫荆山；51，韩家疃；52，西董家；53、54，刘家沟；55，西营子；56，大迟家；57，南王储；58，唐家；59、60，邵家；61，范家；62，大仲家；63，老店；64，楼子庄；65，后大里；66，南截；67，盛家庄；68，北里庄；69，鲁家沟；70，燕地；71，桥芝；72、73，北城子；74、75，古镇都；76、77，杨家圈；78，邱家庄；79，芝水；80、81，白石村；82，东泊子；83，午后；84，孙家疃；85，西系山；86，蛤堆顶；87，后炉房；88，荆子埠；89，南台；90，老莹顶；91，照格庄；92，蛎渣；93，店村；94，仁柳庄；95，神道口；96，北店子；97，义和；98，沟南庄；99，马家汤后；100，西豆山；101，柳家；102，北兰格；103、104，蒜园子；105，中扬；106，观里；107、108，于家店；109，杨家疃；110，西贤都；111，韶格庄；112，长清；113，大孟格；114，上碾头；115，落鸡庄；116，河南；117，鲁济；118，仇家洼；119，沙里店；120，林村；121，石羊；122，脉田；123、124，潘家庄；125，温家埠；126，宫家；127，马场；128，大宋家；129，河口；130，人和；131，泉水头；132、133，北阡；134，羊角园；135，埠南；136，小胡各庄；137，陂子头；138，辛安；139，城顶子；140、141，小管；142，盘古庄；143，葛子岭。

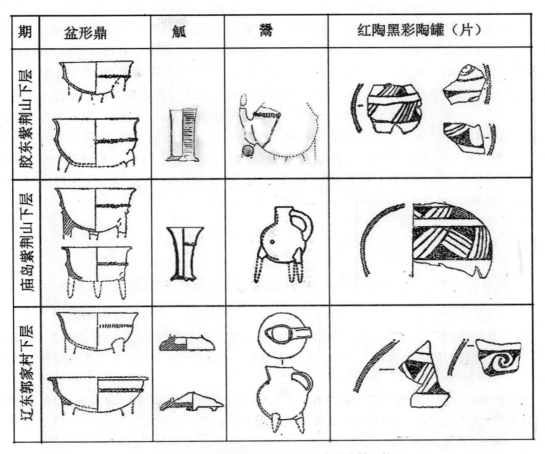

图 4　渤海海峡两岸大汶口时期典型陶器比较

注：参考佟伟华 1989、王富强等 2015 改绘。

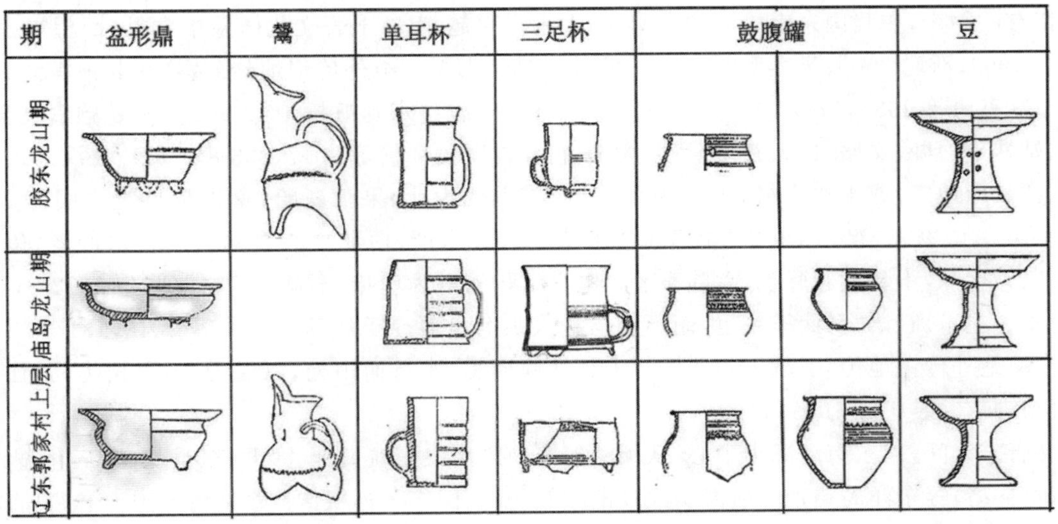

图 5　渤海海峡两岸龙山时代典型陶器比较

注：参考佟伟华 1989 补充改绘。

随着海上活动范围的扩大，东夷史前文化还经由这一陆岛跳板，传播到朝鲜半岛南部与日本列岛。严文明先生在研究史前时代东亚大陆稻作农业海上传播途径时指出，"山东半岛和辽东半岛的自然地理条件和生态环境几乎相同，中间仅隔着一个渤海海峡，海峡中还有庙岛群岛相连，在这里渡海是最方便不过的。在龙山时代和岳石文化向辽东半岛进行移民的浪潮中，把稻作农业的技术也带过去是很自然的事"。"山东半岛、辽东半岛和朝鲜半岛北部与南部相继发现了公元前两千多年到前一千多年的稻谷或稻米遗存后，一条从江淮流域经山东半岛、辽东半岛、朝鲜半岛而到达九州乃至全日本的稻米之路事实上已经确立起来。""从山东半岛经辽东半岛、朝鲜半岛再到日本九州，以接力棒的方式传播过去的说法，简称'北路接力棒说'"（严文明 2000）。最近几年有关稻作农业横渡渤海海峡传播海东的调查研究又取得了新的进展（栾丰实，2008）。这一史前时代"北洋"海域陆岛航渡路线，就是历史时期"登州海行"跨海航路的雏形。

三、"东洋针路"源于东越、南岛先民的海上迁徙

"东洋"是环中国海海洋文化最活跃的海域之一，历史时期的明确且稳定的"东洋针路"继承了"百越—南岛"先民跨越台湾海峡、巴士海峡，逐岛漂航菲律宾群岛及太平洋三大群岛的新石器时代老路。

东瓯、闽越（东越）先民的海洋文化景观频繁见于上古历史。《山海经》"海内南经"载："瓯居海中，闽在海中，其西北有山，一曰闽中山在海中。三天子鄣山在闽西海北，一曰在海中"（袁珂 2014，237 页）。"海中"形象概括了浙、闽沿海先越土著的海洋聚落环境特征。《尚书·禹贡》语："淮海惟扬州。彭蠡既猪，阳鸟攸居。三江既入，震泽底定。""岛夷卉服。厥篚织贝，厥包桔柚，锡贡。沿于江、海，达于淮、泗"（阮元 2009，311-312 页），更描绘了长江入海口东海沿岸的江海相连、低地水乡的海洋地理景观，及东越先民的海洋聚落环境与特殊人文物产，"卉服""织贝"是热带、亚热带沿海土著特有的物产，在我国东南沿海到东南亚、太平洋百越-南岛土著文化体系中常见（邵望平 1989；凌曼立 1963；邓聪 2000；吴春明 2010a）。此外，《越绝书·越绝外传记地传》载："大越海滨之民，独以鸟田"（袁康等 1985，57-58 页）。《逸周书·王会解》载："东越海蛤，欧人蝉蛇，蝉蛇顺食之美，于越纳，姑妹珍，且欧文蜃，共人玄贝，海阳大蟹，自深桂"（黄怀信等 2007，833-844 页）。《汉书·地理志》载："江南地广，或水耕火褥，民食渔稻，以渔猎山伐为业，果蓏蠃蛤，食物常足"（班固等 1962，1666 页）。《博物志》卷一"五方人民"载："东南之人食水产，西北之人食陆畜。食水产者，龟、蛤、螺、蚌以为珍味，不觉其腥臊也；食陆畜者，狸、兔、鼠、雀以为珍味，不觉其膻也"（张华 2012，10 页）。《淮南子·主术训》语"汤武圣主也，而不能与越人乘舲舟而浮于江湖"（刘安等 2010，131 页）。《越绝书·越绝外传记地传》引越王勾践语："夫越性脆而愚，水行而山处，以船为车，以楫为马，往若飘风，去则难从"（袁康等 1985，57-58 页）。

汉唐宋元间，以东南沿海为中心、从闽浙船家视野出发东航夷洲、澎湖、东番（台湾）、麻逸、三屿（菲律宾群岛）等东洋岛屿带的航海实践日渐频繁。《三国志·孙权传》载"遣将军卫温、诸葛直将甲士万人浮海求夷洲及澶洲"（陈寿等 2006，674 页）。沈莹《临海水土志》载"夷洲在临海东南，去郡二千里"（沈莹等 1998，1-5 页），《隋书·流求传》也载"流求国，居海岛之中，当建安郡东，水行五日而至"（魏徵等 1982，1823 页）。《诸番志》记载了与"澎湖""毗舍耶""流求""麻逸""三屿"等交通，"（毗舍耶）泉有海岛曰澎湖，隶晋江县，与其国密迩，烟火相望"。"麻逸国在勃泥（加里曼丹）之北，团聚

千余家,夹溪而居。""三屿、白蒲延(即吕宋北的巴布延群岛)、蒲里噜(即吕宋东的波利略群岛)、里银东、新流、里汉等皆其属也。""番商每抵一聚落,未敢登岸,先驻舟中流,鸣鼓以招之"(赵汝适1985,25-26页)。《岛夷志略》也有"澎湖""三屿"往来记载,"(澎湖)有草无木,土瘠不宜禾稻,泉人结茅为屋居之"。"(三屿)男子常附舶至泉州经纪,罄其资囊以文其身,既归其国,则国人以尊长之礼待之,延之上座,虽父老亦不得与争焉。习俗以其至唐,故贵之也"(汪大渊等1981,12、23页)。可见,宋元时期东洋岛屿带与闽地的商贾、人员往来较多。

明清时期,闽粤沿海至东洋岛屿带间稳定的"东洋针路"明确记载于各种"水路簿"中。《东西洋考》卷九"东洋针路"9条,有从大陆往东洋岛屿带"漳州太武山经澎湖屿—吕宋密雁港"的长途航路,以及东洋岛屿带澎湖、鸡笼、淡水、吕宋、猫里务国、以宁、海山、汉泽山、苏禄、印尼东绍武淡水、文莱渤泥等港口之间的往来针路(张燮1981,170-191页),应是闽粤船家在东洋岛屿带海上穿梭的实录。《顺风相送》中,从闽、粤沿海本土放洋"东洋"岛屿带的往返针路更有16条之多,即闽中湄洲东墙、莱屿至澎湖、湄洲前沙至澎湖、闽南泉州至吕宋彭家施兰、泉州至苏禄杉木、泉州至渤泥港、闽南漳州太武至吕宋、漳州浯屿至吕宋麻里吕、漳州太武至琉球及日本兵库、粤东南澳至澎湖,另有吕宋、文莱渤泥、日本平户松浦港等岛屿带港口间的往来针路(向达1961,87-99页)。《指南正法》中,"东洋山水形势"一节介绍了漳州大担放洋经澎湖和台湾岛到菲律宾吕宋岛南部麻老央港的东洋航路沿线的地文特征,所录闽粤本土往东洋路上的台、澎、吕宋岛屿带针路还多于《顺风相送》,构成了一个复杂的东洋针路网(向达1961,137-190)。

考古发现表明,从东海之滨的长江三角洲到闽台两岸,是我国沿海史前、上古滨海与近海聚落密集发育的两个分域,而从史前文化海洋传播的线索看,这两个分域密切关联,新石器时代海岸聚落的发育过程明显,从河口陆岸逐步扩展到近海岛礁、远海岛屿(台湾),再现了"瓯居海中,闽在海中"的江海"岛夷"景观。

东海之滨的长江三角洲以南至杭州湾两岸的史前、上古聚落分布非常密集(图6),其中太湖流域至杭州湾北岸间属于罗家角—马家浜—崧泽—良渚—广富林等文化系列,杭州湾南岸主要是上山—跨湖桥—河姆渡—良渚—马桥等组成的文化系列,两个系列的文化关系紧密并最终融为吴越先民的一体文化。但两个系列陆、海文化景观的发展有别,其中杭州湾南岸史前聚落向海发展的态势更为明确,在冰后期以来海岸环境变迁的背景下,东部的姚江谷地和西部的浦阳江谷地,因地貌环境的差异,海洋性聚落的发展各有线索。西部的浦阳江流域以"由山地向海岸"的发展为特征,距今10000—8500年的上山文化聚落位于钱塘江上游的上山、小黄山两处,距今8500—5000年的跨湖桥、楼家桥文化时期发展到浦阳江入海口的萧山跨湖桥、楼家桥等近10处,良渚文化时增加到15处遗址,遍布浦阳江流域。东部的姚江谷地以"海岸扩张"为特征,距今7000—6000年河姆渡文化早期,处于海侵盛期,河姆渡、鲻山和田螺山遗址分别发现于现海积平原的三个孤立山丘,应属于当时的海岸聚落;距今6000—5000年的河姆渡文化晚期,海平面下降、姚江平原出露,海岸平原上的史前聚落激增到20余处,并向东跨海发展到舟山群岛的白泉遗址,显示了聚落强劲发展的势头;距今5000—4000年的良渚文化时期,聚落达到30余处,舟山群岛上有近10处,遍布杭州湾南岸东部沿海及其近岸海岛。杭州湾南岸新石器时代宏观聚落形态的变迁,是土著先民面向海洋、适应海洋环境发展的典型个案,代表东海之滨于越先民海洋文化的初期实践(曹峻2012)。

图6 太湖流域与钱塘江口的史前遗址时空类聚

注：1，开庄；2，青墩；3，凤凰山；4，三星村；5、6，神墩；7，祁头山；8、9，潘家塘；10，芦花荡；11、12，西溪；13，高城墩；14，东山村；15、16，寺墩；17，新渎庙；18，圩墩；19，庵基墩；20，洪口墩；21，赤马嘴；22，骆驼墩；23，邱城；24，江家山；25，狮子山；26，昆山；27，小山村；28、29，塔地；30，汇观山；31，芦村；32、33，吴家埠；34，瑶山；35，反山；36，莫角山；37、38，邓家山；39，横山；40、41，庙前；42，许庄；43、44，罗墩；45，钱底巷；46，象塔头；47，彭祖墩；48，嘉菱荡；49，丘城墩；50、51，越城；52，俞家渡；53，徐巷；54，俞家墩；55，太平桥村；56、57，龙南；58，港城；59，罗家角；60，新桥；61，新地里；62，徐步桥；63、64，草鞋山；65、66，赵陵山；67、68，张陵山；69，寺前；70，少卿山；71、72，福泉山；73、74，崧泽；75，同里；76，大往；77，广福村；78，梅堰；79，独行；80、81，广富林；82，谭家湾；83，吴家浜；84，大坟塘；85，双桥；86，雀慕桥；87，平邱墩；88，查山；89，亭林；90，马桥；91，钟家港；92，吴家墙；93，郭家石桥；94，坟桥港；95，马家浜；96，彭城；97，庄桥坟；98，蜀山；99，茅草山；100，下孙；101，金山；102，跨湖桥；103，眠犬山；104、105，楼家桥；106，上山；107，上地；108，山背；109，小黄山；110，金鸡山；111，乌龟山；112，舜湖里；113，陶家；114，大坑；115，猪山；116，祝桥；117，蒋家；118，琴弦；119，独山；120，豇豆山；121，水口山；122，绍兴马鞍；123，绍兴仙人山；124，上虞马慢桥；125，牛头山；126，余姚杨岐岙；127，翁家山；128，前溪湖；129，田屋；130，余姚黄家山；131，茅湖；132，慈溪彭桥；133，鲻山；134，新周家；135，慈溪樟树；136，相山佛堂；137，王家；138，坑山陇；139，田螺山；140，下庄；141，河姆渡；142、143，鲞架山；144、145，慈湖；146、147，八字桥；148，镇海马家墩；149，洋墩；150，王家墩；151、152，宁波小东门；153，蟹蛟；154，鄞县钱岙；155，董家跳；156、157，奉化名山后；158、159，象山塔山；160，红庙山；161，嵊泗王家台；162，岱山孙家山；163，岱山蛤蟆山；164，岱山培荫村；165，定海唐家墩；166，洋坦墩；167，凉帽蓬墩；168，河蚌墩；169，白泉。

台湾海峡两岸也发现了新石器时代以来密集发育的滨海聚落群,而且史前、上古文化跨海传播、扩散更明确,成为我国乃至亚太地区原始海洋文化发展的重要策源地(图7)。其中以闽江下游为中心的台海西岸密集发现史前贝丘遗址百余处,这些贝丘靠近或面向当时的河流入海口与海岸

图 7　台湾海峡两岸重要的史前时空类聚

注:1,泰顺牛头岗;2,泰顺狮子岗;3,瑞安山前山;4,瑞安三门宝;5,福安溪潭;6,福安穆阳;7,寿宁武曲;8、9,霞浦黄瓜山;10,霞浦牙城;11,罗源中房;12、13,连江黄岐屿;14,连江后门岙;15、16,马祖亮岛;17、18,马祖炽坪陇;19,建瓯玉山;20,南平宝峰山;21、22,南平樟湖板;23、24,闽侯牛头山;25,闽清寨里山;26,尤溪梅仙;27,尤溪新桥;28、29,闽侯溪头;30,闽侯洽浦山;31、32、33,闽侯庄边山;34、35、36,闽侯昙石山;37,福州浮村;38,福州磐石山;39、40,福清东张;41、42,平潭龟山;43,平潭壳丘头;44,平潭湖埔墩;45,平潭西营;46,平潭祠堂后;47,平潭南厝场;48,惠安音楼山;49、50,惠安蚁山;51,南安狮子山;52,晋江庵山;53,金门龟山;54、55,金门富国墩;56,厦门寨子山;57,厦门灌口;58,漳州松柏山;59,漳浦香山;60,平和火田;61、62,云霄墓林山;63,东山坑北;64,东山大帽山;65、66,诏安腊洲山;67、68,潮安陈桥;69,潮安石尾山;70、71,澎湖果叶;72,澎湖鲤鱼山;73,台北芝山岩;74、75,台北讯塘埔;76,台北大龙峒;77、78,台北大坌坑;79,台北圆山;80,台北植物园;81、82,台中安和;83,台中西大墩;84,台中中冷;85、86,台中惠来;87、88,花莲重光;89、90,台南八甲村;91、92,台南南关里(东);93、94、95,高雄凤鼻头;97、98,屏东垦丁;99、100,台东卑南;101,漳平奇和洞;102,明溪南山塔洞。

带,反映了区域性海洋文化的发生、发展过程。最近在闽江口的马祖亮岛岛尾Ⅰ贝丘遗址的测定年代为距今7380±40年,树轮校正为距今8320—8160年,是台海地区最早的海洋文化遗存(陈仲玉2012)。距今6000—5000年间的壳丘头—昙石山下层时期,海洋文化初步发展,贝丘遗址集中发现于闽江下游入海口的闽侯县石山、溪头、庄边山贝丘底层和下层,并扩散到平潭壳丘头、金门富国墩、诏安腊洲山等地沿海与海岛10多处。距今5000—4000年间的昙石山中层文化时期原始聚落密集分布,闽江下游入海口发现有闽侯昙石山中层、溪头下层、庄边山中层等20多处聚落。距今4000—3000年间的昙石山上层—黄土仑文化时期聚落形态繁盛,闽江下游南北两岸发现有闽侯古洋、黄土仑等40余处古文化遗址,还有一批遗址散布于闽东沿海(吴春明1995;Rolett 2011)。史前、上古时期海洋性聚落还扩散到以台湾西海岸为中心的台湾岛沿海与河岸地带,距今6000—5000年的大坌坑文化聚落见于台北大坌坑、庄厝、台南八甲村、高雄凤鼻头、福德爷庙、澎湖菓叶等,距今4000年前后的细绳纹陶文化聚落发现于台中牛骂头、南投草鞋墩、台南牛稠子、高雄凤鼻头、屏东垦丁鹅銮鼻、花莲盐寮、台东都渔桥、澎湖马公锁港等,距今3000年前后的芝山岩、植物园、营埔、卑南、麒麟、大湖等文化聚落更散布于岛屿两岸(臧振华1999;Su-chiu Kuo 2019)。

东(越)瓯、闽越先民"善于用舟"的航海实践,也在考古学上留下了大量明确的证据,正是百越先民在东海、东洋岛屿带上的逐岛航渡,形成了原南岛语族的早期迁徙、扩张史,初创了历史时期"东洋针路"的航海轨迹。从东海之滨到闽台两岸散布着成百上千的大小岛屿,大陆海岸与陆缘海岛的新石器文化面貌基本一致,反映了史前先民的陆岛航渡。在东海之滨,浙江舟山群岛上的定海岛塘家墩、十字路、大支、潮面、岱山岛的馒头山、大衢岛的孙家山、蛤蟆山、嵊泗岛的菜园镇等都分别发现了与距今6000—4000年间的河姆渡文化、良渚文化相同的内涵,是浙东原始先民海上交通发展的证据(吴玉贤1983)。在闽中沿海,距今6000—4000年的福建平潭岛壳丘头、西营、金门岛富国墩、金龟山、浦边、东山岛大帽山等贝丘遗址的内涵,分别与闽江下游昙石山下层、中层阶段的文化基本相同,也是史前先民近海航行与文化传播的结果(福建省博物馆1991;厦门大学考古专业等1995;林朝启1973;陈仲玉1999;徐起浩1988)。

百越先民的航海活动并不局限于近海的陆岛间,史前文化传播与海洋人群迁徙还发生在台湾海峡、巴士海峡、东南亚群岛与太平洋群岛间的众多大小海峡之间,在更广阔的西南太平洋群岛地带形成了百越-南岛语族海洋文化圈。林惠祥先生早年就注意到台湾史前文化属于"祖国大陆东南一带的系统"、大陆东南人文从海洋"漂去"(林惠祥1955)。半个世纪以来,许多台湾海峡两岸的考古新发现深化了新石器时代文化跨海传播的认识与研究,台湾西海岸北、中、南部的持续发展起来的大坌坑文化—圆山、牛骂头、牛稠子—植物园、营埔、大湖等各时空文化,与大陆东南海岸的富国墩—壳丘头、昙石山、黄土仑等阶段性文化具有密切的跨海互动与交流(张光直1989;臧振华1999)。我们也曾经研究了台湾西海岸距今5000—2000年间的绳纹陶文化—泥质红陶文化—灰黑硬陶文化—方格纹陶文化等不同阶段的民族文化类型与东亚大陆沿海史前文化的同步发展序列,提出"台湾西海岸原始文化的形成和发展,可以看成是史前期东亚大陆向海岛的几次重大文化移动浪潮的结果"(李家添等1992)。其中,以发展过程中的几何形纹彩绘陶、印纹陶为特征,以圜底器和圈足器为主、极少平底器、三足器和袋类器为基本组合,以侈口束颈圜底釜、罐、甗形器配以支座的炊器和高领圜底或圈足的壶、罐、圈足豆为盛器构成稳定的器物群,在闽台两岸的新石器时代至早期金属器时代文化中长久延续,甚至在台湾高山族的史前文化中还能见到传承的余绪(图8、9)(吴春明1994,1997)。近年,有关两岸史前文化传播与人群迁徙的历史又有了新的发现,台南南关里(东)等遗址发现的距今5000年前后的水稻、小米等栽培农业遗存,被认为很可能是浙江河姆渡文化、江淮沿海等农耕文化经由闽东沿海跨海传播的结果,台湾距今4000多年前的花莲丰村、重光

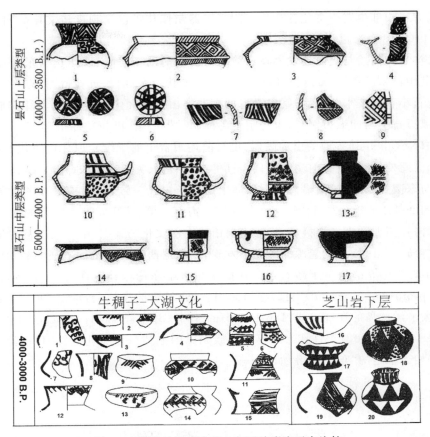

图 8　台湾海峡两岸史前几何形纹彩陶形态比较

注：上，闽江下游：1-11，14-17，昙石山；12-13，溪头。

下，台湾西海岸：1-8，10-12，14-15，凤鼻头；9，13，社脚；16-20，芝山岩。

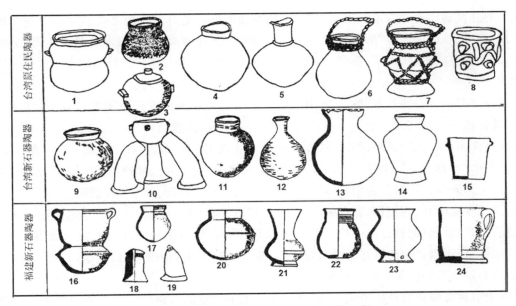

图 9　台湾海峡两岸史前及高山族陶器比较

注：1-8，台湾高山族；9，垦丁；10，鸟崧；11、13，南投；12，花莲；14-15，凤鼻头；16、24，黄土仑；17、18，壳丘头；19，昙石山；20，庄边山；21、23，溪头；22，白主段。

等玉矿区及西海岸中部牛骂头文化存在片切割等玉器制作技术也受到良渚文化的明确的影响（臧振华等 2013，116-118 页）。

类似的海洋文化传播与交流还发生在台湾岛与吕宋的巴士海峡、菲律宾与东南亚群岛间的诸多海峡之间，其中吕宋岛莱泽-布拉坎（Rizal-Bulakan）文化以及苏禄、苏拉威西、东帝汶等岛屿上全新世初期的燧石小石器技术、内涵与闽粤沿海的莲花池山上层文化非常接近，菲律宾群岛上常见的有段石锛、凹弧刃石锛与凹弧刃铜斧，也与闽台各地同类器一致，巴拉望岛塔邦（Tabon）洞穴、吕宋岛的诺瓦列加（Novaliches）等地的史前陶器，也与前述闽台史前延续至原住民时代的圜底、圈足器群组合相吻合。此外，菲律宾史前文化中代表性的有肩石器、突纽异形玦（Ling-Ling-O）、树皮布石拍等内涵，还与东南亚半岛、岭南沿海及台湾岛上的同类内涵一致，是跨越南海史前文化互动的另类因素（吴春明 2008）。新石器时代以来东亚大陆沿海至台湾、菲律宾等岛屿带的海洋文化传播与交流还有持续向外拓展到太平洋群岛，形成南岛语族史前文化的证据，中外民族考古学家在探索东南亚、太平洋群岛土著民族文化起源的研究中发现，波利尼西亚群岛上的有段石锛、太平洋群岛上的拉皮塔（lapita）文化等都是源于新石器时代的中国大陆东南。林惠祥、张光直等还先后勾画出"原南岛语族（proto-Austronesian）"自闽粤沿海出发，通过台湾海峡、台湾岛、菲律宾群岛、印尼群岛，最后抵达太平洋群岛的迁徙路线（Lin Huixiang 1937；林惠祥 1958；Bellwood 1979，1997；张光直 1987；Rolett, et al. 2002）。百越与原南岛语族先民的上述海洋文化起源、传播路线，与历史时期持续发展并相当稳定的"东洋针路"如出一辙。

四、西、南洋上"徐闻、合浦南海道"及"广州通海夷道"源于南越、骆越先民的海洋文化交流

从南海之滨到印度洋沿岸，"南洋""西洋"航路是历史时期海上丝绸之路的核心航段。相继以秦汉时期"徐闻、合浦南海道"的沿岸航路、唐宋时期"广州通海夷道"的离岸航路为代表，历史时期传统西、南洋航路在南越、西瓯、骆越、儋耳等土著先民初创的新石器时代以来的海洋文化交流中也可见端倪。

在周汉史籍中，南越、西瓯、骆越、儋耳等都是南海北岸十分活跃的土著海洋族群，"海中洲居"并以产"珠玑玳瑁"为特征。《史记·南越列传》载："南方卑湿，蛮夷中间，其东闽越千人众，号称王，其西瓯、骆、裸国亦称王"（司马迁等 1959，2970 页）。《汉书·地理志》载："粤地，牵牛、婺女之分野也。今之苍梧、郁林、合浦、交趾、九真、南海、日南，皆粤分也。""自合浦徐闻南入海，得大洲，东西南北方千里，武帝元封元年略以为儋耳、珠崖郡"（班固等 1962，1670 页）。又《贾捐之传》："初武帝征南越，元封元年立儋耳、珠崖郡，皆在南方海中洲居"（班固等 1962，2830 页）。这些滨海而居的南越土著先民，早在商周时期就已向中原王朝进贡珠玑、玳瑁、象齿南海海洋特产，《逸周书·王会解》"伊尹朝献商书"段语，"正南瓯邓、桂国、损子、产里、百濮、九菌，请以珠玑、玳瑁、象齿、文犀、翠羽、菌鹤、短狗为献"（黄怀信等 2007，908-915 页）。

早期土著南海海洋活动的基础上，汉唐时期产生了固定的海路"徐闻、合浦南海道""广州通海夷道"。《汉书·地理志》载："自日南障塞、徐闻、合浦船行可五月有都元国，又船行可四月有邑卢没国，又船行可二十余日有谌离国，步行可十余日有夫甘都卢国。自夫甘都卢国船行可二月余有黄支国……自黄支船行可八月到皮宗，船行可二月到日南、象林界云。黄支之南有已程不国"（班固等

1962,1671 页)。黄支国在印度东海岸、已程不国即斯里兰卡(韩振华 1958；王子今 1992)，结合《后汉书·郑弘传》语"旧交趾七郡贡献转运，皆从东冶泛海而至"(范晔等 1965，1156 页)，这是文献记载最早的从番禺、东冶起航的南海、印度洋航路，但这是经徐闻、北部湾和越南东海岸的沿岸航线。东晋名僧法显从斯里兰卡"浮海东还"，"自师子国(今斯里兰卡)到耶婆提国(今苏门答腊)"，又"自耶婆提归长广郡界"，航程中"大海弥漫无边，不识东西，唯望日月星宿而进"，并从苏门答腊"东北行，趣广州"(章巽等 1985，167-171 页)，这是文献记载的西南洋航路上不经日南、合浦、徐闻沿岸中转的最早的离岸航路实践。唐代"广州通海夷道"是一条从广州经南海、马六甲、波斯湾到东非海岸的稳定而成熟的离岸远洋航程，是唐代西、南洋航路最系统的实录，是历代船家航海实践的总结，其中跨越南海段的离岸航程直接从广州经海南岛东北部南下，"广州东南海行二百里至屯门山(今香港)，乃帆风西行二日至九州石(海南东北角)，又南二日至象石(海南东南角)。……佛逝国(苏门答腊东南)东水行四五日至诃陵国(爪哇)"(欧阳修等 1975，1153-1154 页)。

　　从源头上看，从秦汉时期沿南海北岸、西岸航行的"徐闻、合浦南海道"到唐宋时期纵跨南海的"广州通海夷道"离岸航路，历史时期西、南洋航路的开辟，同样离不开新石器时代以来从南海北岸到中南半岛沿岸南越、骆越土著先民的海洋实践(吴春明 2011a，2010b；Kim Dung Nguyen，2019)。南海之滨的史前、上古海洋聚落形态密集发育，关系密切并整合一体，成为环中国海海洋文化特殊而重要的一个区系，其中珠三角中心地带迄今已发现贝丘、沙丘遗址 100 多处，贝丘一般位于今珠三角及河口，沙丘则常见于珠江口两侧大陆沿海岸或海岛沿岸，都具有丰富的海洋与水生资源，体现了南海土著"海中洲居"并以"珠玑玳瑁"为献的海洋文化特征(图 10)(朱非素 1994)。海湾型贝丘出土的贝类以牡蛎、文蛤和海月贝等为主，河口型贝丘以河蚬最多，另有文蛤、牡蛎等，河岸型贝丘全部为河蚬(袁靖 1999)。从初步编年看，最初的滨海聚落距今 7000—6000 年，见于香港沙头角新村下层、东湾下层、深圳咸头岭与大黄沙的下层。距今 6000—5000 年的新石器时代中期贝丘和沙丘聚落以深圳咸头岭、珠海后沙湾等 20 多处沙丘为代表，还有增城金兰寺下层等河岸贝丘 10 多处。距今 5000—3000 年的新石器时代晚、末期遗址数量更多、分布更集中，三角洲附近的低岗、土墩及海边的沙岗都成了土著先民的聚居地，其中高要茅岗发现大型干栏式水上建筑，三水银洲聚落面积达到 35000 平方米，显示出土著海洋文化的壮大态势。珠海、澳门、香港等地史前岩画上还描绘了土著居民舟楫渔归、濒海祭祀等海洋活动图画(徐恒彬等 1991；吴春明等 2003)。此外，海洋聚落还向珠三角两侧的沿海与海南岛扩展，西侧北部湾沿岸有广东遂溪县江洪镇东边角村鲤鱼墩、广西防城港亚菩山、马兰咀山、杯较山、社山、蟹岭、番桃坪、营盘村、蠔潭角、大墩岛、钦州芭蕉墩、北海高高墩等贝丘，以及北海西沙坡、牛屎环塘、钦州上洋角、妮义嘴等沙丘遗址，年代从距今 6000—4000 年不等(李珍 2019)。海南岛沿海也先后发现新石器时代海岸沙丘、贝丘遗址十多处，距今 5000—2500 年，沿环岛海岸密集分布、海洋性渔捞经济为特征(何国俊 2012；傅宪国 2016)。

　　南越、骆越土著先民原始航海实践也见证于新石器时代的海洋文化交流，土著先民的陆岛近海穿梭非常频繁，珠江三角洲沿海的珠海淇澳岛、三灶岛、横琴岛、东澳岛、高栏列岛、荷包岛(珠海市博物馆等 1991，1999)、深圳大铲岛、内伶仃岛(黄崇岳等 1990)、香港大屿岛、赤鱲角岛、澳门九澳岛(Meacham 1994；区家发等 1988；邓聪等 1996)等都发现了史前、上古的岛屿文化遗存，与珠江三角洲腹地距今 7000—4000 年之间新石器文化面貌一致(商志䜣等 1990)。海南环岛距今 5000—2500 年的新石器时代至先秦时代文化遗存中，也可分别看到岭南大陆同期文化的内涵(何国俊 2012；傅宪国 2016)，应是南海北岸史前人群陆岛间移动、穿梭的结果。北部湾两侧的越南北部海岸和岭南沿海史前文化交流也十分密切。以红河下游为中心中南半岛东北沿海为例，新石器、青铜时代文化中发现了大量与岭南、海南岛沿海同期文化相同或相似的因素，越南海岸距今 6500—

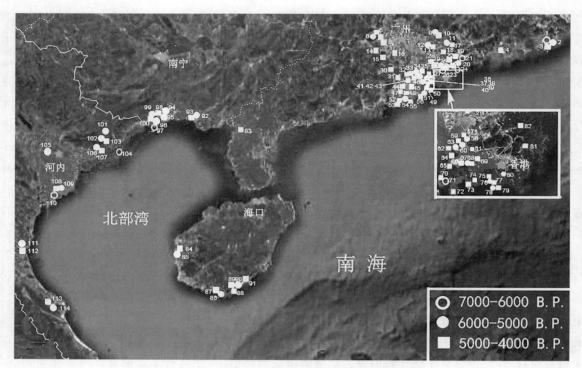

图 10　南海北岸新石器时代聚落时空类聚

注：1、2，潮安陈桥；3，潮安石尾山；4，海丰三舵；5，三水银州；6，高要蚬壳洲；7，船埋岗；8，通心岗；9、10，增城金兰寺；11，东莞万福庵；12、13，蚝岗；14，高明古椰；15，南海鱿鱼岗；16，佛山河宕；17，东莞圆洲；18，东莞村头；19、20、21，深圳咸头岭；22、23、24，深圳大黄沙；25、26，深圳小梅沙；27，深圳沙头角新村；28，灶下村；29，赤湾村；30，南海灶岗；31，罗山地；32，猫地 33、34，白水井；35，外沙；36、37，珠海后沙湾；38，珠海东澳湾；39，珠海亚婆湾；40，珠海棱角嘴；41，中山南沙 42、43，中山龙穴；44，珠海棠下环；45，西瓜铺；46，下栅；47，水井口；48，水涌；49，珠海蟹地角；50，南沙湾；51，澳门黑沙；52，珠海宝镜湾；53，锁匙湾；54、55，珠海草堂湾；56，赤沙湾；57、58，香港涌浪；59、60，香港龙鼓滩；61，香港石角嘴；62，香港沙洲；63，香港龙鼓洲；64，香港白芒；65，香港沙螺湾；66，香港扒仔鼓；67、68，香港蟹地湾；69，香港东湾仔北；70、71，香港东湾；72，香港小鸭洲；73，香港鲔鱼湾；74，香港大鬼湾；75、76，香港大湾；77，香港芦须城；78、79，香港深湾；80，香港春坎湾；81，香港沙下；82，香港蚝涌；83，遂溪鲤鱼墩；84、85，东方新街；86、87，三亚英墩；88，陵水石贡；89、90，陵水桥山；91，陵水移憮；92、93，北海高高墩；94，钦州芭蕉墩；95，防城港大墩岛；96、97，东兴亚菩山；98，社山；99，东兴马兰嘴山；100，东兴杯较山；101，Ha Lung；102、103，Phung Nguyen；104，Cai Beo；105，Son Vi；106、107，Trang Kenh；108、109，Da But；110，Hoa Loc；111、112，Quynh Van；113、114，BauTro。

4500 年查卑(Cai Beo)、琼文(Quynh Van)文化，与广西北部湾的东兴、防城、钦州等地的 10 多处以打制蚝蛎啄、粗砂陶为特征的贝丘遗址的内涵高度一致，与前述环珠江口新石器中期的咸头岭、后沙湾等 20 多处沙丘、贝丘遗址的内涵也有密切的联系。越南海岸距今 4500—3500 年的下龙(Ha Long)、保卓(Bau Tro)文化与桂、粤、琼及闽南沿海发现的以树皮布石拍、双肩大石铲、带四突纽玉玦和牙璋为特征的龙山时代至夏代前后文化遗存基本一致(吴春明 2011a；Kim Dung Nguyen 2019)。进入青铜时代以后，持续发展的铜豆(Dong Dau)、扪丘(Go Mun)、东山(Dong Son)文化序列中，更发现大量闽越、南越、西瓯等文化的代表性内涵，显示出华南沿海百越系统文化的内在整合及文化交流(吴春明 2010b)。有学者通过对新石器、青铜时代东南南部广泛分布的有段石锛和有肩石器这两种代表性石器的时空分布与类型学研究后发现，有段石锛在长江下游起源，主要沿东路南下，经福建而入台湾岛、菲律宾群岛及太平洋群岛，与上述"原南岛语族"迁徙路线一致；有肩石器起源于珠江三角洲，主要沿西路南下，进入中南半岛与东南亚，与沿海海洋文化的交流同步(图 11)(傅宪国 1988)。

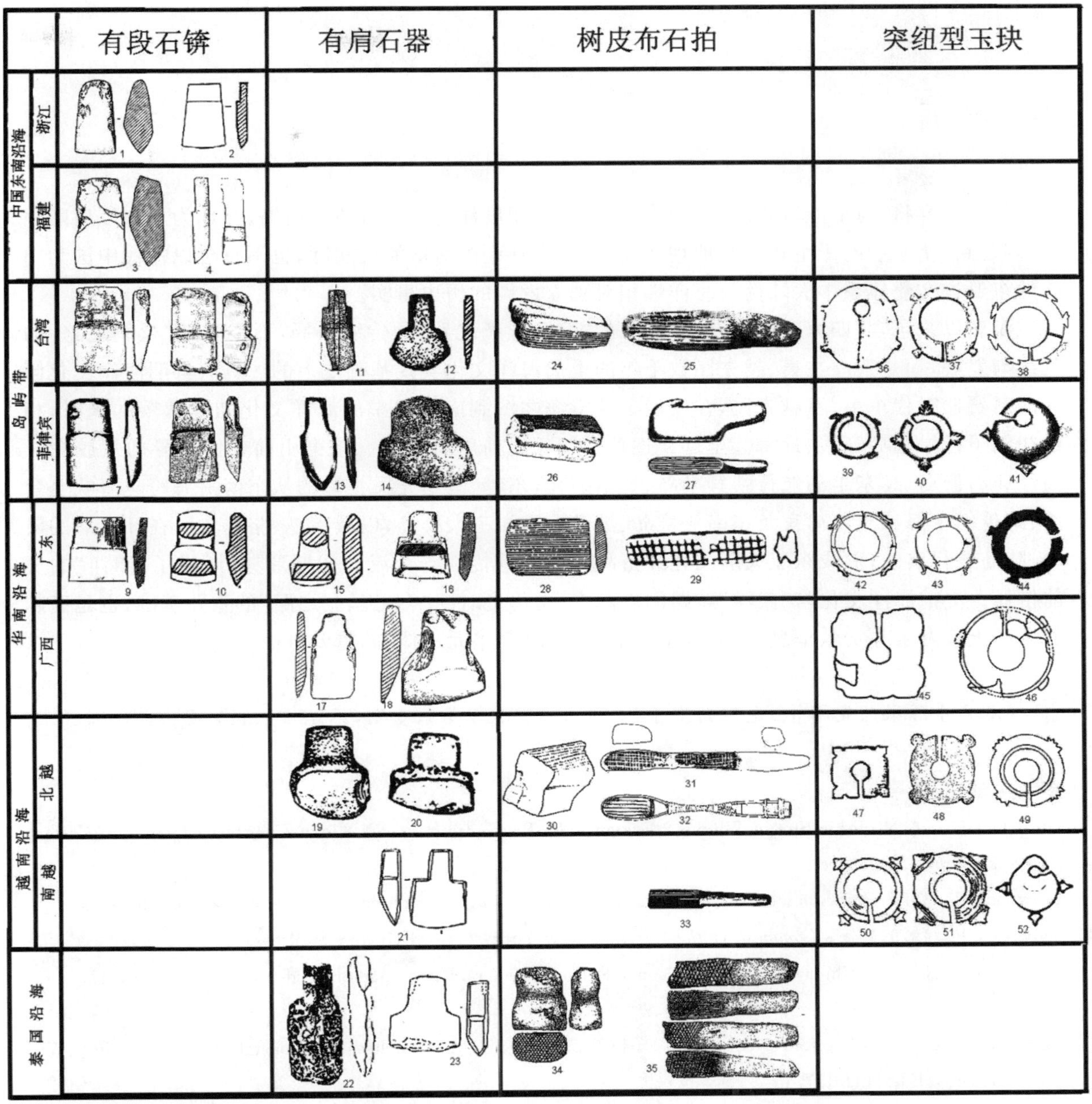

		有段石锛	有肩石器	树皮布石拍	突纽型玉玦
中国东南沿海	浙江				
	福建				
岛屿带	台湾				
	菲律宾				
华南沿海	广东				
	广西				
越南沿海	北越				
	南越				
泰国沿海					

图 11　环南海异型玉(石)器的空间联系

注:1,浙江余姚河姆渡下层(7000—6000BP);2,浙江余姚前溪湖(5000—4000BP);3,福建霞浦黄瓜山(4000—3500BP);4,福建闽侯溪头上层(3500—3000BP);5、6、11、12,台湾台北圆山(3500—2000BP);7、8、13、14,菲律宾吕宋(2200—1000BP);9、16,广东曲江石峡下层(4500—4000BP);10、15,广东海丰(4000—3000BP);17、18,广西武鸣Nongshan(4000—3000BP);19、20,越南北部 Cai Beo 文化(5000—4000BP);21,越南南部边河(Bianhe)省(4000—3000BP);22,泰国 Nan River Basin, Thailand(4000—3000BP);23,泰国(4000—3000BP?);24,台湾台北 Baishuixi(5000—4000BP);25,台湾台北大垈坑(5000—4000BP);26、27,菲律宾吕宋(3000—2000BP);28,广东深圳咸头岭(7000—5000BP);29,广东中山龙穴(7000—5000BP);30、31,越南北部冯原文化(Phung Nguyen)(5000—3500BP);32,越南北部 Lo Grach 遗址(5000—3500BP);33,越南南部 Badong 遗址(4000—3000BP);34,泰国 Sulitani,(4000—3000BP);35,泰国 Nakongzutangmali(4000—3000BP);36、37、38,台湾台东卑南文化(3000—2000BP);39、40、41,菲律宾吕宋(2000—1000BP);42、43,广东曲江石峡中层(4000—3500BP);44,香港南丫岛(4000—3000BP);45,广西武鸣 Yangshan 遗址(3500—3000BP);46,广西田东锅盖岭遗址(3500—3000BP);47,越南北部冯原文化(Phung Nguyen)(5000—3500BP);48、49,越南北部扪丘文化(Go Mun)(3000—2500BP);50、51、52,越南南部沙莹文化(Sa Huynh)(2500—2000BP)。

五、结语

传统研究将"海上丝绸之路"限定为经由南海、印度洋的东西方传统航路，并作为唐宋以后陆地"丝绸之路"堵塞后的派生环节与地理变迁，不符合环中国海航海史实际，也不符合以古代中国为中心的东亚古文化体系中大陆性与海洋性相对独立发展的历史事实。

汉唐以来包含"四海""四洋"航路体系的"海上丝绸之路"的传统格局，不是陆地"丝绸之路"的延续与发展，而是建立在夷、越先民数千年的史前海洋文化实践基础之上的。具有鲜明海洋文化倾向的新石器时代东夷、百越先民，在发展了从黄海之滨到南海北岸的海洋文化初期繁荣的同时，相继初创了近岸陆岛穿梭、远海甚至远洋逐岛梯航等史前航海实践。东夷史前先民主导的从胶东半岛经庙岛群岛、辽东半岛航行朝鲜半岛、日本列岛，东越、闽越先民主导的从东南沿海跨越海峡至台湾、跨越巴士海峡至菲律宾及东南亚群岛、漂航太平洋三大群岛，以及南越、骆越先民在环南海的沿岸、陆岛航行实践，形成东亚大陆文化经由海洋的对外传播与交流的初期形势，形成了"四洋"的史前格局。史前海洋文化与"四洋"航路的史前史，是历史时期"海上丝绸之路"的重要基础，也是夷越的海洋土著融入并贡献华夏、汉人为中心的中华文明"多元一体"的重要方面。

（本文中译稿改定后，已先期刊发于《江汉考古》2023年第4期，第49-64、121页。）

参考文献

Lin，H.，1937，A Neolithic Site in Wuping，Fukien. *The Proceedings of the Third Congress of the Far Eastern Prehistorians*，Singapore.

Bellwood，P.，1997，*Prehistory of the Indo-Malaysian Archipelago*，Honolulu：University of Hawaii Press.

Bellwood，P.，1979，*Man's Conquest of the Pacific*，New York：Oxford University Press.

Richthofen，F.，1877，China，Ergebnisse eigener Reisen und derauf gegrondeter Studien，Bd.1，Berlin，477、496、500、507.

Nguyen，K. D.，2019，The Late Neolithic to Early Bronze Age on the Northeastern Coastal of Vietnam，in C.Wu，B.V. Rolett，Eds.，141-157.

Rolett，B. V.，Jiao，T.，Lin，G.，2002. Early seafaring in the Taiwan Strait and the search for Austronesian origins. *Journal of East Asian Archaeology*，4，307-319.

Rolett，B. V.，Zheng，Z. & Yue，Y.，2011. Holocene sea-level change and the emergence of Neolithic seafaring in the Fuzhou Basin(Fujian，China).*Quaternary Science Reviews* 30，788-797.

Meacham，W.，1994，Archaeological Investigations on Chek Lap Kok Island，Hongkong Archaeological Society.

Kuo，S.，2019，*New Frontiers in the Neolithic Archaeology of Taiwan*(5600-1800 BP)：*A Perspective of Maritime Cultural Interaction*，Springer Nature Singapore.

［法］布尔努瓦著，耿升译，1982，《丝绸之路》，新疆人民出版社，第31-57页。

白云翔，2018，《公元前一千纪后半段中韩交流的考古学探究》，《中国国家博物馆馆刊》第4期。

（汉）班固撰，（唐）颜师古注，1962，《汉书》，中华书局。

曹峻，2012，《杭州湾南岸史前聚落的变迁与海洋适应》，载《海洋遗产与考古》，科学出版社。

曹永和，1980，《明郑时期以前的台湾》，载《台湾史论丛》第一辑，台湾众文图书公司。

(元)陈大震,1986,《大德南海志残本》,广州市地方志研究所。

陈佳荣、朱鉴秋主编,2016,《海路针经》,上、下册,广东科技出版社。

陈佳荣,1992,《宋元明清之东西南北洋》,《海交史研究》第 1 期。

陈炎,1982,《略论海上丝绸之路》,《历史研究》第 3 期。

陈炎,2002,《丝绸之路的兴衰及其从陆路转向海路的原因》,载《海上丝绸之路与中外文化交流》,北京大学出版社。

陈高华、吴太、郭松义,1991,《海上丝绸之路》"前言",海洋出版社。

(晋)陈寿著,(刘宋)裴松之注,2006,《三国志》,中华书局。

陈仲玉,1999,《福建金门金龟山与浦边史前遗址》,《东南考古研究》第二辑,厦门大学出版社。

陈仲玉,2012,《马祖列岛新石器时代的海洋聚落》,载《海洋遗产与考古》,科学出版社。

郭素秋,2018,《台湾四五千年前的史前文化与良渚文化的关系——以片切割技法为例》,《大坌坑文化与周边区域关系探讨学术研讨会会议文集》,"中研院"史语所。

邓聪,2000,《史前蒙古人种海洋扩散研究——岭南树皮布文化发现及其意义》,《东南文化》第 1 期。

邓聪、郑炜明,1996,《澳门黑沙》,香港中文大学出版社。

佟伟华,1989,《胶东半岛与辽东半岛原始文化的交流》,载苏秉琦主编《考古学文化论集(二)》,文物出版社。

福建省博物馆,1991,《福建平潭壳丘头遗址发掘简报》,《考古》第 7 期。

(刘宋)范晔撰,(唐)李贤等注,1965,《后汉书》,中华书局。

傅宪国,2016,《海南东南部沿海地区新石器时代遗存》,《考古》第 7 期。

傅宪国,1988,《论有段石锛和有肩石器》,《考古学报》第 1 期。

干小莉,2008,《从凸纽形玦看环南海史前文化的交流》,《南方文物》第 3 期。

顾颉刚,1959,《禹贡注释》,载《中国古代地理名著选读》,科学出版社。

韩榕,1986,《胶东原始文化初探》,载《山东史前文化论文集》,齐鲁书社。

韩振华,1958,《公元前二世纪至一世纪间中国与印度东南亚的海上交通——汉书地理志粤地条末段考释》,《厦门大学学报》第 2 期。

何国俊,2012,《环海南岛的史前聚落与海洋文化》,载《海洋遗产与考古》,科学出版社。

黄怀信、张懋镕、田旭东,2007,《逸周书汇校集注》,上海古籍出版社。

黄崇岳、文本亨,1990,《深圳文物考古工作十年》,《文物》第 11 期。

(北魏)郦道元著、王国维校,1984,《水经注校》卷一,上海人民出版社,第 31-33 页。

林朝启,1973,《金门富国墩贝冢遗址》,台大《考古人类学刊》第 33-34 期。

林梅村,2006,《丝绸之路考古十五讲》,北京大学出版社 2006 年,第 4 页。

林惠祥,1955,《台湾石器时代遗物的研究》,《厦门大学学报》第 4 期。

林惠祥,1958,《中国东南地区新石器文化特征之一:有段石锛》,《考古学报》第 3 期。

凌纯声,1954,《中国古代海洋文化与亚洲地中海》,《海外杂志》第 3 期。

凌曼立,1963,《台湾与环太平洋的树皮布文化》,载《树皮布印文陶与造纸印刷术发明》,第 211-249 页,台湾"中研院"民族学研究所。

李珍,2019,《北部湾沿海的早期海洋经济与适应性文化》,《南方文物》第 3 期。

李家添、吴春明,1992,《台湾西海岸史前文化编年初论》,《南方文物》第 3 期。

栾丰实,2008,《海岱地区史前时期稻作农业的产生、发展与扩散》,载《海岱地区早期农业和人类学研究》,科学出版社。

联合国教科文组织海上丝绸之路综合考察泉州国际学术讨论会组委会,1991,《中国与海上丝绸之路——联合国教科文组织海上丝绸之路综合考察泉州国际学术讨论会论文集》,福建人民出版社。

(汉)刘安著,陈静校注,2010,《淮南子》,中州古籍出版社。

(元)马端临,2000,《文献通考》,浙江古籍出版社。

(宋)欧阳修、宋祁撰,1975,《新唐书》卷四十三下《地理志》,中华书局,第 1146-1147 页。

(宋)欧阳修、宋祁撰,1975,《新唐书》卷四十三下《地理志》,中华书局,第 1153-1154 页。

（唐）欧阳询撰、汪绍楹校，1965，《艺文类聚》卷六，中华书局。

区家发、邓聪，1988，《香港大屿山东湾新石器时代沙丘遗址的发掘》，载《纪念马坝人化石发现三十周年文集》，文物
　　出版社。

（清）阮元注疏，2009，《十三经注疏》，中华书局。

商志（香覃）等，1990，《环珠江口史前沙丘遗址的特点及有关问题》，《文物》第 11 期。

苏秉琦，1978，《略谈我国东南沿海地区的新石器时代考古》，《文物》第 3 期。

［法］沙畹（Edouard Chavannes）著，冯承钧译，2004，《西突厥史料》（*Documents sur les Tou-kiue occidentaux*，1903），中华
　　书局新 1 版，第 208 页。

［瑞典］斯文赫定，江红、李佩娟译，2010，《丝绸之路》，新疆人民出版社，第 224 页。

邵望平，1989，《〈禹贡〉"九州"的考古学研究》，载《考古学文化论集（2）》，文物出版社。

（三国）沈莹撰、张崇根辑注，1998，《临海水土志》第 1-5 页，中央民族大学出版社。

（汉）司马迁著，（刘宋）裴骃集解，（唐）张守节正义，1959，《史记》，中华书局。

珠海市博物馆等，1991，《淇澳岛后沙湾遗址发掘》、《三灶岛草堂湾遗址发掘》、《淇澳岛亚婆湾、南芒湾遗址调查》、
　　《东澳岛南沙湾遗址调查》、《高栏列岛与南水镇遗址调查》，均载《珠海考古发现与研究》，广东人民出版社。

珠海市博物馆等，1999，《广东珠海荷包岛锁匙湾遗址调查》，载《东南考古研究》第二辑，厦门大学出版社。

（元）脱脱等撰，1977，《宋史》，中华书局。

王子今，1992，《秦汉时期的东洋与南洋航运》，《海交史研究》第 1 期。

（元）汪大渊著，苏继庼校释，1981，《岛夷志略》，中华书局。

王富强、孙兆锋、李芳芳，2015，《先秦时期胶东与辽东海上文化交流综论》，载《海洋遗产与考古》第二辑，科学出
　　版社。

王富强，2008，《周代以前胶东地区经济形态的考古学观察》，载《海岱地区早期农业和人类学研究》，科学出版社。

王锡平、李步青，1990，《论胶东半岛与辽东半岛史前文化关系》，《中国考古学会第六次年会论文集》，文物出版社。

（唐）魏徵，令狐德棻，1982，《隋书》，中华书局。

吴玉贤，1983，《从考古发现谈宁波沿海地区原始居民的海上交通》，《史前研究》第 1 期。

吴春明、王炜，2003，《寻找"王者之舟"》，《东南文化》期。

吴春明，1997，《粤闽台沿海的彩陶及相关问题》，《中国考古学会第九次年会论文集》，文物出版社。

吴春明，1994，《从原始制陶探讨高山族文化的史前基础》，《考古》第 11 期。

吴春明，1995，《闽江流域先秦两汉文化的初步研究》，《考古学报》第 3 期。

吴春明，2008，《菲律宾史前文化与华南的关系》，《考古》第 9 期。

吴春明，2010a，《"岛夷卉服"、"织绩木皮"的民族考古新证》，《厦门大学学报》第 1 期。

吴春明，2010b，《东山文化与瓯雒国问题》，载《东南考古研究》第四辑，厦门大学出版社。

吴春明，2011a，《红河下游新石器时代文化与华南的关系》，载《百越研究》第二辑，安徽大学出版社。

吴春明，2011b，《"环中国海"海洋文化的土著生成与汉人传承论纲》，《复旦学报》第 1 期。

吴春明，2012，《海洋文化与海洋考古》，载《海洋遗产与考古》，科学出版社。

吴春明，2016，《对"海上丝绸之路"研究有关问题的重新思考》，《南方文物》第 3 期。

吴春明，2017，《中华文明形成期的陆海秩序》，载《李下蹊华——庆祝李伯谦教授八十华诞论文选》，科学出版社，第
　　296-309 页。

吴春明，2020，《从沉船考古看海洋全球化在环中国海的兴起》，《故宫博物院院刊》第 5 期。

向达整理，1961，《郑和航海图》（即茅元仪《武备志》卷二百四十录《自宝船厂开船从龙江关出水直抵外国诸番
　　图》），中华书局。

向达校注，1961，《两种海道针经》，中华书局，第 87-99，137-190 页。

徐恒彬、梁振兴，1991，《高栏岛宝镜湾石刻岩画与古遗址的发现与研究》，《珠海考古发现与研究》，广东人民出
　　版社。

徐起浩，1988，《福建东山县大帽山新石器时代贝丘遗址》，《考古》第 2 期。

厦门大学考古专业,福州市文物考古工作队,1995,《1992年福建平潭岛考古调查新收获》,《考古》第7期。

严文明,1986,《胶东原始文化初论》,载《山东史前文化论文集》,齐鲁书社。

严文明,2000,《中国古代农业文化的东传对日本早期社会发展的影响》,《胶东考古记》,均收入《农业发生与文明起源》,科学出版社。

袁靖,1995,《中国大陆东南沿海贝丘遗址研究的几个问题》,《考古》第12期。

袁靖,1998,《胶东半岛贝丘遗址环境考古研究的几点认识》,《东南文化》第2期。

袁靖,1999,《珠江三角洲贝丘遗址的环境考古学问题》,《东南考古研究》第2辑,厦门大学出版社。

(汉)袁康著,吴平校注,1985,《越绝书》,上海古籍出版社。

袁珂校注,2014,《山海经校注》,北京联合出版社。

中国社会科学院考古研究所,1999,《胶东半岛贝丘遗址环境考古》,社科文献出版社。

中国航海学会,1988,《中国航海史(古代航海史)》,人民交通出版社。

张光直,1987,《中国东南海岸考古与南岛语族的起源问题》,《南方民族考古》第一辑,四川大学出版社。

张光直,1989,《新石器时代的台湾海峡》,《考古》第6期。

臧振华,1999,《台湾考古的发现与研究》,载《东南考古研究》第二辑,厦门大学出版社。

臧振华、李匡悌,2013,《南科的古文明》,台湾史前文化博物馆,第116-118页。

章巽校注,1985,《法显传校注》,上海古籍出版社,第167-171页。

(宋)赵汝适,1985,《诸番志》,中华书局。

朱非素,1994,《珠江三角洲贝丘、沙丘遗址和聚落形态》,《南中国及邻近地区古文化研究》,香港中文大学出版社。

(宋)真德秀,1926,《西山先生真文忠公文集》卷八"申枢密院措置沿海事宜状"称闽中为北、南二洋舟船汇聚之地,"围头去(泉)州一百二十余里,正阚大海,南、北洋舟船往来必泊之地","海道自北洋入本州界,首为控扼之所",商务印书馆。

(宋)周去非,《岭外代答》卷二"海外诸番国"载:"三佛齐(苏门答腊)之南,南大洋海也,海中有屿万余。"

(明)张燮,1981,《东西洋考》卷一至四"西洋列国"包括了北起越南"交趾""占城",南至"麻六甲""池闷"(今帝汶岛)的南海西部海域,中华书局。

(晋)张华,2012,《博物志外七种》,上海古籍出版社。

(明)郑若曾,1996,《郑开阳杂著》,"四库全书存目丛书"本,史部地理类第227册,齐鲁书社。

(元)佚名,《南海志·诸番国》"东洋佛坭国管小东洋"包括菲律宾群岛到加里曼丹的北岸,"单重布啰国管大东洋""阇婆国管大东洋"包括巽他海峡以东的一带;

(明)佚名,1996,《海道经》载多条南北沿岸航路,其中长江口刘家港上行至山东半岛成山角水路,"便见北洋绿水","若过黑水洋,见北洋","如在北洋,官绿水内,好风一日一夜,正北望见山,便是显神山","四库全书存目丛书"本,史部地理类第221册,齐鲁书社。

A2　新石器时代农耕文化传入中南半岛的沿海通道

[新西兰]查尔斯·海格姆(Charles F. W. Higham)

(新西兰奥特加大学人类学与考古学系，Department of Anthropology and Archaeology, University of Otago, New Zealand)

吴春明　译

水稻的人工栽培最早出现在长江流域，大多数人认为，从公元前第三千年晚期开始，农耕社会向南扩展到了东南亚大陆。考古学和生物人类学新发现，以及对既有考古报告的重新检讨，可以清晰地揭示出新石器时代稻作农人向南扩张的过程。现有证据表明，这一时期出现了人群的海洋扩张，起源于长江下游，沿福建沿海向南扩展至岭南，然后进入东南亚。稻作农人在这一文化变迁过程中，迁徙来到了一系列曾长期由土著狩猎采集者居住的新栖息地。三个关键遗址的资料，记录了东南亚史前人群的这一海上扩张过程，北部湾(Bac Bo)畔的蛮泊(Man Bac)遗址，位于越南北部的红河流域；越南南部同奈(Dong Nai)江河谷的几个遗址之一的安山(An Son)遗址；泰国中部 Bang Pakong 河口的科潘农迪(Khok Phanom Di)遗址，该遗址颅骨和牙齿变化的新分析发现遗址的主人与新迁移来的稻作农人有关。但因新人口对河流入海口栖息地的适应，这里的水稻种植只占次要地位，新移民转而适应了狩猎和采集，尽管他们继续保持着新石器时代物质文化的整体形态。

一、导论

关于东南亚大陆(MSEA)何时以及如何出现人工栽培水稻的问题，学术界存在两种截然不同的意见。第一种强调本地文化的连续性，在这种情况下，"农耕文化的传播主要被视为当地狩猎采集者的后代接受农业技术传播的结果，而不是新语族或基因的传播"(Pietreuwsky 2010)。这一看法在巽他型(Sundadont)和汉人型(Sinodont)两种不同的牙齿形态的区分中得到了支持，前者集中流行于东南亚，而后者则集中在更远的北方(Turner 1990)。第二种意见为"两层"假设，认为栽培水稻和小米的农民从北部的驯化中心迁移到了东南亚，张光直和 Goodenough(1985)最初提出了一个类似的理论，认为农耕文化通过台湾向东南亚岛屿扩散，随后 Bellwood 在对沿海和内陆史前聚落的研究中支持这一看法。

本文关于稻作农耕人群沿海岸向东南亚扩展的研究，受到了最近欧洲考古学上通过同位素、人类基因、人类生物学和考古学等综合分析，探讨欧洲新石器时代早期农人定居社会新研究的启发(Whittle & Bickle 2014)。本研究的首要关键是确定水稻在何处和何时被人工驯化。

长江流域水稻的驯化过程，已通过八里岗(Deng et al. 2015)、上山(公元前 10000—前 8000

年)、湖西(公元前 7000—前 6400 年)和田螺山(Fuller et al. 2009;Zheng et al. 2016)等遗址的发掘与研究得以厘清。驯化水稻的出现刺激了农业社群向四川盆地和南部的云南、广西和广东扩散。这一时期,华南地区原是狩猎采集者的家园,广西的顶狮山文化和越南北部的多笔文化是这些狩猎采集文化的典型代表。总的来说,在整个东南亚,许多高地的岩荫、岩棚都有采集狩猎者的遗址,在巽他地盘(Sundaland)上的水下应该还有更多这样的定居点。由于这些狩猎采集者的遗存中共出陶器和磨光石器,在中国和越南的考古文献中经常被称为"新石器时代"文化。(Oxenham & Matsumura 2010,129 页)主张使用"前新石器时代有陶文化(Pre-Neolithic Pottery using Cultures)"一词,以区别于农耕的(新石器)文化。几乎所有的此类文化遗址都以屈肢葬、没有或很少随葬品为特征。无论首选何种命名方式,这些差异性文化内涵的组合,都是"两层假设"的基础,其特征是稻作农人侵入了狩猎采集者的家园,在人类生物学、语言学、基因谱系和文化内涵组合也存在差异的两类。为了阐明这一文化史过程,我现在要从一系列重要考古遗址发现的新材料入手分析(图 1)。

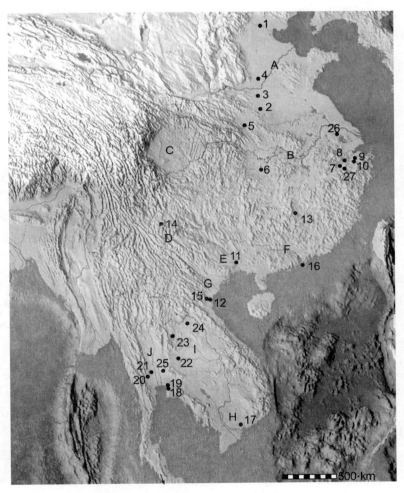

图 1　本文东亚、东南亚史前考古遗址分布图

注:1.南庄头,2.贾湖,3.裴李岗,4.磁山,5.八里岗,6.八十垱,7.上山,8.跨湖桥,9.田螺山,10.河姆渡,11.顶狮山,12.多笔,13.石峡,14.白羊村,15.蛮泊(Man Bac),16.深湾,17.安山(An Son),18.农诺(Nong Nor),19.科潘农迪(Khok Phanom Di),20.班考,21. Non Ratchabat,22. Ban Non Wat,23.能诺他,24.班清,25. Non Pa Wai,26.圩墩 与崧泽,27.湖西;及以下地区:A.黄河,B.长江,C.四川,D.云南,E.广西,F.广东,G.红河流域,H.同奈江流域,I.呵叻高原,J.泰国中部。

二、福州盆地

福州盆地的最新调查研究发现，对于追踪长江下游的稻农可能沿海路扩张的踪迹至关重要（Ma et al. 2016）。从庄边山采集的水稻植硅体，使得该区域最初的栽培稻历史提早到公元前3000—前2300年的昙石山文化阶段，当时这些地点位于小岛上。特别值得关注的是，这一阶段的红衣陶与台湾早期农耕聚落遗址的陶器惊人相似（Rolett et al. 2011；Yue et al. 2015），表明该地区早期农耕沿海扩散的同时，还伴随着穿越台湾海峡的跨海传播。到了公元前第二个千年的黄瓜山文化时期，水稻在该地区的生计经济中占据越来越重要的地位。在追踪栽培稻从福建沿海向南传播到越南、暹罗湾的过程中，必须注意这种植物不适合盐碱地种植，因此新石器时代早期福州的若干遗址中的水稻可能只是在雨水灌溉的水田中种植的，只是主体上为海洋性生计形态的一个相对次要的文化因素。

三、红河三角洲

在东南亚稻作传播史上处于关键位置的红河三角洲平原，其最初农人聚落属于冯原（Phung Nguyen）文化。蛮泊遗址的发掘揭示了起源于公元前2000年的新石器时代仰身直肢葬的墓地，随葬品很少，通常只有1个陶器，最多不超过5个（Huffer & Hiep 2010）。这些陶器与曾在香港深湾发现的公元前3000年晚期的陶器相似。蛮泊的居民种植水稻，饲养猪和狗，他们还狩猎野鹿、野牛和犀牛（Sawada et al. 2010），并在河口、半咸水潟湖和红树林沿岸捕鱼。

乍一看来，蛮泊遗址是一个典型的侵入性农人聚落，但生物考古的研究展示了一个更为复杂的情况。头盖骨的形态和非测量性状揭示了两组个体的共存，一组是与长江流域新石器时代的圩墩遗址非常相似，另一组则与当地的狩猎采集者非常相似（Dodo 2010；Matsumura 2010a）。牙齿的测量指数和非测量性状也支持相同的结论，后者是来自土著狩猎采集者的基因输入，而前者是来自北方移民的基因（Matsumura 2010b）。线粒体DNA也已用于分析这些骨骼的生物学关系（Shinoda 2010），由于单倍组D和G在东亚农人群体中有很高的代表性，而F和B更多出现在东南亚的狩猎采集者中，蛮泊遗址的1、5、9、10、31号墓葬人骨具有新石器时代的东亚人头盖骨的特征，其单倍组为DG、DG、F、ND和ND，27、30、32墓葬人骨具有和平文化人与澳大利亚—美拉尼西亚人头盖骨特征，其单倍组为F、F1b和F。正如Bellwood（2007）所强调的那样，该遗址发现的骨骼遗骸为我们打开了一扇直接观察两组独立人群共存的窗口。

四、同奈江流域

越南南部的同奈江流域在流入南中国海之前，洪水泛滥带来大量泥沙形成大片冲积平原。安山遗址的文化序列中公元前2300—前2000年的聚落初始阶段,缺乏任何水稻栽培或家畜存在的证据(Bellwood et al. 2013)。最早的陶器是夹砂陶,第二个文化阶段出现了夹稻壳的陶器,且装饰有压印纹(Sarjeant 2012)。新石器时代的物质文化内涵包括有长方形有肩石锛、倒刺的鱼钩,墓地的年代为公元前1500年至前1000年之间,包括成人和小孩的仰身直肢葬,随葬品较蛮泊更为丰富,一个成人墓葬随葬了9件陶器和3件石锛,还有贝壳珠子的装饰品。

采集狩猎期聚落之后,第二阶段新出现的生计经济因素包含了经DNA鉴定为粳稻(*Oryza sativa japonica*)的水稻作物,属于最初在长江流域驯化的作物(Castillo et al. 2016)。这些稻作遗存还与家养的狗和猪共出,前者更为常见,用作食物,淡水鱼和海龟也明确出现在遗址中。对安山遗址第二阶段的物质文化和生计形态的粗略观察表明,这是一处新石器时代侵入性的稻农聚落。然而,生物考古学的证据却提出了一种更微妙的解释,尽管头颅形态显示为具有北方亲缘的侵入性种群,但这些个体的牙齿却与土著狩猎采集者更为相似。

五、暹罗湾

距今5000年至4000年,当长江流域的稻农向南迁徙、扩展到华南地区时,海平面比现在要高。海岸带上,尤其是河口和海湾地带,为人类提供了可预见的、丰富的海洋生物资源。农诺(Nong Nor)和相关遗址位于暹罗湾内的一个海湾岩棚区(Higham & Thosarat 1998;图2),年代

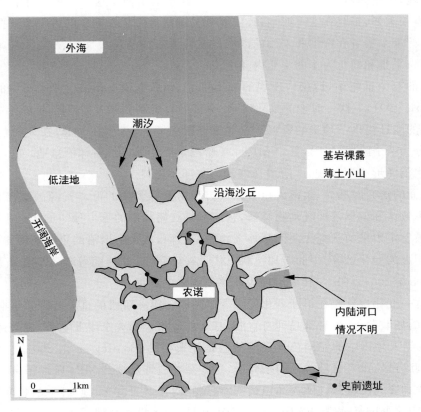

图 2　泰国湾公元前 2300 年农诺遗址及同时期的采集渔猎遗址分布

可早到公元前第 24 世纪,只有一个文化层,该层密集分布着海洋贝类,展现的是一个低能量、连接滩涂的沙岸(Mason 1998),有密集的红树林以及泥滩上丰富的螃蟹等海生,而聚落的居民很容易进入海湾外的开阔海域捕捉牛鲨、虎鲨、鹰鳐鱼等大型海洋生物。遗址上哺乳动物的骨骼很少,大多数是经过加工或修饰的,海豚也被猎杀,没有发现猪或狗的骨头,浮选物种没有稻谷的踪迹。

农诺遗址的居民是熟练的陶工,他们制造夹砂的素面陶、绳纹陶、戳印纹陶。石材稀缺,主要靠外地输入,只发现了 4 件磨光小石锛,都是在砺石上打磨成规整的形态。少量坚硬的骨头加工成锥子和倒刺的鱼钩。一名成年女性的单人葬发现了陶器随葬,为狩猎采集者典型的蹲坐葬式。O'Reilly(1998)研究认为,农诺是一个以海洋生计为取向的狩猎采集人群的季节性居址,他们祖先的聚落曾被不断上涨的海水所淹没。

科潘农迪(Khok Phanom Di)遗址的内涵对于认识稻农向东南亚大陆的扩张至关重要。该遗址位于农诺以西 14 公里处,Bang Pakong 河入海口(Higham and Thosarat 2004)。最初的聚落可以早到公元前 2000 年左右,在随后的 5 个世纪中,地层序列包含了 7 个阶段的墓葬和 3 期陶器。最近 Matsumura 和 Oxenham(2014)对该遗址人类遗骸进行了研究,发现该遗址内涵的复杂性超乎寻常,表面上看这是一个新石器时代的聚落遗址,有典型的新石器时代墓葬和日用陶器,但在地层序列的大部分时段生计经济却是狩猎—采集。

科潘农迪遗址最底层的文化内涵包括灰烬、木炭、灰坑和贝丘堆积。早期陶器的形态、火候、装饰与农诺文化的陶器一致,磨光石锛、砺石、石凿和倒刺的鱼钩等也属于早期阶段。Thompson(1996)在对遗址出土的种子和木炭的分析中,建立起一幅最初的定居聚落文化景观,即背靠盐碱滩的河口红树林地,中间溪流穿行,两侧介于淡水与半咸水的沼泽。这一阶段的年代约公元前 2000 年,这个时间点很重要,正是在这一时期,我们找到了越南沿海稻农到来的第一个证据,以及新来的稻农和土著的狩猎采集者在蛮泊和安山的混居。在科潘农迪遗址最底层没有墓葬,但稻壳却出现在以海洋和河口采集和捕鱼为主的文化内涵中。

在接下来的 5 个世纪中,地层中发现的细小贝类、介形虫和有孔虫反映了环境的变化(Mason 1991;McKenzie 1991)。这一时期的墓葬序列、丰富的人工制品和人类遗骸的生物考古信息,为研究文化和环境的变迁提供了珍贵的资料。这些墓葬密集埋葬、叠压在一起,在大约包含了 17 代的辈分跨度,可分为 7 个阶段(MP),其中 MP1-3A 阶段主要为河口红树林栖息地,而 MP3B-4 段为海平面下降、淡水沼泽形成期,MP5-7 阶段又恢复为海洋环境。

除了低海面的短暂时期外,聚落人口都以贝类和螃蟹等为主的海洋资源的捕捞和采集占主导地位,只发现少数猪和猕猴等哺乳动物骨骼,它们都是红树林中的野生种。虽然有些猪很可能是家养的,但几只被鉴定出来的狗毫无疑问是外来物种。然而,从最初聚落的第 1 期陶器到第 2 期陶器之间,出现了明显的变化,制陶中的屑和熟料取代了夹砂陶土,并伴随着新器型和新装饰图案的引入(图 3),Vincent(2004)将这一转变解释为新移民到来的证据。

事实上,这一变化也反映在不断变化的墓葬序列中。第一阶段的墓葬打破了早期的聚落居址,除了 1 个小孩的屈肢葬外,死者都是仰身直肢,有 3 个成年人和 3 个婴儿墓葬,随葬品总共只有 12 颗贝珠,3 名成年人牙齿中的锶同位素表明他们是外来移民(Bentley et al. 2007)。接下来的阶段设立了 6 个相互分区、没有打破关系的墓葬群,这些墓葬遗址延续到 MP4 阶段结束,每一个墓葬区都有男人、女人和婴儿的坟墓。随葬品包括陶器,这些陶器器表磨光、施加陶衣、装饰各种东南亚新石器时代文化中典型的复杂戳印纹样。贝壳珠很常见,一名男子佩戴了 39000 多颗。

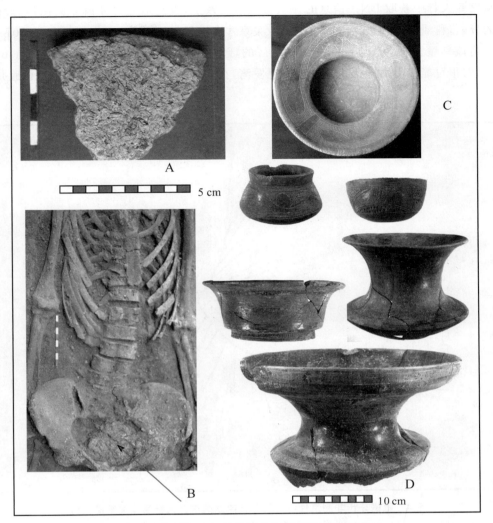

图 3　科潘农迪遗址的稻谷和新石器时代陶器

注：A，一件陶罐残片表面残余稻谷印痕；B，第 56 号墓葬的一名女性死者的胃内食物残余中包含的稻壳、淡水鱼骨和鱼鳞；C，第 6 期墓葬的第 11 号墓中一件陶器的器内戳印纹饰与东南亚多个新石器时代遗址中所见相同；D，多种形态特殊的陶器都装饰有特征鲜明的戳印和压印纹饰。

　　在墓葬的 MP3B 阶段，随着海平面的下降，淡水栖息地形成。这一时期牙齿中同位素新出现了在不同栖息地成长的女性信息。墓葬中死者随葬了新器型的陶器，发现了花岗岩石锄和贝壳收割刀。在一名女性的胃中发现了栽培的稻米，她的骨骼碳同位素也表明海洋食物只是其食谱的一小部分（图 3；彩版四：1）。在从男性墓葬发现的粪便遗存中也发现了栽培稻米的遗存（Thompson 1996），这些遗存还与甲虫和鼠毛的残骸共出，表明有储藏稻米的行为。到了约公元前 1700 年，科潘农迪应是一个可通过海路和河道进行广泛贸易的稻米种植社会。

　　随后，海平面上升，恢复到早期的海洋环境，贝壳刀和花岗岩石锄已不见踪影，但在 MP5 墓葬阶段，死者的随葬品颇丰。一位女陶工在胸前佩戴了超过 12 万颗贝壳珠、贝壳片、耳饰和手镯，还有砧头、磨光的石器和精美的陶器随葬。相邻墓葬中的一名婴儿佩戴了 12600 颗珠子，而同一时期的一名男子佩戴了 57000 颗珠子。在随后的另一阶段，两名富裕的女子和一名儿童被埋在一座筑成高耸土圹墓葬内。

但从这些人骨中获取 DNA 信息的几次尝试都失败了，直到最近对牙齿非测量形态和颅骨测量变量的分析，科潘农迪遗址人群的生物亲缘关系才有眉目（Matsumura & Oxenham 2014；图 4）。这些研究将该科潘农迪遗址与长江三角洲地区的圩墩和崧泽遗址密切联系起来。Matsumura 认为，史前稻农很可能沿沿海地区迅速迁移到暹罗湾，在那里他们与当地的狩猎采集者相遇并融合在一起。

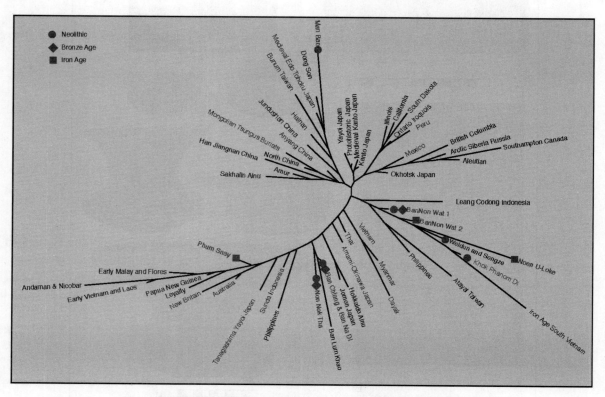

图 4　根据牙齿非测量性特征的分析建立的东亚人群亲缘关系谱系树

注：本文中提到了图中的标黑色样品（经 Hirofumi Matsumura 博士和 Marc Oxenham 博士许可转载）。

六、讨论与结语

5000 年前，东南亚大陆是狩猎采集者的乐园。Pace Gamble（2007）在检讨"新石器时代革命"理论的研究中认为，所谓"革命"对新石器时代经济文化几乎没有或根本没有什么影响，现有明确的证据是稻农向东南亚大陆的迁徙、扩张产生了革命性的成果。也许当地的狩猎采集者在过去的 5 万年中，曾在这片土地上出现了种植他们青睐的芋类（山药）或其他一些植物，但这类"栽培"没有带来明显的社会变革因素。考古调查与研究发现，本地区发生的重要文化变迁始于公元前 2000 年左右，与生物学上的长江流域人群迁入有关，这是傅稻镰等人（2010）提出的来自稻作农业起源中心的 11 种人口特征中的第 5 种。考古发现的墓葬与陶器装饰等文化内涵、栽培水稻与小米、家养的猪和狗等多种因素，非常清楚表明东南亚史前史的新一章正在揭开，且正伴随着一个旧时代的结束。

人类遗传学也提供了关键的证据。狩猎采集者已被证明是现代东南亚人群中母系遗传的线粒体 DNA(mtDNA)的主要贡献者,而新石器时代入侵的农人也对其产生了影响。在最近的生物人类学研究成果之前,我不确定如何最好地解释科潘农迪的整体发展序列。现在,通过对古人颅骨形态测量学和非测量牙齿形态学的研究发现,新来的稻农与当地的狩猎采集者间毫无疑问存在互动和交融。除了海平面下降时的短暂时间外,这些迁入的稻农基本上也适应性变成了新的狩猎采集者。同时,安山和蛮泊生物考古研究同样确定了土著人和南迁农人间的种群混合。

学术界已经重点深入探讨了史前农人向台湾及以外更远地区的海洋扩张,史前农人可以穿越台湾海峡,向南前往菲律宾,表明他们是熟练的大海航行者。我们以往较少关注从华南地区沿海岸地带向东南亚平行的人群与文化移动。福州盆地进行的新的田野调查研究,已经揭示的史前稻农聚落遗址,将长江流域的重要遗址与珠江下游、北部湾冯原文化等联系起来,沿海岸线再往前走,我们发现早期稻农也定居到了同奈江和 Bang Pakong 河流域。

(本文中译稿改定后,已先期刊发于《南方文物》2024 年第 6 期,第 97-104 页。)

参考文献

Bellwood,P.(2007). Overview. *Cambridge Archaeological Journal*,17,88-91.

Bellwood,P.,Oxenham,M.,Hoang,B. C.,Dung. N. T. K.,Willis,A.,Sarjeant,C.,Piper,P. J.,Matsumura,H.,Tanaka,K.,Beavan,N.,Higham,T.,Manh,N. Q.,Kinh,D. N.,Khanh,N.,Kien,T.,Huong,V.T.,Bich,V. N.,Quy,T. T. K.,Thao,N. P.,Campos,F.,Sato,Y.-I.,Cuong,N. L.,Amano,N.(2013). An Son and the Neolithic of southern Vietnam. *Asian Perspectives*,50,144-75.

Bentley,A.,Tayles,N.,Higham,C. F. W.,Macpherson,C.,Atkinson,T. C.(2007). Shifting gender relations at Khok Phanom Di,Thailand:isotopic evidence from the skeletons. *Current Anthropology*,48(2),301-14.

Castillo,C. C.,Tanaka,K.,Sato,Y.-I.,Ishikawa,R.,Bellina,B.,Higham,C. F. W.,Chang,N.,Mohanty,R.,Kajale,M.,Fuller,D. Q.(2016). Archaeogenetic study of prehistoric rice remains from Thailand and India:evidence of early *japonica* in south and southeast Asia. *Archaeological and Anthropological Science*,8(3),523-543.

Chang,K. C. & Goodenough,W.(1985). Archaeology of southern China and its bearing on the Austronesian homeland. In W.H. Goodenough(Ed.),Prehistoric Settlement of the Pacific,*Transactions of the American Philosophical Society* 86,36-56.

Deng,Z.,Qin,L.,Gao,Y.,Weisskopf,A. R.,Zhang,C.,Fuller,D. Q.(2015). From early domesticated rice of the Middle Yangtze Basin to millet,rice and wheat agriculture:archaeobotanical macro-remains from Baligang,Nanyang Basin,Central China(6700-500 BC). *PLoS One*,10(10).

Dodo,Y.(2010). Qualitative cranio-morphology at Man Bac. In M. Oxenham,H. Matsumura & D. K. Nguyen(Eds.),*Man Bac:the excavation of a Neolithic Site in Northern Vietnam*,Terra Australis 33(pp.33-42),Australian National University,Canberra.

Fuller,D. Q.,Qin,L.,Zheng,Y.,Zhao,Z.,Chen,X.,Hosoya,L. A.,Sun,G. P.(2009). The domestication process and domestication rate in rice:spikelet bases from the Lower Yangtze. *Science* 323,1607-10.

Fuller,D. Q.,Sato,I.,Castillo,C. C.,Qin,L.,Weisskopf,A. R.,Kingwell-Banham,E. J.,Song,J.,Ahn,S.-M.,van Etten,J.(2010). Consilience of genetics and archaeobotany in the entangled history of rice. *Archaeological and Anthropological Science* 2,115-31.

Gamble,C.(2007). No Neolithic revolution. *Cambridge Archaeological Journal* 17,91-3.

Higham,C. F. W.,& Thosarat,R.(Eds.).(1998). *The excavation of Nong Nor,a prehistoric site in Central Thailand*. Oxford:Oxbow Books and University of Otago Studies in Prehistoric Anthropology No. 18.

Higham, C. F. W., & Thosarat, R.(2004). *The excavation of Khok Phanom Di, a prehistoric site in Central Thailand, volume VII: summary and conclusions*, Research Report No. XLVIII. London: The Society of Antiquaries of London.

Huffer, D. G., & Hiep, T. H.(2010). Man Bac burial descriptions. In M. Oxenham, H. Matsumura & D. K. Nguyen(Eds.), *Man Bac: the excavation of a Neolithic Site in Northern Vietnam*, Terra Australis 33(pp.135-168), Australian National University, Canberra.

Mason, G. M.(1991). The molluscan remains. In C. F. W. Higham & R. Bannanurag(Eds.), *The excavation of Khok Phanom Di, a prehistoric site in Central Thailand, volume II: the biological remains(Part I)*, Research Report No. XLVIII(pp. 259-319). London: The Society of Antiquaries of London.

Mason, G. M.(1998). The shellfish, crab and fish remains. In C. F. W. Higham & R. Thosarat(Eds.), *The excavation of Nong Nor, a prehistoric site in Central Thailand*(pp. 173-211). Oxford: Oxbow Books and University of Otago Studies in Prehistoric Anthropology No. 18.

Matsumura, H.(2010a). Quantitative cranio-morphology at Man Bac. In M. Oxenham, H. Matsumura & D. K. Nguyen(Eds.), *Man Bac: the excavation of a Neolithic Site in Northern Vietnam*, Terra Australis 33 (pp. 21-32), Australian National University, Canberra.

Matsumura, H.(2010b). Quantitative and qualitative dental morphology at Man Bac. In M. Oxenham, H. Matsumura & D. K. Nguyen(Eds.), *Man Bac: the excavation of a Neolithic Site in Northern Vietnam*, Terra Australis 33(pp. 43-63), Australian National University, Canberra.

Matsumura, H. & Oxenham, M.(2014). Demographic transitions and migration in prehistoric East/Southeast Asia through the lens of nonmetric dental traits. *American Journal of Physical Anthropology*, 155, 45-65.

McKenzie, K.G.(1991). The Ostracodes and Forams. In C. F. W. Higham & R. Bannanurag(Eds.), *The excavation of Khok Phanom Di, a prehistoric site in Central Thailand, volume II: the biological remains(Part I)*, Research Report No. XLVIII(pp. 139-46). London: The Society of Antiquaries of London.

O'Reilly, D. J. W.(1998). Nong Nor phase one in a regional context. In C. F. W. Higham & R. Thosarat(Eds.), *The excavation of Nong Nor, a prehistoric site in Central Thailand*(pp. 509-522). Oxford: Oxbow Books, Oxford and University of Otago Studies in Prehistoric Anthropology No. 18.

Oxenham, M., & Matsumura, H.(2010). Man Bac: regional, cultural and temporal context. In M. Oxenham, H. Matsumura & D. K. Nguyen(Eds.), *Man Bac: the excavation of a Neolithic Site in Northern Vietnam*, Terra Australis 33(pp. 127-33), Australian National University, Canberra.

Pietrusewsky, M.(2010). A multivariate analysis of measurements recorded in early and more modern crania from East Asia and Southeast Asia. *Quaternary International*, 211, 42-54.

Rolett B. V., Zheng, Z., Yue, Y. F.(2011). Holocene sea-level change and the emergence of Neolithic seafaring in the Fuzhou Basin(Fujian, China). *Quaternary Science Reviews*, 30, 788-797.

Sarjeant, C.(2012). The role of potters at Neolithic An So'n, southern Vietnam. Unpublished Ph.D. Thesis, Australian National University, Canberra.

Sawada, J., Thuy, N. K., Tuan, N. K.(2010). Faunal remains at Man Bac. In M. Oxenham, H. Matsumura & D. K. Nguyen(Eds.), *Man Bac: the excavation of a Neolithic Site in Northern Vietnam*, Terra Australis 33 (pp. 105-116), Australian National University, Canberra.

Shinoda, K.(2010). Mitochondrial DNA of human remains at Man Bac. In M. Oxenham, H. Matsumura & D. K. Nguyen(Eds.), *Man Bac: the excavation of a Neolithic Site in Northern Vietnam*, Terra Australis 33 (pp. 95-116), Australian National University, Canberra.

Thompson, G. B.(1996). *The excavation of Khok Phanom Di, a prehistoric site in Central Thailand, volume IV: Subsistence and Environment, the Botanical Evidence(The Biological Remains, Part II)*, Research Report No. LIII. London: The Society of Antiquaries of London.

Turner，C. G.(1990). Major features of Sundadonty and Sinodonty，including suggestions about East Asian micro-evolution，population history，and Late Pleistocene relationships with Australian Aboriginals. *American Journal of Physical Anthropology*，82，245-317.

Vincent，B. A.(2004). *Khok Phanom Di：the pottery*，Research Report No. LXX. London：Research Report of the Society of Antiquaries of London.

Whittle，A.& Bickle，P.(2014). Introduction：integrated and multi-scalar approaches to early famers in Europe. In A. Whittle & P. Bickle(Eds.)，*Early farmers：the view from archaeology and science*(pp. 1-19). London：The British Academy.

Yue，Y. F.，Zheng，Z.，Rolett，B. V.，Ma，T.，Chen，C.，Huang，K. Y.，Lin，G. W.，Zhu，G. Q.，Cheddadi，R.(2015). Holocene vegetation，environment and anthropogenic influence in the Fuzhou Basin，southeast China. *Journal of Asian Earth Sciences*，99，85-94.

Zheng Y.，Crawford，G. W.，Jiang，L.，Chen，X.(2016). Rice domestication revealed by reduced shattering of archaeological rice from the lower Yangtze Valley. *Scientific Reports* 6.

A3 孢粉记录揭示华南晚全新世土地覆被及农业发展历史

马婷[1] 郑卓[2]

（1，北京师范大学地表过程与资源生态国家重点实验室珠海基地；2，中山大学地球科学与工程学院）

华南的水稻农业发展历史相较于长江流域仍不十分清楚，孢粉记录所揭示的土地覆被变化对帮助了解华南农业发展历史有重要作用。综合华南低海拔平原和高海拔山区的孢粉记录，可以大致把该地区全新世的土地覆被变化和农业发展分为三个阶段。距今 3000 年之前，研究区钻孔花粉记录普遍显示高含量常绿阔叶乔木花粉，常绿栎属（*Quercus*-evergreen）和栲属（*Castanopsis*）占据绝对优势，揭示了茂密的亚热带常绿阔叶林。在此期间，经济形式以渔猎为主，水稻种植十分有限，农业痕迹微弱，人类活动对自然植被的破坏程度很低。距今 3000 年以来，土地覆被变化发生了显著的变化，主要表现为禾本科（Poaceae）花粉急剧增加，其中还包括水稻型禾本科，同时伴随着自然植被的破坏，先锋类群物种如芒萁属（*Dicranopteris*）、松属（*Pinus*），以及蒿属（*Artemisia*）显著增加，揭示区域水稻农业大规模扩张。距今 3000 年左右，研究区大型三角洲和沿海平原开始快速形成（这可能得益于海平面平缓下降和河流沉积物的快速堆积），淡水平原的出陆为水稻种植提供了优良的地形条件，吸引了大量农业人口，水稻农业开始在华南低海拔地区迅速发展。高海拔山区的孢粉记录显示，距今 1000 年左右，人类活动对亚热带森林的破坏扩张到了山区；可能由于唐宋时期北方战乱不断，大规模移民涌入华南，导致华南人类活动强度和农业规模进一步扩大。

一、引言

距今 8000 年前后，水稻（Oryza sativa）首次在长江下游地区被驯化，这里也迅速成为早期水稻农业的中心（Fuller 2011；Fuller et al. 2009；Zong et al. 2007）。长江下游地区海岸平原促进了从全新世中期以来，数千年来以稻米为基础的农业的发展和扩张（Zong et al. 2011）；至 6000 年前后的良渚文化，该区域农业已经高度发达，水稻种植成为主要的经济形式（Atahan et al. 2008；Cao et al. 2006；Qin et al. 2011）。

相较之下，华南地区新石器水稻农业发展却明显落后于长江流域。目前，虽然在广东和福建陆续发现了距今 5000—4000 年的水稻遗存（Chi & Hung 2010；Ma et al. 2016a），然而更多的考古证据显示该地区史前经济形式仍以采集渔猎为主，水稻种植只占到经济生活的一小部分（Ma et al. 2016a, b；Yue et al. 2015；Zong et al. al. 2013）。与长江流域相比，水稻农业在华南扩散和兴起的历史尚未得到系统的了解。

土地开垦和刀耕火种的农业活动会对森林生态系统造成严重的影响,从而改变植被景观(Boyle et al. 2011；Kaplan et al. 2011),因此孢粉记录所揭示的土地覆被变化可为区域早期农业发展的时间和程度提供重要的信息。虽然华南地区的水稻种植可以追溯到距今5000—4000年,但珠江三角洲、福州盆地等低海拔平原的多个孢粉记录显示,直到距今3000—2500年,水稻农业才开始快速扩张,成为区域的主要经济生活形式(Yue et al. 2015；Zong et al. 2013)。为了更好地了解研究区农业发展历史,本章根据华南沿海的一系列全新世孢粉记录,探讨了过去人类活动导致的土地覆被变化。

二、孢粉记录揭示华南土地覆被变化

孢粉组合的变化可以在一定程度上反映由于人类活动引起的土地覆被变化(如开荒毁林、农业发展等)。亚热带地区早期农业的发展通常以高比例的禾本科(Poaceae)花粉为特征(Atahan et al.，2008),禾本科花粉主要来源于农作物以及稻田内外生长的大量杂草。其次,农业发展会导致森林大规模破坏,使得乔木花粉比例显著下降,尤其是常绿栎属(Quercus-evergreen)和栲属(Castanopsis)等亚热带常绿阔叶林优势乔木的花粉比例会大规模减少。另外,亚热带森林遭到破坏后,先锋向阳植物,如芒萁属(Dicranopteris)、马尾松属(Pinus)等,迅速增长(郑卓 1998)。双季稻地区的表土研究也清楚地表明,禾科的增加,同时伴随着芒萁属、松属(Pinus)、蒿属(Artemisia)等孢粉的增加,可以揭示区域农业活动的发展(Yang et al.，2012)。

华南地区,各个三角洲平原的许多的孢粉记录都显示距今3000年之后孢粉组合发生显著变化,这些变化与上文提到的区域农业发展和人类活动增强所表现出的孢粉特征非常一致的。而在此之前,这些孢粉记录中人类活动和农业发展的痕迹十分微弱。图1展示了珠江三角洲GZ-2和ZK-2钻孔,练江三角洲HP-1钻孔,以及福州盆地FZ-4钻孔主要孢粉含量的变化。这些钻孔的孢

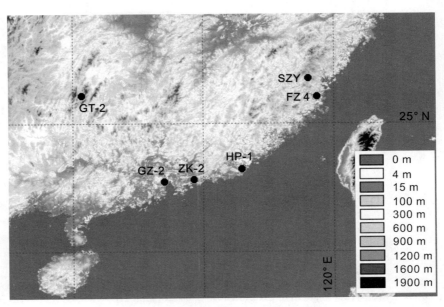

图1 研究区地形图及孢粉钻孔位置

粉记录清晰地显示出三角洲平原地区，在距今 3000 年左右，植被景观发生了极大的变化。

　　距今 3000 年之前，研究区花粉记录显示出很高的木本花粉含量，尤其是作为亚热带常绿阔叶林建群种的常绿栎属和栲属，在孢粉组合中占据绝对优势。这样的孢粉组合显示了研究区有茂密的亚热带常绿阔叶林覆盖，并表明当时人类活动对自然植被的影响程度很低，同时也对应了新石器时期以采集渔猎为主的经济形式（Yang et al. 2013；Ma et al. 2016a），进一步论证该阶段水稻农业在华南发展十分有限。

　　距今 3000 年之后，花粉组合发生了显著的变化。常绿栎属和栲属花粉含量大幅度下降，代表自然森林群落的大规模减少；与此同时，向阳先锋植物芒萁属、马尾松属等迅速增加。最值得注意的是，该阶段禾本科花粉大量增加，同时与人类活动密切相关的蒿属等花粉比例也显著增大。这些孢粉组合的变化都显示出强烈的人为干扰，揭示华南大规模农业发展的开始（图 2）。

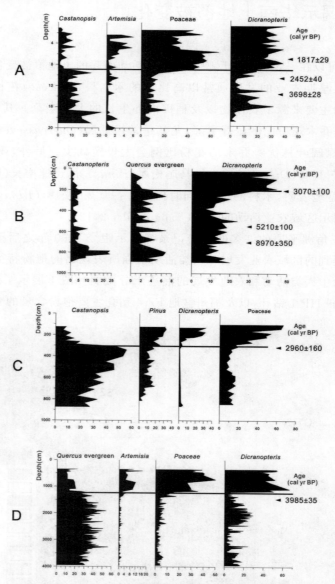

图 2　华南三角洲平原地区晚全新世主要孢粉组合变化

注：a，钻孔 GZ-2（王建华等 2009）；b，钻孔 ZK-2（郑卓等 2004）；c，钻孔 HP-1（郑卓等 2004）；d，钻孔 FZ4（Yue et al. 2015）。

另外,SZY 钻孔(1007 m a.s.l.)和 GT-2 钻孔(1667 m a.s.l.)的孢粉记录(图 3)揭示了高海拔山区的土地覆被变化。两个钻孔的孢粉记录都显示在距今 1000 年左右,常绿阔叶乔木含量明显下降,同时伴随着禾科、松属以及芒萁属的增加,这可能是由于刀耕火种农业开始广泛地在华南发展,对山区自然植被造成了一定程度的破坏。也就是说,孢粉记录揭示了距今 1000 年左右,人类活动和农业发展对自然植被的影响开始蔓延到了高海拔山区。这一解释与历史资料也是相符合的。福建省考古遗址时空分布研究表明,相较秦汉(距今约 2171—1942 年)时期,华南地区在宋朝(距今约 990—671 年)的遗址数量剧增,且秦汉时期遗址点主要集中在河流谷地,而宋朝时期有相当多数量的遗址分布在山区,显示人类活动大规模向山区的扩张(Ma et al.,2018)。

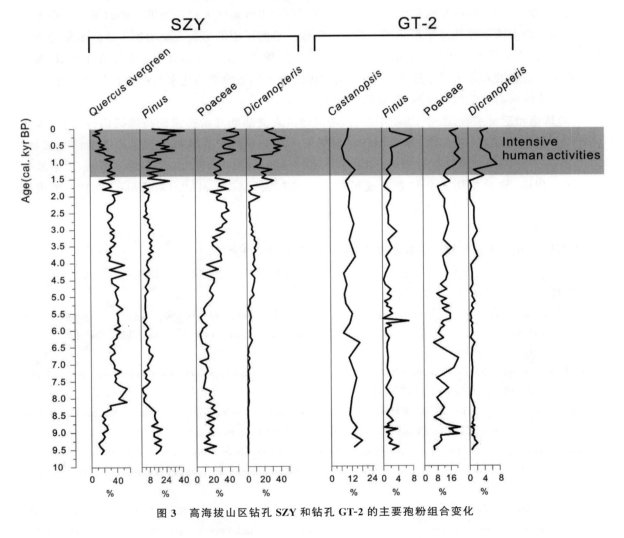

图 3　高海拔山区钻孔 SZY 和钻孔 GT-2 的主要孢粉组合变化

三、结论:华南水稻农业发展的三个阶段

孢粉记录揭示了华南地区全新世中晚期以来由于人类活动导致的土地覆被变化。据此,大致可以把华南水稻农业发展历史分为三个阶段:

（1）虽然在华南少数新石器考古遗址中发现了一些水稻遗存，但这一时期孢粉记录中农业活动痕迹微弱，显示区域内并没有大规模农业的发展，水稻种植十分有限。古地理重建表明，由于中全新世高海平面，华南三角洲平原地区（包括珠江三角洲、福州盆地和韩江三角洲等）在新石器时期仍然处于海洋环境，三角洲平原主体尚未形成（Rolett et al. 2011；Yue et al. 2015；Zong 1992；Zong et al. 2013）。平原淡水环境的缺失严重制约了新石器水稻农业的发展（Rolett et al. 2011；Yue et al. 2015；Zong et al. 2013）。与此同时，南亚热带丰富的动植物以及沿海丰富的海洋资源，为当时的古人提供了充足的食物资源，发展了以采集渔猎为主的经济形式。华南在新石器时期可能并不需要发展劳动密集型的水稻农业，水稻极有可能只是在河流周围低洼平坦的淡水湿地小范围种植。

（2）距今 3000—2000 年水稻农业开始在华南三角洲平原地区大规模发展。该时期是华南大型三角洲和沿海海湾平原快速扩张和形成的关键阶段。沿海平原的形成大量增加了适宜水稻种植的土地面积，为水稻农业大规模发展提供了地形条件。广阔平原的形成也吸引了大量农业人口，秦汉时期我国大规模的农业人口南迁至华南，新的移民带来了先进的集约化水稻种植农业技术，进一步促进了该地区水稻农业的快速发展（陈伟明 1989）。

（3）从孢粉记录来看，距今 1000 年左右，华南地区人类活动开始扩张到高海拔山区，揭示人类活动和农业发展的进一步加剧，同时也意味着华南大部分亚热带森林都受到了人类活动的破坏。这一时期正好对应了唐（距今 1232—943 年）宋（距今 990—671 年）期间，北方战乱不断，大量战争难民涌入华南，导致华南人口和农业规模的进一步扩大（Ma et al. 2018；Rolett 2012；谢重光 2004）。

［本研究由广东省自然科学基金项目（2023B1515020022）资助。］

参考文献

Atahan, P., Itzstein-Davey, F., Taylor, D., Dodson, J., Qin, J., Zheng, H., Brooks, A.(2008). Holocene-aged sedimentary records of environmental changes and early agriculture in the lower Yangtze, China. *Quaternary Science Reviews*, 27, 556-570.

Boyle, J. F., Gaillard, M. J., Kaplan, J. O., Dearing, J. A.(2011). Modelling prehistoricland use and carbon budgets: a critical review. *Holocene*, 21, 715-722.

Cao, Z. H., Ding, J. L., Hu, Z. Y., Knicker, H., Kögel-Knabner, I., Yang, L. Z.(2006). Ancient paddy soils from the Neolithic age in China's Yangtze River Delta. *Die Naturwissenschaften*, 93, 232-6.

Chi, Z., Hung, H.(2010). The emergence of agriculture in southern China. *Antiquity*, 84, 11-25.

Fuller, D. Q.(2011). Pathways to Asian Civilizations: tracing the origins and spread of rice and rice cultures. *Rice*, 4, 78-92.

Fuller, D. Q., Qin, L., Zheng, Y. F., Zhao, Z. J., Chen, X. G., Hosoya, L. A., Sun, G. P.(2009). The domestication process and domestication rate in rice: spikelet bases from the Lower Yangtze. *Science*, 323, 1607-1610.

Kaplan, J. O., Krumhardt, K. M., Ellis, E. C., Ruddiman, W. F., Lemmen, C., Goldewijk, K. K.(2011). Holocene carbon emissions as a result of anthropogenic land cover change. *Holocene*, 21, 775-791.

Ma, T., Zheng, Z., Rolett, B. V., Lin, G., Zhang, G., Yue, Y.(2016a). New evidence for Neolithic rice cultivation and Holocene environmental change in the Fuzhou Basin, Southeast China. *Vegetation History & Archaeobotany*, 25, 375-386.

Ma, T., Tarasov, P. E., Zheng, Z., Han, A., Huang, K.(2016b). Pollen-and charcoal-based evidence for climatic and human impact on vegetation in the northern edge of Wuyi mountains, China, during the last 8200 years. *Holocene*, 26, 1616-1626.

Ma，T.，Zheng，Z.，Man，M.，Dong，Y.，Li，J.，Huang，K.(2017). Holocene fire and forest histories in relation to climate change and agriculture development in southeastern China. *Quaternary International*，488，30-40.

Qin，J.，Taylor，D.，Atahan，P.，Zhang，X.，Wu，G.，Dodson，J.(2011). Neolithic agriculture，freshwater resources and rapid environmental changes on the lower Yangtze，China. *Quaternary Research*，75，55-65.

Rolett，B.V.(2012). Late Holocene evolution of the Fuzhou Basin(Fujian，China)and the spread of rice farming. In L. Giusan，D. Q. Fuller，K. Nichol，R. K. Flad，and P. D. Clift(Eds.)，*Climates，Landscapes and Civilizations*，Geophysical Monograph Series 198，(pp. 137-143). Washington，D.C.：American Geophysical Union.

Rolett，B. V.，Zheng，Z.，Yue，Y. F.(2011). Holocene sea-level change and the emergence of Neolithic seafaring in the Fuzhou Basin(Fujian，China). *Quaternary Science Reviews*，30，788-797.

Yang，S. X.，Zheng，Z.，Huang，K. Y.，Zong，Y.，Wang，J.，Xu，Q.，Rolett，B. V.，Li，J.(2012). Modern pollen assemblages from cultivated rice fields and rice pollen morphology：application to a study of ancient land use and agriculture in the Pearl River Delta，China. *Holocene*，22，1393-1404.

Yang，X.，Barton，H. J.，Wan，Z.，Li，Q.，Ma，Z.，Li，M.，Zhang，D.，Wei，J.(2013). Sago-type palms were an important plant food prior to rice in southern subtropical China. *PLoS One*，8，e63148.

Yue，Y.，Zheng，Z.，Rolett，B. V.，Ma，T.，Chen，C.，Huang，K.，Lin，G.，Zhu，G.，Cheddadi，R.(2015). Holocene vegetation，environment and anthropogenic in-fluence in the Fuzhou basin，southeast China. *Journal of Asian Earth Sciences*，99，85-94.

Zong，Y.(1992). Post-glacial stratigraphy and sea-level changes in the Han River Delta，China. *Journal of Coastal Research*，8，1-28.

Zong，Y.，Chen，Z.，Innes，J. B.，Chen，C.，Wang，Z.，Wang，H.(2007). Fire and flood management of coastal swamp enabled first rice paddy cultivation in East China. *Nature*，449，459-463.

Zong，Y.，Innes，J. B.，Wang，Z.，Chen，Z.(2011). Mid-Holocene coastal hydrology and salinity changes in the east Taihu area of the lower Yangtze wetlands，China. *Quaternary Research*，76，69-82.

Zong，Y.，Zheng，Z.，Huang，K. Y.，Sun，Y. Y.，Wang，N.，Tang，M.，Huang，G. Q.(2013). Changes in sea level，water salinity and wetland habitat linked to late agricultural development in the Pearl River Delta plain of China. *Quaternary Science Reviews*，70，145-157.

陈伟明(1989). 汉初南越国农业生产述评. *广西民族研究*，3，76-79.

王建华，王晓静，曹玲珑，郑卓，杨小强，阳杰(2009). 珠江三角洲 GZ-2 孔全新统孢粉特征及古环境意义. *古地理学报*，11，661-669.

谢重光(2004). 唐宋时期南方民族关系的新格局. *浙江学刊*，5，87-94.

郑卓(1998). 近几千年华南沿海地区植被的人为干扰. *生态科学*，17，29-36.

郑卓，邓韫，张华，余荣春，陈炽新(2004). 华南沿海热带—亚热带地区全新世环境变化与人类活动的关系. *第四纪研究*，24，387-393.

A4 环中国海沿岸先秦时期贝丘遗址生业形态分析

赵 荦

（上海市文物保护研究中心）

贝丘遗址是全球海洋考古研究的重要对象之一。中国贝丘遗址的发掘和研究源于 1897 年日本学者对台北圆山贝冢的发掘[1]。从 1990 年代中期，以袁靖为代表的中国考古学者们，把贝丘遗址视为环境考古、动物考古研究的突破点，做了大量的研究[2]。通过分析国内外学者对贝丘遗址的定义，可以认为贝丘遗址是一种含有人为因素造成的规模化贝壳堆积，且堆积中或附近伴出人工制品、动物骨骼等遗物的遗址[3]。

由于贝丘遗址大都靠近水资源，包含了大量的贝壳堆积，一般认为，贝丘是渔猎生业模式的典型代表，贝丘生业模式以渔猎经济为主，贝丘人社会结构简单，流动性强。尽管如此，把中国沿海贝丘遗址的生业模式放在早期经济发展进程中加以考察，很容易发现贝丘生业不仅是渔猎采集，还有食物生产行为，而且在时间和空间上表现出了差异。本研究的出发点，就是重新审视环中国海地区先秦贝丘生业形态。

先秦时期，环中国海地区近 500 处贝丘遗址的生业形态。讨论早期社会狩猎采集至农业社会发展进程中生业形态术语繁多且内涵复杂[4]。在研究环中国海先秦贝丘遗址的生业形态时，笔者主要综合了 Bruce Smith 和已故的张忠培先生的术语体系，前者在其 2001 年的《低水平食物生产》一文中，将整个人类社会的经济发展史分为三个阶段，即狩猎采集经济、低水平食物生产经济和农业经济[5]；张忠培先生则将中国北方地区狩猎采集之后、农业畜牧业发生之前阶段的经济模式称为"亦农亦牧"[6]。本文以这种三分视野研究贝丘经济，将环中国海先秦贝丘遗址的生业形态，分为三个阶段或三大类，即渔猎采集模式、亦渔亦农模式和农业模式，并在此基础上尝试着探讨生业形态变化的原因。距今约 7000 年以前，贝丘生业表现为渔猎采集模式，距今约 7000 年开始，沿海各地区贝丘遗址中开始出现食物生产活动，北方贝丘食物生产的水平明显高于南方贝丘，生业形态转变为亦渔亦农；农业模式仅见即墨北阡遗址。贝丘生业形态的出现是对环境适应性的表现，大部分贝丘生业形态的转变及消亡与食物生产水平或农业有很大的关系，也受生活方式和社会复杂化程度的影响。

一、我国贝丘遗址的概况

从已经发表的资料来看，中国目前已发现贝丘遗址近 500 处，主要分布于沿海各省份，从北至南依次为辽东半岛、胶东半岛、江苏、福建沿海、广东沿海、广西和海南，内陆的云南、湖南两个省份发现贝丘遗址的数量也比较多。总体的分布趋势是长江以南多于长江以北，广东、广西两省的贝丘遗址数量最多。台湾地区也有很多贝丘遗址,由于资料收集不全,故暂不讨论。

本文研究中涉及地域范围,是不包括内陆湖南、云南的环中国海省份和地区。依照地理位置并结合先秦考古学文化的划分,大体上分为四个区域:区域 I,位于渤海和黄海沿岸的辽东、胶东半岛;区域 II,太湖流域;区域 III,东海沿岸的福建沿海地区;区域 IV,南海北岸的两广和海南。以长江为界,大体上可以分为南北两个区域。每个区域的生业形态各有特点(图1,表1)。

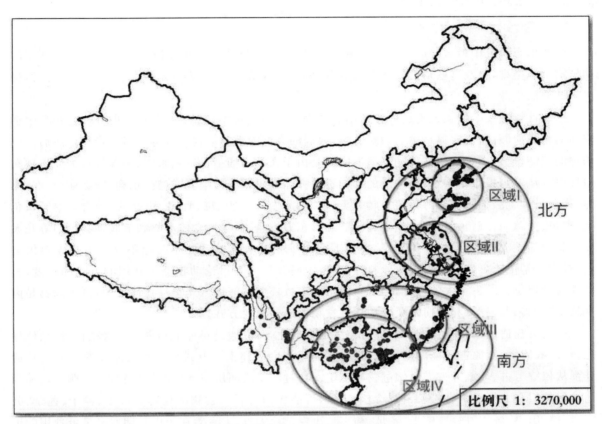

图1　我国先秦贝丘遗址分布示意图

表1　各区贝丘遗址的年代

地区	考古学文化	绝对年代(BP)
区域 I 辽东、胶东半岛	小珠山下层至双坨子三期 白石村一期至照格庄类型	6500—3000
区域 II 太湖流域	马家浜文化至崧泽文化	6500—5000
区域 III 福建沿海	壳丘头文化至黄土仑文化	6500—2700
区域 IV 两广和海南		26000—2500

值得注意的是,区域 I 中辽东半岛的 55 处贝丘遗址中有 69％是新石器时代,也就是 4000BP 以前,胶东半岛 27 处贝丘遗址中,绝大多数的年代在 6500BP 至 5500BP;区域 II 太湖流域贝丘遗址中,大都集中在 6500BP 至 5500BP 年间,个别遗址中贝壳堆积的年代晚至 5000BP;区域 III 福建沿海 43 处贝丘遗址中有 64％属于新石器时代,即壳丘头文化至黄瓜山文化时期;区域 IV 两广海南的贝丘遗址的绝对年代集中在两个时段,一是 10000 至 8000BP 的新旧石器过渡阶段,另一个时段是距今 4500 至 3000 年。从绝对年代来看,贝丘遗址很早就在南方地区很早就出现在区域 IV,

延续至很晚才消失；而北方地区的贝丘遗址消失较早，只有少数区域 I 的贝丘遗址是青铜时代的遗址，其中区域 II 太湖流域的贝丘遗址不仅总数少，还是环中国海地区贝丘遗址最早消失的地区。

二、贝丘遗址的生业形态

生业形态研究中最直接的证据就是遗址中出土的动植物资料，通过物种鉴定了解人们利用的动植物资源类型，以及这些动植物是否被驯养、驯化或栽培，分析该人群是否存在食物生产行为，探讨该社会的生业形态。

据统计，现有 55 处贝丘遗址公布了出土动物遗存的物种鉴定结果，除去一些与人类共享生活空间动物的遗骸（如洞穴遗址中的蝙蝠骨骼，穴居的大型哺乳类动物熊等等），以及堆积形成后入侵动物的遗骸，遗址中发现的其他动物遗骸应该是由于人类的捕猎、渔捞、采集、驯养等行为而出现在遗址中。从鉴定报告来看，贝丘遗址的动物资源大体上可以分为哺乳类（狗、水鹿、梅花鹿、小鹿、赤鹿、猪、牛、熊、虎、狐、猪獾、鲸鱼等）、爬行类（龟、中华鳖）、鸟类（雉、野鸽、沙鸡、雁、鸭、天鹅等）、鱼类（青鱼、鲤鱼、石斑鱼、隆头鱼、黑鲷、真鲷、红旗东方鲀、鲨鱼等）、软体动物和节肢动物（蟹）等几大类。其中哺乳动物中，鹿科最为常见，其次是猪和狗。尽管这些动物不一定不仅为贝丘人提供肉食，有可能是供给蛋奶、骨料、毛皮原料等，在特定研究目的下讨论动物资源利用的方式和程度，某种动物的地位会发生很大的变化，但可以确定大多数环中国海地区先秦贝丘遗址中，野生动物是肉食最主要的来源，狩猎和渔捞是获取动物性食物资源的重要方式。

针对贝丘遗址植物遗存的鉴定和研究更加多样化，可以通过对种子和果实等大植物遗存、植物孢粉、硅酸体等，复原古环境的植被状况、古人的经济生活和生产方式等。本文涉及的多处贝丘遗址都从植物考古、环境考古方面做过物种鉴定。在过滤了表明历史环境的植物物种（如柳州白莲洞遗址孢粉组合分析显示有松、云杉、冷杉等）后，可能作为贝丘人食物的植物有橡子、榛子、莲子、芡实、核桃、山枣、橄榄、白果、楝果、冬瓜、稻、粟、小麦、黍、大豆、大麦等在历史时期看来是可食用的植物种类。从现有植物考古的研究来看，早期人工栽培的植物只有稻、粟、黍等少数几类，这些植物中的大多数直到历史时期才被人工栽培或照看，也就是说属于野生植物。由此，采集是环中国海先秦贝丘遗址获取植物性植物食物的重要形式（表2）。

表 2　环中国先秦贝丘遗址中食物生产遗存

遗址	动物种类		农作物			年代
	狗	猪	黍	粟	稻	（BP）
大连郭家村	√	√	√	√	√	5500—4000
大连北吴屯	√	√				6500—5000
大连大潘家		√				4500—4000
北海东岗			√		√	6000—5000
长海小珠山			√	√		6500—4000
烟台白石村		√	√			6500—6100
烟台邱家庄		√				北辛晚至大汶口早
乳山翁家埠		√				大汶口早

续表

遗址	动物种类		农作物			年代 (BP)
	狗	猪	黍	粟	稻	
蓬莱大仲家		√		√		大汶口早
烟台蛤顶堆		√				大汶口早
即墨北阡	√	√	√	√	√	6100—5500
沭阳万北	√	√				6540±90
高淳薛城	√					马家浜中晚
金坛三星村					√	6500—5500
闽侯昙石山	√	√			√	5500—3500
闽侯溪头	√	√				5000—3500
霞浦黄瓜山		√			√	4300—3500
霞浦屏风山	?	√	√		√	3700—3400
佛山河宕		√				4300—4000
高要茅岗		√				新石器晚至商周
东莞村头		√				ca. 4000
横县秋江		?				8000—7000
邕宁顶蛳山	√					7000
象州南沙湾		√				6500—5500
那坡感驮岩				√	√	3800—2800

根据表 2 的统计,环中国海先秦贝丘遗址中,有 19 处遗址中发现了驯化动物的遗存,猪和犬是最常见的驯化动物。发现家猪的贝丘遗址数量最多。罗运兵对我国猪类驯化饲养使用的系统研究表明,中国家猪驯化通常是为了获取肉食和祭祀(即仪式性使用)[7]。结合多位学者对数处贝丘遗址出土哺乳动物骨骼的量化分析,家猪在贝丘遗址动物群中大概可以分为三个层级:第一层,家猪占哺乳动物骨骼的比例超过半数,如大连郭家村、即墨北阡和沭阳万北等遗,其中沭阳万北遗址早期阶段家猪占哺乳动物总数的 86%[8]。第二层,家猪是遗址哺乳动物的主要物种,但总量不超过半数,如大连北吴屯、闽侯昙石山和霞浦黄瓜山遗址,昙石山文化时期猪的比例已经达到 40% 以上[9],黄瓜山遗址出土的动物骨骼中家猪占 25% 以上[10]。第三层,遗址中有家猪存在,但不占据主要地位,如佛山河宕、横县秋江和象州南沙湾遗址。家犬是贝丘遗址另外一种较常见的驯化动物。我国古代社会中,犬的功用包括狩猎、看宅、食用和祭祀[11]。发现家犬遗迹的贝丘遗址中,除了高淳薛城和邕宁顶蛳山外都同时发现了家猪,并且家猪的数量较多,在家猪可以提供更多肉量,且野生的鹿和贝类能够提供肉量的情况下,以及狩猎采集行为的广泛性,家犬能够帮助狩猎,家犬作为肉食来源的可能性就相对较低。

将驯化动物出现和饲养的情况结合起来,可以认为距今 7000 年,贝丘人饲养动物的行为还不明确,动物性食物依靠野生动物;此后至距今约 5000 年,北方地区贝丘遗址中家猪已经是主要的饲养动物,野生动物的比重有所下降;距今 5000 年以后,南方贝丘遗址中的动物性食物生产活动才有明显的发展,区域 III 福建东部沿海的家畜饲养水平,明显高于区域 IV 两广。北方贝丘遗址动物性食物生产的总体水平是高于南方的。

贝丘遗址中的食物生产的行为还有栽培植物,最常见的农作物是稻,其次是黍和粟,还有少数遗址中发现了小麦、大麦和大豆。

迄今我国仅在江西万年仙人洞、湖南道县玉蟾岩和浙江上山遗址，发现距今约 10000 年以前的种植稻遗迹。赵志军认为距今约 9000 至 8000 年的水稻种植才初步具备稻作农业生产的特点，尽管水稻尚不占据植物食物资源的主导地位[12]。距今 7000 至 5000 年间，部分环中国海地区的贝丘遗址中发现稻遗存。其中太湖地区的金坛三星村、宜兴骆驼墩和西溪遗址，可以认为是长江下游地区早期稻种植规模扩大的表现，宜兴骆驼墩和金坛三星村遗址稻作农业已经具备了相当的规模，金坛三星村居民的植物性食物可能已经以水稻为主[13]。此外，胶东和辽东半岛贝丘遗址中也发现了稻遗存，但是规模尚不能确定。这段时期，贝丘遗址中还发现了粟、黍、小麦、大麦等典型的旱作农作物。以黍为代表的旱作农业是区域 I 胶东半岛即墨北阡遗址大汶口文化早期居民主要的植物食物生产方式，水稻种植规模很小，遗址浮选的碳化种子中，黍占绝对优势[14]，居民多食用黍[15]。辽东半岛如郭家村、北海东岗、长海小珠山等多处贝丘遗址中也发现了粟和黍，但是否存在旱作农业及其规模并不明确。距今约 5000 年以后，闽侯县石山、霞浦黄瓜山和屏风山、那坡感驮岩遗址中都发现了稻遗存。福建闽侯黄瓜山、屏风山遗址中发现的大麦和小麦，暗示了旱作农业可能通过沿海向南传播[16]。

从目前贝丘遗址发现农作物的情况来看，距今 7000 年左右，一部分贝丘人已经开始从事植物性食物的生产，区域 II 太湖流域的植物性食物生产水平最高，其次为区域 I 中的胶东半岛，南方贝丘遗址的食物生产水平总体偏低，并且开始从事植物性食物生产的年代相对较晚，尽管如此，区域 III 中贝丘遗址更早地出现了农作物，规模也大于区域 IV。

笔者曾在另一篇文章中较详细地讨论过贝丘生业的模式[17]，把出现可鉴定驯化动植物物种作为分界点，划分渔猎采集和亦农亦渔两个阶段。这种方法的优点是资料的可获得性和可辨识性，提供贝丘人从渔猎采集社会进入亦渔亦农社会的时间下限；缺点是这个时间点晚于"驯化意识"最初发生的时间。区分亦渔亦农和农业就困难得多，深入地考察驯化动植物资源利用的情况，尽可能地量化分析。同时，研究生业形态也要分析遗址中发现的其他遗迹和遗物，如聚落结构、同位素分析人与哺乳动物的饮食结构、工具组合的变化等等。

若在渔猎、亦渔亦农、农业的框架下划分环中国海地区先秦贝丘生业形态，可以认为距今约 7000 年中国沿海贝丘生业开始从渔猎转变为亦渔亦农，成为包含了食物生产因素的生产型生业模式，北方贝丘遗址（区域 I 和 II）较早地进入这一阶段，食物生产在生业中的比重总体上高于南方贝丘遗址，尽管如此，渔猎行为依旧存在。农业模式下贝丘生业，目前来看只有即墨北阡遗址的材料足够支撑，动物群中家猪提供的肉量占 77%，野生动物（鹿类）占 5%，植物性食物中 C4 的比例达到了 73.26%，主要是黍[18]。

三、生业形态变化的原因

贝丘遗址在先秦时期环中国海地区大量出现后，经历了近 7000 年的时间在距今约 3000 年前后逐渐消失，在讨论生业形态的变化时，实际上需要讨论的是贝丘生业出现，渔猎向亦渔亦农转变，以及贝丘生业消亡三个问题。

首先是贝丘生业的出现。环中国海地区，贝丘最早出现在区域 IV（两广地区）北部的洞穴中，如柳州白莲洞遗址在距今约 26000 年的地层中发现了贝壳堆积，然而大量的贝丘遗址则是在距今 10000 至 8000 年前后出现的，如阳春独石仔、封开黄岩洞、英德牛栏洞等遗址。实际上，全球很多遗址晚期更新世至全新世的过渡时期的堆积中都发现了贝类堆积。Flannery 在 1968 年提出广谱革命理论[19]，认为冰后期环境的巨变使得很多大型有蹄类动物消失，扰乱了人类已有的食物链，土地承载能力很差的狩猎采集经济面临人口的增长和大型动物性食物的锐减的双重压力，结果是人类普遍被迫利用之前较少利用的小型食物种类资源，如鱼类、贝类、坚果、根茎和草籽等[20]。由于更新世末期和全新世初期的植物遗存保存情况不佳，以往的研究多关注动物群。就环中国海地区的贝丘遗址而言，封开黄岩洞、阳春独石仔、英德牛栏洞遗址的动物鉴定未分层，无法判断每一期文化具体的动物种属。不过这几处遗址中都有已经灭绝种的犀、貘、剑齿象等动物，这些动物的体型相对较大，的确属于"大型灭绝动物"的范畴。人们可能的确或多或少由此将视野转向集体较小的动物，如鹿、鱼类和贝类等。所以岭南洞穴遗址中新旧石器时代转变之际出现贝壳堆积，即环中国海地区先秦贝丘生业的出现，可能确实与全新世大型动物的灭绝有关。需要说明的是，广谱革命理论是为了解释旧石器时代狩猎采集经济向农业经济的转变，然而区域 IV 大多数贝丘遗址的生业形态直至距今 4000 年前后仍维持在渔猎采集模式，并未出现明显的农业经济因素。

贝丘生业形态从渔猎采集转变为亦渔亦农模式，集中在距今 6500 年前后，表现为出现饲养驯化动物和栽培驯化农作物这类食物生产现象，或许可以说，食物生产是贝丘生业变化的主要原因，而在生业模式变化的同时，贝丘社会也出现了一些改变。首先是生活方式的变化。传统观点认为，贝丘人是移动性较强的渔猎采集人群。伴随着食物生产水平的提高，贝丘遗址中的房址数量越来越多，聚落结构也越来越复杂，贝丘人的流动性在变弱，越来越多地表现出定居人群的特征。距今约 6500—5500 年大连北吴屯遗址[21]，遗迹中发现了较多动物性食物生产的证据，与这一地区同时期的其他贝丘遗址相比，它的房址数量更多，聚落结构也复杂，有大房子也有小房子，F6 和 F2 是同期辽东半岛贝丘遗址中面积最大的房屋。南方地区同时期的贝丘遗址中，很少发现驯化动植物遗存的遗址，或是没有发现居住遗存，或是布局简单且房屋面积小。另一个案例是大汶口文化晚期的即墨北阡遗址。从其遗迹分布图（图 2）可以看出广场明显地把遗址的居住区和墓葬区分开，大量柱洞表明房屋建造频繁[22]。这种聚落功能区明显经过规划，堆积又厚又密集，驯养动物数量多，作物种植规模大的遗址，居民应该是定居的，而非移动的。其次是社会分层，这在贝丘遗址墓葬分析时表现得尤为突出。例如区域 II 的金坛三星村遗址，共发现了 1001 座墓葬，大部分墓葬有 5～6 件随葬品，个别墓葬有 10～20 件，也有墓葬没有随葬品[23]。其中 M636 不仅随葬品明显多于其他墓葬，还随葬玉玦、象牙器和板状刻纹骨器，而其他墓葬的随葬品是石斧、石刀一类的器物。从随葬品而言，M636 墓主处于较高的社会等级。而这种社会分层在南方地区贝丘遗址的墓葬中，是看不到的。

最后是贝丘生业的消亡，即贝丘遗址的消失，环中国海地区贝丘生业消亡的时间有很大的不同。距今约 7000 年以后，广西境内的河岸贝丘遗址已经开始减少，之后仅有象州南沙湾、崇左河村、江边和冲塘以及那坡感驮岩遗址。吕鹏对邕江流域贝丘遗址出土贝类的研究表明当时并不存在明显的采集捕捞压[24]，即贝丘遗址居民并没有过度开发当地的贝类资源，贝类资源短缺应该不是该区贝丘遗址消亡的原因。何乃汉认为新石器时代晚期广西贝丘遗址急速减少的原因是农业处于发展阶段，食物生产取代了食物采集[25]。距今约 6000 年前后邕宁顶蛳山遗址第四期文化确实发现了不少的水稻植硅石，说明顶蛳山遗址可能已经开始种植水稻，规模不确定。所以，广西贝丘遗址消亡只能说可能与农业生产有关，与农业经济的发展是否有此消彼长的必然联系并不能完全确定。距今约 5000 年开始，区域 I 胶东半岛和区域 II 太湖地区的贝丘遗址也基本消失。从文章上一部分对贝丘遗址动物饲养和农作物栽培的分析中可以看出，胶东半岛和太湖地区的贝丘遗址已经具备了较高的食物生产水平。从区域经济发展的角度讲，大汶口文化晚期至龙山文化时期海岱

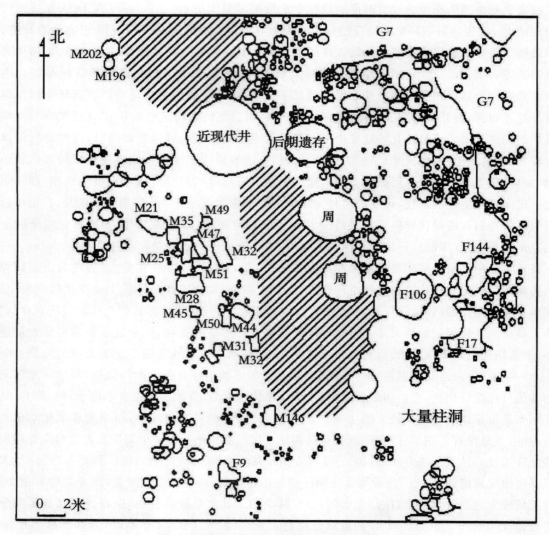

图 2　即墨北阡遗址晚期晚段遗迹分布示意图

地区的食物生产水平已经很高了。胶东半岛地区龙山文化时期农作物在植物食物中的比例显著增加，可能存在粟作和稻作两种农作物种植模式[26]。太湖地区水稻种植业和畜牧业发展的趋势与海岱地区类似，这一地区在崧泽文化和良渚文化时期食物生产的规模不断扩大，水稻是重要的植物食物，动物食物则主要依靠家猪饲养，遗址中出土野生动物的骨骼很少。福建东部沿海地区黄瓜山遗址与前期昙石山文化的贝丘遗址相比，水稻种植业规模有明显的扩大。但是种植业扩大化的现象只在黄瓜山遗址有发现，地理位置相对偏南的黄瓜山文化遗址（如晋江蚁山、音楼山、白塘澳等遗址）经济中渔猎采集因素还是很多的，食物生产证据很少。虽然不能否定农作物种植和家畜饲养是可能存在的，不过可以推测这些遗址食物生产的水平不会太高。另外黄瓜山文化时期福建东部沿海地区贝丘遗址的数量并没有明显地减少，稍晚的黄土仑文化时期贝丘遗址数量减少的趋势才比较明显。

　　袁靖[27]、蔡保全[28]、吴小平[29]等学者，曾从环境变化、外来文化、农业发展、贝类资源压力等角度探讨过贝丘遗址消亡的原因。他们认为，胶东半岛距今 5000 年前后环境变化外来文化影响的双重作用下消亡，福建东部沿海地区贝丘遗址消亡可能与农业的发展有关，珠江三角洲地区贝丘遗址消失与农业发展的关系不明显。笔者认为,环中国海地区不同时间段内出现的贝丘遗址,即贝丘生业的出现是对自然环境产生的适应性,广谱理论可以视为一种合理的假设;贝丘生业消亡的原因是有差异的,胶东半岛和太湖流域贝丘遗址的消亡与该地区农业水平的发展有关,辽东半岛、福建东部沿海和广西南宁及其周边地区贝丘遗址消亡可能与食物生产水平的提高有关,珠三角地区贝丘遗址消亡与该区农作物种植和家畜饲养的关系尚未有明显的关系。

四、小结

综合分析和讨论了环中国海地区先秦贝丘遗址的不同时期的生业形态,以及贝丘生业出现、变化和消亡的因素后,文章的最后可以总结出以下几点:

首先,贝丘遗址是环中国海地区先秦时期重要的遗址类型,其生业形态经历了渔猎、亦渔亦农、农业阶段。距今约 7000 年,贝丘生业开始从渔猎转变为亦渔亦农,其中既有渔猎经济的因素,也包含了农业经济的因素,是一种食物生产型经济模式。

其次,贝丘生业包含了渔猎经济的因素,但也包含了农业经济的因素,并随着时间的变化,比重有所改变,贝丘生业形态变化伴随着移动性/定居性的改变,社会分层等。总体来讲北方贝丘食物生产的总体水平高于南方,结合贝丘人定居性的增强,贝丘社会出现分层等现象,个别贝丘遗址表现了农业型遗址的特征。而南方贝丘长期处于较低水平的食物生产阶段。

最后,南北两大海洋性传统的形成在先秦时期贝丘遗址中已经显现出来。如果把环中国海地区先秦贝丘生业视为环中国海地区早期海洋性传统的代表性遗址,以长江下游为界,中国沿海地区海洋性传统的差异表现为北方海洋性传统持续时间相对较短,在新石器时代末期,就被纳入大陆农业文化的框架内;相比之下,南方海洋性传统保持得更久,持续的时间更长,农业因素渗入缓慢。自新石器时代时代末期开始,中国沿海南北地区朝着不同的方向发展,而这种差异性在先秦时期已经形成。

[译后记:本文是在博士论文的基础上成文,时间较早,近年来新发现的重要的贝丘遗址需补录,特别是位于浙江宁波余姚的井头山贝丘遗址(距今约 8300—7800 年)。这处中国沿海地区年代最早的贝丘遗址,发现了丰富的陆生野生动物和海洋动物(至少 11 种贝类和 14 种鱼类)遗存,多样化的野生植物遗存,及少量碳化稻米和稻谷壳,总体上表现为以采集与渔猎为主、低水平稻作生产为辅的史前生业经济特征,海岸环境的变化可能导致该遗址被弃用(《考古》2021 年第 7 期,《中国科学:地球科学》2024 年第 5 期)。由于长江以南的上海和浙江目前仅发现一处贝丘遗址,该区域贝丘遗址的总体发展状态尚待未来更多发现来丰富和完善细节;从历史进程来看,该地区快速发展的家畜饲养、水稻种植等史前生产型经济模式,在良渚文化时期达到顶峰。]

注释

[1]臧振华:《台湾考古》,台北:艺术家出版社,2006 年,第 26 页。

[2]赵荦:《我国贝丘遗址研究述评》,待刊。

[3]赵荦:《中国沿海先秦贝丘遗址研究》,复旦大学博士学位论文,2014 年。

[4]同上。

［5］Smith，B. D. "Low-Level Food Production."，*Journal of Archaeological Research* 9，1(2001)：1-43.

［6］张忠培：《在"东北及内蒙古东部地区考古的过去、现在与未来"学术研讨会闭幕式上的讲话》，《北方文物》2011年第1期。

［7］罗运兵：《中国古代猪类驯化、饲养与仪式性使用》，北京：科学出版社，2012年。

［8］李民昌：《江苏沭阳万北新石器时代遗址动物骨骼鉴定报告》，《东南文化》1991年增刊。

［9］罗运兵：《中国古代猪类驯化、饲养与仪式性使用》，北京：科学出版社，2012年，第214页。

［10］焦天龙：《福建沿海新石器时代经济形态的变迁及意义》，《福建文博》2009年增刊。

［11］武庄：《先秦时期家犬研究的现状与展望》，《南方文物》2014年第1期。

［12］赵志军：《有关农业起源和文明起源的植物考古学研究》，载科技部社会发展科技司、国家文物局博物馆与社会文物司编：《中华文明探源工程文集·技术与经济卷·Ⅰ》，北京：科学出版社，2009年，第79-91页。

［13］胡耀武、王根富、崔亚平：《江苏金坛三星村遗址先民的食谱研究》，《科学通报》2007年第1期。

［14］聂政：《胶东半岛大汶口文化早期的聚落与生业》，山东大学博士学位论文，2013年。

［15］王芬、樊榕、康海涛等：《即墨北阡遗址人骨稳定同位素分析：沿海先民的食物结构》，《科学通报》2012年第12期。

［16］赵志军：《从南山遗址浮选结果谈古代海洋通道》，"中国东南及环太平洋地区史前考古国际学术研讨会"上的发言，2017年11月3日。

［17］关于贝丘人利用资源模式的讨论，见赵荦：《先秦中国东南沿海地区贝丘人资源利用模式研究》，待刊。

［18］山东大学历史文化学院考古学系、青岛市文物保护考古学研究所、即墨市博物馆：《山东即墨市北阡遗址2007年发掘简报》，《考古》2011年第11期。王芬、樊榕、康海涛等：《即墨北阡遗址人骨稳定同位素分析：沿海先民的食物结构》，《科学通报》2012年第12期。

［19］Flannery，K. V. "Origins and ecological effects of early domestication in Iran and the Near East"，In：Ucko P. J.，Dimbley G. W. eds. *The Domestication and Exploitation of Plants and Animals*，London：Gerald Duckworth & Co. Ltd.，1969：73-100.

［20］潘艳、陈淳：《农业起源与"广谱革命"理论的变迁》，《东南文化》2011年第4期。

［21］辽宁省文物考古研究所、大连市文物管理委员会、庄河市文物管理办公室：《大连市北吴屯新石器时代遗址》，《考古学报》1994年第3期。

［22］聂政：《胶东半岛大汶口文化早期的聚落与生业》，山东大学博士学位论文，2013年。

［23］江苏省三星村联合考古队：《江苏金坛三星村新石器时代遗址》，《文物》2004年第2期。

［24］吕鹏：《广西邕江流域贝丘遗址的动物考古学研究》，中国社会科学院考古研究所博士学位论文，2010年。

［25］何乃汉：《广西史前时期农业的产生和发展初探》，《农业考古》1985年第2期。

［26］栾丰实：《海岱地区史前稻作农业的产生、发展和扩散》，《文史哲》2005年第6期。

［27］中国社会科学院考古研究所：《胶东半岛贝丘遗址环境考古》，北京：社会科学文献出版社，2007年，第265-266页。

［28］蔡保全：《从贝丘遗址看福建沿海先民的居住环境与资源开发》，《厦门大学学报（哲学社会科学版）》1998年第3期。蔡保全：《是文化交流与饮食习惯变迁还是贝类资源的枯竭——就"福建贝丘遗址消亡原因"答吴小平先生》，《中国文物报》2004年5月7日第7版。

［29］吴小平：《也谈福建贝丘遗址消亡的原因》，《农业考古》2004年第1期。

A5 广东沿海新石器时代文化所见海洋开发过程浅析

李　岩

（广东省文物考古研究院）

广东地处我国南部沿海,现代海岸线漫长且多样,已知从新石器时代开始,就有人类在此活动繁衍,关于沿海地区的古代遗存也不同程度地引起了学者们的注意,并从各自的角度进行了一些研究,例如:李平日先生的《六千年来珠海古地理环境演变与古文化遗存》[1]、赵善德先生的《珠海沙堤遗址研究》[2],对环境、资源以及与人之间的关系进行研讨;珠海宝镜湾遗址的发现和发掘[3],更是提出了海岛型史前文化遗址的概念,并认为:选择在此居住的原因是海洋资源丰富,人们可以在这里得到所需的食物。发表于 2000 年的《珠江三角洲史前遗址调查》[4]由赵辉先生主笔,在总结过往认识的基础上,自调查之初就提出了:"一是,观察遗存堆积情况和采集文化遗物,以了解遗址的规模和时代;二是,收集各种动物遗骸,以了解遗址的生计活动类型和所处生态环境;三是,观察遗址的地理景观。"的作业原则,根据所采集的贝类之异同,将贝丘遗址分为近口段型、河口段型、海滨型三类,给出了:"早期阶段,三种类型的贝丘数量都不多,人们的取食活动虽然略偏向于近口段和河口段的贝类资源,但总体上倾向性不甚突出。晚期贝丘数量激增的同时,集中在河口段地带,人们的取食活动表现出十分明显的倾向。"同时,又根据地貌特征,划分出丘岗型、台地型和海岸,认为台地型无论是食物来源还是交通均便利,因此,无论早晚都是较为理想的居所,而丘岗型贝丘是晚期新出现的类型,以三水银州为例,较晚堆积中的河蚬明显小于较早时期堆积中者,表明局部取食的压力明显,同时也关注到了水体等环境因素的变化等。其他还有一些学者也从各自的角度提出了自己观点,不容一一列举,总体来说,以沿海的角度对这些遗存的研究取得了一些显著的成果,但也处于开始的阶段,因此,借此机会,笔者对广东沿海的遗存材料加以初步的梳理,结合一些新的发现、发掘材料,提出一些个人看法,并向各位方家求教。

一、现代广东沿海地貌特点及与新石器晚期至夏商阶遗存分布

之所以谓现代沿海,主要是考虑到更新世晚期到全新世以来,海平面上升这一背景。如果说海平面研究中的一些曲线图还略有抽象[5],那么,香港的相关工作为海平面上升提供了最为直接的证据[6],本文考察的对象限于现代海平面沿海所见,即距今 6000 年前后以来的海岸遗存。

现代广东海岸按照地理学原则,被划分四种类型:

沙坝-潟湖海岸,分布范围主要在惠东县至汕头市之间的粤东海岸,为东段;阳东县至吴川县西段。

溺谷港湾海岸，该类型海岸主要分布在从台山至惠东一线。溺谷海岸是指海滨处的河谷或山谷，因陆地下沉或海面上升而被海水淹没后形成的海湾，在水下常保留有古河道，是沉降海岸特有的一种海岸地貌和类型。海岸曲折，多港湾、岛屿和半岛。

河口三角洲海岸，其主要分布粤中的珠江口海岸，其次在韩江、潭江、漠阳江、鉴江等河流入海口地区，其中珠江三角洲和韩江三角洲规模较大，漠阳江三角洲等则相对较小。

台地侵蚀海岸，主要分布于雷州半岛周围。

上述情况是较大范围的区分，如果仔细观察，还会发现，沙坝-潟湖海岸、溺谷港湾海岸、河口三角洲海岸会有交错，例如珠江三角洲地区即为明显的例子，潟湖、溺谷港湾等在小的地理单元中会表现出多样性的存在（图1）。

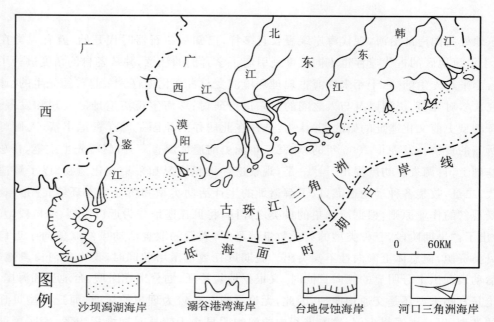

图1 广东沿海地貌

资料来源：曾昭璇、黄伟峰《广东海情》，2001。

另一类沿海地貌是海岛。

广东沿海的岛屿基本上是近岸岛为主，有两个区域分布较为密集，一是自台山至大亚湾对开海域，二是湛江对开海域；汕头海域也有少许分布。这些海岛紧靠大陆，普遍距离在30海里之内；分布相对集中，形成众多的海湾；由于所处位置，动、植物资源具有海洋性和热带性特点；台风等灾害较多。这些特点对人的生存也构成了相当程度的影响。

根据全国第二次文物普查以及后续的考古调查与发现，沿海地区（自东向西）遗存的分布有几个相对集中的地区：澄海韩江口及周边的梅陇、陈桥村南澳岛细小石器遗存等；榕江及练江河口附近的沙丘遗存[7]等；汕尾市范围的碣石湾红海湾菝仔园、沙坑[8]等；大鹏湾的小梅沙、咸头岭等；珠江口地区（含岛屿）的深圳、香港、珠海、澳门黑沙、中山（龙穴）、高明古椰、东莞村头、广州南沙鹿颈村、新会、台山崖门附近的罗山嘴、象边山、台山电厂新村等（在珠江口地区，又可以再划分为两个区域，一是近海者，如珠海、深圳、澳门、香港各遗存；再者就是围绕西樵山周边的一系列贝丘遗址）、阳江海陵岛刘三沙[9]等；雷州半岛西侧的鲤鱼墩等遗址[10]等。从这些遗存分布的状况来看，以珠江口及岛屿地区数量最多且最为密集，而且，从新石器时代晚期延续至夏商阶段，其他则相对分布较少。

与前述海岸岛屿的地形、地貌结合起来观察,与溺谷港湾海岸、河口三角洲海岸相关度高,其次是潟湖,而台地侵蚀海岸则最低。这些遗址中,有贝丘类,同时也有沙丘类遗址。

是否遗存的分布密度仅仅与海岸地貌具有关联度?从地图上观察,显然还有一个重要因素与分布密度相关,即河流与海湾或者河流与三角洲相结合部位与遗存密度的关联度更高(图2,图3)。作为20世纪五六十年代广东文物考古工作者进行文物普查时所标注的遗存分布示意图,有些遗存的年代虽然已经进入了夔纹陶阶段,但数量较少,对于分布密度而言可以忽略不计,显然在这样的条件下,自西向东,有些分布密度较低的区域,例如从潮阳至惠来神泉镇之间、大亚湾沿海都属于此类;韩江三角洲前文已述,为相对密集的区域,粤东沿海另一个较为密集的区域在碣石湾与红海湾之间的半岛沿岸,包括来自良渚文化的玉琮即出于该区域。新会、台山以西沿海以及雷州半岛地区,仅在莫阳江入海口附近及海陵岛周边电白和湛江有若干处,包括雷州半岛中部西侧的鲤鱼墩遗址。自韩江三角洲开始,从东向西这些分布密集或相对密集的沿海沙丘、贝丘遗址群依次对应的河流是练江、螺河、黄江、莫阳江、鉴江;相反,分布稀少,甚至至今空白处,例如潮阳至惠来神泉镇以及粤西沿海地区大部分地区则无河流这个重要条件。

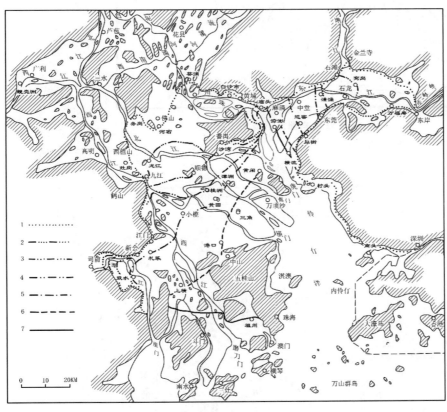

图2 珠三角六千年来海滨线的演进

1. 距今6000年前后滨线
2. 距今4000年前后滨线
3. 汉代滨线(距今约2200年)
4. 唐代滨线(距今约1400年)
5. 宋代滨线(距今约1000年)
6. 明代滨线(距今约700年)
7. 清代滨线(距今约300~400年)

资料来源:李平日等《珠江三角洲一万年来环境演变》,第78页。

归纳起来,广东沿海的史前遗址分布的特点是中心密、西部疏、东部向河口海湾相对集中。这是从海陆位置及于河流相关的角度对古代遗存分布密度的大致情况,如下,笔者将以珠江三角洲及珠江口区域的考古发现为主,在基本编年和文化关系的基础上,对这些分布于海岸周围的遗存进行讨论,以期更深入地从资源、交通以及文化传统等几个方面给出一些认识(图4~6,根据莫稚先生相关调查报告绘制)。

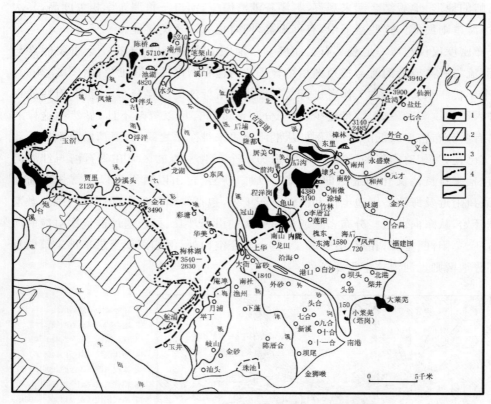

图3　韩江三角洲海滨线的演进

资料来源：李平日等《韩江三角洲》，第153页。

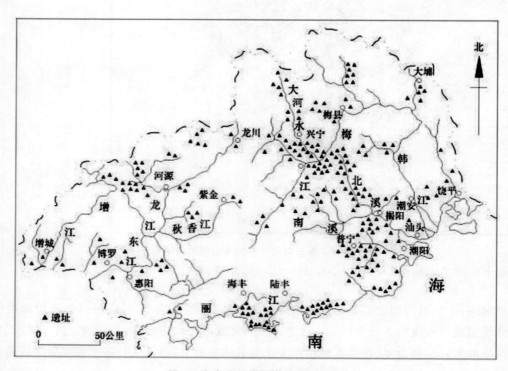

图4　粤东及沿海遗址分布示意图

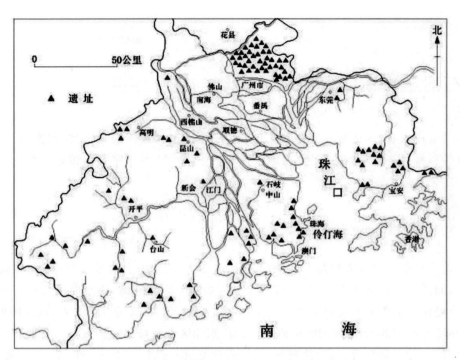

图 5　珠三角及沿海遗址分布示意图

图 6　粤西及沿海遗址分布示意图

二、新石器至青铜时代遗址的编年与文化序列

从目前的发现来看,本文所及遗存以珠江口和三角洲地区发现最为丰富,粤东地区的陈桥村、粤西鲤鱼墩等材料过于零星,特别是粤西地区材料较少,故此,编年序列以该地区为主辅以粤东地区的资料叙述之。

（一）第一阶段

咸头岭遗址坐落在深圳大鹏湾东北跌幅湾内的二、三级沙堤上的沙丘遗址[11],跌幅湾内有潟湖和跌幅河,潟湖形成的小规模平原沼泽以及淡水,加之滩涂及近海,为当时的人们提供了求生的基本资源,沙堤在一定程度上还可帮助人们抵挡海浪的侵袭。从大的环境来看,咸头岭处于溺谷港湾海岸,小环境为典型的沙坝-潟湖海岸地貌。为广东地区发现最早的新石器时代晚期之考古学文化,该文化中以各类彩陶盘为特征,共三期,还有彩陶豆、圈足罐,还有杯、釜、支脚、器做等器物,装饰纹样除彩陶外,还有细绳纹、戳印纹、刻划纹、贝印纹、附加堆纹等,各类纹饰至第三期则相对简化,特别是彩陶纹样,第三期彩陶仅为条带状者。三期的年代大体为第一期距今 7000—6400 年,第二期距今 6400—6200 年,第三期距今 6000 年前后[12]。目前,学界普遍公认的是咸头岭文化与湖南的高庙、汤家岗及大溪文化关系密切,不同程度地接受了上述文化的传播与影响,为广东沿海地区发现最早的新石器时代晚期之考古学文化(图 7,8)。

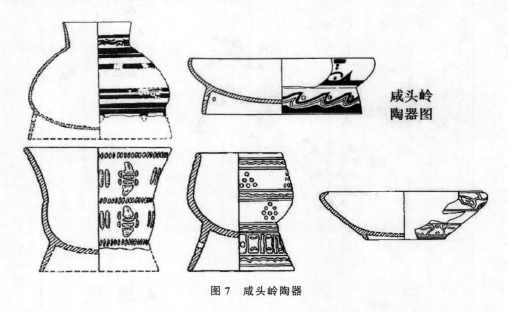

咸头岭
陶器图

图 7 咸头岭陶器

（二）第二阶段

继之而起的是古椰文化[13]。2006 年,古椰贝丘遗址因广明高速建设,由广东省文物考古研究所进行了抢救性发掘,并获十大发现等奖项,2011 年至 2015 年间,陆续对遗址资料进行了整理,可

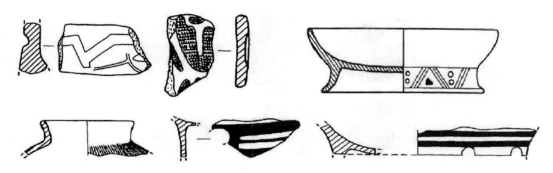

蚬壳洲、海丰（右上）陶器图

图 8　蚬壳洲、海丰陶器

以确认其为广东地区继咸头岭文化之后，一个新的考古学文化——古椰文化，延续的时间在距今5900年至5000年前后，根据目前的发现，其分布范围西到台山，东南至香港，北达英德史佬墩、曲江石峡遗址第一期部分遗存；可以区分为早晚两期，早期根据器物演变和层位关系判断，又可细分为四段，前三段为早期、第Ⅳ为晚期，结束于距今5200年前后，晚期为5200年至5000年前后；总体说来，其文化面貌大体如左：陶器中夹砂陶占有一定的比例，常见的器形有圜底釜（晚期出现盘口釜）、器座，泥质陶数量较多，器形有直领圜底罐、圈足罐、圈足盘、高足豆等，纹饰特点为绳纹加刻画纹组合，还有连珠纹、拍印条纹等；石器中以层凝灰岩双肩石器为大宗，晚期还见有一定数量的细石核。

总的说来，古椰文化的陶器中，还可以见到咸头岭文化的一些影子，例如釜、圈足盘、刻画纹饰等等，但变化是主要的，例如古椰文化中不见彩陶，咸头岭文化中不见双肩石器；与咸头岭文化和高庙文化的亲缘关系不同，随着时间的推移，来自北方的影响也发生了改变，存在于湘江流域的堆子岭文化则在古椰文化形成的过程中起到了重要的作用。

如果说古椰文化早期Ⅰ段仍然是自北向南的文化传播为主流的话，至古椰早期Ⅱ段，情况发生了明显的改变。古椰、虎地两遗址明显可见来自崧泽文化的高柄钵形豆，虎地者甚至纹饰也基本同于崧泽文化，涌浪遗址的纺轮之纹样也同样体现了这个文化因素的不同来源，即来自东北方向的文化因素开始显现；及至古椰早期Ⅲ段，以良渚文化的圈足罐为代表者登场，只是足部刻画纹饰与良渚文化者不同，而保留了来自堆子岭文化的短直线构成之刻画纹样。

关于古椰文化晚期的细石器，从形态观察，与过往西樵山细石器如出一辙，区别在于古椰尚未见石叶，仅见石核。关于古椰细石器的来源，笔者认为与西北方向的细石器传播有关，从青藏高原东部到贵州，湖南，进而进入广东；其次关于西樵山层凝灰岩双肩石器的出现，目前来看没有早于古椰文化者，这对于我们认识沿海地区层凝灰岩双肩石器提供的较为坚实基础。

古椰遗址所在位置隔西江对望西樵山，从其出土的贝类粗略观察，以淡水贝类为主，属于潮间带的牡蛎数量很少，表明这里已经是河口为主的地貌，与海岸线有了一定的距离；但是，由于古椰文化的被辨识，在珠江口之沿海的珠海（宝镜湾第一、二期[14]，草堂湾第一期[15]、香港（虎地[16]、沙下[17]等）、澳门（黑沙[18]）以及西侧的台山（电厂新村[19]）、深圳大黄沙第②层[20]等地均发现了古椰文化阶段的遗存（图9）。

（三）第三阶段

继古椰之后，珠三角及珠江口地区本地遗存形成，以东莞圆洲早期Ⅰ段[21]为代表，它不仅保存

古榔遗址陶器图

香港西贡沙下遗址陶器图

图 9　古榔及沙下遗址陶器

了古榔文化拍印条纹及刻划纹的传统，而且出现了真正意义的几何形拍印纹—方格纹、长方格纹、梯格纹、曲折纹，并出现了方格纹与平行线对角线纹等的组合；小口高领罐在古榔文化器形的基础上，加了矮圈足，C 型釜还保留了古榔在颈部抹光的做法；新出现了鼎，其足为上宽下窄，呈梯形，边缘向内折的形态，显然是受到了横岭及大旺田所见虎头埔文化较早阶段鼎足的影响。属于此类的遗存在宝镜湾遗址第三期亦可见。可称为圆洲早期Ⅰ段[22]遗存（图 10）。

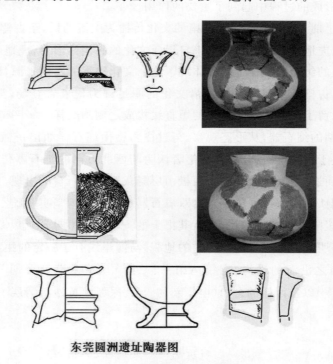

东莞圆洲遗址陶器图

图 10　东莞圆洲遗址陶器

(四)第四阶段

宝镜湾第三段及圆洲早期 II 段。

该期延续了圆洲早期 I 段圈足罐的形态与纹饰,也说明了它与圆洲早期的承袭关系;圈足罐特点为球形腹,以各类叶脉纹为装饰特色,圆洲早期 II 段出现了一种新的器形,折肩折腹的圈足罐,各类几何纹饰中新出现了平行线加对角线的构图单元,与各种方格纹及条纹与之组合,但与其后(鱿鱼岗第一期等)的同类纹饰相比,相对紧密且小(图 11)。

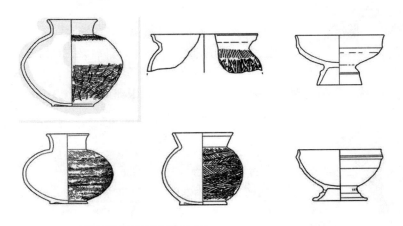

圆洲及宝镜湾遗址陶器图

图 11　圆洲及宝镜湾遗址陶器

香港涌浪晚期[23]、深圳赤湾沙丘[24]等,均可归入该阶段。大体在石峡文化中期前后。

(五)第五阶段

后沙湾第二期南沙鹿颈村部分遗存。

位于珠江口的珠海后沙湾遗址经过发掘[25],共两期,后沙湾第二期为本阶段遗存,此外还有番禺南沙鹿颈村贝丘遗址[26];珠三角腹地的贝丘遗址中,还有三水银洲第一期、南海鱿鱼岗第一期[27]、佛山河宕遗址中相关遗存[28]等。这一期珠江口及三角洲地区的陶器群中,上阶段出现的折肩折腹的圈足罐得到了延续,还出现了新的器形:诸如后沙湾 I 罐,小口束颈广肩鼓腹,矮圈足,通体装饰曲折纹和多道附加堆纹;相对石峡文化晚期 M45 所见几何印纹陶罐,明显有变化,即器形增高,附加堆纹数量增加,从类型学角度而言,与石峡遗址第三期早期同类器物更接近[29]。前一阶段的平行线加对角线图案之印纹增多,且变得疏朗。本阶段的年代大体在石峡文化晚期至石峡遗址第三期之早期(图 12)。

(六)第六阶段

村头遗址第一期前段为代表,还包括:鱿鱼岗第二期前段、佛山河宕 M19、M23、屋背岭 M040、M042、深圳黄竹园 M16、M20 等。该阶段细把豆、有流带把壶、凹底罐等因素与同期广富林文化[30]等具有相同的时代特征,新出现的拍印纹饰为菱格纹。大体在龙山末段至夏纪年范围内(图 13)。

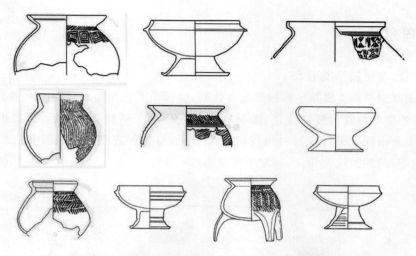

鱿鱼岗第一期类型陶器图（最下一行为银洲遗址出土）

图12　鱿鱼岗第一期类型陶器

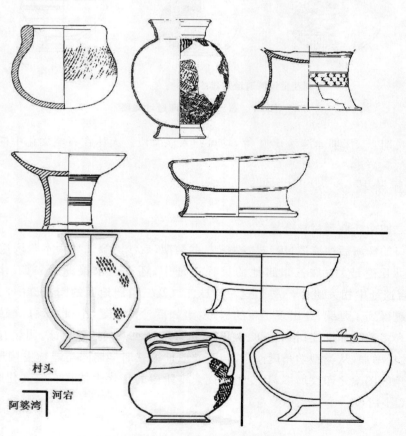

图13　村头、河宕、阿婆湾等陶器图

（七）第七阶段

本阶段有前后两段。

前段包括村头第一期后段、三水银洲第二组、鱿鱼岗第二期后段、南海灶岗部分遗物、佛山河宕第③层大部分遗物、深圳南头后海沙丘、珠海棱角嘴沙丘、亚婆湾第一组珠海淇澳岛东澳湾遗址、广州鹿颈村部分、东莞圆洲第三组。该阶段最具特点的器物及纹饰是：凹底罐、折肩圈足罐，在圈足罐肩部出现了云雷纹加曲折纹组合。此纹饰当来自马桥文化早期，此阶段该类纹饰数量众多，陶器群众的这些因素显示接受外来影响之强烈。另一方面，T字形环89DCH105出土的石质半成品根据棠下环的情况推断为T形环。武器类出现了内窄援宽（89DCT1507③E:3）的戈（图14；彩版四:2）。

图14 东莞村头遗址的牙璋

后段有村头第二、三期、屋背岭M004、058以及二期四段和三期五段的墓葬单位、黄竹园M8、银洲第三组、高要茅岗、珠海棠下环原定为商时期遗存、香港马湾东湾仔第二期部分遗物等。

这个阶段云雷纹加曲折纹组合的纹样消失了，各类方格、菱格以及菱格加凸点的纹饰流行，器形大体从前期继承而来；新出现了瓢形杯、夹砂碗形矮圈足豆等器类，尊类器增多。

本阶段的时间大体在马桥文化早期前后，在夏商之际至早商的时间范围内。

上述各阶段从器物纹饰两方面来看，联系相对紧密。珠江口分期与珠江三角洲地区者文化面貌基本一致，属性也相同。

粤东地区与本文相关的大体有三个阶段[31]：

"第一期：以潮安陈桥遗址第3层遗存和海丰沙坑北遗址为代表。陶器均为夹砂陶，多灰胎，可见罐、钵两类器物，器表磨光，有的施储红彩和刻划纹。石器以打制为主，骨器一般仅经过粗加工，包括砍砸器、端刃器、锥、针等。沙坑北遗址采集到彩陶圈足盘及彩陶残片。"大体与咸头岭文化较早阶段同时。

"第二期：以虎头埔遗址和龟山一组为代表，按时间早晚可分为三段。这一期的总体特征是陶器多为灰色泥质印纹硬陶，器物以矮圈足罐、鼓腹罐、钵为基本组合，不同时段的同类器物形态略有差异，并且随着时间推移，陶器群中夹砂软陶数量有所增加。"这一期与东莞圆洲早期至后沙湾第二期相当。

"第三期：以普宁后山墓葬、龟山二组为代表。以圆底罐、凹底罐和带流罐、子口圆底钵等为典型器物，陶器多为灰色或者灰褐色泥质硬陶，方格纹、复线菱格纹等常见，部分陶器颈部有明显的轮修痕迹，口肩部或有单个出现的刻划符号。"该期与村头、屋背岭等遗存主体部分基本相当。

粤西沿海地区经发掘的遗址仅有鲤鱼墩一处，其他材料相当薄弱，暂不涉及。

三、广东沿海各阶段遗存的互动格局及对海洋资源利用的发展线索

由于珠江口及珠江三角洲地区的编年序列相对完善，本章节以这个时间线索分述之，并兼顾粤东沿海地区。

（一）第一阶段以咸头岭文化为代表

根据前文所述，咸头岭文化的部分源头来自湖南高庙文化等，在距今6000年前，自珠江口，沿海岸线东进至汕尾市红海湾、碣石湾。参考张弛、洪晓纯[32]的研究，"高庙文化和峡江地区城背溪一大溪文化都有发达的制陶和石器工业，产品也都出现在了邻近的地区特别是两湖地区的西部，因此它们都应该与同时期的农业文化有广泛的经济交流"，仍然是以狩猎采集为主的生业模式，咸头岭文化的生业同样也是以狩采为主，而且，在其南下的过程中，动物、植物标本在沙丘遗址中难以保存，较为密集地分布于大鹏湾以及红海湾等沿海海湾地区的情况，也支持这一观点。

粤东的陈桥文化，分布、来源，看不到明显的交流，陈桥文化则在韩江三角洲沿海分布而已，以陈桥村为代表，还有石尾山贝丘等[33]，其来源尚不清楚。从古海岸线（图3 韩江三角洲滨线）及出土物判断，石器中以蚝蛎啄为特点，地层堆积中有大量的牡蛎壳，这与海岸线研究基本吻合，说明该遗址处于潮间带，分布于距今6000年滨线附近，与位于北部湾的广西东兴贝丘遗址[34]所见石器有类似之处，从石器来看，两者似乎存在一定的联系，同时，蚝蛎啄也延续了较长的时间，在香港沙下遗址的第一、二期仍然可见，沙下第二期已经进入了古椰文化偏晚的阶段了。但由于材料稀少，目前尚无法确定这种联系的具体内容。

（二）第二阶段以古椰文化为代表

根据目前的发现，古椰文化亦与岭北同期文化关系密切，沿海者，仅见珠江口，向西至新会、台山沿海。粤东沿海地区与之同期的考古学文化暂未发现。

与第一阶段咸头岭文化不同在于，古椰文化阶段的文化交流开始出现了崧泽、良渚文化的因素，即来自东北方的长江下游地区对广东，特别是珠江口及三角洲地区产生了明显的影响；而此前，

则更多的来自湖南同期文化。黑沙遗址的制玉作坊,当与方家洲遗址[35]基本同时,并有一定的联系。

古椰文化晚期良渚文化的陶器出现在香港沙下及古椰遗址,自环太湖及杭州湾,沿海路进入的可能性更大些,这个材料与晚于古椰文化的东莞圆洲早期I段之陶器见于越南下龙文化及海丰所见原装良渚文化玉琮可互为佐证。

古椰文化阶段从目前的发现观察,尚未见到稻作农业的物证,古椰贝丘所见为大量的淡水贝类和极少的牡蛎,显然这与该遗址的地理位置相关,该阶段的另一件重要事件则影响到大量珠江口沿海地区,即西樵山层凝灰岩石料及双肩石器的勃兴。层凝灰岩石料是制作石器的特殊资源,虽然与海洋资源无直接关联,目前由于资料发表的原因等,无法肯定香港地区古椰文化阶段的双肩石器是否为层凝灰岩石料者,但是在香港西贡沙下遗址 DI 区第二期已经见到了一定数量的双肩石锛;台山铜鼓湾沙丘[36]也见到了一定数量的双肩石锛,共存陶器据笔者观摩,同样是古椰文化早期者,说明双肩石器的制作和使用已经通过珠江口水路扩散到沿海地区。

(三)第三阶段以东莞圆洲早期I段为代表

如果说前两个阶段本地区的考古学文化更多的还是接受来自西北、东北方影响的话,从这个阶段开始,走出了以独立发展为主的道路,特别是以方格纹、平行线加对角线纹为特色的几何印纹得到了初步的发展,并成为其后珠江三角洲及珠江口地区的传统特色,圆洲早期I段的小口圈足罐已经到深圳屋背岭[37],并进一步影响到越南北部的下龙文化(参见本卷李珍《北部湾沿海的史前海洋经济和适应性文化》下龙文化的陶器)。

另一支以横岭遗存为代表的虎头埔文化之地方类型形成,对珠江口地区产生了影响,宝镜湾遗址第三期的标本 T10③B:1 即为例证,此类罐无圈足,在横岭类型墓葬中是常见器物。

(四)第四阶段以宝镜湾第四期及圆洲早期II段为代表

该阶段虎头埔文化向珠江口东岸地区发展,并留下明显的印记,同时石峡文化中期的文化因素也通过广州茶岭遗址等向珠江口地区施加影响,这些印记集中反映在香港涌浪遗址晚期的陶器和石器,涌浪晚期的陶器基本为虎头埔文化的典型器物,而不见珠三角地区各类几何印纹的陶器;对岸的珠海宝镜湾第四期则保留了珠三角印纹陶的传统,圆洲早期II段新出现了折肩折腹的圈足罐,并在其后得以延续,本阶段,珠三角地区遗存与虎头埔文化在珠江口形成东西相对的格局。

(五)第五阶段以后沙湾第二期南沙鹿颈村部分遗存为代表

该阶段与继续与石峡文化发生密切联系银洲第一期、鱿鱼岗第一期为前段,后段时石峡文化在广东已经结束,而虎头埔文化的最后阶段与该阶段后段同始终,并向东影响了虎头埔文化,是沿海地区及珠三角几何印纹陶得到进一步发展的重要时期。这个时期与长江下游的考古学文化嬗变有着不可分割的关系,该阶段良渚文化消亡,显然来自北方的影响相对明显减弱,给本地文化的发展留出了较好的空间。

粤东沿海地区的海丰田墘镇三舵贝丘遗址位于碣石湾岸边[38],该区域不是石峡文化分布范围,综合考量之,三舵贝丘遗址所见两件玉琮中,图二之 1 琮特点显著,大眼之眼睑上挑,与良渚晚期特点一致[39]，位于本阶段前段所在年代范围。江美英女士认为，海丰的玉琮可能是良渚文化的作品[40]，笔者从之，那么这将玉琮的来源就有了可考究的地方了。陆路方面，目前江西地区所见玉琮均无此类者，福建同期更为见[41]，笔者认为，海丰之琮是直接来自良渚文化的"舶来品"。这与虎头埔文化与石峡文化交流有关，玉琮的使用在石峡文化是常见之事，海丰玉琮在虎头埔文化分布范围，因此，不排除虎头埔文化的人群在意识形态上一定程度地接受了盛行于良渚、石峡文化的玉器之可能。

（六）第六阶段以村头遗址第一期前段为代表

长江下游的环太湖地区此时处于广福林文化时期，即龙山末段至夏纪年范围，除几何印纹之外，广东沿海地区又发生了哪些改变？

深圳市盐田区黄竹园遗址[42]为大鹏湾海边一处沙丘遗址，2001年经过抢救性发掘，清理了11座墓葬，发掘者认为是商时期者，笔者有些不同看法，因篇幅，仅就相关墓葬加以说明。M16随葬品有带把陶钵1，玉玦1、玉璜2、绿松石块4。其中带把陶钵成为断代的关键器物，泥质橙黄陶质地。口微敛，深弧腹，圜底。一侧有一上翘的柱状把手，已残。外表饰很粗的曲折纹。口径13、残高12.5厘米。该钵的纹饰与村头第一期早段的粗曲折纹十分相似，而带把的钵类在珠江口及三角洲地区鲜见，此类器物在角山遗址[43]相当常见，但是其形态与黄竹园M16者完全相同，笔者认为：黄竹园M16者为折中之器，带把钵为收到角山因素的影响所致。确定了其所在年代位置，再来考察两件玉璜：两件璜均为截面为扁平状，两端靠内侧各有一小孔，外侧有两个锯齿状突棱。M16:2-1，一端从小孔处残断。长7.2、面宽1.8、厚0.1厘米；M16:2-2，长7.2、面宽1.8、厚0.1厘米。规格一致，从图上观察，两件璜的圆弧度都接近180°。两件玉璜之特点有二：首先是两端的穿孔，其次是外侧的锯齿状突棱。黄翠梅女士称之为带突形玉玦之带锯齿C字形突玉玦[44]，虽然黄竹园简报未就两玉璜出土状况做出报道，但从形态分析，其更接近华北和西北地区多璜联璧[45]，所不同在于好径较小，并有锯齿状突棱，综合上述因素，成为多璜锯齿状突棱联璧更合适些。关于有突棱的璧，年代较早的见于红山文化辽宁朝阳半拉山红山文化积石冢，文中称为三耳玉璧[46]；黄竹园M16者如作为玉璧来看有四个突棱，本文不展开讨论此类器物的源流与传播，至少可以确定的是，黄竹园M16多璜锯齿状突棱联璧是受到了东北和华北地区类似玉器的影响产生的，年代在龙山末段至夏纪年范围内，而此类突棱的做法在环南海地区影响深远[47]。

（七）第七阶段

本阶段需要重点关注的是珠江口及三角洲地区的养猪以及T字形璧或环以及牙璋等器物的制作和向外传播。

夏商之际至商早期阶段，珠江口东岸重要的聚落之一——东莞村头遗址以养猪[48]及牙璋的制作和T字形石陶环的出土凸显出其地位。

村头猪的最小个体数89个，鉴定显示：村头贝丘遗址发现的猪，数量多，猪的死亡年龄以M3未出的未成年为主，约占61.7%，猪的性别以雌性为主，牙齿的LEH发生率高，推测可能有一部分是家养的猪，但也存在有一些狩猎捕获的野猪，因而存在有一些3岁以上的猪。同一年龄组内猪的牙齿磨蚀程度的差异也可能说明存在有野猪。此外，村头这个阶段还有一定数量的家狗存在，并有吃狗肉的情况。

　　与村头类似的是佛山河宕遗址,河宕遗址第③层出土的两百多件脊椎动物遗骨标本,该层主体部分相当于村头第一期后段或稍晚,这些兽骨中,猪的肢骨和上、下颌骨相当多,经统计幼年个体约占80%,老年个体约占15%以上,青壮年个体所占的比例不到30%。从上、下齿列的形态结构来看,无论幼年还是老年个体的齿列结构均十分紧密,而且犬齿也不发育,根据这些牙齿结构特征,毫无问题是家养饲的特征[49]。与村头不同之处不在于两者个各种年龄性别比例,而是河宕者幼年个体数量的占比略多,这应当与发掘本身的局限性有关,即河宕所发掘并获等的猪骨标本相对少些,所以统计上也会有所差别;可以肯定的是两个遗址的材料说明,当时的养猪业已经处于较为成熟的阶段,而非萌发期,村头虽有少量野猪,但依然以饲养的为主。

　　对于饲养猪的作用,当然有不同的解读,有学者认为是用于某些宴飨或仪式的场合,有些则认为是增加了日常食物的稳定供给。笔者通过比较珠江口及三角洲范围的同期贝丘遗址猪类标本的情况认为:饲养猪用于宴飨或仪式的场合的可能性更大,理由是:处于珠江口西岸的鹿颈村贝丘遗址发掘面积较大,整理过程中,并未发现如此数量的猪类标本(余翀);其次,高要茅岗贝丘遗址[50],出土了猪下颌骨三十件、上颌骨八件,数量远未及村头者,虽然有学者就茅岗的猪做出判断饲养了猪[51],并未进行相关测量和统计,虽然存在着饲养的可能性,但暂不采用。除此之外,暂未见本阶段其他遗址中有饲养猪的报告。河宕与村头的养猪成鲜见者,不具备普遍性,显然与增加日常稳定食物供给的关系并不大。村头遗址从出土物分析,更加支持了这个推测,即村头出土了一批石、骨角质地的牙璋,并且有相当数量的非成品,以及石、陶质的T字形环。将这些因素综合来看,珠江口东岸的村头遗址,地位显得相当特殊,大有区域性中心的意味,证实了猪的用途与宴飨或仪式的关联更加密切。

　　关于广东地区的牙璋,笔者曾有专文论述[52],此不赘述。需要指出的是广西感驮岩遗址所见之牙璋属于第二期后段,标本BT08②:2[53],为骨角质,而且其形态在村头亦可见;发掘者认为:感驮岩第二期后段的陶器中,"高领折肩罐与东莞村头遗址所出的罐相似,在绳纹上加刻划纹和在打磨的器表饰以填充戳印纹的带状刻划纹及彩绘等装饰风格也见于越南冯原遗址⑦出土的陶器上,因此年代应相近。"陶器的相近与本文第三阶段以东莞圆洲早期I段为代表陶器与下龙文化之相近有异曲同工之处,现实了日常的两地的交流。有理由相信,感驮岩及冯原文化中的牙璋有相当部分来自珠江口。

　　与牙璋类似的是T字形环。新发表的材料有黄竹园标本M8:1,有一件T字形环,共存陶器与村头本阶段者类似;过往的资料还有香港大湾、珠海棠下环[54]等。棠下环的资料很有代表性,该遗址所见T字形环不仅有大量未非成品,而且,生产之不同阶段的标本基本可见,显示了这里是T字形石环的作坊之一。根据非成品T字形石环的线索,笔者重新查阅了深圳等地同期的遗址资料,还发现了一处类似者,即西丽水库西北区也见到了非成品的T字形石环[55]。

　　据上述,笔者认为:牙璋、T形环,以珠江口为生产基地并通过海路向外辐射到广西及越南北部地区,换句话说,珠江口是广西及越南北部同类器物的来源地之一。

　　笔者有幸观摩过宁波大榭制盐遗址,目前已经得到确认为煮盐遗迹,其年代为钱山漾一期阶段者,所见盐灶类似葫芦形平面,几个灶眼联通。从结构而言,不同于普通炊煮之灶,也非窑;类似的情况在珠海东澳湾遗址曾有发现[56]。发掘期间,对盐灶遗迹无法确认,但感觉到其特殊,因此在遗迹描述时并未给出灶或窑之类的定性说法,而是使用了遗迹A、B、C称谓之,举遗迹A描述如下:"遗迹A:为T2第3层所叠压。位于此探方的中部,由石块及烧土组成。具有两个部分,北部为红烧土,由于焙烧,土色泛青,大部则呈红褐色,十分坚硬。形如半圆状,中央一条沟槽,开口于西部,东部封闭。在东部发现三个圆台形陶支脚,周围散见一些釜的残片。烧土的厚度为12~30厘米不等，最大半径为 60 厘米；另一部分烧土的南部，为若干石块，分布于烧土南部长 130 厘米，宽 95 厘米的范围内，石块大小不等，分布亦无明显规律。整个遗迹东部略高且平整，西部略低且不规则。"

东澳湾遗址所在的东湾湾是淇澳岛上的一个海湾，该遗址为潟湖沙堤环境中的沙丘遗址，据现代海岸线不足 1000 米。

遗迹描述中的圆台形陶支脚在大榭遗址中也可见，从遗迹结构和相关遗物与大榭盐灶比对，并考虑其所在地理位置都说明，东澳湾遗址的三个遗迹确认为盐灶无疑。

此前在珠江口乃至尚无确认的制盐遗址，此类遗存还需日后辨识和不断扩大线索。

四、结语

广东东部沿海的相对集中，因河口、海湾之地理因素，文化传播更多地利用了沿海陆地走廊、岛屿；西部从沿海走廊的遗址分布来看，不仅疏朗，而且为相对独立的文化区域，而珠江口地区向西（红河三角洲）的传播更多地依赖了海路，故此在西部沿海未见明显的痕迹，而红河三角洲及越南北部反而可见传播而来的器物，即红河三角洲及越南北部应当是文化传播的目的地之一。这种情况在历史时期也得到佐证：例如阿拉伯商人在广州等地留下为数不少的遗迹，在中南半岛东部沿海却未见或罕见同类遗迹；再者，潮汕方言在广东的分布也有类似情况，该方言分布自潮汕至惠东以东地区沿海，自惠东及阳江未见该方言，再向西，电白以西至雷州半岛之方言与潮汕方言高度近似，留下了一段空白和不连续的地区。从珠江口向红河三角洲及越南北部的文化传播也恰好印证了汉代海上交通线的相关记载由来已久矣。

粤域沿海遗存对海洋的开发利用也明显可见几个不同的阶段：

从咸头岭文化阶段开始，其文化的发展和迁徙趋势为自西北南下，至珠江口，再转向东达红海湾、碣石湾，显然狩猎采集经济，对河口及海湾地区的丰富食物资源利用作为主要目的；古椰文化阶段也基本延续了这个趋势，所发生的改变在于崧泽文化、良渚文化的制玉工艺及陶器出现在珠江口，因此，不排除利用海路进行的文化传播；双肩石器在香港、台山等地的发现表明，古椰文化阶段西樵山石料的开发及制作技术的传播已经远达珠江口。

东莞圆洲早期 I 段至后沙湾第二期，则进入了一个新的时期，这时，一方面有虎头埔文化进一步向东，向诏安等地传播；在韩江三角洲地区的文化格局也发生了改变，陈桥文化阶段以韩江三角洲边缘和岛丘分布为主，改变为向榕江河口转移集中，个中原因尚有待深究。

珠江口及三角洲地区可见圆洲早期的陶器通过海路进入越南下龙文化，石峡文化的因素南下，虎头埔文化也来到了香港涌浪（晚期），不仅带来了石峡文化的陶器因素，钺作为身份的标志也到达珠江口。良渚文化的玉琮到达海丰，这些情况都说明，广东地区包括沿海地区的史前文化在该阶段，直接接受了来自良渚文化的影响，对于本地社会复杂化进程产生了一定的影响（指粤东地区虎头埔文化）。然而，这个阶段是够有稻作农业通过珠江口向外传播目前还缺乏证据。

如果说前述是从资源利用到偶见的礼器到达珠江口和粤东沿海的话，那么，在龙山末段至夏商之际早商这个情况有了较大的改变，这些改变首先体现在养猪业的发达，无论是作为宴飨还是作为日常食物，都是农业文明范畴的是，不仅意味着贝类、鱼类等海洋性食物资源地位的下降，同时也是区域性中心的体现，例如村头遗址、河宕均属此类；其次，是珠海、深圳，也包括村头这些位于海岸线旁侧或岛屿上的遗址，发展出 T 形石环的加工工业，村头显然还制作了骨角类的牙璋，关于越南的

T形石环,早有学者给出了观点[57],笔者认为,珠江口地区的是越南T形石环的加工地和来源之一;牙璋亦如此;与三星堆相比,这里存在的非成品器物,更能说明其作为输出物品的特性。

另外一件重要的事情是制盐遗迹的确认,与宁波大榭制盐遗址比较,东澳湾者年代稍晚,盐灶的结构一致,所用煮盐器皿不尽相同,不排除经海路传播至珠江口。

根据上述,韩江三角洲及榕江口的在礼器输出方面的地位显然不如珠江口和三角洲地区活跃并那般重要。

总之,广东沿海地区史前遗存向我们表达了一个转变的过程:从沿海食物性资源利用与沿海走廊的交流(向河口、海湾集中),而一般性食物资源的利用也转向深入,即海盐的制作在东澳湾遗址被确认;此外,更重要的是转变为中华文明进程中,依托南部沿海地区向外传播文明因素的重要窗口与基地。

(本文用图7~13由朱汝田先生清绘。)

注释

[1]李平日《六千年来珠海古地理环境演变与古文化遗存》,广东省文物考古研究所编《珠海考古发现与研究》,P265-272,广东人民出版社,1991年,广州。

[2]同[1],P254-264。

[3]广东省文物考古研究所等编《珠海宝镜湾——海岛型史前文化遗址发掘报告》,P152-153,科学出版社,2004年,北京。

[4]珠江三角洲史前遗址调查组《珠江三角洲史前遗址调查》,《考古学研究》(四),P355-403,科学出版社,2000年,北京。

[5]李平日等《珠江三角洲一万年来环境演变》,P64,海洋出版社,1991年,北京。

[6]商志香覃、吴伟鸿《香港考古学叙研》,P25,文物出版社,2010年,北京。

[7]参见广东省博物馆《广东东部地区新石器时代遗存》图一及遗址登记表,《考古》1961年第12期。

[8]同[7]。

[9]参见广东省文物管理委员会《广东南路地区原始文化遗址》图一及遗址登记表,《考古》1961年第11期。

[10]广东省文物考古研究所等《广东遂溪鲤鱼墩新石器时代贝丘遗址发掘简报》,《文物》2015年第7期。

[11]深圳文物考古鉴定所编著《深圳咸头岭2006年发掘报告》,P3-5,文物出版社,2013年,北京。

[12]同[11],P27-41。

[13]广东省文物考古研究所2006年发掘资料,目前正在整理中,另见李岩、崔勇《古椰贝丘遗存初识》,《湖南考古辑刊》第13辑(2017年)未刊稿。

[14]本文的分期是根据《珠海宝镜湾——海岛型史前文化遗址发掘报告》的材料,自己研读所给出的分期,与宝镜湾报告的分期不同,特此说明。以下宝镜湾的分期均同,不赘述。

[15]梁振兴李子文《三灶岛草堂湾遗址发掘》,广东省文物考古研究所等编《珠海考古发现与研究》,P22-33,广东人民出版社,1991年,广州。

[16]香港古物古迹办事处考古资料网页。

[17]香港古物古迹办事处、河南省文物考古研究所《2002年度香港西贡沙下遗址C02区和DII02区考古发掘简报》,《华夏考古》2004年第4期;香港古物古迹办事处、广州市文物考古研究所《香港西贡沙下遗址DI区发掘简报》,《华夏考古》2007年第4期。

[18]邓聪等《澳门黑沙》,P55-71,香港中文大学出版社,1991年,香港。

[19]广东省文物考古研究所发掘资料,未刊。

[20]深圳市博物馆、中山大学人类学系《广东深圳市大黄沙沙丘遗址发掘简报》,《文物》1990年第11期。

[21]广东省文物考古研究所、东莞市博物馆《广东东莞市圆洲贝丘遗址的发掘》，《考古》2000年第6期。

[22]笔者将东莞市圆洲贝丘遗址的早期之两组作为两段对待，特说明之。

[23]香港古物古迹办事处《香港涌浪新石器时代遗址发掘简报》，《考古》1997年第6期。

[24]杨耀林等《深圳市先秦遗址调查与试掘》，深圳市博物馆编《深圳考古发现与研究》，P60，文物出版社，1994年，北京。

[25]李子文《淇澳岛后沙湾遗址发掘》，广东省文物考古研究所等编《珠海考古发现与研究》，P3-21，广东人民出版社，1991年，广州。

[26]广州市文物考古研究所编《铢积寸累》，P279，文物出版社，2005年，北京。

[27]广东省文物考古研究所《南海市鱿鱼岗贝丘遗址发掘报告》，广东省文物考古研究所编《广东省文物考古研究所建所十周年文集》，P282-328，岭南美术出版社，2001年，广州。

[28]广东省博物馆等编《佛山河宕》拓片三之复线方格对角线纹，即本文平行线对角线纹，此类纹饰有时上下线省略，呈平行线状。

[29]广东省文物考古研究所等《石峡遗址——1973—1978年考古发掘报告》，P469，文物出版社，2014年，北京。

[30]陈杰《广富林文化初论》，上海市博物馆编《广富林考古发掘与学术研究论集》，P221-237，上海古籍出版社，2014年，上海。

[31]魏峻《粤东闽南地区先秦考古学文化的分期与谱系》，北京大学考古文博学院编《考古学研究》（九），科学出版社，2012年，北京。

[32]张弛、洪晓纯《中国华南及其邻近地区的新石器时代采集渔猎文化》，北京大学考古文博学院编《考古学研究》（九），科学出版社，2012年，北京。

[33]广东省文物管理委员会《广东潮安的贝丘遗址》，《考古》1961年第11期。

[34]广东省博物馆《广东东兴新石器时代贝丘遗址》，《考古》1961年第12期。

[35]浙江省文物考古研究所等《浙江桐庐方家洲：新石器时代玉石器制造场遗址》，《中国文物报》2012年1月6日第5版。

[36]广东省文物考古研究所《南海市鱿鱼岗贝丘遗址发掘报告》，广东省文物考古研究所编《广东省文物考古研究所建所十周年文集》，P282-328，岭南美术出版社，2001年，广州。

[37]深圳市文物管理委员会办公室等编《深圳7000年》，P54图65，文物出版社，2006年，北京。

[38]毛衣明《海丰县田墘圩发现新石器时代玉器坑》，中国考古学会编《中国考古学年鉴1985》，P202，文物出版社，1985年，北京；杨少祥、郑政魁《广东海丰县发现玉踪和青铜兵器》，《考古》1990年第8期。

[39]方向明《石峡文化相关玉器基本研究之补充》，广东省珠江文化研究会岭南考古研究专业委员会博物院编《岭南考古研究》7，P55-65，中国评论学术出版社，2008年，香港。

[40]江美英《广东出土良渚式雕纹玉石器研究》，台北故宫博物院编《故宫学术季刊》第30卷第2期，2012年。

[41]李岩《湘鄂赣粤所见新石器时代玉琮浅析》，《华夏考古》未刊稿。

[42]深圳市文物考古鉴定所等《广东深圳市盐田区黄竹园遗址发掘简报》，《考古》2008年第10期。

[43]江西省文物工作队等《鹰潭角山商代窑址试掘简报》，《江西历史文物》1987年第2期；江西省文物考古研究院等《角山窑址——1983—2007年考古发掘报告》，P413，文物出版社，2017年，北京。发掘报告将一期晚段定在夏商之际，一期早段未见器物，笔者认为，黄竹园M16带把钵的年代应略早于角山一期晚段，进入夏纪年范围；理由是角山一期晚段已经出现云雷纹，见角山2003YJH13:6，而村头第一期早段尚未出现云雷纹。

[44]黄翠梅《从带突块饰论台湾及环南海地区早期玉文化的发展》，《台湾博物馆学刊》第69卷第1期，2016年。

[45]高江涛《陶寺遗址出土多璜联璧初探》，《南方文物》2016年第4期。

[46]辽宁省文物考古研究所《辽宁朝阳半拉山红山文化积石冢》，《大众考古》2016年第1期。

[47]参见黄翠梅女士文。

[48]村头报告未刊稿，见黄蕴平张颖《村头贝丘遗址陆生脊椎动物遗骸分析》。

[49]张镇洪《佛山河宕遗址出土部分脊椎动物遗骨的鉴定意见》，广东博物馆等编《佛山河宕遗址——1977年至1978年夏发掘报告》，广东人民出版社，2006年，广州。

[50]杨豪、杨耀林《广东高要县茅岗水上木构建筑遗址》，《文物》1983年第12期。

[51]杨豪《广东高要县茅岗的渔猎经济与家畜》《农业考古》1985年第2期。

[52]谌小灵等《关于岭南所见牙璋的分布及相关认识》，《华夏考古》2016年第4期。

[53]广西壮族自治区文物工作队那坡县博物馆《广西那坡县感驮岩遗址发掘简报》，《考古》2003年第10期。

[54]广东省文物考古研究所等《珠海平沙棠下环遗址发掘简报》，《文物》1998年第7期。

[55]同[24]，P71。

[56]广东省博物馆等《广东珠海市淇澳岛东澳湾遗址发掘简报》，《考古》1990年第9期。

[57]吉开将人《中国与东南亚的"T"字形石环》，《四川文物》1999年第2期。

A6 北部湾沿海的史前海洋经济和适应性文化

李　珍

（广西文物保护与考古研究所）

　　北部湾（Beibu Gulf）位于中国南海的西北部，是一个半封闭的海湾。东临中国广东的雷州半岛和海南岛，北临广西壮族自治区，西临越南社会主义共和国的东北部和中北部，与琼州海峡和中国南海相连，为中越两国陆地与中国海南岛所环抱，面积接近 13 万平方公里。

　　北部湾地处亚热带和热带，自然资源十分丰富，这为人类的生存提供了一个稳定的食物来源。沿海海岸线曲折连绵，浅海和滩涂广阔，十分便于人类捕捞渔猎，许多以捕猎采集为生的先民为了拓展生存空间，很早就被北部湾丰富的海洋资源吸引到此来居住生活，因而北部湾沿海广泛分布着许多新石器时代的贝丘和沙丘遗址，这些遗址的生业方式为利用海洋资源的混生渔捞狩猎采集经济，稳定的海洋经济在生业系统中占据主要地位，凸显出鲜明的海洋性文化特征，构成了北部湾早期海洋性文化的主体。北部湾沿海早期海洋文化存续于距今 7000—4000 年，其特点是对海洋的适应和利用而不是开发。北部湾沿海的早期海洋文化是在本区域旧石器晚期和新石器早期文化的基础上发展而来，是早期采集狩猎人群向北部湾沿海地区迁徙的结果，具有鲜明的海洋性文化特征。

一、北部湾沿海的早期海洋性文化遗址

　　北部湾沿海的早期海洋性文化遗址，据不完全统计已发现 100 余处，主要集中分布在北部湾西、北和东南部的越南和中国的广西、海南等地，尤以越南为多（图 1）。这些遗址有贝丘、沙丘、洞穴等几种类型，贝丘、沙丘类型遗址的数量占绝大多数，它们构成了该区域早期海洋性文化的主体。

（一）北部湾广西沿海发现的史前海洋性文化遗址

　　广西南部的北海、钦州、防城港等市濒临北部湾，在沿海目前已发现早期海洋性文化遗址十余处，主要有海岸型贝丘和沙丘遗址，以海岸型贝丘遗址为主。

　　海岸贝丘遗址主要有防城港市的亚菩山、马兰咀山、杯较山、社山、蟹岭、番桃坪、营盘村、蠔潭角和大墩岛，钦州市的芭蕉墩，北海白虎头的高高墩等。遗址都处在临海地带的山岗上，有的就在海潮浸泡的小岛上，有的也前临水，背靠山，一般高出附近海面约 10 米，但附近必有淡水小河入海，保存较好且经发掘的遗址主要有防城港市的亚菩山、杯较山、社山等遗址。

　　从试掘的几处贝丘遗址可知，地层堆积以大量的海洋贝壳和人类食用后丢弃的水、陆生动物遗

图1　北部湾沿海早期海洋性文化遗址分布示意图

骸为主,文化遗物有较多的陶器、石器、骨器和蚌器。水陆动物遗骸经鉴定的有鹿、象、兔、鸟、鱼、龟、文蛤(cytherea,sp.)、魁蛤(Aroa,sp.)、牡蛎(Qstrea,sp.)、田螺(Viuiparus)、乌蛳(Semiewecospira)等。石器有打制石器和磨制石器两类,以打制石器为主。打制石器是遗址中最具有普遍性的生产工具,不仅数量多而且型式相当复杂,都是石核石器,原料全部是河砾石,其中以石英粉砂岩最多,占石器总数的80%以上。打制石器多呈扁椭圆形,均厚重粗大,大多采用锤击法直接打制而成。器形主要为器体厚重、具有尖端和厚刃的蚝蛎啄以及砍砸器、手斧状石器、三角形石器、网坠、凹石和石球等,其中蚝蛎啄是最具代表性的生产工具。磨制石器数量较少,制作大部分很粗糙,器型主要有斧、锛、凿、磨盘、杵、石饼和砺石,另有部分有肩斧、锛和梯形小石锛。陶器均为夹砂粒和蚌末的粗陶,火候低,胎较薄;陶色以红、灰黑、褐为主,部分粗黑陶表面挂有红色陶衣;纹饰以细绳纹为主,少量篮纹和划纹。器形多为圜底的罐、釜、钵类。骨蚌器数量较少,但大多磨制。骨器有锥、镞和穿孔饰品,以用鱼的脊椎骨制成的穿孔饰品为主;蚌器有铲、环、网坠,网坠系将蚶壳的顶部敲打出一圆孔而成[1]。

　　沙丘遗址主要在北海发现了西沙坡、牛屎环塘,钦州上洋角、妮义嘴等少数几处,但都没有进行过考古发掘,文化内涵和面貌不清。保存较好的上洋角遗址位于今钦州市钦南区三娘湾出口处的死沙丘上,北与上洋角岭相接,其余三面均为海岸冲积台地,东面有一条小河南流入海,遗址分布范围长宽约52米,高出海面约4米。地表采集有打制的尖状器、石斧、石片和磨制的斧、锛、凿、刀等石器,陶片全为夹粗砂的黑陶[2]。

（二）北部湾广东沿海发现的早期海洋性文化遗址

广东只有雷州半岛的西侧与北部湾相连，迄今只在雷州半岛西北部发现鲤鱼墩贝丘遗址一处。遗址位于遂溪县江洪镇东边角村鲤鱼墩，相对高度约 2 米，现存面积约 1200 平方米。2002 年 11 月至 2003 年 1 月间，广东省文物考古研究所等对遗址进行了发掘，地层堆积以贝壳为主，发现新石器时代屈肢葬墓 8 个，房子 2 座，出土了陶、石、骨、蚌器一批。

石器有打制和磨制两种，以打制的为主；打制石器有尖状器、敲砸器、网坠、石锤、石砧、石饼等，以网坠和尖状器为大宗；磨制石器有锛、石拍、凿等。陶器多为夹砂红褐陶，少量泥质陶或夹细砂陶，其中有一种外抹赭红色陶衣，并打磨光亮的陶器；纹饰多为以泥蚶或毛蚶在器表上划出的或直或斜的线条，以及交错绳纹、篮纹、条纹、不规则橘皮纹等，部分器物素面，但口沿上饰锯齿纹。器形有罐、釜、钵、圈足盘、纺轮等。骨器有铲、鱼椎骨做的项饰，蚌器主要是用牡蛎等贝壳制成的穿孔器。出土贝类主要有泥蚶、毛蚶、钳蛤、海月、牡蛎、青蛤、文蛤等十余种，以牡蛎为多。鱼有两种，大的可能属于鲅科，小的属于鲤科。从脊椎骨的大小判断，这些鱼大的可达二十多斤，小的也有一斤多。兽骨较少，种类简单，有水鹿、水牛、野猪、小（麂）等种属[3]。

（三）北部湾海南岛沿海发现的早期海洋性文化遗址

海南岛的西部与北部湾相连，在北部湾沿海也发现较多的新石器时代文化遗址，主要分布在临高、儋州、昌江、东方、乐东等县市，遗址类型多为贝丘和沙丘遗址。贝丘遗址有的坐落在临近海边及海湾旁沙丘地带的山岗上，高出海平面数米，属滨海类型的贝丘遗址。面积大小不一，有的分布范围达上万平方米，文化堆积层中包含有大量的螺、蚌、牡蛎等海生贝类动物遗壳，也有的靠近河流入海口的沿岸沙丘台地上。但海南发现的遗址年代较晚，为新石器时代晚期至青铜时代，在距今 5000 年及之后（郝思德 1998：329-335，2010：279-290；何国俊 2012：48-56）。

最具代表性的东方新街遗址，是迄今海南岛发现年代最早、面积最大的新石器时代贝丘遗址。遗址位于东方市新街镇北黎河入海口 2.5 公里的左岸沙丘岗地上，分布面积约 16000 平方米。在暴露的厚达 0.5～1.1 米的文化堆积层中发现了较丰富的螺、蚌、牡蛎等贝壳以及牛、野猪、鹿、豪猪等陆生动物遗骸。文化遗物有石器和陶器，石器多为砾石打制而成，略呈椭圆形或梯形，器类单一，仅见砍砸器和斧形器，也有少量的磨制斧、锛；陶器数量少，均为夹砂粗陶，器形简单，为圈底的釜、罐类[4]。

（四）北部湾越南沿海发现的史前海洋性文化遗址

越南沿海地区分布着数量众多的新石器时代遗址，特别是北部湾沿海一带，从北部的广宁省一直到中北部的广平省都有发现，以分布于沿海和近海的内陆湖泊盆地、具有海洋性文化特征的贝丘和沙丘遗址为主，另有少量洞穴遗址。这些与海洋文化相关的贝丘、沙丘和洞穴遗址主要分属于越南的盖萍（Gai Beo）、下龙（Ha Long）、多笔（Da But）、琼文（Quynh Van）、保卓（Bau Tro）等几个新石器时代的文化或类型。

盖萍文化主要分布在海防省的吉婆岛上，遗址多位于沿岸地区，前临小海湾，海拔一般为 2～6 米，有盖萍等少数遗址，只有盖萍遗址经过发掘。盖萍遗址分布面积达 18000 平方米，高出海平面

6～7米。地层中包含大量海鱼骨骼和牡蛎等。石器绝大多数为打制石器,有砍砸器、盘状器、尖状器、石锤、石砧等,磨制石器基本只磨刃部,有少量椭圆形石斧和有肩石斧。陶器数量少,胎质粗厚,形制简单,只有侈口、束颈、弧腹、圜底和直口、弧腹、平底两种,纹饰简单,多素面,有少量绳纹、贝印纹、篮纹或简单刻划纹;盖萍遗址中动物种类有果子狸、马熊、鹿、麋鹿、野猪、羊、亚洲象、黄猴、猴、鱼、海龟、牡蛎、蚝、扇贝等,其中鱼骨数量巨大。盖萍遗址包含盖萍和下龙两个文化,早期为盖萍文化,晚期为下龙文化[5]。

下龙文化主要分布在越南东北沿海的广宁、海防各岛屿、近海矮山的沙洲、山腰或洞穴中,有土丘、沙丘、洞穴几类遗址,以海边沙丘遗址为主,其次有少量咸水贝类堆积的洞穴遗址。经过发掘的有盖萍、Thoi Gieng、Hien Hao等。遗物包括石器和陶器。石器有打制和磨制两类,打制石器数量很少,有尖状器、手斧形、三角形器等;磨制石器多通体磨光,有梯形、长方形、三角形和近梯形斧,有肩斧,有段石锛,有肩有段石锛等,另有网坠、环、玦以及较多的有凹石砧、砺石。陶器主要是夹蚌末、细沙的淡红色,多素面,纹饰以绳纹为主,有的在绳纹上再刻划水波纹或S形纹。器形一般较大,可辨器型有敞口圜底釜、长颈圈足罐、敛口钵、圈足碗、口部为五角形的盘等,还有少量带流、带耳陶器。口多为侈口,部分为盘口、敛口,有的口沿外有一周凸棱。器底有平底、圜底、矮圈足、高圈足。墓葬很少,葬式多为屈肢葬和蹲葬[6]。

多笔文化主要分布在马江流域下游的清化、宁平省沿海平原地带,发现有多笔、Con Co Ngua、Lang Cong、Go Trung等7处贝丘和沙丘遗址。遗址所处的地理环境一般为面向湖泊,背靠大土丘;地层堆积很厚,最厚的达5米,包含物以大量的蚬壳以及少量淡水贝壳和人类食用后丢弃的水、陆生动物遗骸为主。文化遗物丰富,包括陶器、石器、骨和蚌器,并发现数量较多的墓葬。石器包括打制的盘状器、短斧、龟甲形器等。磨制石器有磨刃石斧和小梯形石斧,中心穿孔的扁圆石器以及部分网坠、石杵、磨盘和磨棒等。陶器多为灰褐色夹砂粗陶,胎厚,通体施篮纹、绳纹。器型多为直口、微敞口或敛口的直、鼓腹圆底罐(釜)类。骨器有磨制的鱼镖、镞和锥等。墓葬数量多,葬式普遍为屈肢蹲葬;经济生活以捕捞水产特别是各类贝类如淡水螺、蚌、蚝、蚬和咸水扇贝、蛤蜊、蛤及龟、鱼等为主(阮文好2006:341-346)。

琼文文化主要分布在义安、河静的狭长沿海地区,尤以义安省琼琉县一带的浅水海湾地区最为集中。遗址多为贝丘堆积,以扇贝占绝大多数,少量的蛤蜊、螺、蚝、蛤等,以及数量较多的水、陆生动物遗骸。遗址的地层堆积厚薄不一,一般厚2～5米,最厚达7米。遗址多高于周边平地2～4米,面积大小不一,多为数千到万余平方米,文化遗物以石、陶、骨器为主。石器有打制和磨制两种,以打制石器为主。打制石器多用海滩的砾石简单打制而成,器型有大型砍砸器、盘状器、椭圆形器、三角形器、龟甲形器、斧形器、尖状器、刮削器和石片石器等。少量长方形或梯形磨刃斧和通体磨光的双肩石斧以及研磨器、锤、砧、砺石等石器。陶器多为夹砂粗黑陶,胎坚硬而厚,主要为捏塑法、泥条盘筑法结合拍打而成,器形和纹饰简单。大部分素面,少量饰绳纹、条纹、篮纹;器型有尖底器和圜底器,以呈漏斗状的尖底器为主。圜底器多为敞口、折沿、束颈、宽平腹,少量敛口,部分口沿有穿孔。体大、饰条纹的尖底器是该文化最有特征的陶器。骨器主要有用鱼骨制成的穿孔骨针和骨锥凹刃骨凿、骨刀等。少量蚌器,均系将蚌或蚝壳边缘磨成锋利刃的刀。在琼文遗址中还发现较多的墓葬,形制为圆形或近圆形的土坑墓,单人屈肢葬或蹲葬,大部分以屈肢蹲坐的葬式埋在圆形的墓坑里;随葬品少,通常为石制工具和带穿孔的贝壳饰品[7]。

保卓文化主要分布于义安、河静、广平等省的沿海地区,为贝丘和沙丘遗址。与琼文文化的贝丘遗址相似,只是规模更大,文化层厚3～5米,主要有各类咸水贝类以及鱼类和兽类骨骼堆积。发现的石器除少量打制石器外其余均通体磨制,但大多仍留有较多打制痕迹,主要为磨制较精的斧类,有椭圆刃斧、方形斧、有段斧和有肩斧,其中有肩石器的数量较多。装饰品有少量环、管形串珠、玦、指环等。陶器多为夹细砂陶,纹饰有刻划纹和印纹等,还有部分陶器外表磨光并施红色陶衣。骨器主要是用鱼骨做成的锥类。墓葬均为屈肢蹲葬[8]。

二、北部湾沿海早期海洋性文化的年代

北部湾沿海早期海洋性文化遗址的年代,就目前的考古工作和研究而言,分布在越南一带的年代比较清晰,中国境内的除广东遂溪鲤鱼墩遗址做过 C^{14} 测年年代比较清楚外,广西和海南的还不太明确。

越南的早期海洋性遗址不仅数量多,而且进行过考古发掘的遗址也较多,研究也较为深入,文化内涵、面貌、序列比较清楚,对其中的许多遗址做过 C^{14} 年代测试,有着大量的 C^{14} 年代数据,年代上也较为明确。多笔遗址所测最早的一个年代是距今 6540 ± 60 年,盖萍文化最早的年代为距今 6480 ± 40 年,其余的琼文、下龙、保卓等文化所做 C^{14} 的年代均在距今 5000 年以内。多笔遗址的这个年代是现有年代数据中最早的一个,而多笔文化与广西顶蛳山文化在葬俗、石器和陶器制作技术、器形、纹饰等方面有诸多相似之处,直领篮纹的陶罐(釜)与顶蛳山第二、三期的也非常接近,因此,多笔文化最早的年代大致在距今 7000 年左右。通过对遗址中出土文化遗物的对比,结合各文化遗址的测年,可知北部湾沿海越南的早期海洋性遗址年代为距今 7000—4000 年,其中盖萍文化的年代大约为距今 7000—5000 年,多笔文化年代大约为距今 7000—4000 年,下龙文化年代约距今 5000—4000 年,琼文文化年代距今约 5500—4000 年,保卓文化年代距今约 4500—3500 年。

广东遂溪鲤鱼墩贝丘遗址经过正式的考古发掘,根据地层叠压关系和出土遗物的对比分析,鲤鱼墩遗址可以分为四个不同的时期。第一期陶器都是夹砂黑褐陶、红陶,夹砂较粗,多为棱角分明的粗石英粒,纹饰为凌乱的深篮纹(或粗绳纹)、细绳纹,胎体厚薄不匀,火候低,总体上与顶蛳山[9]二期比较接近,年代距今约 8000 年以上。第二期陶器为夹砂红褐陶,饰中绳纹再略加抹平。主要器形为钵形釜,这种器形与顶蛳山三期的 Ⅰ 式釜甚为相似,二期的年代应与顶蛳山三期相当。该期用碳样和贝壳所测的三个年代为距今 5160 ± 100、4820 ± 100、5050 ± 100 年。第三期以红衣陶钵为特色,夹砂陶器与四期夹砂陶器比较相似。第四期以夹砂陶釜和红褐色泥质圈足盘为特色,从总体上看,它们与珠江三角洲商时期的文化面貌相似,所测的一个年代数据为距今 4660 ± 100 年[10]。发掘者认为第一期的年代约与顶蛳山第二期接近,距今 8000 年以上,但出土的遗物很少,也没有测年数据,对其真实的年代还较难以判定。第二期年代与顶蛳山第三期相当,但与所测出的年代数据有较大的差距,从陶器的特征看,确实与顶蛳山遗址第三期和多笔文化早期的相近。但总体看仍然偏早,本人认为将第一、二期的年代定在顶蛳山第三期较为妥当。第四期的年代与所测年代较为接近,约为距今 4500 年。

广西的亚菩山、马兰咀山、杯较山、社山等贝丘遗址,因发掘面积小,文化遗物少,也没有测年数据,对它们年代的认识一直较为模糊。最初的发掘者认为其年代属于广东新石器时代早一阶段的遗存而稍晚于西樵山文化(广东省博物馆 1962:644-688);近年来有学者认为,这些遗址的文化面貌与广东潮安陈桥村、石尾山,福建沿海及岛屿上的贝丘遗存相近,年代相当,为大湾文化稍晚的阶段(张驰等 2008:415-434)。从出土的遗物来看,打制石器和磨制石器与多笔、盖萍、鲤鱼墩、下龙的相近;陶器在陶质陶色及器形上也与多笔、鲤鱼墩二期的相似,用鱼椎骨穿孔制成的饰品也见于

鲤鱼墩二期,但石器中有部分有肩斧、锛和梯形小石锛,陶器中的敞口、束颈罐又与鲤鱼墩三期、盖萍、琼文、下龙的相近,因此其年代应当介于多笔文化与鲤鱼墩三期、琼文文化之间,距今6000年左右。

以上通过各遗址出土遗物与周边遗址的比较以及测年数据综合研究,可知北部湾沿海早期海洋文化的年代处于距今7000—4000年。

三、北部湾沿海的早期海洋经济和文化特征

北部湾是一个相对独立的半封闭式海湾,沿海的早期海洋性文化遗址虽然分布范围广、持续时间长,但区域性的文化特点十分明显,文化特征主要体现以下几个方面:

(1)遗址所处的地理环境一般临近海边及海湾旁沙丘地带的山岗上,有的前临水,背靠山,也有的就在海潮浸泡的小岛上,还有的靠近河流入海口的沿岸沙丘台地上或因海退而形成的湖沼盆地。

(2)遗址类型有海岸贝丘和沙丘两类,以海岸贝丘为主,地层堆积中包含大量的贝壳和人类食用后丢弃的水、陆生动物遗骸。

(3)出土遗物有陶器、石器、骨器和蚌器,以石器为主。石器有打制和磨制两种,打制石器所占的比重大,器类主要有蚝蛎啄、砍砸器、手斧状石器、石砧和网坠等,其中的尖状石器——蚝蛎啄最具区域特色。

(4)生业形态为利用海洋资源的混生渔捞狩猎采集经济,主要包括稳定依赖和利用海洋鱼类和贝类资源,同时也采集可食性植物和狩猎陆生动物,生业系统中不存在明显的农业因素。特别是贝丘遗址的先民主要依赖的是海洋鱼类和贝类资源,这在贝丘遗址中存在大量的咸水类贝壳,动物骨骼中鱼骨占有绝对多数就是充分的例证,另外鲤鱼墩遗址出土人骨的C、N稳定同位素分析表明,先民以海生类作为主要食物来源,陆生动物在人类的食物结构中只处于辅助地位(胡耀武等2010:264-269)。

(5)北部湾沿海早期海洋文化更多的是对海洋的适应和利用而不是开发。由于遗址多在浅海湾的近旁,对于海边水陆生动植物采食方便,海洋食物主要是近海的贝类和鱼类,从鱼脊椎骨的大小判断,大多为小鱼,部分遗址中虽然发现有石、蚌网坠,但都是小型网坠,说明当时的渔捕并非海上的网渔生业,而是以近海边的海产为主。

(6)鲤鱼墩遗址第一、二期各发现房址1座,鲤鱼墩、多笔、下龙、琼文、保卓文化等遗址还发现较多墓葬,说明北部湾早期海洋性遗址多为长期面向海洋定居的聚落遗址,聚落的规模随着时间的推移也由小变大。

(7)埋葬习俗以各式屈肢葬为主。在多笔、鲤鱼墩、下龙、琼文、保卓等文化遗址中发现较多墓葬,葬式均为屈肢葬,其中屈肢蹲葬数量最多。

(8)出现年代早,延续时间长。北部湾早期海洋适应性文化肇始于距今7000年左右,在距今4000年左右结束,持续时间长达3000年。

四、结语

北部湾沿海早期海洋性文化遗址主要分布在北部湾北部和西部,以越南北部和中国广西南部最为集中,海岸贝丘遗址和沙丘遗址构成了本区域海洋文化的主体。

北部湾沿海的早期海洋文化是在周边,特别是越南北部、广西地区旧石器晚期和新石器早期文化的基础上发展而来,是早期采集狩猎人群向北部湾沿海地区迁徙的结果。多笔、盖萍、琼文文化以及广西防城贝丘遗址的打制石器在加工方法上与和平文化相似,杏仁形器、尖形器、龟甲形器、椭圆形器、短斧、盘状器、砍砸器等都有和平文化的特征,磨制石器与广西南部顶蛳山文化的相近;埋葬习俗与和平文化、顶蛳山文化的相同;多笔、鲤鱼墩、防城贝丘遗址的陶器在制作技术、器形、纹饰上与顶蛳山文化有诸多相似之处,从区域分布和文化联系上看,多笔文化的内容与顶蛳山文化系统应为一脉相承(张驰等 2008:415-434)。从整体文化面貌上来看,北部湾沿海海洋文化的早期阶段有着明显的顶蛳山文化的要素,最初的居民可能主要来自内陆地区以顶蛳山文化为代表的采集狩猎人群。在文化形成的过程中也有大量来自珠三角的文化因素加入,从晚期大量有肩有段石器的出现可以看出,中国东南沿海地区的文化经由海路的传播对北部湾沿海的早期海洋文化产生了重要的影响。

北部湾沿海距今 7000—4000 年的大部分遗址属于海洋文化的范畴,其生业形态是海洋渔捞采集狩猎的生活方式。总体来看,北部湾沿海早期的海洋经济和文化表现的是对海洋资源的依赖和利用,更多的是对海洋的适应而不是开发。随着农业扩散至岭南地区,北部湾沿海地区海洋适应性文化发生了一定程度的改变,可能是生计方式发生的变化或农业文化的强势进入,北部湾沿海以稳定依赖海洋食物的早期海洋性文化在距今 4000 年左右也随之发生了根本性的变革。

注释

[1]广东省博物馆:《广东东兴新石器时代贝丘遗址》,《考古》1961 年第 12 期,644-649。

[2]广东省文物管理委员会:《广东南路地区原始文化遗址》,《考古》1961 年第 11 期,595-598。

[3]广东省文物考古研究所等:《广东遂溪鲤鱼墩新石器时代贝丘遗址发掘简报》,《文物》2015 年第 7 期,4-18。

[4]海南省文物保护管理委员会:《海南省的考古发现与文物保护》,《文物考古工作十年》,北京:文物出版社,1990
年,244-245。

[.5]Hà Văn Tấn chủ biên, Khảo cổ học Việt Nam(Tập Ⅰ), Hà Nội:Nhà xuất bản khoa học xã hội,1998.

[6]Hà Văn Tấn chủ biên, Khảo cổ học Việt Nam(Tập Ⅰ), Hà Nội:Nhà xuất bản khoa học xã hội,1998.

[7]Hà Văn Tấn chủ biên, Khảo cổ học Việt Nam(Tập Ⅰ), Hà Nội:Nhà xuất bản khoa học xã hội,1998.

[8]Hà Văn Tấn chủ biên, Khảo cổ học Việt Nam(Tập Ⅰ), Hà Nội:Nhà xuất bản khoa học xã hội,1998.

[9]中国社会科学院考古研究所广西工作队等:《广西邕宁县顶蛳山遗址的发掘》,《考古》1998 年第 11 期,11-33。

[10]广东省文物考古研究所等:《广东遂溪鲤鱼墩新石器时代贝丘遗址发掘简报》,《文物》2015 年第 7 期,4-18。

参考文献

广东省博物馆:《广东东兴新石器时代贝丘遗址》,《考古》1961 年第 12 期,644-649。

广东省文物管理委员会:《广东南路地区原始文化遗址》,《考古》1961 年第 11 期,595-598。

广东省文物考古研究所等:《广东遂溪鲤鱼墩新石器时代贝丘遗址发掘简报》,《文物》2015 年第 7 期,4-18。

Hà Văn Tấn chủ biên, Khả o cổ học Việt Nam(Tập I), Hà Nội:Nhà xuất bả n khoa học xã hội,1998.

海南省文物保护管理委员会:《海南省的考古发现与文物保护》,《文物考古工作十年》,北京:文物出版社,1990 年,
244-245。

郝思德:《海南史前文化初探》,《东亚玉器·庆祝中国艺术研究中心创立二十周年论文集》,香港:香港中文大学出
版社,1998 年,329-335。

郝思德、孙建平:《海南史前遗址与海洋文化》,《北部湾海洋文化论坛论文集》,南宁:广西人民出版社,2010 年,
279-290。

何国俊:《环海南岛的史前聚落与海洋文化》,《海洋遗产与考古》,北京:科学出版社,2012 年,48-56。

胡耀武、李法军、王昌燧、Michael P. Richards:《广东甚江鲤鱼墩遗址的 C、N 稳定同位素分析:华南新石器时代先民
生活方式初探》,《人类学学报》2010 年第 3 期,264-269。

阮文好:《越南的多笔文化》,中国社会科学院考古研究所:《华南及东南亚地区史前考古》,北京:文物出版社,2006
年,341-346。

张驰、洪晓纯:《中国华南及其邻近地区的新石器时代采集渔猎文化》,《考古学研究》(七),北京:科学出版社,2008
年,415-434。

中国社会科学院考古研究所广西工作队等:《广西邕宁县顶蛳山遗址的发掘》,《考古》1998 年第 11 期,11-33。

A7 越南东北沿海新石器时代晚期至青铜时代早期文化

[越]阮金容(Kim Dung Nguyen)

(越南考古学会,Vietnam Association of Archaeology,Hanoi,Vietnam)

吴春明　译

新石器时代晚期居住在越南东北部海岸地带的人群,与和平文化及之后其他文化发展有关,如推孺(Soi Nhu)文化(距今18000—7000年)和丐萍(Cai Beo)文化(距今7000—4500年),此外还有在整个东北部地区广泛发展并突显该地区典型特征的下龙(Ha Long)文化(距今5000—3500年)。特别值得注意的是,在这一文化的后期发现了一组玉、石饰品制造作坊遗址,这有助于理解这一地区向青铜时代的过渡。

一、越南东北部沿海史前文化的发现与编年

越南东北海岸延伸至海防省和广宁省,然后到达与中国接壤的北部边境,该地区也以"联合国教科文组织下龙湾(Ha Long Bay)世界遗产地"著称,包含数千个海岛、沙丘和石灰岩洞穴。20世纪30年代末,法国考古学家马德琳・科拉尼(Madeleine Colani)和瑞典地质学家兼考古学家约翰・冈纳・安特生(Johan Gunnar Anderson)对该地区开展了首次系统的地质学和考古学调查研究。其中,1937年至1938年间,科拉尼在海防、广宁两省的海岛上发现了一系列史前遗址,并发掘了海防省吉婆(Cat Ba)群岛的丐萍遗址和广宁省盖宝岛的河必(Ha Giat 或 Ha Yart)遗址(Colani 1938)。与此同时,安特生于1938年调查了下龙地区,发现了7个包含考古遗存的洞穴遗址,并随后发掘了广宁省的赤土(Xich Tho)、玉汇(Ngoc Vung,Danh Do La)和同茫(Dong Mau,Dong Mang)遗址(Anderson 1939),并根据出土器物的特征,安特生提出了一种新石器时代的文化,命名为"玉汇文化"。这些遗址后来被越南考古学家统归于"下龙文化"(Nguyen 2003a &b)。

1954年,埃德蒙・索兰(Edmond Saurin)调查研究越南北部和中国边境附近的峡口(Giap Khau)遗址(Saurin 1956)。这些早期开展越南考古的外国学者认为,下龙湾的史前遗存与北山(Bac Son)文化有密切的关系,显示了凉山省的北山喀斯特地貌洞穴区和平(Hoa Binh)文化的连续性。他们还与北山文化进行了比较,声称下龙湾洞穴中的石器工具与北山文化的砾石石器工具相似。因此,他们总结出下龙湾洞穴遗存的年代和文化特征,并作为深入认识北山文化的窗口,建立起包含两个发展阶段的下龙湾史前发展序列。安特生认为,下龙湾考古遗存的两种文化类型,代表了文化发展的两个连续阶段:早期阶段堆积发现于在洞穴遗址中,后期阶段的堆积发现于在露天沙丘遗址中,后期出现了有肩石斧、石锛、凹槽磨石和陶胎中包含大量贝壳屑的软陶器。

20 世纪 60 年代以来,越南考古学家开始在东北海岸进行大量田野调查和发掘。1964 年开始进行了一系列重要调查,最引人注目的是 1967 年对推孺洞穴的挖掘,这次发掘找到了下龙湾史前文化的许多重要的新资料,包括丰富的石器内涵、淡水贝壳文化层、动物牙齿和骨骼、保存有头骨和躯干的人类墓葬。1980 年至 1990 年间,越南考古学者还连续发掘了盎仁(Ang Giua)、拜子龙(Bai Tu Long)、杭都(Hang Duc)等其他洞穴遗址。

建立在上述这些数十次考古调查与发掘基础上,学界已经建立这一区域性文化传统发展的三阶段的理论构架:(1)推孺文化,与和平文化和北山文化同时代,其考古遗存集中发现于 34 个石灰岩洞穴中,都包含贝壳堆积和砾石石器;(2)丐萍文化,见于 5 个遗址的文化遗存;(3)下龙文化,基于 38 个露天遗址和 4 个长睛遗址群(Trang Kenh Group)的考古发现。在所有这些遗址包括洞穴贝丘堆积和沿海沙丘堆积,都发现了大量的石器、动物骨骼工具和陶器。推孺、丐萍、下龙文化都靠近大海,因石灰岩山区只能找到有限的适合制作工具的石材,石器材料的匮乏使得原始人采用包括石灰岩石在内的所有可用石材制造工具,成为越南东北海岸石器考古发现的决定性特征之一。

本文主要关注东北海岸新石器时代晚期至青铜时代早期的遗址,包括下龙文化和长睛遗址群的内涵,特别是下龙文化、长睛遗址群及北越和华南地区的其他考古学文化的互动关系,这是北越新石器时代晚期文化最突出的特征之一(图 1)。

图 1　越南东北部周遭的陆海地理

二、推孺文化(更新世晚期至全新世早期)

该文化发现于数十个石灰岩洞穴中,代表了下龙湾史前史的第一阶段。推孺洞穴遗址位于广宁省锦普(Cam Pha)区,包含了推孺文化的一些最具代表性的特征,由下部、中部、上部 3 分区构成。1967 年挖掘出的中部区域,发现了包含石片石器工具、刃部磨光的砾石石器和磨石,堆积层发现了淡水软体动物介壳,如 *Cycrophorus*、黑螺(Melania),以及一些动物骨骼、动物牙齿、海洋软体动物（Nguyen 1997：16-28；Trinh et al. 2000）。这些石器是由粗糙的河卵石或石灰石打制而成的，洞穴中发现了很少量的陶片（Do 1968；Ha & Nguyen 1998）。

在推繻文化晚期的相关遗存中，还发现了一些打制粗糙的砾石石斧、砾石石片刮削器。海防省吉婆岛上的许多洞穴，如益麻（Ang Ma）、梅多庵湾（Mai Da Ong Bay）、井蛙（Gieng Nghoe）、仙德（Tien Duc）和益仁（Ang Giua）等遗址，也发现了与推繻洞穴具有相同特征的砾石石器和石灰石工具。在 1999 年至 2001 年吉婆岛的调查研究中，我带领的小组发现了 45 个洞穴，其特征是除了一些海洋软体动物外，还发现了大量淡水软体动物（如 *Cycrophorus*、黑螺）介壳的堆积层（Nguyen 2002；Nguyen et al. 2005：541-560）。

无论在大陆和岛屿上，与推繻文化相关的遗址只发现于石灰岩洞穴中，从未在露天遗址中发现过。根据 Ha Huu Nga(1998)的研究，推繻文化可分为三个时期：以天龙（Thien Long）和迷宫（Me Cung）洞穴遗址为代表的早期，可追溯至距今 18000 年；以推繻、仙翁（Tien Ong）和蒲国（Bo Quoc）遗址为代表的中期，距今 15000—18000 年；以河笼（Ha Lung）、Hang Doi、腰符（Eo Bua）、益仁和丛蒲（Tung Bo）等遗址为代表的晚期，距今约 8000—7000 年。依据推繻洞穴贝壳样本的 C14 测定结果，年代有 14125±180(Bln 1957/I)，15560±180(Brn 1957/II)和 14460±60(Bln 3333/I)。

三、丐萍文化

丐萍文化已经调查发掘了 5 个相关的遗址，包括丐萍、Ao Coi、祸泊（Va Bac）、峡口和河必。丐萍遗址是丐萍文化的核心遗址，该文化的先人开辟了露天聚落，该遗址的文化堆积可分为早期（距今 7000 年）和晚期（距今 5000 年）两个阶段。

1938 年，科拉尼在吉婆岛上进行调查时发现了丐萍遗址，当时仅试掘一个小规模的探坑。1956 年，索兰分别发表对另外 2 个遗址峡口和河必的研究报告。从 1974 年到 1986 年间，越南考古学家四次挖掘了丐萍遗址，总面积达 370 平方米（Luu et al. 1983；Nguyen et al. 1986）

1999 年，笔者在吉婆岛进行了一次调查，发现了另外两个属于丐萍文化的遗址，Ao Coi 和祸泊（Nguyen et al. 2002），这些调查测得的遗址堆积厚度为 2.5～3.5 米，包含 3 个文化层，可分为两个阶段或两个不同的文化：丐萍文化和下龙文化。

（一）第一阶段（丐萍文化）

丐萍遗址的文化层位于 1.8 米以下的深处，向下一直延伸到遗址的底部。该文化的器物组合包括大量的砾石打制砍砸器、短斧、尖状器、刮削器、局部磨光的石斧、石凿等，这些工具的制造过程中采用了简单的剥片技术，石片未经系统的修整，最常见的工具是打制的砾石石核尖状器（图 2）。这一阶段手制陶器胎质松软、陶胎粗厚，夹杂少量的红土和石英，这些容器的平底上压印篮纹，器身除素面或绳纹外，有简单的篦划纹。

图 2　丐萍文化的尖状器和陶器

这一阶段年代距今 7000—6500 年或更早，与推孺文化晚期或前下龙文化有关。

（二）第二阶段 I（下龙文化）

丐萍遗址的下龙文化出现在约 1.8 米处深处，向上直至表层。该文化的石器有通体磨光的长方形石斧、长方形石锛、石凿、有肩石斧、有肩石锛和有段石锛等，数量最多的是被称为"下龙痕迹（Ha Long Marks）"的有槽的磨石，这是识别下文文化遗址的特殊器物（图 3）。

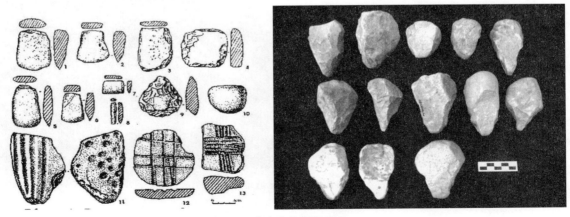

图 3　下龙文化的石器形态

注：左，主要石器类型；右，Bai Cat Don 遗址的尖状石器。

这一阶段的陶器包括两种类型：陶胎掺杂许多贝壳屑的软陶，夹砂硬陶，器表上常见附加堆纹和戳印纹装饰。

该阶段的年代为距今 5000 年至 4000 年，通常称为"下龙文化"，处于越南新石器时代晚期阶段。丐萍遗址最重要的发现是数百公斤的巨大鱼骨和海洋贝壳，它们说明了面向海洋的经济形态的出现。

四、下龙文化（5500—3500 BP）

下龙文化的遗存，发现于在近 50 个露天遗址和几个洞穴遗址的上层（图 4），与该文化相关的三个已发掘的重要遗址是玉汇、赤土和同茫。安特生用 Danh Do La（玉汇）这个名字来概括所有具有相似文化特征的遗址（Anderson 1939:104）。由于越南考古学家后来挖掘出大量类似遗址，且都与下龙文化特征相关，并被认定为"下龙文化"（图 5，6）。

下龙文化遗址广泛发现于大陆和海岛，在一些洞穴遗址的上层文化堆积物通常与下龙文化有关，与在沙丘遗址所出的下龙文化石器和陶器相同。在所有的 100 多个已发现、数十个已发掘的下龙文化遗址中都发现了这些内涵（Nguyen 1973，1979；Nguyen et al. 1987；Hoang et al.1974；Nguyen Khac Su 1975，1986，1997；Ha 1998，2000，2001）。

图 4　下龙文化遗址分布图

图 5　2004 年出土于二岛姑仙(Hon Hai Co Tien)遗址的下龙文化石器和骨器

图 6　罢变(Bai Ben)遗址出土的下龙文化陶器

（一）下龙文化早期阶段

下龙文化早期阶段遗存，发现于在广宁省的旺财（Mong Cai）和仙岩（Tien Yen）地区的催井（Thoi Gieng）、喜丘（Go Mung）、橘东南（Quat Dong Nam）和丸吴（Hon Ngo）等遗址。

以催井遗址（距今 5500—4500 年）为例，它包含了从丐萍文化到下龙文化的所有过渡元素。该遗址的晚一阶段下龙文化的史前人口已遍布越南东北海岸，尤其是在较大的岛屿上，如吉婆岛、盖宝岛和云屯（Van Don）岛。确认为下龙文化晚期的大约有 48 个遗址，包括石器作坊和史前墓地。与下龙文化这一阶段相关的一些 C^{14} 年代数据来自，巴泳（Ba Vung）遗址，4820/4520±80 BP 和 4470/4450 BP（Chun 2003）；罢变遗址，4070±50 BP 和 3900±80 BP（Nguyen 2002）。

与丐萍遗址的晚期相似，从下龙文化遗址发现的石器包括长方形石斧和石锛，以及有肩石斧和有肩石锛，许多地点还发现了不对称的有肩石锛。这个组合中的许多工具都很小，最初由科拉尼发现并确认的"下龙痕迹"，即由细砂岩块制成的、带有交叉窄沟槽的砺石，在下龙文化遗址中广泛发现。在广宁省云屯区的巴泳遗址发现了 1000 多件器物，其中 500 件属于这种带有"下龙痕迹"的特殊石器类型（Nguyen et al. 2001）。

所有的下龙遗址都位于海岸细沙沙丘中，多超过一米厚的文化堆积，每个遗址都超过 1000 平方米的分布范围。而在洞穴遗址中，除了表面上的一层薄层外，地层序列中几乎没有可区分出来的下龙文化堆积层，而仅这一薄层中发现了下龙文化的典型器物，如陶器、有段和肩形石器、"下龙痕迹"石器、尖状石器等。

在吉婆岛上的罢变遗址，"下龙痕迹"石器和尖状器占所发现石器的 30%。由砾石制成的尖状器出现于丐萍文化早期，并一直延续到下龙文化中，这种特殊类型的工具可能与牡蛎等沿海贝类的开发密切相关。相比之下，"下龙痕迹"的石器却只见于下龙文化中。

下龙文化遗址的绝大多数陶器都是掺和贝屑的泥质软陶，既有手工制作，也有陶轮加工。陶器的器身通常很薄，主要装饰绳纹，一些装饰篦点纹，并有简单的卷沿，一些特殊陶器的外表施加了戳印纹、肩部附加堆纹、刻划波浪纹和镂孔的圈足等。

（二）下龙文化晚期阶段

下龙文化晚期（公元前 4000—3500 年）与越南北部红河和马江三角洲同时代的文化有着密切的联系，其中包括来自红河三角洲的冯原（Phung Nguyen）文化和宁平省海岸的蛮泊（Man Bac）遗址文化，以及来自清化省沿海地区的花禄（Hoa Loc）和仙脚洲（Con Chan Tien）遗址。对这些与下龙文化相关遗址的发掘，找到了许多反映它们与下龙文化密切关系的陶器和软玉饰品。

五、长睛遗址群的软玉制品作坊

数千年来，越南的古代居民使用软玉作为工具和装饰品，在北越的许多新石器时代文化遗迹中都发现了软玉制品，年代为距今 5000 至 3500 年。新石器时代的软玉制品作坊主要集中发现于东北海岸，代表性的是长睛（Trang Kenh）遗址群。该遗址群包括 3 个遗址：长睛（图 7）、头林（Dau

Ram)（图 8）和蒲转（Bo Chuyen），其中包含最重要的长睛作坊遗址，它也是整个越南新石器时代和早期青铜时代软玉制品作坊。长睛遗址位于海防省，头林和蒲转遗址位于广宁省，从地理位置上很容易发现河流水系以及该区域周围石灰岩山脉在这三个地点之间相互关联的重要性。

图 7　长睛遗址 1996 年的发掘（邓聪拍摄）

图 8　头林遗址（作者拍摄）

考古发掘表明,长睛遗址是越南北部最大的软玉作坊遗址之一（Nguyen 1998）,该遗址出土了
数千块软玉制品的切割碎片,且留下了数千条锯切痕迹（图9）,遗址文化层中还发现了大量保存完
好的软玉剥片、坯料和盘状玉核（所有遗址的文化层都有 2 米深）。1996 年的一次挖掘在仅 21 平
方米的区域内出土了 28000 件半成品、带有锯痕和剥片的废弃玉制品。多种形态玉制品如此集中
的共出表明,居住在长睛聚落的人群是精通软玉饰品制作的。软玉盘状核（图 10）似乎最常钻成圆
圈状,制成系列的大小手镯。

图 9 长睛遗址出土的玉核

图 10 长睛遗址出土的盘状玉核

长睛玉器作坊遗址出土的盘状玉核遗存,可根据其直径(0.3 cm～5 cm)、厚度和切割痕迹分为10 种不同类型,从盘状核上切下并制作成的圆圈形玉器,是最有趣的发现。在数百块软玉坯料的两侧都可以看到清晰的锯切痕迹,其中一些被制成了精美的手镯,这表明了长睛玉器作坊玉器锯切技术的盛行。越南新石器时代流行的这种用砂岩锯切割的技术,与云南等华南史前考古见到的广泛使用的绳切割技术形成了鲜明对比。

对废弃玉料上残留的圆弧形线条和其他痕迹的进一步研究表明,这里可能存在两种不同的软玉盘状核的切割方法:(1)使用陶器轮制术中类似的木轮旋转、竹柄碧玉(硬玉)钻切割的方法;(2)车床上旋转切削方法。当然,还有其他方法可以从软玉坯料上钻出圆圈器,但上述残留的切割痕迹表明主要是使用这两种技术。

地质分析表明,长睛遗址群的新石器时代玉器作坊使用的玉材是透闪石软玉,这是一种在碳酸盐岩场环境下形成的变质岩。长睛遗址的史前人群聚落位于在大型石灰岩山脉中,这一地区正是透闪石软玉的可能来源。此外,这些的新石器时代玉器作坊位于河流交通线附近,这表明这些聚落周围的河流系统在玉器的制作与流通中发挥了重要作用。

六、结语

根据考古证据,关于越南东北海岸新石器时代晚期至青铜时代早期文化的发展,有两点值得关注。

首先,越南东北海岸是越南和东南亚新石器时代晚期和青铜时代人类活动最重要的地区之一。这一地区的史前考古遗存包括石器和陶器,显示了不同族群之间频繁的贸易和文化交流,下龙湾地区似乎是这一区域"移民潮"的显著中心。

下龙文化是在推孺文化和丐萍文化基础上融合发展起来。在越南东北部、菲律宾以及中国台湾、广东和云南的广大地区,都发现了有段石锛和有段石斧,以及有肩石斧和有肩石锛,在老挝、泰国和柬埔寨也发现了少量同类石器。最重要的是,这些类型的器物都与下龙文化有密切的关系,在下龙文化中存在一种从早到晚的类型学发展序列。这些石器在如此大范围内的传播,说明下龙文化先民与他们自己聚落以外的其他地区间的广泛联系。

其次,下龙文化发现了越南最早的长方形软玉斧的遗址,在丐萍遗址的晚期阶段也发现了与下龙文化时期晚期的切割软玉证据(Nguyen 2005,2009)。纵观整个过程,玉镯、玉珠等软玉饰品的出现是该文化的特征之一。

例如,在红河流域中游的 70 处冯原文化的考古遗址中发现了软玉文物。此外,清化的先东山文化时期,仙脚洲遗址群中的花禄文化和蛮泊遗址也都发现有大量软玉制品,包括多种类型的一系列软玉器,如玉斧、玉锛、玉凿、玉锤以及手镯、珠子和坠饰等玉饰品。在这些发现中,T 形截面的手镯因造型复杂,成为冯原文化中最引人注目的装饰品之一,最流行的款式之一似乎是外侧留下 6 到12 条平行轮旋线的 T 形手镯(图 11:1)。

在仁村(Xom Ren)和蛮泊遗址的一些较简单的 T 形截面玉环发现于人体遗骸的关节位置(图11:2,3),而在长睛玉器作坊遗址中发现了类似的 T 形截面玉环(图 12;彩版四:3)。因此,长睛的软玉工具和饰品的制造似乎与越南沿岸的其他文化有直接联系(图 13)。

除了这种 T 形截面的特殊的玉镯外,一种带有 4 个突纽的特殊的狭缝玉块也是越南北部冯原文化的特征（图12；彩版四:3）。这种类型的器物在距今3500年至2300年左右的越南东北海岸地带青铜时代和早期铁器时代的铜豆（Dong Dau）文化、朋丘（Go Mun）文化和东山（Dong Shan）文化中继续发展。同时,在越南南海岸的沙莹（Sa Huynh）文化也有相同的4个突纽的狭缝玉玦,以及3个突纽的类似形态（Ling Ling-O）和两端装饰兽头的玉耳环（图14）。这些发现表明青铜和早期铁器时代越南沿岸从北到南的经济和文化交流的程度（阮金容2010）。

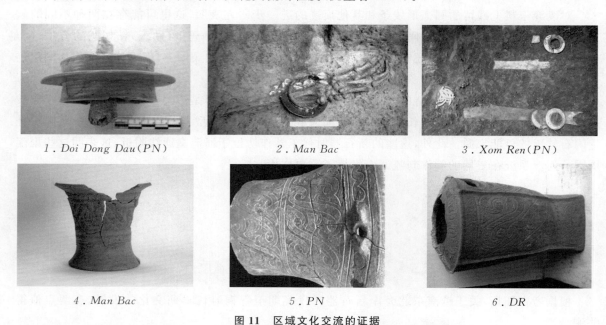

1. Doi Dong Dau(PN)　　　2. Man Bac　　　3. Xom Ren(PN)

4. Man Bac　　　5. PN　　　6. DR

图11　区域文化交流的证据

注:1、3,冯原文化T形截面玉镯;2,蛮泊遗址的T形截面玉镯;4—6,相似的陶器装饰纹样（4蛮泊,5冯原,6头林）。

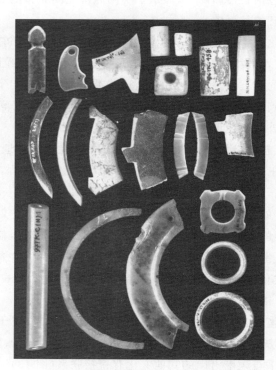

图12　长睛玉器作坊出土的玉饰品

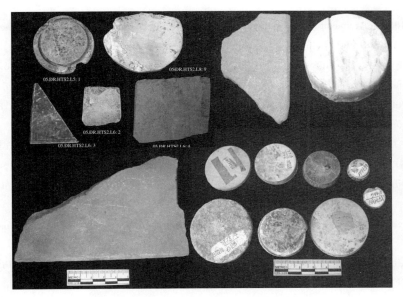

图 13　头林玉器作坊发现的玉器和磨锯

Culture	Dating	Types of jade slit ring
*Dong Dau 铜荳	Dong Dau: BP3340+100	
*Go Mun. 扣丘	Go Chua Thong: BP2860+45	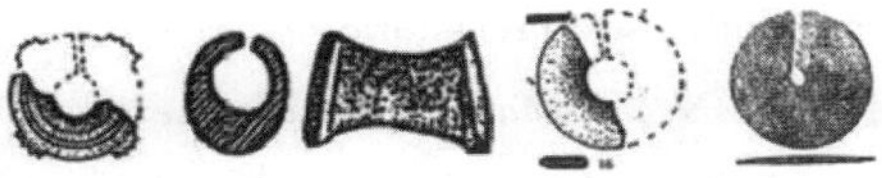
*Dong Son. 东山	Dong Ngam: BP2675±40, Quy Chu: BP2520±85, Viet Khe: BP2480±100	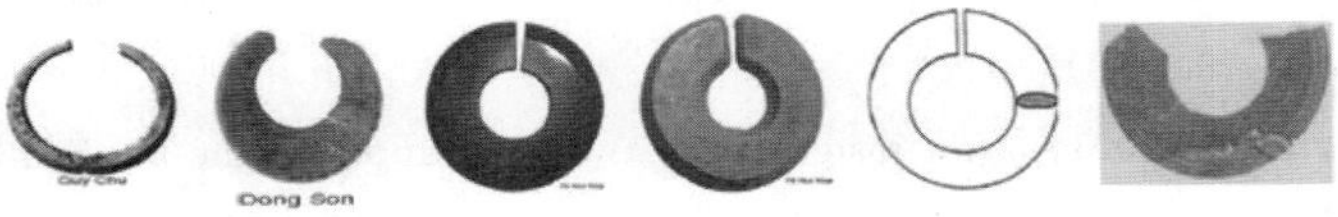
*Sa Huynh 沙莹	Long Thanh: BP2875 ±60　　BP 925 ±60 Hang Gon: BP 2300 ± 150 Phu Hoa: BP2590 ± 290　　BP2400 ± 140	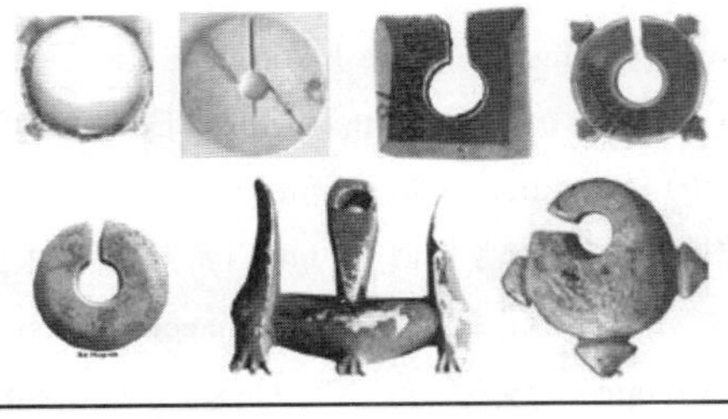

图 14　越南海岸青铜和早期铁器时代的玉玦分布

因此,下龙文化的先民似乎与冯原文化以及沿海地区的宁平、清化的蛮泊和花禄遗址的先民存在密切的关系。特别是,冯原文化和下龙文化之间的互动中心之一似乎就是长睛遗址群的软玉作坊地,这表明了玉文化在越南史前史上的重要地位。因此,该地区的发掘证实了长睛聚落群与冯原文化之间软玉制品的交换,以及长睛人群软玉作坊在越南史前史上发挥的重要作用。

参考文献

Anderson，J. G.(1939). Archaeological research in the Fai Tsi Long Archipelago，Tonkin. *Bulletin of the Museum of Far Eastern Antiquities*，*11*，pp.11-27.

Trinh，N.T.，Nguyen，K. D.，Nguyen，G. D.(2000). Archaeological caves discovered recently on Cat Ba Island. In Vietnam Institute of Archaeology(Ed). *New archaeological discoveries in Vietnam*，*1999* (pp. 143-145). Hanoi：Social Science Publishing House(Nhũng phát hiện mớ i về Khả o cổ học Việt Nam năm 1999. Hà Nội：Nhà xuất bả n Khoa học xã hội.).

Chun，C.W. (2003). Excavation at Ba Vung site in Quang Ninh Province(Ha Long culture). In Vietnam Institute of Archaeology(Ed). *New archaeological discoveries in Vietnam*，*2002* (pp. 123-124). Hanoi：Social Science Publishing House(Nhũng phát hiện mớ i về Khả o cổ học Việt Nam năm 2002. Hà Nội：Nhà xuất bả n Khoa học xã hội.).

Colani，M.(1938). *Decouvertes préhistoriques dans les parages de la Baie d'Along*. Paris：Institute Indochinois pour l'Homme.

Ha，H. N.(1998).The results of archaeological research in Quang Ninh Province，early 1997. In Vietnam Institute of Archaeology(Ed). *New archaeological discoveries in Vietnam 1997*(pp. 89-91)(Kết quả điều tra khả o cổ học đầu năm 1997 ở tỉ nh Quả ng Ninh).

Ha，H. N. & Nguyen，V. H.(1998). *Prehistory of Ha Long*. Hanoi：The World Publishing House(Hạ Long thờ i tiền sử. Nhà xuất bả n Thế Giớ i，Hà Nội).

Ha，H.N. & Bui，V.(1982). *Excavation at Ang Giua Cave，Cat Ba Island*. Hanoi：The Library，Vietnam Institute of Archaeology(Khai quật hang Áng Giũa，đả o Cát Bà).

Nguyen，K. D.(1992). Stone tool manufacturing and its role in the economy of Bronze Age Vietnam. *Archaeology*，*4*，pp.12-18(Kỹ nghệ sả n xuất công cụ đá và vai trò củ a nó trong kinh tế thờ i đại đồng thau Việt Nam，Khao Co Hoc，số 4，tr. 12-18).

Nguyen，K. D.(2002). More contributions to prehistoric research on Cat Ba Island from recent C14 dating. In Vietnam Institute of Archaeology(Ed). *New archaeological discoveries in Vietnam*，*2001* (pp. 184-188). Hanoi：Social Science Publishing House(Từ kết quả niên đại C14 gần đây ở một số di chỉ khả o cổ học Cát Bà，đóng góp thêm một vài suy nghĩ về tiền sử đả o Cát Bà. Trong Nhũng phát hiện mớ i về Khả o cổ học Việt Nam năm 2001，tr. 184-188).

Nguyen，K. D.(2001). New insight from two excavations at the Bai Ben Stone Workshop Site，Cat Ba Island. *Archaeology*，*4*，pp. 3-24(Nhận thứ c mớ i về khả o cổ học Cát Bà qua hai lần khai quật di chỉ Bãi Bến，Khao Co Hoc，số 3，tr 3-24).

Nguyen，K. D.(2003a). Prehistoric techniques in the Ha Long Culture on Cat Ba Island：J. G. Anderson's discoveries and recent research. In Anna Karlstróm & Anna Kállén(Ed)，*Southeast Asian Archaeology：Fishbones and Glittering Emblems* (pp. 59-70). Stockholm：Museum of Far Eastern Antiquities，Óstasiatiska Museet.

阮金容(2010).《越南出土的玉玦》. 载《东南考古研究》(第四辑)，厦门大学出版社，第 147-152 页。

Nguyen，K. D.& Trinh，N.C.& Nguyen，G. D.(2005). Archaeological survey from 1998 to 2000，Hai Phong Province. In K. S. Nguyen(Ed)，*Archaeology of the Northeastern Coast of Vietnam* (pp. 541-560). Hanoi：Social Science Publishing House.

Nguyen，K. S.(1975). *Archaeological study on Cat Ba Island，Hai Phong City*. Hanoi：Vietnam Institute of Archaeology (Nghiên cứ u khả o cổ học trên đả o Cát Bà，Hả i Phòng).

Nguyen，K. S.(1986). The prehistoric site of Cai Beo on the northeast coast of Vietnam. *Archaeology*，*2*，pp.17-26 (Di chỉ Cái Bèo vớ i tiền sử vùng ven biể n Đông Bắc Việt Nam. Khao Co Hoc，số 2，17-26).

Nguyen，K. S.(1997). Prehistoric maritime culture in Vietnam：a model and hypothesis. *Archaeology*，*3*，pp.16-28

（Văn hóa biển n tiền sử Việt Nam：mô hình và giả thiết. Khao Co Hoc，số 3，16-28).

Nguyen，K. S.(Ed).(2005). Archaeology on the Northeastern Coast，Vietnam. Hanoi：Social Science Publishing House(Khảo cổ học vùng duyên hải Đồng Bắc Việt Nam).

Nguyen，K. S.(2009). Cai Beo prehistoric site，Cat Ba Island. Hanoi：Social Science Publishing House(Di chỉ khảo cổ học Cái Bèo，đảo Cát Bà).

Nguyen，V. H. & Nguyen，G. D. & Nguyen，T. L. & Dao，T. N.(1986).The report of excavation in Cai Beo site 1986. Library of Vietnam Institute of Archaeology.(Báo cáo khai quật di chỉ Cái Bèo năm 1986. Tư liệu lưu trữ tại Thư viện，Viện Khảo cổ học Việt nam.)

Dang，V. N.(1968). Excavation at Soi Nhu cave site. Institute of Vietnam History(Ed). *Vietnam Historical Research*，*17*，pp.57-61(Khai quật di chỉ hang Soi Nhụ).

Saurin，E.(1956). Outillage Hoabinhien à Giap Khau，port Courtbet(North Vietnam). *Bulletin d' Ecole Française d'Extrème Orient*，*XLVIII* (2)，pp.581-592.

Le，T.T. & Trinh，C.(1983). Back to the Cai Beo archaeological site：results and findings. In Vietnam National Historical Museum(Ed)，*Science Information* (pp.14-24). Hanoi：Vietnam National Historical Museum(Trở lại di chỉ Cái Bèo：Kết quả và nhận thức. Thông Báo Khoa học，Bảo tàng Lịch sử Việt Nam.).

A8 不爱远航的稻农：中国沿海早期生业经济传统与海洋取向

秦 岭[1] ［英］傅稻镰（Dorian Q. Fuller）[2]
（1，北京大学中国考古学研究中心、北京大学考古文博学院；2，伦敦大学学院考古学院，Institute of Archaeology，University College London，UK）
朱天净 秦 岭 译

长江下游是稻作农业早期发展和湿地稻田系统形成的关键地区。该地区新石器时代遗址的生计模式突出了淡水湿地对植物和动物食物资源的重要性。新石器时代晚期，从事稻作农业的农民主要依赖内陆地区（尤其是湿地和附近的林地）作为他们的主要蛋白质来源，而与海洋的联系非常有限。相较于旱稻和其他作物而言，水稻的产量更高，所以长江下游地区以水稻为主的生计策略可以支持本地人口的数量和密度快速增长。稻作农业需要大规模的劳力投入和对水资源的有效管理，而这会推动社会结构朝着更复杂的方向发展，位于长江下游地区的良渚文化便是一例。人口的增长可能在很大程度上被本地吸收，表明人口变化的主导趋势是向内集聚而非向外迁徙。朝鲜半岛、日本等地的其他农业扩散案例，进一步说明了稻作农业传播和人口语言扩散之间缺乏相关性。尽管稻作农业作为拉动因素推动了当地人口密度和社会复杂性的增加，却似乎并没有推动人群向外扩散。相反，从水稻到雨养稻作（旱稻）农业系统的转变或者稻作与其他雨养谷物的结合，更有可能推动了早期农民的向外迁徙和农作物的传播。

一、背景介绍

农业的出现对环境和人类产生了深远的影响。从 Diamond（1997）到 Ellis（2015），各国学者对农业引发的各种变革进行着持续研究。宏观来看，农业在促进人口增长、扩大人口规模、形成语系和遗传谱系等方面均发挥了显著的作用（Bellwood 2004，2005）。所谓"语言-农业扩散模型"强调农业的出现对人口的影响，认为其引发了人口增长和农业人口的外迁，并解释了大部分现代主要语系的地理分布扩散动因（Bellwood & Renfrew 2003；Diamond & Bellwood 2003），如东南亚大陆和岛屿不同的语系的分布。因此，东南亚大陆的语言，如南亚语系，被认为是源于中国稻作农民向南的扩散（例如，Higham 2003）；而主要分布在东南亚岛屿和太平洋地区的南岛语族似乎也是源于中国稻作农业的人口增长和向海洋的迁徙（Bellwood 1997，2005；Blust 1995）。考古学家 Peter Bellwood（1997，2004，2005）就认为，稻作农业起源于长江下游地区，那些将稻作农业经航海传播至台湾岛的开拓者，很可能是来自新石器时代的河姆渡等文化。

多学科的研究为这一设想做出了贡献。自 20 世纪 30 年代以来，考古学家就将台湾的物质文化与福建、广东和太平洋岛屿联系在一起进行研究（林惠祥 1930，1955）。最早被认可的联系包括有肩石斧和绳纹陶器等器物。张光直的研究(1986)明确了台湾新石器时代文化的基本序列,包括与福建、广东地区考古学文化的关联(Chang & Goodenough 1996;Tsang 2005)。Bellwood(1997,2005)和焦天龙(Jiao 2007)等人一直倡导,稻作农业和海洋文化在约5000年前的新石器时代从长江下游地区沿海南下扩散,从杭州湾传到福建,最终到达台湾。与此同时,比较语言学的研究已建立起南岛语系与一些台湾高山族语言最基本分支之间的关系(Blust 1995;Pawley 2003)。重建的原始语言词汇还确定了与农耕相关的词汇,包括稻和粟(Blust 1995;Sagart 2005)。最近,Sagart(2008,2011)提出一个假设,即这些农业词汇的起源均可追溯到更早的汉藏语系或原始汉藏语言。正如这些语言学数据所暗示的那样,传入台湾的早期新石器文化传统中不仅包括稻谷种植,还包括粟(可能还有黍)等小米类谷物(Sagart 2008,2011)。事实上,最近在台湾南关里东遗址的植物考古研究证实了这三种谷物(稻、粟和黍)遗存在台湾地区的存在不晚于距今4300年,甚至可能早至距今5000年(Tsang 等 2017)。

从20世纪70年代起,学界就将世界上地理分布最广的语系——南岛语系的语源追溯到台湾,这一语系所有基干分支都可以在台湾高山族语言中找到源头。从中派生出了马来-波利尼西亚语系,而其他分支则传播到了东南亚岛屿、衍生到太平洋甚至马达加斯加一带(Blust 1995;Pawley 2003;Spriggs 2011)。这棵语系树的结构催生出了关于人口扩张的所谓"快车道"模型,即从台湾出发,通过东南亚岛屿,最终通过拉皮塔文化扩张,在约3350年前传播至太平洋(Greenhill & Gray 2005;Spriggs 2011)。尽管存在对这一语言模型的批评(例如,Donohue & Denham 2010),但它仍然是解释南岛语系语言如何在历史上关联在一起的最为主流且最广泛接受的观点。

基于这个模型,台湾新石器时代的先民被认为是"原南岛语族"。Bellwood 的一个重要贡献,便是综合了整个东南亚岛屿的相关考古证据,通过突出陶器等文化相似性,将印度-马来西亚新石器文化与菲律宾北部和台湾的文化联系起来。他根据各地语言模式和考古学文化进行分析,进一步发展了"语言-农业扩散模型",其基本理念是:农业的发展和人们寻找新耕地的需求是人口扩张的主要动力(Bellwood 1996,2005)。随着这些不断增长的农业人口向岛屿扩散,他们在很大程度上取代了,或一定程度上融合了原有的狩猎采集人口。目前,有关人群迁徙至台湾和稻作农业在台湾以外地区传播的相关植物考古学证据仍然有限(Paz 2003;Barton & Paz 2007;Fuller 等 2010a)。在岛屿环境,农业似乎发生了一个重大变化——芋头和山药等根茎类作物变得比水稻更为重要。尽管缺乏有关农业的直接证据,在全新世晚期的东南亚岛屿和台湾地区范围内,这个由南岛语族农人和水手组成的不断扩张的"新石器化格局"统一了语言学和考古学的叙事。

对于这样的历史叙事,我们可以提出三个问题。首先,为什么是稻属植物?为什么稻作农业成为影响人口增长和农人迁徙的决定性因素?那么其他种类或形式的粮食生产是否也能成为人口迁徙和增长的推动力?其次,我们想知道:是具体哪种稻属品种,旱稻还是水稻?稻作栽培方式和分布范围很广,从山地的刀耕火种到密集的灌溉系统等(Fuller 等 2011;Weisskopf 等 2014)。那么在这些不同的生产策略中,哪种栽培方式下的稻属作物推动了人群向台湾及其他地区迁徙?尽管这个问题受到的关注相对较少,但大多数研究倾向于认为是更加密集型和高产的水稻栽培(例如,Bellwood 1997:208,2005:125)。事实上,我们的研究表明,目前的证据和逻辑推断均与此主流观点相左。最后一个问题则是,基于目前所谓稻作农业及其扩散的考古学证据,我们是否能够得出稻农远航形成南岛语系的结论?

针对以上三个问题,我们认为:早期从事稻作农业的农人并没有表现出特别的扩张性,也没有进行过多的海上远洋活动;相反,他们更倾向于专注对淡水湿地的开发和利用,很少与海洋有所接触。从长江下游地区的植物考古、动物考古和聚落考古的证据中,可以清楚地看出这种倾向。事实上,高产的水田稻作农业推动的是人口在单位面积内的增长聚集而不是地理范围上的扩张。除了长江下游地区的稻作证据外，还需要考虑和比较其他形式的粮食生产，包括旱作小米类谷物、低强度的旱稻品种和蔬果栽培。实际上，当考虑到潜在产量、劳力需求、土地投入和可持续性时，旱作农业（包括小米类和较低强度的旱稻）更可能推动地理范围的扩张以便农人寻找新的土地来满足人口的增长。结合沿海的狩猎—捕鱼传统，目前看来新石器时代长江下游地区从事水田经济的稻农与传播到台湾、东南亚地区的农业形态及相应的人群迁徙之间没有任何联系。因此，已有的假设需要被否定或加以修正。

二、长江下游地区以内陆湿地为核心的早期水稻农业

长江下游一带是稻作农业早期发展的关键地区，广义上包括环太湖地区和宁绍平原（图 1）。一直以来，在对新石器时代稻作农业和南岛语族的起源传播研究中，该地区的河姆渡、马家浜等新石器文化都占据重要地位（例如，Higham & Lu 1998；Bellwood 1997，2005）。然而，近年来中国各地涌现出越来越多的新石器时代相关发掘成果，学者们发现了许多很早便有稻作栽培实践的考古学文化，诸如长江中游的彭头山文化、汉水流域的八里岗遗址前仰韶文化、淮河流域的贾湖文化和顺山集文化等，它们很可能说明了存在多个独立起源发展的稻属作物驯化过程（例如，Fuller 等 2010a，b；秦岭 2012；Gross & Zhao 2014；Deng 等 2015；Silva 等 2015；Stevens & Fuller 2017）。不过，由于长江下游地区在地理位置上离福建沿海和台湾最近，又有相对最完整的考古学及植物考古证据链，因此仍然是很多学者探究淡水资源和海洋资源在稻作农业演进中不同作用的重点地区。

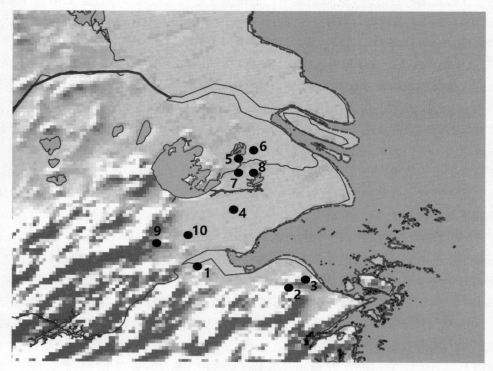

图 1　长江下游相关遗址分布
注：1.跨湖桥 2.河姆渡 3.田螺山 4.马家浜 5.草鞋山 6.绰墩 7.澄湖 8.姜里 9.良渚古城遗址 10.茅山。

在长江下游地区，通过对农业和非农业生计、技术、景观和饮食的研究，已经可以梳理出稻作农业兴起相关的文化演进过程。特别是在过去二十年里，该地区的考古成果日益显著。水稻驯化已经可以通过多种性状特征的变化来进行探究。例如，与野生祖本原有脱粒性相对的非脱粒性是其演化出的依赖人类收割的驯化特征，从脱粒到非脱粒的迅速转化出现在约 7000 至 6000 年前，正好对应着河姆渡和马家浜文化的存续时间。而水稻扇形植硅体，实际上在大约 6000 年前也已经出现了尺寸上的线性变化，这表明水稻（从叶片的角度）在被驯化过程中持续演化。这种变化与谷粒尺寸的演变相一致，种子随着驯化完成及之后的持续发展变得更为饱满（Fuller 等 2010b；Stevens & Fuller 2017）。此外，在距今 6000 年之后，稻谷继续分化为短粒和长粒两种类型，并分别成为不同聚落和地区相对稳定的品种。这些不同的水稻驯化谱系很可能最终稳定为今天的热带和温带粳稻（Zhao 等 2011）。尽管现代温带粳稻的一些特征可能是更晚阶段演化而来，但这种粒型上的差异在新石器晚期长江下游的不同区域和聚落中就已经显现（Fuller 等 2016）。

驯化稻各种性状特征演化的速度和时间点与农业技术的发展密切相关。最初的驯化可能是通过土地管理和特定种植与收割技术的长期作用来实现的，在这一过程中，人类行为与植物演进具有相互依赖性，产量与人为的播种收割共同进化。Allaby 等人（2017）最近的研究估计，狩猎采集人群对稻属植物最终导致驯化的利用，始于距今约 13000 年前。而在 8000 至 6000 年前，水稻演化的速度明显加快，这一阶段也通常被认为是水稻的驯化期。而最早的水田遗址可以追溯到这一阶段的末期，马家浜文化晚期（6000—5800 年前）的多个遗址均有相关发现，如草鞋山、绰墩（图 2）和姜里遗址等（Cao 等 2006；Fuller & Qin 2009；邱振威等 2014）。

绰墩遗址VI区第⑨层下马家浜文化水稻田及相关遗迹平面图

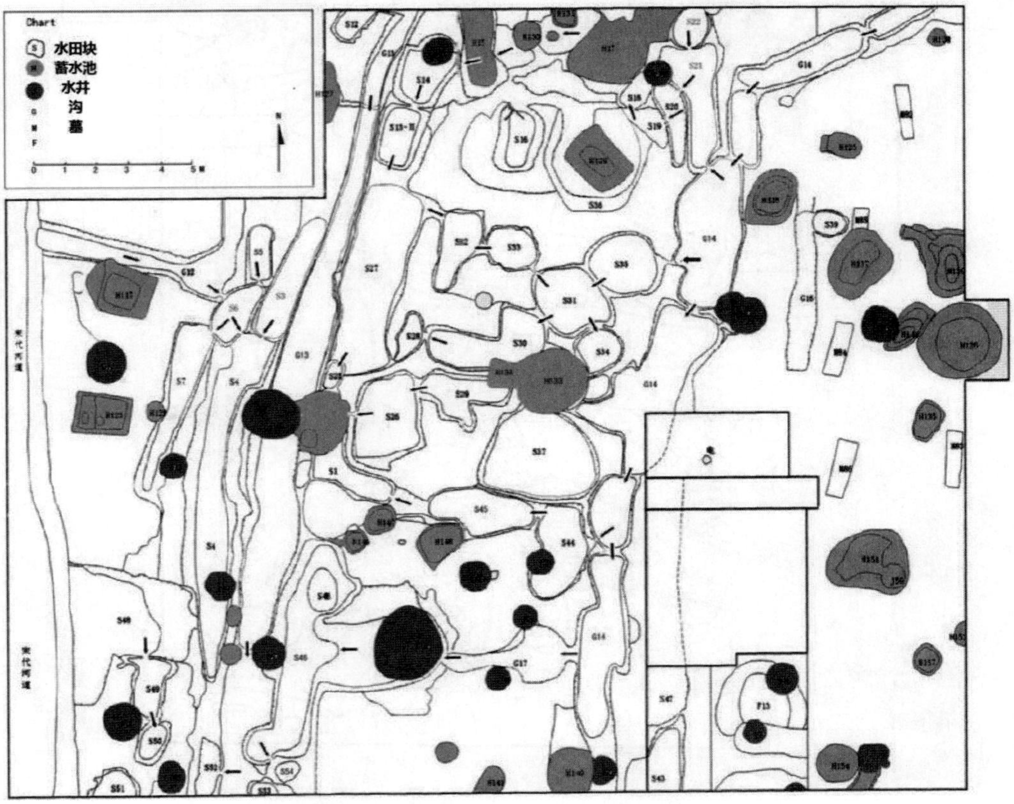

图 2 绰墩遗址水田遗迹（Fuller et al. 2009）

在受控的农田环境中,可以预期对水稻的形态特征产生更强的人工选择(例如生长习性和叶片形状),而在农田中相对独立的持续生长演进也有助于形成不同区域间呈现谷粒形态分组分布的特征。最早的水田是非常小的浅坑状遗迹,直径通常在1～2米,总面积不超过10平方米。这种耕作策略的一个好处便是能通过严格控制水源和排水来改变水稻野生祖本"多年生"的原有特征,从而实现更高的年产量(Weisskopf等2015)。随着时间的推移,水田的面积逐渐扩大,从崧泽文化一直延续到良渚文化早期(约5500—4800年前)(图3)。然后,在良渚文化晚期阶段,出现了全新的水

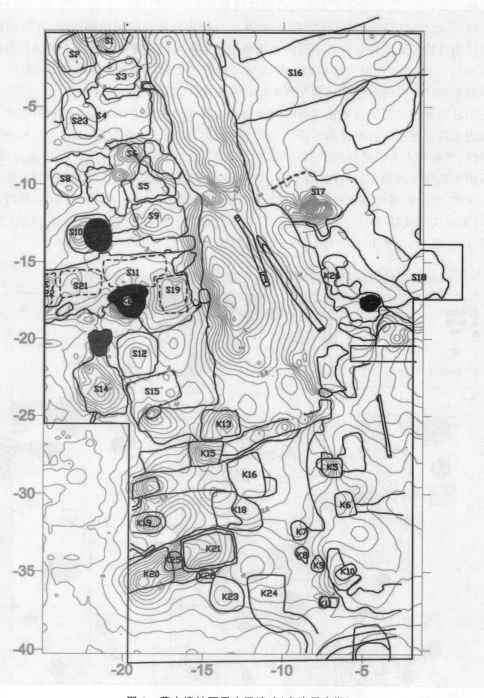

图3　茅山遗址下层水田遗迹(良渚早中期)

田系统，它拥有系统化的灌溉、排水和精心规划、规模庞大的布局（Zhuang 等 2014；Weisskopf 等 2015）（图 4）。在浙江临平茅山遗址发现的位于大型水田遗迹之下的早期浅坑状水田遗迹，清楚地显示出良渚文化中晚期阶段社会生产向更加集约化的稻作农业转变的趋势。

图 4　茅山遗址上层水田遗迹（良渚晚期）（Zhuang，Y. et al. 2014）

除水田系统的明显演化外，有关农具的考古学证据也揭示了清晰的演变轨迹。在水稻完成驯化的最初阶段，我们并没有发现大量明确跟收割相关的工具，用来收割和耕作农田的"工具套"主要出现在产量大幅提升的驯化后阶段。长江下游地区新石器时代晚期的农具包至少包括三角形"石犁"和带柄"破土器"，可能均用于翻动农田土壤；称为"耘田器"的石刀，用于手工收割单个稻穗；还有用于割断稻秆的更大型的石镰刀。三角形石犁头和其他收割工具类似，最早出现在约5500年前的崧泽文化晚期（上海市文物局1985；浙江省文物考古研究所等2006）。这些工具在长江下游的新石器时代和青铜时代逐渐发展，特别是石犁类工具尺寸日益增大，最终被铁器所取代。它们的重要性在于其反映了水田经济生产与所需大量劳动力投入的关系，使人口与高产且重要的稻田紧密联系在一起。

水稻是长江下游地区在新石器时代唯一驯化栽培的农作物[1]，目前尚未有考古证据表明粟黍在该地区被栽培和食用（Fuller & Qin 2010；Qiu等2016）。不过，其他淡水湿地植物始终被先民们开发利用，其中占重要地位的有芡实和菱角，而林地中的橡子等坚果在水稻被驯化之后则逐渐退出历史舞台（Fuller & 2007，2010b；Fuller & Qin 2010）。最新对田螺山遗址出土菱角的形态学分析显示，菱角也可能已在距今7000年前被栽培驯化（Guo等2017）。尽管坚果和果实类林地资源也被史前先民利用，但水稻、菱角和芡实在这一地区的可食用植物遗存中占据绝对的主导地位，凸显了淡水湿地资源对生业模式的重要性。

湿地的关键作用也在田螺山和跨湖桥遗址的动物遗存中体现出来。经鉴定，鸟类骨骼主要为湿地品种，如鸭科（Anatidae）、雁亚科（Anserinae）、秧鸡科（Rallidae）、鹭科（Ardeidae）和鹤科（Gruidae）（Eda等2019）。虽然鱼骨遗存的发现和研究相对较少，但田螺山有一项样本量很大的分析可供参考（Zhang 2018）。该研究对湿筛样本中的174340块鱼骨进行了鉴定和分析，揭示出淡水湿地鱼类在其中占主导地位，如鳢鱼（Channa）、鲤鱼（Cyprinus）、鲫鱼（Carassius）和鲇鱼（Silurus）。这些物种都可以生活在稻田周围或附近更深的水域，也正是可供菱角或芡实生长的地方。根据鱼骨尺寸的分析复原，人们会全年捕捞鲤鱼和鲫鱼，而针对鳢鱼则更多在春季进行捕捞（Zhang 2018）。鱼类组合还显示，人们对少量（0.7％）海鲈鱼存在一些沿海或河口的捕捞活动，这种鱼在不繁殖时也会游入淡水河流。尽管考古学者在田螺山遗址采集到若干大型金枪鱼椎骨（例如Sun 2013），在跨湖桥发现了一块海豚骨骼（参见Eda等2019：表9.1），但海洋和沿海食物资源仍属个例，不能被解释为新石器时代该地区先民生活的日常。因此，这些稻农主要依靠内陆，尤其是湿地的资源，作为他们主要的蛋白质来源。

大型哺乳动物包括各种鹿类、一些猪和水牛，同样反映了一个利用湿地和内陆林地资源的环境（Zhang等2011；Eda等2019：表9.1）。大量獐（Hydropotes inermis）和圣水牛（Bubalus sp.）的骨骼遗存显示先民在湿地及其周围进行主要狩猎活动，而梅花鹿和马鹿（Cervus spp.）则指向林地环境。少量的家猪和野猪骨骼（Sus scrofa）被认为是狩猎野猪和对猪的早期管理在8000年前后同时存在的证据（例如，刘和陈2012；Zhang等2011）。而来自良渚文化出土器物上的动物形象，同样强调了湿地动物和鸟类等资源（图5）。

综合来看，依据长江下游地区新石器时代遗址发现的食物资源证据，我们可以重建该地区的早期土地和资源利用情况（例如，秦岭等2010；Fuller & Qin 2010；Zhang 2018）。物质文化中的图像也反映了相同的资源利用模式，其中鸟、淡水的鱼和龟鳖是反复出现的主题（图5）。当地人群的环境资源利用模式也可通过稳定同位素分析数据体现在食性中。从数据分析，长江下游地区先民以C3陆生和湿地类型食物为特征，其稳定同位素数据的分布明显不同于依靠海洋资源为生的狩猎采集类型、海洋资源加粟黍C4类农业的类型和单纯的内陆旱作C4小米类农业类型（参见图7）。值得一提的是该区域目前还发现有两处独木舟遗存，分别来自跨湖桥遗址（8000 年前）（江 2013）茅山遗址（4500 年前）（Zhao 等 2013；Zhuang 等 2014；见图 6），显示了简单的河流湿地舟船技术的存在。

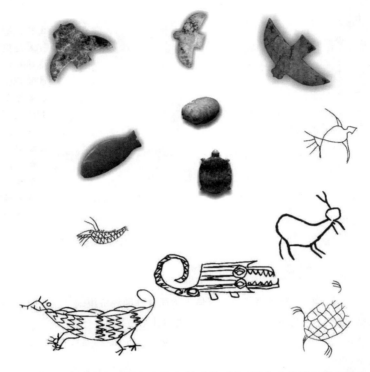

图 5　良渚文化玉器和陶器上的动物形象（引自良渚博物院展览）

图 6　跨湖桥出土独木舟（浙江省文物考古研究所等 **2004**）

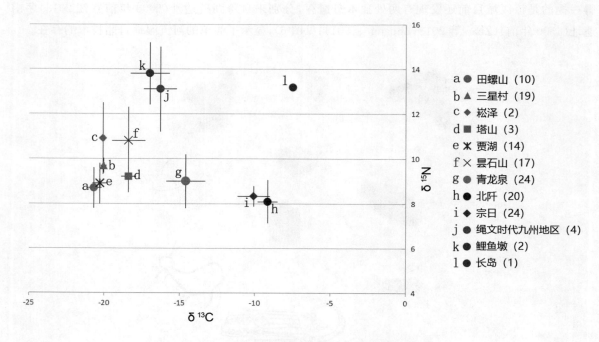

图 7　碳氮稳定同位素体现不同食性和经济模式

注：第一类（左下）：碳三野生/驯化植物、淡水资源和陆生哺乳动物

田螺山（Minagawa et al. 2011）；三星村（Hu et al. 2007）；崧泽（Zhang 2003）；塔山（Zhang et al. 2015）；贾湖（Hu et al. 2006），昙石山（Wu et al. 2016）

第二类（中部靠左）：稻粟混作和家猪饲养

青龙泉（Guo et al. 2011）

第三类（中部靠右）：碳四驯化粟黍作物、陆生家畜（猪）

北阡（Wang et al. 2012）；宗日（Cui et al. 2006）

第四类（左上）：海洋性狩猎渔猎和采集经济

鲤鱼墩（Hu et al. 2010）；绳文文化遗址（Minagawa et al. 2011）

第五类（右上）：海洋性和粟黍农业

北庄（Zhang 2003）

图例括号内为样本数量。

　　因此，我们得出结论，新石器时代长江下游地区的先民对海洋既无谋生目的，也没有交通技术上的联系。相反，他们主要依靠淡水湿地和附近的林地资源为生。这些先民似乎将目光更集中地投向了内陆，而非海洋。

三、水稻与其他作物生产体系：人口统计和土地利用模式的比较

　　稻农从长江下游往外迁徙的观点是基于人口扩散的底层逻辑。这个理论假定，人口不断增长导致人群分裂，子群体向外迁移寻找新的土地进行定居和农耕（Ammerman & Cavalli-Sfroza 1971）。Rindos（1980，1984）解释说，当地区人口增长到达或超过其自然承载能力时，此类迁移事件

便会发生。农业社会的土地承载能力本身会因为收成的变化等因素在不同年份间波动，而这种不稳定性的程度可能会加速或减缓人群的总体迁徙速度。Shennan 团队（2018）最近对欧洲新石器时代的考古年代数据进行了综合分析，通过人口统计学的分析方法指出，扩散趋势往往发生在地区人口快速增长但增长减缓之前；换句话说，早在达到承载能力之前人群便开始寻找新的农业领地。因此，欧洲的数据表明，人口不仅在达到极致规模时可能通过迁徙寻找新的农业领地（如 Rindos 模型所示），而且在一个快速增长的中间阶段这种迁徙扩散也会发生。

　　从比较民族学研究的角度来看，这个理论也是合理的。许多传统的小规模社会在低于其承载能力的情况下运作良好，正如萨林斯 Sahlins（1972）所称的"生产不足（underproduction）"或"资源低效利用（underuse of resources）"。通过各种传统生产体系的数据，包括人口和计算得出的潜在生产能力，萨林斯发现，这些社会全都是低产即生产不足的。只有几个群体的真实生产力达到了预估值 65％ 或 75％ 的水平，而平均生产率仅为预估值的 45％ 左右（Sahlins 1972：42-48；Carlstein 1980：239）。因此，可能并不是土地承载能力本身推动了人群的分裂，而是人口增长达到一个阈值时，需要投入更多的努力来供养更多的人口。但无论如何，总的潜在承载能力的确会影响人口增长的速度以及迁移开始的时机（图 8）。

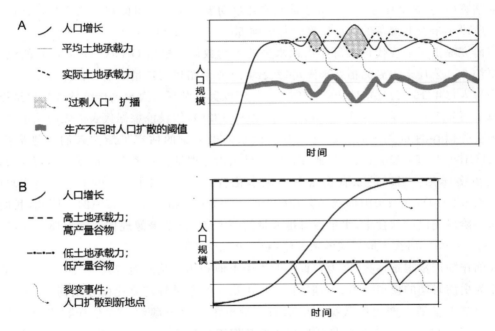

图 8　人口增长和裂变扩散的原理示意图

注：A.表示人口增长达到承载能力时"多余"人口的扩散。或者在产出不足的情况下，快速增长率越过阈值导致回报逐渐减少。

　　B.在两种对比的生产力制度情景下给出了人口增长和扩散的假设模型，其具有不同的承载能力。

　　这些观察引发了我们关于东亚和东南亚先民早期生计方式的两个问题。首先，不同地区或作物的承载能力（CC）及其相关的资源利用不足（～60％ CC）之间是否存在特定和固有的差异，这些差异会否提高或降低人口增长的上限？其次，是什么样的差异决定了子群体开始扩散的时机？现有证据表明，与其他雨养农业形式（包括雨养稻、旱稻及小米类）相比，水稻栽培似乎不太可能推动人口的迁徙。

　　众所周知，水稻产量在其生长季内受水资源的影响而变化显著，同时，对劳动力投入的需求也存在差异（例如，Fuller 等 2011a，2016）。我们曾提出一个观点，即水稻农业对劳动力组织投入的需求较高，这可能会限制一些社群在有其他资源的前提下投入水稻栽培的吸引力，甚至可能存在一个社会复杂性的阈值，低于该阈值的社会群体会避免以水稻农业为生（Fuller & Qin 2009）。更重要的是，就潜在的承载能力而言，也可以根据养活一个自给自足村庄或典型新石器聚落所需的土地来估算这种固有的差异。为了估算新石器时代农业聚落所需的可耕地面积，我们汇集了一系列关于水稻、旱稻和传统小米农业每公顷产量的民族志和古文献数据。将这些数据转化为卡路里产量，并考虑到人均每年消耗的谷物作物数量（假设是以谷物为主食）以及聚落人口数量，可以初步估算出社群所需的耕地面积。当然，我们提供的是一个大致的数量级，这些对人口估计并不是绝对精确的。

对于人口规模，我们以考古遗址的大小为依据并结合先前的人口估算成果。如长江中游的湖南澧县城头山遗址（距今 6500—6000 年）面积约为 8 公顷，长江下游浙江余姚河姆渡遗址（距今 7000—6300 年）面积约为 4 公顷，同时期的余姚田螺山遗址（距今 7000—6300 年）面积约为 3 公顷等等。所有这些遗址都有可信的最大面积调查数据，即它们发展鼎盛时期的规模。中国新石器时代这一阶段聚落的人口密度大约认为是每公顷 50 人，比如基于河姆渡遗址的建筑数量和面积就有过这样的估算（孙梦媛 2013：563）。基于仰韶文化早期姜寨遗址房屋面积和墓葬数量的研究显示，北方这一阶段小米农业聚落的人口密度为每公顷 53.5 人（Liu 2004：79）。

很多研究提供了近现代每人每年消耗水稻的大约数值。根据 Grist（1975：450）的说法，每人每年需要约 250 公斤未去壳的稻谷来满足每天约 2000 卡路里的热量需求。在传统东南亚地区，估计值则为每人每年 160 公斤（Hanks 1972：48）。印度奥里萨邦沿海地区传统饮食的典型摄入量也是大约每人每年 160 公斤（Smith & Mohanty 2018：1328），假设该数据代表去壳的稻米，其重量则相当于未去壳稻谷的 60%～70%。这些对当代水稻摄入量的估算可能占人们总热量摄入量的 80% 左右（Grist，1975：450），而河姆渡、跨湖桥、城头山等遗址植物考古学证据显示，新石器时代先民的饮食更多样化。当时的饮食富含其他碳水化合物，比如橡子、菱角（Fuller 等 2007，2009；Fuller & Qin 2010），在城头山可能还会有极少的一些粟（Nasu 等 2007，2012）。因此，我们假设在新石器这一阶段先民的饮食中，水稻占总摄入量的 50% 左右（如果像现代饮食习惯一样，谷物占总饮食的 75%～80%，那么土地需求的估算将提高 50%～60%）。

古代的作物产量很难估算，因为它直接取决于土地利用系统。而现代传统农业的产量不能直接借鉴作为史前时期的模拟数值。一般而言，水田稻作的产量肯定要比雨养稻高，因此，合理产量的下限可以基于旱稻生产力的数据。旱稻的产量范围从每公顷约 480 公斤到当代某些产区的 1500 公斤不等（见图 9a）。我们收集的旱稻比较数据平均值为 1062 公斤每公顷，但若仅考虑巴拉望岛和婆罗洲的数据，平均产量仅为 578 公斤每公顷，最低产量甚至只有 229 公斤（Barton 2012）。水稻的平均产量汇总数据的平均值为 1897 公斤每公顷，传统湿地水田的产量下限约为 1500 公斤每公顷。而史料记载显示 10 世纪的日本水稻产量约为 1300 公斤每公顷，约 2000 年前的汉代杭州地区观测到的水稻产量约为 1000 公斤每公顷。据此，按新石器时代田螺山遗址（距今约 6700 年）水田遗迹中水稻叶片的植硅体密度估算，该地区早期未改良的湿地稻谷产量估计为 830 和 950 公斤（Zheng 等 2009）。据上，我们保守起见，将估算值调整为 800 或 900 公斤，结合现代人群消费差值，便可大致确定中国新石器时代一些代表性遗址所需的水稻种植面积（见表 1）。

根据以上计算，我们估计新石器时代水田农业聚落，每公顷居址面积（或每 50 人）需要 6.25 至 9.75 公顷的水田耕地，中位值大约为 8 公顷（见表 1）。我们的产量估计也相对较低，这意味着如果每公顷产出 1000 公斤或更多的稻米，则每人所需的土地将更少，而当地的承载能力将超过我们现有估算。民族志及史料表明，大多数农田位于定居村落附近的 3 公里范围内，距离超过 4 公里的农田几乎不可能存在，因为先民需每天步行往返于农田和村舍家中（Carlstein 1980：172）。这表明大约 2800 公顷的土地可以轻易支持约 14000 的人口规模。

水稻的高产量与雨养稻和小米类农业形成了鲜明对比（图 9a，b）。东南亚地区传统的雨养稻有很好的文献记录，Barton（2012）总结指出婆罗洲的雨养稻作产量相当低，约为 229 至 1000 公斤/公顷。对于新石器时代的旱稻生产来说，其产量也相应地大约可估算为水稻的一半，即每公顷约为 400 至 500 公斤。这一低产量还会受到田地肥力下降和杂草干扰的影响进一步恶化，从而不得不采取轮种的方式。除非可以利用外部肥料补充地力（如家养牲畜的粪肥），否则现代传统雨养稻通

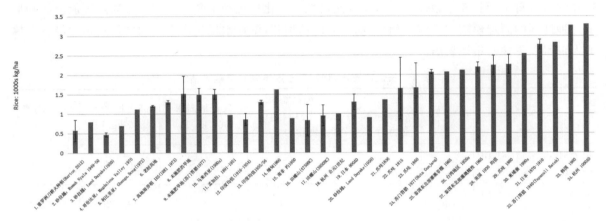

图 9a　传统及历史时期不同稻作的产量比较

注：1-13：雨养/旱稻；14-28：水田/灌溉稻。

数据来源：1. Barton 2012；2，4，5. Ruthenberg 1976：52；3，20. Geddes 1954：68；6，7. Saitou et al. 2006；8，9，24，32. Sherman 1990：131；10，14，26，31，33. Bray 1986；11. Grigg 1974：97；12. Heston 1973；13. Randhawa 1958；15. Vincent 1954；16，17. Zheng et al 2009；18，34. Ellis & Wang 1997；19. Latham 1998；22；21，22，23，29. Boomgaard & Kroonenberg 2015；25，27. Watabe 1967；28. Leonard & Martin 1930；30. Nesbitt 1997。

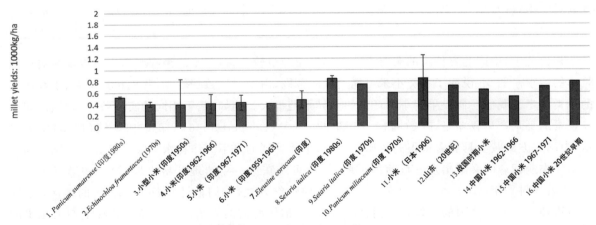

图 9b　传统及历史时期不同小米类农业的产量比较

注：1-10：南亚地区；11-16：东亚地区。

数据来源：1，8. Weber 1991；2. ICAR 1980：828；3. Randhawa 1958；4，5，15. Rachie 1975：16；6. CSIR 1966：226；7. Heston 1973；9，10. ICAR 1980：835-837；11，12. King 1927；13，14，16. Bray 1981。

常也还是采取轮作制种植。例如，在菲律宾伊班人的传统农业中，每年每人需要开垦约0.33公顷的稻田，而一个由140人组成的长屋村庄每年需要50公顷的耕地（Carlstein 1980）。根据这些数据，伊班人在一个定居点最多可居住14年便需要搬迁，而考虑到区域内某些土地的不适宜性以及社群年龄性别构成的变化，10年被认为是更好的估算（Carlstein 1980：174）。

因此，伊班人的土地需求大约是长江流域新石器时代聚落估算值的4倍（见表1）。这意味着以雨养稻为基础的定居点的土地承载能力大约是湿地水稻经济的四分之一。假设人口呈匀速增长，那么基于农业人口迁徙的底层逻辑，旱稻农民的人群分裂迁徙以寻求新空间的频率大约就是水稻农民的4倍。考虑到旱稻农民还需要为休耕而转移田地，或者干脆需要全部搬迁（例如像伊班人这样的村落每10到15年搬迁一次），具有流动性的文化传统和不断建立的新定居点可能会鼓励形成一种迁徙的固定模式。而与之相反，随着时间的推移，湿地水稻生产力的增加使得水田经济支撑的人口得以更加密集地聚居。

表1　长江流域水稻消费、土地需求和承载力估算

遗址	估算人口	最低需求（公斤/年，占食物的68%）	最高需求（公斤/年，占食物的80%）	低土地需求（900 kg/ha）	高土地需求（800 kg/ha）	稻田均值（ha）
田螺山，ca. 6700 BP（3 ha）	150	16875	23437.5	18.75	29.29688	*24.02344*
河姆渡，ca. 6700 BP（4 ha）	200	22500	31250	25	39.0625	*32.03125*
城头山，ca. 6000 BP（8 ha）	400	45000	62500	50	78.125	*64.0625*
假设水稻聚落（1 ha）	*50*	*5625*	*7812.5*	*6.25*	*9.765625*	*8.007813*
水稻农业社会3公里范围内可供人口规模（～2800 ha）	**14,000**	**1,575,000**	**2,187,500**	**1050（基于1500 kg/ha 产量）**	**2242**	**1892**
假设旱稻聚落（1 ha）	*50*	*5625*	*7812.5*	*18.75（基于600 kg/ha，+1/2 休耕 yield）*	*52.08（基于300 kg/ha 产量）*	*35.42*

相比之下，中国北方传统的粟黍农业虽然每年产量较低，但黄土的潜在肥力也可以消减对田地轮作的需求。图9b说明了各类小米可能产量的范围，由于对比数据较少，我们包括了粟、黍和印度的各类小米。我们还假设早期小米产量的差异不是很大。例如，基于相同的实验条件，印度的实验发现黍的平均产量仅略低于粟（可能达到粟的95%）（Doggett 1986）。正如何炳棣（1975）研究显示，中国北方的黄土具有含量很高的矿物养分，主要受到的是不同作物水分吸收潜力的限制。何从对周代农业记载的文献出发进行演绎推断，周人可能在第一年清理开垦土地，第二和第三年种庄稼，然后休耕一年（Grist 1975：50-54）。基于这种轮作方式，我们估计在黄土最肥沃的地区，每50人需耕种30至36公顷的土地，约为长江下游湿地稻作所需的4倍。一个具有这种生产力水平的3公里范围内可能支持4000人规模的聚落，但需要考虑典型的新石器时代小米农业土地承载能力会更低，可能只接近其一半。例如，水源贫瘠又缺乏规模灌溉的土地可能需要每两年休耕一次，增加土地需求并降低了承载能力。而随着小米种植从黄土高原扩展到亚热带和热带肥力较低的土地上，可能每三年中有两年或更多时间用来休耕。因此，随着小米栽培扩散到黄土高原以外的新社群，为了保持相同的生产力水平，就需要越来越多的可耕地面积。

基于耕作系统的性质,我们可以得出结论:长江中下游地区以水稻农业作为主导生计策略可以支持当地人口保持高密度和不断增长的态势。通过扩大和强化生产,人口增长主要在本地被吸纳。从这个意义上说,湿地水稻农业的发展推动了更大规模、更集中的人口聚居地的形成,这些地区的单季农业模式还可促进社会分工和专门化,支撑那些从事玉石器加工、陶器生产或宗教仪式活动的非农业人群。这个过程的最终结果是在长江下游的良渚文化和长江中游的屈家岭-石家河文化率先出现超大规模的城市型聚落。这两个区域文化都依赖本地大规模的水田经济作为基础,临平茅山遗址发现的水田遗迹就是实证之一。综上,新石器时代以水稻为主要作物的农业聚落中,人口会朝着更加密集的趋势增加,而非向远方迁徙。

水田稻作带来的较高人口密度既是湿地经济的产物,也是湿地环境开发的推动者。因此,长江流域比如太湖地区的湿地景观包括由稻田开发而扩大的自然水路交通网络,形成一个更利于鱼类资源利用、运输和社交的环境,也利于更大规模可持续的人口增长。成规模可持续的水田经济需要更多劳动力投入,由此产生的社会和经济组织形态也对进一步的社会和政治发展起到关键作用。这样的经济基础提供了一个很好的背景,帮助我们理解这一时期为何会出现良渚古城遗址这样的大型水利工程体系(Liu 等 2017)。这样的公共工程系统有助于良渚社会经济的发展,包括特有的贵族手工业经济玉器生产体系,适应于更高水平水稻农业的专门化农具生产体系等等,促进了区域社会复杂化的进程(Qin 2013;Renfrew & Liu 2018)。

四、东亚地区的稻作文化和农业扩散

接下来讨论三个东亚地区农业往不同方向扩散的例子,与上文所述的长江中下游水田经济与复杂社会发展形成对比,可以进一步说明湿地稻作农业与稻农扩散传播之间缺乏关联性。

(一)作为补充的水稻:东北亚地区的早期农业与海洋文化

朝鲜半岛、日本列岛等地所在的东北亚地区,农业起步较晚,并从中国引进了主要的农作物。粟黍类小米和粳稻作为农作物从中国传播到朝鲜半岛,之后又传至日本。朝鲜半岛出土的小米类遗存可追溯到距今 5500 到 5000 年前的栉文时代中期(Crawford & Lee 2003;Lee 2011)。同时期的小米遗存在俄罗斯远东地区滨海边疆的遗址上也有发现。稻米抵达朝鲜半岛的时间更晚,可能在距今 3500 年前左右,相关年代数据仍有争议(Ahn 2010;Lee 2011,2015)。

东北亚地区谷物栽培和农业技术的引入很可能伴随着农民迁徙,根据考古学的证据,这一传统起源于中国东北部(Miyamoto 2016)。同时,近年来一些历史语言学家主张将朝鲜语和日本语追溯到一个假设起源于中国东北的跨欧亚语系 Transeurasian(Robbeets 2017a, b)。值得注意的是,这波农业化是由小米类较低生产力水平的谷物所驱动的,而不是湿地稻作。水稻传播一般认为是通过山东半岛传播至辽东半岛,再通过朝鲜半岛沿海聚落南下最终传播到日本,它是已有小米类农业经济在东北亚地区出现千余年后的"附加(add-on)"作物品种(Ahn 2010;Miyamoto 2016,2019)。并且山东半岛和辽东半岛的植物考古证据显示,稻作东传的中国青铜时代,这些地区自身的水稻栽培也并未占据主导地位(刘兴林 2016)。在韩国青铜时代的农业中,水稻作为选择性采用的作物品种,与小米、大豆和其他作物并存(Lee 2015)。此外,早期栉文陶器时代的贝丘遗址体现出对海洋食物资源的重视,显示出在农业文化传入之前,该地区海洋技术利用和发展的普遍性(例如 Shoda 等 2017)。实际上,在朝鲜半岛栉文时代晚期和无纹时代,海产品仍是人们生计活动的重要组成部分。

因此,农耕在朝鲜半岛被接纳和发展是循序渐进式的。从采集为主到出现农耕文化的转变确实可能代表了一种农业扩散现象,这也与朝鲜语和日本语的祖先以及跨欧亚语系的假说相关联(例如,Whitman 2011;Miyamoto 2016;Robbeets 2017a,b)。然而,无论是水稻还是旱稻,都是后来被当地小米农业、采集和海洋渔猎人群所采纳的一种附加作物,而不是文化或人口变化的经济驱动力。

(二)东南亚岛屿:低强度粟作农业与最早的谷物

台湾地区的农业起源问题,与福建沿海地区的情况相互关联。长期以来,学界普遍认识到台湾岛及其附近的澎湖群岛和福建沿海的史前文化之间存在着密切的联系和互动。从晚更新世到距今约 6000 年前,台湾岛的先民处于无陶器的"旧石器时代",第一个制陶文化被认为是大坌坑新石器文化(Chang & Goodenough 1996;Tsang 2005;Hung & Carson 2014)。许多学者认为,大坌坑文化反映了原始南岛语族人群(Proto-Austronesian speakers)从粤东及珠江三角洲等地迁徙抵达台湾岛的时间(Tsang 2005;Hung & Carson 2014)。例如,早至 6800 年前,珠江三角洲地区就出现了树皮布石拍和拔牙习俗,可能与台湾后来的相关文化传统存在联系(Hung & Carson 2014)。在珠江流域的一些遗址中,发现了加工各种块茎、棕榈和其他野生淀粉类植物食物的证据(Yang 等 2013;Denham 等 2018),这表明在稻作引入之前(约 4600 到 4400 年前),该地区以采集为生,也可能有园艺类种植(vegeculture)(Yang 等 2017,2018)。而靠近台湾的福建沿海地区,大量的贝丘遗址印证了先民对海洋鱼类和沿海贝类资源的利用,狩猎动物资源中未见家猪的相关证据(Jiao 2007;Hung & Carson 2014)。作为台湾第一个陶器文化,大坌坑文化延续了类似的海洋和沿海资源利用传统,珊瑚的利用在澎湖群岛和台湾的遗址中也都可以看到。这些发现表明这些沿海地区和岛屿的先民非常重视对海洋资源的利用。

在距今约 5000 到 4500 年前的大坌坑文化最晚期,台湾西南部出现了最早的谷物利用证据,包括来自南关里遗址的稻米及南关里东遗址所出的稻米和各类小米(Tsang 2005)。最近发表的植物考古成果证实了南关里东遗址出土大量的粟(*Setaria italica*)、黍(*Panicum miliaceum*)、稻米和金狗尾草(*Setaria pumila*,又称 *S. glauca* auct. pl.)(Tsang 等 2017)。小米在这个组合中占主导地位,并且根据出土区域缺乏黏性土壤或田地系统的迹象,推测这些同小米共出的稻属植物可能是雨养稻。距今 4500 年之后,台湾出现了四个地方性的新石器时代中期文化。台湾南部富山文化潮来桥遗址最新的植硅体证据证实了这里至少约 4200 年前便存在驯化稻(Deng 等 2018a)。因此,该地区可能为前往菲律宾群岛航程的始发地,稻谷和小米栽培或许由此引入菲律宾北部的吕宋岛(Carson & Hung 2018)。

在福建省北部,最近的植物考古数据显示距今约 4500 年前已存在稻粟混合农业。位于内陆山地丘陵地带明溪县的南山遗址包括有一系列洞穴居址,其年代可追溯到 5000 至 4400 年前(图10)。尚未完整发表的植物考古数据表明,存在稻米和粟黍两种小米(ICASS,福建省博物馆和明溪县博物馆 2017;Carson & Hung 2018:810;Yang 等 2018)。此外,最近在闽侯县白头山遗址的发掘(图 10),木炭测年结果为距今 4800 年至 3700 年,也发现了水稻和黍的植硅体证据(戴锦奇等 2019)。位于福建省沿海地区的黄瓜山遗址(距今 4500—3900 年)和屏风山遗址(距今 3800—3400

年)都有栽培稻的直接碳十四测年结果(图10)。尽管稻米占植物遗存的主导地位,但这些遗址的炭化大植物遗存和植硅体证据都清晰显示了稻米和粟黍的混合作物模式(Deng 等 2018b)。

综上所述,最近的研究表明,至少距今 4500 年前(甚至可早至 5000 年前),稻米和粟黍类小米在中国东南地区(福建)和台湾地区一出现就已经是共存的。由于农田杂草相关植物考古数据很有限,不好确定这些区域种植的稻属植物是水稻还是雨养稻。不过,由于福建遗址多地处山地丘陵之间,我们推测更可能为雨养稻。无论如何,粟黍类遗存同稻属植物共存,并且在台湾南关里东遗址中出土小米的绝对数量还超过了稻属遗存(Deng 等 2018b；Tsang 等 2017),这都显示出高地雨养种植系统的重要性。

这些新数据还提供了可信的证据,支持该地区作物从长江中游地区传入的可能路线。长江中游新石器文化中发现更早的稻属和小米类植物遗存共存,传播路线可能是从江西北部和浙江西部进入福建北部,由此连接了中国东南地区与中原内陆区域,避开了尚未发现粟黍农业的长江下游新石器文化区。无论如何,作物由内陆传播至此,对福建沿海已有的海洋文化传统是一种融合和适应。

(三)东南亚大陆:小米、旱稻和晚期的转变

稻米和小米类植物遗存一同传播到中国南方热带地区,标志着以稻作为主有一定比例粟作的谷物农业在距今 4500 至 4000 年间进入了东南亚大陆地区(图10)。东南亚大陆目前最早的种子直接测年数据来自泰国中部 Non Pa Wai 遗址的粟,年代约距今 4400 到 4200 年间。而目前在越南、柬埔寨和泰国等地发现的早期稻属遗存,年代上均未超过距今 4000 年(Castillo 2017；Silva 等 2015)。

然而,关于这些地区新石器时代和农业定居始于何时仍存在争议,最早的合理估计约为 4400 年前,最晚的约为 4000 年前(Higham & Rispoli 2014)。在越南北部,约 4300 年前开始出现了具有外来殖民者体质特征的人骨遗存(Matsumura & Oxenham 2014)。在越南南部,沿海 Rach Nui 遗址的出土证据表明,大约在 3500 年至 3200 年前,该地区同时出现稻米和粟,两种作物都被认为是从附近的内陆地区引进的(Castillo 等 2018a)。在铁器时代,泰国南部一些遗址(Khao Sam Kaeo & Phu Khao Thong)除了有来自南亚印度地区的稻米和其他作物,也同时发现了粟,年代大约为距今 2400—2000 年间(Castillo 等 2016)。这两处铁器时代泰国遗址的农田杂草数据显示,其种植的稻属植物可能属于雨养稻系统。

在整个东南亚地区,从旱稻到水稻的转变发生在史前时期晚段或历史时期。最近泰国东北部的 Ban Non Wot 遗址和 Non Ban Jak 遗址进行的研究提供了一个长程的区域植物考古数据序列,时间跨度从距今 3000 年至 1300 年前(Castillo 等人 2018b)(图10)。在这一时期内,旱稻杂草逐渐减少,大约距今 2100 年时开始出现水稻伴生杂草；随后水稻杂草逐步增加,到距今 1500 年时,旱稻杂草消失。这一地区在古气候环境日益干旱的情况下,通过灌溉等措施反而增强了水稻农业的发展,这也说明该地区日益分化的复杂社会能为更加集约化的水稻生产投入更多的劳动力。尽管雨养稻在东南亚的山地一带一直延续到近代,但在大部分平原地区,水稻农业长期以来一直是主要作物经济,供养着该地区历史长河中的城市和国家体系(Scott 2009)。综上,东南亚大陆地区的水稻种植是在社会复杂化进程和可能的人口增长推动下的农业新发展,而不是早期推动新石器化和区域人口变迁的主要动力。

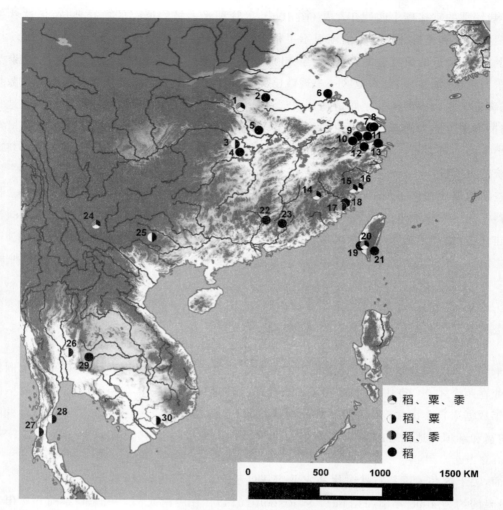

图10　本文涉及的遗址分布

注：1.八里岗；2.贾湖；3.彭头山；4.城头山；5.石家河；6.顺山集；7.绰墩；8.姜里；9.茅山；10.良渚古城；11.马家浜；12.跨湖桥；13.田螺山；14.南山；15.屏风山；16.黄瓜山；17.白头山；18.昙石山；19.南关里；20.南关里东；21.潮来桥；22.石峡；23.老院；24.白羊村；25.感驮岩；26. Non Pa Wai；27. Phu KhaoThong；28. Khao Sam Kaeo；29. Ban Non Wat & Non Ban Jak；30. Rach Nui。

五、总结：情境化的稻作传播

　　稻米背后的意义远不止简单的一种"作物"。作为现代作物的稻米，它展现了广泛而多样的生态适应性——从赤道到北纬40度，从接近海平面的低地到海拔超过2000米的山地、高原。遗传学证据显示出现代栽培稻背后存在多个野生种群的影响和不同时期适应和文化选择的多条路径（例如，Fuller等2016）。就像稻米在进入新地区并响应当地野生种群的基因渗入从而在生态上发生了变化一样，移植稻米的农业文化很可能也经历了新的文化适应，并在与当地文化传统的互动之后发生转变，这包括狩猎-渔猎-采集人群和假设的块茎栽培者。这意味着考古学和植物考古学在讨论稻作传播到东北亚和东南亚地区时的挑战，是要理解稻作栽培出现在当地环境中的历史背景，其中稻米的生态学特征和其在当地生业经济中的地位可能会各不相同。单纯依靠陶器风格和稻米遗存的有无作为指标来推测人群迁徙和稻作农业传播等复杂问题是远远不够的。不同的生计策略，包括多种耕作系统和不同的稻属植物，都会对人口增长、社群分裂和迁移产生不同的影响。

就理解稻作农业出现而言，我们可以区分出三种主要模式。首先，是从本地区野生祖本的利用、栽培进而将其驯化的本土稻作驯化和起源模式，比如中国长江中下游地区。来自长江下游地区的植物考古学数据清楚地说明了这一过程，其中，非落粒性特征的出现演化到占主导地位显示了水稻驯化的完成，并伴之以驯化后的持续演化，包括谷粒大小和比例的变化以及扇形体植硅体的尺寸变化等等。在该地区，伴随着社会复杂化进程，湿地水稻农业推动了人口密度的增加，同时人群与内陆淡水湿地的联系也日益紧密。如前文所说，长江下游水田稻作农业的发展似乎并没有推动人群向外迁移、扩散。

其次，稻米作为已经驯化的作物品种被引进新的地区。这种传播可以通过两种方式实现：一种是被当地人口作为现有生计系统尤其是农业文化中的"附加"品种有选择地采纳。在中国北方中原地区、中国东北及朝鲜半岛、日本列岛等东北亚的广大区域，都有大量稻属植物作为"附加作物"的考古学证据。在这些主要栽培其他驯化谷物（粟黍）的地区，稻属植物作为一种补充作物，成为当地生计策略中的一环。水稻或旱稻的重要程度取决于微环境（如水资源可用性）和社会发展（如劳动力可用性）等条件的好坏，当地人群选择高强度的水稻种植还是低投入低产出的雨养稻系统均受这些因素影响。

值得关注的第三种模式，也是稻作传播的另一种方式，即通过移民携带，也就是说稻米是作为移民文化的一部分得到传播，移民文化包括饮食习惯、生产技术和相应的社会组织。由于水稻种植对劳动力的需求高且具有较高的本地承载能力并不驱动迁徙，所以它不太可能通过这种方式传播。相反，旱稻的属性更适合这样的传播和人群迁徙。这就引发了一个非常关键但尚未解决的问题：旱稻栽培发生于何时、何地，传播过程中又经历了怎样的适应性演化？目前比较清楚的是，传入朝鲜半岛之前，雨养稻似乎已经存在于山东半岛；不太清楚的是，长江中游分布范围广泛背依周围山地位于盆地边缘的新石器晚期城址和聚落采用的是何种稻作种植系统，同共存的占比很低的粟类农业种植体系有何差别；而在长江中下游以南的山地丘陵地带，旱稻种植也许存在多次独立的适应与演化——这些都有可能发生在稻作传播到福建或广东之前或彼时。上述推测和假说突显了系统开展植物考古学研究的重要性，对中国南方和东南亚的植物考古大遗存和植硅体组合进行系统分析与比较研究，才能重建各地区各时期的生业经济体系，理解稻作农业的具体形态和作用。

长期以来，转向稻作农业一直被视为是推动人群迁徙和改变东亚新石器时代社会人口结构的一种"黑箱"机制。然而正如前文所述，生计活动的细节至关重要。事实上，水稻种植体系在新石器时代社会中似乎达到了与人们假设相反的效果，它更有利于支持当地人口数量和密度的增长，促进和加强对淡水湿地资源的进一步开发利用，进而推动社会分工和社会组织能力，加速区域社会的复杂化进程；并不会因稻作农业发生就迫使人群出现外迁。在长江下游区域的案例中，更不会因为湿地稻作农业发展，促使已经绑定内陆淡水资源的社群面向大海，开始远洋航行。而从水田稻作到雨养稻种植系统的转变，或者整合旱稻和强度更低的雨养谷物小米作物的农业实践，更有可能推动早期农民的向外迁徙和作物的传播。最近数据突显了粟黍类小米在福建、广东、台湾和东南亚大陆新石器农业文化中与稻米共存甚至并重的重要性，也进一步证实了这一观点。

因此，泰国铁器时代出现转向密集型水稻农业的变化也可以置于上述情境中理解，它更有可能是城市化进程的推动因素或者结果，而不是建立新石器时代农业化人口的推力。早期驯化发展的水稻经济具有非扩散的特征，并且在新石器时代旱稻加小米种植系统大规模扩散之前，需要在某些区域已然建立起该种植系统的农业传统，这两点有助于解释水稻栽培（早于距今8000年普遍出现）、水稻驯化（大约距今6000在长江中下游均已完成）和东南亚以谷物为基础的新石器时代开始（晚于距今4500年）之间较长的时间差。基于不同栽培系统所需的生产力、土地承载能力和产量，我们对此提出了一些解释。大量证据表明，比起高产的水田稻作农业，低强度的雨养稻和其他旱作农业更有可能支持新石器时代人口的裂变和向外迁徙。由此可以得出结论：水稻栽培对人口和社会带来的是"向心力"，而低生产力下的旱稻和小米类农业则可视为一种"离心力"，不断推动着人口向外寻找更多的土地。

（本文中译稿改定后，已先期刊发于《南方文物》2024年第6期，第76-96页。）

注释

[1]最新植物考古研究显示，到了钱山漾时期（大约距今4300年之后）才出现非常零星的粟。特此说明。

参考文献

Ahn，S. M.（2010）. The emergence of rice agriculture in Korea：Archaeobotanical perspectives. *Archaeological and Anthropological Sciences*，*2*，89-98.

Allaby，R.，Lucas，L.，Stevens，C.，Maeda，O.，Fuller，D. Q.（2017）. Geographic mosaics and changing rates of cereal domestication. *Philosophical Transactions of the Royal Society B.*，*372*，20160429.

Ammerma，A. J.，& Cavalli-Sforza，L. L.（1971）.Measuring the rate of spread of early farming in Europe. *Man*，*6*（4），674-688.

Barton，H.（2012）. The reversed fortunes of sago and rice，Oryza sativa，in the rainforests of Sarawak，Borneo. *Quaternary International*，*249*，96-104.

Barton，H.，& Paz，V.（2007）. Subterranean diets in the tropical rainforests of Sarawak，Malaysia. In T. Denham，J. Iriarte，L. Vrydaghs（Eds.），*Rethinking Agriculture*：*Archaeological and Ethnoarchaeological Perspectives*（pp. 50-77）. Walnut Creek：Left Coast Press.

Bellwood，P.（1996）. The origins and spread of agriculture in the Indo-Pacific region. In D. Harris（Ed.），*The Origins and Spread of Agriculture and Pastoralism in Eurasia*（pp. 465-498）. London：University College Press.

Bellwood，P.（1997）. *Prehistory of the Indo-Malaysian Archipelago*，Second Edition. Honolulu：University of Hawaii Press.

Bellwood，P.（2004）. Colin Renfrew's emerging synthesis：farming，languages and genes as viewed from the Antipodes. In M. Jones（Ed.），*Traces of Ancestry*：*studies in honour of Colin Renfrew*（pp. 31-40）. Cambridge：McDonald Institute for Archaeological Research.

Bellwood，P.（2005）. *First Farmers*：*The Origins of Agricultural Societies*. Oxford：Blackwell.

Bellwood，P.，& Renfrew，C.（Eds.）.（2003）. *Examining the farming/language dispersal hypothesis*. Cambridge：McDonald Institute for Archaeological Research.

Blust，R.（1995）. The prehistory of the Austronesian-speaking peoples：A view from language. *Journal of World Prehistory*，*9*（4），453-510.

Boomgaard，P.，& Kroonenberg，P. M.（2015）. Rice，sugar，and Livestock in Java，1820-1940：Geertz's Agricultural Involution 50 years on. In F. Bray，P. A. Coclanis，E. L. Fields-Black，D. Schafer（Eds.），*Rice*：*Global Networks and New Histories*（pp.56-83）. Cambridge：Cambridge University Press.

Bray，F.（1986）. *The Rice Economies*：*Technology & Development in Asian Societies*. Oxford：Blackwell.

Cao，Z. H.，Ding，J. L.，Hu，Z. Y.，Knicker，H.，Kögel-Knabner，I.，Yang，L. Z.，Yin，R.，Lin，X.G. & Dong，Y. H. (2006). Ancient paddy soils from the Neolithic age in China's Yangtze River Delta. *Naturwissenschaften*，*93*(5)，232-236.

Carlstein，T. (1980). *Time Resources，Society and Ecology：On the Capacity for Human Interaction in Space and Time Part 1：Preindustrial Societies*. Lund：Department of Geography，The Royal University of Lund，Sweden.

Carson，M. T.，& Hung，H. C. (2018). Learning from Paleo-landscapes：Defining the land-use systems of the ancient Malayo-Polynesian homeland. *Current Anthropology 59*(6)，790-813.

Castillo，C. (2017). Development of cereal agriculture in prehistoric Mainland Southeast Asia. *Man In India*，*95*(4)，335-352.

Castillo，C. C.，Bellina，B.，Fuller，D. Q. (2016). Rice，beans and trade crops on the early maritime Silk Route in Southeast Asia. *Antiquity*，*90*(353)，1255-1269.

Castillo，C. C.，Fuller，D. Q.，Piper，P. J.，Bellwood，P.，Oxenham，M. (2018a). Hunter-gatherer specialization in the Late Neolithic of southern Vietnam：The case of Rach Nui. *Quaternary International*，*489*，63-79.

Castillo，C. C.，Higham，C. F.，Miller，K.，Chang，N.，Douka，K.，Higham，T. F.，Fuller，D. Q. (2018b). Social responses to climate change in Iron Age north-east Thailand：New archaeobotanical evidence. *Antiquity*，*92*(365)，1274-1291.

Chang，K. C. (1986). *The Archaeology of Ancient China*，4th ed.，New Haven，CT：Yale University Press，234-294.

Chang，K. C.，& Goodenough，W. H. (1996). Archaeology of southeastern coastal China and its bearing on the Austronesian homeland. *Transactions of the American Philosophical Society*，*86*(5)，36-56.

Crawford，G. W.，& Lee，G. A. (2003). Agricultural origins in the Korean peninsula. *Antiquity*，*77*(295)，87-95.

CSIR [Council for Scientific and Industrial Research]. (1966). *The Wealth of India*，*Vol. 7*. New Delhi：Publications and Information Directorate.

Deng，Z.，Qin，L.，Gao，Y.，Weisskopf，A. R.，Zhang，C.，Fuller，D. Q. (2015). From early domesticated rice of the middle Yangtze Basin to millet，rice and wheat agriculture：Archaeobotanical macro-remains from Baligang，Nanyang Basin，Central China (6700-500 BC). *PLoS One*，*10*(10)，e0139885.

Deng，Z.，Hung，H. C.，Carson，M. T.，Bellwood，P.，Yang，S. L.，Lu，H. (2018a). The first discovery of Neolithic rice remains in eastern Taiwan：Phytolith evidence from the Chaolaiqiao site. *Archaeological and Anthropological Sciences*，*10*(6)，1477-1484.

Deng，Z.，Hung，H. C.，Fan，X.，Huang，Y.，Lu，H. (2018b). The ancient dispersal of millets in southern China：New archaeological evidence. *The Holocene*，*28*(1)，34-43.

Denham，T.，Zhang，Y.，Barron，A. (2018). Is there a centre of early agriculture and plant domestication in southern China? *Antiquity*，*92*(365)，1165-1179.

Diamond，J. (1997). *Guns，Germs and Steel*. New York：Random House.

Diamond，J.，& Bellwood，P. (2003). Farmers and their languages：the first expansions. *Science*，*300*(5619)，597-603.

Doggett H. (1986). Small millets-A selective overview. In Seetharam，A.，Riley，K. W.，Harinarayana，G. (Eds.)，*Small Millets in Global Agriculture Workshop* (pp. 3-18). New Delhi：Oxford and IBH.

Donohue，M. & Denham，T. (2010). Farming and language in Island Southeast Asia. *Current Anthropology*，*51*，223-56.

Eda，M.，Kikuchi，H.，Sun，G.，Matsui，A. (2019).Were chickens exploited in the Neolithic early rice cultivation society of the lower Yangtze River? *Archaeological and Anthropological Sciences*，*1-8*. http://doi.org/10.1007/s12520-019-00783-x.

Ellis, E. C. (2015). Ecology in an anthropogenic biosphere. *Ecological Monographs*, 85(3), 287-331.

Ellis, E. C., & Wang, S. M. (1997). Sustainable traditional agriculture in the Tai Lake Region of China. *Agriculture, Ecosystems & Environment*, 61(2-3), 177-193.

Fuller, D. Q., & Qin, L. (2009). Water management and labour in the origins and dispersal of Asian rice. *World Archaeology*, 41(1), 88-111.

Fuller, D. Q., & Qin, L. (2010). Declining oaks, increasing artistry, and cultivating rice: The environmental and social context of the emergence of farming in the Lower Yangtze Region. *Environmental Archaeology*, 15(2), 139-159.

Fuller, D. Q., Harvey, E., Qin, L. (2007). Presumed domestication? Evidence for wild rice cultivation and domestication in the fifth millennium BC of the Lower Yangtze region. *Antiquity*, 81, 316-331.

Fuller, D. Q., Qin, L., Zheng, Y., Zhao, Z., Chen, X., Hosoya, L. A., Sun, G. P. (2009). The Domestication Process and Domestication Rate in Rice: Spikelet bases from the Lower Yangtze. *Science*, 323, 1607-1610.

Fuller, D. Q., Sato, Y. I., Castillo, C., Qin, L., Weisskopf, A. R., Kingwell-Banham, E. J., Song, J., Ahn, S. M., van Etten, J. (2010a). Consilience of genetics and archaeobotany in the entangled history of rice. *Archaeological and Anthropological Sciences*, 2(2), 115-131.

Fuller, D. Q., Allaby, R. G., Stevens, C. (2010b). Domestication as innovation: The entanglement of techniques, technology and chance in the domestication of cereal crops. *World Archaeology*, 42(1), 13-28.

Fuller, D. Q., van Etten, J., Manning, K., Castillo, C., Kingwell-Banham, E., Weisskopf, A., Qin, L., Sato, Y., Hijmans, R. (2011a). The contribution of rice agriculture and livestock pastoralism to prehistoric methane levels: An archaeological assessment. *The Holocene*, 21, 743-759.

Fuller, D. Q., Weisskopf, A. R., Castillo, C. C. (2016). Pathways of Rice Diversification across Asia. *Archaeology International*, 19, 84-96.

Geddes, W. R. (1954). *The Land Dayaks of Sarawak*. London: Colonial Office.

Greenhill, S. J., & Gray, R. D. (2005). Testing population dispersal hypotheses: Pacific settlement, phylogenetic trees and Austronesian languages. In R. Mace, C. J. Holden, S. Shennan (Eds.), *The evolution of cultural diversity: A phylogenetic approach* (pp. 31-52). London: Routledge.

Grigg, D. B. (1974). *The Agricultural Systems of the World: An Evolutionary Approach*. Cambridge: Cambridge University Press.

Grist, D. H. (1975). *Rice*, Fifth Edition. London: Longman.

Gross, B. L., & Zhao, Z. (2014). Archaeological and genetic insights into the origins of domesticated rice. *Proceedings of the National Academy of Sciences*, 111(17), 6190-6197.

Guo, Y., Wu, R., Sun, G., Zheng, Y., Fuller, B. T. (2017). Neolithic cultivation of water chestnuts (*Trapa L.*) at Tianluoshan (7000-6300 cal BP), Zhejiang Province, China. *Scientific Reports*, 7(1), 16206.

Hanks, L. M. (1972). *Rice and Man: Agricultural Ecology in Southeast Asia*. Chicago: Aldine.

Heston, A. W. (1973). Official Yields Per Acre in India, 1886-1947: Some Questions of Interpretation. *The Indian Economic & Social History Review*, 10(4), 303-332.

Higham, C. (2003). Languages and farming dispersals: Austroasiatic languages and rice cultivation. In P. Bellwood & C. Renfrew (Eds.), *Examining the farming/language dispersal hypothesis* (pp. 223-232). Cambridge: McDonald Institute for Archaeological Research.

Higham, C., & Lu, T. L. D. (1998). The origins and dispersal of rice cultivation. *Antiquity*, 72(278), 867-877.

Higham, C. F., & Rispoli, F. (2014). The Mun Valley and Central Thailand in prehistory: Integrating two cultural sequences. *Open Archaeology*, 1(1).

Hung, H. C., & Carson, M. T. (2014). Foragers, fishers and farmers: Origins of the Taiwanese Neolithic. *Antiquity*, 88(342), 1115-1131.

Jiang，L. (2013). The Kuahuqiao site and Culture. In A. Underhill (Ed.)，*A Companion to Chinese Archaeology* (pp. 537-554). Oxford：Wiley-Blackwell.

Jiao，T. (2007). *The Neolithic of Southeast China：Cultural transformation and regional interaction on the coast*. New York：Cambria Press.

Latham，A. J. H. (1998). *Rice：The Primary Commodity*. London：Routledge.

Lee，G. A. (2011). The transition from foraging to farming in prehistoric Korea. *Current Anthropology*，*52*(s4)，s307-s329.

Lee，M. (2015). Rice in ancient Korea：status symbol or community food? *Antiquity*，*89*，838-853.

Leonard，W. H.，& Martin，J. H. (1930). *Cereal Crops*. New York：Collier Macmillan.

Liu，B.，Wang，N.，Chen，M.，Wu，X.，Mo，D.，Liu，J.，Xu，S.，Zhuang，Y..(2017). Earliest hydraulic enterprise in China，5,100 years ago. *Proceedings of the National Academy of Sciences*，*114*(52)，13637-13642.

Liu，L. (2004). *The Chinese Neolithic：Trajectories to Early States*. Cambridge：Cambridge University Press.

Liu，L.，Chen，X (2012). *The Archaeology of China*. Cambridge：Cambridge University Press.

Matsumura，H.，Oxenham，M. F. (2014). Demographic transitions and migration in Prehistoric East/Southeast Asia through the lens of nonmetric dental traits. *American Journal of Physical Anthropology*，*155*，45-65.

Miyamoto，K. (2016). Archaeological Explanation for the Diffusion Theory of the Japonic and Koreanic Language. *Japanese Journal of Archeology* 4(1)，53-75.

Miyamoto，K. (2019). The spread of rice agriculture during the Yayoi Period：From the Shandong Peninsula to the Japanese Archipelago via the Korean Peninsula *Japanese Journal of Archeology*，*6*(2)，109-124.

Nasu，H.，Momohara，A.，Yasuda，Y.，He，J. (2007). The occurrence and identification of *Setaria italica* (L.) P. Beauv. (foxtail millet) grains from the Chengtoushan site (ca. 5800 cal BP) in central China，with reference to the domestication centre in Asia. *Vegetation History and Archaeobotany*，*16*(6)，481-494.

Nasu，H.，Gu，H. B.，Momohara，A.，Yasuda，Y. (2012). Land-use change for rice and foxtail millet cultivation in the Chengtoushan site，central China，reconstructed from weed seed assemblages. *Archaeological and Anthropological Sciences*，*4*(1)，1-14.

Pawley，A. (2003). The Austronesian dispersal：Languages，technologies and people. In P. Bellwood & C. Renfrew (Eds.)，*Examining the farming/language dispersal hypothesis* (pp. 251-274). Cambridge：McDonald Institute for Archaeological Research.

Paz，V. (2003). Island Southeast Asia：Spread or friction zone? In P. Bellwood & C. Renfrew (Eds.)，*Examining the farming/language dispersal hypothesis* (pp. 275-286). Cambridge：McDonald Institute for Archaeological Research.

Qin，L. (2013). The Liangzhu culture. In A. P. Underhill (Ed.)，*A Companion to Chinese Archaeology* (pp.574-595). Malden：Wiley-Blackwell.

Qiu，Z.，Shang，X.，Ferguson，D. K.，Jiang，H. (2016). Archaeobotanical analysis of diverse plant food resources and palaeovegetation at the Zhumucun site，a late Neolithic settlement of the Liangzhu Culture in east China. *Quaternary International*，*426*，75-85.

Renfrew，C.，& Liu，B. (2018). The emergence of complex society in China：The case of Liangzhu. *Antiquity*，*92* (364)，975-990.

Rindos，D. (1980). Symbiosis，instability，and the origins and spread of agriculture：A new model. *Current Anthropology*，*21*(6)，751-772.

Rindos，D. (1984). *The Origins of Agriculture：An Evolutionary Perspective*. New York：Academic Press.

Robbeets，M. (2017a). Proto-Transeurasian：Where and when? *Man in India：An International Journal of Anthropology*，*97*(1)，19-46.

Robbeets，M. (2017b). Austronesian influence and Transeurasian ancestry in Japanese：A case of farming/language dispersal? *Language Dynamics and Change*, 7(2), 210-251.

Ruthenberg, H. (1976). *Farming Systems in the Tropics*, Second Edition. Oxford: Clarendon Press

Sagart, L. (2005). Sino-Tibeto-Austronesian: An Updated and Improved Argument. In *The peopling of East Asia: Putting together Archaeology, Linguistics and Genetics* (pp.161-176), Curzon: Routledge.

Sagart, L. (2008). The expansion of Setaria farmers in East Asia: A linguistic and archaeological model. In A. Sanchez-Mazas, R. Blench, M. Ross, I. Peiros, M. Lin (Eds.), *Past Human Migrations in East Asia: Matching Archaeology, Linguistics and Genetics* (pp. 133-157). London: Routledge.

Sagart, L. (2011). How many independent rice vocabularies in Asia? *Rice*, 4(3-4), 121-133.

Sahlins, M. (1972). *Stone Age Economics*. London: Tavistock Publications.

Saito, K., Linquist, B., Keobualapha, B., Phanthaboon, K., Shiraiwa, T., Horie, T. (2006). Cropping intensity and rainfall effects on upland rice yields in northern Laos. *Plant and Soil*, 284(1-2), 175-185.

Scott, J. (2009). *The art of not being governed: An anarchist history of upland Southeast Asia*. New Haven: Yale University Press.

Shennan, S. (2018). *The First Farmers of Europe: An Evolutionary Perspective*. Cambridge: Cambridge University Press.

Sherman, D. G. (1990). *Rice, Rupees, and Ritual: Economy and Society Among the Samosir Batak of Sumatra*. Palo Alto: Stanford University Press.

Shoda, S., Lucquin, A., Ahn, J. H., Hwang, C. J., Craig, O. E. (2017). Pottery use by early Holocene hunter-gatherers of the Korean peninsula closely linked with the exploitation of marine resources. *Quaternary Science Reviews*, 170, 164-173.

Silva, F., Stevens, C. J., Weisskopf, A., Castillo, C., Qin, L., Bevan, A., Fuller, D. Q. (2015). Modelling the geographical origin of rice cultivation in Asia using the rice archaeological database. *PLoS One*, 10(9), e0137024.

Smith, M. L. (2006). How ancient agriculturalists managed yield fluctuations through crop selection and reliance on wild plants: An Example from Central India, L'Importance des Plantes Sauvages pour les Anciens Agriculteurs de l'Inde. *Economic Botany*, 60(1), 39-48.

Smith, M. L., & Mohanty, R. K. (2018). Monsoons, rice production, and urban growth: The microscale management of 'too much' water. *The Holocene*, 28(8), 1325-1333.

Spriggs, M. (2011). Archaeology and the Austronesian expansion: Where are we now? *Antiquity*, 85(328), 510-528.

Stevens, C. J., & Fuller, D. Q. (2017). The spread of agriculture in Eastern Asia: Archaeological bases for hypothetical farmer/language dispersals. *Language Dynamics and Change*, 7(2), 152-186.

Sun, G. (2013). Recent research on the Hemudu Culture and the Tianluoshan site. In A. Underhill (Ed.), *A Companion to Chinese Archaeology* (pp. 555-573). Oxford: Wiley-Blackwell.

Tsang, C. H. (2005). Recent discoveries at the Tapenkeng culture sites in Taiwan: implications for the problem of Austronesian origins. In L. Sagart, R. Blench, & A. Sanchez-Mazas (Eds.), *The Peopling of East Asia: Putting together archaeology, linguistics and genetics* (pp. 87-102). London: Routledge.

Tsang, C. H., Li, K. T., Hsu, T. F., Tsai, Y. C., Fang, P. H., Hsing, Y. I. C. (2017). Broomcorn and foxtail millet were cultivated in Taiwan about 5000 years ago. *Botanical Studies*, 58(1), 3.

Vincent, V. (1954). The Cultivation of Floodland (Paddy) Rice. *Rhodesia Agricultural Journal*, 51(4), 287-292.

Watabe, T. (1967). *Glutinous Rice in Northern Thailand*. Kyoto: The Center For Southeast Asian Studies, Kyoto University.

Weisskopf, A., Harvey, E., Kingwell-Banham, E., Kajale, M., Mohanty, R., Fuller, D. Q. (2014). Archaeobotanical implications of phytolith assemblages from cultivated rice systems, wild rice stands and macro-regional patterns. *Journal of Archaeological Science*，*51*，43-53.

Weisskopf，A.，Qin，L.，Ding，J.，Ding，P.，Sun，G.，Fuller，D. Q. (2015). Phytoliths and rice：From wet to dry and back again in the Neolithic Lower Yangtze. *Antiquity*，*89*(347)，1051-1063.

Whitman J. (2011). Northeast Asian Linguistic Ecology and the Advent of Rice Agriculture in Korea and Japan. *Rice*，*4*，149-158.

Yang，X.，Barton，H. J.，Wan，Z.，Li，Q.，Ma，Z.，Li，M.，Zhang，D.，Wei，J. (2013). Sago-type palms were an important plant food prior to rice in southern subtropical China. *PLoS One*，*8*(5)，e63148.

Yang，X.，Wang，W.，Zhuang，Y.，Li，Z.，Ma，Z.，Ma，Y.，Cui，Y.，Wei，J.，Fuller，D. Q. (2017). New radio-carbon evidence on early rice consumption and farming in South China. *The Holocene*，*27*(7)，1045-1051.

Yang，X.，Chen，Q.，Ma，Y.，Li，Z.，Hung，H. C.，Zhang，Q.，Jin，Z.，Liu，S.，Zhou，Z.，Fu，X. (2018). New radiocarbon and archaeobotanical evidence reveal the timing and route of southward dispersal of rice farming in south China. *Science Bulletin*，*63*(22)，1495-1501.

Zhang，Y. (2018). Exploring the Wetland：Integrating the Fish and Plant Remains into a Case Study from Tianluoshan，a Middle Neolithic Site in China.In Pişkin，E.，Marciniak，A.，Bartkowiak，M. (Ed.)，*Environmental Archaeology*，*Current Theoretical and Methodological Approaches*，(pp.199-227)，Springer.

Zhao，K.，Tung，C. W.，Eizenga，G. C.，Wright，M. H.，Ali，M. L.，Price，A. H.，Norton，G.J.，Islam，M.R.，Reynolds，A.，Mezey，J.，McClung，A.M.，Bustamante，C.D.，McCouch，S.R.(2011). Genome-wide association mapping reveals a rich genetic architecture of complex traits in Oryza sativa. *Nature Communications*，*2*，467.

Zhao，W.，Tian，G.，Wang，B.，Forte，E.，Pipan，M.，Lin，J.，Shi，Z.，Li，X. (2013). 2D and 3D imaging of a buried prehistoric canoe using GPR attributes：A case study. *Near Surface Geophysics*，*11*(4)，457-464.

Zheng，Y.，Sun，G.，Qin，L.，Li，C.，Wu，X.，Chen，X. (2009).Rice fields and modes of rice cultivation between 5000 and 2500 BC in east China. *Journal of Archaeological Science*，*36*(12)，2609-2616.

Zhuang，Y.，Ding，P.，French，C. (2014). Water management and agricultural intensification of rice farming at the late-Neolithic site of Maoshan，Lower Yangtze River，China. *The Holocene*，*24*(5)，531-545.

戴锦奇、左昕昕、蔡喜鹏、温松全、靳建辉、仲蕾洁、夏韬钦，2019，《闽江下游白头山遗址稻旱混作农业的植硅体证据》，《第四纪研究》第 39 卷第 1 期，第 161-169 页。

傅稻镰(Dorian Q Fuller)、秦岭、赵志军、郑云飞、细谷葵、陈旭高、孙国平，2011，《田螺山遗址的植物考古分析》，载北京大学中国考古学研究中心、浙江省文物考古研究所编《田螺山遗址自然遗存综合研究》，第 47-96 页，北京：文物出版社。

郭怡、胡耀武、朱俊英、周蜜、王昌燧、M. P. Richards，2011，《青龙泉遗址人和猪骨的 C、N 稳定同位素分析》，《中国科学：地球科学》第 41 卷第 1 期，第 52-60 页。

胡耀武、李法军、王昌燧、Michael P. Richards，2010，《广东湛江鲤鱼墩遗址人骨的 C、N 稳定同位素分析：华南新石器时代先民生活方式初探》，《人类学学报》第 3 期，第 264-269 页。

胡耀武、王根富、崔亚平、董豫、管理、王昌燧，2007，《江苏金坛三星村遗址先民的食谱研究》，《科学通报》第 52 卷第 1 期，第 85-88 页。

中国社会科学院考古研究所东南工作队、福建博物院、明溪县博物馆，2017，《福建明溪县南山遗址 4 号洞 2013 年发掘简报》，《考古》第 10 期，第 3-22 页。

林惠祥，1930，《台湾番族之原始文化》，"中央研究院"社会科学研究所。

林惠祥，1955，《台湾石器时代遗物的研究(人类博物馆 1955 年研究报告之一)》，《厦门大学学报(社会科学版)》第 4 期，第 135-155 页。

刘兴林，2016，《先秦两汉农作物分布组合的考古学研究》，《考古学报》第 4 期，第 465-465 页。

南川雅男、松井章、中村慎一、孙国平，2011，《由田螺山遗址出土的人类与动物骨骼胶质炭氮同位素组成推测河姆渡文化的食物资源与家畜利用》，《田螺山遗址的植物考古分析》，载北京大学中国考古学研究中心、浙江省文物考古研究所编《田螺山遗址自然遗存综合研究》，第 262-269 页，北京：文物出版社。

秦岭、傅稻镰、张海，2010，《早期农业聚落的野生食物资源域研究——以长江下游和中原地区为例》，《第四纪研究》
第 30 卷第 2 期，第 245-261 页。

秦岭，2012，《中国农业起源的植物考古研究与展望》，《考古学研究》第 9 辑，北京：文物出版社，第 306-361 页。

邱振威、蒋洪恩、丁金龙等，2014，《江苏昆山姜里遗址马家浜文化水田植硅体分析》，载山东大学文化遗产研究院编
《东方考古》第 11 集，北京：科学出版社，第 376-384 页。

上海市文物保管委员会，1985，《上海松江县汤庙村遗址》，《考古》第 7 期，第 584-594 页。

王芬、樊榕、康海涛、靳桂云、栾丰实、方辉等，2012，《即墨北阡遗址人骨稳定同位素分析：沿海先民的食物结构》，
《科学通报》第 57 卷第 12 期，第 1037-1044 页。

吴梦洋、葛威、陈兆善，2016，《海洋性聚落先民的食物结构：昙石山遗址新石器时代晚期人骨的碳氮稳定同位素分
析》，《人类学学报》第 35 卷第 2 期，第 246-256 页。

张雪莲，2003，《应用古人骨的元素、同位素分析研究其食物结构》，《人类学学报》第 22 卷第 1 期，第 75-84 页。

张国文、蒋乐平、胡耀武、司艺、吕鹏、宋国定等，2015，《浙江塔山遗址人和动物骨的 C、N 稳定同位素分析》，《华夏
考古》第 2 期，第 138-146 页。

张颖、袁靖、黄蕴平、松井章、孙国平，2011，《田螺山遗址 2004 年出土哺乳动物遗存的初步分析》，载北京大学中国
考古学研究中心、浙江省文物考古研究所《田螺山遗址自然遗存综合研究》，第 172-205 页，北京：文物出版社。

浙江省文物考古研究所、萧山博物馆，2004，《跨湖桥：遗址考古报告》，北京：文物出版社。

浙江省文物考古研究所、浙江省湖州市博物馆，2006，《昆山》，北京：文物出版社。

下编：东亚陆、岛间史前文化的
跨海传播与航海起源

A9　"南岛语族"早期海洋文化交流的社会互惠动力分析

［美］巴利·罗莱(Barry V. Rolett)

（美国夏威夷大学马诺阿校区人类学系，Department of Anthropology, University of Hawaii at Manoa，Honolulu，Hawaii，USA）

吴春明　译

一、导论

　　欧洲历史学家费尔南·布罗代尔(Fernand Braudel)有关"长时间"(longue durée)的概念曾在大洋洲史前史研究中被广泛引用，他所定义的两种截然不同的海上贸易模式，对认识古代南岛语族世界很有帮助(Braudel 1972:103-108)。一个是"游移(tramping)"或"机动"模式，该模式是基于沿海航行，很少涉及外海航行，这类游移性的船只通常会进行迂回和随机性的贸易航行，中途会停泊很多港湾码头。在一次航行过程中，这类游移性船只在航行过程中船货会不断装、卸调整与变化。相比之下，他的第二个概念是目的地导向的贸易运输模式，有意识地将茶叶或瓷器等商品从原产地运往一个或多个特定目的地。与游移性机动性航船不同，这种目的地导向的贸易模式是一种有计划的贸易路线、大量货物的运输以及基于特定供需关系的定期接触。虽然布劳德尔的两种模型理论是用来描述中世纪时期地中海海上贸易的，但也可用于分析古代世界其他地区的航海和海外交流。本文也使用这些模型来解释以台湾海峡为中心的新石器时代和金属时代海上贸易的考古资料。

　　我们的研究从两个案例开始，这两个案例都依据石器的化学成分分析作为古代航海网络的证据。第一个案例是洪晓纯团队在台湾花莲丰田采石场的调查研究(Hung et al. 2007)，从公元前500年至公元500年期间这里的软玉制品输送到东南亚广泛交换。他们的研究表明，少量的台湾玉石器曾穿越广阔的大海，被运输到东南亚岛屿和越南南部，这是在文化和语言相关的南岛语族人群内的文化互动的结果。另一个有详细考古资料的例子是，台湾澎湖群岛（台湾海峡）火山岛七美(Qimei)岛上大量生产的一种石器（图1,2），曾跨海运输到台湾本岛，在公元前2500到公元前1500年间的台湾新石器时代遗址中常见(Rolett et al. 2000)。七美位于台湾海峡中，距离台湾海岸约45公里。

　　从表面上看，采石场石料和玉器的跨海运输这两个个案情形有显著的差异。例如，玉器从台湾运到其他地方，玄武岩制品则从七美岛运到台湾。此外，丰田玉料是一种珍贵的材料，主要用于生产突纽型异型玦(lingling-o)玉耳饰等贵重物品（图3），而七美玄武岩则用于制作挖掘或木工等实用性生产工具。玉器从台湾运到了许多不同和遥远的地方，而七美玄武岩似乎只运到了台湾西南海岸的一个地方。最后，玉器的运输与扩散是少量的，在海外不同地方的发现都是稀有物品，而玄武岩工具则被大量运输。

图 1　澎湖群岛(台湾海峡)七美南港采石场遗址

注:中左侧崖上为玄武岩石材选采点,地面堆积大量制作石器的废料。天际线上看到的岛屿是澎湖群岛的另一个火山岛。

图 2　澎湖群岛七美南港采石场废料密集堆积断面

注:堆积物几乎都是打击石片的废料,中部突出的一件扁平长方形石器坯件延伸到卷尺右侧的 10 厘米刻度处。

图 3　菲律宾和越南考古发现的突纽型软玉玦饰 lingling-O

注：Hung et al. 2007。

　　尽管两个案例存在这些差异，但有一个显著的相似之处——它们都是研究南岛语族社会文化背景下跨海互动交流的重要材料。七美玄武岩采石场尤其重要，因为台湾和澎湖群岛的新石器时代聚落与南岛语族语言和文化的起源密切相关（例如，Bellwood 2005）。丰田玉器的年代稍晚一个阶段，此时南岛语族的农人已经扩散在东南亚群岛（ISEA），彻底取代了该地区原有的狩猎—采集居民（Hung et al. 2007）。值得注意的是，在越南发现的丰田玉器也发掘自南岛民族相关的历史时期沿海遗址，这进一步强化了将东南亚群岛与大陆上南岛语人群联系起来的古代文化互动交流圈的概念（Hung et al. 2007；Yamagata & Matsumura 2017）。

二、南岛语族早期交流的社会与经济内涵

　　在布罗代尔的海上贸易模式中，洪晓纯等人（2007）报道的台湾玉器的跨海交换与第一种模式"游移（tramping）"或"机动"模式最为相似，因为有证据表明，这些玉器的交换正是少量的货物和沿途多点靠泊的沿海航行。七美玄武岩石器明显不同的交换方式，则代表了一种有目的地导向的船运形式，明显是大量石器从单一产地（澎湖群岛）到特定目的地的移动。该目的地位于台湾西南海岸，其环境景观中大规模隆起的石灰岩地貌，不同于澎湖群岛上那种大量天然火山岩的生成（Rolett et al. 2000）。

　　是否有可能进一步重建这些古代南岛先民特殊的航海活动中所涉及的交换系统？玉器、玄武岩工具和其他物品交换的社会和经济背景是什么？学者们通常将玉石和玄武岩工具视为"交换"的

证据,但实际上它们意味着什么,但在很大程度上仍是不明确的。就玉器而言,洪晓纯等认为,"东南亚(台湾以外)发现的丰田软玉玦饰是由少数技艺高超、可能是巡回或流动的玉石工匠制作的"。他们进一步提出,工匠们"无论有无中间商的运输协助下,它们会从台湾获取玉器原材料,然后沿着南中国海海岸线航行和/或停驻,生产极其相似的玉器饰品,以满足沿途上的当地社会精英的需求"(2007:19749)。尽管这种"巡回工匠"模式是玉石交换的一个很引人关注的解释模式,但它却不能同样解释七美玄武岩工具的交换体系,因为这些石器工具在运往台湾之前是在七美岛上制造的(Rolett et al. 2000)。

相反,一种替代但互补的模式,可以从历史方法与比较方法整合的角度解释玉器和玄武岩制品的不同交换情形。这一模式需假设两点:首先,我们必须假设所讨论的"交流"是在南岛人群社会文化内部发生的,如上所述,Bellwood(2005)对此进行了更详细的解释,这一假设有着坚实的基础。第二个假设是,我们所知道的"真正货币"或者被定义为一种的普遍价值衡量标准和普遍的支付方式(Pospisil 1963),在古代南岛人群社会中并不存在。第二个假设也得到了很好的支持。例如,在解释 PMP(Proto-Malayo-Polynesian 即原马来亚-波利尼西亚语)语史重建的语义证据 * beli 时,Blust 和 Trussel(2010)认为:"没有任何已知的证据表明 PMP(约公元前 3000 年)的使用者熟悉货币经济。"在殖民地时代和货币经济引入之前,整个南岛世界都不知道真正的货币。此外,该地区历史上的殖民时代(台湾早在第二个千年,东南亚群岛在 1500 年代),加上早期书面记录的缺乏,有效地阻止了在前殖民时代经济活动中使用文本货币。即使是定义为"假定每个人都充分利用货物交换"的"以货易货"的行为(Polanyi 1977:42),也是未知的。

东南亚群岛和台湾这两个前货币时代的南岛经济体是如何促进交换的?由于缺乏考古证据来回答这个问题,历史语言学和比较民族志提供了一些答案。正如 Blust(2017)所解释的:

> 历史语言学的推论……并不局限于那些一直延续到现在的物质文化的方面,……此外,非物质文化的整个领域,包括亲属制度、婚姻规则、社会组织和关于精神世界的思想,都可以基于同源词汇进行推论,且超越了自信且苍白无力的考古学(275-276)。

这样的推论是通过在语言中找到同源词来实现的,这些同源词重建了直系祖先的家族或子群的主要分支。例如,Kirch 和 Green(2000)对古代南岛社会的一项创新性研究,就是使用历史语言学来推断波利尼西亚先民社会中的酋长和宗教头目(祭司)的存在。Blust 和 Trussel(2010)还以同样的方式,将"互惠(reciprocity)"的概念(* bales:意思是回报、报复、善报或恶报)重新构建为原南岛的概念,以说明它存在于大约 5000 年前最早的南岛社会中。同样令人感兴趣的是,Blust 和 Trussel(2010)将原马来-波利尼西亚语中的 * be Ray 解释为"给予、赠送礼物;礼物"也追溯到最早传入东南亚的南岛人群。

这两个概念都与传统波利尼西亚社会不可或缺的礼物交换实践密切相关。礼物交换的具体术语(* sau:服务回报或礼物回报),出现于 2000 年至 3000 年前的波利尼西亚先民社会中(Kirch & Green 2000:221)。值得注意的是,波利尼西亚文化是在遥远的东太平洋岛屿上的南岛人中演化来的,它们源于东南亚南岛语族文化的共同祖先。然而,在西方接触之前,波利尼西亚人及其直系祖先在大约 3000 年前基本上与其他南岛人隔离。由于这种孤立,波利尼西亚文化保留了某些南岛语族古老的传统,这些古老的传统在东南亚群岛中因与其他亚洲文化的接触而可能已经消失了。因此,在西方接触时记录的波利尼西亚文化习俗正可以洞察早期的南岛语族文化习俗,而这些习俗不曾有文字记录。

三、波利尼西亚礼品交换的一个比较民族志

与台湾和东南亚群岛不同，大多数波利尼西亚文化直到 19 世纪初才被西方殖民。因此，丰富的历史文献提供了西方接触时期整个波利尼西亚文化的实录。比较民族志借鉴了这一文献记载，以补充和加强历史语言学的研究成果，正如 Kirch 和 Green（2000）在重建波利尼西亚祖先社会时所描述的那样。事实上，以比较民族志资料为据，可对古代波利尼西亚的经济和社会制度进行深入、细致的重建。

要理解"礼物"交换，没有比道格拉斯·奥利弗（Douglas Oliver，1989）对古代塔希提（Tahitian）社会进行的无与伦比的民族志研究更好的案例了，我们可以此为认识的起点。奥利弗的研究结论是，以货物为中心的贸易在古代塔希提岛很少见，而极少发生的交换行为"不是发生在中心市场（因为那里没有），而是主要发生在亲属关系和'友谊'（即模拟亲属关系）背景下——换句话说，以礼物交换的形式"（Oliver 1989：566）。波利尼西亚的另一位著名民族学家雷蒙德·弗斯（Raymond Firth）将波利尼西亚礼物交换的本质描述为礼物和返还礼物的原则，这意味着"对于每一份礼物，都应返还至少同等价值的另一份"（Firth 1959：423）。"义务"的概念很明确，它还要求礼物必须被优雅地接受。如果没有这样做，或者在制作一份可接受的返礼时疏忽大意，会导致威望的丧失（Firth 1959：423）。传统的波利尼西亚礼物交换是一种资源分配机制，也是建立和维护社会纽带和等级关系的手段。它发生在所有社会阶层的人中，发生在各种场合，既有明显的仪式性又有经济动机的支配。尽管波利尼西亚文化中礼物交换的具体性质各不相同，但这种做法本身在整个波利尼西亚都发挥了重要作用。

奥利弗区分了平等性（egalitarian）、竞争性（competitive）和强制性（coercive）的礼物交换（Oliver 1989：588）。平等交换涉及互惠，即礼物和返礼的价值大致相等。相比之下，竞争性的交换是故意不平衡的，因为一方付出了如此奢华的代价，但接受者无法获得必要的物品来回报同等价值的礼物，奥利弗将这类交流与建立政治影响力的动机联系在一起，故意给接受者一种不履行义务的感觉。强制交换的不同之处在于，一方提供礼物作为强迫接受者返还特定回报的方式，典型的情况是"胁迫者"想要特定物品。

弗斯对新西兰毛利人之间的礼物交换进行了分析，在经济性（economic）礼物交换和礼仪性（ceremonial）礼物交换之间进行了广泛的区分，前者是出于"获取实用的东西"的愿望，后者是"交易实现了更广泛的社会目的，而获取商品本身不是主要动机"（Firth 1959：402）。经济性交换在一定程度上是工艺专业化和自然资源分配不均的导致的，例如，沿海和内陆毛利人之间的互动涉及用海藻和贝壳交换森林产品。新西兰以及整个波利尼西亚热带地区由细纹岩石石锛的大范围运输与传播也是经济性交换的证据（例如，Rolett 1998；Walter et al. 2017）（图 4）。

新西兰的玉石只自然存在于南岛的一个有限的小区域内。与台湾一样，这类玉石是制作石锛和装饰品的优质材料，甚至通过交换的方式被运送到最遥远的人群中。生活在这些玉石矿区外围的毛利人组织了对这些玉石矿区的探寻，他们找到软玉以换取外界美食、精美的地毯和服装（Firth 1959：407）。一些最精美的玉饰，包括护身符（hei tiki）和鲸牙形吊坠（rei niho），常作为传家宝被珍藏，仅在诸如纪念酋长去世的仪式上交换（Firth 1959：414-415）。

总之，传统的波利尼西亚礼物交换可以被定义为一种互惠形式，其主要价值在于创造和维持社会纽带，而不是直接的经济收益。在这种情况下，交换的模式是不对称的，因为礼物和返礼通常在

图4 在马克萨斯群岛(法属波利尼西亚)哈纳米艾(Hanamiai)考古遗址(Rolett 1998)发现的一件波利尼西亚石锛,由细纹火山岩制成的这类石锛在岛间交换中占有重要地位

质量上不同。交换对象除了一般物品和使用工具外,还包括食物和贵重物品(例如,装饰品和其他崇高地位的象征物)。当个人跨越社区边界时,礼物交换起到了至关重要的作用,当然礼物交换也可能在社区内进行。礼物交换制度的三个要素在波利尼西亚尤为重要且在地理上分布广泛:(1)礼物和返礼原则;(2)对于接收者认为可以接受的礼物种类,人们往往都有一种不言自明的相互领会;(3)倾向于以比收到的礼物价值更高的礼物作为回报。

四、讨论

礼物交换行为的广泛分布表明,它与波利尼西亚其他一些地理上广泛分布的文化因素一样,可能源于遥远过去的祖先传统(Kirch & Green 2000)。虽然这里所描述的波利尼西亚礼物交换的具体制度尚未研究认识,但马林诺夫斯基(Bronislaw Malinowski,1922)在特罗布里恩德(Trobriand)群岛所调查记录一个具有惊人相似的重要制度。特罗布里亚岛德南岛语族生活在新几内亚海岸附近的小岛上,马林诺夫斯基对特罗布里恩德岛"库拉(Kula)"交换的长篇描述和研究中指明,特罗布里恩德群岛的社会互惠和交换密不可分,这与波利尼西亚德的情形是一样的。

库拉交换圈将相隔数百英里岛屿上的社区通过航海联系起来,并由不同社区的男性之间维系"永久和终身"的伙伴关系(Malinowski 1922:83)。该交换圈沿着预先规划的路线,定期准备并实施重大跨海行程,中心活动为包括贝壳项链和手镯等礼物在内的仪式性馈赠。尽管为了维持声誉和贸易伙伴关系,互惠是必要的,但返礼的提交可能或经常被推迟(Malinowski 1922:85,95)。这种库拉仪式上的贵重物品交换与易货和普通贸易同时进行,因此,"每一艘驶出的独木舟都满载着海上社会最需要的东西"(Malinowski 1922:100)。

库拉交换与波利尼西亚礼物交换的不同之处在于，库拉本质上是对称的——互惠涉及同一种仪式贵重物品的流通。然而，这两种制度在通过仪式交换行为创造社会互惠纽带的方式上，非常相似。在完全没有"真正货币"的情况下，这些社会互惠的纽带为各种形式的功利交换奠定了基础，并最终促成了这种交换。

南岛语交换系统中有关社会互惠的累积证据可以总结如下：（1）历史语言学将"互惠"重构为原南岛语世界（以台湾为中心）的一个社会概念，并表明这一关于特定礼物交换的术语是在南岛语族人群最早传入东南亚群岛时，就已经存在；（2）礼物交换的词汇和从多个岛屿人群中收集的丰富且详细实践记录表明，波利尼西亚特有的礼物交换制度来源于波利尼西亚人的祖先社会中；（3）与波利尼西亚礼物交换类似，位于西太平洋南岛语族社会的库拉交换系统也是基于互惠礼物交换。总之，这些证据支持这样一种假设，即社会互惠行为深深植根于南岛语族的史前历史，即使在古代也对于促进交流起到了正式的作用。

因此，波利尼西亚和特罗布里恩德群岛的礼物交换系统提供了一个了解、认识早期南岛语族交流、互动的社会文化内涵。结合考古证据，我们可总结关于台湾玉器和七美玄武岩制品海上运输的以下认识。首先，在东南亚和新西兰，玉器似乎都是一种制作贵重物品，尤其是装饰品的稀有而珍贵的资源。更具体地说，弗斯调查记录的波利尼西亚的仪式礼品交换模型，为深刻理解东南亚进口贵重玉器物品贸易的社会含义提供了一个有力的类比。例如，在波利尼西亚和特罗布里恩德群岛，海上贸易伙伴之间的礼仪交流确保了跨越社群边界的男子的人身安全。以这种方式建立的社会纽带在波利尼西亚部分地区以"交换"的名义进一步正式化，这种"交换"是一种结构化友谊形式，实现了礼物互惠与其他特权和义务的完美结合（Beaglehole 1967；Dening 1974）。詹姆斯·库克船长描述了这种做法，他与一些塔希提酋长称这种交换行为为"友谊条约（treaty of Friendship）"（Beaglehole 1967：190）。类似的社会互惠和礼仪交流很可能是古代台湾玉器贸易交换的基础，这正好符合其"游移"式的机动贸易模式，即从事随机贸易航行的小型货船的海上流通。

第二，与台湾玉器贸易交换的情形相反，七美玄武岩制品的古代流通贸易代表了一种有目的地导向的航运交换形式，其特征是玄武岩制品作为商品从单一产地大规模运输到一个特定目的地。由七美玄武岩制成的工具被大量生产并运送到台湾海岸，这些工具的价值是其在日常活动中的实用性而非作为威望的象征物。因此，七美工具代表了一种商品，很容易在现代经济的供需关系中解释它们的贸易。但我们必须注意，现代经济的两个最重要的特征——集中市场和真正的货币——在早期的南岛语族文化中都是不存在的。另一种解释来自弗斯对仪式礼品交换和经济礼品交换的区分，其中经济礼品交换正是出于"获得实用的东西"的初衷（Firth 1959：407）。在波利尼西亚，经济礼物交换与工艺专业化有关，通常发生在自然资源分布不均的地方。

第三，在经济礼物交换中，礼物和返礼往往有质的不同，因此石器可以用来换取食物。然而，除了支持贸易和在某些情况下以物易物交换具有实际价值的物品外，经济礼物交换通常也产生并维系了遥远社群间的社会纽带。在我看来，这是了解七美玄武岩贸易的关键，对于拥有丰富细纹火山岩石材却匮乏农业资源的七美小岛的居民来说，保持与台湾岛社群的社会联系比狭隘的经济利益动机更重要。

参考文献

Beaglehole, J. C. (Ed.). (1967). *The Journals of Captain James Cook on his Voyages of Discovery. Volume III. The Voyage of the Resolution and Discovery* 1776-1780 (2 vols.). Cambridge：Cambridge University Press.

Bellwood,P.(2005). *First Farmers: The Origins of Agricultural Societies*. Malden, MA: Blackwell.

Blust, R.(2017).Historical linguistics & archaeology: an uneasy alliance. In P. J. Piper, H. Matsumura & D. Bulbeck(Eds.), *New Perspectives in Southeast Asian and Pacific Prehistory* (pp. 275-291). Canberra: Australian National University Press.

Blust, R., & Trussel, S.(2010)(revision 1/14/2018). *Austronesian Comparative Dictionary*. www. trussel2. com/ACD.

Braudel, F.(1972). *The Mediterranean and Mediterranean World in the Age of Philip II. Volume I*. New York: Harper & Row.

Dening, G.(Ed.).(1974). *The Marquesan Journal of Edward Robarts*, 1797-1824. Honolulu: University of Hawaii Press.

Firth, R.(1959). *Economics of the New Zealand Maori* (2nd edition). Wellington: R. E. Owen, Government Printer.

Hung, H. C., Iizuka, Y., Bellwood, P., Nguyen, K. D., Bellina, B., Silapanth, P., Dizon, E., Santiago, R., Datan, I., Manton, J. H.(2007). Ancient jades map 3,000 years of prehistoric exchange in Southeast Asia. *Proceedings of the National Academy of Sciences* 104(50), 19745-19750.

Kirch, P.V., & Green, R. C.(2001). *Hawaiki, Ancestral Polynesia: An Essay in Historical Anthropology*. Cambridge: Cambridge University Press.

Malinowski, B.(1922). *Argonauts of the Western Pacific: An Account of Native Enterprise and Adventure in the Archipelagoes of Melanesian New Guinea*. London: Routledge & K. Paul Ltd.

Oliver, D. L.(1989). *Oceania: The Native Cultures of Australia and the Pacific Islands, Volume* 1. Honolulu: University of Hawaii Press.

Polanyi, K.(1977). *The Livelihood of Man*, H. W. Pearson(Ed.). Cambridge, MA: Academic Press.

Pospisil, L.(1963). *Kapauku Papuan Economy*. New Haven: Yale University Press.

Rolett, B. V.(1998). *Hanamiai: Prehistoric Colonization and Cultural Change in the Marquesas Islands(East Polynesia)*. New Haven: Yale University Press.

Rolett, B. V.,Chen, W. C., Sinton, J. M.(2000). Taiwan, Neolithic seafaring and Austronesian origins. *Antiquity* 74, 62-74.

Walter, R., Buckley, H., Jacomb, C., Matisoo-Smith, E.(2017). Mass migration and the Polynesian settlement of New Zealand. *Journal of World Prehistory*, 30(4), 351-376.

Yamagata, M.,& Matsumura, H.(2017). Austronesian migration to Central Vietnam: crossing over the Iron Age southeast Asian sea. In P. J. Piper, H. Matsumura and D. Bulbeck(Eds.), *New Perspectives in Southeast Asian and Pacific Prehistory*, (pp. 333-355). Canberra: Australian National University Press.

A10 从亮岛人遗存看台湾海峡全新世早期的海洋族群

陈仲玉

（台湾"中研院"历史语言研究所）

在马祖群岛亮岛发现的两具"亮岛人"骨骼，是台湾海峡早期全新世最古老的人类遗骸之一。这发现引起了学术界许多不同学科，尤其是在考古学和人类学领域的学者们，对"亮岛人"的研究与重视。作者和马祖考古队自其发现以后，曾经进行了三次发掘。最显著的成就，是成功地萃取了这两具"亮岛人"的粒线体和 Y 染色体 DNA。但本文仅是讨论由"亮岛人"的族群起源，来看全新世早期在台湾海峡的海洋民族，及其在台湾海峡海上活动的情形。

一、前言

马祖群岛位于福建省闽江口附近外海，属台湾管辖。2011—2015 年，作者与马祖考古队在群岛中的亮岛发现四处史前遗址，是为亮岛岛尾遗址群。在亮岛岛尾 I 遗址发掘中，出土了两具人骨分别命名为"亮岛人"1 号和"亮岛人"2 号。"亮岛人"1 号的碳素 14 测年为 8,320—8,160 B.P.，"亮岛人"2 号为 7,590—7,560 B.P.(陈仲玉等 2013:120)。"亮岛人"DNA 研究，确定"亮岛人"1 号为 E 单倍群，而"亮岛人"2 号属于 R9 单倍群。E 单倍群和 R9 单倍群在台湾某些土著族群，以及东南亚族群中多见，表示其间可能存在血缘关系(陈仲玉等 2013:51-58)。由于"亮岛人"1 号和"亮岛人"2 号属于两个不同的单倍群，在 8,000—7,000BP 的台湾海峡显然有两个不同族群，可能会更多。本文重点是探讨全新世早期，在台湾海峡已经有类似"亮岛人"的不同族群活动现象(陈仲玉等 2013:54,58)。

二、"亮岛人"若干问题的研究

（一）体质人类学的测量

"亮岛人"1 号的头骨虽然部分受损，但骨骼的其余部分保存尚佳，完好度约为约 70%。头骨、牙齿、四肢和骨骼结构似乎状况良好。墓葬的情况，头朝北，身体侧卧，四肢弯曲为屈肢葬。此类埋

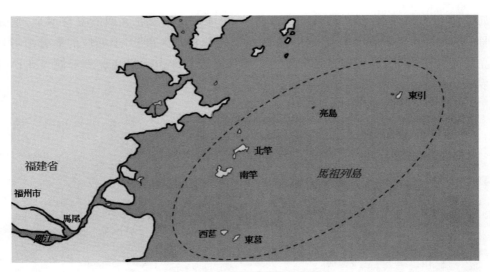

图1　亮岛在马祖群岛的位置

葬风俗,已被确认为中国东南沿海及东南亚地区新石器时代早期的一种特殊文化传统。因此,这种当地文化现象的存在表明,一些土著民族分散在该地区生活。在广西邕宁县的顶狮山文化有关的墓葬大多是屈肢葬,可以追溯到公元前8,000—7,000年,在广西横县秋江遗址和都安北大岭遗址的发掘中发现了相同的墓葬习俗(中国社会科学院考古研究所广西工作队等,1998)。在广东沿海地区,高要县(肇庆市顶湖区)蚬壳洲遗址、遂溪县鲤鱼墩遗址等距今6,000—5,000年的新石器时代遗址也有此特殊的屈肢葬(广东省文物考古研究所等2015)。考古证据显示,台湾高山族包括排湾、阿美和雅美(达悟)也延续了同样的习俗,并且似乎是早期南岛语族的主要文化特征(覃芳2010)。

　　"亮岛人"1号具深而窄的坐骨神经切迹、颅骨外观和粗壮的四肢是男性个体的共同特征。骨盆形态特征显示为男性。上下颌显示出完整的第三臼齿有明显的磨损;骨骺显示骨损伤愈合;顶叶矢状脊缝状况和四肢长度显示成年,观察其死亡时的年龄约30岁。由脊线和骨骼厚度显示的中等大小、发育良好的骨骼肌与肌肉发达,身体强壮,四肢特别强壮。身高160±3.59cm(莫世泰1983:84,85)。在现代汉族男性的身高范围内。

图2　"亮岛人"1号屈肢葬

　　"亮岛人"2号骨架保存完好,约85%至90%。初步检查发现此人四肢发育不全,坐骨切迹角稍大,头骨的男性特征不明显当是女性。"亮岛人"2号体格略为粗壮,但四肢的筋骨却不是特别发达。与"亮岛人"1号相比,其骨架显得欠发达。颅骨缝线和牙齿磨损状况显示此人死亡时的年龄约为30岁。预计身高度约165～169厘米。

图3　"亮岛人"2号仰身直肢葬(发掘期中,头骨受损)

(二)"亮岛人"的DNA分析

　　"亮岛人"的DNA提萃取研究工作,由德国马克斯-普朗克研究所演化遗传学部(Max Planck Institute for Evolutionary Genetic)的史同京(Mark Stoneking)教授及其团队完成。两具遗骸的DNA提萃取皆成功,"亮岛人"1号是E单倍群,特别是在E和E1之间。E单倍群在现代中国大陆人群中没有发现,但在台湾高山族和菲律宾、印度尼西亚和南太平洋其他岛屿的居民中普遍出现。在发现单倍群E的地区中,就完整的单倍群类型区位而言,台湾在地理上和基因上最接近亮岛。事实上,台湾高山族显示出接近单倍群E根的血缘的频率,高于其他群体,包括E1a和E1a1。目前来自菲律宾和印度尼西亚的所有可用数据,都显示出其中有更多差异。这一发现,支持了福建沿海包括亮岛是大约8,300年前南岛语族发源地的观点。也至少在母系血缘方面,为南岛语族和中国祖先群体之间,分离的时间和地点,提供了有力的证据。

　　从"亮岛人"2号的样本中萃取出古mtDNA,鉴定为属于单倍群R9,具体R9的亚系为R9b和R9c。单倍群R9b出现在台湾高山族邹族的频率约4%,也出现在20%～30%的中国大陆傣族、苗族人群中,偶尔在汉族中也发现过。单倍群R9c在邹族中的频率最高(20%),但它也出现在其他台湾高山族中,包括布农、卑南和鲁凯部落。R9c在菲律宾、印度尼西亚、马来西亚和中国傣族(3%～7%)人群中的频率相似,但在汉族和苗族中很少见(Chen 2013:50-59)。

(三)重建史前"亮岛人"的生业

　　根据邱鸿霖对"亮岛人"1号的观察,他中等身材,但骨骼脊线非常发达,身体粗壮,暗示着肌肉活动、能量和力量,尤其是四肢 发达。"亮岛人"1 号中看到的外耳骨肿,是从事水下活动人的普遍现象(陈仲玉等 2013:154-160)。

碳和氮同位素分析,是了解个人日常饮食内容的有效方法,广泛用于史前考古学。这种分析技术的准确性是公认的,它产生的数据也被认为是可靠的。δ13C 碳同位素告诉我们食用的植物性食物的类型,而 δ15N 同位素告诉我们动物蛋白的来源。常用的 C3 植物与水稻、小麦密切相关,δ13C 值范围为 22‰~30‰,平均为 26‰。玉米、小米、高粱等 C4 植物的 δ13C 值范围为 8‰~14‰,平均为 11‰。CAM 类(Crassulacean Acid Metabolism)植物、菠萝、甜菜、仙人掌、露兜树等适应干旱条件的厚叶植物,δ13C 值范围为 12‰~23‰,平均为 17‰。根据"吃什么+5‰"的 δ13C 同位素分馏规律,从"亮岛人"样本中获得的数据显示,"亮岛人"1 号的主要植物性食物来源 δ13C 值为 17.9‰,"亮岛人"2 号的 δ13C 值 17.7‰,均在 CAM 植物的范围内。亮岛的古环境可能植物资源有限。"亮岛人"可能是季节性地来到岛上,平常在他们的原居地采食其他植物资源。但可能即使有其他可用的 C3 或 C4 植物资源,CAM 植物也是其主要的食物(邱鸿霖等 2015:87,88)。

另一方面,取得俩"亮岛人"样本进行 δ15N(15N/14N)的分析。"亮岛人"1 号的测量值为+13.4‰,"亮岛人"2 号的测量值为+12.4‰。人体胶原蛋白的 δ15N 与食物摄入的分数效应之间的推断,比其对应物高约 3‰。在与海洋环境相对应的合理范围内,海鱼是蛋白质的主要来源。根据氮同位素分析结果显示,两个"亮岛人"的饮食动物蛋白来源,属于海鱼。据此分析,可以推断"亮岛人"的饮食内涵,与出土遗址的环境资源相吻合。亮岛岛尾遗址上厚厚的贝丘堆积,会让人认为贝类应该是其主要蛋白质来源,但氮同位素分析的比例,并未落入海洋贝类的范围。从体质人类学和碳氮同位素分析来看,这两个"亮岛人"个体,显然代表了全新世早期台湾海峡的海洋族群(邱鸿霖等 2015:89-91)。

三、民族志分析:福建沿海曲蹄族的海上狩猎采集传统

中国海岸线长 18,000 多公里,位于东亚,濒临太平洋。除了大陆,它还有 6,500 个大小不一的沿海岛屿。它有各种地质地层,包括砾石矿床。由于沿海地区大部分位于温带和亚热带之间,气候普遍温和。生活在如此理想的生态环境中,古代沿海居民可能已经发展出至少可以与古代内陆文化相媲美的文化。从北到南、环渤海湾、山东半岛、长江沿岸及入海口、杭州湾、闽江入海口、珠江三角洲(珠江三角洲)、广西北部湾,这大区域的史前文化发达。大约早在公元前 8,000—5,000 年,中国沿海地区存在众多古代海洋族群;甚至可以能推早到冰河时代晚期至全新世早期。他们以海洋资源为生,包括鱼类和贝类,辅以采集陆生植物。"亮岛人"的发现可能会引发更多的研究课题。

即使在今天,中国沿海的疍民(疍家)也像古代航海的人一样,以贸易和捕鱼为生。在古代,他们可能会靠近海岸,架起干栏式房屋,就像中国沿海的海上游牧民族一样。事实上,蜑民是中国海上游牧民族的总称。他们在沿海一带,几乎每个地区都有不同名称,或是不同族群、亚群。生活在福建省闽江口的群落,有"曲蹄",九龙江口的族群叫"白水",而位于广东省珠江三角洲的族群则名为"蜑家","蜑民"即成最大的海上民族总称。

福建省省会福州,地处闽江入海口,是"曲蹄"族群的集居地。据民族志记载,他们长期与汉族社会隔绝。1912 年民国成立之前,他们不被允许在陆地上生活。只被允许穿用粗料制成的衣服,不可穿丝绸衣服。儿童和青少年不得接受正规教育,不得参加科举考试。1912 年以后,这些限制

逐渐改变。通常他们以核心家庭为单元。当年轻人结婚时,他们会建造一艘新船,来建立他们自己的家庭。在闽江流域,一般内河的船,长5~6米,宽2~3米。尾巴稍窄,中部平坦,有竹棚,围起一个用作小屋的生活空间。曲蹄的生计,依赖于运送乘客和运输货物,或者靠河捕鱼。他们的生活极其艰难,收入低,生活条件差。有一些曲蹄在闽江口附近的海中捕鱼为生。由于在海上捕鱼的需求和生计,他们的船只更大,有更多的隔间,并由一个大家庭与他们的妻子和孩子共享,以提供海上作业所需的人力(陈仲玉 2017:1-11)。

另一个生活在闽南九龙江河口和流域的海上民族是"白水"。他们的风俗习惯和生活条件与曲蹄人相似,社会地位也几乎相同。这两个群体在台湾海峡拥有完全独立的渔区。

四、结论

中国沿海发现了距今8,000多年前的新石器时代遗址。在浙江省杭州湾附近的跨湖桥遗址发现的独木舟和木桨,包括精致的设计(浙江省文物考古研究所、萧山博物馆 2004),显示人类在近万年前,即已在沿海地区活动与生活。海岸附近的人类活动,可能始于冰河时代晚期。海上活动的范围,受到生产航海工具的限制。旅行的距离受到航行时间,以及可以随身携带的食物和水储备的限制。在逐渐发展出造船、星象观察、导航等的技能后,他们的活动,由仅是在陆地的视线范围内,进步到能依靠太阳和星座的位置来确定他们的导航。

对"亮岛人"骨骼的DNA分析,显示他们属于两个不同的海洋族群。早在8,000—7,500年前,就有两个不同的族群在台湾海峡的海上活动或生活。邱鸿霖认为,以"亮岛人"1号头盖骨的形态分析,与日本冲绳的"港川人"有相似之处。松村博文认为"亮岛人"1号与澳大利亚-巴布亚人有密切关系(松村博文等 2017)。虽然在东亚大陆的太平洋岛屿上发现了"港川人",而在东南亚岛屿上发现了澳大利亚-巴布亚人,但两者都属于海洋民族。邱鸿霖和松村博文认为"亮岛人"2号与南蒙古族群有亲缘关系。可以看出,大约在8,300—7,500年前,中国东南沿海和台湾海峡都出现了复杂的族群。

两具"亮岛人"骨骼的DNA研究,显示他们与某些现代南岛语族有母系血缘关系,印证了中国东南沿海地区可能是南岛语族的起源地。并且,受中国大陆浓厚的农耕文化影响,南岛语族中的海洋族群成倍增长,而广泛地分布于南太平洋,东至复活节岛,西至东非沿海的马达加斯加岛。所有这些海上游牧民族都可能是中国东南沿海新石器时代海洋族群的后裔。

参考文献

李壬癸

2011a,《台湾南岛民族的迁移历史》,《台湾南岛民族的族群迁移》(增订新版),2011:57-70。

2011b,《台湾南岛语言的分布和民族的迁移》,《台湾南岛民族的族群迁移》(增订新版),2011:71-96。

邱鸿霖、陈仲玉、游镇烽

2015,《马祖亮岛岛尾遗址群综合研究计划》,台湾清华大学人类学研究所,新竹。

浙江省文物考古研究所、萧山博物馆

2004,《跨湖桥》(浦阳江流域考古报告之一),文物出版社,北京。

张雪莲

2003,《应用古人骨中元素、同位素分析研究其食物结构》,《人类学学报》22(1):75-84.

陈仲玉

2013,《亮岛人DNA研究》,连江县政府文化局委托,马祖亮岛考古队执行,连江县南竿乡。

2017,《谈福建曲蹄族与白水族的源流》,《闽商文化研究》15(1):1-11,福州大学经济与管理学院,闽商文化研究编辑部。

陈仲玉、邱鸿霖、游桂香、尹意智、林芳仪

2013,《马祖亮岛岛尾遗址群发掘及"亮岛人"修复计划》,连江县政府文化局委托,马祖亮岛考古队执行,连江县政府出版,连江县南竿乡。

2012,《马祖亮岛岛尾I遗址试掘》,连江县政府文化局委托,马祖亮岛考古队执行,连江县政府出版,连江县南竿乡。

陈仲玉、潘建国、尹意智

2016,《马祖亮岛岛尾遗址群第三次发掘报告》,连江县政府文化局委托,马祖亮岛考古队执行,连江县政府出版,连江县南竿乡。

陈仲玉、王花俤、游桂香、尹意智

2007,《马祖地区考古遗址田野调查与研究计划》,马祖民俗文物馆委托,马祖艺文协会主办,连江县南竿乡。

陈仲玉、王花俤、游桂香、林锦鸿、贺广义

2005,《马祖东莒炽坪陇史前遗址第二期研究报告》,台湾地区行政管理机构文化建设委员会赞助,马祖民俗文物馆委托,马祖艺文协会主办,连江县南竿乡。

2004,《马祖东莒炽坪陇史前遗址的研究》,马祖艺文协会,连江县南竿乡。

陈仲玉、刘益昌

2001,《台闽地区考古遗址普查研究计划第六期研究报告》,"内政部"委托,"中央研究院"历史语言研究所,台北。

广东省文物考古研究所等

2015,《广东遂溪鲤鱼墩新石器时代贝丘遗址发掘简报》,《文物》(7):4-18。

莫世泰

1983,《华南地区男性成年人由长骨长度推算身长的回归方程》,《人类学学报》2(1):80-85。

臧振华

2012,《再论南岛民族的起源问题》,《南岛研究学报》3(1):87-119。

中国社会科学院考古研究所广西工作队等

1998,《广西邕宁县顶蛳山遗址的发掘》,《考古》(11):11-33。

覃芳

2010,《广西邕宁顶蛳山史前屈肢葬与肢解葬的考察》,《南方文物》(2):74-80,73。

Bellwood，Peter

1988,"A hypothesis for Austronesian origins".*Asian Perspectives*,26:1, pp. 107-117.

1991,"The Austronesian homeland: A Linguistic perspective". *Scientific American*, 265:1,pp.88-93.

2004,*The Earliest Farmers: the Origins of Agricultural Societies*: Oxford, UK:Blackwell Publishing.

Bellwood，Peter & Eusebio Dizon

2005,"The Batanes archaeological project and the 'out of Taiwan' hypothesis for Austronesian dispersal". *Journal of Austronesian Studies* 1:1, pp. 1-34.

Chang，Kwang-chih

1989, "Taiwan archaeology in Pacific perspective", in K. C. Chang, et al. edited. *Anthropological Studies of the Taiwan Area: Accomplishments and Prospects*, Taipei: Department of Anthropology, National Taiwan University.

Ferrell，Raleigh

1969,"Taiwan Aboriginal Groups: Problems in Cultural and Linguistic Classification". Institute of Ethnology, Academia Sinica, Monograph no.17.

Hirofumi Matsumura，Truman Shimanjuntak，Hsiao-chun Hung，Chen Chung-yu，Fan Xuechun，Marc Oxenham
　2017，"Austronesian dispersal hypothesis，perspectives from prehistoric human skeletal remains in Southeast Asia
　　and China"，Processing of the International Conference of Prehistoric Archaeology in Southeast China
　　through the Pacific，the Institute of Archaeology in the Chinese Academy of Social Sciences(CASS)，Fujian
　　Provincial Cultural Relics Bureau，Fujian Museum，Sanming Municipal Government，and Jiangle County
　　Municipal Government. Jiangle County，Fujiang，China on 3-5 November 2017.

Hirofumi Matsumura，Hsiao-chun Hung，Charles Higham，Chi Zhang，Mariko Yamagata，Lan Cuong Nguyen，
　Zhen Li，Xue-chun Fan，Truman Simanjuntak，Adhi Agus Oktaviana，Jia-ning He，Chung-yu Chen，Chien-kuo
　Pan，Gang He，Guo-ping Sun，Weijin Huang，Xin-wei Li，Xing-tao Wei，Kate Domett，Siân Halcrow，Kim
　Dung Nguyen，Hoang Hiep Trinh，Chi Hoang Bui，Khanh Trung Kien Nguyen & Andreas Reinecke
　2019，"Craniometrics Reveal'Two Layers'of Prehistoric Human Dispersal in Eastern Eurasia"，*Scientific Re-
　　ports*，9：1451.

Meacham，William
　1988，"Improbability of Austronesian origins in South China". *Asian Perspectives*，26：1，pp. 90-106.
　1995，"Austronesian origins and the peopling of Taiwan". In P. J-K. Li et al. eds.，Austronesian Studies Relating to Tai-
　　wan，Symposium Series No. 3. Institute of History and Philology，Academia Sinica，Taipei，pp. 227-254.
　2004，"Southeast Asian Archaeology-Wilhelm G. Solheim II Festschrift"，Quezon City：The University of the
　　Philippines Press ，p.62.

Minagawa M. & Wada E.
　1984，"Stepwise Enrichment of 15N Along Food Chains：Further Evidence and the Relation Between d15N and
　　Animal age." *Geochim Cosmochim Acta* ，48，pp.1135-1140.

Ko，Albert Min-Shan；Chen，Chung-Yu；Fu，Qiaomei；Delfin，Fredrick；Li，Mingkun；Chiu，Hung-Lin；Stonek-
　ing，Mark，& Ko，Ying-Chin
　2014，"Early Austronesian：Into and Out of Taiwan" *The American Journal of Human Genetics*，94，pp.
　　426-436.

Tsang，Cheng-hwa(臧振华)
　2002，"Maritime adaptations in prehistoric southeast China：implications for the problem of Austronesian expan-
　　sion". *Journal of East Asian Archaeology*，3：1-2，pp. 15-45.
　2008，"Neolithic interaction across the Taiwan Strait".73rd Annual Meeting of Society of American Archaeology，
　　2008.3.26-3.30.
　2009，"A new hypothesis for Austronesian origin and dispersal"，PNC 2009 Annual Conference and Joint
　　Meeting，Academia Sinica，2009.10.6-9.
　2010，"Neolithic interaction across the Taiwan Striat-implications for the issue of Asutronesian origin and dispers-
　　al"，In Masegseg Z. Gadu and Hsiu-man Lin，eds. *2009 International Symposium on Austronesian
　　Studies*. Taitung：National Museum of Prehistory，2010，pp. 1-11.

Google Websites：

Liangdao Brief History《亮岛简史》(Cited date：February，2012)，(http://www.adas.url.tw/ am83.htm)

连江县政府马祖卡溜旅游网(Cited date：February 2012)(http://www.m-kaliu.com.tw/ page.php？tmp＝about-2)

Wikipedia"Human Genetics"(Cited date：August 2013)(http://zh.wikipedia.org/zh-tw/%E4%BA%)

Wikipedia：Haplogroup N(mtDNA)(Cited date：August 2013)〈http://en.wikipedia.org/wiki/Haplogroup_N_(mtDNA)〉

Wikipedia：Out of Africa ：DNA(mtDNA)(haplogroup E and R；Cited date：August 2013)(http://blog.roodo.com/
　esir/archives/8801035.htm)

Wikipedia：Moken(Cited date：December 2017)(https://wikipedia.org/wiki/Moken)

Wikipedia：Sama Bajau(Cited date：December2017)(https://wikipedia.org/wiki/Sama-Bajau；)

从海岸到海岸：3500年以前栽培谷物跨越台湾海峡传播的初步分析

［澳］图卡·凯科南(Tuukka Kaikkonen)

（澳大利亚国立大学，Australian National University）

吴春明　译

谷物栽培的区域扩展与传播，是全新世考古学上的一个主要争论领域（例如，Fuller & Lucas 2017）。事实上，栽培技术的应用可以说是拖动整个亚太地区文化、人口和环境变迁的重大转变。根据对台湾海峡区域的研究，谷物的种植并没有马上或全面地取代先民们既有的生计模式，由于台湾海峡区域环境条件的多样性，这一转变似乎有不同的形式。本文将评估台湾海峡环境变化与生计形态之间的内在关系，确定该地区在约距今3500年之前植物栽培上的缺乏，而从3500年起福建的新石器时代结束、谷物栽培成为海峡两岸先民确定的但不一定是主导地位的生计模式。

一、导论

研究表明，中国大陆的驯化水稻（*Oryza sativa*）、黍（*Panicum miliaceum*）和粟（*Setaria italica*）等谷物起源于全新世早期的长江和黄河流域，之后开始从这些核心区域向周边地区传播（He et al. 2017；Wang et al. 2016；Zhao 2011）。一个方向是向南，已发现距今7000—5000年间水稻的种植从长江流域向华南沿海逐步扩展（He et al. 2017；Wang et al. 2016；Zhao 2011）。尽管不同地区的谷物种植强度和广度有所不同，但有学者强调，谷物种植的扩展是促进亚太广阔区域的文化、人口和环境变迁的主要动力过程（Bellwood 2005，2017）。这一扩散过程的一个关键地点是台湾海峡，就是今天的福建和台湾海岸线之间的海域与岛屿。根据目前的发现与认识，该地区最早的谷物种植出现于距今5000—4000年间（Hung & Carson 2014；Zhang & Hung 2010）（图1）。然而，生计模式的变迁并非短期内替代和大规模发生的，种植谷物的引进和采用呈现出不同的方式，反映出对海峡两岸环境条件多样性的不同适应。

二、背景

在汉语学术圈，本文所考察的时代通常被冠以"新石器时代"。特别是在台湾海峡地区，"新石器时代"通常被确定为旧石器时代之后，考古上出现陶器、磨光石器、定居聚落和农业阶段的遗存

（Chang 1969）。但我们知道，无论在中国还是世界上其他许多地区，这些新的工艺和技术并不是作为一个简单的整体突现或扩散的，而是在发展过程中，在不同地区有不同的组合模式（Cohen 2014；Liu & Chen 2012；Zhang & Hung 2010，2012）。例如，在中国南部，陶器在更新世已经出现，但尚未出现定居聚落，也没有明显的谷物种植实践（Cohen 等 2017）。同样，华南地区在更新世出现了打磨和磨光石器，并从距今 8000 年开始在东南地区逐渐普及开来（Cohen 2014；Zhao et al. 2004）。作为对固定聚落长期、大规模投资的定居聚落，也是在历时过程中逐步发展的，而不是突发起来（Liu & Chen 2012）。正如下文所述，"农业"作为一种高度依赖驯化资源的粮食生产系统（Smith 2001），也是随着时间的推移逐渐出现的，并在空间上逐步传播，且常与谷物种植业出现之前的觅食生计模式（攫取经济）相结合。

上面讨论说明，传统意义上的"新石器时代"概念，并不能全面反映文化变化的渐进性、累积性和多面相的性质。为了规避这一术语传统认知中存在的问题，本文使用的"新石器时代"仅特指研究中涉及的 3000 年（6500—3500 BP）这个时段，而没有涉及任何传统认知的该术语相关的任何特定文化形式（包括定居或生计模式）。为了方便读者了解不同时空对象，保留了中文文献中不同文化阶段的名称，并标明其经校准的放射性碳年代（BP）。

学界在论述台湾海峡地区谷物种植起源时，在何时、何地、如何、速度、为何等问题上，提出了多种不同的看法。最早涉及这一问题的，似乎是由一个明确的传播主义理论。张光直先生当年根据有限的材料，以物质文化的变化为标志，聚焦台湾从觅食（攫取）为主的生计模式发展到农业为主的生计模式的转变（Chang 1969）。绳纹陶器文化的早期人群被认为是块根、树本作物的园艺业的觅食群体，而生产戳印纹、彩绘陶文化的先民被认为是晚些时候从大陆迁徙过来的稻农。生计模式和物质文化形态，被视为不同族群代名词，而这一文化变迁被解释为这些族群从大陆到台湾的迁徙。

从那时起，传播论在台湾海峡考古学中一直保持持续的影响力。但现在人们开始以渐进的眼光看待生计模式的变化过程。最近，Bellwood（2005，2017）提出，从觅食经济到栽培农耕的转变很可能是通过"半扩张"的渐进过程（Cavalli-Sforza 1997）。根据这一模型，生计经济系统相对生产力的差异，导致农民比原始觅食者拥有再生产的优势。这种差异历经几代人的发展后，东亚和东南亚大部分地区的农耕社会（以及某些语系）得以传播和建立。为了使这一模型成立，我们预计粮食生产（可能以谷物种植的形式），将在假设的扩散期以及更早的生计经济中发挥重要作用。因此，尽管对台湾海峡史前史上食物生产的性质和重要性的研究仍不足，但始终是一个重要课题。

然而，尽管生计经济形态在台湾海峡新石器时代的研究中占据重要作用，但由于植物考古遗存及相关的年代数据的缺乏，弄清楚史前粮食生产问题仍有难度。根据现有的材料，可提出该地区的史前生计经济实践的其他理论假设。尽管缺乏华南和台湾新石器时代最早阶段的生计经济证据，但洪晓纯和他的同事（Hung & Carson 2014；Zhang & Hung 2010，2012）先后认为，该地区最早的制陶族群的生计经济形态主要是面向海洋的狩猎和采集，并没有明显的食物生产证据。在他们看来，谷物种植是在制陶工艺和磨制石器的引入之后，才单独出现的。在这种情况下，物质文化与生计经济变化之间的关联，并不像张光直和贝尔伍德的论述那么明显，在解释制陶工艺和其他新的物质文化要素从华南传播到台湾的过程时，谷物栽培的作用也同样不那么重要了。焦天龙（2016）也进一步质疑了福建新石器时代谷物种植的重要性，他认为福建沿海新石器时代结束前的生计经济形态，都是一种以海洋为导向的综合实践，粮食生产非常有限。这些论述都提出进一步深入研究生计经济的考古证据，以及将生计经济形态的变化与其他变化（无论是文化变化还是环境变化）相关联的问题。

三、环境背景

全新世期间，台湾海峡地区（图 1）的陆-海景观发生了巨大变化，包括气候、海平面、地貌和植被的变化

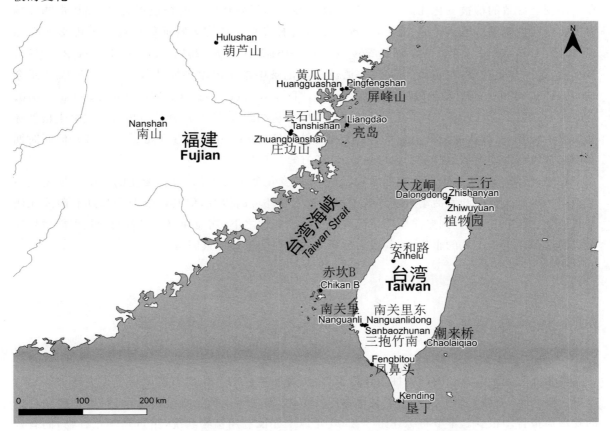

图 1　台湾海峡距今 5000—3500 年出土植物遗存的代表性遗址

注：（亮岛距今 8000—7000 年，属于更早一个阶段，根据 naturalearthdata.com 地图资料编绘）。

台湾和福建沿海相隔 130 公里或稍多，相隔海峡，遍布海岛。福建海岸线陡峭曲折，海湾、三角洲和近海岛礁星罗棋布（Rolett et al. 2011），而台湾海岸线的特点是西部沿海平原宽阔，东部平原和山谷狭窄（Carson 2017）。福建和台湾的内陆地区都是山地地貌，阻隔了人群的移动与交流，可耕地也很少。这里的气候属于亚热带季风气候，混生阔叶林和针叶林，适合谷物、豆类、根茎类植物和水果的种植。

远古时代的台湾海峡地区看起来与现在截然不同。在末次冰期的盛期，海平面比现在低 100 至 150 米（Wang & Sun 1994），台湾可通过陆桥与大陆相连。建模分析表明，这一路桥联结一直持续到距今约 11500 年（Guedes et al. 2016），之后由于气候变暖、海平面上升，台湾才与大陆分离。在全新世中期海平面上升到最高水平，约高于现今海平面 2 米（Zong 2004）。在高海面时期，海水侵蚀到了内陆，海岸台地缩窄，耕地稀少，聚落点都位于山顶和近海小岛的高处。这种状况一直持

续到全新世晚期,气候寒冷期导致的海平面下降,加上地壳抬升、地表侵蚀带来的沉积作用,导致海峡两岸海岸线的向海扩张。在台湾,据估计,西海岸平原的扩张始于约距今4800年,而东部平原的扩张则始于约距今3500年(Carson 2017)。相比之下,在福建中部海岸,海湾、海滨和三角洲的形成估计仅开始于距今1900左右(Rolett et al. 2011)。有趣的是,有研究者发现,海岸线向海扩张也可能因山林植被破坏造成的侵蚀而进一步加剧(Carson 2017),这引发了对人类的开发活动影响区域地貌变迁问题的思考。

从高地沼泽、河流环境和考古遗址等采集的区域性花粉和木炭记录中,可以看到人类开发活动和气候变迁导致的植被变化证据。全新世早期温暖湿润气候环境下的植被形态,以亚热带阔叶林为主。全新世晚期的气候转凉、变干,出现了向针叶林和草本植物为特征的植被形态转变(Lee et al. 2010;Liew et al. 2006;Ma,Tarasov,et al. 2016;Yue et al. 2012,2015;Zhao et al. 2017)。在福建,这一变化现象,与遗址及附近的植被遗存记录中木炭的增加同步发生,可能反映了距今3500—1900年间人类活动导致的环境变化(Ma,Tarasov,et al. 2016;Ma,Zheng,et al. 2016;Yue et al. 2012,2015;Zhao et al. 2017)。台湾中部从约距今5000年开始也出现了向草本植被环境的逐步转变,也被认为是人类开发活动干扰的结果(Liew et al. 2006;Tsukada 1967),但同时期台湾南部没有发现类似的植被变化(Lee et al. 2010)。

总之,台湾海峡两边全新世晚期地貌、植被等的变化似乎是不同步的,变化的范围和幅度也不尽相同。尽管人类的开发活动可能导致了植被变化和环境的侵蚀,但其影响似乎长期有限或无法与其他变化区分开来,直到史前后期情况有所变化。相比之下,陆地和海洋景观的变化可能对生计模式的选择产生了更大的影响,使其成为分析考古资料的重要背景因素。

四、考古发现

自张光直先生(1969)的开创性工作以来,台湾海峡地区的文化史重建取得了重大进展。尽管放射性碳测年、类型学研究等推动了文化编年的重建,但关于人类生计经济活动,特别是植物利用的发现与报告却很少。本节将综述距今3500年以来先民利用植物状况(重点是驯化谷物)的有效考古证据,概述华南地区代表性遗址的发现,在此基础上分析福建、台湾的考古资料,也涉及北部地区(包括长江流域)植物利用考古资料的最新发现(He et al. 2017;Wang et al. 2016)。

(一)华南

中国南方已报道最早的利用植物遗存,发现于一些更新世和全新世的洞穴遗址。对仙人洞、吊桶环(江西)、玉蟾岩(湖南)和甑皮岩(广西)沉积物的分析中,发现了少量的水稻植硅体,但尚不清楚水稻是栽培(驯化)的还是野生的(Nakamura 2010;Zhang & Hung 2012)。除了水稻,这些遗址还发现了一系列植物的种子和坚果,包括猕猴桃(*Actinidia sp.*)、山核桃(*Carya sp.*)、中国黑浆果(*Celtis sinensis*)、李子(*Prunus sp.*)和葡萄(*Vitis sp.*)。甑皮岩遗址还发现了烧焦的块茎植物遗存,可能是芋头(*Colocasia* sp.)或山药(*Dioscorea* sp.)(Wang et al. 2016;Zhang & Hung 2012)。

到了全新世时期,广东珠江三角洲露天的新村遗址(Xincun,约距今5300—4420年)发现了大量利用植物遗存(Yang et al. 2013)。该遗址磨石中发现的淀粉粒和植硅体遗存,包括西米棕榈

(*Caryota* sp.)、香蕉(*Musa* sp.)，淡水根茎和块茎(如莲藕，*Nelumbo nucifera*)、竹芋(*Sagittaria* sp.)、荸荠(*Eleocharis dulcis*)、蕨类(*Angiopteris* sp.)、橡子(*Quercus* sp.)以及稻谷(*Oryza*)。新村的水稻植硅体被认为是野生水稻而非驯化水稻，与早期的洞穴遗址内涵一样，目前还不清楚水稻在当地经济中发挥了什么作用。

迄今华南地区驯化水稻(由此推断的栽培水稻)的最早直接证据，发现于广东珠江沿岸的石峡遗址(Yang et al. 2016)。这种稻米遗存，经鉴定为属于水稻(*Oryza sativa*)亚种粳稻(*japonica*)的稻米，年代为距今约 4300—4100 年。根据遗址文化内涵的证据，作者将驯化水稻出现的时间定在距今 5000—4100 年，远远早于珠江三角洲距今 2500 年前才开始出现的集约栽培稻农业(Yang et al. 2016)。海南最近也报告了在更早的 5600 年前出现驯化水稻的植硅体(Wu et al. 2016)，但尚不清楚该结论是否得到了遗址文化内涵分析的支持。在获得更多证据之前，选择更晚的年代可能会更稳妥，尤其是因为它更进一步反映了长江以南种植水稻传播的既有研究(Silva et al. 2015；Zhang & Hung 2010)。

根据迄今的植物考古发现与研究，可对华南先民植物利用的历史做一个广泛的综述。尽管从晚更新世开始，在不同地点都有水稻的利用，但似乎也只有在距今 5000 年以后，华南沿海才有水稻的种植，之后又经历了 2500 年的发展才形成了稻作农业的集约耕种(Yang et al. 2016)。在此之前，这一地区已有对水果、坚果等广谱果蔬作物利用和培育管理的悠久历史，即便还不是完全独立的植物驯化中心(Zhao 2011)。然而，栽培作物的外来引入和耕作实践，确实开启了本地区从觅食攫取生计模式过渡到农耕模式的漫长过程。几乎在同一时间，类似的转变也开始在台湾海峡发生，并且带有自身的区域特色。

(二)新石器时代福建(6500—3500 BP)

福建的考古资料见于更新世和全新世早期洞穴遗址发现(Jiao 2013)，但这些遗址中几乎没有发现植物利用的遗存，最早的植物利用证据只能追溯到全新世中期的新石器时代文化中。

福建的新石器时代至少有 6500 年的历史，迄今在沿海新石器遗址发现的陶器与磨光石器，代表了一种成熟发展的新石器文化形态，应该是从一个源头地区传入福建北部和南部的(Jiao 2013；林公务 2005；Zhang & Hung 2012)。这一时期的文化以露天旷野遗址的出现和发展为特征，早期为贝丘遗址，后来发展成为"村落"，大部分面积仅为 1～2 公顷(Jiao 2013；Rolett et al. 2011)。在高海面时期，这些遗址沿海岸线从近海的小岛礁向内陆延伸(Rolett et al. 2011)，遗址的总数很少，说明整个新石器时代的人口密度都很低(Hosner et al. 2016；Jiao 2013)。

福建的新石器时代可细分为若干文化阶段，其中一些是区域性的。尽管最新的发现填补了内陆地区的新石器文化空白，但对该地区的了解总体上仍不足(Deng et al. 2018；Jiao 2013)。本文主要关注福建中部和北部的沿海，并简要涉及南部和内陆地区的遗址(表 1)。

表 1　福建中部和北部沿海的新石器文化阶段

阶段	文化	区域	年代(BP)
新石器早期	壳丘头	中部沿海	6500—5500
新石器中期	昙石山	中北部沿海	5500—4300
新石器晚期	黄瓜山	中北部沿海	4300—3500

注：根据林公务 2005。

1.新石器早期,6500—5500 BP

福建考古发现的先民利用植物的资料,在时代和空间分布上都参差不齐,尤其是最早的新石器时代遗址。壳丘头贝丘遗址位于闽中沿海的一个近海岛屿,发掘出土的鱼类、贝类和陆生动物骨骼是先民们重要的营养来源,尚未发现谷物的证据(Jiao 2013)。壳丘头先民的生计形态似乎是海洋性的,沿海最早利用植物的证据始于约距今 5000 年。

2.新石器中、晚期,5500-3500 BP

福州盆地内侧的闽江沿岸昙石山、庄边山遗址发现了福建史前谷物种植的最早证据,遗址分别年代为距今 5500—4300 年和 5000—3500 年(Ma,Zheng,et al. 2016；Rolett et al. 2011)。两个聚落遗址跨越昙石山、黄瓜山两个阶段文化,发现了陶器、石器、骨器、贝器、墓葬,以及包括猪、狗在内的水生和陆生动物的遗骸。史前景观可复原为,位于闽江河口沿岸的近海小岛礁上的两个聚落(Ma,Zheng,et al. 2016；Rolett et al. 2011)。

这两个地点都发现了福建沿海地区最早的水稻证据,约为距今 5000 至 3500 年。昙石山遗址出土了两粒碳化稻谷,根据遗址的文化内涵及相关测定年代约为距今 4900—4300 年(Zhang & Hung 2010)。虽然庄边山遗址尚未发现水稻或其他植物的实物遗存,但贝丘堆积中含有稻壳中的植物体,从距今 4500—3500 年的新石器文化序列中有逐步增加的趋势(Ma,Zheng,et al. 2016)。

尽管上述发现的报告没有说明这些遗骸是野生还是驯化的水稻,也没有这些植物遗存的直接断代数据,但这一发现与长江流域水稻栽培向南扩散的总体时空进程一致(Silva et al. 2015；Zhang & Hung 2008,2010)。然而,谷物种植在这些史前聚落中似乎不那么重要,尽管庄边山的水稻植硅体数量有历时增加的趋势,但总量仍有限,表明种植谷物在总体上不占重要地位。花粉记录和木炭证据也说明了这一点,福州盆地内侧及其周围地区直到距今 2000 年左右植被受人类开发活动的影响都是有限的(Ma,Zheng,et al. 2016；Yue et al. 2012,2015)。无论从这些遗址中发现了多少石锛(Jiao 2013),这些石锛在山地开发、植被砍伐中的作用似乎是有限的。

昙石山和庄边山水稻种植的可能规模,可以从古景观重建的角度来解释。建模分析表明,昙石山、庄边山先民在此地定居时,福州盆地的海岸线要比现在更靠近内陆 75～80 公里,这就限制了可用的耕作湿地,从而限制了谷物种植的生产力(Ma ,Zheng,et al. 2016；Rolett et al. 2011)。贝类、鱼类和陆生动物等野生资源似乎是先民首选的食物来源(Jiao 2013),这一结论也得到了稳定碳和氮同位素分析的支持(吴梦洋等 2016)。有趣的是,假设稳定同位素可揭示先民食谱的历时变化过程,将佐证庄边山观察到的随着贝丘堆积密度历时性降低的同时水稻植硅体增加的现象(Ma,Zheng,et al. 2016)。

尽管福州盆地内侧考古资料中的粮食生产规模有限,但随着时间的推移,谷物种植似乎持续推进,并扩展到海岸以北地区,发现于黄瓜山(4500—3800 BP)和屏峰山(3800—3500 BP),这两个遗址都位于福建北部现海岸线以内 8 公里的低山上(Deng et al. 2018)。这两个遗址的物质文化主要与黄瓜山阶段有关,包括陶器、石器和骨器以及海洋和陆地动物的骨骼,包括猪(Jiao 2013)。

与福州盆地内侧的遗址内涵不同,黄瓜山和屏峰山的浮选和沉积物样品显示了至少在距今 4000—3500 年间的植物实体遗存和水果、谷物的植硅体遗存(Deng et al. 2018),其中包括一些来自碳化的驯化稻谷和小穗基部,尽管数量很少,但远远超过昙石山阶段非常有限的遗存。更重要的是,这些遗址还发现了福建沿海已知的最早的栽培小米遗存(Deng et al. 2018)。这两个地点都发现了碳化粟(foxtail millet)的颗粒,加之黄瓜山曾发现的黍(Panicoid-type millet)壳植硅体,表明这些谷物是与水稻一起种植的。总之,这些发现表明更远的北部地区的混合作物种植业的整体向南扩散。然而,在包括台湾海峡地区在内的中国南方,这样的混合谷物种植的史前史还存在着许多考古资料的空白。下文讨论的福建内陆新发现的谷物种植年代更早,从黄瓜山和其他地点的地层取样是否能找到这一早期阶段的遗存，还有待观察。

（三）新石器时代的闽南沿海与闽中内陆

上文讨论的诸遗址中，包含了中国东南沿海谷物种植的最早物证，这些物证对于考察从长江流域的谷物种植业向南、向沿海以及台湾的传播具有重要意义。然而，这些谷物是何时、通过何种途径（内陆或沿海）传播到福建沿海地区，仍是一个问题。尽管珠江三角洲水稻出现于距今 5000 年（Yang et al. 2016），福建南部沿海如大帽山遗址（5500—4500 BP）并没有类似的发现（Jiao 2013年）。然而，最近来自福建内陆的新证据开始填补这一空白，闽西南山遗址的最新发现表明，早在距今 5000 年左右就有大量稻米、普通小米黍、粟以及其他植物遗存（赵志军 2017；图 2）。福建西北部的葫芦山（4000—3500 BP）遗址也有大米和粟的报告（福建博物院等 2016），这一发现尚待更深入的研究报告（Deng et al. 2018）。这些遗址即将发表的进一步研究有望深入了解福建和更广泛地区谷物种植开始的时间、范围和多样性。

图 2　福建明溪县南山考古遗址（作者 2017 年 11 月 5 日拍摄）

（四）新石器时代的台湾及台湾海峡（6000—3500 BP）

与福建一样，台湾的考古记录始于更新世至全新世中期的洞穴遗址（Hung & Carson 2014），这些遗址尚未发现利用植物的遗存。除了从亮岛墓葬的牙结石中提取的未定纤维和可能的橡子淀粉（约 8000—7500 BP）（邱鸿霖等 2015）外，迄今对台湾和海峡内岛屿前新石器时代生计形态中利用植物的状况，仍知之甚少（Hung & Carson，2014）。

传统认知上，台湾新石器时代的开始年代为距今 6000 年左右，此时露天旷野遗址发现了粗绳纹陶、磨光石锛和其他新的文化因素，标志着与之前的洞穴文化传统的截然有别（Hung & Carson 2014）。年代学和类型学研究表明，这些新文化因素来自包括福建沿海在内的中国南部沿海（Hung & Carson 2014）。虽然台湾的新石器时代已被细分为几个文化阶段（表 2），但这里讨论的重点是大坌坑文化（或 TPK）的早期和晚期阶段，以及新石器时代的中期。尽管在新石器晚期遗址中发现了水稻，这对认识台湾史前谷物种植的历史有着重要意义，但这一部分超出了本文的讨论范围。

表 2　台湾及海峡岛屿新石器时代文化阶段

阶段	文化	区域	年代（BP）
新石器早期	大坌坑文化早期	全岛广布	6000—4800
	大坌坑文化晚期	全岛广布	4800—4500/4200
新石器中期	若干	区域分支	4500/4200—3500
新石器晚期	若干	区域分支	3500—2400

注：参照 Hung and Carson 2014。

1. 大坌坑文化早期，6000—4800 BP

大坌坑文化早期（约 6000—4800 BP）的聚落遗址多位于台湾南北靠近水产资源的海峡地带，这一时期贝丘和沙丘遗址的堆积都很单薄，约十分之二的遗址做了放射性碳测年，距今 6500—5300 年（Hung & Carson 2014）。台湾最早的新石器时代文化的编年尚不完全清晰。

可能由于遗址数量少、保存状况不好，大坌坑文化早期几乎没有植物利用或栽培的直接证据，虽发现大坌坑遗址陶片上有野生稻的植硅体，但没有发现其他的实体植物遗存，石锛数量很少，不见镰刀等收割工具（Hung & Carson 2014），也没有人类开发活动破坏植被环境的证据。大坌坑文化早期的聚落形成于沿海平原扩张之前，可耕地很少，先民的生计形态应该是基于野生海洋生物和陆地资源的混合经济模式（Hung & Carson 2014）。

2. 大坌坑文化晚期至新石器文化中期，4800—3500 BP

与大坌坑文化早期资料稀少相反，大坌坑文化晚期（4800—4500/4200 BP）遗址数量超过 40 处，根据器物风格的连续性可视为大坌坑文化早期的直接发展（Hung & Carson 2014）。鱼类、贝类和陆生动物遗存表明野生资源在生计经济上的持续重要性，尽管猪和狗的发现也表明家畜的出现。更重要的是，大坌坑文化晚期遗址还发现了台湾谷物种植的最早证据，在距今 4800—4200 年的台南南关里和南关里东的露天灌溉遗址有大量发现（Hung & Carson 2014；Tsang & Li 2013）。通过 7 米深的冲积物堆积层的发掘，发现了数万粒"碳化和烧焦"的谷物种子，经鉴定为水稻、粟、黍和黄小米（*Setaria glauca*）（Tsang et al. 2017）。尽管这些地点的微观植物学分析尚未取得满意的结果（Lee Tsuo ting 的个人通信，2011 年 11 月 8 日），但碳化谷物数量之多毫无疑问证明了谷物种植在生计经济中的显著重要性。当然，由于缺乏植物遗存直接的放射性碳素年代测定，这一多种谷物混合种植及其意义仍然存在疑问（Hung 2017），解决这些问题对于更深入重建台湾西南部谷物种植的早期历史至关重要。

南关里和南关里东遗址新石器时代混合谷物的使用达到了前所未有的规模，大坌坑文化晚期和新石器时代中期台湾各地发现的谷物收割工具和利用植物的遗存，更揭示了这一生计形态在岛内的广泛性。在大坌坑文化晚期首次发现了贝壳刀等潜在的谷物收割工具（Hung & Carson 2014），而后续阶段文化中石刀和石镰大量发现，表明随着时间的推移先民越来越重视作物栽培和农耕景观经营。台湾全岛包括西北部的大龙洞、芝山岩和植物园，都发现了碳化谷物和大米的痕迹，中西部的安河路，南部和西南部的凤鼻头、垦丁和三抱竹南，澎湖群岛中的赤坎 B（Deng et al. 2017；Zhang & Hung 2010）（图1）。最近对潮来桥发现的驯化稻植硅体的观察表明，最晚在距今 4200—4000 年谷物种植也至少扩展到了东海岸（Deng et al. 2017）。尽管如此，史前台湾生计经济中大米与其他植物哪个更重要，仍然是一个悬而未决的问题。

环境和聚落考古发现进一步支持大坌坑文化晚期开始的谷物种植开始扩大。如上所述，台湾海岸线的扩展似乎始于约距今 4800 年，与谷物种植的引入和推广是同时的。人类开发活动引起的植被破坏，很可能加剧了山地的侵蚀和河口的沉积（Carson 2017），而从大约距今 5000 年开始的孢粉剖面中，也可看到草本植被的增加所导致的植被变迁，也是佐证（Liew et al. 2006）。这一系列的环境变迁叠加在一起，将产生前所未有的更多耕地。也正是在这一时期，台湾的史前聚落也扩展到新出现的沿海平原，并不断扩大规模和数量（Hung & Carson 2014）。虽然这一时期澎湖列岛似乎出现了人口锐减（Bellwood 2011），但总体趋势是台湾的人口增长与谷物种植的引入同时发生，确定两者之间的因果关系将是一项重要的研究课题。

五、结语

正如一段时间以来所推测的那样（例如，Chang 1969），我们有充分的理由相信，台湾的谷物种植并不是土著文化创新的成果，而是谷物的驯化和种植实践从中国大陆的长江流域由北向南传播的一个环节。尽管由于植物遗存直接的断代数据缺乏，这一传播、扩散的速度很难估算，但考古学文化编年与水稻种植逐渐向南扩散的过程是吻合的（Silva et al. 2015；Zhang & Hung 2008，2010）。现有的文化编年表明，跨越台湾海峡并不是两岸作物种植业传播、扩散的重大障碍。事实上，如澎湖玄武岩、陶器、石器和其他新石器文化因素的跨海峡传播所表明的，在谷物种植扩展之前，面向海洋的航海技术和网络已经形成（Rolett et al. 2007；Zhang & Hung 2010，2012）。两岸相似的谷物生长条件（如气候、日照长度）可能也有助于这一扩散过程，水稻和小米混合种植也是有益的，可使土地得到更有效的利用和轮耕（Bellwood 2011）。

在台湾海峡两岸发现的大米和小米的混合谷物种植模式，有助于追踪谷物农业与人群、语言同步迁徙的过程（例如，Bellwood 2005）。最近在福建沿海和内陆发现混合谷物种植之前，台南南关里和南关里东发现的稻米和小米是该地区已知新石器时代混合谷物种植模式的最早案例。这种共生现象在一定程度上表明，台湾新石器时代早期文化是中国北方山东—江苏一带混合谷物种植社会的延伸（Fuller 2011；Sagart 2008）。尽管最近在福建发现的小米不能否定山东—江苏的联系，但现在看来，台湾的混合谷物种植模式的源头应该在今天的福建省寻找是合理的（Deng et al. 2018；另见 Sagart 2008）。

谷物种植为何以及如何在特定的时间和方式在传播、跨越台湾海峡，答案可能不是简单的。除了贸易、血缘关系和其他社会因素外，有人认为谷物种植的扩散、传播可能是由于环境和人口动力综合作用的结果（Bellwood 2005，2017）。如上所述，在全新世晚期，台湾海峡两岸的陆地和海洋景观发生了重大变化，台湾和福建沿海的河流三角洲冲积平原发展不同步，可能有助于谷物种植的推广和形成。与觅食者相比，农人较高的生育率也可能起到了一定作用（Bellwood 2005；Appel 2011）。但因这一时期福建的人口估值低、谷物种植和人类开发活动的证据不足，这一假设就变得较多不确定（Hosner et al. 2016；Jiao 2013；Zhao et al. 2017）。另一种解释模式，即与旱地耕作转移有关的扩张主义"开拓精神（frontier mentality）"的理论（Bellwood 2011），也有待通过对涉及早期耕作系统类型的耕作制度和植被历史的进一步研究来评估。最重要的是，谷物种植的扩散是一个更广阔的空间过程的一环，但其具体表现则强调了赖以发生的当地情况的重要性。无论进一步的研究结果如何，在讨论谷物种植从亚洲大陆扩展到太平洋地区的问题时，都不应忽视台湾海峡动态的陆地和海洋景观。

［致谢：我要感谢吴春明和 Barry Rolett 给予我参加会议并在会上发言的机会。我还要感谢洪晓纯对本文的修订提出的建设性意见和建议，文中的任何错误都是我自己的。我要感谢澳大利亚政府研究培训奖学金计划，为我在澳大利亚国立大学（2017—2018 年）攻读博士学位期间提供资金支持。］

参考文献

Bellwood, P. S.(2005). *First Farmers：The Origins of Agricultural Societies*. Malden, MA：Wiley-Blackwell.

Bellwood, P. S.(2011). The checkered prehistory of rice movement southwards as a domesticated cereal—from the Yangzi to the Equator. *Rice*, 4(3-4), 93-103.

Bellwood, P. S.(2017). *First Islanders：Prehistory and Human Migration in Island Southeast Asia*. Malden, MA：Wiley-Blackwell.

Bocquet-Appel, J. P.(2011). When the world's population took off：the springboard of the Neolithic Demographic Transition. *Science*, 333(6042), 560-561.

Carson, M. T.(2017). Coastal palaeo-landscapes of the Neolithic. In Bellwood, P. S., *First Islanders：Prehistory and Human Migration in Island Southeast Asia*(pp. 240-244). Malden, MA：Wiley-Blackwell.

Cavalli-Sforza, L. L.(1997). Genes, peoples, and languages. *Proceedings of the National Academy of Sciences*, 94(15), 7719-7724.

Chang, K. (1969). *Fengpitou, Tapenkeng, and the prehistory of Taiwan*. New Haven：Department of Anthropology, Yale University.

Cohen, D. J.(2014). The Neolithic of Southern China. In C. Renfrew & P. Bahn(Eds.), *The Cambridge World Prehistory 3 Volume Set*(pp. 765-781). Cambridge：Cambridge University Press.

Cohen, D. J., Bar-Yosef, O., Wu, X., Patania, I., Goldberg, P.(2017). The emergence of pottery in China：recent dating of two early pottery cave sites in South China. *Quaternary International*, 441, Part B, 36-48.

Deng, Z., Hung, H., Carson, M. T., Bellwood, P. S., Yang, S., Lu, H.(2017). The first discovery of Neolithic rice remains in eastern Taiwan：phytolith evidence from the Chaolaiqiao site. *Archaeological and Anthropological Sciences*, 1-8.

Deng, Z., Hung, H., Fan, X., Huang, Y., Lu, H.(2018). The ancient dispersal of millets in southern China：new archaeological evidence. *The Holocene*, 28(1), 34-43.

Fuller, D. Q.(2011). Pathways to Asian civilizations：tracing the origins and spread of rice and rice cultures. *Rice*, 4(3-4), 78-92.

Fuller, D. Q., & Lucas, L.(2017). Adapting crops, landscapes, and food choices：patterns in the dispersal of domesticated plants across Eurasia. In N. Boivin, M. Petraglia, R. Crassard(Eds.), *Human Dispersal and Species Movement*(pp. 304-331). Cambridge：Cambridge University Press.

Guedes, J. A., Austermann, J., Mitrovica, J. X.(2016). Lost foraging opportunities for East Asian hunter-gatherers due to rising sea level since the Last Glacial Maximum. *Geoarchaeology*, *31*（4），255-266.

He, K., Lu, H., Zhang, J., Wang, C., Huan, X.(2017). Prehistoric evolution of the dualistic structure mixed rice and millet farming in China. *The Holocene*, *27*（12），1885-1898.

Hosner, D., Wagner, M., Tarasov, P. E., Chen, X., Leipe, C.(2016). Spatiotemporal distribution patterns of archaeological sites in China during the Neolithic and Bronze Age: an overview. *The Holocene*, *26*（10），1576-1593.

Hung, H.(2017). Neolithic cultures in Southeast China, Taiwan, and Luzon. In Bellwood, P. S., *First Islanders: Prehistory and Human Migration in Island Southeast Asia*(pp. 234-240). Malden, MA: Wiley-Blackwell.

Hung, H., & Carson, M. T.(2014). Foragers, fishers and farmers: origins of the Taiwanese Neolithic. *Antiquity*, *88*(342), 1115-1131.

Jiao, T.(2013). The Neolithic of Southeast China. In A. P. Underhill(Ed.), *A companion to Chinese archaeology* (pp. 599-612). Chichester, West Sussex: John Wiley & Sons Inc.

Jiao, T.(2016). Toward an alternative perspective on the foraging and low-level food production on the coast of China. *Quaternary International*, *419*, 54-61.

Lee, C. Y., Liew, P. M., Lee, T. Q.(2010). Pollen records from southern Taiwan: implications for East Asian summer monsoon variation during the Holocene. *The Holocene*, *20*(1), 81-89.

Liew, P. M., Huang, S. Y., Kuo, C. M.(2006). Pollen stratigraphy, vegetation and environment of the last glacial and Holocene: a record from Toushe Basin, Central Taiwan. *Quaternary International*, *147*(1), 16-33.

Liu, L., & Chen, X.(2012). *The Archaeology of China: From the Late Paleolithic to the Early Bronze Age*. Cambridge: Cambridge University Press.

Ma, T., Tarasov, P. E., Zheng, Z., Han, A., Huang, K.(2016). Pollen-and charcoal-based evidence for climatic and human impact on vegetation in the northern edge of Wuyi Mountains, China, during the last 8200 years. *The Holocene*, *26*(10), 1616-1626.

Ma, T., Zheng, Z., Rolett, B. V., Lin, G., Zhang, G., Yue, Y.(2016). New evidence for Neolithic rice cultivation and Holocene environmental change in the Fuzhou Basin, Southeast China. *Vegetation History and Archaeobotany*, *25*(4), 375-386.

Nakamura, S.(2010). The origin of rice cultivation in the Lower Yangtze Region, China. *Archaeological and Anthropological Sciences*, *2*(2), 107-113.

Rolett, B. V., Guo, Z., Jiao, T.(2007). Geological sourcing of volcanic stone adzes from Neolithic sites in Southeast China. *Asian Perspectives*, *46*(2), 275-297.

Rolett, B. V., Zheng, Z., Yue, Y.(2011). Holocene sea-level change and the emergence of Neolithic seafaring in the Fuzhou Basin(Fujian, China).*Quaternary Science Reviews*, *30*(7-8), 788-797.

Sagart, L.(2008). The expansion of Setaria farmers in East Asia: a linguistic and archaeological model. In A. Sanchez-Mazas, R. Blench, M. D. Ross, I. Peiros, & M.Lin(Eds.), *Past human migrations in East Asia: matching archaeology, linguistics and genetics*(pp. 133-157). London: Routledge.

Silva, F., Stevens, C. J., Weisskopf, A., Castillo, C., Qin, L., Bevan, A., Fuller, D. Q.(2015). Modelling the geographical origin of rice cultivation in Asia using the Rice Archaeological Database. *PLOS ONE*, *10*(9), e0137024.

Smith, B. D.(2001). Low-level food production. *Journal of Archaeological Research*, *9*(1), 1-43.

Tsang, C., & Li, K.(2013). *Archaeological Heritage in Tainan Science Park of Taiwan*, *1*. Taidong City: National Taiwan Museum of Prehistory.

Tsang, C., Li, K. T., Hsu, T. F., Tsai, Y. C., Fang, P. H., Hsing, Y. I. C.(2017). Broomcorn and foxtail millet were cultivated in Taiwan about 5000 years ago. *Botanical Studies*, *58*(1), 3.

Tsukada, M.(1967). Vegetation in subtropical Formosa during the Pleistocene glaciations and the Holocene. *Palaeogeog-*

raphy，*Palaeoclimatology*，*Palaeoecology*，3，49-64.

Wang，C.，Lu，H.，Zhang，J.，He，K.，Huan，X.(2016). Macro-process of past plant subsistence from the Upper Paleolithic to Middle Neolithic in China：a quantitative analysis of multi-archaeobotanical data. *PLOS ONE*，11(2)，e0148136.

Wang，P.，& Sun，X.(1994). Last Glacial Maximum in China：comparison between land and sea. *CATENA*，23(3)，341-353.

Wu，Y.，Mao，L.，Wang，C.，Zhang，J.，Zhao，Z.(2016). Phytolith evidence suggests early domesticated rice since 5600 cal a BP on Hainan Island of South China. *Quaternary International*，426，120-125.

Yang，X.，Barton，H. J.，Wan，Z.，Li，Q.，Ma，Z.，Li，M.，Zhang，D.，Wei，J.(2013). Sago-type palms were an important plant food prior to rice in southern subtropical China. *PLOS ONE*，8(5)，e63148.

Yang，X.，Wang，W.，Zhuang，Y.，Li，Z.，Ma，Z.，Ma，Y.，Cui，Y.，Wei，J.，Fuller，D. Q.(2016). New radio-carbon evidence on early rice consumption and farming in South China. *The Holocene*，27(7)，1045-1051.

Yue，Y.，Zheng，Z.，Huang，K.，Chevalier，M.，Chase，B. M.，Carré，M.，Ledru，M.，Cheddadi，R.(2012). A continuous record of vegetation and climate change over the past 50,000 years in the Fujian Province of eastern subtropical China. *Palaeogeography*，*Palaeoclimatology*，*Palaeoecology*，365-366，115-123.

Yue，Y.，Zheng，Z.，Rolett，B. V.，Ma，T.，Chen，C.，Huang，K.，Lin，G.，Zhu，G.，Cheddadi，R.(2015). Holocene vegetation, environment and anthropogenic influence in the Fuzhou Basin, Southeast China. *Journal of Asian Earth Sciences*，99 (Supplement C)，85-94.

Zhang，C.，& Hung，H.(2008). The Neolithic of southern China：origin，development，and dispersal. *Asian Perspectives*，47(2)，299-329.

Zhang，C.，& Hung，H.(2010). The emergence of agriculture in southern China. *Antiquity*，84 (323)，11-25.

Zhang，C.，& Hung，H.(2012). Later hunter-gatherers in southern China, 18,000-3000 BC. *Antiquity*，86 (331)，11-29.

Zhao，C.，Wu，X.，Wang，T.，Yuan，X.(2004). Early polished stone tools in South China evidence of the transition from Palaeolithic to Neolithic. *Documenta Praehistorica*，31 (0)，131.

Zhao，L.，Ma，C.，Leipe，C.，Long，T.，Liu，K.，Lu，H.，Tang，L.，Zhang，Y.，Wagner，M.，Tarasov，P. E.(2017). Holocene vegetation dynamics in response to climate change and human activities derived from pollen and charcoal records from southeastern China. *Palaeogeography*，*Palaeoclimatology*，*Palaeoecology*，485，644-660.

Zhao，Z.(2011). New archaeobotanic data for the study of the origins of agriculture in China. *Current Anthropology*，52(S4)，S295-S306.

Zong，Y.(2004). Mid-Holocene sea-level highstand along the Southeast coast of China. *Quaternary International*，117(1)，55-67.

福建博物院、厦门大学历史系、武夷山市博物馆,2016,《福建武夷山市葫芦山遗址2014年发掘简报》,《东南文化》2期,第19-36页。

林公务,2005,《福建沿海新石器时代文化综述》,载《中国东南沿海岛屿考古学研讨会论文集》,"连江县政府文化局",第75-90页。

邱鸿霖、陈仲玉、游镇烽,2015,《马祖亮岛岛尾遗址群综合研究计划:成果报告》,新竹:台湾清华大学人类学研究所,第1-274页。

吴梦洋、葛威、陈兆善,2016,《海洋性聚落先民的食物结构:昙石山遗址新石器时代晚期人骨的碳氮稳定同位素分析》,《人类学学报》35卷2期,第246-256页。

赵志军,2017,《从南山遗址浮选结果谈古代海洋通道》,"中国东南及环太平洋地区史前考古国际学术研讨会"论文。

A12 从几何形印纹陶看台湾海峡两岸的早期文化交流

付 琳

（厦门大学考古学系）

几何形印纹陶是华南、东南亚地区新石器时代至早期铁器时代最具特色的文化因素之一。林惠祥和吕荣芳很早即认识到几何形印纹陶在中国东南地区史前及上古文化发展中的重要地位[1]。1978年在江西省庐山专门召开了"江南地区印纹陶问题"学术讨论会，专论江南地区几何形印纹陶遗存的相关问题[2]。李伯谦[3]、彭适凡[4]等学者也先后对其展开较为深入的研究。在学者对于华南几何形印纹陶遗存所做的分区研究中，闽台区被视为一个具有较强共性的分区[5]。然而，通过对台湾海峡两岸的几何形印纹陶遗存发展脉络进行梳理，可以发现在闽江流域和台湾岛新石器时代至早期铁器时代的考古学文化中，几何形印纹陶遗存实际上有着不同的发展轨迹。对之进行探索，有助于了解几何形印纹陶在闽台地区的发展历程，以及在台湾海峡两岸早期文化交流中扮演的角色。

一、闽江流域几何形印纹陶的发展脉络

在闽江流域的新石器时代、青铜时代和早期铁器时代文化中，几何形印纹陶的发展脉络可分为三个阶段。第一阶段的年代范围是距今约4800年或稍早至3500年，属于萌生和初步发展期。第二阶段年代范围是距今约3500至3000年，属于兴盛期。第三阶段年代范围是距今约3000至2000年，属于衰落和消亡期。

闽江流域的文化区系可分做内陆与沿海两大块，闽江上游地区和闽江下游地区的古文化面貌既存在一定区别，又具有十分密切的联系。位处武夷山脉东南侧闽江上游地区的新石器至早期铁器时代的文化发展序列，大致可以归纳为牛鼻山类型、马岭类型、白主段类型、以管九村土墩墓为代表的周代遗存和以城村汉城遗址为代表的闽越国文化遗存。面向台湾海峡北部的闽江下游地区的新石器至早期铁器时代的文化发展序列，则可大致归纳为壳丘头文化、昙石山下层遗存、昙石山文化、黄瓜山类型、黄土仑类型，在黄土仑类型结束后的周汉时期，本地的文化内涵已与闽江上游地区无异。

在距今约6500至5000年的壳丘头文化与昙石山下层遗存中，陶器的纹饰以刻划纹、戳点纹、贝印纹，和拍印绳纹、麻点纹为主，虽然也可以把戳印的圆点纹作为几何形印纹的一种，但其与拍印的几何形纹饰还是存在较大的差异。在这一阶段拍印几何形纹饰在陶器装饰中尚未出现。

距今约5000至4000年之间，是闽江流域几何形印纹陶的发生期，在昙石山文化中开始出现少

量拍印的方格纹、梯格纹、叶脉纹和席纹（图1:1~8）。依据昙石山文化墓葬的分期研究成果[6]，可知从昙石山文化第二期墓葬中开始出现几何形印纹陶，第三、四、五期均有延续，但数量只有寥寥几件。参考学界对于昙石山文化存续年代的一般认识[7]，现阶段可将闽江下游地区几何形印纹陶出现的时间推定在距今4500年以前，年代上限或可到4800年左右。在闽江上游地区牛鼻山类型上层墓葬的陶器中也见有少量拍印梯格纹或叶脉纹的陶壶和陶罐（图1:9、10）[8]，年代大致与其北部仙霞岭山麓地带的好川文化相接近。在好川文化墓葬中见有拍印叶脉纹和曲折纹的陶罐（图1:11、12）[9]，年代上限约为距今4800年。从华南大陆的整体情况来看，闽江流域几何形印纹陶发生的时间，大致与赣都地区的山背下层遗存和筑卫城下层遗存以及岭南地区的石峡文化和涌浪类型相当，应当是最早一批几何形印纹陶的发生地之一。本阶段几何形印纹的特点是，单体纹样不甚规整，拍印手法也较为随意，许多纹样可能受到了早期刻划或戳印纹饰的影响。从昙石山文化不同阶段的印纹形制来看，方格纹可能脱胎于网格纹。

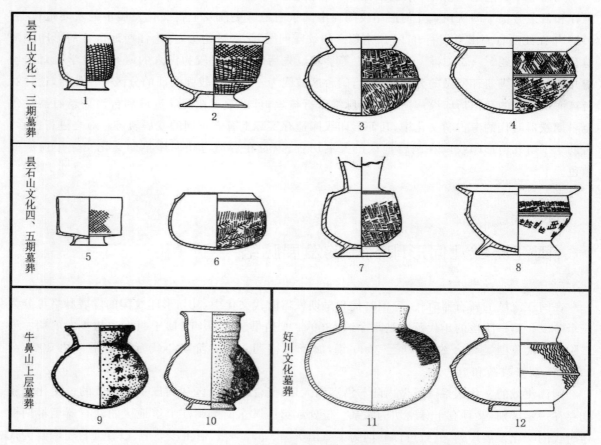

图1 昙石山文化、牛鼻山上层墓葬和好川文化的几何形印纹陶

注:1.昙石山M109:1,2.昙石山M119:5,3.昙石山M137:1,4.昙石山M130:14,5.昙石山M22:4,6.昙石山M101:2,7.昙石山M104:2,8.昙石山M126:2,9.牛鼻山M16:6,10.牛鼻山M2:5,11.好川M71:7,12.好川M52:9（1、2、5.方格纹,3、7.席纹,4、8、10.梯格纹,6、9、11.叶脉纹,12.曲折纹）。

闽江下游及闽东地区黄瓜山类型和闽江上游地区马岭类型的年代大致处于距今约4000至3500年间，在这一时间段内本区的几何形印纹陶遗存稳步发展。虽然拍印纹饰在黄瓜山类型和马岭类型陶器的装饰风格中均非主流，但拍印的几何形纹样却一直延续，且在陶器纹饰中所占的比例较此前有所提高（图2:1~10）。据黄运明研究，方格纹、席纹和云雷纹是马岭类型陶器的三个主要纹饰,此外也见编织纹、曲折纹等拍印的几何形纹饰,而在陶器表面施衣是马岭类型最具特色的文化内涵[10]。若细致观察,在部分马岭类型陶器的黑衣或红衣之下,不难发现拍印的几何形纹饰(图2:1、2)[11]。在黄瓜山类型陶器中,除拍印的方格纹、叶脉纹、栅篱纹和云雷纹外(图2:7~10),在陶器器表做几何形彩绘是其一大特征,图案有方格纹、网格纹、云雷纹、折线纹、勾连纹、平行线纹、斜线三角纹和大量由上述单体纹样构图组合的复合纹样。总之,在这一时间段内几何形印纹陶在闽江流域得到了初步发展,一些新的几何形纹样出现,并以不同手法装饰在陶器上,为下一阶段几何形印纹陶在本区的迅猛发展奠定了重要基础。

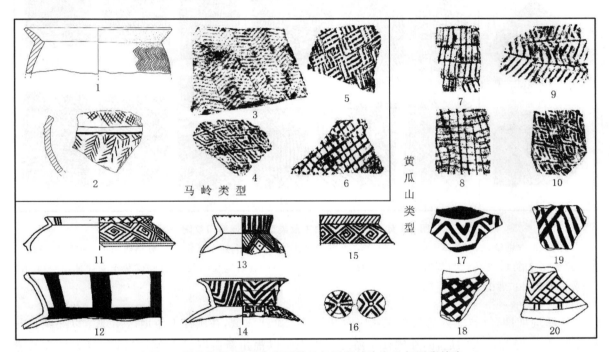

图 2 马岭类型、黄瓜山类型的几何形印纹陶和几何形彩绘陶

注:拍印纹饰:1.曲折纹,2.网格纹与叶脉纹,3、9.叶脉纹,4、10.云雷纹,5.席纹,6、8.方格纹,7.栅篱纹;彩绘纹饰:11.雷纹与网格纹,12.方格纹,13.竖条纹、重线三角纹与方格填点纹,14.折线纹与雷纹,15.雷纹与平行斜线纹,16.勾连文,17.折线纹与直线纹,18.网格纹,19.平行斜线纹,20.折线纹与网格纹。(1~6.出自武夷山葫芦山遗址第二期遗存,7~20.出自闽侯县石山遗址第三大期遗存)。

本区的几何形印纹陶兴盛于约当中原地区商代到商周之际的黄土仑类型和白主段类型阶段,此时施衣或彩绘的装饰技法在本区已不再流行,拍印的几何形纹饰成为闽江流域硬陶器装饰技法的绝对主流。拍印的云雷纹、变体雷纹、方格纹、席纹、回纹、曲折纹、菱形填线纹,和云雷纹与方格纹的组合纹饰以及各种几何形印纹与绳纹、篮纹或刻划纹的组合纹饰大量流行(图3)。在属于白主段类型的福建光泽池湖村积谷山遗址第③层出土陶片中,装饰几何形拍印纹的陶片数量占总数的约47%,仅次于素面陶片,比例是装饰绳纹、篮纹陶片的数十倍之多[12]。最近,江西鹰潭角山窑址发掘资料的全面披露[13],为光泽池湖村白主段类型大墓出土精美的几何形印纹硬陶器找到了极有可能的产地窑口。闽江下游福州盆地内闽侯黄土仑墓葬出土陶器上拍印云雷纹和方格纹的比例也非常高[14]。绝大部分属于黄土仑类型的闽侯县石山遗址第四期遗存的情况与黄土仑墓葬相类似。而且不仅在福州盆地,在这一阶段闽江口外的近海岛屿也是几何形印纹陶的重要分布区,20世纪90年代福州市文物考古队和厦门大学考古专业已在平潭岛联合调查发现多处属于黄土仑类型的遗址[15]，近几年来福建博物院文物考古研究所发掘清理平潭龟山遗址、东花丘遗址及墓葬和凤美门球场墓葬出土黄土仑类型的几何形印纹陶[16]与福州盆地所见者如出一辙。约在距今 3500 至 3000 年间，装饰有拍印几何形纹样的硬陶器以席卷之势风行于闽江流域及邻近地区。

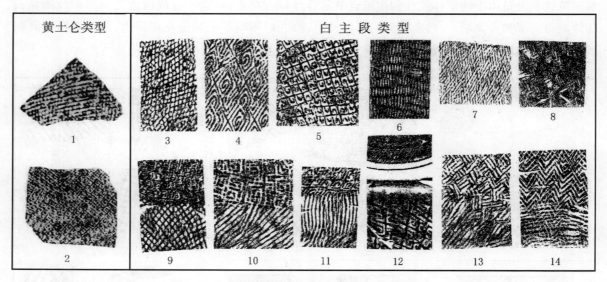

图 3　黄土仑类型与白主段类型的几何形印纹陶

注：1、3.方格纹，2、5.变体雷纹，4.云雷纹，6.网状纹，7.席纹，8.曲折纹，9.云雷纹与方格纹，10.云雷纹与绳纹，11.云雷纹与篮纹，12.雷纹与刻划三角纹，13.席纹与篮纹，14.曲折纹与绳纹（1、2.出自闽侯黄土仑遗址，3～14.出自光泽池湖村积谷山遗址）。

从西周前期开始，北方的吴越文化因素开始渗入闽江流域，在闽江上游地区出现了以浦城管九村土墩墓[17]等为代表的遗存，在闽江下游地区出现了以福州新店罗汉山 M7、M8[18]等为代表的遗存。这是闽江流域古文化一个重要新阶段的开始，一方面真正的青铜器在闽江流域出现，另一方面代表新风尚的原始瓷技术愈发成熟。不仅在盛食器方面本区开始流行使用原始瓷豆、盂，连一些可能带有礼器含义的盛储器器形，如鼓腹罐也开始使用原始瓷质地。值得注意的是，部分原始瓷罐类器的釉下仍见拍印席纹或方格纹（图 4：1、2）[19]，且几何形印纹硬陶器还是遗址与墓葬中所见盛储器的大宗。从西周晚期到春秋时期开始，区内几何形印纹的应用开始局限于少数几类陶罐上，且纹样愈发规整、刻板，以小型席纹居多（图 4：3、4）[20]。闽江流域的几何形印纹陶在春秋晚期至汉初闽越国时期急剧衰落，纹样大多止于硬陶坛、罐上的小方格纹或麻布纹（图 4：5），彻底丧失了活力。仅在武夷山市城村汉城遗址[21]和福州市屏山遗址[22]中闽越国高等级建筑基址出土的部分陶质建筑材料上有所运用（图 4：6～8），是这一在本区持续近三千年的陶器装饰风格传统之变体。几何形印纹陶随着闽越国的灭亡和汉文化因素，尤其是釉陶器和成熟瓷器大量进入闽江流域，并逐渐形成自身的瓷器制造产业，而最终走向消亡。

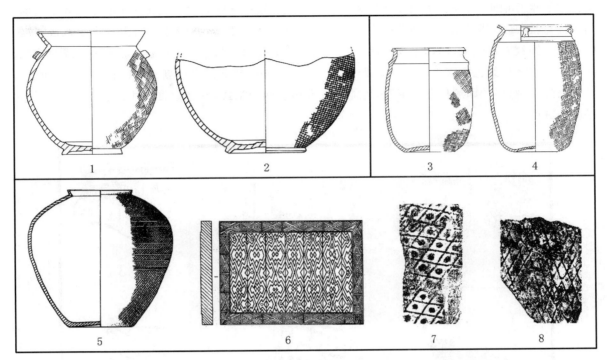

图 4　闽江流域周、汉时期的几何形印纹陶

注:1.原始瓷席纹鼓腹罐,2.原始瓷方格纹鼓腹罐,3、4.硬陶席纹筒腹罐,5.硬陶小方格纹瓮,6.几何形花纹铺地砖,7.菱形乳钉纹瓦,8.菱格纹瓦(1、2.出自武夷山岗头西周早中期 M1,3、4.出自武夷山葫芦山西周晚期至春秋早期 2016M1,5~8.出自武夷山西汉早期城村汉城遗址)。

二、台湾岛几何形印纹陶的发展脉络

在台湾岛新石器时代至早期铁器时代的考古学文化中,几何形印纹陶的发展脉络大致可以公元前后为界划分为两个阶段。第一阶段年代范围是距今约 4500 至 2000 年,为萌生与初步发展期。第二阶段的年代范围是距今约 2000 至 200 年,为持续发展期。

台湾岛的史前文化大致可以分作北部、中部、南部和东部及东南部四个基本分区。北部地区新石器至早期铁器时代的文化序列,可大致归纳为大坌坑文化、讯塘埔文化、芝山岩文化与圆山文化、植物园文化、十三行文化。中部地区相应的文化序列,可大致归纳为大坌坑文化、牛骂头文化、营埔文化、番仔园文化。南部地区相应的文化序列,可大致归纳为大坌坑文化、牛稠子文化、大湖文化、茑松文化。东部及东南部地区相应的文化序列,可大致归纳为大坌坑文化、东部绳纹陶文化、卑南文化、三和文化和静浦文化。至于距今几百年以来的部分早期铁器文化类型所代表的族群,已可以同民族志甚至现生原住民群体相对应,而以族群名称命名之。

在台湾岛的大坌坑文化和海峡西岸的壳丘头文化、昙石山下层遗存阶段,两岸陶器均以拍印绳纹为主要装饰手法,拍印的几何形纹样尚未出现。到距今 4500 年前后,台湾岛各地的大坌坑文化陆续转变为新石器时代中期的讯塘埔文化、牛骂头文化、牛稠子文化和东部绳纹陶文化[23],在这些文化中均开始出现少量拍印、刻划或彩绘的方格纹、网格纹(图 4)[24]。在台湾岛北部的讯塘埔文化陶器中发现有拍印方格纹、刻划方格纹和几何形红色彩绘等此前大坌坑文化所不具备的陶器内涵。据统计，台湾岛中部彰化县牛埔遗址牛骂头文化层出土陶片中，素面陶比例约占七成至八成，纹饰陶中拍印绳纹者占绝大多数，发现拍印方格纹的陶片6片，值得注意的是无论素面陶抑或纹饰陶，外部均常施一层红色陶衣[25]。可知在距今约4500至3500年间的台湾新石器时代中期，几何形印纹陶已经出现，但拍印纹样非常局限，可能只有方格纹和网格纹，其在纹饰陶中所占的数量比例也是微乎其微。

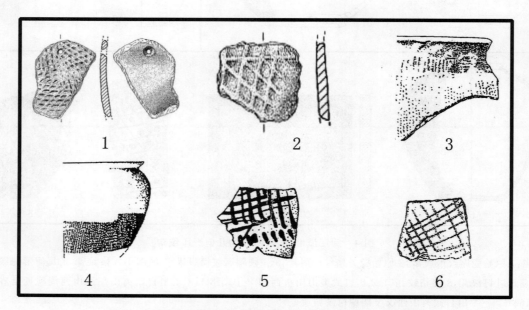

图5　台湾岛新石器时代中期拍印、彩绘与刻划的几何形纹样

注：1、2.拍印方格纹，3、4.拍印网格纹，5.彩绘方格纹，6.刻划方格纹，（1、2.讯塘埔文化，3.牛骂头文化，4、5.牛稠子文化，6.东部绳纹陶文化）。

在距今3500年前后，台湾岛进入新石器时代晚期。台湾岛北部芝山岩文化的陶器装饰除存在少量拍印不甚规整的方格纹、长方格纹和菱格纹外（图6：6～8），还有一定数量的几何形彩绘纹样。彩绘以数条黑彩平行线组合构图为主，形成三角形或长方形，又或交叉、交汇形成网格纹或编织纹（图6：1～3），也有叶状植物彩绘（图6：4），部分细而直的线条可能是用蘸有颜料的细线压上去的（图6：5）[26]。台湾岛南部凤鼻头遗址及鹅銮鼻第二遗址出土陶器装饰方面，除见少量拍印方格纹外，也发现有几何形彩绘纹样，与芝山岩文化的彩绘陶纹样有相似之处也有所差别[27]。在这一阶段台湾岛北部圆山文化、中部营埔文化、南部大湖文化和东部及东南部卑南文化的陶器中绳纹几近消亡，素面陶盛行，几何形印纹陶在上述各支文化中均不同程度存在，但比例都不高。到台湾岛北部圆山文化结束后的植物园文化中，方格纹、长方格纹、梯格纹、曲折纹和叶脉纹等拍印的几何形纹样，才开始在陶器纹饰中占据较为可观的比例（图6：9、10）[28]。

在距今2000年前后，台湾岛从新石器时代跨入早期铁器时代，或所谓的"金属器与金石并用时代"，并且一直延续发展到二三百年前。与海峡西岸情况不同，在本阶段台湾岛早期铁器时代的诸文化中，几何形印纹陶不但没有消亡，还得到了持续发展。台湾岛北部十三行文化的日用陶器以红褐色夹砂陶为主，外表拍印几何形纹饰是十三行文化陶器装饰的主流。拍印纹样方面已比植物园文化丰富许多，即使同类纹样的具体形制也有所差异，如十三行文化的方格纹有时是圆角方格、方格圆心或方格加点，而且相比植物园文化的单一印纹，十三行文化中出现了组合印纹和一些更为复

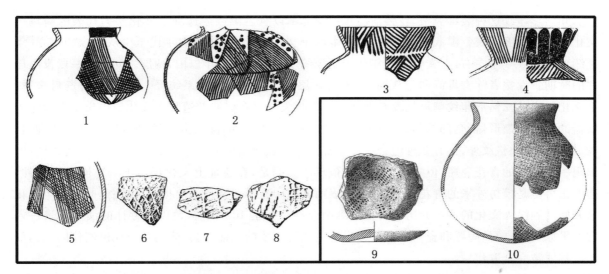

图 6   台湾岛新石器时代晚期彩绘和拍印的几何形纹样

注:1.彩绘平行线交叉网格纹,2.彩绘三角填线纹与圈点纹,3.彩绘平行线编织纹,4.彩绘平行线与叶状纹,5.彩绘平行细线交叉网格纹,6.拍印菱格纹,7、9.拍印长方格纹,8、10.拍印方格纹(1~8.出自台北芝山岩遗址,9、10.出自台北植物园遗址)。

杂的拍印或压印纹样(图7)[29]。从台中县水尾溪畔遗址[30]和鹿寮遗址[31]的情况来看,台湾岛中部番仔园文化的几何形印纹陶比例也较可观,常见纹样有拍印的方格纹、叶脉纹(鱼骨纹)和锯齿纹等。而同期台湾岛南部茑松文化、东部静埔文化及东南部三和文化中的几何形印纹陶,则显得不那么发达,而以素面红陶占据优势。

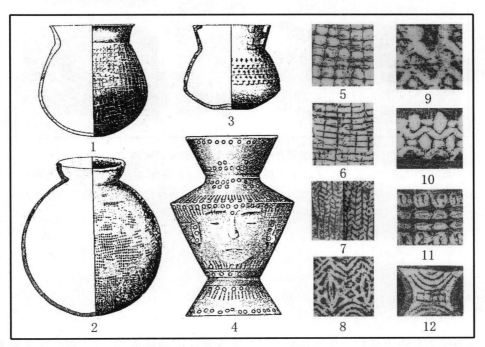

图 7   十三行文化的几何形印纹陶

注:1、2、5.方格纹,3.几何形花纹,4.人面纹与几何形花纹,6.长方格纹,7.叶脉纹(鱼骨纹),8~12.几何形花纹(均出自台北十三行遗址)。

几何形印纹这种装饰风格，在台湾岛东海岸北部以宜兰淇武兰遗址上文化层为代表的噶玛兰文化中得到高度发展。淇武兰遗址含有上、下两个文化层，下文化层的年代至少从距今约1500年延续到距今800年左右，上文化层的年代为距今约600年至100年以内，两层之间相隔一段没人居住的时期。发掘者陈有贝倾向于认为上、下文化层属于同一个文化系统[32]。从已有的资料来看，下文化层中的几何形印纹陶可能没有上文化层那样发达。在淇武兰遗址上文化层中出土大量作为炊器的陶罐和甗形器，全部拍印几何形纹饰。在拍印纹样方面，除了方格纹、网格纹、菱形纹、曲折纹、锯齿纹和梯格纹外，还有多种组合纹样和部分象形纹饰（图8）[33]。在淇武兰遗址上文化层，已出现一批外来的青花瓷瓶，但多见于墓葬。值得注意的是，在遗址上文化层出土陶质圈足碗1件，造型很可能是模仿外来的青花瓷碗，但器身表面又拍印有本地特色的曲折纹，说明此时噶玛兰文化已开始受到汉人文化的冲击并出现转变。到距今约200至100年前，数以十万计的汉人大量进入宜兰平原，外来的釉陶器和瓷器日渐成为噶玛兰族群主要的生活器具，噶玛兰原住民制作的几何形印纹陶才被完全取代。

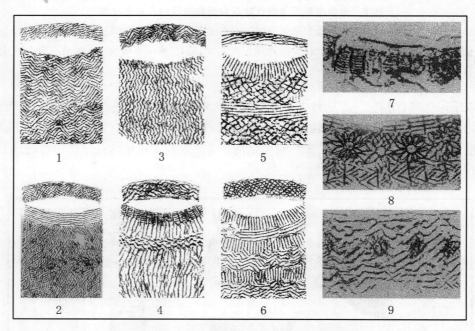

图8　宜兰淇武兰遗址出土的几何形印纹陶

注：1.曲折纹，2.复线菱格纹，3.波浪纹，4.梯格纹、直条纹与曲折纹，5.直条纹、网格纹与横条纹，6.网格纹、直条纹、横条纹与曲折纹，7.木梯纹与曲折纹，8.花朵纹、梯格纹与曲折纹，9.眼睛纹与曲折纹。

三、比较与讨论

通过对台湾海峡两岸早期文化中几何形印纹陶发展脉络的梳理，可以发现闽江流域和台湾岛的几何形印纹陶发展历程有明显区别，但也显示出一些重要的文化交流线索。早在壳丘头文化、昙石山下层遗存和大坌坑文化中海峡两岸之间已存在较多相似的文化因素，展现出两岸早期文化的交流自距今5000年以前即已频繁进行。在闽江流域的昙石山文化中从距今约4800年前开始陆续

出现拍印的方格纹、席纹、梯格纹等几何形纹饰,而台湾岛新石器时代中期的诸文化类型也在距今
4500年前后出现了拍印的方格纹[34]。郭素秋曾指出台湾岛新石器时代中期突然出现大量宽沿浅
盘豆、器腹施有一圈凸脊的陶容器和陶支脚等因素,应与昙石山文化的影响有关[35]。在这种背景
下,可以推断方格纹等几何形拍印纹饰在台湾岛这一阶段的出现,也很有可能是受到海峡西岸昙石
山文化影响的结果。

在讯塘埔文化晚期阶段出现了少量红色平行线列、V形和方格彩绘纹饰,这与昙石山文化阶
段的彩绘宽带或卵点纹不同。几何形彩绘是闽江下游至闽东地区黄瓜山类型陶器的主要装饰技
法,由于讯塘埔文化晚期阶段与黄瓜山类型的年代基本相当,故而两者之间存在交流的可能。更有
说服力的是,在稍晚阶段芝山岩文化陶器的彩绘纹样中,存在和黄瓜山类型彩绘纹样十分接近者,
特别是由平行线交叉或交会构成的各种图案,说明黄瓜山类型的彩绘陶对于台湾岛新石器时代中、
晚期文化存在过影响。不过必须指出,台湾岛新石器时代中、晚期诸文化的彩绘几何形纹饰和拍印
几何形纹饰,均不见闽江流域自黄瓜山类型至商周阶段常见的云雷纹样,具有明显的本地特色,可
能也与台湾岛受到华北及长江中下游地区青铜文化影响较少有很大关系。

闽江流域的几何形印纹陶在距今3500至3000年之间最为兴盛,这与东南地区的整体情况基
本一致。在这一时期北到太湖地区、西至洞庭湖和鄱阳湖地区、南达珠江三角洲地区均有其土著
的、较为发达的几何形印纹陶文化类型,其中最为重要的几何形印纹陶分区和这种风尚的中心地带
很可能在今闽浙赣皖邻境地区,应当是北方和赣鄱地区的青铜文化与本地印纹陶文化传统以及窑
业资源相碰撞与结合的产物。不过,当这种风潮传至东南沿海地带和近海岛屿后,继续向台湾岛及
海外的影响与传递已不是非常强势,并且存在"以时间换空间"所带来的滞后性。这种传递在周汉
时期闽江流域自身的几何形印纹陶已开始丧失活力几至消亡时还在继续,国直分一很早便指出植
物园文化中的几何形印纹陶因素可能来自以福建为主的中国大陆东南地区[36],刘益昌进一步指出
这是在大陆几何形印纹陶文化的晚期才传入台北盆地的[37]。

台湾岛几何形印纹陶的兴盛是在部分早期铁器时代的文化类型中,如前文介绍的十三行文化、
番仔园文化和以淇武兰遗址上文化层为代表的噶玛兰文化。在这一阶段的东南大陆地区几何形印
纹陶已被成熟瓷器和釉陶器所替代而没有了生存空间。值得注意的是,即使在台湾岛几何形印纹
陶持续发展以至在某些族群文化中达到风行程度的时期,其制法仍旧采用手制捏塑、拼接和拍打成
形,然后直接露天堆烧。这显然不利于产品生产提高效率和降低废品率,而且从产品的分布情况来
看,也没有发现因产业化而导致明显的大规模贸易网络出现,说明台湾岛的几何形印纹陶始终处于
原始制陶阶段。当然,台湾岛的几何形印纹陶对于菲律宾等地的影响是有存在的,但与本文主旨无
关,可在今后探讨。

台湾海峡两岸几何形印纹陶遗存均展现出华南、东南亚地区土著文化重要的原生特质,代表了
跨区域海洋地带土著族群的基本审美。海峡两岸几何形印纹陶发展轨迹的差异,特别是流行时段
的错位,主要是因为在与北方文化互动的过程中,土著的几何形印纹陶会逐渐被原始瓷器、釉陶器
和成熟瓷器所替代。闽江流域约在公元前后基本完成了这一更替过程,而台湾早期文化地处孤岛,
相对隔绝的海洋环境,使得在距今2000年以来的早期铁器时代,几何形印纹陶仍能持续发展。这
些几何形印纹陶遗存是植根于台湾岛新石器时代文化基础上的继续发展,只受到了海峡西岸昙石
山文化、黄瓜山类型、黄土仑类型等文化的间接影响,所受同期汉人文化因素的影响也非常有限,共
出的硬陶器、釉陶器和瓷器均为舶来品。直到近二百年来汉民的大量进入和瓷器的普遍使用,才使
得台湾的原始制陶活动和几何形印纹陶器最终走向消亡。

注释

[1]吴春明：《林惠祥的考古生涯及学术思想》，《文物天地》1992年第4期；吕荣芳：《中国东南区新石器文化特征之一：印纹陶》，《厦门大学学报》1959年第2期。

[2]文物编辑委员会：《文物集刊》第3集，文物出版社，1981年。

[3]李伯谦：《我国南方几何形印纹陶遗存的分区、分期及其有关问题》，《北京大学学报（哲学社会科学版）》1981年第1期。

[4]彭适凡：《中国南方古代印纹陶》，文物出版社，1987年。

[5]李伯谦：《我国南方几何形印纹陶遗存的分区、分期及其有关问题》，《北京大学学报（哲学社会科学版）》1981年第1期。

[6]福建博物院、福建省昙石山遗址博物馆：《昙石山遗址：福建省昙石山遗址1954～2004年发掘报告》，第186～194页，海峡书局，2015年。

[7]中国社会科学院考古研究所：《中国考古学·新石器时代卷》，第713页，中国社会科学出版社，2010年。

[8]福建省博物馆：《福建浦城县牛鼻山新石器时代遗址第一、二次发掘》，《考古学报》1996年第2期。

[9]浙江省文物考古研究所、遂昌县文物管理委员会：《好川墓地》，文物出版社，2001年。

[10]黄运明：《马岭文化的初步分析》，《百越研究》第四辑，厦门大学出版社，2015年。

[11]福建博物院、厦门大学历史系、武夷山市博物馆：《福建武夷山市葫芦山遗址2014年发掘简报》，《东南文化》2016年第2期。

[12]福建博物院：《福建光泽池湖商周遗址及墓葬》，《东南考古研究》第三辑，厦门大学出版社，2003年。

[13]江西省文物考古研究院、鹰潭市博物馆：《角山窑址——1983～2007年考古发掘报告》，文物出版社，2017年。

[14]福建省博物馆：《福建闽侯黄土仑遗址发掘简报》，《文物》1984年第4期。

[15]福州市文物考古队、厦门大学考古专业：《1992年福建平潭岛考古调查新收获》，《考古》1995年第7期。

[16]福建博物院文物考古研究所2017年发掘资料。

[17]福建博物院、福建闽越王城博物馆：《福建浦城县管九村土墩墓群》，《考古》2007年第7期。

[18]福州市文物考古工作队：《福州市新店罗汉山商周遗址2008年度考古发掘简报》，《福建文博》2014年第4期。

[19]福建博物院、武夷山市博物馆：《武夷山市兴田镇岗头西周土墩墓发掘简报》，《福建文博》2017年第2期。

[20]福建博物院、厦门大学历史系考古专业、南平市博物馆、武夷山市博物馆：《福建武夷山市葫芦山遗址2016年发掘简报》，《福建文博》待刊。

[21]福建博物院、福建闽越王城博物馆：《武夷山城村汉城遗址发掘报告》，福建人民出版社，2004年。

[22]福建博物院、福州市文物考古工作队：《福州市地铁屏山遗址西汉遗存发掘简报》，《福建文博》2015年第3期。

[23]郭素秋：《台湾新石器时代中期的文化样相》，《海峡考古辑刊》（一），福建教育出版社，2015年。

[24]郭素秋：《台湾北部讯塘埔文化的内涵探讨》，《台湾史前史专论》，联经出版公司，2016年；臧振华：《台湾考古》，台湾地区行政管理机构文化建设委员会，1995年。

[25]郭素秋：《中部地区大坌坑式陶器的内涵——以彰化县牛埔遗址为例》，《田野考古》第十八卷第二期，2016年12月。

[26]黄士强：《台北芝山岩遗址发掘报告》，台北市文献委员会，1984年。

[27]凤鼻头遗址所见彩绘陶纹样参见刘益昌：《台湾原住民史史前篇》，第42页图20，"国史馆"台湾文献馆，2002年；鹅銮鼻第二史前遗址所见彩绘陶纹样参见臧振华：《台湾考古》，第53页右上图，台湾地区行政管理机构文化建设委员会，1995年。吴春明先生很早即注意到了台湾岛南、北部彩绘陶纹样的联系与差别，参见吴春明：《中国东南土著民族历史与文化的考古学观察》，第189～192页，厦门大学出版社，1999年。

[28]陈得仁、郭素秋等：《台北市植物园遗址采集资料整理研究计划》，2004年。

[29]臧振华、刘益昌：《十三行遗址：抢救与初步研究》，台北县政府文化局，2001年；臧振华：《十三行的史前居民》，台北县立十三行博物馆，2001年。

[30]宋文薰、张光直：《台中县水尾溪畔史前遗址试掘报告》，《考古人类学刊》1954年第3期。

[31]国立自然科学博物馆人类学组：《鹿寮遗址标本图鉴》，2005年11月。

[32]陈有贝:《从淇武兰遗址出土资料探讨噶玛兰族群早期饮食》,《中国饮食文化》第八卷第一期,2012年4月。

[33]邱水金、李贞莹:《淇乐陶陶——淇武兰陶罐图说》,兰阳文教基金会,2006年。

[34]郭素秋女士认为讯塘埔文化的年代上限直逼距今5000年,但拍印方格纹的确凿出现,是在讯塘埔文化偏晚阶段的遗址中,如宜兰大竹园遗址。

[35]郭素秋:《台湾北部讯塘埔文化的内涵探讨》,《台湾史前史专论》,联经出版公司,2016年。

[36]国直分一:《台湾考古民族志》,第32页,庆友社,1981年。

[37]刘益昌:《台北县树林镇狗蹄山遗址》,台湾大学人类学研究所硕士论文,1982年。

A13 台湾发现的距今 5000—4200 年的树皮布石拍及相关文化

郭素秋

（台湾"中研院"历史语言研究所）

　　台湾从五六千年前的大坌坑文化早期开始，已经存在绳纹、陶纺轮、树皮布打棒。其中，绳纹和陶纺轮意味着"纺织"技术的存在；而树皮布打棒的出现，则象征着"非纺织"制布技术的出现。台湾从新石器时代早期开始，即同时存在着"纺织"和"非纺织"制布技术，而此两种技术持续存在数千年之久，成为台湾新石器时代、金属器时代一直到晚近的重要特色。由于与台湾新石器时代早中期同时期或更早的中国大陆等周边地区，未发现同样形制的带柄型树皮布打棒，此类厚型有柄树皮布打棒为台湾所最早出现这点，应无疑义。

　　本文透过具有台湾独特性的树皮布打棒，来对台湾"新石器时代早中期"的文化样相做一探讨。台湾四五千年前的树皮布打棒，为五六千年前的大坌坑文化早期传承发展而来，不过后者出现较多的变化。虽然四五千年前，台湾出现许多来自中国大陆东南沿海的多源新要素，也造成聚落形态、生业形态、社会文化等的大幅变革，不过，以厚型树皮布打棒而言，由于其在台湾有明确的发展演变过程，且不见于周边地区同时期或更早的考古文化中，笔者认为主要是台湾当地的传承发展要素，而非外来的影响。

一、前言

　　台湾迟至 17 世纪才进入有文字记载的历史时期，在这之前为漫长的史前时代。但是，台湾至少在约 3 万年前已出现旧石器时代（东部的长滨文化），而自距今五六年前进入新石器时代，距今约 1800 年进入金属器时代，新石器时代以来连续数千年发展演变直至今日，呈现出丰富多彩而杂复的文化特性。可知台湾的历史发展，具有它的独特性，若无法清楚认知台湾的史前史，将无法了解真正的台湾。

　　本文拟透过具有台湾独特性的树皮布打棒，来对台湾"新石器时代早中期"的文化样相做一探讨。自台湾新石器时代早期（约距今五六千年前）的大坌坑文化即已出现树皮布打棒，到了距今四五千年有了进一步的发展和演变，其后一直持续到晚近的高山族仍在使用，树皮布打棒的历史长达数千年之久，可视为台湾重要的文化特征之一。但是，台湾树皮布打棒的实质内涵和最早年代，长久以来为学者们所误解，致使无法理解台湾新石器时代的真正内涵。

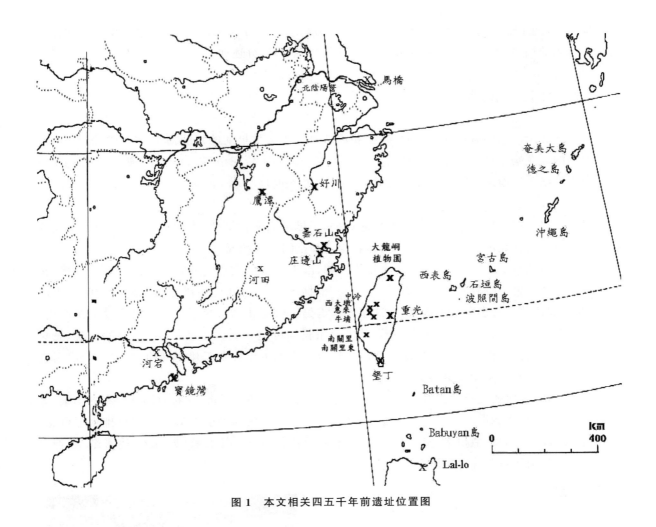

图1 本文相关四五千年前遗址位置图

二、台湾四五千年前的树皮布打棒

台湾距今四五千年前的考古文化,相当于大坌坑文化晚期和新石器时代中期早阶段,本文以"新石器时代早中期"称之。这个时期的考古文化仍主要延续大坌坑文化早期的文化内涵,呈现出大坌坑文化晚期的发展样相;但是亦出现了许多新的要素,使得社会文化、生业、聚落形态等产生大的变革,尤其是在台湾西半部的北、中、南地区,也因此学者们又称为新石器时代中期早阶段,并以新的考古文化命名,如北部的讯塘埔文化早期(郭素秋 2015)、中部的牛骂头文化早期(郭素秋 2016)、南部的果叶类型(臧振华 2004)等,年代约在距今 5000—4200 年前后。这个时期的遗址,广见于台湾全岛和澎湖地区,亦新增加多处遗址,遗址明显有大型化和长期居住的现象,且部分遗址已有明确稻米和小米的栽培农作之出现,重要遗址如台北的大龙峒遗址、植物园遗址下层,台中的安和遗址、惠来遗址下层、西大墩遗址,台南的南关里、南关里东遗址,澎湖的果叶遗址,花莲的花冈山遗址中下层、重光遗址下层等。

台湾四五千前的树皮布打棒,主要出土于台湾西半侧的北、中、南部,及东部花莲玉矿产区的重光遗址下层（图1）。这个时期的树皮布打棒主要为厚重型，可分为两种，一是五六千年前大坌坑文化早期以来的"有柄型"，一是四五千年前新出现的"无柄型"，分述如下：

（一）有柄树皮布打棒

台湾四五千年前的有柄树皮布打棒，主要承继大坌坑文化早期的传统而来，均为厚重型，遗址包括北部的大龙峒遗址（图4：13～15）、植物园遗址下层（图4：18、19），台中惠来遗址下层（图4：17），台南的南关里遗址（图4：16）、花莲玉矿产区的重光遗址下层（图4：20、21）等，不过出现一些变化。

以下以出土多量树皮布打棒的大龙峒遗址（属于讯塘埔文化早期）为例进行说明，为了呈现这些树皮布打棒的文化内涵，亦兼述伴出的器物组成和空间分布状况等。

大龙峒遗址自2009—2010年进行大规模发掘，出土丰富的文化遗留和多量的树皮布打棒，包括灰坑、水井、沟渠、柱洞群等（朱正宜等2012）。根据图2：1，可知建物以方形结构且数间集中出现，在建物周边出现有多条人工沟渠，且这些人工沟渠大致与建物边界平行。沟渠主要呈东西向，南北向沟渠较少，形状多半呈长条直线形，其中两条长沟可达20m。而水井（图2：2）的出现，意味着讯塘埔文化人已懂得挖井以解决用水之需。垃圾型灰坑主要分布于建物周边，反映人们习惯直接将垃圾弃置于紧邻家屋或聚落旁的空地。

综上可知，讯塘埔文化人已有明确的取水（点状分布的水井）、引水（线状或网状分布的沟渠）等的聚落空间规划，并能掌握对地下含水层的位置，和已有将水由高处引至低处以进行排水等概念。从大龙峒遗址出土的栽培稻米（图4：25），和出土多量石锄和石刀等农具（见后述）等看来，这种聚落规划可能与稻米栽种等生业形态有关。

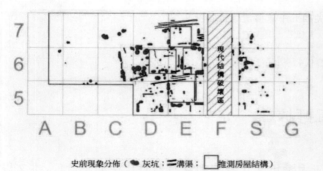

1，台北大龙峒遗迹现象
（朱正宜等2012：24图5）

2，大龙峒遗址E6-T3南北向断面上的灰坑和水井遗迹（朱正宜等2012：154图版169）

图2 台北大龙峒遗址聚落形态和水井遗迹

讯塘埔文化的陶器种类较大坌坑文化为多样，陶器的种类增加。其中，褐色夹砂绳纹陶的器型主要为圜底鼓腹罐，部分带低矮带穿的圈足，口缘低矮和大坌坑文化早期的陶器类似，器表多施有红衣。橙色夹砂陶和泥质红陶的器型，主要为宽沿陶豆，器表部分素面，部分拍印有绳纹或抹平涂上红衣。此外，出现口部穿孔的陶器，亦见有腹部带有一圈贴塑纹的陶器。器表部分素面，多数拍印有绳纹，仍见少量的大坌坑文化式篦划纹、红色线列彩纹，并新出现少量的格子印纹、格子划纹等。

以大龙峒遗址的陶器为例，根据掺和料和器种，可区分为两大类：一类是泥质陶，多为橙色系，部分可见明显的红土粒,器型以罐、豆、双连杯、陶纺轮等为主。另一类夹砂陶主要为罐形器。依器型叙述如下(图 3,朱正宜等 2012):

1.陶罐,出土数量最多,可见有两种质地,一是暗褐色粗砂陶,发现多为罐口,器形呈鼓腹、束颈、外敞口,陶罐颈折处极厚,口部直侈而厚度逐渐趋薄;颈折以下器表常见通体施加绳纹,口部以上则不施纹。另一类为红褐色夹细砂陶,颈折厚度较薄,口部厚度变化不大,体部见素面和绳纹两种。

2.宽沿陶豆,多为红褐色泥质陶,体部先直下后角转(折肩)接圜底,其下接小圈足,器表常施有绳纹。值得注意的是,在一个灰坑的底层中,出土宽沿陶豆的密集堆积(图 3:4),各件陶豆或仰或俯或横置,其意义不明。

3.陶瓶,质地为红褐色夹砂陶,为长颈折腹圈足瓶。

4.陶纺轮,为平底单锥的三角形锥体,多为第 1 类的红褐色泥质,亦见有第 2 类夹砂陶纺轮。

5.陶支脚,质地为暗褐色夹砂陶,横剖面为方形,底部为圆凹底,近底部处有一圈凸起,顶部呈一斜平面(鸟喙状)以承器,器身带有一小竖把。

6.陶器盖。

与台湾岛内同时期的考古文化相同,讯塘埔文化的陶器虽仍以圆腹圈底罐为主,但新出现了相当数量的豆、盆形器,其中尤以宽沿的豆、盆形器为主。讯塘埔文化中,出现一些双连盘(杯)、三连盘(杯),且可见有大小不一的连盘(杯),由于多为残件,其底部的器型尚不清楚,不过从目前的考古资料看来,仅见有较低矮的圈足,而少见高圈足。根据目前的考古资料,除了北部以外,新竹县的红毛港遗址亦见有零星连盘(杯)的残件。在中部许多遗址出现相当数量的三连杯,但此类器型常接着高度约 20cm 的高圈足。整体而言,北部讯塘埔文化的豆、盆形器,虽多带有宽沿,但主要带低矮的圈足,与福建昙石山文化的主流陶器类似;而在中部、南部同时期的遗址中,则出现相当数量以泥质红色绳纹豆、盆形器,常带有中、高圈足,且于圈足上常有圆形穿孔或不规则镂孔,有较强烈的良渚文化晚期豆形器特色。

1,大龙峒陶罐
(朱正宜等 2012:40 图版 40)

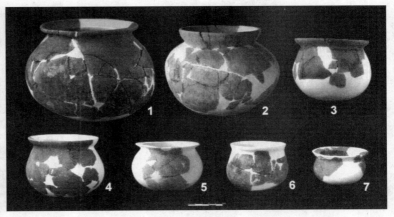

2,大龙峒陶罐
(朱正宜等 2012:41 图版 41)

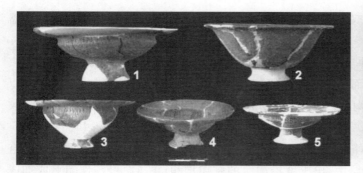

3，大龙峒宽沿陶器
（朱正宜等 2012:41 图版 42）

4，大龙峒 E5-T5P3 灰坑底部宽沿陶器群
（朱正宜等 2012:115 图版 93）

5，大龙峒陶器盖
（朱正宜提供）

6，大龙峒讯塘埔文化长颈折腹陶瓶
（圈足脱落，朱正宜等 2010:29 图版 45）

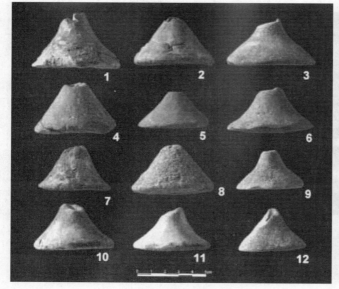

7，大龙峒陶纺轮
（朱正宜等 2012:43 图版 44）

8，大龙峒带把陶支脚
（朱正宜等 2012:44 图版 45）

图 3　讯塘埔文化早期陶器组成

讯塘埔文化的石器的数量和种类均多,较大坌坑文化的石器多样化,包括打制和磨制斧锄形器、锛凿形器、矛镞、石刀、砍砸器、刮削器、大型尖状器、砥石、砺石、石锤、凹石、网坠、纺轮、树皮布打棒等,和玉环、玉坠饰等装饰品。石器的制作工艺方面,已有打剥、磨制、直线切锯、圆形旋截、实心钻孔等技术。

以大龙峒遗址的讯塘埔文化层所出土的石器为例,其出土的石器多样,石材可见有砂岩、页岩、安山岩、闪玉及燧石等,器型有石锄、锛凿形器、石镞、刀形器、砍砸器、石片器、网坠、石锤、树皮布打棒等(朱正宜等 2012:30)。以下就较重要者进行叙述:

1.石锄

数量最多,计 84 件。质地多为安山岩,少量为变质砂岩,器身多通体磨制,中锋舌刃,并有 1 件有肩石器残件(图 4:3)。作为农具使用的石锄数量最多,意味着农耕应为主要的生业型态。

其中,有肩石器的出现值得注意,除了大龙峒遗址外,台北植物园遗址下层出土 2 件(图 4:5,6),南部的南关里遗址亦见(图 4:4)。有肩石器的质地方面,北部者均为安山岩制,南部的南关里遗址者则为来自澎湖的橄榄石玄武岩制,全部为火成岩这点,为这个时期有肩石器的特征,唯数量零星,且这个时期仅是突然出现、突然消失,一直要到二三千年前的圆山文化(郭素秋 2014c)才出现多量的有肩石器。

2.石锛

出土数量次多,计 46 件。质地大多数为花莲闪玉磨制而成,少数硬页岩,和 1 件安山岩制的大型石锛。器身通体加磨,为直刃、偏锋。部分玉锛器身可见凹槽痕(图 4:7 右上),为有段玉锛,有段石锛亦见于同时期中部(图 4:9)、南部(图 4:10),但整体而言,这个时期有段石锛的数量极少,亦是突然出现、突然消失,一直要到二三千年前的圆山文化(郭素秋 2014c)才出现多量的有段石锛。

3.石镞与小型尖器

计 7 件,以页岩或闪玉全面磨制而成。石镞多呈扁平片状三角形,两侧边全刃,部分中穿 1 孔。小型尖器仅 2 件,相对较小,长约仅 2cm;其中 1 件呈三角锥状,两侧边为全刃;另 1 件尖器为细小型工具,闪玉制,一面平面凸,刃在两侧前端。

4.石刀

计 11 件,为砂岩或页岩磨制而成。呈半月形或圆转方形,通体加磨,可见穿孔。刀刃为单面磨制而成的偏锋,直刃。

5.树皮布打棒

共出土 15 件厚型带柄树皮布打棒,其中 2 件全器,其余多残存柄部或残存用部,以灰色砂岩或粉砂岩制作,多选用接近打棒外形的石材,再加以磨制、切锯出用部的沟槽等而制成。这些树皮布打棒的制作方式、石材选用、器型大致相同。

大龙峒遗址的打棒器体均可分为柄部和用部两部分,柄部呈椭圆形,顶端可见有平顶、圆顶、尖顶者。其中用部均可见锯切而成的纵向条状凹槽,大多仅有一面的用部,但有 1 件则带有两面的用部(图 4:13 上)。值得注意的是,除了用部以外,打棒的非用部的其他部分,亦常见有明显的锤击疤痕(图 4:13～15)。同样的情形亦见于同时期的其他遗址出土者(图 4:16～20)。

1，大龙峒农具石锄
（朱正宜等 2012：31 图版 28）

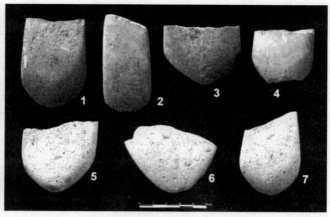

2，大龙峒农具石锄
（朱正宜等 2012：31 图版 29）

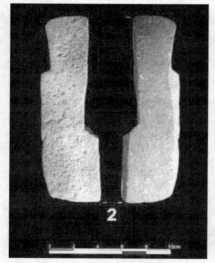

3，大龙峒有肩石器残件
（安山岩，朱正宜等 2012：178 图版 194－2）

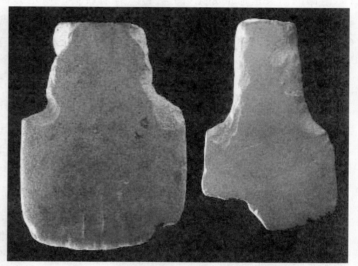

4，南关里果叶期有槽石棒
（橄榄石玄岩，臧振华等 2004：134 图版 4－27）

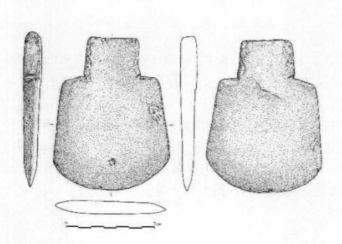

5，植物园下层有肩石器
（T55P4L35，安山岩，笔者资料）

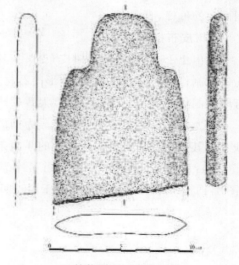

6，植物园下层有肩石器
（T59 P4L56，安山岩，笔者资料）

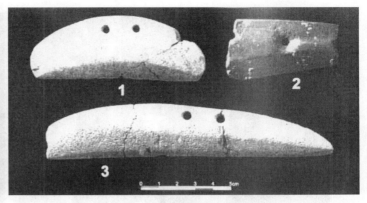

7，大龙峒玉锛（右上角为有段玉锛，
朱正宜等 2012:32 图版 30）

8，大龙峒石刀
（朱正宜等 2012:33 图版 31）

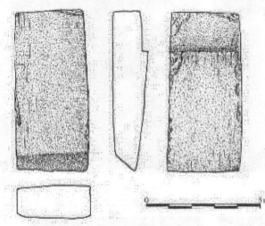
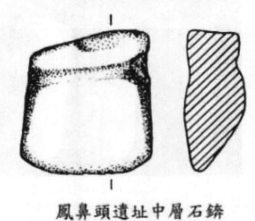

凤鼻頭遺址中層石锛

9，台中大甲平顶遗址有段石锛
（陈志诚、张朝欣采集，本文绘图）

10，高雄凤鼻头有段石锛
（Chang et al.，1969:71，Fig.34-3）

11，大龙峒石镞和尖器
（朱正宜等 2012:33 图版 32）

12，大龙峒砍砸器
（朱正宜等 2012:34 图版 33）

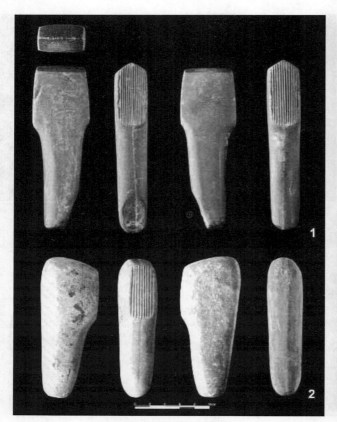

13，大龙峒树皮布打棒
（朱正宜等 2012:197 图版 204）

14，大龙峒树皮布打棒
（朱正宜等 2012:199 图版 205）

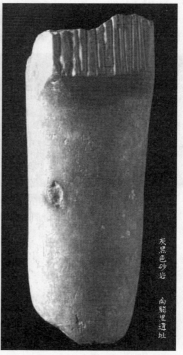

15，大龙峒树皮布打棒
（朱正宜等 2012:201 图版 206）

16，南关里树皮布打棒
（臧振华 2004:128 图版 4-22）

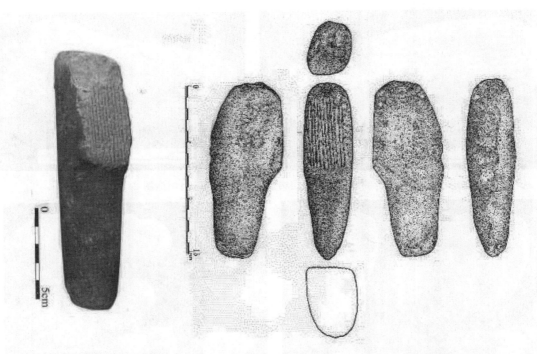

17 台中惠来下层有柄型石棒
（屈慧丽 2009：82 上图）

18，台北植物园下层树皮布打棒
（T46 P1-2 L52，粉砂岩，笔者资料）

19，台北植物园下层树皮布打棒（T46 P1～2 L52，粉砂岩，笔者资料）

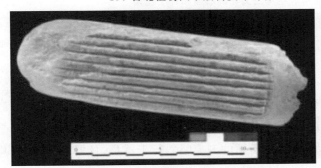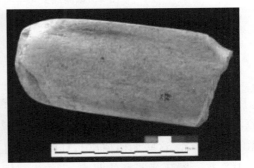

20，花莲玉矿产区重光遗址下层树支布打棒（天然砾石加制成，郭素秋 2016：图 21）

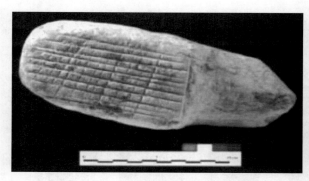
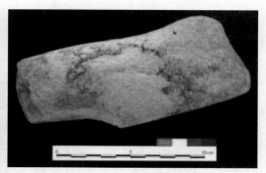

21，花莲玉矿产区重光下层树皮布打棒（郭素秋 2016：图 21）

22，大龙峒心形石器
（朱正宜等 2012：214 图版 221）

23，大龙峒网坠
（朱正宜等 2012：37 图版 36）

24，台南的南关里东果叶期稻米
（臧振华等 2004：111 图版 4-11）

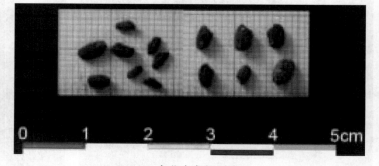

25，台北大龙峒稻米
（朱正宜等 2012：170 图 46）

图 4　讯塘埔文化早期与同时期考古文化的石器和种子遗留

（二）无柄厚型树皮布打棒（复合式打棒）

无柄厚型树皮布打棒，为台湾距今四五千年前新出现的器种，出土于北部的讯塘埔遗址（图 5：1）、台中的中冷遗址（图 5：2，刘益昌等 2007）、顶桥仔遗址下层（屈慧丽等 2011a）、惠来遗址（屈慧丽等 2011b）。这些无柄树皮布打棒的形制大致相同，槽面的刻痕略斜行于器身，且器身偏厚，且均于中央有一圈环绕器身的凹槽，应作为装柄使用（图 5）。

除了柄部的差异以下，此类无柄打棒的形制与上述有柄打棒的形制大致相同，笔者认为无柄应为有柄发展演变而成。唯这种无柄打棒的发想，可能与这个时期同时出现许多来自中国大陆东南沿海地区新要素的刺激有关，但目前无明确证据。

　　另外，大龙峒遗址另有 1 件无柄薄型石器，为周边带有一圈凹槽的心形器物，砂岩质地，未有槽面（图 4:22），由于台湾或同时期的中国大陆地区未见类似器物，其来源、内涵、功能等尚不清楚。

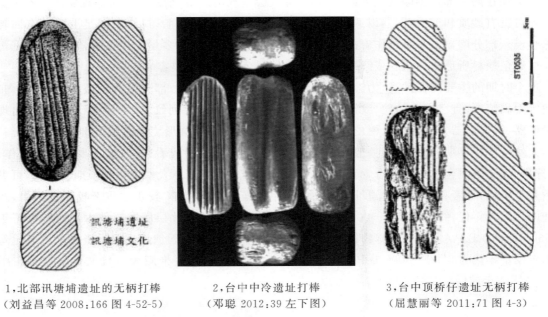

| 1,北部讯塘埔遗址的无柄打棒 | 2,台中中冷遗址打棒 | 3,台中顶桥仔遗址无柄打棒 |
| （刘益昌等 2008:166 图 4-52-5） | （邓聪 2012:39 左下图） | （屈慧丽等 2011:71 图 4-3） |

图 5　台湾四五千年前的无柄型树皮布打棒

三、台湾四五千年前的文化内涵

（一）承继大坌坑文化早期而来的要素

　　台湾四五千年前的考古文化，主要承继五六千年前的大坌坑文化早期发展而来，包括陶器的泥片贴塑制法（图 6），石器的打制、磨制及直线切线等技术，两者的陶器和石器的主要器型均有先后传承的文化关系，而树皮布打棒即为其中的一项要素。

　　大坌坑文化早期的遗址，广见于台湾全岛和澎湖的海岸平原或丘陵地区。遗址可依地区整理为：台湾北部的包括沿海地区的大坌坑、水碓尾、林子街、鸭母崛、下圭柔 II、蛤子山、庄厝、澜尾埔、龟子山、万里加投、过溪子、内寮等遗址，和台北盆地的芝山岩、圆山、植物园遗址下层等。台湾中部的台中的安和遗址。台湾南部的台南的八甲、大昌桥遗址，高雄的凤鼻头遗址下层、六合、孔宅、福德爷庙、港口仑遗址等。澎湖地区的鲤鱼山遗址。台湾东部的长光、真柄 III、月眉 II、月眉 III、港口等遗址。另外，东北部的苏澳新城遗址亦见。

　　大坌坑文化早期和其后台湾所有史前文化的陶器制作方法，均为泥片贴塑法（slab building）和拍垫法（paddle and anvil technique），两方法为先后使用，并非泥条盘筑法。所谓泥片贴塑法，即陶器的最初成形为以数片的陶土，从陶容器底部开始贴塑成形；之后再以手指或卵石置于陶器内部，并从陶器外侧以拍棒（部分拍棒上缠绕有绳索）进行拍打（拍垫法），除了完成陶器的最后成形和整形外,并有将陶土中的空气释出和拍印装饰纹样之作用(图 6:1)。

其中,若以缠绕着绳索的拍棒进行拍打的话,则会在陶器器表形成绳纹(图 6:2),随着绳索的缠绕方式和在同一部位拍印的次数等之差异,绳纹会呈现出规整、杂乱或叠压等现象。大坌坑文化的陶器可见有砂质和泥质,陶器以透烧的红色系为主,部分带有灰胎,口缘和圈足上常见有回转台的修整痕。部分陶器上亦有制作者故意将局部绳纹抹去的情形。多量的绳纹陶器表上,可见再涂上一层红色颜料所形成的色衣或线列红彩,不过这层色衣或红彩很容易剥落。

这个时期的主要陶器种类,为罐、钵、簋形器,以圆腹圆底为主,部分带有低矮圈足,并有陶盖、陶纽等附属装置,且已有陶纺轮,纹饰以拍印的绳纹为主,并有篦划纹、红彩等。石器方面,出现有斧锄形器、锛凿形器、矛镞形器、树皮布打棒等,尚未见有石刀和圆形旋截法相关遗物等的出土。

大坌坑文化早期,遗址规模一般较小,从石锄、石镞等石器组成看来,可能主要是简易农作、采集、狩猎、渔猎等混合性生业形态,尚未有明确的栽培稻米等证据。大坌坑文化早期的年代,可参考以下几个年代:笔者将台南八甲遗址[1]过去的测年根据最新的碳 14 校正法重新校正的结果,八甲遗址两件贝壳年代,约在 5900—5000 年前后;台中的安和遗址文化层底层 1 件木炭测年校正年代为 5640—5490 B.P.(自然科学博物馆 2016:284 表 31);台北植物园遗址底层出土大坌坑文化陶器的木炭校正年代为 5200—5000 B.P.(笔者资料)。综上看来,笔者推测大坌坑文化早期约在距今6000—5000 年前后。

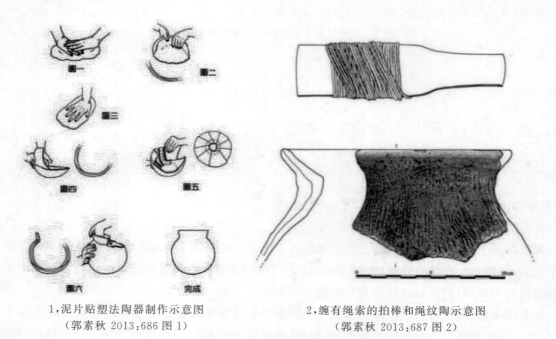

1,泥片贴塑法陶器制作示意图   2,缠有绳索的拍棒和绳纹陶示意图
（郭素秋 2013:686 图 1）   （郭素秋 2013:687 图 2）

图 6 台湾泥片贴塑法陶器制作与拍印绳纹示意图

(二)台湾四五千年前出现的新要素

这个时期的考古文化除了上述承继大坌坑文化早期的一些固有要素外,亦出现了多量的新要素。

根据笔者对这个时期的台湾和东南沿海地区进行比较研究的结果,距今四五千年这个时期主要受到良渚文化晚期、昙石山文化、广东珠江三角洲的宝镜湾遗址等考古文化等多方的影响,使得文化面貌和内涵造成相当大的冲击和变迁,尤其是栽培的稻米、小米(图 4:24、25)广泛地出土于台湾西半部的北、中、南各地的考古遗址中,且这些遗址亦伴出大量的斧锄形器等农具、聚落大型化并长期占居等,反映出稳定性的栽培农耕生业,对这个时期的史前人类和聚落形态造成大的改变。这个时期的陶器组成,除了原来的罐、钵、簋形器等外,并增加了一些的新器种,特别是宽沿器、高足豆、长颈瓶、黑衣陶、方格印纹陶器等,石器方面则新出现有肩石器、有段石锛、石刀,并新出现圆形旋截法所产生的玉石环玦形器、圆芯等遗物(郭素秋 2014a,2014b,2015)。

其中,最显著的特征应为栽培的稻米和小米之出现,从南关里东遗址、安和遗址、植物园遗址、大龙峒遗址等出土多量这两类作物遗留看来,除了这两种作物种子的进入台湾外,这两种作物的栽培技术甚或懂得栽种的农人可能亦同时来到台湾,教导台湾在地的人们如何耕种,也因此对当时的考古文化造成相当程度的冲击和影响;且由于稻米和小米农作这种定居性生业的出现,造成台湾西半部从北到南聚落有大型化和长久定居之情形,出现较完备的家屋空间规划(如大龙峒遗址,和中部牛埔遗址出现石列所规划的聚落和家屋遗迹)、集中埋葬的墓葬区(如台中安和遗址出现 48 具的仰身直肢葬之集中墓地,并以石列结构做为此墓地的边界)、集中丢弃垃圾的地点(如台中惠来遗址下层的人们将垃圾丢弃于聚落的边缘,牛埔遗址下层的人们将垃圾弃置于阶地边缘的斜坡)等(郭素秋 2016)。不过,台湾西半部所见到的这些农耕所造成的大的影响或相关遗留,较少见于同时期的台湾东部,在东部这个时期的人们仍主要持续着传统的生业形态,即简易农耕、采集、狩猎、渔猎等,聚落规模亦相对较小。

虽然这个时期出现了上述许多的新要素,也造成聚落形态、社会文化的大幅变革,不过,以本文所探讨的厚型树皮布打棒而言,由于其在台湾有明确的发展演变过程,且不见于周边地区同时期或更早的考古文化中,笔者认为主要是台湾当地的传承发展要素,而非外来的影响。由于此类打棒上常可见用力锤击所成的小缺刻,且常于用部和柄部交接处断裂,推测应为用力上下拍打时所造成的使用和损坏痕迹,参酌晚近民族志资料,此类器物应作为锤打树皮成布使用,属于"非纺织"类的制布器具。

四、结语

台湾四五千年前的树皮布打棒,为五六千年前的大坌坑文化早期传承发展而来。不过,大坌坑文化早期,目前仅出现带柄的单槽面打棒;到了距今四五千年,树皮布打棒出现较多的变化,除了既有的圆顶、长椭圆形槽面、带柄等几个特征的持续存在外,新出现了平顶、尖顶、双槽面等带柄石棒。且在四五千年前,新出现了无柄的打棒,不过虽然无柄,但其仍保有厚型、圆顶、长椭圆形槽面、单槽面等既有特征,笔者认为四五千年前的这些无柄树皮布打棒,应仍从大坌坑文化早期的带柄厚型打棒发展演变而来。

台湾从五六千年前的大坌坑文化早期开始,已经存在绳纹、陶纺轮、树皮布打棒。其中,绳纹和陶纺轮意味着"纺织"技术的存在;而树皮布打棒的出现,则象征着"非纺织"制布技术的出现。换言之,台湾从新石器时代早期开始,即同时存在着"纺织"和"非纺织"制布技术,而此两种技术持续存在数千年之久,成为台湾新石器时代、金属器时代一直到晚近的重要特色。

台湾这种"纺织"和"非纺织"制布技术同时存在的现象,并未见于中国东南地区同时期或更早的史前文化中。如中国的河姆渡文化虽然出土木刀、分绞棒、卷布棍等原始腰织机的部件,但是未发现棒皮布打棒;珠江三角洲的香港南丫岛的大湾遗址,虽出土薄身无柄型树皮布打棒,但是未发现陶纺轮（邓聪 2012：68）。而最接近台湾的福建地区，虽出现陶纺轮，但未见树皮布打棒。

可知台湾从大坌坑文化早期开始，同时存在陶纺轮、树皮布打棒这点，具有其独特性。由于与台湾新石器时代同时期或更早的中国大陆等周边地区，未发现同样形制的带柄型树皮布打棒，此类厚型有柄树皮布打棒为台湾所最早出现这点，应无疑义。也因此，有关大坌坑文化的起源问题，虽然根据笔者的研究（郭素秋等 2005；郭素秋 2007），可见到浙江的河姆渡文化、福建的壳丘头类型和昙石山下层类型等要素，意味着大坌坑文化的部分可能来源，但是大坌坑文化中的树皮布打棒也意味着台湾自身独特的文化特质。

注释

[1]感谢朱正宜先生协助重新校正。过去台南八甲遗址的贝壳所作的碳 14 校正年代为 6,475±170 B.P.（原始年代 5,645±60），年代偏早。

参考文献

朱正宜等

2012，《大龙峒遗址抢救发掘及施工监看计划成果报告》，台北市政府文化局委托财团法人树谷文化基金会执行之报告，2012 年 10 月。

屈慧丽等

2011a，《中兴大学顶桥仔遗址试掘报告》，《2010 台湾考古工作会报研讨会论文集》，台东：台湾史前文化博物馆，2011 年 5 月 28 日—30 日。

2011b，《梳理的文明——再看西墩里的牛骂头文化特色》，《2010 台湾考古工作会报研讨会论文集》，台东：台湾史前文化博物馆，2011 年 5 月 28 日—30 日。

郭素秋

2007，《彩文土器から见る台湾と福建・浙江南部の先史文化》，日本东京大学人文社会系研究科基础文化研究专攻考古学专门分野博士论文，2007 年 3 月。

2013，《绳文时代に并行する台湾の绳席文土器とその文化样相について》，今村启尔、泉拓良编，《讲座日本の考古学 3 绳文时代（上）》：684-702，东京：青木书店。

2014a，《四千年前后的台湾与中国东南地区文化样相》，《2014 从马祖列岛到亚洲东南沿海：史前文化与体质遗留研究国际学术研讨会》文稿，"中央研究院"历史语言研究所、"连江县政府文化局"，"中央研究院"历史语言研究所，2014 年 9 月 27 日—28 日。

2014b，《台湾新石器时代的圆形旋截法及其旋转机械初探》，邓聪主编，《澳门黑沙史前轮轴机械国际会议论文集》：268-299，澳门：民政总署文化康体部，2014 年 12 月。

2014c，《台湾北部圆山文化的内涵探讨》，《南岛研究学报》5（2）：69-152。

2015，《台湾北部讯塘埔文化的内涵探讨》，刘益昌主编，《中研院史语所八十周年论文集台湾史前史专论》：181-244，台北："中央研究院"、联经出版公司。

2016，《花东纵谷北段重光遗址发掘报告》，《南岛学报》（Journal of Austronesian Studies）6（2）：91-190。

2017，《花东纵谷北段玉制锛凿形器工艺技术探析——以丰坪村遗址为例》，《中央研究院历史语言研究所集刊》88（1）：1-60。

郭素秋等

2005，《金门移民适应与迁移调查研究（史前期）》，"内政部"营建署金门国家公园管理处委托研究报告。

自然科学博物馆

2016，《台中市西屯区"安和路"遗址福和段 331 号工程用地抢救发掘计划成报告》，庆合建设股份有限公司委托自然科学博物馆执行之报告。

臧振华

2004,《台南科学工业园区道爷遗址未划入保存区部份抢救考古计划期末报告》,南部科学园区管理局委托"中央研究院"历史语言研究所之研究报告。

刘益昌等

2007,《台中县考古遗址普查与研究计划研究报告》《台中县考古遗址普查与研究计划遗址登录表》,台中县文化局委托"中央研究院"人文社会科学研究中心考古学研究专题中心执行之报告。

2008,《东西向快速公路八里新店线八里五股段工程影响讯塘埔遗址紧急考古发掘与资料整理分析计划》,新亚建设开发股份有限公司委托执行之报告。

邓聪

2012,《树皮布——中国对世界衣服系统的伟大贡献》,邓聪编,《衣服的起源与树皮衣展览图录》:68,香港中文大学。

Chang,et al.

1969,*Fengpitou*,*Tapenkeng and the Prehistory of Taiwan*. New Haven:Yale University Publications in Anthropology no. 73，Yale University.

A14 华南、东南亚双肩石拍与史前航海考察

邓学文（Maya Hayashi Tang）[1]　　［越］阮金容（Kim Dung Nguyen）[2]

邓学思（Mana Hayashi Tang）[3]　　廖一璞（Yipu Liao）[4]

邓　聪（Chung Tang）[5]

（1，香港中文大学历史系；2，越南考古学会；3，美国圣路易斯华盛顿大学人类学系，Department of Anthropology，Washington University in St. Louis，USA；4、5，山东大学考古学院）

一、导论

近年我国及邻近地区出土大量新石器时代早期的树皮布石拍（Tang and Hayashi Tang 2017）。一直以来，学界普遍认为树皮布文化与南岛语族向太平洋的海洋扩散密切相关（Bellwood 1979；Kirch 2002）。自 1990 年代以来，东亚树皮布文化起源考古学研究取得了重大的进展。在华南和东南亚发现了丰富的史前树皮布石拍，成为南岛语族史前航海考古研究最重要的标志物之一。

从旧石器时代开始，人类就积极对神秘海洋的探索，并初步掌握了跨海的技术，穿梭于浩瀚大海、探寻开发未知的陆地。这方面，尤其东南亚史前研究包括有丰富早期航海民族最古老的证据（Glover & Bellwood 2004）。东南亚史前重建多学科的研究，吸引了考古学、语言学和遗传学等领域的学者参与（Anderson 2005；Bellwood 1991，1995；Chang et al. 2015；Jiao 2010）。语言学角度通过南岛语族的研究，认识早期人类在太平洋和印度洋间的扩散、传播与族群互动关系，提供了基本的认识（Bellwood et al. 1995；Blust 1985；Deng 1994；Tryon 1995）。从基因数据新发现，又得与其他学科如动植物考古研究成果比较整合，得以完善史前古南岛语族的扩散路线（Soares et al. 2016）。

同样，近年来考古不断发现与研究，对东南亚史前人类跨海航行途径复原，提出新认识及挑战。在婆罗洲北部发现了来自巴布亚新几内亚新石器时代的黑曜石。越南中部铁器时代遗存中，发现了可能是属于南岛语族人使用的陶器组合（Bellwood 1997；Yamagata & Matsumura 2017）。以上发现展示史前人类航海远距离互动，分享各种各样特殊的物质文化，揭示了史前航海丰富多彩的历史，以及早期海洋民族共同的社会组织和居民间身份的认同。

尽管与树皮布相关早期文化，通常被认为反映了南岛语族的传统，但关于树皮布文化与史前航海间关系考古过去的研究不多。树皮布被称为 tapa，是一种无纺布，在太平洋上几乎大部分的岛屿，都曾普遍流行（Ewins 1982；Howard 2006；Neich & Pendergrast 1997）。学术界把制作树皮布石器，按装柄技术差异分为复合型和棍棒型的石拍（Tolstoy 1963）。

本文考察新石器时代转向青铜时代发展阶段，树皮布文化从岭南扩散到华南和东南亚的发展的

过程。这些史前石拍,分为复合(composite)和棍棒(club)两种类型,并进一步分别出若干不同技术的类型。树皮布石拍的类型学证据证明,同一类型树皮布石拍分布在具有特定的时空,建基于技术类型学的石拍各自传统,各自形成了独特的文化圈,可视为海洋文化互动特定时空的模式。目前,东南亚包括中国内,初步确认八个不同技术形态石拍的文化圈(图1;Tang & Hayashi Tang 2017)。

新石器时代晚期出现的棍棒型石拍后,该类石拍在东南亚及华南在一些岛屿上流行,其中本文探讨海南式石拍又称双肩石拍,为棍棒型,分布在东南亚大陆和岛屿上。过去我们对史前海南式石拍在大陆与岛屿间社会关系网络发生过程等研究,尚未开展。本文将通过这一关键案例的研究,揭示新石器时代晚期至青铜时代早期,华南与邻近地区之间的史前航海交流。我们相信,根据各种丰富不同技术形态石拍分布的研究,将成为该地区史前海洋网络探索最可靠实证。

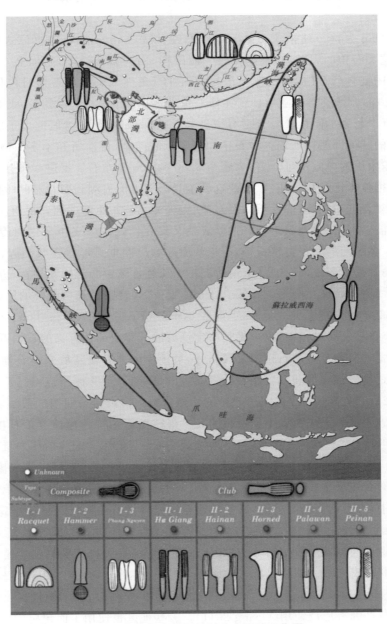

图 1　华南与东南亚的树皮布石拍文化圈

二、最早的石拍：珠江三角洲的复合型石拍

早在 1960 年代，学者保罗·托尔斯泰（Paul Tolstoy，1963）将树皮布石拍分为：（1）复合型；（2）棍棒型。然而，对这两种石拍出现的时间及相互系，当时所知甚少。近 20 年考古发现，华南可能是世界上最早树皮布文化的发源地，并证实复合型比棍棒型的石拍出现年代，早 3000 多年（Tang 2013）。以下先从珠江三角洲最早复合型石拍出现，为后来棍棒型石拍如何诞生及对东南亚影响的背景分析。

复合型石拍可分为：（1）球拍式（racquet）；（2）锤状式（hammer）；（3）冯原式（Phùng Nguyên）（Tang 2012）。这类石拍的周缘，通常制作出一圈凹槽，用为装柄设施，附加上木质如藤条作把柄使用。迄今最早的复合型石拍，被发现于华南的珠江三角洲咸头岭新石器时代早期遗址，距今约 6800 年（Tang 2013）。该类石拍随后持续在珠三角地区发展长达 3000 多年，从距今 6800 到 3500 年间，可再细分五个延续的阶段。复合型石拍最早阶段，例如香港大湾遗址出土的石拍，通常较薄且尚未出现周缘的装柄凹槽。所以这种石拍如何装柄的问题，目前所知不多。最早带周缘凹槽的石拍，可见于广东中山的龙穴遗址，年代为距今 6200－6000 年左右。据进一步分析表明，华南新石器时代早期的石拍技术已经相当成熟，推测这种工具起源可能追溯到旧石器的时代（Tang 2003）。

华南出土的复合型石拍，可能是后来在东亚、太平洋岛屿甚至中美洲发现树皮布文化传统的祖型。在四千多年前，珠江三角洲就出现一种既复杂又具有仪式性树皮布文化的传统。珠海宝镜湾遗址发现过 4000 多年前的一种特殊石拍，石拍两面琢磨出四重弧形浮雕状凸起，沿弧边尚保留有红紫色的绘画，颇像几条彩虹样。这件宝镜湾石拍上象征性弦形凸起图案构造，进一步证明了珠江三角洲新石器时代树皮布文化高度的发展。在东南亚、太平洋群岛和中美洲的民族志材料中，带有特殊图案的树皮布石拍也有广泛的分布，但数量也不多（Kooijman 1972；Tolstoy 1963）。在东南亚、中美洲树皮布石拍发展过程中，也可见到与宝镜湾般具有象征性意义的石拍近似工具。

珠江三角洲发现早期复合型石拍的发展趋势，某种程度上影响到后来新石器时代晚期双肩棍棒型石拍的出现。双肩棍棒型和复合型石拍之间，可以归纳以下共同特点：（1）石拍一般由一个或两个拍面构成；（2）拍面普遍以纵向或疏或密的沟槽构造；（3）由于长期拍打拍面，接触部分留下明显使用的磨损或破裂。另上述两者差异也很明显。棍棒型石拍特色包括：（1）石拍的重量增加，从过去复合石拍一般约 300～400 克重量，一下增加到 700～1000 克以上，拍打力量上加强；（2）石拍本身构造，由复合木质附加柄转变成石拍本体与柄部连体，由同一石素材制作成整体的石拍，不需要装柄的设施；（3）相比下棍棒型比复合型石拍整体的长度较短，缩短约一半以上。棍棒型的石拍在拍打冲击过程中，产生的震荡力较大，直接传递至制作者指掌及腕骨。而复合型石拍由于柄部藤条具有弹性，对人上肢冲击力较小，并且作为相关因素，两者石拍重量明显相差较大。

新石器时代晚期向棍棒型石拍的转变原因，目前并不容易解释。推测可能是制作树皮布植物原材料的变化是其因素之一。根据民族志的调查，世界上多种植物，曾被用作树皮布原料，最著名的是构树或楮树（*Broussonetia papyyrifera*）属于桑科（*Moraceae*），在华南地区、台湾岛、印度尼西亚群岛和太平洋群岛都有广泛使用（Chang 2011）。一些地区也使用了面包树（*Artocarpus*）和野生无花果树（*Ficus*）（Neich & Pendergrast 1997）。植物原材料选择的转变，如制作者挑选更厚的树皮，如桑科植物中见血封喉（*Antiaris toxicaria* Lesch），就可能促使人们更倾向于选择要求更强大

力量型的棍棒型石拍的设计。当然,最终这个问题解决,还需要更多研究和考古实验的论证。

三、棍棒型石拍的出现

棍棒型石拍的出现标志着世界树皮布文化史上一个重要的变革。棍棒型石拍出现,时代上晚于咸头岭遗址出土。现今已知最早复合型的石拍约 3000 年。因此,在新石器时代晚期使用带有特殊图案的复合型石拍的同时,一种设计上完全不同的石拍相继出现。这种新型棍棒型石拍本身附加了石柄,使得石拍的本体拍面和手柄,成为工具的整体。在拍面和手柄之间,通常由台阶间隔。这对拍打者手掌起着保护的作用。棍棒与复合型石拍不同,棍棒型石拍的拍面通常位于石拍面两侧面。棍棒型石拍的拍面,有时也制作纵向或网格交叉的沟槽,拍面光滑的较少。据说洪都拉斯的苏穆(Sumu)人仍然使用棍棒型石拍,生产树皮布(Roth & Lindorf 2002;Tolstoy 1991)。

有趣的是,棍棒型石拍很可能是起源于大陆后向海岛上传播。然而,这种石拍技术后期在华南及东南亚大陆,只产生过较局部地区的影响,没有持续在大陆上发生广泛性的影响。事实上,目前在南中国大陆上发现的棍棒型石拍的数量很有限。东南亚大陆的树皮布生产工具,主要仍然是复合型石拍如冯原式石拍。相比之下,棍棒型石拍很快成为一些海岛树皮布的主要制作工具,而且不同岛屿的棍棒型石拍,表现出不同的特点和偏好。这些不同特点的棍棒型石拍,可根据其外形、肩部有无、拍面凹槽形态以及其他技术特点,细分为不同的类型(Tang 2012)。迄今为止已发现和分类的棍棒型石拍,有 5 类:(1)河江(Hà Giang)式;(2)海南式;(3)有角式;(4)巴拉望式;(5)卑南式(见图 1)。这些石拍可分别描述如次:

1.河江式:两侧面制作出装柄凹槽,拍面为网格状,器身顶部剖面通常为圆角矩形,在拍面和手柄之间,没有明显分段的台阶。器型较大,平均长度 30 厘米。目前主要发现于越南北部的河江省。

2.海南式:在拍面和手柄之间,有两个台阶式分段,形如双肩石拍。器身上部为圆角矩形。石拍两侧为拍面,一般为纵向沟槽,也有些拍面是素面。海南式石拍在中国云南、广东、海南、台湾以及越南、菲律宾吕宋岛等大陆和海岛都有发现,分布广泛。

3.有角式:石拍的侧面一面为拍面,一般为纵向沟槽,也有素面平滑的。拍面与柄部间有台阶。拍打面的背面前端突起,有的突起平缓,还有突起上弯角状的别具特色,可能具有特殊的技术功能。这种石拍主要在菲律宾有大量发现。美国人类学家拜耶(Otley Beyer,1948)曾命名为"菲律宾型"石拍。近年在台湾也有较多的发现。另在婆罗洲也有过零星的出土。

4.巴拉望式:石拍拍面制作出纵向的沟槽,一般拍身上部一侧设拍面,另一侧为直背的石拍。石拍面与柄部有台阶,发现于菲律宾巴拉望及台湾等地。

5.卑南型:石拍形制类似于巴拉望亚型的棍棒型石拍,拍面构造主要是交叉网络状沟槽面(Lien 1979),大量发现于台湾南部的卑南遗址。

四、海南亚型双肩石拍

如前所述,海南式石拍也被称为双肩棍棒型树皮布石拍,是唯一在大陆和岛屿上都发现的棍棒型石拍。然而，近年越南考古学院阮克史公布在越南中部沿海和西原地区五处地点，发现过相当典型几件双肩石拍，为海南岛同类石拍的来源问题，提供重要的线索。这些石拍发现于中国的海南、台湾、云南和广东，以及越南北部的谅山（Lạng Sơn）省和菲律宾的吕宋岛北部。东南亚史前出现双肩棍棒型石拍制作技术共同特征，为史前航海跨海技术及人们在浩瀚的海洋间存在文化上互动的重要证据。因此，以下对这部分双肩棍棒型树皮布石拍的特色及发现，作较详细的描述与分析。

双肩石拍最显著的特点，拍面和柄部之间形成两个台阶状的段部。多数该型石拍身上部呈圆角矩形，拍身的顶部大部分平坦或间有中央较宽阔的凹槽。拍身上部的侧面制作出纵向沟槽。在云南海东也发现了1件网格图案石拍，编号 TG1②79。该型石拍有两个拍面，但只有一侧拍打面为沟槽结构。红岭（Hongling）石拍编号 BFH④B85 两侧拍面的沟槽的数量和深度相约。另一些例外如海南白沙其托村石拍（BYQ①B94）和菲律宾阿库（Arku）洞穴石拍。这些石拍打面上构造变化丰富，有的有沟槽，也有素面。且拍面的沟槽密度和深度都各式各样，这可能由于在打制树皮布不同阶段，对植物纤维结构的分解加工差异的功能相关，构成以石拍不同的拍面互相配合，一种复杂多重加工的工序。此外，石拍本体和柄部间有段阶的构造，有明显或微弱的区别，以前者的较常见。所有石拍柄部均磨成椭圆形，舒适抓握，因此棍棒份石拍使用，是直接用手抓握，不需其他配件。柄部的长度各不相同，柄部与本体部的比例有 1：1、1：2 或 2：1 等。海南型石拍不同部分名称，见图 2 及彩版五：1。

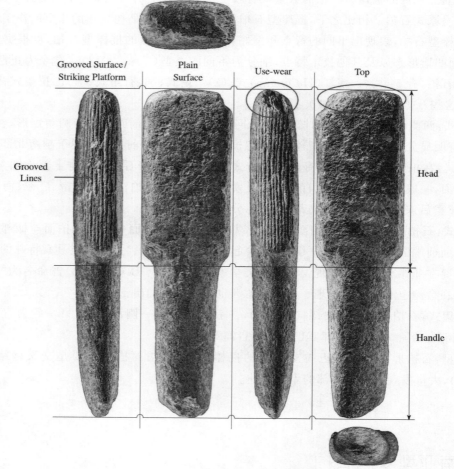

图 2　广东雷州半岛英利那亭村出土双肩棍棒型石拍形态描述

注：图文字说明：左而右、上而下。沟漕、沟槽面/拍面、侧面、使用痕破损、顶部、本体、柄部。

通过深入的石器形态分析,我们可看到这些海南式树皮布石拍之间的细微异同。从这些细节,可以说明树皮布文化传统在大陆和海岛间的传播过程中的变化。以下对华南和东南亚双肩棍棒型树皮布石拍,进行技术上分析。

五、出土双肩棍棒型石拍的相关遗址

过去,双肩棍棒型石拍主要分布在海岛地带,最近在越南中部发现过较多双肩石拍,留待另文讨论。本文只讨论已系统收集整理的 16 件石拍,其中有 10 件出土于海南、台湾和吕宋岛,另外的发现于在中国大陆和越南北部。上述双肩石拍中有 8 件在海南发现。这里详细介绍这些出土石拍相关遗址地理、发掘背景、文化内涵以及所出土的石拍的特征。

(一)大陆:云南省、广东省以及越南

1.云南省

云南省是研究树皮布文化起源的关键地区之一,遗憾的是该地区已公布史前树皮布的学术文献,非常有限。云南位于中国西南部,发掘出土复合和棍棒型石拍,复合型石拍主要发现在西部地区,而棍棒型石拍大多来自东部。这种独特的分布与东南亚其他地区的复合型和棍棒型石拍的分布模式相似。下面将进一步讨论这个主题。

迄今为止,已经在云南出土或采集 3 个双肩棍棒型石拍,其中一个是在海东新石器时代遗址中发掘出土。海东遗址是云南通海县(北纬 23°55′~24°14′,西经 102°30′~102°54′)北部的贝丘遗址(云南省文物考古研究所、玉溪市文物保护局和通海县文化局 1999)。这遗址已发掘探方长 37.2 米、宽 10 米,面积共 372 平方米,地层分为 7 层,其中文化层有六层,从中发现有陶器、骨器和石器包括石锛和石斧、石环、网坠、石纺轮、陶纺轮以及佩饰(图 3,中国大陆第 3 栏云南部分)。来自 M1(第 2 层)和 M13(第 3 层)的墓葬人骨,经北京大学考古实验室进行放射性碳测年,结果分别为 3945±100 和 4235±150 BP。下层采集样本不足测年,推测最下层年代在距今约 5000 年。因此,该地点聚落年代被发掘者推定为距今 4000 至 5000 年。在附近地区的其他四个贝丘遗址,也发现了类似的文化内涵,推测年代与海东遗址相近。

海东石拍(TG1②:79)与典型的双肩石拍略有不同,石拍本体剖面呈方形,拍面制作成网格纹沟槽。拍面和柄部之间有台阶分段,使整体形态为双肩型石拍。该石拍长 19 厘米,厚 4.9 厘米,每个拍打面上约有 11 至 13 条垂直和横向沟槽。

在云南省的屏边县和黄毛岭乡,还收集到了另外 2 件石拍(云南省文物考古研究所、文山壮族苗族和红河哈尼族彝族自治州文物局 2008)。两件石拍的拍身与柄部台阶分段比较微弱,不是双肩棍棒型石拍的典型形态,有待进行更深入的观察分析。屏边和黄毛岭石拍分别长 28 厘米、宽 6.7 厘米、厚 2.2 厘米和长 29 厘米。

2.广东省雷州半岛

云南东面的广东省雷州半岛的英利那亭村,发现一件完整的双肩石拍,长 28.5 厘米、宽 7.4~7.6 厘米、厚 4.1 厘米,重 1533 克,这是目前所公布双肩石拍标本中最重的。石拍拍面和柄部长分别为 15.1 和 13.4 厘米,说明端部和手柄之间的比例接近 1:1。

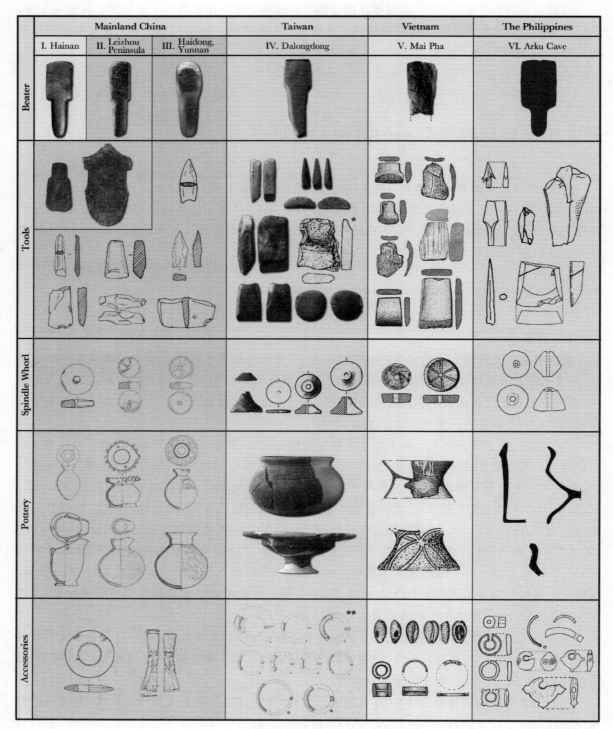

图 3   出土石拍之相关遗址的文化内涵

注：* 讯塘埔遗址出土的双肩石锛（Liu et al. 2008）；

　　** 讯塘埔晚期 Dazhuwei 遗址出土的装饰品（Liu et al. 2001）；

　　*** 所有的器物没有比例关系。

这件石拍留下常见使用的破损痕迹。石拍拍面沟槽面出现明显的破损,拍面上部、中间和外沿和也受到部分的损伤。雷州半岛石拍一同出土有双肩石锛和大石铲各一件(图 3;中国大陆第二列)。这种大型石铲也称为桂南大石铲,在邻近的广西 150 多处遗址曾发现过(Jiang & Peng 1992;Li 2011)。通过这些出土石拍共出土文物,可以推测雷州半岛出土石拍的年代。

3.越南梅坡(Mai Pha)遗址与 Chi Lăng 地区

在靠近中国广西的越南北部沿海地区,发现了 2 件距今约 3500 至 3000 年的双肩棍棒型石拍。其中一件是在谅山省梅坡遗址发现,为双肩棍棒型石拍的残片。1990 年代以来,在该遗址的周边地区发现了 20 多处与梅坡文化相关的遗址(Nguyễn et al. 2004),目前仅有梅坡遗址出土过树皮布石拍(Nguyen 2002)。

梅坡遗址是一个喀斯特地貌的石灰岩洞穴遗址。1996 年发掘了 3 个探方,发现了 0.4～0.5 米厚的单一文化层。这里的文化内涵与越南其他新石器时代晚期至青铜时代早期的河江、下龙(Hạ Long)和冯原等遗址内涵相似。从该遗址出土的贝壳标本,经谅山省博物馆得到的放射性碳素年代测定,得出数据异常古老,年代为 10290±80 BP(ANU-11114 96MPI)(Nguyễn 2002 年)。另一个比较可靠的放射性碳数据来自 Phia Diem 遗址,这是一个距梅坡西南 2.8 公里的梅坡文化遗址,该遗址有两个文化层,上层由梅坡文化组成,而下层与北山(Bac Sơn)文化有关。澳大利亚国立大学进行相关放射性碳测年,数据为 4170±240 BP(ANU-11119),梅坡文化可能在距今约 4000年后出现。通过将在梅坡的考古遗存与来自其他遗址的石器、陶器对比,专家估计梅坡文化年代,大约为公元前第二个千年早期约距今 3500－3000 年(Nguyễn 2002;Nguyễn et al. 2004)。

梅坡遗址出土遗物包括方角及双肩的石斧和石锛,玉石器如玦饰和手镯残件、贝珠、花卉图案的陶纺轮、薄壁的圈足陶瓶、窄颈和喇叭口陶器(见图 3,越南第五列)(Nguyễn et al. 2004)。此外,还发现了墓葬和墓穴,以及家畜水牛、猪和狗和人类和等遗骸。

梅坡遗址中还发现了 1 件残破的双肩棍棒型石拍(86MPI Ⓒ/I:55),长 8.48、宽 2.67、厚 4.39厘米,重 129 克。该石拍拍面沟槽面两面有纵向八条和九条,器表留下了明显的使用磨损,现存一侧沟槽面严重断裂,拍面和柄部受到严重损坏,柄部基本丢失。这件残破石拍,很明显已不能再被使用,被遗弃在遗址内。

此外,从梅坡遗址附近的 Chi Lang 区采集了 1 个完整的双肩棍棒型石拍(文物编号:BTLS519)(图 4),是由石拍本体被分解成两分,后再拼合复原。该石拍长 15.45 厘米、宽 2.94 厘米、厚 6.17 厘米,重 545 克,使用了片岩原料制作。据观察,由于此石拍曾因长期拍打,使石拍体部顺内在节理面,纵向大幅度破裂一分为二,破裂向下甚至伸延至柄部末端。石拍体部及柄部的断裂,应该是石拍长期使用,在猛烈拍打过程口分解的结果。

第 3 件双肩棍棒型石拍见于越南南部的 Djiring 遗址(Colani 1933)。进一步分析该标本及对比研究,有待开展。

近年公布越南中南部沿海通包遗址(Tô Hạp),发现两件棍棒型石拍,其中一件是典型双肩石拍,器身沟槽面部分横剖面呈长方形,两侧沟槽面有纵向密集沟槽。而棍棒柄部的手持部分,约占全体器身五分之三的长度。棍棒柄近中央位置折断,可能是使用过程的破损。同遗址,另同遗址出土一件棍棒型石拍,并非为双肩型,拍面四侧均有刻沟槽,不同拍面沟槽的数目有明显差异。越南西原地区发现双肩棍型石拍较多(Nguyễn et al. 2004)。其中美林(Mê Linh)、达特(Đăk Ton)、广德(Quảng Đức)、蚌久(Buôn Kiều)和依鹅(Y Ngông)五处的双肩石拍,均是棍棒柄部分长度,明显较石拍的沟槽面直径为长,双肩两侧石拍本体和柄部间,有段阶的构造明显(Nguyễn et al. 2004;Fontaine,H 1975;Lương et al. 2015;Phạm 2018)。美林的双肩棍棒型石拍长 23、宽 4.8、厚 3.2

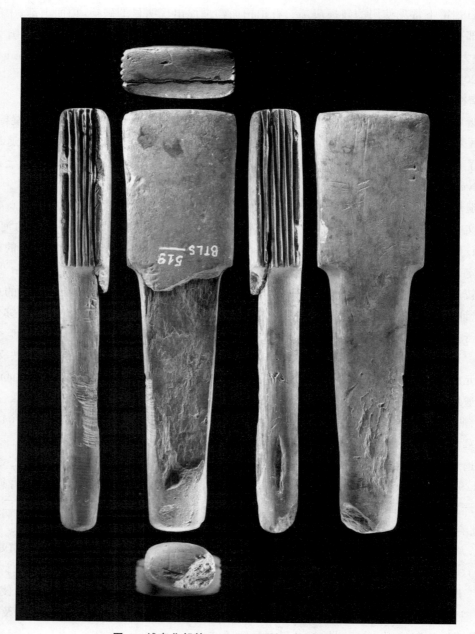

图 4 越南北部的 Chi Lang 石拍（No. BTLS519）

厘米,一侧上刻有五条纵向的沟槽,相对的另一侧为素面。此石拍拍面沟槽面长 10 厘米,而棍棒柄
的手持部长度是 13 厘米(Trần 2015)。同样是西原宣通遗址出土双肩棍棒型石拍,一侧沟槽疏松,
仅有四条纵向沟槽。宣通石拍拍面沟槽面直径大于柄部的长度(Nguyễn et al. 2007)。

(二)海岛:海南、台湾与吕宋

1.海南岛

海南岛位于广东省南面的南海,在五指山几处地点,一共发现了 10 件树皮布石拍。令人惊讶
的是,其中 8 件是双肩棍棒型石拍,这使得海南成为迄今所知该类型石拍分布密度最高的地区。这

种石拍拍面和柄部之间，两侧形如双肩，被称为"海南式石拍（Hainan Beater）"（Tang 2012）。

海南岛上石拍都发现于海南岛中部的五指山区，因有五条山脊而得名。第二条山脊为海南岛最高峰，海拔 1876 米，穿过这些山脉的河流最终通向南中国海。海南岛发现的双肩棍棒型石拍，拍面具有多样的形态，拍本体与柄部比例长度不一，在拍面制作沟槽纹密度差异悬殊。还有的石拍两个拍面其中仅一面有沟槽面。海南也是唯一在山区发现石拍的岛屿。在其他岛屿上发现的石拍，都是在海岸附近出土的。海南岛石拍的平均大小为 22.7 厘米长、4.79 厘米宽、5.33 厘米厚，平均重量为 907.5 克。

2.菲律宾吕宋北部的阿库（Arku）洞穴遗址

在海南岛以东约 1284 公里，菲律宾吕宋岛北部卡加延省佩纳布兰卡（Penablanca）的阿库洞穴，出土的 1 件石拍面构造独特的双肩棍棒型石拍（Thiel 1986）。Arku 洞穴堆积年代，发掘者认为可追溯到公元前 2200 年至公元前 50 年的几个时期，曾发现过一处有约 57 人的墓葬。这个巨大的石灰岩洞穴长 60 米，位于卡加延山谷和马德雷山脉（Sierra Madre）之间的过渡地带。在附近的 71 个洞穴和 7 个岩荫都发现了聚落遗址（Thiel 1986）。

1976 年秋天，美国北肯塔基大学的芭芭拉·蒂尔（Barbara Thiel）教授在阿库洞穴发掘了 9 个 2×2 米的探方，发现了丰富的随葬品，包括陶器、个人装饰品和石器（见图 3，第六栏）。从该遗址文化遗存中，H4/5 探方第 4 层发现一件砂岩制双肩石拍树皮布工具。H4/5 探方地层包含褐色、黄褐色和红色堆积层，第 4 层除双肩石拍外，还发现了 645 破碎骨头（包括涂有红色赭石的头骨）、其中有六件儿童骨头、纺轮和玉玦各一件，从该地层灰烬采集木炭，被测定年代为公元前 935 年（Thiel 1986）。

与其他地方发现的双肩石拍不同，阿库石拍形态独特，长 13.67 厘米，比所有完整的海南型石拍较短，拍面的顶端平坦，端部中间有一个宽阔凹槽。石拍的两个拍面沟槽疏密差异较大，其中一拍面上有 22 条纵向沟槽，另一面拍面仅有 5 条纵向较深沟槽。两个拍面上端顶角部分，可见严重的破损。与越南的 Chi Lang 石拍（器物编号 BTLS519）相似，该石拍拍面侧面，由于受到拍打的巨大冲击力，因而从拍面侧破裂出一片较大剥片，留下片疤下凹的疤痕。

3.台湾大龙峒遗址

以下台湾全岛 38 个相关考古遗址中，一共发现了数百计石拍，然仅发现了一件双肩棍棒型石拍，出土于被认为是新石器时代中期的大龙峒遗址（北纬 25°04′26″，西经 121°31′00″）（Tree Valley Foundation 2012）。大龙峒遗址发掘工作始于 2009 年，地点位于大峒（Datong）区的台北市立大龙（Dalong）小学，共发掘面积 7575.88 平方米。据放射性碳素测定及文化内涵分析，被认为是新石器时代中期讯塘埔文化的聚落（Liu 2007），测定六个木炭碳 14 年代，平均为距今 4800－4200 年（Tree Valley Foundation 2012）。这个遗址堆积厚 2.5 米，地层堆积划分为 12 层，其中第 9、8 层为讯塘埔文化遗存。第 8 层（30 厘米厚）是该遗址的主要文化层，由黄褐色淤泥组成。

大龙峒遗址发现了丰富的史前文化遗存，包括 13 件完整和断裂的石拍、压印绳纹陶片、石器工具和陶纺轮（见图 3，第四列）。还发现了台湾最早半月形的石刀，石刀上侧靠中间位置开有双孔，石刀是用作收获的农具。虽然在大龙峒没有发现饰品，但在台湾东北部的大竹围讯塘铺文化遗址发现了玉石环（Liu et al. 2001）。根据水井和沟渠的发现，大龙峒似乎也存在完善的水利系统（Tree Valley Foundation 2010）。大龙峒文化先民已经知道如何利用地下水（Kuo 2015），这也是树皮布制中必需的重要资源。

在大龙峒发现的 13 件石拍中，只有 2 件完好无损，其中仅 1 件为双肩棍棒型石拍，由粉砂岩制成，长 22.4 厘米、宽 6.46 厘米、厚 4.12 厘米。这件石拍本体呈一个非常独特的拱形顶部，有别于过去发现复合型、棍棒型石拍本体顶部形态，可能是一个地区域内变异的特征（Kuo 2015；Tree Valley Foundation 2012）。大龙峒石拍拍面外部和拱形端部，也显示出明显因使用出现破损。该石拍仍处于可制作树皮布的良好状态。另一件来自大龙峒的完整石拍，是一件有角石拍，在菲律宾广泛分布，而台湾岛其他地方也有较多的发现（Beyer 1948；Lynch & Ewing 1968）。此外，大龙峒其余的 11 件石拍，均破损严重，由于该地点发现大量破损严重的石拍，考虑到大龙峒存在用水系统，我们认为该遗址的史前先民，可能在这里制作过大量的树皮布。

六、讨论

本文介绍了公元前第二千年前后，史前东南亚自华南大陆、越南北部、菲律宾及台湾岛之间，可能存在过独特时空内特殊树皮布石拍工具的传播，构建成双肩石拍所代表技术类型学传统的文化圈形成，也揭示了独特海洋文化互动的区域模式（图 5；彩版五：2）。在一个仅限于南海周边范围内，本文讨论中所包括的 20 多件双肩棍棒型石拍，分布最北在中国台湾，西及中国云南，东至菲律宾北部。在 20 世纪上半叶，美国拜耶（1948）已讨论过菲律宾发现的石拍，"两侧拍面沟槽——一侧细致细密而另一侧粗疏，亦有两侧沟槽面同样结构的石拍"。他又同时展示了两个类似于双肩棍棒型的石拍。因此，阿库洞穴石拍并不是菲律宾发现唯一海南式石拍的例子。尽管如此，带角式和巴拉望型的石拍，显然是菲律宾群岛的主要石拍形态，而不以双肩型石拍为主流（Beyer 1948；Lynch & Ewing 1968）。因此，有必要通过进一步的调查研究，以便更精准了解双肩石拍在菲律宾的分布情况。

如前所述，双肩石拍是唯一同时分布在大陆和岛屿地区的棍棒类型的石拍。一般地说，复合型石拍主要分布在大陆，而棍棒型石拍在东南亚及岛屿上有广泛流行。尽管这一概括仅适用于台湾岛和菲律宾群岛，这些地方的史前阶段广泛使用棍棒型石拍，而双肩棍棒型石拍则稀少。在台湾，迄今只发现一件双肩棍棒型石拍，而常见的却是卑南型、巴拉望型和带角式石拍（Tang 2012）。此外，在大龙峒和阿库洞发现的双肩棍棒型石拍，均具有独特的形态，不见于其他地区的地域性形态，揭示了史前航海者在文化互动间有趣现象。因此，大龙峒和阿库洞的双肩棍棒型石拍，是否可以作为受到从外围传入菲律宾群岛及台湾岛的史前文化交流的证据？或者是这些石拍是以某种方式，独自出现的可能？

由于菲律宾阿库洞穴的考古发现，包含较多值得注意的内涵，研究者指出此址中遗存与菲律宾和东南亚的其他遗址，也存在一些不同程度的异同（Thiel 1986）。遗憾的是该遗址只发表过简报，尚未有更详尽报告书。尽管如此，发掘者蒂尔认为阿库的发现，揭示了一个非常重要的现象，即从阿库史前人类所拥有装饰品和陶器内涵，说明他们是活跃海上贸易者，但他们也有独立空间，展示出在自身文化上的特色。由于菲律宾目前发现石拍主要是著名的带角式棍棒石拍，所以阿库洞的双肩棍棒型石拍，也许是史前先民曾与其他远距离岛屿的外族交往互动的反映。据目前资料，在公元前两千年前后，东南亚发现了较多的双肩棍棒型石拍。这种双肩石拍很可能是由史前航海者，以远洋跨海方式传入菲律宾群岛和台湾岛等地，而不是该两处地区独立开发的石拍传统。

如前所述，海南岛是迄今发现双肩棍棒型石拍较多的地方。然而，为什么在海南岛没有发现复合型石拍和其他类型的棍棒型石拍？如果没有可靠的放射性碳素测定年代或相关的文化分析的参考，我们不能仅根据发现的双肩石拍标本数量较多，就简单地认为这种双肩石拍起源于该地区

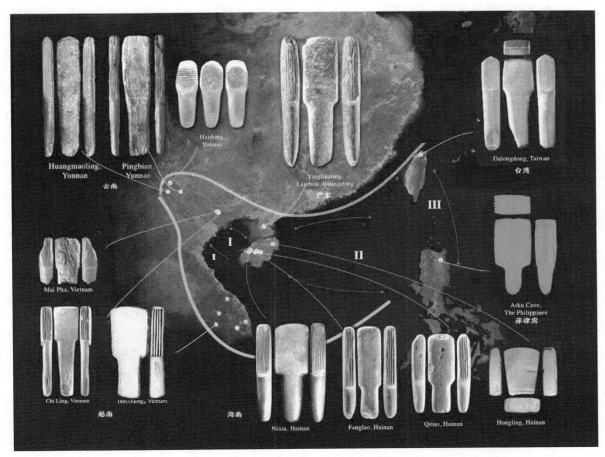

图 5 环南海双肩石拍的分布

(Tang 2002)。尽管如此,海南史前先民主要是使用了这种类型的石拍,从这一地区很可能是双肩棍棒型石拍再向东传播,发挥了重要作用。

广东雷州半岛和海南岛间,约 30 公里的海洋隔开。虽然这段距离很短,海峡两边也都发现了相同类型的石拍类型。这清楚地说明了史前时期这范围内一定发生过人类跨海的交流。在今天的海南岛,黎族仍保存有树皮布制作的传统。他们的树皮布生产与云南省的哈尼族相似(Tang 2012)。海南的白沙、昌江、陵水、乐东和五指山都属于树皮布文化区,而岭南地区目前被公认为世界树皮布文化的发源地。对东南亚大陆及其岛屿上发现的树皮布技术进行深入民族学比较分析,或者可以清晰地揭示这一文化传统的起源和传播。

就时代而言,这一地区的双肩棍棒型石拍从新石器时代晚期延续发展到青铜时代。在中国大陆,雷州半岛双肩石拍共出的文化内涵,又为了解这类石拍的年代提供了一些线索,即与这类石拍相关的大型双肩石铲,所属可的时代,提供了重要线索。这类石铲即典型的佳林大石铲,或是与农耕相关的大型礼仪性器具,多发现于邻近的广西。例如,大龙潭新石器时代晚期遗址中,共发现了231 件完整的桂南大石铲。从该地点采集的两个样本的放射性碳素测年,结果分别为 4750±100 BP(树轮校正值为 5320±135 BP)和 4735±120 BP(树轮校正值为 5300±150 BP)(Jiang & Pang 1992)。此外,雷州那亭石铲与大龙潭出土的石铲以及 Nalintun 新石器时代晚期遗址(Li 2011)特别相似。因此,雷州双肩石拍可能在大约也是距今 4000BP 这段时间。除了广西南部,这些大型石铲也在广东和海南有所发现,甚至在越南东北部沿海也有发现(Jiang & Pang 1992)。因此,该地区在新石器时代晚期至青铜器早期阶段,似乎发生了明确的横跨海洋文化互动,未来的考古发掘很可能会在广西沿海地区发现双肩棍棒型石拍。在中国大陆的其他地方,在云南省发现了一些双肩石拍,其年代也约为距今 4000 年。在此基础上,这种类型的棍棒型石拍还在航海先民的推动下,传播到了大陆以外的地区。事实上,以较保守估计,最晚在距今 3500 年前左右,双肩棍棒型石拍已经在东南亚和岛屿上逐渐使用。越南西原是中南部地形中部高原,东坡陡峻,迫近海岸。目前从西原及海南是两处出土的双肩型棍棒石拍,显示最丰富及最有技术特色的棍棒型石拍,两地之间关系显得尤其密切。从空间关系来说,让人推测双肩石拍技术族群不难从越南中南部沿海出发,就可以跨海登陆海南岛。很值得注意毋论越南西原及海南岛所发现双肩石拍的地貌,均与山岳地带有密切关系。两地间双肩石拍数量及类型单一的特征,是比较共同一致的。然而,广东雷州半岛英利那亭村及海南岛双肩棍棒型石拍沟槽拍面的直径,一般多较棍棒柄柄部分较长。而越南北部梅坡及西原美林等遗址,出土双肩棍棒型石拍棍棒柄长度,又均明显长于沟槽面的直径。

尽管迄今为止,在海南岛发现了较多的双肩棍棒型石拍,但该岛史前遗址仍因缺乏系统的调查和研究。最近海南东南三个沿海遗址的新发现,提供了这一地区史前史序列的新认识(中国社会科学院考古研究所、华南一队和海南博物馆 2016),英墩、莲子湾和桥山遗址的文化内涵,可追溯到新石器时代至青铜时代早期,莲子湾出土的双肩石锛、石斧可追溯到距今 5000 年左右。

此外,在桥山遗址出土了大量陶纺轮和 1 件方角型的石锛,年代约距今 3500 至 3000 年。黄河和长江地区陶纺轮出现于公元前 5000 年至 3000 年(Kuhn 1988)。珠江流域直到大约距今 4000—5000 年前,才出现纺轮。从海东、梅坡、大龙峒和阿库洞穴等遗址中,也发现了陶纺轮(见图 3),可见新石器时代晚期到青铜时代阶段,纺织布和无纺布技术共存于这些地区。上述四个地点中无纺布及纺织布的共存,也预示距今 3500 年前左右,海南岛也可能有过类似的情况。虽然在海南沿海发现了陶纺轮,目前只在岛上山区才发现到石拍。由于海南沿海遗址的文化内涵,也与本章讨论的遗址相似,因此它们有助于了解海南树皮布石拍最有可能使用的时间。相比之下新石器时代晚期珠江三角洲,在这里已持续发展具有 3000 多年历史的树皮布文化,而终于被北方南下纺轮及编织技术取代。

我们现在有了一幅更广阔东南亚史前文化年代的框架。新石器时代晚期,双肩棍棒石拍首次出现在中国南方,然后逐渐向东扩散,并在距今 4000 年前后开始向海上传播。到了青铜时代即距今 3500 年阶段,这种石拍一些已在大陆和东南亚群岛分布。这一证据挑战了从前认为从青铜时代开始,才可能有海上交流文化传播的说法,表明早在新石器时代晚期,航海者已携带树皮布制作技术与知识,传播带到东南亚沿海岛屿的彼岸。

把双肩石拍分布圈与其他形态的树皮布石拍分布圈进行比较,可以发现它们在华南其他地区和东南亚,呈现出很值得关注分布的形式。如前所述,云南发现了复合型和棍棒型两种石拍,而且两种石拍在该省的东西两地分布,存在较很大的差异。一方面,在云南西部发现了大量复合型锤状石拍。这类石拍后来也在云南西南及泰国西边,马来半岛和爪哇岛发现,但不见于东南亚湄公河以东范围。云南省东侧双肩石拍具备早期原始的因素。这些石拍的双肩既不发达,且缺乏较稳定的形态。而越南北部的河江石拍也同样是棍棒形。这些现象反映东南亚地区最早棍棒型石拍,可能是起源于云南东侧以至越南北部山区,其后逐渐发展,最后向越南北部又在中南部的西原等地扩散,再首次跨海进入海南岛五指山区。越南青铜时代冯原及双肩石拍两者,成为南北两地最重要树皮布石拍的体系。冯原式石拍是红河三角洲广泛发现的另一种复合型石拍。锤状式石拍和冯原式复合型石拍出现的时期,都晚于珠三角珠海的宝镜湾石拍,后者可追溯到距今 4200 年。如今,苏拉威西是世界上仅存的几个仍在使用类似于冯原式复合型石拍生产树皮布的地方之一。另一方面,包括海南双肩和河江式在内的棍棒型石拍,在云南都有发现。棍棒型在越南北部、中部和西原地区也有发现,但从越南全国发现的棍棒型石拍,总体分布空间及数量上均少于如冯原复合型石拍。同时,如上所述,在中国海南、广东、台湾以及菲律宾发现了双肩棍棒型石拍,但复合型石拍要么如海南岛上从未被发现,要么如台湾岛和菲律宾群岛发现的数量有限。因此,基于迄今的考古资料,华南和东南亚地区树皮布石拍的分布,反映了树皮布石拍的一种独特的传播模式:复合型石拍广泛分布于东南亚的大陆,从云南西部开始,向南经过泰国、马来半岛,甚至远至爪哇;而棍棒型石拍则在东南亚岛屿上跨海洋广泛地存在,从中国云南东部、广东、海南到越南北部和中部再到台湾岛、菲律宾群岛,甚至婆罗洲。而且有趣的是,虽然在中国南部、西部和东南亚大陆都发现了复合型石拍和棍棒型石拍,但该地区的两类石拍是以两个沟槽拍面为主;而向东扩散岛屿和群岛(台湾、菲律宾和东南亚其他海域)的大多数棍棒型,一般是仅有一个沟槽拍面。

南海是东南亚大陆东向最大的海洋,最大深度达 5000 米(Shaw & Chao 1994)。在大约距今4000－3000 年间,从华南到东南亚的岛屿,出现过有规模计划性跨海的交流活动。在全新世期间,随着季风和海平面的变化,在东南亚大陆和海洋地区,复合型石拍和棍棒型石拍具有明显不同的扩散模式,形成了史前石拍所构成的八个复杂和重叠的分布圈。值得注意的是,海南式石拍的分布,标志着树皮布文化在该海洋地带系统传播的开始,并在该地带内形成 3 个相互作用的海洋圈(图5)。(1)第一海洋圈:包括北部湾及其以南的小规模航海范围,该圈西起越南中部的海岸,东部包括海南岛和雷州半岛。此外,海南岛和雷州半岛间由琼州海峡分割。由于海底较浅,海岸之间的距离较短,广东和海南之间约有 30 公里海面相隔,越南北部和海南之间的距离约为 200 公里。这与其他地域海洋互动关系相比,这种规模的航海相对上比较简单。例如,海南和雷州半岛之间的距离仍然在航海者的视觉可视范围内,这使得这里的海上航行相当简单。(2)第二海洋圈:在南中国海的另一边,在季风的帮助下,双肩棍棒型石拍可能已经过南海分布到菲律宾吕宋北部等岛屿。这种远距离的传播标志着系统性远距离航海的开始。这段时间的海上的航行,已经远远超出了航海者肉眼可观察对岸陆地的能见度范围,有可能超过了一千公里的海面。(3)第三海洋圈:在面向西太平洋边缘的岛屿相互往来,第三阶段的航海圈可能借助黑潮北上海流,从菲律宾海吕宋岛东部向北,经过吕宋海峡到达台湾岛北部,向北可能到达日本的琉球群岛。该地区沿海地理条件,比上述地区具由更大的挑战性,太平洋沿岸海深浪高,信风强劲。因此,通过这些岛屿之间的海洋互动可知,当时的海洋先民已经发展出一套相当成熟的航海的技能。总之,这三个航海圈是华南和东南亚系统性远海航行的一个重要标志,并从东南亚地区继续扩展,东向传播至迄今仍保留丰富树皮布文化的波利尼西亚群岛。

有趣的是,直到公元前 2000 年,被视为东方文化最佳象征体之一的玉器才出现在南海的东南亚沿岸及岛屿上(Hung et al. 2011)。源自北方的这一社会价值受重视物品如环玦、坠饰等的突然出现,这与公元前第二千年树皮布石拍在大范围海洋的扩散,基本上处于同一时期的文化交流,表明这一时期是该地区海上航行和文化互动的一个关键时期,进入青铜时代后,这一大范围的远海航行持续发展,远到达大洋洲。在遥远的西方,有趣的是在中美洲也出现了双肩石拍(Tolstoy 1963)。尽管大约在公元前 2000 年,树皮布文化在中美洲得到发展。目前仍需要更多证据来支持,对树皮布文化是否可能为跨越太平洋的文化传播。以上,从现有东亚树皮石拍的丰富考古资料发现及研究,为探索史前海洋网络奠定了新的基础,这些网络将大陆和海岛的先民联结在一起,开启了古代太平洋丰富航海史的崭新篇章。

[致谢:本研究得到香港研究资助局普通研究基金项目(编号 CUHK431000 和 450413)的支

持。作者感谢唐玲玲教授、周伟民教授、Iksam Djahidin Djorimi 副主任、郭素秋副研究员，以及越南考古研究所、海南博物馆和海南白沙博物馆提供了有关这些地区树皮布石拍的重要考古资料。我们还要感谢吴春明教授，提供是次发表机会，以及在此过程中耐心的指导。

译后记：2019 年我们发表《华南、东南亚双肩石拍与史前航海考察》，对东南亚新石器时代晚期至青铜时代的双肩石拍在中国、越南及菲律宾分布文化圈首次进行勾勒，探索南海上与古南岛语族相关树皮布文化的跨海传播扩散的途径。然而，随后又陆续搜集到越南社会科学院考古学院著名学者阮克史先生公布有关越南中央高地（西原地区）庆和、达农、林同、得乐、嘉莱省等山区出土双肩石拍丰富的发现。Nguyễn Khắc Sử，Nguyễn Công Bàng. (2003). Ghi chú về Tiền—Sơsử Khánh Hòa dưới ánh sáng của tài liệu mới. Trong Khảo cổ học, 5, 9.、Nguyễn Khắc Sử chủ biên. (2004). Khảo cổ học tiền sử Đăk Lăk. Nxb. Khoa học xã hội, Hà Nội. Nguyễn Khắc Sử chủ biên. (2007). Khảo cổ học tiền sử Kon Tum. Nxb. Khoa học xã hội, Hà Nội. Nguyễn Khắc Sử chủ biên. (2007). Khảo cổ học tiền sử Tây Nguyên. Nxb. Khoa học xã hội, Hà Nội.。这对于本文主旨双肩石拍文化圈起源及分布论述，至关重要。因此，我们以 2019 年拙文基础，这次作了简略的补充，包括增订了原文图 1 及图 5 内双肩石拍分布的新资料，并在本文中简略补充，相关问题详细的分析，仍有待深入。越方的新发现补充新观点包括：(1)史前树皮布复合型石拍可能起源于岭南。而棍棒型石拍最初可能出现在中国云南、越南北部，其后演化成双肩石拍，主要分布在越南中部高原山岳与海南五指山；(2)越南的史前树皮布制作工具，以冯原及双肩石拍两大传统最具影响力，在越方南北分布，既有交叉又各有集中空间上聚合。(2024.7.10 邓)]

参考文献

Anderson, A. (2005). Crossing the Luzon Strait：Archaeological chronology in the Batanes Islands，Philippines and the regional sequence of Neolithic dispersal. *Journal of Austronesian Studies*，1(2)，27-48.

Bellwood, P. (1979). Neolithic and Early Metal Age Cultures on the Southeast Asian Mainland. In *Man's Conquest of the Pacific：The prehistory of Southeast Asia and Oceania*（pp. 153-202）. Oxford：Oxford University Press.

Bellwood, P. (1991). The Austronesian Dispersal and the Origin of Languages. *Scientific American*，265，88-93.

Bellwood, P. (1995). Austronesian Prehistory in Southeast Asia：Homeland，Expansion and Transformation. In P. Bellwood, J. J. Fox, D. Tryon (Eds.), *The Austronesians：Historical and Comparative Perspectives* (pp. 103-118). Canberra：ANU Press.

Bellwood, P. (1997). Ancient Seafarers：New evidence of early Southeast Asian Sea Voyages. *Archaeology*，50(2)，20-22.

Bellwood, P., Fox, J. J., Tryon, D. (1995). The Austronesians in History：Common Origins and Diverse Transformations. In P. Bellwood, J. J. Fox, D. Tryon (Eds.), *The Austronesians：Historical and Comparative Perspectives* (pp. 1-16). Canberra：ANU Press.

Beyer, H. O. (1948). Philippine and East Asian Archaeology, and its relation to the origin of the Pacific islands population. *National Research Council Bulletin*，29. Quezon City：National Research Council of the Philippines.

Blust, R. (1985). The Austronesian Homeland：A Linguistic Perspective. *Asian Perspective* 26(1)，45-67.

Chang, C. S., Liu, H. L., Moncada, X., Seelenfreund, A., Seelenfreund, D., Chung, K. F. (2015). A holistic picture of Austronesian migrations revealed by phylogeography of Pacific paper mulberry. In P. V. Kirch (Ed.), *Proceedings of the National Academy of Sciences*，112(44)，13537-13542.

Chang, C. S. (2011). Austronesian and Tapa Culture. In Chang, C. S. (Ed.), *Felting bark to make cloth：Cata-*

logue of the tapa collections of the national Museum of Prehistory，Taiwan（pp. 9-15）.Taitung：Taiwan Museum of Prehistory（南岛语族与树皮布文化,《打树成衣：南岛语族的树皮布及其文化》,台东：台湾史前文化博物馆,2011 年）.

Colani，M.（1933）. Céramique，procédésanciens de cécoration. *Bulletin de l'Ecolefrançaised'Extrême-Orient*，*33*，349-355.

Deng，X.（1994）. The Ancient Austronesian Languages in the Dialect of Southern Chinese. *Minority Languages of China*，*3*，36-40（Nanfang Hanyuzhong de Gu Nandaoyu Chengfen,南方汉语中的古南岛语成分,《民族语文》,第三期,1994 年,页 36-40）.

Ewins，R.（1982）. *Fijian Artefacts*. Hobart：Tasmanian Museum and Art Gallery Collection.

Fontaine，H.（1975）. Nouvelles récoltes d'ojects préhistoriques. *dans Bulletin de la Société des Études Indochinoises*，24-25.

Glover，I.，& Bellwood，P.（Eds）.（2004）. *Southeast Asia：From Prehistory to History*. Oxford：Routledge Curzon.

Howard，M. C.（Ed）.（2006）. *Bark-Cloth in Southeast Asia*. Bangkok：White Lotus.

Hung，H. C.，Yang S. L.，Nguyen K. D.，Iizuka Y.，Bellwood P.（2012）. Jade objects of Taiwan in Oversea and Cultural Elements of Beinan. *Field Archaeology of Taiwan*，*15*(1)，19-40（Haiwaichutu de Taiwan yujiqi beinanwenhuayaosu 海外出土的台湾玉及其卑南文化要素,《田野考古》,第十五卷第一期,2012 年,页 19-40）.

Jiang，Y.，&Shulin，P.（1992）. Guinan Large Stone Spade. *Cultural Relics in Southern China*，*1*，19-24（Guinan DashichanYanjiu 桂南大石铲研究,《南方文物》,第一期,1992 年,页 19-24）.

Jiao，T. L.（2010）. Prehistoric China and Polynesia：An Austronesian Link. In Zhiyue Wu（Ed.），*Splendor of Hawaii and Polynesia*（pp. 3-18）. Fuzhou：Fujian Education Press（史前中国与波利尼西亚：南岛语族的联系,《寻找夏威夷》,福州：福建教育出版社,2010 年）.

Kirch，P. V.（2002）. *On the Road of the Winds：An Archaeological History of the Pacific Islands before European Contact*. Berkeley：University of California Press.

Kooijman，S.（1972）. *Tapa in Polynesia*. Bernice P. Bishop Museum Bulletin，234. Honolulu：Bishop Museum Press.

Kuhn，D.（1988）. Science and Civilization in China. Volume 5，Chemistry and Chemical Technology；part 9，Textile Technology：Spinning and Reeling. New York：Cambridge University Press.

Kuo，S.（2015）. A Discussion on the Contents of the Shuntanpu Culture in Northern Taiwan. In L. Yichang（Ed.），*Monograph on Taiwan's Prehistory*（pp. 185-246）. Taipei：Academia Sinica，Linking Publishing（Taiwan Beibu Xuntangpu Wenhua de Neihan Tantao 台湾北部汛塘埔文化的内涵探讨,Taiwan Shiqianshi Zhuanlun《台湾史前史专论》,台北："中央研究院"、联经出版公司,2015 年）.

Li，Z.（2011）. Shell Mound，Large Stone Spade，and Burial Cave：The Evolution of Prehistoric Cultures in the Nanning Region. *Journal of National Museum of China*，*7*，58-68（贝丘、大石铲、岩洞葬——南宁及其附近地区史前文化的发展与演变,《中国国家博物馆馆刊》,2011 年）.

Lien，C. M.（1979）. Grooved Beaters of Taiwan. *The Continent Magazine*，*58*(4)（pp. 164-178）.（Taiwan de youcaoshibang 台湾的有槽石棒,《大陆杂志》,台北：大陆杂志社,1979 年）.

Li Xie，Dawei Li.（2022）. A study of early stone beaters found in Guangxi and Vietnam，Cultural Relics in Southern China，*1*，116-137.（A study of early stone beaters found in Guangxi and Vietnam 广西与越南发现的早期石拍研究,《南方文物》,第一期,2022 年,页 116-137）.

Liu，I. C.（2007）. *Report on the archaeological test pits in LiuyiSquare，Taipei*. Taipei：Department of Cultural Affairs，Taipei City Government（Taibeishi Liuyi Guangchang Kaogu Tankeng Shijue Jihua Shijue Jieguo Baogaoshu《台北市六艺广场考古探坑试掘计划试掘结果报告书》,台北市政府文化局委托）.

Liu，I. C.，Chung，I. H.，Yan，Y. C.（2008）. *Rescue excavation and data analyses of Xuntangpu site due to the construction of Xindian line of the Taipei Metro*. Taipei: NEWASIA Ltd（Dongxixiang Kuaisu Gonglu Bali Xindianxian Bali Wuguduan Gongcheng Yingxiang Xuntangpu Yizhi Jinji Kaogu Fajue yu Ziliao Zhengli Fenxi Jihua《东西向快速公路八里新店线八里五股段工程影响讯塘埔遗址紧急考古发掘与资料整理分析计划》，新亚建设开发股份有限公司）.

Liu, I. C., Chiu, S. C., Tai, J. C., Wang, M. Y., Li, Y. Y. (2001).*Report on rescue excavation of the Dazhuwei site in Yilan County due to construction of the Chiang Wei-shui Memorial Freeway*. Yilan: Yilan County Government（Yilanxian Dazhuwei Yizhi Shou Beiyi Gaosu Gonglu Toucheng Jiaoliudao Zadao Yingxiang Bufen Fajue Yanjiu Baogao《宜兰县大竹围遗址受北宜高速公路头城交流道匝道影响部分发掘研究报告》，宜兰：宜兰县政府，2001 年）.

Lương Thanh Sơn, Phẩm Bảo Trâm. (2015). Phát hiện bàn đập vải vỏ cây ở Buôn Kiểu（Đăk Lăk）.Trong Những phát hiện mới về khảo cổ học năm, Hà Nội.

Lynch, F. X., & Ewing, J. F. (1968). Twelve Ground-stone Implements from Mindanao, Philippine Island. In W. G. So lheim II (Ed.),*Anthropology at the Eighth Pacific Science Congress of the Pacific Science Association and the Fourth Far Eastern Prehistory Congress*（pp. 7-17）. Honolulu: Social Science Research Institute, University of Hawaii.

Neich, R., & Pendergrast, M. (1997). *Traditional Tapa Textiles of the Pacific*. New York: Thames and Hudson.

Nguyễn, C. (2002). *The Mai Pha Culture*. Lang Son: Lang Son Bureau of Culture and Communication (*Văn Hoa Mai Pha*. Lang Sơn: Sơ Văn Hoa Thông Tin Lang Sơn Xuât Ban).

Nguyễn, K. S., Pham, M. H., and Tong, T. T. eds. (2004). Northern Vietnam from the Neolithic to the Han Period. In I. Glover & P. Bellwood (Eds.),*Southeast Asia: From Prehistory to History*（pp. 177-209）. Oxford: Routledge Curzon.

Nguyễn Kh ác Sử, Nguyễn Công Bằng. (2003). Ghi chú về Tiền—Sơ sử Khánh Hòa dưới ánh sáng của tài liệu mới. *Trong Khảo cổ học*, 5, 9.

Nguyễn Kh ác Sử chủ biên. (2004). Khảo cổ học tiền sử Đăk Lăk. Nxb. Khoa học xã hội, Hà Nội.

Nguyễn Kh ác Sử chủ biên. (2007). Khảo cổ học tiền sử Kon Tum. Nxb. Khoa học xã hội, Hà Nội.

Nguyễn Kh ác Sử chủ biên. (2007). Khảo cổ học tiền sử Tây Nguyên. Nxb. Khoa học xã hội, Hà Nội.

Phẩm Bảo Trâm. (2018). Bàn đập vỏ cây ở phố Y Ngông, Buôn Ma Thuột.Tư liệu Bảo tàng Đăk Lăk. Về bàn đập vải vỏ cây bằng đá thời tiền sử ở Đông Á. Trong Những phát hiện mới về khảo cổ học năm, Hà Nội, 484-491.

Roth, I., & Lindorf, H. (2002).*South American Medicinal Plants: Botany, Remedial Properties and General Use*. Berlin: Springer-Verlag.

Shaw, P.T., Chao, S.Y. (1994). Surface Circulation in the South China Sea.*Deep-Sea Research I*, 41(11/12), (pp. 1663-1683). Amsterdam: Elsevier Science Ltd.

Soares P. A., Trejaut, J. A., Rito, T., Cavadas, B., Hill, C., Eng, K. K., Mormina, M., Brandão, A., Fraser, R. M., Wang, T. Y., Loo, J. H., Snell, C., Ko, T. M., Amorim, A., Pala, M., Macaulay, V., Bulbeck, D., Wilson, J. F., Gusmão, L., Pereira, L., Oppenheimer, S., Lin, M., Richards, M. B. (2016). Resolving the ancestry of Austronesian-speaking populations. *Human Genetics*, 135(3), 309-326.

Tang, C. (2002). Questions regarding Hainan bark cloth. In Weimin Zhou (Ed.), *Conference Proceedings of the International Conference on the History of Hainan and Guangdong Provinces*（pp. 288-303）. Haikou: Hainan Publishing House (Hainandaoshupibu de jigewenti 海南岛树皮布的几个问题, Qiongyue Difang Wenxian Guoji Xueshu Yantaohui Lunwenji,《琼粤地方文献国际学术研讨会论文集》，海口：海南出版社，2002 年）.

Tang, C. (2003). Deciphering the Functionality of Prehistoric Stone Beaters Using Archaeological and Ethnographic

Perspectives. *Studies on Southeast China Archaeology*，3，133-154. Xiamen：Xiamen University Press (Cong er-chongzhengjufalunshiqianshipai de gongneng 从二重证据法论史前石拍的功能，《东南考古研究》，第三辑，厦门：厦门大学出版社，2003 年).

Tang，C.（2012）. *Origins of Clothes：Barkcloth Exhibition Catalogue*. Hong Kong：Centre for Chinese Archaeology and Art，The Chinese University of Hong Kong.

Tang，C.（2013）. Technological structures of bark cloth stone beaters of Xiantouling，Shenzhen. In Shenzhen Municipal Institute of Cultural Relics and Archaeology（Ed.），2006's *Excavation Report from Xiantouling，Shenzhen*（pp. 407-421）. Beijing：Cultural Relics Publishing House（Shenzhen Xiantouling Chutu Shupibu Shipai Jishu Jiegou 深圳咸头岭出土树皮布石拍技术结构，Shenzhen Xiantouling 2006 nianfajuebaogao，《深圳咸头岭 2006 年发掘报告》，北京：文物出版社，2013 年).

Tang，C.，& Tang Hayashi，Mana（2017）. Origins of Barkcloth：A Techno-Typological Analysis of Beaters in South China and Southeast Asia. In M. Charleux（Ed.），*TAPA：From Tree Bark to Cloth，An Ancient Art of Oceania. From Southeast Asia to Eastern Polynesia*（pp. 59-67）. Paris：Somogy.

The First South China Archaeology Team，CASS and Hainan Museum.（2016）. Neolithic cultural remains in the coastal area of southeastern Hainan Province. *Chinese Archaeology*，7，3-18（海南东南部沿海地区新石器时代遗存，《考古》，第七期，2016 年，页 3-18）.

Thiel，B.（1986）. Excavations at Arku Cave，Northeast Luzon，Philippines. *Asian Perspectives*，27(2)，229-264.

Tolstoy，P.（1963）. Division of Anthropology：Cultural Parallels Between Southeast Asia and Mesoamerica in the Manufacture of Bark Cloth. *Transactions of the New York Academy of Sciences*，25，646-662.

Tolstoy，P.（1991）. Paper Route：Were the manufacture and use of bark paper introduced into Mesoamerica from Asia? *Natural History*，6，6-14.

Trần Văn Bảo.（2015）. Khảo cổ học Tiền sử -sơ sử và lịch sử Lâm Đồng. Nxb. Khoa học xã hội，Hà Nội.

Tree Valley Foundation.（2010）. *Preliminary report on the rescue excavation and construction monitoring of the Dalongdong site*. Taipei：Department of Cultural Affairs，Taipei City Government（Dalongdong Yizhi Qiangjiu Fajue Ji Shigong Jiankan Jihua Qichu Baogao《大龙峒降落遗址抢救发掘及施工监看计划期初报告》，台北市政府文化局委托财团法人树谷文化基金会执行之报告，2010 年).

Tree Valley Foundation.（2012）. *Report on the rescue excavation and construction monitoring of the Dalongdong site*. Taipei：Department of Cultural Affairs，Taipei City Government（Dalongdong Yizhi Qiangjiu Fajue Ji Shigong Jiankan Jihua Chengguo Baogao《大龙峒遗址抢救发掘及施工监看计划成果中报告》，台北市政府文化局委托财团法人树谷文化基金会执行之报告，2012 年).

Tryon，D.（1995）. Proto-Austronesian and the Major Austronesian Subgroups. In P. Bellwood，J. J. Fox，D. Tryon（Eds.），*The Austronesians：Historical and Comparative Perspectives*（pp. 19-41）. Canberra：ANU Press.

Yamagata，M.，& Matsumura，H.（2017）. Austronesian Migration to Central Vietnam：Crossing over the Iron Age Southeast Asian Sea. In P. J. Piper，H. Matsumura，D. Bulbeck（Eds.），*New Perspectives in Southeast Asian and Pacific Prehistory*（pp. 333-356）. Canberra：ANU Press.

Yunnan Institute of Cultural Relics and Archaeology，Yuxi City Department of Relics Preservation，and Tonghai County Culture Bureau.（1999）. Excavation Report on TonghaiHaidong Shell Midden Site. *Cultural Relics of Yunnan*，2，11-27（Tonghai Haidong Beiqiu Yizhi Fajue Bagao 通海海东贝丘遗址发掘报告，《云南文物》，第二期，1999 年，页 11-27).

Yunnan Institute of Cultural Relics and Archaeology，Wenshan Zhuang and Miao and Honghe Hani and Yi Autonomous Prefecture Departments of Relics Preservation.（2008）. *Archaeological report of the border region of Yunnan province*. Kunming：Yunnan Technology Publishing House（Yunnan Bianjing Diqu Kaogu Diaocha Baogao《云南边境地区（文山州和红河州）考古调查报告》，昆明：云南科技出版社，2008 年).

A15　菲律宾群岛间的史前移民与文化变迁

[菲]尤比奥·迪松（Eusebio Z. Dizon）

（菲律宾国家博物馆，National Museum of the Philippines）

吴春明　译

菲律宾群岛最早的移民和文化变迁大约发生于距今 4500 年至 4000 年前的新石器时代。最初从大陆跨海到来的可能是来自台湾南部的南岛语族人群，他们来到了菲律宾的巴丹（Batanes）岛和吕宋岛北部。在这第一步之后，造船技术得到发展，海上航行变得更加方便，使这些早期定居者能够往返陆、岛，并继续探索和殖民菲律宾群岛的其他遥远岛屿，如巴拉望（Palawan）岛、米沙鄢（Visayas）岛和棉兰老（Mindanao）岛。新石器时代文化变迁的主要标志之一，就是石器或石器技术从粗糙的打片技术向磨制技术的转变。特别是，在这一时期的考古资料中，磨光石锛、石斧的制造是明确和普及的，而聚落点开始从洞穴迁移到露天开阔地带。当地原居民处于旧石器时代的狩猎和采集经济生活特征，也发展为新石器时代越来越多的定居人口，及其以驯化动物和栽培植物为基础的生计模式。陶器出现于大约 3000 年前，并持续发展到金属时代。

一、导论

菲律宾群岛在东南亚和太平洋岛屿早期人群迁徙中的地位应予以高度重视。事实上，在近年对巴丹地区开展最新的考古调查之前（Dizon 2007b；Hung et al. 2007；Bellwood & Dizon 2005；Bellwood，Anderson，Dizon & Stevenson 2003），学术界已经认识到菲律宾的早期居民经历了一系列"移民浪潮"，包括从大约 50 万年前开始的通过东亚陆桥的第一波，更有约万年前来自印尼和马来半岛的移民潮（Beyer 1947；1948）。当然，还有学者认为缺乏足够的考古证据，并不赞同这一浪潮理论（例如 Jocano 1967；Fox 1970；Solheim 1981）。在菲律宾的教科书和学校的历史教学中，菲律宾早期先民的历史仍是另外一种说法，来自印尼和马来半岛最晚近的人口迁徙被认为是现在菲律宾人作为"马来人种"的根本原因。当然，马来人种是南岛语族的一个语言学分支，不是什么特别的"种族"，最新的考古学和相关多学科研究结论，与这一简单的移民序列是不相符的。

现在的菲律宾人，应是源自华南和台湾的操南岛语先民的后裔。他们第一次南迁的时间可能是在 4500 年前，他们先到达了伊特巴亚特（Itbayat）岛及巴丹群岛的其他岛屿，然后继续前往吕宋岛卡加延山谷的拉洛（Lallo）等地。南岛语族是一个很大的语系，以前称为马来-波利尼西亚语。在某种程度上，南岛语族可以与包括法语、西班牙语、意大利语和其他语言等在内的庞大的印欧语系相比较，而南岛语有更多的使用者、更广泛的分布区，包括东南亚的语言、非洲的马达加斯加语，以及广泛的太平洋语言,如伊洛卡诺(Ilocano)语、卡潘潘甘(Kapampangan)语、他加禄(Tagalog)语、印尼与马来亚的巴哈萨(Bahasa)语、米沙鄢(Bisaya)语、查莫罗(Chamorro)语(塞班岛、关岛、罗塔岛、天宁岛等马里亚纳群岛)和新西兰的毛利语。事实上,目前世界上讲南岛语的人超过 3.5 亿,波利尼西亚语也与南岛语密切相关,因此称为"马来-波利尼西亚语"。

二、菲律宾在南岛语族扩散史"走出台湾"理论中的位置

南岛语族的历史重建,基本上是建立在语言人类学资料的基础上(Blust 1995,1996),主要是通过东南亚和大洋洲民族的一些物质文化词汇比较以及遗传线粒体 DNA 的比较研究。最新的考古发现支持了 Bellwood 在南岛语族扩散史上的"走出台湾"理论(Bellwood & Dizon 2005)。根据这一理论,南岛先民在大约 5500 年前可能已开始从大陆向东迁移,带来了可用于造船的磨光石斧和石锛、带有戳印圆圈纹和红衣的陶器、树皮石打棒、纺轮和捕鱼工具等新石器时代文化要素。他们抵达菲律宾后,进一步改进造船技术以适应更长途的海上航行,并在东南亚半岛、印度尼西亚群岛和太平洋其他沿海地区定居下来。

南岛语作为一个语族,包括了大约 1200 种语言组成,人口约 3.5 亿,广泛分布在东南亚半岛、群岛,西到非洲的马达加斯加,东部和南部从新几内亚到新西兰和一些太平洋上偏远的岛礁。南岛人的起源、原乡一直是一个争论的话题(Dizon 2007a)。例如,索尔海姆(Solheim 1988)提出南岛语族的原乡在菲律宾棉兰老岛和/或印度尼西亚东北部一带,南岛先人在传播、扩散到东南亚和太平洋之前,是沿着北边的路线移动的。贝尔伍德(Bellwood 1997)不同意这个看法,他认为南岛人的原乡在华南和台湾的某个地方。他的"走出台湾"理论认为南岛人是从北向南迁徙到菲律宾,然后穿过东南亚进入太平洋。

南岛语族先民为了航行和定居东南亚和太平洋广阔海域内的群岛,需要发展出航海舟船的建造这项非常重要的技术。我们认为,当南岛先人最初从台湾航行巴丹岛和吕宋的其他岛礁之后,他们的造船技术在穿越菲律宾的航行实践中得到了极大的改进。新的造船技术使他们能够建造更好的航行于四面八方的舟船,他们可以向南、向东、向西甚至向北航行,返回到他们启航的原乡。据此,大约距今 3500 年至 3000 年前,定居菲律宾群岛的早期先民很可能已迁移到印度尼西亚、马来西亚、马里亚纳群岛,并在某种程度上抵达波利尼西亚东南部的岛屿。事实上,作为一个伟大航海者的国度,这段历史为当代菲律宾人所共鸣。

陶片或破陶罐、作为造船工具的石锛和贝锛、树皮布石拍、石网坠、鱼钩、装饰品、手镯、耳环及器物的装饰纹样等考古材料的比较研究表明,台湾岛、巴丹岛、吕宋岛和菲律宾其他岛礁、东南亚群岛和太平洋群岛原始居民间的历史联系是清晰的。通过碳 14 和加速质谱(AMS)等年代测定技术,对考古出土遗物及遗址中的环境生态标本等的科学分析,进一步证明了这些文化遗存背后代表的人群移动与南岛语族间不可否认的历史联系。此外,与这些文物相关的动植物遗存包括猪、狗、鸡和鱼的骨头,陶釜碎片中发现的稻壳印痕,陶釜上的烟灰残留物中发现的芋头和其他根茎作物的残迹。这些史前文化墓葬和相关习俗中也发现了南岛语族文化强烈的相似性。某些陶器的形态特征如圆圈印纹、红衣陶等也可判定为与南岛语族的使用者有关。最早在俾斯麦(Bismarck)群岛发现的拉皮塔(Lapita)文化陶器也表现出其显著的南岛语族陶器特征。根据这些考古发现,菲律宾似乎在太平洋和东南亚群岛的人群扩散史上扮演了重要角色。

解剖学的证据表明，至少从约6万年前的晚更新世起到全新世时期，现代人类已经明确定居于东南亚的半岛、群岛和澳大利亚大陆，早期人类在这段时间里一直有可能驾驶小船或独木舟航行于陆岛间（Doran 1981）。这些早期的旧石器时代人类有自己的砍砸器和石片石器工业传统，主要通过狩猎和采集而生存，即便在大约1万年前的中石器时代，在南岛语族尚未出现之前，他们确定拥有自己的语言和文化。全新世以后，大约自6000年前开始，一种原南岛语开始在华南南部人群产生与发展，并可能已经迁徙到台湾，这些与南岛语有关的文化包括一系列特定的新石器时代文化因素组合，包括与造船技术和早期航海有关的凿磨、钻孔、磨光等特殊的新石器工具技术，成熟的制陶技术，园艺业、农业的发展与动物驯养，以及一种我们今天在东南亚和太平洋大部分地区都能听到的独特的语言的产生。

三、菲律宾早期造船术的考古证据

巴拉望岛西南部的都杨（Duyong）洞穴、菲律宾群岛最南端塔威塔威（Tawi Tawi）省桑加桑加（Sanga Sanga）岛上的巴洛博克（Balobok）岩棚，先后出土的贝壳锛，是菲律宾群岛早期造船和航海术重要的考古证据。

在巴拉望岛西南部利普恩角（Lipuun Point）的都杨洞，一座史前男性墓葬的随葬品中发现了1件大型的磨光石斧-锛形器以及4件由大型砗磲蛤（*Tridacna gigas*）壳制成的斧-锛形贝器（图1；彩版六：3）。这名死者为屈肢葬，面部朝下，手臂和双腿压在躯干的下方，还佩戴2个中心穿孔的贝壳盘制成的耳饰（Fox 1970）。在同一遗址的新石器时代居址中，还发现1件由砗磲贝肋骨部分制成的凿子、若干贝壳盘耳饰，以及灰烬堆积深厚的炉灶坑遗迹。墓葬中的木炭年代为公元前2680±250年（经校正为公元前3100年），而洞穴中出土贝器的地层平面的测定数据为公元前3730年（经校正为约公元前4300年）。

图1 用大砗磲贝制成的贝壳锛

注：左侧为用大贝壳锛，右侧为木柄藤条捆扎贝壳锛使用方式复原。

出土大砗磲贝器的第二个地点是菲律宾群岛最南端的塔威塔威群岛桑加桑加(Sanga Sanga)岛上的巴洛博克(Balobok)岩棚。1973年,美国考古学家亚历山大·斯波尔(Alexander Spoehr)在该遗址的发掘中发现了由大蚌制成的贝壳锛。1992年再次发掘时,发现了更多的贝壳工具和贝壳制作工具不同阶段的半成品,揭示了贝壳锛制造过程的不同阶段证据,出土的工具、制品包括有一些尚未磨光的工具半成品、从大砗磲贝切割下来的工具坯件,以及2件已磨光的石器,1件锛和1件凿。贝壳样锛测定的 C^{14} 年代,最早的是 8760±130 BP(公元前6810年)(Ronquillo et al. 1993)。然而,这个 C^{14} 数据对于菲律宾的新石器时代来说可能偏早,因为从贝壳样本中测定的 C^{14} 数据通常会摄入过量的碳和氧,并导致至少 1000~2000 年的误差。

菲律宾一直是亚洲大陆、东南亚群岛和太平洋的十字路口。自从新石器时代东南亚出现早期航海和海洋活动以来,约距今5000年或更早,来自台湾南部操南岛语的人群就已经能够穿越台湾岛和菲律宾北部巴丹群岛中的伊特巴亚特(Itbayat)岛之间的巴林塘(Balintang)海峡(Bellwood 1997,2005;Bellwood & Dizon 2005,2008),并且可能持续迁徙到卡加延(Cagayan)谷地的拉罗(Lallo)地区的那沙巴然(Nagsabaran)和马嘎皮特(Magapit)(Hung 2005,2008)。从巴丹岛和吕宋岛北部,这些人使用的船只可能已经发展成更先进的海船,能够通过巴拉望岛为跳板穿梭菲律宾群岛的其他地区,一直向南到达棉兰老岛和苏禄岛,向西航行婆罗洲和苏拉威西岛(印度尼西亚),向东航行马里亚纳群岛。新石器时代相似的石器在亚洲大陆和东南亚群岛的广泛分布,曾作为此类文化传播的证据(Bellwood 2005:141)。但也有学者认为,这类相似性可能仅仅是贸易的结果,特别是陶器资料的相似性(Solheim 2002)。根据学者对南岛语族独木舟多个航向航行能力的研究(Doran 1981),新石器时代的南岛人不只有单向航行,而且已有双向、回程航路,东南亚群岛间可能已经出现了早期的"巡回(small time)"海上贸易活动,新石器时代的这种巡回交易满足了许多岛礁本地无法获得的资源,是资源的简单交易,不同于公元8世纪左右出现于东南亚半岛和岛屿间的大规模贸易形式。

现今居住在菲律宾群岛的菲律宾人,很可能是公元前3000年或更早之前从台湾南部迁徙到巴丹岛和吕宋岛北部卡加延谷底的新石器时代南岛语族先民的后裔。这些南岛人最初穿越海峡的航行,可能是使用了简单独木剜空的带帆独木舟(Blust 1995,1999;Bellwood 1997,2005)。这些沿海先民在菲律宾进一步发展了海洋文化和建造技术,然后航行前往群岛的其他岛礁,前往婆罗洲、苏拉威西岛、马来西亚、印度尼西亚、马来西亚、泰国、越南、柬埔寨,甚至距菲律宾2000多公里的遥远的太平洋马里亚纳群岛。

四、公元前 500 年至公元 1000 年间金属时代的社会与文化交流

从公元前500年到公元1000年,或者至少2500年前开始的金属时代,这些讲南岛语的人群持续在东南亚和太平洋的其他地区间航行与定居。索尔海姆(Solheim 1975,1984—85)将这一时空称为"沙莹-卡拉那(Sa-Huynh-Kalanay)文化",该文化的考古遗存展示了越南中部和菲律宾中部之间的直接文化接触和内涵共性,典型器物包括纹样复杂的圈足陶器、突纽型台湾软玉玦 lingling-O 等(Iizuka et al. 2005;Hung et al. 2007)。

东南亚金属时代的重要标志是社会复杂性的发展。陶罐的装饰纹样更加复杂精致,新出现将死者二次罐葬并随葬祭品的葬俗。除了二次和多次的罐葬外,还有凿刻的石灰石棺葬、木棺葬。总

体来说,一次葬通常是将尸体整体直肢埋葬,二次葬通常只是在尸体腐烂后将骨骸重新收拣埋葬,多次葬常包括多个死者遗骸的二次埋葬。马农古尔(Manunggul)瓮棺和马通(Maitum)瓮棺是二次葬和多次葬代表性的瓮棺形态。

(一)马农古尔(Manunggul)瓮棺葬

马农古尔陶罐是一个带盖子的二次葬瓮棺,装饰彩绘、雕刻和压印图案。已故美国人类学家罗伯特·福克斯(Robert B. Fox)(1970)将马农古尔罐看成典型器,代表菲律宾新石器时代晚期或铁器时代制陶的技术水平和陶工的熟练程度(图2;彩版六:4)。进一步研究表明,民族志中也有与该埋葬信仰和习俗有关的某些细节,例如,婆罗洲恩加朱(Ngaju)人的葬俗(Evangelista 2001;Dizon 2011)。

图2　巴拉望岛发现的马农古尔瓮棺

马农古尔瓮棺盖子上陶塑的是前后两人泛舟形象,被福克斯描述为"死者之船"主题场景(Fox 1970:112)。对舟船的各种解释可能都不尽合理,但在这里似乎是合适的。后面的舵手用两只手握持舵桨,舵桨上的桨叶缺失,他似乎只是操纵而不是"划船"。另一个缺失的部分是船中央的桅杆,后面舵手靠着桅杆支撑双脚。这两个人物的头冠和下颚间似乎都绑着带子,这是巴拉望岛塔巴努阿(Tagbanua)人和菲律宾许多农村地区葬礼上常见的装俗。前面陶塑人双手交叉放于胸前的姿势,在菲律宾北部的伊富高(Ifugao)人、伊巴诺伊(Ibaloi)人以及婆罗洲的恩加朱人,葬礼上都有类似的习俗。

罐子上部的卷曲纹有涂抹赤铁矿或红赭石的痕迹,其图案形态应该是暗喻海浪。神灵船的船首雕刻着眼睛、鼻子和嘴巴的头部形象,类似于海蛇或犀鸟的特征,这些图案在现今苏禄群岛(菲律宾)的萨马(Sama)人和婆罗洲(马来西亚)的伊班(Iban)人的船只上仍可以看到。在台湾的南岛人、菲律宾北部民族如伊富高族和伊巴诺伊族以及东南亚其他地区的南岛人,他们雕刻的不同类型木偶的眼睛、耳朵、鼻子和嘴巴形态也都可以看到类似的特征。

在婆罗洲恩加朱人的民族志研究中,沙勒尔(Scharer 1963)注意到,恩加朱人的埋葬习俗中使用了"死者之船",舵手唤作 Templong,如果死者是女性,船上会使用角喙图案,而如果是男性则会使用海蛇图案。

不同的民族文化都坚信,死者的灵魂会乘船返回故乡,马尔古农瓮棺是这一寓意的代表性例子。另一个例子是巴塔克(Batak)人的丧葬,他们将社会上层的男、女死者埋在船形石棺中。第三个例子是达雅克人(Ngaju Dayak)的"死者之船",为雕刻和彩绘的船棺,可以将死者带到来世。苏门答腊南部楠榜(Lampung)地区的仪式"船"布,主要用于婚姻期间的礼物交换,这些布是用棉花织成的,上面描绘一艘大船、人像、水中的鱼、天上的鸟,有时还有一棵树。

马农古尔瓮棺尚未做加速器质谱法(AMS)测年,罐外保留的"相关木炭"样本可用于传统的C^{14}测年。但迄今考虑到C^{14}这种方法的局限性,马农古尔罐本身的 AMS 测量可能会提供关于该船年代的关键依据。事实上,它可能与马通(Maitum)瓮棺是同时期的,或更晚。

(二)马通(Maitum)瓮棺

在菲律宾南部棉兰老岛萨兰加尼(Saranggani)省马通的阿尤布(Ayub)洞穴中,发现了面部表情自然写实的人形陶罐(Dizon & Santiago 1996)(图3;彩版六:5),这些人头形陶器实际上是作为二次葬、多次葬瓮棺的盖子,陶罐上的许多装饰技术与图案类似于巴拉望岛的马农古尔瓮棺,这些共同特征包括赤铁矿的使用、卷曲线纹图案、戳印和压印图案的使用。然而,马通瓮棺上的脸比马农古尔瓮棺罐子盖上划船者的脸谱更具有个性化的表情。

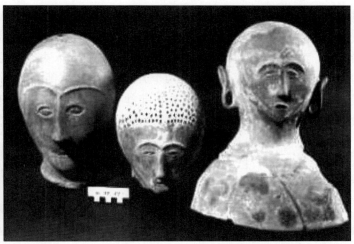

图3   棉兰老岛马通阿尤布洞穴人形陶罐

马通瓮棺残余烟灰经加速器质谱法 AMS 测定,年代为公元前5年至公元370年(Dizon & Santiago 1996)。这些年代属于菲律宾的金属时代,大约在巴拉望马农古尔瓮棺出现700年后。因此,在菲律宾群岛的广阔地理区域内,似乎存在着不同的陶器传统,经历了一个漫长的发展过程,并在丧葬习俗和陶器装饰技术上具有一些共性特点。

(三)莱巴克(Lebak)石灰石瓮棺

莱巴克(Lebak)石灰石瓮棺在当地的土语中称为"卢径塞拉曼(Lugging Selaman)"。这些石灰石瓮棺发现于莱巴克岛的塞拉曼(Salaman)萨朗桑(Salangsang)的洞穴和岩荫,莱巴克以前是哥塔巴托（Cotabato）省的一部分，现在属于棉兰老岛苏丹库达拉特（Sultan Kudarat）省。瓮棺属于金属时代（公元前500年至公元10世纪），这些特殊的器物可追溯到公元6世纪，它们属于南岛语族文化的万物有灵论和瓮棺葬。

莱巴克大罐为四边形石灰石墓瓮棺的早期类型之一。从墓葬中死者骨骼提出的胶原蛋白 C[14] 测定年代为公元 585±85 年，属于菲律宾的金属时代（Dizon 1983，1988，1998）。该瓮形制特点为凹槽状、底部一圈突缘。在他们的研究中，库尔杰克（Kurjack）和塞尔顿（Sheldon 1970）认为，最早埋葬的瓮棺有四边形的底部突缘和戳印纹装饰，而后期的瓮棺形状相同，但有凹槽装饰，然后转变为底部没有突缘的四边形凹槽状，在最后阶段演变为具有凹槽装饰和底部突出的圆形器（Briones & Chiong 1977：208）。

（四）巴贡（Bacong）瓮棺

从大约公元3世纪到至少公元1000年，在今天的菲律宾的马格苏霍特（Magsuhot）地区、内格罗斯（Negros）的巴贡和马斯巴特的卡拉那（Kalanay）洞穴，以及越南中部、印度尼西亚和柬埔寨，可能发生了更大规模的人口迁徙。这一时期的考古证据仍然有限，但主要陶器装饰有仪式器皿等印度教、佛教文化的材料，如在卡拉那洞穴发现的婆罗门神牛楠迪（Nandi）的形象（Solheim 1964，2002：246 and Plate 8）。

其中一个例子是巴贡的瓮棺，泰纳萨斯（Tenazas）于1974年首次报道了这个菲律宾最重要的铁器时代遗址（Tenazas 1974，1982）。巴贡瓮棺包括菲律宾中部米沙鄢地区的马格苏霍特、巴贡、东内格罗斯（Negros Oriental）的陶罐葬，有圆锥形和圆柱形两种，都装饰包括人像在内的精致复杂图案。还有一些陶棺的盖子形状像屋顶。这些都与人类遗骸、金属制品、颜色大小和形状各异的玻璃手镯和珠子共出。一些陶瓮有两个开口，一个在顶部，另一个在底部，说明有些陶瓮盖子上带有烟囱。巴贡瓮棺的风格和装饰与在菲律宾、越南和泰国广泛分布的"沙莹-卡拉那（Sa-Huynh-Kalanay）"类型的陶器具有相同的特点（Solheim 1964，2003）。

（五）金色度母（Golden Tar204a）：阿古桑（Agusan）造像

现藏于芝加哥菲尔德（Field）博物馆的金色度母阿古桑像是从阿古桑河河岸采集的，展示了不同地区之间的历史联系（图4；彩版六：6）。公元九世纪，拉古纳（Laguna）铜板铭文（LCI）为爪哇岛和吕宋岛拉古纳岛之间的这种联系提供了证据（Postma 1991）。拉古纳省的皮拉（Pila）镇也可能是这一历史联系的一部分。美国人类学家和考古学先驱拜耶（H. Otley Beyer），提到了来自安南南部（今越南）的"占婆人（Champa）"或"Orang Dampuans"的海上联系，他们与柬埔寨、中国以及苏禄都有过接触（1947 Corrected，1952）。南岛语族的万物有灵论者和印度教、佛教之间的联系或互动似乎并没有在菲律宾发展起来，因为没有考古证据表明这一时期菲律宾存在像爪哇岛流行的印度宗教的纪念性建筑，例如普兰巴南（Prambanan）和波罗浮屠（Borobodur）神庙，以及越南中部的扶南（Funan）和占婆（Champa）、柬埔寨的吴哥窟（Angkor Wat）。然而，正如 Scott（1984，1989，1995）所指出的，很可能有早期的菲律宾劳工在上述这些神庙所在地劳动或活动。所以，菲律宾出土陶器上女性乳房的图案与公元八至十世纪越南明生（My Son）石雕图案有着强烈的相似性。

图 4 菲律宾出土的印度-马来女神黄金雕像

（六）刻划音符的卡拉塔甘（Calatagan）陶壶

卡拉塔甘壶（Calatagan Pot）是一种肩部刻有音符的带器足的仪式器皿，是典型的称为"Pang alay"的装饰壶随葬品（Dizon 2003a）。卡拉塔甘壶是在菲律宾称为"巴巴音（baybayin）"的音节符号书写系统的第一个证据，因此是一个非常重要的发现。除了这类带装饰的陶壶外，早期考古中还发现了玻璃珠、铅玻璃和不透明的珠子，随后是金属时代后期的半透明珠，这一时期出现了红铜、青铜和铁器等真正的金属制品，但并非都是在菲律宾生产的。

五、9—19 世纪菲律宾的航海贸易

从公元 9 世纪到西班牙殖民时期的 16—19 世纪，菲律宾群岛深度融入了繁荣发展的东南亚海洋贸易与航运网络。陆上和水下考古资料表明，除了用于制造独木舟的石锛和贝锛外，菲律宾考古资料中的多板船、板材边缘钉接的木船证据可追溯到公元 4 世纪。根据这些考古发现，佐证中国编年史和西班牙的历史记载，可以建立起东南亚海洋贸易和航运网络的发展史（Blake 1994）以及后来通过"马尼拉帆船（Manila galleons）"经由阿卡普尔科（Acapulco）到欧洲的远程海上贸易史（Dizon 1997，1998，2003b，2005）。

东南亚地区自公元 10 世纪起，就已建立一个大规模的海上贸易体系和航运网络，高温陶瓷、多种类型的金属制品，也许还有服装和香料等货物被源源不断地往返于东南亚半岛和岛屿之间，以换取这里的林产、珍珠、蜂蜡和其他货物（Brown 2002；Flecker 2002，2003，2005）。在公元 1025 年印度南部的可乐（Cola）王朝受到进攻后，以马六甲为中心的大量对外贸易开始下降，最终导致了室里维亚杰扬（Sri Viajayan）帝国的灭亡。随着室里维亚杰扬帝国的消亡，南海西部边缘的贸易航路开始衰落，使得在接下来的两个世纪里主导该地区的区域贸易模式发生转变。阿拉伯和中国商人在东南亚展开贸易活动，寻找该地区名品产地，特别是来自爪哇的香料（Hall 1985：123）。这一发展导致了以布兰塔斯（Brantas）河为中心的爪哇新政权的崛起，如简威思曼（Jan Wiessman，1977）翻译的卡马拉扬（Kamalagyan）铭文（公元 1037 年）所示，布兰塔斯河与爪哇有直接的对外贸易联系，这一趋势对连接中国与香料贸易的航线产生了重大影响。海商们没有走早些时候沿南海西部的路线，而是开始沿着南海东部边缘移动，这使得菲律宾成为爪哇和中国贸易的中转站。从 11 世纪到 12 世纪，爪哇海地区作为一个商业大国出现了，吸引了苏禄海地区的中国商人进行香料和海洋物产贸易。这条新建立的贸易路线使菲律宾和婆罗洲成为该地区第四个重要的商业贸易区。随着中国贸易的到来，菲律宾建立了一个广泛而密集的贸易网络，以适应对外贸易增长的需要（Hutterer 1974）。

（一）武端（Butuan）木船

从公元 10—12 世纪，菲律宾群岛存在着大量繁荣发展的海洋社会。武端位于棉兰老岛东北部，在中国史籍中被称为"Fu'tuan"（《东西洋考》东洋吕宋南有"屋党，亦名屋同"——译者），现有证据表明，它通过占婆国向中国朝贡货品。武端考古发现大量公元 11 世纪以来的中国高温陶瓷，以及大型硬陶盆、用于加工珠子的高温坩埚、用作鱼饵的木制工具、玩具、用于黄金加工的工具、铜锣和盾牌，以及鸡、猪和鹿的骨头，其中一些骨骼被制成了工具和装饰品。博鲁尼亚（Bolunia 2013，2015，2016）最近对武端考古资料的研究中，将其与 10—13 世纪的海上贸易网络联系起来。在这些遗址还发现了大型木棺中的一次葬和二次埋葬遗存，以及头骨变形的习俗。

武端最重要的发现之一是在厌氧淤泥环境中发现的板材边缘钉合的多板木船遗存。目前已发现 9 艘木船，其中 3 艘已被发掘出来。3 艘木船的 C^{14} 测定年代分别为公元 320 年、1250 年和 990 年。3 艘木船的平均长度为 15 米，横梁长度为 3 米（Ronquillo 1985，1987，1990，1992）。但拉齐纳（Lacsina 2014，2015）对武端的这些木船最新分析研究发现，这些木船 9—10 世纪间持续建造的。

发掘出来的这 3 艘木船都展示了东南亚造船技术中典型的边缘钉合连接船板的造船方式。这些船板都是用由一种称为 Dungon 的梧桐科银叶树（Heritieralittolia）硬木材加工成，每块都是连续的长板，弯成船体曲线，木板每隔 12 厘米用硬木钉或木销钉在龙骨两侧，木钉或木销的长度 19 厘米，被打入每块船板边缘的孔或榫眼中。

武端木船船板的最显著特点，是船板的上侧或内测连续雕刻的扁平、矩形的突纽或突耳。这些突耳位于每块木板上彼此相对放置，相距 78 厘米，突耳的边缘和顶部有孔，绳索或捆绳穿过这些突耳上的孔眼，遗址上采集到的土语称为 cabo negro 的棕榈纤维（Arenga pinata）的绳索证实了这些突耳孔眼用于捆扎加固船板，这是一种更古老的造船技术（Scott 1984）。拉齐纳从武端木船的船材样本的分析和断代，获得的木船年代中间值为公元 870—904 年（Lacsina 2015：129）。武端的这些木船之所以保存得异常好，部分原因是它们被遗弃在河岸边，不像其他的水下沉船，武端木船很快因旧河床的地貌环境的变迁而得以掩埋。

（二）沉船与水下考古

大约公元 1274 年，马可·波罗（Marco Polo）通过陆路抵达中国，开启了"丝绸之路"贸易，并记录了一系列中国传统文化和技术，包括"造船"和军舰建造。他在"游记"（*The Description of the World：The Book of Marvels*）中写道：

> 某些船只，以及其中最大的船只，也有 13 个舱壁，也就是说，内部舱室是由连接良好的坚固船板建成的。因此，如果船上发生意外，或在几个地方被刺穿……船长将找到船舶受损的地方，并把进水船舱里的货物将被移走并放在其他船舱，因为水不能从一个船舱流到另一个船舱，它们是如此牢固地封闭（Goddio 2002：26）。

根据水下考古发现，中国和东南亚船只在"竹节状水密"（bamboo tight）隔舱板结构、铁钉使用等造船技术上既有差异，也有相似。在潘达南（Pandanan）、巴拉望岛南端、利那浅滩（Lena Shoal）、巴拉望岛北端、圣克鲁斯（Santa Cruz）以及三描礼士（Zambales）省北端等发现的东南亚船只，出现有一种"混合"中国海船结构的造船术（Manguin 1993，1996，1998）。在这些混合结构船上，虽然隔舱板仍然密封，但使用了木塞，以防漏水漫流到整艘船上。

潘达南沉船是一名养殖珍珠的潜水员在菲律宾巴拉望岛潘达南岛附近海域寻找珍珠时意外发现的。1993 年 6 月，菲律宾国家博物馆水下考古学家对报告的沉船进行了初步调查，确认沉船位于潘达南岛西北侧，距离海岸 250 米，水深 40 米（Dizon 1996）。

1995 年对潘达南沉船进行了水下考古发掘，该沉船遗址最有趣的考古发现之一，一艘保存相对完好的木船残骸中，装载有越南、泰国和中国陶瓷货物的组合。船货包括青花瓷器，青瓷盘、碟、碗、杯子、瓶子和壶，陶罐、陶灶、硬陶罐，还有铁锅和铜锣等金属制品，一个秤杆，两个大炮和一些中国钱币。其中一枚钱币被鉴定为永乐时期，即公元 1403—1424 年间。在一些硬陶罐内发现了数千个玻璃珠，为解释这类玻璃珠的运输方式提供了绝好的考古证据。整艘沉船出水 4722 件标本，包括器物碎片和自然标本。对该船结构的分析表明，这是印度支那半岛一带的常见类型，可能来自越南或中国南部。总之，潘达南沉船是一个很好的例子，说明在菲律宾海域进行海上贸易活动的，不仅有中国帆船，而且还有东南亚的贸易船只。

利纳浅滩沉船是当地渔民在菲律宾巴拉望岛北部布桑加（Busuanga）海域进行鱼叉式捕鱼时发现的。国家博物馆考古人员的调查发现，该沉船及其货物堆积位于巴拉望省布苏桑加海域的卡劳伊（Calauit）岛约 6.5 海里的处，位于水下 48 至 50 米的沙质和岩石海床上。该沉船为一种船板边缘钉合的木船，长约 25 米，宽约 15 米，被认为是中国的贸易帆船。

利纳浅滩沉船是 1997 年 2 月发现的，当时渔民在巴拉望岛东北端水下 48—50 米的深处发现了中国陶瓷。随即弗朗克·戈迪奥（Franck Goddio）领导的远东航海考古基金会（FEFNA）和菲律宾国家博物馆联合开展了该沉船的水下考古。根据船上来自中国、越南和泰国的陶瓷货物鉴定，利纳浅滩沉船的年代大致可以追溯到公元 15 世纪末。该艘载有 3000 多件陶瓷和其他文物，被怀疑是驶往霍尔木兹（Hormuz）和亚丁（Aden）港口的，但它的一些货物也会在菲律宾、婆罗洲或摩鹿加群岛的穆斯林苏丹国出售，并换取当地的特产。水下考古发掘揭示了船体底部的一部分，这部分船体因铁锭凝结物和约 1 米厚砂层沉积覆盖而得以被保留下来。船体残骸显示长 18.3 米、最大宽 5 米。

圣克鲁斯沉船遗址位于三描礼士省的主要城市圣克鲁斯海岸以西约 6 海里的中国南海，也是当地渔民在鱼叉捕鱼作业时发现的。该沉船位于水下 32 米深处，长约 25 米，宽约 12 米，海底由淤泥和黏土泥组成，地形平坦。水下能见度通常很好，在未受干扰的情况下，潜水作业时能见度在 5 到 6 米之间，平均水流约为 1 节，仅在 6 米至 15 米的深处才能感受到，在海底几乎不明显（Orillaneda 2008）。

在公元 13 至 15 世纪之间，中国、东南亚与印度、非洲和中东（包括埃及、伊朗和伊拉克）之间出现了真正的长途海上贸易航线，并经常往来。例如，在吕宋岛八打雁（Batangas）省的劳雷尔（Laurel）发现了 1 件埃及的高温陶瓷碎片。来自潘达南、利那浅滩、巴拉望和三描礼士省圣克鲁斯沉船的大部分瓷器和其他贸易陶瓷遗物，以及苏禄州霍洛岛（Jolo）未经考古调查与报告的沉船遗存，都来自明朝弘治年间。这一时期的中国明朝皇帝正是穆斯林，因此此时的陶瓷装饰设计以伊斯兰图案为特色。这些陶瓷中的大多数确实也是为伊斯兰国家设计的，明朝监管陶瓷业的太监选择这些装饰图案也是为了满足当时的市场经济。例如，来自中国云南中部昆阳（Kunyang）穆斯林家庭的郑和，他的父亲自称是成吉思汗军官的后代，于 1381 年战死，青年郑和被明军俘虏后被阉割成太监，他最终于公元 1402 年成为明朝永乐皇帝的重要使臣（Dery 1996）。

H.O.拜耶（1948）提到了一位名叫多力克（Odoric）的意大利方济各会教士，他在中国期间，他曾于公元 1384 年曾跟随海上贸易的商船前往庞加辛南省（Pangasinan）的博利瑙（Bolinao），并持续航行至苏拉威西和东南亚其他地区。正是在 13、14 世纪海上贸易的背景下，来自中国的穆斯林商人，能够在吕宋的马尼拉和八打雁传播伊斯兰教。与此同时，伊斯兰教也可能在 15 世纪后期通过马来西亚和印度尼西亚的阿拉伯商人，从另一途经传播到了菲律宾群岛最南部如塔威塔威岛和霍洛岛。这一时期通过蒙古绿洲的陆上丝绸之路经历漫长而乏味的旅途，且骆驼只能驮运有限的贸易陶瓷，而海上丝绸之路的商船却可以携带大量贸易陶瓷和其他贸易货物。因此，海上贸易航线变得越来越有利可图，从利那浅滩、圣克鲁斯和潘达南沉船中发现的陶瓷遗物与伊朗托普卡皮（Topkapi）博物馆藏品中观察到的伊斯兰图案类型相同（Crick 2001；Goddio 2002；Carswell 2000）。

有学者推测，由于埃及、伊朗和伊拉克等中东大帝国的商人可能在中国被征收更高的关税，他们驾驶的阿拉伯"兜船"（Arabian Dow）或缝合船并不直接穿过南海前往中国，而是选择了不同的航路，在印度尼西亚爪哇海发现的黑石湾（Belitung）沉船就属于这一类，他们主要依靠东南亚地区成熟的海洋贸易网络，而菲律宾群岛也成为东南亚海洋贸易网络背景下区域贸易船货再集散的中转站。大量的贸易船货和不同类型的陶瓷器物如瓷器、青瓷和硬陶器，以及可能的丝绸、金属和珠子等，都可能在文莱（Brunei）通过换船或转卖到阿拉伯商船上（L'Hour 2003）。这一假设得到了公元 9 至 14 世纪印度尼西亚黑石湾沉船（Flecker 2002，2003，2005）和苏禄省的霍洛岛沉船（Dizon 2003）等阿拉伯或印度沉船资料的支持。这也正反映文莱和苏禄成为"苏丹国"时的社会和经济形势特征，这些面向中东帝国的贸易是由当时菲律宾社会的基本政治和社会单位巴兰盖（barangay）所控制（Dizon & Mijares 1999），巴兰盖的霸权地位可能发展为苏丹国。文莱和苏禄州霍洛岛的洛克（Looc）的沉船内涵，与利那浅滩和圣克鲁斯沉船的内涵相似，大多数瓷器都带有伊斯兰图案，因此也是专供伊斯兰世界而生产的。

从公元 15—16 世纪，在欧洲人的参与下，以包括葡萄牙和西班牙商人在"香料群岛"寻找香料为标志，东南亚的海上贸易进入了另一个高光时刻。在此期间，据信仍然是"平坦的"世界于 1494 年被《托尔德西里亚斯条约》（Treaty of Tordesillas）分割为西班牙和葡萄牙两大势力范围。葡萄牙人最先到达马六甲、东帝汶和苏拉威西，然后是澳门和台湾。1509 年，葡萄牙探险家费迪南德·麦哲伦（Ferdinand Magellan）已经抵达马六甲，当他加入"恩里克的马六甲"（Enrique de Malacca）时，可能已与东南亚的海商一起航行了。"恩里克的马六甲"也自称是"恩里克的卡尔卡"（Enrique de Carcar,宿务的一个城镇),甚至在麦哲伦宣称他著名的"1521 年为西班牙发现了圣拉撒路(St. Lazarus)群岛"之前,他就已经到达了菲律宾群岛(Quirino 1991)。1521 年 3 月 16 日,随着庆祝"利马萨瓦(Limasawa)岛第一次弥撒",基督教正式传入菲律宾。卢伊·洛佩斯·德·维拉罗伯斯(Ruy Lopez de Villalobos)随后于 1542 年以西班牙国王菲利普二世的名字将圣拉撒路群岛改名为伊斯拉斯·费利佩纳斯(Yslas Felipenas)即菲律宾。正是维拉洛波斯划定了菲律宾和印度尼西亚之间的边界,而此时苏拉威西的香料岛已经在葡萄牙人的控制之下。这一时期见证了欧洲文化在东南亚的扩张,到公元 17 世纪,荷兰和西班牙在马尼拉湾附近的财富岛(Fortune Island)附近,菲律宾八打雁的纳苏格布(Nasugbu)地区发生了一场战争,导致 1600 年 12 月 14 日西班牙船长安东尼奥·德·莫尔加(Antonio de Morga)指挥下的"圣迭戈"(*San Diego*)号的沉没(Dizon 1993,1995,2016;Goddio 1996)。

1991—1993 年,菲律宾国家博物馆和法国"环球第一基金会"(WWF)联合开展了西班牙"圣迭戈"号沉船水下考古,揭开了沉船上大量的物质文化遗存,也纠正了之前可能存在有关该沉船的一些误解。尤其是贸易陶瓷,出水的大部分器物都是明朝(公元 1368—1644 年)万历年间(公元 1573—1619 年)的克拉克和"汕头器"的完整器,还有一些缅甸、中国、泰国和西班牙的贸易陶罐。来自美洲新大陆和东南亚本地的陶器共出,是一种很特别的现象。"圣迭戈"号沉船遗址就像一个时间胶囊,将来自菲律宾、中国、东南亚、日本、西班牙、秘鲁和墨西哥的所有器物集合在一个水下遗址中,沉船遗址上还发现了 14 门欧洲大炮。

1985 年,在菲律宾南部巴西兰(Basilan)岛附近发现了东印度公司商船"格里芬"(Griffin)号的残骸(Dizon 2003)。"格里芬"号是英国东印度公司海上贸易航线上定期航行 3 艘商船之一,在其返回英国时遇险沉没了,船上的所有人都被两艘随行船只救起,并返回英国。沉船遗址出水的文物包括占大宗的陶瓷船货,八边形和长方形的盘子,成套的茶具或咖啡杯,一对男女釉下蓝和青瓷人物模型,陶烟管,象牙扇棒,以及不同形状玻璃瓶。此外,还发现了一些金属物品,包括"用作压舱物的铁锭、锛、炮弹、作为木制茶叶箱标签的铅片、铅火枪弹丸、茶壶、中国铜钱、铜合金和镀金铜鞋扣和皮带扣,以及一些船上日常生活的物品"(Goddio & Jay 1988)。

18—19 世纪,更多的欧洲护卫舰、贸易帆船和蒸汽船访问了菲律宾,这一时期在巴拉望岛西南部和棉兰老岛西北部发现的大多数沉船都是英国和荷兰的。这有力地说明,大英帝国在马来西亚和新加坡建立的殖民地可能已将其海上航路扩展到菲律宾群岛的南部地区。

迄今为止,国家博物馆已经调查、发掘并报告了许多东南亚船只和欧洲帆船沉址,该博物馆是法律授权在菲律宾领海开展水下考古研究活动的主要机构。

这里阐释的 9—19 世纪东南亚海洋贸易活动,是基于考古发现、档案资料、历史记载、语言学调查、口述历史和民族考古证据。考古发掘的物质文化遗存,虽然其中许多是盗宝者、寻宝者和淘金者破坏后的残存物,但提供了一个关于早期东南亚海上贸易和航运网络蓬勃发展,以及后来在东西方之间以及横跨广阔太平洋的长途海洋贸易活动的精彩故事,这些发现深刻揭示了这一连接现代的重要的早期"全球化"历史。

参考文献

Bellwood,P. (1997). *Prehistory of the Indo-Malaysian Archipelago* (2nd edition). Honolulu:University of Hawaii Press.

Bellwood,P.(2005). *First Farmers:The Origins of Agricultural Societies*. Malden:Blackwell Publishing.

Bellwood,P.,& Dizon,E.(2005). The Batanes archaeological project and the "Out of Taiwan" hypothesis for Aus-

tronesian dispersal. *Journal of Austronesian Studies*, 1(1), 1-33.

Bellwood, P., & Dizon, E.(2008). Austronesian cultural origins: out of Taiwan, via Batanes, islands and onwards to Western Polynesia. In A. Sanchez-Mazas, R. Blench, M. D. Ross, I. Peiros and M. Lin(Eds.), *Past Human Migrations in East Asia: matching archaeology, linguistics and genetics*(pp. 23-40). London: Routledge.

Bellwood, P., Dizon, E., & Anderson, A. (2003). Archaeological and Palaeoenvironmental Research in Batanes and Ilocos Norte Provinces, Northern Philippines. *Indo-Pacific Prehistory Association Bulletin*, 23 (1): 141-161.

Beyer, H. O.(1947). Outline Review of Philippine Archaeology by Island and Provinces. *Philippine Journal of Science*, 77(3-4), 205-374.

Beyer, H. O.(1948). *Philippine and East Asian Archaeology and Its Relation to the Origin of the Pacific Islands Population*. Manila: National Research Council of the Philippines, 29.

Beyer, H.O.(1952). *Philippines Saga. A pictorial history of the archipelago since time began* (3rd ed.). Manila: Capitol Publishing House Inc.

Blake, W. A.(1994). A preliminary survey of a Southeast Asian wreck in Phu Quoc Island, Vietnam. *International Journal of Nautical Archaeology*, 23(2), 73-91.

Blust, R.(1995). The prehistory of the Austronesian-speaking peoples. *Journal of World Prehistory*, 9, 453-510.

Blust, R.(1999). Subgrouping, circularity and extinction: some issues in Austronesian comparative linguistics. In E. Zeitoun and P. J. K. Li(Eds.), *Selected papers from the 8th International Conference on Austronesian Linguistics*(pp. 31-94). Taipei: Symposium Series of the Institute of Linguistics, Academia Sinica.

Bolunia, M. J. L. A.(2013). *Linking Butuan to the Southeast Asian Emporium in the 10th-13th Centuries C.E.: An Exploration of the Archaeological Records and Other Source Materials*. Ph.D. Dissertation. Diliman, Quezon City: University of the Philippines.

Bolunia, M. J. L. A.(2015). Archaeological Excavations in Butuan: Uncovering Evidence of Maritime Trade in the 10th-13th Centuries. *Orientations*, 48(7), 62-67.

Bolunia, M. J. L. A.(2016). The Beads, the Boats, the Bowls of Butuan: Studying Old Things to Generate New Knowledge. *Journal of History*, 68, 48-60.

Briones, S., & Chiong, L.(1977). Salangsang Urn Burials. In Alfredo Roces(Ed.), *Filipino Heritage: The Making of a Nation* (pp. 205-209). Singapore: Lahing Pilipino Publishing Inc.

Brown, R.(2002). *Maritime Archaeology and Shipwreck Ceramics in Malaysia*. Kuala Lumpur: Department of Museum and Antiquities.

Carswell, J.(2000). *Blue and White Chinese Porcelain Around the World*. Chicago: Art Media Resources, Ltd.

Crick, M. (2001). *The Santa Cruz Wreck 2001: Preliminary Archaeological Report and Ceramic Cargo Study*. Manila: Far Eastern Foundation for Nautical Archaeology.

Dery, L. C.(1996). A Tale of Treasure Ships: A century before Magellan, the pearl road was already leading to the Philippine Islands. In C. Loviny(Ed.), *The Pearl Road: Tales of Treasure Ships in the Philippines*(pp. 110-121). Makati City, Philippines: Asiatype, Inc.

Dizon, E. Z.(1983). *Metal Age in the Philippines: An Archaeometallurgical Investigation*. Anthropological Paper Number 12. National Museum. Manila. Philippines.(Also a M.Sc. Thesis at the University of Pennsylvania.)

Dizon, E. Z. (1988) *An Iron Age in the Philippines?: A Critical Examination*. Ph.D. Dissertation, Department of Anthropology, University of Pennsylvania. University Microfilms International 8816166. Ann Arbor, Michigan.

Dizon, E. Z.(1993). *War at sea: Piecing together the San Diego puzzle*. In Cynthia Valdez(Ed.), *Saga of the San Diego(A.D. 1600)*(pp. 21-26). Manila, Philippines: Concerned Citizens of the National Museum, Inc. and Vera-Reyes, Inc.

Dizon, E. Z.(1996). Anatomy of a Shipwreck: Archaeology of the 15th-century Pandanan Shipwreck. In C. Loviny

(Ed.)，*The Pearl Road*：*Tales of Treasure Ships in the Philippines* (pp. 63-94). Makati City, Philippines：Asiatype, Inc.

Dizon，E. Z.(1997). Philippines. In J. P. Delgado(Ed.)，*British Museum Encyclopedia of Underwater and Maritime Archaeology*(pp. 303-305). London：British Museum Press.

Dizon，E. Z.(1998). The Merchants of Prehistory. In Jose Dalisay, Jr.(Ed.)，*Kasaysayan*：*The Story of the Filipino People*，2 (pp. 145-155). Hong Kong：Asia Publishing Co. Ltd.

Dizon，E. Z.(2003a). A Second Glance at the Calatagan Pot. In C. Valdes(Ed.)，*Pang-Alay*，*Ritual Pottery in Ancient Philippines*(pp. 39-42). Makati City, Philippines：Ayala Museum.

Dizon，E. Z.(2003b).Underwater and Maritime Archaeology in the Philippines. *Philippine Quarterly of Culture & Society*，31，1-25.

Dizon，E. Z. (2005). The Role of the Philippines as an Entrepot during the 12th-15th Century's Chinese and Southeast Asian Trade Network. In P. K. Cheng, G. Li, and C. K. Wan(Eds.)，*Proceedings of the International Conference*：*Chinese Export Ceramics and Maritime Trade*，12th-15th *Centuries*(pp. 280-301). Hong Kong：Chinese Civilization Centre, City University of Hong Kong.

Dizon，E. Z.(2007a). *Austronesians*. In A. M. Semah, S. Kasman, F. Semah, F. Detroit, D. Griamaud-Herve and C. Hertler (Eds.)，*First Islanders*，*Human Origins Patrimony in Southeast Asia* (*HOPSsea*) (pp. 102-104). Paris：Impremeur Scriptolaser.

Dizon，E. Z.(2007b). The Archaeological Relationship Between the Batanes Islands(Philippines), Lanyu Island (Taiwan)and the Okinawan Islands(Japan). In M. Masako(Ed.)，*Archaeological Studies on the Cultural Diversity in Southeast Asia and its Neighbors* (pp. 87-96). Japan：Yuzamkaku Co. Ltd.

Dizon，E. Z.(2011). Maritime Images and the Austronesian Afterlife. In P. Benitez-Johannot(Ed.)，*Paths of Origins*：*The Austronesian Heritage in the Collections of the National Museum of the Philippines*，*the Nuseum Nasional Indonesia and the NetherlandsRiksmuseum VoorVolenkund* (pp. 54-63). Singapore：Artpostatia Incorporated.

Dizon，E. Z.(2016). Underwater Archaeology of the San Diego, a 1600 Spanish Galleon in the Philippines. In C. Wu (Ed.)，*Early Navigation in the Asia-Pacific Region*：*A Maritime Archaeological Perspective* (pp. 91-102). Singapore：Springer.

Dizon，E. Z.，& Mijares, S. B.(1999). Archaeological evidence of a Baranganic culture in Batanes. *Philippine Quarterly of Culture & Society*，27，1-10.

Dizon，E. Z.，& Santiago, R. A.(1996). *Faces of Maitum*. Quezon City, Philippines：Capitol Press.

Doran，E. D.(1981). *Wangka*：*Austronesian Canoe Origins*. Texas：Texas A&M University Press.

Evangelista，A. E.(2001). *Soul Boat*：*A Filipino Journey of Self Discovery*. Manila：National Commission for Culture and the Arts.

Flecker，M.(2002). *The Archaeological Excavation of the 10th-Century Intan Shipwreck*. British Archaeological Report International Series 1047. Archaeopress. Oxford.

Flecker，M.(2003). Cargo of the Zhangzahou porcelain Found off BihnThuan Province, Vietnam. *Oriental Art*，48 (5)，57-63.

Flecker，M.(2005). The Advent of Chinese Sea-Going Shipping：A Look at the Shipwreck Evidence. In P. K. Cheng, G. Li, and C. K. Wan(Eds.)，*Proceedings of the International Conference*：*Chinese Export Ceramics and Maritime Trade*，12th-15th *Centuries*(pp. 143-162). Hong Kong：Chinese Civilization Centre, City University of Hongkong.

Fox，R. B.(1970). *The Tabon Caves*：*Archaeological Explorations and Excavations on Palawan Island*，*Philippines*，1. Manila：National Museum of the Philippines.

Goddio，F.(1996). *The Treasures of the San Diego*. New York：Association d'Action Artistique and Fondation Elf and Elf Aquitane International Foundation, Inc.

Goddio, F.(2002). *Lost At Sea: The strange route of the Lena Shoal junk*. London: Periplus.

Goddio, F. & Jay E. (1988). *18 th Century Relics of the Griffin Shipwreck*. World Wide First. Avenue de Rumine 20, Lausanne 1003. Switzerland.

Hall, K. R.(1985). *Maritime Trade and Early State Development in Early Southeast Asia*. Honolulu: University of Hawaii Press.

Hung, H. C.(2005). Neolithic interaction between Taiwan and northern Luzon. *Journal of Austronesian Studies*, 1 (1), 109-33.

Hung, H. C.(2008). *Migration and Cultural Interaction in Southern Coastal China, Taiwan and the Northern Philippines, 3000 BCB to AD 100: The Early History of the Austronesian-speaking Populations*. Ph.D. Dissertation. Canberra: The Australian National University.

Hung, H. C., Iizuka, Y., Bellwood, P., Nguyen, K. D., Bellina, B., Silapath, P., Santiago, R., Dizon, E., Datan, I., Manton, J. H.(2007). Ancient jade maps: 3,000 years of prehistoric exchange in Southeast Asia. *Proceedings of the National Academy of Sciences*, 104(50), 19745-19750.

Hutterer, K. L.(1974). The Evolution of Philippine Lowland Societies. *Mankind*, 9, 287-299.

Iizuka, Y., Bellwood, P., Hung, H. C., Dizon, E.(2005). A non-destructive mineralogical study of nephritic artefacts from Itbayat Island, Batanes, northern Philippines. *Journal of Austronesian Studies*, 1(1), 83-108.

Jocano, F. L.(1967). Beyer's theory of Filipino Prehistory and culture: an alternative approach. In M. D. Zamora (Ed.), *Studies in Philippine Anthropology*(pp. 128-150). Quezon City: Alemars-Phoenix.

Kurjack, E. B., & Sheldon, C. T.(1970). The archaeology of the Seminoho Cave in Lebak, Cotabato. *Siliman Journal*, 17(1), 5-18.

Lacsina, L.(2014). Boats of the Pre-Colonial Philippines: Butuan Boats. Springer Reference. http://www.springer-reference.com/index/chapterdbid/410167.

Lacsina, L. (2015). The Butuan Boats of the Philippines: Southeast Asian edge-pegged and lashed-lug watercraft. *Bulletin of the Australian Institute for Maritime Archaeology*, 39, 126-132.

Manguin, P. Y.(1993). Trading Networks and Ships in the South China Sea. Shipbuilding techniques and their role in the history of the development of Asian trade networks. *Journal of the Economic and Social History of the Orient* 36(3):253-280.

Manguin, P.Y.(1996). Southeast Asian shipping in the Indian Ocean during the first millennium A.D. In H. P. Ray & J. F. Salles(Eds.), *Tradition and archaeology: Early maritime contacts in the Indian Ocean*, (pp. 181-198). Manohar/Maison de l'Orient Mediterraneen/NISTAIDS, Lyon/New Delhi. 2001 Shipshape societies.

Manguin, P. Y.(1998). *Ships and Shippers in Asian Waters in the Mid-2ⁿᵈ Millennium A.D. Revolving Enigmas on the 15th Century*. Chicago: Anthropology Department of the Field Museum and the Asian Ceramic Research Organization(ACRO).

Orillaneda, B.(2008). *The Santa Cruz, Zambales Shipwreck Ceramics: Understanding Southeast Asian Ceramic Trade during the Late 15 th Century C.E*. MA Thesis. Diliman, Quezon City: University of the Philippines.

Postma, A.(1991). The Laguna Copper Inscription. *National Museum Papers*, 2(1), 1-25.

Quirino, C. P.(1991, December 25).First Man around the World was a Filipino. *Philippine Free Press*, 21.

Ronquillo, W. P.(1985). Archaeological Research in the Philippines, 1951-1983. *Bulletin of the Indo-Pacific Prehistory Association*, 6, 74-88.

Ronquillo, W. P.(1987). The Butuan archaeological finds: profound implications for Philippine and Southeast Asian prehistory. *Man and Culture in Oceania*, 3, 71-78.

Ronquillo, W. P. (1990). Philippine Underwater Archaeology: Present Research Projects and New Developments. *Bulletin of the Australian Institute for Maritime Archaeology*, 14(1), 21-24.

Ronquillo，W. P.(1992). Management Objectivies for Philippine Maritime Archaeology. *Bulletin of the Australian Institute for Maritime Archaeology*，16(1)，1-6.

Ronquillo，W. P.，Santiago，R. A.，Asato，S.，Tanaka，K.(1993). The 1992 Archaeological Reexcavation of the Balobok Rockshelter, Sanga Sanga, Tawitawi Province, Philippines. *Journal of Historiographical Institute*，18，1-40.

Scott，W. H.(1984). *Prehispanic Source Materials for the Study of Philippine History* (Revised Edition). Quezon City：New Day Publishers.

Scott，W. H.(1989). *Filipinos in China Before* 1500. Manila：De La Salle University Press.

Scott，W. H.(1995). *Barangay*：16th *Century Philippine Culture and Society*. Quezon City：Ateneo de Manila Press.

Solheim II，W.G. (1964) The Archaeology of Central Philippines：A Study Chiefly of the Iron Age and its Relationships. Bureau of printing. Manila.

Solheim II，W. G.(1975). Reflections on the new data of Southeast Asian prehistory：Austronesian origin and consequence. *Asian Perspectives*，18，146-160.

Solheim II，W. G.(1981). Philippine prehistory. In Gabriel Casal,Regalado Trota Jose, Jr.，Eric S. Casino, George R. Ellis And Wilhelm G. Solheim，II(Eds.)，*The People and Art of the Philippines* (pp. 17-83). Los Angeles：Museum of Cultural History，University of California.

Solheim II，W. G.(1984-5). The Nusantao Hypothesis. *Asian Perspectives*，26，77-88.

Solheim II，W. G.(2002). *The Archaeology of Central Philippines：A Study Chiefly of the Iron Age and its Relationships*. Quezon City：Archaeological Studies Program，University of the Philippines.

Spoehr，A. (1973). *Zamboanga and Sulu：An Archaeological Approach to Ethnic Diversity*. Pittsburgh：Ethnology Monographs 1，University of Pittsburgh.

Tenazas，R. C. P.(1974). A Progress Report on the Magsuhot Excavation in Bacong，Negros Oriental，Summer 1974. *Philippine Quarterly of Culture and Society*，2(3)，113-157.

Tenazas，R. C. P. (1982). Evidence of cultural patterning as seen through pottery：The Philippine Situation. *SPAFA Digest*，*Journal of SEAMEO Project in Archaeology and Fine Arts* (SPAFA)，3(1)：4-7.

Wiessman，J.(1977). Markets and Trade in Pre-Majapahit Java. In K. L. Hutterer(Ed.)，*Economic Exchange and Social Interaction in Southeast Asia：Perspectives from Prehistory，History and Ethnography* (pp. 197-212). Ann Arbor，Michigan：Michigan Papers on South and Southeast Asia. No. 13.

A16　日本琉球群岛的史前航海：文化与环境的考察

［日］木下尚子（Naoko Kinoshita）

（日本熊本大学人文与社会科学学院，College of Humanities and Social Science, Kumamoto University, Japan）

吴春明　译

　　居住在琉球（Ryūkyū）群岛的史前人群曾在相互可见的相邻岛屿之间频繁往返航行，但从不在彼此看不见的岛屿之间航行。在一个岛屿只能从一个方向看到的情况下，这些早期的航海者几乎没有意愿前往这个更远的岛屿。例如，在琉球群岛的西南端，从八重山（Yaeyama）群岛可以看到台湾，但却不能从台湾看到八重山群岛，所以直到史前时代结束，这些八重山与台湾之间几乎没有航海往来。这意味着岛屿之间的能见度是史前人类在其间航行的基本条件，至少在最初是这样。然而，后来由于地理因素导致的群岛之间的某些文化异同，也影响了人们决定是否建立或继续相互的航海关系。例如，在珊瑚区持续的文化互动，或非珊瑚区内持续的文化互动，都很容易固化与延续稳定的航海关系，但珊瑚区和非珊瑚区之间的互动则往往更难保持，尽管两地的人群彼此可能已有了一些初步了解。前一种情况分别见于琉球群岛各岛礁间的内在关系、台湾与中国大陆东南部的关系中，而后一种情况则见于台湾与八重山群岛的关系，从中可见琉球群岛与台湾及其相关的各种文化内涵的相对隔离。11 世纪后，因日、中两国在该地区的经济需求，突破了八重山相对的文化隔离，这种情况才发生了变化。

一、导论

　　琉球群岛位于日本列岛的最南端，由 188 个岛屿组成，从琉球到台湾的距离更超过 1300 多公里。亚热带气候和许多岛屿周围的珊瑚礁环境，成为琉球独特文化形成的背景基础，自史前以来就不同于日本本岛文化。

　　在琉球群岛发现的许多贝丘中都保留有器物和骨骼，状况总体良好。在整个史前时期，九州（Kyūshū）制作的陶器断断续续地被带到了琉球（Takamiya 1978，Shinzato & Takamiya 2014），但也发现了琉球居民制作的原始陶器，其风格通常与相邻几个岛屿上的原始陶器相似。在琉球的考古遗址中，一侧或两侧带有刃口的作为木工工具的厚石斧非常常见，在冲绳（Okinawa）就发现了一艘约公元前 2000 年的独木舟。[1]根据这一证据，可知史前时期人们已在岛屿周围乘船航行。本章首先探讨琉球的史前航海活动如何既受到岛屿之间的地理关系的影响，也受到它们之间的经济关系的影响。其次，要根据考古发现，考察了航海活动对岛屿文化形成的影响。第三，考察在决定岛屿之间的接触关系上，文化影响较之航海困难有着更大的作用力。这里所用的"航海"一词有特别的界定，强调它是一种不断重复的历史行为，而非突发的、偶发的行为。

本文使用"史前"而不用"新石器时代"一词，以避免"新石器"一语相关的争议。琉球岛民主要依靠捕鱼、狩猎和采集生存，直到公元 12 世纪才接受农业文化，但公元 6 世纪之后就已经普遍使用铁器，在这种情况下，"史前"一词是最合适的。此外，我们在讨论琉球史前文化时，参照了九州的新石器时代文化。

二、地理关系

琉球群岛是一条岛链，将东海与太平洋分隔开来，这条岛链是一系列高出海面并共同形成弓形的地背斜峰（Fujioka 1985）。由于吐噶喇（Tokara）裂谷和宫古（Miyako）拗陷这两个海洋峡谷，将琉球岛链分为三组，北琉球（NR）、中琉球（MR）和南琉球（SR）群岛（图 1；Kizaki 1985）。

北琉球岛和中琉球岛从北到南相互可见，而南琉球岛最北的岛屿与这些群相隔 220 公里的宽阔大海，因此远在地平线视野之外（图 2）。因此，北琉球和中琉球有良好的联系，而中琉球和南琉球之间则处于断联状态。

形成这种地理关系的地质条件，似乎对史前期琉球群岛之间的文化关系产生了直接影响。从陶器的器型和纹饰可以看到，北琉球和中琉球是密切相关的，并且经常受到九州的影响。这两个地区的石器、骨器和贝壳制品也很相似，这两个群岛的考古堆积中都含有平底深腹罐。另一方面，南琉球的陶器主要由圜底浅腹把手罐组成，这种风格似乎是孤立的，与九州的陶器风格没有关联（图 3）。因此，中琉球和南琉球的人群似乎只有在公元 12 世纪才首次见面（Kin & Kinjyō 1986：129-156；石垣市历史编辑委员会 2008b）

因此，岛屿之间物质文化的相似性与航海活动密切相关，而相邻岛屿间的能见度是史前时期岛屿间接触的基本条件。就航海而言，能见度不仅取决于距离，还取决于岛屿的大小，最重要的是其山脉的高度。当一个岛屿没有高度，在海上就很难被看见，它可能会难以航行到达，尽管它可能实际上距离并不遥远。幸运的是，琉球群岛有许多多山的岛屿，这就促进邻近的北琉球与中琉球之间，以及南琉球群岛内部岛礁间的航海活动。

地质学家梅扎吉（S. Mezaki）根据琉球群岛的高度将它们分成二种地貌类型："高岛屿"（HI）和"低岛屿"（LI）（Mezaki 1980：91-101；Mezaki 1985）（图 4）。他的分类看似简单，但不仅基于地形，还基于与环境相关的人类生计形态。高岛屿有山脉、火山、小河，通常还有大片的常绿阔叶林，如山茶树和脊柱树。这种环境中的居民可以找到制陶用的黏土和打制石器用的变质岩，采集坚果、捕猎野猪，有时也可以在珊瑚礁中捕鱼。另一方面，大多数低岛屿有山泉而没有河流，通常被大型珊瑚礁环绕，人们全年都可以在那里捕捞到各种各样的海洋生物。在许多方面，高岛屿的生计比低岛屿更为广谱，而低岛屿只能更关注捕捞。整个琉球群岛有 54 个高岛屿和 52 个低岛屿，它们各自的地貌类型提供了每个岛屿上特定文化发展的重要背景。

因此，在一般意义上，琉球文化就是基于高岛屿和低岛屿这两种生计方式。小岛通常属于高岛屿或者低岛屿，但某些大岛如奄美大岛（Amami Ōshima）、冲绳本岛（Okinawa Hontō）和石垣岛（Ishigaki Island）在一个岛屿上常具有高岛和低岛的双重特征。史前遗址往往集中在这些较大的岛屿上，而不是小岛上。

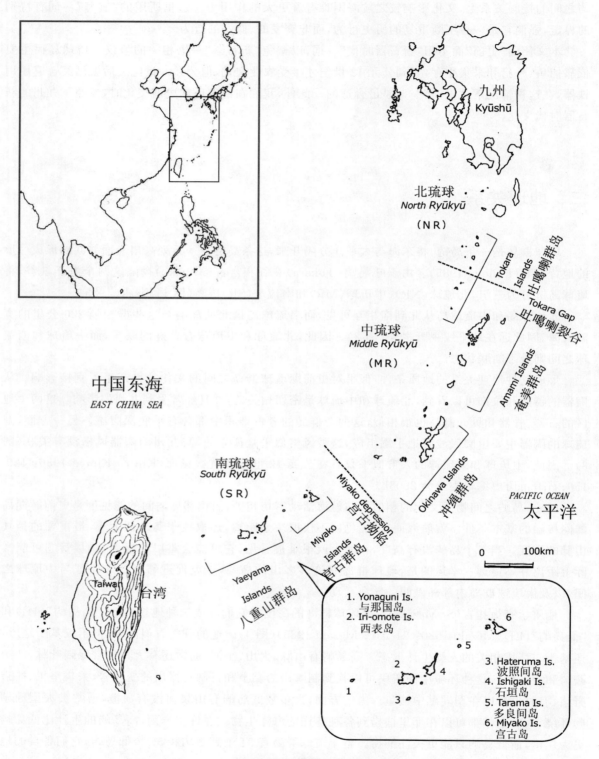

图1　九州、琉球群岛和台湾位置图

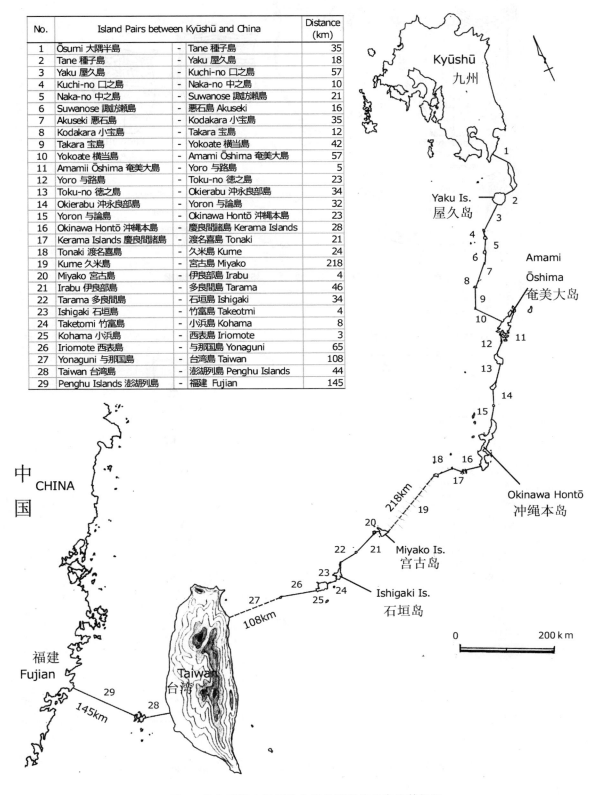

No.	Island Pairs between Kyūshū and China		Distance (km)
1	Ōsumi 大隅半岛	- Tane 種子岛	35
2	Tane 種子岛	- Yaku 屋久岛	18
3	Yaku 屋久岛	- Kuchi-no 口之岛	57
4	Kuchi-no 口之岛	- Naka-no 中之岛	10
5	Naka-no 中之岛	- Suwanose 諏訪瀬岛	21
6	Suwanose 諏訪瀬岛	- 悪石岛 Akuseki	16
7	Akuseki 悪石岛	- Kodakara 小宝岛	35
8	Kodakara 小宝岛	- Takara 宝岛	12
9	Takara 宝岛	- Yokoate 横当岛	42
10	Yokoate 横当岛	- Amami Ōshima 奄美大岛	57
11	Amamii Ōshima 奄美大岛	- Yoro 与路岛	5
12	Yoro 与路岛	- Toku-no 徳之岛	23
13	Toku-no 徳之岛	- Okierabu 沖永良部岛	34
14	Okierabu 沖永良部岛	- Yoron 与論岛	32
15	Yoron 与論岛	- Okinawa Hontō 沖縄本岛	23
16	Okinawa Hontō 沖縄本岛	- 慶良間諸岛 Kerama Islands	28
17	Kerama Islands 慶良間諸岛	- 渡名喜岛 Tonaki	21
18	Tonaki 渡名喜岛	- 久米岛 Kume	24
19	Kume 久米岛	- 宫古岛 Miyako	218
20	Miyako 宫古岛	- 伊良部岛 Irabu	4
21	Irabu 伊良部岛	- 多良間岛 Tarama	46
22	Tarama 多良間岛	- 石垣岛 Ishigaki	34
23	Ishigaki 石垣岛	- 竹富岛 Takeotmi	4
24	Taketomi 竹富岛	- 小浜岛 Kohama	8
25	Kohama 小浜岛	- 西表岛 Iriomote	3
26	Iriomote 西表岛	- 与那国岛 Yonaguni	65
27	Yonaguni 与那国岛	- 台湾岛 Taiwan	108
28	Taiwan 台湾岛	- 澎湖列岛 Penghu Islands	44
29	Penghu Islands 澎湖列岛	- 福建 Fujian	145

图 2 从九州到中国福建之间的诸岛屿分布及其间距

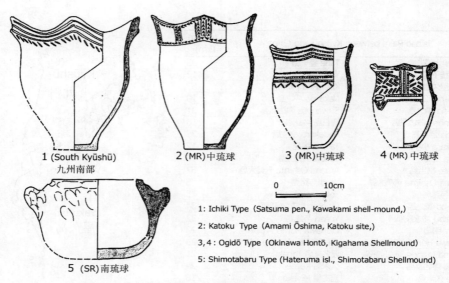

1 (South Kyūshū)
九州南部

2 (MR)中琉球   3 (MR)中琉球   4 (MR)中琉球

5 (SR)南琉球

0   10cm

1: Ichiki Type（Satsuma pen., Kawakami shell-mound,）
2: Katoku Type（Amami Ōshima, Katoku site,）
3, 4 : Ogidō Type（Okinawa Hontō, Kigahama Shellmound）
5: Shimotabaru Type（Hateruma isl., Shimotabaru Shellmound）

图 3　九州与琉球群岛出土的距今 3500 年前后的陶罐

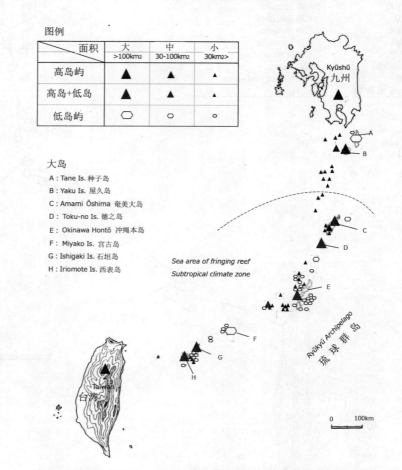

图例

面积	大 >100km2	中 30-100km2	小 30km2>
高岛屿	▲	▲	▲
高岛+低岛	▲	▲	▲
低岛屿	⬡	○	○

大岛
A : Tane Is. 种子岛
B : Yaku Is. 屋久岛
C : Amami Ōshima 奄美大岛
D : Toku-no Is. 德之岛
E : Okinawa Hontō 冲绳本岛
F : Miyako Is. 宫古岛
G : Ishigaki Is. 石垣岛
H : Iriomote Is. 西表岛

Sea area of fringing reef
Subtropical climate zone

图 4 琉球群岛上的高岛屿和低岛屿分布（Mezaki 1980）

三、八重山群岛与台湾的文化关系

在两种例外情况下，一个岛屿可以看到它的相邻岛屿，但却无法被该邻岛看到。本节分析第一个案例，与那国（Yonaguni）岛是位于南琉球西南部的一个高岛屿（见图 1，放大图），位于八重山（Yaeyama）群岛的西端。当天气条件好的时候，人们可以从与那国岛最南端看到距离 108 公里外的台湾东海岸，因为台湾的中部山脉海拔 3000 米。相比之下，与那国岛的最高点仅海拔 231 米，因此从台湾岛几乎看不到与那国岛。假设最初的接触是从可以看到另一个岛屿的人群开始的，那么八重山群岛和台湾之间的史前文化交流的任何遗存，都可能是由八重山居民的开创而留下的。

距今 4300 至 3550 年之间，生活在八重山群岛沿海的居民制作了一种 Shimotabaru 类型的陶器（石垣市历史编辑委员会 2008a；Kin & Kinjyō1986）。他们以捕鱼、狩猎和采集为生，并使用局部磨光石斧、各种贝制工具、骨针、野猪骨工具和鲨鱼牙齿加工的配饰等（图 5，6，7，8；彩版六：1，2）。这些人主要生活在石垣岛和西表岛（Iriomote）两个大型高岛屿，并占据相邻的较小的低岛屿。

图 5　Shimotabaru 类型陶器（右边陶罐直径 18.1 厘米）

图 6　石器（右下角石斧长度 11.4 厘米）

图 7　贝器、骨器和牙制品（左下角骨器长度 20.8 厘米）

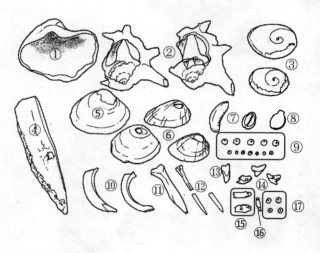

1，表皮磨损的砗磲贝；
2，蜘蛛螺；
3，有剥片痕迹的绿嵘螺盖；
4，鲸鱼骨料；
5，红树蚬壳；
6，穿孔双壳贝；
7，磨光宝石；
8，帽贝壳；
9，鱼脊珠子；
10，野猪牙；
11，骨尖状器；
12，骨针；
13，磨光鲨鱼齿；
14，穿孔鲨鱼齿；
15，穿两孔的鳗鱼下颌骨；
16，穿孔犬牙；
17，贝珠

图 8　波照间（Hateruma）岛 Shimotabaru 遗址出土距今 3630±80 年的器物
注：图片由冲绳县埋藏文化财中心提供。

这一时期，台湾北部的讯塘埔文化发展阶段，该文化先民制作绳纹陶加红彩陶器（十三行遗址博物馆 2011）。据郭素秋博士介绍，这种文化出现于公元前 4800 年左右，结束于公元前 3500 年左右，这一阶段稻作农业传入这一地区。[2] 与讯塘埔文化的先民使用磨光的石斧、石锛、工具、尖状器和软玉制成的装饰品，遗址堆积中发现了大量的玉石废料。郭博士认为，该文化具有陶器的特征和玉石加工技术不存在于早一阶段的文化中，而是随着讯塘埔文化的兴起而突然出现。此外，在华南大陆地区也发现了类似的陶器和玉器,郭博士在比较研究后认为,讯塘埔文化是在良渚文化晚期的间接影响下出现的,该文化传播到中国东南沿海并进入台湾(郭素秋 2014：138-219；郭素秋 2015：185-246)。

可见,从大约距今 4300 到 3550 年间,生活在南琉球八重山群岛与台湾岛这两个相距仅 108 公里的海岛上的先民,文化差异是非常明显的。一方面,台湾人了解和实践水稻种植,并在制陶和玉器加工方面展示了先进的技能。另一方面,八重山群岛的居民仅以捕鱼和采集为生,生产技术简单的陶器和石器。八重山群岛的居民可能知道台湾人的水稻农业、猎物种类和美丽的玉石饰品,迷人的特色可能会吸引八重山人前往。但到目前为止,除了在 Shimotabaru 遗址发现的一些小芋螺壳珠外,在八重山还没有发现与台湾有文化接触的遗物证据。研究表明,从 Shimotabaru 遗址发现的贝壳珠与在台湾南部垦丁遗址发现的贝壳珠的年代相同。[3]由于制作贝壳珠所需的技术水平似乎远远高于 Shimotabaru 遗址先民的手工业水平,从他们的手工艺品来看,制作贝壳珠的技术似乎是从台湾带到了八重山(Kinoshita 1999：315-354)。

虽然这只是这类岛屿间接触的一个孤证,但八重山的例子可能在进一步调查研究与台湾的接触中发挥关键作用。同时,Shimotabaru 类型陶器似乎也只是琉球群岛孤立的与外界无关的文化形态,其起源仍然是一个谜。对八重山人来说,台湾是唯一可见的邻岛,但认识、模仿台湾的文化并不是很容易的。

距今 3500 年之后,台湾的农业聚落得到了全面的发展,社会复杂性也不断增强,台湾东海岸的几个地区都出现了极具特色的文化(刘益昌 2002),相比之下在八重山的独特文化中陶器始见于距今 2800 年左右,一直持续到公元 7 世纪。台湾与八重山群岛之间的确切的文化互动始于公元 12世纪上半叶。

陈有贝教授指出,这两个地方保持相互独立发展的原因是它们不同的生计模式(陈有贝 2004,Chen 2014)。根据现有的考古资料,这是一个合理的推测。根源于两地不同的地理环境特点的系统差异也值得注意,八重山群岛是一个相对较小的岛屿,周围环绕着珊瑚礁,而台湾岛则是一个由高原、众多河流、漫长海岸悬崖组成的大岛。如此自然环境的极端差异,可能是这两地海岛史前人口之间很少接触的原因之一。

四、琉球南部三岛的文化关系

第二个案例研究涉及南琉球群岛的 3 个岛屿(见图 1,放大图)。石垣岛是一个高岛屿,位于八重山群岛的东端,靠近宫古(Miyako)岛群。石垣岛东面为距离仅 35 公里是塔拉马(Tarama)岛,这是宫古岛群最西部的岛屿。再往东 56 公里,宫古岛位于该群岛的东端。塔拉玛和宫古都是低岛屿,石垣和塔拉玛是相互可见的。此外,从这三个岛屿中间的塔拉玛岛的角度看去,可以看到宫古岛的大而低矮的轮廓,尽管从宫古岛上几乎不可能看到塔拉玛的低而矮小的岛影。

这种地理联系反映在 Shimotabaru 时期岛屿之间的文化关系中。考古发现表明,与石垣岛相关的文化延伸到了塔拉马岛,但不及宫古岛(Kinoshita 1992),这些岛屿的人群在距今 2800 年后才有首次互动的迹象。[4]在此期间,石材和野猪被从石垣岛(可能经由塔拉马)带到宫古岛,但这类外来物质仅占宫古整体经济的一小部分。虽然宫古人已经有了自己的文化,其特点是用煮熟的石头烹饪,用砗磲(*Tridacna*)贝壳制作贝斧和贝锛,但这些宫古的文化因素在石垣岛同时期的遗址并不明显（Yamagiwa 2017）。[5]因此，宫古的居民并不依赖附近的高岛屿，而是在低岛屿上创造了自己的原始生活方式。[6]

宫古、塔拉马和石垣三岛都拥有共同的亚热带环境，以及一些相同的生计资源和其他因素，三岛民也可以轻松地相互沟通，宫古岛上的部分需求货物是从石垣经塔拉马岛零星运输的。然而，宫古的居民并没有积极从石垣岛寻找这些货物，因此，石垣极其丰富的自然资源，没有进入宫古岛民的视线，最终导致宫古人基于相对贫乏的资源迅速创建了自己的孤立文化。

五、经济关系

以航海为基础的文化关系通常以某种形式的经济关系、邻岛人群之间的互助、连接偏远地区的贸易或"库拉（Kula）"等信仰为基础。琉球的史前考古发现见证了海岛间的这些航海经济关系。以下是其中的几个例子。

自公元前第一个千年开始，考古发现揭示了北九州和中琉球的冲绳群岛之间的经济关系（图9）。九州北部弥生文化[7]的人们从冲绳获得珊瑚礁海域出产的大型海螺壳，以制作宗教物品，九州和冲绳之间的永久、持久的交流很快建立起来（图9：12）（Kinoshita 1989）。冲绳人还采集凤螺（*Strombus sp.*）（图9：4）和芋螺（*Conus sp.*）（图9：6），以交换稻米、豆子，有时还有金属工具与玻璃珠（图9：9）。

这个贸易网络中有三个岛屿的不同人群。北部弥生文化的人主要是消费者（图9：1，10），而南部中琉球（冲绳）的居民则是贝壳的采集者和供应商（图9：3）。这些货物的运输由第三批人群来完成，他们是来自奄美群岛的渔民，他们居住在九州北部和南部的沿海岛屿以及中琉球北部（图9：2）。就这样完成了从北向南一千公里货物运输贸易，反之亦然。

这种三方航海贸易关系表现在如下的考古资料中：(1)在北九州从弥生时代上半叶开始的墓葬中，广泛发现了只有在珊瑚礁中才能找到的凤螺和芋螺制成的手镯（图9：7，8）；(2)同一时期在中琉球的冲绳遗址中发现了北琉球的弥生陶器，且经常共生凤螺和芋螺制品；(3)在冲绳发现了加工粗糙的贝壳制品，或图9：5所示的半成品贝壳手镯，这与北九州发现的半成品手镯相似；(4)当时九州西海岸典型的石室墓，在同一时期也偶尔出现在冲绳和其他中琉球群岛的考古堆积中（图9：11）。

凤螺和芋螺的外壳很大，都可以制作两到三个贝壳手镯，但在弥生时期的九州一个贝壳只用于制作一个手镯。在弥生遗址共发现了662个由凤螺或芋螺制成的手镯，大部分都发现于弥生男性或女性的墓葬中，且都系在死者的手臂上。与此同时，在冲绳发现了138个贝壳堆，共计1505枚贝壳，许多贝壳堆仍有待挖掘，且相当数量的贝壳串可能在海上航行中丢失了，因此那时交易的贝壳数量似乎是非常大的。

贝壳贸易持续了1600年，在发展的中期出现了短暂的衰退，即公元7世纪结束，到8世纪建立统一的日本国家时，彻底停止了贝壳贸易。但到了9世纪，贝壳贸易关系又开始了，大陆人开始将绿嵘螺（Great Green Turban Shells）和大海螺（Big Trumpet Shells）作为珍珠母的原料，并用于制造佛具（Kinoshita 2000）。这一阶段的贝壳贸易是由商人驾驶建造精良的海船进行的，并一直持续到14世纪。到15世纪琉球王国成立时，贝壳贸易已纳入王国的国家贸易行为，结束了贝壳的独立交换时代（石垣市历史编辑委员会 2008b）。

最重要的是，从这一历史轨迹中可以发现一个关键现象：贸易交换的兴衰取决于消费者的需求。因此，当贝壳等特定非本地产品不再被需求时，贝壳贸易期间连接岛屿的长途航路业就停止了。

琉球群岛的贝壳贸易是由温带气候区的人们建立的，他们要从亚热带地区购买大型海螺壳。尽管所寻求的贝壳种类发生了变化，但这种贸易持续了 2300 多年。在这段时间里，运往冲绳的贸易货物主要是大米和金属物品，而运送货物的人似乎只朝着一个方向从北到南流动。所以，对贝壳有需求的人向南航行到这些贝壳采集区，然后将它们带回北方。目前还没有发现证据表明冲绳人直接北上往返九州与冲绳。

根据考古资料，琉球的居民很少去主要消费区九州，尽管他们与该地区的消费者保持着持续的关系，但他们没有到访九州。这可能是由于他们依次收到的谷物和铁器等商品可能价值不足，不值得自行前往贸易。因此，是否进行海上航行的决定在很大程度上似乎是一个文化决定（Kinoshita 2012）。

六、中国大陆与台湾的文化关系

大陆和台湾之间最早的史前文化互动可能要追溯到大坌坑文化的开始。[8] 黄士强教授根据对陶器的比较研究得出结论，福建渔民有着悠久的捕鱼和航海传统，他们将作业范围扩大到台湾，并定居下来，创造了大坌坑文化（黄士强 1985）。根据考古资料，大坌坑先民最合理的迁徙路线似乎是沿着福建沿海，经过金门、澎湖到达台湾（刘益昌 2011：140）。值得注意的是，福建和金门是可见的，而台湾和澎湖是不可见的，但从澎湖可以看到台湾，因为它是一个高山的大岛，但从台湾看不到澎湖。因此，我们可以假设，当时台湾海峡的航海仍然困难。[9]

众所周知，中国大陆和台湾之间的一些文化互动发生在大坌坑文化相关的时期。因此，台湾南关里东部的发掘揭示，人们在距今 5000 左右开始种植旱稻、狐尾草和高粱，小米和水稻的混合种植模式与中国中、北部的农业模式相似（Tsang et al. 2017：1-10）。因此，在这一时期台湾海峡的航行似乎变得更容易了。

从距今 4500 年到 4300 年，大陆与台湾之间似乎已有明确的文化影响，包括玉器技术、陶器新形态和高级的陶窑技术。郭素秋博士据此提出，这些文化特征的根源在于中国东南沿海的三个地区：浙江，福建闽江下游和广东珠江三角洲。此外，随着与良渚晚期文化相关的物品和人群向南传播，也发生了同步文化变迁（郭素秋 2014：138-219）。因此，在这一时期中国大陆和台湾之间以航海为基础的文化交流已是常态，而此时恰好是 Shimotabaru 文化出现在台湾以东 108 至 211 公里的八重山群岛。

为什么海峡两岸的大陆与台湾的先民，尽管彼此看不见，却能成功地横渡海峡？能够胜任长距离航行的造船术是最有可能的答案。先民们通过多年的实践，已经找到了建造具有更大稳定性的船舶的新方法和技术，从而避免海上航行的危险。他们在距今 5000 年前成功航行 145 公里，只是他们迎接挑战的第一步。

通过观察中国大陆和台湾地理环境的相似性，也可以进一步理解两岸间航海的成功。这两个地方都有类似的大河、高原、丘陵和山脉，更重要的是，相对于中国东南沿海，台湾更大的沿海平原也可能激发了大陆史前农人在台湾定居。

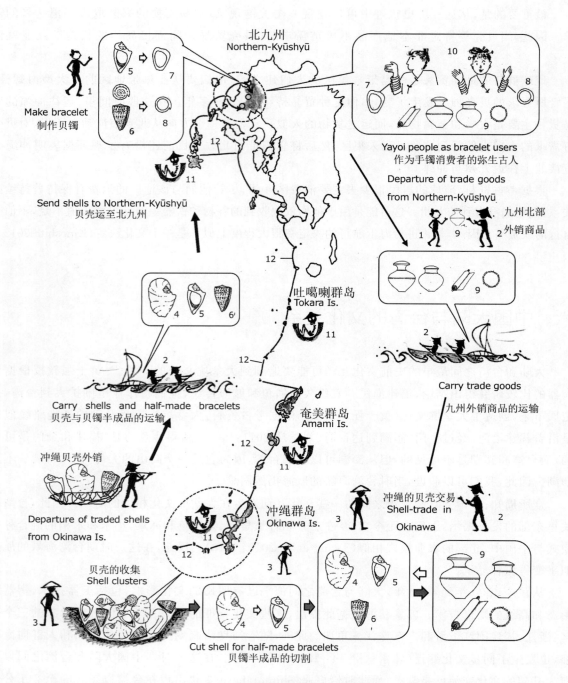

注：1，九州北部的弥生时代人；2，西北九州与奄美群岛间的贝类运输贸易者；3，冲绳贝类采集者；4，凤螺；
5，凤螺手镯半成品；6，大芋螺；7，凤螺手镯；8，芋螺手镯；9，弥生古人的谷物、布帛、珠子等贸易物品；
10，戴手镯的弥生古人；11，贝类贸易者的墓葬；12，贝类贸易路线复原。

图9　弥生时期的贝壳交易

　　两岸地理环境的相似特点可能会让两岸先民，尤其是来自中国大陆的先民感到更加适应。他们熟悉的地理特征可能成为双方跨越台湾海峡之文化交流的基本动力。最后，我们可以从距今4000年左右的台湾两岸文化互动的比较中找到重要的启发，即中国大陆与台湾东海岸之间的文化互动影响相对广泛，而台湾西海岸与八重山群岛之间传递的文化影响却更为有限。

七、结语

史前时期琉球群岛的航海活动,可以得出以下结论。

1.能见度是群岛之间航行的必要条件,但决定是否启动航海关系主要取决于文化因素,而不是地理因素。

2.在琉球群岛,两种不同地质起源的岛屿类型,可从地貌上区分为高岛屿和低岛屿二类。琉球群岛岛屿中的大部分都是相互可见的。在北琉球和中琉球之间,以及南琉球内部不同岛礁间,人们可以很容易地前往邻近的岛屿,并形成了岛屿之间的文化共性。然而,中琉球和南琉球在文化上并不相关,因为它们彼此不在可见距离内。

3.在北琉球和中琉球,因为这条岛链上的每个岛屿都是相互可见的,航海相对容易,而且通往九州的航线也在北部开放。九州和中琉球之间的远距离海外贸易能持续了 2300 年,取决于地理条件。尽管如此,经济因素仍然是持续航海联系的主要动力,贸易网络因应消费者需求的变化而迅速下降,就说明了这一点。

4.如果一个岛屿只能从一侧看到,就不具备双向能见度,史前先民几乎就不愿意开航前往。例如,直到史前时代结束,台湾和南琉球西部之间几乎没有接触,而塔拉马岛和宫古岛之间的接触也同样有限。

5.史前时期,居住在琉球群岛的人们积极地在相邻的、双向可见的岛屿之间进行海上航行,但在跨岛文化关系最小或相邻岛屿看不见时,他们的航海则有限或被动。

6.地理因素造成的环境异同,对当地居民选择是否继续航海和保持相互文化关系产生了重大影响。在珊瑚和非珊瑚地区,很容易产生文化互动并持续下去;但在珊瑚与非珊瑚地区之间,如果已经建立了最初的关系,却随后关系下降,文化互动将变得更加困难。前一个例子体现在琉球群岛内部以及台湾与中国大陆东南部之间的关系,而后一个例子则体现在台湾与琉球群岛西端的八重山群岛之间的关系。最终,琉球群岛与台湾的关系,以及与台湾相关的各种其他文化资源的关系,都越来越远。

注释

[1]在冲绳岛陆上的 Mēbaru 遗址发现了一艘 Chinquapin 船的断裂尖端。该堆积层经校准的放射性碳年代为公元前 2120—2080 年和公元前 2050—1945 年(Tina 1999)。

[2]最新资料显示台湾最早的水稻、高粱和谷子证据可追溯到距今 5000 年左右(Tsang et al. 2017: 1-10)。

[3]在台湾的南关里遗址和南关里东遗址这两个遗址发现了贝壳珠,尽管作者没有亲自考察过。在台湾南部的鹅銮鼻,也发现了类似的产自 Strombusluhuanus 的贝壳珠。

[4]到目前为止,在八重山群岛或宫古岛上还没有发现公元前 3300 年至 2800 年的人类遗骸。

[5]用砗磲贝壳制作的斧头和锛是宫古岛非陶器文化中最具特色的文物,在那里发现了这种文化最古老的例子。Yamagiwa Kaishi 博士表示,这些贝壳工具最初是在宫古群岛创建的,是环境适应的结果(Yamagiwa 2017:19-34)。

[6]Tomoko Egami 教授通过对宫古岛东部 Arafu 遗址的发掘,认为练习石煮烹饪的人可能是通过一条未触及八重山群岛的路线抵达宫古岛的(Egami 2017: 169-185)。Yamagiwa 博士进一步指出,在与非陶器文化相关的整个时期,八重山群岛和宫古岛人民之间仍维持相互独立的各自发展形态(Yamagiwa 2015:153-170)。

[7]弥生文化是日本的一种新石器时代文化,始于距今 2900 年左右,结束于公元 3 世纪左右。它是由一系列从朝

鲜半岛南部到九州北部的移民开始的,当时由移民和九州土著人组成的社会借鉴黄河文明成果,建立了稻作
农业文化,形成第一个以农业为基础的等级社会,以及包括第一批神权在内的官僚体系。

[8]大坌坑文化的起始年代被认为是距今 6500 年(Huang 197)。

[9]金门与澎湖的距离为 145 公里,而澎湖与台湾本岛的距离为 44 公里。

参考文献

Chen Y.(2004). Cultural relations between Taiwan and the Sakishima Islands from the viewpoint of subsistence in prehistoric times. *The Journal of the Okinawa Archaeological Society*,23,31-42(《生業の視点で捉えた台湾と先島諸島との先史文化関係》《南島考古》第 23 号,沖縄考古学会).

陈有贝(2014).《琉球列岛与台湾史前关系的再研究:从古代地理意识之角度》,《台湾大学考古人类学刊》第 81 期,第 3-28 页,台湾大学出版委员会.

Egami, T., Mabuchi, K., Matsuba, T.(Eds.).(2003). *Research study of Arafu site on Miyako Island*,*Naha City*:*archaeological investigations of the Arafu Site*. Tokyo:RokuIchi Shobō(《アラフ遺跡調査研究 I 》アラフ遺跡発掘調査団,六一書房).

Egami, T.(2015). The meaning of the Non-Pottery Period on Miyako Island. *Research and investigation reports of the Okinawa Archaeological Society*,2015,4-12(《無土器期の位置づけ》《沖縄考古学会 2015 年度研究発表会資料》).

Egami, T.(2017). The culture of the Non-Pottery Period on Miyako Island from the viewpoint of stone boiling remains. *The Journal of the Okinawa Archaeological Society*,36,169-185(《集積遺構から見た無土器期の様相》《南島考古》,沖縄考古学会).

Fujioka, K.(1985). *New Seminar on the Topography of Japan* Ⅳ:*Kyūshū*. Tokyo:Taimei-dō(《新日本地誌ゼミナールⅥ九州地方》,大明堂).

黄士强(1974).《台南县归仁乡八甲村遗址调查》,《台湾大学考古人类学刊》,第 35-36 合刊,第 44-67 页,台湾大学出版委员会。

黄士强(1985).《试论中国东南地区新石器时代与台湾史前文化的关系》,《台湾大学文史哲学报》,第 34 期,第 1-24 页。

石垣市历史编辑委员会(2008a).《下田原期のくらし－八重山諸島最古の土器文化》,载《石垣市史ビジュアル版 2》,第 1-68 页,石垣市。

石垣市历史编辑委员会(2008b).《陶磁器から見た交流史》,载《石垣市史ビジュアル版 5》,第 1-54 页,石垣市。

Kin, S., & Kinjyō, K.(Eds.).(1986). Simotabaru Shell Mound, Ōddomari-bama Shell Mound. *Cultural Property Survey Report of Okinawa prefecture*,74,1-156. Naha City:Okinawa Prefectural Board of Education(《下田原貝塚・大泊浜貝塚》,沖縄県教育委員会).

Kinoshita, N.(1989). Shell trade between Okinawa and Kyūshū in the Yayoi Period. In City:Publishing Association of Retirement Festschrift for Professor Yokoyama Kōichi(Ed.),*Archaeology on Production and Distribution* I:*Retirement Festschrift for Professor Yokoyama Kōichi*(pp. 203-249). Fukuoka City:Publishing Association of Retirement Festschrift for Professor Yokoyama Kōichi(《南海産貝輪交易考》,《生産と流通の考古学》,横山浩一先生退官記念論文集刊行会).

Kinoshita, N.(1999). Study of shell beads in East Asia. In Obata, H.(Ed.),*Research Study of Prehistory and Archaeology*,3 (pp. 315-354). Kumamoto City:Tatsuda Archaeology Society(《東亜貝珠考》《先史学・考古学論究 Ⅲ》,龍田考古会).

Kinoshita, N.(2000). Kaiyuan-Tongbao and green snails:shell trade between Ryūkyū and China in the 7th to 9th centuries. In Publishing Association of Retirement Festschrift for Professor Takamiya Hiroe(Ed.),*Man and Culture in Ryūkyū and East Asia*,1(pp. 187-219). Naha City:Publishing Association of Retirement Festschrift for Professor Takamiya Hiroe(《開元通宝と夜光貝－7～9 世紀の琉・中交易試論－》《琉球・東アジアの人と文化(上

卷)》.高宮廣衞先生古希記念論集刊行会).

Kinoshita，N.(2012). Formation of culture and movement of people in prehistoric Ryūkyū，with focus on the mutual human-geographical relations between islands. *Kumamoto Journal of Culture and Humanities*，103，13-27(《琉球列島における先史文化の形成と人の移動－島嶼間の人文地理的関係に注目して－》『文学部論叢』第 103 号.熊本大学文学部).

Kishimoto，Y.(1992). Investigation report on the Soedō Site，Tarama Island. In Y. Kishimoto(Ed.)，*Report on the investigation of cultural property in Tarama*，11. Tarama Village：Board of Education of Tarama Village(《多良間添道遺跡発掘調査報告》,《多良間村文化財調査報告書第 11 集》,多良間村教育委員会).

Kizaki，K.(Ed.).(1985). *The Geology of the Ryūkyū Arc*. Naha City：Okinawa Times(《琉球弧の地質誌》,沖縄タイムス社).

郭素秋(2014).《四千年前后的台湾与中国东南地区文化样相》,载陈仲玉编《从妈祖列岛到亚洲东南沿海：史前文化与体质遗留国际学术研讨会》,第 138-219 页,台北："中研院"历史语言研究所。

郭素秋(2016).《台湾北部讯塘埔文化的内涵探讨》,载刘益昌编《台湾史前史专论》,第 185-246 页,台北：联经出版事业公司。

刘益昌(2002).《台湾原住民史·史前篇》,"国史馆"台湾文献馆。

刘益昌(2011).《台湾全史·卷三·住民志·考古篇》,"国史馆"台湾文献馆。

卢柔君(2014).《琉球先岛群岛下田原期与台湾东海岸花莲溪口新石器时代遗址之文化内涵探讨：新资料及技术选择观点的尝试》,《台湾大学考古人类学刊》第 81 期,第 29-84 页,台湾大学出版委员会。

Mezaki，S.(1980). Parallel Zonation of High and Low Islands in the Ryukyu Island Arc. *Geographical Laboratory*，5，91-101(《『琉球列島の地質学研究』》第 5 号).

Mezaki，S.(1985). *Explorations of the Ryukyu Arc*. Ginowan City：Aki Shobō(《琉球弧をさぐる》,あき书房).

Shinzato，T.，& Takamiya，H.(Eds.).(2014). *Empirical study on the transition of the environment and culture in the prehistoric Ryukyu Archipelago*，1. Tokyo：Rokuichi Shobō(《琉球列島先史时代·原史时代における環境と文化の変遷に関する実証的研究　研究論文集第 1 集》,六一书房).

十三行遗址博物馆(2011).《涂红陶器密码：讯塘埔文化特展专辑》,新北：十三行遗址博物馆。

Takamiya，H.(1978). Tentative chronology of the Neolithic period，Okinawa Islands. *The Journal of the Okinawa Archaeological Society*，6，11-22(《沖縄諸島における新石器時代の編年(試案)》《南島考古》第 6 号).

Tina，T.(1999). Mebaru Site：report of the investigation caused by improvement of the prefectural Kan'na-Matsuda route. In T. Tina(Ed.)，*The cultural property of Ginoza*，14，1-302，Okinawa：Board of education of Ginoza village.(《前原遺跡－県道汉那松田線道路整備工事に伴う発掘調査報告書－》《宜野座村乃文化財 14 集》,宜野座村教育委員会).

Tsang，C.，Li，K.，Hsu，T.，Tsai，Y.，Fang，P.，Hsing，Y.(2017). Caroline Broomcorn and Foxtail millet were cultivated in Taiwan about 5000 years ago. *Botanical Studies*，58(3)，1-10.

Yamagiwa，K.(2015). Regional archaeological variation based on natural resource use during the Mudoki(Non-Pottery)Period，Miyako-Yaeyama Islands. *Material Culture*，95，153-170(《「宮古·八重山諸島·无土器期における地域間変異と生体資源利用》《物質文化》第 95 号).

Yamagiwa，K.(2017). Cultural relationships of shell adze usage between the Southern Ryukyu Islands and Southeast Asia. *Journal of Southeast Asian Archaeology*，37，19-34(《南琉球地域からみた東南アジア〈貝斧利用文化〉北上の可能性》《东南アジア考古学》第 37 号).

Yamagiwa，K.，& Kugai，A.(2017). Chronology of Neolithic shell adzes in the Miyako-Yaeyama Islands，Okinawa, Japan：an analysis based on the Urasoko Site，Miyako Island. *Material Culture*，95，113-131(《先史时代における沖縄県宮古島を中心としたシャコガイ制貝斧の展开－浦底遺跡出土貝斧の分析を基にした時空間的変異の検証－》《物质文化》第 97 号).

B 卷
亚太地区早期航路:海洋考古学的视野

前　言

［美］傅罗文（Rowan K. Flad）

（美国哈佛大学人类学系，Department of Anthropology，Harvard University，USA）

佟　珊　译

由于近半个世纪以来世界范围内政治、经济的发展与科技的不断进步，海洋考古在全球范围内正在快速发展，东亚与太平洋地带也是如此。日益成熟的水下技术手段确保了对一系列原本难以触及的水下遗址的调查与发掘，使得考古学者能更精确地勘测、了解水下遗迹的内涵与分布。近年来，在许多滨海地带的工程建设也将一系列珍贵的海洋文化遗存呈现于世人面前，例如伊斯坦布尔一个地铁站建设中揭示了 37 条古代海港遗址中的沉船，纽约市新世贸中心基址建设时也发现了沉船遗存等，这些都证明了水下考古的价值与潜力。同样地，在中国南海以及亚洲其他沿海地带，海洋考古作为一个新的学术领域也引发了广泛的兴趣，并带来了各国政府的重视与经费支持。

《亚太地区早期航海：海洋考古学的视野》，正是一批杰出的海洋考古学者就跨越太平洋早期航海史所作的最新的个案考古与综合研究成果汇编。本书既有对欧洲商人主导的全球化海洋贸易之前（9—16 世纪）东亚区域内不同时期的贸易沉船资料的全面梳理，也有对全球化贸易之后流向欧洲市场的外销瓷产地与内涵发展的综合研究，还有对与海洋贸易相关的个案沉船及特定物质文化遗存的讨论，如通过对港口遗址发现的瓷器遗存及沿海聚落中欧式建筑遗存的研究等，证明外来海洋文化对东亚、东南亚历史持续而深远的影响。

在中国、越南、泰国、菲律宾、印度尼西亚和马来西亚，考古学者在各自国家的海域调查发现了大量古代沉船遗存，既有亚洲本土船只，也有来自欧洲的商船。在北美的美国与墨西哥的太平洋沿岸，考古学者同样发现了许多 16—17 世纪的西班牙沉船。这些沉船遗存再现了以墨西哥的阿卡普尔科港为中心的东亚与西方世界之间的泛太平洋早期贸易史、欧洲人在东亚的殖民史以及由此产生的全球化扩张问题。此外，考古学者还发现了许多 16 世纪以前的古代沉船，反映了欧洲人到来之前华南沿海与东南亚之间的早期海洋文化交流，以及东亚本土海洋社会的发展。

本卷是 2013 年 6 月在哈佛大学举行的"亚太地区早期航海：海洋考古学的视野"专题学术会议的成果，由哈佛燕京学社和厦门大学共同主办了这次会议。来自中国、菲律宾、英国、墨西哥、美国的 20 余名学者，就太平洋海域的沉船考古及相关的海洋考古等问题，展示了各自最新的研究成果。本卷收录了其中 13 篇文章，分别就 16—17 世纪太平洋区域航海与贸易开展了综合性或专题性的研究。

在导论部分，吴春明首先对亚太地区 30 多处古代沉船遗存进行了详尽的整理与概述。紧接着，波比·奥里朗达（Bobby C. Orillanda）研究了 15 世纪中国商人逐步融入东南亚海洋贸易圈的历史过程。卢塞尔·斯科诺内克（Russell K. Skowronek）讨论了来自东亚的海洋贸易物品在美洲内陆的传播，以及这些极具异国情调的商品在欧美社会生活中的不同价值，这是一个很重要的课题。布莱恩·法希（Brian Fahy）和维罗妮卡·沃克·瓦迪箩（Veronica Walker Vadillo）则探讨了马尼拉大帆船泛太平洋航路的起源，他们回答了长期困扰学界的为何马尼拉大帆船放弃从吕宋岛西部向北航行这一更便捷的航路，而选择穿梭菲律宾群岛中部危险而复杂的所谓"内河"航线的问题，因为这样的穿梭航行更有利于非法的走私贸易。尤比奥·迪松（Eusebio Z. Dizon）的文章则聚焦菲律宾海域的"圣迭戈"号沉船考古，虽然历史上关于这艘商船的文献记载很丰富，但是它的沉没原因却始终是个谜，似乎有关这艘商船的文献档案记载有意隐瞒了一些历史真相。

接下来的文章关注太平洋的另一侧，北美海岸的发现。罗伯特·詹可·桑切斯（Roberto Junco Sanchez）考察了下加利福亚巴哈（Baja）海岸发现的马尼拉大帆船遗存，他尝试利用一位想要征服中国的西班牙船长迭戈·加西亚·德·帕拉西奥（Diego Garcia de Palacio）撰写的航海指南，来进行沉船的复原研究。爱德华·伯顿（Edward Von der Porten）对北美西海岸沉船遗址中"克拉克瓷盘"的型式变化进行了详细分析，这篇文章不但阐明了出水瓷器的精准编年研究对于确定特定沉船的年代与性质是何等的重要，还论述了早期贸易陶瓷如何具有市场价值测试的功能，通过这些早期器物的试销可以确定哪些陶瓷款式更能被欧洲消费者所接受。另两篇文章仍然关注美国西海岸的个案沉船遗址，斯科特·威廉姆斯（Scott S. Williams）介绍了最近在俄勒冈州发现的"蜂蜡"沉船，他极力主张该船即为1693年沉没的"布尔戈斯的圣基督"（Santo Cristo de Burgos）号。杰西卡·拉莉（Jessica Lally）则深入分析了"蜂蜡"沉船中发现的陶瓷器，主张该沉船的年代不太可能晚于17世纪90年代，因为这些陶瓷中缺少后期沉船中常见的装饰图案，而又有一些后期沉船所不具有的文化特征。

最后的几篇文章又回到了太平洋的西部。刘淼阐述了15世纪末至16世纪初东亚沉船的几个发展阶段，分析了该地区从东南亚的局域贸易发展为欧洲人参与的贸易网络的过程，以及16世纪中期开始的寻求东亚香料、陶瓷等商品的欧洲市场的出现。上党薰（Kaoru Ueda）介绍了最近在印尼万丹的考古发现，再现了16世纪初万丹作为当地最主要的香料贸易中心，17世纪早期被荷兰人占领、17—18世纪成为荷兰人重要的港口，发掘资料还反映了陶瓷器在万丹社会生活中的变迁，早期主要作为贵重物品为精英阶层独占，随后则成为广大平民都可使用的日用餐具。邓启江报告了最近在浙江沿海发现的小白礁沉船资料，表明该沉船船货具有复杂多样的来源，也反映了当时中国沿海私商的状况。最后，吴春明还讨论了东亚本地海商与来自伊比利亚半岛的葡、西商人的贸易往来，以及由此这种引发的物质文化变迁。

本卷所涉及的内容关乎当今考古学上的许多有意义的重要课题，远远超出了上述所讨论的海洋文化与历史时代，其中一个重要的课题就是世界范围的文化接触与殖民主义的本质，比如在不同族群或文化相遇的情境下，职业化的商人和军队要比他们在征途中遇到的普通人群具有更强大的武力、更有效的交通及文化传播技能。这种技能的不平衡某种程度上也反映在跨越太平洋早期航路的不同区域，因此在巴丹、菲律宾群岛、中国沿海及北美西海岸的不同地区所表现出来的文化或族群接触的结果也不尽相同。

研究者对海商与当地族群间交流互动的认识，很大程度上取决于可用资料的范围，不仅要利用沉船与其他考古遗址中所发现的贸易货物遗存，还要历史文献及口述史的资料。本卷中的研究正是利用了广泛而多样的材料来源，既有如杰西卡·拉莉、爱德华·伯顿和上党薰等人对瓷器的编年与功能的详细分析，也有像罗伯特·詹可·桑切斯引用航海古文献复原古代沉船、斯科特·威廉姆斯运用美洲土著的口述史资料分析"蜂蜡"沉船的年代等，借助不同类型文献资料作为证据。

许多资料还表明，在文化相遇的诸多情景中，文化融合与技术采借的过程是很复杂的。本卷的许多文章都聚焦船只和船货,也有其他更广泛和复杂的海洋考古论著也在探讨船只与船货的问题。我们很难去简单而直接地判定一艘船是来自哪个特定地区或族群的,有时船体的样式来源于一个地方,造船的材料来自另一个地方,而船员和船货来源又包括不同的地点和文化背景。就如吴春明在导论部分所描述的那样,14—15世纪东南亚早期的海洋文化圈中的造船技术发展为一种混合技术。在这样的背景下,什么是"中国船"呢? 是中国样式? 还是中国船员? 或是中国工匠? 抑或是中国船货? 类似的情形也见于布莱恩·法希和维罗妮卡·沃克·瓦迪箩的联名论文中,他们也提到一些西班牙人在南中国海的航行也使用亚洲本地的船只。总之,对造船技术和船货不同来源的深入分析研究,能够揭示出这些复杂文化融合的一些方面。

本卷的另一个重要主题是全球化,不仅仅是世界范围内一地文化向其他地区的扩张,还包括由此带来的一系列重要结果,包括在较大范围内被广泛接受的文化行为,许多具有不同来源的文化因素集中作用于一个地区,同样的行为或习俗在不同区域的变化,包括地区间相互依存与相互竞争在内的经济联系新方式等。我们知道,香料贸易是东南亚长途贸易网络发展的主要动因,而其他商品,尤其是贸易陶瓷的核心地位也在不断增长。正如我们所看到的,陶瓷贸易与全球化概念关系最密切,人们通过长距离航行从若干产地获取瓷器,导致遥远某地的瓷器产品具有重要的全球影响。就如刘淼、上党薰和其他一些学者在文中提到的,从中国到东南亚、日本及荷兰的陶瓷业的转移(每一次转移中某些陶瓷器的实用性及价值都得以传承),证明了从海洋贸易网络中发展而来的全球化的世界是如何紧密联系、相互依存的。

与全球经济一体化课题密切相关的再一个值得一提的问题是特定商品的价值。例如,卢塞尔·斯科诺内克明确讨论了满足需要与欲望的途径、仿制某些特殊商品的尝试,这些因素都与商品价值产生的过程有关。他比照瓷器和马约利卡(majolica)"模仿品"来讨论上述因素,很容易使我们想起悉尼·明茨(Sidney Mintz)在研究大西洋世界内蔗糖时提到的影响价值的不同变量,其他消费品的研究也可以看到类似的影响商品价值的变量。此外,如爱德华·伯顿所讨论的,瓷器在欧洲市场的价值很大程度上取决于消费者的品位,而商人只能经过一段时间的尝试,通过评估不同等级的瓷器所带来的利润差异来了解欧洲市场的需求与价值。

上述这些文章都提出了许多需要进一步研究的课题,我在这里只是提到这个学科迈向纵深发展的一些表层课题。这本论文集的特别价值在于撰稿人的多样性,因语言与研究方向的差异,以及所涵盖的地理范围的广泛性可能带来的更大差异,使得不同视野的学者坐在一起开展整合研究,这不是一件容易的事情。需要指出的是,本卷缺乏对日本或越南的相关研究个案,这正说明今后在这一方面需要开展更多的比较研究。正如古代沉船和贸易港市考古内涵的复杂性与多样性,本卷的内容是十分丰富的,将对海洋考古的全球化课题做出重要贡献。

(该译文原稿刊于《南方文物》2016年第3期"海洋中华"栏目,刊发时编者加中文标题《从西方到东方:海洋考古的一次遇见》。)

导　论

吴春明

（厦门大学海洋考古学研究中心）

　　海洋考古学是过去几十年来在亚太地区迅速发展的考古学重要分支。从东亚到北美的水下考古学者对许多历史时期的沉船遗址进行了调查和发掘，从沉船中发现了大量文物，为这一跨区域的海洋历史研究提供了全新的视角和依据。随着越来越多的沉船考古资料的积累，太平洋两岸的考古学者开始逐步揭示和认识因海洋而联系起来的亚太社会与文化的历史。

　　在这一广阔海域的水下考古调查中，曾先后发现了数十艘16至18世纪的沉船，包括源于东亚的本土海船（如中国帆船、南海混合船等），以及源于欧洲的探险船、贸易船，如西班牙的"马尼拉大帆船"。在东亚和东南亚地区，华南沿海以及越南、泰国、菲律宾、印度尼西亚和马来西亚都调查发现了数量不等的东亚本土沉船和源于欧洲的外来沉船。在北美，美国加州、俄勒冈州、华盛顿州以及墨西哥海岸也发现了许多西班牙殖民地的沉船。这些价值不凡的海洋考古资料，揭示了东亚通过墨西哥的阿卡普尔科（Acapulco）而联结西方世界的泛太平洋早期航海贸易史，有助于进一步阐明连接亚洲和西方的早期国际海上贸易史、欧洲人在东亚的早期殖民史以及由此产生的全球化扩张问题。除了这些16—17世纪的沉船，东亚海域还调查和发掘了数十艘16世纪之前的沉船，揭示了与扩张的欧洲接触前中国东南沿海与东南亚之间的海洋文化互动，以及环中国海域本土海洋社会文化的发展。

　　2013年6月21—23日，一场由美国哈佛燕京学社组织的"亚太地区早期航海：海洋考古学的视野（Early Navigation in the Asia-Pacific Region：A Maritime Archaeological Perspective）"小型国际学术研讨会，在哈佛大学校园举行。来自中国、菲律宾、英国、墨西哥和美国加州、得州、麻省的二十多位海洋考古学者与会，其中一半的学者报告了各地"马尼拉帆船"的沉船考古发现、历史研究及相关的海洋考古学研究新成果（图2～5；彩版二：1,2）。这次会议为来自太平洋两岸的海洋考古学者提供了一个极好的学术互动机会，他们共同分享了各自在海洋考古调查研究方面的最新发现与研究进展，就亚太地区16—18世纪的航海贸易和海洋文化史展开了富有成效的讨论。

　　本卷就是这次会议论文结集。尽管菲律宾国家博物馆的尤比奥·迪松（Eusebio Z.Dizon）先生和华盛顿州的杰西卡·拉莉（Jessica Lally）女士错过了在波士顿剑桥市的会议，但他们还是友好地为本卷撰写了重要的论文。总共收入的这13篇论文，主要聚焦于16—18世纪早期泛太平洋航海和海洋全球化的历史，从海洋考古学上共同展现了东、西方间早期海洋文化互动的一幅全景，这无疑有助于推动早期全球化问题的考古学和历史学研究。这些研究涵盖了早期全球化和世界经济形成的背景、概念、实践、结果和影响，重点突出了西班牙航海家在亚洲和北美区域互动史上留下的海洋考古证据。

　　其中，笔者和菲律宾国家博物馆的波比·奥里朗达（Bobby C. Orillaneda）先生（时为英国牛津大

234

图 1　哈佛燕京学社

图 2　研讨会现场一

学海洋考古研究中心博士研究生），分别研究了 9—16 世纪在东亚和东南亚海域发现的沉船考古资料。两篇论文重构了欧风东渐前的东亚"本土"海洋历史文化，描绘了一个本土航海模式和贸易网络，是认识与理解即将到来的全球化海洋历史的重要背景。

　　另有两篇文章专论"马尼拉帆船"航海史的相关概念和理论，美国得州大学泛美校区（University of Texas-Pan American）的卢塞尔·斯科诺内克（Russell K. Skowronek）教授[1]，从考古学角度论述了早期全球化的物质文化表现，以及"马尼拉大帆船"在早期世界经济体系建构中的实践与地位。牛津大学海洋考古学研究中心的两位学者布莱恩·法希（Brian Fahy）和维罗妮卡·沃克·瓦迪箩（Veronica Walker Vadillo），通过对历史文献和考古材料的综合分析，评述了西班牙探索和建立泛太平洋的马尼拉-阿卡普尔科大帆船贸易航路的历史过程。

　　五篇文章为太平洋两岸发现的"马尼拉帆船"沉址的个案研究报告。美国加州金银岛海军和海

图3　研讨会现场二

图4　研讨会现场三

军陆战队博物馆(Treasure Island Navy and Marine Corps Museum)前馆长爱德华·伯顿(Edward Von der Porten)、墨西哥国家博物馆罗伯特·詹可·桑切斯(Roberto Junco Sanchez)、菲律宾国家博物馆尤比奥·迪松(Eusebio Z. Dizon)、美国华盛顿州交通局斯科特·威廉姆斯(Scott S. Williams)和杰西卡·拉莉(Jessica Lally)，分别报告并讨论了属于"马尼拉帆船"的若干沉船遗址考古发现与性质，如"圣菲利普"号(*San Felipe* 1576)、"圣阿古斯汀"号(*San Agustin* 1595)、"圣迭戈"号(*San Diego* 1600)沉船，以及"蜂蜡沉船"[Beeswax，可能是"布尔戈斯的圣基督"号(*Santo Cristo de Burgos* 1693)]和一艘不确名沉船(1578)。他们还研究了"马尼拉帆船"的船货，包括"克拉克瓷"的编年。

　　厦门大学刘淼和吴春明的两篇论文，综合讨论了考古所见东、西方海洋接触与互动所带来的社会文化变迁。刘淼研究了16至17世纪华南和东南亚的沉船考古所见，重点讨论了"克拉克"贸易

图 5　与会学者

陶瓷和西班牙殖民地银币的发现与性质,分析了东亚本土传统贸易体系的衰落和早期全球化贸易体系的出现。吴春明的文章分别从物质和非物质文化遗产的角度,概述了全球化早期欧洲人航海,尤其是葡萄牙和西班牙船入中国东南沿海对东亚海洋文化的影响。

此外,中国国家文物局水下文化遗产保护中心邓启江、波士顿大学考古系的上党薰(Kaoru Ueda)等的两篇论文,分别研究了中国东海19世纪小白礁沉船遗址的考古发现和印尼爪哇万丹苏丹国17—19世纪遗址的文化内涵,涉及关于"马尼拉帆船"之后或之外的华南、东南亚的航海史、贸易史和社会史问题。

2013年我们在哈佛燕京学社组织的这场研讨会,是太平洋两岸的海洋考古学家第一次坐在一起,探讨该地区的跨太平洋早期航海考古课题。我要感谢所有的演讲者和论文作者,他们的合作共同塑造一项具有挑战性和有意义的学术工作。我希望本文集的出版,将成为与会的我们和其他同仁在跨太平洋早期航海、早期全球化海洋贸易和其他更广泛的海洋考古问题上,进一步开展国际合作的新起点。

我们一致对哈佛燕京学社表达最诚挚的感谢,我代表与会者感谢学社对这次研讨会的财政赞助,包括外地学者往返波士顿的旅行和食宿费。非常感谢学社社长裴宜理(Elizabeth J. Perry)教授、学术项目和规划助理主任李若宏(Ruohong Li)博士、项目执行助理 Lindsay Strogatz 博士、财务和行政助理 Susan Scott 和 Elaine Witham 两位女士,感谢他们对本次会议以及我在2012—2013学年在哈佛燕京学社访学期间给予的全力支持和帮助。我还要感谢我访学期间的哈佛同事,厦门大学宋平、朱晓勤,南京大学李里峰,中山大学郑君雷,四川大学杨清帆,中央美术学院郑岩,陕西师范大学卜琳,韩国中央大学朴央京,以及哈佛大学人类学系研究生 Janis Calleja 和 Byran Averbach,他们协助组织、参加研讨并一起考察了沙勒姆(Salem)海洋博物馆。

我特别感谢波士顿大学考古系的慕容杰(Robert E. Murowchick)教授和哈佛大学人类学系的傅罗文(Rowan Flad)教授,他们为本次研讨会的构想、组织以及向哈佛燕京学社申请经费计划等提供了宝贵的咨询和指导,并作为主持人参加了会议。作为我访学哈佛大学这一年的东道主和学术导师,罗文为我在波士顿的工作和生活提供了诸多无私的帮助和支持,对此我永远感激。最后,我还要衷心感谢夏威夷大学马诺阿（Manoa）分校人类学系的罗莱教授（Barry Rolett）和加州大学洛杉矶分校的罗泰（Lothar von Falkenhausen）教授，他们共同推荐我作为哈佛燕京学社访问学者的候选人，并感谢他们长期理解和促进我在中国东南和东南亚海洋考古方面的研究工作。

注释

[1]该文发表时，作者已转任至得克萨斯大学里奥格兰德河谷分校（The University of Texas Rio Grande Valley，Rio Grande）

B1 欧风东渐前东亚海域的古代沉船与区域海洋贸易网络的发展

吴春明

（厦门大学海洋考古学研究中心）

在过去 500 年中，海洋文化一直是洲际文化交流以及全球化的主要推动力。1498 年葡萄牙航海家达伽马（Vasco da Gama）抵达印度后，欧洲人蜂拥而至并开始迅速殖民到东南亚和东亚。16 世纪以来，欧洲与东亚的海洋文化衔接和贸易全球化的开辟，为东亚的现代化打开了大门。但在欧洲探险、欧风东渐之前，东亚海域的海洋贸易已有数百年，乃至数千年的发展历史。欧风东渐前的这一"本土"海洋文化体系，为早期全球化的到来提供了重要的社会经济与文化基础。

在过去的二十年中，中国东、南部海岸一带海域开展了广泛的水下考古工作，已经发现了 200 多处古代沉船遗址和水下文化遗产点。其中，许多可分别追溯到 9 世纪至 16 世纪初（中国古代历史编年的唐、宋、元和明初）的商船沉址，反映了东亚和东南亚所在的环中国海海域古代海洋文化交流与往来。本文拟综合这些沉船遗址的主要考古发现，分析每处沉船的个案航海历史，并对欧风东渐前的区域海洋文化交流互动史做一个整体性、概括性的考察。

一、考古发现的欧风东渐前东亚海域古代沉船

在 20 世纪 70 年代水下考古方法传入东亚之前，历史和考古学者对东亚地区的"海上丝绸之路"和"陶瓷之路"的历史已有数十年的研究积累，但学者们更注意到了该地区水下埋藏的沉船考古资料的重要性。自 20 世纪 70 年代以来，海洋考古先后在东亚各国得到了发展，对一系列古老的沉船也进行了水下打捞和发掘。这些海洋考古工作揭示了东亚和东南亚海域包括沉船在内的大量水下文化遗产，深化了亚太地区海洋文化史的研究与认识。这些欧风东渐前的古代沉船和水下文化遗产，分布在中国、韩国、日本、菲律宾、越南、泰国、马来西亚和印度尼西亚附近的跨境海域（图 1）。

新安沉船，位于韩国全罗南道木浦西面海域，年代为 14 世纪中期（Jeremy Green，1983；韩国文化遗产管理局，2006）。打捞出的文物有 23000 多件，其中 20000 多件是来自中国各窑口的陶瓷，如浙江龙泉窑的青瓷、江西景德镇的青白瓷和影青瓷、福建建窑的黑釉瓷、河北磁州窑的褐花白釉瓷器等，还出水了大量的来自东南亚的香料以及 28 吨唐、宋、辽、京、元时期的钱币。

珍岛沉船，位于韩国全罗南道，年代为 14 世纪初（袁晓春，1994）。船体结构仍然很好，发现了宋代的铜钱以及中国青瓷和高丽青瓷。

马岛 1 号和 2 号沉船，位于韩国泰安县海域，年代为 13 世纪初，两艘沉船分别出水了 300 件和 400 件高丽青瓷以及许多铜器、铁器、木制文物和各种食物遗存（韩国文化遗产管理局，2010；2011）。

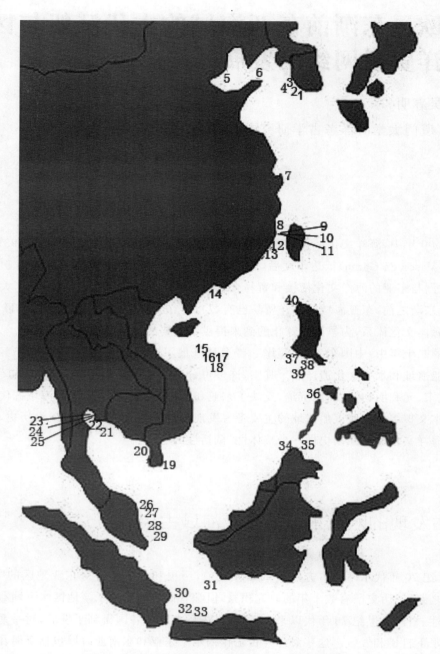

图 1　东亚海域调查发现的中世纪沉船分布示意图

注：1，新安；2，大邱；3，马岛 1 号、2 号；4，珍岛；5，三道岗；6，蓬莱 3 号；7，东门口；8，白礁 1 号；9，西南屿；10，大练岛；11，风流尾屿；12，后渚；13，半洋礁；14，川石岛（"南海一号"）.15，华光礁 1 号；16，17，北礁 4 号、5 号；18，石屿 2 号；19，纵河口；20，富国岛；21，罗勇巴塞；22，罗坚；23，科拉姆；24，科西昌 2 号；25，科西昌 3 号；.26，"龙泉"；27，"皇家南海"；28，"南洋"；29，图灵；30，黑石湾（忽里洞）；31，巴高；32，印坦；33，井里汶；34，丹戎新邦；35，潘达南；36，利娜礁；37，圣安东尼奥；38，39，博利瑙 1 号、2 号；40，圣克鲁兹。

　　大邱沉船，位于韩国泰安县海域，年代为 12 世纪，沉船出水了 2 万件文物，主要包括高丽青瓷、瓷器、铁锅、木制标签等（韩国文化遗产管理局，2009）。

　　三道岗沉船，位于中国辽宁省渤海湾西部海域，年代为 13 世纪（张威，2001）。从沉船上出水了数千件河北省磁州窑的白釉褐花陶瓷器和、铁器等。

蓬莱 3 号沉船,位于山东烟台的登州水域遗址中,年代为 13 世纪,可能为一艘来自朝鲜半岛古代沉船(山东省文物考古研究所,烟台市博物馆,2006)。沉船出土了高丽青瓷、河北磁州窑陶瓷和日本钱币。

东门口沉船,发现于浙江省宁波港的东门口码头遗址,年代为 13 世纪。从该遗址出土了一系列元代青瓷、白瓷、黑釉陶瓷、漆器和钱币等(宁波市文物管理委员会,1981)。

白礁 1 号沉船,位于中国福建省连江县白礁海域,年代定为 12 世纪。先后出水来自福建当地窑口的黑釉和青瓷在内的 2678 件文物(中国国家博物馆等,2010)。

西南屿沉船,位于福建平潭岛西南屿海域,年代为 13 世纪初,主要内涵为浙江龙泉青瓷(周春水,2012)。

大练岛沉船,位于福建平潭的大练岛海域,年代可追溯到 14 世纪初,也发现了许多龙泉窑青瓷(中国国家博物馆等,2014)。

分流尾屿沉船,位于福建平潭岛的分流尾屿海域,沉船年代为 10 世纪,调查出水了一系列浙江越窑的青瓷(周春水,2012)。

后渚沉船,位于福建泉州湾的后渚古港区淤泥中发现并发掘,年代 13 世纪(福建泉州海外交通史博物馆,1987)。沉船出土了许多龙泉窑和泉州本地窑口的青瓷和黑釉陶瓷,还出土了源于东南亚的香料等。

半洋礁沉船,位于福建龙海县的半洋礁海域,年代可追溯到 13 世纪,出水了许多来自福建当地窑的青瓷和黑釉瓷器,还收集了一些漆盒和青铜制品(羊泽林,2012)。

川山岛沉船,就是著名的广东海域"南海一号"沉船,年代为 13 世纪。发掘工作正在进行,已发现了 1 万多件器物,其中大部分是德化窑白瓷、福建闽清义窑、江西景德镇窑青白瓷、浙江龙泉窑青瓷和福建磁灶窑黑釉等陶瓷器,以及其他重要的出水文物如青铜器、铁器和金器等(张威,1997;张万兴,2012)。

华光礁 1 号沉船,位于海南西沙群岛的华光礁海域,年代为 13—14 世纪,出水的一系列陶瓷器为福建南安窑、磁灶窑青瓷,福建德化窑和江西景德镇窑白瓷器等(中国国家博物馆等,2006,第 35-50,66-138 页)。

北礁 4 号、5 号沉船,位于海南西沙群岛的北礁海域,年代为 12—13 世纪,采集到福建和广东窑的青瓷、白瓷等器物(中国国家博物馆等,2006,第 195-196 页;赵嘉斌,2012)。

石屿 2 号沉船,位于广东西沙石屿海域,年代为 14 世纪,发现了景德镇窑的青花瓷、德化窑的白瓷、晋江窑的青瓷等陶瓷器(赵嘉斌,2012)。

圣安东尼奥(San Antonio)沉船,发现于菲律宾吕宋岛西南部附近,可追溯到 13—14 世纪,发现了中国福建窑的青瓷器等(Paul Clark, Eduardo Conese, Norman Nicolas, Jeremy Green, 1989)。

博利瑙(Bolinao)1 号、2 号沉船,发现于菲律宾吕宋岛西部附近海域,年代为 13—14 世纪,收集到中国南方窑的青瓷和宋代的石锚构件(Paul Clark, Eduardo Conese, Norman Nicolas, Jeremy Green,1989)。

利娜礁(Lena)沉船,位于菲律宾巴拉望岛北部利那礁附近,时代可到 15 世纪晚期,出水了中国景德镇窑青花瓷、龙泉窑青瓷、泰国宋加洛(Sawankhalok)窑青瓷、越南陶器等 3000 余件(Franck Goddio,2002)。

圣克鲁兹(Santa Cruz)沉船,发现于菲律宾吕宋岛北部圣克鲁兹附近海域,年代可早到 15 世纪末,收集了 15000 件文物,其中大部分是中国景德镇窑的青花瓷和龙泉窑青瓷,一小部分是泰国和缅甸窑的产品（Bobby C. Orillaneda，2012）。

潘达南（Pandanan）沉船，位于菲律宾潘达南岛和巴拉望岛之间海域，时代可追溯到 15 世纪晚期（Alya B. Honasan，1996；Eusebio Z. Dizon，1996；Allison I. Diem，1996）。发现了 4722 件陶瓷，其中大部分是越南陶瓷，其他有泰国素可泰（Sukhothai）窑和宋加洛窑陶瓷，还有一些来自越南和中国的青花瓷，另有铜锣、铜镜、铜盒、铁刀、铁锅和铁剑等金属制品。

纵河口（Song Doc）沉船，位于越南南端金瓯省的南海海域，年代可追溯到 14 世纪晚期，出水了大量越南窑、泰国宋加洛窑以及一些中国南方窑的陶瓷（Roxanan Maude Brown，2009，第 38-39页）。

富国（Pha Quoc）岛沉船，位于越南南部建江（Kien Giang）省附近海域，是一艘 15 世纪晚期的中国沉船。从遗址出水了 15880 件陶瓷，包括来自泰国宋加洛窑的青瓷、中国龙泉青瓷和青花瓷，还有其他器物如铁器、青铜器、象牙制品和中国铜钱等（Warren Blake & Michael Flecker，1994）。

罗坚（Rang Kwien）沉船，位于泰国湾春武里府（Chonburi Province）海域，年代可早到 14 世纪末。出水的船货 50% 的是泰国苏潘武里（Suphanburi）窑、宋加洛窑、圣坎蓬（San Kamphaeng）窑的陶器，28% 是越南陶瓷，10% 是中国青瓷和青花瓷（Jeremy Green & Rosemary Harper，1983a）。

罗勇府巴塞岛（Prasae Rayong）沉船，位于泰国湾罗勇府海域，年代为 15 世纪中叶。收集到 5000 件陶瓷，主要包括宋加洛和素可泰窑、越南陶瓷和一些中国瓷器（Jeremy Green & Rosemary Harper，1983b；S. Prishanchit，1996）。

科拉姆岛（Ko Khram）沉船，位于泰国湾的梭桃邑（Sattahip）海域，被认定为 15 世纪中叶的华南船型。遗址出水了 5000 件陶瓷，其中大部分是泰国宋加洛窑和信武里（Singburi）窑的青瓷，一些是素可泰窑的褐花瓷器，还有一小部分是越南青花瓷、中国单色釉瓷器（Jeremy Green & Rosemary Harper，1983a；S. Prishanchit，1996）。

科西昌岛（Ko Si Chang）2 号沉船，位于泰国湾内，被认定为 15 世纪早期的中国船只。出水了中国的青瓷和泰国的宋加洛窑、素可泰窑和苏潘武里窑的陶瓷器（Jeremy Green & Rosemary Harper，1983b；Atkinson，Karen，Jeremy Green，Rosemary Harper & Vidya Intakosai，1989）。

科西昌岛 3 号沉船，年代为 15 世纪晚期，收集了 300 件完整的陶瓷，包括来自中国和越南的青花瓷，还有一些是来自越南占城和泰国素可泰窑的褐釉瓷碗（Jeremy Green，Rosemary Harper & Vidya Intakosai，1987）。

丹戎新邦（Tanjung Simpang Mengayau）沉船位于马来西亚沙巴州西北海岸附近海域，沉船年代为 11 至 12 世纪。出水了华南窑口的青瓷和青白（影青）瓷、越南和马六甲的陶器、宋代铜锣和铜锭等（Michael Flecker，2012）。

"龙泉（Long Quan）"沉船，位于马来西亚半岛丁加努（Trengganu）海岸，年代为 15 世纪中叶（Roxanna M. Brown，Sten Sjostrand，2000；2002）。沉船上打捞了超过 10 万件的陶瓷器，其中 40% 是中国龙泉窑青瓷，40% 是泰国宋加洛窑青瓷，20% 是泰国素可泰釉下褐花瓷。

"南洋（Nan Yang）"沉船，位于马来西亚半岛东海岸，年代也是 15 世纪中叶，打捞了 15000 件陶瓷，其中大部分是泰国的宋加洛窑青瓷、素可泰釉下褐花瓷以及一些中国青瓷（Roxanna M. Brown，Sten Sjostrand，2000；2002）。

"皇家南海（Royal Nanhai）"沉船，位于马来西亚马六甲海峡，也可追溯到 15 世纪中叶，打捞出水有 3 万多件泰国宋加洛窑青瓷和 20 吨铁矿石、铁锭，还有中国和越南的青花瓷、中国漆器等（Roxanna M. Brown，Sten Sjostrand，2000；2002）。

马来半岛东部图灵（Turiang）沉船，位于马来西亚半岛东海岸附近，被确认为 15 世纪早期的中国沉船,打捞出水了 1200 件陶瓷,其中 57% 来自泰国,35% 来自中国,8% 来自越南(Roxanna M. Brown,Sten Sjostrand,2000;2002)。

黑石湾(Batu Hitam)沉船,位于印尼勿里洞岛(Belitung)海域,时代可早到 9 世纪(Regina Krahl,John Guy,J. Keith Wilson,& Julian Raby edited,2010)。打捞出水 7 万件器物,其中 6 万件是唐代长沙窑的陶瓷器,另外还有定窑、邢窑和巩县窑器物,一系列保存完好、文化多元的金、银和铜器。

印坦(Intan)沉船,位于印度尼西亚雅加达附近海域,可早到 10 世纪(Michael Flecker,2005),打捞出越窑青瓷、定窑白瓷、铜镜、铁器等 8000 余件文物。

井里汶(Cirebon)沉船,位于印度尼西亚爪哇海井里汶海港以北,年代为 10 世纪末,打捞出水超过 10 万件越窑青瓷和定窑白瓷,以及宋代铜镜和钱币等(Kwa Chong Guan,2012)。

巴高(Bakau)沉船,是位于印度尼西亚卡里马塔(Karimata)海峡西侧巴考岛附近的一艘中国船只,可早到 15 世纪初(Michael Flecker,2001)。打捞出水了泰国宋加洛窑和中国龙泉窑的青瓷、泰国素可泰窑、苏潘武里窑瓷器,及越南和中国的其他陶瓷和陶器,以及中国的铜锣、铜镜和包括最晚的永乐年号(1403—1424 年)在内的 60 枚铜钱。

所有这些沉船和水下文化遗存都可以追溯到中世纪(9 至 15 世纪),即 16 世纪海洋全球化之前的中国古代唐、宋、元和明初。它们反映了欧风东渐前中国沿海地区、东亚和东南亚之间的海洋文化互动,以及因此产生的本土海洋文化共同体。

二、沉船的来源港与航路的个案分析

通过对上述沉船文物内涵的类型学分析,可以确定这些沉船的来源和航行路线,这对于了解 16 世纪全球化之前东亚海域内部的海洋贸易网络非常重要。除了马岛 1 号和 2 号、韩国的大邱沉船和中国浙江的东门口等少数沉船,可能属于一个国家内部短途交通的航船案例外,大多数沉船都显示了大陆和东亚岛屿带之间的陆岛跨界海洋交通。这些个案沉船可分为三个阶段,反映了该跨界海域海洋交通航路的发展和变化。

其一,公元 9 世纪至 10 世纪中叶的沉船,有分流尾屿、黑石湾和印坦沉船。这些早期沉船揭示了唐代华南到东南亚和西亚之间的航海史。

印度尼西亚黑石湾沉船被视为一艘阿拉伯沉船,船货都是运载到波斯湾阿拉伯海港的中国货(Wang Gungwu,2010)。船体残骸和建造技术的分析,证明这艘船不是中国传统木帆船,而是具有一个整体缝合结构的阿拉伯式木船,缝合用的绳索为阿曼的一种白屈木麻黄(baitlquarib),船板为是非洲和印度树种,并使用方钉加固,因此可能是在非洲制造、在印度和东南亚进行了修复(Michael Flecker,2010)。打捞出水 7 万多件陶瓷器,包括长江中游长沙窑、长江下游越窑、中国北方邢窑、定窑和巩县窑的陶瓷,以及广东窑的一些器物。许多长沙窑瓷器经研究为具有典型的西亚风格的形态和装饰纹样,如阿拉伯人头像或阿拉伯文字的装饰图案,表明货物可能是专供西洋(印度洋)的海上贸易而制造的。出水的一系列金、银和青铜制品可能是长江下游地区制作的,也不同程度地显示出阿拉伯形态或装饰图案(图 2)。这种混合的内涵表明,这艘船很可能是从长江下游唐代最大的港口扬州起航。根据文献记载的唐代"广州通海夷道",唐代另一个最大的港口广州可能是这艘船离开中国前的最后一个停靠站。

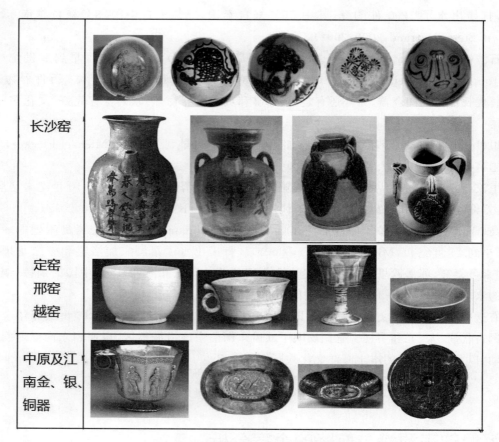

图 2　黑石湾沉船船货来源的多样性

印尼印坦沉船被认为是印尼当地的船只，但打捞出来的中国越窑青瓷、景德镇窑青白瓷（影青）和定窑白瓷器等货物，以及许多中国金属制品如金器、铜器等，也表明这艘船可能是在中国东部的扬州或杭州以及南部的广州等海港出发或经停的。

福建平潭的分流尾屿沉船是唐代中国船只驶向东南亚的唯一考古线索，遗址出水的主要货物越窑青瓷，已被鉴定为浙江省寺龙口窑的产品。所以，这艘船的始发港是扬州或杭州的海港，它可能从北向南沿海岸线航行，目的地为东南亚的某个地方。

这些发现于东南亚和华南地区满载中国陶瓷船货的 9 世纪至 10 世纪中叶沉船，来源于中国、东南亚或阿拉伯地区，沉船内涵所反映的航线是从中国海岸到南海，再到印度洋的阿拉伯海港。多元文化的海商构成了一个以中国南海为中心的海洋贸易共同体，并促进以海洋贸易为取向的专业陶瓷产业在中国的发展。正如长沙窑陶瓷器的阿拉伯式装饰因素所示，这一本土海洋贸易共同体，促进了社会和经济领域的跨文化交流，展示了唐王朝对外开放的情景（王怡苹，2015）。

其二，公元 10 世纪中叶至 14 世纪中叶的沉船有，新安、珍岛、三道岗、蓬莱 3 号、白礁 1 号、大练岛、西南屿、后渚、半洋礁、川山岛、华光礁 1 号、北礁 4 号、5 号、圣安东尼奥、博利瑙、丹戎新邦、井里汶等，揭示了宋元时期东亚和东南亚航海贸易的繁荣发展的盛景。

韩国的新安沉船揭示了一个典型的中国南方帆船形态结构，具有 V 型尖底、龙骨结构和保寿孔（福建民间造船民俗中龙骨内设置的 7 个小孔，寓意确保船只经久耐用）、隔舱壁和水密结构、重叠船壳板，这些都证明该船的来源地为华南沿海。出水的船货有不同的来源，表明其复杂的海上贸易路线。货物的主要部分，20664 件陶瓷器经鉴定的中国北方定窑、钧窑、磁州窑的产品可在登州港装载,浙江龙泉窑的青瓷、景德镇窑的白瓷可在明州或温州港装载,建窑的黑釉瓷可在福州港装载(图3)。出水的2566块船板遗骸被复原为闽南传统木帆船(图4)。还有大量的香药、香木如檀香木、药用草药、肉桂、来自东南亚热带的黑胡椒等,表明这艘船起源于中国南部或东南亚,沿着中国海岸线从南向北航行,然后通过登州港穿越黄海海峡到达朝鲜半岛。沉船上出水的一些木制标签记录了船只前往日本列岛的商人姓名。

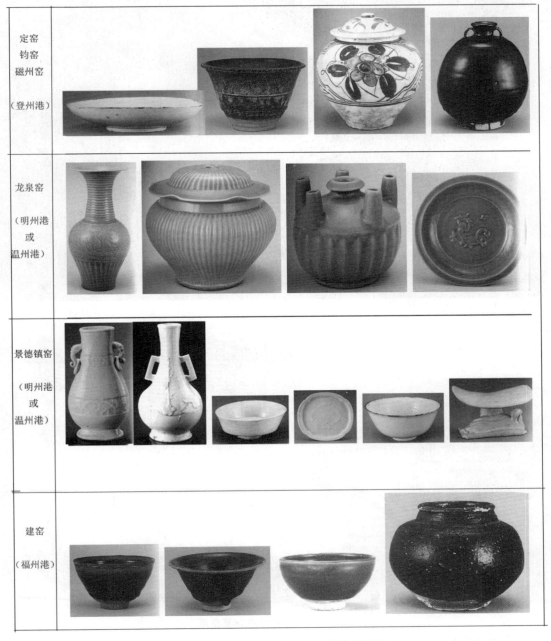

图3　新安沉船陶瓷船货内涵的多元来源

韩国的珍岛沉船也被认定为典型的中国南方木帆船船型,其特点是三部分独木舟体的纵向衔接,具有尖底、隔舱壁和水密舱、保寿孔等类似新安沉船的结构,出水的中国宋代钱币、中国和朝鲜陶瓷器,揭示了从中国南部到朝鲜半岛航线的可能性。

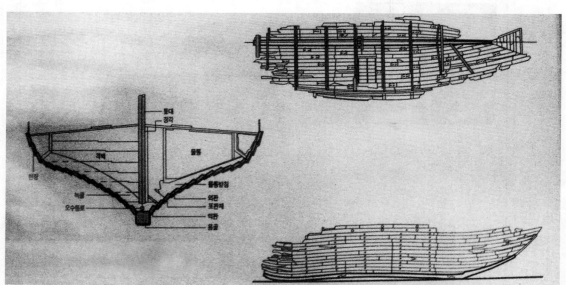

图 4　新安沉船船体遗存及复原

注：根据韩国木浦国家海洋博物馆陈列。

　　三道岗沉船的内涵比新安沉船要单纯得多，但该船货内涵和相关历史文献证据，表明该船也是一艘从华北到朝鲜半岛的国际贸易商船。典型器物有保存完好的蓝釉瓶、龙凤纹褐彩白釉罐、婴戏纹褐彩白釉罐、鱼草纹褐彩白釉盆、书写款识的碗和盘，这些器物为距离沉船遗址 800 公里的河北磁州窑的产品。在韩国南部的高丽遗址和墓葬中也发现了类似的东西,显示了元代磁州陶瓷器出口到韩国的可能性(图5)。根据史籍(《史记·货殖列传》《文献通考》卷三二四)记载,沉船遗址位于中国北部至韩国和日本的国际航线上,三道岗沉船可能就是这段航海历史的遗存。

图5 三道岗沉船瓷器与韩国高丽遗址出土陶瓷的比较

山东半岛东端的古登州,是古代历史上连接中国大陆和黄海诸岛、半岛海洋地带的重要港口。蓬莱(登州)水城的蓬莱3号沉船,就是一艘高丽船,具有典型的韩船结构,船底采集的角贝(Dentalium)残骸也被鉴定为日本海的生态特有种,佐证了这艘船的来源地。此外,该遗址出土的高丽青瓷、磁州窑陶瓷等内涵组合,也证明了古代登州海港在中朝海运史上的作用。

白礁1号沉船位于闽江入海口福州港门户之一的连江定海镇,出水主要船货包括闽侯县南屿窑的黑釉碗和福州附近的闽清县义窑的青瓷碗,该沉船很可能始发于福州港。在日本福冈和冲绳都发现了与白礁1号相同的陶瓷,因此推测该沉船与中日海上航线有关。根据《顺风相送》《指南正法》等古代航海指南,定海是从福建到越南、泰国或日本、琉球的海上航线上的一个重要停靠点,这也是白礁1号沉船在中日海上交通史上地位的另一个证据。

大练岛沉船是平潭岛海域的系列古代沉船遗址之一,沉船已由私人打捞,破损的船体已无法复原、分析其船型特征,但主要货物为浙江龙泉窑产品,因此可能的航路是从北到南的海岸线,或前往东南亚。

福建泉州后渚沉船保留的有趣船体结构,被认定为以龙骨和骨架优先的福建木帆船型的典型代表(图6),因此该沉船应该是当地的船只。货物包括当地泉州窑的青瓷、建窑的黑釉瓷,以及2350公斤来自东南亚的香药、香料,表明这艘船可能从东南亚港口返回。船体残骸还附着的2000多块贝类中,经鉴定有一些被称为龙骨节铠船蛆〔Bankia(Lyrodobankia)Carinata〕、裂铠船蛆(Dicyathifer Manni)等南海特有种,或印度洋、红海、波斯湾和日本海的特有种,证明该船曾航行上述区域(李复雪,1984)。

广东川山岛沉船的发掘工作正在进行中,已揭示出船货的多样性特征(图7)。陶瓷器主要为福建德化窑、义窑和磁灶窑、江西景德镇窑和浙江龙泉窑的产品,说明该船可能在华南沿海岸线从北向南航行(图8)。船上还有一系列有趣的青铜器、铁器和金器,具有阿拉伯和印度等不同的文化

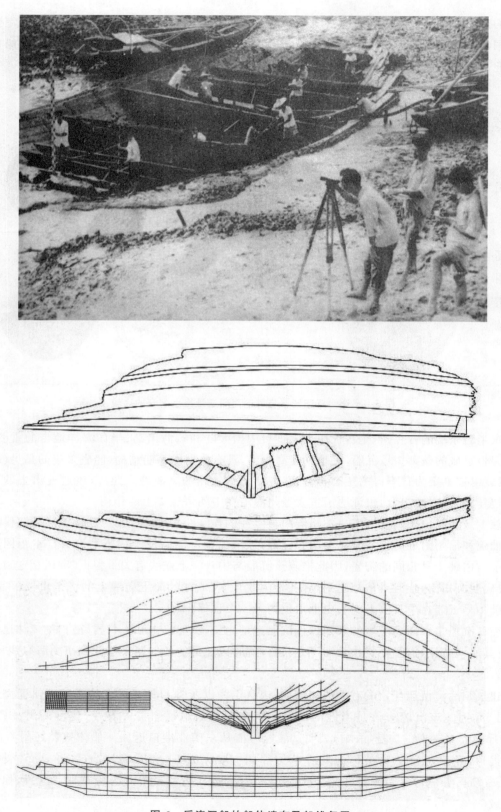

图 6　后渚沉船的船体遗存及船线复原

注：船线复原图根据 Jeremy Green & Nick Burningham，1998。

图 7　广东海上丝绸之路博物馆保存的川山岛（南海一号）沉船的发掘

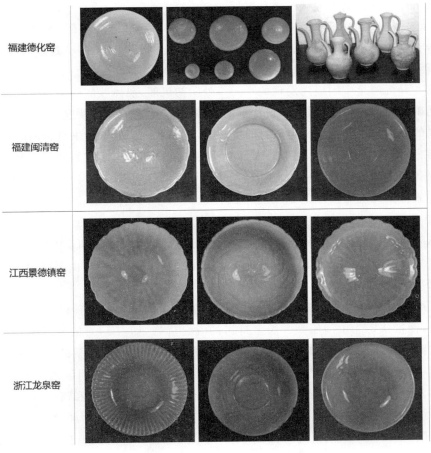

图 8　川山岛沉船出水瓷器的窑口分析

风格，显示了该船可能与东南亚和印度洋航行有关。据《顺风相送》和《指南正法》等古代航路指南记载，川山岛位于华南至东南亚越南、泰国、印尼和马来西亚的海上航线上。

西沙华光礁1号沉船中有福建和江西窑的陶瓷，显示这艘船可能起源于福建港口，并在广东停留，这是华南和东南亚之间海上贸易的证据。

印尼井里汶沉船被认为是东南亚本地的船只，保留船板上相当完整的捆绑吊耳及缝合结构等东南亚海船的典型特征。但大量的浙江越窑、河北定窑及其他来自宋朝的船货，说明该船与中国的贸易往来，以及沿中国海岸从北向南的长途航程。

马来西亚的丹戎新邦沉船的船板，经鉴定为温带木材 Pin Sylvestris，因此船只可是一艘来自中国的帆船。出水货物大量来自广东窑和福建窑和部分来自江西景德镇窑的青白瓷，还有一些越南和当地的马六甲的陶器，以及华南铜器锣和铜镜、泰国的环形铜锭。该船是东南亚地区发现的典型宋代沉船，反映了中国帆船在东南亚海港开展国际海上贸易的早期历史。

菲律宾的圣安东尼奥沉船和博利瑙1号、2号沉船，都反映了华南和菲律宾群岛之间的海上运输。虽然沉船上的信息不多，但石锚已被确定为宋代类型，陶瓷货物也多为中国产品。

简言之，除了中国山东的蓬莱3号和印尼的井里汶两艘分别来自韩国和印度尼西亚外，这一时期的大多数沉船都来自中国，且在东亚和东南亚海域的多条航线上航行。这些船只的几乎所有陶瓷船货都是中国产品，如福建、浙江、江西、广东、河北等地的窑口，仅在蓬莱3号沉船发现有一些高丽青瓷，韩国当地的一些民用帆船也大多载有高丽青瓷。上述情况综合反映了东亚和东南亚间区域海洋文化从大陆沿海向岛屿地区传播和发展。

其三，14世纪中期至16世纪早期的沉船有石屿2号、纵河口、富国岛、图灵、巴高、罗坚、科西昌2号和3号、"皇家南海"、"龙泉"、"南洋"、圣克鲁斯、潘达南、利娜礁等。这些起源于中国南部和东南亚，其内涵与性质反映了明初海禁期间南海航运和贸易的变化情况。

西沙石屿2号沉船是中国境内发现的唯一一处明初沉船，船体残骸尚不清楚，但来自华南的青花瓷船货是明确的，这表明了在明初海禁背景下，南海海洋运输的发展状况。

越南东南的纵河口沉船虽不确定船只的来源，但大多数陶瓷船货为来自越南的青瓷和青花瓷、泰国的宋加洛窑青瓷，一小部分青瓷可能来自浙江的龙泉窑和中国南方福建的磁灶窑（图9），显示了明初东南亚各国之间的海上贸易往来。

越南南部的富国岛沉船被认为是一艘中国传统的木船，具有尖底、15列舱壁和16个水密隔舱、3层重叠船壳板。一些学者主张，富国岛沉船不是一艘中国木帆船，而是一艘南海混合型船，因为该舱壁并不防水，船壳板边缘间既有榫钉衔接、也有铁钉钉接。中国和泰国的混合船货也反映了南海不同国家之间海上贸易的历史。这一新的区域性航运形态，可能是由明朝早期东南亚当地商人或华人走私集团推动的。

马来西亚图灵沉船也因温带树种的船板、舱壁结构、船板边缘的铁钉钉接而不见东南亚船型特有的木钉结构，而被认定为中国船型。船上打捞的混合货物，如占57%的泰国宋加洛窑青瓷和素可泰窑褐花纹陶瓷，占35%的浙江龙泉窑青瓷、福建磁灶窑黑釉瓷，占8%的越南青瓷和青花瓷（图10），以及东南亚鱼、蛋类食品、象牙和金属制品等，反映了明初海禁期间该地区的海上贸易状况。大多数中国陶瓷是广东窑的低值器皿，说明它们来源于华南沿海一些走私海港的腹地。

印尼巴考沉船具有平底、龙骨、舱壁结构以及铁钉钉合船板的中国海船特点。大部分陶瓷货物来自东南亚大陆，如泰国宋加洛窑的青瓷、素可泰窑的褐花瓷和苏潘武里窑的陶器及越南的陶瓷，约20%的陶瓷是中国的青瓷和褐釉瓷器，其他有中国的铜器、铜钱等，展示了明初私商在华南与东南亚港口爪哇间的海上活动。

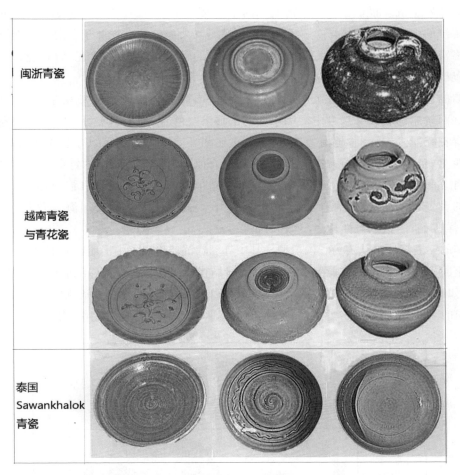

图9 纵河口沉船瓷器内涵的多样性分析

注:器物采自 Roxanan Maude Brown,2009,图 8～10。

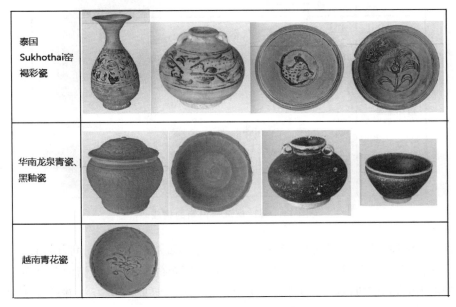

图 10 图灵沉船出水瓷器的多元内涵

泰国湾的罗坚沉船提供了明初南海航海活动的又一个案，该船没有舱壁、船板间用木钉衔接，显然不是传统的中国海船，而是东南亚本地的木帆船。大部分的货物源于东南亚的泰国和越南，如泰国宋加洛窑的青瓷和陶器、苏潘武里窑和圣坎蓬窑的陶瓷器，越南的青瓷、青花瓷，以及一小部分中国陶瓷，反映了当地人或海外移民的航海贸易状况。

泰国湾的科西昌2号和3号沉船最初被认为是"南海混合船型"，后来考古学家再研究认为是中国船。这两艘船都装载了来自中国和泰国的宋加洛窑的青瓷，泰国素可泰窑的褐花瓷，泰国苏潘武里窑的青花瓷器，以及一些越南的陶瓷，反映了明初环南海国家之间的海上贸易关系。

马来西亚"皇家南海"沉船被指为一艘"南海混合船型"，舱壁板间以木钉衔接、船壳板与骨架间以螺栓和钉子固定，这些技术可能是华南和东南亚造船技术的交流结果。混合船货中3万件泰国宋加洛窑的青瓷、中国和越南的青花瓷等遗存，揭示了这一区域内的跨国海上贸易。同一区域的"龙泉""南洋"沉船的内涵与性质也类似。

菲律宾的三艘沉船被认定为中国船型。其中利娜礁沉船出现了中国船特有的铁钉、木钉结构，圣克鲁兹沉船、潘达南沉船都存在舱壁、水密舱和龙骨结构等结构。所有这些沉船内涵中都包含不同来源的货物，如利娜礁和潘达南沉船包括了中国、泰国和越南的货物（图11），圣克鲁兹沉船包括了中国、泰国和缅甸的陶瓷，这些都揭示了明朝海禁期间南海区域内多线交织的航路和复杂的海上贸易关系。

图 11　潘达南沉船内涵的构成

无论如何，上述这些明初沉船内涵，反映了明王朝禁行私人海上贸易期间，所出现截然不同的航海贸易形势。尽管大多数沉船被确定为华南船型或来源不定的船型，但它们大多分布在东南亚地区而不仅仅是华南沿海，它们应该是海禁背景下华南走私商人的船只，或是反抗并逃离明朝的东南亚华人商船。一些沉船被认为是华南或南海的"混合船型"，应就是中国南方和东南亚不同造船技术的融合。华南航海贸易的衰落和东南亚海洋贸易的崛起，是明朝海禁贸易的结果。来自这些沉船的船货组合也相应地反映了泰国、越南陶瓷窑业的增长和中国陶瓷的减少所带来的海洋贸易形势变化。

三、16世纪欧风东渐前环中国海的"四洋航路"网络和海洋文化互动

对上述30多处沉船遗址的航路分析与复原,有助于进一步认识9世纪至16世纪初环中国海航海活动的发展。在欧洲航海家到来之前,该区域内海洋贸易和文化交流的发展和繁荣,促进了一个区域性的跨界海洋共同体的形成,这一海洋共同体以中国海商及海外华商主导的"四洋航路"为特征(陈佳荣,1992;吴春明,2003,第179-232页)。

中国历代王朝代表了世界上最古老的传统文明之一,也是东亚古代文明的主要中心。中国古代文明基本上是以中原即中部平原、中州或"中国"为中心而发展的大陆性农耕文化,并由此发展起以"中国—四方(蛮夷)"为特征的历代王朝复杂的社会文化空间结构,海洋文化被视为边缘"四方"中的"东夷"和"南蛮"并在历代王朝正史的要义中缺失。

与以大陆性农耕文化为主体的古代文明"中国—四方"体系形成鲜明对比的是,主要发展于东部与南部沿海的海洋社会文化处于古代帝国文明的边缘环节与隐性层面。这个总体上民间的、非官方的海洋文化体系,在包括中国、韩国、日本、越南、泰国、菲律宾、印度尼西亚、马来西亚在内的环中国海跨界海洋地带得到了广泛的传播和发展,环中国海海洋文化圈就是经由古代"四洋"航海活动而连接起来的(吴春明,2011)。

中国古代的"四洋航路",表现为以中国东南沿海为中心的社会文化内涵,不同于以中原("中国")为中心的古代文明的核心体系。这一海洋文化共同体在历代王朝政治中总体上被视为"另类"和"消极"的社会群体,推动了海洋族群向海洋世界迁徙、扩散的外向局面。在元、明时期的《顺风相送》《指南正法》《郑和航海图》等航海指南中所记载的"四洋"航路,反映了环中国海航路体系的常态化,以及东亚和东南亚间海洋社会文化共同体的形成。这里的"四洋"主要是指从中国东南沿海(以福建和广东为中心)始发的不同航海海域,表明东南沿海在晚清之前应该是环中国海海洋社会文化体系的中心和主要发源地。从古代中国东南海岸线的角度来看,向南航行到东南亚地区,如越南、泰国、马来西亚和印度尼西亚西部,被称为"南洋",向西航行到印度洋被称为"西洋"。而事实上从东南亚到印度洋的西洋航路延续了南洋航路,因此南海的"南洋"航路和"西洋"航路事实上是重叠的。从中国大陆东南沿海向东航行到台湾岛、菲律宾群岛和印度尼西亚东部被称为"东洋",向北航行至东海、黄海、渤海均被称为"北洋"(参见本书A1-图1)。晚清以来,环中国海海洋文化中心转移到长江口的上海,此后前往日本和韩国的航路被视为东洋航路的一部分。

这一航路体系上的"四洋",是指不同地理方位上的不同海域,而不是简单的四条航路。事实上,根据古代航海指南的记载,每个方向的洋域都有几条甚至几十条不同的航线。例如《顺风相送》记录的"南洋"和"西洋"航路有78条航线,"东洋"航线20条。本文所讨论的9—15世纪30个沉船地点的,初步揭示了东亚和东南亚"四洋"航线的发展变化,其中"南洋"、"西洋"航路沉船占大多数,如分流尾屿、大练岛、西南屿、后渚、半洋礁、川山岛、华光礁1号、北礁4号、北礁5号、石屿2号、纵河口号、富国岛、图灵、巴考、罗坚、科西昌2号和3号、"皇家南海"、"龙泉"、"南洋"、黑石湾、印坦、井里汶等。这些沉船分布在中国东南部和南部沿海、东南亚大陆东海岸和泰国湾以及爪哇海,代表了南海海域南洋、西洋航路的走向,显示出其自唐代以来在环中国海海洋社会文化共同体中的主导

和关键地位。

在东洋海域发现的沉船包括圣安东尼奥、博利瑙、丹戎新邦、圣克鲁兹、潘达南和利娜礁等,它们分布在菲律宾岛周边海域、印度尼西亚东部海域和马来西亚海域,显示了宋代以来中国东南沿海始发至东洋航路核心区的帆船航海历史。根据古代航海指南的记载,福建和台湾地区可能埋藏有许多尚待调查、发现的东洋航路沉船等遗产,因为这一时期两个地区一直是东洋航路上重要的航海区域。

在北洋海域发现的沉船包括新安、珍岛、三道岗、蓬莱 3 号、白礁 1 号等。根据历史文献,这些沉船遗址的分布大致反映了朝鲜和日本等北洋航海区域的不同分支航路的发展,包括沿渤海北、东海岸航行的渤海航线(北线)、穿越黄海峡的登州航线(中线)、穿过东海的明州航线(南线)。三道岗沉船应在北线上,蓬莱 3 号、珍岛和新安沉船多在中线上,白礁 1 号可能在航行日本的中航线或南航线上。

无论如何,许多个案沉船的航行路线并不是唯一的和排他的,不少沉船内涵所反映的航海实践,常见在四洋航路中的不同航线、不同停靠海港、不同船货来源地的连接。例如,新安沉船包括了来自东南亚的香料、香木,这一北洋航线上的沉船可能是从南洋、西洋航线北上的,后渚沉船也可能发生同样的情况。总之,四洋航路实践是复杂多样而又一体化连结的。

环中国海的跨界航路带来了历史上海洋族群的迁徙,以及造船和航海技术、陶瓷、金属器具等贸易和手工业技术等一系列物质和非物质的文化互动与交流。海洋族群的迁徙是这一区域航海实践的重要成果,如阿拉伯和印度商人、船家来到并定居东南亚,甚至中国东南沿海,如伊斯兰商人的后裔现今仍居住在著名的历史港市福建泉州,又如迁徙并定居在东南亚的中国船家、海商也形成了该地区的华侨华人社会群体。多族群的海商和航海群体的融合在形成由不同民族、宗教组成的海洋共同体中起到了重要的作用。

9 至 16 世纪初,环中国海跨界海洋地带出现了各种造船技术的交流。根据现有的沉船遗存证据,来自阿拉伯或印度、东南亚(泰国、马来西亚、印度尼西亚、菲律宾)、中国和韩国的船只都在这一地带相遇。例如,朝鲜半岛的船只驶向中国(在登州港沉没),阿拉伯船只驶向东南亚海域(在黑石湾失事),印度尼西亚商船驶向中国(在井里汶、印坦失事),许多中国帆船更出现在环中国海的不同海域。这种情况推动了造船技术的相互交流和相互借鉴,并产生了自 14 世纪末以来的一种新的混合型船,即所谓的"南海传统"(Pierre Yves Manguin,1980;1984),包括如 V 形尖底、龙骨和肋骨结构、隔舱壁和(水密)舱室、铁钉钉合等华南造船技术,如缝合板、木钉栓合船板、多桅杆和多帆面、双舵、无肋骨和无舱壁结构等东南亚舟船技术。这种混合型船在东南亚的发展,可能是中国因明朝海禁、中国商船在东南亚贸易网络中减少或缺失而出现的替代船型。

9 至 16 世纪初沉船船货的变化,反映了海上贸易的发展和相关手工业技术、特别是陶瓷技术的区域转移。在环中国海的 40 艘沉船中,早中期(9 世纪至 14 世纪初)船只的陶瓷船货几乎都是中国的产品,这表明唐、宋、元王朝地带控制了亚洲贸易陶瓷的出口市场。明代以后,情况发生了变化,晚期(14 世纪中叶至 16 世纪初)沉船陶瓷船货的多元组合表明,东南亚半岛窑口的陶瓷产品数量增加,而中国陶瓷数量因急剧减少被称为"明朝空白"。这一情况不仅表明明初海禁导致的海洋贸易上产销局面改变,也反映中国陶瓷手工业技术向东南亚地区的空间转移。泰国和越南青瓷窑、青花瓷窑的发展,很可能是中国陶瓷技术人员逃离明朝、移民东南亚的结果。私商的海洋贸易及其与明朝官方政策相抗衡的走私活动,客观上促进了这些海洋族群在环中国海内的文化互动与交流。

总之,在 16 世纪欧风东渐之前,环中国海跨境海洋地带在互动、交流中逐步整合为一个以"亚洲地中海"著称的海洋贸易共同体,并在欧洲洋船东进之前发挥了区域文化融合的作用。这种融合是由航海活动带动的,是海洋贸易、族群迁徙、文化互动以及海洋性物质和非物质文化传播的结果,这一跨界海洋共同体也成为之后早期全球化的重要基础。在 16—17 世纪欧洲人来到马尼拉、马六甲和巴达维亚等东南亚海港后,他们利用这一本土海洋共同体的跨界贸易网络,迅速实现了东方(尤其是中国)和西方世界之间的海上衔接与全球化贸易格局。

参考文献

Jeremy Green, 1983, *The Shinan excavation, Korea: an interim report on the hull structure. International Journal of Nautical Archaeology and Underwater Exploration*, IJNA, 12(4):293-301.

Jeremy Green and Rosemary Harper, 1983a, *Maritime Archaeology in Thailand: seven wrecks*, in *Proceeding of the Second Southern Hemisphere Conference on Marine Archaeology* 1983, Adelaide of Australia.

Jeremy Green and Rosemary Harper, 1983b, *The excavation of the Pattaya Wreck site and survey of three other sites, Thailand*, Australian Institute for Maritime Archaeology Special Publication No.1.

Jeremy Green, Rosemary Harper and Vidya Intakosai, 1987, *Ko Si Chang Three Shipwreck Excavation*, 1986, Australian Institute for Maritime Archaeology Special Publication No.4, P.39-79.

Jeremy Green, Nick Burningham, 1998, *The ship from Quanzhou, Fujian province*, PRC., IJNA, No.4.

Atkinson, Karen, Jeremy Green, Rosemary Harper and Vidya Intakosai, 1989, *Joint Thai-Australia Underwater Archaeological Project 1987-1988, Part 1: archaeological survey of wreck sites in the gulf of Thailand*, 1987-1988, IJNA, 18(4):289-315.

Cultural Heritage Administration of Korea, 2006, *The Shinan Wreck*, National Maritime Museum of Korea.

Cultural Heritage Administration of Korea, 2010, *The Report of Underwater Archaeology on Mardo No.1 shipwreck in Taean, Korea*, National Research Institute of Maritime Cultural Heritage, Academic series No. 20.

Cultural Heritage Administration of Korea, 2011, *The Report of Underwater Archaeology on Mardo No.2 shipwreck in Taean, Korea*, National Research Institute of Maritime Cultural Heritage, Academic series No. 22.

Cultural Heritage Administration of Korea, 2009, *The Shipwreck of Goryeo Celadon, Korea*(《高丽青瓷宝物船》), National Research Institute of Maritime Cultural Heritage, Academic series No.17.

Paul Clark, Eduardo Conese, Norman Nicolas, Jeremy Green, 1989, *Philippines Archaeological site survey, February 1988.* IJNA, 18(3).

Franck Goddio, 2002, *Lost at Sea: The Strange Route of the Lena Shoal Junk*. London: Periplus.

Bobby C. Orillaneda, 2012, *The Santa Cruz Shipwreck Excavation: a Reflection on the Practice of Underwater Archaeology in Philippine*, in *Marine Archaeology in Southeast Asia*, Asian Civilization Museum of Singapore. P. 87-102.

Alya B. Honasan, 1996, *The Pandanan junk: the wreck of a fifteenth-century junk is found by chance in a pearl farm off Pandanan island*, in *The pearl road, tales of treasure ships in the Philippines*, Makati City: Christophe Loviny.

Eusebio Z. Dizon, 1996, *Anatomy of a shipwreck: archaeology of the 15th century pandanan shipwreck*, in *The pearl road, tales of treasure ships in the Philippines*, Makati City: Christophe Loviny.

Allison I. Diem, 1996, *Relics of a lost Kingdom: ceramics from the Asian maritime trade*, in *The pearl road, tales of treasure ships in the Philippines*, Makati City: Christophe Loviny.

Roxanan Maude Brown, 2009, *The Ming Gap and Shipwreck Ceramics in Southeast Asia, towards a chronology of Thailand trade ware*, The Siam Society Under Royal Patronage, Bangkok.

Roxanna M. Brown, Sten Sjostrand, 2000, *Turiang-A Fourteen Century Chinese Shipwreck in Southeast Asian Water*, Pasadena, Pacific Asia Museum.

Roxanna M. Brown, Sten Sjostrand, 2002, *Maritime Archaeology and Shipwreck Ceramics in Malaysia*, Kuala Lumpur, Department of Museum and Antiquities.

Warren Blake and Michael Flecker, 1994, *A preliminary Survey of a South-East Asian Wreck*, *PhuQuoc Island*, *Vietnam*. IJNA, 23(2):73-91.

S. Prishanchit, 1996, *Maritime Trade during the 14th to 17th Century A.D.: Evidence from the Underwater Archaeological Sites in the Gulf of Thailand*, in *Ancient Trades and Cultural Contacts in Southeast Asia*. The Office of the National Culture Commission, Bangkok, P. 275-300.

Regina Krahl, John Guy, J.Keith Wilson, and Julian Raby edited, 2010, *Shipwrecked: Tang Treasures and Monsoon Winds*, Arthue M. Sackler Gallery, Smithsonian Institution, Washington D.C.

Wang Gungwu, 2010, *Ships in the Nanhai*, Introduction to *Shipwrecked: Tang Treasures and Monsoon Winds*, Arthue M. Sackler Gallery, Smithsonian Institution, Washington D.C.

Michael Flecker, 2001, *The Bakau Wreck: an early example of Chinese shipping in southeast Asia*, IJNA, 30(2):221-230.

Michael Flecker, 2005, *Treasure from the Java Sea: the 10th Century Intan Shipwreck*, Heritage Asia Magazine, No.2.

Michael Flecker, 2010, *A Ninth Century Arab Shipwreck in Indonesia——the first archaeological evidence of direct trade with China*, collected in *Shipwrecked: Tang Treasures and Monsoon Winds*, Arthue M. Sackler Gallery, Smithsonian Institution, Washington D.C., P. 101-119.

Michael Flecker, 2012, *Rake and Pillage: the Fate of Shipwrecks in Southeast Asia*, in *Marine Archaeology in Southeast Asia*, Asian Civilization Museum of Singapore, P. 70-85.

Kwa Chong Guan, 2012, *Locating Singapore on the Maritime Silk Road: Evidence from Marine Archaeology, Ninth to early Nineteenth Century*, in *Marine Archaeology in Southeast Asia*, Asian Civilization Museum of Singapore, P. 15-51.

Pierre-Yves Manguin, 1980, *The Southeast Asian Ship: an Historical Approach*, *Journal of South-East Asian Studies*, Vol.11, No.2.

Pierre-Yves Manguin, 1984, *Relationships and Cross-influences between South-east Asian and Chinese Shipbuilding Traditions*, in *Final Report Consultative Workshop on Research on Maritime Shipping and Trade Networks in Southeast Asia*. SPAFA Coordinating Unit, Bangkok, P.197-209.

袁晓春：《韩国珍岛发现的中国宋朝独木舟》，《海交史研究》1994 年 1 期。

张威主编：《绥中三道岗元代沉船》，科学出版社 2001 年。

张威：《南海沉船的发现与预备调查》，《福建文博》1997 年 2 期。

山东省文物考古研究所、烟台市博物馆：《蓬莱古船》，文物出版社 2006 年。

宁波市文物管理委员会：《宁波东门口宋元码头遗址》，载《浙江省文物考古研究所学刊》，文物出版社 1981 年。

中国国家博物馆等：《西沙水下考古（1998—1999）》，科学出版社 2006 年。

中国国家博物馆等：《福建连江定海湾沉船考古》，科学出版社 2010 年。

中国国家博物馆：《福建平潭大练岛元代沉船遗址》，科学出版社 2014 年。

周春水：《福建平潭屿头的古代沉船》，载《海洋遗产与考古》，科学出版社 2012 年。

福建省泉州海外交通史博物馆：《泉州湾宋代海船发掘与研究》，海洋出版社 1981 年。

李复雪：《泉州湾宋代海船上贝类的研究》，《海交史研究》1984 年 6 期。

羊泽林：《福建漳州半洋礁一号沉船遗址的内涵与性质》，载《海洋遗产与考古》，科学出版社 2012 年。

张万星：《广东南海一号沉船船货的内涵与性质》，载《海洋遗产与考古》，科学出版社 2012 年。

赵嘉斌：《西沙群岛水下考古新收获》，载《海洋遗产与考古》，科学出版社 2012 年。

王怡苹：《"黑石号"，长沙窑与唐代的海上交通》，载《海洋遗产与考古》第二辑，科学出版社 2015 年。

陈佳荣：《宋元明清之东西南北洋》，《海交史研究》1992 年 1 期。

吴春明：《环中国海沉船——古代帆船、船技与船货》，江西高校出版社 2003 年。

吴春明：《环中国海海洋文化圈的土著生成与汉人传承论纲》，《复旦学报》2011 年 1 期。

B2 15 世纪东南亚船舶与航海的海洋考古研究

[菲]波比·C. 奥里朗达(Bobby C. Orillaneda)

(牛津大学李纳克尔学院\牛津海洋考古学中心，Linacre College，Oxford Centre for Maritime Archaeology，University of Oxford，UK)

孙雨桐　译　吴春明　校

一、导言

处于 13—14 世纪东南亚"古典时代"之后与 16 世纪欧洲人到来之前过渡阶段的 15 世纪，在东南亚区域发展史上起着非常重要的作用。著名的东南亚史学家安东尼·瑞德(Anthony Reid)使用了"贸易时代"一词，以强调 15 世纪东南亚海洋贸易的发展对于 17 世纪全球化经济史的兴起起到了至关重要的基础作用。他指出，15 世纪为 16 世纪以来包括欧洲、东地中海、中国、日本，甚至还有印度在内广泛区域内的长期、持续繁荣奠定了基础，而在这一过程中，东南亚地区发挥了关键作用。这一时空经济的起飞，最初是由于对香料(胡椒、丁香、肉豆蔻)和其他外来海产品、林产品的需求而刺激产生。来自不同地区的商人聚集在东南亚各个港口、不同产地交换他们的商品(Reid 1988,1993；Wade 2010)。虽然香料贸易是推动东南亚海上贸易的关键商品，但纺织品、陶瓷、玻璃和金属制品等手工业商品也体现了区域性经济贸易网络的多样性内涵。

尽管 15 世纪在海洋史上至关重要，但学界对这一时期东南亚的海洋政策及相关区域考古研究明显不足。以往的研究多集中在该地区的史前史，或者 16 世纪以后欧洲贸易帆船到达菲律宾及马六甲的殖民时代(e.g. Reid 1988, 1993, 1999；Higham 1989，1996；Hall 1992, 2011；Miksic 2004；Wang 1998；Brown 2009；Glover & Bellwood 2004；Manguin 2004；Flecker 2009, Wade 2010)。历史文献中所记载的主要王国和港市中，只有大城府(Ayutthaya)进行了正式的考古发掘，为我们提供了当时的建筑遗存、实物资料和宗教方面的信息(Chirapravati 2005)。马六甲作为当时的一个主要政权，目前所掌握的实物研究资料却出乎意料的少。虽然在克朗哥(KrangKor)地区发掘了一批 15 世纪晚期随葬陶瓷器的墓葬(Sato 2013)，但总体看后吴哥时代柬埔寨的考古工作开展得也非常少。而且，迄今还没有对爪哇的 15 世纪贸易港市图班(Tuban)、格雷西克(Gresik)和德马克(Demak)等开展任何考古调查工作[1]。

由于缺乏足够的陆上遗址的实物证据，沉船资料成为解答 15 世纪东南亚地区历史问题的最佳途径。该地区的海洋和沉船考古在过去的几十年中才逐渐发展成一门学科。目前的考古成果虽然有限，但为研究来自中国以及东南亚地区陶瓷生产国的造船技术和陶瓷贸易提供了宝贵的资料。本文旨在通过对包括最新发现的不同沉船形态的总结研究，并对贸易陶瓷及非陶瓷文物的考察，进一步丰富、深化这一时期海洋历史的研究资料。

二、15 世纪东南亚的历史背景

考古发现和历史文献资料中都提到了马六甲、大城府、满者伯夷（Majapahit）、须文达那-巴塞（Samudra-Pasai）、占婆和吴哥等一些东南亚港口城市（e.g. Reid 1988，1993，1999；Higham 1989，1996；Hall 1992，2011；Miksic 2004；Wang 1998；Brown 2009；Glover & Bellwood 2004；Manguin 2004；Flecker 2009；Wade 2010）。在这些王国政权中，一些是连接中东、印度和中国的区域港口或贸易中心，促进了东南亚地区内部的商业往来。还有一些则是香料以及其他东南亚本土特色林产及海产品的小型贸易中心。（图 1）

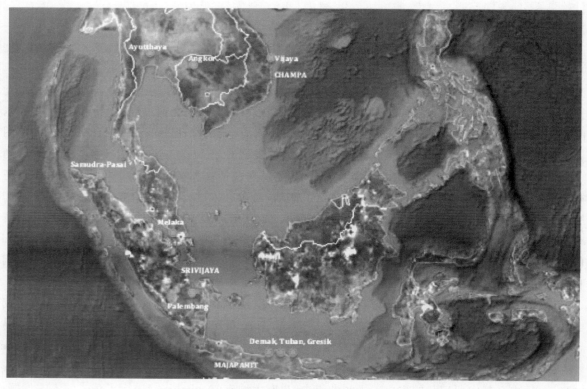

图 1　15 世纪东南亚地区的主要王国政权

（一）马六甲和大城府的崛起

15 世纪初，马六甲和大城府逐渐发展成为东南亚地区的主要贸易中心。马六甲在马六甲海峡的位置至关重要，它处于东、西两大市场之间，即西部的印度和中东市场，以及东部的中国市场（Thomaz 1993）。豪尔（Hall 2004：250）是这样描述马六甲的："从本质上讲，马六甲恰好位于东南亚的转口中心，因为东南亚当时属于亚洲贸易的枢纽，是需求量最大的商品来源地，同时也是进口纺织品和陶瓷器的最主要的消费市场，来自中东和中国的各种商品的共同交易中心，以及其他次级物资供应的交换中心。"马六甲因王国与私商都积极参与商业活动而被托马兹（Thomaz 1993）称为

"重商主义王国",甚至苏丹本人也参与了贸易并拥有一支贸易船队。

马六甲是一个区域性的港口,也是东西方商人进行各种商业交换的地点[2]。此外,它也是不同民族文化互动的共生地,各民族都有自己的宗教体系、信仰、实践和社会规范,这对东南亚文化大熔炉的形成起着重要作用。葡萄牙人 1511 年占领此地时,马六甲大约有 10 万到 20 万人口(Thomaz 1993)。在马六甲驻扎多年的 16 世纪葡萄牙编年史家汤姆·皮尔斯(Tomé Pires)编制了一份在马六甲港市登录的外国商人名单(Cortesao & Rodrigues 1944:268)[3]。印度洋地区、东南亚半岛与东部岛屿及中国的商人往往在 12 月到 3 月之间到达马六甲港口,而来自爪哇和印度尼西亚东部的商人则通常在 5 月到达。皮尔斯还提到了他在马六甲任职期间见识到的语言多样性:"在马六甲港口听到 84 种语言是十分常见的,它们每一种都很独特"(Cortesao & Rodrigues 1944:269)。尽管语言种类繁多,但在进行贸易时,人们会将马来语作为通用语言。之所以马六甲在 15 世纪顺利发展为东南亚主要贸易中心,学者们常归因于以下一系列因素:地理位置和仓储设施,高效的法律和行政体系,与中国的联系,人口的伊斯兰化,以及马来族奥朗佬(Orang Lauts)支系(海洋民族)[4]的领航。

此外,马六甲成功成为 15 世纪最重要的地区转口贸易港,还和它与中国的密切联系有关[5](Wang 1964,Wang 1968,Taylor 1992,Shaffer 1996,Wade 2008)。对于马六甲的统治者来说,与中国保持紧密联系有很多好处:拥有中国的认可,就意味着他们赢得了作为商业中心的优势和尊重(Andaya & Andaya 2001)。马六甲王国还需要中国的保护,以与大城府、爪哇和须文达那-巴塞等试图扩张或维持其区域强权的诸王国相抗衡(Wang 1964,Coedès 1968)。马六甲成为贸易中心之前,大城府已将马来半岛的大部分地区置于其管辖范围内,并将马六甲视为一个附庸国,因此,马六甲与大城府的关系十分紧张(Wake 1964)。事实上,马六甲国王也向中国报告了大城府为了征服马六甲而对其不断攻击和侵扰(Wang 1964)。几个世纪以来,爪哇一直控制着马六甲海峡的贸易,故而也不希望另一个新兴的王国垄断贸易权。为了防止相互竞争的王国之间敌对关系的进一步恶化,马六甲承认大城府和爪哇的主权,但没有向他们称臣。于 1435 年停止对中国朝贡贸易时,马六甲的地位已经变得坚不可摧,不再需要中国的外交支持(Wang 1964;Andaya & Andaya 2001)。

根据《大城皇家编年史》(*Royal Chronicles of Ayutthaya*)的记载,来自泰国北部的乌通(Uthong)王子于 1351 年建立了大城(Kasetsiri 1976;Taylor 1992;Dumarçay & Smithies 1995;Chirapravati 2005)。大城王国位于湄南河盆地中部,也是其南部的昭披耶(Chao Phraya)河、东部的帕萨克(Pasak)河和北部的罗布里(Lopburi)河等三条河流的交汇处,在地理位置上类似于一个岛国(Beek & Tettoni 1991)。为了防御和都城航运便利性的需要,大城府历代国王先后构筑并改善了运河和排水系统,其中,昭披耶河是可以通行大型船只甚至是小型远洋船的主要水路。

对外贸易使大城成为一个国际商业中心,其作为贸易转口港的兴起主要归功于两个因素:一方面,当地农民生产过剩的大米和其他粮食作物,并出口到马来半岛的邻国马六甲和巴塔尼(Patani);另一方面,他们也对贸易活动做了有效的管理(Kasetsiri 1991;Pombejra 2005)。大城府也是海产品以及陆地动植物产品的主要产地[6]。从考古资料来看,15 世纪泰国最重要的出口产品,主要是素可泰(Sukhothai)和西萨查那莱(Si Satchanalai)这两个强盛王国的窑场生产的高温陶瓷器。这些泰国陶瓷在这一时期的东南亚考古中普遍发现,对于研究泰国在 15 世纪东南亚海上贸易中的地位,具有重要的价值(Brown 1979)。

明朝建立之初,第一个皇帝洪武登基时,就派出使节昭告天下以吸引其他国家进行朝贡贸易,大城府就是其中是最热切的响应者之一(Grimm 1961;Wade 2000)。在 1369 年至 1439 年期间,大城府派往明朝的朝贡使团数量最多，达到 68 个（Reid 1995）。卡塞斯里（Kasetsiri 1991）指出，大城府朝贡使团的高峰期出现在 15 世纪早期，与马六甲的建立以及郑和下西洋的时间（约 1405—1433）相吻合。1381—1438 年期间，暹罗派往中国的使节中也包括一些中国人担任翻译（Reid 1995）。贝克尔（Baker 2003:53）总结了大城府在中国贸易中所扮演的角色："首先，它是中国奢侈品市场所需舶来品（香料、动物、装饰品）的供应商。其次，它是中国出口的丝绸、陶瓷和其他制成品的中转站或集散地。"

（二）吴哥、满者伯夷和占婆的衰落

1.吴哥

吴哥是一个从 9 世纪开始在湄公河下游发展起来的帝国，公元 12 世纪和 13 世纪达到其发展顶峰。在其鼎盛时期，高棉帝国的势力范围包括越南、老挝和泰国的部分地区，比今天的柬埔寨大许多（Stark 2004）。在洞里萨河和库伦高原之间的土地上建立有宏伟的大型寺庙等纪念碑式建筑，展示了柬埔寨文化的宏伟和复杂性。吴哥窟建筑群的一个关键性特征，是建立了一个水系控制系统（Fletcher et.al. 2008；Day et.al. 2012）。这个系统由运河、堤岸、护城河、拦水坝、水库和改造后的河流组成，有效地操纵和控制了水的流动和使用，促进了农业生产、经济和宗教等各种活动。河流与已有的复杂路网相结合，也使吴哥能够便利地获得自然资源，并发展起一个将中心和边缘有效连结的交通体系（Hendrickson 2011）。

明朝建立之初，吴哥派出了朝贡使团，承认洪武皇帝的地位，同时也与中国商人进行贸易。瑞德（Reid 1995）在其研究中描述了 1369—1399 年的 13 次朝贡贸易，1400—1409 年的 4 次朝贡贸易和 1410—1419 年的最后 3 次朝贡贸易情形。内部动荡和与暹罗人的领土战争，极大地削弱了柬埔寨古王国，以至于他们被迫终止了与中国的联系。

吴哥文明从阇耶跋摩（Jayavarman）七世（1181—1218 年）统治后开始逐渐解体，直到 1431 年最终崩溃，造成这一结果的原因有许多，如战争、生态、宗教和经济（Higham 1989，2004；Stark 2004）。但十分明确的是，柬埔寨历史上吴哥王朝的消失发生在 15 世纪中叶。人们普遍认为，吴哥王朝的王室成员搬迁到了今天金边附近巴萨河和洞里萨河的交汇处，主要是为了直接融入海上贸易体系，但在 15 世纪建立的新都城一带，并没有确切的考古证据可以证明新国家在海上贸易中的作为。

2.占婆

文物考古、文献史籍和碑刻铭文都清晰地印证了占婆社会的存在，这是一批兴起于越南中部沿海的王国政体（Southworth 2004；Hall 2011）。由于在地理位置上靠近当时世界上最大的贸易中心古代中国，大多数贡品和商业航运都经过占婆的海岸（Hall 2011），包括北部的会安（Hoi An）、中部毗阇耶的室利巴尼（Vijaya's Sri Banoi）和南部的芽庄（Nha Trang）在内的诸多港口，在不同时期发展成为室利佛逝掌控下马六甲海峡至中国航线上的重要贸易港。对于前往中国的商人来说，这些港口是穿越北部湾前往华南之前最后一个停靠点和补给站，而对于从中国出海的商人来说，这些港口又是漫长双向航程的第一站。在这两种情况下，外国商人和当地商人之间都需要大量的商品交换。

受多重因素的影响，占城王国的政治、经济都逐渐走向衰弱，最重要的是政治危机，以及与盟国内部和境外势力的长期武装冲突，在保家卫国中对抗近邻的越南、柬埔寨、中国甚至爪哇的侵扰，而最终把占婆推向毁灭的是其长期对手越南。在 15 世纪之交，越南军队占领了占城的阿马拉瓦蒂（Amaravati）公国，并持续向南推进，直到 1406—1424 年中国军队占领越南北部时才停止。越南王

国重建后再次将目光投向占婆,于 1445 年再次南侵、1471 年占领占城首都毗阇耶(Vijaya)。据记载,越南国王 Le Thanh Tong 下令斩首 4 万多人,并将包括占婆国王和王室成员在内的 3 万多人驱逐到北方(Coedès 1968)。首都的毁灭标志着占婆文明的衰落,他们的领土面积逐渐缩小,直到1832 年最终消失(Guillon 2001)。

3.满者伯夷

满者伯夷帝国是一个陆、海兼顾的王国,其领土范围包括苏门答腊岛、爪哇岛、婆罗洲、摩鹿加群岛和菲律宾南部。该王国的兴起,得益于在政治和经济政策上对农业和海洋经济实施了有效的管理,并使之均衡发展。满者伯夷的政权中心位于布兰塔斯山谷(Brantas Valley),该地区有肥沃的平原和充足的降雨,水稻农业获得了长足发展,爪哇在 14 世纪成为东南亚岛国和大陆的主要大米供应国。为了促进内陆和沿海之间的联系,这里建立了一个分级市场网络,修建了公路作为河道系统的补充,以便将内陆货物运往海岸,也为政治往来提供便利(Reid 2009)。被称为 *pasis* 的铜币也越来越多地被用作商业交易的交换媒介(Wicks 1992;Hall 2011)。王室还收购陶瓷、金属和纺织品一类的外国奢侈品,作为政治礼品赠送给当地内陆和沿海统治者。

尽管 15 世纪有关满者伯夷的文字资料很少,但历史学家研究其衰落的原因,认为这一过程应当始于 1389 年拉贾萨拉加拉(Rajasanagara)国王去世后继任者对王位的争夺。此外,满者伯夷在1373 年向中国派出单独的朝贡使团祝贺明朝新帝登基,与它的附庸国室利佛逝爆发了战争(Slametmuljana 1976)。虽然最后获得了胜利,但这场战争也进一步消耗了满者伯夷的资源,加剧了爪哇北部其他部落的不满。中心和北爪哇港口部落之间的这种紧张关系一直延续到下一个世纪。当满者伯夷王权初现衰弱后,爪哇北部港市越发强大的王国德玛(Demak)、图班(Tuban)和古雷西(Gresik)试图独立,进一步削弱了已经十分脆弱的主附关系。满者伯夷王国中心与其沿海飞地的统一政权最终解体,但由于沿海港口需要内地的产品,而内陆需要来自港口的外国商品,故而他们仍然保持商业上的联系。然而,王室将收入来源的重心从沿海地区转移到农业部门的做法并没有得到内陆领导人的认同,并由此导致了同盟关系的削弱,进一步加剧了满者伯夷政权的动荡。1528 年,满者伯夷的首都再次遭到攻击,并最终被穆斯林人主导的沿海部队占领,在此他们建立了伊斯兰苏丹国马塔兰(Mataram)(Hall 2011)。王室中心从爪哇东部迁至爪哇中部,即现在的日惹(Jogjakarta)地区(Shaffer 1996)。

三、沉船证据

港口城市的激增,伴随着新航线的开辟和航运目的港的发展,我们也可以由此推测,这一时期船舶的数量应当是急剧上升的。以下是在东南亚水域打捞、发掘的一些 15 世纪的沉船(图 2)。

1.罗坚沉船(Rang Kwien,约 1400—1430)

这艘沉船是在距离罗坚(Rang Kwien)小岛约 800 米处发现的,位于泰国春武里府班沙尔区西南约 5 海里处,深度为海面以下 21 米(Intakosi 1983)。由于在这一沉船中发现了大量的中国铜钱,罗坚沉船也被称为"中国铜钱沉船"(Prishanchit 1996)。1978 年至 1981 年期间,泰国美术部对该沉船遗址进行了考古发掘(图 3)。2003 年,东南亚教育组织考古和美术项目(SEAMEO-SPAFA)资助了另一次发掘,在泰国水下考古部门(UAD)的监督下,成为东南亚海洋考古学者的培训场所(Ploymukda 2013)。2012 年,UAD 又进行了一次发掘(Ploymukda 2013)。

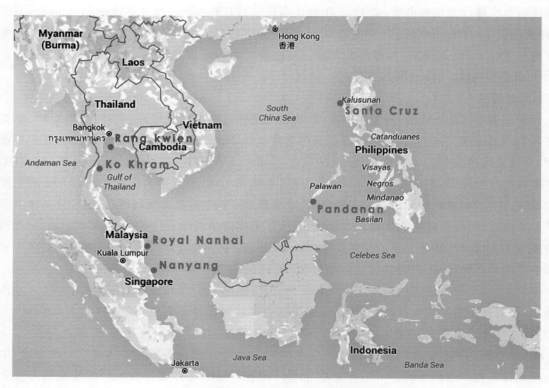

图 2　东南亚海域发现 15 世纪沉船的分布

　　沉船的木质残骸包括龙骨（20 米长）、船壳板、骨架和装饰的艉楼（Prishanchit 1996；Ploymukda 2013）。这艘船大约有 25 米长，采用平口连接技术建造，用圆头木钉将木板固定在肋骨上（Ploymukda 2013）。没有找到隔舱板，但在龙骨上发现有一条水道（Green & Harper 1987）。

图 3　罗坚沉船木结构船体遗存的水下勘察

图片来源：泰国水下考古部 SiraPloymukda。

图4 罗坚沉船中的中国铜钱

数量众多的中国铜钱(仅1977—1981年期间就出水了200公斤)总体上保存状况良好,年代涉及唐朝(公元618—907年)、五代(公元907—960年)、宋朝(公元960—1279年)和明朝洪武年间(公元1368—1398年)(图4)。此外,沉船上还有来自中国、泰国和越南的象牙和陶瓷器(Green & Harper 1987;Brown 2009)。中国的陶瓷包括青瓷的碟、小碗和罐,年代为元朝(公元1271—1368年)(Ploymukda 2013)。来自泰国的陶瓷包括来自西萨查那莱窑(Sisatchanalai)、邦拉干窑(Maenam Noi)和苏潘武里窑(Suphanburi)的青瓷盘、大大小小的硬陶罐和瓶,以及来自泰国不明窑场的硬陶罐、器盖和军持。越南的陶瓷器由青花瓷和青瓷碟、碗、盒组成。非陶瓷物品包括一个金属罐、一个铜锣、铜锭和铅锭,以及一对嵌有宝石的金手镯。船上的生活用品遗存有磨刀石、青铜鱼叉、镊子、食物(槟榔、咸蟹、鱼骨)、调音器、铜锤和有柄的中国铜镜(Ploymukda 2013)。

2."南洋"沉船(Nanyang shipwreck,约1425—1450)

"南洋"沉船发现于1995年,其位置距离帕芒吉尔岛(Pulau Pemanggil)大约10海里,深度为海平面以下54米(Brown & Sjostrand 2002;Sjostrandet.al 2006)。在最初的调查中,共找到了420件有代表性的陶瓷标本,但没有进行考古发掘。该船大约长18米,宽5米,为"南海船型"。这艘船采用了东南亚的造船技术——用木榫连接船壳板,同时也结合了中国的造船技术——用横向隔舱板来分隔下层船体和分离货物。

图5,6 南洋沉船中发现的西萨查那莱窑碗(左)和盘(右)

图片来源:Sten Sjostrand。

在货舱里发现了大约 10,000 件陶瓷器（Sjostrand et.al. 2006）。其中大部分陶瓷器被认为是泰国西萨查那莱窑生产的最早的青瓷盘子、罐、小碗和硬陶器（图 5,6）。这一推测可以从盘子内底心图案上的垫烧痕迹得到证明，这些痕迹是叠烧盘子时使用的碟形间隔具的支脚留下的，一般认为这种早期的生产方式在生产青瓷之前就已经被放弃（Brown & Sjostrand 2002）。此外，还有来自苏潘武里窑的大型储物罐，以及来自泰国邦拉干（Maenam Noi）窑的大小罐子。尺寸不一的褐釉罐被作为容器来装载这些陶瓷器。

3. 科拉姆沉船（Ko Khram, 约 1450—1487）

这艘沉船也被称为梭桃邑（Sattahip）沉船，是在泰国春武里府面向梭桃邑湾的科拉姆海峡发现的，深度为海面以下 38—43 米（Green & Harper 1987；Prishanchit 1996）。1975 年至 1979 年间，泰国美术部与泰国皇家海军合作，在丹麦水下考古学家的协助下，进行了系统的水下考古调查和发掘。1986 年，泰国水下考古队和澳大利亚的考古学家再次对该遗址进行了调查（Green & Harper 1987）。1993 年，考古学家再次来到遗址上监测其状况并评估沉船周围的水下环境。

船体结构性的遗存包括船壳板，其中有 13 个隔舱板和肋骨。普里桑奇（Prishanchit 1996：279）认为："这艘船为双层船壳板，船板以平口连接技术建造，用木楔和栓扣将木板固定在一起。货舱壁是用铁钉固定在木质船底板上的，木质船底板上铺有竹片。据推测，梭桃邑是一艘没有龙骨的平底中国帆船。"这艘船也属于"南海船型"。放射性碳测得出了两个相互矛盾的年代信息，1520±140 和 1680±270（Green & Harper 1987：3）。

发现有大约 5000 件陶瓷标本，其中来自素可泰窑和宋加洛（Sawankhalok）窑的泰国陶瓷几乎占了总数的三分之二。这些瓷器包括来自西萨查那莱窑的青瓷瓶、盘子、碗和罐子，以及来自素可泰窑的釉下彩绘鱼纹盘和碗等（图 7,8）。也发现有少量的越南陶瓷，如一个青花瓷罐和一个绿釉碟形碗，后者内底心见有涩圈，在 1975 年被罗克桑娜·布朗（Roxanna Brown）鉴定认为可能来源于占婆（Green & Harper 1987）。陶罐、器盖和军持也都有发现，唯一的非陶瓷物品是象牙制品碎片（Prishanchit 1996）。

图 7　科拉姆沉船上发现的西萨查那莱窑盘

图 8　科拉姆沉船上发现的素可泰窑盘

4.潘达南沉船(Pandanan Wreck,约 1450—1487)

　　该沉船是在菲律宾巴拉望南部潘达南岛(Pandanan Island)附近的一个珍珠养殖场水下 40 米深处意外发现的(Dizon 1998,1996;Diem 1996,1997,1999,2001)。1993 年进行了初步调查,随后在 1995 年 2 月至 5 月进行了考古发掘。整个考古项目是在菲律宾国家博物馆和当地生态农场公司的合作下完成的(图 9;彩版七:1)。

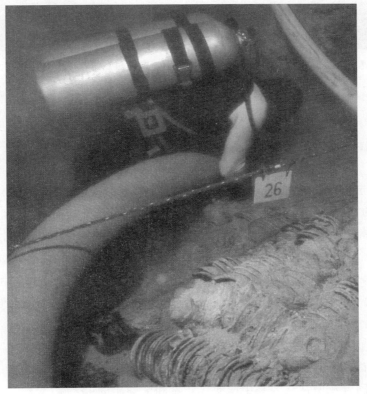

图 9　潘达南沉船的水下发掘

图片来源:Gilbert Fournier。

潘达南沉船上发现有 4700 多件遗物。绝大部分的船货是来自越南、泰国和中国的陶瓷器（图10）。越南出口的碗、盘、碟、杯、罐占了陶瓷器遗存的 70% 以上。其中大部分是在越南中部的平定地区生产的，少量是在越南南部生产的（Diem 2001，1999，1997，1996）。大部分的青花瓷被菲律宾陶瓷学者 Rita Tan 认定属于明代早期，特别是所谓的"空白期"（1436—1464）（Tan 1998/9:73）。泰国的瓷器来自西萨查那莱和素可泰的窑场。其他遗存包括玻璃珠、陶罐、炉子和金属器物，如铜锣、铁锅和小炮，以及磨刀石或研磨石。

图 10　潘达南沉船中发现的陶瓷器

图片来源：Gilbert Fournier。

根据对一枚永乐时期（1403—1424）的中国铜币和陶瓷器的分析，潘达南沉船的年代应当为 15 世纪。该沉船的船体结构类型表明它是一艘东南亚贸易船（可能是印支船），长约 25 至 30 米，宽约 6 至 8 米。

5."皇家南海"沉船（Royal Nanhai，约 1450—1487）

1995 年发现的"皇家南海"沉船位于马来西亚东部 40 海里外的海域，深度为海平面下 46 米（Brown & Sjostrand 2002；Sjostrand et.al. 2006）。该船长 28 米，宽 8 米，根据横向隔舱板结构和连接船壳板的木榫结构可知，该船是"南海船型"。这艘船以南中国海的旧称"南海"命名。在大约 21000 件陶瓷器中，包含有高质量的西萨查那莱青瓷瓶、盘、罐，以及少量来自中国的褐釉碗、罐和来自泰国中部邦拉干窑的黑釉罐（Brown & Sjostrand 2002；Sjostrand et.al. 2006）。一些大的储物罐里装有鲭鱼的鱼骨，这些鱼骨可能是船员和乘客交易或食用的（图 11）。

在主要货舱下面靠近龙骨的部位有一个隐藏的隔间，里面发现有中国青花瓷碗、一个中国绿釉碗、两个越南青花瓷盖盒，以及一个红黑漆盒、一个象牙剑柄和一个带有象形图章的铜印（图12）。其中五件中国青花碗被认为是中国明代景泰和天顺年间（公元 1450—1464 年）的产品，可能是出于政治和经济原因，作为国家间往来的礼物而出口（Brown & Sjostrand 2002；Sjostrand et.al. 2006）。

图 11 "皇家南海"沉船上发现的青瓷瓶

图片来源:StenSjostrand。

图 12 "南海皇家"沉船上的印章

图片来源:StenSjostrand。

6.利娜礁沉船（Lena Shoal Wreck，约 1488—1505）

这艘沉船是由菲律宾吕宋岛南部马林杜克（Marinduque）岛的一群渔民在捕鱼时发现的（Conese 1997:1），位于巴拉望岛北部布桑加岛（Busuanga）的西北部，深度为海平面以下 48 米。渔民们利用当地的水面供气潜水器（Hookah）对该沉船进行了盗捞，并将出水的青花瓷器和粗陶罐卖给了马尼拉的古董商。在盗捞活动被制止后，对沉船遗址进行了初步的调查，由国家博物馆牵头与欧洲水下考古研究所（IEASM）合作，对沉船进行了考古发掘（Goddio 2002:13）。

该沉船出水了 6958 件标本，包括很大一部分中国弘治时期（公元 1488—1505 年）的陶瓷器货物。陶瓷器中包括不同形态和风格的青花瓷、青瓷和硬陶罐。此外，还发现了陶器、手镯、铜锣、象牙、铅和铁锭等（Goddio 2002:18）。船体长 18.3 米，宽 5 米，由于铁锭的堆积和泥沙的覆盖对木质船体起到了保护作用，在水下没有持续的朽烂，所以船身保存非常完整（Goddio 2002:22）。对该船建造技术的研究表明，利娜礁沉船是一艘贸易船，船板间使用了钉合技术，长约 24 米，排水量约 100 吨。

7.圣克鲁兹沉船（Santa Cruz shipwreck，1488—1505）

圣克鲁兹沉船是一位渔民在距离菲律宾吕宋岛西北部赞比拉岛（edge-pegged plank）北部的圣克鲁兹市约 10 海里处意外发现的（Orillaneda 2008）。在 2001 年 7 月至 9 月菲律宾国家博物馆与远东航海考古基金会（FEFNA）合作进行考古调查之前，该沉船遭受了大规模的盗捞。

沉船船体保存状况较好，船体结构和货物基本上都保留在原址（图 13、14；彩版七:2）。根据 80% 保存完好的船体推断，这艘沉船大约有 25 米长、6 米宽，有 16 个横向隔舱板分隔的不同货舱，里面有各种陶瓷和铁锅，且仍处于原来的装船位置（Orillaneda 2008）。根据船体特征，圣克鲁兹沉船被确定为"南海船型"。

图 13　水下保存完好的圣克鲁兹沉船船体和船货

注：照片由 Christoph Gerick 提供，版权归 Franck Goddio/HILTI 基金会所有。

图 14　圣克鲁兹沉船船体残骸

注：照片由 Christoph Gerick 提供，版权归 Franck Goddio/HILTI 基金会所有。

　　该沉船出水了近 15000 件陶瓷器标本，其中 8000 多件为完整器（Orillaneda 2008）。对其中数量最多的中国陶瓷的器型和风格分析表明，这些瓷器分别是弘治年间（1488—1505 年）在景德镇、广东和龙泉窑场生产的。泰国陶瓷器则是西萨查那莱窑和邦拉干窑的产品，越南陶瓷器是在朱豆（Chu Dau）窑的产品，缅甸陶瓷器是端迪（Twante）窑的产品（Orillaneda 2008）。其他货物包括由铁锅、铁锭，以及铜兵器（小炮，枪）、铜锣、铜手镯、铜把手、铜油灯、铜钱、锡锭，玻璃器皿（珠子、手镯）、木制和石制工具（红玉髓珠子、磨刀器和磨辊），其他不明的有机和无机遗物也有少量发现。

四、综合分析

　　由于东南亚海上各国的政治和经济发展轨迹各不相同，使得这一地区的政治经济格局在国际海上贸易发展的影响下，在 15 世纪出现了重大的变化。一方面，强大的吴哥王国、满者伯夷以及占婆的地位逐渐衰落。另一方面，马六甲和大城府成为主导性的贸易中心，控制着该地区的国际海洋贸易。

　　随着在 14 世纪到 16 世纪初东南亚地区新的国际贸易模式的出现，15 世纪这里的海上贸易网络似乎被限制在区域内。豪尔（Hall，2004，2011）指出，这一时期的海上贸易是被割裂开的，来自印度洋[7]的商人不再直接长途跋涉前往中国。印度洋商人认为这样做不经济、费时且风险较大，因此转而选择马六甲、大城或爪哇北部的港口停靠卸货（Lieberman 2009）。造成这种观念的一种原因，可能是中国的明王朝在这一时期推行了海禁政策，专注于朝贡贸易。这意味着只有少量的中国商品能够进入市场，导致非东南亚商人别无选择，只能在东南亚港口购买需求量大的商品。另一个可能的原因是，东南亚市场已经发展成熟，效率较高，并且拥有印度洋商人所需要的所有商品，他们的商船不再有驶往中国的贸易需求与动力。瑞德（Reid 1996：34）指出，"这样看来，1500 年左右马来世界和中国之间的大部分航运并不是以中国为基地，而是以马六甲商人拥有的东南亚帆船为基地。"

东南亚地区不仅出口商品，其本身也是一个巨大的市场。充满活力的区域内经济催生了多个港口城市和市场，成为贸易和交流的中心。豪尔（Hall 2004：237）举了一个例子："东南亚的市场足够重要，以至于印度的纺织品是按照东南亚的规格制造的，例如古吉拉特邦的织工，按照印度尼西亚东部群岛的托拉加（Toraja）社会的规格（尺寸和设计）生产的长条祭祀布。"在东南亚沉船中发现的特定类型的陶瓷组合也被认为是针对东南亚市场而形成的（Brown 2009）。

15 世纪初东南亚地区通过密集的朝贡使团与中国建立的政治和经济关系，为其统治者和商人持续带来了十分可观的利润，直到 15 世纪中叶明帝国将朝贡频率减少为每三年一次（Reid 2009）。田汝康（T'einJu-kang，1981）指出，这一时期东南亚产品，特别是胡椒和苏木，充斥着中国的仓库，并开始成为大众消费的物品。过剩的商品甚至被折抵为政府官员和士兵的部分薪酬。瑞德（Reid 1993，1996）说，郑和下西洋还刺激了苏门答腊、爪哇和摩鹿加群岛农业地区胡椒、丁香、肉豆蔻和苏木的大规模生产。更重要的是，这也推动了内陆生产与当地市场网络、贸易港口以及该地区其他沿海贸易中心之间的区域内商业活动的发展（Hall 2011）。

1.沉船证据

目前的沉船考古证据并不完整，但足以向我们揭示这些长途跨海贸易船只的不同类型，以及分布在整个地区内的贸易货物的范围、多样性和数量。

2.一种新型贸易船的出现

在 15 世纪之前，有两种类型的贸易船在东南亚海洋贸易中占主导地位，即"中国"船和"东南亚"船。

芒甘（Manguin 1998，1984）将中国船只的特点描述为，福建以北的船为平底或圆底船体，没有龙骨和横挡船尾，而广东、海南或越南北部的南方船只则具有另外三个特点，即用铁钉和/或夹箍固定船内的骨架和补强木条，结构上必须有隔舱板将船舱分成不同的水密隔舱，以及单轴舵等。北方船只的平底和圆底是在中国北方沿海和沿河环境的影响下形成的。

与之相对，东南亚的船只是大型的、缝合制的木板船，"（1）带龙骨的 V 形船体；（2）尖的、或多或少对称的船艏和船艉；（3）完全由木榫连接的船内骨架和补强木条（实际上据说整艘船没有使用一块金属）；（4）没有隔舱板，也没有水道（排水孔）；（5）双船舵或四船舵（Manguin 1984：198）"。

这一传统最突出的特点是使用"拉钩捆扎和船板缝合技术"。芒甘（Manguin 1998：4）补充道：

> 它们的船体是在龙骨两侧的搭接船壳板而成的，有明显的迹象表明这类船的龙骨是由独木舟的底板发展而来（表明这类船是由早期简单的独木舟扩展而来）。此外，它们的全部或部分木构件是用植物（糖棕的纤维）缝合或捆绑固定在一起的……以这种方式搭接组合起来的船只通常被描述为缝合船板类型，即船体是由植物纤维通过边缘附近的小孔缝合而成的……人们用与这些船只相关的拉钩捆扎技术，在船壳板的内侧雕刻出突出的夹板或吊耳，并在其上挖出孔洞，以便能够将这些拉钩和这些拉钩所在的船板，一起捆扎在具有一定的弹性的舱内肋骨与横向支杆上。

然而,随着考古发现的沉船遗存数量的增加,船史学者(Green 1987;Manguin 2003;Flecker 2005)观察到一种新的造船传统,这一新传统融合了中国和东南亚的造船传统。芒甘(Manguin,1984)将这些同时拥有中国和东南亚造船技术的混合船称为"南海船型(South China Sea Tradition)"。他注意到:

"它们的船板总是被用铁钉固定在船内骨架上,且通常跟木钉一起混用;有些船设置一个单一的轴向舵,有些则有四船舵;他们的船舱也用隔舱板隔开,但这些隔舱板在结构上并不像中国船那样做成严密的水密隔舱,也不见中国船那样在每一个隔舱板上挖出小排水孔形成的舱内底部纵向水道。它们的船体都是 V 形的,并且有一个发挥着重要结构作用的龙骨,这与中国传统的平底、无龙骨(北方)的船体有明显的区别(Manguin 2003:39)。"

公元 14 世纪到 16 世纪,随着中国陶瓷出口的减少,泰国的陶瓷出口蓬勃发展,弗雷克(Flecker,2005)由此认为这种新类型的船可能起源于泰国。它们通常由柚木制成,柚木是一种硬木,可以抵抗船蛆或船虫的蛀杇,这也是大多数南海船型的沉船船体被保存下来的原因。印度尼西亚海域的武吉雅加沉船(Bukit Jakas,约公元 1450—1487 年)(Manguin 1984);马来西亚海域的"龙泉"沉船(Longquan,约 1424—公元 1440 年)、"南洋"沉船(约公元 1425—1450 年)和"皇家南海"沉船(公元 1450—1487 年)(Brown 2002 年;Brown 2004 年);泰国湾的科拉姆沉船(约公元 1450—1487 年)、科西昌 III 号沉船(Ko Si Chang III,约公元 1450—1487 年)和 帕塔亚沉船(Pattaya,约公元 1488—1505 年);越南海域的会安沉船(Hoi An,约公元 1488—1505 年)(Blake 1994;Guy 2000)和菲律宾海域的利娜礁沉船、圣克鲁兹沉船(约公元 1488—1505 年)(Goddio 2002)等,都是"南海船型"的例子。

3.陶瓷船货

罗克桑娜·布朗(Roxanna Brown 2004,2009)在其关于"东南亚沉船陶瓷的明空白期"的论文中,对东南亚已发现的 20 艘 14 世纪末和 15 世纪沉船中的中国、泰国和越南陶瓷进行了定量分析,并根据沉船陶瓷证据建立起泰国各种贸易陶瓷的编年。由于陆地考古学家在东南亚各类考古遗址中很少发现明代早期的中国陶瓷,她在这一研究提出了"空白期"[8]的概念来解释这一现象(Brown 1998,2003,2005)。她的研究表明,在 14 世纪末至 15 世纪初,例如在图灵(Turiang)、马拉内(Maranei)和罗坚等沉船中,中国的陶瓷在各国陶瓷总数中约占 40%。而 15 世纪中期的沉船,如在"南洋"、布兰那坎(Belanakan)、科拉姆和科西昌 III 号等沉船中,即在公元 1424—1487 年期间,中国陶瓷器的占比骤降至 5% 以下(Brown 2004,2009)。

在罗坚和越南的纵河口(Song Doc)沉船(约公元 1380—1400 年)中,泰国和越南陶瓷作为出口贸易品的出现,似乎与中国陶瓷数量的下降相对应(Brown 2004,2009)。这与以 13 世纪的爪哇海沉船(Java Sea)和巴雷克礁(Breaker Reef)沉船为代表的明代以前的沉船中,几乎全是中国高温陶瓷器的情况相反(Dupoizat 1994,Flecker 2003)。从 15 世纪中叶开始,可能由于明朝的限制,中国陶瓷器在外贸中的数量相较于泰国和越南的陶瓷器而言持续降低,这促使学者们提出东南亚本土陶瓷器在东南亚市场中取代中国陶瓷器的可能性。由目前的证据来看,泰国、越南和缅甸增加了瓷器的生产和出口数量,恰好弥补了中国陶瓷出口数量的下降,这种状况在 14 世纪末到 15 世纪中叶明朝海禁政策严格实施时体现尤甚。

而中国陶瓷器在弘治年间(公元 1488—1505 年)的圣克鲁兹、利娜礁以及文莱沉船上重新出现,则为明王朝恢复海上贸易的切实证据。这也恰好与东南亚本土贸易陶瓷衰退的时间相吻合。

至少有两个合理的理由可以解释这一事件。其一是走私或非法贸易。有许多历史记录详细说明了非法贸易规模的扩大（如 Tan 2001；Lam 2002）。其出现被归因于 15 世纪中期东南亚各贸易国（如文莱、苏禄、马京达瑙、马六甲、大城）向中国派出的朝贡使团的消失，以及中国沿海商人对于明朝政策的反抗（Guy 1986；Lam 2002）。腐败的政府官员、太监、朝贡者和海盗甚至也参与到了这种十分有利可图的贸易当中（Tan 2001）。曹（Ts'ao 1962，由 Junker 2001 年引用）提到，非法贸易在这一时期极度繁盛，其规模甚至超过了宋朝的自由贸易，并指出这种类型的贸易是这一时期中国与菲律宾和东南亚其他地区海上贸易的主要途径。在明朝海禁政策持续期间，朝廷三令五申的海禁政策更突出反映了非法活动的不受控制，且政府无力阻止这种非常有利可图的走私贸易的进行，这一状况在 15 世纪末表现得尤其明显（Tan 2001）。其二是 1521 年 1 月的中国编年史（《明实录》）中提到的对一名海事官员的调查，该官员不顾贸易禁令，允许外国船只在中国进行贸易（Wade 1994）。

4.其他货物

在上述沉船中发现的非陶瓷物品包括各种各样的金属、玻璃和玉石原料、制品，它们被用于贸易或者是船上的日常生活。

罗坚沉船的船舱内携带了大量的中国铜钱。早期的发掘工作中发现了 200 多公斤的铜钱，在随后的发掘活动中发现铜钱的数量又逐渐增多。最早的铜钱可追溯到公元 4 世纪，但大部分属于明朝洪武年间（公元 1368—1398 年）。潘达南沉船中发现了一枚永乐年间的中国铜钱，对确定该船的时代起到了重要作用。利娜礁和圣克鲁兹沉船也出水了一些中国钱币，3 枚在利娜礁沉船上发现的钱币应属洪武年间，而圣克鲁兹沉船中发现的钱币则因腐蚀严重而无法确定年代。众所周知，自公元前 3 世纪以来，东南亚的各政权就一直在使用包括铜钱在内的不同形式的货币（Wicks 1992）。

在潘达南、利娜礁和圣克鲁兹等沉船中发现的铜锣数量有限，只有圣克鲁兹沉船中发现了 12 个，这说明它们不可能是贸易物品，而可能是一种船用的乐器或信号装置。在潘达南、利娜礁和圣克鲁兹等沉船上发现了小管铜炮（Lantakas）一类的武器，应当是船舶的一种防御设施。然而，对铜锣和小管铜炮的类型和出处还有待深入研究。在利娜礁和圣克鲁兹沉船中发现了一些金属螺旋形手镯（黄铜和铜）。这些手镯在菲律宾（如菲律宾八打雁的卡拉塔根，Calatagan）15 世纪的陆地遗址中也有发现，在墓葬中作为随葬品，代表死者的身份与地位（Fox 1959；Barretto 2008）。

潘达南、利娜礁和圣克鲁兹沉船上都出水了铁锅。在圣克鲁兹沉船中，这些铁锅被发现时仍然位于其在船舱中的原始位置。它们被认为可能是在中国生产、在浙江省的一个尚未确定的海港装载，并被运往东南亚市场（Tan 2007）。在罗坚沉船上发现了铜锭，在利娜礁和圣克鲁兹沉船上则发现了数量超过 100 个切割的锡锭。此外，在圣克鲁兹沉船中还发现了铅和铁锭。这些金属显然是用于贸易的。锡是制造青铜的重要成分，是铜和锡的合金，可能来自马来亚半岛或苏门答腊岛东部（Goddio 2002）。

在利娜礁和圣克鲁兹沉船中还发现了绿色的玻璃手镯。在文莱的一艘沉船上也发现了类似的手镯，经分析，其中含有亚洲玻璃常见的铝和钠。绿色源于玻璃中的铁元素（L'Hour 2001）。在八打雁卡拉塔根的 15 世纪墓葬遗址中，这些随葬品被作为死者身份的象征（Fox 1959；Barretto 2008）。在大多数沉船中都有各种各样的单色、多色玻璃和玉石珠子。这些珠子大多是圆形的，有不同的颜色（黄色、红色、黑色、深蓝色和棕色）。其具体的来源有待继续探索，但我们一般认为这些珠子来自不同时期的印度、中国和东南亚部分地区。这些珠子在东南亚各地的陆上遗址中有大量的发现，并分别具有宗教、社会和经济等不同价值。

在所有的沉船上都发现了不同类型和形式的硬陶器,但其在数量和比例上都远没有达到能够作为货物的程度,因此应当是船员和乘客日常生活用具的一部分。到目前为止,对这些陶器的分析表明,它们来自不同地区,其来源取决于船只的位置。发现的石器大多是研磨石。

遗憾的是,对"南洋""皇家南海"沉船的调查主要是针对陶瓷器而展开的,因此无法收集到非陶瓷物品的信息。

五、结语

本文阐述了 15 世纪东南亚地区的历史脉络,重点介绍了这一时空主要的海港和王国社会作为分析沉船的历史背景。许多东南亚史的研究将区域内的海上贸易描述为一种多层次的复杂历史现象,这似乎得到了沉船证据的支持。

沉船证据显示了新型贸易船的出现,即在 15 世纪主导东南亚海上航线的"南海船型",该船的混合特征表明了东南亚和中国造船工匠间的相互交流。

从船货的角度来看,贸易陶瓷反映了一个关于中国陶瓷和东南亚陶瓷之间相互影响的有趣的故事,即在 15 世纪早期和中期,中国的贸易陶瓷明显减少,而东南亚的贸易陶瓷却在崛起。相反,在 15 世纪末,中国陶瓷重新大量出现,而东南亚的陶瓷则逐渐减少。金属锭、铁铜锅和锣一类的金属器、玻璃手镯、玻璃及宝石珠子等也是贸易物品。根据推测,诸如香料、纺织品等有机材料应当也构成了贸易货物的很大一部分,但这些都没有在考古遗存中保留下来。

注释

[1]资料来源于 2013 年 10 月 7 日至 15 日在印度尼西亚南苏拉威西省望加锡市举行的水下文化遗产国际能力建设研讨会上,印度尼西亚考古学家在接受采访时的发言。

[2]豪尔(Hall 2004:51)根据一些历史文献,总结了一份全面的货物清单。"以印度为基地的船只定期从古吉拉特邦(Gujarat)、马拉巴尔(Malabar)和科罗曼德(Coromandel)海岸,以及孟加拉和缅甸抵达。货物包括来自中东的奢侈品,如玫瑰香料、熏香、鸦片和地毯,以及种子和谷物。但 15 世纪的大部分货物是由来自古吉拉特和科罗曼德海岸的棉布(Barnes 2002)。来自孟加拉的船只带来了粮食、大米、蔗糖、熏肉和咸鱼、腌菜和蜜饯,以及当地的白布面料。来自印度西南海岸的马拉巴尔商人带来了胡椒和中东货物。缅甸南部的勃固(Bago)政权也出口粮食、大米、糖以及船只。作为交换,香料、黄金、樟脑、锡、檀香木、明矾和珍珠会被从马六甲运回。来自中国的再出口产品包括瓷器、麝香、丝绸、水银、铜和朱砂。马拉巴尔和苏门答腊的胡椒,以及一些来自中东国家的鸦片则被运回孟加拉"。

[3]"来自开罗、麦加、亚丁的摩尔人、阿比西尼亚人、基尔瓦人、马林迪人、奥尔穆兹人、帕西人、鲁姆人、土耳其人、土库曼人、基督教亚美尼亚人、古吉拉特人、乔尔人、达布尔人、果阿人、德干王国人、马拉巴尔人和克林人、来自奥里萨、锡兰、孟加拉、阿拉干、勃固的商人、暹罗人、吉打人、马来人、彭亨人、巴塔尼人、柬埔寨人、占婆人、科钦人、南圻国人、中国人、莱克人、文莱人、卢梭人、坦琼普拉人、劳埃人、班卡人、林加人(他们还有一千多个岛屿)、摩鹿加人、班达人、比马人、帝汶人、马都拉人、爪哇人、巽他人、巴伦邦人、占碑人、通卡尔人、印德拉吉里人、卡帕塔人、梅南卡包人、西亚克人、阿尔瓜人(阿卡特?)、阿鲁人、巴塔人、汤加诺国人、帕斯人、佩迪尔人、马尔代夫人"。

[4]Andaya 和 Andaya(2001)推测,苏丹对 Orang Lauts(即海族)的指挥是很重要的,因为 Orang Lauts 为前往马六甲的商船提供保护,并在前往敌对港口的途中骚扰船只。这一策略是十分合理的,因为大多数 Orang Lauts 人可能在 15 世纪之前就已经在马六甲海峡从事类似海盗的活动。在帕拉梅斯瓦拉(Parameśwara)到达此处

时，马六甲有一个出售海上劫掠所得战利品的集市，马六甲也因此被视作海盗的天堂。商人们往往会去那些能保证安全通行的港口，因此这一现象就显得十分合理。

[5]1403 年，中国从印度穆斯林商人的报告中首次注意到马六甲，并在第二年派出特使访问该政权（Groeneveldt 1877；Andaya & Andaya 2001）。在认识到马六甲的优势之后，帕拉梅斯瓦拉（Parameśwara）向中国称臣，马六甲由此成为中国的附庸国（Taylor 1992）。马六甲于 1405 年开始与中国进行朝贡贸易，随后分别于 1407 年、1408 年、1413 年和 1416 年朝贡，此后大约每一两年朝贡一次（Wake 1964）。马六甲的统治者甚至在 1411 年、1414 年、1419 年和 1424 年访问中国（Coedès 1968）。郑和下西洋时，在马六甲海峡清除了几个世纪以来掠夺商船的海盗，并于 15 世纪的前二十年在此安排海军进行巡逻，进一步为马六甲后来的成就搭建了平台（Taylor 1992；Chenoweth 1996—1998）。

[6]外交文件、商人名单和旅行者账户记载了各种物品交换的信息：兽皮（牛和水牛皮以及鹿皮）、黄貂鱼皮、鱼干、木材（沙盘木、鹰木、铁木和柚木）、象牙、牛角、蜡、安息香（安息香胶）、胶合剂、楠木、金属（铅和锡）（Pombejra 2005）。皮雷斯账目还列出了以下暹罗与马六甲交换的商品：大米、咸鱼干、亚力酒、蔬菜、虫胶、安息香、巴西坚果、铅、锡、银、金象牙、决明子、铜和金器、红宝石、钻戒和布匹（Baker 2003）。此外，大城府还向中国输送贡品，包括大象、海龟、香料、珍奇物种、纺织品和奴隶，以换取中国的丝绸、瓷器、药品和货币。

[7]东南亚—印度洋的海上贸易网络也是一个重要的课题。马六甲作为当时最重要的贸易中心，容纳了大量不同种族的人口。其中有查提人，根据 Ma Huan 的描述，这是一群来自印度洋国家的商人（Mills 1970）。这些商人代表了 15 世纪孟加拉湾和马六甲海峡之间活跃的海上贸易关系。Wade（2010）指出除了马六甲，查提斯人也在如勃固、阿瓦、泰纳瑟林、班达姆和摩鹿加群岛等地的港口城市居住和经营。一些商人甚至占据了重要的政治地位，如泰米尔商人 Tun Mutahir 成为孟陀诃罗（Bendahara，马来的宰相），拥有玛哈拉惹（Bendahara Seri Maharaja）的称号（Wade 2010）。在海洋经济领域，他们的参与主要限于与东南亚主要港口城市的贸易活动，作为贸易货物运回印度洋海域的收集和中转站。有一些著作强调了印度洋商人在政治、宗教、经济和文化方面的重要作用和影响，但目前不在本章的讨论范围内。

[8]考古学家和陶瓷学家用"空白期"来解释该地区遗址普遍没有中国青花瓷的现象，同时也解释了泰国、越南和缅甸等其他东南亚陶瓷生产国同时大量出口陶瓷器的巧合。

参考文献

Andaya，B. W.，& Andaya，L. Y.

2001，*A History of Malaysia*. University of Hawaii Press.

Baker，C.

2003，Ayutthaya rising：from land or sea? *Journal of Southeast Asian Studies*，34(1)，41-62.

Barretto-Tesoro，G.

2008，*Identity and reciprocity in 15th century Philippines*. John and Erica Hedges Limited.

Beek，S. V. & Tettoni，L. I.

1991，*The Arts of Thailand*. Thames and Hudson. London.

Brown，R. M.

1979，The South-East Asian Wares. In *South-East Asian and Chinese Trade Pottery. An exhibition catalogue*. Presented on the Oriental Ceramic Society of Hong Kong and the Urban Council，Hong Kong. Jan. 26 to April 2，1979.

2009，The Ming Gap and Shipwreck Ceramics in Southeast Asia：Towards a Chronology of Thai Trade Ware. Siam Society.

Brown，R.，& Sjostrand S.

2002，*Maritime Archaeology and Shipwreck Ceramics in Malaysia*. Kuala Lumpur，Department of Museums and Antiquities.

Chenoweth, Gene M.

1996-1998, Melaka, "Piracy" and the Modern World System. In *Journal of Law and Religion*, *13*(1), 107-125.

Chirapravati, M.L.P.

2005, WatRatchaburana: Deposits of History, Art, and Culture of the Early Ayutthaya Period. In *The Kingdom of Siam: The Art of Central Thailand*, *1350-1800*. A Joint Project of Snoeck Publishers, Buppha Press, Art Media Resources, Inc., and the Asian Art Museum of San Francisco-Chong-Moon Lee Center for Asian Art and Culture.

Coedès, G.

1968, *The Indianized States of South-East Asia*. University of Hawaii Press.

Conese, E.

1997, Lena Shoal Underwater Archaeological Project, Northern Palawan. National Museum manuscript report. Manila.

Cortesao, A., & Rodrigues, F.

1944, *The Suma Oriental of Tome Pires* (Vol. 2, pp. 1-6). Hakluyt Society.

Day, M. H., Hodell, D., Brenner, M., Chapman, H. J., Curtis, J. H., Kenney, W. F., Kolata, A. L., & Peterson, L.

2012, Paleo-enviromental history of the West Baray, Angkor (Cambodia). In *Proceedings of the National Academy of Sciences of the United States of America*, *109*(4), 1046-51.

Diem, A.

1996, Relics of a Lost Kingdom: Ceramics from the Asian Maritime Trade, in Christophe Loviny, editor, *The Pearl Road*, *Tales of Treasure Ships in the Philippines*. Christophe Loviny, Makati City, 94-105.

1997, The Pandanan Wreck 1414: Centuries of Regional Interchange, *Oriental Art*, *43*(2), 45-48.

1999a, Ceramics from Vijaya, Central Vietnam: Internal Motivations and External Influences (14th-late 15th Century), *Oriental Art*, *45*(3): 55-64.

2001, Vietnamese Ceramics from the Pandanan Shipwreck Excavation in the Philippines, *Taoci: Revue Annuelle de la SocieteFrancaised'Etude de la Ceramique Orientale*, No. 2 (December), 87-93.

Dizon, E.

1996, Anatomy of a Shipwreck: Archaeology of the 15th-Century Pandanan Shipwreck in Christophe Loviny, editor, *The Pearl Road*, *Tales of Treasure Ships in the Philippines*. Christophe Loviny, Makati City, 62-75.

1998, Underwater Archaeology of the Pandanan Wreck: a mid-15th century AD vessel, Southern Palawan, Philippines, paper presented to Seventh International Conference of the European Association of Southeast Asian Archaeologists, Berlin, 31 August-4 September.

Dumarçay, J. & Smithies, M.

1995, *Cultural Sites of Burma, Thailand, and Cambodia*. Oxford University Press. Kuala Lumpur.

Flecker, M.

2005, The Advent of Chinese Sea-Going Shipping: A Look at the Shipwreck Evidence. Proceedings of the International Conference: *Chinese Export Ceramics and Maritime Trade*, *12th-15th Centuries*. Chinese Civilisation Center, City University of Hong Kong. Hong Kong.

2009, Maritime Archaeology in Southeast Asia. In *Southeast Asian Ceramics: New Light on Old Pottery*. Miksic, J.N.(ed.), Southeast Asian Ceramics Society, Editions Didier Millet.

Fletcher, R., Penny, D., Evans, D., Pottier, C., Barbetti, M., Kummu, M., & Lustig, T.

2008, The water management network of Angkor, Cambodia. *Antiquity*, *82*(317), 658-670.

Fox, R.

1959, The Calatagan Excavations: Two 15th Century Burial Sites in Batangas, Philippines. *Philippine Studies* 7

(3). Manila，Philippines.

Glover，I.，& Bellwood，P. S.，Eds.

2004，*Southeast Asia：from prehistory to history*. Routledge Curzon. London/New York.

Goddio，F.

2002，*Lost at Sea：The Strange Route of the Lena Shoal Junk*. Periplus. London.

Green，J. & Harper，R.

1987，The Maritime Archaeology of Shipwrecks and Ceramics in Southeast Asia，*Australian Institute for Maritime Archaeology Special Publication No. 4*，1-37.

Grimm，T.

1961，Thailand in the Light of official Chinese historiography，A Chapter in the Ming Dynasty. *Journal of the Siam Society 49*(1)，1-20.

Groeneveldt，W. P.

1877，*Notes on the Malay Archipelago and Malacca compiled from Chinese sources*. Bruining.

Guillon，E.

2001，*Cham Art：Treasures from the Da Nang Museum，Vietnam*. Thames and Hudson. London.

Hall，K. R.

1992，Economic history of early Southeast Asia. *The Cambridge History of Southeast Asia*，*1* (Part 1).

2004，Local and International Trade and Traders in the Straits of Melaka Region：600-1500. *Journal of the Economic and Social History of the Orient*，*47*(2)，213-260.

2011，*A History of Early Southeast Asia：Maritime Trade and Societal Development*，100-1500. Rowman& Littlefield Publishers.

Hendrickson，M.

2011，A transport geographic perspective on tavel and communication in Angkorian Southeast Asia(ninth to fifteenth centuries ad)，*World Archaeology*，*43*(3)，444-457.

Higham，C.

1989，*The Archaeology of Mainland Southeast：From 10，000 B. C. to the Fall of Angkor*. Cambridge University Press. Cambridge.

1996，*The Bronze Age of Southeast Asia*. Cambridge University Press.

Intakosi，V.

1983，Rang Kwien and Samed Ngam Shipwrecks Discovered in the Gulf of Thailand. *SPAFA Digest 4* (2)，3-34.

Katseri，C.

1976，*The Rise of Ayudhya：A History of Siam in the Fourteenth and Fifteenth Centuries*. Oxford University Press. Kuala Lumpur.

1991，Ayudhya：Capital-Port of Siam and its"Chinese Connection"in the Fourteenth and Fifteenth Centuries. A paper presented at a seminar on"*Harbour Cities Along the Silk Roads*，"10-11 January 1991，Surabaya，East Java，Indonesia，Centre for Social and Cultural Studies，Indonesia Institute of Sciences.

L'Hour，M.

2001，Site Analysis and FInd Distribution：An Archaeological Reconstruction of the Brunei Wreck，Total FinaElf.

Lieberman，V.

2009，Strange Parallels：Southeast Asia in Global Context，C. 800-1830. Vol. 2，Mainland Mirrors：Europe，Japan，China. *South Asia，and the Islands*. Cambridge：Cambridge University Press.

Manguin，P. Y.

1984，Relationships and cross-influences between Southeast Asian and Chinese shipbuilding traditions. *SPAFA*

Final Report on Maritime Shipping and Trade Networks in Southeast Asia.

1998,Ships and Shippers in East Asian Waters in the Mid-2nd Millennium A.D. Paper presented at the *Asian Ceramics Conference*，Field Museum of Natural History，October 23-25，1998.

2003,*Trading Networks and Ships in the South China Sea.* Art Exhibitions Australia.

2004,The archaeology of early maritime polities of Southeast Asia. *Southeast Asia：from Prehistory to History*，282-313.

Miksic，J.N.

2004,The Classical Cultures of Indonesia. In *Southeast Asia：From Prehistory to History*. Glover，Ian & Bellwood，Peter(editors). Routledge Curzon. London，234-256.

Mills，J. V. G.

1970,Ma Huan Ying-yai Sheng-lan.*The Overall Survey of the Ocean's Shores*，1433，77-85.

Orillaneda，B.

2008,*The Santa Cruz，Zambales Shipwreck Ceramics：Understanding Southeast Asian Ceramic Trade during the Late 15th Century C.E.* A Master's Thesis submitted to the Archaeological Studies Program，University of the Philippines，Diliman，Quezon City.

Pombejra，D.

2005,Siam's trade and Foreign Contacts in the 17th and 18th Centuries. In *The Kingdom of Siam：The Art of Central Thailand*，*1350-1800*. A Joint Project of Snoeck Publishers，Buppha Press，Art Media Resources，Inc.，and the Asian Art Museum of San Francisco-Chong-Moon Lee Center for Asian Art and Culture.

Prishanchit，S

1996,Maritime Trade during the 14th to 17th Century A.D.：Evidence from the Underwater Archaeological Sites in the Gulf of Thailand，in Amara Srisuchat，editor，*Ancient Trades and Cultural Contacts in Southeast Asia*. Bangkok：The Office of the National Culture Commission，275-300.

Ploymukda，S.

2013,The New Evidence of the Rangkwien Shipwreck 2012-2013. Proceedings of the First SEAMEO SPAFA International Conference of Southeast Asian Archaeology. 7-10 May 2013. Burapha University，Chonburi，Thailand.

Reid，A.

1988,*Southeast Asia in the age of commerce*. Yale University Press.

1990,An 'Age of Commerce' in Southeast Asian History. *Modern Asian Studies*，24(1)，1-30.

1993,*Southeast Asia in the age of commerce*，1450—1680：*Volume 2*，*Expansion and crisis*. Yale University Press.

1995,Documenting the Rise and Fall of Ayudhya as a Regional Trade Centre. In *Ayudhya and Asia*. Jittasevi，K.(ed). Bangkok：Thammasat University Press，85-99.

1999,Chams on the Southeast Asian Realm. In *Charting the shape of early modern Southeast Asia*. University of Washington Press，39-55.

2009,The Rise and Fall of Sino-Javanese Shipping. In *China and Southeast Asia*. Geoff Wade(ed.). Routledge：London，71-117.

Shaffer，L.

1996,*Maritime Southeast Asia to* 1500. M.E. Sharp. Armonk，New York.

Sjostrand，S.，Bin Haji Taha，A.，& Bin Sahar，S.

2006,*Mysteries of Malaysian shipwrecks*. Ministry of Culture，Arts and Heritage Malaysia，Kuala Lumpur.

Slametmuljana.

1976,*A story of Majapahit*.Singapore University Press.

Southworth，W.A.

2004，The Coastal States of Champa. *Southeast Asia：From Prehistory to History*. Ian Glover & Peter Bellwood （eds）. Routledge Curzon. London.

Stark，M.

2004，Pre-Angkorian and Angkorian Cambodia. *Southeast Asia：From Prehistory to History*. Glover，Ian & Bellwood，Peter（eds）. Routledge Curzon. London，89-119.

T'ien，J.K.

1981，Cheng Ho's voyages and the distribution of pepper in China. *Journal of the Royal Asiatic Society* New Series 2：186-197.

Tan，Rita C.

1998/99，A Note on the Dating of Ming Minyao Blue and White Ware，*Oriental Art 44*（4）：69-76.

Taylor，K.

1992，The Early Kingdoms. In *The Cambridge History of Southeast Asia Vol. 1，From Early Times to c. 1800*.Cambridge University Press. Singapore，137-182.

Thomaz，L.F.F.R.

1993，The Malay Sultanate of Melaka. In *Southeast Asia in the Early Modern Era：Trade，Power，and Belief*. Anthony Reid（ed）. Cornell University Press. Ithaca.

Wade，G.

2000，The Ming shilu as a Source for Thai History — Fourteenth to Seventeenth Centuries. In *Journal of Southeast Asian Studies 31*，249-294.

2008，Engaging the South：Ming China and Southeast Asia in the Fifteenth Century.In *Journal of the Economic and Social History of the Orient 51*，578-638.

2010，Southeast Asia in the 15th Century. In *Southeast Asia in the Fifteenth Century：The China Factor*. Geoff W. & Laichen，S.（eds）. NUS Press Singapore and the Hong Kong University Press，3-43.

Wake，C.H.

1964，Malacca's Early Kings and the Reception of Islam. *Journal of Southeast Asian History*，5（2），104-128.

Wang，G.

1964，The Opening of Relations between China and Malacca，1403-5，in *Malayan and Indonesian Studies Essays presented to Sir Richard Winstedt on his 85th Birthday*. John Bastin & R. Roolvink（eds），Clarendon：Oxford at the Clarendon Press，87-104.

1968，Early Ming Relations with Southeast Asia：A Background Essay. In *The Chinese World Order：Traditional China's Foreign Relations*. Fairbank，J.K.（Ed.）. Harvard University Press. Cambridge，Massachusetts.

1998，*The Nanhai trade：the early history of Chinese trade in the South China Sea*. Times Academic Press. Singapore.

Wicks，R. S.

1992，*Money，markets，and trade in early Southeast Asia：The development of indigenous monetary systems to AD 1400*（No. 11）. Cornell University Southeast Asia.

肉桂、瓷器与丝绸：探寻世界经济一体化过程中的"马尼拉帆船"贸易轨迹

［美］卢塞尔·斯科诺内克（Russell K. Skowronek）

（美国得克萨斯大学里奥格兰德河谷分校，The University of Texas Rio Grande Valley，Rio Grande，USA）

王　玥　译　徐文鹏　校

我们生活在一个被人造卫星、电话和计算机连接着的国际社会。欧洲的零售商可以在很短时间内与亚洲生产商取得联络，提供规格和要求，并且很快这个项目将开始生产。在几周或几个月内，成品将通过卡车或火车进行陆路运输，随后通过海路运送到全球各地的消费者手中。当今全世界的精英都很欢迎这种具有异国特色的潮流。但假以时日，这些珍稀的特色物品将变常见，被可轻易获得的赝品和复制品所取代。在这个摩尔定律已经产生了迅速转变的世界，考古系和历史系的学生所公认的规范也正面临一个问题，这个问题就是世界经济的建立过程如何转变。我们可以从海洋视角出发，审视从亚洲到美洲和欧洲的早期现代航海，从而开始把握这一转变的具体方面。

四十年前，经济史学家伊曼纽尔·沃勒斯坦（Immanuel Wallerstein 1974）观察到，在不远的过去"世界经济"并不存在。相反地，当时在全球范围内存在着几个"世界"经济体。固然部分学者认为，这些"世界经济体"中有一些应该被视为最重要的经济体（如 Frank 1995），但是当人们认识到，除少数例外，大多数地理区域都是区域性内在互动的，就会意识到这个论点存在问题（Wolf 1982）。15 世纪晚期，哥伦布第一次试图通过西行路线来连接欧洲和亚洲。但新大陆的出现把第一次真正的东西接触推迟了近 30 年，直到 1521 年麦哲伦的到来。接下来的 40 多年里，西班牙人于 1565 年在宿务建立了第一个据点，后落脚在吕宋岛的马尼拉（Manila 1571）和维甘（Vigan 1573），这些地区此后被称为菲律宾。在 16 世纪的亚洲，葡萄牙人将马六甲（1511）和澳门（1537）作为前哨基地，而荷兰人则落脚在现在的印度尼西亚（1599）。所有船只抵达这里均出于商业目的。这里从 15 世纪中叶明朝郑和下西洋以来，一直处于海上权力的真空状态。16 世纪以来，欧洲企业家可以去中国，中国商人也可以乘船去欧洲人的前哨基地。中国既不会监管也不会保护这类商业活动，但会从中受益。这意味着欧洲企业家虽面临着很多问题，例如海盗、欧洲海军袭击者，有时是当地的不满情绪、恶劣的天气及航海图，但没有重大的军事威胁。所有之前的紧急情况都是通过尽可能少的军事和民事参与、武装船只与改进航海技术来解决的。正是"马尼拉大帆船"航线在两个半世纪（1565—1815 年）的时间里成功地应对了这些挑战，几乎没有例外（Schurz 1939）。

一、"马尼拉大帆船"航线

中国和菲律宾的联系始于宋朝（公元950—1279年），并在西班牙人到来之前持续了500年。考古发现证明了贸易的规模，在远东地区的墓葬和居址中发现了大量的进口瓷器和其他贸易商品（Cushner 1971：128，187；Lyon 1990：13-14）。这些货物包括：麻制的布料和绳、棉织品和丝绸制品、珠宝（如珍珠、钻石、黄玉、红宝石、蓝宝石、玉石）、金属制品（如铜、银、金）、香料（如丁香、肉桂、胡椒）和药品（如 Aga-Oglu 1946，1948；Junker 1990：167）。在西班牙人的控制下，丝绸和瓷器的数量有所增加（Guerroro & Quirino 1977：1009；Legarda 1967：3；Mudge 1986：39；Tubangui et al. 1982：51）。而从马尼拉驶往阿卡普尔科的船只运送肉桂、胡椒、樟脑和其他异国情调物品（象牙雕刻、染料木、檀香木、兽皮和椰子制品）。这些货物来自菲律宾、中国、日本、印度、锡兰和香料群岛。税务和港口记录表明，帆船上装载的大部分货物来自中国，并由中国船只运往马尼拉（Chaunu 1960：148-149）。而菲律宾和墨西哥之间每年共有100万至200万比索的货物流通（Cushner 1971：134，136）。考古学家与历史学家通过对以上商品的产地及其运输方式的研究（例如，Grave et al. 2005）来理解世界经济如何相互关联。另有些学者则在思考，这些来自远东的异域风情如何在改变美洲和欧洲的精英之后，最终改变世界经济。

二、"需求"和"欲望"

在被商品驱动的经济中，商品的异域风情与独特性无疑是十分重要的。当商品随处可见后，其价值也会随之降低。商品数量的多少及对其"欲望"的大小影响着商品的价值。对商品的"欲望"越强烈，商品的价值也就越高。如果商人能够在该商品缺乏的地区创造对该商品的需求或者"欲望"，并将该商品从原产地销往该地区，那么该将会获得巨额的利润（López 2007；Schurz 1939）。但随着时间的推移，"欲望"可能会转变为"需求"。与"欲望"相比，需求则较为模糊和难以明确。可以看到，异国的商品随着"马尼拉大帆船"航线到来之后，随着时间的推移，"欲望"也随着时间的推移变为"需求"。而在此前提下，瓷器是否天然比铅釉或盐釉陶瓷"更好"？丝绸与棉布是否和羊毛与亚麻布比可以更好蔽体？食物中加入异国香料是否更美味？当然以上所有问题的答案是否定的。正如布罗代尔（Braudel 1973：123）所说："人是欲望的产物，而不是需要的产物。"但是，在世界市场经济中，出于显示自己的社会地位，或出于标记自己的种族和精英身份，总会存在对异国商品的消费。如，生活在其殖民地的殖民爱国者们不能回归故土，他们便会将其身处的殖民地地区的环境改造得近似本国环境（Skowronek 2009）。

三、普遍存在

随着时间推移，曾经具有异国情调的珍稀商品可能变得随处可见。这可能为供过于求的结果。马丘卡（Machuca 2012）详细地描述了在 16 和 17 世纪，来自亚洲的瓷器、纺织品及家具用品如何改变着墨西哥科利马（Colima）。到 18 世纪，舒尔茨（Schurz 1939:362）观察到 1720 年的墨西哥，"……从小镇里的印第安人……到首都里富裕的克里奥尔人都穿着来自远东的布料，吕宋的或印度的棉花及中国的丝绸。中国商品已经成为新西班牙当地普通服装的一部分"。1735 年皇家委员乔治·胡安（Jorge Juan y Santacilla）和安东尼奥·乌略亚（Antonio de Ulloa）访问南美洲时注意到，中国陶瓷瓷器已经被广泛出售，从牧师的长袍到长袜和披肩，到处都可以看到中国丝绸（Schurz 1939:369-370）。

除棉花和丝绸，在近两个世纪的贸易中，瓷器也一直是"马尼拉大帆船"贸易东行货物的重要一部分。圣菲利佩（San Felipe 1574）、圣奥古斯丁（San Agustín 1595）、圣地亚哥（San Diego 1600）"马尼拉大帆船"沉船出水瓷器的年代是公元 16 世纪，在 17 世纪和 18 世纪太平洋和大西洋的沉船中也有发现瓷器。Nuestra Señora de la Concepción 号于 1638 年失踪于马里亚纳群岛北部，当时其正从菲律宾返回阿卡普尔科，满载着瓷器等异国商品（Mathers et al. 1990；Rinaldi 1990）。1641 年，另一艘同名船只在从维拉克鲁斯（Vera Cruz）驶往塞维利亚（Seville）的途中，在伊斯帕尼奥拉岛（Hispaniola）沉没，当时亦载着瓷器（Marken 1994:31，32）。公元 18 世纪，在 1715 年和 1733 年，分别有一支船队在从维拉克鲁斯经哈瓦那前往西班牙的途中，沉没于临近佛罗里达的大西洋沿岸。这两支船队都亦载有瓷器和新西班牙制造的其他陶瓷器（Logan 1977；Marken 1994:33-34，37-38；Skowronek 1984；Skowronek 1992）。几十年后，一队 1750 年的船队和一艘丢失于 1768 年的 El Nuevo Constante 号从韦拉克鲁斯出发，出发时均未见携带瓷器，但它们确实载有墨西哥生产的陶瓷器（Lewis 2009:9；Pearson & Hoffman 1995）。已知欧洲人直到 19 世纪工业革命才真正掌握了制造瓷器的技术，但为什么亚洲制造的瓷器却提前停止销售？其答案在于企业家是如何满足市场需求的。

四、市场偏好和身份

尚格劳（Shangraw）和冯·德·伯顿（Von der Porten）对马尼拉沉船遗址中的瓷器进行的研究证明了布罗代尔关于世界经济中创造"欲望"的观点（Shangraw & Von der Porten 1981，1997；Von der Porten 2005，2011，2012a，2012b）。马尼拉大帆船贸易的最初几年为试验阶段，此时对哪些商品能卖出去并不明确。马尼拉商人的墨西哥代表将他们客户的"需求"报告给菲律宾，然后传达给中国和其他地方的生产商。他指出，1574 年在下加利福尼亚海岸失踪的圣费利佩号载有各种形式和设计的"样品"。及 16 世纪末，圣奥古斯丁号（1595）和圣地亚哥号（1600）装载的瓷器已标准化。

在美洲开展的考古调查为西班牙早期开拓新世界时期瓷器的地位提供了深刻的见解。例如：

特里斯坦·德卢纳（Tristan de Luna）在彭萨科拉湾（Pensacola Bay）的1559年殖民地在社区建立
之前就被摧毁了。佛罗里达州（Smith et al. 1995；1999）及其他相关部门对伊曼纽尔点沉船（the
Emanuel Point ship）进行发掘，该遗址与上述殖民点关系密切。研究者发现有新旧大陆（Old and
New World）的陶瓷器，却未发现任何一件瓷器，不过这个遗址所处时期较早，这一发现也并不奇
怪。然而，当研究者对16世纪后三分之一和1565年马尼拉大帆船贸易之后伊斯帕尼奥拉岛（瑞尔
港 Puerto Real）和拉佛罗里达岛（圣埃琳娜的圣奥古斯丁 St. Augustine，Santa Elena）的社区进行
研究后，发现当时的瓷器与贵族阶级关系密切（Deagan 1995；Ewen 1990；South et al. 1988；
Skowronek 1989）（图1）。

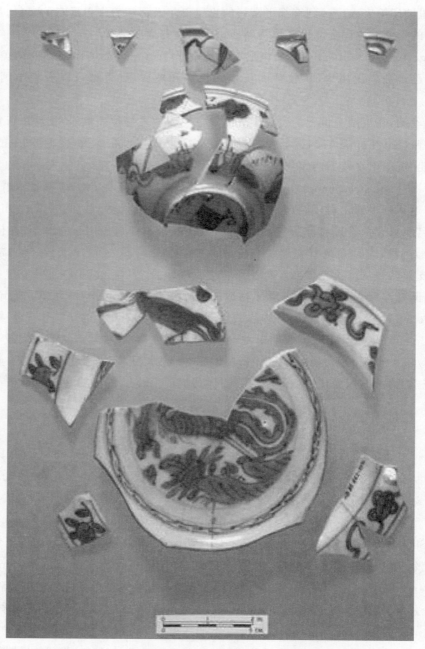

图1　佛罗里达（La Florida）的圣埃琳娜（Santa Elena）遗址（1566—1587年）出土瓷器

五、仿品

今天,在纽约市第五大道的商店里,一块劳力士手表或一个路易威登手袋可能要卖几百甚至几千美元。但是在几个街区外的时代广场,你可以花几美元买一个"劳力士"或"威登"的仿品。它们很显然不同,但却"看上去"非常相似且按预期起着和正品一样的作用(希望如此)。因此,这些仿品将对手表或手袋的"需求"和对拥有超出大部分人自身经济能力的商品的"欲望"融合在一起。这些仿品的制造和销售提供了就业机会,但有时会将异国特色商品变得廉价和俗气。以上现象便发生在瓷器的贸易过程中。

研究者注意到,15、16世纪的西班牙陶瓷器基本上为中世纪风格,缺少装饰(Deagan 1987;Deagan & Cruxent 2004;South et al. 1988)(图2)。而对锡铅釉餐具的装饰设计则源于伊斯兰教(图3)。唯一的例外发现于意大利的陶瓷作坊。蒙特卢波的彩陶和青花或利古里亚蓝的蓝色瓷片都会让研究者想起带有精致装饰的陶瓷器(图4)。以上遗物的灵感很有可能来自意大利商人从亚洲进口的商品。

图2 哥伦比亚平原(Columbia Plain)的 **mayólica** 杯、**taza** 或 **escudilla**,来自圣埃琳娜

图 3　圣埃琳娜的伊莎贝拉多色 mayólica 陶杯，绘有伪伊斯兰文字

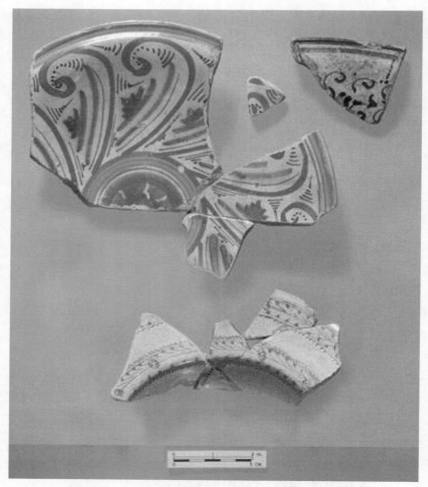

图 4　蒙特卢波（Montelupo）彩色碎片（左），蒙特卢波白底蓝花碎片
（右），和利古里亚湛蓝 mayólica 陶器碎片，来自圣埃琳娜

查尔斯·费尔班克斯（Charles Fairbanks，1973）在一些最早的关于陶瓷重要性的研究中指出，西班牙制造或西班牙帝国生产的陶瓷桌子、实用的存储器在西班牙新世界文化中是族属和社会地位的标志。瓷器与其他亚洲制造的陶瓷器由于来自西班牙属菲律宾，因此也发挥着同样的作用。经过凯瑟琳·迪根（Kathleen Deagan 1983：237-244，1985：23-28）和其他人（例如斯科夫罗内克Skowronek 1984）对 1723 年圣奥古斯丁和护航队的材料的研究，以上假说被有所证实。这项研究表明，在西班牙帝国，进口的餐具和各种形式的镀锡陶器（被称为 mayólica）与使用者的族属和社会地位密切相关。但以上观察结果可能为过于简单的关联，没有考虑到不断增长的世界经济是如何改变身份，而不一定改变经济地位。

图 5　圣凯瑟琳岛（St. Catherine's Island）Ichtucknee 白底蓝字陶盘与圣埃琳娜白底蓝花 mayólica 陶杯，乔治（George）@ 1590

16—18 世纪，具有异国特色的亚洲瓷器先后随着西班牙、荷兰、葡萄牙及法国和英国的船只，通过印度洋和太平洋进入美洲和欧洲。它的出现掀起了一场名为"中国风"的革命。该革命的主要内容为模仿亚洲瓷器的风格和形式，制造"中国风"的仿品，并随后攫取了一部分市场份额。虽然亚洲瓷器很多部分无法模仿，但陶瓷器的形状和装饰却可以模仿。基于尚格劳和冯·德尔·波滕的研究，根据图案画出白底青花的装饰成为锡铅釉低温烧制陶瓷装饰的主流，被称为 delft，faience，或 mayólica。陶瓷器形制也发生了变化，为适应新世界经济的食物，出现了有口沿的盘子，碗和小杯子（图 5）。随着时间的推移，这些仿品会在普埃布拉等墨西哥的地区制作，和亚洲瓷器一起通过船只运往西班牙，并占用宝贵的船只空间（Skowronek 1984，1992）。当停止进口瓷器时，意味着瓷器不再标志着一个人的精英地位，而仅仅标志着一个人作为西班牙帝国的正式成员的身份。

雅尼娜·加斯科（Janine Gasco 1992：69-71,1997a）的研究证明了上述结论。该研究开展于恰帕斯州的索科努斯科（Audiencia de Guatemala），该地区目前位于墨西哥南部，历史上为危地马拉的西班牙殖民地。研究表明即使在帝国的最偏远角落，殖民地社区也能获得瓷器、mayólicas 及橄榄罐。这说明，即使是最低经济阶层的人也能负担得起类似商品。文献资料表明，纺织品、皮革、木材等易腐烂物品在该地区也随处可见（Gasco 1997b：61）。而有趣的是，非印度商人直接和可可产区的人进行交易（Gasco 1992a：67）。加斯科对于 18 世纪该地区货物的研究表明，在明确可考的货物中，陶瓷属于价格较低的商品，并且 mayólica 和中国瓷器的价值与当地生产的陶器差不多（Gasco 1992b：85，1993）。

经过对上加利福尼亚进口商品的研究，加斯科的研究结果得到了扩充。芭芭拉·沃斯（Barbara Voss，2012）发现，在恰帕斯同时期的遗址上，无论是 mayólica 还是瓷器，陶瓷往往是进口到该省的最便宜的商品。但是，虽然该省生产日常使用的普通铅釉陶器（Skowronek et al. 2009），但仍然有某些人希望通过 mayólica 和瓷器标志其作为"西班牙人"的身份，这也导致了对 mayólica 和瓷器的持续"需求"。

黛安娜·洛伦（Diana Loren）在研究物质文化时采取了一种有趣的方法。经过对 18 世纪的卡萨画的研究（1999：150-155），她发现无论是地位低者，还是地位高者，其肖像画中均描绘了 mayólica 和中国瓷器。在高等级的肖像画中，mayólica 和中国瓷器以三个为一组，完整的展示在肖像画背景中；在低层级的肖像画中，mayólica 和瓷器餐具则以破损或破碎的状态显示，进一步表明该肖像画主人公在社会阶层中的较低地位。洛伦的分析表明，在殖民时期的新西班牙，并不是陶瓷本身可以表明使用者的族属或身份地位，而更多是源于使用环境。另一个很清楚的点，即在 18 世纪，不同阶层能否穿丝绸、织锦等奢侈品的规定显然很少被执行（Loren·2007：29）。

虽然恰帕斯和加利福尼亚的例子说明这一现象，但在 18 世纪，西班牙殖民者在得克萨斯州的要塞和传教遗址中可以找到一些最好的证据。这些遗址均位于新西班牙广袤领土的东北角边缘。这些遗址在当年没有贵重金属等商品，且与墨西哥城隔一千多英里的陆路小道，一直处于贫困状态。因此，长期以来，人们认为这些遗址发现瓷器为反常现象。

琳达·隆戈里亚（Linda Longoria 2007）研究了出土于西班牙得克萨斯州的两个传教遗址和四个要塞遗址的中国出口瓷器。主要研究方法为探索瓷器的起源，如何制造瓷器，这些瓷器的对应人群，如何来到美洲及如何到达边境，从而研究世界贸易。出于对西班牙得克萨斯州瓷器的研究，她从社会角度对西班牙制度中固有的社会分层和种族现实进行研究，以试图理解为何在西班牙得克萨斯州这样的西班牙北部边境会出现瓷器及这些瓷器对其主人的意义。

她发现，该地区作为西班牙北部边境，其居民组成主要为西班牙出生的天主教牧师、州长、一些军官、克里奥尔人、混血士兵及退伍后移民至此的移民者。无论其背景怎样，在此处，共享西班牙文化价值观，以西班牙人的生活方式生活是十分重要的。这样这个人就会被称为 gente de razón，即无论其出身，此人为生活和行为像西班牙人的理智的人。边境社会环境中，并非不存在阶级差异，但财富、地位和种族的差异却不是很明显。

尽管如此，研究表明，精英在被派往边境时，仍会随身携带他们的奢侈品。例如，霍夫曼（Hoffman 1935：85）注意到，阿拉康州（Alarcon）州长在用木筏横渡由于雨水而泛滥的特里尼蒂河时，"……第一个下水的木筏满载着银器、厨房用具、衣物及厨师，但整个木筏都沉了下去"。

拥有瓷器是一个家庭作为西班牙殖民社会一员的标志，而不是其社会经济地位的标志。在边境，尽管社会制度较为不稳定，但都市的社会规范仍然在运行。在那里，州长、船长及牧师或属欧洲贵族，或有克里奥尔人背景，因此代表着上层阶级。而在边境，他们没有条件通过精致的住房向外界展示他们的地位，但他们可以穿由精细面料制成的欧式服装，吃喝西班牙式食物，并将这些来自异国的昂贵食物放在高档的西班牙人独属陶瓷餐具上来显示他们的社会阶层。

Gente de razón 也会抓住这个机会去显示他们的社会地位。在萨卡特卡斯州共济会的领袖弗赖·加斯珀·德索利斯牧师（Fray Gasper de Solis）的日记中可以找到相关案例。他在 1767 年对得克萨斯州的传教士进行了一次视察。在日记中提到，他受当地上尉的邀请，前往拉巴伊亚的要塞（戈利亚德 Goliad）进行用餐。索利斯写道，"上尉在接待我们时，给予了我们最大的荣誉和仪式，并举行军礼。到达时礼炮四响，离开时礼炮三响。饭桌上的东西很丰盛，很大方。他做任何事都像个王子一样富丽堂皇"（Kress 1931：38-39）。

得克萨斯州边境上的大多数士兵和定居者都是混血，他们从未到过墨西哥城，亦未目睹过西班牙裔（Criollos）和半岛人（Peninsulare）的财富和浮夸的生活方式。他们大多从萨卡特卡斯（Zacatecas）的矿业繁荣城镇及其他今墨西哥北部的社区被招募而来，尽管如此，这些迁往得克萨斯的较为贫困士兵，通过在边境冒险，在一定程度上能够获得向上层社会流动的机会。他们通过模仿西班牙殖民地精英阶层来标志自己新的更高的社会地位。埃文（Ewen 1991：104）十分简洁地说，"在殖民地，一个人的相对地位与他能否很好地维持西班牙式的生活方式密切相关。"

得克萨斯的货物来自亚洲、欧洲和美洲。这些货物在墨西哥城用骡子装好，经过崎岖不平的小路送到西班牙得克萨斯的使团和要塞。经过一路的运输，瓷器或其他陶瓷器能都安全送达，似乎是奇迹。

大部分出土瓷器为青花瓷，器类主要为小杯、碗和碟子。毫不意外的是，最好的瓷器发现于靠近法属路易斯安那州边界的洛斯阿代斯（Los Adaes）的要塞地区，该地区是统治者居住的地方。而中国德化窑的瓷器则更多被发现使用于较为贫穷的殖民者，在西班牙属得克萨斯和佛罗里达，英属纽约和新斯科舍省的诸多遗址都发现有此类瓷器的存在。

因此，在18世纪，瓷器无处不在，无论是富人还是穷人，都可以买到。瓷器和仿品mayólica不仅在美洲被消费，在欧洲也被消费。它们作为一个人身份的标志而存在。但是身份的验证也不仅基于这些陶瓷器，还基于它们的使用方式。

六、巧克力、肉桂和糖

在整个18世纪，茶和咖啡并不是美洲和欧洲的饮料，而是巧克力。因此，马尼拉帆船贸易中并没有茶叶。

在16世纪，当西班牙人第一次遇到巧克力时，巧克力作为一种苦味饮料，被上层阶级用作兴奋剂或药用。医生用它来治疗胃痛和发烧。当科尔特斯（Cortez）写信给西班牙国王卡洛斯一世（King Carlos I）时，称巧克力为一种"增强抵抗力和抗疲劳的饮料"。当时巧克力也被称为长生不老药。一些人喜欢苦味的巧克力饮料，而同时另一些人喜欢在其中加很多糖、肉桂和牛奶，使其变得香甜。制作香甜的巧克力饮料需要4~5种糖、肉桂、巧克力、水，有时还需要加入牛奶。将这些混合物放到专门制作巧克力饮料的巧克力杯（chocolatera）或可可壶（cocoa pot）后，放到火盆中煮沸。随后，用名为molinillo的搅拌器搅拌后，充气起泡后，即可倒入小杯子饮用（图6）。至18世纪，所有经济阶层的人已经可以饮用这种曾经为精英阶层所独享的饮料。

证据表明，在西班牙和墨西哥政权时期，巧克力比茶或咖啡更受欢迎，作为上加利福尼亚州（Alta California）的首选饮料（Graham & Skowronek 2013）。该州进口了诸多等级的巧克力。圣克拉拉教会的文献记载，从1776年至1810年，将近7500磅的巧克力被销往该地区（Skowronek et al. n.d.）。而圣巴巴拉市要塞（Santa Barbara Presidio）则在1779年至1810年进口了37725磅巧克力，是前者的5倍（Perissinotto 1998）。进口肉桂和糖的数量亦很多。例如，1783年至1810年间，圣巴巴拉教会进口了442磅肉桂（Skowronek et al. n.d.）。而圣巴巴拉要塞则进口了108磅肉桂（Perissinotto 1998）。糖亦然，同一时期账目显示，圣巴巴拉市进口红糖45345磅（Perissinotto 1998）。当巧克力和糖在美洲种植和加工时，肉桂通过马尼拉帆船运至阿卡普尔科市，穿过此地到达欧洲。当然，牛奶则来自起初从欧洲进口的奶牛。直到今天，墨西哥仍然为世界上最大的肉桂进口国。

图 6 一个巧克力杯（chocolatera），一个 molinillo 搅拌器，制作热巧克力所需的三种关键的糖、肉桂和可可

考古学家还应考虑到用于喝这种饮料的杯子。欧洲人喜欢使用工匠用珍贵材料精心制成的华丽的盘子来饮用巧克力饮料。这种器皿不仅是实用的餐具，更是身份和地位的象征。直到 18 世纪上半叶，瓷杯都常见于运往墨西哥和西班牙的货物中（Logan 1977；Skowronek 1984）（图 7）。

从 17 世纪开始，出现了仿制中国瓷杯的 mayólica 杯或 pocillo（图 8）。如今，许多考古学家倾向于称其为茶杯，但其实它们主要用来喝巧克力（Lister & Lister 1976：73；Marken 1994：236-238）。正如上文所言，即使在新西班牙的边境，如得克萨斯州，亦有足够的证据表明。那里发现的瓷器为杯子、碗和浅碟，而不是盘子（Longoria 2007）。

图 7 瓷杯，发现于 1733 运往西班牙的舰队

图 8 白底普埃布拉(Puebla)蓝 mayólica pocillos 陶杯及从 1733 年运往西班牙的船队中找到的相同剖面图

在从 1565 年至 1815 年的两个半世纪里，马尼拉船队航行在广阔的太平洋里，满载着亚洲的异域风情——香料、精美的纺织品及闪闪发光的瓷器。阿卡普尔科虽然为东行路线的终点，但实际上，却是他们向故土伊比利亚半岛及新世界殖民帝国的最遥远角落分配商品的起点。这些商品一方面通过惹眼的消费吸引了西班牙贵族阶层的想象力，另一方面还能将社会各阶层的人变为新兴全球经济的参与者。亚洲的布料将被制成罗马天主教的法衣、西班牙及其殖民地的平民和精英的欧式服装。肉桂既可以作为一种突出的单一香料，也可以和巧克力和糖混合在一起，创造出一种新兴的饮料。这种新饮料需要专门的制作容器和饮用杯子。起初，这些地区使用亚洲制造的瓷杯，但随着本地大量制作低质量、低价格的仿品，亚洲瓷杯失去了它原有的地位。将考古资料和文献资料结合起来，说明了新兴的全球经济是如何迅速形成，并迅速改变了全球。

（致谢：首先感谢吴春明博士邀请我参加 2013 年 6 月在哈佛大学举行的"亚太地区早期航海：海洋考古视角"学术研讨会。来自全球的同事们进行了热烈的讨论和演讲，针对海运贸易在创造现代世界经济中起到的作用提供了深刻的见解。还要感谢 Elizabeth Olga Skowronek 和 Gregory Grant 对本文早期草稿的深刻评论。）

参考文献

Aga-Oglu, Kamer

1946，Ying Ch'ing Porcelain Found in the Philippines. *The Art Quarterly*. Autumn, pp. 315-327.

1948，Ming Export Blue and White Jars in the University of Michigan Collection. *The Art Quarterly*. Summer, pp. 201-217.

Braudel, Fernand

1973，*Capitalism and Material Life*, 1400-1800. Harper & Row Publishers, New York.

Deagan, Kathleen

1983，*Spanish St. Augustine*. Academic Press, New York.

1985，The Archaeology of 16th Century St. Augustine. *The Florida Anthropologist* 28(1-2, part 1), pp. 6-33.

1987，*Artifacts of the Spanish Colonies of Florida and the Carribbean 1500-1800*, *Volume 1*: *Ceramics*, *Glassware*, *and Beads*. Smithsonian Institution, Washington, D.C.

Deagan, Kathleen, Editor

1995，*Puerto Real*: *The Archaeology of a Sixteenth-Century Spanish Town in Hispaniola*. University Press of Florida, Gainesville.

Deagan, Kathleen A. & Jose Cruxent

2002，*Archaeology at America's First European Town*: *La Isabela*, 1493〈n〉1498. Yale University Press, New

Haven, Connecticut.

Ewen, Charles R.

1990, *From Spaniard to Creole*. University of Alabama Press, Tuscaloosa.

Fairbanks, Charles H.

1972, The Cultural Significance of Spanish Ceramics. *Ceramics in America*, edited by Ian M.G. Quimby, pp.141-174. The University Press of Virginia, Charlottesville.

Frank, Andre Gunder

1995, The Modern World System Revisited: Rereading Braudel and Wallerstein. In *Civilizations and World Systems*, edited by Stephen K. Sanderson, pp. 195-205. Altimira Press, Walnut Creek, CA

Gasco, Janine

1992a, Material Culture and Colonial Indian Society in Southern Mesoamerica: The View from Coastal Chiapas, Mexico. *Historical Archaeology* 26(1),pp. 67-74.

1992b, Documentary and Archaeological Evidence for Household Differentiation in Colonial Socunusco, New Spain. In *Text-Aided Archaeology*, Barbara Little, editor, pp. 83-94. CRC Press, Boca Raton, FL.

1993, Socioeconomic Change within Native Society in Colonial Soconusco, New Spain. In *Ethnohistory and Archaeology: Approaches to Postcontact Change in the Americas*, J. D. Rogers & S. M. Wilson, editors, pp. 163-180. Plenum Press, New York, NY.

1997a, Survey and Excavation of Invisable Sites in the Mesoamerican Lowlands. In. *Approaches to the Historical Archeology of Mexico, Central & South America*. Janine Gasco, Greg Charles Smith, & Patricia Fournier-Garcia, editors. Monograph 38 The Institute of Archaeology, University of California, Los Angeles, pp. 41-48.

1997b, Consolidation of the Colonial Regime: Native Society in Western Mesoamerica. *Historical Archaeology* 31(1), pp. 55-63.

Graham, Margaret A. & Russell K. Skowronek

2013,"Grocery Shopping"for Alta California Documentary Evidence of Culinary Colonization on the Frontier of New Spain. *Boletín* 29(1&2), pp. 90-104.

Grave, Peter, L. Lisle, & M. Maccheroni

2005, Multivariate Comparison of ICP-OES and PIXE-PIGE Analysis of East Asian Storage Jars. *Journal of Archaeological Science*, XXXII(6),pp. 885-896.

Hoffman, Fritz Leo(translator)

1935, Diary of the Alarcón Expedition into Texas 1718-1719. By Fray Francisco Céliz. The Quivira Society, Los Angeles.

Junker, Laura Lee

1990, The Organization of Intra-Regional and Long-Distance Trade in Prehispanic Philippine Complex Societies, *Asian Perspectives* 29(2),pp. 167-209.

Kress, Margaret Kenney(translator)

1931, Diary of Fray Casper de Solis in the Year 1767-1768. *Southwestern Historical Quarterly* 35(1), pp. 28-76.

Lewis, James A.

2009, *The Spanish Convoy of 1750, Heaven's Hammer and International Diplomacy*. University Press of Florida, Gainesville.

Lister, Florence C. & Robert H. Lister

1976, A descriptive dictionary for 500 years of Spanish-tradition ceramics(13th through 18th centuries). *Historical Archaeology Special Publication No.* 1.

Logan，Patricia Ann

  1977，The *San Josá y Las Animas*：An Analysis of the Ceramic Collections. MA Thesis，Department of Anthropology，Florida State University，Tallahassee，FL.

Longoria，Linda Dale

  2007，Chinese Export Porcelain in the Missions and Presidios of Eighteenth Century Spanish Texas. MA Thesis，Department of Anthropology，The University of Texas San Antonio，San Antonio，TX

López，Carmen Yuste

  2007，Emporios Transpacícos，Comerciantes Mexicanos en Manila，1710-1815. Universidad Nacional Autonoma de México，México，D.F..

Loren，Diana DiPaolo

  1999，*Creating Social Distinction*：*Articulating Colonial Policies and Practices along the 18th-CenturyLouisiana/Texas Frontier*. Doctoral dissertation，Department of Anthropology，State University of New York，Binghamton. University Microfilms International，Ann Arbor，MI.

  2007，Corporeal Concerns：Eighteenth-Century *Casta* Paintings and Colonial Bodies in Spanish Texas. *Historical Archaeology* 41(1)，pp. 23-36.

Machuca，Paulina

  2012，De porcelanas chinas y otros menesteres. Cultura material de origen asiático en Colima，siglos xvi-xvii. *Relaciones* 131，pp. 77-134.

Marken，Mitchell W.

  1994，*Pottery from Spanish Shipwrecks* 1500-1800. University Press of Florida，Gainesville.

Mathers，W.M.，H.S. Parker & K.A. Copas，eds.

  1990，Archaeological Report：The Recovery of the Manila Galleon *Nuestra Señora de la Concepción*. Pacific Sea Resources，Sutton，Vermont.

Pearson，Charles E. & Paul E. Hoffman

  1995，*The Last Voyage of El Nuevo Constante，the Wreck and Recovery of an Eighteenth-Century Spanish Ship off the Coast of Louisiana*. Louisiana State University Press，Baton Rouge.

Perissinotto，Giorgio

  1998，*Documenting Everyday Life in Early Spanish California*：*The Santa Barbara Presidio Memorias y Facturas*，1779-1810. Santa Barbara Trust for Historic Preservation，Santa Barbara，CA.

Rinaldi，M.

  1990，The Ceramic Cargo of the Concepción. In. *Archaeological Report*：*The Recovery of the Manila Galleon Nuestra Señora de la Concepción*. W.M. Mathers，H.S. Parker，& K.A. Copas editors. Pacific Sea Resources，Sutton，Vermont.

Schurz，William Lytle

  1939，*The Manila Galleon*. E.P. Dutton & Co.，Inc.，New York.

Shangraw，Clarence & Edward P. Von der Porten

  1981，The Drake and Cermeño Expeditions' Chinese Porcelains at Drakes Bay，California，1579 and 1595. Santa Rosa Junior College and Drake Navigators Guild，Santa Rosa and Palo Alto，CA.

  1997，Kraak Plate Design Sequence 1550-1655. Drake Navigators Guild，San Francisco，CA.

Skowronek，Russell K.

  1984，Trade Patterns of 18th Century Frontier New Spain，The 1733 flota and St. Augustine. Volumes in Historical Archaeology，edited by S. South，Conference on Historic Sites Archaeology，South Carolina Institute of Archaeology and Anthropology，Columbia.

  1989，A New Europe in the New World：Hierarchy，Continuity and Change in the Spanish Sixteenth-Century

Colonization of Hispaniola and Florida. Ph.D. dissertation, Department of Anthropology, Michigan State University.

1992, Empire and Ceramics: The Changing Role of Illicit Trade in Spanish America. *Historical Archaeology* 26 (1), pp. 109-118.

2009, Chapter 27. On the Fringes of Empire: The Spanish U.S. Southwest and the Pacific. In *International Handbook of Historical Archaeology*. Teresita Majewski & David Gaimster, editors. Kluwer Academic/ Plenum Publishers, pp. 471-506.

Skowronek, Russell K., Jelena Radovic Fanta & Hugo Morales, editors

The Mission Santa Clara de Asís Ledger Book, 1770-1828. Manuscript on file University of Texas Pan American, Edinburg, TX.

Smith, Roger C., James Spirek, John Bratten, & Della Scott-Ireton

1995, The Emanuel Point Ship Archaeological Investigations, 1992-1995, Preliminary Report. Florida Department of State, Division of Historical Resources, Bureau of Archaeological Research, Tallahassee.

Smith, Roger C., John R. Bratten, J. Cozzi, & Keith Plaskett

1999, The Emanuel Point Ship Archaeological Investigations, 1997-1998. Florida Department of State, Division of Historical Resources, Bureau of Archaeological Research, Tallahassee and Archaeology Institute, University of West Florida, Pensacola.

South, Stanley, Russell K. Skowronek, & R.E.Johnson

1988, Spanish Artifacts from Santa Elena. Anthropological Studies 7, Occasional Papers of the South Carolina Institute of Archaeology and Anthropology, The University of South Carolina, Coloumbia.

Von der Porten, Edward P.

2005, The Manila Galleon Trade 1565-1815 Traces & Treasures. *Noticias del Puerto de Monterey, Monterey History and Art Quarterly* 54(1), pp. 15-23.

2011/2012a, The Early Wanli Ming Porcelains from the Baja California Shipwreck Identified as the 1576 Manila Galleon *San Felipe* [and supplement]. Ms. by the author, San Francisco, CA.

2012b, Early Wanli Porcelains from the 1576 Manila Galleon *San Felipe*. Ms. by the author, San Francisco, CA.

Voss, Barbara L.

2012, Status and Ceramics in Spanish Colonial Archaeology *Historical Archaeology* 46(4), pp. 39-54.

Wallerstein, Immanuel

1974, *The Modern World-System I, Capitalist Agriculture and the Origins of the European World-Economy in the Sixteenth Century*. Academic Press, New York.

B4 从麦哲伦到乌担尼塔：西班牙的早期太平洋探险与"马尼拉帆船"贸易的建立

［英］布莱恩·法希（Brian Fahy）

［英］维罗妮卡·沃克·瓦迪箩（Veronica Walker Vadillo）

（英国牛津大学牛津海洋考古研究中心，Oxford Centre for Maritime Archaeology，University of Oxford，UK）

尹祥羽　译　徐文鹏　校

马尼拉大帆船贸易极大地吸引了公众和学术界的兴趣。正如罗伯特·詹可（Roberto Junco）所写的那样：它们是传说中的东西（Junco，2011：877）。不幸的是，如果不约束寻宝活动而且研究也不被鼓励的话，它们的名声可能会引来盗捞并导致其消亡。如果不加以控制，各国很可能会通过立法来允许打捞公司利用水下文化遗产牟利。我们希望通过更多的像吴春明博士组织的研讨会来鼓励对马尼拉大帆船进行科学研究，尤其是关于它们的船舶特征，因为人们对其构造知之甚少（Sales Colin，2000：82-83）。

在这篇文章中，我们希望提出一种对马尼拉大帆船进行考古学研究的理论方法，从而为研究者提供判定西班牙在亚太地区进行海洋活动遗存的必要工具。我们的研究重点是早期马尼拉大帆船贸易航线的建立。本文首先总结西班牙的历史背景，并根据历史记录从理论上阐释西班牙在该地区的探索和经济活动。然后，我们将讨论目前与马尼拉帆船贸易航线有关的考古材料，并通过整合这些材料来阐释它将如何影响未来对马尼拉—阿卡普尔科航运的研究。

我们有必要通过了解西班牙的历史和冒险精神来理解其在太平洋地区的活动。西班牙在16世纪并不是一个以同一名称命名的统一政体。西班牙是一个源自罗马时代、由伊比利亚半岛（Iberian Peninsula）各国共享的地缘政治概念（Rubies，2003：432）。信奉天主教的卡斯提尔（Castile）女王伊莎贝拉（Isabella）和阿拉贡（Aragon）国王费迪南德（Ferdinand）在十五世纪晚期结合，但他们的婚姻并不意味着他们王国的统一，这两个王国都拥有各自的法律和议会（更多有关西班牙历史的信息请参照 Villar，1999；Floristán，2004）。阿拉贡议会比卡斯提尔议会拥有更大的政治权力，因此在卡斯提尔君权更盛。卡斯提尔议会在哥伦布（Columbus）提出他向西到达印度群岛的计划时给予了资助。从这时起，卡斯提尔就成为探索和发现新大陆的主要参与者。

君权制统治的关键问题之一是王室子女与欧洲其他王室继承人之间联姻的能力。通过这种战略性婚姻体系，他们成功地将他们的后代推向一个历史上最大帝国之一的前沿。这在 1580 年，信奉天主教的国王曾孙菲利普二世（Philip II）继承葡萄牙王位时达到了巅峰。这个持续到1640 年的联盟并不意味着葡萄牙作为独立国家的消失。虽然文化方面与西班牙文化融合并由其主导，但是在同一国王治下的六十年里双方民族关系紧张，这种紧张关系也影响了双方在亚洲的定居点，这一点我们在下文中会看到。这些历史事件使得卡斯提尔占据了西班牙的名号，并与其相挂钩[1]。我们在下文中会看到西班牙和葡萄牙之间出现的矛盾如何影响他们在亚洲活动的命运。

西班牙国王查理一世(Charles I)在1519年发起了第一次西行探索香料群岛(Spice Islands)的探险。这次探险的领队是在葡萄牙王室失宠的葡萄牙籍水手费迪南德·麦哲伦(Ferdinand Magellan)。他于1520年成功绕过南美洲南端进入太平洋。在1521年最终到达菲律宾群岛(Philippine Archipelago)，并在此被杀害。他的副手胡安·塞巴斯蒂安·埃尔卡诺(Juan Sebastián Elcano)继续旅程，并成为第一个环球航行之人。一支由加西亚·霍夫雷·德·洛伊萨(García Jofre de Loaysa)(或洛伊萨)(Loaísa)指挥，7艘船450人构成的探险队在1525年第二次出航。最终只有一艘船航行到东南亚，到达了香料群岛目的地。

来自伊比利亚半岛北部巴斯克地区的年轻水手安德烈斯·德·乌达内塔(Andrés de Urdaneta)是这次探险中为数不多的幸存者。他在香料群岛被困十年期间经常收集信息，这些信息后来被上交给西班牙国王。阿尔瓦罗·德·萨韦德拉(Álvaro de Saavedra)和埃尔南多·德·格里贾尔瓦(Hernando de Grijalva)在1527年和1537年继续太平洋探险，这次是经过墨西哥，但西班牙人不知道的是，太平洋洋流将他们向西推回(参考Maroto Camino，2008)。西班牙王室在这一时期非常关心能够寻找到避开葡萄牙领土的返程路线。《托尔德西拉亚斯条约》(1494年)和《萨拉戈萨条约》(1529年)(图1)将世界一分为二，界定了西班牙和葡萄牙的航运辐射范围。香料群岛、印度和非洲都由葡萄牙控制，而美洲和太平洋则由西班牙控制。西班牙国王菲利普二世在1560年写信给新西班牙总督时提及这个问题。他写道："自从旅外航行被公认为耗时较短，我们的航行重心是找到返程之路(Armendariz，2011：870)。"

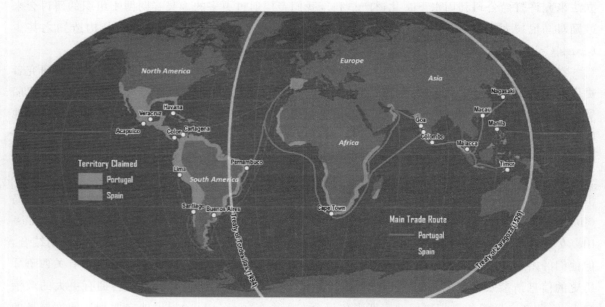

图1　《托尔德西拉斯条约》(1494年)和《萨拉戈萨条约》(1529年)

卡皮塔纳号(Capitana)、圣巴勃罗号(San Pablo)和圣佩德罗号(San Pedro)于1564年离开阿卡普尔科港。其中卡皮塔纳号上有由王室委派接管菲律宾的米格尔·洛佩兹·德·莱加斯皮(Miguel Lopez de Legazpi)和负责寻找回程之路的安德烈斯·德·乌达内塔。他们于1565年2月13日抵达宿务岛(Cebu)。仅仅几个月后，安德烈斯就启程前往阿卡普尔科(更多细节见Armendariz，2011；Truchuelo，2002)。他在向北航行后发现太平洋洋流把他带到阿卡普尔科，从那时起马尼拉大帆船贸易航线便建立了。

一、亚太地区西班牙贸易模式：历史与考古相结合

西班牙人在菲律宾定居前便已经在美洲定居了半个多世纪。这提供了一定的殖民经验，将决定其在亚洲殖民地的命运。国王这一次厌倦了在征服美洲期间土著居民所遭受的残酷剥削，并试图减少西班牙人和菲律宾印第安人之间的接触（Rubies，2003：422）。传教士们学习了菲律宾各族群的语言，并成为他们和国王之间的中间人（同上）。马尼拉至 16 世纪末成为了开展传教活动和商贸远行的重镇。国王菲利普二世在 1580 年继承葡萄牙王位，他向葡萄牙议会宣誓说，他将尊重葡萄牙的海外领土，并且不允许其被西班牙侵占。当荷兰攻击葡萄牙并占据马鲁古群岛（Maluku Islands）时，马尼拉派兵收回群岛并把它们移交给葡萄牙。然而，这并没有使两个伊比利亚半岛亲属永久合作。建立一个坚定的伊比利亚联盟的困难，使荷兰人和英国人在该地区的活动受益。

二、西班牙在亚洲地区的贸易发展：从对抗干预到被动贸易

西班牙在 16 世纪下半叶的贸易交流模式是徒劳地对亚洲政治的对抗和介入。探险家迪奥戈·韦洛索（Diogo Velloso）（葡萄牙人）和布拉斯·鲁伊斯（Blas Ruiz）（西班牙人）试图影响柬埔寨政治，但由于他们这些新来者与根基深厚的中国商人之间日益激烈的竞争导致这次尝试惨败。在 1596 年和 1598 年爆发了最初针对中国人，随后扩大到马来人的暴力事件。这两次暴力事件爆发的动机是通过小吵小闹和复仇宣言发展起来的（Ramos，1955；Dusmet de Arizcun，1932）。西班牙士兵总是寡不敌众。1596 年，中国人有数千位（虽然这个数字应该核验检查），而西班牙探险队则由 60 名西班牙人、70 名日本人和 20 名菲律宾人组成（Ramos，1955）。在马尼拉，没有任何人可以幸免。这座城市在 17 世纪初大约有 600 户西班牙家庭，最多时有 2000 名西班牙人，其中很多人很快就死于疾病（Rubiés，2003：421）。华人定居地的人口是他们的十倍，而西班牙化的土著人口也越来越多，达到了 30 万左右（同上）。同时我们也应指出东南亚人拥有几千年来建立的海上贸易关系，并且学会了在他们的贸易网络中接纳像印度人和中国人这样的外国商人。西班牙人到达的这个地区有一个非常发达的贸易网络和有经纪人禀赋的精明的当地商人。此外，我们还应当研究西班牙化群体和混血儿群体作为经纪人的作月，因为他们可能是西班牙人获得所求产品的关键一环。他们可以进入严禁西班牙人入内的港口（即葡萄牙或荷兰控制地区）并且懂得如何与当地商人互动。西班牙人在该地区施行权力的困难必然使其受损。他们在 17 世纪中叶一度撤回马尼拉，从中国商人和其他停靠在马尼拉的船只处获得商品。

三、历史记载中西班牙的亚洲航线

（一）北路航线

有记载表明，在 16 世纪晚期的殖民活动第一阶段中，西班牙人使用了吕宋岛（Luzon）的西海岸和博利瑙港（the port of Bolinao）（Ramos，1955）。虽然可以通过东南直道，随后在吕宋岛东海岸向北航行到达日本，但我们仍可合理推测西班牙人在早期远航中国和日本中使用了上述这条航线。最近在台湾的发掘工作中发现了一个位于和平岛（the island of Hoping Dao）的西班牙城堡，其中最早的材料可以追溯到 17 世纪（参见 http://www.cchs.csic.es/en/node/287412），所以西班牙人这条途经吕宋岛西部到达目的地的北线也许是合理的。

（二）东南亚航线

西班牙人似乎一直对印度和中国的产品感兴趣，他们除了丁香、胡椒粉和其他香料外很少关注东南亚的产品。如上文所述，他们在该地区成为掌权者的尝试基本失败。他们考虑到柬埔寨的情况，从而选择在南中国海航行。然而，他们的船也不都是西班牙本土船只，因为有记载表明他们也会使用当地的船只（Dusmet de Arizcun，1932；Ramos，1955；Sales Colín，2000）。调查西班牙沉船是一项艰巨的任务，需要进行进一步的研究，以提出能够辨别此类船只材料类型的理论。在西班牙撤回马尼拉后，传统商业模式似乎又恢复了。安东尼奥·德·莫尔加（Antonio de Morga）详细介绍了马尼拉的商品交换，而莱加尔达·费尔南德斯（Legarda Fernández）则进行了详细调查（Fernández，2009:605-618）。来自东南亚的船只抵达马尼拉，但其中许多船只装载的是与当地人进行贸易的货物，而不是新西班牙的奢侈品。大多数抵达马尼拉且携带运往新西班牙和欧洲货物的船只实际上是来自中国的大船，而来自东南亚的船只则较小（同上）。

（三）穿越圣贝纳迪诺海峡

马尼拉大帆船通常穿越圣贝纳迪诺海峡（San Bernardino Straits）往返美洲，途中经停关岛进行补给。这可能是西班牙人记录中前往阿卡普尔科的最佳航线，同时也是大多数已知的西班牙沉船所在之地。装载美洲白银的船只主要从阿卡普尔科进出，而常建造于亚洲并装载丝绸、瓷器和香料的大帆船则通过这条航线前往新墨西哥。他们也会使用新西班牙的其他港口，比如加利福尼亚的圣布拉斯（San Blas）、纳亚里特（Nayarit）、纳维达德（Navidad）、哈利斯科（Jalisco）、曼萨尼约（Manzanillo）、科利马（Colima）、锡瓦塔内霍（Zihuatanejo）和格雷罗（Guerrero）（Pinzón Ríos，2008;2011）。

有记载表明，一些驶于马尼拉贸易航线的船只停靠在日本的长崎港（Nagasaki harbour）（Sola，2005）。但是令人疑惑的是，这些船到底是往返于马尼拉，还是说在 1610 年西班牙人被驱逐以前，在穿越太平洋[2]前在日本停靠。这条航线至17世纪中叶已经建立起来，并在离开菲律宾群岛之前有几个停靠港口。然而，通往西班牙的贸易航线到了18世纪就出现了一些地方性问题。经济学家米格尔·德·扎巴拉·奥农（Miguel de Zabala Auñón）在1732年假设，诸如缺乏对工业、欧洲海外转口港的控制，西班牙商人的被动境况以及非法贸易和走私的流行等问题正在破坏贸易航线的利益（Luque Talaván，2008）。非法贸易往往难以被记录在案，然而目前的研究指出，非法贸易航线不仅限于亚洲（参见本文Junco所述），而且也出现在太平洋地区的南美洲港口（Pinzon Rios，2008）。该地区曾在1640年左右发生禁止秘鲁和新西班牙总督之间的贸易事件（Rios，2008：159）。马尼拉大帆船贸易航线是一个复杂的问题，如果我们要了解包括非法贸易等外围活动在内的各个方面，就需要采取全面的方法。因此，我们必须通过对考古遗迹的详尽研究来补充文献研究。

四、让考古学融入历史中

这项研究的最初目的是评估我们所掌握的关于马尼拉—阿卡普尔科贸易航线的考古信息，观察沉船是否与历史记录相符合或相矛盾。我们有一个更大的问题需要回答，即我们还可以利用这些数据推断出什么。研究的第一阶段涉及确定已知和（或）已发掘的相关沉船位置。这里列出的已知沉船是按照自西向东航行船只排列的，而不是依据时间顺序。

马尼拉国家博物馆的水下考古部门在过去的15年里一直在记录菲律宾各地疑似马尼拉大帆船沉船遗址。他们已经确定了四个遗址：一个在佛得岛（Verde Island），附近，两个在圣多明各附近的阿尔拜湾（Albay Gulf），最后一个则在圣何塞附近的拉戈诺伊湾（Lagonoy Gulf）（C. Jago-On，个人交流，May 25th，2013；Brown，2009：178）（图2）。

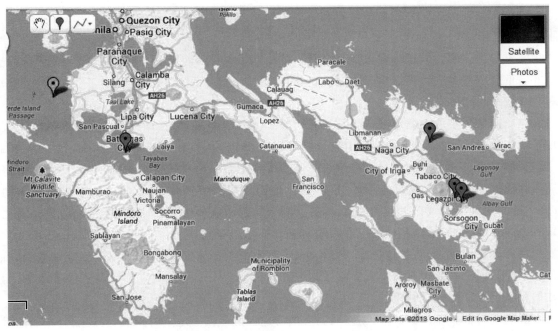

图2　恩博卡德罗附近的疑似大沉船遗址

阿尔拜湾两个遗址的材料都是在海底和海岸发现的。这两个遗址都发现了类似的材料：锚标、青花瓷片以及一些船体残骸（Brown，2009：178；E. Dizon，1991）。佛得岛的沉船被认为可能是1621年离开马尼拉的 Nuestra Señora de la Vida 号（S. Fish，2012：496）。该遗址在殖民时期被大面积打捞，并由专业潜水员进行了私下打捞，但考古学家在其中发现了青花瓷片、火枪子弹、炮弹和水银。大部分龙骨仍然完好无损，后来被打捞并保存了下来（Clark，et al，1988：255-262）。在拉戈诺伊湾挖掘的是一艘未命名的马尼拉大帆船。这个沉船中发现的材料与在佛得岛发现的材料类似（Cuevas et al，1997）。

沿着贸易路线向东，在马里亚纳群岛（Mariana Islands）附近有两艘马尼拉大帆船沉船。Nuestra Señora de la Concepción 号1638年从卡维特起航，遭遇了大暴风雨后在塞班（Saipan）海岸失事（Fish，2012：497）。这艘沉船在本案例研究涉及的马尼拉大帆船沉船中经过最系统地发掘。太平洋海洋资源公司（Pacific Sea Resources）在1987年—1988年协调了一年的沉船发掘工作。这项发掘项目有一些非常独特的发现：金银制品和珠宝、青花瓷片、克拉克瓷片、青瓷片、定窑白瓷片以及来自东南亚半岛的150多个马达班罐（Mathers，et al，1990）。

罗塔岛（Rota Island）附近的沉船已被确认为圣玛格丽塔号（*Santa Margarita*）。由于围绕打捞公司发掘方法的合法性问题导致项目被无限期搁置，几乎没有发现遗物群。孤立的象牙制品、陶瓷器和宝石制品代表了船上携带的商品（Junco，2011：878-9；Shen，2007）。

随着这些船只的贸易航线穿越太平洋，在北美西海岸发现了三艘被认为是大帆船的沉船。其中一个在俄勒冈州海岸被发现（Williams，2007），一个在加利福尼亚州的德雷克斯湾（Drakes Bay）（C. Shangraw & E. Van der Porten，1981），最后一个则位于巴哈半岛（Baja Peninsula）附近（Junco，2011：881-2；C. Nolte，2011）。俄勒冈州的大帆船被认为可能是1693年消失的布尔戈斯的圣基督号（*Santo Cristo de Burgos*），或者1704年离开菲律宾的旧金山泽维尔号（*San Francisco Xavier*）（Williams，2007：5；Fish，2012：501）。据记载中船只携带了75吨蜂蜡，这也是目前俄勒冈这艘大帆船的最典型特征之一。同时也发现了亚洲陶瓷器碎片、木质航海工具残骸。

在加利福尼亚州德雷克斯湾的某地有圣奥古斯丁号（*San Augustin*）的沉船。该船于1595年7月离开马尼拉，四个月后抵达加利福尼亚海岸（Junco，2011：877）。在即将到达德雷克斯湾时，暴风雨天气导致圣奥古斯丁号在该地区沉没。虽然沉船本身目前还没有被确认，但几个世纪以来，一直有它的货物被冲到海湾沿岸，并且从当地的印第安人遗址和墓葬中发掘出了一些文物（Shangraw & Von der Porten，1981：3-4）。

在巴哈半岛失事的大帆船被认为是圣菲利普号（*San Filipe*）。在该地区的海滩和浅层调查中发现了中国瓷器、蜂蜡以及一些铅和青铜制品（Junco 2011：881-2；Von der Porten，2010）（图3）。

这证实了有关马尼拉大帆船东路航线的典型历史记载。船只从马尼拉向南航行，穿过佛得角岛通道，绕过马林杜克岛（Marinduque Island）。他们穿越锡布延海（Sibuyan Sea），驶过圣贝纳迪诺海峡，在那里他们躲藏在附近的港湾，等待有利于航行的风。他们有时候可以等待近两个月之久（Mathers，et al，1990：41）。然后，这些船向东驶往马里亚纳群岛（拉德龙斯群岛，Ladrones），希望能利用有利的洋流，向北越过日本，然后向东穿过太平洋。理想情况下，几个月后就能看到陆地，并且这些船只会沿着北美西海岸向南前往阿卡普尔科港。许多编年史家都强调了这条路线，而沉船数据从基础上证实了这种模式。

当我们观察很多菲律宾、罗塔岛以及北美沿海地区沉船调查地点时，我们发现船只在陆地附近搁浅的实例。这显然有双重好处。它使得乘客和全体船员获救几率增加，同时也易于货物的回收和运输。霍纳（Horner，1999：180-184）记录了这一时期王室打捞行动的效果。

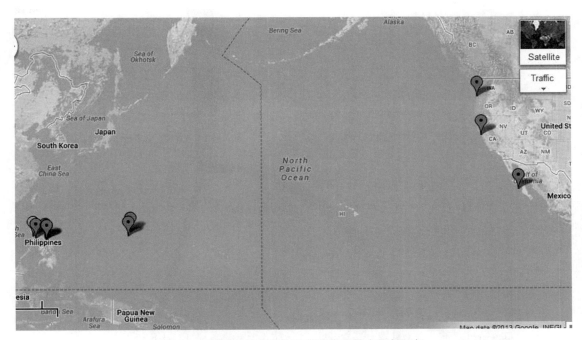

图 3　在马里亚纳群岛和北美西海岸的大帆船沉船

　　Nuestra Señora de las Maravillas 号 1656 年在巴哈马海岸搁浅。幸存者、打捞者和拾荒者从船上打捞部分货物的过程在接下来 30 年里被正式记录下来。王室组织了 1656 年、1657 年、1658 年的官方潜水探险。但是各种商人和党派（合法和非法的）从 Nuestra Señora de lasMaravillas 号获得了一些货物。记录还显示，这些船只装载的货物远远超过了它们登记的载货量。该船过去 30 年的打捞记录显示，他们发现了 1068 块白银，而货物登记上只有 506 块。此外，还发现了超过 15 万枚八里尔银币，这与在官方账户中近 7.3 万枚八里尔银币的登记迥异。

　　在 Nuestra Señora de la Concepción 号上进行的国家打捞行为于 1674 年载入编年史（Mathers，et al，1990：75；Junco，2011：878-879）。这样的打捞行动本来可以成为一个标准范例和一个可行的弥补潜在损失的商业选择。这可能就是很难有效地对这些沉船进行合理发掘的原因，另外也可能是某些马尼拉帆船沉船遗址中具有代表性的东南亚商品比例不足的原因。

　　美洲海岸的沉船非常重要，它们持续提供这段时间里有关贸易和物产的信息。然而，我们选择把注意力集中在马尼拉—阿卡普尔科贸易路线的最初几个月。该阶段所做的工作很少，我们认为强调这一方面可能会促进对这一领域的讨论和学术研究。

　　这一时期的太平洋洋流和风场类型决定了船只向北航行，越过日本，在三八线附近穿过太平洋。航程最初几个月所选择的路线相当危险。在被称为恩博卡德罗（Embocadero）的群岛中心航行是一场惊险困难的冒险。虽然有人尝试过几次越过波哈多角（Bojeado）和 Engaño 角，沿着吕宋岛西海岸航行，但是并没有建立一条统一的路线。这最初是在 17 世纪初由经验丰富的航海家埃尔南多·德·洛什·里奥斯·科罗内尔（Hernando de los Ríos Coronel）提出的，在 18 世纪进行了几次探索。据估计，沿西海岸航行到北纬 20 度线［靠近巴丹群岛（Bataan Islands）和巴林塘海峡（Balintang Channel）］可能需要两到三天的时间，而不是由恩博卡德罗群岛到达相同纬度所需的两个半月（Borao，2007：17-37）（图 4）。

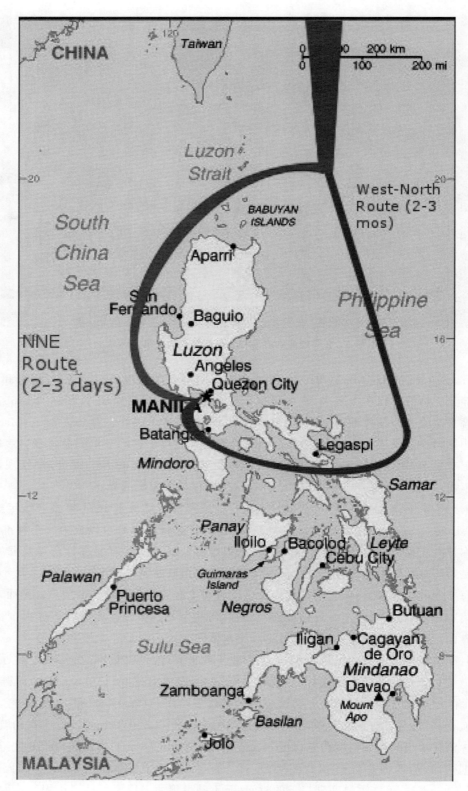

图 4　从马尼拉出发的北路和东路

　　只要帆船在 6 月中旬利用有利航行的季风起航，这条航线可以缩短两个多月的行程。这条路线直到 1734 年才被正式考虑，当时的国王菲利普五世（Philip V）要求对这条路线进行新的研究。

总督弗朗西斯科·何塞·奥万多（Francisco Jose Obando，1746—1754 年）下令大帆船必须在这条航线上航行。直到 1762 年，一场由西班牙社会声望显赫的成员和海员主导的运动才支持了这条新航线。圣佩德罗号（San Pedro）帆船是第一个在 1782 年成功航行的帆船，但它很快就沉没了。而使用这条路线的想法也随之消失（Fish，2012：355-356）。

在所有提到这条航路的文献中都未曾表明领航员和船长不使用该路线的原因。这允许我们提出一个有趣的假设。菲什（Fish，2012：356）和博劳（Borao，2007）指出，自满和不愿改变现状是不使用这条拥有无数好处航线的原因。这条航线可以将前往新西班牙的航行时间缩短约两个月，从而可以挽救生命，并可以增加马尼拉-阿卡普尔科贸易网络的市场和盈利能力。虽然看起来这是一条更安全的路线，但它确实有危险性和局限性。该路线取决于中国南海的季风洋流。计划使用这条洋流的船只需要从 6 月到 11 月依靠这个季风洋流。此外，根据西班牙与欧洲、亚洲等国家的关系，这条航线有可能让他们过多地暴露在敌人面前，这增加了海上战争的风险，还有可能使这些船只被捕获或击沉。

除了惯习之外，使用穿过圣贝纳迪诺海峡的中环路线的动力可能还有另一种。这条航线遍布小港湾、海湾、岛屿和其他航海港口。我们知道国王意识到马尼拉—塞维利亚贸易网络中的猖獗走私活动。我们认为船员们夸大了恩博卡德罗群岛的两个月航程，作为停靠二级港口装载额外违禁品的手段。

马尼拉的西班牙社区很小。某些不法活动在社区很难保密。如果转口站发生了大规模的走私活动，那么即使不是所有社区也会是大多数社区都知道并（或）成为其中一员。而如果在马尼拉有任何走私活动，其规模一般较小。恩博卡德罗群岛沿线的二级港口会供给大部分的走私行动。这一理论也与琼科（2011：882）关于格雷罗大海岸（Costa Grande de Guerrero）的走私港口的论文相吻合。我们可以想象一艘大帆船离开马尼拉后，在菲律宾群岛中部的某个地方增加了货物，并将未登记的货物存放在阿卡普尔科北部的某个港口，我们推测可能是纳维达德港（Rodriguez-Sala，2013：14-24）。文献研究似乎也符合这一理论（参照 Rodriguez-Sala，2013：14-24）。在秘鲁和新墨西哥总督之间的非法贸易中也有类似的活动记录，载有非法货物的船只经常在未经合法许可的情况下停靠，他们声称受到恶劣天气的影响或受到敌舰的攻击，然后利用这种掩护装载或卸载非法货物（Pinzon Rios，2008：159-169）。

一艘满载中国瓷器的东南亚船只在恩博卡德罗群岛的加斯帕岛（Gaspar Island）附近被发现（Green：1987）。对这艘船的调查显示，这是一艘较小的商船（长 7m × 宽 4m）（Brown，2009：176）。这可能是菲律宾群岛中部和南部的贸易模式，也可能是对当地走私港口的供应贸易。

这也可能形成上述违禁货物装载和运输的新理论。大部分沉船遗物中几乎没有保存完整的陶瓷。如果额外装载的物品没有考虑到脆弱性问题，那就可能是出现上述现象的原因。

此外，这些货物中有很多被贴上了文字标签。俄勒冈州的蜂蜡号（Beeswax）沉船遗物由带有各种图标的蜂蜡组成（Williams，2007）。Nuestra Señora de la Concepcion 号的瓷器上有许多字符标签（Mathers，1990）（图 5）。虽然这些字符表示航运公司或个人，但它们也可以表示在到达最终目的地（在本例中则是阿卡普尔科）之前需要卸下的货物。

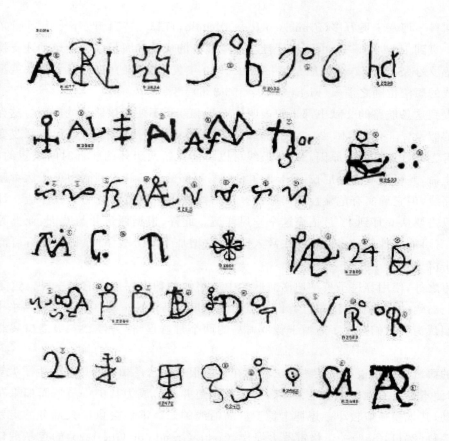

图 5　Nuestra Senora de la Concepcion 号的遗物中发现的几个符号标记（Mathers et al. 1990）

五、总结

根据考古遗迹证实的历史记载，西班牙在亚洲的商业活动似乎经历了两个阶段。16 世纪末到 17 世纪初呈对抗阶段。他们积极寻求干预地区政治，参与商业活动。与伊比利亚半岛合作的缺失、难以与西班牙有效沟通、人力的缺乏、与当地势力的冲突以及东南亚土著人口的坚定性格，似乎迫使西班牙人在 17 世纪中期撤回马尼拉。

对这些船只的考古工作证明了恩博卡德罗群岛的航行是危险的，并就这些大帆船是如何以及为什么超载提出了一个有趣的理论。对将 6 个月的航程减少三分之一缺乏热情，这明显突显出对个人安全的担忧有所减弱。什么因素会导致这种情况？如果次级中转港走私是原因，那么对黄金的渴望是否超过了人命的价值？

这一系列的工作仅仅触及了围绕马尼拉帆船贸易路线动机的皮毛。我们需要继续调查和挖掘恩博卡德罗群岛和吕宋岛西海岸的相关遗址。希望能在该地区发现更多的沉船，以填补该地区的考古空白，并揭示西班牙和菲律宾历史上一个特别丰富但未被重视的阶段。

注释

［1］下文我们将保留西班牙一词指代信奉天主教的国王以后的卡斯提尔王国。正如鲁比斯建议，虽然历史文献把伊比利亚半岛的文化统称为西班牙和西班牙语，但我们会用伊比利亚这一名称来代指它，避免造成困惑。

［2］索拉描述的罗德里戈·比韦罗记载表明他乘坐的前往新墨西哥的"旧金山"号（*San Francisco*）大帆船在日本失事。这艘船是 1609 年马尼拉大帆船探险队中的三艘船之一。"圣安东尼奥"号（*San Antonio*）到达了美洲，而"圣安娜"号（*Santa Ana*）则停靠在长崎。按照比韦罗的说法则是：los envié a vuestramajestad en la nao Santa Ana que en aquella sazón se estaba a prestando de dichoreino de Japón para seguir su viaje a la Nueva España（翻译过来是：我把它寄给乘坐停靠日本进行补给以期继续新西班牙之旅的圣安娜号的那位殿下了。）(Sola, 2005)。

参考文献

Armendariz，X.

2011，*Urdaneta and the health cargo of the Tornaviaje*. In *Proceedings of the First Asia-Pacific regional conference on Underwater Cultural Heritage*，pp. 865-876.

Borao Mateo，J.E.

2007，"The arrival of the Spanish galleons in Manila from the Pacific Ocean and their departure along the Kuroshio stream(16th and 17th centuries)"，*Journal of Geographical Research* No.47，pp. 17-37.

Brown，Roxanna M.

2009，*The Ming Gap and Shipwreck Ceramics in Southeast Asia：Towards a Chronology of Thai Trade Ware*. Bangkok：The Siam Society.

Clark，Paul，Eduard Conese，Norman Nicholas & Jeremy Green

1989，"Philippines Archaeological Site Survey，1988"，*International Journal of Nautical Archaeology and Underwater Exploration*，18(2)，pp. 255-262.

Cuevas，M.A.，Wilfredo P. Ronquillo & Eusebio Dizon

1997，"Underwater Archaeology in the Philippines Status Report 1992-1996"，paper presented at the SEAMEO-SPAFA Conference on Current Developments of Southeast Asian Archaeology and Museum Studies. Bangkok，May 5-11，1997.Unpublished.

Dizon，Eusebio Z.

1991，*State of the Philippine Underwater Archaeological Researches from 1989-1991：Plans for 1992*. Paper presented at the 2nd International Colloqium in archaeology at Silpakorn University，Bangkok，December 9-11，1991. Unpublished.

Fish，Shirley

2012，*The Manila-Acapulco Galleons：the Treasure Ships of the Pacific*. Milton Keynes：Author House.

Floristán，A.

2004，*Historia de España en la EdadModerna*. Ariel：Barcelona.

Green，Jeremy，& Rosemary Harper

1987，*The Maritime Archaeology of Shipwrecks and Ceramics in Southeast Asia*. (Albert Park：Australia Institute for Maritime Archaeology).

Horner，David

1999，*Shipwreck：A Saga of Tragedy and Sunken Treasure*. New York：Simon & Shuster.

Jago-On，Clyde.

May 15th，2013. personal communication.

Junco，R.

2011，The archaeology of Manila Galleons. In *Proceedings of the First Asia-Pacific regional conference on Un-*

derwater Cultural Heritage，pp. 877-886.

Legarda y Fernández，B.

2009，El comercio de Filipinas con el Sudeste Asiático. In Truchuelo García，S.（ed）. *Andrés de Urdaneta：un hombre moderno*. Ordiziako Udala：Lasarte-Oria.

Maroto Camino，M.

2005，*Exploring the explorers：Spaniards in Oceania*，1519-1794. Manchester University Press，Manchester.

Mathers，William M.，Henry S. Parker III & Kathleen L. Copus. Eds.

1990，*Archaeological Report：The Recovery of the Manila Galleon NuestraSeñora De La Concepción*. Vermont：Pacific Sea Resources.

Oyarzun，J.

1976，*Expediciones españolas el estrecho de Magallanes y Tierra de Fuego*. Ediciones Cultura Hispanica Escelicer：Madrid.

Pinzon Rios，G.

2008，Una descripción de las costas Del pacífico novohispano del siglo XVIII. En *Estudios de Historia Novohispana*. Vol. 39，pp. 157-182.

Pinzon Rios，G.

2011，Desarrollo portuario del Pacifico novohispano a partir de sus politicas defensivas，1713-1789. In Serie Novohispana，87. Instituto de Investigaciones Historicas：Mexico D.F.

Ramos，J. de

1955，*Cambodia and Diogo Velloso*. Imprenta Nacional：Macau.

Rodriguez-Sala

2013，"Diario de la navegación hecha por José Antonio Vázquez"Contribución al conocimiento náutico de la ruta entre Filipinas y la Nueva España. UNAM，Instituto de Investigaciones Sociales；Instituto de Geografía：México，D. F.

Rubies，J.P.

2003，The Spanish contribution to the ethnology of Asia in the sixteenth and seventeenth centuries. *Renaissance Studies*，Vol. 17，No.3，pp. 418-448.

Sales Colín，O.

2000，*El movimiento portuario en Acapulco：el protagonismo de Nueva España en la relación con Filipinas* 1587-1648. Plaza y Valdés Editores：México D.F.

Shangraw，C. & E. Von der Porten

1981，*The Drake and Cermeño Expeditions' Chinese Porcelains at Drakes Bay，California*，1579 *and* 1595. Santa Rosa：Santa Rosa Junior College and Drake Navigators Guild.

Truchuelo García，S.

2009，*Andrés de Urdaneta：un hombre moderno*. Ordiziako Udala：Lasarte-Oria.

Villar，P.

1999，*Historia de España*. Editorial Crítica：Barcelona.

Von der Porten，E.

2010，"Treasures from the lost galleon San Felipe，1573-1576"，*Mains' L Haul*，46（1 & 2），Maritime Museum of San Diego，San Diego.

Williams，Scott

2007，*Report on* 2007 *Fieldwork of the Beeswax Wreck Project，Nehalem Bay，Tillamook County，Oregon*. Honolulu：The Naga Research Group.

网络资料

Luque Talaván，M.，2008. *El progreso de las Filipinas en el pensamiento económico del siglo ilustrado*. Conference paper. Online resource accessed on the 15th of June 2013：

https：//www. google. com/url? sa ＝ t&rct ＝ j&q ＝ &esrc ＝ s&source ＝ web&cd ＝ 1&cad ＝ rja&ved ＝ 0CCwQFjAA&url＝http％3A％2F％2Fwww. economia. unam. mx％2Famhe％2Fmemor ia％2Fsimposio14％2FMiguel％2520LUQUE.pdf&ei＝5Ty8UczGFK3Y0QW5t4DACw &usg＝AFQjCNEbZ-uMavhMdAyBUogr8Tm9qw313g&sig2＝1t6ZGYZt2srcpXCBB2cKYA&bvm＝bv.4788 3778，d.d2k.

Nolte，Carl.，2011."Ship's story revealed in 435-year-old wreckage"，*sfgate.com*. Online Resource Assessed April 25，2013：http：//www. sfgate. com/bayarea/article/Ships-story-revealed-in-435-year-old-wreckage-2334012. php ＃photo-1844169

Shen，M.，2007."It's hard for me to believe"，*Katu News*，Oct 18th 2007. Online resource accessed on the 25th of April，2013：http://www.katu.com/news/local/10577646.html(Aug. 2011).

Sola，E.，2005. Laamistad del Japon：Rodrigo de Vivero y Verlasco la alaba frente a Juan Cevicon，capitan y maestre del galeon San Francisco. Online resource accessed on the 15th of June 2013：http：//www. archivodelafrontera. com/archivos/la-amistad-deljapon-rodrigo-de-vivero-y-velasco-la-alaba-frente-a-juan-cevicos-capitan-y-maestredel-galeon-san-francisco/.

B5 菲律宾"圣迭戈"号（1600）马尼拉帆船沉址水下考古

［菲］尤比奥·迪松（Eusebio Z. Dizon）

（菲律宾国家博物馆考古部，Archaeology Division，National Museum of Philippine，Philippines）

吴春明　译

一、导论

"圣迭戈"号（San Diego）沉船 1991—1993 年由菲律宾国家博物馆和法国环球第一基金会（WWF）发现和发掘的，对这艘 1600 年 12 月 14 日沉没于菲律宾八打雁纳苏格布（Nasugbu）好运礁（Fortune Island）的西班牙帆船沉址上进行的联合水下考古，让考古学家首次发现并研究了它所包含的大量物质文化遗存，也揭开了该船曾经的历史遭遇。沉船上最有价值的是贸易陶瓷遗存，出水的这些陶瓷器物的大部分是明代万历年间（1573—1620）的完整"克拉克瓷（kraak）"和"汕头器（swatow）"，还有一些缅甸、泰国、西班牙和中国其他地方的贸易陶罐。来自美洲新大陆的陶器以及一些菲律宾当地生产的陶瓷器则罕见且珍贵。"圣迭戈"号沉船就像一个时间胶囊，将来自菲律宾、中国、东南亚、日本、西班牙、秘鲁和墨西哥的所有文物包含在一个水下遗址中。

二、历史

"圣迭戈"号沉船遗址最初被误以为是"圣安东尼奥-宿务"号（San Antonio de Cebu）。然而，1994 年 10 月我在巴黎见到"圣迭戈"号原始档案的研究者帕特里克·利泽（Patrick Lize）先生后，才得知它的原名是"圣迭戈"。这是一艘典型奈比欧（navio 或 nao）的商船，它比卡拉维尔（caravel）帆船大，但比大帆船（galleon）小，可能是在欧洲造船商的监督下在菲律宾宿务建造的。档案文献记载的"圣迭戈"号的排水量从 200 吨到 300 吨不等，考古发现的船体长度约为 35 米，宽度约为 20 米。1599 年的某个时候，该船停靠在甲米地（Cavite）港，进行翻新和维修，但在即将完工时，于 1600 年 10 月底被安东尼奥·德莫加（Antonio de Morga）博士改装成军舰。

安东尼奥·德莫加是西班牙皇家最高法院（Royal Audiencia）的法官，也是当时菲律宾副总督。他撰写了著名的《菲律宾群岛历史事件》，并于 1609 年在墨西哥出版。德莫加写这本书是为了回应或作为范诺特（Van Noort）的回忆录注脚，这本名为《我艰难的环球旅行》回忆录讲述了他著名的环球旅行。

德莫加的直接上司是菲律宾总督唐·弗朗西斯科·泰洛(Don Francisco Tello)。早在1600年10月的最后一周,两人就已经听说过两艘外国船只要进入艾尔拜(Albay)湾。因此,他们一定已经准备好到时将入侵者抓获。然而,正式的说法是,直到1600年12月1日,泰洛才向德莫加下达命令,让其装备军舰并追击敌人。西班牙人从自己的步兵那里得到情报报告,误以为两艘外国敌船是英国人的,实际上是荷兰船。

泰洛和德莫加命令海军司令唐·琼·罗奎洛(Don Joan Ronquillo)收集所有可用的大炮和弹药,以武装战舰对抗"英国"敌人。罗奎洛曾是征服棉兰老岛的身经百战的军官,他接到泰洛和德摩加的命令后,拆除了岛上的防御工事和堡垒,收集了他们最好的武器和士兵。泰洛和德莫加看到这些拆来的武器后,意识到自己的错误,但却转嫁错误、下令逮捕罗奎洛,并指控他破坏了菲律宾群岛的防御,来为自己开脱。根据大多数历史记载,每艘战船上武装了10到11门大炮。

德莫加实际上武装了两艘战舰,"圣迭戈"号是一艘新修复的战舰,作为他的旗舰(capitana),而"圣巴托洛梅"号(San Bartolome)则是一艘新建的200吨级战舰(galizabra),作为海军上将的座舰(almiranta),由罗奎洛的亲密伙伴、经验丰富的海军军官朱安·德阿尔塞加(Juan de Alcega)上尉指挥。此外,德莫加的舰队还有两艘小型补给船(caracoas)和一艘巴兰盖船(barangay)。

荷兰旗舰"毛里求斯"号(Mauritius)由海军上将奥利弗·范诺尔特(Oliver Van Noort)(北方)指挥,西班牙人称之为海盗。范诺尔特实际上是一家自由贸易公司的总裁,尽管他于1584年获得了荷兰联合省省长拿骚毛里求斯伯爵(Count Maurice of Nassau)的正式委任,并于1618年成为奥兰治(Orange)王子。范诺尔特于1598年7月2日带着四艘名为"毛里求斯"号的船只离开荷兰鹿特丹,他的旗舰是"首都"号(Capitana),另一艘是"康科德"号(Concord)或"埃安德拉克斯"号(Eendrachs)(almiranta)。另外还有两艘是名为"亨德里克·弗雷德里克"号(Hendrick Frederick)和"霍普"号(Hope)的帆船,以及248名船员,范诺尔特船队的任务是与世界其他国家进行贸易。

因为范诺尔特船队是一个自由经济的企业,他不仅可以雇佣荷兰人,还可以雇佣来自不同国籍的人,包括英国人、葡萄牙人和西班牙人。在漫长的航程中,"弗雷德里克"号和"霍普"号迷失了方向。当范诺尔特于1600年10月16日抵达菲律宾时,他只带"毛里求斯"号和"康科德"号,共有158名船员。范诺尔特当时任命林柏特·比斯曼(Lambert Biesman)为"康科德"号的船长。一位名叫约翰·加勒韦(John Galleway)的英国人,音乐家,伦敦人,从荷兰船只上跳下,被当地人抓住,所以一些西班牙人才误认为他来自英国船只。

需要注意的是,"康科德"号船上装载了三桶黄金,这些黄金是在1599年被荷兰人从两艘名为"布恩·耶稣"号(Buen Jesus)和"洛斯·皮科斯"号(Los Picos)的西班牙商船上洗劫而来的,然后才来到菲律宾。而且,范诺尔特甚至还继续雇佣了"布恩·耶稣"号船上的西班牙海员胡安·德圣·阿瓦尔(Juan de Sant Aval)。"他们说有五十二个小箱子,每个箱子里装着四个阿罗巴(arrobas)的满满黄金,此外还有五百根分别为八、十和十二磅重的金条,所以总共有10200磅黄金;……"(Stanley 1868:177)。

泰洛和德莫加很可能都知道"康科德"号船上有黄金,因为泰洛对德摩加的指示之一,就是按照胜利者的惯例分配战利品。"物品,此类船只上携带的任何战利品,应按照此类场合的惯例,由胜利者分享。"(De Morga 1971:173)。这可能是德莫加成为这次海上军事行动负责人的主要原因,而实际上对于抗击荷兰船,肯定有比德莫加本人更有经验、更合格的海军军官。事实上,1601年7月16日,西班牙财政部长杰罗尼莫·德·萨拉扎·萨尔塞多(Geronimo de Salazar y Salcedo)向国王菲利普三世（Philip III）发出了针对德莫加的投诉信，并于 1601 年 6 月 20 日由马尼拉世俗法庭发出控告（Blair & Robertson 1973：Vol II：228-250）。

三、讨论

有关"圣迭戈"号沉船事件及德莫加的问题，该沉船的水下考古发现不但未能完满解答，反而提出了更多的疑点。比如，如果"圣迭戈"号真的被安装成一艘能追缉荷兰船只的战舰，那么为什么它装载了这么多似乎更适合贸易的船货，而不是武器等战备物资？正如本报告的考古学部分所指出的，在船上发现的贸易物品肯定更多，而不是军事物资。

如果"圣迭戈"号真的是为了追缉荷兰人的军舰，那为什么如历史文献所记载的那样，船上有贵族呢？在水下考古发掘过程中，也有一些迹象表明，船上可能有女性，这就让我们感觉到，"圣迭戈"号的航程很可能是直接前往墨西哥或西班牙的，而船上一些与军事无关的人可能就是为了搭便船。

下一个问题是，既然"圣迭戈"号满载着贵族和官员，为什么在两个季度的水下考古发掘过程中很少发现的黄金和其他个人物品？还有一个问题是，"圣迭戈"号或荷兰船只上是否装载了金条，以及这些金条是否可能被扔到了"圣迭戈"号沉没的地点？

"圣迭戈"号于 1600 年 12 月在菲律宾海域沉没，是迄今我们掌握的唯一涉及西班牙人在亚洲造船传统的实物证据。鉴于此，"圣迭戈"号上船员的描述就是这一建造技术的非常重要的信息。关于"圣迭戈"号的规模，各方说辞充满矛盾，德莫加曾说称，"圣迭戈"号是"一艘 200 吨重的中型的奈比欧（nao）商船"，但荷兰船长范诺尔特却说"有 600 吨重……"。德莫加的数字很小，他可能是为了少缴船东保险额、减少损失的一种欺诈声明，其他西班牙证人也一致否认了德莫加的话。奥古斯丁教（Augustinian）修士胡安·德·古铁雷斯（Juan de Gutierrez）认为，"这是超过 300 吨的托内拉达（toneladas）船……"，面对这一困境——"圣迭戈"帆船到底是 200 吨、300 吨还是 600 吨？只有对"圣迭戈"沉船残骸的水下考古研究才能判断出具体的实情。从考古调查来看，"圣迭戈"号大帆船的载重量在 700 至 800 吨之间！那么，我们怎么能相信历史记录呢？即使是建造地点，无论它实际上是在宿务还是在甲米地制造，都是值得怀疑的，尤其是所涉及的"圣安东尼奥"和"圣迭戈"这两个船名。可以推测，"圣迭戈"号是在 1590 年至 1600 年间建造的，德莫加对此只字未提，他只是不断重申这艘船必须进行改装，而且必须立即开始。无论形态如何，在这艘商船上安装火炮都需要进行重大修改。

有很多记载都提到"圣迭戈"号帆船被征用时发现的结构缺陷。这艘船从主桅到船尾，甲板上下都建造了密集的船舱。出于技术原因，佩德罗·平托·德·阿尔梅达（Pedro Pinto de Almeida）就这一缺陷向德莫加抱怨，他发现"建造 6 到 8 个舱室，占用了大量空间，这是不可接受的，既压缩了船员的宿舍，也不符合作战要求，以至于如果我们在底部附近受到撞击，我们甚至看不到它，更不用说修理它了，因为这些舱室堆满了如此多的压舱物"（L'Hour 1997：125）。"圣迭戈"号的木板箱也装得太多了。炮台位于第一层甲板下方，即顶层甲板下方，这意味着大帆船下方至少有两层甲板。"圣迭戈"号建造中的这一增加将破坏该船原有的空间比例。当它离开甲米地港时，它变得头重脚轻，侧身倾斜，压舱不平衡，装满了罐子。"圣迭戈"号的船主路易斯·德·贝尔弗（Luis de Belver）甚至对德莫加进行了干预，告诉他"除非他添加了足够的压舱物，否则就要将木板箱和船舱移走，留在岸上"（同上）。但德莫加无视所有这些建议。剩下的就是"圣迭戈"号沉没的历史。

这种情况说明，当安东尼奥·德莫加（Antonio De Morga）改装和征用"圣迭戈"号帆船时，菲律宾确实没有像样的造船技师、军舰建造师和军舰工程师。

四、水下考古勘测与探索

1991年4月，为寻找"圣迭戈"号沉船，进行了初期实地调查和勘探活动，从开始作业起就采用了最先进的勘测设备（Nicolas & Conese 1991）。为了确定勘测区域的覆盖范围，采用了信标辅助导航的三点定位系统，使用了磁力计和浅层剖面仪等精密测量设备来寻找海底是否存在异常现象以及海底的地貌特征。

在对好运礁附近地区进行实际调查之前，调查者在岛上的三个不同位置安装了三个信标，由太阳能电源、电线杆、支架、电线和天线的组成，并进行了信号测试，以确保所有信标正常工作。

环球第一自然基金会的双体船"凯米洛"号（Kaimiloa）用于最初的调查和勘探活动。调查者使用深水声呐系统地交叉扫测目标区域，环球第一自然基金会的潜水员对可疑点进行了一系列潜水探摸，以核实磁力计检测到的异常可疑点，之后确定了沉船残骸的确切位置。

（一）沉船遗址的位置

"圣迭戈"号沉船遗址位于好运礁东北约一公里处，沉船位于海平面以下约50米的一个小沙谷中。沉船遗存形成了一个约三米高的堆积体，遗物覆盖范围约40米×20米，总面积为800平方米。

该地点位于纳苏格布（Nasugbu）角西南约12公里处。好运礁是一个部分覆盖茂密树林、地势陡峭的岛屿，最高海拔119米，岛的东南侧有一小段白色沙滩，岛的最高点是126米高、坐落在一座白色混凝土塔顶部的好运礁灯塔。灯塔的白光每4秒闪烁一次，在14公里的距离内均可看见。

（二）潜水作业

"圣迭戈"号沉船遗址的主要发掘工作由法国商业潜水员进行。在整个项目开展的过程中，至少有两名国家博物馆的代表始终驻守现场，与弗兰克·戈德里奥（Franck Goddio）商讨合理的考古程序和现场发掘方法，国家博物馆的主管还通过使用双人潜水艇对水下考古工作进行了实地考察。沉船的锚发现于51米深的水下，船体遗存在一个缓坡上，方向舵的位置深度为54米。提供水面支持的"奥萨马"（Osam）服务船停泊在"圣迭戈"号沉船周围的四个系泊点上，方面潜水员从服务船上轻松地潜入沉船遗址上。

在考古发掘的第一阶段，国家博物馆主管使用了一艘双人潜水艇，在遗址上现场考察与评估水下工作。博物馆的考古研究人员和技术人员对出水的考古标本进行了登记、编目、清点、记录和标签标记。同样，博物馆工作人员还负责监督将重要标本包装和储存到特定容器中，并定期护送出水的考古材料从工作船转移到马尼拉的标本仓库。在整个"圣迭戈"号水下考古工作中，国家博物馆的工作人员保存了详细的考古项目日志，记录了每天的活动和发现情况。

由于沉船遗址埋藏在很深的水下，考古工作必须小心确保潜水员的安全。除了在工作初期进行几天 24 小时的测试性潜水作业外，正常考古工作日的潜水活动仅限于白天，从早上 6∶30 到下午 6∶00。每位潜水员下潜到沉船遗址上进行 30 分钟的工作潜水，然后要进行 45 分钟的逐级减压程序，水下减压站的深度从 15 米到 3 米，每次停留递减 3 米。在最后两个减压站，潜水员将把压缩空气换成氧气，以进一步提高减压效率，所有的潜水程序都根据法国"特拉维潜水表"（French Ministre du Travail）的标准进行的。

根据这个潜水计划，四名潜水员可以同时在现场工作。开始时，两名潜水员将使用自携式潜水设备 Scuba（水肺），两名潜水员将使用管供潜水 Hookah。管供潜水器系统采用了"奥萨马"服务公司的长条空气软管向水下供气，允许潜水员在水下无时间和气量限制地呼吸。然而，该系统被证明不如水肺 Scuba 的潜水效率高，自携式潜水可以让第二个潜水队在第一个潜水队减压时进入水中，而管供潜水 Hookah 系统只有在前队完成减压出水后，第二个潜水队才能得到供气下水。最终，为了获得更多的潜水时间，没有使用管供 Hookah 机。

潜水员携带水下摄影设备，对每天的水下工作和考古发现进行视频和照片记录。随着发掘的推进，考古人员开始在一艘双人潜水艇上对水下工作进行了观察，1993 年发掘接近尾声时，国家博物馆主管也到遗址现场潜水。沉船遗址水下考古工作的详细计划，正是通过这些现场潜水观察和与法国潜水员的磋商获得的。

（三）发掘

在水下考古发掘之前，在遗址上建立了一个控制网格，按探方方式系统发掘沉船堆积，两台电动水泵用于抽泥。

发掘出水的文物用绳索滑轮吊到工作船上，出水的小件器物要重新浸入不同容器中的海水里，以保持盐分和水分的稳定性。大罐子和凝结物用钢丝绳捆扎，并由浮力升降袋运出水面。罐子中的淤泥等物在筛网中过筛，动物骨骼、牙齿以及植物种子等都予以回收采集。较大的罐子被放在纸箱里，运往马尼拉，在那里再被浸泡在水缸里脱盐脱水。

出水了 14 门青铜大炮，其中最大的一门重达近 2.5 吨，是通过另一艘单独驳船上的起重机陆续提升到水面，这些铜炮在 1992 年度发掘活动结束之前都发掘出水了。

所有出水文物在水下沉船上的位置都绘制在工作船的工作平面图上。除了作为个案考古遗址资料的条目检索外，沉船上的所有这些资料数据同时也是国家博物馆库存记录表的一部分。此外，国家博物馆工作人员的工作平面图和每日日志也都作为沉船考古资料的补充。

五、考古出水文物资料

在"圣迭戈"号沉船遗址水下考古期间，从遗址中发现了超过 34000 件考古器物标本，包括碎片和破裂的器物。考古发掘记录显示，该遗址的总体情况是，青铜大炮位于大型硬陶瓮（罐）的上部，陶瓮放在成堆的压舱石上，压舱石依次堆积在船舰的肋骨和船底板上。大陶瓮发现时多被成层堆放，较小的器物，如瓷片，则主要发现于瓮、罐下面和周围。

从"圣迭戈"号沉船遗址中发现的考古材料包括 500 多件中国青花瓷器，器型有盘、碟、瓶、壶和罐等，可能属于明朝（1368—1644 年），特别是万历时期（1573—1620 年）（图 1～3；彩版七∶5）；750

多个中国、泰国、缅甸、西班牙或墨西哥的硬陶瓮（罐）（图4,5；彩版七；3,4）；70多件受欧洲风格和器型影响的菲律宾硬陶器；一些日本武士刀；14门不同类型和大小的青铜大炮；一些欧洲火枪；石炮弹和铅炮弹；金属导航仪器和工具；银币；两个铁锚；动物骨骼和牙齿（猪和鸡）；种子和果壳（李子、栗子和椰子）。出水的大部分陶瓷器都完好无损，许多碎片也是可修复的。

图1,2 "圣迭戈"号沉船出水的中国青花瓷盘

图3 "圣迭戈"号沉船出水的中国青花瓷壶（军持）

图4 "圣迭戈"号沉船出水的硬陶瓮（罐）　　图5 "圣迭戈"号沉船出水的陶罐上的刻划符号

在发现的这些金属器物中，值得注意的是航海罗盘和海洋星盘。从遗址中还发现了一块硬化树脂，根据历史文献记载，这是用于填缝和在火炉中生火。

大部分沉船文物刚出水时，都被珊瑚覆盖。在出水文物保护阶段再进行彻底清洁后，才能对其进行适当识别和描述。

六、结语

尽管"圣迭戈"号在1600年底被征用入列为西班牙人的战舰，其装载船货表明仍然是商船，尤其是它运载的陶瓷船货不言自明。这些陶瓷器有来自中国，还有包括泰国、缅甸、越南等东南亚半岛的中、高级质量的陶瓷产品，以及来自菲律宾的产品，来自西班牙的欧洲产品，秘鲁和墨西哥等新大陆的产品。当然，我们在"圣迭戈"沉船残骸的水下考古发现中获得了大量的考古资料和历史信息，其所承载的文化材料数量和规模都远远超过了一艘只在菲律宾领海内追缉两艘小型荷兰船只的西班牙军舰。

最后，应该感谢弗兰克·戈德里奥（Frank Goddio）先生组织了"圣迭戈"号沉船考古的所有工作。帕特里克·利泽（Patrick Lize）先生在西班牙、荷兰、罗马和巴黎做了一系列的"圣迭戈"号帆船档案的研究。吉尔伯特·福尼尔（Gilbert Fournier）先生是第一个潜入八打雁省好运礁附近的这个沉船地点的，他确定了"圣迭戈"号沉船的真实存在。戈德里奥先生顺利地做好了与菲律宾国家博物馆的项目协调工作。"圣迭戈"号沉船考古项目的技术工作由环球第一自然基金会的戈德里奥团队和菲律宾国家博物馆考古部水下考古分支的考古人员共同完成的。

参考文献

Alba，Larry A.

1993 A preliminary survey of the storage jars. In Saga of the San Diego(A.D. 1600). Concerned Citizens of the National Museum, Inc. Vera-Reyes, Inc. Philippines. Pp. 43-44.

Alba，Larry，Eduardo T. Conese & Vincent Secuya

1993 Fortune Island Underwater Archaeological Excavations：A 2nd Preliminary Report. Unpublished paper at the Record Section of the Archaeology Division，National Museum.

Beyer，H.O.

1946 Manila Ware. Museum and Institute of Archaeology and Ethnology，University of the Philippines Bulletin No. 1. Manila，Philippines：Bureau of Printing.

Beyer，H.O. & J. C. De Veyra

1947 Philippine Saga：A Pictorial History of the Archipelago Since Tie Began. The Philippine Evening News. Manila. Philippines.

Blair，Emma H. & James A. Robertson

1903-9 The Philippine Islands，1493-1898. Volumes 11，13 and 15. Arthur H. Clark Company. Cleveland.

Chirino，Pedro(S.J.)

1969 Relacion de las Islas Filipinas. The Philippines in 1600. Historical Conservation Society XV. Manila.

Cummins，J.S.(Editor and Translator)

1971 Sucesos de las Islas Filipinas by Antonio de Morga，1559-1636. Hakluyt Society at the University Press，

Second Series No. 140. London.

De la Torre，Amalia A.

    1993 Potteries of the period. In Saga of the San Diego(A.D. 1600). Concerned Citizens of the National Museum，Inc. Vera-Reyes，Inc. Philippines. Pp. 31-37.

Dizon，Eusebio Z.

    1992 Report on the Underwater Archaeological Activities in the Philippines from 1991 to Mid-1992；unpublished paper presented at the SPAFA Consultative Workshop on Underwater Archaeological Research(S-W 141) held in Jakarta，Carita，and Serang，Indonesia from 29 June to 5 July 1992.

Dizon，Eusebio Z.

    1993 War at sea：Piecing together the San Diego puzzle. In Saga of the San Diego(A.D. 1600). Concerned Citizens of the National Museum，Inc. Vera-Reyes，Inc. Philippines. pp. 21-26.

Ehrich，R.W.

    1965 Ceramics and Man：a Cultural Perspective. In Ceramics and Man，edited by F.R. Matson. Viking Fund Publication in Anthropology No. 41. USA

Goddio，Franck & Emory Kristof

    1994 The Tale of the San Diego. National Geographic 186(1)：34-57.

L' Hour，Michel.

    1996 "Naval Construction：A makeshift galleon" in Treasures of the San Diego (Edited by J.-P. Desroches et al). Association Française d'Action Aristique and Fondation Elf，Paris，and Elf Aquitaine International Foundation，Inc.，New York.

Main，D. & R.B. Fox

    1982 The Calatagan Earthenwares：A description of pottery complexes excavated in Batangas Province，Philippines. Monograph No. 5. Manila，Philippines：National Museum.

Nicolas，N.C. & E.T. Conese

    1991 A report on the archaeological survey off Fortune Island. Unpublished paper at the Record Section of the Archaeology Division，National Museum.

Rizal，Jose

    1990 Historical Events of the Philippine Islands by Dr. Antonio De Morga，published in Mexico in 1609 recently brought to light and annotated by Dr. Jose Rizal. Writings of Jose Rizal，Volume VI. National Historical Institute. Manila.

Ronquillo，Wilfredo P.

    1993 The Archaeology of the San Diego：A Summary of the Activities from 1991-1993. In Saga of the San Diego (A.D. 1600). Concerned Citizens of the National Museum，Inc. Vera-Reyes，Inc. Philippines. Pp. 13-20.

Salcedo，Cecilio G.

    1993 The ceramic cargo. In Saga of the San Diego(A.D. 1600). Concerned Citizens of the National Museum，Inc. Vera-Reyes，Inc. Philippines. Pp. 29-30.

Stanley，Henry E.J.(Editor and Translator)

    1868 The Philippine Islands，Moluccas，Siam，Cambodia，Japan，and China，at the Close of the Sixteenth Century. Burt Franklin，Publisher. New York.

Zaide，Gregorio F.

    1990 Documentary Sources of Philippine History，Volume 3. National Book Store. Manila.

B6　16世纪马尼拉帆船的航海技术史考察

[墨]罗伯特·詹可·桑切斯(Roberto Junco Sanchez)

(墨西哥国家人类学与历史学研究所,National Institute of Anthropology and History,Mexico)

吴春明　译

墨西哥国家人类学与历史学研究所水下考古部(SAS/INAH)正在开展的"下加利福尼亚巴哈(Baja)马尼拉帆船"遗址考古计划中,该沉船被认为是1576年在从亚洲返回新西班牙的途中沉没的。对于这类沉船考古,人们的注意力已经从对船货的专注,越来越多地转移到了船舶本身的航海性能上,也就是说,我们正在考古发掘的是什么样的船舶? 该船有什么特征? 它是如何建造的以及在哪里建造的? 这一考古项目起于1999年,并一直持续至今,在海岸和海上进行了12个年度田野考古。迄今的初步成果非常有价值,收集的文物提供了关于早期马尼拉帆船船货性质的有趣线索,该沉船之前被认为是1576年沉没的400吨"圣菲利普"号(San Felipe)(Von der Porten 2010)。根据人工制品的分散性和遗址的埋藏特点,考古学者非常确定地复原了船只的沉没过程。尽管已经发现并记录了与船体本身的结构有关的文物,但我们对这艘船的结构特征仍知之甚少。为了促进对该沉船的研究,我曾特别找到了一篇关于西班牙航海的论文,作为研究这艘沉船造船信息等的最佳来源。这篇题为《航海指南》(Instrucción Náutica)的作品于1584年在墨西哥城出版,不仅因为它与巴哈船只的建造和沉没时间相近,而且因为作者迭戈·加西亚·德·帕拉西奥(Diego Garcia de Palacio,DGP)作为马尼拉帆船的建造者,与该巴哈沉船主题密切相关,他还是马尼拉帆船航线上的商家,他有建造船只并试图在16世纪推出几无胜算的征服中国的野心。当然,除了这篇《航海指南》,可能还有其他论文也与本文的复原有关,但该文仍是有关下加利福尼亚南部的这艘马尼拉帆船形态与结构的最佳信息来源,其具体原因我将在文中阐述。对这艘大帆船的进一步研究,可避开该文所记载的有关铁器工艺和创建可能模型的内容。

一、下加利福尼亚巴哈沉船考古遗址

沿墨西哥与加利福尼亚南部半岛的太平洋海岸延伸11.5公里的"马尼拉帆船"的考古遗址,发现于海岸沙丘和大海之间。由于该地区的洋流,大量的沉船残骸被冲上岸边,历史上沉船事故的发生也就不足为奇了,船上所有的人很可能早在船只撞上海岸之前就已经死亡。沙丘之间分布有浅沙滩,每年随着沙堆的缓慢移动,沙堆中都会出露许多沉船文物。每个年度的野外工作季节都进行了广泛的遗址表面文物的调查采集,以确定散落在沙丘面上的器物,并记录器物的位置和一般特征。在遗址表面遗物密集分布的位置进行考古发掘,在沙层下也下发现了许多人工制品。在低潮时段,还在水面和低海拔海滩进行了磁力计勘测,并记录了一些磁性异常点。这些磁性异常点清楚地反映了沙层深处埋藏的文化遗物,由于它们位于海平面以下(超过 5 米)的深度,所以发掘过程中海水会很快渗满探方,事实上很难获取这些沙层中的遗存。我们也曾尝试在水下发掘这些磁力异常点,但条件有限未能到达预期的目标。

该遗址上发现了大量与文献记载的这艘大帆船及其船货有关的遗物。最常见的是明朝万历年间的中国瓷器碎片(Kuwayama 1997:57),包括大大小小的盘子、碗、杯子以及其他器型的传统青花瓷器和釉上彩瓷,以及青花加釉上彩的瓷器。收集到的这些瓷器有 1800 多片,堪称马尼拉帆船跨太平洋早期贸易出口各类瓷器的代表。来自东南亚和中国的东方硬陶器不太常见,但代表性很强,类似于 1600 年"圣迭哥"号沉船中发现的成排的硬陶瓷,可以在马尼拉的国家博物馆和马德里的海军博物馆(Goddio 1994)看到。一般认为,这些陶器是用来储存长途航行所需的食物和水,本身并不是交换商品。

在发现的沉船其他残骸中,还有几大块蜂蜡、指南针平衡环等欧洲的导航仪器、航海测深小铅锤、一个精美的中国雄性福狗形象雕塑的铜香炉盖子、两个中国铜镜、中国造的景泰蓝盘子,还有几枚装饰西班牙菲利普二世银币以及一枚中国铜钱。该遗址最早由耶稣会神父康塞格(Consag)于 1746 年发现,他在福音布道之旅中探险考察了下加利福尼亚巴哈的北部地区,他所描述的考古遗址与我们发现的遗址非常相似,他说:"……到了中午,那些去考察、记录沙丘的人回来了,他们带来了一个碗、一个杯子、一瓶中国瓷器和一大部分白蜡膏。他们报告说,周围各处都散布着各种中国瓷器的碎片,包括陶瓷罐、大盘子和其他类似的东西……"他接着说:"这里的所有这些都清楚地表明,在这一片沿海的沙滩上,或者在附近什么地方,应该有一艘船被撞毁了"(Ortega 1887:524)。

关于大帆船本身的残骸,爱德华·冯·德·伯顿(Ed Von der Porten)的研究确定了沉船遗址的形成过程,基本上,这艘船在海岸外的浅滩上至少搁浅了一年,一场风暴使其最终破裂,并将部分船体和船货推上海滩(Von der Porten 2010)。这一假设的一部分是基于蜂蜡残块上有 Taredo Navalis 蠕虫的凿孔,表明这些蜡块曾在水下保存了一段时间。每个年度考古的地表调查,都发现了沉船遗物在海滩上的扇形分布。然而,正如 18 世纪的康塞格神父(Father Consag)所说的那样,该遗址对船体残骸保护很差,"比如钉子和铁片,即便钉子仍钉在残存船板上,但稍微碰触就会粉碎"(Ortega 1887:524)。我们在调查中所记录的作为沉船一部分的元素有,铁钉、大头铁钉、铁螺栓和船壳板的铅护套,康萨格神父也记录了这些。遗憾的是,这些考古信息并不足以完成船只的完整重建。

二、早期马尼拉帆船与通往亚洲的新航路

1453 年,随着土耳其人占领君士坦丁堡,欧洲消费者获取东方商品的古老商贸路线堵塞了。这一重要事件恰逢航海家亨利(Henry)所推动的葡萄牙海上扩张运动兴起,巴托洛梅乌·迪亚斯(Bartolomeu Dias)于 1486 年越过好望角,1498 年瓦斯科·达伽马(Vasco da Gama)在印度卡利卡特(Calicut)登陆,开启了欧洲和亚洲之间的直接贸易。此后,东方商品又开始大量流向欧洲。西班牙也紧随葡萄牙之后,循克里斯托弗·哥伦布(Christopher Columbus)最初的向西航行计划,开始寻找通往亚洲的道路,最后抵达了"远东"。这位海军上将按照托勒密(Ptolemaic)的世界地理体系

航行，美洲是在他通往印度、中国和马可·波罗笔下的日本（Cipangu）航路上的一个意外发现（Diaz Trechuelo 2001：34）。

西班牙人正在整个美洲大陆扩张的同时，他们从未停止寻找亚洲。1513年，努涅斯·德·巴尔博亚（Nunez de Balboa）从巴拿马的达里安（Darien）看到了太平洋，并多次试图找到穿越美洲的直道，毕竟，他仍在等待前往马可波罗到过的强大的中国。西班牙和葡萄牙人以1493年的"凯特拉间线"（Inter caetera）和1494年的《托德西利亚斯条约》（Treaty of Tordesillas）将世界分为两部分，建立了一条保障两国"主权"的子午线，向东、向非洲为葡萄牙，向西到美洲为西班牙，这条子午线后来某种程度上使葡萄牙人据以声称对阿尔瓦雷斯·卡布拉尔（Alvares Cabral）在1500年发现的巴西拥有主权。替西班牙国王查尔斯五世航海探险的葡萄牙人麦哲伦（Magellan）的航行使得到达世界各地领土、到达子午线另一面的香料群岛，成为可能。他在1521年取得史诗般的壮举之后，探险队完成了世界上的第一次环球航行，找到了可以通达亚洲的狭窄笔直的航线（同上：37）。虽然麦哲伦在旅途中丧生，但埃尔卡诺（Elcano）在一帮水手的协助下完成了未竟的航程（Fernandez 1998：18）。

同年，阿兹特克（Aztec）首都特诺奇蒂特兰（Tenochtitlan）落入西班牙议会科尔特斯（Cortes）之手，此后不久科尔特斯向国王提出了一项计划，从新征服的新西班牙领土向东亚的摩鹿加群岛派遣一支探险队。他们曾有几次尝试从美洲或旧大陆前往亚洲。1525年，约弗雷·德·洛伊萨（Jofre de Loaysa）的探险队与经验丰富的埃尔卡诺（Elcano）一起，收了一位名叫安德里斯·德·乌尔达内塔（Andrés de Urdaneta）的年轻人作为探险队的一员，乌尔达内塔后来找到了从亚洲返回美国的著名的"龙卷风"（Tornaviaje）航线。他们抵达了菲律宾群岛，但无法穿越太平洋返回美洲。其他探险队如阿尔瓦罗·德·萨韦德拉（Alvaro de Saavedra）也有同样的经历，而另一些探险队如洛佩斯·德·维拉洛博斯（Lopez de Villalobos）则以悲剧告终（Rahn 2006：8）。1565年，米格尔·洛佩斯·德·李格斯皮（Miguel Lopez de Legazpi）探险、征服菲律宾，使之成为西班牙永久殖民地，并巧妙地利用北太平洋沿岸的黑潮（Kuroshivo）洋流，将新西班牙与菲律宾紧密地联结在一起（Martinez 1992：87）。

跨越太平洋的"龙卷风"航线使菲律宾群岛的几个地点得以殖民，但少数全球级的富商对这一殖民地感到失望。对王室来说，菲律宾是一个庞大的财政负担，以至于1580年曾严肃地考虑放弃这里。在亚洲的最初几年殖民并没有利润，但在1572年，"西班牙终于有机会获得抵达马尼拉湾的中国帆船运来的部分货物：几百卷丝绸和几千件瓷器"（Pérez de Tudela 2004：155）。亚洲的西班牙殖民地开始以贸易为主。顺便说一句，就在同年阿卡普尔科（Acapulco）被指定为马尼拉帆船在美洲的官方指定停靠港。

三、16世纪的马尼拉帆船

从航海的角度来看，关于"马尼拉帆船"的规模，见于表1所示，还有一张16世纪的帆船吨位增加的照片，到了1614年已有1000吨的帆船（Shurtz 1992：188）。西班牙塞维利亚（Seville）的商人关切的是帆船的大小和货运能力的增加，他们实际上热衷于增加被限制运往新西班牙的货物数量。因此，1593年，皇室下令对"马尼拉帆船"进行限制，将每年可航行的船只数量限制在两艘，每艘可载重300吨，第三艘船被授权留在阿卡普尔科，作为应急备用（Castellanos 1996：90）。这项法律于

1720年更得到加强,但实际情况是,通常每年只有一艘大帆船航行于太平洋航线上,但其大小超过了官方的限制,比如到了1762年允许的吨位,"桑蒂西马·特立尼达"(Santisima Trinidad)号大帆船就达到了2000吨。

表1 16世纪"马尼拉帆船"的吨位

船号	建成年份	吨位
San Lucas	1564	40
San Juan	1564	80
San Pablo	1564	400
San Pedro	1564	500
San Geronimo	1566	300—400
Espiritu Santo	1572	200—300
San Felipe	1575	400—500
Santa Ana	1587	600
Santiago	1588	600
San Pedro	1588	400
San Felipe	1589	700
Pintados	1591	600
San Agustin	1594	200

在跨太平洋航线的早期,由于建造这些马尼拉大帆船是一项有利可图的业务,墨西哥的阿卡普尔科、尼加拉瓜雷雷霍(Realejo)和菲律宾的造船厂之间存在激烈的竞争,这些港口都声称拥有开展这项造船业务的最佳条件。在1580年代最初的这一短暂竞争期,菲律宾甲米地(Cavite)的造船厂因低廉的造船总价、优质的柚木船材,而赢得了竞争。在柬埔寨、苏门答腊、日本和印度也建造了更多类似的船只,但这些都是例外情况(Shurtz 1992:189)。虽然没有锻造锚用的好铁,但雷雷霍有很好的船用绳索和船板填缝用的松脂(Radell 1971:302),而阿卡普尔科有来自墨西哥湾韦拉克鲁斯(Veracruz)的旧船补给。在菲律宾总督桑德(Sande)于1576年给西班牙国王的信中,提到建造大帆船:"在这个岛屿上有大量的木材和人力,因此可以建造一支庞大的舰队和大帆船船队……也有很好的木材;所以按照我的想法,在危地马拉建造这艘船需要10000达克特(ducats),在新西班牙建造这艘船只需要30000达克特,而在这里建造只需要2000到3000达克特"(Retana 1895:56)。此外,在1585年,阿隆索·桑切斯(Alonso Sanchez)注意到,在雷雷霍和新西班牙的其他港口建造船只效率低下且成本高昂。优质的木材、价格低廉的铁和劳动力,使得500~600吨级的船舶如果在菲律宾建造,其建造时间和费用都更省(Radell 1971:306)。这一点很重要,因为《航海指南》一书的作者本人在雷雷霍港建造了至少两座大帆船。

四、巴哈马尼拉帆船沉址复原的若干因素

认识和复原巴哈"马尼拉帆船"内涵特点的主要依据是考古发现和历史文献记载,这艘可能是

1576年沉没的"圣菲利普"号帆船。这方面，像艾曼纽尔角（Emmanuelle Point）沉船和莫拉斯礁（Molass Reef）沉船等16世纪的西班牙沉船（Delgado 1997：140279），对我们的研究有特别的参考价值。然而，已有研究这些沉船的航海技术史论文，都仅为船只的建造做了一个蓝图式的概括。从迄今为止我们这个考古项目的调查研究收获来看，考古发现为沉船本身的结构和船货内涵提供了重要的证据。航海技术史的研究论文，从另一角度为我们提供了船只本身大小和形状的概要性认识，这方面帕拉西奥（DGP）撰写的《航海指南》是一本非常适合的书，这不仅是因为本书的出版的日期和写作质量，还因为帕拉西奥雄心勃勃的研究计划。帕拉西奥出生于西班牙北海岸，是一个优秀的航海家，1573年直到1580年担任危地马拉检察官。作为其职责的一部分，他于1576年给国王写了一封著名的信，信中提到了他对今洪都拉斯科潘玛雅遗址的发现，以及他对中美洲印第安人及其习俗的描述，这些富有洞察力的考察报告迄今仍是人类学家广泛阅读的重要作品。第二年，他在尼加拉瓜的雷雷霍（Realejo）监督了两艘"马尼拉帆船"的建造，他用当地的雪松等木材进行实验，下令编织棉纱风帆，并为龙舌兰纤维索具的制造开辟了先河。1578年，他发起了一项征服菲律宾和中国的计划。1580年，他成为新西班牙的检察官，次年成为墨西哥大学的校长。1587年，总督任命他负责一次海上征服，以打击几个月前在新西班牙太平洋海岸造成破坏的英国卡文迪什（Cavendish）海盗，但没有成功。他最终于1595年在墨西哥城穷困中去世。

五、西班牙征服中国的野心

在菲律宾群岛的早期殖民时期，西班牙人曾提出类似征服美洲的领土征服议案，即发现并定居群岛，然后征服大陆。许多征服中国的建议都送给了西班牙国王，第一个是菲律宾征服者的李格斯皮总督，他在1567年请求允许建造6艘前往中国的军舰。接下来是一位精力充沛的奥古斯丁教僧侣马丁·德拉达（Martin de Rada），他在1569年提出征服中国。1572年，国王菲利普二世派遣胡安·德拉伊斯拉（Juan de la Isla）的探险队开始了"寻找中国海岸"（Discover the coast of China）的考察活动，但当年的大帆船却被派往西方。1574年，马尼拉当局接待了明朝派来使臣王望高（Wang Waggao），王向王国提出了一项交易，如果协助抓获明朝海盗林风，可以将中国沿海类似澳门的一块土地交换给西班牙人经商。同年，里克尔（Riquel）和拉瓦扎雷（Lavazares）也向王国提出了征服天朝的进一步建议（Ollé 2002：232）。国王菲利普二世再次要求新西班牙总督恩里克斯（Enriquez）寻找一艘海盗船，以组建一支"寻找中国（Discover China）"的探险队。1577年，帕拉西奥建造了两艘船只，"圣马丁"号（San Martin）和"圣安娜"号（Santa Ana）停靠在雷雷霍（Realejo）港口，"圣马丁"号由其兄弟洛佩·德·帕拉西奥（Lope de Palacio）担任船长，并于1591年航行到福建沿海的漳州港，后在澳门附近遭遇海难（Shurtz 1992：145）。第二年，帕拉西奥又向国王提出了用6艘军舰和4000名士兵征服中国的建议。从帕拉西奥的传记中可以看出，他对太平洋贸易的浓厚兴趣，以及征服中国的勃勃野心，因为他需要船舰，他的专长正是建造航行于太平洋两岸间的大帆船。正如历史学家特雷霍（Trejo）所指出的，他的建议向西班牙国王展示了他令王室青睐的能力和才华（Trejo 2009：203）。

六、《航海指南》在个案研究中的应用

从 16 世纪中期开始,西班牙的船舶建造是以龙骨为基础的一个比例结构,即以龙骨为主要测量依据,计算出船体外壳的递进高度和宽度,并予以建造直至主甲板(Loewen 2007:307)。船的宽度大约是龙骨长度的一半,高度大约为龙骨长度的三分之一。根据这一基本比例,不同的造船者可以做出不同的调整,以制造他们想要的船型。根据这些比例关系,我们可以应用一个等式来测算船舶的载货容量或吨位,以西班牙语中的"桶"(casks)或"托内尔"(toneles)为单位,即英语"吨"(ton)一词的来源。每"桶"或"托内尔"的重量也为 22.5"公担(英担)"(quintales),相当于 1035 公斤或两个"皮珀斯"(pipas,红酒桶)。这一体积和重量的测算仅限于船体,并与船舶的适航性和用途直接关联。帕拉西奥描述了 400 吨和 150 吨两种帆船的测算结果,这些测算结果被用于西(菲律宾)和东印度群岛的商船和战舰的设计。比如,他对 400 吨重的帆船的测算如次:龙骨长度为 34"腕尺(codos)"(或肘尺 cubits)或约 19 米,船体宽度为龙骨长度的一半,即 16"腕尺"或约 9 米,另一高度为宽度(在第一层甲板测量)的三分之二即 11.5"腕尺"或约 6.40 米(Lanela 2008:84;Trejo 2009:182)(见表 2)。他在《航海指南》中介绍了其他船型测算,并定义了船尾和船艏柱、甲板高度、船底升高等其他方面尺度(见图 1)。无论如何,前面提到的这些测算结果让我们清楚地了解了巴哈这艘沉船的规模和形态。很明显,该船相当丰满的特点,正好与船头和船尾舱楼较高的特定一致,这一点在十八世纪发生了改变,因为西班牙的船只也开始变得像其他欧洲国家一样瘦长。所有这一切都是造船实践中船只载货能力、适航能力以及建造大型船只等各种需要平衡的结果。

表 2 中,第一个是 1565 年"圣胡安"号(San Juan)的测算结果,第二个是雷蒙·阿克尔(Raymond Aker)对巴哈帆船(以前被认为是 1576 年沉没的"圣菲利普"号帆船)所作的推测,第三个是帕拉西奥提出的测算结果,第四个是加兹塔尼塔(Gaztañeta)和冈萨雷斯·卡布雷拉·布埃诺(Gonzalez Cabrera Bueno)在十八世纪的论文中提出的测算值。

在巴哈马尼拉帆船的文化遗存中,有十几块属于原船组件的铁件,是各种螺栓、钉子和索具等的构件。帕拉西奥写道,用于造船的紧固件分为六类(见表 3),有四种不同的钉子和两种不同用途的螺栓。巴哈沉船下一年度田野考古主要目标之一,将是对这些铁件进行分类,目前已经确定了上述两个钉子和一个螺栓。

表 2 马尼拉帆船发展过程中不同的尺寸比较

船东或船号	San Juan	San Felipe	Garcia de Palacio	Gaztañeta	Cabrera Bueno
建成年份	1565	1574	1587	1720	1734
吨位	200	400—500	400	990	919
龙骨	25.5	54.7	34	63—8	62
通长	38.25	62.91	46	76	74
宽度	13	16.4	16	21—3	20.16
高度	7	8.75	11.5	10—3	10

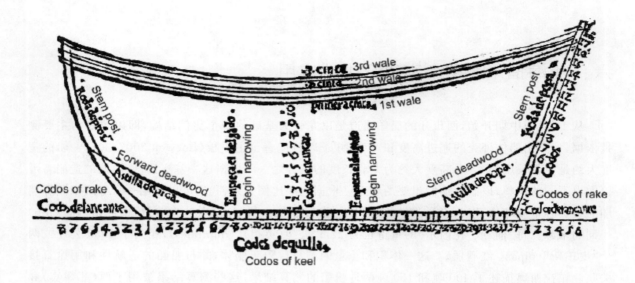

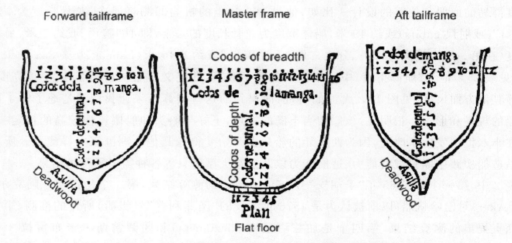

图 1　帕拉西奥《航海指南》一书中展示的 400 吨帆船的形态与构造图

注：引自 Lanela 2008 并经本文作者注释。

表 3　帕拉西奥《航海指南》一书中描述的不同类型的铁钉与螺栓

西班牙文名称	英译名	大约长度
Peros de punta	Pointed drift bolts	50 cm
Pernos de chaveta	Forelock bolts	?
Clavos de barrote	Scantling nails	8 cm
Clavos de escora	Bottom nails	17 cm
Medio escora	Medium bottom nails	15 cm
Clavos de costado	Tacks	7 cm

该沉船遗址的另一重要发现是大约 50 件的铅护套，长度 45 厘米，宽度约为 25 厘米，厚度在 1 至 3 毫米之间。所有护套都有方形的指甲印痕，有些护套一侧还有纺织品的印痕，可能是船体舱缝的一部分。在一些 16—17 世纪早期西班牙帆船的考古遗址上，发现了不少使用铅片包扎船板的情况，例如 16 世纪中期的莫拉斯礁（Molass Reef）沉船、1554 年的帕德雷岛（Padre Island）沉船、1616

年的"圣马丁"号（*San Martin*）沉船和 1622 年的"圣玛格丽塔"号（*Santa Margarita*）沉船。铅片的钉头约为 2.4 厘米至 5.5 厘米，间距为 3 厘米至 7 厘米。考虑到"圣菲利普"号遗址迄今发现的数量，可能还没用铅片护套包扎整个船体的所有船板，而仅用于航行中出现破损而需要维修的部分。在《航海指南》一书中，帕拉西奥还没有明确提到使用铅片护套包扎船体的情况，但他确实提到，在船上要用铅和钉子来修复船舶，并且在战争中也提到使用铅丸（Lanela 2008：119）。

七、结语

正如本文所讨论的，在下加利福尼亚巴哈"马尼拉帆船"沉址的早期调查研究阶段，帕拉西奥的《航海指南》一书对于认识和复原这艘海船的结构提供了准确的历史依据。由于这本书的作者是一位文艺复兴时期的人，是中美洲"马尼拉帆船"的建造者，他控制了多年的大帆船的跨太平洋贸易，且致力于抵近中国，并试图利用中美洲建造的精良帆船征服中国，他的渊博知识、技能和航海背景使得他的著作于 1587 年得以在墨西哥出版。巴哈沉船大约早于本书出版的十年前，因此本书无疑包含了最接近我们研究的巴哈沉船的帆船技术史信息。它还打开了一扇了解大帆船建造所用材料的大门，例如钉子、螺栓以及风帆的大小和形状，本书无疑为我们更详细地认识巴哈沉址的大帆船船体内涵提供了可能。今后的考古工作应更加重视发现并收集现场的铁器遗存，并根据帕拉西奥的书中的分类，更深入地了解大帆船的船板连接技术。关于"马尼拉帆船"，还有很多值得研究的地方。来自其他沉船遗址的具体信息，再加上对历史档案的进一步研究，将有助于研究这些伟大的帆船，这些帆船在 250 年中一直维持着墨西哥和菲律宾之间商业联系、人民往来、文化变迁与共同传统。墨西哥的发展与历史在很大程度上要归功于这些大帆船，帆船运输所带来的许多文化仍然存在于今天墨西哥人常见的食物内涵、服装风格、手工艺品和许多其他文化的表现形式中，菲律宾人民也可以这样说。

参考文献

Castellanos Escudier，Alicia

　1996 Los UltimosAños del Galeón de Manila. *Revista de Historia Naval*，No. 52，Madird.

Delgado，James P.（ed.）

　1997 *Encyclopedia of Underwater and Maritime Archaeology*. Yale University Press. New Haven.

Díaz-trechuelo，Lourdes

　2001 *Filipinas. La gran desconocida*（1565-1898）. Eunsa，Navarra.

Fernández，Miguel Angel

　1997 *The China Galleon*. Grupo Vitro，Mexico.

Goddio，Frank

　1994 *Le Mystere du San Diego*. Robert Laffont，Paris.

Junco，Roberto

　2010 Arqueología del Galeón de Manila. *La Nueva Nao*，*de Formosa a America Latina*. Lucia Chen（Ed.）Universidad de Tamkang，Taipei.

Kuwayama，Georges

　1997 *Chinese Ceramics in Colonial Mexico*. University of Hawaii Press，Hawaii.

Lanela，Erika Elizabeth

2008 *Instrucción Náutica*（1587）*by Diego Garcia de Palacio*，*An Early Nautical Handbook from Mexico*.Masters Thesis，Texas A&M，College Station.

Lowen Brad

2007 The Tonnage of the Red Bay Vessel and Ship Tonnage in the 16th-century Spain. *The Underwater Archaeology of Red Bay*. Robert Grenier，Marc-Andre Bernier and Willis Stevens(Eds.). Parks Canada，Manitoba.

Martinez，Jose Luis

1992 *El Galeón del Pacífico*. Instituto Guerrerense de Cultura，Carlos Gonzáles(Ed.)México.

Ollé，Manel

2002 *La Empresa de China*. Acantilado，Barcelona.

Ortega，Jose de

1887 *Historia de Nayarit*，*Sonora*，*Sinaloa y ambas Californias*. Tipografia de E. Abadiano，Mexico.

Pérez de Tudela y Bueso，Juan(coordinador)

2004 *En Memoria de Miguel López de Legazpi*. Real Academia de la Historia，Madrid.

Radell David R. & Parsons，James J.

A Forgotten Colonial Port and Shipbuilding Center in Nicaragua. *The Hispanic American Historical Review*，Vol. 51，No. 2.

Rahn Phillips，Carla

1997 Spain and the Pacific，Voyaging into Vastness. *Spain's Legacy in the Pacific*. *Mains'l Haul*. Vol. 41 No. 4 & Vol. 42 No. 1. San Diego Maritime Museum.

Retana，Wenceslao E.

1895 Carta-Relación de Filipinas，por el Dr. Francisco de Sande. *Archivo del Bibliófilo Filipino*. Casa de la Viuda de M. Minuesa，Madrid.

Shurtz Lyte，William

1992 *El Galeón de Manila*. Ediciones de Cultura Hispánica，Madrid.

Trejo Rivera，Flor de Maria

2009 *El Libro Y los Saberes Practicos*：*Instrucción Náutica de Diego Garcia de Palacio*（1587）. Masters Thesis. Universidad Nacional Autónoma de México，México.

Von der Porten，Edward

2010 Treasures from the lost Galleon San Felipe 1573-1576. *Mains'l Haul*. Vol. 46 No. 1&2，Maritime Museum of San Diego.

美洲西海岸 16 世纪马尼拉帆船船货与克拉克瓷器编年研究

B7

[美]爱德华·冯·德·伯顿(Edward Von der Porten)

(美国加州旧金山春田大道 143 号,143 Springfield Drive,San Francisco,CA 94132—1456,USA)

孙雨桐　译　刘淼　校

一、三艘马尼拉大帆船和"金鹿"号

东行的马尼拉大帆船在离开菲律宾后,即向东北偏北方向远航。他们顺着太平洋高纬度地区的西风穿越大洋,然后在接近上加利福尼亚海岸时改道东南偏南的航线,沿海岸线继续向他们在新西班牙南部的阿卡普尔科港航行。我们了解到,在两个半世纪的贸易中有三艘大帆船在北美海岸失事,一艘是 1570 年代末沉没于墨西哥下加利福尼亚巴哈(Baja)半岛的船,一艘是 1595 年沉没于上加利福尼亚德雷克斯(Drakes)湾的"圣阿古斯汀"号(*San Agustín*),还有一艘是 1693 年沉没于俄勒冈州北部尼黑勒姆(Nehalem)的"布尔戈斯的圣基督"号(*Santo Cristo de Burgos*)[1]。此外,在向西穿越太平洋前,弗朗西斯·德雷克(Francis Drake)也于 1579 年驾驶着他的"金鹿"号(*Golden Hind*)来到了德雷克斯湾。从 1940 年开始,这些遗址先后经过了考古调查。这三个事件皆恰好发生在 16 世纪末的同一个 20 年内,使我们有可能对这些航海者留下的物质遗存进行比较研究。在其中,于每批货物遗存中都占很大部分的中国瓷器得到了特别的关注与重视。

17 世纪初的四艘沉船,则揭示了早期欧亚贸易中的中国货物发展情况。它们是 1600 年在马尼拉附近沉没的西班牙"圣迭戈"号(*San Diego*),1606 年在里斯本附近沉没的葡萄牙"殉道者的圣母"号(*Nossa Senhora dos Mártires*),1613 年在圣赫勒拿岛附近沉没的荷兰"白狮"号(*Witte Leeuw*),以及 1640 年代中期在中国南海迷失的一艘身份不明的中国帆船。这些货船的信息为本文所介绍的 16 世纪末至 17 世纪初克拉克瓷器的分期研究提供了重要的依据。

二、1570 年代末下加利福尼亚巴哈海岸的大帆船

最早在美洲地区失事的东行马尼拉大帆船于 1570 年代末失踪,此时正是距离 1573 年大帆船首次成功从马尼拉运载中国商品到阿卡普尔科不久的几年之后(Edward Von der Porten,2011a,第 21-45 页)[2]。

　　这艘船可能是 1578 年还没有抵达阿卡普尔科贸易就消失的"圣朱利奥"号（*San Juanillo*）。该船夏天从马尼拉出发，由圣贝纳迪诺（San Bernardino）海峡安全地通过菲律宾群岛后便消失了（Edward Von der Porten，2011a，第 21-45 页）。在那一年的晚些时候或次年初，这艘船沿着下加利福尼亚的巴哈海岸向南航行。很可能是大量船员得了坏血病，这种疾病的患者因饮食中维生素缺乏症而身体功能逐渐丧失，船员大量减员，已经没有足够的船员能胜任驾驭这艘大帆船正常航行了。她可能随风飘荡，被风冲到了一处浅滩、遭到了撞击并搁浅，船上的几个幸存者也没能上岸来寻找海岸边的西班牙定居点，即使有些人上了岸，也没能发现任何水和食物。渐渐地，所有的人都死去，这艘船也在被困的浅滩中停留了一年甚至更长的时间。最后，一场来自太平洋的西风暴袭击、粉碎了船体，并在风暴潮中把船体的碎片带到了岸上，在沙丘上呈线状分布，分布范围绵延 11 公里。来自墨西哥和美国的考察队员在这片沙滩上发现了相关遗存（Edward Von der Porten，2011a，第 43-45 页；2011b，第 8-9 页）。

　　在找到的船货遗存中有 1600 件瓷器，其中有两个完整的碗，其余皆为残损的碎片（Edward Von der Porten，2011b；2012）。通过将这些瓷器与 1579 年被德雷克废弃于上加利福尼亚港口的"金鹿"号上的瓷器进行比较，这艘沉船的年代得以被确认（Clarence Shangraw，Edward Von der Porten，1981）。正如下面的克拉克瓷器年表所描述的那样，"金鹿"号上的瓷器与墨西哥下加利福尼亚巴哈海岸大帆船的瓷器明显不同（Edward Von der Porten，2008，第 6-10 页）。因此，这艘沉船的年代应在 1573 年（马尼拉大帆船首次运载大量中国贸易货物的年份）与 1578 年（"金鹿"号离开马尼拉的年份）之间。1573 年东行大帆船已经安全抵达了阿卡普尔科，因此，这艘船的沉没不可能发生在这一年（Edward Von der Porten，2008，第 11 页）。在下加利福尼亚巴哈的船体残骸中发现了一枚似乎来自上秘鲁的波托西（Potosi）比索（八里亚尔币比索或奥克雷尔斯，ochoreales），这是西班牙国王菲利普二世第二次铸币的典型货币。这种硬币于 1574 年在波托西开始铸造（Gabriel Calbeto de Grau，1970，第一卷，第 288、292、294-295 页）[3]，而它不可能在一年内从波托西经过利马、卡亚俄（Callao）、阿卡普尔科和马尼拉并穿越太平洋返回，因此这艘大帆船出发的最早时间应是 1575 年。而唯一已知的在 1575 年至 1578 年期间失踪而无迹可寻的东行大帆船便是 1578 年出发的"圣朱利奥"号（Edward Von der Porten，2008，第 12-14 页）。

　　这批货物被已故的旧金山亚洲艺术博物馆前高级馆长克拉伦斯·尚洛（Clarence Shangraw）认定为"样本"货物。这批货物的内涵说明，无论是中国供应商还是马尼拉的西班牙商人，都还不能确定哪些商品最适合新大陆和西班牙的市场（Edward Von der Porten，2011b，第 10 页）。在这些瓷器和青铜器被运到菲律宾后，会被指定出售给许多当地的客户，包括东南亚部落社会、当地的皇室和贵族、海外华人和富裕的日本人等，相当于在转运到西班牙贸易之前获得了充分的市场试验。因此，作为沉船上唯一被大量保留的商品，这批瓷器的种类十分多样，有 110 种不同的类型（图 1）。其中包括带有多种纹饰的饭碗、多种尺寸和图案的汤碗、质量精良的碗、质量参差不齐的盘、酒杯、茶杯、大大小小的矮碗、罐、盒、瓶子等，它们都来自内陆的瓷都景德镇及其周边地区。还有一些来自中国南方沿海地区窑场的相对粗糙的盘、罐，被称为漳州瓷器。这些瓷器的纹饰有龙、凤凰、水牛、异兽、佛教守护狮、猴子、各种鸟类、书法、火焰、波浪、写意山水、花草纹、灵芝、形似包袱的纹饰、佛教风格的珠状垂饰、宗教场景、池塘景色、人物图像等，很有东亚特色。这些纹饰的组合对西班牙人来说，显然是具有异国情调却也颇具神秘色彩。

Ⅰ 撇口碗

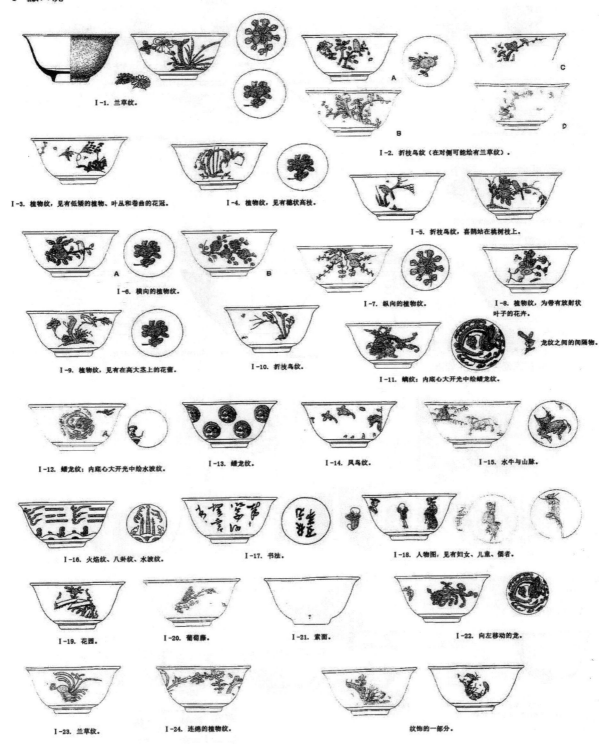

I-1. 兰草纹.

I-2. 折枝鸟纹（在对侧可能绘有兰草纹）.

I-3. 植物纹，见有低矮的植物、叶丛和卷曲的花冠.

I-4. 植物纹，见有穗状高枝.

I-5. 折枝鸟纹，喜鹊站在桃树枝上.

I-6. 横向的植物纹.

I-7. 纵向的植物纹.

I-8. 植物纹，为带有放射状叶子的花卉.

龙纹之间的间隔物.

I-9. 植物纹，见有在高大茎上的花蕾.

I-10. 折枝鸟纹.

I-11. 螭纹：内底心大开光中绘螭龙纹.

I-12. 螭龙纹：内底心大开光中绘水波纹.

I-13. 螭龙纹.

I-14. 凤鸟纹.

I-15. 水牛与山脉.

I-16. 火焰纹、八卦纹、水波纹.

I-17. 书法.

I-18. 人物图，见有妇女、儿童、儒者.

I-19. 花园.

I-20. 葡萄藤.

I-21. 素面.

I-22. 向左移动的龙.

I-23. 兰草纹.

I-24. 连绵的植物纹.

纹饰的一部分.

II 敞口碗

II-1. 兰草纹.

II-2. 横向的植物纹.

II-3. 桃叶纹.

II-4. 折枝鸟纹, 见有鸟站在横向的桃树枝
上, 桃子形体较大.

II-5. 卷须花叶纹.

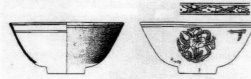

II-6. 蝌纹: 内底心大开光中绘灵芝纹.

龙纹之间的间隔物

II-7. 素面: 内底心大开光里绘青花折枝菊花纹.

II-8. 兰草纹.

III 敞口大碗

III-1. 植物纹, 花朵被叶子环绕.

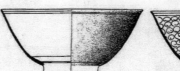

III-2. 外壁饰花卉纹: 内壁饰卷曲的卷轴和植物茎叶.

IV 早期克拉克瓷与克拉克瓷碗

IV-1. 菱口, 单线开光, 饰卷草纹. 器壁较厚, 部分模制.

IV-2. 双线开光, 饰植物纹, 大开光内绘神兽、旗帜(?)、火焰、水波纹, 内壁绘有
八卦纹、植物纹. 模制.

V 高质量瓷碗

V-1. 风景图, 见有塔、山脉、小岛, 内底心大开光中同样绘制风景图, 口
沿内壁绘有白鹭、荷花的水面风光.

V-2. 猴子偷吃蟠桃, 画面中见有篱笆、桃树、牡丹. 内底心大开光中绘有卧马和火焰.

V-3. 穿花凤, 近器底部有蜿蜒曲折的纹饰（两处有火焰）.

Ⅵ 外壁釉上彩绘、内壁青花的碗，内壁口沿处绘交叉的菱形纹，大开光内绘青花白鹭、莲花。

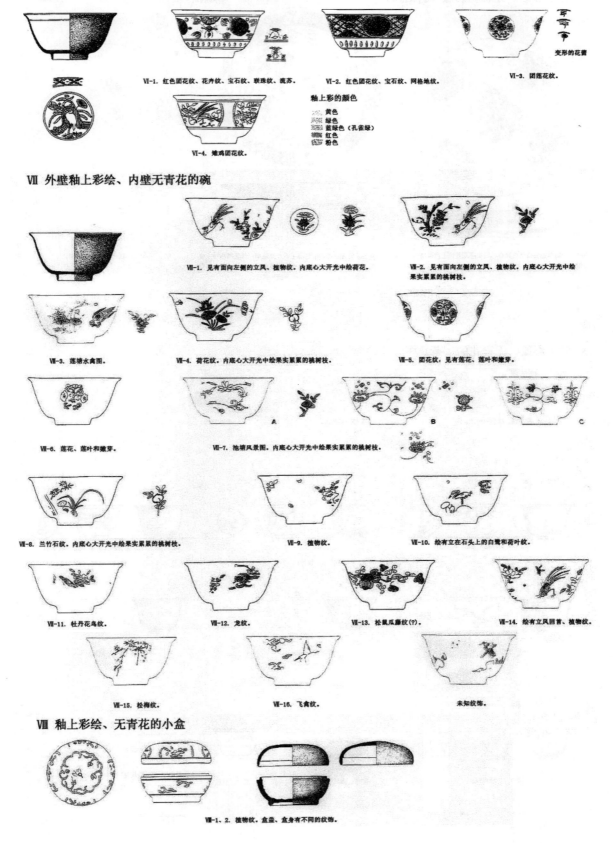

变形的花蕾

Ⅵ-1. 红色团花纹、花卉纹、宝石纹、联珠纹、流苏。

Ⅵ-2. 红色团花纹、宝石纹、网格地纹。

Ⅵ-3. 团莲花纹。

Ⅵ-4. 雉鸡团花纹。

釉上彩的颜色

黄色
绿色
蓝绿色（孔雀绿）
红色
粉色

Ⅶ 外壁釉上彩绘、内壁无青花的碗

Ⅶ-1. 见有面向左侧的立凤、植物纹。内底心大开光中绘荷花。

Ⅶ-2. 见有面向左侧的立凤、植物纹。内底心大开光中绘果实累累的桃树枝。

Ⅶ-3. 莲塘水禽图。

Ⅶ-4. 荷花纹。内底心大开光中绘果实累累的桃树枝。

Ⅶ-5. 团花纹，见有莲花、莲叶和嫩芽。

Ⅶ-6. 莲花、莲叶和嫩芽。

Ⅶ-7. 池塘风景图。内底心大开光中绘果实累累的桃树枝。

A   B   C

Ⅶ-8. 兰竹石纹。内底心大开光中绘果实累累的桃树枝。

Ⅶ-9. 植物纹。

Ⅶ-10. 绘有立在石头上的白鹭和荷叶纹。

Ⅶ-11. 牡丹花鸟纹。

Ⅶ-12. 龙纹。

Ⅶ-13. 松鼠瓜藤纹(?)。

Ⅶ-14. 绘有立凤回首、植物纹。

Ⅶ-15. 松梅纹。

Ⅶ-16. 飞禽纹。

未知纹饰。

Ⅷ 釉上彩绘、无青花的小盒

Ⅷ-1、2. 植物纹。盒盖、盒身有不同的纹饰。

IX 釉上彩绘、无青花的碟（折沿盘）

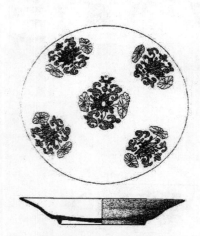  

IX-1. 一组团花纹位于内底心、四组荷花纹位于内腹壁和口沿。

IX-2. 绿色边框的红色团花纹开光装饰，开光装饰与十字地纹花卉纹、宝石纹、联珠纹交替出现，内腹壁见有条带纹和宝石纹，内底心大开光中绘有凤纹。

IX-3. 飞禽莲塘图。

X 釉上彩绘、无青花的（茶）杯

X-1. 花卉纹、绿色的叶纹。　　　　X-2. 花卉纹。　　　　未知纹饰。

XI （茶）杯

XI-1. 折枝鸟纹。　　　　XI-2. 柳树。　　　　XI-3. 龙纹。

XI-4. 兰花。　　　　XI-5. 书法。　　　　XI-6. 素面。

XII （白酒）盅

XII-1. 折枝鸟纹。　　　　XII-2. 龙纹。　　　　XII-3. 竹纹。

XIII 小矮碗（盘）

XIII-1. 内底心绘有小龙，内壁上绘有两条大龙。

XIII-2. 竹纹从内底心到内壁口沿不对称分布，其余部分纹饰未知。

XIV 小瓶

XIV-1. 植物纹。

XV 碟（折沿盘）

XV-3. 内底心绘有凤纹，内腹壁和口沿素面。

XV-1. 内底心绘有形似皮夹的纹样，被珠状垂饰环绕；折沿和内腹壁上饰有悬挂的带花叶片、珠状垂饰。

XV-2. 内底心绘有凤纹，内壁边缘绘有卷轴和佛教符号。

XV-4. 狮子戏球纹，尺寸未知。

XVI 小碟（折沿盘）　　　　　　　　　　　　　　　**XVII 内腹壁素面的早期克拉克瓷碟**

XVI-1. 内底心大开光内绘有凤纹，内壁边缘绘有卷轴和佛教符号。

XVII-1. 内底心大开光绘有山水风景图，见有塔、房屋、炊帆、观景亭、船、鸟。内腹壁素面，内壁口沿可能绘有飞禽莲塘图，尺寸未知。有可能属于Shangraw克拉克瓷纹饰分型的第Ⅱ或Ⅲ式。

种类繁多的外壁图案的一些中心部分。

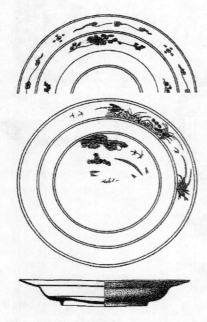

XVII-2. 内底心大开光绘池塘景观图，内腹部素面，内壁口沿处绘有虫草纹。属于Shan-graw克拉克瓷纹饰分型的第Ⅲ式。

XVII-3. 内底心大开光绘池塘景观图，见有鹭鸶、四只鸭子、一只螺蛳；内腹部素面，内壁口沿处绘有水草。属于Shangraw克拉克瓷纹饰分型的第Ⅲ式。

XVIII 折沿大矮碗（盘）

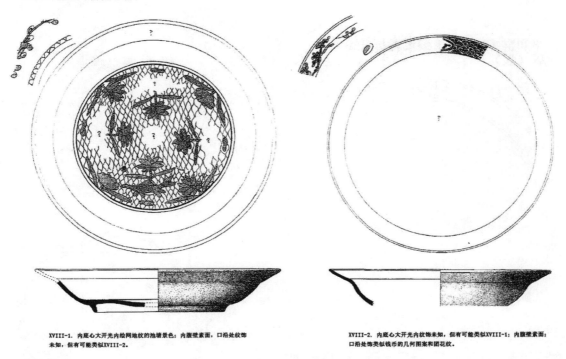

XVIII-1. 内底心大开光内绘网地纹的池塘景色；内腹壁素面，口沿处纹饰未知，但有可能类似XVIII-2。

XVIII-2. 内底心大开光内纹饰未知，但有可能类似XVIII-1；内腹壁素面；口沿处饰类似钱币的几何图案和团花纹。

XIX 瓶

XX 大瓶

XXI 未知器物的柄

XIX-1. 牡丹花纹.

XX-1. 颈部饰竹条编织交错的图案；其余纹饰未知.

XXI-1. 柄.

XXII 平和窑（汕头器）裂纹釉矮碗（盘）

XXII-2. 内底心大开光内三株开花的茂盛植物纹.

XXII-1. 内底心大开光内绘菊花纹.

XXIII 平和窑（汕头器）裂纹釉折沿矮碗（盘）

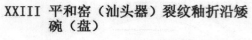

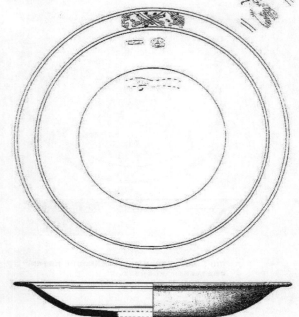

XXIII-1. 口沿处饰交错的几何纹；外腹壁一处绘有飞鸟；其余纹饰未知。

XXII-3. 不明花卉纹。

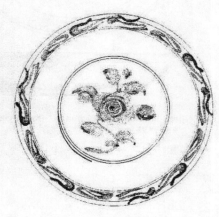

XXII-4. 玫瑰花纹。

XXIV 平和窑（汕头器）裂纹釉大罐

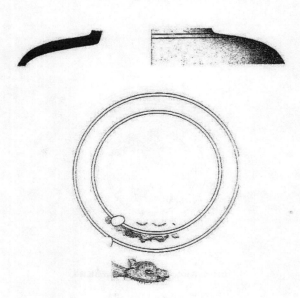

XXIV-1. 未知纹饰。

XXV 平和窑（汕头器）小盘

XXV-1. 玫瑰花纹。

XXVI 罐　　　　　　　　　　　　　　　　　　XXVII 白釉罐

XXVII-1. 白釉罐.

XXVI-1. 罐：纹饰未知.

图 1　1570 年代末马尼拉大帆船上的早期"万历"瓷器

其中有些图案相当符合西班牙人的审美,因此在之后的帆船贸易中被再次订购,包括花鸟图、欧洲风格的龙、精美的山水图、莲塘水禽图。还有许多图案或许在很长时间内不受西班牙市场的欢迎,尤其是如凤凰、书法、写意山水、佛教符号、人物图等具有强烈亚洲风格的图案设计。也有一些陶瓷器的器型并不适合这条新的大帆船贸易的需要,尤其是在西班牙生活中没有任何实际作用的盅、相比于撇口碗而言并不怎么吸引西班牙人的敞口碗。那些大量施以釉上彩绘的碗和碟等,虽然颜色鲜艳且具有吸引力,但因为太过于昂贵,显然在阿卡普尔科的贸易中没有利润可图。所以,本文提到的巴哈海岸沉船货船中,就有一些不适应西班牙市场需要的瓷器类型,仅仅几年后的其他沉船货船中已经非常少见或是完全消失,可见它们很快便退出了贸易。

有些瓷器制品显然属于过量生产、青花涂画粗率、窑烧火候不够的低劣品,例如占了船货 27% 的凤凰纹盘,表明中国商人通过海外贸易倾销过剩产品。船货中漳州窑的盘、罐虽然是质量较低的地方产品,但也会因为其鲜艳的色彩而受到西班牙人的欢迎,所有的漳州窑瓷器都表现出初级的、松散的花卉纹饰,巴哈沉船的这批漳州窑瓷器是世界上最早被完全确认和有确切年代的漳州窑产品。通过将这些漳州窑产品与 1595 年沉没的"圣阿古斯汀"号及其余较晚时期沉船的船货进行比较,可以梳理出漳州窑瓷器的年表。

这些陶瓷中的许多是纹饰简单随意、质量中等的碗、杯等。装饰包袱纹样、佛教风格珠状垂饰的碟的工艺水平相对较高,但对于西班牙人来说,它们的纹饰又过于纯粹的异国风情了。

另外有一些高质量的陈设瓷,例如大量带有道家天庭风光和飞凤纹的碗,后者是对嘉靖时宫廷用瓷的模仿。其中,一件绘有"猴子偷吃蟠桃"民间传说图案的碗,在目前已知的藏品中不见类似的器物,这种图案在西班牙人看来仅是一种装饰,但他们却很难明白这个故事其中的深意。

特别需要强调的是,十分之一的瓷器具有较高的质量与装饰水平,它们通常会被卖给富有且具有鉴赏能力的日本顾客。这些大多是釉上彩绘的碗、碟,装饰图案丰富多彩,有十分庄重的装饰风格,也有自然风光。各种各样的鸟、龙、松鼠、瓜藤都是纹饰的一部分,但其中最具特色和代表性的仍然是花草纹。还有一些青花瓷器最初也是为日本市场生产的,包括一件绘制有竹纹的精美小盘,和一件网格地鱼塘纹的大盘。

克拉克瓷是一种珍稀的瓷器类型,是十六世纪末至十七世纪初世界贸易的代表性器物。在巴哈这艘沉船上,只见到了少量的具有早期克拉克瓷特征的内腹壁素面的盘和单线或双线开光的克拉克瓷碗。然而,这里所见双线开光的克拉克瓷碗是世界上最早可确定年代并发展成熟的克拉克瓷器,这是确定克拉克瓷形成年代的关键性发现(图2、图3;Edward Von der Porten,2011b,第 17-

93 页,2012;Edward Von der Porten,Roberto Junco 等人编著的即将出版的书籍）。

除了陶瓷制品外,贸易货物中还有少量的金属制品,包括两件景泰蓝盘的碎片、一件铜镜、一件铜制的狮形钮香炉。

马尼拉大帆船贸易通过建立一条穿越太平洋的航线,实现了用美洲银币换取亚洲奢侈品的贸易,由此完成了哥伦布的梦想,而巴哈海岸沉船的这些船货则为人们了解马尼拉大帆船试验性贸易的早期阶段提供了极为重要的线索与资料。同时,也为研究中国景德镇与漳州窑瓷器装饰图案的发展提供了更加准确的实证。

三、1579 年的"金鹿"号

1578 年 9 月,英国人德雷克的海盗船"金鹿"号穿过麦哲伦海峡,进入太平洋,随后突袭了西班牙从智利到墨西哥南部的船舶和殖民地。德雷克北上的途中,还抢劫了唐·弗朗西斯科·德·萨拉特(Don Francisco de Zarate)驾驶的一艘从阿卡普尔科(1578 年马尼拉大帆船的船货已经抵达这里)驶向秘鲁的小船,而此前他已经从这艘船上得到了四箱瓷器。德雷克可能保留了少量的瓷器作为特别的礼物,但在"金鹿"号于 1580 年 9 月回到英格兰时,这些箱子并不在船上(Raymond Aker,Edward Von der Porten,2000,2010,第 16、57、64-66 页)[4]。

德雷克从新西班牙的瓜图尔科出发驶向海洋,随后转向东北航行,返回北美海岸线,他希望能够找到一处穿越北美大陆直接返回英格兰的海峡。在今天的南俄勒冈州地区发现没有这样的水路后,他接着向南寻找一处海湾,以希望能够在他向西环球航行之前对船进行维修与补给。他在旧金山以北 50 公里处加利福尼亚州的德雷克湾找到了一处安全的停泊处,在那里停留了 36 天,并将此处命名为新不列颠,宣称这里是伊丽莎白女王的领土。他的船员对"金鹿号"进行了维修和补给,当他们离开时,成箱的中国瓷器被抛弃在海滩上,并在后来被沿海米沃克人带走使用[5]。

一些在德雷克斯湾海岸的印第安部落中发现的瓷片,被确认是来自于被德雷克遗弃的船货(Clarence Shangraw,Edward Von der Porten,1981,第 73-74 页)。德雷克抛弃这些瓷器的确切原因我们已经不得而知,但有可能是因为他的船在装载了过多的银锭、横跨太平洋所需的食物和水后已不堪重负。这些瓷器是唐·弗朗西斯科·德·萨拉特在阿卡普尔科集市(Acapulco Fair)上购买而来的,具有较大的随机性,并不能提供 1578 年大帆船上所载船货的完整概况。其中包括不到一百件新式的盘、碗、杯、瓶。经过比较发现,"金鹿"号的瓷器和下加利福尼亚巴哈大帆船沉址的瓷器形成了鲜明的对比。与之不同的是,"金鹿"号上的瓷器更多迎合欧洲品味的船货,它们都是青花瓷器,其中的大多数是质量良好的中档品,这说明在经过几年的尝试后,西班牙商人认为他们可以从中档瓷器中获得最多的利润,并因此停止了采购低档品和可能过于昂贵的彩绘瓷器。或者唐·弗朗西斯科有可能在众多种类中有选择性地购买了这一批瓷器,放弃了那些更加具有异国情调的产品。

德雷克船上的瓷器中有一小部分不是克拉克瓷,包括装饰有一些随意花草纹的饭碗、一件嘉靖时期风格的凤纹碗、一件杯,所有的碗都与在下加利福尼亚巴哈沉船中发现的相同。

但这些瓷器中的大多数仍然属于早期克拉克瓷。一件口沿纹饰与内底心大开光间的内腹壁光素无纹的瓷盘,便是早期克拉克瓷的例子。其余的盘在内腹壁上都带有单线、双线或是联珠纹的开光装饰(图 2、图 3)。这些盘中的许多在内底心大开光中绘鹿纹,也有少部分绘鸟纹。一些碗的外壁用单线将鹿纹与植物纹分隔开,另一些外壁近口沿处会被分隔出有飞马和波浪纹的开光区间。其中有一个画得很精美的矮碗,用双线分隔的开光装饰图案为花园里的一个大花瓶。少数模制的瓶颈部饰有联珠纹(Clarence Shangraw,Edward Von der Porten,1981,第 7-63 页)。

"金鹿"号的这批船货表明,运往欧洲的商品从试验性产销到适合欧洲市场的转变发生在 1570 年代晚期。其中,质量中等的青花瓷器占有主要地位,早期克拉克器也具有很强的代表性。

四、1595 年的"圣阿古斯汀"号

塞巴斯蒂安·罗德里格斯·塞尔梅尼奥(Sebastian Rodrigues Cermeño)接受了来自墨西哥总督路易斯·德·维拉斯科(Luís de Velásco)前往菲律宾的派遣,随后乘坐"圣阿古斯汀"号小帆船从马尼拉前往阿卡普尔科。他还有一项任务是在上加利福尼亚海岸找到一个海湾,并用预制件组装一艘新船,作为他向南绘制上、下加利福尼亚海岸线地图的近岸勘测船。同时,希望在将来大帆船东行跨太平洋的 6 到 8 个月的航行后期,如果船队遇到了船员坏血病和物资短缺等困境,可以有一个合适的港湾为他们提供休整和补给。塞尔梅尼奥在 1595 年 11 月上旬到达了德雷克斯湾,并停泊在白色悬崖的岩荫下。他让大部分船员带着预制船的零部件上岸并开始组装新船。但在 11 月下旬,一场冬季风暴从开阔的海湾南口袭来,"圣阿古斯汀"号被冲到了浅滩并在那里搁浅沉没。船上少数船员因船高处的活动部件破碎倒塌而被撞死并被冲到了岸边,其余船员只能在岸边眼睁睁地看着惨剧的发生,无法给予任何帮助。风暴结束后,他们用散落到岸上的船板、船材重建并扩大了那条小的预制组装船,抛弃了船货并安全航行到了墨西哥(Raymond Aker,1965)。

自海难发生以来,这艘近海沉船上船货的碎片不断被海水从海底冲刷到海面,漂过白色悬崖下的海滩,沿着海湾边上的沙堤分布。印第安人收集了这些瓷片,并用其中的一些制成刮刀、吊坠、珠子,但由于瓷片不能用白垩岩钻头钻孔,所以未能制作任何珠子。考古学家在印第安村落中发掘出了这些瓷器遗物,海岸拾荒者也能在沙滩中找到沉船遗物。

就像"金鹿"号一样,"圣阿古斯汀"号的船货为欧洲奢侈品贸易提供了良好的规范。且由于这批瓷器是从整批船货中随机保留下来的,保存数量也比 1579 年"金鹿"号多一倍以上,且器型更加多样化。

1578

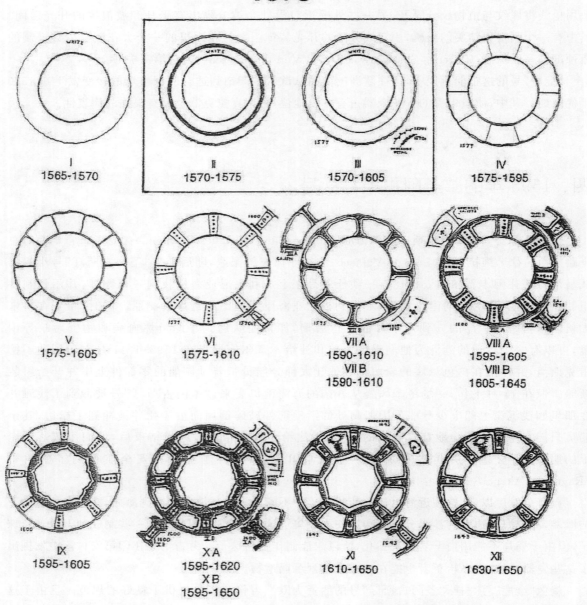

来自下加利福尼亚马尼拉大帆船的1570年代晚期的船货，阐明了克拉克瓷在尚未大量出口的较早时期的发展序列。在复原的1300件克拉克瓷中，仅有4件是属于Ⅱ型或Ⅲ型的简单类型，仅有12件使用了与Ⅳ型和Ⅴ型相关的单线开光和双线开光。与他们在这批船货中的稀缺性形成鲜明对比的是，在随后15年发现并复原的沉船船货中，克拉克瓷都占有较大的比重。

1578

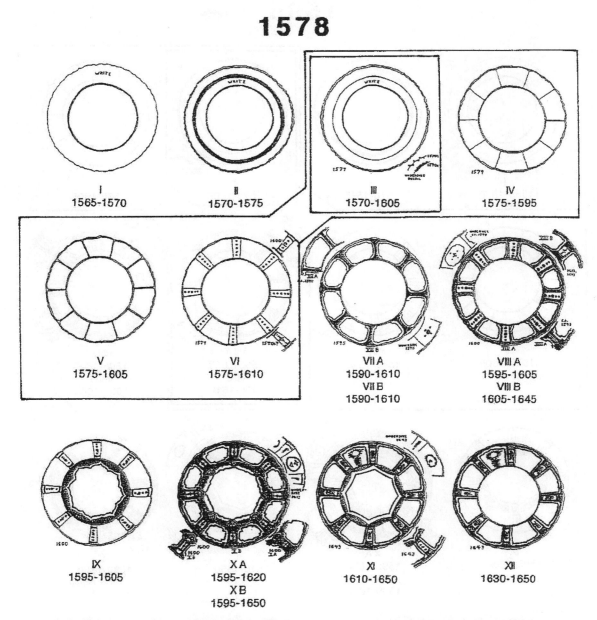

1578年的船货来自位于加利福尼亚德雷克斯湾弗兰克斯·德雷克"金鹿"号的沉船。它同样由产生于1570年代，一直盛行到1590年代的简单类型组成。它呈现双线开光装饰，以Ⅲ型为依托，Ⅳ型、Ⅴ型、Ⅵ型也都有出现。不见Ⅱ型。

1595

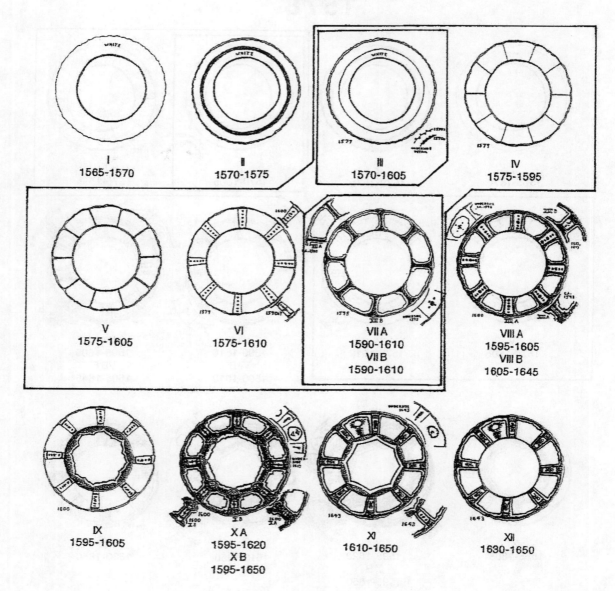

1578年的船货来自同样位于德雷克斯湾"圣阿古斯汀"号沉船。它以简单且长期盛行的Ⅲ型和存续早期复杂且时间较短的ⅦB型为依托。简单的Ⅳ型、Ⅴ型、Ⅵ型也都有出现，表明其超过20年的延续性。

1600

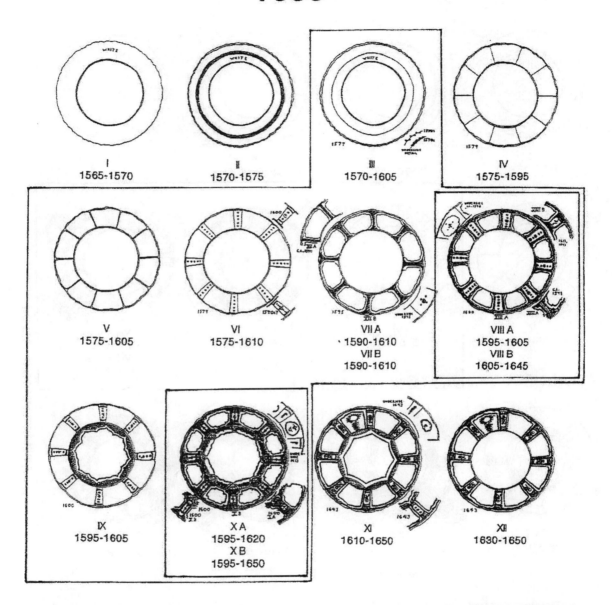

1600年数量众多、种类繁杂的沉船船货来自于沉没于马尼拉湾附近的"圣迭戈"号。它说明了纹饰从简单和早期复杂的到精美的快速变化，这将决定未来几十年的货物情况。其中，占据主导地位的纹饰是VIIIA式，以及后来称为克拉克瓷标志性形式的XA型和XB型。还包括了一些简单且长期盛行的III型、V型、VI型、早期复杂且存续时间较短的VIIB型，以及罕见精致的IX型。

1606

1606年沉没于里斯本附近的葡属印度沉船"殉道者的圣母"号留下的瓷器数量很少，但也以简单的Ⅵ型、早期复杂的ⅦA型、ⅦB型和精致的ⅧB型，再一次说明了世纪之交纹饰风格的变化。

1613

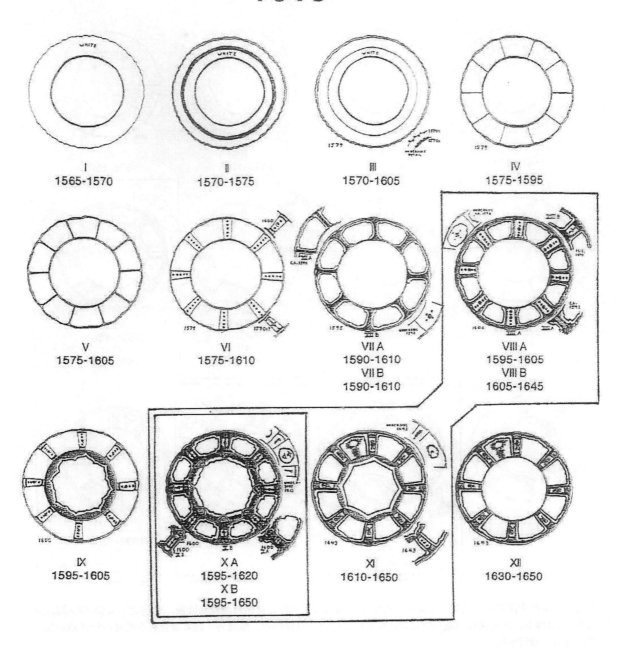

1613年的船货来自于在圣赫勒拿岛附近沉没的荷属东印度沉船"白狮"号，其中包含了大量高质量的X B型标本以及少量的VⅢB型和XA型标本，表明XB型已经成为新兴的欧洲贸易的典范。这也是少量的简单 XI型盘第一在船货中出现。

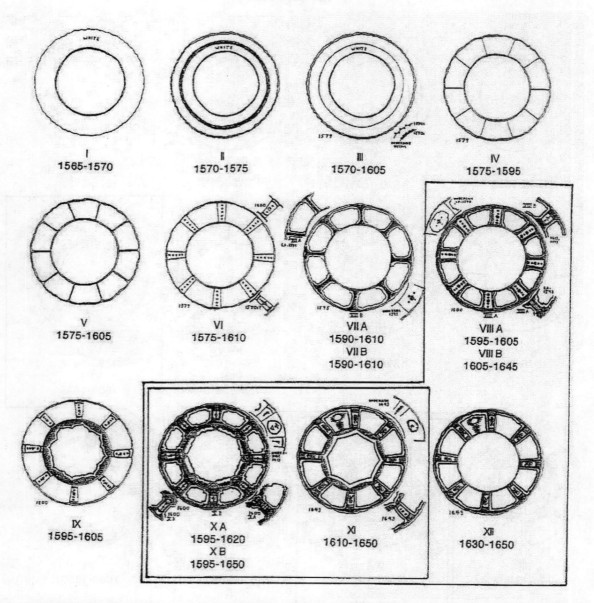

1643

大约1643年在中国南海沉没的"哈彻Ⅰ"号沉船货物代表了克拉克瓷出口的晚期阶段。它包含了大量精心设计的标志性ⅩB型标本，但质量比早期货物要差，也有许多简化的Ⅺ型标本。除此之外，还有数量较少的精心设计ⅧB型的和简单得多的Ⅻ型器物。

图2　七艘船上克拉克盘的纹饰：1578年至1643年

注：来自七艘船的克拉克瓷碟确定了克拉克瓷从隆庆晚期（1567—1572年）至万历早期（1573—1619年）的形成时期，到1643—1644年明清之交的衰落时期的发展和演变规律。（Clarence Shangraw，Edward Von der Porten，1997,2007）。

"圣阿古斯汀"号船货中的非克拉克瓷包括五种碗，其种类远远少于下加利福尼亚巴哈沉船的26种饭碗和8种汤碗。在这两处早期的船货中，大多数碗带有简单的植物纹，龙纹碗会吸引同样有龙传说文化的欧洲社会。其余还有一些早期船货中不见的狮子形狗、一件外壁素面的碗，以及相较于下加利福尼亚巴哈沉船货物在数量和质量都严重退化的道教景观图,低矮的大盘出现鱼塘和景观图案。

"圣阿古斯汀"号船货中克拉克瓷十分典型和突出。腹内壁素面的盘大量使用,双线和联珠纹的边饰都有使用。作为十六世纪晚期简单的开光纹饰和十七世纪初复杂的开光纹饰过渡类型,罕见的"Ⅰ"-如意形开光是一个典型的代表。许多盘子的内底心大开光中绘制有鹿纹,这是欧洲顾客最喜欢的一种图案(图 2、图 3)。尽管绘画的质量已经有所下降,在"金鹿"号船货中见到的开光鹿纹碗在"圣阿古斯汀"号中仍然继续存在,外壁口沿附近有装饰的碗也是如此。开光装饰的矮碗也在"圣阿古斯汀"号沉船船货中继续出现。

数量庞大的漳州窑器物中包括许多口径 40 厘米的矮碗,碗的折沿上有几何纹地的团花纹,内底心大开光中绘有鹿纹,包括装饰有立凤图案的三种小盘丰富了器物群的组合。这里的漳州窑瓷器以线条勾勒加平涂的装饰技法著称,这一模仿内陆地区的绘画技法与下加利福尼亚的巴哈沉船船货中所见的写意风格的花卉纹形成了鲜明的对比,说明了 20 年间漳州窑瓷器绘画技巧的变化(Clarence Shangraw,Edward Von der Porten,1981,第 7-63 页)。

"圣阿古斯汀"号沉船船货,体现了更多适合欧洲人品位的风格,这一产销贸易模式的商品以来自景德镇的中档青花瓷器为主,许多是克拉克瓷,漳州窑的大型器也十分具有代表性。

五、德雷克斯湾瓷器的分期研究

在早些年对德雷克斯湾沉船遗存的调查研究中,瓷器的研究是一个重要的挑战:是否能够判断出这些瓷器的年代并确认它们是哪一次或哪几次远航帆船的沉址? 1579 年的"金鹿"号和 1595 年的"圣阿古斯汀"号有可能是这些遗存的来源,这两艘船在这里沉没了四百年,但两者之间仅仅相差了十六年。

德雷克斯湾的瓷器被发现于印第安人的村落和海边的沙地中,尽管早期调查这里的考古学家认为这些瓷器来源于沉船,但他们并不清楚究竟是来自于德雷克的海盗船还是塞尔梅尼奥的远航大帆船。1979 年和 1980 年,时任旧金山亚洲艺术博物馆高级馆长的克拉伦斯·尚洛和参与德拉克斯湾遗址考古工作的笔者,都对这些瓷器进行了一系列研究,我们分别用不同的方法,对八百多件碎片进行分析研究,使我们能在这里比较两个人的研究结论。

尚洛研究的重点是克拉克瓷,尤其聚焦大量具有各种各样开光纹饰的盘子上。他在这批瓷器中区分了五种口沿花纹类型:素面腹壁、单线开光、双线开光、联珠纹开光、"Ⅰ"-如意形开光(图2)。他认为,前四种类型是在克拉克瓷器的早期发展起来的,罕见的"Ⅰ"-如意形开光是后来发展起来的,成为早期的简单形式和十七世纪初期复杂装饰图案之间的过渡类型。一些早期的设计或多或少地持续存在了一段时间,但随着时间的推移,它们的装饰图案逐渐简化、随意和趋同。有时,内底心大开光的纹饰发生了变化,而边饰却没有变化。青花色调的变化为区分这两类器物提供了很大的帮助。嘉靖末年(1522—1566 年)的蓝紫色青花大约延续到了 1570 年代,深蓝色青花在1570 年代和 1580 年代占主导地位,随后因原料短缺而出现的浅灰色青花是 1590 年代的代表。在十六世纪的最后 25 年里,快速变化的形态也有助于分辨器物之间的区别。尚洛认为,德雷克湾的瓷器中有大约三分之一是 1570 年代后期的产品,其余三分之二可能属于 1590 年代(Clarence Shangraw,Edward Von der Porten,1981,第 13-30、65-66 页)。

在尚洛进行这一编年工作的同时,笔者也一直在研究每一个瓷片或瓷片群(组合),以确定它们是否带有水蚀的痕迹。大约有三分之一的瓷片并没有显示出从海底冲刷海岸的磨损痕迹,另外三分之二则显示出了不同程度的磨损,磨损程度取决于它们在被冲到岸上前在浅滩里冲刷时间的长短。

将尚洛的这一艺术史角度的研究结论与科技测试对比,发现它们在器物年代上的结论有超过95％是相吻合的。克拉伦斯·尚洛认为,经过了海水侵蚀磨损的瓷器应当属于"圣阿古斯汀"号,而"剩下的瓷器……属于16世纪最后一个25年初期的万历早期,必定是1579年弗朗西斯·德雷克的'金鹿'号遗留下来的(Clarence Shangraw,Edward Von der Porten,1981,第65-67、73-74页)"。

最近,圣何塞州立大学的教授马尔科·梅尼凯蒂(Marco Meniketti)用一种便携式X射线荧光机测试了墨西哥下加利福尼亚巴哈沉船、"金鹿"号和"圣阿古斯汀"号的瓷器样本。我们的既有假设是,20年内在同一窑场生产的瓷器之间不会有明显的化学元素差异。最终的结果十分清晰且令人惊讶,正如预期的那样,1570年代后期的下加利福尼亚巴哈沉船和1578年的"金鹿"号沉船中来自景德镇这一中国制瓷业中心的瓷器是相同的。然而,1595年的"圣阿古斯汀"号的瓷器的微量元素显示出与其他两批货物的瓷器有明显且一致的差异[6]。这一测试研究,证实了尚洛对"金鹿"号和"圣阿古斯汀"号瓷器的区分。

六、克拉克瓷盘的分期研究

德雷克斯湾瓷器的编年工作表明,我们有可能为万历(1573—1619年)、天启(1621—1627年)和崇祯(1628—1643年)时期的中国贸易瓷器建立一个严密的编年体系。我们选择了20厘米口径的克拉克瓷盘作为研究对象,因为它们既是所有船货中最常见的类型,也是在较短的时间内纹饰变化显著的瓷器类型。

除了有关两处德雷克斯湾沉船瓷器的信息,还有其他一些研究者对于克拉克瓷鼎盛时期另外三处沉船遗址做了高水平的研究,成果日臻完善,这三处沉船遗址是"圣迭戈"号、"白狮"号和另一处包含有纪年瓷器的中国无名帆船。

1600年,装载了部分货物的马尼拉大帆船"圣迭戈"号被改装成为一艘战舰,包括"圣迭戈"号在内的一支小舰队,被派往马尼拉附近攻打荷兰船只。"圣迭戈"号在这场战争中被击沉,1991—1993年的考察出水了1200件陶瓷。该沉船大量的克拉克瓷的形态正反映了当时中国贸易瓷的变化,船上有一定数量的内腹壁素面、双线开光、联珠纹开光和少量过渡性的"Ⅰ"-如意形开光的克拉克瓷。然而,她的大部分盘的青花纹样都有更复杂的图案设计,例如用联珠纹边框分隔出边饰中的团花纹,内底心经常被几何纹样包围,将大开光和器壁分隔开(图2、图3;Jean-Paul Desroches,Fr. Gabriel Casal,Franck Goddio等,1996)。

荷兰东印度公司商船"白狮"号是1613年返回荷兰船队中的一艘,该船队在南大西洋圣赫勒拿岛附近的锚地遇到了葡萄牙舰队。在随后的战斗中,"白狮"号的火药库被炸毁,该船沉没。1976年,该沉船被发现和打捞,发现有400公斤的瓷器碎片,其中具有代表性的是几千个早期的盘、碗和其他形制的瓷器。其中发现的大量克拉克瓷器表明,这批船货是成熟贸易体系下北欧市场定制的商品。它们几乎完全由成熟的复杂形式组成,边饰中见有团花纹,其周围为几何形开光(图2、图3;C. L. van der Pijl-Ketel等,1982)。

1983年,在中国南海打捞了一艘载有许多晚期克拉克瓷的无名中国帆船,其沉没年代大约为

1643 年至 1646 年。沉船中出水了两万三千件瓷器,其中,克拉克瓷大致与"白狮"号的复杂形式相似,但制作工艺有所退化,装饰图案也有所简化(图 2、图 3;Christie's Amsterdam B.V.,1984;Colin Sheaf,Richard Kilburn,1988)。

通过对德雷克湾的两处沉船与这三处后来的沉船进行比较,我们可以绘制出一张青花瓷盘边饰历时发展、演变的图表(其中德雷克斯沉船船货出产前的阶段尚不清楚),并形成一部关于瓷器编年专著(Clarence Shangraw,Edward Von der Porten,1997,2007)。这一编年图表说明了每种类型在景德镇主要窑场烧造的时间。在此之后,外围的次级窑场会继续生产一些低质量产品,延续长达数十年,但这些产品通常很容易识别,故在研究中并未涉及。

年表

类型	圣朱利奥号? 1578	金鹿号 1579	圣阿古斯汀号 1595	圣迭戈号 1600	殉道者的圣母号 1606	白狮号 1613	哈彻I号 1643	暂定年代
I								1565–1570
II	*							1570–1575
III	*	#	#	*				1570–1605
IV		*	*					1575–1595
V		*	*	*				1575–1605
VI		*	*	*	*			1575–1610
VII A		(*)			*			1590–1610
VII B			#	*	*			1590–1610
VIII A				#				1595–1605
VIII B					*	*	*	1605–1645
IX				*				1595–1605
X A				#	*			1595–1620
X B			#		#	#		1595–1650
XI					*	#		1610–1650
XII							*	1630–1650
XIII								1645–1655

"#"代表在船货中占主导地位的一类或几类设计。

船货日期为沉船年份。由于瓷器会在烧成后被迅速地运输和销售,因此这些瓷器的年代应当会比沉船年份早1-3年。1579年的船货即是1578年马尼拉大帆船的一部分。

年份是指景德镇所产瓷器及福建窑场仿景德镇瓷的生产年代,不包括其余长期使用旧设计的过时外来产品。

"殉道者的圣母"号太小而无法确定原始货物中各类型的比例。几乎可以肯定的是,货物中还存在其他类型,但没有被找到。

"白狮"号中出现了很少量的Ⅱ型、Ⅴ型、Ⅵ型纹饰,但被研究人员认为是作为古董而存在。

"哈彻Ⅰ"号中出现了很少量的Ⅵ性纹饰,是一种十分过时的外来产品。

在本研究中使用了直径为20厘米和带有折沿的大碟,因为它们在所有形制中显示出最多的细节变化,且小碟有时没有使用所有的装饰元素。一些没有折沿的盘也遵循这种设计模式。

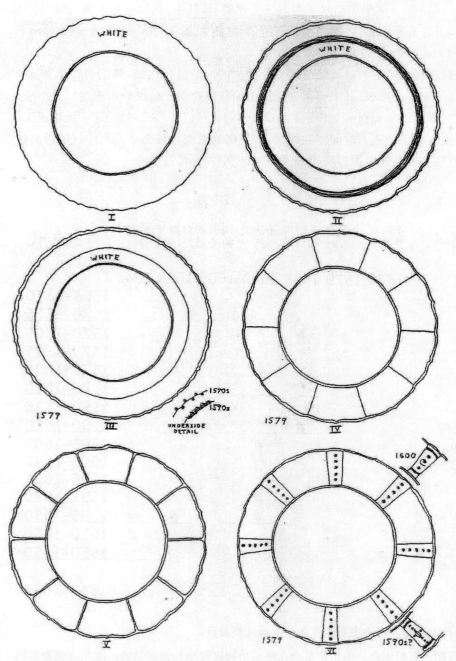

I	内腹壁、口沿皆为素面。
II	内腹壁素面、口沿装饰连续的"水波纹"。
III	内腹壁素面、口沿处有连续装饰但不见"水波纹"。
IV	单线开光边饰。
V	双线开光边饰。
VI	联珠纹开光边饰，不见团花纹。

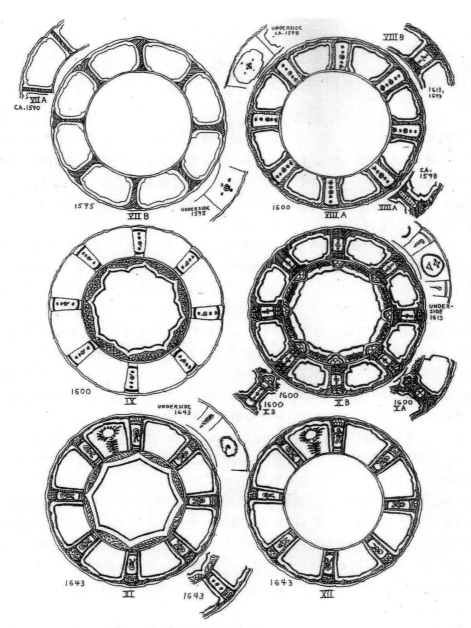

VII A	双线开光边饰,有未闭合的团花纹。
VII B	"Ⅰ"-如意形开光边饰,有未闭合的团花纹。
VIII A	联珠纹开光边饰,有未闭合的团花纹。
VIII B	联珠纹开光边饰,有闭合的团花纹。
IX	联珠纹开光边饰,无团花纹,有几何纹样。
X A	联珠纹开光边饰,有未闭合的团花纹和几何纹样。
X B	联珠纹开光边饰,有闭合的团花纹和几何纹样。
XI	联珠纹开光边饰,有半团花纹和几何纹样。
XII	联珠纹开光边饰,有半团花纹,无几何纹样。
XIII	大小不一的半团花纹,无几何纹样。

图 3　克拉克瓷碟纹饰的顺序和年表

注:Shangraw,Clarence;Edward Von der Porten,1997,2007。下划线对年代进行了划分。Ⅳ型-Ⅺ型的"几何纹样"指的是中央圆盘周围边框内的几何纹样。线图上的年份表示代表了具体年份的例子。阿德比耳神殿(Ardebil Shrine)收藏品的年代涵盖 14 世纪到 1611 年,包括少量的Ⅱ型、Ⅲ型、Ⅴ型、ⅩA 型和Ⅹ B 型。线图中Ⅰ型和ⅩⅢ型的年份不是基于年份相近的堆积而形成的。

七、克拉克瓷编年的修订

德雷克斯湾的考古工作从1940年开始，随后断断续续地持续到1970年代。半个多世纪以来，有许多学者参与了研究（Clarence Shangraw，Edward Von der Porten，1981）。墨西哥下加利福尼亚巴哈沉船的沉没地点直到1999年才得以确认，该年第一次实地考察之后，人们将发现的200件瓷器和海滨居民上交的另外200件瓷器中的克拉克瓷与既有的编年表进行了比较，又将其中的非克拉克瓷器与"金鹿"号和"圣阿古斯汀"号货物中的瓷器进行了比较。

研究者立即发现，巴哈新发现的这些船货瓷器似乎比1578年"金鹿"号的货物更早（图1）。其中最具特色是仿嘉靖年间（1522—1566年）风格的器物，如大量飞凤纹的碗。除此之外，还有其他一些重要因素可以确定这批器物的年代，如是迎合亚洲市场的青花纹饰、专为日本市场生产的釉上彩绘瓷，以及漳州瓷器中的早期图案。

很大一部分瓷器上有各种各样的纪年款和匠名款，说明在这类瓷器生产的初期是为重视款识的亚洲消费者准备的，而并非以不重视款识的西班牙人为目标客户。其中年款包括早期的宣德（1426—1435年）、正德（1506—1521年），以及后来的嘉靖和隆庆（1567—1572年），后两者数量较少，不见万历朝（1573—1619年）的年款（Sheila Keppel，即将出版）。但当时在瓷器上标记早期的年款是十分普遍的现象，因此，人们认为这批瓷器应当是生产于隆庆年间。

最重要的是，不管是早期的还是成熟的克拉克瓷器都非常少，仅有的一些也表现出十分原始的特征。唯一一类具有早期克拉克瓷特征的盘子内壁为素面，图案也十分精美，有画得非常精细的池塘景色，有稀疏但精心装饰的口沿，还有非常精美的地纹（图1、图2、图3）。一类胎体较为厚重的碗，因窑温过高，有一半的标本发生变形，还有单线开光的外壁装饰，所有这些都表明它们处于模制的带有开光装饰瓷器的早期阶段。只有一类胎体较薄但未发生变形、外部有双线开光装饰的碗，可以被确定为成熟的克拉克瓷，有四个明显的年代特征，即开光装饰的双线是由许多停顿的短笔画组成的，根据我们的经验这是这一时期器物的独特标志；图案强调线条而不是线条内的开光装饰；没有后期器物中常见的内部分割线，有嘉靖时期风格的开光中的茎和叶（Edward Von der Porten，2011b，第11-14、33-34、62-65页；2012）。

这批货物的年代被确定在1575年至大约1577年之间，使我们能够据此对克拉克瓷器编年表进行修正。这得益于一小批来自葡萄牙东印度商船"殉道者的圣母"号的出水瓷器，该船在1606年前往里斯本途中于塔古斯（Tagus）河口失事，并于1997年至2000年被打捞出水。这些瓷器包括带有珠状垂饰、"Ⅰ"-如意形开光和团花纹的盘子，为确认17世纪早期的克拉克瓷年代范围提供了重要的证据（图2和3；Filipe Vieira de Castro，2005，第4、82-83、100、102、104页）。

下加利福尼亚巴哈沉船的瓷器使早期克拉克瓷的发展历程变得更加清晰准确。其中最重要的一点认识是，克拉克瓷器在隆庆末和万历初发展十分迅速，但在嘉靖时期并未出现。因此，克拉克瓷器的生产可能是从1570年左右开始，一直持续到1644年至1645年明朝灭亡和窑业生产的中断[7]。

克拉克瓷青花纹样的发展经历了三个阶段。第一阶段为1570年代到1580年代，从内腹壁素面快速发展出创新性的简单开光图案，变化并不显著。第二阶段为1590年代，有一个非常快速的变化期，在这十年的最初几年，"Ⅰ"—如意形开光图案为代表，边饰更为复杂。第三阶段为1600年之前出现标志性的复杂图案后，出现了一个缓慢的变化期，这一时期的克拉克瓷满足了海外市场的需求,但纹饰有所退化,一直持续到 1640 年代中期景德镇主要窑场所产的最后风格的克拉克瓷(图2、图 3)。许多外围的小窑场中,直到 17 世纪末甚至更晚时期,还在粗糙地模仿一些克拉克瓷的装饰图案。

日本和荷兰也会仿造中国瓷器产品,尽管这些仿制瓷的年代会相对于中国瓷器更晚些,且表现为模仿更早阶段中国瓷器,但根据这些沉船研究,也可以更准确地判断日本、荷兰仿制瓷的年代。

八、结论

美国西海岸发现的马尼拉大帆船的船货遗存,使我们能够对早期贸易中从中国通过菲律宾向东运销的奢侈品有更加详细的了解,有助于我们重建这一新的跨太平洋贸易关系的发展情况。

除了最早的一些船货外,克拉克瓷器构成了几乎所有船货的主体部分,对这些沉船的克拉克瓷器详细分类后建立的编年,使得许多在西太平洋乃至全球出土中国瓷器的遗址所发现的无名沉船具体年代得以确认。

(按:早期的研究认为下加利福尼亚巴哈沉船,可能是 1576 年沉没的"圣菲利普"号大帆船,新的证据表明"圣菲利普"号是沉没于菲律宾的圣贝纳迪诺(San Bernardino)海峡,而不是在美洲新大陆。)

注释

[1]本研究不涉及"布尔戈斯的圣基督"号,因为其年代较晚,已经超过了克拉克瓷器的主要生产时期。

[2]这部专著以及说明中提到的其他几部专著,正在促成由爱德华·冯·德·伯顿(Edward Von der Porten)和罗伯特·詹可(Roberto Junco)编著的一本综合书籍的出版,书名暂定为《在下加利福尼亚巴哈发现的十六世纪的马尼拉大帆船沉船》。这些专著和即将出版的书都包含大量的参考书目。其中涉及马尼拉大帆船的整体历史是威廉·莱特尔·舒尔茨的《马尼拉大帆船》(William Lytle Schurz, *The Manila Galleon*)。罗德里格·莱夫斯克(Rodrigue Lévesque)的二十卷《密克罗尼西亚史》(*History of Micronesia*)提供了许多相关文件的翻译文稿。他的第二卷涵盖了本研究中提到的船只的时期。

[3]这枚硬币并没有被公开。即将在 Edward Von der Porten 和 Roberto Junco 等人编著的书籍中出版。

[4]沃辛汉姆碗可能便来源于德雷克斯的环球航行。这件碗由伊丽莎白女王送给他的教子托马斯·沃尔辛厄姆(1568—1630 年),被家族时代传承,现为伯利庄园藏品之一。这件碗口径 21.5 厘米,产于景德镇,带有 1570 年代的风格,且与德雷克斯湾发现的"金鹿"号上的部分瓷器有着相同的元素与特征。其图案包括飞马踏波、花卉纹、鸟纹、道家场景、佛教车驾,且有镀金的银片包镶口沿、器底,口、底包镶之间也用镀金银片相连(Alexandra Munroe, Naomi Noble Richard 等,1986,第 36、38、46、80-81 页)。

[5]这个故事在 Aker 和 Von der Porten 于 2000、2010 年的出版著作中有所概述。德雷克斯的海湾和露营点所在地与 2012 年被评为美国国家历史地标。

[6]这一工作最近才展开,因此只公布了初步的公告:Dr. Marco Meniketti,2013。

[7]2007 年配合 Clarence Shangraw 和 Edward Von der Porten 修订的年表,1997,2007。

参考文献

Raymond Aker

1965,The Cermeño Expedition at Drakes Bay, 1595.Drake Navigators Guild.

Raymond Aker, and Edward Von der Porten

2000,2010,Discovering Francis Drake's California Harbor, Palo Alto and San Francisco, California: Drake Navigators Guild.

Gabriel Calbeto de Grau

1970,Compendio de las Piezas de Ocho Reales, vol. I. San Juan, Puerto Rico: Ediciones Juan Ponce de Leon.

Filipe Vieira de Castro

2005,The Pepper Wreck, College Station, Texas: Texas A&M University Press.

Christie's Amsterdam B.V.

1984, Fine and Important Late Ming and Transitional Porcelain, Recently Recovered from an Asian Vessel in the South China Sea. Amsterdam: Christie's Amsterdam B.V.

Jean-Paul Desroches, Fr. Gabriel Casal, and Franck Goddio, eds.

1996, Treasures of the San Diego. Fondation Elf and National Museum of the Philippines.

Sheila Keppel

forthcoming,"The Marks on the Porcelains."In Von der Porten and Roberto Junco, The Discovery of a Sixteenth-century Manila Galleon Shipwreck in Baja California.

Rodrigue Lévesque

1992,History of Micronesia, A Collection of Source Documents, vol. II. Gatineau, Québec: Lévesque Publications.

Dr. Marco Meniketti

2013,Preliminary Results of PXRF Testing of Porcelains from Sixteenth-Century Ship Cargos on the West Coast, Society for California Archaeology, Newsletter 47:2(June), 17-18.

Alexandra Munroe, and Naomi Noble Richard, eds.

1986, The Burghley Porcelains. New York: The Japan Society.

William Lytle Schurz

1939, The Manila Galleon, New York: E. P. Dutton & Company, Inc.

Clarence Shangraw and Edward Von der Porten

1981,The Drake and Cermeño Expeditions' Chinese Porcelains at Drakes Bay, California, 1579 and 1595,Santa Rosa and Palo Alto, California: Santa Rosa Junior College and Drake Navigators Guild.

1997, Kraak Plate Design Sequence 1550-1655, San Francisco: Drake Navigators Guild, 1997.

2007, Kraak Plate Design Sequence 1550-1655 updated chronology chart.

Colin Sheaf, and Richard Kilburn

1988,The Hatcher Porcelain Cargoes. Oxford: Phaidon-Christie's.

C. L.van der Pijl-Ketel, ed.

1982,The Ceramic Load of the Witte Leeuw. Amsterdam: Rijksmuseum.

Edward Von der Porten

2008, Identifying the Sixteenth-Century Ship on a Beach in Baja California, San Francisco.

2011a,Ghost Galleon: The Early Manila Galleons and the Tragic History of the San Felipe, San Francisco.

2011b,The Early Wanli Ming Porcelains from the Baja California Shipwreck Identified as the 1576 Manila Galleon San Felipe, San Francisco.

2012,The Early Wanli Ming Porcelains from the Baja California Shipwreck Identified as the 1576 Manila Galleon San Felipe, A Supplement, San Francisco.

Edward Von der Porten and Roberto Junco, eds.

forth coming,The Discovery of the San Felipe: A Sixteenth-Century Manila Galleon Shipwreck in Baja California, Mexico City: forthcoming.

B8 美国俄勒冈州马尼拉帆船——"蜂蜡"沉船调查

［美］斯科特·S. 威廉姆斯(Scott S. Williams)

(美国华盛顿州政府交通局文化资源项目主管, Cultural Resources Program Manager at the Environment Services Office, Washington State Department of Transportation, USA)

季珉沚　译　徐文鹏　校

一、引言

早在欧美人十九世纪之交定居俄勒冈(Oregon)地区之前,一艘由柚木制成的、载满了大量蜂蜡和中国瓷器的船只沉没在美国太平洋沿岸的俄勒冈州西北部的尼黑勒姆湾(Nehalem Bay)沙嘴上。由于船上数吨重的蜂蜡散布于整个尼黑勒姆湾的沙嘴和海岸,绵延有数英里,并散落到北部和南部的沙滩,因此这艘身份不明的沉船被称作"蜂蜡沉船"。在整个 19 到 20 世纪,这艘船及其货物一直是当时科学界和民间猜测的话题,因其来源及身份一直是一个谜。当地的美洲印第安人部落告诉美国定居者,那些蜂蜡和散落的木板是来自于一艘"多年前"就已沉没的船只,其沉没于白人到达这片土地之前(Coues 1897:768)。虽然这艘船的来源是一个谜团,但是早在 1813 年皮草商人亚历山大·亨利(Alexander Henry)就认为这艘沉船是"西班牙的船只……于数年前失事于此"(Coues 1897:841)。尽管有印第安人的传说,但是因为有太多蜡的存在,一些观察家就认为这些蜡一定是矿物蜡的自然沉积,而非失落的货物。虽然蜡块上有雕刻的文字和数字,也发现了有灯芯的蜡烛,甚至蜂蜡块里还保藏着蜜蜂,但这种看法仍然持续了数年。

从 2006 年起,一组由考古学家、历史学家和海洋地理形态学家所组成的志愿团队,为调查蜂蜡沉船的来源和身份而开展了一项多学科研究的项目(Williams 2007)。项目是为了定位沉船位置以及确定船只身份。虽然一直没有发现有关船只身份的确凿证据,船骸的原始堆积也未被找到,但是有许多沉船材料在 19 到 20 世纪被当地居民收集。有相当丰富的材料被博物馆和当地收藏家收藏着,为沉船国籍和其来源的判断提供可靠证据。这些材料清晰地表明了这是一艘从马尼拉(Manila)航行至阿卡普尔科(Acapulco)的西班牙大帆船(Gibbs 1971;Marshall 1984;Stafford 1908;Williams,2008)。自从 20 世纪中叶以来,沙子的扩散以及移动模式的改变似乎已遮盖了可能遗留的沉船遗骸(Peterson et al. 2011)。然而我们有信心认为沉船遗存很可能仍完好无损地待在近海,并且还可能留有类似加农炮和船锚这类的压舱物和重型货物。如果这些材料仍残存并且能被确定位置,这就能提供确认船只身份的数据资料。

即便没有船身遗存,我们对判定该船可能的身份仍有信心(Peterson et al. 2011)。马尼拉和阿卡普尔科两地贸易时期详尽的大帆船出航和损失在西班牙的不同的档案里都有记录,可备查询,并且早期研究者也有所记录（Blair and Robertson 1909；Dahlgren 1916；Levesque 2002；Schurz 1939）。与沉船有关联的瓷片和陶器已经被分析（Lally 2008）。基于瓷器设计图案的风格分析,这艘载着货物的船应是在公元 1670 年到 1700 年期间失踪,并且很可能是在 1690 年后（Lally 2008；this volume）。对残骸材料已知的分布和沉积历史的地质考古学调查表明,这艘船失事的时间是在公元 1700 年那场袭击俄勒冈海岸的大地震引发的海啸之前（Peterson et al. 2011）。在 1670 年到 1700 年之间,只有一艘向东航行的马尼拉大帆船失踪:这艘大帆船叫作"圣克里斯托·布尔戈斯"号,或"布尔戈斯的圣基督"号（Santo Cristo de Burgos）,它在 1692 年尝试完成到阿卡普尔科的航行,但是却失败了,在这之后,于 1693 年离开菲律宾（Philippines）时还船员短缺。根据西班牙同时期的档案记录,这艘船在 1693 年离开奎帕雅（Quipaya）港后就再也没有见到,也没有残骸和幸存者被发现（Archivo de Indias 1699）。[1]

本文总结了那些支持辨识蜂蜡沉船是一艘在 1670 年至 1700 年之间沉没的东行马尼拉大帆船的历史和考古资料,具体地说是沉没于 1693 年的"圣克里斯托·布尔戈斯"号。由于沉船文物的测年与 1700 年最后在卡斯卡迪亚地层潜没带（Cascadia Subduction Zone）的大地震和海啸的时间一致,被提出来解释历史记载的蜂蜡、瓷器和船板的扩散,以及到 20 世纪初就消失的沙滩沉船残骸（Peterson et al. 2011）。沉船残骸的沉积物,特别是大量蜂蜡货物被海啸推上尼黑勒姆沙嘴上的流动沙丘场,这是沉船能被后来的定居者们知道的主要原因。只要蜂蜡能沉积在一块风暴潮和潮汐不能到达的沙嘴上,并且是在一片没有植被遮盖的流沙区域,那么蜂蜡就仍能被发现和收集。蜂蜡的数量多到足足采集了两个世纪也没有耗尽,先是被当地印第安人采集,然后是美国定居者,而且随着海岸地区不断有人定居,蜂蜡的数量仍能确保其被不断地发现、广泛了解和记录。

二、项目地点及环境

尼黑勒姆海湾位于俄勒冈州西北海岸的蒂拉穆克县（Tillamook County）（图 1）。海湾与海洋被一条从内哈卡尼山（Neahkanie Mountain）向南延伸的长 5～6 公里的沙坑所分开,沙坑的宽度从 0.5～1 公里不等（图 2）。内哈卡尼山是一个海拔 497 米的大型海岬,其构成了尼黑勒姆河流域（Nehalem River watershed）、曼萨尼塔沙丘场（Manzanita dune field）和尼黑勒姆沿海地区（Nehalem littoral cell）的北部边界（Peterson et al. 2011）。内阿卡尼山面朝海洋的一侧是陡崖,被一个称为短沙滩（Short Sands Beach）的大沙湾和其他较小的海湾和天然岩石拱门所打破（图 3）。

在 20 世纪中叶之前,尼黑勒姆沙嘴是一个几乎没有植被的流动沙丘场,沙丘高度低于 8 米（图 4；Cooper 1958：第 2 版）。1869 年戴维森（Davidson 1869：140）为美国海岸调查时描述沙嘴写道:"在河流和海之间有一条又长又窄小的流动沙丘带,宽 400 码,一般高度在 25 英尺。"他注意到沙嘴的舌部有三英里长,而在低潮的时候,沙嘴会向南延展一英里。1918 年美国工程部队（US Army Corps of Engineers）在水道的最深处建设完工了石制防波堤,切断并隔开了在低潮时候暴露出来的那南部一英里沙嘴（图 2）。于是这片土地逐渐形成并变得干燥,如今是俄勒冈州洛克威镇（Rockaway）的所在地。

从 20 世纪 50 年代开始,俄勒冈州立公园（Oregon State Parks）为公园的发展进行了一项密集的工程,该工程旨在通过种植外来的沙滩植被以稳定沙丘。今天,尼黑勒姆沙嘴长满了外来的沙滩

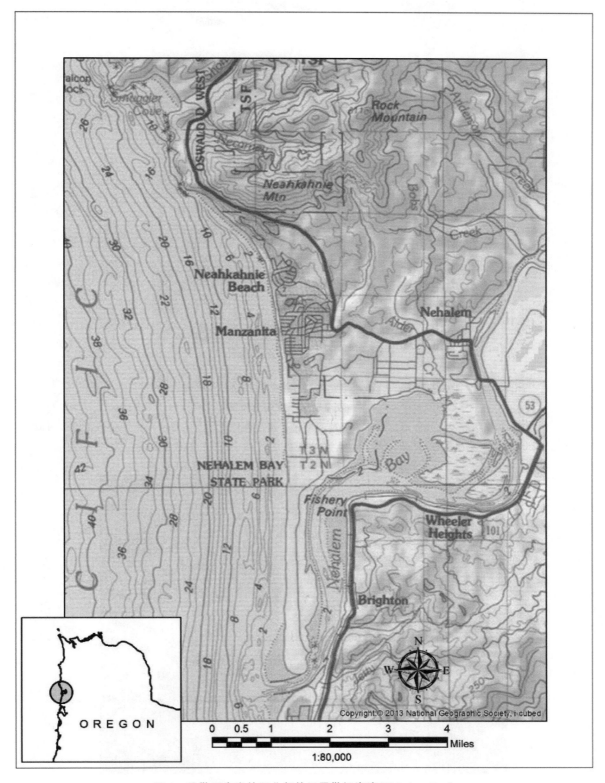

图 1　俄勒冈海岸的西北部的尼黑勒姆海湾（Nehalem Bay）

图 2　尼黑勒姆海湾的俯瞰图

注：向北鸟瞰从尼黑勒姆河口到内哈卡尼山的尼黑勒姆沙嘴的景象。注意沙嘴上的植被覆盖。河流
弯道北部林区的一条直线林中空地是尼黑勒姆飞机跑道。

图 3　内哈卡尼山面向海洋的一侧

注：海岸边的悬崖和近海岩石尖位于内哈卡尼山底部。短沙海滩是背景中左侧的大沙滩；内哈卡尼山向
照片外的右侧抬升。朝向东北方。

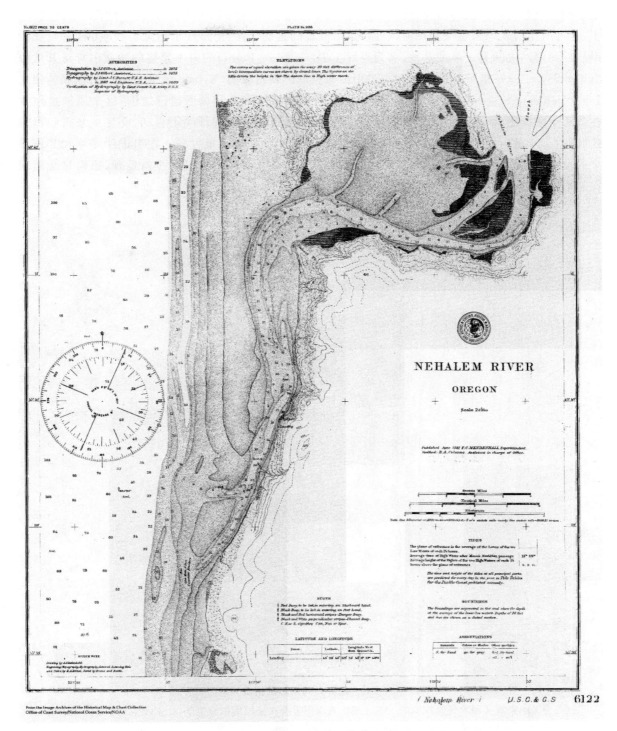

图 4　尼黑勒姆沙嘴的地图轮廓

注：1891 年的尼黑勒姆河和海湾的地图，来源于美国国家海洋和大气管理局（NOAA）的历史地图和海图收藏档案。

草、灌木和树木,沙滩边的沿岸沙丘的海拔已高达 10～15 米(图 2;彩版八:1)。沙滩向西边扩宽了,这是由于引入外来植被和在河口处建设防波堤的这些变化,使得沙子拓宽了沙滩(图 5)。在沿岸沙丘和海湾之间有个风蚀盆地,名为克罗宁尖(Cronin's Point)的树木繁盛的沙质山脊将其从海湾里分隔开。这一区域被阶梯化和平整用以建设尼黑勒姆机场(Nehalem Airstrip)、尼黑勒姆州立公园(Nehalem State Park)的基础设施和露营地。在植被恢复和场所建设之前,这个风蚀盆地常在冬季变成湖泊,而且其低点仍有池塘水。过去,因为风成沙丘在沙嘴上移动,交替地暴露和覆盖残骸遗存,于是历史上很多沉船残骸和蜂蜡都是在这个盆地地区里发现。在引进沙滩草和其他外来的植被后稳固住了沙丘并阻止沙丘跨越沙嘴迁移。如今沉船遗骸已很少被发现,通常只会出现在与本地发展相关联的发掘中(Peterson et al. 2011)。

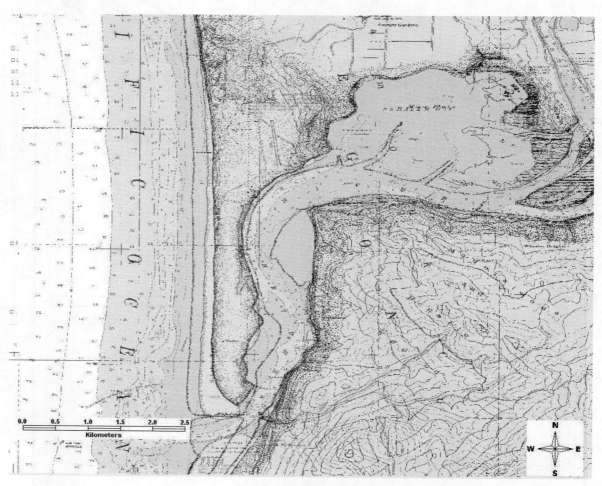

图 5　尼黑勒姆河口的情况

注:美国国家海洋和大气管理局的 18556 现代测深图重叠在美国海岸警卫队(USCGS)1875 年的地图上,显示 1918 年在河口建造码头后,尼黑勒姆海滩向西扩展。

　　美国地质勘探局(USGS)7.5 分方形地图显示了蜂蜡沉船项目的区域。尼黑勒姆沙嘴从曼萨尼塔镇(Manzanita)延伸到河口,位于尼黑勒姆湾西边,而且毗邻海湾。短沙滩是内哈卡尼山西北的大海湾,在地图上标有"走私者海湾"(Smuggler Cove)。

三、沉船的文史资料

刘易斯和克拉克(Lewis and Clark)考察队记录了他们1805年到1806年冬季在哥伦比亚河(Columbia River)扎营的时候,克拉索普印第安人带来蜂蜡和探险者们交易(Moulton 2003)。沉船在1813年被皮草商人亚历山大·亨利第一次记载,他提到了当地印第安人说那些残骸和蜂蜡来自一艘的多年前失事的大型船只,其沉没在他这个皮草商人于1811年来到这里之前(Coues 1897:768)。1811年建立了阿斯托利亚市(Astoria)之后,直到19世纪40年代,俄勒冈海岸的人烟都很稀少,而且从40年代到80年代这里的人口也一直很稀疏。尽管如此,几乎每一个在俄勒冈和南华盛顿海岸(southern Washington coasts)的定居者的记录上都提到了蜂蜡(图6;彩版八:2)以及蜂蜡与沉船之间的关联(cf. Lee and Frost 1844;Swan 1857)。

图6 文史资料里提到的蜂蜡

注:这是来自尼黑勒姆并刻有船运符号的蜂蜡块。于1915年,来自哥顿市(Cotton)。这个蜂蜡块目前存放在俄勒冈州蒂拉穆克市的蒂拉穆克县先驱博物馆(Tillamook County Pioneer Museum,Tillamook,Oregon)。

1839年船长爱德华·贝尔彻(Edward Belcher)在他海岸探险中收集了蜂蜡样本(Stafford 1908:26;*Overland Monthly* 1872:356)。约翰·霍布森(John Hobson)写于1900年前的记录里说他于1843年生活在这地方的时候找到了蜂蜡(Hobson 1900),并且牧师丹尼尔·李(Daniel Lee 1844:107)在1844年对蜂蜡记载道:

大约距离哥伦比亚(Colombia)南部三十或四十英里有一艘船只沉没在靠近海岸的沙里,船很可能来自亚洲,船只载满了(或者至少部分载满了)蜂蜡。大量的这些蜡已经被哈德逊湾公司（Hudson's Bay Company）和个人收购了；在那里，作者从他们那得到了数磅重的蜂蜡，并且被他们告知，每当西南方向的风暴盛行，蜂蜡就会被带上岸。

1852年到1855年间，詹姆斯·斯旺（James Swan）生活在哥伦比亚河北边的维拉帕湾（Willapa Bay），他所记述蜂蜡据印第安人所说是来自一艘失事的船只，他还描述了在"大风暴"后被冲上岸的蜂蜡（Swan 1857）。戴维森在1851年的海岸上发现了蜂蜡，并同样注意到了印第安人的沉船传说，以及"在大风暴过后，那里偶尔也有些蜂蜡的碎片冲上岸"（Davidson 1869：144）。他在1869年接着说，"此前能找到大量蜂蜡，但是现在只有零星发现"，尽管他也提及许多生活在哥伦比亚河的人也持有蜂蜡碎片，而且他自己也曾经见到过一些。在下一版《沿岸航路指南》里，戴维森（1889：453）补充到蜂蜡是在强风掀走尼黑勒姆河口旁的沙嘴上的覆盖物之后才被发现的，并且定居者们"坚称部分沉船在潮水最低的时候已经被印第安人指认出来了"。

史料显示发现的与沉船有关联的物品不仅仅是蜂蜡和船板。1898年一次最低潮的时候，一个木制的滑轮组从近海的船骸上拆了下来（图7；Erlandson et al. 2001），同时被拆下来的还有一个小型的银油罐（Giesecke 2007）。1992年第二个木滑轮组被一个沙滩流浪者发现于尼黑勒姆沙滩（图8）。这些滑轮组是典型的17世纪西班牙风格的滑轮装备，并且放射性碳素断代的测定年代为17世纪（Erlandson et al. 2001：48）。一些19世纪的记录提到了在克拉特索普（Clatsop）和尼哈勒姆海滩，或是印第安人的墓葬遗址出现金币或银币，甚至还发现了西班牙金条（Gibbs 1971：41）。许多记载提到中国瓷器在这个沙滩区域里常被发现。尼黑勒姆周围的印第安房址和垃圾堆的考古发掘发现了蜂蜡、铁器和铜制文物以及陶器和瓷器的碎片，其中的一些已经被打制成箭镞和刮削器（Scheans et al. 1990；Woodward 1986；1990）。霍布森报告在沉船上发现一条铜链（Hobson 1900）。1881年的一篇简短的新闻文章里则提到发现了一个来自沉船的"暹罗象的黄铜像"（Daily Astorian 1881）。当地渔民报告在20世纪70年代他们曾在尼黑勒姆的深海打捞上来过完整的青花瓷罐和花瓶。

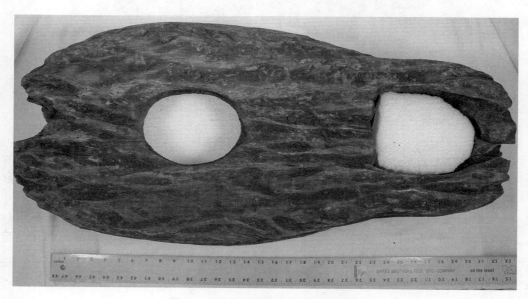

图7　1898年取下的木制滑轮组部件

注：来自1898年的近海船骸，俄勒冈州菲洛马斯市本顿县博物馆提供。

图8　1992年发现的木制滑轮组部件
注：发现在尼黑勒姆沙滩，俄勒冈州阿斯托里亚哥伦比亚河海事博物馆提供。

　　船只的来源是一个谜，尽管亨利提到船骸是"西班牙船只……在数年前失事，船员也被当地人夺走了生命"（Coues 1897：841）。亨利可能认为这艘船是西班牙船只，是因为他了解马尼拉和阿卡普尔科之间的贸易，这种贸易一直持续到1815年。他也可能注意到在蜂蜡块上的船运标识有包含"IHS"这个词，表示这些是被送往天主教会的。也可能有个克拉索普印第安人曾给亨利展示过一些来自沉船的西班牙文物，尽管亨利的日记中并没有记录这一点。亨利很可能也认识索托（Soto），他是一个从阿斯托里亚市来到哥伦比亚河上游的"混血的老印第安人"，他在1811年告诉皮草商人他是失事船只上的一个西班牙水手的儿子（Franchere 1854）。对亨利而言，蜂蜡沉船毫无疑问是一艘西班牙船只，因为马尼拉和阿卡普尔科两地仍在进行定期贸易并且蜂蜡和柚木船板分散在整片沙滩，所以它的起源很明显，并不需要进一步解释。亨利提到的船员已"被当地人杀害"是和在19世纪后期印第安资料提供人所讲述的故事是相一致的（Smith 1899：448），亨利肯定被告知过同样的故事，并暗示很可能有沉船的幸存者（Clarke 1899：245；Erlandson et al. 2001：49-50）。

　　随着19世纪末期该地人口的增加，这艘沉船和它的蜂蜡货物之谜被广泛报道在报纸和地方期刊上（cf. Cotton 1915；Giesecke 2007；Stafford 1908；Williams 2007，2008）。通俗小说和故事描绘那些沉船幸存者们的假想冒险（cf. Rogers 1898；1929）。当条件合适且残骸暴露出来或是发现蜂蜡的时候，俄勒冈州和全国各地的报纸都刊登了有关沉船的报道。作家们怀疑蜂蜡是否真的是一艘船上的货物，如果是的话，那它们的来源是什么，或者只是矿物蜡自然沉积的结果（Giesecke 2007；Stafford 1908；Williams 2007）。

　　斯塔福德（Stafford 1908：26）注意到自从蜂蜡和沉船第一次被记录的1813年到1893年这一个时期，"似乎没有人对沉积蜡有质疑，因为没有任何理由能够取代过去已接受的看法，即蜡的源头是一艘沉船"。然而，随着该地人口的增加以及蜂蜡和沉船的故事变得更加常见，有关一艘古代船是如何以及为什么能携带这么大量的蜡的问题被提了出来。

　　在1893年的哥伦比亚博览会上，一份尼黑勒姆蜡样品被鉴定为奥斯克石，这是一种矿物蜡，而不是蜂蜡。这就提出了一种可能性，即这些材料的来源是天然的而非文化的。这一想法在1893年被《科学》期刊里的一系列文章所认同，文章认为材料是天然蜡的中心论点是蜡的数量多到难以置信,难以相信只有一艘船就能够装载如此大量的货物(Stafford 1908:26)。对蜡的来源是如此感兴趣,以至于美国地质调查局(United States Geological Survey)在1895年派了一位地质学家J. S.迪勒(J. S. Diller)博士前往尼黑勒姆,去确定这些沉积蜡的来源。迪勒博士的结论是这些材料毫无疑问是蜂蜡,并不是石油蜡,它们都来自一艘沉没在尼黑勒姆的船只(Stafford 1908:29-31)。尽管有了他的发现,但在20世纪的第一个十年里又有人毫无根据地再次声称这些材料一定是石油蜡而不是来自古代沉船的货物,还是因为有太多的蜡发现于尼黑勒姆,就认为不可能是一艘古代失事船只的货物(Stafford 1908:31)。当时俄勒冈州的报纸醒目地刊登了石油公司股票的出售广告,石油公司计划开采他们认为存在于尼黑勒姆地区的石油(cf. *Sunday Oregonian* 1909:8)。但由于找不到任何石油,并且无论是谁检验这些蜡,其材料实为蜂蜡是不辩的事实,于是关于石油的推测就悄无声息地消失了。对于斯塔福德(1908:38)而言,这些蜂蜡无疑是来自于一艘马尼拉大帆船。

在20世纪后半叶,考古学家和历史学家开始对沉船感兴趣了起来(Gibbs 1971;Giesecke 2007;Marshall 1984),马歇尔(Marshall 1984:178)认为沉船身份很可能是名叫"圣佛郎西斯科泽维尔"号(*San Francisco Xavier*)大帆船。几篇考古学调查报告的关注点都是沉船的来源和身份(Woodward 1986;Scheans et al. 1990),一些研究者认为这艘船可能是亚洲帆船,也可能是葡萄牙商船,还有可能是荷兰或者英国的海盗船,但不认为是马尼拉大帆船(Stenger 2005;Woodward 1986)。这些说法没有历史或考古证据,他们主要是基于对该地区印第安人居住遗址中发现的瓷器碎片的错误识别,或对档案和历史记录的不完整分析。与此同时,大量可获得到的沉船材料在19世纪和20世纪初被当地居民和文物猎人所收集,时至今日还能偶尔地采集到细小的蜂蜡残片,或者是17世纪晚期的中国外销瓷器和陶器的碎片(图9;彩版八:3)。

图9　沙滩拾荒者在尼黑勒姆区域所收集的中国外销瓷器

四、蜂蜡沉船项目

　　蜂蜡沉船项目是一个非营利性的全志愿者组织,汇集了对蜂蜡沉船感兴趣的各种专业人士和社区成员。该项目开始于 2006 年并准备了一项综合了有关沉船的已知的历史和考古信息的研究计划(Williams 2007)。从那时开始现场工作便每年开展,工作包括陆地和海洋的遥感调查,地理形态学研究和档案学研究(Williams 2014)。所有工作都在俄勒冈州立公园和俄勒冈州考古学家的合作和允许下开展,但是由于经费有限和全志愿团队的原因,每一个季度的现场工作的范围和结果都很不同。多方研究的结果已由拉利(Lally 2008;本卷)、彼得森(Peterson)等人(2011)和威廉斯(2008)汇报,并由威廉斯进行总结(2014)。

　　有关沉船的可用信息包括 19 世纪和 20 世纪的报纸和期刊文章,以及博物馆和私人收藏中的蜂蜡块和蜡烛、陶瓷碎片和木制文物等实物遗存。此前这一地区的考古和地理科技调查报告还包含能了解这艘沉船的重要信息,比如说有周边考古遗址发现的沉船文物的描述和古代海啸对沿海地貌形成的影响的研究。已知的或据信的和沉船相关联的材料表明这艘船所载的一般都是东行马尼拉大帆船所运输的货物,包括中国外销瓷器、陶制龙形罐、菲律宾蜂蜡蜡烛和标记有西班牙航运标识的大箱子(图 10)。蜂蜡的数量、外形以及来源的国家可能是最重要的线索,这些线索早已被多方评论员所认识到(cf. Stafford 1908)。历史的记录表明在 19 世纪有 5～12 吨甚至更多的蜂蜡从尼黑勒姆运到俄勒冈、加利福尼亚(California)和夏威夷(Hawaii)的市场,其总量只可能更多(Giesecke 2007;Stafford 1908)。被发现的蜂蜡有两种样式,一种是蜡烛,另一种是大型的长方形蜡块。报道说许多蜡块上边带有船运标识或是字母"I H S",这是天主教教会使用的"耶稣"的拉丁语缩写。现代花粉研究则证实了蜂蜡是源于菲律宾(Erlandson et al. 2001)。

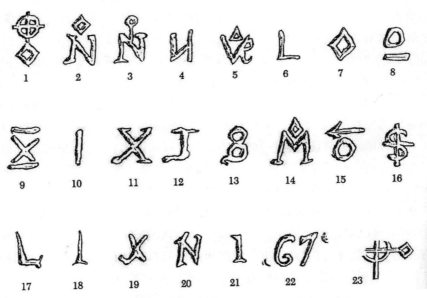

图 10　发现于尼黑勒姆蜂蜡块上的西班牙船运符号

注:Marshall 1984:182。

首次对尼黑勒姆的蜂蜡样本进行放射性碳素测年是在 1961 年，接着在 20 世纪 80 年代到 2000 年之间又进行几次（Erlandson et al. 2001）。测年的蜂蜡提供了首个直接证据，即船只是航行在 17 世纪中期到晚期的某个时间点上。20 世纪 80 年代开始对来自考古遗址、沙滩以及海啸沉积的中国瓷器进行测年（Woodward 1986），从而缩小到 17 世纪晚期这一段时间，具体来说是在公元 1670—1700 年之间（Lally 2008；本卷）。在全面而又详细的西班牙大帆船的航行和损失的记录里，这一时间点上只有两艘航向阿卡普尔科的加利恩帆船失踪，一艘名叫"布尔戈斯的圣基督"号（Santo Cristo de Burgos），失踪于 1693 年，另一艘叫作"圣佛郎西斯科泽维尔"号，失踪于 1705 年（Blair and Robertson 1906；Dahlgren 1916；Levesque 2002；Schurz 1939）。先前的研究者已认为"圣佛郎西斯科泽维尔"号是蜂蜡沉船可信的候选（Cook 1973；Gibbs 1971；Giesecke 2007；Marshall 1984），尽管厄兰森（Erlandson）等人（2001）基于它们更多的碳元素测年日期和蜂蜡离散分析而提出假说认为应该是更早的大帆船。

我们最初的研究聚焦"圣佛郎西斯科泽维尔"号，基于两个理由认为它最有可能是蜂蜡沉船。首先，因为舒尔茨（1939）的论述引用了希尔（Hill 1928），即"布尔戈斯的圣基督"号被焚毁和沉没在靠近马里亚纳群岛的地方；其次，已知的大海啸大约在 1700 年袭击了俄勒冈海岸（Atwater et al. 2005），而且我们认为这样的事件会毁掉这年之前的所有沉没船只的证据。似乎大帆船更可能是在 1705 年沉没在被大海啸冲刷的沙滩之上，使得沉船材料能被冲刷到那历史报道过的沙嘴上。

实地工作于 2007 年开展，由俄勒冈州立公园批准了研究设计。在一年中潮汐最低的时候，从曼萨尼塔城到河口开展了地磁仪探查（图 11）。调查的目的是确定是否有像是加农炮或船锚这样的铁制目标物品埋藏在沙滩之下，这是基于一种假说，即一艘船沉没在被海啸冲刷过的沙滩上，如今属于内陆堆积，而且会被自从海啸事件以后再次沉积在沙嘴的沙子所掩埋。虽然马尼拉大帆船会携带大量加农炮和数个船锚，但是加农炮和船锚一直都没有在尼黑勒姆被证实发现。在靠近尼黑勒姆飞机跑道的风蚀盆地里开展了额外的调查，据报道该地区里包含有 20 世纪的残骸（Giesecke 2007）。在沙嘴的海岸线上和风蚀盆地里未能检测到大的地磁异常。乘坐小船在平行于沙嘴的近海进行了一次受限的地磁仪调查。几个潜在的异常被定位到，但是恶化的天气和海洋情况妨碍了精确地定位目标位置。在 2007 年也进行了探地雷达的调查来了解沙嘴的地质形态学上的特征和了解海啸对景观的影响。

2007 年也开始分析当地的一个沙滩流浪汉在过去 15 年间所收集的大量的陶瓷碎片（Lally 2008）。瓷片主要发现在冬季的碎波带，并且这个沙滩的拾荒人认为瓷片与沉船之间有潜在的关联，就保留了每一个瓷片发现时的位置记录。从潮汐和陆地的沉积里发现的瓷片表明在尼黑勒姆山那里有一个近海源泉在不断"喂养"着沙滩沉积，伴随着沙子在冬季和夏季向海上和岸上移动。看来陶瓷碎片也是沙嘴的海啸沉积的一部分（Peterson et al. 2011），这就把沉船沉积物到达海湾的时间限定在了海啸之前。确认了陶瓷属于海啸沉积的一部分就提供了沉船失事的时间下限，因为海啸沉积的时间已被测定为是在 1700 年发生的最后一场大型海啸（Peterson et al. 2011）。

基于缺乏作为潜在目标的地磁异常和近海陶瓷来源的情况，研究的焦点转移到了早于海啸的（早于 1700 年）可能的沉船遗骸，这正如厄兰森等人最初的假设一样（2001）。早于海啸的沉船遗骸很可能在近海有更少的船身沉积，而历史上对陆地沉船材料散布的描述是由于海啸的扩散和沉积的结果。在 2008 年开展了一次额外的磁力仪调查，范围从尼黑勒姆河口到内哈卡尼山北面的拱门角（图 11）。虽然由于装备问题，结果喜状参半，但是额外的目标也被发现。天气和海洋情况阻止了深潜进入当年或是 2007 年所定位那些的磁力异常的地点。

2008 年当地沙滩拾荒者收集的瓷片的分析也完成了（Lally 2008）。这个研究证实这些货物是

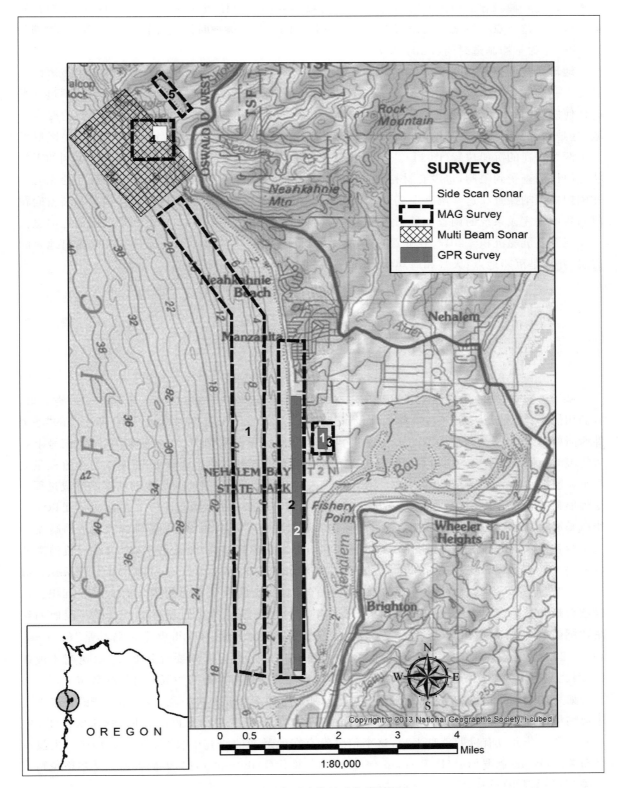

图 11　2007 年以来的地磁仪区域调查

注:美国地质勘探局 7.5 分方形地图,显示了蜂蜡沉船项目区,并按不同类型展示遥感调查区域。

代表了运往新西班牙的中国外销陶瓷，从有盖的咖啡和巧克力杯和其他为欧洲人口味制作的物品就可以看出这一点。风格主题则缩小到了从 1670 到 1700 年这一时期的瓷器货物制造时间，以公元 1690 年为平均制造时间（Lally 2008；本卷）

地理科技调查在 2008 年和 2009 年的夏天继续进行（Peterson et al. 2011）。2010 年在短沙滩进行了一次陆上磁力仪调查，来确认是否有船锚或者其他大型铁制遗物可能还留在这里；不过并没有任何发现（图 11）。持续地对陶瓷发现的地点进行测绘也确认了一个近海来源的可能的搜索区域，这是为了找到陶瓷来源的近海源头。在 2011 年晚些时候，一次多波束声呐探查在这一区域发现了两个潜在的沉船位置（图 11）。2012 年夏季开展对两个地点的深潜探查，但是由于不利的天气状况使得调查受到限制，也没有材料被发现。2013 年夏季对近海异常的地点进行了额外的磁力仪和侧扫描声呐探查。这些调查生成了些潜在目标，但是糟糕的可视性、艰巨的海洋情况和装备问题限制我们去完成系统的调查和潜水进入这些位置的能力。在恶劣天气迫使潜水季节结束之前也没有发现海上沉船沉积。2014 年和 2015 年的深潜调查中确认了其中一个目标只是一个露出地表的岩层，并不是沉船地点；天气和海洋状况阻止了潜水进入其他异常地点。

五、总结

基于古海啸对该地区地貌影响的地质形态学研究，并结合文物分布和瓷器分析的历史研究成果，我们相信蜂蜡沉船是失踪于 1693 年的"布尔戈斯的圣基督"号大帆船，而不是在 1705 年失踪的"圣佛郎西斯科泽维尔"号。我们的关注从"圣佛郎西斯科泽维尔"号转移到了"布尔戈斯的圣基督"号上是因为沉船残骸沉积扩散的历史描述和历史上发现残骸的位置可以清楚地看出，正常的海洋过程是无法解释船板和蜂蜡在内陆沉积的分布。彼得森等人（2011）组织的对古海啸历史和沙嘴的形成过程的地理形态学研究所提供的数据表明，1700 年的海啸没有将尼黑勒姆沙嘴侵蚀得足够低，并不足以让冬季风暴浪潮将海啸后的残骸冲刷过沙嘴，然后进入尼黑勒姆湾，同样也没有船骸能漂流通过的痕迹。

覆盖沙嘴的海啸沉积中，陶瓷残骸的存在和历史上发现蜂蜡在"地表浅层，就像是河流洪涨的沉积物"（Hobson 1900：223），在几个世纪古老的云杉树林根部之下（*Boston Evening Transcript* 1890），"在尼黑勒姆河上游"（Stafford 1908：30）的描述，表明在数百码的内陆就有海啸沉积。在描述蜂蜡和其他沉船遗骸分布的内容里，1843 年定居在俄勒冈的霍伯森写下了这样一段他的看法，"沉船后不久，河中出现了一次非常高的洪流，把蜡、原木和木材吹得整个半岛都是"（Hobson 1900：223）。霍伯森可能不会知道关于这个区域的古海啸，因为海啸要直到 20 世纪晚期才被认识，因此他得出的结论是一场大型的河流洪水，这最能解释他所目睹到的沉船材料的散布。

如果蜂蜡沉船仍是"布尔戈斯的圣基督"号，那什么能解释舒尔茨的说法，即船只烧毁在临近马里亚纳群岛的地方，这与"数年后"在菲律宾发现的两个幸存者所汇报的相同呢（Schurz 1939：259）？舒尔茨并没有标明消息来源，这个信息没有在他最初的研究中公布（Schurz 1915），也没有被布莱尔（Blair）和罗伯逊（Robertson 1909）或达尔格伦（Dahlgren 1916）他们报道。达尔格伦写下有关"布尔戈斯的圣基督"号的内容是：

> ……它不只是没能到达港口，而且还沉没了，我们对那件事发生的地点一无所知。有人怀疑它是被火烧毁的，因为有一个马里亚纳人发现了烧焦的木头碎片，经确认，这些木头只有在菲律

宾才有。沿着南美海岸(coasts of South America)和其他区域开展了许多年的细致搜索；但是没有取得一点儿有关船只的消息[Bl. & Rob. (Blair and Robertson 1903—09)XLII, p. 309]。

达尔格伦的"怀疑它是被火烧毁的"是因为在 1916 年发现了"烧焦的木头碎片",这在 1939 年成为了舒尔茨的绝对性说法；到 1984 年,马绍尔甚至更加坚定地说"布尔戈斯的圣基督"号的"烧焦的木板是被发现"在塞班岛(island of Saipan)(Marshall 1984：174,176)。舒尔茨的幸存者记录是基于珀西·希尔(Percy Hill)汇报的故事(Hill 1925,1928),他宣称是在菲律宾的档案中发现了记录。然而都到了 1699 年,墨西哥官员在汇报给西班牙的文书中却表示仍然没有有关船只存亡的信息(Archivo de Indies 1699)。

珀西·希尔,是一个在 20 世纪早期旅居菲律宾的美国人,他是一位多产的冒险和浪漫故事作家。他的"布尔戈斯的圣基督"号焚毁和两名男子在返回菲律宾的途中靠吃人为生的记载,是一个讽刺天主教会故事的开头。若是如希尔宣称那样,幸存者被找到了而且还在马尼拉被教会审判,那么在新西班牙的官员不可能不知道这样的事件,同样布莱尔和罗伯逊也不可能在它们广泛的研究中没有发现审判记录。相反,这个故事更有可能是虚构的,就好像是希尔的书籍里的其他故事,希尔是为了讽刺而将其作为一种情节设计去编造故事,但是舒尔茨却毫无疑问地接受了这些故事。

通过档案研究证实了"布尔戈斯的圣基督"号已经失踪而且从没被发现,这样使其成为尼黑勒姆沉船的一个可能候选,我们提出了沉船遗骸经过这样的扩散然后掩埋的事件顺序,在 1700 年的海啸之前,一艘大帆船的残骸在尖顶岩石处或是在内哈卡纳尔山浅海处失事。随着大帆船解体,上部构架和船板和蜂蜡这样较轻的物品向南漂流进入尼黑勒姆沙嘴,向北则进入短沙滩和克拉特索普沙滩,而炮弹、加农炮和船锚这样的重型物品仍还在海里沉船沉没的地方。1700 年的卡斯卡迪亚地震引发了一场大型海啸,海啸把沙滩上的船只残骸冲刷到了沙嘴并进入了尼黑勒姆海湾以及河道,残骸沉积在流入的海岸线上。返回的海啸水流在沙嘴流出的海岸线上沉积了更多材料。历史上描述的近海河口的船只残骸是上层构架的一部分,被河流冲刷顺流而下然后在河口的沙洲上固定了下来。然后是震间反弹和抬升,沙滩开始恢复和被海啸冲刷进入海洋的沙子再次被沉积在沙滩上,最终到 20 世纪中叶埋藏遮盖了船骸。一旦沉积到尼黑勒姆沙嘴的活动沙丘场里,沉船遗骸就会高于风暴潮和潮汐能触及的高度,并不断地被迁移的沙丘掩埋和暴露。这使得后来的美洲原住民和定居者能见到并且容易得到蜂蜡,因为沙嘴上的遗存直到 20 世纪晚期才被植被所覆盖并从视野中隐藏了起来。

总而言之,对蜂蜡沉船进行的多年、多学科研究的结果是关于船只身份和可能发现水下沉船遗存的潜在位置的科学工作假说得到了发展。该项目的档案研究已证实了在 1693 年"布尔戈斯的圣基督"号已完全失踪,这反驳了希尔(1925,1928)以及舒尔茨(1939)宣称"布尔戈斯的圣基督"号在西太平洋焚毁的观点。该研究还揭示了一些可以用于把未来的发现与档案记录相联系起来的资料,包括 998 页有关船员和建造船只细节以及有关 1692 年中止航行和 1693 年为航行而改装船只的文件。在不久的将来,只要天气和资金允许,我们计划在 2013 年拓展调查区域并对近海目标身份的确认进行额外的调查。如果我们可以定位到并且辨识出蜂蜡沉船,那么我们就可能确定"布尔戈斯的圣基督"号的命运。

［致谢：蜂蜡沉船项目是通过纳加研究所的大卫·查菲(David Chaffee)、理查德·罗杰斯(Richard Rogers)、米奇·马尔肯(Mitch Marken)和尼黑勒姆谷历史学会(Nehalem Valley Historical Society)慷慨的财政和技术支持才得以实现的。这项研究受益于米奇·马尔肯、库尔特·彼得森(Curt Peterson)、理查德·罗杰斯和其他许多人的见解和研究,而任何错误或遗漏都是作者的唯

一责任。该论文也受益于兰斯·沃尔韦格（Lance Wollwage）和克雷格·霍尔斯坦（Craig Holstine）对早期草稿的审阅受益匪浅。]

注释

［1］舒尔茨（Schurz 1939）错误宣称了"布尔戈斯的圣基督"号（*Santo Cristo de Burgos*）在马里亚纳群岛（Marianas Islands）附近焚毁和沉没，在下文会对其进行解答。

参考文献

Anonymous

1872，About the Mouth of the Columbia，*Overland Monthly* Vol. VIII No. 43，pp. 71-78. John H. Carmany & Co.，Dan Francisco，CA.

Archivo de Indies

1699，Filipinas 26，R. 7，N. 27，Audiencia de Filipinas，Archivo General de Indias，Seville. Letter dated 29 April 1699.

Atwater，B.，M. Satoko，S. Kenji，T. Yoshinobu，U. Kazue，and D. Yamaguchi

2005，*The Orphan Tsunami of 1700：Japanese Clues to a Parent Earthquake in North America*. U. S. Geological Survey Professional Paper 1707. University of Washington Press，Seattle，WA.

Blair，E.，and J. Robertson

1909，*The Philippine Islands，1493-1803：Explorations By Early Navigators，Descriptions Of The Islands And Their Peoples，Their History And Records Of The Catholic Missions，As Related In Contemporaneous Books And Manuscripts，Showing The Political，Economic，Commercial And Religious Conditions Of Those Islands From Their Earliest Relations With European Nations To The Beginning Of The Nineteenth Century / Translated From The Originals*. A. H. Clark Co.，Cleveland.

Boston Evening Transcript，1890. Issue of November 5，1890.

Clarke，S.

1899，Wrecked Beeswax and Buried Treasure，*Oregon Native Son* Vol. 1(5)：245-249. September 1899.

Cook，W.

1973，*Flood Tide of Empire：Spain and the Pacific Northwest，1543-1819*. Yale University Press，New Haven and London.

Cooper，W.

1958，Coastal Sand Dunes of Oregon and Washington，*Memoir Series of the Geological Society of America No. 72*，Geological Society of America，Boulder，CO.

Cotton，S.

1915，*Stories of Nehalem*，M. A. Donohue and Company，Chicago，IL.

Coues，E.

1897，*New Light on the Early History of the Greater Northwest：The Manuscript Journals of Alexander Henry Fur Trader of the Northwest Company and of David Thompson official Geographer and Explorer of the Same Company 1799-1814*，Vol. II. Francis P. Harper，New York，NY.

Dahlgren，E.

1916，*Were The Hawaiian Islands Visited By The Spaniards Before Their Discovery By Captain Cook In 1778?：A Contribution To The Geographical History Of The North Pacific Ocean Especially Of The Relations Between America And Asia In The Spanish Period*. AMS Press，New York，NY.

Daily Astorian，1881，"The City"，page 3. January 22，1881.

Davidson，G.

    1869，*Coast Pilot of California，Oregon，and Washington Territory*. Government Printing Office，Washington，DC.

    1889，*Coast Pilot of California，Oregon，and Washington，Fourth Edition*. Government Printing Office，Washington，DC.

Erlandson，J.，R. Losey，and N. Peterson

    2001，"Early Maritime Contact on the Northern Oregon Coast：Some Notes on the 17th Century Nehalem Beeswax Ship"，*Changing Landscapes："Telling Our Stories，"Proceedings of the Fourth Annual Coquille Cultural Preservation Conference*，Jason Younker，Mark A. Tveskov，and David G. Lewis，eds. Coquille Indian Tribe：North Bend.

Franchere，G.

    1854，*Narrative of a Voyage to the Northwest Coast of America in the Years* 1811，1812，1813，*and* 1814，*or the First American Settlement on the Pacific*. Translated and edited by J.V. Huntington. Redfield，New York，NY.

Gibbs，J.

    1971，*Disaster Log of Ships*. Superior Publishing Company，Seattle，WA.

Giesecke，E.

    2007，*Beeswax，Teak and Castaways：Searching for Oregon's Lost Protohistoric Asian Ship*.Nehalem Valley Historical Society，Manzanita，OR

Hill，P.

    1925，*Romantic Episodes in Old Manila：Church and State in the Hands of a Merry Jester-Time*，Sugar News Press，Manila，PI.

    1928，*Romance and Adventure in Old Manila*. Philippine Education Co.，Manila，PI.

Hobson，J.

    1900，North Pacific Pre Historic Wrecks. *Oregon Native Son*，Vol II(5)：222-224. Native Son Publishing Co.，Portland，OR.

Lally，J.

    2008，Analysis of the Chinese Blue and White Porcelain Associated with the "Beeswax Wreck，"Nehalem，Oregon. Unpublished thesis，Department of Anthropology，Central Washington University. Ellensburg，WA.

Lee，D.，and J. Frost

    1844，*Ten Years in Oregon*. J. Collord，Printer，New York，NY.

Lévesque，R.

    2002，*History of Micronesia*，Vol. 20. Lévesque Publications：Québec，Canada.

Marshall，D.

    1984，*Oregon Shipwrecks*. Binford and Mort，Portland，OR.

Moulton，G.，ed.

    2003，*The Definitive Journals of Lewis & Clark*，*Vol. 9，John Ordway and Charles Floyd*，U. of Nebraska Press，Lincoln.

Peterson，C.，S. Williams，K. Cruikshank，and J. Dube

    2011，Geoarchaeology of the Nehalem Spit：Redistribution of Beeswax Galleon Wreck Debris by Cascadia Earthquake and Tsunami(～A.D. 1700)，Oregon，USA. *Geoarchaeology：An International Journal*，Vol. 26(2)：219-244.

Rogers, T.

  1898, *Nehalem, A Story of the Pacific*, A.D. 1700. H.L. Heath, McMinnville, OR.

  1929, *Beeswax and Gold: A Story of the Pacific*, A.D. 1700. J.K. Gill, Portland, OR.

Scheans, D., T. Churchill, A. Stenger, and Y. Hajda

  1990, Summary Report on the 1989 Excavations at the Cronin Point Site (35-YI-4B) Nehalem State Park,
    Oregon. Ms. on file at Oregon State Parks and Oregon State Historic Preservation Office, Salem, OR.

Schurz, W.

  1915, The Manila Galleon. Unpublished doctoral dissertation, College of Social Sciences, University of California-
    Berkeley.

  1939, *The Manila Galleon*. E.P. Dutton and Co., Inc., New York, NY.

Smith, S.

  1899, Tales of Early Wrecks on the Oregon Coast, and How the Bees-Wax Got There, *Oregon Native Son*
    Vol. 1: 443-446.

Stafford, O.

  1908, The Wax of Nehalem Beach. *The Quarterly of the Oregon Historical Society*, Vol. IX, pp. 24-41. State
    Printer, Salem, OR.

Stenger, A.

  2005, Physical Evidence of Shipwrecks on the Oregon Coast in Prehistory, *CAHO: Current Archaeological
    Happenings in Oregon* Vol. 30(1): 9-13.

The Sunday Oregonian, 1909. Page 8, September 12, 1909.

Swan, J.

  1857, *The Northwest Coast; Or, Three Years' Residence in Washington Territory*. Harper & Brothers, New
    York, NY.

Williams, S.

  2007, A Research Design to Conduct Archaeological Investigations at the Site of the"Beeswax Wreck"of Nehalem
    Bay, Tillamook County, Oregon. Ms. on file at Oregon State Parks and Oregon State Historic Preservation
    Office, Salem, OR.

  2008, Report on 2007 Fieldwork of the Beeswax Wreck Project, Nehalem Bay, Tillamook County, Oregon.
    Ms. on file at Oregon State Parks and Oregon State Historic Preservation Office, Salem, OR.

  2014, A Manila Galleon in Oregon: Results of the 'Beeswax Wreck' Research Project, *Proceedings of the Asia-
    Pacific Regional Conference on Underwater Cultural Heritage*, May 12-16, 2014. Honolulu, HI(hard-
    copy publication date, may 2014; online publication date, May 2014 by the Museum of Underwater Ar-
    chaeology, http://www.uri.edu/mua/).

Woodward, J.

  1986, Prehistoric Shipwrecks on the Oregon Coast? Archaeological Evidence. Ms. on file, Oregon State Historic
    Preservation Office., Salem, OR.

  1990, Paleoseismicity and the Archaeological Record: Areas of Investigation on the Northern Oregon Coast, *Ore-
    gon Geology* 52(3): 57-66. May 1990.

美国俄勒冈州"蜂蜡"沉船瓷器分析

［美］杰西卡·拉莉(Jessica Lally)

(美国华盛顿州雅卡马族群部落联盟,Confederated Tribes and Bands of the Yakama Nation,Washington,USA)

徐曙端 译 刘 淼 校

俄勒冈州北部海岸的一处历史文献记载的无名沉船遗址收集到了 1577 件瓷器瓷片,我们对这批标本进行了研究,以确定该船的年代及目的港。目前的研究表明,这些瓷器瓷片可能是迄今为止发现的与沉船有关的少数物质文化遗存中的一部分(Williams,2007;本卷)。根据历史文献记载(Franchere,1967;Gibbs,1993;Hult,1968;Lee & Frost,1968;Marshall,1984)和多年的持续研究(Williams,2007;本卷),该沉船已被称为"蜂蜡沉船"并为学界所熟知。尽管关于这艘沉船的年代和国籍有几种不同的说法,但与沉船有关的考古材料表明,这是一艘前往阿卡普尔科的西班牙马尼拉大帆船。

这项研究的主要目的是分析蜂蜡沉船的瓷片,以确定船货的年代和沉船的可能年代。在本研究之前,关于十七世纪从亚洲出口到新大陆的瓷器研究成果有限,而关于该瓷器为何在西北太平洋地带出现的研究就更少(Beals & Steele,1981;Scheans & Stenger,1990)。因此,本研究将为这些领域的认识提供新的信息和进一步的证据,以帮助厘清该沉船研究中长期存在的模糊历史,充实关于蜂蜡沉船的货物、国籍和目的地等重要线索。

一、研究样本和方法

本研究分析的"蜂蜡沉船"收集样品包括 1577 件瓷片。其中,1442 件瓷片是通过一个人在 15 年多的时间里在俄勒冈州曼萨尼塔(Manzanita)附近的五个不同地点的海滩拾荒中发现的。大部分瓷片来自奥斯瓦尔德西州立公园(OWSP)和尼黑勒姆(Nehalem)湾,还有少量瓷片从提拉穆克(Tillamook)海角、提拉穆克湾和尼哈勒姆瀑布采集。收集品中还有 127 件瓷片,出于两个考古遗址,即遗址 35-TI-1 和遗址 35-TI-4,分别由俄勒冈大学自然和文化历史博物馆和提拉穆克县先锋博物馆发掘。收藏在提拉穆克县先锋博物馆的总共 8 件瓷片是在同一地理区域内收集的,由其他收藏家捐赠(见表 1)。在本研究中,这些瓷片将被作为一组遗物进行分析,因为这些瓷片发现于同一地理区域裸露的海滩或河床堆积中,并不在欧美人的居住地或废弃的聚落,且瓷片在外观上有整体的相似性。对这些收集品的研究,将根据装饰风格、图案类型和标记款识等,做出年代学和类型学研究。这些瓷片都被测量并复原了器物的部位(底部、口沿、器身)和器物的形态(敞口、敛口、杯、

瓶等）。通过对每个瓷片的花纹特征的详细观察，了解瓷片的保存状况、釉层和青花钴质色调等。

表1　按出处划分的蜂蜡沉船采集品中的瓷片数量

出土地点	当前收藏地	瓷片数
奥斯瓦尔德西州立公园	私人收藏	981
尼黑勒姆湾	私人收藏	456
提拉穆克海角	私人收藏	2
提拉穆克海湾	私人收藏	1
尼黑勒姆瀑布	私人收藏	1
尼黑勒姆河	私人收藏	1
35-TI-1 遗址	俄勒冈大学	115
35-TI-4 遗址	提拉穆克县先锋博物馆	12
威尔逊（Wilson）河遗址	提拉穆克县先锋博物馆	1
尼黑勒姆沙嘴（私人捐赠）	提拉穆克县先锋博物馆	2
尼黑勒姆湾州立公园	提拉穆克县先锋博物馆	1
相似的地理位置（私人捐赠）	提拉穆克县先锋博物馆	4
合计：		1577

　　装饰图案是为中国瓷器断代的一个关键属性（Frank，1969；Mudge，1986）。就本研究而言，对图案的识别是一个观察和摄影的系统过程，同时结合对瓷器风格和图案的研究和比较。虽然以前的许多研究在很大程度上依赖于中国官窑瓷器资料（Curtis，1995；Lion-Goldschmidt，1978），本研究试图将官窑瓷器资料和沉船船货遗存结合起来研究。这样做的目的是，试图使我们的研究在引领潮流的官窑瓷场和自由流通的贸易陶瓷间，取得平衡。

　　分析的资料主要用于确定该瓷器生产日期的年代范围。为了做到这一点，我们采用索斯（South，2002）的视觉解释模型，选择了15种瓷器的要素和类型来反映年代范围。此外，还利用索斯（South，2002）的方程式，选择13种瓷器的要素和类型来计算这些瓷片的折中年代。那些被排除在视觉解读和平均陶瓷日期计算之外的其他瓷器要素和类型，之后也将与这两种方法的结果进行了比较，以确认或补充完善已得出的年代结论。这一研究所得出的结果，为认识"蜂蜡沉船"的目的港和国籍提供了重要资料，对于选择威廉姆斯（Williams，2007；本卷）提出的"蜂蜡沉船"两种可能定性之一，提供了重要依据。

二、研究与分析

　　众多的瓷器特性要素，包括瓷片类型、器皿类型、青花色调、釉面特征、标记款识、装饰图案等，提供了瓷片断代的证据。对每种特性要素的单独分析、检验表明，这些特征反映了一个广泛的年代范围，明朝（1368—1644 年）和清朝（1644—1911 年）制造的瓷器都是如此。然而，这种过于宽泛的年代范围，在许多情况下是因为随着时间的推进，瓷器上延续使用中国传统图案。综合考虑，虽然这些特性要素强烈地反映，这批瓷器的年代是过渡期或称转变期（1620—1683 年）的后段和康熙年间（1662—1722 年）之间，本研究深入分析讨论，计算出的折中年代是 1690 年。

（一）瓷片和器皿类型

84％瓷片的器皿类型是可以识别的。器身瓷片是最常见的,占可识别数量的 52％,其次是器底,占 29％,口沿瓷片占 17％。器型有敞口(占收集品的 19％)和敛口(1％)。对瓷片类型的分析确定了六种可以判断年代的特性要素:槽形圈足、斜角圈足、折沿盆口沿,有盖杯、球状盒和德化单色釉(白釉)瓷器。

槽形圈足只发现于奥斯瓦尔德西部州立公园和尼黑勒姆湾的单色白瓷上(见图 1)。这一特征对于瓷器的断代尤为重要,因为槽形圈足只在 1644 年(Butler,2002;Butler & Curtis,2002;Curtis,2002;Donnelly,1967;Harrisson,1995;Mudge,1986)和 1690 年(Harrisson,1995)之间生产。这批瓷片中的大多数槽形圈足器似乎都有一个狭窄的或初步的槽,可能属于顺治年间(1644—1661 年)。然而,这种狭窄槽的形态也可能是水下侵蚀的结果。对于从萌芽到完善的双圈足分类,既有的研究成果有不同意见,有些人认为是圈足萌芽阶段的特点(Butler & Curtis,2002:163),另一些人则认为是成熟完善的特点(Harrisson,1995)。如果根据这个矛盾认识,这些瓷片中的槽形圈足可能处于 1644—1690 的宽泛年代范围,包括顺治年和康熙年的早期。1690 年之后槽形圈足就不再生产(Harrisson,1995)。

图 1　槽形圈足,瓷片 NH269

一件器皿(编号 8692)为斜角圈足(见图 2;彩版八:4)。圈足的底部颜色略带火石红色,没有上釉,这部分烧制时被暴露在窑内的高温中。有人认为,斜面或向下切削的圈足是为了使器皿能够放在木架上,这是康熙年间(1662—1722 年)的一个独有特征(Vermeer,2005)。除了斜角圈足外,还有六个瓷片的被鉴定为折沿,或者宽平边,一般认为是 1620 至 1680 年间生产的(Fischell,1987),但可能早在 1613 年就出现了(van der Pijl-Ketel,1982)。

图 2　斜角圈足，瓷片号 8692 瓷片饰有青花虎皮百合花纹图案。

在这些瓷片中发现了带盖的器皿、带盖的杯子和盖子。这些瓷片在尺寸、器身和装饰方面都很相似，表明这些盖子可能是盖杯的一部分。所有的杯子都装饰有几乎相同的虎皮百合花纹样（该图案将在下面的章节中讨论），并在奥斯瓦尔德西部州立公园、尼黑勒姆湾、35-TI-1 遗址和 35-TI-4 遗址都有发现。在 1690 年的越南头顿（Vung Tau）沉船货物中也发现了类似的盖杯（Jorg & Flecker，2001）。

共有 19 件瓷片被确认为扁球状盒（或盖子）的瓷片。这些扁球状盒和球状盒盖都是白色的，除了盖子上的一个模塑环纽外没有其他装饰，直径只有几厘米。其中几个瓷片的内部没有上釉，器身和盖子的边缘部分都没有上釉。两个扁球状盒子瓷片的底部没有上釉，并且（底部）由于暴露在窑炉的高温下而略微变色和凝结。唐纳利（Donnelly，1967）指出，在过渡期后段和德化窑生产的高峰期，类似没有上釉且底部已烧结的小型球状盒也在生产。这些独特的无釉素烧底表明，这些盒子来自 1675 年至 1725 年之间的德化窑（Donnelly），当时无釉素烧底已经不见于其他窑口的瓷器中（Butler，2002）。

四件单色的白釉瓷片代表了 1675 至 1725 年间德化窑生产的各种更独特的器皿类型。瓷片编号 NH386 与唐纳利（Donnelly，1967）所描绘的马可波罗香炉惊人地相似，唐纳利将类似的马可波罗香炉的年代定在 1675 至 1725 年间。NH388 号是一个描绘了一张欧洲人脸型的模制人像瓷片，瓷片背面的突出部分表明它可能被贴在一个器皿的一侧，或以其他方式连接到一个更大的器皿上。脸部的特征似乎不具有亚洲人特质，而是显得非常具有欧洲特色，头发的样式也是如此。此外，模制的 NH657 号瓷片可能是一个人像（如观音）底座上的花瓣。

（二）装饰形态和器皿类型

迄今为止，青花装饰纹样是这批标本最常见的装饰类型，占收集品的近 73%，其次是白釉瓷，占 26%。收集品中只有 9 件瓷片是与釉上红彩有关的装饰元素。总的来说，收集品的装饰形态都具有十七世纪中期至十八世纪中期的时代特点。

青花装饰是以勾勒和平涂技法绘制的,大多数瓷片上青花呈现蓝紫色调(占青花瓷片的55%)和深蓝色调(8%)。通过观察发现还有少量青花呈现紫灰色、蓝灰色、蓝黑色和亮蓝色调。在5%的釉下彩瓷片上观察到了各种色调轻度应用的淡彩,在3%的瓷片上观察到了重度应用的浓彩。这些标本多为釉色轻薄莹润的淡青色调,非常少的白釉瓷器标本会呈现纯白色调。

这批标本的青花装饰和釉面的属性具有鲜明的过渡时期或康熙年间的时代特征。青花中的蓝紫色调与过渡时期的产品特征相关(Macintosh,1977),而青花呈色明艳则特别指向顺治年间(Curtis,2002:42)。标本中少量的青花色调可能与明朝和清朝有关。然而,明代制造的可能性不大,因为收集的瓷片缺乏典型的明代青料属性,如Frank(1969)指出的表明明代瓷器的青花钴料的"堆积式"应用。

这些标本缺乏明朝(1368—1644年)的釉料属性。明代产品的釉层较厚,表现为时有不利于釉下彩绘呈色的花纹阻断情况(Frank,1969)。但这批收集品中的淡青釉看起来轻薄莹润,花纹很流畅,这些特征都是麦基多斯(Macintosh,1977)和弗兰克(Frank,1969)所认定的过渡时期或康熙年间年产品的特点。瓷片标本上的白釉也可能是同一时期的标志,因为弗兰克和科尔(Frank,Kerr,1986)认为,康熙出口瓷器上的白釉很常见,特别是德化窑在十八世纪还在单色瓷器上使用冷白釉(Donnelly,1967)。

由于水下侵蚀的原因,很难确定在奥斯瓦尔德西州立公园和尼哈勒姆湾发现的任何釉上红彩瓷片是否为真正的伊万里(Imari)瓷器。然而,在考古遗址35-TI-1中发现的两个保存得较好的瓷片显然是中国的伊万里瓷片(文物编号L2/18/43),显示出金彩松树枝纹样、釉上红彩和釉下青花的结合(见图3;彩版八:6)。釉上红彩最早出现在十四世纪的景德镇窑场(Kerr,1986)。在整个瓷器生产过程中,它被用于一些多色组合,尤其是伊万里瓷器,伊万里瓷器是釉下青花、釉上铁红彩的组合,偶尔有饰金彩(Mudge,1986:246)。从16世纪末到17世纪中叶,中国的伊万里瓷器都非常受欢迎,一般来说,中国瓷器上的釉上红彩在16世纪末被大量进口到墨西哥(Mudge,1986)。

图3 中国伊万里瓷片(文物编号 L2/18/43)图案要素

这批标本中的两个瓷片被确认为巴达维亚器皿，其外部涂有棕色的釉层，内部则装饰有青花的图案（见图4,5;彩版八:9）。巴达维亚器皿只在康熙年间生产，特别是在十七世纪末至十八世纪初（Donnelly,1967;Fuchus & Howard,2005;Mudge,1986;Sheaf & Kilburn,1988），并在越南"金瓯"（Ca Mau,1723-1735）沉船的货物中发现（Chién,2002）。蜂蜡沉船的瓷器标本中也有单色白色的带有模印棱纹的瓷片，与唐纳利（Donnelly,1967）著录的德化窑酒杯和犀牛角杯惊人地相似，其年代是1650—1750年。

图4 巴达维亚器皿腹内壁瓷片（NH359）

图5 瓷片外壁（NH359）

花卉和缠枝花图案。瓷片标本的装饰花纹图案包括花卉题材、缠枝花、涡卷纹、山水图案、吉祥物、八喜、八宝、开光图案、人物、边框、口沿装饰及其他。缠枝花是最常见的图案,占标本总数的13%。已确定的花卉题材包括梅属植物图案、竹子、阔叶槐、桃子、牡丹、山茶花、太湖石、芭蕉叶、香蒲和树木。许多花卉图案在整个瓷器生产过程中都有使用,在明朝和清朝都很常见(Bai,2002;Butler & Curtis,2002;Lion-Goldschmidt,1978)。有几个图案的时代特征更明确。

这些不同纹饰图案的施作方式可以看出产品的时代特点。一些花瓶瓷片,特别是那些装饰有梅花图案、竹子和棕色边饰的,展示出较多的留白,这是过渡期典型的装饰技术(Frank,1969;Sheaf & Kilburn,1988)。

梅花标本中的梅花装饰主题是康熙年间的产品。收集品中共有39件梅花或梅花植物图案,分别用青花、刻花和贴塑装饰进行表现。梅花图案在中国瓷器生产中已经使用了几个世纪,在明朝以及过渡期和康熙年间都有使用(Beals,Steele,1981)。在康熙年间,随着山楂罐的生产,梅花图案的流行达到了顶峰,这些山楂罐一般都是用蓝色冰裂纹背景上的白色梅花来装饰(Frank,1969;Kerr,1986)。NH029 和 NH334 这两件瓷片符合这一特点,为清晰的蓝底白花的梅花反向图案(见图6;彩版八:7)。

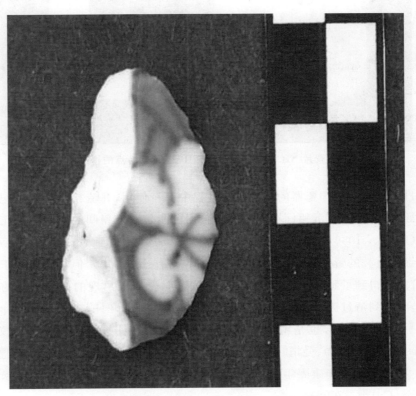

图 6　蓝色冰裂纹背景上的白色梅花,瓷片 NH29

在梅花纹样中,有几个单色釉瓷片,与唐纳利(Donnelly,1967)、穆吉(Mudge,1986)和巴斯(Bass,2005)列举的例子相比,更接近 1675—1725 年、1690—1710 年和 1692 年的产品。瓷片NH392 装饰有高浮雕、模制和贴塑的梅花、枝叶,瓷片的主体是明亮的白色至微蓝的色调,釉面是珍珠白的,胎釉结合紧密。唐纳利列举了几个德化窑的单色或中国白瓷茶杯、花瓶和罐子上使用的几乎相同的图案。这些茶杯的年代是 1675 年至 1725 年。其他资料显示,类似的中国白瓷杯的年代在 1690 年至 1700 年之间(Mudge,1986),许多器皿在牙买加皇家港的发掘中发现过,该港于

1692 年被地震摧毁(Bass，2005)。

唐纳利(Donnelly，1967)根据梅花纹样的编年进一步证实了瓷片 NH392 的可能年代范围(见图 7)。他指出，1725 年之后，梅花有更多圆形的短花瓣，中心被小珠子和几条放射线包围。在 1725 年之前，梅花的中心是一个普通的点，周围的花瓣要么有一个或两个脉络沿花瓣的长度辐射。瓷片 NH392 的花是平心的，花瓣很长，有一根脉络贯穿整个花瓣，唐纳利将这种风格定期在 1675 年至 1725 年。

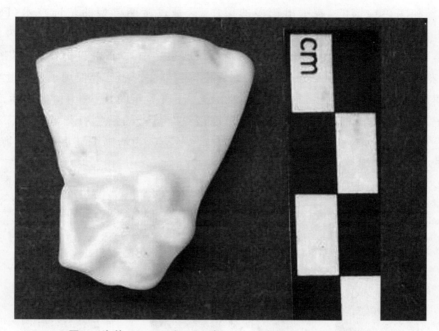

图 7　瓷片 NH392，为 1675 年至 1725 年间特点的梅花图案

桃花和牡丹花纹样在中国瓷器的整个生产过程中都有使用，并流行了几个世纪。由于这两种图案的政治象征意义，"蜂蜡"沉船标本中这两种图案可能是顺治年间的产品。桃花是道教的一种宗教性的植物(Frank，1969；Macintosh，1977)，代表了永生和婚姻(van der Pijl-Ketel，1982)，它的盛行往往与崇尚道教的帝王有关(Frank，1969；Macintosh，1977)，但它不局限于道教主导的时代，在之后的阶段也得到了延续。在顺治年间和过渡期，瓷器上出现的描绘桃花的诗歌或桃花纹样，反映的正是对明到清过渡时期社会政治动荡的不满(Bai，2002；Finlay，2010)。

牡丹花是一个传统题材，也是清朝最流行的花卉图案。牡丹有许多象征意义，包括对财富(Butler & Curtis，2002:123)、爱情、春天、女性之美、男子气概以及好运的美好意愿(van der Pijl-Ketel，1982)。在清朝顺治和康熙年间，这个图案变得特别重要，常与士绅阶层追求的封侯爵禄心愿有关(Butler & Curtis，2002)。

除了花卉图案之外，这批标本还包含 158 件青花缠枝花纹瓷片。与其他纹样相比，缠枝花图案变化不大。值得注意的是，在不同地点发现的近 10% 的标本都有此类装饰。这 158 件瓷片中，除了 15 件瓷片，其他似乎都是虎皮百合缠枝花(图 2；图 8；彩版八:5)，10 个瓷片包括独特的虎皮百合四瓣花。这朵花的中心是一个普通的小点，有四片花瓣从中心向外辐射。虎皮百合缠枝花是康熙年间出口瓷器所特有的，通常与这批瓷片上的小四瓣花有关(Frank，1969；Valenstein，1989:244)。在头顿沉船(1690 年)的货物(Jorg & Flecker，2001:72:图 65)和金瓯沉船(1723—1735 年)的货物(Chién，2002:图 156)中也可以看到虎皮百合花纹的图案。

图 8　瓷片 NH949,蜂蜡沉船瓷器虎皮百合图案的例子

在 6 件瓷片上观察到缠枝花的一种变化。与虎皮百合花纹不同的是,这些瓷片上的缠枝花更加圆润。有时,叶子甚至显得"臃肿",与枝条形成强烈的对比。此外,在花纹留白处,随机地点缀单圆点纹。这个更圆润的花纹与巴特勒(Bulter,2002:18:图 3)所研究的一个带有"狮子和植物图案"的盖罐非常相似,该盖罐的年代为 1650—1660 年,对应于清朝顺治年间。哈里森(Harrisson,1995:45:图 58a)提供了另一个相同的缠枝花的例子,年代为 1660 至 1670 年,相当于顺治末年和康熙初年。

在 NH218 和 NH351 这两件瓷片上发现了没骨缠枝花卉图案。没骨青花画法是一种不使用轮廓线,只使用薄涂的技术,给人一种水彩的感觉。这种瓷器装饰风格在明朝成化年间(1465—1487 年)很流行,但在康熙时期的成化瓷器仿制品上也很常见(Frank 1969)。

标本中的 38 件瓷片上发现了两种非花卉图案的缠枝纹样的变体。第一种与高德斯密特(Lion-Goldschmidt,1978:40)所认定的 14 世纪中期典型缠枝纹样相似。第二种变体是明朝万历年间(1573—1620 年)(Lion-Goldschmidt,1978:40)出现的更圆润的一种缠枝纹样。这些装饰性的缠枝花纹可以与更早的形态有关,是瓷器制造过程中延续的传统。

景观、人物、标记与开光图案。收藏品中只有 25 件瓷片被确定为景观图案。NH020 和 NH482 瓷片采用深色青花线条勾勒并涂色,运用对比,很少使用阴影。这种青花山水技法是 1690 年至 1720 年代在瓷器上盛行的山水装饰模式(Curtis 2002)。属于过渡期的哈彻(Hatcher)沉船(1643 年)的瓷器上看到了这种方法(Curtis,1995;Curtis,2002:42;Sheaf & Kilburn,1988),而且总体上是顺治时期的特点(Curtis,2002)。NH148、NH153 和 NH311 号瓷片上的叶子没出现过渡期盛期典型的 V 字形表现技法,即景观中的叶子由小 V 形(Mathers,et al.,1990)或 U 形线(Butler,2002:21)组成,表明这些标本中的景观纹瓷片属于过渡期盛期(1634—1643 年)之前或之后。

有人物图案的瓷片表明是过渡期后期、顺治年间或康熙年间的产品。总共有 13 件瓷片被确认为有人物图案,其中 6 件(瓷片 NH022、NH483、NH661、NH660、LL2/18/39a 和 LL2/18/39b)似乎是百子形象或士绅形象（见图9；彩版八：8）。婴戏图是明朝使用的图案，通常是以粗重的轮廓线绘制（Lion-Goldschmidt，1978）。然而，标本中的瓷片却为精细的轮廓线和紫蓝色的青料进行装饰，属于过渡期早期的风格，其中的百子图案与巴特勒等（Butler，Curtis，2002：图82 & 83）研究的百子图案非常相似，这些图案描绘了孩童在一起玩耍或把玩士绅有关的物品。这些以士绅为代表的图案，是顺治和康熙年间的重要因素（Curtis，2002：50）。

图9　百子或士绅形象的纹饰，瓷片 NH438

　　标本中的7件瓷片是百子和士绅之外的其他人物形象。瓷片 NH599 和 NH600 分别描绘了非常精致的四分之三的脸部轮廓；瓷片 NH599 的人物后面有一个格子栅栏。瓷片 NH462 描绘一个俯瞰着风景的人物上半身及面部轮廓。这些人像纹饰的描绘具有过渡期、顺治年或康熙年的风格，线条轻盈，人物优美。在过渡期（Frank，1969；Mathers，1986）、顺治年（Curtis，2002）、康熙年（Frank，1969）和明朝（Lion-Goldschmidt，1978），人物场景特别流行，与百子图案瓷片一样，这些人像缺乏明代人像图案的粗重轮廓线勾勒特点。

　　11件瓷片装饰了吉祥物、八喜或八宝图案。八喜宝瓶见于两件瓷片上。其他的瓷片虽然是破碎的，难以绝对确定主题，但似乎含有宝瓶、法螺和华盖部分形象。八喜和八宝在中国的瓷器装饰中已经延续了几个世纪，在明朝（Lion-Goldschmidt，1978）和清（Mudge，1986）都是如此。它们也是1680年代至1700年代初的瓷器上常见的图案（Curtis，1995），其中法螺在康熙年间的瓷器上特别常见（Mudge，1986）。

　　4件瓷片上出现了象征不朽的灵芝（Mudge，1986）吉祥符号。这种菌类在中国瓷器装饰中使用了几个世纪，在康熙年间的早期瓷器上特别常见（Harrisson，1995）。NH034 描绘了一个画有同心线和散列线的变体灵芝纹样，基恩（Chién，2002）和弗兰克（Frank，1969）指出这种描绘方法在一些康熙年的瓷器上很常见，也经常被用作康熙年间款识标记（Mudge，1986：233）。

在 12 件瓷片上观察到开光图案。一般来说,开光装饰在出口瓷器的装饰中特别流行,被认为是出口欧洲市场的瓷器标志(Kerr,1986:65)。它们也通常与克拉克瓷器有关,克拉克瓷器是一种特殊的出口器皿风格,以其开光图案、粗糙的胎体和器底粘沙而闻名(Mathers,et al.,1986;McElney,2006)。

其中有 7 片开光纹饰的瓷片不像是克拉克瓷器。这些瓷片类似于"头顿"沉船(1690 年)(Jorg,Flecker,2001)、"金瓯"沉船(1723—1735 年)(Chién,2002)和"吉特摩森"(Geldermalsen)号沉船(1752 年)(Sheaf & Kilburn,1988)瓷器上的后期开光图案。

另外 5 件瓷片看起来像克拉克瓷器。这些瓷片描绘了明显的菱形或徽章形开光图像,以及典型的克拉克瓷器的 V 形内斜式圈足(van der Pijl-Ketel,1982)。其中 2 件瓷片显示出"蚀蚀"状釉线(圈足底刮釉),以及铁石红色的圈足。然而,所有 5 件器物都没有跳刀痕(器物成型时产生的辐射状凹痕,通常在底部或圈足上看到),而这些痕迹通常被认为是真正的克拉克瓷器的标志(Mathers,et al.,1990;van der Pijl-Ketel,1982)。这些瓷片上草率的装饰方式表明这些器皿是在 1600 年后的瓷器生产高峰期产品,这一时期克拉克瓷需求增加、被大量订购,绘画质量下降(Harrisson,1995)。

人们普遍认为,克拉克瓷在 16 世纪中期或 1573 年开始生产和出口,与万历时期相吻合(Harrisson,1995;Mudge,1986)。然而,克拉克瓷的生产何时结束,或克拉克瓷的真正定义,没有什么共识(Frank,1969;McElney,2006;van der Pijl-Ketel,1982)。一些研究人员认为克拉克瓷的生产在 1640—1650 年左右结束(Mudge,1986;McElney,2006;Harrisson,1995),另一些人则认为延续更晚(van der Pijl-Ketel,1982)。克拉克瓷风格的图案也出现在后来的瓷器上,特别是在 1723 年至 1735 年的"金瓯"沉船货物中(Chién,2002),这表明这一风格曾持续流行。

边饰及口沿装饰。这批瓷片标本中的边饰图案,包括并列的菱形、三棱形、交叠的三角形、三叶草和回纹,代表了中国宋元时期以来的传统边框装饰图案(Lion-Goldschmidt,1978)。然而,一些边饰图案,特别是城垛状、冰裂纹或竹编纹边饰,则属于 1640 到 1675 年间的康熙早期(Butler,2002:23)。

在 3 件瓷片上观察到了竹编纹边饰图案。该图案在外观上与交叠的三角形非常相似,但不是由散列线形成三角形,而是在整个图案中连续三角且平行推进。根据巴特勒(Butler,2002:23)的说法,这是 1640 年代或 1650 年代的一种边饰图案,但到 1675 年已基本不流行了。在标本中有一件带有城垛状边饰的瓷片 NH235(见图 10),与竹编纹边饰相似,巴特勒(Butler,2002)认定城垛状边饰图案的年代为 1640 年代至 1650 年代,到 1675 年结束。斯福等(Sheaf,Kilburn,1988)将同一图案称为冰裂纹,认为时间范围更窄,从 1660 年到 1670 年。巴特勒等(Butler,Curtis,2002)在研究顺治年间瓷器中,提到了许多城垛状边或冰裂纹边饰的例子,许多器皿上都装饰有人物或叙事场景以及百子图案(Butler,Curtis 2002:图 64、68、70、77、72 & 83)。

滴状斑点,在 3 件瓷片上发现了在白底上的没有轮廓线的青花斑点,这类图案在 1645—1660 年使用,在康熙早期也曾出现在口沿上或作为一种边框图案(Butler,2002;Curtis,2002:44)。

标本中的 47 件口沿片上有酱釉的装饰与特定年代有关。口沿饰酱釉是用以防止口沿上的釉面剥落或褪去(Honey,1927)。酱口装饰的使用始于崇祯年间(1628—1644 年),用于为日本市场制作的多色瓷器。直到 1640—1660 年代,它才出现在中国国内或出口市场上,并最终在康熙初年停用,之后不再流行,直到 18 世纪才重新用于出口器物上(Butler,2002:23)。

图 10　瓷片 NH235,石墙或冰裂纹边框

（三）标记款识

这批标本中的标记款识强烈显示为过渡期或康熙年间的产品。总共有 32 件瓷片带有款识,其中一些是印记,另一些是符号标记。可识别的符号标记包括瓷片 NH400,它显示了一个完整的艾叶标记,以及瓷片 NH510、NH568 和 NH517,它们有部分的卍字标记。艾叶和卍字这两个符号都是康熙年间用来代替年号的吉祥符号(Macintosh,1977;Mudge,1986)。

还有一些带有汉字标记的瓷片,翻译如下:82.176 号器物为"广珠堂制",瓷片 NH463 为"聚友堂制"(王鹏林,2008 年 4 月 17 日,个人通信),瓷片 NH742 为"安济堂制",瓷片 NH777 为"正发堂制"(王鹏林,2013 年 8 月 14 日,个人通信)。

在这些标本中还发现了一些不完整的标记(见表 2),其中一个特别值得注意。瓷片 NH482 上的部分标记读作"之美玉"(王鹏林,2008 年 4 月 17 日,个人通信)。该标记在明代使用(Butler ＆ Curtis,2002:108),并在那个时代的沉船货物中有发现(Mudge,1986:223)。然而,在顺治年间,带"玉堂佳器"标记的器皿特别流行(Curtis 1995;Curtis 2002:42),因为它是指一个由拥有很高学养的翰林士绅组成的精英机构。由于顺治年间对科举考试的重视,像翰林院的士绅成就特别受重视(Curtis,2002)。在康熙年间,提及玉堂的标记已经不流行了,且很少使用(Butler ＆ Curtis,2002:108)。

表 2　"蜂蜡沉船"瓷片标本中部分标记的翻译

瓷片号码	部分标记(翻译)[1]
NH020	德,爱
NH022	制
NH399	成
NH432	清
NH482	之美玉

注:翻译由王鹏林提供(个人通信,2008 年 4 月 17 日)。

在 35-TI-1 号遗址发现的一个瓷片上也发现了一个不完整标记(文物编号 LL2/18/35)。中央华盛顿大学人类学教授王鹏林博士提供的翻译表明,该标记为"大明年制"(个人通信,2013 年 8 月14 日)。

(四)分析和断代

"蜂蜡"沉船瓷片标本中的内涵要素和类型的年代往往指向过渡期、顺治或康熙年间,只有少数装饰图案有更早的特点。为了确定更明确的年代,对这些瓷片的内涵要素和类型进一步分析如下。首先,对与特定年代相关的内涵要素和类型做简单的直接观察判定。这遵循了索斯的模型(South,2002),他根据各种陶瓷类型的存在和缺失,来确定几个考古遗址的年代。对于"蜂蜡"沉船的标本,可以索斯的相同原理对陶瓷进行断代。

其次,选择一组特定的要素内涵和类型来确定陶瓷折中年代,同样遵循索斯的模型(South,2002)。这个方法是为了考察遗址的年代,与视觉观察判定方法不同,通过使用加权平均来考虑各要素的频率。索斯模型中的器物类型是基于英美遗址中某些器物的已知年代框架,因此他的定义和年代不适用于本研究。相反,本研究对时间框架、内涵要素和类型进行了调整,以反映中国瓷器内涵要素的年代,以及在瓷片标本上看到的特征。

最后,将陶瓷标本的折中年代和直接观察判定的年代范围,与已知的有关中国瓷器贸易的历史年代,以及威廉姆斯(Williams,2007)提出的"蜂蜡"沉船瓷器来源可能相关的两艘沉船的年代,进行比较。此外,在考虑陶瓷的折中年代和观察断代范围时,还考虑了这批标本中没有包括在上述计算中的内涵要素和瓷器类型,用来完善、明确或删减无效的年代数据。由于明确信息的缺乏或现有的陶瓷研究文献中共识的缺乏,并非所有的内涵要素和瓷器类型都适合纳入折中年代计算和视觉观察断代中。

现有研究中国瓷器的文献,常以非特定年代的方法对器物给予一个宽幅的年代范围,如"17 世纪末"或"18 世纪初"。为了确定一个折中的陶瓷年代,以及对某种内涵要素的年代范围进行观察判断,需要更精确的年代。因此,为了本研究的目的,我们采用了现有研究中最普遍认同的内涵要素断代。当瓷器内涵要素和类型被断定为世纪"晚期"、"中期"或"早期"的年代范围时,在本研究中将"初期"指为到 30 年代,"中期"为 40 到 60 年代,"晚期"为 70 年代到世纪末。在"蜂蜡"沉船瓷片中,共有 15 种是时代明确的内涵要素和瓷器类型被确定为具有足够的研究基础,纳入判定年代的依据(见表 3)。

这些内涵要素和瓷器类型被绘制在图 11 的时间轴上。为了确定内涵要素的年代范围,索斯(South,2002)建议,至少有一半的内涵要素必须与最早时间段的标志性特征相吻合。同样,至少有一半必须与最晚时间段的标志性特征相吻合,最晚时间段的标志性特征必须至少触及所观察到的最晚内涵要素的开始阶段。因此,既有的 15 个内涵要素和类型,必须有 7.5 个(为了本研究的目的,四舍五入为 8 个要素)与每个年代范围的标志性特征对应。如图 11 所示,本研究中这批标本落在了 1670 年至 1700 年的年代范围,由实心垂直线标出。这个年代范围的后期部分接近威廉姆斯(Williams,2007)提出的可能是瓷器来源的两艘沉船,“布尔戈斯的圣基督”号(*Santo Cristo de Burgos*,1693)和“圣弗朗西斯科泽维尔”号(*San Francisco Xavier*,1705)。然而,计算出的年代范围更有力地指向了“圣克里斯托·布尔戈斯”号,因为“圣弗朗西斯科泽维尔”号在这个日期范围之外。

表3 用于直接观察断代的内涵要素

内涵要素	要素年代	参考资料
克拉克瓷	1573—1650	Frank（1969）,Harrisson（1995）,McElney（2006）,Mudge（1986）,van der Pijl-Ketel（1982）
酱口装饰	1620—1660,Post-1700	Butler(2002)
竹编纹边饰	1640—1675	Butler(2002)
城垛状边饰	1640—1675	Butler(2002)
槽形圈足	1644—1690	Butler(2002),Butler & Curtis(2002),Curtis(1995),Donnelly(1967),Harrisson(1995),Mudge(1986)
滴状斑点	1645—1660	Butler(2002)
棱纹单色白瓷	1650—1750	Donnelly(1967),Gordon(1977)
釉面器底	1661 以后	Butler(2002)
斜角圈足	1662—1722	Vermeer(2005)
巴达维亚瓷器	1670—1730	Donnelly(1967),Fuchus & Howard（2005）,Mudge(1986),Sheaf & Kilburn(1988)
德化单色白瓷扁球状盒	1670—1700	Donnelly(1967),Gordon(1977)
模制单色白瓷	1675—1725	Donnelly(1967),Gordon(1977)
虎皮百合花纹样	1662—1722	Frank(1969),Valenstein 1989,Jorg & Flecker（2001）,Chién（2002）
贴塑梅花风格	1675—1725	Donnelly(1967)
中国伊万里瓷	1670—1740	Mudge(1986)

上述方法所确定年代范围没有考虑到这些内涵要素出现的频率。例如,指向年代范围较早部分的许多要素出现的频率,比直接观察断代较晚部分的许多要素出现的频率相对较低。因此,根据哪些要素是最常出现的来检查这些要素也是很重要的,这就需要一个加权的平均值。这是通过计算平均陶瓷年代的方式来实现的。

平均陶瓷年代是用以下公式计算的(South,2002:217)。

$$Y = \frac{\sum_{i=1}^{n} X_i \cdot f_i}{\sum_{i=1}^{n} f_i}$$

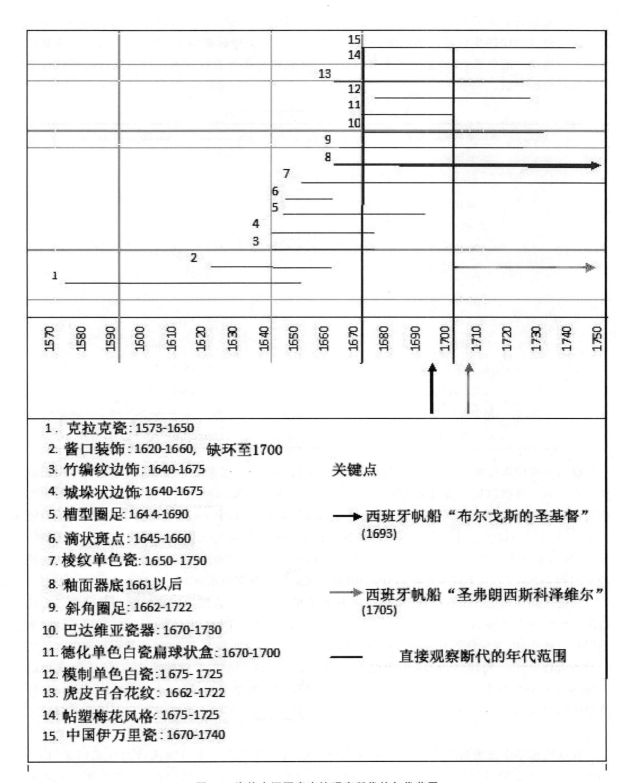

图 11　瓷片内涵要素直接观察断代的年代范围

其中 n＝确定的内涵要素数量，X_i＝每个要素的中位年代，f_i＝它在这批标本中出现的频率。

为每个要素确定一个年代范围，并从每个年代范围中计算出一个中位的年代。中位数的年代乘以该要素在该系列中出现的次数。然后将频率栏的总和除以产品栏的总和，得到一个折中的陶瓷年代。我们共采用了13种内涵要素和类型,得出的折中陶瓷年代为1690(见表4)。该年代更接近于直接观察断代的年代范围的后期(1670—1700年),并支持威廉姆斯(Williams,2007)主张的沉船身份属性。迹象表明,收集到的大多数要素的年代特征都与直接观察断代所建议的年代范围的后期部分相一致。

表 4　计算折中陶瓷年代的内涵要素

内涵要素或瓷器类型	年代范围
斜角足	1662—1722
槽足	1644—1690
球状盒	1670—1700
棱纹	1650—1750
模制德化瓷	1675—1725
克拉克瓷	1573—1650
竹编状边饰	1640—1675
城垛状边饰	1640—1675
滴状斑点	1645—1660
巴达维亚瓷	1670—1730
虎皮百合花纹	1662—1722
贴塑梅花风格	1675—1725
中国伊万里瓷	1670—1740

没有在折中陶瓷断代计算或直接观察断代中采用的内涵要素和瓷片类型,也与这两个模型断代结论一致。这些包括折沿风格或宽平口沿(1620—1680年)(Fischell,1987),过渡期常见的大面积留白,德化窑产品的证据(1675—1725年)(Donnelly,1967;Gordon,1977),以及棱纹单色白瓷(1650—1725年)(Donnelly,1967)。此外,这批标本中明确的人物元素具有顺治和康熙时代的特点,一些山水纹样的绘制方式也是如此。科蒂斯(Curtis,1995;2002:42)认为类似的山水图案是顺治年间和1690—1720年间的产物,对比鲜明的色调是这一时期山水画的主要特点。

其他内涵要素也支持直接观察断代和折中计算的年代,包括康熙年间山楂罐和其他器皿上流行的冰梅纹图案(Frank,1969),1680年至18世纪初常见的八喜和八宝(Curtis,1995),以及在"头顿"船货(1690)中观察到的有盖杯(Jorg & Flecker,2001),这可能与1690年后热可可和咖啡饮用的日益流行有关。同样地,标本中重复出现的印记款识在1677年后的康熙年间是很流行的(Mudge,1986),特别是瓷片NH400上识别的艾叶标记。麦基多斯(Macintosh,1977)指出,艾叶纹是康熙早期(1662—1683年)的典型标志,正如NH034瓷片上被短曲线分隔分布的灵芝(Kerr,1986)。

在这些标本中发现的非克拉克瓷的开光图案类似于欧洲出口中持续流行的开光图案(Kerr 1986:65),在"头顿"沉船(1690)(Jorg & Flecker,2001)、"金瓯"沉船(1723—1735年)(Chién,2002)和"吉特摩森"沉船(1752)(Sheaf & Kilburn,1988)的货物中都可以看到。显示为康熙年间的还有虎皮百合花缠枝纹样。弗兰克(Frank,1969)说,虎皮百合花图案是康熙年间的一个创新,只限于当时的出口器物。不少研究涉及该图案(Jorg & Flecker,2001;Mudge,1986;Valenstein,1989),其中与"蜂蜡"沉船标本中虎皮百合缠枝花最相似的例子是瓦伦斯汀(Valenstein,1989)研究的 17 世纪末至 18 世纪初的一个水烟筒底座。

这些内涵要素和类型都在直接观察断代的年代范围内,并且与 1690 年的折中计算陶瓷断代也高度吻合。这也是威廉姆斯(Williams,2007;本卷 B8)提出的"布尔戈斯的圣基督"(1693)号和"圣弗朗西斯科泽维尔"号(1705)两艘沉船可能沉没的时间段。这些要素以及那些用于计算折中陶瓷年代和直接观察断代的要素,都在很大程度上指向了康熙年间。

瓷片标本中有几个要素与比直接观察的断代范围(1670—1700 年)更早的年代有关。然而,更早要素的存在是一个相对较小的问题,因为在后期的朝代中,纹饰图案也被重新使用,旧的风格被模仿,特别如经典的缠枝花纹。此外,正如高德斯密特(Goldschmidt,1978)所指出的,由于烧制方法和其他因素,青料的变化很大,不应该被作为断代的主要依据。另外,在 1650 年至 1700 年制造的瓷器上看到,明朝特别是成化年间的要素也不是不可能的,因为成化年间的瓷器在后来的时代经常被模仿(Frank,1969)。此外,这种观象发现在沉船中也不罕见。在挖掘和分析沉船瓷器货物的过程中,经常会发现一些不符合沉船时代的瓷器,或者不符合大部分瓷器货物年代的东西(Sheaf,Kilburn,1988)。在很大程度上,它们被认为是异常现象。可能康熙年间的帆船会运输一些更早年代的物品,它们可能是作为古董购买的,也可能是属于某个乘客的。

对于标本中发现的较早的要素,还有另一种可能的解释,即在较晚的瓷片收集品中出现一些"较早"的瓷片,可能反映出缺乏过渡时期晚期和康熙早期的贸易瓷器的信息。在研究中国贸易瓷器时,人们倾向于用确切的年代来定义器物类型和图案,然而只有少数特定要素的年代是确定的,或在现有研究成果中得到了认可。许多未知数仍然存在,而且很有可能本研究中被认为是早期属性的许多要素,可能与后期要素共存。这就是研究沉船货物的价值所在,它们代表了一个单一的事件,而不是艺术品收藏或某个居住区的搜集品,后者可能跨越几十年或几个世纪。

由于信息来源的不一致和颜色测定的主观性,釉和青花钴色调被排除在本研究的折中陶瓷年代计算之外。但可以说,釉面和青花钴料装饰都缺乏经典的明代特征,如釉面的阻塞现象或钴料的"堆积式"现象。

综合上述分析得出的数据,大多数瓷片标本很明显、强烈地指向康熙年间,大约在康熙早期和 1690 年代之间。这批瓷器背后的沉船不太可能晚于 1690 年代,因为收集的标本中的许多要素,如槽形圈足、印记款识的使用,都没有超过这个时期。此外,许多康熙后期的特征都不存在,比如用线条勾勒代替薄涂,以及更复杂的边饰图案。这些有力地表明,蜂蜡沉船确实有可能就是 1693 年的"布尔戈斯的圣基督"号沉船,该船是这批瓷器沉积物的离岸源头。

三、讨论

关于"蜂蜡"沉船的国籍,已经有了很多猜测。斯金纳等(Scheans,Stener,1990)认为,瓷片中酱釉口沿的存在,说明这批瓷器有两个不同的市场,一个是亚洲,一个是欧洲。这是不正确的,这批标本与马尼拉帆船贸易中为欧洲贸易生产的瓷器一致。可能来自德化窑的单色瓷器,包括棱纹和模制瓷器、马可波罗香炉、巴达维亚瓷器、克拉克瓷器和一个带有欧洲面孔人像纹样瓷片——都是向欧洲出口的有力指示。此外,在这些瓷片中发现的宽平口沿或折沿风格的口沿也指向了欧洲市场,因为大而宽的口沿是为在欧洲文化正餐氛围中使用调味品而设计的,在为中国或日本制造的器皿中从未见过(Honey,1927)。

伍德瓦特（Woodward，1986）的研究提出，这些瓷器起源于中国，可能是要出口到日本的。他认为，大多数证据表明，一艘葡萄牙东印度公司商船在前往日本的途中，在洋流中漂流，并在1630年至1680年期间在俄勒冈州海岸失事。虽然他专注于历史记载和瓷器分析，但他对日本进口的论证主要是基于藏品中存在的酱釉的口沿。然而，巴特勒（Butler，2002：23）认为中国出口到日本市场的瓷器上的口沿施酱釉饰仅限于崇祯年间的彩绘瓷器。这与伍德瓦特提出的1630—1680年的年代范围不一致。

伍德瓦特（Woodward，1986）主张葡萄牙船的看法，还有其他重要问题。他提出的器物年代在1630年至1680年之间，但导致他断定与日本市场有联系的大部分内涵要素都出现在他提出的年代范围之前，如他注意到色绘祥瑞瓷器（1628—1661年）、出口到日本的带金箔釉上红彩（1522—1619年）以及日本进口商品上的成化标记（1628—1643年）（Woodward，1986）。

此外，在伍德瓦特（Woodward，1986）提出的1630—1680年的大部分时间里，景德镇的窑场不再生产出口瓷器，并在1657年暂停生产（Harrisson，1995）。事实上，中国在这一时期即从1662年到1682年的出口量下降得非常厉害，日本的出口只占1602年到1644年之间出口总额的1.2%（Rawski，2002：34）。当中国从1602年到1682年的出口下降时，日本的出口则相反——日本的有田烧（Artia）瓷器实际上在出口市场上取代了中国的瓷器（Harrisson，1995），并且也被出口到中国（Rawski，2002）。此外，麦克恩尼（McElney，2006）指出，1650年后，中国的瓷器停止进口到日本。考虑到伍德瓦特的1630—1680年的年代范围，并将其与上面提供的出口信息相比较，这使得伍德瓦特的年代范围的开始部分只有27年（从Woodward的早期日期1630年到景德镇窑场关闭的1657年），而在该年代范围的末端有两年（Woodward的后期日期1680年到景德镇重新开放的1682年），这时很可能看到一艘满载中国出口货物的船只去日本，即使在那时，中国出口已经非常衰落，这应该是不可能的。虽然当地的窑场也在生产一些中国器物用于出口，但在这一时期，更有可能看到更多的瓷器离开日本而不是进入日本。

威廉姆斯（Williams，2007；本卷B8）提出，这艘已知是俄勒冈海岸瓷器来源的沉船是一艘西班牙马尼拉大帆船，运送货物到阿卡普尔科。"蜂蜡"沉船瓷器标本中的研究发现支持了这一点。单色白瓷在西班牙的出口产品中特别受欢迎，在墨西哥的发掘现场（Mudge，1986）以及牙买加的皇家港（Bass，2005）都有大量的出土记录。在我们研究的瓷片中发现的有盖杯在欧洲人中通常用于喝咖啡和巧克力饮品，这在欧洲直到1700年后才开始流行。然而，对于新西班牙的西班牙人来说，喝咖啡的时间要早得多，到1690年就已经很成熟了。因此，在1700年以前的沉船上出现盖杯，高度指向了马尼拉对新西班牙市场的贸易。在西班牙，受中东影响的瓷器图案也很流行（Mudge 1986）。这一点在标本中也可以观察到，其形式是叶状图案边缘和不规则的牡丹缠枝花图案，与萨达纳（Sadana）岛沉船上发现的相类似（Bass，2005），包括克拉克瓷器，人们认为这种瓷器因其繁复的、类似中东的图案而引起西班牙人的共鸣（Mudge，1986）。

此外，本研究瓷片标本的年代与17世纪末马尼拉大帆船出口的高峰期相吻合，当时已经从1620年代以来的西班牙经济萧条中恢复过来（Mudge 1986）。威廉姆斯（Williams，2007）注意到一个与"蜂蜡"沉船有关的银质油罐，该油罐是在尼赫勒姆附近的海上发现的。该罐子被确认为17世纪天主教仪式中使用的一种特殊的容器样式，很可能搭载在那个时期的一艘西班牙船上。这一证据，再加上在发现瓷器的整个地理区域内出现的带有西班牙航运标志的菲律宾蜂蜡，直接表明这是一艘西班牙船只，因为当时西班牙人从菲律宾进口了大量的蜂蜡和亚洲商品到新西班牙（Williams，2007）。

四、结语

　　"蜂蜡"沉船遗址采集的标本表明,瓷器的内涵要素和类型是新西班牙市场上常见的典型贸易陶瓷类型。可能来自德化窑的单色釉瓷器的存在,包括棱纹和模制瓷器、马可波罗香炉、巴达维亚器皿和一个带有欧洲面孔人像纹样的瓷片,都是出口欧洲的标志。更具体地说,大量的单色釉白瓷,以及收集瓷片中的盖杯和中东风格影响的确认,表明该船是一艘参与马尼拉贸易的西班牙船只。这支持了威廉姆斯(Williams,2007;本卷)的研究结果,即"蜂蜡"沉船是一艘马尼拉大帆船,从马尼拉向阿卡普尔科运送大量的瓷器、蜂蜡和其他货物。

　　在考虑了这批瓷片标本的内涵要素和瓷器类型、直接观察的断代以及折中计算的陶瓷年代之后,大多数证据强烈表明,在尼黑勒姆-曼萨尼塔海岸发现的这些瓷器来自康熙年间失事的西班牙马尼拉大帆船,更确切地说,是在 1670 年代和 1700 年之间。由于许多晚期康熙瓷器的特征,如用线条勾勒代替薄涂和复杂的边饰纹样,都不存在,所以标本的年代不可能更晚。因此,形成这些瓷器沉积的背后沉船的身份不可能是 1705 年的"圣弗朗西斯科泽维尔"号沉船。相反地,本文的分析研究强烈表明,1693 年失踪的西班牙大帆船"布尔戈斯的圣基督"号才是俄勒冈海岸瓷器堆积的来源。

参考文献

Bai，Q.

　2002，*Inscriptions，Calligraphy，and Seals on Jingdezhen Porcelains from the Shunzhi Era；Treasures from an Unknown Reign：Shunzhi porcelain 1644-1661*（pp. 24-34）. Alexandria，VA：Art Services International. J. N. Newland（editor）.

Bass，G. F.（editor）

　2005，*Beneath the Seven Seas：Adventure with the Institute of Nautical Archeology：* New York：Thames and Hudson.

Beals，H. K.，& Steele，H.

　1981，*Chinese Porcelains from Site 35-TI-1，Netarts Sand Spit，Tillamook County，Oregon.* University of Oregon Anthropological Papers No. 23. Portland，OR：University of Oregon.

Butler，M.

　2002，*Introduction，Treasures from an Unknown Reign：Shunzhi Porcelain* 1644-1661（pp. 12-23）. Alexandria，VA：Art Services International. J. N. Newland（editor）.

Butler，M.，& Curtis，J. B.

　2002，Catalogue，*Treasures from an Unknown Reign：Shunzhi Porcelain* 1644-1661（pp. 82-244）. Alexandria，VA：Art Services International. J. N. Newland（editor）.

Chiến，N. D.

　2002，*The Ca Mau Shipwreck：1725-1735.* Há Nôi，Viet Nam：Ca Mau Department of Culture and Information，the National Museum of Vietnamese History.

Curtis，J. B.

　1995，*Chinese Porcelains of the Seventeenth Century：Landscapes，Scholars' Motifs and Narratives.* New York：

China Institute Gallery.

Curtis, J. B.

　　2002, *Shunzhi Styles*: *The Decoration and Iconography of Porcelains from Jingdezhen*, *1644-61*, *Treasures from an Unknown Reign*: *Shunzhi Porcelain* 1644-1661(pp. 42-55). Alexandria, VA: Art Services International. J. N. Newland(editor).

Donnelly, P. J

　　1967, *Blanc de Chine*: *The Porcelain from Têhua in Fukien*. New York: Praeger.

Finlay, R.

　　2010, *The Pilgrim Art*: *Cultures of Porcelain in World History*. Berkeley: Unviersity of California Press.

Fischell, R.

　　1987, *Blue and White China*: *Origins/Western Influences*. Boston: Little, Brown. J. Esten(editor).

Franchere, G.

　　1967, *Adventure at Astoria*, *1810-1814*. Norman, OK: University of Oklahoma Press. H. C. Franchere (editor).

Frank, Ann

　　1969, *Chinese Blue and White*. New York: Walker

Fuchus, R. W. II, & Howard, D. S.

　　2005, *Made in China*: *Export Porcelain from the Leo and Doris Hodroff Collection at Winterthur*. Winterthur, DE: University of New England.

Gibbs, J. A.

　　1993, *Pacific Graveyard*. 4th ed. Portland, OR: Binford & Mort.

Gordon, E.

　　1977, *Collecting Chinese Export Porcelain*. New York: Main Street Press.

Harrisson, B.

　　1995, *Later Ceramics in South-East Asia*: *Sixteen to Twentieth Centuries*. New York: Oxford University Press.

Honey, W. B.

　　1927, *Guide to the Later Chinese Porcelain Periods of K'ang Hsi*, *Yung Cheng and Ch'ien Lung*. London: University Press.

Hult, R. E.

　　1968, *Lost Mines and Treasures of the Pacific Northwest*. Portland, OR: Binford & Mort.

Jorg, C. J. A., & Flecker, M.

　　2001, *Porcelain from the Vung Tau Wreck*: *The Hallstrom Excavation*. Singapore: Sun Tree.

Kerr, Rose

　　1986, *Chinese Ceramics*, *Porcelain of the Qing Dynasty 1644-1911*. London: Victoria and Albert Museum.

Lee, D., & Frost, J.

　　1968, *Ten Years in Oregon*. Fairfield, WA: Ye Galleon Press.

Lion-Goldschmidt, D.

　　1978, *Ming Porcelain*. Translated by K. Watson. New York: Rizzoli International.

Macintosh, D.

　　1977, *Chinese Blue and White Porcelain*. Rutland, VT: Charles E. Tuttle.

Marshall, D.

　　1984, *Oregon Shipwrecks*. Portland, OR: Binford & Mort.

Mathers, W. M., Parker, H. S., & Copus, K.

1990，*Archaeological Report*；*The Recovery of the Manila Galleon Nuestra Senora de la Concepcion*. Sutton，VT：Pacific Sea Resources.

McElney，B.

2006，*Chinese Ceramics and the Maritime Trade Pre-1700*. Bath，England：The Museum of East Asian Art.

Mudge，J. M.

1986，*Chinese Export Porcelain in North America*. New York：Clarkson. N. Potter.

Rawski，E. S.

2002，*China in Turmoil：Economy，Society，and Politics during the Qing Conquest*；*Treasures from an Unknown Reign：Shunzhi Porcelain 1644-1661*（pp. 24-34）. Alexandria，VA：Art Services International. J. N. Newland(editor).

Scheans，D.，& Stenger，A.

1990，*Letter Report：35-TI-1A and Related Porcelains*. Unpublished Report on File at Oregon State Historic Preservation Office，Salem，OR.

Sheaf，C.，& Kilburn，R.

1988，*The Hatcher Porcelain Cargoes：The Complete Record*. Oxford，England：Phiadon.

South，S.

2002，*Method and Theory in Historical Archaeology*. New York：Percheron Press.

Valenstein，S. G.

1989，*A Handbook of Chinese Ceramics*. New York：The Metropolitan Museum of Art.

van der Pijl-Ketel，C. L.(editor)

1982，*The Ceramic Load of the Witte Leeuw：(1613)*. Amsterdam：Jijks Museum.

Vermeer，M.

2005，Glossary，undercut. Retrieved August 1，2008，from http://gotheborg.com /glossary/glossaryindex.htm.

Wang，Penglin.(April 17，2008). Personal Communication.

Wang，Penglin.(August 14，2013). Personal Communication.

Williams，Scott

2007，*A Research Design to Conduct Archaeological Investigations at the Site of the Beeswax Wreck of Nehalem Bay，Tillamook County，Oregon*. Unpublished Report on file at Oregon State Historic Preservation Office，Salem，OR.

Woodward，J. A.

1986，*Prehistoric Shipwrecks on the Oregon Coast? Archaeological Evidence*. Unpublished Report on File at Oregon State Historic Preservation Office，Salem，OR.

B10　从16—17世纪东亚沉船看东西方间的早期海洋文化交流

刘　淼

（厦门大学海洋考古学研究中心）

　　16世纪至17世纪上半期，东亚海域贸易格局发生巨大变化。在传统的中国东南海域贸易中，除了中国东南沿海商人之外，琉球王朝、暹罗王朝、占婆岛以及马六甲等地商人都是南海贸易的重要参与者，甚至在明代前期严格的海禁时期，它们一度取替中国海商成为东南亚地区最活跃的贸易分子。在欧洲人到来之前的明代中期以后，随着官方海上贸易的萎缩，中国东南海上私人贸易逐渐兴起，并在弘治正德时期愈演愈烈。西方进入大航海时代，伊比利亚半岛的葡萄牙、西班牙以及荷兰等西方势力先后到达东亚海域，加入传统的亚洲贸易网络中，并以澳门、马尼拉、巴达维亚、台湾等为中心，通过长距离的跨洲洋的转口贸易将亚洲地区融入早期全球贸易网络之中，贯通大西洋与太平洋的全球贸易形势在东亚海域已基本形成。在中国东南沿海、越南海域、泰国湾、菲律宾海域以及马来西亚海域等地发现了一批16—17世纪沉船考古资料，主要为葡萄牙商船、西班牙商船、荷兰东印度公司的商船以及我国东南沿海的私人贸易船，其出水的船货以陶瓷为大宗，主要是景德镇生产的青花瓷器以及华南漳州窑产品。广泛分布在我国东南沿海及东南亚地区的属于这一时期的沉船资料以及华南地区出土的银币资料，也揭示了16世纪前后以中国东南沿海为中心的传统亚洲贸易网络的继续发展，并在16世纪下半期至17世纪上半期随着西人东来逐步融入全球贸易体系的过程。

一、东亚海域发现的16—17世纪沉船

　　目前，在中国东南沿海、越南海域、泰国湾、菲律宾海域以及马来西亚海域等地发现了一批16—17世纪沉船考古资料，出水的船货中以中国生产的青花瓷器为主。从沉船瓷器组合及装饰风格的变化，我们试将这些沉船资料按照早晚序列分成几组来探讨。

　　欧洲人到来之前的15世纪末至16世纪初期的东亚海域，贸易格局正在发生着变化。这一时期的沉船以利娜沉船（Lena Shoal wreck）[1]和文莱沉船（Brunei wreck）[2]为代表。1997年在菲律宾东北部巴拉望海域的利娜（Lena）浅滩发现一艘明弘治年间的沉船遗址，出水景德镇民窑青花瓷约800件，还有少量龙泉青瓷、广东窑的产品，以及400多件泰国青瓷。1999年，法国石油公司钻探海底石油时在文莱海域发现另一条明代沉船，船上亦载有上万件景德镇民窑青花瓷和东南亚陶瓷。这些沉船器物组合最主要的特征是景德镇民窑青花瓷器的大量出现并成为最主要的船货，器型上多见大盘、军持、笔盒、执壶、瓶、盖盒等，往往布满缠枝花卉，为典型的伊斯兰风格器物。这一

组沉船资料的时代大概为 1480 年代—1510 年代。这一时期的青花瓷器无论造型还是纹饰均体现了浓郁的伊斯兰风格,与之风格相似的器物遍布东南亚地区,在叙利亚、伊朗的阿德比尔神庙和土耳其的托普卡普宫收藏以及东非遗址中均有发现。[3]

稍晚于上一阶段的沉船资料包括中国福建平潭老牛礁沉船、西沙海域盘石屿沉船、菲律宾海域的圣伊西德罗(San Isidro)沉船以及马来西亚海域的"宣德"(Xuande)沉船和"兴泰"(Singtai)沉船。在福建平潭海域老牛礁地点发现了以青花瓷为主要内涵的沉船遗址。青花器物以碗、盘为主,纹饰包括折枝花、缠枝莲、荷花、菊花、蕉叶、花篮、梅鹊、奔马、人物等。此外还有白釉、蓝釉、五彩瓷器等。从器物风格看,应属明中期景德镇民窑产物。[4]马来西亚刁曼岛北部发现的"宣德"沉船遗址中未发现船体,但出水有 170 件中国青花瓷器和 30 件泰国素可泰窑产釉下黑彩瓷以及两尊葡萄牙风格的青铜炮。其中虽有 6 件青花瓷器写有"宣德"年款,但青花瓷器总体风格具有正德以后瓷器特征,加上葡萄牙青铜炮的发现及泰国素可泰釉下黑彩瓷的装饰,各种特征显示沉船时代当在 1520 年代至 1540 年前后。[5]"圣·伊西德罗"沉船在马尼拉北部的圣·伊西德罗村发现,船上所载货物主要是 16 世纪早期华南地区生产的日用青花瓷器,纹饰简单。它从船体结构看属于东南亚地区的船只,可能用于岛内的转运贸易。有人认为这是一艘 16 世纪明中期菲律宾海域的葡萄牙商船。[6]这组沉船资料中包括了中国东南沿海船只、东南亚船只以及葡萄牙船只。从器物组合看,沉船中发现的器物以景德镇民窑生产青花瓷器为主,伊斯兰风格繁缛装饰的风格已经慢慢转变。还见有华南漳州窑早期青花瓷器产品。和圣伊西德罗沉船遗址出水漳州窑早期青花瓷器风格一致的器物在菲律宾[7]、印尼[8]等东南亚地区都有发现。时代集中在 1520 年代至 1550 年代。

第三组沉船资料包括中国广东海域发现的南澳沉船、西沙海域发现的"北礁 3"号沉船以及菲律宾海域发现的"皇家舰长暗沙二"号(Wreck 2 of the Royal Captain Shoal)沉船。广东"南澳 I"号沉船是一艘典型的中国水密舱结构海船,发掘出水各类文 22000 余件,以陶瓷器为主,还发现大量的铜板、铜钱、铁锅等金属器以及果核、干果等物。出土的瓷器、铁锅等物体现了明显的船货特征,而瓷器又以漳州窑青花瓷为大宗,所以人们推测南澳沉船的始发地极有可能是漳州月港,时代为万历时期。[9]"北礁 3"号沉船遗址中有大批青花瓷器出水,以碗、盘为主,还有碟、罐、器盖等。从产品特征看,既有景德镇窑产品,也有福建漳州窑产品。景德镇民窑产品多为青花碗,流行山水楼台、海马火焰、荷塘莲花、祥云飞禽、团螭、兰草等吉祥图案,为典型的嘉、万时期风格。漳州窑的大盘则非常有特征,装饰手法流行口沿一周锦地开光带饰,腹部留白,盘心装饰仙山楼台、双凤山水、荷塘芦雁、岁寒三友等。结合器底铭文"大明万历年制"及"丙戌年造"推断沉船瓷器的制作年代当在万历十四年(1586 年)前后。[10]菲律宾海域发现的明代沉船"皇家舰长暗沙二"号上发现了 3700 多件漳州窑生产的青花瓷器以及彩色玻璃珠、铜锣、铁棒、铜钱等物。船货特征显示这应是一艘万历年间(1573—1620 年)的中国商船。[11]其出水瓷器特征及组合与南澳沉船非常相似,不少器型和纹饰在两艘沉船中都有发现。青花瓷器包括景德镇民窑产品,中国传统吉祥图案题材均为这几艘沉船青花瓷器上共同流行的装饰,属于典型的嘉、万时期景德镇民窑风格(图 1)。这一时期更为突出的特征是漳州窑瓷器的大量出现(图 2、图 3)。南澳沉船、"皇家舰长暗"礁二号沉船出水的船货主要是漳州窑产品,结合窑址考古资料可知其主要是漳州二垄窑的产品。这类风格的漳州窑产品在菲律宾、印度尼西亚等地也有广泛的出土。这一时期非常流行一种折沿盘,它强调口沿装饰和内底心装饰,而腹部装饰往往简洁或留白。典型开光装饰的克拉克瓷器还未大规模出现。我们将这一组时代定为 1560 年代至 1580 年代。

图 1 "南澳Ⅰ"号沉船遗址出水景德镇瓷器

图 2、3 "南澳Ⅰ"号沉船遗址出水漳州窑瓷器

　　第四组沉船资料包括菲律宾海域的"圣迭戈"号（San Diego）沉船（1600 年）、越南海域的"平顺"号（Binh Thuan）（1608 年）沉船及万历号沉船。菲律宾好运岛海域打捞的 1600 年沉没的西班牙战舰"圣迭戈号"发现包括 5600 多件陶瓷器、2400 多件东南亚市场获得的金属制品及西班牙银币等在内的数万件沉船文物。其中 500 多件为明代万历时期的青花瓷，包括景德镇产典型的克拉克瓷器（图 4），也包括福建沿海漳州窑产品。[12]越南中南部平顺省沿海海域打捞的"平顺"号沉船为典型的水密舱结构的中国海船，发现的船货主要是成摞的铁锅和漳州窑瓷器，包括漳州窑的青花和五彩、素三彩瓷器，总数达三万四千多件。还有少量的龙泉青瓷、灰白釉的安平壶、蓝釉、酱色釉瓷器等。西方学者根据档案查找认为可能是 1608 年中国商人 I Sin Ho 为荷兰运载丝绸及其他中国货物到马来西亚的柔佛地区过程中沉没于越南海域的。[13]马来西亚海域打捞的"万历"号沉船船身很小，造型属于欧洲设计，但使用的是菲律宾和印度所产的木材。打捞出水了 10 吨破碎瓷器，完好的瓷器有几千件，绝大多数为景德镇生产的克拉克瓷（图 5），因为沉船中出水了雕刻有天主教十字架的象牙和两个葡萄牙家族徽章瓷瓶的碎片，考古学家认为这可能是一艘葡萄牙帆船，并因发现带有天启年间（1621—1627 年）过渡期风格的器物，推测沉船的年代为天启年间。[14]这一阶段沉船最典型的特征是开光装饰的克拉克瓷器的大量发现。漳州窑也大量生产克拉克瓷风格的器物，这一时期漳州窑红绿彩瓷器也非常盛行。我们将这一组沉船的时代定在 1590 年代至 1620 年代。考

古资料显示这种典型意义的开光装饰的克拉克瓷器在 16 世纪至 17 世纪过渡时期大量出现，并在 17 世纪前半期迅速流行成为外销欧洲的主要产品。

图 4 "圣迭戈"号沉船遗址出水克拉克瓷器

图 5 "万历"号沉船遗址出水克拉克瓷器

第五组代表性沉船资料包括我国福建平潭海域发现的"九梁一"号沉船以及南海海域的"哈彻沉船"（Hatcher Junk）。福建平潭"九梁一"号沉船遗址发现部分船体遗迹及大量的陶瓷器，包括成堆的白釉罐（安平壶）以及青花瓷器，还有少量青花釉里红、蓝釉器等。器型包括碗、杯、瓶、葫芦瓶、军持、笔筒、将军罐等。包含开光装饰的青花大碗、大盘。还有一部分瓷器上流行文人风格的中国传统纹样，如有的碗上书青花"赤壁赋"文字，还见青花釉里红绘折枝花卉小盏等。部分青花瓷碗底有"成化""永乐""嘉靖""万历""片玉"等年款及铭文。器物具有明末崇祯时期风格。[15] 20 世纪 80 年代，荷兰商人哈彻（Michael Hatcher）在南海海域距印尼的槟坦岛（Bintan）12 海里附近发现一艘中国平底帆船，打捞出水约 25000 件中国瓷器，其中景德镇青花瓷占绝大多数，包括 2600 件明末典型的克拉克瓷器以及大量的过渡期或转变期青花瓷，还有少量德化白釉瓷、品质较差的浙江青瓷，以及少量的漳州窑瓷器及单色釉瓷器。此外，还发现荷兰的锡罐以及芥末瓶等少量的欧洲器物。根据船上出水器物风格及瓷器上"癸未"年款的出现，人们推测沉船年代在 1643 至 1646 年间，可能为一艘在本地交易的船只或是荷属东印度公司授权航行的中国帆船。[16] 这组沉船资料中出水的瓷器仍是以青花瓷器为主，从装饰风格看，前期已经非常流行的开光装饰的克拉克瓷器依旧盛行，同时还大量出现另一种文人画风格的装饰瓷器，即人们所称的"过渡期"或"转变期"（the transitional period）风格器物，且越向后发展，其所占比重越大。我们将这组沉船的时代定在 1630 年代到 1650 年代。

二、中国东南沿海出土的西属殖民地银币

自从哥伦布发现新大陆后，欧洲殖民者大量开采南美的银矿，并用以对中国的贸易中。中国作为这一时期主要的物资生产和输出国，在早期全球贸易中占据着重要地位。掌控中国出口商品的闽南海商到日本、马尼拉、澳门、巴达维亚等地和拥有大量白银的日本及欧洲商人交易，成为明代后期输入白银的最重要华商群体。尤其是最为有利可图的对马尼拉贸易，几乎为闽南海商独据。大量的西属银圆输入闽南、粤东地区并在民间广泛流通。属于 16—18 世纪的西属殖民地银币在中国福建、广东、浙江、上海等地均有发现，又以闽南的漳州、泉州、厦门地区最为集中。这些银币多出自古宅、古厝所在的陶瓷罐窖藏中，极少数出自清代地层或是因遗址周围被破坏而情况不明。银币形态包括手工打制银币（图 6）、机制双柱双地球银币及机制人像双柱银币几类。[17]

图 6　福建遗址出土西属殖民地银币

西班牙的"圣迭戈"号沉船中就发现有 428 枚不规则圆形银币,分别属于秘鲁首都利马铸造的菲利普二世(Philip II, 1556—1598)时期和墨西哥城铸造的菲利普三世(Philip III 1598—1621)时期。在中国闽南地区陆续发现西方早期的银币,这些钱币多出自窖藏,少数出自墓葬。1971 年以来,在泉州所属的晋江、南安、惠安等地陆续发现五批外国银币窖藏,多为 16 世纪后期至 17 世纪前半期制造的西班牙早期银币。类似的钱币在泉州法石、漳州云霄、漳州东山等地都有发现。属于这一时期的银币多为早期手工打制的无规则双狮双城"十字"图案切割银币。据英国钱币专家的研究,主要为墨西哥城制造,少数为波托西(Potosi)和西班牙塞哥维亚(Segovia)等地制造。在这些考古资料中,发现很多切割碎币且有使用痕迹,说明当时外国银币在中国市场曾以银块的方式流通使用。机制人像双柱银币的发现从闽南、粤东进一步扩展到福建的内陆、浙江、江苏甚至安徽等地。漳州、厦门、宁波、广州都是输入这些银币的重要港口。正如文献所载:"康熙二十四年(1685),……外洋各国来闽广通商,其时只知用银。乾隆初,始闻有洋钱通用。至四十年后,洋钱用至苏、杭。"[18]这既是早期全球贸易进一步深化发展的结果,同时也是银币大量流入中国并对沿海经济、货币体制造成深远影响的体现。

番银的大量涌入及在东南沿海省份的流通,对当地的社会经济及民众生活产生了深远影响。明晚期以来至清代实行的是银铜平行本位制度,只有纹银(银两)和制钱是法定货币,二者同时流通。实际上从清康熙至民国初期,闽南、台湾、广东、浙江等地的民间交易、商业记账等经济活动,大多以"番银"作为结算币。所以在当时的银票、地契以及文书中货币名称大量出现"番银""佛银""佛头银"字样。以晋江契约文书为例,从康熙朝到光绪二十一年的契约当中可以看到人们在交易过程中频繁使用外国的银圆。[19]广东澄海、上海黄浦区、江苏昆山等窖藏中西属银币与清代纹银同出正说明了民间两种货币体系并行流通的事实。本洋银圆的重量和成色统一,以枚计值,制作精良,携带使用方便,便于流通,很快成为流通的主要货币。

三、传统亚洲内部贸易网络向早期全球贸易的过渡

在西方人到来之前的 15、16 世纪,东亚海域已经形成了以伊斯兰文化为代表的南海贸易圈。随着伊斯兰文化在东南亚的广泛传播,15—16 世纪东南亚地区先后出现马六甲王国、苏禄苏丹王国、渤泥王国等重要的伊斯兰教政权,它们同时主导着南海贸易。中国从属于这个南海贸易圈中。随着中国官方海上贸易的衰落,民间海商势力开始崛起,香港竹篙湾遗址就是这一时期的一个重要的贸易港。[20]景德镇民窑生产的精美的青花瓷器作为伊斯兰文化的代表,广泛分布在从东非到东南亚的遗址及这一时期的沉船中。西方人到来并控制重要的贸易港口,使得传统的南海贸易体系被打破。澳门、马尼拉、巴达维亚、台湾等地成为这一时期的重要的贸易中心。

16 世纪初,葡萄牙人使用武力先后在印度果阿、东南亚马六甲等地建立贸易据点,参与到亚洲的贸易中。并在中国东南沿海建立一系列贸易站,同中国东南海商进行了长达近半个世纪的走私贸易。[21]发现大量正德至嘉靖时期陶瓷器的广东上川岛花碗坪遗址被认定是澳门正式开埠之前葡萄牙人在华的一处重要贸易据点。[22]而"宣德"号沉船则是澳门开埠之前葡萄牙商船在东亚海域走私贸易活动的直接证据。在走私贸易过程中,葡萄牙人和中国东南海商特别是福建商人的合作日益加强,[23]逐渐摧毁或取代了琉球王朝、马六甲王朝等在东南亚地区贸易中的传统地位,原有的南海贸易格局逐渐被打破。从 16 世纪中期以来一直到 17 世纪早期,葡萄牙人基本上垄断了远东的

贸易航线。1557 年葡萄牙人获准以澳门作为贸易据点、1571 年占据日本长崎，开始了其大规模全球贸易。澳门成了远东最大的商品集散地，促成了澳门的迅速繁荣。目前，在澳门各地遗址及城市建设中发现大量明末清初的外销瓷标本，其中绝大多数为典型的克拉克瓷器。[24] 从印度果阿到欧洲整个印度洋航线上分布着大量的证据。[25]

这一时期西班牙渡大西洋占有墨西哥后，又横跨太平洋到达菲律宾建立殖民统治，于 1571 年占领马尼拉，并很快与中国商人建立了贸易往来，马尼拉帆船贸易也进一步繁荣起来。除了前面提到的"圣菲利普"号和"圣迭戈"号沉船，在旧金山以北的德雷克斯海湾附近的印第安人贝冢中发掘出相同风格的景德镇青花瓷器和福建漳州窑瓷器。[26] 近些年墨西哥、秘鲁、利马等拉美各地考古遗址中也不断发现中国明清陶瓷片。[27] 输入到拉丁美洲的明清陶瓷除了一部分为景德镇所产优质克拉克瓷外，还有很大一部分属于华南窑口所产。

这一时期到达东亚海域的另一个有力的竞争对手还有荷兰东印度公司，它凭借着更强大的坚船利炮，与西班牙、葡萄牙等国开展了激烈的海上霸权的争夺。16 世纪末期至 17 世纪初期，荷兰东印度公司先后在万丹、日本平户、北大年及印度沿岸的许多港口建立了一系列商馆，并以这些商馆为基础逐步建立起完善的贸易体制。[28] 荷兰东印度公司凭借坚船利炮将葡萄牙人一步步逐出了亚洲市场，在荷兰东印度公司主导亚洲贸易之后，中国瓷器真正开始了大规模的运销。福建平潭"九梁一"号沉船及"哈彻沉船"等较晚期的沉船均属于荷兰东印度公司商船或为荷兰东印度公司运送商品的中国商船。印度洋航线上荷兰沉船资料的大量发现也揭示了荷兰贸易势力在亚洲崛起的过程。

以景德镇为代表的高端瓷器产品由原来主供东南亚及中东等地伊斯兰上层文化为主的伊斯兰风格器物，逐步转向生产适应欧洲市场需要的瓷器并出现盛行欧洲的克拉克瓷器。而亚洲市场普遍发现的则是质量较差的漳州窑产品。瓷器组合及装饰风格的变化，揭示了这一时期欧洲人主导的亚洲贸易格局以及西方势力不断深入亚洲贸易的进程。

西方人在东亚的贸易很大程度上依赖中国海商完成，所以这一过程同时也是中国海商特别是闽南海商逐步崛起的过程，从而也带动了沿海一批手工业及其他物产的生产及外销。沉船资料的丰富及成批船货的发现揭示了东南海商势力的进一步发展及在海上贸易的活跃。隆庆元年月港的开放，使得闽南海商有了合法出洋贸易的机会。受西人贸易的刺激，嘉靖以后，中国东南沿海的私商贸易异常活跃，遍及闽浙沿海，甚至出现了像以林凤、李旦、郑芝龙这样的巨头为首的武装集团。他们往往具有庞大的资产、船队与武装力量，活跃在北到日本、南到东南亚的海域上。他们作为环中国海海域的主人，在早期西方人的转口贸易中起着举足轻重的作用。

当时西方殖民者在东方的贸易形式主要是在中国商人经常去的地方建立基地，把中国商人运到那里的货物再转运到世界各地以营利。因此，他们往往采取各种积极措施吸引中国商人前来贸易。葡萄牙人早期的走私贸易，就是以浙江双屿、福建的浯屿与月港、广东上川浪白澳等为据点与东南沿海武装私人集团之间进行的，在这一过程里面，葡萄牙人和福建商人合作日益加强，逐渐取代了明代前期以来琉球王朝在东南亚地区贸易中的重要地位。及至澳门开埠，闽粤商人更是"趋之若鹜"。

西班牙人在菲律宾建立殖民统治后，因为菲律宾自身并没有多少可供贸易的物资，西班牙的货物主要依赖中国商人供应，他们很快与中国商人建立了贸易往来，西班牙统治者积极鼓励中国商船到马尼拉贸易。1580 年后，每年到菲律宾的商船有 40～50 艘之多。在月港开放后的几十年，仍是以我国民间海商为主导展开贸易的。福建商船将大量的丝绸和瓷器运到菲律宾马尼拉，奠定了大帆船贸易的真正基础。

荷兰东印度公司的贸易也离不开中国商人的参与。1619 年巴达维亚建立后,荷方曾采取许多税收上的优惠措施吸引中国商船前来贸易,因为在中国商船运来的船货中"特别是瓷器,更为公司所急需,因为其中一部分瓷器转运到荷兰本国出售,可谋取暴利"。[29] 在相当长时间里,中国的平底帆船来往于中国东南海域与巴达维亚、万丹之间,为荷兰商人运送中国产品,在当时的中荷贸易中起着一种特殊的重要作用。[30] 前面提到的"哈彻沉船"即属于此。

四、结语

16 世纪末至 17 世纪初,东亚海域的贸易形势发生了巨大变化。中国东南沿海私商主导的传统的海洋经济圈逐渐恢复,并随着西人到来的刺激,进一步发展起来。西人到来并以澳门、马尼拉、巴达维亚、台湾等为中心进行的转口贸易,把中国市场进一步卷入全球贸易网络之中,贯通大西洋与太平洋的全球贸易形势在东亚海域已基本形成,中国的丝织品和瓷器、东南亚的香料、印度的纺织品、墨西哥的银圆及日本银圆等都成为这一时期全球贸易中重要的物资及媒介。丝绸等有机物多已腐烂,我们只能从文献记载中去寻找线索。而沉船及遗址中的瓷器、银币等实物资料,为我们认识这一时期的环球贸易提供了重要的媒介。

注释

[1]Franck Goddio,Stacey Pierson,Monique Crick,Sunken Treasures:Fifteenth Century Chinese Ceramics from the Lena Cargo,Periplus Publishing London Limited,2000.

[2]林梅村:《大航海时代东西文明的交流与冲突——15—16 世纪景德镇青花瓷外销调查之一》,《文物》2010 年第 3 期。

[3]John Carswell,Blue & White:Chinese Porcelain Around the World,London:British Museum Press,2000,p.131.

[4]栗建安:《闽海钩沉——福建水下考古发现与研究二十年》,中国国家博物馆水下考古研究中心编:《水下考古研究》(第一卷),科学出版社,2012 年。

[5]Roxanna Maude Brown,The Ming Gap and Shipwreck Ceramics in Southeast China:Towards a Chronology of Thai Trade Ware,The Siam Society under Royal Patronage,2009,pp.155-158.

[6]卡迪桑、奥里兰尼达:《菲律宾沉船发现的明代青花瓷》,载游学华:《江西元明青花瓷》,香港中文大学出版社,2002 年,第 218 页。

[7]Kamer Aga-oglu,Ming Porcelain From Sites in the Philippines,Archives of the Chinese Art Society of America,Vol. 17(1963),pp. 7-19.

[8]Sumarah Adhyatman,Zhangzhou(Swatow)Ceramics:Sixteenth to Seventeenth Centuries Found in Indonesia,The Ceramic Society of Indonesia,p.42.

[9]广东省文物考古研究所、国家水下文化遗产保护中心等:《广东汕头市"南澳 I 号"明代沉船》,《考古》2011 年第 7 期;广东省文物考古研究所:《南澳 I 号明代沉船 2007 年调查与试掘》,《文物》2011 年第 5 期。

[10]中国国家博物馆水下考古研究中心等编:《西沙水下考古 1998~1999》,科学出版社,2006 年,第 150-185 页。

[11]Franck Goddio,Discovery and Archaeological Excavation of a 16th Century Trading Vessel in the Philippines,World Wide First,1988.

[12]Cynthia Ongpin Valdes,Allison I . Diem,Saga of the San Diego(AD 1600),National Museum,Inc. Philip-

pines，1993；森村健一：《菲律宾圣迭哥号沉船中的陶瓷》，《福建文博》1997 年第 2 期。

[13]Michael Flecker，The Binh Thuan shipwreck archaeological report，Christie's Australia，Melbourne，2004.

[14]Sten Sjostrand & Sharipah Lok Lok Syed Idrus，2007，The Wanli Shipwreck and its Ceramic Cargo. Department of Museums，Malaysia.

[15]福建沿海水下考古调查队：《福建平潭九梁一号沉船遗址水下考古调查简报》，《福建文博》2010 年第 1 期。

[16]Colin Sheaf & Richard Kilburn，The Hatcher Porcelain Cargoes，Phaidon·Christie's，Oxford，1988.

[17]刘森：《中国东南沿海发现的 16～18 世纪西属殖民地银币》，载吴春明主编：《海洋遗产与考古》第二辑，科学出版社，2015 年。

[18]中国人民银行总行参事室金融史料组：《中国近代货币史资料》，中华书局，1964 年，第 40 页。

[19]王日根、卢增夫：《清代晋江店铺买卖契约文书的分析》，《福建师范大学学报》（哲社版）2005 年第 1 期。

[20]Peter Y. K. Lam，1989-1992，Ceramic Finds of the Ming Period from Penny's Bay-An Addendum. JHKAS，Vol.13：79-90.

[21]文德泉：《中葡贸易中的瓷器》，载吴志良主编：《东西方文化交流国际学术研讨会论文选》，澳门基金会，1994 年；金国平：《南澳三考》，《西力东渐——中葡早期接触追昔》，澳门基金会，2000 年。

[22]黄薇、黄清华：《广东台山上川岛花碗坪遗址出土瓷器及相关问题》，《文物》2007 年第 5 期。

[23][德]普塔克著、赵殿红译、钱江校注：《明正德嘉靖年间的福建人、琉球人与葡萄牙人：生意伙伴还是竞争对手》，《暨南史学》第二辑，2003 年。

[24]刘朝晖、郑陪凯：《澳门出土的克拉克瓷器及相关问题探讨》，载《逐波泛海——十六至十七世纪中国陶瓷外销与物质文明扩散国际学术研讨会论文集》，香港城市大学中国文化中心，2012 年。

[25]Sila Tripati，Study of Chinese Porcelain sherds of Old Goa，India：Indicators of Trade Contacts，Man Environ.，vol.36(2)，2011，pp. 107-116；刘岩等：《肯尼亚滨海省格迪古城遗址出土中国瓷器》，《文物》2011 年第 11 期；Filipe Castro，The Pepper Wreck：Nossa Senhora dos Martires，Lisbon，Portugal，George F. Bass，Beneath the Seven Seas：Adventures With the Institute of Nautical Archaeology，Thames & Hudson Ltd，London，2005，pp.148-151.

[26]Clarance Shangraw，Edward P. Von der Porten，The Drake and Cermeno Expeditions' Chinese Porcelains at Drake's Bay，California 1579 and 1595，Santo Rosa Junior College，Drake Navigator Guild，California，1981.

[27]George Kuwayama，Chinese Ceramics in Colonial Latin America，A Dissertation Submitted in Partial Fulfillment of the Requirement for the Degree of Doctor of Philosophy (History of Art) in The University of Michigan，2002.

[28]林琳：《17—18 世纪荷兰东印度公司瓷器贸易研究》，浙江师范大学硕士学位论文，2007 年，第 9 页。

[29]温广义、蔡仁龙等：《印度尼西亚华侨史》，海洋出版社，1985 年，第 85-86 页。

[30]黄时鉴：《从海底射出的中国瓷器之光——哈契尔的两次沉船打捞业绩》，载《东海西海——东西文化交流史（大航海时代以来）》《黄时鉴文集 III》，中西书局，第 2011 年。

B11　16—17世纪西班牙、葡萄牙海洋文化传播华南沿海的民族考古提纲

吴春明

（厦门大学海洋考古学研究中心）

　　自15世纪末以来,葡萄牙人和西班牙人的早期环球航行是人类历史上最重要的文化事件,他们的环球航海先行带来了东亚和西方世界之间广泛而深刻的文化遭遇、交流和冲突。在中国东南沿海地区,葡、西等欧洲早期航海家的到来带来了一系列多样性的社会文化内涵,并在16—17世纪的海洋文化互动和早期全球化中推动了东亚地区的重大文化变迁。

一、背景：葡萄牙、西班牙与中国的早期航海接触

　　由于明初的海禁的政策,葡萄牙抵达中国东南广东、福建和浙江沿海地区的早期海洋接触,确实遭遇了很大的困境(林仁川,1987年,第32-50页;吴春明,2003年,第283-287页)。1498年,瓦斯科·达伽马(Vasco da Gama)绕过好望角后,葡萄牙迅速控制了印度洋的海上贸易,取代了阿拉伯人。1501—1511年,葡萄牙人在印度洋沿岸已经建立起了一系列贸易商行和军事要塞,如科钦、卡利卡特、果阿、科伦坡和马六甲等,并在长达一个世纪的时间里都在为了与明朝的贸易而不断纠缠中。从1515年到1522年,马六甲总督乔治·阿布奎克(Jorge d'Alboquerque)和安德拉德(F. P.de Andrade)先后派遣了两名大使试图说服明廷,但都没有获准合法贸易。他们还公然违抗明朝帝国权威与海禁政策,侵入福建漳州的浯屿、浙江宁波双屿等偏僻小岛,与当地海商违禁走私贸易(林仁川,1987年,第131-175页)。1543年,情况发生了变化,葡萄牙人获准在日本长崎贸易,1557年获准入驻与马尼拉、帝汶、越南和暹罗有贸易联系的澳门,但他们仍不被允许在广州和泉州停靠。葡萄牙殖民者在东亚的早期接触与贸易活动,推动了东亚和欧洲之间的直接联系,亚欧之间维持着一条连接长崎、澳门、马六甲、霍尔木兹、好望角和里斯本的长距离海上贸易线。

　　西班牙人比葡萄牙人稍晚抵达东亚,他们从美洲抵达环中国海,并在菲律宾建立了永久贸易基地。1519年至1522年间,他们的船队试图开辟横跨太平洋的另一条欧亚海上航线,葡萄牙人费尔南多·德·麦哲伦率领一支西班牙船队穿越大西洋和太平洋抵达菲律宾,之后他的帆船继续向西航行到印度洋,通过好望角返回欧洲,成功地实现了世界上最早的环球航行。这一泛太平洋航海实践的持续推进,给西班牙人带来了巨大的利益,但他们在明朝的海禁政策下也遭遇了类似于葡萄牙人的困难。

　　西班牙人抵达菲律宾群岛后,花了将近半个世纪的时间征服并控制了该群岛。1529年,他们还击败了葡萄牙人,控制了摩鹿加群岛,与菲律宾原住民长期对峙,并于1565年通过"马尼拉帆船"

航路建立起连接亚洲、美洲和欧洲的泛太平洋贸易路线。西班牙还不断寻求向中国东南部扩张，先后于 1574 年和 1598 年试图入驻漳州（厦门）、广州贸易，均遭明朝拒绝。1626 年，西班牙人占领了台湾北部的基隆，以此为基地与中国大陆进行走私贸易，直到 1642 年被荷兰殖民者赶走。西班牙人在中国东南沿海的殖民失败后，开始与中国大陆商人进行间接贸易和走私贸易。西班牙人建立的"马尼拉帆船"航路，穿越太平洋中北部到达中美洲的阿卡普尔科（Acapulco），货物经陆路转运到中美洲东海岸的韦拉克鲁斯（Veracruz）后，再次航运到欧洲。他们在"马尼拉帆船"航路主线外，还开辟了一系列延伸支线，将马尼拉和其他菲律宾海港连接到漳州（厦门）、澳门、广州、暹罗、婆罗洲和其他东亚海港，把这些东亚港市与早期的全球海上贸易体系连接起来，中国东南沿海由此与欧洲和美洲大陆世界相连（图 1）。

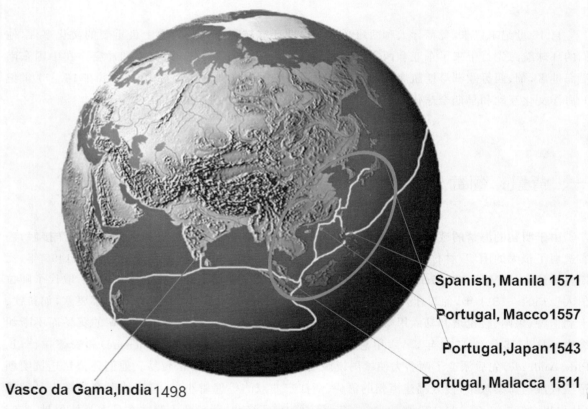

Spanish, Manila 1571

Portugal, Macco1557

Portugal,Japan1543

Portugal, Malacca 1511

Vasco da Gama,India 1498

图 1　葡萄牙和西班牙突入东亚和全球化的开启

二、沉船考古所见 16—17 世纪东亚沿海的早期国际海洋贸易

尽管西班牙和葡萄牙遭遇明王朝的海禁，但他们还是直接或间接地与中国大陆东南沿海开展了贸易往来。在过去的 20 年中，这一海域的水下考古调查发现了一些 16 至 18 世纪的沉船，属于明王朝认定的东南沿海违禁走私活动的海洋文化遗存。

（一）南澳沉船

南澳沉船位于广东省南澳岛的南部海上（孙健，2012 年），沉船发现于海面下 30 米深的海底，2000—2014 年进行了水下考古勘测和发掘。发现木质残骸长 27 米，宽 7.8 米，有 23 个隔舱（图 2），船体形态和结构被确定为福建和广东当地的传统造船技术。从遗址中打捞出了 30000 多件文物，包括出口陶瓷、青铜、铁、锡、石、木、骨、漆以及 10 多种植物干果（图 3,4,5；彩版九：1,2,3）。沉船内涵的年代可追溯到 16 世纪晚期。

图 2　南澳沉船的隔舱板结构遗存

图 3　南澳沉船的陶瓷器、青铜器、铜线圈、铜钱遗存

图 4　南澳沉船的铁炮遗存

图 5　南澳沉船船货瓷器形态

　　该遗址约95％的船货为漳州窑和景德镇窑的青花瓷器,这些类型的青花瓷类似于"汕头器"(Swato)或"克拉克瓷"(Kraak)。漳州窑位于海上走私活动而闻名的浯屿和月港附近,明朝的海禁政策迫使私人海商离开广州和泉州等官方许可的合法港口,与葡萄牙人和西班牙人展开海上走私贸易活动。他们从双屿、南澳、浯屿或漳州月港出发,前往澳门、马六甲、长崎和马尼拉与欧洲人开展贸易往来。漳州窑的"克拉克瓷"正是专供欧洲市场消费的产品,南澳沉船出水的"克拉克瓷"与从葡萄牙、西班牙和早期荷兰沉船如"圣迭戈"号（San Diego）和"圣菲利普"号（San Felipe）中出水的瓷器极为相似（福建省博物馆，1997 年；Edward Von der Porten，2013 年），这似乎表明南澳沉船正是这类东南私商"非法"贸易的商船。

南澳沉船的大部分内涵都是出口货物，因此该船可能已在其出境的航线上。船上没有发现来自欧洲的船货，但有欧洲文化因素的因素，如沉船上的火炮可能受到了欧洲的影响，因为欧风东渐前的中国本土帆船还没有出现这种防御武器。

（二）冬古沉船

东山是福建南部闽粤边境地区的另一个岛屿，在明朝的海禁期间，也曾是私商贸易的重要据点。冬古沉船发现于东山岛南部的冬古湾，这里曾是明末清初一度割据台湾的郑成功海商集团的重要营地之一（陈立群，2001 年；冬古水下考古队，2003 年；赵嘉斌，2005 年；李滨、孙键，2005 年）。该遗址的水下考古调查和挖掘发现了陶瓷器、青铜器、铁器、锡器、石器和木器等许多文物，其中一枚"永历通宝"的铜钱，是郑氏集团割据统治闽台时期（1647—1683 年）铸造和使用的。考虑到在遗址发现的武器和盔甲，这艘船可能是郑氏集团的一艘兵船。遗址出水的陶瓷制品包括青花瓷碗、盘、碟和杯，其中大多数是日常用品，这些瓷器大多来自漳州、德化等闽南地区的本地窑口。少量青花瓷可能来自 17 世纪的日本肥前（伊万里）窑，这表明了郑氏政权与日本群岛之间的密切联系（栗建安，2012 年）。

沉船上的一些文物对于了解郑氏集团和作为欧洲殖民者之间的海洋文化交流具有重要价值，如包括铁炮和火药在内的许多火器，都被鉴定为葡萄牙或西班牙火器的仿制品，其中一些明显受到地中海或欧洲技术文化的影响（图 6；彩版九：7）。另外，郑氏政权的武器贸易在欧洲档案文献中有详细记录（William Campbell，1903 年；岩生成一，1959 年）。16—17 世纪欧洲火器在中国的传播与普及正是海洋全球化背景下文化交流的结果。沉船上发现的一件铜烟斗（图 7 右；彩版九：5），也是迄今大陆发现最古老的同类器，突出反映了全球化的海洋文化交流，因为烟草起源于美洲，是由欧洲人经"马尼拉帆船"传入亚洲的。

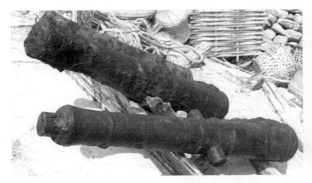

图 6　冬古沉船遗址发现的铁炮和炮弹

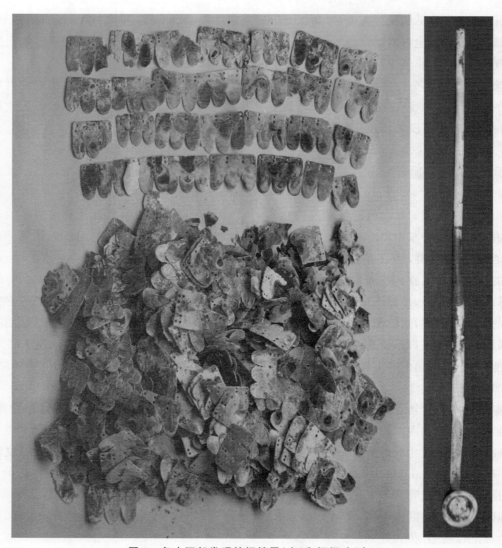

图7　冬古沉船发现的铜铠甲(左)和铜烟斗(右)

（三）中国东南沿海的其他 16—17 世纪沉船

在中国东南沿海地区,已经调查发现了十多处 16—17 世纪的沉船,分别是白礁 2 号和龙翁屿（赵嘉斌,吴春明,2010 年)、老牛礁、九梁、碗礁 1 号(周春水,2013 年)、广澳、宝陵港(吴春明,2003 年,第 22-24 页)、西沙玉琢礁 1 号、浪花礁 1 号,盘石屿 1 号、石屿 3 号和 4 号,华光礁 4 号(赵嘉斌,2012 年)等。这些沉船经研究都是中国本土帆船遗存。

白礁 2 号沉船位于闽江口的定海湾。定海在明、清两代一直是拱卫省会福州的重要堡垒。该遗址出土的大多数器物都是青瓷器和青花瓷器的碗、盘、壶,经研究为闽北屏南、武夷山和浦城等窑口产品,年代为 17 世纪中期。在日本秋田县、青森县和熊本县也发现了类似的内涵,显示了这一跨境海洋区域内可能的海洋文化交流。

图 8　东南沿海沉船遗址出土的"国姓府"铭铜铳、铜炮

注：左 1～2，福建定海龙翁屿；右 1～4，广东汕头广澳。

龙翁屿沉船位于定海白礁 2 号沉船南面 1000 米的海中，遗址上出水的"国姓府"铭文的铜铳（图 8，左 1～2），与郑成功海商集团的割据政权有关（陈丽君，2010 年）。根据历史文献记载，郑氏集团的水军曾于 1654—1657 年航行到定海湾，并与清朝军队展开作战（杨英著，陈碧笙注，1981年，第 7 页，第 79 页，第 138-141 页，第 158-160 页）。

广澳沉船也与郑氏集团割据政权有关，沉船遗址出水了郑氏集团下属将军忠振伯青铜关防和刻有"国姓府"铭的铜铳（图 8，右 1～4；彩版九：6；陈丽君，2010 年）。

（四）明代私商的海上走私活动

1368 年明朝建立后，明朝皇帝推行"朝贡贸易"政策，并实施"海禁"，禁止私人、非官方的海上自由商业贸易。从明末清初开始，海上贸易仍主要由官府控制。尽管如此，民间私商仍以走私贸易的形式对抗官府的严厉海禁政策，明王朝对海人走私严厉打击。欧洲船家突入东亚，进一步刺激并促进了东南沿海的私人走私活动的增长。这些私商常组织成家族式的海商集团，很快配备欧洲商船先进的火器系统武装他们的船队，以对抗和抵御明朝官府的水军。他们被明朝官员视为"海盗"，与葡萄牙、西班牙和荷兰商人保持密切的海上往来（林仁川，1987 年，第 183-200 页，第 204-208 页；吴春明，2003 年，第 283-287 页）。

根据有关历史文献，明清时期中国东南沿海有超过 15 个不同的海商集团参与走私活动（林仁川，第 85-130 页）。郑氏家族及其割据政权是规模最大和武装最强的海商集团，他们一直活跃在中国福建、广东、台湾至越南、日本和菲律宾之间的东亚跨境海洋地带。这个家族的第一代郑芝龙（1604—1661 年），出生于福建石井，是澳门一位葡萄牙富商的养子，移居日本平户后，加入了当地的华侨海商李旦的家族，18 岁时（1622 年）与一名日本女子结婚，并强化了与葡萄牙、西班牙和荷兰商人的海上贸易往来。他的儿子郑成功（1624—1662 年）继承并扩大了这一海商集团，在半个世纪中一直控制着东亚地区的国际海上贸易。

事实上，正当明王朝统治阶级在国际贸易体系中缺位时，东南沿海的这些私人海商集团在东亚和西方世界的经济文化交流过程中发挥了重要的关键作用，南澳、冬古等沉船正是这些私商集团海洋活动的遗存。根据明末清初以来的航路指南《顺风相送》和《指南正法》（向达，1961 年）的记载，这些私人海商的活动主要集中在东亚和东南亚海域,正是这些明王朝的私商航路将东亚地区和外部的欧、美世界紧密地联结起来。

三、其他海洋文化遗产所见的早期全球化

除了这些沉船遗址外,东南沿海地区这一时期的其他海洋文化遗存,也反映了全球化初期的国际文化交流。这些物质的和非物质的海洋文化遗产包括建筑遗产与海洋聚落形态、外来植物物种的引进与传播、跨文化生活方式、基督教与近代科学技术等。

(一)建筑遗产

在中国东南沿海地区,因东西方文化的往来互动带来的最显著的景观变化,是葡、西等欧风东渐的海洋文化传播而留下的欧式建筑遗产。除澳门外,浯屿、双屿和基隆的这类欧式聚落建筑大多已被明王朝军队在厉行海禁时予以摧毁和铲除外,在澳门,仍保留超过12座的欧式建筑,被联合国教科文组织评为世界文化遗产,其中一些早期建筑是在欧风东渐后不久建造的(王国强,2004年)。

澳门最古老的欧洲建筑是圣保禄教堂(Sao Paulo Church),是由葡萄牙人于1555年至1562年间建成。现今保留的最著名的建筑遗产和文化景观"大三巴牌坊",事实上就是这座最早的教堂建筑的前墙废墟(图9)。

图9　澳门圣保禄教堂(1595年)前墙废墟

圣多米尼克(St Dominic)教堂是澳门另一座建于1587年的早期建筑(图10)。位于东望洋山上的诺沙·森荷拉·达吉亚(Nossa Senhora da Guia)教堂建于1622年。澳门城市图书馆和市政厅也建于1656年和1784年,具有葡萄牙建筑的典型特征。18—20世纪后欧式建筑的进一步影响

与融合,也使中国东南的许多海港城市如厦门的西式建筑景观更加独特(图 11)。

近 500 年来,欧式建筑聚落的文化传播与融合,影响了台湾、福建南部和广东东部的地方建筑景观,该地区的红砖建筑可能就是 16 世纪以来东西方建筑文化融合的结果(图 12;王治君,2008年)。

图 10　澳门的圣多米尼克教堂(1587 年)

图 11　福建厦门的欧式建筑景观

图 12　闽南的红砖建筑

（二）外来物种

葡萄牙、西班牙等欧洲早期航海家，不仅在海运船货中带来了大量的欧美农、工产品，还直接或间接将一系列外域的植物栽培物种引入中国，如甘薯（番薯）、马铃薯（土豆）、玉米、辣椒、西红柿（番茄)、南瓜、花生、烟草和香烟等。这些植物物种的引进,极大地改变了中国农业的种植体系,影响了传统饮食文化和生活方式。

这些外域物种大多数是由葡萄牙人和西班牙人从美洲输入到东南亚(菲律宾、越南和印度尼西亚),再通过南海贸易引入中国大陆东南部(林仁川,1987年,第371-379页)。甘薯的中国名字是番薯,意思是外国的薯瓜,它首先于1580年前后由闽南漳州海澄月港引入到福建和广东种植,然后在清初传播到浙江、江苏、四川、广西、江西、安徽、湖北、湖南、山东、河南、河北、山西和贵州等地。玉米是16世纪中叶传入福建和广东的另一种重要作物,花生也于16世纪初传入海澄县,然后在16世纪末传播到浙江和中国其他地方。马铃薯、辣椒、西红柿、南瓜、烟草等也在16世纪中后期传入中国。

烟草于16世纪中叶通过"马尼拉帆船"从美洲传入菲律宾,16世纪末通过位于福建海澄的月港进入中国,在17世纪中叶传到了中国西南部和其他地区。

(三)宗教与近代科学

在16世纪海洋文化欧风东渐之前,已有两波基督教传教士抵达了内亚东部地区。景教这一中世纪的基督徒文化,在唐朝(618—907年)和元朝(1271—1368年)通过陆路丝绸之路来到中国,在中国古代文献记载中分别被称为景教和也里可温教。伴随着15世纪末以来欧洲对东亚的早期航海,西班牙人和葡萄牙人的海洋扩张,带来了另一波基督教和科学文化传入中国的浪潮,在过去500年中对中国的社会文化生活产生了深远影响(林仁川,1987年,第414-418页)。

天主教澳门教区成立于1576年,是远东地区第一个也是最重要的传教中心,利玛窦(Matteo Ricci,1552—1610年)和艾儒略(Jules Aleni,1582—1649年)是16—17世纪传教中国最著名、最富有成效的两位教士。利玛窦是耶稣会士在中国的传教先驱,他于1582年抵达澳门,于1583年获准前往广州和肇庆,并在肇庆传教20年,然后北上南昌、南京,最后于1600年抵达北京。他广泛学习、谙熟中国语言、文学和传统文化,与中国学者和官员为友,他以"和解战略"在中国南方的传教中取得了巨大成功(张西平,2002)。艾儒略是1610年抵达澳门的另一位伟大的天主教传教士,他被派往北京、上海、扬州等地传教,活跃于陕西、山西、杭州和福州,1649年去世前在福建待了23年,建立了数十座教堂(艾儒略,2011年)。

在这些早期传教士的努力下,天主教在中国迅速发展。到了17世纪中叶,中国有十多万天主教徒,其中许多是明朝官府的上层官员。天主教的传播影响了中国的社会文化生活和哲学,并与当地传统的儒家和佛教协调发展。经传教士引入的新知识也在中国产生了极大的影响。事实上,利玛窦是中国最著名的学术传教士,专攻现代数学、田野勘察和地理学,这些学科最初起源于欧洲。他出版了10多本不同的中文科学著作,共6卷《几何原本》、8卷《同文算指》、《测量法义》、《勾股义》、《测量异同》、《乾坤体义》等,这些出版物是与他的学生李之藻和徐光启合著的(张西平,2002年)。其他传教士如艾儒略也为现代欧洲学术知识的传播做出了贡献(艾儒略,2011年;亚历山大·怀利,2011年)。这些工作极大地促进了中国近代科学技术的发展、东西方社会的相互理解与认同、东亚社会文化的进步、全球一体化和区域现代化。

参考文献

林仁川:《明末清初私人海上贸易》,华东师范大学出版社1987年。

吴春明:《环中国海沉船——古代帆船、船技与船货》,江西高校出版社2003年。

孙健：《广东南澳一号明代沉船和东南地区海外贸易》，《海洋遗产与考古》，科学出版社 2012 年。

周春水：《福建平潭屿头的古代沉船》，《海洋遗产与考古》，科学出版社 2012 年。

赵嘉斌：《西沙群岛水下考古新收获》，《海洋遗产与考古》，科学出版社 2012 年。

栗建安：《略谈我国沉船遗址出水陶瓷器相关问题》，《海洋遗产与考古》，科学出版社 2012 年。

Edward Von der Prrten, 2013, *Sixteenth-Century Manila Galleon Cargoes on the American West Coast and Kraak Plate Chronology*, paper for "Early Navigation in the Asia-Pacific Region: A Maritime Archaeological Perspective"——An Academic Workshop at the Harvard-Yenching Institute, June 21-23, 2013.

福建省博物馆：《漳州窑》，福建人民出版社 1997 年。

陈立群：《东山岛冬古沉船遗址初探》，《福建文博》2001 年第 1 期。

东山冬古水下考古队：《2001 年度东山冬古湾水下调查报告》，《福建文博》2003 年第 3 期。

鄂杰、赵嘉斌：《2004 年度东山冬古湾沉船遗址 A 区发掘简报》，《福建文博》专号。

李滨、孙健：《2004 年度东山冬古湾沉船遗址 B 区发掘简报》，《福建文博》专号。

赵嘉斌、吴春明主编：《福建连江定海湾沉船考古》，科学出版社 2010 年。

陈丽君：《闽粤沿海出土"国姓府"铭铜铳与郑成功的海洋活动》，《东南考古研究》第四辑，厦门大学出版社 2010 年。

William Campbell, 1903, *Formosa under the Dutch*, *Described from Contemporary Records*, Kegan Paul, Trench, Trubner, Lodon.

岩生成一：《岩生成一台湾贸易史料》，台湾银行 1959 年。

杨英著，陈必笙校注：《先王实录》，福建人民出版社 1981 年。

向达校注：《两种海道真经》，中华书局 1961 年。

王国强主编：《澳门历史文化名城学术研讨会论文集》，澳门社会科学学会 2004 年。

王治君：《基于陆路文明与海洋文化双重影响下的闽南"红砖厝"》，《建筑师》2008 年第 1 期。

张西平：《利玛窦的著作》，《文史知识》2002 年第 12 期。

《艾儒略汉文著述全集》，广西师范大学出版社 2011 年。

伟烈亚力编，倪文君译：《1867 年以前来华基督传教士列传及著作目录》，广西师范大学出版社 2011 年。

B12

从印尼爪哇万丹城堡出土的 17 至 19 世纪早期中、欧陶瓷看全球化初期的物质文化

［美］上党薰（Kaoru Ueda）[1]　　［印尼］松尼·C. 维比索诺（Sonny C. Wibisono）[2]

［印尼］楠克·哈康提宁斯（Naniek Harkantiningsih）[2]　　［新加坡］林陈先（Chen Sian Lim）[3]

［1，美国波士顿大学考古学系暨东亚考古和文化史研究国际中心，Department of Archaeology，International Center for East Asian Archaeology and Cultural History，Boston University，USA；2，印度尼西亚国家考古研究中心，The National Research Center of Archaeology，Indonesia；3，新加坡东南亚研究院考古组，The Institute of Southeast Asian Studies（ISEAS）Archaeology Unit，Singapore］

徐曙端　译　刘　森　校

一、导论

　　东南亚可能是世界上最早被中国外销瓷的魅力所吸引的地区之一。早在 12 世纪，中国市舶司官员赵汝适（Chau Ju-kua，1911）就记载中国瓷器曾是东南亚各港口的主要贸易商品，东南亚的许多当地土著迫不及待地用珍贵土特产来交换中国瓷器。东南亚的消费者不仅仅把中国瓷器作为日用品，还把它们作为提高身份地位的象征。对于该地区的许多国家来说，对外来奢侈品的控制是非常重要的，这些舶来品是礼品馈赠、仪式飨宴、宗教活动和宫廷仪式的重要内容（Pigafetta 1969；Junker 1998，2004：233，244，2010：283）。大约在 12 至 13 世纪或更早时期就已经出现在中国的硬陶军持（Kendi），为东南亚形式的一种注水壶，可能就是中国陶工专供东南亚消费者的特殊需要而生产的，这一造型的水壶在 14 世纪瓷器生产中还在延续（Harrisson 1995：30）。在商人的推动下，消费者和生产者之间信息交流的速度和强度似乎在 17 世纪加快，荷兰东印度公司（东印度联合公司或 VOC）在荷兰、沿途贸易停靠港和亚洲行政中心之间大量往来信件可以作为证据（Volker 1954）。

　　位于印度尼西亚爪哇岛的万丹苏丹国（16 世纪至 1813 年）是早期全球贸易的主要枢纽中心之一（图 1；Reid 1988，vol. 2：73）。俯瞰巽他海峡的战略位置，以及采购胡椒的便捷地理位置吸引了许多如来自葡萄牙和荷兰等外国客商的注意。最终，荷兰人在 1680 年代夺取了胡椒贸易垄断权并取得外交独立，将苏丹国置于间接统治之下（Stavorinus 1798：66；Raffles 1830，vol. 1：166；Guillot et al.1990：10；Talens 1993：347）。本文拟以 17 至 19 世纪初的万丹为案例，从考古学角度探讨了进口陶瓷在东南亚本土社会和荷兰物质文化中的作用。研究结果也让我们进一步明确亚洲

瓷器在日益全球化的世界中占据的地位。

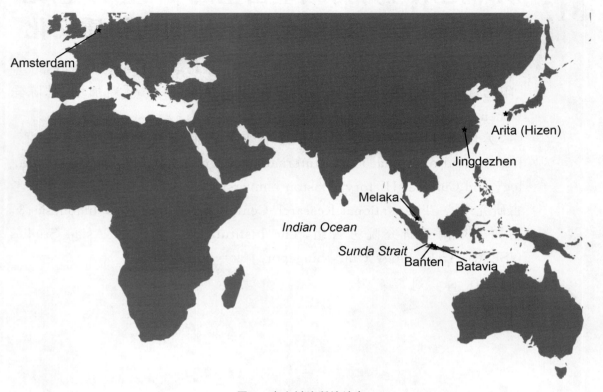

图1　本文讨论所涉地点

二、万丹的历史

现存的零散文献资料揭示了万丹作为贸易中心的一些关键历史问题。在定居马来半岛马六甲（Malacca）的葡萄牙人托梅·皮烈士（Tomé Pires，1515[2005]：166-169）于1512年访问万丹时，万丹港显然已是一个主要的胡椒贸易中心。然而，由于本土与欧洲的文献资料很有限，万丹的前伊斯兰教历史仍然是个谜。唯一可资重建16世纪早期历史的万丹本土资料，是一位佚名的万丹作者于1662—1663年撰写的具有神话色彩的宫廷编年史《万丹历史》（*Sejarah Banten*）（Djajadiningrat 1983：8）。根据这部编年史，伊斯兰教万丹苏丹国的起源可以追溯到1527年左右穆斯林对当地印度教王国的征服，随后这个新征服的伊斯兰国家的首都在万丹沿海建立。万丹作为一个主要的胡椒贸易中心和一个远程海上贸易港而繁荣起来（Lodewycksz 1598[1997]：138）。到17世纪末，万丹的人口已经增长到70万（Fryke and Schweitzer 1700：80），成为当时东南亚最大的城市之一（Reid 1988，vol.2：72-73）。

苏丹被认为是维持伊斯兰世界政治秩序的轴心，而伊斯兰教是使其权力合法化和扩大化不可分割的内核（Talens 1993：340-344）。传统的地方权力结构是通过苏丹的象征权力、与盟友婚媾和财富分配等形式建立起对社会的松散控制（Reid 1988，vol. 2：122-125），宫廷仪式在维护苏丹的象征性权力方面发挥了特别重要的作用（Talens 1993：337）。

1596 年荷兰人首次抵达万丹,万丹人显然将这一事件等同于它们平时与外国商人间的例行商贸往来。作为备受追捧的主要胡椒产地,对于最初渴望与该港口城市进行贸易的欧洲人来说,万丹拥有优越的政治地位(Lodewycksz 1598[1997]:141-142)。然而,到 17 世纪末,万丹-荷兰关系的性质从以经济为主,转变为越来越多的社会-政治-经济的综合关系(Talens 1993)。传统历史研究认为,荷兰东印度公司在 1682 年至 1684 年万丹内战期间的军事介入,以及 1684 年苏丹贸易垄断的结束,摧毁了苏丹国的政治构架(Guillot et al. 1990:10,64-65)。荷兰人间接统治万丹的主要步骤之一,是在 1680 年代在斯佩尔韦克(Speelwijk)堡设立 VOC 总部,并于 1980 年代将其驻军部署在苏丹国的索罗索万(Surosowan)宫周围的荷兰堡垒中,这个荷兰人设计的堡垒被欧洲人称为"钻石堡(Fort Diamond)",是皇宫防御工事的一部分。VOC 军队的官方说法是保护苏丹,但实际上,他们的目的是监视苏丹的活动(Member of the Said Factory 1682;Stavorinus 1798:62-64,344;Boontharm 2003:64-65)。

尽管苏丹国在 1684 年失去了对 VOC 的胡椒贸易垄断权,但根据文献记载,直到 18 世纪末索罗索万宫仍然是苏丹与其盟友及来访的 VOC 官员举行奢华活动的据点(Stavorinus 1798:66;Raffles 1830,vol.1:166;Guillot et al. 1990:10)。至少在 1808 年以前,万丹王室一直在使用这座宫殿,直到荷兰总督丹德尔斯(Daendels)进攻万丹、流放苏丹。苏丹国于 1813 年被正式废除(Jonge et al. 1862:XIII:xcv-cv;Ota 2006:144)。

三、万丹的考古工作

万丹的考古遗址群由几个建于 16 至 19 世纪初的建筑遗迹组成,包括大清真寺(16 世纪中叶)、凯邦(Kaibon)宫(19 世纪初)、索罗索万宫(约 1527 年)、宫殿周围的荷兰"钻石堡"(1680 年代),以及斯佩尔韦克堡附近的 VOC 总部遗址(1685-1686;图 2)。现存的钻石堡、索罗索万宫的砖砌防御墙尺寸为 282 米×140 米,高 3 米(图 3;Sakai 2002:44)。然而,该遗址的内涵细节仍不清楚,不同活动区域的空间分布、1680 年代扩建前的原宫殿确切位置,以及钻石堡和宫殿之间的明确边界,都还未经考古调查与发掘予以确认(Ueda 2015)。斯佩尔韦克堡位于宫殿西北约一公里处,四角建有菱形的角垒,面积约 150 平方米(图 4)。

印度尼西亚历史和考古遗产保护与发展局在 20 世纪 70、80 年代修复了这些建筑的防御墙和一些主要的建筑遗存(Michrob 1982:95-104;Boontharm 2003:66),包括清除杂草植被和后期的泥沙淤积,以揭露出上层遗迹。国家考古研究中心(印尼语 Pusat Penelitian Arkeologi National)或称"阿克纳斯(Arkenas)",与印度尼西亚大学合作在索罗索万、凯邦和斯佩尔韦克等遗址开展了地表勘测和局部发掘(Michrob 1982:9)。

在印尼国家考古中心负责人楠克·哈康提宁斯(Naniek Harkantiningsih)的指导下,我们发掘了土著的索罗索万宫殿、其周围的 VOC 钻石堡以及荷兰的斯佩尔韦克堡的 VOC 总部(图 5 和图 6)。在此,我们将讨论 6 个发掘区的收获,这些考古资料与 VOC 和土著宫殿有不同程度的关系,包括索罗索万宫倒塌堆积区(S2E40)、索罗索万宫核心区(S4W4)、钻石堡(N7E37),以及斯佩尔韦克堡的生活区(U6T6 and U2T10)。目前对这些发掘区出土文物的整理研究尚在进行中,本文仅初步分析出土物中涉及万丹早期殖民地文化的全球联系和万-荷关系。

图 2　万丹遗址群的卫星图像（改编自 Geo2013，上党薰修改）

图 3　索罗索万宫的建筑遗迹（上党薰摄）

图 4　万丹斯佩尔韦克堡的 VOC 总部建筑遗迹(生活区和一个角垒)(上党薰摄)

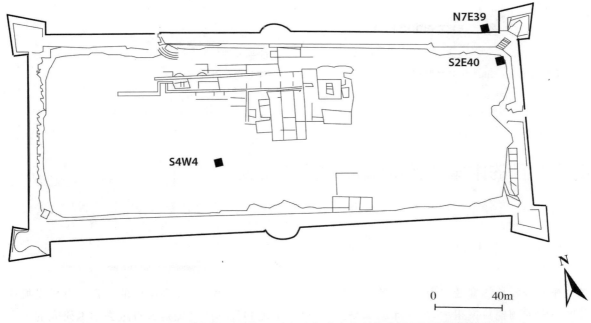

图 5　索罗索万宫及其周围钻石堡的平面图(方框为本文所涉发掘区)(上党薰等人,2016)

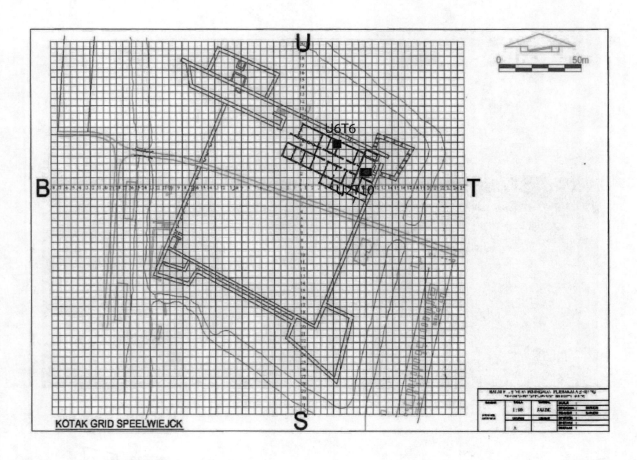

图6　斯佩尔韦克堡的平面图

注：西朗（Serang）古文物保存馆的沙福丁（Syaifuddin）绘制，上党薰补充发掘区。

四、万丹的中国和欧洲陶瓷的消费模式

（一）万丹进口陶瓷研究简史

在万丹漫长的变迁史上，有一类文物始终出现在考古记录中，那就是中国的陶瓷。万丹发掘或采集的中国陶瓷数量很大，令人印象深刻。可以说，中国和日本的陶瓷是万丹过去学术研究的重点（Harkantiningsih 1980；Ohashi 1990，1993，2002，2004；Ambary 1993；Sakai 2002，2005）。日本考古学家酒井崇史和亚洲贸易瓷专家大桥浩二（Koji Ohashi, Takashi Sakai 1999）对万丹出土瓷器做了最全面的研究。通过对约 30 万件进口陶片的研究（最小器皿数 MNV 为 24990），大桥浩二（Ohashi 2004：100-115）注意到 17 世纪末至 18 世纪初景德镇瓷器的数量激增，超过了来自福建和广东的瓷器。景德镇瓷器的增加可能与中国政局的重大变化有关，即明清内战和 1680 年代中国

海禁政策的结束,使景德镇陶瓷得以全面恢复出口。大桥强调认为,景德镇瓷器在整个 18 世纪持续在万丹占主导地位,其地位到 18 世纪末至 19 世纪初才被福建及广东瓷器所取代。大桥指出,在荷兰间接统治期间,欧洲陶瓷餐具在万丹的使用是有限的,直到 19 世纪下半叶才真正出现。

大桥浩二(Koji Ohashi 2004:113-114)在评估跨文化影响时提出了一个有趣的观点。他认为,在万丹基本上看不到 18 世纪面向东南亚消费者的景德镇和日本肥前瓷器,取而代之的是那些仍在中国和日本生产、但面向欧洲市场的产品。

综合大桥和酒井(Ohashi, Sakai 1999)的研究,酒井(Sakai 2002:101-102)认为中国瓷器的消费在 17 世纪中叶出现了重大变化,到 18 世纪更从主要供应少数精英的奢侈品明显地转变为普通大众商品,他将这种瓷器消费模式变化的原因归结为在中国重开海洋贸易,出口到万丹瓷器的迅速增加。相应地,中国瓷器器型显然也从 16 至 17 世纪的大盘子或装饰品变成了 18 世纪的小碗和小盘等小餐具。

这一研究强调了中国瓷器在出口市场上的地位变化,从罕见的名贵奢侈品到越来越多的大众日用品。17 世纪末,景德镇瓷器出口的恢复意味着中国瓷器的大量供应,像万丹这样的亚洲的历史悠久且享有盛誉的港口城市,声望价值可能会下降。

(二)2009—2011 年在万丹出土的贸易瓷器和硬陶器

我们在万丹的三个遗址发掘中出土的最丰富的遗物之一是贸易陶瓷,包括瓷器和硬陶器。正如我们在其他文章(Ueda 2015;Ueda et al. 2016)中曾讨论的,出土的陶瓷主要是中国生产的,在景德镇、福建和广东都有生产。日本陶器数量有限,但在索罗索万宫和 VOC 堡垒中都有发现。尽管地理位置相近,但来自泰国和越南的货物更少。

与大桥(Ohashi 2004)和酒井(Sakai 2002)的研究结果相似,我们在 2009—2011 年三个田野季度中,从索罗索万宫、钻石堡和斯佩尔韦克堡发掘出土的 18 世纪末至 19 世纪初的中国陶瓷,有从景德镇主导转向福建、广东主导的趋势(图 7)。18 世纪的索罗索万宫倒塌堆积区(S2E40)发现的景德镇陶瓷相较福建、广东明显占主导地位,而宫廷核心区(S4W4)出土的福建、广东瓷器却多于景德镇产品,在这个地点的景德镇瓷器从 17—18 世纪到 18、19 世纪之交只是略有下降。然而,如果剔除 17—18 世纪的包含物中数量较多的更早的明代瓷器,那么景德镇瓷器的百分比下降会更明显,因为大量来自福建、广东的瓷器明显降低了景德镇瓷器的百分比(图 8;彩版十:12)。在 18 世纪至 19 世纪初,福建、广东瓷器在 VOC 堡垒遗址的出土物中更占明显优势。斯佩尔韦克堡出土的福建、广东瓷器的比例高于钻石堡,这可能表明从斯佩尔韦克堡出土的陶瓷器物组合的年代稍晚,可能是 18 世纪末至 19 世纪初。

我们在万丹发掘出土的饮食日用陶瓷盛食器全部是亚洲产品。我们没有发掘出任何欧洲的陶瓷盘、碗,尽管这些器物的年代是在 1680 年代之后,或者是荷兰间接统治万丹期间。然而,我们确实发掘出土了一些盐釉和欧洲白硬陶瓶碎片,很可能来自德国,与白酒的消费与扩散有关。在 VOC 管辖下的热带地区,过量饮酒的现象尤为普遍,这是欧洲人为了抵御热带疾病而采取的策略(Onghokham 2003:153)。欧洲硬陶器集中发现于钻石堡,但在斯佩尔韦克堡却只发现几个碎片(图 9;彩版十:13),这可能反映了钻石堡对便携式酒容器的特别需求,这里距离斯佩尔韦克堡的 VOC 总部有一公里远。后来在索罗索万宫倒塌物堆积区也发现了两件欧洲硬陶器,但在索罗索万宫核心区没有发现。

在万丹也出土了少量的日本瓷器。这一时期正值 17 世纪中叶至 18 世纪初肥前(Hizen)瓷器

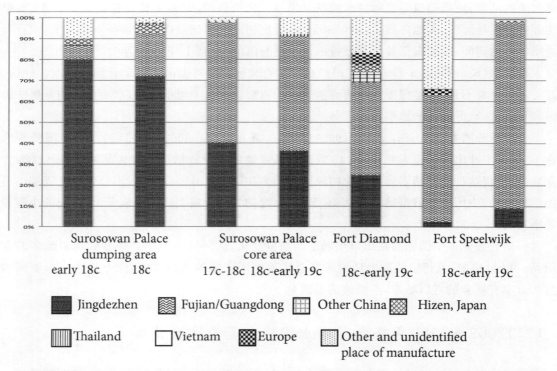

图例：
- Jingdezhen
- Fujian/Guangdong
- Other China
- Hizen, Japan
- Thailand
- Vietnam
- Europe
- Other and unidentified place of manufacture

图 7　索罗索万宫、钻石堡和斯佩尔韦克堡出土的按产地分类的贸易瓷器（最小器皿数 MNV 为 2,083）

图 8　从索罗索万宫出土的中国大瓷盘（N. Harkantiningsih 拍摄）

图 9　钻石堡的荷兰地层挖掘出土的欧洲硬陶器(上党薰摄)

短暂的出口热潮,当时中国特别是景德镇的瓷器生产因海禁和明清内战而大量削减(Ohashi 2004:82-83)。18 世纪至 19 世纪初的 VOC 城堡遗存中发现的肥前器皿,尽管数量有限,但可能反映了VOC 雇员的私人贸易活动,而这一时期日本的瓷器贸易也正从 VOC 的官方渠道转向其雇员的私人贸易(Volker 1959:5-6;ACHI 1998:389-399)。

与已公布的 17 至 19 世纪初阿姆斯特丹的考古发现物相比(Gawronski 2012),在万丹出土瓷器上发现的描绘人像的装饰图案,似乎在土著和 VOC 城堡遗址中都很有限。

五、讨论

虽然陶瓷只是万丹诸多出土物中的一类,但中国产品在万丹人和荷兰人的陶瓷消费中占主导地位,凸显了这两个民族对中国陶瓷的易得和偏爱。尽管万丹人和荷兰人从 1680 年代开始就有了政治纠纷,但他们与食品消费有关的物质文化基本上是一样的。然而,荷兰人可能还有一些其他的突出偏好,比如欧洲硬陶瓶的高度集中可能表明荷兰人对酒精消费的倾向。

消费者的需求很可能反映在万丹出售的瓷器上,这一点从数量有限的人像装饰瓷器中可以看出。要记住,万丹是一个伊斯兰王国,人像的描绘是违反他们的宗教规则的。这些产品可能是从运往西方市场的瓷器船货中挑选出来专供万丹市场的(Harkantiningsih 2010:180)。这一考古资料似乎表明,万丹人和荷兰人是在万丹当地购买瓷器的。

虽然这两个宫廷区的发掘出土瓷器没有表现出一致的分布模式,但景德镇瓷器在索罗索万宫倒塌堆积区高度集中,可能是由于宫廷陶瓷消费的性质,以及18世纪初至中期景德镇物向东南亚的出口热潮。与宫廷居民相比,大致同一时期的荷兰人使用和丢弃的景德镇器皿相对较少。仅仅根据制造地来概括瓷器的价值是很难的,但根据经验法则,即至少在18世纪中叶之前,景德镇瓷器通常被认为比福建、广东瓷器质量更好,因而价值更高(Fang 2002；Kerr et al. 2004)。至于东南亚,甚至更晚,直到18世纪末(Ohashi 2004：112-114)。我们的发掘结果表明,政治上处于从属地位的万丹人,比在万丹占主导地位的荷兰人更容易获得更昂贵的景德镇瓷器。

宫廷核心区出土的瓷器有混合的特征,可能部分受到17至18世纪器物中较多传世的福建、广东器物的影响。使用可能作为传家宝的明代早期瓷器以及精美的景德镇瓷器等贵重器物,不仅是可能的,而且对万丹宫廷中居住的王室成员来说比荷兰人更看重这些贵重器物。这些陶瓷可能在万丹人的宴会和仪式活动中持续发挥重要作用。但宫殿核心区的晚期堆积表明,在苏丹国末期高端瓷器的消费有所下降。

亚洲瓷器成为相隔千里的各地消费者共享的全球现象。VOC档案文献所记载的日本肥前瓷器出口记录显示,在1659年至1680年代早期,日本瓷器不仅大量出口到荷兰,而且还出口到阿拉伯半岛、孟加拉沿海和印度尼西亚。许多日本瓷器也由中国帆船运载,与VOC贸易相比,中国船运的组织松散,记录也少,所以其船货的分布更广泛和更复杂(ACHI 1988)。而中国瓷器在世界其他地方的分布甚至更加广泛和丰富,从墨西哥城(Nogami et al.)到南非的开普省(Lucas 2004：36)。与万丹类似,阿姆斯特丹18世纪的考古遗存中,还出现了大量内青花外酱釉的巴达维亚瓷和釉上珐琅彩瓷(Gawronski 2012)。

日本瓷器的出口市场反映了其全球贸易和经济的衰退。一个产地的衰落会催生出另一处生产中心。肥前窑无法与景德镇瓷器生产商竞争,后者能够大规模地提供高质量的瓷器,直到1644年左右中国的政治局势限制了景德镇陶瓷的出口能力(Volker 1954：134；Ohashi 2004：83)。肥前窑并不是唯一受益于因中国瓷器海外市场萎缩而兴起的窑场,荷兰代尔夫特(Delft)和哈勒姆(Haarlem)的彩绘釉陶也因此获得了巨大的动力,在17世纪中期占领了国内市场的很大份额。然而,依靠外部因素而扩张的陶瓷生产是不可持续的。自从荷兰东印度公司于1729年开始与中国进行直接贸易,并向欧洲市场提供大量的中国瓷器,荷兰的彩陶业就在1740年左右开始衰退。中国瓷器制造商能够向欧洲市场供应多种多样的价格低廉的产品,对荷兰的彩釉陶器生产产生了巨大的压力(Jörg et al. 1984：18-22)。同样,到18世纪中叶,肥前瓷器基本上从出口市场上消失了,最后一批来自日本的船运瓷器记录在1757年的VOC档案中(Ohashi 2004：215)。

六、结论

本文探讨了亚洲瓷器在17至19世纪初印度尼西亚爪哇万丹的本土和荷兰物质文化中的作用。考古研究结果表明,政治上处于从属地位的万丹社会上层精英和占主导地位的VOC雇员都主要使用中国瓷器作为日常饮食用具,即使在1680年代荷兰从苏丹手中夺取胡椒贸易垄断权后也是如此。欧洲瓷器仅限于饮料消费及其流通领域,这表明荷兰人对酒精消费的偏爱。

亚洲瓷器的贸易网络是复杂的,因为涉及交易途径多种多样,从VOC的官方贸易到其雇员与中国商人进行的私人业务。当然,他们的贸易活动促成了亚洲瓷器在世界各地的广泛分布。这些商人充当了信息交流的渠道,连接着消费者和制造商。生活在远方的消费者也开始认同全球共享的新的物质文化,同时对传统文化某些领域仍保留优先和偏好。因此,按产地对出土器物进行简单的分类,不能准确地解释万丹人和荷兰人在万丹复杂的商品和信息交流网络。通过考古研究,我们可以逐渐了解这个内在关联日益增强的世界内部的动态过程和复杂性。

参考文献

Ambary, HasanMuarif

    1993, SifatSitus Kota Banten Lama(Site of Old Banten Lama)In *Banten, Palabuhan Keramik Jepang-Situs Kota Palabuhan Islam di Indonesian*. M.A. Hasan and T. Sakai, eds. Pp. 169-172. Jakarta, Indonesia: Pusat Penelitian Arkeologi Nasional(Indonesia).

Arita Chōshi Hensan Iinkai 有田町史编纂委员会(ACHI)

    1988, *Aritachōshi: Shoōgyō hen I*.有田町史:商業編 IAritachō, Saga-ken [in Japanese].

Boontharm, Dinar

    2003, *The Sultanate of Banten AD 1750-1808: A Social and Cultural History*.Ph.D. dissertation. Kingston upon Hull: University of Hull.

Chau, Ju-kua 赵汝适

    1911, *Chau Ju-kua: His Work on the Chinese and Arab Trade in the Twelfth and Thirteenth Centuries, entitled Chu-fan-chī*(诸番志). Translated by F. Hirth and W. W. Rockhill. New York: Paragon Book Reprint Corp.

Djajadiningrat, Hoesain

    1983 *Tinjauan Keritiktentang Sejarah Banten*(Review of the History of Banten), Jakarta Indonesia: KoninklijkInstitutvoorTaal. [in Indonesian]

Fang, Lili 方李莉

    2002,《景德镇民窑》,北京:人民美术出版社。

Fryke, Christopher, and Christopher Schweitzer

    1700, *A Relation of Two Several Voyages Made into the East-Indies by Christopher Fryke, Surg. And Christopher Schewitzer* [sic]. D. Brown, S. Crouch, J.

Gawronski, Jerzy

    2012, *Amsterdam Ceramics: A City's History and an Archaeological Ceramics Catalogue* 1175-2011. Lubberhuizen, Amsterdam.

Guillot, Claude, Hasan Muarif Ambary, and Jacques Dumarçay

    1990, *The Sultanate of Banten*. Jakarta, Indonesia: Gramedia.

Harkantiningsih, Naniek Wibisono

    1980, *Keramik di SitusPabean Banten*(Ceramics of Site Pabean, Banten). Ph.D. dissertation. Sebuah Penelitian Pendahuluan Universitas Indonesia, Jakarta.[in Indonesian]

    2010, Nihon to indonesiaguntō: Bōekinettowāku no shiryō(Japan-Indonesian Archipelago: the Evidence of Trading Network). In *Sekainiyushutsusaretahizentōji: KyūshūKinsei Tōji Gakkainijisshunenkinen = Hirzen Ceramics Exported all over the World*, edited by KyūshūKinseiTōjiGakkai, pp. 177-186. Kyūshū Kinsei Tōji Gakkai, Aritamachi(Sagaken).

Harrisson, Barbara

    1995, *Later Ceramics of South-East Asia: Sixteenth to Twentieth Century*. Oxford: Oxford University Press.

Jonge, Johan Karel Jakob de, MarinusLodewijk van Deventer, Pieter Anton Tiele, Jan Ernst Heeres, and J. W. G. van Haarst

1862,*De Opkomst van het Nederlandschgezag in Oost-Indie*，1595-1610.（The rise of Dutch Supremacy in the East Indies）. Verzameling van onuitgegevenstukkenuit het Oud-Koloniaal Archief，uitgegeven en bewerkt door …J. K. J. de Jonge.（Alphabetisch Register bewerkt door J. W. G. van Haarst.）s'Gravenhage；Amsterdam. [in Dutch]

Jörg，C. J. A.，Art Hong Kong Museum of，Kong Hong，Council Urban，Netherlands，Generaal Consulaat，Netherlands and Rijkscollecties Dienst Verspreide

1984，*Interaction in Ceramics：Oriental Porcelain & Delftware：6 January——15 February* 1984，*Hong Kong Museum of Art*. The Council，Hong Kong.

Junker，Laura Lee

1998，Integrating History and Archaeology in the Study of Contact Period Philippine Chiefdoms. *International Journal of Historical Archaeology* 2(4)：291-320.

2004，Political Economy in the Historic Period Chiefdoms and States of Southeast Asia. In *Archaeological Perspectives on Political Economies*，edited by G. M. Feinman and L. M. Nicholas，pp. 223-251. Salt Lake City. University of Utah Press.

2010，*Trade Competition，Conflict，and Political Transformations in Sixth-to Sixteenth-century Philippine Chiefdoms*，Honolulu. University of Hawai'i Press.

Kerr，Rose，Nigel Wood，and Joseph Needham

2004，*Science and Civilisation in Chinavol. 5：Chemistry and Chemical Technology Part XII：Ceramic Technology*. Cambridge and New York：Cambridge University Press.

Lodewycksz，Willem

1598 [1997]，*Om de Zuid：de EersteSchipvaartnaarOost-IndiëonderCornelis de Houtman*，1595-1597（To the South：the First Ship to sail the East Indies under Cornelis de Houtman）. V. D. Roeper and Diederick Wildeman（trans.）Nijmegen：SUN. [in Dutch]

Lucas，Gavin

2004，*An Archaeology of Colonial Identity：Power and Material Culture in theDwars Valley，South Africa*. New York. Kluwer Academic/Plenum Publishers.

Member of the Said factory

1682，*A True Account of the Burning and Sad Condition of Bantam in the East-Indies in the War Begun by the Young King against his Father，and of the Great and Imminent Danger of the English Factory There：in a Letter from a Member of the Said Factory，to a Friend in London，by the Last Ship，which Arrived on Saturday the 23th of this Instant September* 1682. London：Printed for S.T.

Michrob，Halwany

1982，The Archaeological Sites-Old Banten（West Java）Indonesia：A Preliminary Report of the Restoration and the Preservation on the Urban Sites in Old Banten. Jakarta，Indonesia：Directorate of Protection and Development of Historical Archaeological Heritage，Department of Education and Culture.

Nogami，Takenori，Eladio Terreros，George Kuwayama，Jose Álvaro Barrera Rivera，Alicia Islas Domínguez and Kazuhiko Tanaka

2006，Taiheiyōwowatattatōjiki：Mekisikohakken no hizenjikiwochūshinni 太平洋を渡った陶磁器：メキシコ発見の肥前磁器を中心に（Ceramics that Crossed over the Pacific Ocean：mainly on Hizen porcelain found in Mexico）. *Suichūkōkogaku* 2：88-105. [in Japanese]

Ohashi，Koji

1990，Tōnanajianiyushutsusaretahizentōjiki 東南アジアに輸出された肥前陶磁器（HizenWares that were Exported to Southeast Asia）. Saga，Japan：Sagakenritsu Kyūshū Tōjiki Bunkakan（Saga Prefectural Kyushu Ceramics Cultural Pavilion）. [in Japanese]

1993，Ciri-CiriKeramikHizen Yang Ditemukan di Indonesia(Characteristics of Hizen ware found in Indonesia). In *Banten*，*Palabuhan Keramik Jepang-Situs Kota Palabuhan Islam di Indonesian*. M.A. Hasan and T. Sakai，eds. Pp. 173-175. Jakarta，Indonesia：Pusat Penelitian Arkeologi Nasional(Indonesia). ［in Indonesian］

2002，*Sekaiworīdoshitajikiyō* 世界をリードした磁器窯（World's Leading Porcelain Kilns）. Tokyo：Shinsensha. ［in Japanese］

2004，*Umiwowatattatōjiki* 海を渡った陶磁器（Ceramics that Travelled across the Sea）. Tokyo：Yoshikawa Kōbunkan. ［in Japanese］

Ohashi，Koji，Sakai，Takashi

1999，*Indonesia Banten isekishutsudo no tōjiki* インドネシア・バンテン遺跡出土の陶磁器(Ceramics from the Site of Banten，Indonesia)［in Japanese］. *Bulletin of the National Museum of Japanese History*. 82：47-57. ［in Japanese］

Onghokham

2003，*The Thugs，the Curtain Thief，and the Sugar Lord：Power，Politics，and Culture in Colonial Java*. Jakarta. Metafor Pub.

Ota，Atsushi

2006，*Changes of Regime and Social Dynamics in West Java：Society，State，and the Outer World of Banten*，1750-1830. Leiden and Boston：Brill.

Pigafetta，Antonio

1969，Magellan's Voyage：A Narrative Account of the First Circumnavigation. New Haven and London：Yale University Press.

Pires，Tomé

1515［2005］，Java. In *The Suma Oriental of Tome Pires：An Account of the East，from the Red Sea to China，Written in Malacca and India in 1512-1515；and，The Book of Francisco Rodrigues：Pilot-major of the Armada that Discovered Banda and the Moluccas：Rutter of a Voyage in the Red Sea，Nautical Rules，Almanack and，Maps，Written and Drawn in the East before 1515*. Pp. 166-200. New Delhi：Asian Educational Services.

Raffles，Thomas Stamford

1830，*The History of Java*. 2 vols. London：J. Murray.

Reid，Anthony

1988，*Southeast Asia in the Age of Commerce*，1450-1680. 2 vols. New Haven：Yale University Press.

Sakai，Takashi 坂井隆

2002，*Minato kokkabanten to tōjibōeki* 港国家バンテンと陶磁貿易（Banten，A Port City Nation and Its Ceramic Trade）. Tokyo：Dōseisha. ［in Japanese］

2005，The Ceramic Trade of the Indian Ocean Concerning Exchange between Turkey with the Eastern Part of Asia. *The Journal of Sophia Asian Studies* ［Sophia University]23：261-309.

Stavorinus，John Splinter

1798，*East Indies：The Whole Comprising a Full and Accurate Account of All the Present and Late Possessions of the Dutch in India，and at the Cape of Good Hope*. S.H. Wilcocke(trans.)，Volume 1. London：Printed for G.G. and J. Robinson.

Talens，Johan

1993，Ritual Power：The Installation of a King in Banten，West Java，in 1691. *Bijdragen tot de Taal-，Land-en Volkenkunde* 149(2)：333-355.

Ueda，Kaoru

2015，An Archaeological Investigation of Hybridization in Bantenese and Dutch Colonial Encounters：Food and

Foodways in the Sultanate of Banten, Java, 17th-early 19th century. Unpublished Ph.D. dissertation, Department of Archaeology, Boston University, Boston.

Ueda, Kaoru, Wibisono, Sonny C., Harkantiningsih, Naniek., Lim, Chen S.

2016, Paths to Power in the Early Stage of Colonialism: An Archaeological Study of the Sultanate of Banten, Java, Indonesia, the Seventeenth to Early Nineteenth Century. Asian Perspectives(55). [in press]

Volker, T.

1954, *Porcelain and the Dutch East India Company, as Recorded in the Dutch-Registers of Batavia Castle, Those of Hirado and Deshima, and Other Contemporary Papers*, 1602-1682, Leiden. E.J. Brill.

1959, *The Japanese Porcelain Trade of the Dutch East India Company after 1683*, Leiden. E.J. Brill.

B13 浙江宁波象山小白礁一号沉船遗址

邓启江

（国家文物局考古研究中心）

小白礁一号沉船遗址位于浙江省宁波市象山县石浦镇东南约 26 海里的北渔山岛小白礁北侧海域（图 1, 图 2）。2008 年中国国家博物馆与宁波市文物考古研究所在浙江省沿海合作开展水下文物普查时发现，并于 2008、2009 年进行了二次调查和试掘（林国聪等 2011），2012 年国家水下文化遗产保护中心与宁波市文物考古研究所对小白礁一号沉船遗址进行了水下考古发掘，主要完成了船体以上堆积的清理和船载物品的提取（宁波市文物考古研究所等 2016）。

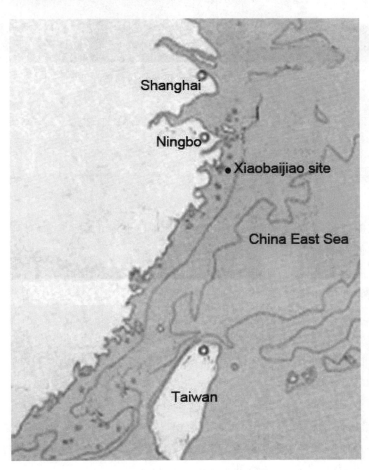

图 1　小白礁一号沉船遗址位置

图 2　小白礁一号沉船周边岛礁

一、遗址堆积

小白礁一号沉船遗址所在海床地势南高北低，最高处水深 18～22 米（低平潮～高平潮），最低处水深 20～24 米（低平潮～高平潮）。

遗址埋藏依海底地形南浅北深，分布范围南北长约 23 米，东西宽约 11.2 米，略呈椭圆状，主体堆积为一艘木质沉船残骸和瓷器、石板等船载遗物（图 3）。瓷器、陶器、铜钱等小件遗物在遗址各处均有分布。

石板有南北向五列，位于遗址中部偏南，互相倾斜叠靠，东西两列长约 8.5 米，中间三列长约 5 米。每块石板为薄长方形，质地均匀细密，色泽微红，粗加工，器表凹凸不平，长 85、宽 65、厚 8 厘米（图 4，44；彩版十：1）。

以船体残骸为界，遗址埋藏可分沉船前堆积和沉船后堆积，船体以下为沉船发生前的海床表面，船体以上为沉船后的淤积覆盖堆积，沉船后堆积自上而下可分为两层（图 5）：

第①层，厚 0～60 厘米，多数地方厚约 20 厘米；为黄沙夹大块海蛎壳，个别地方几乎全为海蛎壳堆积，近底部的海蛎壳常带有下层淤泥。

第②层，深 10～60 厘米、厚 0～40 厘米不等；为灰色海泥，质软，船体内堆积稍厚，船体外较薄，一般不足 20 厘米。

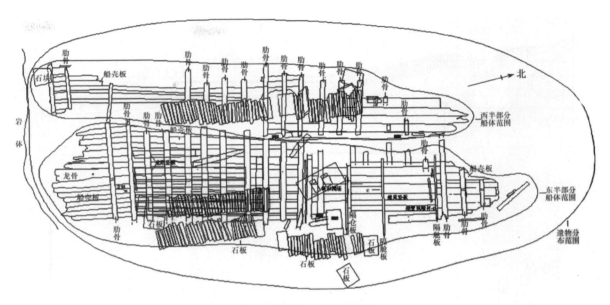

图 3 小白礁一号沉船平面

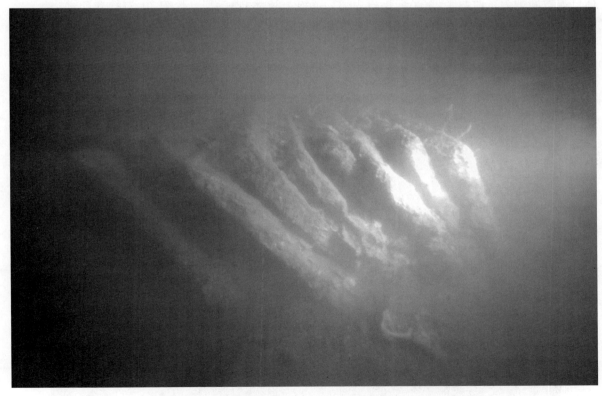

图 4 小白礁一号沉船船载石板

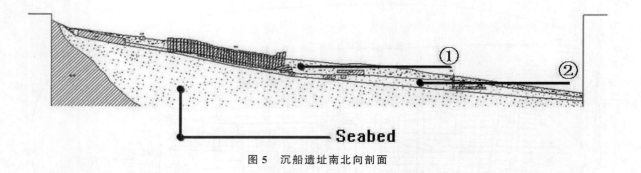

图 5　沉船遗址南北向剖面

二、船体

　　沉船船体浅埋于海床表面之下，方向北偏东 10°，南艉北艏，残长约 20.35、宽约 7.85 米，残存船体已摊散断裂为东西两半，东半部长约 20.35、宽约 4.86 米，西半部分长约 20、宽约 3.18 米。

　　船体上部结构已不存，仅余船底，残存构件主要有龙骨、肋骨、隔舱板、舱底垫板、船壳板、桅座等。

　　1.龙骨：仅有船体南端部分龙骨裸露于海床表面，断面呈凸字形，宽 36、厚 28 厘米（图 6）。

图 6　船体龙骨遗存

2.船壳板:发现内、外二层,板与板之间为平面对接,以铁钉与肋骨相连,以舱料填缝(图7)。

图7　船底板遗存

3.肋骨:北部肋骨较短并有明显弧度,越往中部、南部肋骨逐渐变长且趋向平直,相邻两道肋骨间距约 55～65 厘米(图8、图9)。

图8　船体北侧的肋骨遗存

图9　船体南侧的肋骨遗存

4.隔舱板:仅发现3道,由2块木板拼合而成(图10)。

图10　船体隔舱板遗存

5.舱底垫板(铺舱板):置于肋骨之上,与船体方向一致,长条形,青花瓷器等船货放置于垫板之上(图11)。

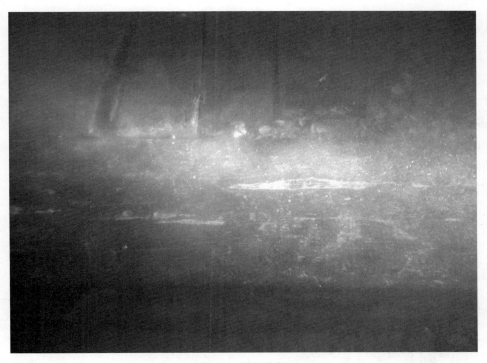

图 11　船底垫板

6.桅座:长187、宽90、厚19厘米,中部挖有2个凹槽(图12)。

图 12　船底桅座

三、出水遗物

　　已采集出水遗物主要有瓷器、陶器、铜钱、银币、印章、锡器、紫砂壶、石板等。出水文物中瓷器占大多数，又以青花瓷器为主，也有少量五彩瓷器（图13；彩版十：2）。瓷器主要发现于遗址东北部，陶器多见于遗址南部，西北部多五彩罐及器盖，石板位于遗址中部偏南。船体周边除去地势最高的东南面外，其他区域均有零星的罐、锡器、铜钱、青花碗、银币等分布。这些遗物除少量为船上生活用品外，大部分是船货。

图13　沉船上的青花瓷器船货堆积

图14～15　"道光"底款缠枝花卉青花瓷碗（口径17.3 底径7.3 高7.2厘米）

图 16～17　底款"嘉庆"缠枝花卉青花瓷碗（口径 14.8 底径 7.5 高 6.4 厘米）

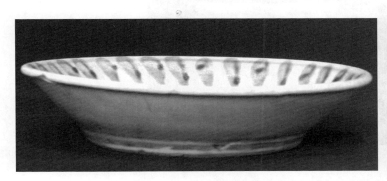 

图 18～19　内底"福"字款青花盘（口径 16 底径 9.3 高 3.6 厘米）

图 20～21　折枝花卉青花盘（口径 15.1 底径 9.6 高 2.7 厘米）

图 22　"嘉庆"款缠枝花卉青花瓷器盖（口径 9.9 高 3.5 厘米）

图 23～25　花口青花瓷斗

图 26　五彩瓷碗（口径 14.6 底径 6 高 8.3 厘米）

图 27　五彩瓷器盖（口径 17.2 高 8.4 厘米）　　　　图 28　五彩瓷罐（口径 15.6 底径 9.7 高 12 厘米）

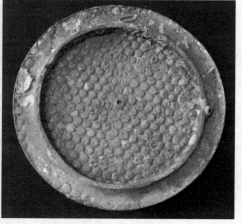

图 29～30　酱釉陶器盖（口径 19.2 高 2 厘米）

图31 酱釉陶壶(口径 10.5 高 16.3 厘米)

图32~33 紫砂陶壶(口径 6.2 底径 9 高 4.4 厘米,底部刻划"二水中分白鹭洲 孟臣制")

1.青花瓷器:有碗、盘、豆、碟、罐、灯盏、器盖等;胎多为白色,少量呈灰白色或灰色;白釉,多泛青白,釉层较薄,釉面莹润;纹样多缠枝花卉纹,青花色泽明艳;大部分器物外底中部有款,以"道光"篆书款居多,少量"嘉庆"款(图14~25;彩版十:3~5)。

2.五彩瓷器:有罐、器盖和碗等,白胎,白釉,因海水侵蚀,色彩脱落严重,图案斑驳模糊,有红、黄、绿等色(图26~28;彩版十:6~8)。

3.陶器:出水数量较少,大多为生活用品,包括酱釉器盖、酱釉壶、紫砂壶等,部分酱釉器施釉较厚,局部出现积釉现象(图29~33)。

明清时期,生产者通常在紫砂壶底部刻上自己名字,然后刻上"制"字,用以标识并兼具广告功能。小白礁一号沉船遗址出水一件紫砂壶,壶底有款"二水中分白鹭洲,孟臣制",孟臣是明崇祯至清康熙年间著名的紫砂壶生产者,自16世纪以来,紫砂壶是出口到国外的一种重要货物,在万历号、头顿号、哥德马尔森号、泰兴号、迪沙如号等水下沉船遗址中皆有发现。

4.铜钱：有"康熙通宝""乾隆通宝""嘉庆通宝""道光通宝"以及日本"宽永通宝"和越南"景兴通宝"等（图34～39；彩版十：9,10）。

5.银币：发现1枚，边缘压花，表面磨损、图案模糊。正面应为头像和铸造年份，背面是王冠、盾徽，周围镌刻西班牙文（图40；彩版十：11）。

6.锡砚：上下黏合，呈长方形，底四角下承四足。砚堂方正，下凹，较浅，长方形，墨池位于砚面上部（图41）。

7.锡框架：由两部分组成，下部为一个长方形方框，上部为一弓状梁，一端连接方框顶部，一端未连接，可能为器物上的装饰性构件（图42）。

8.印章：叶蜡石，方形柱状，印面正方形，双框边，阳刻楷体"源合盛记"。边长2.7、高3.1厘米（图43）。

私人公司的印章主要用于在凭证、广告和货物清单等证明金钱、货物发出或接收的文件表面盖章，强调实用性和商业性。明清时期商业活动发展迅速，印章特别是私营企业印章成为商业活动中不可或缺的重要信用凭证，私人商号印章最早出现于清朝中期，晚清时期，私章使用较为频繁，其功能不仅在于信用凭证，还在于防伪（王艳云等2013）。

清道光年间，宁波出现了许多名为"元记"或"盛记"的公司企业，而名为"源合盛记"的不见。在公司名称后面加上"记"有两种情况：（1）当公司所有者发生变化时，新所有者会在公司名称后面添加"记"，以显示其所有权；（2）当公司增加新的合作伙伴时，所有者会在公司名称后面加上"记"，以区分公司的不同阶段。

公司名称是该公司的标志，是专有名称，用于经济活动时将公司特色区分开来，在某些情况下，名称被视为公司的财产（张丽霞1996）。

1991年，研究人员在广东省澄海市鸡笼山采集了一批瓷器，在一些瓷器的底部发现许多公司的印章图案，如"源兴""盛誉""胜利商河""三合""河源""朝记""成记"等（陈景熙等2001）。

"源合盛记"有可能是一家名为"源"和"盛"的联营公司印章，由两个分别名为"源"和"盛"的家族或群体组成。受西方海上贸易体制的影响，清末形成了早期简单的股份制企业雏形，这种联合公司在中国东南海运贸易中常见，反映了清代海上贸易体制的重大变化。

图34～36 "康熙通宝""乾隆通宝""嘉庆通宝"铜钱

图37~39 "道光通宝""宽永通宝""景兴通宝"铜钱

图40 西班牙银币

图41 锡砚

图 42　锡框架

图 43　"源合盛记"印章

图 44　船载石板

四、初步认识

　　根据出水的陶瓷器特点,尤其是道光通宝的铸造年代分析,小白礁一号沉没于清代道光年间(1821—1850 年)(段洪刚等 2008)。该船是一条以龙骨和肋骨为主要纵横构架的尖底木质海船,根据遗址内出水有形制相同、年代统一、批量置放的景德镇青花瓷器、五彩瓷器等船货,以及船体中部成列堆积的石板,判断此船为一条中等规模的远洋商贸运输船(大庭脩等 2011)(图 45)。

　　小白礁一号沉船船体在海床表面呈南北向,与东西向的礁体岩石基本垂直,且船体南端(船尾)断裂面参差不齐、几乎紧贴着礁体岩石,应是某种原因如风浪冲击、失控漂流、操控不当或是船体年久失修等导致触礁沉没。

　　石板材是小白礁一号最先装载的船货,这些石板的石材为宁波鄞江镇的小溪石,就石板产地分析,该船应从宁波始发,中途沉没于渔山列岛海域,故向东、向南是其航行目的地。

　　1.从渔山列岛向东是琉球,清道光年间,清政府和琉球之间是宗主国和藩属国关系,除了册封贸易和朝贡贸易外,民间贸易也十分活跃(张伟 2006;周煌 2002)。琉球有可能是小白礁一号向东航行的目的地。

　　2.从渔山列岛向南有两个方向:一是福建、台湾等我国东南沿海地区,二是菲律宾、马来西亚、印度尼西亚等东南亚国家和地区。

　　小白礁一号船载货物中有大量景德镇青花瓷器,当时从景德镇销往我国东南沿海的瓷器一般是取道福建闽江水系等便捷路线,无须绕道北上宁波再折行南下。在西沙群岛的石屿以及马来西亚迪沙如号(中国嘉德四季拍卖会 2005)等沉船中发现有与小白礁一号相同的青花瓷碗、五彩瓷器、紫砂壶等。因此,小白礁一号南向的目的地很可能是东南亚某个国家或地区。

图 45　日本《唐船之图》中的"宁波船"

参考文献

林国聪、孟原召、王光远：《浙江宁波渔山小白礁一号沉船遗址调查与试掘》，《中国国家博物馆馆刊》2011 年第
　11 期。

宁波市文物考古研究所等：《小白礁Ⅰ号——清代沉船遗址水下考古发掘报告》，科学出版社，2016 年。

王艳云、隋杰：《清代天津商号印章》，《装饰》2013 年第 2 期。

张丽霞：《论商号和商号权》，《法律科学：西北政法学院学报》1996 年第 4 期。

陈景熙、蔡英豪：《澄海鸡笼山出土陶瓷残片的清理及初步研究》，《韩山师范学院学报》2001 年第 4 期。

段洪刚、邹志谅：《中国钱币大辞典》（清编 铜元卷），中华书局，2008 年。

大庭脩、朱家骏：《明清的中国商船画卷——日本平户松浦史料博物馆藏〈唐船之图〉考证》，《海交史研究》2011 年第
　1 期。

张伟：《琉球国的覆灭与冲绳的出现》，《中外书摘》2006 年第 1 期。

周煌：《琉球国志略》，上海古籍出版社，2002 年。

中国嘉德四季拍卖会：《明万历号、清迪沙如号海捞陶瓷》，中国嘉德四季拍卖会，2005 年。

C 卷
马尼拉帆船港市考古与早期海洋全球化

导　论

吴春明[1]　［墨］罗伯特·詹可·桑切斯（Robert Junco Sanchez）[2]　刘　淼[3]

[1、3，厦门大学海洋考古学研究中心；2，墨西哥国家人类学与历史学研究所水下考古部，Subdirección de Arqueología Subacuática（SAS），Instituto Nacional de Antropología e Historia（INAH），México]

　　16 世纪晚期至 19 世纪初期，西班牙航海家建立并经营墨西哥的阿卡普尔科（Acapulco）与菲律宾马尼拉之间跨越北太平洋为主体的"马尼拉帆船（Manila galleons）"航路，这一持续 250 多年的"新海上丝绸之路"是人类航海史上的创举，将东亚与美洲、欧洲紧密地联系起来，成为欧洲海洋势力东突西进、实现东西方早期贸易与全球化格局的重要一环。

　　沉船遗存与港口史迹是"马尼拉帆船"航路考古学调查、研究的两个主要对象，欧、美及东南亚的海洋考古学界已经积累了相当多的成果。2013 年厦门大学海洋考古学中心与哈佛燕京学社联合举办了"亚太地区早期航海：海洋考古学的视野"国际学术工作坊，来自中国、菲律宾、英国、墨西哥和美国加州、得州、麻省的海洋考古学者 30 余人，聚焦"马尼拉帆船"及相关的沉船考古发现，重建东亚北美早期航海与贸易史（参见会议文集《亚洲太平洋早期航海：海洋考古学观察》，斯普林格出版社 2016 年英文版）。

　　为进一步扩展这个课题的广度和深度，2017 年 7 月 21—23 日，厦门大学海洋考古学研究中心再次组织以"月港、马尼拉与阿卡普尔科——全球化初期太平洋航路（16—19 世纪）港市考古新进展"为主题的学术工作坊，诚邀"马尼拉帆船"航路相关港市的考古工作者与会，聚焦 16—18 世纪华南海澄月港、澳门、日本长崎、菲律宾马尼拉、关岛、墨西哥阿卡普尔科、圣布拉斯（San Blas）等的港市考古发现，通过大帆船沿线各国港市考古资料的观摩交流与比较研究，从港市考古角度深化"新海上丝绸之路"历史与文化的认识（图 1，2；彩版三：1，2），并形成本卷关于港市考古视角下的泛太平洋早期航路史新著。

　　本次工作坊依"从月港到阿卡普尔科"的航路空间顺序，分别安排"月港启航""马尼拉集散""驶向阿卡普尔科"三节交流与研讨，涉及相关港市考古新发现、港口海交史与贸易史、港市聚落景观与社会人文、港市腹地经济与市场辐射、"马尼拉帆船"航路上的商人与组织等。

一、月港启航：作为"马尼拉帆船"重要中转港的月港考古

　　闽南九龙江入海口的月港兴起于明代早中期的私商贸易，崛起于"隆庆开海"（隆庆元年，1567 年），作为 500 年来海洋全球化背景下西班牙"马尼拉帆船"泛太平洋航海贸易拉动的结果，是东亚

图 1　与会学者

图 2　研讨会现场

大陆沟通世界的重要窗口。多篇论文涉及月港及其港湾海洋史迹的调查与研究、月港腹地外销瓷考古、月港始发沉船、月港输入舶来品的文化史分析等。

厦门大学吴春明《驶向美洲：马尼拉帆船船货主要输出地的月港史迹初探》，阐述了月港在区域性与全球性海洋史、航海史相互作用下的兴衰演进，以及相关的港口史迹调查进展。他认为，月港既作为闽中海洋文化与航海、港市内在传承、更迭的一个环节，又作为 16 世纪以来欧洲航海家主导的环球航路与全球贸易体系的延伸与拉动的一个结果，明代中晚期以漳州月港（太武、浯屿、大担及相邻的料罗、南澳等放洋海域）往返吕宋为主线的东洋航路网的发达，与同时期欧洲洋船东进、全球化海洋贸易的拉动密不可分，尤其是以马尼拉为中心的西班牙泛太平洋航路，给月港的私商贸易提供了最重要的海外市场。

　　清初开海及闽海关由漳迁厦,清朝开放了西班牙马尼拉帆船靠岸厦门贸易,成为月港的自然延伸。福建博物院王芳《厦门鼓浪屿 18 世纪西班牙海商墓》,则披露了月港——厦门港市考古的重要发现,揭示了马尼拉帆船靠泊厦门港的一段重要历史。厦门鼓浪屿田尾路 8 号的山坡上残存一块 18 世纪中叶西班牙海商墓碑,原墓已毁。该西班牙文墓碑铭刻了 1759 年埋葬于此的西班牙马尼拉大帆船"瓜达卢佩圣母(SEÑO^{RA}. DE GUADALUPE)"号船员曼努埃尔·德塞斯佩德斯·卡里阿索(MANUEL DE ZESPEDES Y CARRIAZO),死者年仅 30 岁。曼努埃尔出生于 1730 年 3 月 11 日的西班牙布尔戈斯,笔者查证到了曼努埃尔出生 6 天后即 1730 年 3 月 17 日在巴尔塞尼亚斯-德尔里维罗教区的洗礼记录,了解到他的父母及祖父、外祖父家世。18 世纪西班牙海商曼努埃尔墓碑的发现是厦门曾经作为马尼拉大帆船贸易重要口岸的实物证据,与清周凯《厦门志》所记"厦门贩洋船船只,始于雍正五年(1727 年)、盛于乾隆初年(1736 年)。时有各省洋船载货入口,倚行贸易征税,并准吕宋等夷船入口交易"吻合,说明清初西班牙大帆船已经准许入境厦门贸易,这与明代月港华商垄断华南与马尼拉间的海洋贸易情形已有不同,改变了月港——马尼拉航路上华商的垄断地位。

　　厦门大学刘淼的《明清时期漳州湾港市输出外销瓷窑口与内涵变迁》,则系统概述了主要因月港——马尼拉航路而兴起的漳州窑瓷业的考古发现与研究。她认为,漳州窑的兴烧与明代晚期海外市场的变迁有关,葡萄牙、西班牙、荷兰等西方殖民势力陆续到达东亚海域后,特别是西班牙海商跨太平洋的马尼拉帆船贸易逐渐形成后,漳州月港成为其输送美欧船货贸易供应的主要来源地。明代晚期随着漳州月港的兴起,福建的青花制造业在明末清初以漳州窑为中心迅速发展,月港附近以平和、南靖、广东饶平为生产中心的制瓷业兴起,以平和县分布最多、最集中。相对于景德镇产品来说,漳州窑产品要粗率得多,漳州窑在万历年间景德镇民窑因原料的匮乏、危机之时成为景德镇外销瓷器的补充。通过葡萄牙、西班牙贸易销往欧洲的瓷器以景德镇所产优质瓷器为主,质量较粗的漳州窑产品则主要用于葡萄牙、荷兰等在亚洲的转口贸易及葡、西、荷在各地的殖民地使用。

　　广东"南澳 I"号沉船是一处比较明确的月港——马尼拉航路商船沉址,国家水下文化遗产保护中心周春水《广东"南澳 I"号沉船考古发现与初步认识》,系统地论述了该沉船考古的重要发现及其在中西贸易史上的地位。该号沉船三年的水下考古,共出水文物总计 2.7 万多件,类型丰富,既有占大多数的陶瓷器,也有数量不菲的铁器、铜器、锡器等金属器,还有少量石器、骨器、漆木器等。瓷器在出水器物中占到绝大多数,数量达 2.5 万件以上,主要来自福建漳州窑系和景德镇窑系。经实地考察与资料比对,漳州窑系瓷器来自漳州平和五寨二垅窑,景德镇窑系的瓷器来自景德镇观音阁遗址。南澳沉船瓷器更接近或稍早于 1600 年"圣迭戈"号沉船所见的漳州窑青花瓷,明显比 1613 年"白狮"号沉船所见的漳州窑青花开光瓷年代更早,年代为明万历前期。他认为,南澳沉船始发港口推断为漳州月港,是隆庆开海之后一条海上贸易船,其海外第一站最有可能是菲律宾,与西班牙人进行交易,并通过马尼拉大帆船运往西属美洲殖民地销售,最后辗转到欧洲市场。南澳一号的货物不同于以前销往西方上层贵族使用的精美瓷器,揭示出航海时代全球化来临后,大宗货物的外销模式,描绘了 16 世纪末中西商贸初始的交易情形。

　　月港不但是马尼拉帆船船货的主要来源地,一度更是 16 世纪以来美欧乃至西方世界的一系列物产与物质文化传入影响中国的主要窗口,吴春明《月港——马尼拉航路对中华文化史的贡献》对此做了阐述。该文认为,在明代海禁与朝贡贸易背景下兴起的私商月港,在西班牙海商止步东亚岛屿带的困局下,"嗜利通番",接驳马尼拉帆船,成为东亚大陆连接全球贸易的重要窗口,是马尼拉帆船带来美欧新物产、技术与文化的主要门户。月港输入的这些舶来品,极大地改变了近古中国的社会景观与生活内涵,大大地丰富了中华多元文化的内涵,为中华文化的发展做出了不可忽视的特殊的贡献。比如,原产美洲的番薯、橄榄、马铃薯、玉米、西红柿、落花生、烟草等物种,经由马尼拉帆船引种到菲律宾，被月港海商带回中国并迅速扩散，丰富与改善了中华农耕与饮食文化的结构。白银、武器装备等欧美工商器物经西班牙泛太平洋航路运抵马尼拉，经月港海商接驳进入华南及内地，一定程度上诱发了我国传统工商业的更新与进步。而闽粤之间的漳泉红砖建筑群，是中国传统民居中非常特殊的一环，其外显特征与从地中海到波斯湾沿岸，并伴随着欧洲移民的步伐红遍美洲大陆的罗马、拜占庭与伊斯兰建筑融合的红砖建筑文化一致，这与月港—马尼拉航路的贸易轨迹同步。

二、马尼拉集散：澳门、台湾、长崎、马尼拉等地"马尼拉帆船"考古遗存

　　16世纪以来，东亚沿海各国在相继与西方海洋的接触中，逐步有限度地开放通商。1521年，麦哲伦（Ferdinand Magellan）受西班牙国王之命首次环球航行中先后抵达包括关岛在内的马里亚纳群岛、菲律宾萨马岛等，奠定了后续250余年西班牙太平洋航路的基础。1557年，葡萄牙租借澳门，1567年月港"开海"，1570年日本长崎也开放西方贸易，1571年西班牙征服了菲律宾土著并在马尼拉港建立起他们在远东贸易、航运基地，1626年西班牙短暂占据台湾鸡笼。马尼拉是西班牙太平洋贸易航路西端的总集散地，澳门、长崎等成为月港之外马尼拉帆船的接驳口岸。来自我国香港、台湾及日本、菲律宾等地的学者，分别报告了上述港市西班牙贸易遗存的调查与研究成果。

　　香港中文大学王冠宇报告了《马尼拉大帆船贸易陶瓷的分析》。文章指出，16世纪以来，中国丰富的物产，工艺精湛的日用品及艺术品，在早期全球化的进程中迅速得到更广阔市场的喜爱与追逐，作为佼佼者的中国瓷器，成为热销的国际商品。葡萄牙人、西班牙人、荷兰人，乃至后来的英法等国商人，都曾积极参与中国瓷器的设计、生产、运输和销售等一系列环节，以获取巨额的商业利益。多元的推动者及其背后目标市场需求的不同，使得明清时期中国外销瓷器的产地、类型及装饰风格都呈现出前所未有的多样性。这些瓷器面貌的差异，也成为我们探讨其背后历史及产销动因的重要线索。文章以晚明时期马尼拉大帆船贸易为例，剖析其货物中不同产地、不同类型及不同装饰风格陶瓷的构成与组合，及其背后所反映的西班牙海上帝国版图中特定的市场需求。

　　台南艺术大学卢泰康的《台湾与澳门出土的克拉克瓷及其相关17世纪国际陶瓷贸易》，以"克拉克瓷"为焦点，探讨台湾与澳门所发现的克拉克贸易瓷，及其与马尼拉大帆船贸易的具体联系。论文阐述了17世纪前半叶荷兰东印度公司在澎湖（1622—1624年）与台湾南部（1624—1661年）的陶瓷转口贸易，以及上述地区所发现的中国克拉克瓷，讨论了西班牙占领台湾北部短暂期间（1626—1642年）的贸易活动及其出土文物，也说明澳门所发现的中国贸易瓷与克拉克瓷，最后还介绍台湾出土的17世纪后半叶克拉克风格日本肥前瓷器，借以探讨台湾郑氏所经营的陶瓷转口贸易，透过马尼拉与横跨太平洋的大帆船航线，转口销售亚洲贸易陶瓷。这些不同区域的重要发现，清楚地揭示了17世纪东亚、东南亚，甚至横跨太平洋所形成的复杂物质贸易交流网络，以及多边文化交流与互动。

　　日本科学促进会的宫田悦子（Etsuko Miyata）《日本长崎发现的大帆船贸易陶瓷》一文，着重研究在长崎考古发现的贸易瓷器。通过出土陶瓷的类型、数量以及复原器物的研究，与马尼拉帆船贸易兴盛时期的16至17世纪的墨西哥出土陶瓷相比较，以证明长崎作为一个贸易港与太平洋贸易的紧密联系。文章还关注作为一个贸易港市的长崎城市文化特点，一直以来人们都认为长崎这座城市与居住有大量葡萄牙商人的澳门，有着密切的联系。长崎也是来自澳门和马尼拉的传教士的

进入日本的门户。到了 17 世纪,日本的入境许可被限制,并且只有中国和荷兰商人可以进入日本交易。但是,考古发掘出的陶瓷器却展现了多元文化的影响,长崎成了一个多民族的港口城市。换句话说,当时的长崎通过来自葡萄牙、中国、西班牙和日本的商人,与所有的亚洲、东南亚和美洲的港口相连,不愧为一个位于远东的文化大熔炉。

日本东海大学的木村淳(Jun Kimura)则报告了《日本千叶海岸马尼拉帆船"旧金山"号(1609)沉址的考古调查》,这是一项 2016 年在日本千叶县开始的有关马尼拉帆船"旧金山"号的沉船考古调查计划。这艘船从马尼拉出发,原定开往墨西哥的阿卡普尔科,1609 年失事于日本千叶市附近。当时正在船上的西班牙派菲律宾总督罗德里戈·德·维韦罗·阿伯鲁西亚(Rodrigo de Viveroy Aberrucia),在沉船事件中幸存了下来并最后成功回到了阿卡普尔科。这次事件也促使德川幕府致力于与西班牙和墨西哥建立直接外交关系,西班牙也正在谋求在日本设立一个马尼拉帆船的东行航线的停靠港。一般认为"旧金山"号沉没于现在的千叶市的小镇御宿町附近,现在并没有足够的证据表明旧金山号的具体沉没位置,也没有找到任何与其相关的文化遗物。无论如何,对于日本千叶的"旧金山"号沉船考古研究,还应该于马尼拉帆船贸易网络、日本在亚洲的海上贸易中的角色以及当时的通商口岸管理等角度予以研究。

菲律宾国家博物馆妮达·奎瓦斯(Nida T. Cuevas)《福建与日本肥前陶瓷:菲律宾考古发现的 17 世纪"马尼拉帆船"贸易遗存》,全面整理研究了菲律宾发现源自华南与日本的太平洋贸易陶瓷,包括的财富岛(Fortune Island)、那苏格布、八打雁省和 San Isidro(三描礼士省)的"圣迭哥"号沉船,陆地遗址比如宿务省博约(Boljoon)、甲米地市瓦加港(Porta Vaga)、梅汉花园(Mehan Garden)、阿罗塞洛斯(Arroceros)森林公园以及马尼拉市中市地区也都有发现来自福建的陶瓷。该文致力于探索福建陶瓷在菲律宾群岛中的空间位置分布、分析福建陶瓷形态及装饰特点在空间分布上的差异和规律,以此探讨社会精英阶层和一般阶层的差异,比如马尼拉市中心区、马尼拉城外、阿罗塞洛斯(马尼拉)、瓦加港和博约(宿务省南部)等 6 个地区福建陶瓷的比较研究发现,他们的器物形态与装饰有明显的差异。

菲律宾国家博物馆塞尔顿·雅贡(Sheldon Clyde Jagoon)的《菲律宾沿海"马尼拉帆船"沉址的考古调查》,全面论述菲律宾国家博物馆的水下考古研究所在菲律宾水域调查大帆船贸易沉船遗存的收获,工作区域包括从卡坦端内斯省连接水域(Catanduanes Island)到 Embocadero(北萨马省的圣贝纳迪诺海峡)和甲米地省。他们通过正规的水下考古调查、勘测,对这些可疑沉船地点进行大规模搜索,发现并确定的马尼拉帆船沉船有"圣迭戈"号、"生命圣母"(Nuestra Senora dela Vida)号等,并进行了一系列船体形态研究。

三、驶向阿卡普尔科:美国与墨西哥发现的"马尼拉帆船"遗产

1521 年,麦哲伦登上关岛,1565 年,关岛成为西班牙领土,关岛是西班牙大帆船驶向马尼拉的中途停靠点,大帆船在抵达中美洲的新西班牙港口阿卡普尔科之前,在北美西海岸也留下一系列的重要文化遗产,来自美国、墨西哥的多位海洋考古学者探讨了这段重要的往返航路上的考古发现。

美国关岛文化遗产保护信托约瑟夫·奎纳塔(Joseph Quinata)《关岛乌玛塔克城市发展史:马尼拉—阿卡普尔科贸易航路的遗产记忆》,从一个土生土长的关岛居民的独特的视角,观察马尼拉-

阿卡普尔科大帆船贸易的影响,报告了关岛乌玛塔克的西班牙相关史迹。关岛乌玛塔克海湾一直是西班牙在关岛的主要港口,在西班牙人的马尼拉-阿卡普尔科大帆船贸易体系中占据重要地位,西班牙人在乌玛塔克港市聚落中建造了一系列教堂、总督的官署、堡垒和其他设施,这些建筑为大帆船船员和乘客提供各种服务与物资补给。

美墨边界的下加利福尼亚巴哈(Baja)半岛沉船是在北美开展的西班牙大帆船沉址最重要的一次考古活动,美国旧金山金银岛博物馆爱德华·伯顿(Edward Von der Porter)报告了《墨西哥下加利福尼亚巴哈(Baja)1570年代后期大帆船沉址所见国际贸易因素》。自1999年开始,美、墨联合考古队就开始对墨西哥下加利福尼亚巴哈半岛的海岸马尼拉大帆船沉船遗址的调查,这条船很可能是1578沉没的"圣朱利奥"(San Juanillo)号帆船。该沉船船体、货物、武器残骸和船员遗物的研究,使我们详细了解沉船文物的不同来源及马尼拉大帆船贸易最初阶段的贸易模式,展示了一个丰富的、多样性货物来源,一个典型国际贸易与多元文化交流。巴哈沉船的内涵包括,西班牙和欧洲产的包铁铅片,曾经作为跨太平洋贸易体系中世界货币的西班牙殖民地银币,伊比利亚半岛的陶器,来自印尼并在菲律宾加工的马尼拉大帆船代表性船货蜂蜡,来源于中国装饰龙图案、来自泰国的拉昌邦(Bang Rachan)和缅甸马达邦(Martaban)的马达班陶罐,2666件瓷器(片)中有1862件是中国瓷器并有123个不同的类型,包括早期漳州窑瓷器和景德镇瓷器,镶有金属物的中国漆盒,中国铜镜、铜锁板和东南亚火绳枪,以及唯一一枚中国铜钱。

阿卡普尔科是马尼拉帆船航路的东端终点,也是大帆船船货在新西班牙与欧洲贸易传播的起点,墨西哥国家人类学与历史学研究所罗伯特·詹可·桑切斯(Roberto Junco Sanchez)《墨西哥圣布拉斯港发现的中国贸易陶瓷》,报告了近年在墨西哥开展的大帆船港口考古发现。墨西哥国家博物馆在阿卡普尔科港圣地亚哥要塞遗址的考古发掘始于2015年,这一考古计划旨在研究作为16世纪以来美洲唯一针对亚洲贸易的港口城市阿卡普尔科的历史研究,考古工作包括陆地和水下,调查发掘了要塞、教堂、市场、城镇,包括陆上和水下的海洋活动遗迹。这些考古遗存和历史文献中重建阿卡普尔科的文化变迁。2016年起,还在阿卡普尔科城市中心展开发掘,已发现并收集丰富的亚洲陶瓷,墨西哥和英国陶瓷和超过5000件(片)的中国陶瓷,代表了从1565年马尼拉大帆船早期贸易航路到19世纪的贸易变迁。同样的考古工作在圣布拉斯港口(San Blas Port)也得以开展,也发现了少量中国陶瓷器,这些器物风格不同但十分有趣,反映了圣布拉斯港口历史在18世纪从巅峰走向衰落的过程。

贸易陶瓷是大帆船的主要船货,也是遗留在西班牙美洲殖民地最大量的源自中国的文化遗产,墨西哥国家人类学与历史学研究所帕特丽夏·帆尼尔(Patricia Fournier)与罗伯特·詹可·桑切斯师生二人的合作《墨西哥考古发现的中国古代陶瓷》,对此做了全面的论述。自1565年开创了历时250年的马尼拉大帆船跨越太平洋贸易航线以来,新西班牙开始大量进口亚洲商品,如香料、丝绸和瓷器,瓷器成了新西班牙人必备的生活品,甚至当地的陶瓷也开始模仿中国青花瓷。文章论述了墨西哥领土范围内迄今考古出土中国陶瓷的分布情况,展示了一幅中国陶瓷广泛分布的画面,主张中国瓷器曾是新西班牙社会地位的象征,中国产品不仅在城市中心,而且在农村,在偏远地区进行交易。当然,中国瓷器的大部分是在墨西哥城和阿卡普尔科发现的。

中国陶瓷大量输入新西班牙之后,殖民地开始模仿了中国青花瓷的工艺与形态,形成了一种独特的文化融合形态。美国加州大学洛杉矶分校卡利梅·加斯蒂洛(Karime Castillo)与她的老师墨西哥国家人类学与历史学研究所帕特丽夏·帆尼尔合作的《中国古代陶瓷对墨西哥陶瓷业的影响研究》,探讨了这一精彩的文化遗产内涵。文章指出,连续两个世纪的马尼拉帆船贸易,将大量东方商品连续不断地往新西班牙,许多商品作为奢侈品被商路沿线城镇的社会精英阶层买走,这些东方舶来品对新西班牙的手工业产生了影响。中国的瓷器对于当时的新西班牙社会来说,是制作装饰陶瓷必要的艺术灵感来源之一,对于殖民地时期墨西哥制造的装饰陶瓷业产生影响,特别是对既展示外观又具有象征意义的装饰纹样有重要影响。文章分析中国瓷器的装饰是如何被殖民地陶瓷手工艺者所接受,如何被改变并与本土的文化相融合,对新西班牙装饰陶瓷的跨文化交流进行探索,了解这些元素所体现的现代初期全球贸易网络中的文化传播,并且强调这些元素中的一些是如何被吸收到当代墨西哥制造的传统装饰陶瓷的核心因素中。

　　从月港、澳门、长崎到马尼拉,从马尼拉再到阿卡普尔科,在 16 至 19 世纪的 250 年间,这一跨越太平洋的"新海上丝绸之路"将东亚与美洲、欧洲紧密地连接在一起,影响了欧洲、美洲,也影响了中国,成为近 500 年以来海洋全球化不可忽视的一环。在这一航路上广泛分布的多元的考古文化遗产,不但演绎了跨越太平洋的海路历程,还展示了文化多元交互融合的美好景观。发掘更多美好的海洋故事,太平洋两岸间的考古学国际合作还有很大的潜力。

上编:月港启航——作为"马尼拉帆船"
主要中转港的月港考古

C1 驶向美洲：马尼拉帆船船货主要输出地的月港史迹初探

吴春明

（厦门大学海洋考古学研究中心）

闽南九龙江入海口的漳州月港兴衰，是区域社会经济史与全球海洋史、航海史相互作用的结果。就区域性而言，月港是东南沿海海洋文化核心区系——闽中航海与港市体系内在传承、变迁的一个环节，明代中晚期兴起、取代泉州老港，并成为清代厦门港市崛起的主要基础。就全球性而言，月港—马尼拉区域航运的繁盛又是 16 世纪以来欧洲航海家主导的环球航路与全球贸易体系延伸与拉动的结果，漳州月港作为 15—18 世纪明王朝境内最繁华的港市之一，与澳门、台湾基隆、日本长崎、加里曼丹岛婆罗洲和泰国暹罗等海港一样，曾是西班牙"马尼拉帆船"远东贸易中心马尼拉港接驳东亚腹地的主要中转港之一，是"马尼拉帆船"泛太平洋航路沟通东亚大陆的重要窗口。

16 世纪末以来，在西班牙人占领菲律宾并建立起辐射东亚的商业中心时，来自月港的中国帆船迅即驶向马尼拉，并与西班牙商人展开长久的海上贸易。月港作为西班牙"马尼拉帆船"与东亚大陆贸易往来的中转码头之一，不仅是中国的"克拉克（Kraak）"瓷、丝绸、茶叶等输往欧美的大帆船货物的主要来源地和出口港，更是 16—18 世纪全球化之后异域货品输入中国的主要进口港，月港的国际贸易极大地丰富了中华文化的多元内涵。月港及周邻港湾、腹地的考古调查，初步揭示了月港—马尼拉贸易史及马尼拉—阿卡普尔科（Acapulco）泛太平洋贸易史所留下的一系列重要文化遗产。

一、历史线索：月港作为马尼拉帆船贸易东亚大陆主要接驳港的兴衰

月港及毗邻的厦门港湾是福建海域古代港市体系兴衰、更迭的有机环节，同时还是明末清初"马尼拉帆船"跨太平洋航路衔接南海区域航路的主要中转港。

（一）月港是闽中港市内在更迭、兴替的一个环节

《山海经·海内南经》："瓯居海中。闽在海中，其西北有山。一曰闽中山在海中"（袁珂校注 2014，第 237 页）。闽中沿海是中国古代海洋文化发展的一个特殊区系，在秦汉以来二千多年的闽中出海口发展史上，福州、泉州、漳州、厦门等沿海港市交替繁荣、更迭，形成一个相对独立、由北而南兴替变迁的内在港群体系。漳州月港就是闽中港市在明代特殊海洋社会经济文化背景下，继泉

州港衰落而兴起于九龙江下游的。

东冶是闽中最初的大港，即秦汉时期福州古港，先后为闽越国都、闽中郡治、冶县治所，汉唐间一直是东南沿海的重要口岸，南海交通内地的重要转运港（韩振华 1947）。《后汉书·郑弘传》载："建初八年，旧交趾七郡贡献转运，皆从东冶泛海而至"（范晔 1965，第 1156 页）。在此基础上，福州作为闽中政治、经济中心的地位，唐五代仍为最大港口，阿拉伯人依宾·库达特拨（Ibn Khurdadh-bah）在《省道记》中列举的唐代东南沿海大港，就包括了桑甫（Sanf＝Champa，即占城）、阿尔瓦京（Al-Wakin）、康府（Khancu，即广州）、蒋府（Janfu，即福州）、康都（Kantu，即江都）（张星琅 1977，第 217-218 页；韩振华 1947）。

宋元时期，泉州取代福州成为闽中最大港，元祐二年（1087 年）设立福建路市舶司于泉州，港市规模仅次于广州，南宋末与广州不相上下，元代顺势发展为我国第一大港。吴澄（《吴文正公集》卷十六）语"泉七闽之都会也。番货远物，异宝珍玩之渊薮，殊方别域，富商巨贾之窟宅，号为天下最"。马可·波罗（Marco Polo）称"刺桐（泉州）是世界上最大的港口之一"（陈开俊 1981，第 192 页），留下了丰富的多元文化史迹，泉州、惠安、南安等地阿拉伯"蕃客墓"、涂门街伊斯兰教清净寺、晋江草庵摩尼教寺、开元寺建筑中的印度婆罗门教构件、城内外还有大量伊斯兰教、古基督教（含景教、也里可温教、摩尼教）和印度教石刻等，都是宋元时期泉州港兴盛的反映（杨鸿勋 1986；庄为玑 1989，第 170-303 页；陈达生 1984）。

在明代朝贡贸易体制下，泉州、福州虽先后保持通琉球朝贡贸易正口的地位，但朝贡贸易快速衰败，闽海私商开始活跃于远离官府监管的闽南九龙江口，最终导致了海澄月港的兴盛，超越泉州，甚至广州。《明世宗嘉靖实录》卷一五四："漳民私造双桅大船，擅用军器火药，违禁商贩"（张溶等 1983，第 3488-3489 页）。《天下郡国利病书》卷九六"福建"："时漳州月港家造过洋大船，往来暹罗、佛郎机诸国，通易货物。"严从简《殊域周咨录》卷九"佛郎机"："正德间，因佛郎机夷人至广，犷悍不道，奉闻于朝，行令驱逐出境。自是安南、满剌加诸番舶有司尽行阻绝，皆往福建漳州府海面地方，私自行商。于是利归于闽，而广之市井皆肃然也"（严从简 1993，第 323 页）。在正口衰竭、私商屡禁不止的情势下，明王朝不得不于隆庆元年（1567 年）准许月港开禁，寓禁于征，周起元在张燮《东西洋考》"序"中说，"我穆庙（穆宗隆庆年）时除贩夷之律，于是五方之贾，熙熙水国，剡艅艎，分市东西路。其捆载珍奇，故异物不足述，而所贸金钱，岁无虑数十万"（张燮 1981，第 17 页）。又《东西洋考》卷七"税饷考"："督饷馆在县治之右，即靖海馆旧基，嘉靖四十二年新设海防，改建为海防馆。万历间，舶饷轮管，因改为督饷馆"（张燮 1981，第 17，153 页）。月港辐射海外东、西、南、北洋数十个国家（林仁川 1987，第 176-214 页）。

正如乾隆《海澄县志》所说，月港"此间水浅"，作为一个内河港，航道水浅，大型海船很难自行靠泊，加之长期的江河泥沙淤塞，以及清初迁界造成月港港市经济的荒芜凋敝，"自一都以至六都，余皆为弃土"（陈锳等 1968，卷四、十八）。厦鼓水道本来就是古月港港市体系的有机组成部分，又为天然深水海港，明末清初郑氏的经营也推进了厦门港口的发展，"凡中国各货，海外皆仰资郑氏，于是通洋之利，惟郑氏独操之"，迁界后就顺势兴替取代月港地位。康熙二十三年（1684 年），清政府在漳州设闽海关，雍正六年（1728 年）闽海关由漳州移至厦门，成为清代前期合法的通商四口之一，"据泉漳之交，扼台、澎之要，为全闽之门户，番舶之所往来，海运之所出入"，"大小帆樯之集凑，远近贸易之都会也，自担门东渡黑洋至于台湾，上接沙埕，下连南澳，据十闽之要会，通九驿之番邦"，"服贾者以贩海为利薮，视汪洋巨浸如衽席，北至宁波、上海、天津、锦州，南至粤东，对渡台湾，一岁往来数次。外至吕宋、苏禄、实力、噶喇巴，冬去夏回，一年一次，初则获利数倍至数十倍不等，故有倾产造船者"（周凯 1967，第 37，124，143，323 页）。至此，本为月港外围港湾的厦鼓水道，作为清代厦门港的中心码头，遂发展成为闽中沿海最大的港市。

（二）月港繁盛是东洋航海史自然延续与"马尼拉帆船"早期海洋全球化贸易拉动的共同结果

月港—马尼拉航路既是数千年来环中国海跨界海洋区域内，东亚大陆向岛屿带航渡之"东洋"航路历史的自然延伸，又是五百年来海洋全球化体系内，西班牙"马尼拉帆船"跨太平洋航海贸易拉动的结果。

"东洋"航路是指宋元以来以闽南为中心的大陆船家东行澎湖、台湾、菲律宾、印尼群岛东部的航海实践，且具有数千年的土著海洋文化基础。林惠祥、张光直先后将台湾新石器时代文化看成"大陆东南一带的系统"、东南土著海洋"漂去"的结果，台湾西海岸距今5000—2000年间的绳纹陶—泥质红陶—灰黑硬陶—方格纹陶文化序列，更"可以看成是史前期东亚大陆向海岛的几次重大文化移动浪潮的结果"（李家添等1992；吴春明2012，第118-131页）。波利尼西亚群岛上的有段石锛、大洋洲群岛上的拉皮塔（lapita）文化等都是源于新石器时代的中国大陆东南（林惠祥，1958；张光直1987；Peter Bellwood，1997）。这些民族考古线索，勾画出"南岛"土著先民自闽粤沿海出发，经由台湾岛、菲律宾群岛及东南亚群岛，最后抵达太平洋群岛的史前海洋老路。

在百越—南岛土著海洋文化圈的基础上，汉唐—宋元间以闽粤为中心的华南沿海汉人社会持续航渡、探索，开发琉球、台澎、菲律宾等岛屿带，并逐步形成了稳定的"东洋"航路。《后汉书·东夷传》引沈莹《临海水土志》所记对"夷洲"水土的探访、《三国志·孙权传》所记卫温率部"浮海求夷洲及澶洲"（陈寿等2006，第674页）、《隋书·东夷列传》及《隋书·陈棱传》所记发兵"自义安浮海击流求国"，都发生在这一陆岛交通带上（魏徵1982，第1823页）。赵汝适《诸番志》所记"流求国"、"麻逸国"和"三屿、蒲里噜"的航海商贸的情形甚详，与土著贸易的有中国的瓷器、铁器、西域特产琉璃器皿等（赵汝适1985，第25-26页），汪大渊《岛夷志略》"三屿传"记录东洋海域的麻逸、三屿、苏禄土著也以到过中国泉州海交通商为至尊至贵。"男子常附舶至泉州经纪，馨其资囊以文其身，既归其国，则国人以尊长之礼待之，延之上座，虽父老亦不得与争焉。习俗以其至唐，故贵之也"（汪大渊1981，第13,23页）。考古所见，台北十三行等遗址发现的"五铢""开元通宝""乾元重宝""太平通宝""淳化通宝""至道元宝""咸平通宝"等唐宋钱币及大陆瓷器、西域玻璃与玛瑙制品遗存，是大陆早期的汉民渡海文化传播的结果。菲律宾7世纪以前的珠类饰品、原始制陶都与台湾卑南等遗址及民族志所见的同类内涵非常相似，拜耶（Otley Beyer）教授就将唐宋以来的菲律宾历史称为"中国瓷器时代"，虽夹杂着阿拉伯和泰国遗存。吕宋岛西部仁牙因湾口的博利瑙（Bolinao）海域采集一件锚碇石，属于泉州法石、日本鹰岛和博多湾等地常见的"博多型"石碇，为宋元华南帆船沉物，圣安东尼奥（San Antonio）海域沉船遗址上采集一批福建青瓷，其中罐有"程"字戳印，很可能就从闽南启航海交东洋的沉船。

虽然明王朝厉行"朝贡贸易"、禁止民间通番，但"市禁则商转而为寇"，闽南船家"违禁通海下番"，往返漳州港湾与吕宋各港口的东洋航路走私贸易持续高涨。冯璋《通番舶议》语："泉漳风俗，嗜利通番，今虽处以充军、处死之条，尚犹结党成风，造船出海，私相贸易，恬无畏忌。"[1]这一时期留下的东洋航路指南甚详，《东西洋考》卷九"东洋针路"9条，从大陆往东洋岛屿带就有"漳州太武山经澎湖屿—吕宋密雁港"，余均岛屿带之间的穿梭针路。而《顺风相送》所附10对东洋往返针路，多数为闽、粤沿海放洋菲律宾群岛的往返针路，如漳州太武、浯屿、泉州等港湾往返吕宋麻里吕、彭家施兰、苏禄杉木等。《指南正法》"东洋山水形势"重点描述了漳州大担经澎、台到吕宋岛南部麻老央港的东洋航路沿线的地文特征,还有 15 对闽粤往返东洋航路上台、澎、吕宋以及浙闽粤往长崎、吕宋往返长崎的针路,以及南洋柬埔寨、暹罗、大泥、咬𠺕吧分别与吕宋、长崎之间的多对针路,构成了一个以东洋航路为中心的复杂航路网络(图 1)。

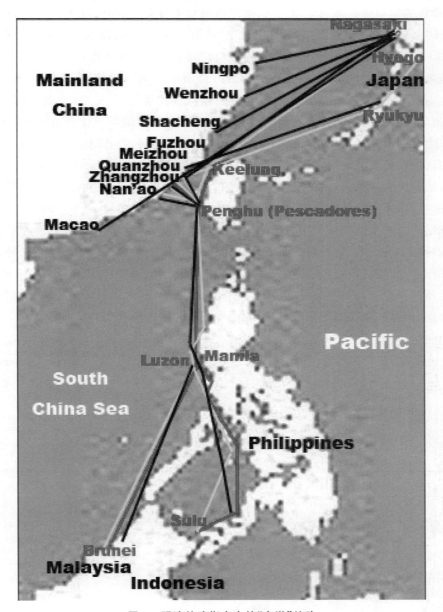

图 1　明清航路指南中的"东洋"航路

注:灰线为《东西洋考》,白线为《顺风相送》,黑线为《指南正法》。

明代中晚期以漳州月港(太武、浯屿、大担及相邻的料罗、南澳等帆船放洋海域)往返吕宋为主线的东洋航路网的发达,与同时期欧洲洋船东进、全球化海洋贸易的拉动密不可分,尤其是以马尼拉为中心的西班牙泛太平洋航路,给月港的私商贸易提供了重要的海外市场。葡、西是早期全球化运动的两个海洋先锋,西班牙航海家晚于葡萄牙人抵达远东,1571 年从墨西哥出发的西班牙舰队才最终征服菲律宾土著,即《明史·吕宋传》所说的"袭杀其王,逐其人民,而据其国,名仍吕宋,实佛郎机也"。西班牙人以菲律宾为基地建立起稳定的从亚洲到美洲的跨太平洋航路即"马尼拉帆船

（Manila Galleon）"航路，成为马尼拉—阿卡普尔科—维拉克鲁斯—西班牙的东西方新航路的基础。但这一航路的生命力取决于与广阔的东亚大陆腹地的贸易关系，西班牙人深知这一点，于是明万历年以来持续在粤、闽、台沿海寻求通商却均未获得合法许可。如1574年（万历二年），借协助明王朝击溃逃到菲律宾的福建海商林凤集团之名，遣使邀功欲通商厦门遭拒（张维华1982，第60、61页）。1598年（万历二十六年）寻求通商广东，结果也是"咸谓其越境违例，议逐之。诸澳番亦守澳门不得入"（阮元1981）。1626年（天启六年），一度占领台湾鸡笼建立通商据点，"吕宋佛郎机之夷，见我海禁，亦时时至鸡笼、淡水之地，与奸民阑出者市货"（孙承泽1992），很快于1642年（崇祯十五年）被荷兰人赶走。正是因为西班牙人从未在明王朝获得合法的"越境"贸易地位，而"马尼拉帆船"航路的另一端西班牙美洲殖民地又具有与葡、荷、英等欧洲市场不同的差异化贸易需求，这一巨大市场诱惑，吸引了大批闽商私通马尼拉，推动月港—马尼拉航路的兴盛。正如《明史·吕宋传》所说："闽人以其地近且饶富，商贩者至数万人，往往久居不返，至长子孙"（张廷玉1974，第8370页）。又《闽书》卷三一九语："民初贩吕宋，得利数倍，其后四方贾客丛集，不得厚利，然往者不绝也"（何乔远1994，第4359页）。正是通过闽商的这一月港—马尼拉航路以及澳门、暹罗、婆罗洲、长崎分别与马尼拉的海上联系，将华南的瓷器、丝绸、茶叶等物产及东亚其他地区的贸易品源源不断地装载到"马尼拉帆船"上，输送美洲、欧洲，同时也将美洲、欧洲的物产通过马尼拉市场的集散交易，转运到中国与东亚大陆（图2，图3）。因此，也可以说是西班牙海商在未获得中国大陆合法上岸贸易许可的背景下，通过闽商的月港—马尼拉航路的接驳，将"马尼拉帆船"的泛太平洋贸易间接地延伸到东亚大陆，月港成为这一延伸、沟通的关键窗口，打通了海上丝绸之路环球化的最后环节。

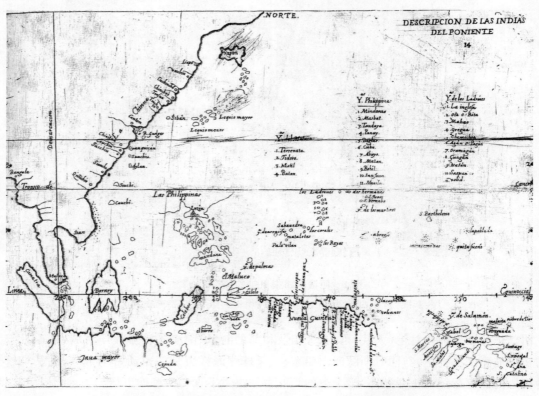

图2　西班牙文献中1575—1580地图所示东亚、东南亚航海区域

注：该图原为西班牙国王菲利普二世御用历史学者、地图师Lopez de Velasco所绘，原收录于1601年西班牙马德里Antonio de Herreray Tordesillas公司出版的书中，转引自Thomas Suarez 1999，第163页。

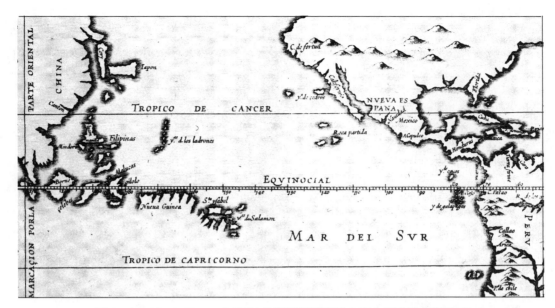

图 3 Antonio de Herrera's 1601 地图所示西班牙人在太平洋的航海区域

注：转引自 R.V. Tooley, et al. 1968，第 116 页。

正是月港—马尼拉航线以及澳门、暹罗、婆罗洲和长崎连接马尼拉的其他接驳航线，将从东亚大陆陶瓷、丝绸制品、茶叶和其他贸易产品源源不断地贩运到马尼拉这个 16 世纪晚期以来的西班牙远东贸易中心，并通过"马尼拉帆船"运输到美洲和欧洲（图 4）。同样地，欧洲和美洲的物产与商品也被大量地运输到马尼拉、月港并扩散到东亚各地。因此，在西班牙商人获得在中国进行贸易的合法许可之前，月港—马尼拉航路已经有效连接"马尼拉帆船"，将东亚本土的文化与全球化的海洋贸易体系连接起来，建构起"新海上丝绸之路"环球格局。

图 4 1619 年菲律宾马尼拉港所见的东、西方帆船汇聚的多元文化景观

注：左图为 Joris van Spilbergen 作《东印度航海图记》（*Speculum Orientalis Occidentalisque Indiae Navigationium*）中 1619 年马尼拉港舟船景观，画面中，中、上列多为西班牙三桅大帆船，下列左、右两艘为东南亚本土的边架艇，下列中部悬挂方形篷帆船只疑为闽南船，引目 Thomas Suarez 1999，第 203 页。右图为日本长崎平户松浦历史博物馆藏《唐船之图》中的"厦门船"，引自大庭修等 2011，可与左图中马尼拉湾疑似闽南船比较。

随着清初开海及闽海关由漳迁厦，清朝开放了西班牙马尼拉帆船靠岸厦门贸易。清周凯《厦门志》卷七"关赋"："厦门贩洋船船只，始于雍正五年，盛于乾隆初年。时有各省洋船载货入口，倚行贸易征税，并准吕宋等夷船入口交易，故货物聚集，关课充盈。至嘉庆元年，尚有洋行八家，大小商行三十余家，洋船、商船千余号，以厦门为通洋正口也"（周凯 1967，第 125，146 页）。马尼拉帆船的靠泊，改变了月港—马尼拉航路上华商的垄断地位，中西船家竞逐海洋贸易成为厦门港市勃兴的重要契机。

二、考古发现：月港—马尼拉航路贸易遗留的港市遗产、沉船遗迹与腹地外销瓷窑口

月港及邻近的闽东南和粤东沿海地区的初步考古调查，揭示了明清时期的港市景观、番仔建筑、水下沉船、外销瓷窑等一系列文化遗产，反映了月港—马尼拉航路及其关联的西班牙大帆船跨太平洋航路贸易的历史（图 5）。

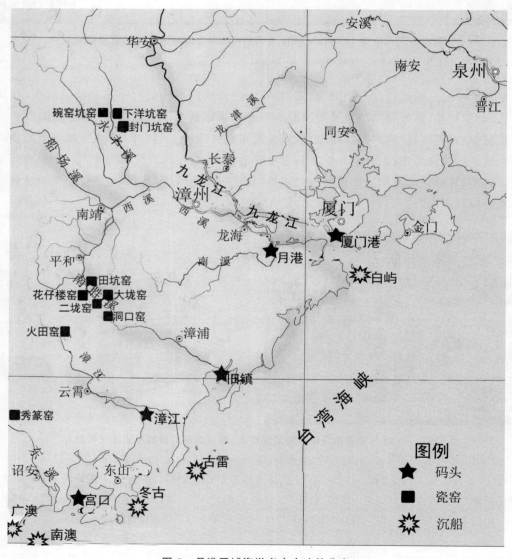

图 5   月港区域海洋考古史迹的分布

（一）月港史迹的初步调查

月港的中心码头在九龙江入海口南岸的海澄至浮宫之间的港湾，因江海环绕渚洲如月故名。

乾隆《海澄县志》卷一"舆地志"载："澄在郡东南五十里，本龙溪八九都地，旧名'月港'，唐宋以来为海滨一大聚落。明正德间，豪民私造巨舶，扬帆国外，交易射利。……（嘉靖九年）于海沧置安边馆……三十年复于月港建靖海馆……（四十二年）更靖海馆为海防馆。……议割龙溪一都至九都及二十八都之五图并漳浦二十三都之九图凑立一县，时嘉靖四十四年也。……（隆庆）县治告成，辖三坊五里，东抵镇海，西界龙溪，南界漳浦，北界同安境内。""月港在八九都，外通海潮，内接山涧，其形如月故名。"卷二十"艺文志"录吕旻"新建海澄县城碑记"："海澄旧月港也，为龙溪八都九都之境，一水中堑回环如偃月，万室攒罗列隧百重，自昔号为巨镇，顾其地滨海潮汐吐纳，夷艘鳞集游业。"又录张时泰"海澄修筑九都港口二城纪略"："漳于闽为新邑，以其绾毂大海，岛屿之所环错，潮汐舳舻之所出入，闽南咽喉称要地焉"（陈锳等1968，第17,18页）。

《东西洋考》卷七"税饷考"："督饷馆在县治之右，即靖海馆旧基，嘉靖四十二年新设海防，改建为海防馆。万历间，舶饷轮管，因改为督饷馆"（张燮1981，第153页）。

在月港旧址所在的龙海市海澄镇沿海与河岸地带，迄今仍可见到一系列古码头、古市场及古港区建筑等遗存（图6、图7），如銅馆、路头尾、中股、容川、店仔尾、阿哥伯、溪尾等块石构建的码头遗迹，县口、霞尾街、南门外、港口、旧桥、新桥头、庐枕港等古市场遗迹（郑云2011，2013）。

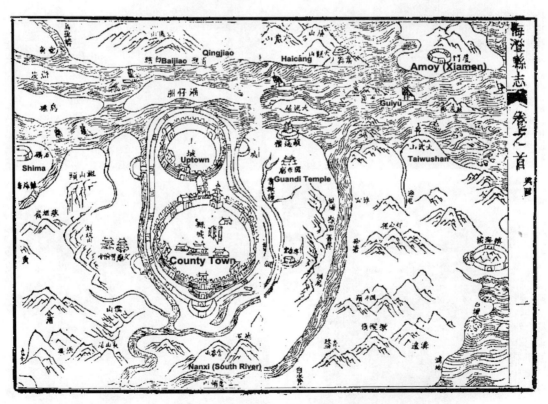

图6　乾隆《海澄县志》所记月港史迹分布

注：引自陈锳等1968，第10页。

图 7　月港史迹

广义的月港港区范围实际包括今漳州龙海至厦门岛之间的港湾。今厦门海沧区及邻近的圭屿、嵩屿、浯屿，甚至鼓浪屿都曾是海澄县区划范围，中左所（厦门港）也曾是月港出港海船的盘验地，曾厝垵是月港海船开拔处。前引乾隆《海澄县志》卷一"舆地志"载："（嘉靖九年）于海沧置安边馆"，又"嵩屿与厦门相对，宋末少帝浮舟至此，适届诞辰……北有龟屿蛇礁罗列海中，其形最肖，漳泉二水与此交汇"。"圭屿屹立海中为全漳门户，俗名鸡屿，或云状如龟浮波面故亦名龟屿。隆庆间郡臣罗公拱宸置城，城凡八面以像八卦，名曰神龟负图，后为势豪所毁，远近恨之。万历间，邑侍郎周公起元因众议酬金建塔于阖郡形势为宜，未几亦毁，并昔所构天妃宫、文昌祠、大士阁俱与沧波同逝矣，唯屿影浮空沦涟无际。""浯屿在东南界海中，属澄门户"（陈锁等 1968，第 22-23 页）。

张燮《东西洋考》卷九"舟师考"载：月港"内港水程"包括海澄到中左所（厦门）间海域，"海澄港口，旧名月港，隆庆六年，奏设县治，此间水浅，商人发舶，必用数小舟曳之舶，乃得行计，一潮至圭屿"。"圭屿，屹立海中，为漳之镇邑人，御史周起元力请当道建塔其上，并构天妃宫、文昌祠、大士阁监司，郡县悉捐俸、佐工，诸商亦共襄盛举。涛门溯湃，顿尔改观，近又以海寇微警，筑复旧城，并设游兵，以固吾圉，商船甫出水，便过此中。近议饷大夫，就此盘验，半潮至中左所。""中左所，一名厦门南路，参戎防汛处，从前贾舶盘验于此，验毕移驻曾家湾，候风开驾，二更船至担门，东西洋出担门分路矣"（张燮 1981，第 171 页）。

此外，除了九龙江入海口的海澄月港外，粤东闽南的漳浦鹿溪（旧镇）、云霄漳江、诏安东溪（宫口港）、潮州韩江（樟林港）等入海口港湾，也成为月港海外贸易的重要码头，尤其是月港开埠前的民间私商海外贸易据点。

作为 16 世纪末以来东亚大陆接驳西班牙太平洋航路的主要中转港，月港也曾是东西方早期文化交流的枢纽，迄今在月港、厦门港和福建南部沿海所保存的一批融合了东西方建筑文化的红砖建筑，某种程度上也反映了月港—马尼拉航路的历史和海洋文化对港市建筑景观的深刻影响。

2007 年，考古学者在厦门鼓浪屿田尾路 8 号的山坡上发现一块 1759 年的西班牙海商墓碑，原墓已毁，墓碑铭记的是马尼拉大帆船"圣瓜达卢佩（Seño. de Guadalupe）"号船员曼努埃尔·德塞斯佩德斯·卡里阿索（Manuel de Zespedes y Carriazo），疫年仅 30 岁。据福建博物院王芳查阅西班牙原始档案查证，曼努埃尔出生于 1730 年 3 月 11 日的西班牙巴塞罗那，该墓碑的发现是厦门曾经作为"马尼拉帆船"贸易重要口岸的实物证据，也显示了雍正五年（1727 年）经朝廷许可后"马尼拉帆船"在月港-厦门港湾海上贸易活动的重要变化（图8，图9；彩版九:9,10；王芳 2014）。

图 8 油画作品所见 1900 年前后厦门港区中外舟船景观

注：见新加坡亚洲文明博物馆陈列。

图 9　厦门鼓浪屿发现的西班牙船员 Manuel de Zespedes y Carriazo 墓葬（1759）（禄鹏拍摄）

在月港和闽南沿海还集中出土了一系列 16—19 世纪起源于西班牙和美洲殖民地新西班牙的历史钱币，其中包括盾形、柱形和水波形纹的手制块状的古老银币，以及双柱形、地球与皇冠图案的机制银币（图 10；彩版九：8）。这些银币的考古发现和编年分析，揭示了西班牙殖民地银币在中国东南沿海的流通，以及月港在东西方间早期全球化贸易商重要的中转作用（刘淼 2015；刘淼等 2017）。

图 10　中国东南沿海发现的 16—18 世纪西班牙殖民地银币

"佛郎机"炮是在月港及毗邻的闽粤沿海调查发现的另一重要的海洋遗产。明朝文献将葡萄牙人、西班牙人以及他们的火炮都合称为"佛郎机"，明严从简《殊域周咨录》卷九"佛郎机"载："佛郎机番船用夹板，长十丈，阔三丈，两旁架橹四十余枝，周围置铳三十四个。……其铳用铜铸造，大者一千余斤，中者五百余斤，小者一百五十斤，每铳一管，用提铳四把，大小量铳管，以铁为之。铳弹内用铁，外用铅，大者八斤。其火药制法与中国异。其铳一举放，远可去百余丈，木石犯之皆碎"（严从简1993，第321页）。这里所说的"佛郎机""每铳一管，用提铳四把，大小量铳管"，则是明确的"后膛装"火炮。在月港外围港区，也曾是明末清初郑成功集团重要军事据点的东山宫口港区及冬古沉船遗址，先后发现的铁炮遗存（图11），应就是在月港"违法"仿制和使用的欧式佛郎机火炮（东山冬古水下考古队2003；鄂杰等2005；李滨等2005）。《明世宗嘉靖实录》卷一五四所载"漳民私造双桅大船，擅用军器火药，违禁商贩"（张溶等1983，第3488-3489页），应就是指这类"违禁"的军事技术交流活动。

图11　东山宫口港区发现的欧式铁炮遗存

（二）九龙江下游流域"克拉克"瓷外销瓷窑业的分布与内涵

华南的"克拉克"瓷或"汕头器"，是葡萄牙、荷兰、英国等输往欧洲及西班牙大帆船输往美洲的最大宗贸易陶瓷。考古调查发现，江西景德镇和月港腹地的漳州窑，是出口欧美的"克拉克"瓷的主要产地。

漳州窑系经调查发现的十多处晚明、清代（16—19世纪）的窑址，已确认为马尼拉帆船"克拉克"瓷船货的主要来源地，是月港海洋文化遗产的重要内容。这些窑炉遗址主要分布在月港腹地的九龙江下游水系西溪上游的两条支流上，构成了两组相对独立的古窑址群，即平和县的南胜溪河谷和华安县的永丰溪河谷。此外，云霄县的火田窑、诏安县的秀篆窑也有相关遗存。

位于平和南胜溪流域的南胜村花仔楼窑、田坑窑，五寨村的大垅窑、二垅窑、洞口窑址，都是16世纪晚期至17世纪的窑址（图12）。花仔楼窑发现了青花瓷和五彩瓷。青花瓷器主要有装饰上面有凤鸟、鸳鸯、角鹿、花草等图案及书写"福""善""第"等吉祥款的盘和碗，五彩有装饰多色图案的白釉、褐釉和青瓷盘、碗、杯、盒等。大垅窑、二垅窑专烧青花瓷盘、碗，不仅有动、植物图案的装饰，还发现装饰有人物图案。洞口窑的青花文物种类繁多，有盖碗、盒子、盖壶、罐子、香炉、花瓶等（图14）。所有这些窑口出土的器物，不仅在"圣选戈"（San Diego）号、皇家船长暗沙二号沉船、"圣朱利奥"（San Juanillo）号和"圣阿古斯汀"（San Agustin）号等一系列大帆船沉址中发现同类者，且在迈克尔·哈彻（Michael Hatcher）在印尼宾坦岛附近盗捞的1643年荷兰东印度公司斯特林威夫司令礁（Admiral Stelingwerf Reef）沉船上也可见到。

图 12　平和华仔楼窑

　　华安县永丰溪河谷的窑址发现于下洋坑、碗窑坑、封门坑等处（图 13）。下洋坑窑址的青花瓷包括了 18 世纪早中期的装饰有凤鸟、花卉、植物及山水舟桥景观图像的盘、碗类器物。华安窑的大部分产品被用作月港-厦门港海外贸易的重要船货。

（三）驶向马尼拉的中国帆船沉址水下考古发现

　　作为东亚大陆接驳马尼拉港的主要海运码头，近年在邻近月港的沿海近岸地带调查发现了多处 16 至 18 世纪的沉船遗址，如粤东南澳、广澳沉船，闽南冬古、古雷、白屿沉船等，出水了一系列运往马尼拉的船货遗存，应为晚明清代与马尼拉帆船贸易有关的福建沉船遗存。

　　南澳沉船发现于粤东和闽南边界地带的南澳岛南部，2007 年调查发现、2010 和 2012 年发掘。沉船船体复原长 27 米、宽 7.8 米的尖底船型，内部为水密舱室结构，为典型的"福船"船型。船体残骸的勘测显示，该船的 26 个水密隔舱比宋元时期泉州湾沉船的"福船"结构要密集得多。考古学者认为这艘明代晚期的沉船内部结构中密集的水密舱，可能是受到西班牙、葡萄牙等外来造船技术的影响（周春水 2017）。沉船上发现的"佛郎机"的铁炮，并被视为受到欧美大帆船影响的又一证据。沉船出水的主要文物为约 25000 件漳州窑和景德镇窑的瓷器（孙健 2012；周春水 2017）。这些漳州窑系的青花瓷正是上述 16 世纪末至 17 世纪初平和县南胜溪谷二垅窑和洞口窑的产品，应就是沿西溪、九龙江水运至月港集散、装船出海的。因此，南澳沉船应是月港驶向马尼拉的福建帆船。

图 13　华安下洋坑窑

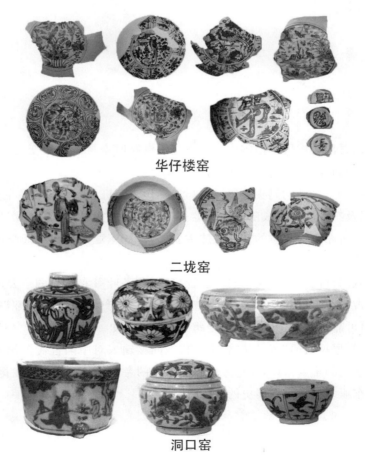

华仔楼窑

二垅窑

洞口窑

图 14　平和南胜河谷各窑口产品

广澳沉船位于粤东汕头市达濠区广澳海港，1995年调查发现，年代为17世纪中叶。从该遗址打捞上来的文物包括刻有"藩前忠振伯前镇前协关防"铭文的青铜印章，这是明郑集团部将的官印，还有"国姓府"铭铜铳（广东省文物考古研究所等2000）。

冬古沉船位于东山岛东南海岸的近岸浅水区，2001年至2005年进行了调查和发掘。木质船体残骸已损坏严重，无法完整复原船体形态。发现了陶瓷器、青铜器、铁器、锡器、石器等文物遗存，包括一枚明郑集团"永历通宝"的铜钱。明郑集团曾是明末清初东洋航路活跃的势力强大的海商集团，前引《指南正法》所记的东洋航路网络与明郑集团有密切的关系。出水的碗、盘、碟和瓷等大部分青花瓷器为船上用品，大多数器物都是漳州窑系的平和洞口窑、二垅窑、云霄火田窑、诏安秀篆窑以及华安、德化等县窑口产品（刘淼2012）。在宫口港湾、海滩和沉船上发现的铁炮和火药等火器遗存，都反映了明郑集团与葡萄牙或西班牙等欧美航船间的海上联系与文化交流。沉船上发现青铜烟管更揭示了经由月港—马尼拉航路及"马尼拉帆船"所发生的东亚大陆和新西班牙殖民地间物产传播与文化互动的历史（东山冬古水下考古队2003；鄂杰等2005；李滨等2005；刘淼2012）。

此外，法国"环球第一"探险队1985年在对菲律宾巴拉望岛附近的皇家船长（Royal Captain）暗沙二号沉船进行调查，确定其为明代的中国帆船。出水3768件文物，其中大部分是装饰花草、卷云、人物、游鱼图案和"福""龙"等吉祥款青花瓷盘、碟、碗、杯、盖盒、壶和花瓶等，为明万历年间（1573—1620年）漳州洞口窑和江西景德镇窑的产品。出水的其他器物品还有彩绘玻璃珠、铜锣、铁条和中国铜钱。通过对这些货物来源的分析，该沉船也可能是闽南月港—马尼拉航运的商船沉址（Franck Goddio 1988）。

三、结语

历史文献记载的月港是中国东南闽中沿海古代海港跨时空持续发展变迁的中间环节，是晚明清初与菲律宾"马尼拉帆船"贸易的重要接驳港。

考古调查发掘揭示了月港的码头遗迹、港口景观、作为西班牙大帆船贸易主要船货贸易的外销瓷窑等港市遗产，以及东洋航路组成部分的月港—马尼拉航线上的中国商船沉址。这些发现实证了月港作为西班牙大帆船贸易船货的东亚大陆主要中转港、东亚大陆与早期海洋全球化网络间社会文化连接的中心地位。

九龙江下游流域的月港腹地曾是"克拉克"瓷、丝绸和茶叶等农产品的主要产地。通过月港港市考古的进一步考古调查、发掘与编年研究，月港海洋文化遗产与"马尼拉帆船"船货的更广泛的比较研究，将有助于更可靠地重建16至18世纪跨太平洋贸易史。

月港也是经由"马尼拉帆船"贸易从欧、美直接或间接输入对中国古代多元文化发展产生深刻影响的外来物产与文化的重要口岸，对这方面海洋遗产的考古进一步的调查发掘和历史研究，将极大地促进和深化对东亚多元文化发展史的认识。

注释

[1]《明经世文编》卷二八〇。

参考文献

Bellwood，P.，1997，*Prehistory of the Indo-Malaysian Archipelago*. Honolulu：University of Hawaii Press.

Goddio，F.，1988，*Discovery and Archaeological Excavation of a 16th Century Trading Vessel in the Philippines*，World Wide First.

Liu，M.，Wu，C.，2017，The Discovery of Spanish Coins of 16-18 Century in Southeast China and Related History of Globalizing Trading System between East and West，in Maria Cruz Berrocal and Chenghwa Tsang editor，*Historical Archaeology of Early Modern Colonialism in Asia-Pacific*，pp.136-147. Gaineseville：University Press of Florida.

Tooley R. V.，Bricker C.，Crone，G. R.，1968，*Landmarks of the Mapping*：*An Illustrated Survey of the Maps and Mapmakers*，Amsterdam：Elsevier.

Suarez，T.，1999，*Early Mapping of Southeast Asia*，Singapore：Periplus Editions(HK)Ltd.

张光直，1987，《中国东南海岸考古与南岛语族的起源问题》，《南方民族考古》，第1-14页，四川大学出版社）。

陈达生，1984，《泉州伊斯兰教石刻》，福建人民出版社。

陈开俊等合译，1981，《马可波罗游记》，福建科学技术出版。

[清]陈锳编纂，邓廷祚校释，1968，乾隆《海澄县志》，成文出版社。

[晋]陈寿著，裴松之注，2006，《三国志》，中华书局。

东山冬古水下考古队，2003，《2001年度东山冬古湾水下调查报告》，《福建文博》第3期。

[刘宋]范晔著，1965，《后汉书》，中华书局。

广东省文物考古研究所，汕头市文化局，2000，《汕头市广澳港南明沉船调查》，《文物》第6期。

韩振华，1947，《伊本柯达贝氏所记唐代第三贸易港之Djanfou考》，《福建文化》第3卷第1期。

[明]何乔远，1994，《闽书》，福建人民出版社。

鄂杰，赵嘉斌，2005，《2004年东山冬古湾沉船遗址A区发掘简报》，《福建文博》专刊。

李滨，孙健，2005，《2004年东山冬古湾沉船遗址A区发掘简报》，《福建文博》专刊。

林仁川，1987，《明末清初私人海上贸易》，华东师范大学出版社。

林惠祥，1958，《中国东南地区新石器文化特征之一：有段石锛》，《考古学报》第3期。

刘淼，2012，《福建东山冬古沉船出水陶瓷器研究》，《海洋遗产与考古》，第127-137页，科学出版社。

刘淼，2015，《中国东南沿海发现的16—18世纪西属殖民地银币》，《海洋遗产与考古》第二辑，第260-274页，科学出版社。

大庭修著，朱家俊译校，2011，《明清的中国商船画卷——日本平户松浦史料博物馆藏〈唐船之图〉考证》，《海交史研究》第1期。

[清]阮元等编、李默校点，1981，《广东通志》卷八，广东人民出版社。

孙健，2012，《广东南澳一号明代沉船和东南地区海外贸易》，《海洋遗产与考古》，第155-170页，科学出版社。

[清]孙承泽撰、王剑英点校，1992，《春明梦余录》引傅元初之奏疏，北京古籍出版社1992年。

[元]汪大渊著，苏继顾校释，1981，《岛夷志略》，中华书局。

王芳：《厦门鼓浪屿发现十八世纪西班牙海商墓》，"厦门大学海洋考古学研究中心第二届海洋遗产调查研究新进展学术研讨会论文"，2014年6月厦门未刊资料。

王御风，2010，《图说台湾史》，好读出版有限公司。

[唐]魏徵著，令狐德校注，1982，《隋书》，中华书局。

李家添，吴春明，1992，《台湾西海岸史前文化编年初论》，《南方文物》第3期。

吴春明，2012，《从百越土著到南岛海洋文化》，文物出版社。

[明]严从简著，余思黎校注，1993，《殊域周咨录》，中华书局。

杨鸿勋，1986，《初论泉州圣墓的建造及传说的真实问题》，《泉州文史》第9期。

袁珂校注，2014，《山海经校注》，北京联合出版社。

[明]张溶，张居正，1983，《明世宗实录》，上海古籍出版社。

［清］张廷玉，1974，《明史》，中华书局。

［明］张燮著，谢方校注，1981，《东西洋考》，中华书局。

［宋］赵汝适，1985，《诸番志》，中华书局。

郑云，2011，《龙海市古月港的抢救保护与开发利用》，《福建文博》第 2 期。

郑云，2013，《明代漳州月港对外贸易考略》，《福建文博》第 2 期。

周春水，2017，《广东南澳一号沉船考古与初步认识》，"厦门大学海洋考古学研究中心第二届海洋遗产调查研究新
　　进展学术研讨会论文"，2014 年 6 月，见本辑。

［清］周凯，1967，道光《厦门志》，成文出版社。

庄为玑，1989，《古刺桐港》，厦门大学出版社。

张星琅编注，1977，《中西交通史料汇编》第二册，中华书局。

张维华，1982，《明史欧洲四国传注释》，上海古籍出版社。

C2 明清时期漳州湾港市输出外销瓷窑口与内涵的变迁

刘　淼

（厦门大学海洋考古学研究中心）

明代中期以后,随着官方势力在海洋的退缩,中国东南沿海特别是漳潮泉地区民间私商活跃,闽南海商逐渐崛起并成为东亚海洋贸易的主体。闽南地区围绕漳州湾及周边地区,包括泉州之安海,漳州之月港、海沧,诏安之梅岭都是私商活动的中心。在这一区域内,可分为南澳到月港的漳州湾西部,以及厦门海沧到安海的漳州湾东部地区。隆庆开海以后,漳州月港作为合法贸易的重要港口,达到鼎盛时代。明清交替之际,郑氏集团兴起并在特殊历史背景下控制了东亚海上贸易,促进了安海至厦门以及台湾地区海外贸易的发展。康熙中晚期以后,厦门成为对外贸易的重要港口,推动了南海贸易新的发展。漳州湾港口的兴盛和变迁,带动了周边经济产业的发展,明清时期的福建制瓷业也出现向闽南集中和转移的趋势,其在漳州、安溪、德化、永春等地兴起,并随着港口变迁制瓷中心也自西向东迁移。西方人到来积极参与到传统的亚洲贸易网络中,进一步促进了东南沿海地区明清外销瓷业的兴盛。随着历史的发展、海洋贸易势力的消长及激烈争夺,漳州湾地区作为明清时期一个重要的贸易中心,在我国古代海洋文化发展史上发挥了积极作用。

一、明代中期漳州湾贸易的兴起与瓷器的运销

明代以后在传统的东亚贸易网络中,除了中国东南沿海商人之外,琉球王朝、暹罗王朝、占婆岛以及马六甲等地商人都是南海贸易的重要参与者,甚至在明代前期严格的海禁时期,它们一度取替中国海商成为东南亚地区最活跃的贸易分子。但考古证据显示,中国东南沿海的海外贸易即使在海禁政策严格执行的明代早期也并未能完全禁绝。随着对东南沿海窑业考古调查及发掘工作的深入进行,在福建安溪(图 1)、漳浦以及广东大埔余里等沿海地区均发现明代早中期仿龙泉青瓷窑址。龙泉青瓷是元至明代中期以前最主要的瓷器外销品种,明代早中期仿龙泉青瓷窑址在中国东南沿海的出现应该是这一时期私商活动的最直接证据。

13 世纪以后,东南亚地区经历了泛伊斯兰化时代。15—16 世纪伊斯兰文化在东南亚海岛广泛传播,先后出现马六甲王国、苏禄苏丹王国、渤泥王国等重要的伊斯兰教国家。[1]这些国家同时也是东南亚地区重要的海上贸易集散地。商业利益是东南亚的穆斯林商人传播伊斯兰教和当地王公贵族接受伊斯兰教的最主要的因素,中国从属于这个南海贸易圈。故明代中期以后,随着官方海上贸易的萎缩,受这一伊斯兰贸易圈主导的海外市场的吸引,在中国东南沿海江浙、福建及广东沿海进行的私商活动愈演愈烈。漳州湾地区包括厦门的浯屿、漳州的月港、梅岭等处都是早期私商活动的

重要据点。伴随着私商的活跃逐渐开始了明代景德镇民窑青花瓷器的外销。考古资料中，在菲律宾巴拉望海域发现的利娜浅滩沉船（Lena Shoal wreck）[2]和文莱海域发现的文莱沉船（Brunei wreck）[3]中均出水大量的弘治前后景德镇民窑青花瓷器，器型上多见大盘、军持、笔盒、执壶、瓶、盖盒等，装饰上布满缠枝花卉，为典型的伊斯兰风格器物。香港竹篙湾遗址也发现类似风格的明代中期瓷器。[4]这一时期的景德镇民窑青花瓷器在安海港等闽南地区港口遗址中也有不少发现（图2）。实际上，和这组沉船及港口出土瓷器风格相似的器物遍及东南亚地区，在叙利亚、伊朗的阿德比尔神庙和土耳其的托普卡普宫收藏[5]以及东非遗址中也有发现。

图1　福建安溪湖上窑址青瓷标本

图2　福建安海港区发现的明中期景德镇窑瓷器

从另一方面看,随着新航路的开辟,西方的海洋势力也到达东亚海域,加入传统的亚洲贸易网络中。16世纪初,葡萄牙人使用武力先后在印度果阿、东南亚马六甲等地建立贸易据点,并到达中国东南沿海。但在早期他们并未能与中国官方建立起直接的贸易联系,而是在浙江的双屿、漳州的月港和浯屿,以及广东南澳、上川及浪白澳等港口建立贸易站,同中国东南海商进行了长达近半个世纪的走私贸易。[6]属于这一时期的瓷器资料在福建平潭海域、西沙海域的沉船[7]以及广东上川岛花碗坪遗址都有发现[8]。东南亚海域发现的"宣德号"葡萄牙商船则是澳门开埠之前葡萄牙商船在东亚海域走私贸易活动的直接证据。[9]在走私贸易过程中,葡萄牙人和中国东南海商特别是福建商人的合作日益加强,"每年三、四月东南风汛时葡萄牙商船自海外趋闽,抛舶于旧浯屿然后前往月港发货,或引诱'漳泉之贾人前往贸易焉'"[10]。葡萄牙以漳州月港、浯屿为贸易据点时已经开辟了一条景德镇到月港的瓷器走私通道。

在这一背景下,中国东南沿海的私商活动逐渐累积,以致景泰年间"月港、海沧诸处居民多货番,且善盗"。在闽粤交界的漳州和潮州,更是形成了以漳州、潮州人为主的海盗团体,他们实际掌握了南海贸易。[11]处于这一区域的月港逐渐兴起,在成弘之际已被称为小苏杭。据十六世纪葡萄牙人的记载,通商于满剌加的中国船,均从漳州开航。[12]嘉靖初年废置闽浙市舶司后,漳州的海沧、月港、浯屿等处更成为对外贸易的主要基地。而在嘉靖倭乱之时,朱纨派兵围剿了双屿、浯屿和梅岭等走私据点,月港独存,并逐渐发展兴盛,自此"闽人通番皆自漳州月港出洋"[13]。月港的兴盛,也带动了周边港市的发展,漳州湾东北部安海港的发展也始于此。以安海港为代表的泉州海外贸易也随之在嘉靖年间兴起。安海港周围出土的瓷器中就包含了大量景德镇明代空白期至嘉靖时期民窑青花瓷标本。

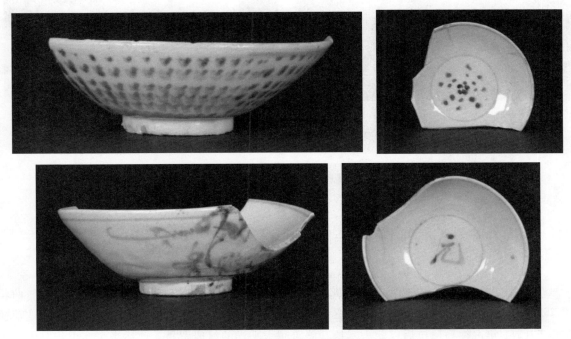

图3　闽南安溪窑口的早期青花瓷标本

这一时期,除了对景德镇瓷器的运销外,在我国东南沿海港口周边也开始了对景德镇瓷器模仿的外销瓷的生产。明代晚期月港附近以平和、南靖、广东饶平为生产中心的制瓷业兴起,即漳州窑兴起。有人指出漳州窑的始烧年代应为嘉靖时期,或与葡萄牙在嘉靖时期以漳州月港、浯屿为贸易据点进行对华走私贸易有关。[14]最新窑址调查资料显示,在漳州漳浦、安溪、永春等地均发现华南地区时代较早的以青花排点纹及简笔花鸟纹装饰为代表的嘉靖时期外销青花瓷器的生产(图3)。[15]类似风格的华南青花瓷器在菲律宾马尼拉北部圣·伊西德罗(San Isidro)沉船上集中发现。[16]这种绘画粗率且线条纤细风格的华南青花瓷器在菲律宾[17]、印尼[18]等地都有发现,还见于安海港口周围(图4:1、2)。华南早期青花瓷器应该是仿景德镇明中期产品,类似装饰风格的景德镇产品在中国东南港口也有发现(图4:3、4)。这些考古资料或许可作为华南地区青花瓷的生产可早至嘉靖时期的实证,也与文献记载嘉靖时期漳州湾地区月港、安海等港口海洋贸易的发展相一致。

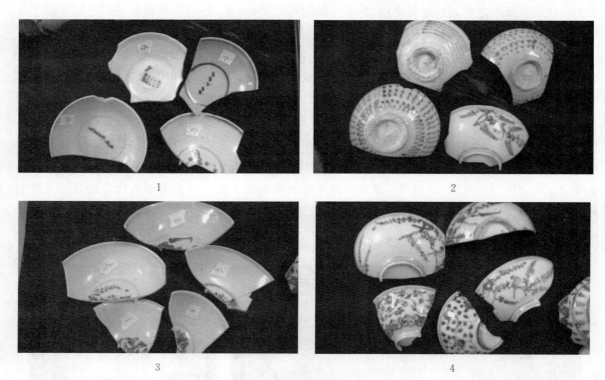

图4　闽南安海港区发现的早期青花瓷器标本

二、明代中晚期漳州湾月港的兴起及漳州窑产品的大量运销

　　嘉靖四十五年(1566年)海澄月港从龙溪县及漳浦县划地而出,并率先开放海禁"准贩东、西二洋",漳州月港作为合法对外贸易的港口逐渐兴盛。此时西班牙占领美洲后又跨越太平洋到达菲律宾,并于1571年占领马尼拉后以此为基地开展跨越太平洋的帆船贸易。此后半个多世纪月港成为我国海外贸易的重要输出口岸。月港所在的漳州湾西部地区海外贸易兴盛,辐射到广东南澳沿海。

　　在西班牙占领菲律宾之前,已有闽南商人在菲律宾从事贸易,在吕宋及明多罗岛"每年都有中国人及日本人来此交易。他们运来生丝、羊毛、钟、陶瓷器、香料、锡、色木棉布及其他的小杂货"[19]。西班牙以马尼拉为基地开展起来的大帆船贸易,更是以漳州月港作为其重要的供货港。

西班牙的货物主要依赖中国商人供应,他们曾积极鼓励中国商船到马尼拉贸易。1574 年拉末沙礼士写信给西王说:"由于我们的热情接待,中国人每年不断地增加他们的贸易,带来许多货物供应我们,如糖、大小麦粉、坚果、葡萄干、梨和橘子、丝、上等瓷器和铁,以及我们在此缺乏的其他小物品。"[20]跨太平洋的马尼拉帆船贸易逐渐形成并稳定。大帆船贸易持续半个多世纪的繁盛,带来月港周边漳州窑的兴起和外销。特别是在 16—17 世纪,漳州窑瓷器作为景德镇瓷器的替代品弥补了部分市场的不足。

而此时的葡萄牙也以澳门为基地,开展起了大规模的全球贸易。澳门成为远东最大的商品集散地。葡萄牙人的贸易网络北到日本,南括东南亚,向西跨越印度洋到达中东和欧洲。其中在东亚的贸易网络中,还将马尼拉帆船贸易融入进来。当时远东地区的商品中丝绸"主要运往印度、中东和欧洲市场",瓷器则"主要在占婆、暹罗、文莱和印度尼西亚等东南亚港口进行交易。更精细的则通过霍尔木兹海峡运到印度和波斯,还有一部分运到了东非,但最上好的则是运往里斯本市场"[21]。体现其分层贸易策略和在亚洲进行转口贸易的情况。

在早期全球贸易大背景下,东亚海域是一个重要区域,参与当时东亚海上贸易的海洋势力之间是互相竞争和牵制的。随后进入的荷兰人与原有的西、葡及华南民间海商之间展开了激烈的竞争。1609 年荷兰东印度公司在平户开设商馆,之后对马尼拉进行封锁,还对澳门进行攻击,致力于在中国东南沿海打开中国贸易。正是基于月港所在的漳州湾在当时海外贸易中的主导作用,荷兰人在东亚海域的争夺中曾试图对月港展开封锁,"备几艘便于作战的坚船快艇封锁漳州湾,虽然此湾南北仍有其他港湾 可供中国人航出,但一旦发自漳州的这条重要航路被堵,另有港湾也无济于事"[22]。再次,扫荡作为"海澄门户"的中左所(厦门)、直接打击经营月港—马尼拉航线的中国巨商。在占领台湾的大员以后,荷兰人除了期待中国沿海的商人载运丝绸等商品到大员外,也经常雇佣中国商船到漳州河河口(厦门湾)一带,设法购买商品。

于是在福建商人特别是漳州地区为主体的闽南海商,以及西班牙、葡萄牙、荷兰等海上势力竞争与经营下,在北到日本、南至东南亚并囊括泰国、越南、柬埔寨等在内的环中国海地区建立起了新的贸易秩序。这一新的贸易体系不同于传统的东亚内部区域贸易网络,主要特点是连接欧美两端的全球化态势。在这一新的贸易秩序中,以月港为中心的漳州湾西部地区占据着重要的一环。新的贸易网络运销的瓷器,除了传统的景德镇窑产品外,还包括大量的漳州窑产品。

漳州窑是明代晚期至清代初期随着月港的兴盛而兴起,在闽南粤东以漳州平和、南靖等为中心的地区出现的模仿景德镇制瓷工艺发展起来的以外销为主的窑口。其产品以青花瓷器为主,兼烧五彩瓷器、素三彩以及青瓷等单色釉瓷器,主要器型包括大盘、碗、碟、盒子、壶、瓶等。其装饰题材丰富,包括重笔浓抹草率的装饰风格,以及仿景德镇克拉克瓷的开光装饰手法(图 5)。[23]相对于景德镇产品来说,漳州窑产品要粗率得多。从万历十一年(1583 年)开始,景德镇制瓷原料匮乏,特别在官窑的压迫下,民窑的发展受到制约。面对海外贸易的大发展以及西人到来带来的广阔的海外市场,漳州窑在万历年间景德镇民窑因原料的匮乏而出现危机的时候作为景德镇外销瓷器的补充大量烧造。

图5　漳州窑瓷器标本

我国广东海域发现的"南澳Ⅰ号"沉船出水瓷器以漳州窑青花瓷为大宗(图6)，还有少量的景德镇窑精致瓷器产品。所以人们推测南澳沉船的始发地极有可能是漳州月港，航行时代为万历时期。[24]菲律宾海域发现的明代沉船"皇家舰长暗沙2号"(*Wreck 2 of the Royal Captain Shoal*)[25]和南加利福尼亚海岸的马尼拉帆船"圣·菲利普"号(*San Felipe*)[26]出水的瓷器组合和时代风格与"南澳Ⅰ号"沉船一致，既包括一批精致的具有嘉靖万历时期风格的景德镇民窑精细瓷器，也有重笔浓抹草率装饰风格的漳州窑青花瓷器。略晚时期还有菲律宾好运岛海域打捞的1600年沉没的西班牙战舰"圣迭戈"号(*San Diego*)上发现了大量开光装饰的景德镇青花瓷器和漳州窑产品，[27]在旧金山以北的德雷克海湾(Drake's Bay)附近的印第安人贝冢中也有类似发现。[28]这些丰富的考古资料正揭示了跨太平洋的西班牙马尼拉帆船贸易的繁盛。

图6　"南澳Ⅰ号"沉船的漳州窑瓷器

西沙海域发现的"北礁3号"沉船遗址中出水大批青花瓷器,既有景德镇窑产品,也有福建漳州窑产品。[29]越南中南部平顺省沿海海域打捞的"平顺"号沉船主要的船货则是漳州窑瓷器,包括开光装饰的漳州窑青花和五彩瓷器等。[30]大西洋航线上荷兰东印度公司商船"白狮"号(*Witte Leeuw*,1613年)等沉船[31]中也发现少量的漳州窑产品。

月港的兴盛,促进了辗转运来的景德镇瓷器的外销,更直接促成了漳州窑的出现和繁盛。景德镇瓷器外销主要通过宁波、福州、广州等港口向外扩散。漳州湾输出的景德镇瓷器应是从福州辗转输入。如《安平志》所载:"瓷器自饶州来,福建乡人自福州贩而之安海,或福州转入月港,由月港而入安平。近来月港窑仿饶州而为之,稍相似而不及雅。"[32]而漳州窑为代表的粗瓷主要是走马尼拉航线到菲律宾,以及泰国、越南航线到达东南亚地区,还有北上日本。精细的景德镇瓷器主要流向中东及欧洲市场。特别是欧洲,景德镇瓷器作为奢侈品在其上层社会广泛盛行。虽然漳州窑瓷器也曾随着早期全球贸易网络进入欧美地区,但大量发现是在亚洲。在明末景德镇制瓷业因原料危机及政治动荡而造成减产的时期,沿海的漳州窑成为替代景德镇瓷器的生产基地。[33]日本关西地区的大阪、长崎、堺市、平户等地城市遗址的16世纪后半至17世纪前半期的地层中大量出土了漳州窑的青花瓷和五彩瓷器,印度尼西亚、菲律宾、埃及的福斯塔特以及土耳其等地也都有发现。[34]在对17世纪代表性的国际贸易港口会安遗址的发掘中,也曾发现大量的16世纪末到17世纪前半叶的中国制造的陶瓷器,且福建、广东窑系的制品多于景德镇窑系制品。

三、明末新的海洋秩序的出现及景德镇瓷器的大量运销

明末海外贸易形式出现新的变化,形成新的海洋秩序。随着郑氏集团的兴起,特别是郑芝龙1630年受抚以后,漳州湾的贸易被郑氏所控制。荷兰东印度公司在东亚海域贸易权的争夺中逐渐取代西、葡势力,占据主导。此时的海上势力竞争主要是在荷兰和郑氏集团之间进行的,最终结果达成暂时的贸易平衡。

郑芝龙归降明朝,并在打击漳州湾的海上贸易势力后,夺取了对漳州湾贸易的控制权。荷兰人在1630年代末总结道:"一官独霸海上贸易,对驶往大员的船只横加敲诈勒索……我们断定,那个国家的贸易完全由一官控制。"1630年代初,荷兰多次到金门和泉州贸易或袭击,并在1632年12月"开始实施对中国沿海的行动计划",企图"占领从南澳到漳州湾西角的地区"。还在与郑氏的谈判中提出"……我们还要有八到十个人同时能在海澄,漳州,安海,泉州,以及其他邻近地区,毫无阻碍地,自由通行买卖……",他们希望"派快船和帆船占领从南澳到安海的整个中国沿海"。[35]这些文献资料揭示了从南澳到安海之间的漳州湾在当时海外贸易中的重要性。马尼拉帆船贸易依旧兴盛,也被郑氏集团继续重视,"一官还运往马尼拉相当数量的货物"。只不过很多不再是从月港前往,而是从郑氏的基地安海出发,漳州湾东区厦门—安海区域的作用逐渐凸显。荷兰巴达维亚的记录中也显示了1640至1660年代安海作为主要贸易港持续不断对外交易的实态。巴达维亚的官员发现:1655年至9月16日为止,57艘造访长崎的中国帆船有5艘来自福州,41艘来自安海,"多属国姓爷";1658年,到长崎的47条帆船有28条来自安海,剩下的则全来自东南亚,而且"这些船均属于大商国姓爷及其同伙"。[36]

在海上势力角逐的过程中,台湾的地位日益凸显。荷兰人占领台湾大员筑城贸易,并在与郑芝龙集团角逐过程中达成妥协,"漳州湾的贸易与从前一样被人垄断,现在是因为一官的严密监视和

滴水不漏的守卫，以至于没有私商肆意带货上船……一官向我们许诺，情况将会有所改进，海道将发放给 5 条中国帆船许可证，允许他们去大员与我们自由贸易"[37]。贸易形式开始发生变化，于是更多的中国商人开始带着商品到台湾，控制漳州湾并以安海为基地的郑芝龙集团和之后以厦门为基地的郑成功集团都是卖中国货给荷兰人的最大提供者。荷兰人以台湾为基地开展起了大规模的环球贸易。

随着月港的衰落和万历晚期景德镇制瓷业的恢复，漳州窑的生产逐渐衰落。日本学者根据遗址资料和沉船资料的综合研究，认为漳州窑瓷器大量出现和存在的时间是在 16 世纪末至 17 世纪初（1585—1615 年，明万历十三年到四十三年），到 17 世纪初至 17 世纪中叶（即中国的明晚期至清初期）逐渐被景德镇窑系制品所取代。[38]万历晚期景德镇民窑不仅摆脱了原料危机，而且还逐步获得了任意开采和使用优质高岭土的权利，特别是随着御器场的停烧，大量的优秀工匠流向民间，景德镇民窑制瓷业获得飞速发展，又再次取代漳州窑产品成为外销瓷器的主体。哈彻沉船（Hatcher Junk，1643 年左右）[39]上发现的漳州窑瓷器无论在产品质量还是装饰的复杂性上和漳州窑盛烧期的产品都无法相提并论，或许就代表了这种衰落。正如《安海志·物类》载安海港输出的瓷器主要"自饶州来"，"白瓷出德化"，也有的来自漳州月港窑。[40]除了景德镇窑产品和漳州窑产品，德化白瓷也开始运销海外。

图 7　"万历"沉船瓷器

17 世纪 30 年代，荷兰东印度公司在台湾的贸易稳定之后也开始了对中国瓷器真正大规模的运销。荷兰东印度公司运销的瓷器以精美的景德镇瓷器为主，同时还将"粗制瓷器"运销东南亚各岛之间从事"岛间贸易"或是亚洲境内各港埠间进行"港脚贸易"。[41]福州、厦门、安海都是这一时期向台湾运送精、粗陶瓷的主要港口。开光装饰的克拉克瓷器仍是欧洲人非常喜爱的瓷器品种。福建平潭"九梁一号"沉船[42]及东南亚地区发现的"万历"号沉船[43](图7)、"哈彻沉船"中除了开光装饰的瓷器风格外,还都发现另一类装饰中国传统题材如诗词文字、人物故事、山水画、小说戏曲的版画插图等内容的瓷器,即所谓"转变期瓷器"。同时还出现专门适应欧洲人日常饮食习惯的器具。

17世纪中期以后中国陶瓷的外销,受到中国沿海战乱的影响,输出数量大为减少。1657年被认为是以欧洲为市场的精美的明代景德镇瓷器航运的终结年代。明末因为郑成功的驱荷战争、明清政权间的内战及清初海禁政策的实施,荷兰东印度公司的贸易转向了日本,意味着其在亚洲大陆的第一个贸易时期的结束。

四、明末清初郑氏集团控制下瓷器的运销

明清交替之际,以安海人郑芝龙为首的郑氏海商集团的出现,标志着安海港贩海贸私活动发展到极盛时期,月港逐渐衰落。特别是从郑成功时代以后,以厦门-安海所在的漳州湾东区逐渐发展起来,并取代月港-南澳为中心的漳州湾西区成为我国东南地区海外贸易的重要基地。

1646到1658年,郑成功继承郑芝龙势力,控制中国东南沿海,在厦门建立基地,每年固定派出帆船到台湾、长崎与东南亚港口贸易。1662年,随着郑成功在台湾建立反清政权并将荷兰东印度公司驱逐出台湾,荷兰东印度公司所控制的以台湾为中心的转口贸易被郑氏集团所代替。中国东南沿海的帆船贸易基本上都为郑成功海商集团控制。郑成功之子郑经继续反清复明的运动,改东都为东宁(今台南市),开展海外贸易,"上通日本,下贩暹罗、交趾、东京各处以富国"。[44]郑经后又在福建各地设立贸易据点,同时与广东潮汕的海商集团建立贸易关系,并欢迎荷兰以外的世界各国到台湾进行贸易。对日贸易是郑氏集团海外贸易的重要组成部分,厦门港和台湾都是明郑统治时期的重要转口贸易港。

在厦门附近的东山海域发现了属于这一时期的冬古沉船,人们多认为这是一艘明郑晚期的战船。[45]这艘沉船出水的瓷器中包括少量景德镇康熙青花产品,还有几件日本瓷器,更多的则是华南地区窑口产品。其中青花秋叶纹盘(图8:2、3、4)和青花文字纹碗(图8:5、6、7)最具代表性。和沉船中风格一致的青花秋叶纹盘,在漳州地区的诏安朱厝窑址、秀篆窑址发现很多,[46]平和县洞口窑址、华安县高安下虾形窑址也有发现,[47]最新的窑址调查资料显示,在接近漳州华安县的安溪龙涓乡的福昌窑、珠塔内窑、庄灶窑等地大量生产(图9)。青花文字纹碗在漳州云霄县火田窑址、平和县碗窑山窑址、漳浦县坪水窑址以及诏安县朱厝窑址、秀篆窑址中可见。[48]除此外还发现团菊纹青花碗、赤壁赋乘船人物纹碗、简笔山水纹碗及小杯等,除了青花产品还见有白釉、酱釉、米黄釉开片瓷器等(图8:8、11、12)。一些白瓷和米黄釉瓷器在漳州华安县及南靖县的窑址中都有生产。还有一类白釉杯、碗为典型的德化白瓷产品(图8:9、10)。冬古沉船出水瓷器组合代表了17世纪晚期华南地区瓷器的生产和使用情况。

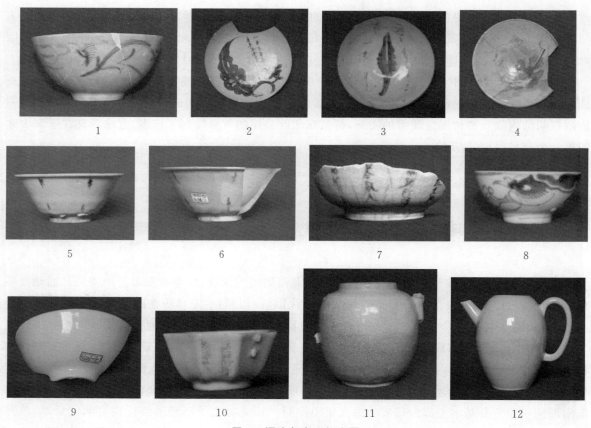

图8 福建冬古沉船瓷器

和冬古沉船上相似的器物组合广泛分布在中国东南沿海、台湾岛、日本、东南亚、泰国、越南等地，甚至远至西属美洲殖民地，基本上囊括了这一时期贸易网络的覆盖范围。秋叶纹盘和青花文字纹碗在台湾地区发现的数量非常多，特别是在台南和高雄，还见于日本沿海沉船，以及越南、泰国等地的遗址中。类似的秋叶纹盘、文字纹青花碗、德化白瓷及闽南窑口生产的青白釉产品一直到较晚的越南头顿号沉船中还有发现。但头顿号沉船出水瓷器中已经主要为康熙时期景德镇瓷器产品，人们推测其绝对年代为康熙二十九年（1690年）之后[49]，沉船上华南瓷器的存在或许代表着早一阶段器物组合的一个延续。

日本肥前窑生产的云龙纹青花碗（图8:1），也是广泛分布在这一时期的贸易网络中。除了在冬古沉船中有发现外，还见于台南、越南中部的会安遗址、泰国大城府遗址等地。在中国外销瓷器逐步退出西方市场的同时，日本九州地区的肥前窑业兴起，取代了部分中国贸易瓷在海外的原有市场，并广泛分布在这一时期贸易航线上。台湾作为当时重要的贸易转口中心，肥前窑瓷器的发现比较普遍。[50]据记载，有田瓷器最早外销于1647年，由中国船只装载174件粗制瓷器经由厦门运往柬埔寨。日本当时处于闭关锁国时代，对外贸易仅限于荷兰和中国在长崎进行。除了经由荷兰东印度公司贩运外，华商集团在肥前瓷器的生产和外销上，也扮演了积极而重要的角色。根据荷兰、日本、英国、西班牙的史料记载，中国的戎克船自1661年之后从日本大量运载瓷器至巴达维亚、万丹、广南、台湾、暹罗、菲律宾等地。[51]

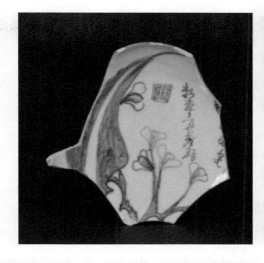
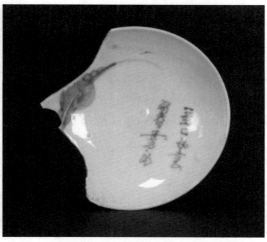
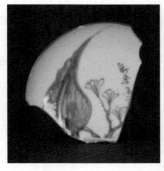

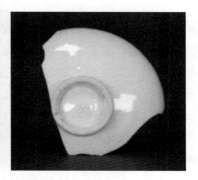
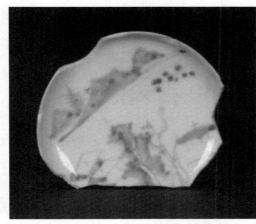

图 9　安溪明末清初各窑口的瓷器标本

马尼拉贸易继续为郑氏集团重视。根据菲律宾的西班牙海关记录,从 1664 至 1684 年,不断有台湾船只转口包括日本肥田窑在内的各式瓷器抵达菲律宾的马尼拉港,并随着马尼拉帆船销售到了西班牙在美洲的殖民地。考古学者在马尼拉的西班牙王城考古遗址、菲律宾宿务考古遗址、美洲的墨西哥城考古遗址、安提瓜等地的考古遗址中既发现了日本有田窑址生产的瓷器,还发现了中国东南沿海生产的秋叶纹盘、文字纹碗以及德化白瓷等产品。[52]和东古沉船出水瓷器组合一致,体现了共同的时代风貌。

德化白瓷也继续通过厦门港向海外输出。葡萄牙、西班牙和荷兰东印度公司都曾参与德化白瓷的运销。然而运载德化白瓷最活跃的则为英国。在郑氏统治的晚期既已开始了郑英贸易。17

世纪末至 18 世纪初期，英、法商船每年都到厦门及广州购买茶、生丝、丝绸及瓷器。厦门港成为英国的主要通商港口。英国东印度公司的档案记载及船货清单显示从厦门港驶回欧洲的英国商船上往往运载大量德化白瓷。[53]

厦门港无疑是这一时期的重要港口。荷、英、西等文献档案中也多记载从厦门港运载粗瓷至万丹等东南亚地区的记载，这里的粗瓷可能是从长崎转运而来的日本肥前粗瓷产品，也可能是福建、广东等东南沿海地区所产的粗瓷产品。

五、清代以后厦门港的发展及南海贸易中瓷器的运销

清康熙二十三年（1684 年），随着郑氏集团退出政治舞台，清廷宣布废除海禁，在厦门、广州等四大港口开设海关。厦门从此成为我国对外交通贸易的四大港之一。雍正五年（1727 年），厦门辟为福建省通洋正口和全国对台航运的总口，也被清政府定为往南洋官方贸易的发舶中心。[54] 每年出国贸易者以福建省最多，其次是广州。即使到了嘉庆、道光时期，厦门港有所衰退，但每年从厦门开赴暹罗的大船至少有 40 只，还有很多大型船只前往婆罗洲等东南亚地区。[55] 实际上，还有很多外国船只来到厦门。如朝廷特许西班牙船来厦门贸易，因为其能带来大量的白银。"按吕宋夷船每岁载番银一十四五万来厦贸易，所购布匹之外，瓷器、石条、方砖亦不甚贵重，非特有利于厦门，闽省通得其利。"[56]

入清以后，随着厦门港的兴起，闽南制瓷业格局发生变化，由漳州地区向东发展，并最终形成以德化（图 10：1～5）为中心，包括永春、安溪（图 10：6～10）、漳州的华安、南靖以及粤东饶平、惠来、大埔、潮州等地众多窑口在内庞大的清代外销瓷产区，并在清代中、晚期走向兴盛。特别是从康熙晚期至道光年间应是整个福建青花瓷器生产的全盛时期。[57] 清代厦门港成为闽南陶瓷外销的中转站和集散地。从厦门港出洋的货物有"漳之丝、绸、纱、绢、永春窑之瓷器，及各处所出雨伞、木屐、布匹、纸扎等物"[58]。文献中也多有这一时期外国商船来厦购买瓷器的记载，"乾隆四十六年六月，吕宋夷商万梨落及郎吗叮先后来厦，番梢六十余名，货物燕窝、苏木；各带番银一十四万余元，在厦购买布匹、瓷器、桂皮、石条各物"。"（乾隆）四十八年九月，夷商郎万雷来厦，番梢五十余名，货物苏木、槟榔、呀兰米、海参、鹿脯；在厦购买布匹、瓷器、雨伞、桂皮、纸墨、石条、石磨、药材、白羯仔等。"[59]

清代，随着海外贸易的全面开放，浙江、江苏逐渐取代福建商人控制了对日贸易。闽粤商人则将东南亚口岸作为其贸易的主要目标，故南海贸易繁盛。西沙群岛地处我国古代南海航线的必经之地。"由厦门过琼之大洲头、七洋洲（大洲头而外，浩浩荡荡，罔有山形标识，偏东则犯万里长沙、千里石塘。而七洲洋在琼岛万州之东南，凡往南洋必经之所）至广南，水程七十二更；由七洲洋之西绕北而至交趾，水程七十二更（《海国闻见录》）。"[60] 自 20 世纪 70 年代以来，经过多次的水下普查和考古工作，在西沙群岛海域陆续发现一批沉船遗址和水下遗物点。这些水下遗址出土了大量陶瓷器标本，时代跨度从南朝至明清，其中清代中晚期的青花瓷器遍布西沙群岛的北礁、南沙洲、南岛、和五岛、珊瑚岛、金银岛、全富岛、石屿、银屿等各个岛礁及其附近的水下遗物点（图 11）。[61] 考古发现的这些清代青花产品风格较为一致，绝大多数胎釉质量并不好，釉色多偏灰偏青，青花呈色不稳定，纹样多见云龙、飞凤、"寿"字纹带饰、灵芝形牵牛花纹、折枝花卉纹、亭台楼阁、行船、山水、诗句等。对比窑址资料可知，其中除了少数属于江西景德镇的民窑产品外，更多为我国清代华南地区德化窑、东溪窑、安溪窑以及粤东地区窑口产品。

图 10　德化、安溪清代中晚期的瓷器标本

注：1～5，德化；6～10，安溪。

图 11　西沙沉船的青花瓷器

注释

[1]梁志明等主编：《东南亚古代史》第三编"东南亚中央集权王国的兴起与更迭（10 世纪前后至 16 世纪初）"，北京大学出版社，2013 年。

[2]Franck Franck Goddio，Stacey Pierson，Monique Crick，*Sunken Treasures：Fifteenth Century Chinese Ceramics from the Lena Cargo*，Periplus Publishing London Limited，2000.

[3]林梅村：《大航海时代东西文明的交流与冲突——15—16 世纪景德镇青花瓷外销调查之一》，《文物》2010 年第 3 期。

[4]林梅村：《大航海时代东西文明的交流与冲突——15—16 世纪景德镇青花瓷外销调查之一》，《文物》2010 年第 3 期。

[5]John Carswell，*Blue ＆ White：Chinese Porcelain around the World*，British Museum Press，2000，p.131.

[6]文德泉：《中葡贸易中的瓷器》，载吴志良主编：《东西方文化交流国际学术研讨会论文选》，澳门基金会，1994 年；金国平：《南澳三考》，《西力东渐——中葡早期接触追昔》，澳门基金会，2000 年。

[7]栗建安：《闽海钩沉——福建水下考古发现与研究二十年》，中国国家博物馆水下考古研究中心编：《水下考古研究》（第一卷），北京：科学出版社，2012 年；赵嘉斌：《2009～2010 年西沙群岛水下考古调查主要收获》，载吴春明主编：《海洋遗产与考古》，科学出版社，2012 年。

[8]黄薇、黄清华：《广东台山上川岛花碗坪遗址出土瓷器及相关问题》，《文物》2007 年第 5 期。

[9]Roxanna Maude Brown，*The Ming Gap and Shipwreck Ceramics in Southeast China：Towards a Chronology of Thai Trade Ware*，The Siam Society under Royal Patronage，2009，pp.155-158.

[10]廖大珂：《朱纨事件与东亚海上贸易体系的形成》，《文史哲》2009 年第 2 期。

[11]徐晓望、徐思远：《论明清闽粤海洋文化与台湾海洋经济的形成》，《福州大学学报》（哲学社会科学版）2013 年第 1 期。

[12]转引自陈博翼：《从月港到安海：泛海寇秩序与西荷冲突背景下的港口转移》，载《全球史评论》（第 12 辑），社科文献出版社，2017 年。

[13]佚名：《嘉靖东南平倭通录》，载沈云龙选辑：《明清史料汇编》八集第四册，文海出版社，1967 年，第 132 页。

[14]肖发标：《中葡早期贸易与漳州窑的兴起》，《福建文博》1999 年增刊。

[15]资料见于厦门大学、福建省博物院、安溪县博物馆等单位联合进行的安溪县古窑址考古调查,尚在整理中。

[16]卡迪桑・奥里兰尼达:《菲律宾沉船发现的明代青花瓷》,载游学华:《江西元明青花瓷》,香港中文大学出版社,2002年,第218页。

[17]Kamer Aga-oglu, Ming Porcelain From Sites In The Philippines, *Archives of the Chinese Art Society of America*, Vol. 17(1963), pp. 7-19.

[18]Sumarah Adhyatman, *Zhangzhou（Swatow）Ceramics：Sixteenth to Seventeenth Centuries Found in Indonesia*, The Ceramic Society of Indonesia, p.42.

[19]转引自陈博翼:《从月港到安海:泛海寇秩序与西荷冲突背景下的港口转移》,载《全球史评论》(第12辑),社科文献出版社,2017年。

[20]转引自李金明:《明代海外贸易史》"西班牙殖民者在马尼拉的大帆船贸易",中国社会科学出版社,1990年,第189页。

[21]文德泉:《中葡贸易中的瓷器》,载吴志良主编:《东西方文化交流国际学术研讨会论文选》,澳门基金会,1994年,第211-212页。

[22]转引自陈博翼:《从月港到安海:泛海寇秩序与西荷冲突背景下的港口转移》,载《全球史评论》(第12辑),社科文献出版社,2017年。

[23]福建省博物馆:《漳州窑——福建漳州地区明清窑址调查发掘报告之一》,福建人民出版社,1997年。

[24]广东省文物考古研究所,国家水下文化遗产保护中心等:《广东汕头市"南澳Ⅰ号"明代沉船》,《考古》2011年第7期;广东省文物考古研究所:《南澳Ⅰ号明代沉船2007年调查与试掘》,《文物》2011年第5期。

[25]Franck Goddio, *Discovery and Archaeological Excavation of a 16th Century Trading Vessel in the Philippines*, World Wide First, 1988.

[26]Edward P. Von Der Porten, Manila Galleon Porcelains on the American West Coast, *TAOCI*, No.2, 2001.

[27]Cynthia Ongpin Valdes, AllisonⅠ. Diem, *Saga of the San Diego(AD1600)*, National Museum, Inc. Philippines, 1993;森村健一:《菲律宾圣迭哥号沉船中的陶瓷》,《福建文博》1997年第2期。

[28]Clarance Shangraw and Edward P. Von der Porten, *The Drake and Cermeno Expeditions' Chinese Porcelains at Drake's Bay, California 1579 and 1595*, Santa Rosa Junior college, Drake Navigator Guild, California,1981.

[29]中国国家博物馆水下考古研究中心等编:《西沙水下考古1998～1999》,科学出版社,2006年,第150-185页。

[30]中国广西壮族自治区博物馆、中国广西文物考古研究所、越南国家历史博物馆:《海上丝绸之路遗珍——越南出水陶瓷》,科学出版社,2009年,第169-181页。

[31]范梦园:《克拉克瓷研究》,香港中文大学2010年博士学位论文,第25页。

[32]冯先铭:《中国陶瓷文献集释》引明《安平志》卷四物类志,手抄本,台北艺术家出版社,2000年。

[33]甘淑美:《荷兰的漳州窑贸易》,《福建文博》2012年第1期。

[34]栗建安:《从考古发现看福建古代青花瓷的生产与流通》,载章宏伟、王丽英主编:《中国古陶瓷研究》(第13辑),紫禁城出版社,2007年。

[35]转引自陈博翼:《从月港到安海:泛海寇秩序与西荷冲突背景下的港口转移》,载《全球史评论》(第12辑),社科文献出版社,2017年。

[36]转引自陈博翼:《从月港到安海:泛海寇秩序与西荷冲突背景下的港口转移》,载《全球史评论》(第12辑),社科文献出版社,2017年。

[37]转引自陈博翼:《从月港到安海:泛海寇秩序与西荷冲突背景下的港口转移》,载《全球史评论》(第12辑),社科文献出版社,2017年。

[38]森村健一:《漳州窑系制品(汕头瓷)的年代与意义》,福建考古学会编:《明末清初福建沿海贸易陶瓷的研究——漳州窑出土青花、赤绘瓷与日本出土中国外swatow论文集》,福建省博物馆,福建省考古博物馆学会,西田纪念基金,1994年.

[39]Colin Sheaf & Richard Kilburn, *The Hatcher Porcelain Cargoes*, Phaidon・Christie's,1988.

[40]陈自强:《明代的安海港》,载《安海港史研究》,福建教育出版社,1989年。

[41]卢泰康：《从台湾与海外出土的贸易瓷看明末清初中国陶瓷的外销》，载《逐波泛海——十六至十七世纪中国陶瓷外销与物质文明扩散国际学术研讨会论文集》，香港城市大学中国文化中心，2012年，第246页。

[42]福建沿海水下考古调查队：《福建平潭九梁一号沉船遗址水下考古调查简报》，《福建文博》2010年第1期。

[43]刘越：《曾经沉睡海底的瓷珍——"万历号"和它的"克拉克瓷"》，《紫禁城》2007年第4期。

[44]（清）江日昇《台湾外纪》（卷之六），台湾省文献会，1995年，第237页。

[45]陈立群《东山岛冬古沉船遗址初探》，《福建文博》2001年第1期。

[46]福建省博物馆：《漳州窑》，福建人民出版社，1997年，图版四十三。

[47]叶文程主编：《华安窑》（中国福建古陶瓷标本的大系），福建美术出版社，2005年，第132页。

[48]福建省博物馆：《漳州窑》，福建人民出版社，1997年，第13页、第19页、第21-25页。

[49]中国广西壮族自治区博物馆、中国广西文物考古研究所、越南国家历史博物馆：《海上丝绸之路遗珍——越南出水陶瓷》，科学出版社，2009年，第 XVIII 页。

[50]卢泰康：《17世纪台湾的外来陶瓷——透过陶瓷探讨台湾历史》，花木兰文化出版社，2013年，236-239页。

[51]卢泰康：《17世纪台湾的外来陶瓷——透过陶瓷探讨台湾历史》，花木兰文化出版社，2013年，表5-1、表5-2、表5-3，第244-246页。

[52]Takenori Nagomi, On Hizen Porcelain and The Manila-Acapulco Galleon Trade, *Indo-Pacifica Prehistory Association Bulletin* 26，2006.

[53]甘淑美：《17世纪末～18世纪初欧洲及新世界的德化白瓷贸易》（第一部分），《福建文博》2012年第4期。

[54]庄国土：《论17—19世纪闽南海商主导海外华商网络的原因》，《东南学术》2001年第3期。

[55]（清）周凯《厦门志》"风俗记"（卷十五），《台湾文献史料丛刊》（第二辑），台湾大通书局，1985年。

[56]（清）周凯《厦门志》"船政略·番船"（卷五），《台湾文献史料丛刊》（第二辑），台湾大通书局，1985年。

[57]陈建中：《德化民窑青花》，文物出版社，1999年。

[58]（清）周凯《厦门志》"船政略·洋船"（卷五），《台湾文献史料丛刊》（第二辑），台湾大通书局，1985年。

[59]（清）周凯《厦门志》"船政略·番船"（卷五），《台湾文献史料丛刊》（第二辑），台湾大通书局，1985年。

[60]（清）周凯《厦门志》"番市略·南洋·越南"（卷八），《台湾文献史料丛刊》（第二辑），台湾大通书局，1985年。

[61]刘淼：《从西沙沉船瓷器看清代的南海贸易》，载中国古陶瓷学会编：《中国古陶瓷研究辑丛：外销瓷器与颜色釉瓷器研究》，故宫出版社，2012年。

C3 广东"南澳Ⅰ号"沉船考古发现与初步认识

周春水

（国家文物局考古研究中心）

2007 年 5 月，南澳渔民在"三点金"海域拖网作业时发现一批瓷器，广东省文物考古研究所闻讯后跟进潜水调查，顺利找到沉船遗址点并采集上来 800 件陶瓷标本，"南澳Ⅰ号"沉船由此发现。2010—2012 年，由国家文物局水下文化遗产保护中心与广东省文物考古研究所联合组建调查队，承担沉船的抢救性考古发掘工作，历时三年，每年用时三个月，完成了船货清理及船体原址保护工作。[1]

该沉船为一条明代万历年间沉没于汕头市南澳岛海域的贸易商船，位于南澳岛东南海上，夹于官屿、乌屿及"三点金"半潮礁中间，沉船处于暗礁区，水深约在 19 米～30 米之间，海底地形较复杂，沉船所在位置相对低洼，周边为礁石区，沙粒得以回淤，淤沙厚度在 1.3 米～2.1 米之间，沉船遗址因沙层掩埋而得以幸存。

"南澳Ⅰ号"沉船所在的南澳岛位处中国东南沿海沿岸航线上，古今航运发达，《郑和航海图》有标注"南粤山"为停船理想锚地，《两种海道针经》有记载"南澳"始发及途经的多条航路。南澳周边岛屿众多，不幸触礁也是沉船出事的主要原因。目前，在"南澳Ⅰ号"沉船西面又确认一条宋元时期的贸易沉船，两条沉船相距不足 1 公里。

一、"南澳Ⅰ号"沉船遗迹

经过三年的水下考古发掘，"南澳Ⅰ号"船体结构已经清楚，整个船体斜躺于沙质海床面上，被沙层浅埋，遗址表面有散落的少量瓷器，并探出多块凝结物。

经抽沙清淤，沉船呈南北走向，艏北艉南，船体由西向东倾斜 8°～13°。南北残长 2485 厘米，保存 24 道隔舱板，25 舱，隔舱板按发现的先后顺序编号，往北从 N1～N18，往南从 S1～S6。船体最宽处位于中部的 N5 舱，残宽 750 厘米。船体最深的位置也一样位于船的中部，那是因为船形两头起翘，中部船舱得以保存最深，可达 1 米，而位于前端最浅的艏尖舱直接露出了底层船板。船舱数量包括残破的艏尖舱，共计 25 个舱（图 1）。如此多的舱室，这在中国传统木帆船上极为少见，各舱室平均宽度仅为 80 厘米～100 厘米。

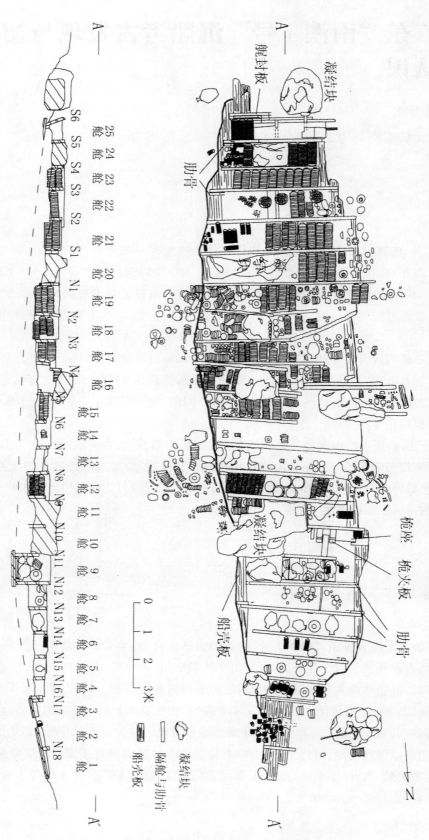

图1 "南澳Ⅰ号"沉船遗迹平面图

（一）船体结构

"南澳I号"因舱室多而导致内部空间狭窄，又受表层凝结物的阻隔，很不利于水下考古发掘工作，加之夏季东南沿海台风频发，多数舱室无法清理到底。

舱室，以舱9为例，该舱宽92厘米、深90厘米、阔449厘米。舱中载满各式陶罐，个别罐中装有疑似土茯苓的食物。抱梁肋骨呈弧形紧贴隔舱壁底部，舱室底部放置有圆木棍，沿前、后舱壁各置一根，上架薄木板为垫板，起加高、垫平底舱之用。

桅座结构，位于舱10。由桅夹板、桅座构成。桅夹板形如两块直立的厚木板，间距26厘米，夹板上端穿有圆孔，下端带榫头，可以插入桅座之上。每块桅夹板高70厘米、宽50厘米、厚20厘米。桅座被凝结块压住，按出露部分看为长方形的厚木板，推测全长211厘米、宽40厘米、厚约35厘米，按部位为中桅座。此外，在桅夹板中间还夹有一根方木，往北倾倒，方木残长80厘米、宽20厘米、厚15厘米，或为固定桅杆用的插销。此桅座揭示出可倒桅的结构，风大时可倒下桅杆以确保行船安全。

尾舱，位于舱25，尾封板向南即后方倾斜，此舱中部有两条平行但与隔板垂直的方木，向北延伸，与S5隔舱板相接，两方木间距1米，或为固定船舵的结构。

搭接方式，隔舱板由上下几层板拼接而成，每层板高30厘米、厚10厘米。每层之间由二到三块板相接，多以直角同口的方式拼接，板之间用铁钉加固。S6尾封板有提取出水，其接口斜削，即斜角同口的拼接方式，从铁钉孔痕看，每道隔板用钉子从两面往下斜插，从上层板打到下层板的中部，每枚铁钉间距约15厘米～25厘米不等。

按照中桅座所处位置及各舱深度推测，整个船体主要保存下来的是右侧船底部，舱室最深残存约1米高，已位于水线以下，按原舱室深度估计保存不足一半。整船残损多半，不足原船三分之一。

（二）装载方式

现存各舱满载船货，以尽可能装载货物为出发点，也兼顾行船的重心稳定。其中，青花大盘类放置于舯部，也包括几门铁炮以及船员的个人生活物品；前舱放置陶罐，其内盛放有用于食物的土茯苓与套装的小碗、小碟类（彩版九：1，2，3）；尾舱放置一些铁锅，及厨房用具类（见单件式样的陶罐、石杵等物品）。整体而言，大宗物品均放于舯部、艉部，应与抬高船头与行船安全有关。

在舱内，盘、碗、碟等按相同口径成摞码放，上下叠压（图2），每层之间以薄木板间隔。正在广东海上丝绸之路博物馆发掘的"南海I号"沉船里也同样采用木板间隔货物，用木板与周边货物简单分开。此外，也发现铜饼、铁锅类质重物品夹于瓷盘中间的情况，体现装货的随意性。为利用空间，大陶罐内部填满小碟、小碗，以及水果、食物、串饰、铜钱等小件物品，致使整个舱室塞满货物，无任何腾挪空隙。舱内也不存在能提供人住的空间。

图 2　船舱中成摞的瓷器船货

三、出水遗物的类型与内涵

（一）类型

　　"南澳Ⅰ号"沉船前期调查、边防收缴及后续考古抢救发掘共收获各类文物 2.7 万件，包括瓷器、陶器、金属器及其他质地文物共四大类。此外，还发现一批有机质遗物，包括核桃、腊肉、果肉、茴香、茶叶粉末、板栗、橄榄、龙眼、荔枝等标本。另有铜钱约 2.7 万枚，管珠串饰 2.9 万粒。

　　出水遗物以瓷器占绝大数量，类型丰富，分别产自漳州窑和景德镇窑，零星瓷器来自闽南及粤北周边窑址（图 3）。种类主要为青花瓷，也有少量五彩瓷、青灰釉、青白釉、霁蓝、黑釉、仿哥窑等产品。有盘、碗、罐、杯、碟、粉盒、钵、瓶、壶等器型。纹饰有花卉、动物、人物、文字、八卦、弦纹、杂宝等。底款书写"福""寿""万福攸同""富贵佳器""大明年造"等。

　　陶器数量仅次于瓷器，包括各式陶罐、陶瓮、陶壶、陶钵等。最具特色的是外腹部贴塑有龙纹、凤纹的大罐（图 4），并用刻划手法细绘龙鳞、凤翼、水纹，制作精细，花纹繁密。

图 3　沉船遗址出水瓷器

图 4　贴塑龙凤纹的红褐釉陶罐

图5 "南澳Ⅰ号"出水漳州窑瓷器

注：1～3，盘；4，碟；5，罐；6，小罐；7，瓶。

图6 "南澳Ⅰ号"出水景德镇窑瓷器

注：1～3，盘；4～6，碗；7，杯；8，碟；9～10，粉盒。

图7 "南澳Ⅰ号"沉船与漳州二垅窑青花瓷器比较

注:1～3,"南澳Ⅰ号"沉船;4～5,二垅窑。

金属器数量再次之,类型也极为丰富,不仅有生活用品,还有生产原料和武器等,有铜板、铜线圈、铜锁、铁炮、铁锅、锡盒、铅锤等。

其他质地文物有石杵、木秤杆、骨梳、漆木板、料珠等。[2]

(二)大宗外销瓷器

盘、碗、杯、碟、粉盒、罐等是南澳沉船里的大宗货物(图5、图6;彩版一:1～18),最具时代气息,也是外销瓷研究的主要对象。特简单介绍如下:

盘,漳州窑瓷盘数量占到盘类总数的九成以上,口径有32厘米、26厘米左右两种规格,按口沿有敞口、折沿两类。盘心以菊纹、莲纹、牡丹、仕女、高士、麒麟、龙、凤、文字等为主体构图,外绕一圈波浪纹,内、外腹部多绘四朵折枝花卉,折沿盘则在沿面上多绘出一周菱形或缠枝花卉纹带。景德镇瓷盘多为折沿盘,口径小,多为19厘米,器型低矮,盘心以丹凤朝阳、树石栏杆、鱼藻、封侯爵禄(蜜蜂、猴子、喜鹊、鹿)等为主体图案,口沿绘有杂宝或十字锦纹带,外腹部满绘缠枝花卉,盘底多带文字类方形款。

碗,景德镇瓷碗数量最多,有大、中、小三种口径,类型丰富,除青花外,还有少量五彩、霁蓝釉、白釉品种。青花纹饰取材广泛,绘制精美,代表有龙纹、凤纹、葡萄、松鹿、高士、婴戏、花鸟、鱼藻、八卦、团花、蟠螭、花卉等等,碗底多书写文字款或方形花押,在景德镇五彩瓷碗中有开光布局,多纹莲池纹。漳州窑瓷碗数量少,胎体厚重,碗内带涩圈,足底露胎,外腹绘菊瓣、折枝花、缠枝花等,画风写意。漳州窑也发现少量白釉碗。

粉盒,景德镇出有一批制作精美的粉盒,多为青花瓷,少量五彩,盖面为重点装饰区,绘有花鸟、花卉纹、海水鱼纹、八卦纹、文字等。五彩瓷盒见开光图案,个别有描金装饰,为一批高质量的产品。

罐，多产自漳州窑，有大、小两种瓷罐，大罐以缠枝花卉纹青花罐最具代表，口、腹、底三段模制，再拼合而成。小罐有青花缠枝花卉纹、折枝花卉纹、卷草纹等，也有未绘花纹的白釉小罐，个别罐子配有器盖。

杯、碟，多产自景德镇窑，花纹题材与碗类大同小异，有花鸟纹、高官纹、麒麟纹、花卉纹等。漳州窑发现一批内带涩圈的菊纹小碟。

（三）瓷器产地

沉船中最具时代特征的是青花类瓷器。经过实地进行的窑址考察与瓷器资料比对，[3]漳州窑系瓷器来自漳州平和五寨二垅窑（图7），景德镇窑系的瓷器来自景德镇观音阁遗址（图8）。瓷器特征，漳州窑瓷胎厚重，外表棕眼明显，底足粘有细砂，即外销瓷中的"砂足器"，又据传出自汕头，而称之"汕头器"。器物在制作、烧制、绘画处理上不够精细，大盘足底常出现裂痕，火候不均，伴出一定量的生烧产品。青花纹样画风写意，青花色泽暗淡，主题纹饰有牡丹纹、菊纹、莲纹、仕女、高士、婴戏、麒麟、龙纹、凤纹、游鱼等，也有单纯用文字为饰。

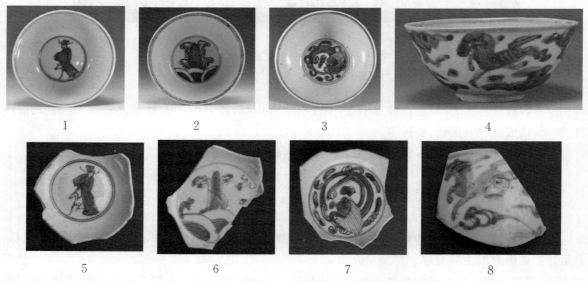

图8　"南澳I号"与景德镇观音阁窑青花瓷器比较

注：1～4，"南澳I号"沉船；5～8，景德镇观音阁窑。

景德镇窑系瓷器数量远少于漳州窑，是沉船中发现的一批制作精美的瓷器。胎体轻薄，胎质洁白，通体挂釉，玻璃质感强，修制平整，以小口径圆器为主，多见碗、碟、杯类器物。青花色泽艳丽，呈色丰富，主题花纹有山水、人物、花卉、动物、杂宝等几大类，周边围绕云雷、水波、菱形、十字、弦纹等装饰。底部多带款识，常见"万福攸同""富贵佳器""长命富贵"等吉祥文字，"大明年造"朝代款，以及"大明宣德年制""大明嘉靖年制"等年号寄托款。

景德镇窑还发现少量开光布局的瓷器，数量少，器型仅见碗、粉盒两类，均为五彩瓷，制作更显精致，花纹还带有描金，以圆形开光布局，四或六开，周边饰以折枝花卉、璎珞、缀珠等纹饰（图9）。这是沉船里少有的带开光风格的瓷器，表明开光式样尚未盛行，年代上也偏早。

南澳沉船上发现的漳州窑、景德镇窑瓷器时代特征鲜明，为明万历前期，16世纪末，与1600年"圣迭戈"号沉船所见的漳州窑青花瓷基本一致。

图9 "南澳Ⅰ号"沉船出水五彩开光荷花白鹭纹瓷碗

三、几点认识

（一）"南澳Ⅰ号"多舱室新船型的思考

"南澳Ⅰ号"沉船体现了一种不同于中国传统帆船的舱室布局。水下考古发现，水下船体残长24.85米，残存25道隔舱板，共计有25个船舱，隔舱间距不足1米，体现一种密集舱室的新布局，以龙骨、横向舱壁支撑起多舱室的船型。纵观我国沿海发现的一系列传统古代木质帆船，均为疏肋、少隔舱的内部结构，如泉州湾宋代海船[4]、南海Ⅰ号沉船[5]、华光礁Ⅰ号沉船[6]、大练岛一号沉船[7]、半洋礁一号沉船[8]、象山沉船[9]、蓬莱一号与二号沉船[10]等等，均以肋骨（或抱梁肋骨）及隔舱板构建船体横向支撑，舱室间距较大，多超过1米，舱位数13~15个。每个隔舱的位置也不是按等距排列，在一些需要加强的地方，如变形较大的艏部、艉部等地方会增加舱室，传统木帆船需要肋骨与隔舱共同抵消来自船侧的压力，并最终传递到龙骨上，因而会出现多层船壳板、龙骨体量加大的趋势，华光礁Ⅰ号沉船一度达到五层船壳板的厚度，与加强船体强度有一定关联。

"南澳Ⅰ号"沉船基本上按等距排列舱室，这种新的舱室布局方式，在稍后的平潭碗礁一号沉船[11]、宁波小白礁Ⅰ号沉船[12]、广州北京路清代木船[13]等案例中有采用，并被现代机械动力的木质渔船所延续[14]。与以前中国传统的舱室布局区别明显，其演变规律由密集的隔舱变为密肋，出现舱壁与肋骨混合结构，由于后期密集肋骨能达到支撑船体的强度，导致用隔舱壁支撑船侧压力的作用变弱，隔舱不再受力，出现可以取放的活动舱壁板，可按货物进行调整舱室大小。船体的结构拉力主要由肋骨、船壳来承担，隔舱板不再受力。船体上的变化：龙骨尺度变小，受力的肋骨数量变得更密集、尺寸也不断加粗。这种舱室布局，应该参照了西方密肋的远洋风帆商船的设计理念。从明正德、嘉靖年间开始，中国人就开始与葡萄牙、西班牙、荷兰人直接接触，相互间有走私贸易，也有冲突与战争发生，并有夺船、焚船事件，包括与葡萄牙的屯门海战，朱纨荡平葡萄牙在浙江双屿的走私聚点，林凤海盗集团进袭马尼拉，郑芝龙集团与荷兰的料罗湾海战等等。《东西洋考·红毛番》有对荷兰船详细记载"舟长三十丈，横广五六丈，板厚二尺余，鳞次相衔，树五桅。舶上以铁为网，外漆打马油，光莹可鉴。舟设三层，傍凿小窗，各置铜铳其中"，可见当时对西洋帆船非常熟悉。正是在与西方频繁接触中，出现"南澳 I 号"沉船多舱室，乃至后期的密肋船型，其影响延续到今天的木质渔船。

"南澳 I 号"沉船案例弥足珍贵，见证了月港的兴起，是明末漳州窑瓷、景德镇瓷大量外销的实证，也是研究"汕头器"的珍贵资料。"南澳 I 号"沉船紧密联系着马尼拉大帆船贸易航路，给东南亚地区经济带来重大影响，船体舱室布局也受到西方船舶的一定影响，并反映了当时错综复杂的海外贸易环境，是研究明末海商贸易不可多得的珍贵案例。

（二）关于"南澳 I 号"景德镇瓷的转运路线

从瓷器的产地到港口线路，南澳沉船揭示了景德镇瓷运往漳州月港的新线路。

明代隆庆之后，政府只开放漳州月港一处为海商放洋港市。"南澳 I 号"沉船位于漳州南面不远，从沉船的体量及装载货物完全可判定是一次出洋的贸易行动，出发港为漳州月港。

景德镇瓷地处中国腹地，其瓷器外销需要通过邻近省份，水陆兼运才能抵达始发港口进行装船。先由昌江进入鄱阳湖水系，至此分路，共计三条，[15] 一是溯信江而上，经打虎关折向南后进入闽江上游水系，顺江而下到福州、长乐，再出闽江口入东海。二是往东由铅山河口镇，由陆路过衢州、金华，再入富春江至宁波港。三是往南逆赣江而上，至大余，翻越梅关后进入广东北江水系，到达佛山、广州。上述转运线路自景德镇瓷创烧的北宋年间开始，一直延续至清道光或更晚时期，为景德镇瓷器外运的传统线路。

随着漳州月港的兴起，新开辟了由景德镇辗转直达月港、南澳的线路。在进入鄱阳湖后，逆抚河而上，到广昌开始分路。有三条支线，一条由宁化、漳平入九龙江水路，而至月港。一条由长汀入汀江，至大浦镇换船，沿韩江水路，到南澳。一条经宁都、会昌，经武平、镇平，入韩江水路而下。[16] 在转运途中，大批优质瓷器自然会流入沿线各城镇，在广昌、会昌、宁都等地明万历年间的墓葬里也发现一批青花瓷盘。[17] 明末清初政权的更迭，尤其清初为对付郑氏集团采取海禁政策，造成月港迅速衰落，沿线转运瓷器的盛况不再。

相对应的，景德镇瓷外运的传统线路依旧存在。水下考古调查近十余年来在福建海坛海峡发现多处运载有景德镇瓷器的沉船，[18] 包括平潭老牛礁、九梁海域发现装载有明中、晚期景德镇青花瓷的沉船，以及屿头岛海域发现的"碗礁一号"沉船装载有 1.7 万件清康熙年间景德镇瓷器，[19] 表明传统线路历久不衰。由梅关转运广州的线路亦然，在清一代大放异彩，在来样加工的基础上出现广彩瓷、纹章瓷、粉彩瓷等品种远销欧洲市场。

因此，景德镇瓷器直达漳州、南澳的新线路依托月港而存在，作为瓷器外销线路的时间并不长久，随着月港的衰败而改为从其他港口转运景德镇瓷器。当然，作为通闽的交通要道依旧存在。

（三）"南澳 I 号"的出洋航路问题

出洋面向海外市场，"南澳 I 号"沉船揭示了往东前往东南亚，对接前往美洲的马尼拉大帆船新航路。

传统的海上贸易路线，早在唐代贾耽《广州通海夷道》中有提及南海贸易路线，也是明初郑和下西洋的航路,由广州放洋,经南海,到爪哇岛的大港,待来年信风再起航,经马六甲海峡,到达斯里兰卡、印度一带,最后再到达西亚的波斯湾地区及东非沿岸。

在 16 世纪 70 年代,西班牙殖民势力控制了菲律宾,形成横渡太平洋直达美洲的马尼拉大帆船贸易线路,促使漳州窑瓷器大规模外销菲律宾。在西班牙来菲律宾之前,中国商人与菲律宾各岛也存在着走私贸易,并通过当地信奉伊斯兰教的"摩洛"商人进行辗转商贸,市场不大,总的交易量也不高。菲律宾既无香料,也没金银,为了生存,西班牙殖民者先期采取了吸引亚洲商人的政策,很快马尼拉成为中国、日本、暹罗、柬埔寨和香料群岛商人常去之地。西班牙从墨西哥港口阿卡普乐科运来银元和纯金,再购买中国的丝绸、天鹅绒、瓷器、青铜制品、玉石回返[20]。在 16 世纪末叶之前,与中国的贸易已经兴旺,商贸往来频繁造成明末以来大量墨西哥银元由广州、厦门、台湾等地流入。

16 世纪 90 年代,菲律宾无自产能力,需要华商运来几乎所有的物资。"南澳I号"沉船以粗胎的漳州窑瓷为主,并夹杂大量残次产品,如生烧、开裂、变形、粘补、缺釉等情况,此类低端瓷还能大量销往马尼拉,与当地缺乏自给能力有极大关系。现存"南澳I号"沉船遗物在菲律宾各岛多有发现[21],包括漳州窑瓷与景德镇瓷,还有龙纹大罐、铜钱、铜锣、铜线圈、铁锅、串珠、锡壶等等,也是东南亚一带常见的货品。按《东西洋考》载,月港开设之初的隆庆六年舶税"仅数千金",十多年间,到万历二十二年,税金竟"溢至二万九千有奇"[22],可见海商贸易获利之大。

伴随新航路的开辟、新市场的出现,海外需求大增,去菲律宾的中国商船也与日俱增,大量华人也开始在菲侨居,短时间内在当地形成十万人之众的华人聚居地。银元流失、经济困难,以及对中国大量移民的恐慌,自 17 世纪开始,西班牙殖民者对华人改持敌对态度,并加以多种限制与迫害,如课以重税、限制人数、划区严防,甚至发动多起屠杀事件。"南澳I号"沉船时间推测为 16 世纪 90 年代左右,正处早期华商与西班牙殖民者能良好交易的时期,也是越太平洋马尼拉帆船新航线开辟的初始阶段,正是大量如"南澳I号"沉船携带的中国货物与勤劳华人的到来,才奠定了马尼拉成为远东国际贸易港的历史地位。

注释

[1]广东省文物考古研究所、国家水下文化遗产保护中心、广东省博物馆:《广东汕头市"南澳I号"明代沉船》,《考古》2011 年第 7 期。崔勇、周春水:《广东南澳I号明代沉船 2012 年水下考古发掘》,《2012 中国重要考古发现》,文物出版社,2013 年。

[2]崔勇、周春水编:《孤帆遗珍:南澳I号出水精品文物图录》,科学出版社,2014 年。

[3]宋中雷:《"南澳I号"沉船瓷器窑址探析》,《孤帆遗珍:南澳I号出水精品文物图录》,科学出版社,2014 年。

[4]福建省泉州海外交通史博物馆编:《泉州湾宋代海船发掘与研究》,海洋出版社,1987 年。

[5]孙键:《广东"南海I号"发掘收获》,《2015 中国重要考古发现》,文物出版社,2016 年。

[6]中国国家博物馆水下考古研究中心、海南省文物保护管理办公室编著:《西沙水下考 1998~1999》,科学出版社,2006 年。

[7]中国国家博物馆水下考古研究中心、福建博物院文物考古研究所、福州市文物考古工作队编著:《福建平潭大练岛元代沉船遗址》,科学出版社,2014 年。

[8]羊泽林:《福建漳州半洋礁一号沉船遗址的内涵与性质》,《海洋遗产与考古》,科学出版社,2012 年。

[9]宁波市文物考古研究所、象山县文管办:《浙江象山县明代海船的清理》,《考古》1998 年第 3 期。

[10]山东省文物考古研究所、烟台市博物馆、蓬莱市文物局:《蓬莱古船》,文物出版社,2006 年。

[11]张威:《水下考古学及其在中国的发展》;赵嘉斌:《水下考古学在中国的发展与成果》,中国国家博物馆水下考古研究中心编:《水下考古学研究第一卷》,科学出版社,2012 年版。

[12]顿贺:《小白礁一号古船研究》,《中国文物报》2014 年 11 月 7 日。

[13]周雯：《广州首挖古船将于广博新馆展出》，《新快报》2014年6月11日，第A05版。

[14]魏超：《山东青岛沿海民间渔船建造工艺调查》，《海洋遗产与考古》，科学出版社，2012年。

[15]彭明翰：《郑和下西洋·新航路开辟·明清景德镇瓷器外销欧美》，《南方文物》2011年第3期。

[16]薛翘、刘劲峰：《明末清初景德镇陶瓷外销路线的变迁与漳州平和县窑址的发现》，《福建文博》1995年第1期。

[17]姚澄清等：《试淡广昌纪年墓出土的青花瓷盘》，《江西文物》1990年第2期；薛翘、刘劲峰：《江西出土的明万历外销青花瓷盘》，《江西历史文物》1985年第1期；江西省文物工作队：《江西南城明益宣王朱翊鈏夫妇合葬墓》，《文物》1982年第8期。

[18]栗建安：《闽海钩沉——福建水下考古发现与研究二十年》，《水下考古学研究》第一卷，科学出版社，2012年。

[19]碗礁一号水下考古队：《东海平潭碗礁一号出水瓷器》，科学出版社，2006年。

[20][英]D. G. E. 霍尔著，中山大学东南亚历史研究所译：《东南亚史》，第十三章（二）"西班牙人在菲律宾"，商务印书馆，1982年。

[21][日]三上次男：《陶瓷之路》，文物出版社，1984年。

[22]（明）张燮著、谢方点校：《东西洋考》卷七·饷税考，中华书局，2000年。

C4　月港—马尼拉航路对中华文化史的贡献

吴春明

（厦门大学海洋考古学研究中心）

　　16—18 世纪是人类历史上非常重要的二百多年，欧洲航海家主导的环球航路及以"全球化"为特征的"新海上丝绸之路"，引发了东西方社会的深度融合与变革。葡、西是早期全球化运动的两个海洋先锋，西班牙航海家晚于葡萄牙人抵达远东，1571 年从墨西哥出发的西班牙船队才最终征服菲律宾土著，建立起从亚洲到美洲稳定的跨太平洋航路即"马尼拉帆船（Manila Galleon）"航路，形成马尼拉—阿卡普尔科—维拉克鲁斯—西班牙的东西方新航路的基础。

　　虽然明王朝厉行"朝贡贸易"、禁行民间通番，但"市禁则商转而为寇"，闽海私商"违禁通海下番"、往返漳州港湾与吕宋各港口的东洋航路走私贸易持续高涨，"隆庆开海"准许闽人商贩东西二洋。通过闽商的月港—马尼拉航路接驳，将西班牙的"马尼拉帆船"贸易间接地延伸到东亚大陆，构筑起早期全球化航路的最后环节（图 1）。漳州月港作为当时古老中国连接全球贸易的主要窗口，既是马尼拉帆船驶向美洲、欧洲船货的主要来源港，更是马尼拉帆船带来美洲、欧洲新物产、新技术、新文化的主要输入门户，月港—马尼拉航路输入的这些舶来品，极大地改变了近古中国的社会人文景观与大众生活内涵，丰富了中华多元文化的构成，在多元一体的文化史上留下了深刻的海洋印记。

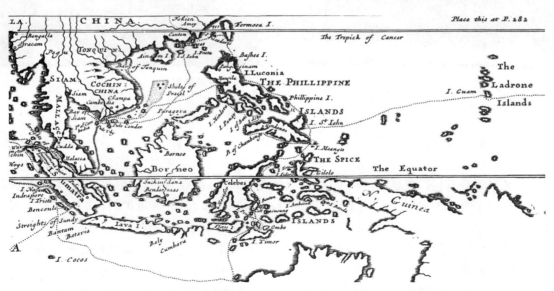

图 1　William Dampier 所绘 1697 年前后的东印度海域航海图

注：该图收于 *A New Voyage Round the World*，London：Herman Moll 一书，清晰地勾画出从福建月港厦门驶向东洋航路之台湾与菲律宾，及从广州驶向南洋西洋航路之暹罗与马六甲的两条主要航路，转引自 Ronald Vere Tooley, et al. 1968，第 261 页。

一、美洲物种的传入丰富了中华传统农耕与饮食文化

　　谷物瓜果等栽培植物物种的跨界交流与传播，丰富了世界各族人民的饮食食谱与谋生方式（图2）。自新石器时代以来，长江中下游的稻作农业向海东、东南亚、南亚、非洲的传播，西亚小麦向欧洲、东亚的传播，是史前期栽培作物最重要的扩散。中世纪以来，原产西亚与中亚的葡萄、石榴、芝麻、核桃、蚕豆、黄瓜、大蒜、胡椒等，更经由陆地丝绸之路传入中原内地，极大地丰富和改变了中华农耕与饮食文化。明代晚期以来，原产美洲的番薯、橄榄、马铃薯、玉米、西红柿、落花生、烟草等物种，经由马尼拉帆船引种到菲律宾，被月港海商带回中国并迅速扩散，再一次丰富与改善了中华农耕与饮食文化的结构。

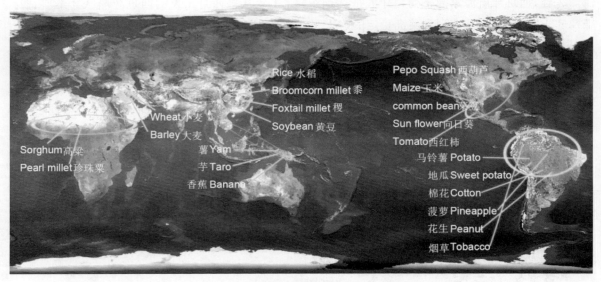

图2　全球栽培作物原驯化地分布示意图

（一）甘薯（番薯）

　　甘薯又名番薯、白薯、金薯、红薯、地瓜等，原产南美洲，就是典型的"马尼拉帆船"舶来物种（图3）。闽人自吕宋走私入境后，因适应性强、繁殖快，迅速在沿海、而后内地扩散，成为传统"五谷"之外佐济民食的重要杂粮，甚至是部分闽粤沿海民主要的生存依靠。

　　乾隆《海澄县志》卷十五"风土志·物产"："地瓜，异物志谓之甘薯，澄四时种之……种出外国，俗呼番薯"（陈锳等1968，第180页）。番薯传入的具体途径见载于清陈世元《金薯传习录》卷上引万历二十一年（1593年）长乐县生员陈经纶具禀"元五世祖先献薯藤种法后献番薯禀帖"，"切纶父振龙，历年贸易吕宋，久住东夷，目睹彼地土产朱薯被野，生熟可、茹，询之夷人，咸称薯有六益八利，功同五谷，乃伊国之宝，民生所赖。但此种禁入中国，未得栽培。……纶父目击朱薯可济民食，捐赀阴买，并得岛夷传种法则，带归闽地，不揣冒昧，将薯藤苗种及法则匍献宪辕，俯察薯堪与谷并济民

图3　美洲土著画卷所示阿兹特克(Aztec)王国市场内马铃薯、地瓜、西红柿、菠萝等物产

注:见于芝加哥 Field 自然历史博物馆"古代美洲"陈列。

食,行知各属,效法栽种,功成食足,永垂献德于不朽矣"(陈经纶 1982)。

番薯传入漳州后,迅速扩散、传播于泉州、莆田、福州等沿海府县,并进入台湾、浙江、山东。周亮工《闽小记》卷下:"番薯,万历中闽人得之外国,瘠地沙砾之地,皆可以种。初种于漳郡,渐及泉州,渐及莆,近则长乐、福清皆种之"(周亮工 1985,第 123-128 页)。徐光启《农政全书》卷二十七"树艺·蓏部":"薯有两种,其一名山薯,闽广故有之。其一名番薯,则土人传云:近年有人在海外得此种。海外人亦禁不令出境,此人去薯藤,绞入汲水绳中,遂得渡海"(徐光启 1956,第 112 页)。乾隆《漳州府志》卷六:"甘薯俗名番薯,种出吕宋,故以番名。……漳人初得其种,私以为秘,后种类日盛,上而温台,东而台湾,皆切片晒干,航海而至,即山东路上,亦间见之。"清汪灏《广群芳谱》卷十六"甘薯":"一名蕃薯,有人自海外得此种,海外人亦禁不出境。此人取薯绞入汲水绳中,因得渡海,分种移植,遂开闽广之境"(汪灏等著 1985,第一册第 383 页)。

岭南方志记载清代也从越南引种番薯。宣统《东莞县志》卷十三引"凤冈陈氏族谱":"庚辰(万历八年),客有泛舟之安南者,陈益偕往。比至,酋长延礼宾馆,每宴会辄飨以土产薯,美甘,益觊其种,贿于酋奴货之,未几伺间遁归。……(壬午(万历十年)夏,乃抵家焉。)嗣是种播天南,佐粒食,人无阻饥"(陈伯陶 1967,第 352-353 页)。光绪《电白县志》卷三"纪述":"相传番薯出交趾,国人严禁,以种入中国者罪死。吴川人林怀兰善医,溥游交州,……赐食熟番薯,林求食生者,怀半截而出,亟辞归中国。……林乃归,遍种于粤"(孙铸 2003,第 311 页)。清代自安南引种番薯至广东,不影响月港最早将番薯自美洲经马尼拉帆船航路引种中国的历史。

(二)玉米(番麦)

玉米又名番麦、玉蜀黍、棒子、包谷、包米等,原来是中、南美洲印第安人栽培的高产作物,哥伦布发现美洲后传播至欧洲及世界各地。玉米也是明代晚期传入我国的,徐光启《农政全书》卷二十五"树艺·谷部":"别有一种玉米,或称玉麦,或称玉蜀秫,盖亦从他方得种"(徐光启 1956,第 103 页)。

迹象表明月港仍是最有可能的输入地。玉米原产地美洲，玉米引入菲律宾后成为当地除水稻之外最重要的栽培作物，为传入闽中重要前提。明朝末年，玉米的种植已达十余省，在内地的称谓（棒子、包谷、包米）均从形态的描述，唯有闽台及甘青地区将玉米称为"番麦"，符合该作物从海外传入的历史。最早的是嘉靖三十九年《平凉府志》："番麦，一曰西天麦"（赵时春1996，第754页）。乾隆《晋江县志》卷一"物产"："（麦之属），番大麦，一名御米，有红、黄诸色"（朱升元1967，第41页）。乾隆《安溪县志》卷四"御米，一名番麦，穗生节间。"嘉庆续修《台湾县志》卷三十一："番麦，番人种之，美亦远逊常种"（鲁鼎梅1999，第383页）。而且从明清时期种植玉米较多的若干内地省份，也多闽人垦种的情形，刚开始还受官府查禁，嘉庆《旌德县志》卷五："苞芦，一名丈谷米。按，种苞芦者，都系福建、江西、浙江暨池州、安庆等府流民，租山赁种。用锄开挖，内垒，土松石动，遇淋雨石沙随雨水奔下，填溪塞路，毁坏良畴。游民俱系无业聚族，凭陵土人不敢与较，且性犷悍好斗，时酿命案"（陈炳德1975，第485页）。嘉庆《宁国府志》卷十八"食货志"："杂粮曰苞芦，一名六谷，又名玉米，流民赁垦苞芦，有妨河道，嘉庆十二年奉旨查禁"（鲁铨1970，第585页）。

（三）西红柿（番茄）

西红柿又名番茄、番柿、洋柿子等，汉语中的意思都是"外国柿子"。番茄也起源于南美洲，在墨西哥被驯化。番茄的驯化物种传播相继到西班牙、葡萄牙、欧洲其他国家和世界各地。

清汪灏《广群芳谱》卷五十八"蕃柿"语："一名六月柿，茎似蒿，高四五尺，叶似艾，花似榴，一支结五实或三四实，一树二三十实，……草本也，来自西蕃故名"（汪灏等著1985，第三册第1392页）。番茄的驯化种也在17世纪通过大帆船从新西班牙（墨西哥）传播到菲律宾，此后又转移到亚洲其他国家。因此，番茄最有可能也是通过海路从东南亚带到中国的。

（四）烟草（淡巴菰）

烟草古中文又名淡巴菰、淡芭菰、淡把姑、淡巴菇、担不归等，均系西文tobacco的音译，原产美洲，在印第安土著文化中有繁复的烟草文化（图4）。

自明代晚期引入我国并大面积种植。传世文献明确记载，香烟就是经月港由吕宋转输入的，是马尼拉帆船舶入远东的重要物产。晚明姚旅《露书》卷十："吕宋国出一草，曰淡巴菰，一名曰醺。以火烧一头，以一头向口，烟气从管中入喉，能令人醉，且可避瘴气。有人携漳州种之，今反多于吕宋，载入其国售之"（姚旅2008，第261页）。乾隆《海澄县志》卷十五"风土志·物产"："烟草，种出东洋，名淡巴菇……口吸其烟能令人醉，日常思之，故亦名相思草或云食可避瘴"（陈锳等1968，第179页）。清代张璐《本经逢原》卷一"火部"："至于烟草之火，方书不录，惟《朝鲜志》见之，始自闽人吸以祛瘴，向后北人借以辟寒，今则遍行寰宇，岂知毒草之气，熏灼脏腑，游行经络，能无壮火散气之虑乎？"（张璐1996，第3页）清代文学家厉鹗著《樊榭集》云："烟草神农经不载，出于明季，自闽海外之吕宋国移种中土，名淡巴菰，又名金丝熏"（厉鹗1992，第729页）。

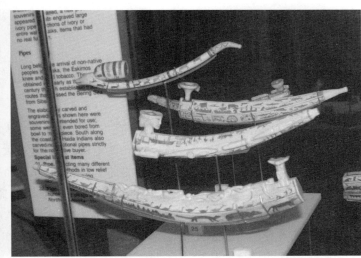

图 4　美洲印第安土著的烟草文化

注：左，美国哈佛大学校园烟草商店展示美洲印第安土著药草文化的木雕展板；中、右，伊利诺伊大学香槟分校（UIUC）Spurlock 博物馆、芝加哥 Field 自然历史博物馆分别陈列的印第安土著复杂多样的骨雕烟斗。

　　烟草传入月港后，迅速在国内传种，吸食香烟逐步成为中国人各阶层社会生活的特殊内容，明末清代曾屡次禁烟，没能阻挡住这份来自新大陆的沉重礼物，以至于迄今中国成为具有世界上最大量烟民的国家（李隆庆 1997）。

　　烟草传入东亚后，在 17 世纪以来的遗址中留下了不少以各式陶、铜烟斗为代表的烟草文化遗存（Jeremy N. Green 1977，第 152-168 页；臧振华 2013，第 308 页；广西文物队 1986；王淑津、刘益昌 2007）。在月港外围的漳州东山冬古明末沉船中，也曾出水一件金属烟杆，细长条烟管、浅盘状烟斗，烟嘴缺失，应是烟草传入的早期闽南地区吸食烟草的历史遗存（图 5；彩版九：5）。

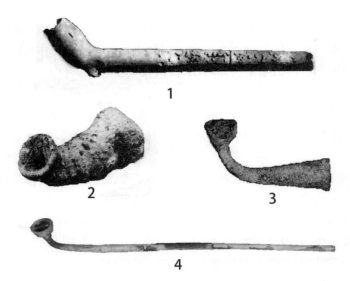

图 5　东亚考古所见部分早期烟斗

注：1，荷兰东印度公司远东沉船 Vergulde Draeck 号（1656）船货陶烟斗；2，广西合浦上窑明代窑址瓷烟斗；3，台湾台南安平古堡（"热兰遮城"）铜烟斗；4，福建东山冬古明末清初沉船铜烟斗。

二、舶来器具促进了传统手工业的革新与进步

中国古代文化史上的一系列重要发明与手工业成就为人类文明史做出了重大贡献，并相继通过陆、海丝绸之路传播到世界各地。近五百年来，伴随着新大陆的发现与全球化带来的新视野、新材料与新发明，激发了欧美工商与科技的进步，导致工业革命并带动世界的同步发展。欧美社会新的经济与技术成就，伴随着东突西进的全球化航路的航迹传播到远东，月港—马尼拉航路作为早期"欧风东渐"的重要窗口之一，也留下了许多重要的遗产记忆。

张燮《东西洋考》萧基"小引"："澄水国也，农贾杂半，走洋如适市。朝夕之皆海供，酬酢之皆夷产"（张燮 1981，第 15 页）。

明末崇祯《海澄县志》的记载，明代福建进口的海外商品有："琐服、交趾绢、西洋布、吉贝布、银钱、犀角、象牙、玛瑙、琥珀、玳瑁、龟筒、翠羽、鹤顶、琉璃、楠香、沉得香、速香、檀香、安息香、麝香、乳香、降真香、丁香、片脑、蔷薇水、苏合油、铅、羚羊角、明角、乌角、鹿角、獭皮、马尾、孔雀尾、黄蜡、白蜡、花梨木、乌楠木、苏木、棕竹、科藤、藤黄、阿魏、没药、血竭、芦荟、铜鼓、自鸣钟、倭屏风、倭刀、玻璃镜、嘉文席、藤花簟、眼镜、金刚钻、鹤卵杯、燕窝、西国米、胡椒、孩儿茶、蟹肉、波罗蜜、椰子"（梁兆阳等 2019，第 369 页）。

欧美"夷产"由西班牙泛太平洋航路运抵马尼拉后，再经月港海商接驳进入华南及内地，一定程度上诱发了我国传统工商业内涵的更新与进步。

（一）白银与银币

欧洲发现"新大陆"后，16—18 世纪秘鲁等地的银矿得以大规模开采，世界一半以上的白银存量来自美洲。在东亚海洋贸易体系纳入全球化的新海上丝绸之路过程中，以丝、瓷、茶等为传统出口商品的中国始终处于严重的出超地位，导致欧美白银大量输入，其中主要是由马尼拉帆船转运入境的（全汉昇 1969，1979，1989；张德明 1993）。屈大均《广东新语》卷十五"货"载："闽粤银多从番舶而来。番有吕宋者，在闽海南，产银，其行银如中国行钱。西洋诸番，银多转输其中，以通商故。闽粤人多买吕宋银至广州"（屈大均 1985，第 406 页）。从资料看，马尼拉帆船舶入的白银应有银料与银币两类。

一方面，美洲白银的大量输入，为银器手工业提供了源源不断的原料，促进了传统手工业的更新换代。晚明清代沿海兴起了新的面向欧美市场的外销银器产业，大部分是按照西方社会日常生活需要订制的类型、装饰与款式。南美白银的输入与西式白银制品的返销欧洲，成为新阶段华南外向型银器手工业的新形态，体现了环球贸易的特点。

另一方面，随着马尼拉帆船贸易及月港—马尼拉接驳贸易的纵深发展，西班牙美洲殖民地银币也从月港大量流入并在华南沿海率先使用、流通。《天下郡国利病书》卷九十三引《福建漳州府志洋税考》："东洋中有吕宋，其地无他产，番人率用银钱（钱用银铸造，字用番文，九六成色，漳人今多用之）易货"（顾炎武 2012，第 3090-3097 页）。又《东西洋考》卷五描述"吕宋""银钱"分四类，言"俱自佛郎机携来"（张燮 1981，第 94 页）。漳州之后，西属银币又不断扩散到闽、粤、浙、皖、赣、湘、苏、沪等华南各地并在工商贸易活动中流通。上述各省不同程度发现的 16—18 世纪不同形态与年代的

西班牙殖民地银币遗存,反映了以月港输入为开端的西属银币在华流通的历史(见 C1 图 10;刘淼 2015)。

(二)西洋火器

中国古代道家在长期的炼丹实践中,发现了硝石、硫磺、木炭、油脂等混合物形成的爆燃物,最迟在宋元时期发明了影响世界的"火药法"。火药通过丝绸之路等传到西亚与欧洲后,在东、西方的民用和军事领域都有了长足的应用,尤其是火箭、流星炮、地雷、水雷及原始的管状突火枪炮等"原始火器"为近代枪炮的产生奠定了基础。十四世纪前期在欧亚大陆间的元朝与欧洲都出现了以火药为推进剂的金属管的炮铳,这是近代枪炮的重要起源,约在十四、十五世纪之交,欧洲人发明了大威力的后膛装式火炮(breech loading cannon),以此为代表的西式火器很长一段时间技术上领先于东方(李约瑟 2005,第 308-319 页)。

在西班牙、葡萄牙航海家东突西进的环球航行前后,包括这种大威力的后膛装式火炮在内的西式火炮也广泛运用于远洋航船(图 6)。明朝曾将葡、西甚至法国并称"佛郎机"(Franc, Frankish, Farangi),他们商船上遍布的火炮也称为"佛郎机(炮)"。《天工开物》卷十五"佳兵(火器)"语:"西洋炮,熟铜铸就,圆形若铜鼓。引放时,半里之内,人马受惊死。""红夷炮铸铁为之,身长丈许,用以守城。""大将军、二将军,即红夷之次,为中国巨物。佛郎机,水战舟头用"(宋应星 1978,第 400页)。诚然,文中所说的"西洋炮""佛郎机"并没有明确描述是"后膛装式"火炮。

图 6 佛郎机炮及 16 世纪的伊比利亚武装商船

注:左,李约瑟 2005,第 303 页引葡萄牙火炮;右,J.H. Parry 1974,第 166 页录 1536 年葡、西帆船船舷密集火炮布置。

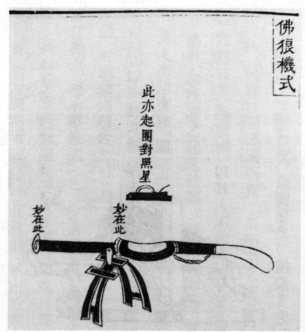

图 7　《筹海图编》卷十三"兵器"所录佛郎机图像

　　郑若曾《筹海图编》卷十三"经略·兵器"引正德年间广东按察使金事顾应祥描述的佛郎机炮的形态（图 7），他是正德十二年（1517 年）葡萄牙商船首次闯入珠江口后与之接触的明朝官员。"其铳以铁为之，长五六尺，巨腹长颈，腹有长孔，以小铳五个，轮流贮药，安人腹中放之，铳外又以木包铁箍，以防决裂。海船舷下，每边置四五个于船舱内，暗放之，他船相近，经其一弹，船板打碎，水进船漏，以此横行海上，他国无敌"（郑若曾 2007，第 903 页）。

　　明严从简《殊域周咨录》卷九"佛郎机"载："佛郎机番船用夹板，长十丈，阔三丈，两旁架橹四十余枝，周围置铳三十四个。……其铳用铜铸造，大者一千余斤，中者五百余斤，小者一百五十斤，每铳一管，用提铳四把，大小量铳管，以铁为之。铳弹内用铁，外用铅，大者八斤。其火药制法与中国异。其铳一举放，远可去百余丈，木石犯之皆碎"（严从简 1993，第 321 页）。这里所说的"佛郎机""每铳一管，用提铳四把，大小量铳管"，则是明确的"后膛装"火炮。

　　明代以前航行在丝绸之路上的中国商船，多是单纯的民船，即便在千余年的火药发明使用史上，火器不见于中国古代商船中。葡、西商船是 16 世纪以来华南海商在东、南洋航路上遭遇的早期贸易对手，佛郎机商船的武装形态一方面影响了华南商船的装备，另一方面也促进了明朝官方对佛郎机等西式火炮的吸收与引进。《明世宗嘉靖实录》卷一五四语"漳民私造双桅大船，擅用军器火药，违禁商贩"（张溶等 1983，第 3488-3489 页），即言月港商船武装化。广东南澳一号晚明沉船，正是一艘发往马尼拉的东洋航路商船，除了出水大量贸易陶瓷及保存比较完好的船体结构外，还在船舱中发现了西式的铁炮（孙健 2012）。在福建东山冬古湾的同期沉船中，大致可以确定是明郑沉船，也发现了多座火炮（东山冬古水下考古队 2003）。南澳与冬古沉船船载火炮的发现，月港—马尼拉航路商船武装化的证据，不排除是受到了马尼拉帆船的影响（图 8、图 9）。

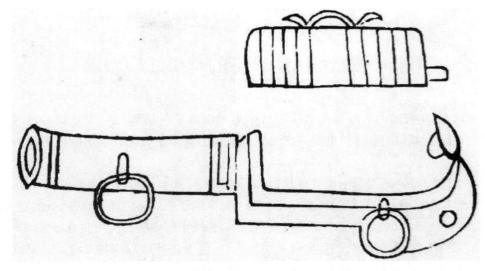

图 8   明代仿造佛郎机炮的"无敌神飞炮"

注:引自郑若曾2007,第906页。

图 9   南澳与冬古沉船船载火炮

注:左,南澳一号沉船;右,月港宫口港区。

在与葡、西船舰的正面接触中,明王朝对佛郎机等西式火炮的威力已有充分的认识,并予以侦察、仿制与推广,极大改进了明清时期的军事装备。前引《殊域周咨录》卷九"佛郎机"记载了明正德年间广东东莞白沙巡检何儒仿造佛郎机炮的经过,"有东莞县白沙巡检何儒,前因委抽分,曾到佛郎机船,见有中国人杨三、戴明等,年久住在彼国,备知造船、铸铳及制火药之法。錝令何儒密遣人到彼,以卖酒米为由,潜与杨三等通话,谕令向化,重加赏,彼遂乐从。约定其夜,何儒密驾小船,接引到岸,研审是实,遂令如式制造"。

郑若曾《筹海图编》卷十三"经略·兵器"也明确承认此类火器自西洋引进的历史,"其制出于西洋番国,嘉靖初年始得而传之。中国人更运巧思,而变化之"(郑若曾2007,第901-902页)。除了仿制佛郎机炮外,明军还造出了改进型的后膛装火炮"无敌神飞炮"。同卷:"连子炮共重一千五百斤,每炮一位,子炮三门","(神飞炮)其放法与佛郎机同","今所制无敌神飞炮,体若佛郎机,轻可移动,且预为装顿"(第905页)。同书卷十三"经略·兵船"还记录了明朝水军装备佛郎机火炮的情形,"海寇所恃,全在于铳,吾亦以铳为应。中军大船之前,仍用次等船载佛郎机大铳数架以镇之"。又有"船曰蜈蚣,象形也。其制始于东南彝,专以驾佛郎机铳。铳之大者千斤,至小者亦百五十斤。其法之烈也,虽木石铜锡,犯罔不碎,触罔不焦"(第876、883页)。可见,佛郎机火炮的引进极大提升了明朝水军的战力。

三、一个未解的课题：海风侵染下的闽粤红砖聚落

16世纪以来，在我国的沿海港市和通商口岸集中出现了一批西（欧）式建筑形态，有教堂、商馆、领事馆、医院、学校、宅院等，这些建筑毋庸置疑地属于海洋全球化背景下欧风东渐的西式建筑文化。

在闽粤之间的漳泉，还有另一类红砖建筑群，从平面、立面整体结构与屋面形态来看，它完全属于中国传统土木结构四合院的建筑特点。但它独一无二的红色砖瓦内涵、出砖入石的花式砌体、明确与稳定的时空分布、与东洋侨商密切的历史渊源等，构成中国传统民居中非常特殊的一环。虽然目前建筑史学界对闽粤红砖聚落的起源研究尚无定论，但上述特殊因素与月港—马尼拉航路的历史契合，为分析这一重要课题提供了有力的思考方向（王治君2008）。

红色砖瓦与出砖入石的结构是闽粤红砖聚落最外显的特征。砖瓦作为一种普世的建筑材料，由于技术史与文化史的原因，我国历史上的民居建筑多以灰砖建构，唯粤东闽南区域500年民居建筑逆势例外。从世界建筑史的视野看，红砖建筑是罗马、拜占庭与伊斯兰建筑融合的产物，以红色砖瓦、砖石混合、花式砌体等为特点，分布中心是地中海到波斯湾沿岸，并伴随着欧洲移民的步伐红遍美洲大陆（图10）。闽南红砖厝的外显特征与之一致，与月港—马尼拉航路轨迹逻辑相符。

红砖聚落集中分布于粤东闽南地区，兴起于明代晚期。闽粤地区考古发现的资料，汉唐时期的墓葬与房址中也曾使用过作为瓦窑技术早期阶段（氧化焰）产物的红砖构建，但宋元以来也都趋于还原焰窑产物的灰砖建筑。所以，闽粤红砖聚落不是技术史的产物，其兴盛的时空恰好是月港—马尼拉航路的在中国的靠泊地。从典型个案看，代表性的大型红砖厝聚落，多可溯源旅菲华侨所建。如南安官桥的蔡氏古民居，就是同治年间菲侨蔡启昌回乡兴建，而且建房的砖瓦也从菲律宾海运回来，雕刻艺术和建筑风格中西合璧。又如总部设在龙海，分局设于厦门、安海、吕宋的天一信局建筑，更是中西合璧的红砖建筑，也是清末旅菲侨商郭有品创建（图11）。龙海东园埭尾村是闽南最大的红砖聚落，60多座红砖古厝规模、方向、形态一致，聚落平面整齐划一，该建筑群没有可资佐证的溯源资料，但正好紧邻海澄古月港，其与月港海交的关系，值得探讨。

总之，月港是近五百年以来中国与欧美世界初期互动的重要窗口之一，不仅是驶向美、欧的马尼拉帆船泛太平洋航路贸易船货的主要出口地，更是欧美世界的物产、器物、技术、文化通过马尼拉帆船输入中国的门户，为中华多元文化的发展做出了不可忽视的特殊的贡献。

图 10　阿卡普尔科(现代)(上)与古马尼拉湾(1647)(下)的红砖建筑群

图 11　月港北部"天一信局"建筑遗址

注：上、中，建筑遗存；下，建筑正面屋顶匾额题写的哥特式英文语句"Kay Yerv Fin Tien It"，为闽南语"郭有品天一"的拼音字母。

（本文中译稿先期刊发于《南方文物》2019 年第 3 期，第 212-221，40 页。）

参考文献

J.H. Parry，1974，*The Discovery of the Sea：An Illustrated History of Men，Ships and the Sea in the Fifteenth and Sixteenth Centuries*，New York：The Dial Press.

Ronald Vere Tooley，Charles Bricker，Gerald Roe Crone，1968，Landmarks of the Mapping：An Illustrated Survey of the Maps and Mapmakers，Amsterdam：Elsevier.

Jeremy N. Green，1977，*The Loss of the Verenigde Oostindische Compagnie Jacht VERGULDE DRAECK，Western Australia 1656，An Historical Background and Excavation Report With an Appendix on Similar Loss of the Fluit*，BAR Supplementary Series 36（i）and（ii），P152-168.

M. Liu，C. Wu，2017，The Discovery of Spanish Coins of 16-18 Century in Southeast China and Related History of Globalizing Trading System between East and West，in Maria Cruz Berrocal and Chenghwa Tsang editor，*Historical Archaeology of Early Modern Colonialism in Asia-Pacific*，pp.136-147. Gainesville：University Press of Florida.

（清）陈炳德，1975，嘉庆《旌德县志》，成文出版社。

陈伯陶，1967，民国《东莞县志》，成文出版社。

（明）陈经纶，1982，《元五世祖先献薯藤种法后献番薯禀帖》，见［清］陈世元乾隆年《金薯传习录》第 16-21 页，中国农业出版社。

（清）陈锳编纂，邓廷祚校释，1968，乾隆《海澄县志》，成文出版社。

（明）郑若曾撰，李致忠点校，2007，《筹海图编》，中华书局。

东山冬古水下考古队，2003，《2001 年度东山冬古湾水下调查报告》，《福建文博》第 3 期。

鄂杰、赵嘉斌，2005，《2004 年东山冬古湾沉船遗址 A 区发掘简报》，《福建文博》专刊，第 118-123 页。

广西文物队，1986，《广西合浦上窑窑址发掘简报》，《考古》第 12 期，图版三（2、3）。

（清）顾炎武，2012，《天下郡国利病书》，上海古籍出版社。

［英］李约瑟（Joseph Needham），2005，《中国科学技术史》，第五卷"化学及其相关技术"第七分册"军事技术：火药的史诗"，第 308-319 页，科学出版社、上海古籍出版社。

（明）梁兆阳，蔡国祯，2019，崇祯《海澄县志》，华夏文化出版社。

李滨、孙健，2005，《2004 年东山冬古湾沉船遗址 A 区发掘简报》，《福建文博》专刊，第 124-131 页。

（清）厉鹗，1992，《樊榭山房集》，上海古籍出版社。

李隆庆，1997，《新大陆的一份沉重礼物——烟草的发现传播及其他》，《华中师范大学学报》第 5 期，第 86-92 页。

刘淼，2015，《中国东南沿海发现的 16—18 世纪西属殖民地银币》，《海洋遗产与考古》第二辑，第 260-274 页，科学出版社。

（清）鲁鼎梅，1999，《嘉庆续修台湾县志》，上海书店出版社。

（清）鲁铨，1970，嘉庆《宁国府志》，成文出版社。

（清）屈大均，1985，《广东新语》，中华书局。

全汉昇，1969，《明清间美洲白银的输入中国》，《香港中文大学中国文化研究所学报》第二卷第 1 期，第 59-80 页。

全汉昇，1979，《再论明清时期美洲白银的输入中国》，《陶希圣先生八秩荣庆论文集》，台北食货月刊社，第 164-173 页。

全汉昇，1989，《三论明清间美洲白银的输入中国》，《第二届国际汉学会议论文集》，"中研院"，第 83-94 页。

张德明，1993，《金银与太平洋世界的演变》，《武汉大学学报》第 1 期。

（明）宋应星，1978，《天工开物》，中华书局。

（清）孙铸，2003，光绪《电白县志》，上海书店出版社。

孙健，2012，《广东南澳一号明代沉船和东南地区海外贸易》，《海洋遗产与考古》，第 155-170 页，科学出版社。

（清）汪灏等著，1985，《广群芳谱》，上海书店。

王治君，2008，《基于陆路文明与海洋文化双重影响下的闽南"红砖厝"——红砖之源考》，《建筑师》第 2 期，第 86-92 页。

王淑津、刘益昌，2007，《十七世纪前后台湾烟草、烟斗与玻璃珠饰的输入网络》，台湾大学《美术史研究集刊》第 22

期,图9.

（明）徐光启,1956,《农政全书》,中华书局。

（明）严从简著,余思黎校注,1993,《殊域周咨录》,中华书局。

（明）姚旅,2008,《露书》,福建人民出版社。

（明）赵时春,1996,嘉靖《平凉府志》,齐鲁书社。

（清）周亮工,1985,《闽小记》,上海古籍出版社。

（清）张璐,1996,《本经逢原》,中国中医药出版社。

（清）朱升元,1967,乾隆《晋江县志》,成文出版社。

（明）张燮著,谢方点校,1981,《东西洋考》,中华书局。

臧振华主编,2013,《南科的古文明》,台湾史前文化博物馆,第308页。

中编：马尼拉集散——澳门、台湾、长崎、马尼拉等地的"马尼拉帆船"考古遗存

C5　马尼拉大帆船贸易陶瓷的分析

王冠宇

（香港中文大学文物馆）

　　16世纪以来,进入大航海时代的欧洲国家陆续东来,打破地域隔阂,将大明帝国卷入全球化浪潮中。中国丰富的物产、工艺精湛的日用及艺术品,迅速得到更广阔市场的喜爱与追逐,跃升为热销全球的国际商品,亦成为欧洲人拓展东方贸易的动力。当中表表者,如丝绸、瓷器、漆器以及茶叶等,不胜枚举。瓷器,作为明帝国特有物产,初抵欧陆便风靡各地,其洁净、轻薄、不易磨蚀等特质,以及神秘的东方韵味,受到皇室、贵族乃至宗教领袖的热烈追捧。全球市场的急剧扩张,促使活跃于贸易的各国商人积极参与瓷器设计、生产、运输及销售等环节,以赚取高额利润。踏入黄金时代的瓷器贸易,曾牵引起全球商业利益的潮汐。

　　多元的推动者及其背后目标市场的不同要求,使得明清时期中国外销瓷器的产地、类型及装饰风格都呈现出前所未有的多样性与蓬勃生机。在此背景下,本文以晚明时期的马尼拉大帆船贸易为研究案例,通过分析不同时期沉船出水货物中不同类型的贸易瓷器及其组合,探讨瓷器贸易背后的主要推动者及目标市场的转变。

一、背景

　　15世纪以降,世界进入地理大发现与新航路涌现的时代。欧洲各国纷纷加入向亚洲和美洲的扩张活动,揭开了东西方的直接对话与碰撞。1498年,达伽马(Vasco da Gama,1460—1524年)率领的葡萄牙船队第一次进入亚洲海域,并由此逐渐东进,武力扩张至印度果阿、东南亚的马六甲、摩鹿加群岛,步步为营,终于在1514年到达中国东南沿海,中葡贸易由此展开。[1]1517年,葡萄牙国王曼努埃尔一世向中国派遣使团,意图建交并发展官方贸易,但并未成功。沿海葡萄牙商人只能于中国沿海离岛从事走私贸易,直到1553至1557年间成功入踞澳门,将此地发展成与中国贸易的核心港埠以及经营亚洲海上贸易的重要据点。[2]

　　葡萄牙之后,西班牙、荷兰等国商人亦相继东来。1565年,在葡萄牙海上版图之外不懈探索的西班牙人成功另辟航路,横渡大西洋,抵达菲律宾群岛,并于1571年正式占领马尼拉,将该地发展成其深入亚洲贸易网络的枢纽。[3]1602年,荷兰东印度公司(VOC)成立,正式加入欧洲各国对东方版图的争夺。1619年,荷兰人占领巴达维亚(今印尼雅加达),并以此为枢纽,介入东南亚本地商业网络。天启四年(1624年)占据台湾南部,拓展与中国东南沿海的运输网络,进一步推动以瓷器为代表的外销商品运销全球。

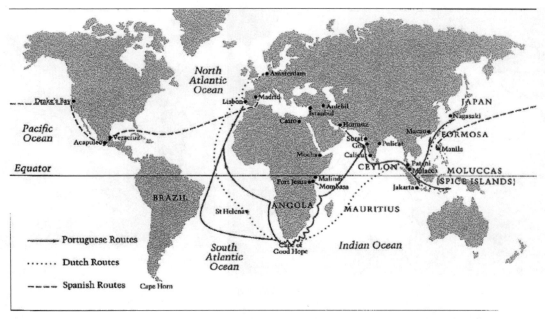

图 1　16 至 17 世纪国际航海路线图

　　16 至 17 世纪,葡萄牙、西班牙和荷兰是控制东西半球航行及贸易的主要力量(图 1)。葡萄牙及荷兰商船装载货物后,会通过马六甲海峡,进入印度洋水域,沿着东非海岸绕过好望角,驶向欧洲。而以菲律宾为基地的西班牙人,则以大帆船(Galleon)满载货物,由马尼拉启航,横渡太平洋,抵达北美洲的德雷克海湾,之后沿途向南,于阿卡普尔科经陆路抵达美洲东岸,再将货物运送回欧洲。本文以马尼拉大帆船贸易为研究案例,通过分析不同时期沉船出水货物中不同类型的贸易瓷器及其组合,探讨瓷器贸易背后的主要推动者及目标市场的转变。

二、景德镇与漳州：瓷器货物的主要产地

　　西班牙人初抵东南沿海岸之际,中国贸易瓷器的主要产地仍然是景德镇。景德镇位于中国内陆的江西省,以出口质量上乘、制作精巧的瓷器而闻名(图 2)。瓷器按照商人或代理商的订单制作烧成后,会以菱草包扎,以竹筐或木桶装载,运输往各地。载有外销瓷器的货船由景德镇出发后,循昌江进入鄱阳湖,再沿赣江南下,经过南昌府,抵达南安府(今江西大余县)。江西、广东二省以南安府境内的大庾岭相隔,瓷器需转由挑夫们运送,以陆路翻过庾岭,前往广东南雄府,并在此重新装载上船,航行入珠江水系,抵达广州(图 3)。外国商人的货船停靠于广州城外,等待装载货物启程。明清时期,外国商人不被允许前往瓷器生产地(如景德镇)进行直接贸易,须透过港口的行商下单订货,并就地交收货物。

　　近年的考古发现揭示,活跃于晚明时期的各个景德镇窑址几乎都出土了供销海外的瓷器标本,[4]可以推想景德镇外销瓷器生产的空前盛况(图 4)。这些瓷器标本中,有相当数量可以与马尼拉大帆船贸易航线上发现的沉船货物相比对(图 5),证明在西班牙人到达中国沿海之初,已积极参与景德镇瓷器的贸易与运输。

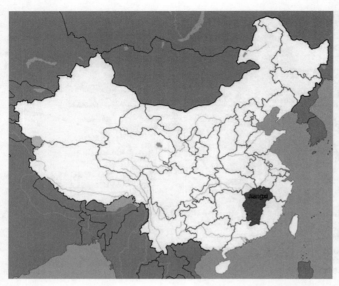

图2　景德镇的地理位置

图3　描绘瓷器生产、运输及贸易过程的广州外销画

注：左至右：包装、过滩、过岭，十八世纪末，香港海事博物馆藏。

隆庆开关（1567年）前后，福建漳州窑瓷器亦开始经由邻近的月港运销海外。与景德镇内外兼顾的生产格局不同，福建漳州窑业以专供海外市场为目标，其产品在国内除窑址发现外，鲜见于其他遗址（图6）。相对于同时期景德镇外销瓷器的精致工艺，尚处于初创期的漳州窑瓷器呈现出草率粗犷的产品特质。整体而言，景德镇瓷器胎质坚密、釉面匀净、器体轻薄，而大部分漳州窑瓷器胎釉粗疏、器体厚重。与景德镇窑场的精工细作不同，漳州诸窑场通过简省工序、提升装烧量等方法，在降低制作成本的同时推高产量，以赚取最大利润。

16世纪后半叶，随着中国瓷器的外销由亚洲扩展至欧陆，景德镇生产的精细瓷器受到皇室权贵的热捧。与此同时，全球航线的快速拓展，促使更多港口与市镇成为中国瓷器的潜在市场，却因消费能力有限而无法负担价格高昂的景德镇瓷器。在此背景下，低成本制作的漳州窑产品因绝对的价格优势广受青睐，填补了供销海外市场的巨大空缺。原计划由漳州月港驶往菲律宾的十六世纪晚期沉船"南澳I号"，出水两万余件漳州窑瓷器，占瓷器货物的八成以上，证实东南亚及周边市场对于漳州窑瓷器的巨大需求。[5]17世纪以降，漳州窑进入生产高峰期，诸窑场以自身技术传统为基础，吸收借鉴景德镇先进工艺，积极迎合海外市场需求，产品类型极其丰富，青花之外，还生产青瓷、白瓷、色釉瓷（如蓝釉、酱釉、黄釉等）及釉上彩瓷、素三彩瓷等多个品种（图7）。[6]

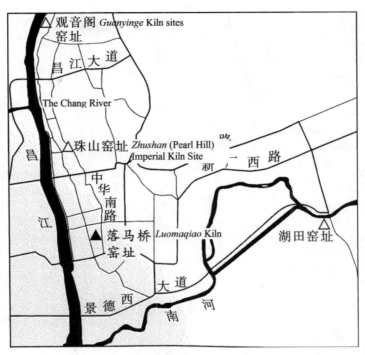

图4　景德镇窑址示意图

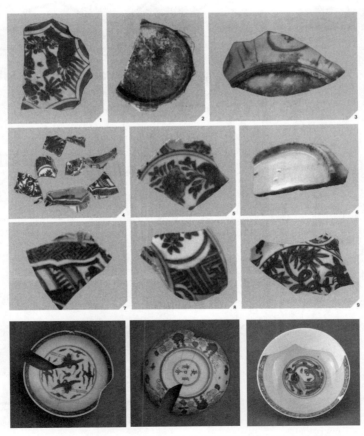

图5　观音阁窑址、珠山御器厂遗址及落马桥窑址出土瓷器标本

图6　福建漳州地区窑址分布示意图

青花花卉大盘（E030）

青花麒麟大盘（E002）

青花凤大大盘盘底（E014）　青花麒麟大盘盘底（E015）

青花荷塘芦雁大盘盘底（H017）

青花立凤杜丹开光大盘（H012）

彩绘凤穿花开光大盘（H097）

青花狮戏大盘盘底（H028） 青花麒麟大盘盘底（H079）

彩绘凤穿花开光大盘（H096）

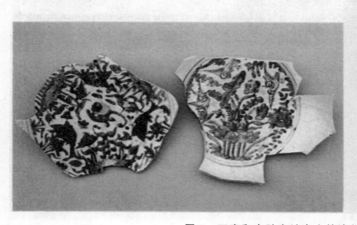

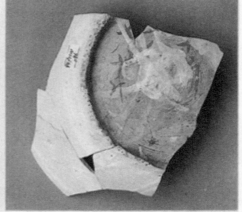

图 7 五寨和南胜窑址出土的漳州窑瓷器标本

三、景德镇瓷器：马尼拉大帆船贸易初期的瓷货

进入大航海时代以来，拓展海上帝国成为葡萄牙王室执政的重要主题。[7]国王曼努埃尔一世时期(Manuel I of Portugal，1495—1521年)，葡萄牙海外领土的持续扩张已为帝国带来巨大经济利益，王室积累巨额财富，用以支持海上探索活动，葡萄牙步入开拓东方的黄金时期。1498年，曼努埃尔一世派遣达伽马船队从里斯本出发，绕过非洲好望角，进入印度洋。1499年，达伽马由印度返航时，将在此采买的中国瓷器带回欧洲，献给曼努埃尔一世，[8]开辟欧洲获取中国瓷器的新航路。

1511年，葡萄牙人占领马六甲，掌控了环印度洋各地商人与东南亚贸易往来的窗口，由此辐射东南亚各地，并很快与中国海商取得接触，购得瓷器等货物。1517年，葡萄牙国王曼努埃尔一世派遣葡萄牙使团访华，但以失败告终。16世纪早中期，广东上川岛、浪白澳、漳州月港、泉州浯屿以及宁波双屿等地都曾是葡萄牙人进行走私贸易、转运瓷器的主要地点。中国瓷器亦在新航线的助力下，被贩售至东西航路沿线新兴的葡属港口与市镇，甚至经长线运输返回欧洲。此时期中国外销瓷器品类丰富，主流形制与纹样仍然延续行销亚洲市场的风格，生产与贸易渐趋兴盛。[9]

葡萄牙里斯本桑托斯宫(Santos Palace)收藏的中国瓷器见证了这段历史。桑托斯宫自葡萄牙国王曼努埃尔一世时期被用作王室寝宫，正值葡萄牙人积极探索东方之际，宫内因此积累几代葡萄牙王室的中国瓷器收藏。17世纪末，受到席卷欧洲的巴洛克艺术风潮及"中国风"影响，桑托斯宫开辟瓷器厅，将宫中收藏的超过270件瓷器镶嵌于特别设计的金字塔形屋顶进行展示，当中可见属于中葡贸易早期的中国瓷器实例(图8)。[10]此外，马来西亚刁曼岛北部发现的宣德沉船(1540年前后)出水青花瓷器，亦为我们展示了此时期葡萄牙货船运载的主流瓷器货物的面貌。[11]瓷器装饰仍然带有正德时期瓷器装饰密集而繁复的风格，亦有部分瓷盘出现了向疏朗布局过渡的趋势(图8)。

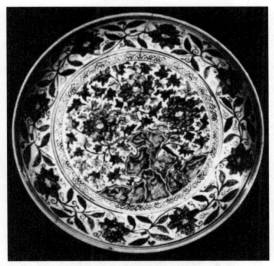

图8　宣德沉船出水的青花瓷盘(左)与里斯本桑托斯宫收藏的青花瓷盘(右)

《广东通志》载："(嘉靖)三十二年(1553年)，舶夷趋濠镜者，托言舟触风涛缝裂，水湿贡物，愿暂借地晾晒，海道副使汪柏徇贿许之。"[12]次年，葡萄牙船长莱昂内尔·德·索萨(Leonel de

Sousa，生卒年不详）与时任广东海道副使的汪柏达成协议，允许葡商前往广州互市，稳定而合法的中葡贸易终于开启。[13]1557年后，葡萄牙人以缴纳地租的形式正式租借澳门，[14]将澳门发展成与中国贸易的核心港埠以及经营亚洲海上贸易的重要据点。以葡属澳门为中转站的贸易网络迅速成形，贸易规模急遽增长，保持了随后近一个世纪的繁盛。

　　1558年沉没的葡萄牙货船"剑鱼"号（Espadarte）出水瓷器，无疑是展示葡萄牙人入踞澳门之后贸易主流产品的最佳实例。"剑鱼"号原本由印度返航葡萄牙，在途经莫桑比克海岸附近沉没。船体被发现时已严重毁坏，出水货物丰富，包括大量中国青花瓷器。[15]这些瓷器数量庞大、制作精美，展示出当时景德镇民窑瓷器的最高水准。类似实例在葡萄牙航行沿线港埠以及葡萄牙本土均有发现，特别是澳门北湾出土的瓷器碎片，证实澳门在此时期瓷器转运及贸易中的重要角色（图9）。[16]

图9　"剑鱼"号沉船出水瓷盘（上）、澳门北湾出土瓷盘（中）及里斯本桑托斯宫收藏瓷盘（下）

　　考古发现表明，西班牙人抵达中国东南沿海不久便积极参与了景德镇瓷器的贸易。沉船发现之外，马尼拉大帆船贸易沿线港埠的陆上遗址，如菲律宾陆上遗址、加利福尼亚海岸遗址以及墨西哥城遗址等,都出土了景德镇瓷器,与葡萄牙人运销欧洲的类型及品质极为接近(图10)。[17]

图10 菲律宾出土景德镇瓷器(左)、美国加利福尼亚海岸陆上遗址出土景德镇瓷器(中),以及墨西哥城少女街出土景德镇瓷器(右)

四、漳州窑的崛起：马尼拉大帆船贸易瓷器的多样化

与葡萄牙人以澳门为据点,在广州一带进行贸易的模式不同,西班牙人将基地设于菲律宾。此地与福建之间频繁的走私贸易,很快将西班牙商人吸引至中国东南沿海。这里的海上贸易虽仍被中央明令禁止,却在地方官员与富商巨贾的庇护与支持下日渐活跃。邻近的地方手工业因应海外需求的持续扩大,积极投入外销商品的生产,邻近福建月港的漳州地区窑业在此背景下脱颖而出。至迟在隆庆至万历年间(1567—1620年),漳州窑生产的外销瓷器已经由西班牙人之手,运销菲律宾、美洲等地。[18]隆庆改元(1567年),福建"开海禁,准贩东西二洋"[19],在漳州月港进行的海外贸易合法化。1571年,西班牙人正式占领马尼拉,将该地发展为经营亚洲贸易网络的枢纽。万历四年(1576年),西班牙人获准前往月港从事海上贸易,[20]急速增长的海外订单,促使漳州窑生产趋于极盛。

此时期的外销瓷器品貌及其组合,以16世纪晚期沉没于广东省汕头市南澳岛的三点金水域的"南澳I号"沉船出水品为代表。这艘原计划由漳州月港驶往菲律宾的中国船的船舱中,出水了两万余件漳州窑瓷器,占瓷器货物的八成以上,证实东南亚及周边市场对于漳州窑瓷器的巨大需求。[21]这些处于外销初期的漳州窑瓷器,仅见白釉或青花装饰,大部分器物胎釉粗疏,落灰黏砂。大盘以粗犷笔触绘饰,瓷碗多有带涩圈者,较为粗糙,相对于同时期精致的景德镇瓷器,呈现出截然不同的产品特质。

考古发现表明,此时期中国东南沿海、东南亚海域以及西班牙航线上的数艘沉船都曾出土水漳州窑瓷器。当中,1576年沉没于南加利福尼亚州海岸的"圣菲利普"号(San Fillipe)沉船,虽仅出水极少量漳州窑瓷器,却证明西班牙人东来后不久,漳州窑瓷器已随船到达美洲。而沉没于菲律宾海域的"圣迭戈"号(San Diego,1600)沉船,以及沉没于美国德雷克湾附近的"圣奥古斯丁"号(1595)沉船,均装载了相当数量的漳州窑青花瓷器,[22]证明西班牙人积极开展漳州窑瓷器贸易,将其运销往马尼拉大帆船贸易的沿线港埠(图11)。景德镇瓷器之外,漳州窑瓷器亦成为西班牙人积极经营的贸易商品,马尼拉大帆船的瓷器货物渐趋多元。

Zhangzhou plate in the San Felipe
(1576, Spanish Galleon)

Zhangzhou plate in the San Isdro
shipwreck (late 16th century)

Zhangzhou plate in the San Isdro
shipwreck (late 16th century)

Zhangzhou plate found in the Nan'ao No. 1 shipwreck

图 11 "圣菲利普"号沉船、"圣伊西德罗"号沉船及"南澳 I 号"沉船出水漳州窑瓷盘

　　这一时期,除了漳州瓷器开始出现在瓷器货物中的新趋势外,景德镇外销瓷亦出现变化,其中最明显的是釉上彩瓷器的增加。釉上彩(尤其五彩及金饰)瓷器是运销海外市场并广受欢迎的重要品类。明代早中期,釉上彩瓷器主要集中于官窑生产。丰富的色彩运用、描金贴金工艺的细致装饰,使这类瓷器呈现出奢华瑰丽的视觉效果。嘉靖以来,官民窑频繁的技术流动,以及崇尚奢华的社会风气,使五彩及金饰瓷器大行其道,流行于本土士商阶层。随着海外市场的拓展,五彩瓷器开始热销以日本、东南亚及中亚为主的亚洲市场,并得到欧洲王室贵族的欣赏与青睐。[23]

　　考古发现证明,釉上彩瓷器亦曾经葡萄牙及西班牙人之手远销欧美,已见发表的沉船资料包括1558 年于南非莫桑比克沉没的葡萄牙货船"剑鱼"号、1576 年于南加利福尼亚州海岸沉没的"圣菲利普"号沉船,1600 年沉没的"圣迭戈"号沉船等,唯数量及规模十分有限,证明晚明时期五彩瓷器的市场重心并非欧美。马尼拉大帆船贸易沿线地区如阿根廷圣达菲古城(Santa Fe La Vieja)遗址、古巴哈瓦那奥布拉皮亚房屋(Casa de la Obra Pía)遗址,以及加利福尼亚沿海陆上遗址出土的中国瓷器中,都可见釉上彩瓷器实例(图 13)[24],证明西班牙人活跃于与中国沿海商人的瓷器贸易,并将可以获取的各类瓷器转运往马尼拉大帆船贸易沿途港埠及地区。

　　另一个诠释马尼拉大帆船贸易瓷器多样性的案例是 1600 年沉没于菲律宾八打雁省纳萨布财富岛东北部水域的"圣迭戈"号。"圣迭戈"号是一艘有官方记录可查的马尼拉大帆船,1600 年 10 月由贸易货船改装为军舰,用以驱逐进入菲律宾水域的荷兰军舰。双方交火后,"圣迭戈"号因装载的武器、弹药和货物等严重超负荷,最终沉没。沉船出水约 34,000 件文物,陶瓷货物中,以景德镇

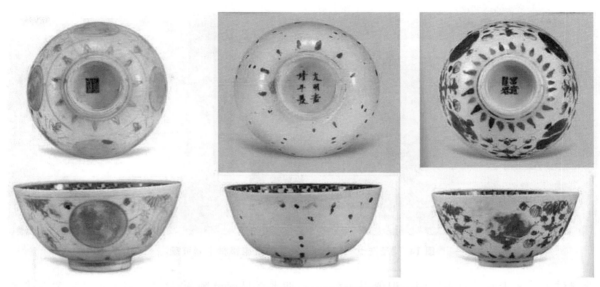

图12 "南澳I号"沉船出水景德镇釉五彩瓷器

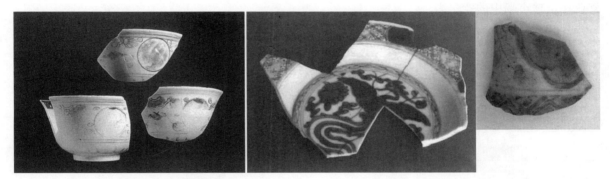

图13 出土于美国加州沿岸陆上遗址(左)、古巴哈瓦那奥布拉皮亚房屋遗址(中)以及阿根廷圣达菲古城遗址(右)的景德镇釉上彩瓷器

及漳州窑生产的青花瓷为大宗,亦发现极少量景德镇釉上彩瓷(图14)。[25]出水瓷器货物证明,16、17世纪之交,海上贸易瓷器的风格呈现出一种新趋势:漳州与景德镇制造的青花瓷器在形制及装饰风格上都开始出现相似性,最典型的是两地均有生产的以开光布局为装饰特色的克拉克瓷器。

16世纪末,随着克拉克瓷器的流行与畅销,漳州窑也开始生产以开光为主要装饰布局的特色产品。圣迭戈号沉船即同时装载了景德镇及漳州窑生产的克拉克瓷器。比照而观,两者装饰风格及视觉效果十分类近(图15)。这一现象表明,外销瓷器的生产中心不断进行自我调整,以更好地适应海外市场的需求和品位,在此过程中,地方特色被减弱,海外商人或中介的订单或成为瓷器生产的重要参考。因此,不同地区生产的外销瓷产品在视觉上变得相似,反映出海外市场需求在瓷器贸易中的主导作用。

细致观察"圣迭戈"号沉船出水的克拉克瓷器可知,漳州窑产品质量欠佳,带有胎体泛黄、钴蓝偏灰、盘壁釉泪垂流、底部黏砂等缺陷。而同船景德镇瓷器,胎质轻薄,釉面光洁,器壁模印暗花,精心绘饰,细节处理精确,鲜有落灰黏砂。相同风格的器物,两者精粗有别,与同时期文献档案中有关中国精、粗瓷器订制及贸易的记载吻合。[26]作为专供外销的沿海窑业,漳州窑崛起后,并未与地处内陆的景德镇窑业出现激烈竞争。可以想象,急速扩张的全球市场及其潜在的瓷器需求,为各地瓷

图 14 "圣迭戈"号沉船上发现的景德镇釉上彩瓷碗

业提供了前所未有的发展空间。但值得注意的是，两者在目标市场、产品特色以及消费定位等诸多方面，始终保持了微妙的平衡，个别时期甚至互为补充，共同促进外销瓷器产品的多样性，巩固晚明瓷业在全球市场中的竞争力。

Zhangzhou wares　　　　　　　　　Jingdezhen wares

图 15 "圣迭戈"号沉船出水漳州窑（左）与景德镇（右）克拉克瓷器

五、贸易瓷货的多样性及其组合：面向世界市场的生产

1602 年，荷兰东印度公司成立，正式加入欧洲各国对东方版图的争夺。1613 年沉没的"白狮"

号(Witte Leeuw)属第一批驶回欧陆的荷兰东印度公司货船。沉船满载亚洲奢侈品,以瓷器货物为主,出水包括约三百件完整(或可复原)器和重达三四百公斤的碎片,以景德镇产品为大宗,亦见漳州窑器。[27] 1616 年,荷兰东印度公司的东方代言人在写给董事们的信中记录他向中国商人预付货款,订购不同制式的成套瓷器。[28] 可见,此时期的荷兰人已活跃于中国瓷器的订制与交易中。1619年,荷兰人占领巴达维亚(今印尼雅加达),并以此为枢纽,介入东南亚本地商业网络。天启四年(1624 年)占据台湾南部,拓展与中国东南沿海的运输网络,成为葡萄牙人和西班牙人在东方的贸易竞争者,亦进一步推动以瓷器为代表的中国商品运销全球,促进外销瓷类型及风格的多样化,本文以此时期出现及流行的特色品种——漳州窑五彩瓷器为例进行说明。

早期外销的五彩及金饰瓷器由景德镇生产,上述“南澳I号”沉船及“圣迭戈”号沉船出水的釉上彩瓷器皆为景德镇产品。17 世纪早期,漳州窑开始仿制景德镇五彩及金饰瓷器,被认为于1608年沉没于越南平顺省沿海的平顺沉船(Binh Thuan)曾出水大量实例。沉船以漳州窑瓷器为船货大宗,包括青花及五彩瓷器等品种,器型器类亦较为多元,属漳州窑外销全盛时期的制品。出水的漳州窑五彩瓷器包括盘、盒及盖碗等类,由于海水长时间浸泡侵蚀,釉上彩绘已基本脱落。而这批船货的发现,证明漳州窑五彩瓷器在 17 世纪前期已大量外销,且种类十分丰富(图16)。[29]

图 16　平顺沉船出水漳州窑釉上彩盘、盖盒及盖碗

船货中较为特别的是带有红彩圆形开光装饰的漳州窑五彩盖盒、盖碗,类似器物主要见于日本的公私收藏。这种红彩圆形开光装饰在日文文献中亦有特别的名称作“赤玉”,如日本静嘉堂藏吴州赤玉大香合、五彩赤玉花卉狮子纹盘等。[30] 这一装饰手法,在嘉靖万历时期外销的景德镇五彩瓷器当中十分普遍,如上海博物馆藏景德镇窑红绿彩锦地开光花卉纹盖盒,又如“南澳I号”沉船出水的五彩四开光花卉纹碗等(图17 和图18)。[31] 可见,漳州窑五彩瓷器中所见的赤玉类型,于同时期及稍早的景德镇产品中均可找到原型。而漳州窑五彩瓷器中常见的红彩饰金、黑彩勾勒图样、孔雀蓝彩填涂等特色,亦与景德镇产品有同工之妙。这些瓷器的生产,源于对景德镇同类产品的仿制,其背后可能是相似的市场品位与订单需求。

图 17　平顺沉船出水漳州窑五彩盖盒（左）、日本静嘉堂文库美术馆藏漳州窑五彩盖盒（中）及上海博物馆藏景德镇窑五彩盖盒（右）

图 18　平顺沉船出水漳州窑五彩盖碗（左）、"南澳 I 号"沉船出水景德镇五彩碗（中）及大英博物馆收藏景德镇五彩碗（右）

　　此外，漳州窑进一步将五彩及金饰工艺推广至专供亚洲市场的大盘、大碗等产品，并发展出大面积施用孔雀蓝彩的特色品种（图 19）。这些盘碗硕大的尺寸，是为契合穆斯林特别的用餐习惯，即多人围坐，分享食物而设计的。[32] 16 世纪以来，随着东南亚地区由佛教信仰向伊斯兰信仰转化过程的持续推进，穆斯林已成为东南亚地区的主要人口。因此，外销伊始，以东南亚地区为目标市场的漳州诸窑就设计生产出契合当地穆斯林使用的大盘大碗等器。至 17 世纪初期，东南亚地区已发展成为漳州窑产品的固定市场，因此，承继自景德镇的五彩装饰工艺被漳州诸窑吸收后，很快用于大盘大碗等具有本地特色产品的装饰中，与青花相得益彰，亦受到东南亚市场的广泛接纳与欢迎。而印度尼西亚学者认为，漳州窑五彩瓷器中，大量以蓝彩为主色，覆盖全部中心图样的做法，亦是为了契合穆斯林文化中视蓝色为祥瑞的传统。[33] 而东南亚地区（尤以菲律宾及印度尼西亚两地为众）之外，漳州窑五彩瓷器的出土与馆藏，还集中于日本及中东地区，可以推测，其目标市场主要在亚洲。[34]

　　16 至 17 世纪之交，随着西班牙人对菲律宾以及荷兰人对印度尼西亚地区的积极开发，两地逐渐发展成为漳州窑瓷器的中转和集散中心。运载漳州窑瓷器的"圣伊斯得罗"号沉船、"南澳 I 号"沉船及"圣迭戈"号沉船，均以马尼拉为目的地，而运载大量漳州窑青花及五彩瓷器的平顺沉船则是为荷兰委托运输丝绸及其他中国物品的货船。荷兰东印度公司的档案中，亦记录了十七世纪前期来自日本的大尺寸五彩瓷器的订单，[35] 可见西班牙人及荷兰人对亚洲贸易的深度参与，以及他们转运瓷器品种的日益丰富及多样化。

图 19　日本静嘉堂文库美术馆藏漳州五彩盘

六、小结

马尼拉大帆船贸易由肇始到兴盛,瓷器货物的品类与组合不断丰富。西班牙人抵达中国东南沿海初期,很快便参与到瓷器的外销及转运,货物包括当时已大量外销的景德镇青花瓷器以及为数不多的景德镇釉上彩瓷器。马尼拉大帆船贸易沿线沉船及陆上遗址发现的瓷器标本证明,此时期西班牙船货中景德镇瓷器的品类,与主导印度洋航线的葡萄牙所运销者十分接近。与此同时,西班牙人很快另辟蹊径,借助活跃在月港一带的福建海商,参与福建本地的瓷器贸易,并以马尼拉为中转,将福建漳州窑瓷器运销东南亚等海外市场。与西班牙沉船出水货物不同,葡萄牙沉船上很少看到大量的漳州瓷器,可见两者目标市场及消费群体的差异渐趋明显。而与此同时,景德镇及漳州两地还同时生产了形制与纹样相类似,品质却精粗有别的瓷器产品,以满足不同消费能力的群体对相同风格及功能瓷器的需求。西班牙人与葡萄牙人分别以福建及广东沿海为据点与中国海商进行贸易,贸易瓷器品类及质量的变化,反映出两者如何在竞争与互利合作中保持平衡,确保各自商业利益的持续增长。

西班牙人与葡萄牙人在东方所达成的势力平衡,很快被荷兰及其他陆续东来的欧洲国家打破,促成了以葡萄牙、西班牙及荷兰等国为多元主导的中国与西方的海上贸易版图的形成,范围覆盖欧洲、美洲等新兴市场以及印度洋、东南亚等传统贸易地区。[36] 全球市场对于瓷器的需求不断扩大,中国瓷器贸易进入高峰期,急剧扩张的海外市场逐渐分化出不同的审美及功能需求,促使外销陶瓷器的类型、品质及纹饰风格都呈现出空前的多样性。马尼拉大帆船贸易瓷器的品类及组合极大丰富,随着时空流动扩展,发展成为影响世界的中国风潮。

[本文以英文稿翻译修订而成,原文 Chinese Porcelain in the Manila Galleon Trade 收录于 Chunming Wu et al ed., *Archaeology of Manila Galleon Seaports and Early Maritime Globalization* (Singapore:Springer,2019)。]

注释

[1]参阅 Charles David Ley，*Portuguese Voyages，1498—1663*（London：J. M. Dent & Sons Ltd.，1960）；梁英明、梁志明等：《东南亚近现代史》（北京：昆仑出版社，2005），上册，页 73。

[2]王冠宇：〈葡萄牙人东来初期的海上交通与瓷器贸易〉，《海交史研究》2016 年 2 期，页 47-68。

[3]张铠：《中国与西班牙关系史》（郑州：大象出版社，2003），页 71。

[4]江建新：《景德镇陶瓷考古研究》（北京：科学出版社，2013），页 242-244。

[5]宋中雷：《"南澳Ⅰ号"沉船瓷器窑址探析》，收广东省文物考古研究所等编著：《孤帆遗珍："南澳Ⅰ号"出水精品文物图录》（北京：科学出版社，2014），页 23-35。

[6]福建省博物馆：《漳州窑：福建漳州地区明清窑址调查发掘报告之一》（福州：福建人民出版社，1997），109；刘渺、羊泽林：《明清华南瓷业的生产及外销》，《考古与文物》2016 年 6 期，页 146-157。

[7]参阅 Richard Henry Major. *The Life of Prince Henry of Portugal，Surnamed the Navigator，and Its Results* （UK：Frank Cass and Company Limited，1967）。

[8]Gaspar Correia. *Lendas da Índia*，introduction and review by Manuel Lopes de Almeida（Porto：Lello & Irmão，1975），vol. 1，p. 141. 转引自 Rui Manuel Loureiro，"The Portuguese in Hormuz and the Trade in Chinese Porcelain"，*Bulletin of Portuguese Japanese Studies*，vol. 1，2015，pp. 5-26.

[9]张天泽著，姚楠、钱江译：《中葡早期通商史》，页 38-39；王冠宇：《葡萄牙人东来初期的海上交通与瓷器贸易》，《海交史研究》2016 年 2 期，页 47-68。

[10]王冠宇：《葡萄牙里斯本桑托斯宫藏中国外销瓷器》，收沈琼华主编：《2012 海上丝绸之路：中国古代瓷器输出及文化影响国际学术研讨会论文集》（杭州：浙江省博物馆、浙江人民美术出版社，2013），页 302-311。

[11]Roxanna M. Brown，"Xuande-marked Trade Wares and the 'Ming Gap'"，*Oriental Art* vol.43，1999，pp：2-7.

[12]（明）郭棐纂修：《广东通志》（济南：齐鲁书社，1996），卷六十九《外志三·番夷·澳门》，页 700。

[13]张海鹏主编：《中葡关系史资料集》，上卷，页 249-253。

[14]高美士：《荷兰殖民档案馆所藏葡萄牙 17 世纪文献》，《贾梅士学院院刊》9 卷 4 期，1975 年，页 40-41。

[15]联合国教科文组织官方网站：https://zh.unesco.org/silkroad/silk-road-themes/underwater-heritage/nao-espa-darte-1558.

[16]王冠宇：《市场变迁中的瓷器生产：澳门开埠前期（1553 年—1600 年）中葡贸易瓷器研究》（香港：香港中文大学博士论文，2015）。

[17]Rita C. Tan，*Zhangzhou Ware Found in the Philippines："Swatow" Export Ceramics from Fujian 16th-17th Century*（Manila：The Oriental Ceramic Society of the Philippines，2007）；George Kuwayama，*Chinese Ceramics in Colonial Mexico* （Los Angeles：Los Angeles County Museum of Art，1997），p.58，62.

[18]Rita C. Tan，*Zhangzhou Ware Found in the Philippines："Swatow"Export Ceramics from Fujian 16th-17th Century*（Manila：The Oriental Ceramic Society of the Philippines，2007），pp. 183-184.

[19]张燮《东西洋考》载："隆庆改元，福建巡抚都御史涂泽民请开海禁，准贩东西二洋。盖东洋若吕宋、苏禄诸国，西洋若交址、占城、暹罗诸国，皆我羁縻外臣，无侵叛。而特严禁贩倭奴者，比于通番接济之例，此商舶之大原也。"张燮著、谢方点校：《东西洋考》（北京：中华书局，2000），卷 7《饷税考》，页 131-132。

[20]"万历四年（1576），官军追海寇林道干至其国，国人助讨有功，复朝贡。"张廷玉等撰：《明史》，卷 323《外国四·吕宋》，页 8370。

[21]宋中雷：《"南澳Ⅰ号"沉船瓷器窑址探析》，收广东省文物考古研究所等编著：《孤帆遗珍："南澳Ⅰ号"出水精品文物图录》（北京：科学出版社，2014），页 23-35。

[22]Jean-Paul Desroches，Gabriel Casal，Franck Goddio，*Treasures of the San Diego*（Association Française d'Action Artistique，1996）.

[23]王冠宇：《何以繁华——早期全球化浪潮中的晚明江南》，收尹翠琪、蒋方亭主编：《浮世清音：晚明江南艺术与文化》（香港：香港中文大学文物馆、艺术系，2021），页 47-57。

[24]Teresa Canepa，*Silk，Porcelain and Lacquer：China and Japan and their Trade with Western Europe and*

the New World 1500—1644(London：Paul Holberton Publishing，2016)，p. 131，142，244，251，254.

［25］National Museum of the Philippines，*Treasures of the San Diege* (Manila：National Museum of the Philippines，1993).

［26］T. Volker，*Porcelain and the Dutch East India Company：As Recorded in the Dagh-registers of Batavia Castle，Those of Hirado and Deshima，and Other Contemporary Papers*，1602-1682，p. 224.

［27］C. L. van der Pijl-Ketel and J. B. Kist，*The Ceramic Load of the 'Witte Leeuw'* (1613)(Amsterdam：Rijksmuseum Amsterdam，1982)，pp. 15-26.

［28］T. Volker，*Porcelain and the Dutch East India Company：As Recorded in the Dagh-registers of Batavia Castle，Those of Hirado and Deshima，and Other Contemporary Papers*，1602-1682(Leiden：E. J. Brill，1971)，pp. 26-27.

［29］Christie's Australia Pty. Ltd，*The Binh Thuan Shipwreck* (South Yarra，Vic.：Christie's，2004)，p.59，61.

［30］"赤玉"中文可译作"红色的圆"，图片出自静嘉堂文库美术馆编：《静嘉堂藏吴州赤绘名品图录》(东京：静嘉堂文库美术馆，1997)，页 24，70。

［31］上海博物馆编：《故宫博物院上海博物馆藏明清贸易瓷》(上海：上海书画出版社，2015)，页 118。广东省文物考古研究所等编著：《孤帆遗珍："南澳 I 号"出水精品文物图录》(北京：科学出版社，2014)，页 106-107，306-307。

［32］相关论著，亦可参阅 Eva Stroeber，"Large Dishes from Jingdezhen，Longquan and Zhangzhou for the Inner Asian Trade"，收广东省博物馆等编：《"16 至 17 世纪的海上丝绸之路"国际学术研讨会论文集》(广州：岭南美术出版社，2016)，页 251-284。

［33］Sumarah Adhyatman，*Zhangzhou(Swatow)Ceramics：Sixteenth to Seventeenth Centuries Found in Indonesia* (Jakarta：The Ceramic Society of Indonesia，1999). p 32.

［34］王冠宇：《香港中文大学文物馆藏漳州窑瓷器及相关问题讨论》，收栗建安主编：《海丝·东溪窑国际学术研讨会论文集》(福州：福建人民出版社，2018)，页 2C8—221。

［35］T. Volker，*Pocelain and the Dutch East India Company As Recorded in the Dagh-registers of Batavia Castle，Those of Hirado and Deshima and Other Contemporary Papers 1602-1682* (Leiden：E. J. Brill，1971). pp.117-121.

［36］李金明：《明代海外贸易史》(北京：中国社会科学出版社，1991)，页 8。

C6　福建与日本肥前陶瓷：菲律宾考古发现的 17 世纪"马尼拉帆船"贸易遗存

［菲］妮达·奎瓦斯（Nida T. Cuevas）

（菲律宾国家博物馆，National Museum of the Philippines）

卢梓辰　译　刘　淼　校

陶瓷是海上往来和对外贸易的重要物质证明，它加深了人们对沿线各政权（Junker 2000:3），以及其长途贸易、海上交往的认知（Nishimura 2014；Junker 2000）。菲律宾考古遗址出土中国贸易陶瓷的年代最早可上溯至 9 世纪（Beyer 1979:115），这些发现明确了该群岛早期对外交流和接触的历史（Nishimura 2014；Junker 2000；Fox 1979；Lim 1966；Beyer 1979）。17 世纪的马尼拉大帆船贸易极大地促进了对外交流，并将大量中国、东南亚和日本的陶瓷以及其他贸易品带到菲律宾。据记载，17 世纪时从中国东南沿海福建泉州等港口城市已开辟了直航菲律宾的航程更便捷的新贸易路线，菲律宾一些代表性历史遗址中大量发现的福建陶瓷也证明了这条贸易路线的活跃。

类似器物不仅在菲律宾吕宋八打雁财富岛附近的"圣迭戈"号（San Diego），以及三描礼士省的"圣伊西德罗"号（San Isidro）等沉船中有出水（Dizon and Orillaneda 2007：179；Desroches 1997:300），还在宿务的博约（Boljoon）遗址（Bersales and de Leon 2011）、甲米地的瓦加港（Porta Vaga）遗址（Tatel 2002），以及马尼拉的梅汉（Mehan）花园（Jago-on et.al. 2003）、阿罗塞洛斯（Arroceros）森林公园（Katipunan Arkeologistng Pilipinas Inc. 2006），以及西班牙王城遗址（Intramuros）等陆上遗址中有发现。

虽然学者们多将贸易瓷器的研究置于解析对外交换模式与商业联系的大背景下进行，但对物质文化与社会不同阶层（即"精英阶层"和"一般阶层"）之间关系的问题却很少关注，即使有的话，在考古报告中也很少有所体现（这种联系）。虽然只是初步探讨，但本研究试图梳理福建陶瓷和日本肥前瓷器在菲律宾群岛的流布情况，以更好地了解不同造型和装饰风格的福建陶瓷和肥前瓷器与出土地之间的关联性，从而为我们分析"精英"或"非精英"阶层提供有益的线索。尽管史料中缺乏关于肥前瓷器流入菲律宾的历史记载，但在考古学研究领域，肥前瓷器却是马尼拉大帆船贸易研究中的一个重要内容。

本文将揭示包括马尼拉的西班牙王城遗址以及城外的梅汉花园、阿罗塞洛斯遗址，甲米地的瓦加港遗址、宿务的博约遗址等在内的陆地遗址中出土的福建陶瓷与日本肥前瓷器。

一、福建陶瓷与日本肥前瓷器在马尼拉大帆船贸易中的重要意义

17 世纪之交，马尼拉大帆船海上贸易建立，全球化贸易开启，来自中国南方福建省的瓷器是被

装载在这些大帆船中的商品之一，这些陶瓷不仅在亚洲和东南亚地区的需求量很大，还会经由这些地区被转运到西属美洲市场。

14 世纪中国实行的限制性贸易政策（海禁政策与朝贡贸易）对江西景德镇青花瓷的生产带来了巨大影响，尽管 12 至 14 世纪它一直作为中国陶瓷的生产中心。明朝时期（1368—1644 年）中国试图控制对外贸易，将所有外贸置于政府直接管理之下（Junker 2000：194）。海禁政策禁止中国商人到东南亚地区直接进行贸易，只允许进贡国来中国港口进行朝贡（Junker 2000），这种做法最终导致了政府对贸易的垄断（Tan 2007：13）。此外，海禁政策导致了中国瓷器生产发生重大转变，同时也体现了中国政府不稳定的经济管理策略。李知宴和程雯在书中对当时的制瓷业进行了描述：

> 官窑的生产"有命则贡，无命则止"。其产品禁止在市场销售，也没有普通人敢私自拥有。此外，即使工人被允许制造一些官窑类型的产品，但有一些造型和纹饰图案也是禁止普通人使用的，违反这些禁令的将会受到处决甚至株连九族。官窑生产的大多数瓷器都是为了迎合皇室口味。为了保证这些瓷器符合皇帝个人审美要求，朝廷会派督陶官专门管理其生产。同时政府还会从民窑征用或没收他们需要的产品，侵占民窑作坊的利益（Li and Chen 1984：92）。

16 世纪，中国港口对外商关闭，中断了南中国海日益增长的贸易活动（Desroches 1997），但东亚、东南亚市场对瓷器的需求并未因此减少，反而有所增加。

16 世纪后期马尼拉进入一个更全球化的海上贸易阶段，西班牙的马尼拉帆船通过包括菲律宾海域在内的强大的贸易网络将东西方市场连接起来，并带来大量的中国贸易陶瓷（图 1）（Cuevas 2014：27）。

17 世纪中叶，在陶瓷贸易中不仅有福建陶瓷，日本肥前瓷器以及其他瓷器品种也包含其中。1635 年在日本有田地区开始烧制的肥前瓷器是中国限制性贸易政策下的产物。从 17 世纪中叶起，肥前瓷器开始经由中国东南沿海商船以及荷兰东印度公司商船从日本长崎港销往东南亚、墨西哥和欧洲等地。肥前瓷器无论在造型还是装饰风格上，都体现了对中国瓷器的模仿。

虽然肥前瓷器是马尼拉至阿卡普尔科航线上的主要贸易货品，但关于它们是如何到达菲律宾的相关信息并不太多（Nogami 2006）。我们可知的是，16 世纪的中国文献中提到明朝海禁期间引发的对朝廷控制之外地区瓷器生产需求的情况：福建逐渐成为中国贸易陶瓷生产的中心，该省大量生产陶瓷器，同时闽北地区设立了比闽南地区更多的窑场（www.koh-antique.com/fujian）。

历史文献中并没有明确指明福建陶瓷是销往菲律宾地区的，但是近代学者所描述的"批量生产、制作粗率、品质低劣"的青花瓷产品以及那些仿烧龙泉青瓷和景德镇青白瓷的产品中，很可能就包括了这些福建陶瓷。考古学家罗伯特·福克斯（Robert Fox）将这些地方瓷窑的产品称为民窑产品（Fox 1979）。由此我们可以推断，福建陶瓷的大量生产正是对东南亚地区陶瓷贸易需求的反映。

Carlos Tatel Jr.（2002）在对 16 世纪末至 19 世纪初甲米地瓦加港对外交往模式的研究中提到，由于中国附近贸易港口的缺乏，西班牙人发展起了一个对外贸易体系，他们试图借由满载货物定期航行的马尼拉至阿卡普尔科大帆船贸易来垄断东南亚地区的商业。马尼拉-阿卡普尔科贸易吸引了中国东南沿海商人运载货物到马尼拉进行贸易。Tatel 引用了一份 Antonio de Morga 的历史文献（1609），该文献记载约有三到四十艘中国帆船成群结队地从广东省（广州）、泉州（Chinceo）、福州（Ucheo，可能位于福建厦门）等港口出发，抵达马尼拉湾（Iaccarino 2011：99）。闽南商人被认为是充满活力的群体，他们驾驶帆船抵达马尼拉与本地人进行贸易（Desroches 1997）。这些大型商船往往停泊于足以容纳它们的菲律宾港口，如马尼拉、民都洛、邦阿西楠、宿务、和乐（苏禄省）和

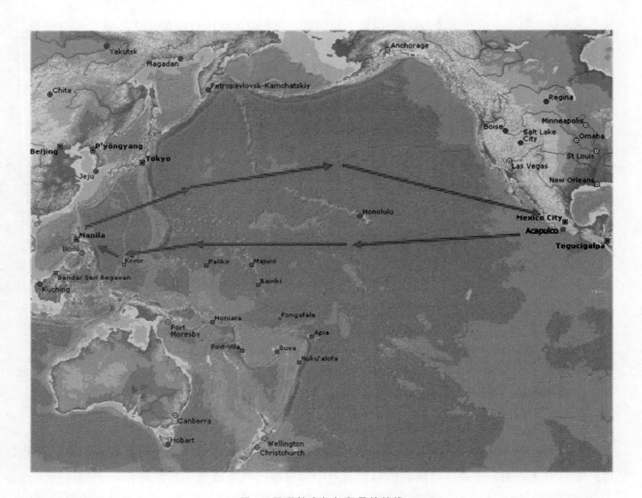

图1　马尼拉大帆船贸易的航线

哥打巴托（马京达瑙省）(Junker 2000：195)。

　　甲米地市的瓦加港、马尼拉西班牙王城的耶稣会女修道院和市政厅遗址、王城之外的阿罗塞洛斯森林公园和梅汉花园遗址，以及宿务南部的博约遗址等均为具有重要历史和考古学价值的陆地遗址，它们为在菲律宾寻找福建陶瓷与日本肥前瓷器提供了实证。菲律宾国家博物馆自2000年初就开始在这些遗址进行工作和研究。

二、福建陶瓷与日本肥前瓷器在菲律宾的发现

　　17世纪之交，菲律宾经济因自由的商业交流与马尼拉帆船贸易的繁盛而平稳发展，菲律宾历史上著名的港口遗址出土的考古资料显示有来自中国福建和日本有田的陶瓷的存在。

（一）甲米地市的瓦加港

　　瓦加港遗址位于甲米地市的萨蒙特公园，是一个建有土坯墙的防御工事，它也是通往甲米地港

的门户要冲（图 2）。圣费利佩纳利堡和瓦加港大门始建于 1595 年，于 1602 年完工（www.triposo.com）。16 至 19 世纪时期，这座城堡是历史上一个非常有名的海港小镇（Tatel 2002；www.triposo.com），它同时也是马尼拉至阿卡普尔科贸易航线的始发点，并且是一个独特专供殖民地市场的以海为生的造船中心。

图 2　瓦加港遗址在甲米地城区中的位置（谷歌地图）

据报道，该遗址发现了 17 世纪福建陶瓷的考古证据，随后塔特尔（Tatel）于 2002 年对其进行了深入研究。属于 17—18 世纪的德化和漳州等地生产的福建陶瓷在瓦加港遗址都有出土。虽然多为碎片，但是依然能分辨出这些福建陶瓷器的器型有碗、盘、盖盒、杯、俑、汤匙等。随着欧洲世界的经济秩序从重商主义转向资本主义（Tatel 2002：117），瓦加港遗址出土的福建瓷器反映了殖民贸易政策在菲律宾地区的变化。作为小渔村的瓦加港（或名甲米地港）也经历了从经济单一的渔港到跨太平洋大帆船贸易的主要停靠港的转变——这体现在考古发掘中 17—18 世纪地层大量出土的福建和广东瓷器上。以上发现使塔特尔推断，不同文化层所能辨认出的陶瓷品种数量上的变化，反映的正是在东南亚地区西方贸易模式变迁的过程。换句话说，通过陶瓷器的分析可知，本地生产的器物并没有明显变化，而瓦加港的考古发掘中突然大量出现的 17—18 世纪福建和广东陶瓷表明，瓦加港曾经被迅速地卷入一个比此前的小渔村或小镇经济形态更为广阔的经济网络中去。

（二）马尼拉西班牙王城遗址

马尼拉西班牙王城遗址是考古学家发现的另一个大量出土福建和肥前陶瓷的地点。自 16 世纪末至 19 世纪末，这座带围墙的城池将西班牙社区包括其中。该遗址位于帕西格河河口，是一块向外弯曲的三角楔形土地，四周环绕着城壕，周长约 2.5 英里（图 3）。

早在 20 世纪 60 年代，国家博物馆的考古学者就对西班牙王城遗址进行了深入研究（Bautista 2001），在对该遗址各区域的考古发掘中出土了自 15 世纪至二战时期的遗存。考古学家还发现了包括 17、18 世纪中国青花瓷在内的大量贸易物品。这些陶瓷器又以来自闽南德化窑与漳州窑产品为主，进一步研究中还发现了肥前瓷器。西班牙王城的市政厅和耶稣会女修道院遗址是出土福建

图3 马尼拉卫星影像中的西班牙王城、梅汉花园、阿罗塞洛斯森林公园等遗址位置（谷歌地图）

与肥前陶瓷最主要的地区。

耶稣会女修道院遗址地处维多利亚角的圣卢西亚街，居于圣迭戈堡与炮兵军营之间。在修道院遗址的前方是耶稣会学院，该区域是修女们前往洛约拉的圣伊格纳西奥教堂（现为马尼拉城市大学）的捷径，因此修女们将其称为"耶稣会福地"。

一位西班牙富豪曾经占据该修道院遗址，之后这座建筑在17世纪后期成为圣母玛利亚宗教会所在地（Archaeological，Cultural and Environmental Consultancy Inc.［ACECI］2002）。2002年由考古、文化和环境咨询公司（ACECI）在此进行的考古发掘中出土了16至18世纪的中国贸易陶瓷。考古学家已经确认这些陶瓷是由中国福建和景德镇地区窑址生产的。此次考古发掘出土有德化窑白釉佛狮（福狗）5件（图4；彩版七：6，7）、漳州窑青花瓷盘残片5件（图5；彩版七：9）。

图4 耶稣会女修道院遗址出土的17世纪福建德化窑白釉佛狮（福狗）

图 5　耶稣会女修道院遗址出土的 17 世纪福建青花凤纹盘

该遗址还出土了肥前窑的釉下青花瓷碎片，其中带有花卉与动物图案的瓷盘与瓷杯经日本学者野上建纪（Nogami Takenori）鉴定后认为多为 1660 至 1690 日本有田地区生产的具有"克拉克瓷装饰风格"的瓷器。

市政厅遗址面积约 5000 平方米，西北与海关街相连，东北与菲律宾银行的地产公寓相接，东南与圣托马斯街以及卡比尔多街相交。它是殖民时期马尼拉市政府所在地。在市政厅遗址进行的考古发掘中出土了包括瓷片、兽骨、贝壳、金属器和陶片等在内的 17 世纪遗物。在发掘过程中还出土了一些倒置的粗陶罐，这些陶罐作为防水设施在该遗址设计中具有不可或缺的作用。根据安吉拉·包蒂斯塔（Angel Bautista 2001）的研究，这些罐子可能用以阻止洪水期间水流向地下渗透以弄湿居住区的地板（Bautista 2001）。

市政厅遗址出土福建陶瓷的器型有碟、碗、盘等，装饰题材包括松树、花卉、把莲、缠枝花卉等为主题的开光装饰的克拉克瓷风格（Bautista 2001）。经过对地貌进行分析后，包蒂斯塔推断市政厅遗址出土的贸易陶瓷也有可能来自其他地方，因为该地区的沼泽地带曾经被从其他地方运来的土壤所围垦。

梅汉花园遗址也出土了福建与肥前瓷器。梅汉花园位于西班牙王城城墙外，其面积约 3770 平方米，也是一个历史悠久的据点。它位于帕西格河沿岸，上游距西班牙王城遗址约 100 米。今天的梅汉花园被巴伊萨、医院路、阿罗塞洛斯以及布尔戈斯等街道所包围（Jago-on et. al. 2003：111）。近年来的城市发展使得梅汉花园的一部分已被改建为马尼拉大学（原马尼拉城市学院）以及博尼法西奥神祠。

历史学家和考古学家认为，梅汉花园遗址是华人在马尼拉的聚居区"巴里安"（Parian）所在，它也是位于西班牙王城遗址附近的第五个华人聚居区。华人的住宅区与集市构成了巴里安的主体部分（Cuevas 2014：22）。2001 年在该地进行的考古发掘中出土了以可食用贝类与富含蛋白质的兽骨为代表的动物残骸与古建筑的木构件，这些发现证明梅汉花园遗址曾经是一个居住区。此外值得注意的是，该区域还发现大量被煤烟熏黑的陶片、贮藏罐残片及瓷片等。

1967 年国家博物馆对该遗址进行的考古发掘中出土了大量 17 世纪的贸易商品（Evangelista 1967），后来证明包含了 17 世纪晚期至 19 世纪中叶福建窑址生产的陶瓷器。

　　阿罗塞洛斯森林公园位于梅汉花园遗址西北约 500 米处（图 3），占地 21,428 平方米（2.1 公顷），地处埃尔米塔（Ermita）区，东北部与帕西格河接壤，西南靠近阿罗塞洛斯街，西北为吊桥（即今天的奎松大桥）。在该遗址中发现了福建漳州窑青花瓷片，其年代可追溯到 16 世纪晚期至 18 世纪中期。与青花瓷片同出的还有一件完整的德化窑白釉小罐（图 6），同时也发现了 1660 年至 1680 年间生产的肥前瓷器残片。

图 6　阿罗塞洛斯森林公园出土的 17 世纪福建德化窑白釉瓷罐

　　梅汉花园与阿罗塞洛斯森林公园同为 17 世纪马尼拉的历史性地标，但它们在历史上发挥的作用不同。梅汉花园遗址是一个居民点，在巴里安时代可能形成了一定规模的制造业。而阿罗塞洛斯森林公园遗址因其靠近帕西格河，很可能是一个用于装卸商品的码头。

（三）宿务博约的博约教区教堂遗址

　　位于宿务博约的博约教区教堂遗址也发现有福建陶瓷与肥前陶瓷。博约地处米沙鄢群岛中部宿务岛的东南海岸，位于宿务市以南约 100 公里处，介于狭长的沿海地带与高山的包夹中（图 7）。

图 7　宿务岛博约镇的卫星图（谷歌地图）

在博约镇的帕特利西奥·圣玛利亚教区教堂进行的考古发掘揭示了 17 世纪墓地埋葬资料（Bersales and de Leon 2011:18）。这些墓葬随葬品有瓷器、陶容器、铁器以及金属饰物。随葬的瓷器中有 1 件带有秋叶纹装饰的福建青花瓷盘，时代为 17 世纪下半叶（图 8；彩版七:10）。这件福建瓷盘在发现时保存完好，可能为随葬品或祭品。此外，该遗址还发现 1650 至 1670 年间吉田窑出产的肥前釉上彩瓷器（图 9、10、11；彩版七:8,11）（Bersales and de Leon 2018）。

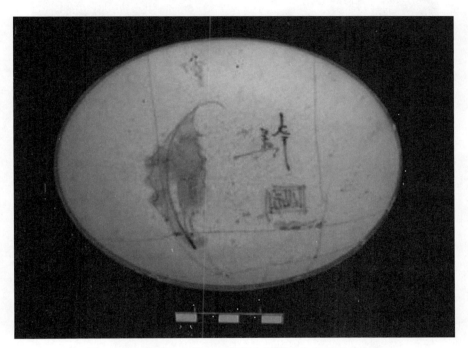

图 8　宿务博约出土的十七世纪中国福建生产的青花瓷盘

注：Bersales and de Leon 2011。

图 9　宿务博约出土的 1650 至 1670 年的日本肥前釉上彩瓷瓶

注：Bersales and de Leon 2011。

图 10　宿务博约出土的 1650 至 1670 年的日本肥前吉田窑釉上彩大盘

注：Bersales and de Leon 2011。

图 11　宿务博约出土的 1650 至 1670 年间日本肥前青花葫芦小瓶

注：Bersales and de Leon 2011。

三、讨论

　　菲律宾众多历史和考古遗址中以福建窑址为代表的陶瓷器及其他贸易商品的涌入，成为当时中菲贸易关系繁荣的标志。中菲之间的这种频繁的往来也体现在甲米地、马尼拉和宿务等地遗址中大量发现的漳州器物之中（Tan 2007：14）。在 2016 年 1 月 9 日与作者的私人交流中，肥前陶瓷的研究专家野上建纪先生表示，闽南地区的漳州窑瓷器（Swatow）始终是菲律宾地区发现的最重要的一项贸易瓷器品种。1521 年的西班牙史家也曾指出，总体来看，瓷器的发现揭示了一个完善的贸易网络（Crick 2002：71）。

　　甲米地市瓦加港考古遗址的发掘揭示了一个清晰的贸易陶瓷类型体系，其中包含了批量生产的福建产品，以及一些高品质的欧洲产品。Tatel（2002）讨论分析了绝大多数陶瓷片，并揭示了整个贸易陶瓷体系变化的过程。来自福建或广东等地港口的贸易产品大量发现在 17—18 世纪地层中，而欧洲贸易物品则主要出现在 19 世纪的地层中。

　　耶稣会女修道院与阿罗塞洛斯遗址出土的德化窑白瓷小罐与瓷塑表明，明末清初（17 世纪至 18 世纪初）欧洲消费者非常青睐高品质的福建瓷器。其中耶稣会女修道院遗址出土的德化瓷塑可被视为 17 世纪西班牙统治者曾居住在那里的证据，而阿罗塞洛斯遗址出土的德化窑白瓷小罐则可能是码头装卸区的遗物。

　　在博约遗址发现的完好的福建瓷器与肥前瓷器显示了这些器物在宗教仪式与殡葬活动中的祭奠功能，但这种殡葬习俗只出现于精英或者贵族阶层的墓葬中，并不会出现在那些连随葬品都没有的普通阶层墓葬中。

　　对菲律宾其他地区发现的福建陶瓷和其他贸易陶瓷不同类型的探讨，将进一步推动菲律宾社会的阶层分化等问题的深入研究。

参考文献

Archaeological，Cultural and Environmental Consultancy Inc.（ACECI），2002，*Report on the Rescue Archaeological Excavation at the Light and Sound Museum site*，*Sta. Lucia，Intramuros，Manila*. Manuscript. National Museum，Manila.

Bautista，Angel P. 2001，*Terminal Report：Re-excavation of the Ayuntamien to Property*. Manuscript. Manila：National Museum，Manila.

Bersales，Jose Eleazar and Alexandra de Leon，2011，*The Archaeology of an Augustinian Frontier Mission：A Report on the Fifth Phase of Excavations at the Boljoon Parish Church*，*Cebu*. Philippine Quarterly of Culture and Society. Vol. 39（3/4）. Pp. 185-213，University of San Carlos Press，Cebu City，Philippines.

Beyer，Henry Otley，1979，*Early History of Philippine Relations with Foreign Countries*，*Especially China*. Edited by Mauro Garcia in *Readings in Philippine Prehistory*. Manila：The Filipiniana Book Guild. Pp. 112-117.

Crick，Monique，2002，Traditions and Transitions：*Chinese Ceramics at the End of the 15th Century*. Edited by Peter Lam，Stacey Pierson and Rosemary Scott in *Lost at Sea：The Strange Route of the Lena Shoal Junk*. Pp. 71-90. Periplus Publishing. London.

Cuevas，Nida. 2014，*The Hizen Ware in the Philippines：Its Historical and Archaeological Significance*. Boletin del Instituto de Estudios Latino-Americanos de Kyoto，No. 14，pp. 11-32.

Desroches，Jean-Paul，1997，*The porcelains：The Treasures of the San Diego. Treasures of the San Diego*. Paris：

Elf Foundation.

De Morga, Antonio, 1609, Sucesos de las Islas Filipinas. In E. H. Blair and J. A. Robertson(eds.), *The Philippine Islands 1493-1898*. Vol. 16, pp 8-218.

Dizon, Eusebio and Bobby Orillaneda, 2007, *The San Diego and San Isidro Wrecks: Reflections on Philippine Ceramic Trade on Swatow Wares in the 16th Century. Zhangzhou Ware Found in the Philippines: Swatow Export Ceramics from Fujian from 16th-17th Century*. Pp. 179-184. Art Post Asia. Manila; Singapore.

Evangelista, Alfredo, 1968, *Pre-Spanish Manila through Archaeology Project: Mehan Garden*. Manuscript. National Museum. Manila, Philippines.

Fox, Robert B., 1979, *Chinese Pottery in the Philippines*. Edited by Mauro Garcia in *Readings in Philippine Prehistory*. The Filipiniana Book Guild. Manila. Pp. 178-196.

Iaccarino, Ubaldo, 2011, *The"Galleon System"and Chinese Trade in Manila at the Turn of the 16th Century*. Ming Qing Yanjiu XVI. Pp. 95-128.

Jago-on, Sheldon Clyde, Nida T. Cuevas and Josefina G. Belmonte, 2003, The Mehan Garden Archaeology. In the *Proceedings of the Society of Philippine Archaeologists: Semantics and Systematics-Philippine Archaeology*. Katipunan Arkeologistng Pilipinas Inc.(KAPI).Manila.

Junker, Laura L., 2000, *Raiding, Trading and Feasting: The Political Economy of Philippine Chiefdom*. Quezon City: Ateneo de Manila University Press.

Katipunan Arkeologistng Pilipinas, Inc., 2006, Arroceros Forest Park Rescue Archaeology Project. *Proceedings of the Society of Philippine Archaeologists*. Vol. 4.KatipunanArkeologistngPilipinas Inc., Manila.

Lam, Peter, 2002, Maritime Trade in China during the Middle Ming Period Circa 1500 AD. Edited by Franck Goddio, Monique Crick, Peter Lam, *Stacey Pierson and Rosemary Scott in Lost at Sea: The Strange route of the Lena Shoal Junk*, Periplus Publishing. London. Pp. 43-58.

Lim, Aurora Roxas, 1966, *The Chinese Pottery as a Basis for the Study of Philippine Proto-history*. Edited by Alfonso Felix, Jr. in *The Chinese in the Philippines* 1570-1770. Vol.1, pp. 223. The Historical Conservation Society; Solidaridad Publishing House.

Nishimura, Masao, 2014, *Transformation of Cultural Landscape of Compex Societies in Southeast Asia: A Case Study of Cebu Central Settlement Philippines*. Edited by Quezon City: Masao Nishimura in *Human Relations and Social Developments: Festschrift Issue of Prof. Yasushi Kikuchi*. New Day Publishers, Pp.275-308.

Nogami, Takenori, 2006, *Hizen Ware and Its Transport Around the South China Sea: Relation to the Manila Galleon Trade*. A paper presented at the 18th Congress of the Indo-Pacific Prehistory Association. Manila, Philippines.

Nogami, Takenori, 2016, Personal communication

Tan, Rita, 2007, *Zhangzhou Ware Found in the Philippines: Swatow Export Ceramics from Fujian 16th-17th century*. Art Post Asia. Singapore; Manila.

Tatel, Carlos Jr., 2002, *Patterns of External Exchange in Porta Vaga: Morphometric Analysis of Excavated Tradeware Ceramics at Porta Vaga Site, Cavite City*. MA thesis, Archaeological Studies Program, University of the Philippines Diliman, Quezon City.

Tri, Bui Minh, 2010, *Vietnamese Ceramics in the Asia Maritime Trade during the Seventeenth Century*. In proceedings of the International Symposium on Exchange of Material Culture over the Southeast Asia: Contacts between Europe and Southeast Asia in the Sixteenth to Eighteenth Centuries. *Field Archaeology of Taiwan*. Vol. 13(1/2), pp. 49-69.

Zhiyan, Lin and Cheng Wen, 1984, *Traditional Chinese Arts and Culture: Chinese Pottery and Porcelain*. Beijing: Foreign Languages Press.

www.koh-antique.com/fujian.

www.triposo.com.

C7 菲律宾沿海"马尼拉帆船"沉址的考古调查

［菲］塞尔顿·雅贡（Sheldon Clyde B. Jago-on）
［菲］波比·奥里朗达（Bobby C. Orillaneda）
（菲律宾国家博物馆海洋与水下文化遗产部，Maritime and Underwater Cultural Heritage Division，National Museum of the Philippines）

卢梓辰 译 刘 淼 校

　　1521 年 3 月，费迪南德·麦哲伦（Ferdinand Magellan）的到来开启了西班牙对菲律宾的征服历程（Pigafetta 1969）。当麦哲伦于 1521 年 4 月 27 日被马克坦岛（Mactan）上一个名叫拉普·拉普（Lapu-lapu）的当地酋长杀害后，剩下的西班牙人迅速撤离并返回了西班牙。距麦哲伦去世整整 44 年后，另一支探险队在米格尔·洛佩斯·德·黎牙实比（Miguel Lopez de Legaspi）的指挥下抵达菲律宾（宿务），他们出发前受到西班牙国王的特别指令，要寻找从马尼拉返回新西班牙（今天的墨西哥）的航线。1565 年，黎牙实比手下的领航员兼水手弗雷·安德烈斯·德·乌尔达内塔（Fray Andres de Urdaneta）开辟了从马尼拉返回阿卡普尔科的航线，这条航线在后来被马尼拉——阿卡普尔科大帆船贸易所使用（Schurz 1985）。早期的大帆船起航于宿务，直到后来黎牙实比将统治中心迁至马尼拉，宿务则陷入衰退之中（Fajardo 2018）。

　　大帆船贸易是早期经济全球化的重要一环，亚洲、美洲和欧洲通过这条海上通道连接起来。大帆船贸易促进了菲律宾和墨西哥间的经济文化交流，这一影响在今天依然可以看到（INQUIRER.net US Bureau 2017）。马尼拉—阿卡普尔科大帆船贸易航线持续了 250 年（1565 年至 1815 年），船队横跨太平洋穿梭于马尼拉和阿卡普尔科之间，航程超过 18000 公里。作为航线的西端点，马尼拉成为 16 世纪至 17 世纪连接亚洲和美洲不同族群、文化和物资的世界性重要中转港（Schurz 1985，Fish 2011）。

　　需要指出的是，见于记载的最早关于菲律宾地区马尼拉大帆船沉船调查工作始自 1967 年 5 月 9 日阿尔拜省圣多明各海岸的一艘马尼拉大帆船沉船遗骸的发现（Alba 1984，Conese 1989）。在离沉船位置约 275 米处发现了两个被珊瑚覆盖的大型船锚，每个重约 3 吨，铸造时间为 1649 年。

　　1979 年在东盟教育组织考古与美术专项（SEAMEO-SPAFA）支持下，菲律宾国家博物馆水下考古组（UAU）成立（Ronquillo，1989），1988 年更名为菲律宾国家博物馆考古部下属的水下考古部（UAS）。

一、菲律宾地区的造船业

据称，许多大帆船是在甲米地、宿务建造的，在巴加托（Bagatao）建造了两艘，在甘马仁（Cama-rines）海岸的董索（Donsol）和马林杜克（Marinduque）建造了两艘（Schurz 1985，Fish 2011，Bolunia 2014）。虽然在董索遗址出土的船护壳材料可为大帆船的制造提供直接证据，但据舒尔茨（Schurz 1985）的说法，菲律宾之所以成为建造能航行于辽阔海洋上的像大帆船一样的巨型船只的良好场所，是因为具备了三个基本条件：拥有优质木材的供应、安全的良港和具备大量技术娴熟的造船工人。

首先，菲律宾地区拥有丰富的造船所用的优质木材；第二，菲律宾拥有大量良港，这点从该国悠久的航海传统中可见一斑；第三，在菲律宾群岛悠久的航海史中，本地的造船场一直秉持着优良的造船传统，虽然有的造船工人和设计师可能来自欧洲，但在殖民时代以前，当地就已经拥有大量熟练的造船工人。

二、往来埃博卡德罗（Embocadero）的大帆船航线上的沉船

马尼拉—阿卡普尔科贸易航线上的大帆船，往返阿卡普尔科的路线大致相同，因此，包括大帆船在内的许多船只在这条航道沿途失事。领航员们通常通过巴丹省的马里韦莱斯（Mariveles）和科雷吉多尔（Corrigidor）岛之间的出入口甲米地（Cavite）港出发，绕过左侧的八打雁省财富岛（Fortune Island），再向南通过吕宋岛沿岸的圣地亚哥角后，沿佛得岛（Verde）航道向东南依次经过马里卡班（Maricaban）岛和佛得岛；随后继续向东南航行，顺着强大的洋流，经过右侧的卡拉潘（Calapan）角和更南边的杜马利（Dumali）角，来到马林杜克（Marinduque）岛南部及其东边的班顿（Banton）岛；之后绕过阿古贾（Aguja）角与布圭（Bugui）角，沿着马斯巴特（Masbate）航线向东偏东南方向前进。在大约东经 123.3615 度、北纬 12.6429 度位置附近，改向东偏东北方向航行，并向右绕过圣米格尔（San Miguel）岛；在绕过圣米格尔岛，到达东经 123.60 度后，转向南偏东南方向，往蒂考（Ticao）岛的圣哈辛托（San Jacinto）航行。之后沿圣费尔南多（San Fernando）海岸继续向南，在大约北纬 12.4702 度处向东，往卡兰塔（Calantas）礁和卡普尔（Capul）岛北端之间的埃博卡德罗或称圣贝纳迪诺（San Bernardino）海峡航行，在艾伦市（Allen）稍微转向东北偏东，再向右绕过巴里库特罗（Baricuatro）角向北偏东北航行。之后继续向北，向左绕过圣贝纳迪诺（San Bernardino）岛，向右绕过比里（Biri）岛，随后于卡坦端内斯（Catanduanes）东部转向大约 24 度，并继续向北，沿着日本以东航行，大帆船在那里搭乘黑潮，被带到北纬 37 至 41 度之间的东向航线上，最后西风会将大帆船推向加利福尼亚西部的海岸。其中，从甲米地到埃博卡德罗海峡，全程大约需要一个月的时间（Schurz 1985）（图 1）。

在埃博卡德罗海峡的入口处，航海家们最担心的是洋流的问题。自纳兰霍（Naranjo）群岛的圣安德鲁斯（San Andres）岛北部开始，汹涌的洋流沿着圣贝纳迪诺海峡涌动。而向外驶出的帆船必

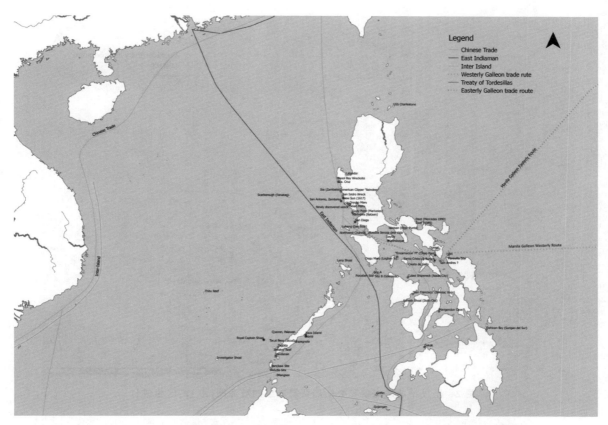

图 1　菲律宾群岛的多条贸易航线图,包括大帆船贸易东、西航线和水下考古遗址点(由 QGIS 生成)

须要穿越圣贝纳迪诺海岸之后才能继续向北攀升航至北纬 37 度线,因此在这一段航道上分布着不少大帆船的沉船遗址。为了寻找像"圣安德鲁斯"号(*San Andres*)这样的沉船遗址,人们曾在该区域开展了多次水下考古调查。"圣克里斯托·德·布尔戈斯"号(*Santo Cristo de Burgos*)大帆船也可能沉没于该地区,即圣贝纳迪诺海峡的入口处。

据记载,"圣埃斯皮里图"号(*Espiritu Santo*)和"圣杰洛尼摩"号(*San Geronimo*)在其驶向日本东部去赶黑潮的航程中,在卡坦端内斯(Catanduanes)岛的南部和东南部海岸遇难。由于卡坦端内斯岛坐落于来自太平洋的风暴的路径上,因此驶出圣贝纳迪诺海峡向北偏东北方向航行的大帆船很容易受到这些太平洋上的风暴的影响,尤其是在东北季风期。(除了风暴以外)卡坦端内斯岛的南部还分布着最浅可浅至 2 英寻(3.6 米)的岛礁。

自阿卡普尔科驶来的大帆船则可能是沿着北纬 12 度线从拉德罗尼(Ladrones)群岛(现在的关岛)驶入圣贝纳迪诺海峡,它们避开左侧赖特(Wright)浅滩,向西穿过菲茨杰拉德(Fitzgerald)沿岸,再转向南,在圣贝纳迪诺岛的西部沿着和出发船只同样的航道进入菲律宾。另一条路线是穿越圣贝纳迪诺海峡以东的岛礁,沿着北纬 12 度线向北偏西北方向航行,然后再向南沿着出发船只同样的线路航行(图 2)。

还有一些大帆船也被认为沉没在大帆船航线的沿途,如可能沉没在蒂考(Ticao)海峡的"恩卡纳西翁"号(*Encarnacion*)(Malones,Jr. 1986)、"生命圣母"号(*Nuestra Senora dela Vida*)、"圣迭戈"号(*San Diego*)以及"圣何塞"号(*San Jose*)。

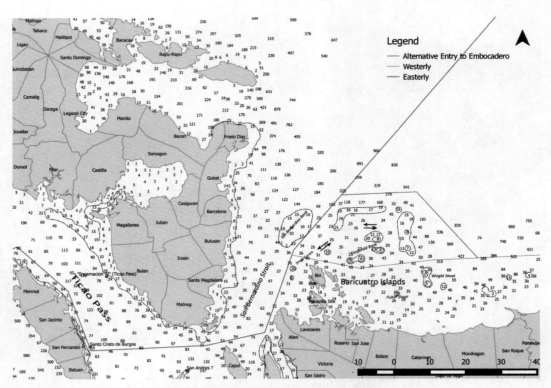

图 2　圣贝纳迪诺海峡和大帆船贸易航线的航海图（由 QGIS 生成）

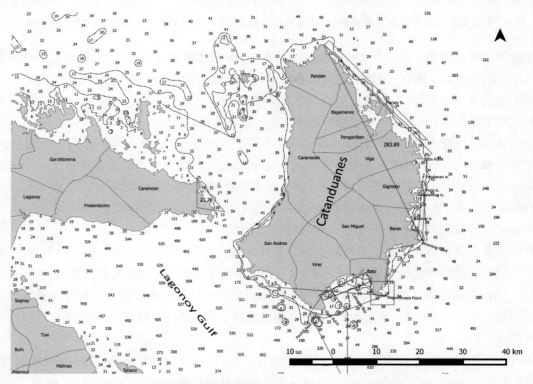

图 3　2002 至 2008 年间在卡坦端内斯岛海域调查"圣埃斯皮里图"号（*Espiritu Santo*）和"圣杰洛尼摩"号（*San Geronimo*）沉船的工作区域（由 QGIS 生成）

三、国家博物馆水下考古组马尼拉—阿卡普尔科大帆船考古调查、勘探和发掘工作概述

（一）"圣埃斯皮里图"号（1576 年）与"圣杰洛尼摩"号（1601 年）沉船

"圣埃斯皮里图"号是一艘在卡坦端内斯（Catanduanes）岛附近沉没的马尼拉帆船，帕斯特尔斯（Pastells）（1925）的研究中提供了与该沉船有关的历史记载。这艘船毫无预警的沉没"是由一场极其猛烈而无情的台风造成的，这艘帆船被冲到了卡坦端内斯某地一个未知海岸附近的珊瑚礁上"。另一部分还提到，"一艘西班牙船只沿着海岸穿越礁盘，西班牙人全军覆没，要么被淹死，要么摔死在了珊瑚礁上，要么被甩进锋利的石头里"。"……土著锡恩（Sion）人发现了两个船锚，一些货物和火枪……"最后还有一段描述道"由唐胡安（Don Juan de Sardonil）率领的一群人试图在锡恩河北岸进行搜救，但并没找到任何货物或幸存者"（Alba 1992）。

由奥古斯丁·玛丽亚·德·卡斯特罗（Agustin Maria de Castro）于 1954 年撰写的另一部文献《奥古斯丁教会传教士在远东——1565 年至 1780 年》（*Osorio Venerable Missioneros Agustinosen el Extremo Oriente*—1565 to 1780）中也提到了相关线索："在距离马尼拉约 100 英里临近卡坦端内斯岛的一个海峡，由于领航员的粗心大意，'圣埃斯皮里图'号失事了……船上的修士们试图游向卡坦端内斯岛的南部"。

"圣埃斯皮里图"号商船搭乘的最著名的乘客便是著名的奥古斯丁教会神父迭戈·德·埃雷拉（Diego de Herrera）。关于该商船另一个传说是，巴托（Bato）市的巴塔莱（Batalay）教堂的十字架就来自"圣埃斯皮里图"号。而由路易斯·安东尼奥·马涅鲁（Luis Antonio Maneru）翻译的加斯帕·德·圣奥古斯丁（Gaspar de San Agustin）的著作《菲律宾群岛征服史 1565—1615》（*Conquistas de las Islas Filipinas*）中提到那些在这场灾难中幸存下来的以迭戈神父为首的宗教人士，遭到了当地人的袭击。

"野蛮的岛民用自己的长矛和弯刀袭击并杀死了他们，他们用信仰的鲜血浇灌大地，在沙滩上记录下暴徒的残忍，以及宗教人士们在面对死亡时表现出的忠贞"（De San Agustin n.d., 757）。

"圣杰洛尼摩"号商船航行途中突然失踪事件，只在一个历史文献中被提及，即出版于 1749 年的由柯林（Colin）与穆里略（Murillo）合著的《劳工福音》（*Labor Evangelica*）。在本书第二卷第十七章第 705～707 页记载到"圣杰洛尼摩"号"在去新西班牙的航程中迷路了，它沉没于圣贝纳迪诺海峡之外、卡坦端内斯岛的比拉克（Virac）角附近"（此信息 1992 年由 Rolando Bayhon 提供给 Alba）。比拉克角在 1834 年被找到，现在又被称为圣罗莎浅滩（Santa Rosa Shoals，Alba 1992）。

由于这两艘沉没地点相近，本文将它们放在一起探讨。这两艘船沉没于比尔科（Bicol）地区的卡坦端内斯岛附近，因此在该岛的水下考古调查主要是为了寻找这两艘帆船而进行的。卡坦端内斯岛地处东经 122 至 124 度、北纬 12 至 14 度，位于吕宋岛东南，正好处在菲律宾群岛的台风带上。该岛位于圣贝纳迪诺海峡以北数千米处，任何一艘沿北纬 13 度线航行的帆船在恶劣的天气里都有可能触礁（Alba 1992）。

自 1991 年开始国家博物馆便与私人机构岛屿海洋考古基金会（IMARF）合作，寻找大帆船。

磁力仪、测深仪用于电子测绘，金属探测器和自携式潜水（Scuba）技术在调查中也被使用，用以验证可能的沉船地点。此次调查覆盖了卡洛尔邦（Calolbon）、卡布高（Cabugao）、洛克特（Locot）湾、约翰（Johns）礁部分区域，以及位于比拉克南部和东北的特雷莎（Teresa）浅滩（Alba 1992）。

2002 年 2 月，国家博物馆与另一个研究机构——历史和航海考古基金会（HNAF）合作，使用质子磁力仪对巴托市巴朗圭博特（Barangay Bote）的洛克特（Locot）湾附近海域进行了调查（Jago-on 2002），探测到三处异常之处，并用水枪和抽泥机进一步试掘，但并没有任何与"圣埃斯皮里图"号相关的遗存被发现。

2007 年 7 月 4 日至 8 月 1 日，菲律宾国家博物馆再次与历史和航海考古基金会合作，在卡坦端内斯岛东北部水域使用多波束声呐、质子磁力仪等设备，以及自携式潜水技术进行了为期六个月的水下可视性调查（Orillaneda and Bersamira 2007）。之后又在班乃（Panay）岛和莱特（Lete）岛海滩以及巴加马诺克（Bagamanoc）和潘丹（Pandan）市北部和东北部海滩进行了补充调查。在巴加马诺克海岸和班乃岛东侧发现了中国青花瓷碎片，经鉴定属于明代，与 1601 年沉没的"圣杰洛尼摩"号时间相近。同时，据报道在巴加马诺克海岸还发现了三枚中国铜钱。这些铜钱看起来与 1600 年 12 月 14 日沉没在八打雁附近海域的"圣迭戈"号沉船出水的铜钱相似。这些发现将调查的重点转移到巴加马诺克湾和班乃岛的入口处，但在整个调查期间没有发现"圣杰洛尼摩"号船体或相关船货的踪迹。

第二年，即 2008 年，国家博物馆与历史和航海考古基金会再次合作，使用多波束声呐、旁侧声呐、质子磁力仪以及水肺潜水技术进行了为期六个月（4 月 15 日至 10 月 15 日）的调查（Jago-on 2008，Orillaneda and Peñalosa 2008，Orillaneda and Peñalosa 2008）。此次沿海调查覆盖了卡坦端内斯岛的东部地区、北部和南部的部分地区，包括巴拉斯（Baras）、巴加马诺克（Bagamanoc）、维加（Viga）、吉格莫托（Gigmoto）、圣安德鲁斯以及潘丹等市，另外还有几个项目对这些城市沿海岸线的陆地遗址进行了补充调查。陆地遗址调查中发现了来自中国的 17 世纪中期的青花瓷器，因此与这两艘沉船并无关联。用电子设备进行探测过程中也发现了一些异常现象，但为现代物品。

这些年来，为了寻找这两艘沉没已久的大帆船，在卡坦端内斯岛的南部和东部海岸，人们总共在 641 平方公里的区域内进行了调查，其中 2002 年调查了 47.45 平方公里，2003 年调查了 131.35 平方公里，2004 年调查了 109.64 平方公里，2005 年至 2008 年调查了 322 平方公里。

（二）"圣迭戈"号沉船（1600 年 12 月 4 日沉没）

"圣迭戈"号是作为商船在宿务的造船厂建造的，最初命名为"圣安东尼奥"号（*San Antonio*）（Desroches，Casal and Goddio 1995，L'Hour 1996）。当荷兰船长奥利维尔·范·诺特（Olivier Van Noort）搭乘他的旗舰船"毛里求斯"号（*Mauritius*）以及一艘略小的船只"协和"号（*Concord*）率领几艘荷兰船只来到菲律宾进行走私贸易时，"圣迭戈"号商船正停靠在甲米地港进行休整和维修（Goddio 1994）。西班牙当局发现入侵者后，匆忙召集了一支包括"圣迭戈"号（作为主力旗舰）在内的小型舰队，追击并与荷兰人交战。

唐·安东尼奥·德·莫尔加（Don Antonio de Morga），当时的菲律宾副总督、宗教裁判所所长和皇家法院法官，受命指挥这次战役。但作为一名水手，莫尔加经验显然并不丰富。他让"圣迭戈"号超负荷装载了陆上战役使用的火炮和其他不必要的物品，这使得"圣迭戈"号的机动性严重不足，而机动性又是影响海军战斗力的一个重要因素（Goddio 1994）。继弗里尔角发生短暂的小规模冲突后，"毛里求斯"号和"圣迭戈"号进行了一场持久战，最终以在八打雁海域财富岛附近激烈的近距离冲突而告终。莫尔加糟糕的战术决策和"圣迭戈"号对海战的不适应最终导致它在被炮弹击中后沉没，但"圣迭戈"号的护卫舰"圣巴尔托洛梅"号（San Bartolome）在民都洛岛附近的卢邦岛俘虏了荷兰的"协和"号，"毛里求斯"号则逃往印尼并返回鹿特丹。

人们对西班牙、荷兰、意大利和法国的图书馆、档案馆中和该沉船相关的档案展开了研究，以发现沉船可能沉没的位置的线索。找到的主要的历史文献资料包括唐·安东尼奥·德·莫尔加1609年在墨西哥出版的《菲律宾群岛的历史事件》（西文 Sucesos de las Islas Filipinas，英文 Historical Events of the Philippines Islands）和奥利维尔·范·诺特的《我环游世界的艰苦旅程》（My Arduous Journey Around the World），以及其他提到"圣迭哥"号和"毛里求斯"号战役的资料（Goddio 1994，Orillaneda 2000）。

菲律宾国家博物馆与弗兰克·戈迪奥（Franck Goddio）率领的法国"环球第一"（World Wide First）（WWF）探险队合作，于1991年4月8日开始寻找"圣迭戈"号（Desroches，Casal and Goddio 1995）。此次调查所使用的设备包括能精确追踪和导航的定位系统、磁力仪和浅地层剖面仪。由于文献中关于此船沉没的确切地点的记载并不一致，导致这次调查在发现沉船之前耗费了大量时间，覆盖了广阔的区域。在对一系列水下发现的异常情况进行再次调查和验证之后，此船的具体位置才最终确定下来，即在财富岛东北约一公里，海面以下54米处一个约40×200平方米的由粗陶罐和大炮形成的堆积（Cuevas，et al. 1992）。此次调查涉及的区域总面积为120.9平方公里。

整个项目的开展分为两个阶段。第一阶段于1992年2月10日至4月28日进行，揭露了沉船遗骸并起取了大量考古资料。该地点水深54米，包括国家博物馆工作人员在内的普通潜水队员很难在该地点开展工作，因此"环球第一"探险队雇佣了一支商业潜水团队。其他成员还包括一名潜水医生、减压舱技术人员、潜水专家、摄影师和船上协助调查工作的船员。菲律宾国家博物馆工作人员包括数十名研究人员和技术人员，他们的任务是监督整个发掘工作，并确保工作的开展符合菲律宾国家博物馆的相关规章制度。

下潜行动由两组潜水员轮流进行，昼夜不停。研究人员绘制了一个网格地图，供潜水员们记录他们的发现。两个电动水泵为三台冲泥水枪提供动力。在网格图中体现的遗存被收集、贴上标签并装袋。该遗址的影像记录是由一个以摄影师和摄像师组成的独立团队完成的，他们根据自己的时间安排潜水，以记录挖掘工作以及重要文物的出水过程。

对打捞出水的文物会采取紧急保护措施，例如利用设备清除淤泥和沙子等天然海底物质，并进行脱盐。金属和木制艺术品需要进行特殊处理，它们被存放于阴凉干燥的地方，并与陶器和贸易陶瓷分开，以避免污染和衰败。所有文物都被国家博物馆工作人员记录在专为水下项目设计的国家博物馆库存清单中。

通过统计，此次调查出水了34000多件不同的考古标本，包括各类陶器、瓷器、武器（大炮、剑、武士剑和武士刀、火枪、弹药）、银币和银器、金属器（头盔、搭扣、铅块和铅砝码、金属钟等）、玻璃器皿、珠宝和个人饰品、金器（印章、硬币、颈环、戒指和念珠）、项链、厨具、木制物品和工具、绳索、花卉、动物遗骸，以及其他不明物品（Goddio 1994）。

其中发现的重要文物包括航海导航仪器（星盘和罗盘）和工具、14门青铜炮、中国青花瓷器（克拉克瓷和漳州窑产品）、超过750多件来自中国、泰国、缅甸、西班牙或墨西哥的陶罐，以及70多件菲律宾制造的陶器（Goddio 1994，Alba 1993）。

1993年进行的第二阶段工作开始于1月20日至2月初对该遗址的重新调查，1993年2月10日持续到4月14日进行的发掘工作主要以对沉船木构遗存的清理和记录为重点（Alba，Conese and Secuya 1993，10）。由于"圣迭戈"号是由商船改造而成的战舰，因此法国水下考古学家米歇尔·洛尔被邀请参照原本的和改造后的船舶结构记录来研究这艘沉船上的军事设施（L'Hour 1996）。

（三）"生命圣母"号（1620年）沉船

"生命圣母"号是一艘离开甲米地前往新西班牙（今墨西哥）阿卡普尔科的马尼拉大帆船，据记载于1620年沉没[World Wide First（WWF）1985]。据说由于领航员计算错误，使其在佛得角岛（也被称为外岛）（Verde Island）附近触礁（Schurz 1985，Fish 2011），导致帆船在该岛南部海岸搁浅，之后船体破损。愤怒的乘客将领航员吊死在海岸上。沉船事故发生一年多以后，船上物品才被找到。最终，这艘船沉睡在佛得角岛的西南海岸，这个岛位于同名海峡的中央，距离民都洛岛北部海岸约4英里，离吕宋岛南部海岸约3英里。

1985年12月1日至12日，菲律宾国家博物馆和"环球第一"探险队在档案记载的沉船失事地点进行水下发掘，分布在海底一大片区域内的几百件中国青花瓷片被打捞上来，其中完整器只有30件。虽然船体的木制船体大部分已经消失不见，但值得注意的是，此船龙骨的主体部分保存得相当完好[World Wide First（WWF）1985]。

"生命圣母"号沉船被认为是一项重要发现，因为这是在已发现的大帆船沉船中首次发现龙骨和一些固定装置。龙骨的长度超过了21米，位于水深4到6米处。它被上面两个巨大的堆积压住，其中较大一处的堆积主要由压舱石和珊瑚凝结物混合组成，较小的一处堆积主体为几枚大炮，周围被铁和石灰石的凝结物覆盖，并与压舱石相连。在龙骨的东侧，部分木质甲板保存了下来。在两处堆积（压舱石堆积和大炮堆积）下可以看到龙骨和两个反龙骨的遗存。工作人员对龙骨和其他木材都进行了测量和拍照，同时其他所有的相关遗物也都被提取出水并进行了登记。为了确定遗址的范围挖掘了一条探沟，同时潜水员还对沉船遗址分布区的外围周边进行了调查，以确定残骸的分布范围。值得注意的是，在木材中提取到了微量的汞，汞可以被用于提纯沙子和银，分别去除它们多余的砂粒和矿物质（Nicolas 1986）。

工作人员对发掘出水的中国青花片也进行分析，并将之与法国卢浮宫博物馆[World Wide First（WWF）1985]收藏的拿破仑庭（Cour Napoleon）遗址出土的同类器物进行了比对。根据比较研究的结果，"生命圣母"号沉船上的贸易货物似乎质量较差，应主要用于满足要求较低的客户——很可能是普通民众。这些贸易商品应该是在17世纪20年代生产的。

考虑到龙骨在考古学上的重要意义，菲律宾国家博物馆于1986年再次对该遗址进行水下踏勘，以评估提取和更好地保护它的可能性（Nicolas 1986）。接下来菲律宾国家博物馆又对该遗址点进行过一次调查，目的是核实是否有体育潜水爱好者曾侵入该遗址并对遗址进行了扰乱（Conese 1987）。碎木板以及新断的木板证明该龙骨明显受到过扰动。

最终，1990年水下考古部工作人员在尤比奥·迪松（Eusebio Dizon）主任的带领下，将"生命圣母"号沉船的龙骨从博科（Boquete）岛（介于民都洛岛与佛得岛之间）转移到东民都洛加莱拉港（Puerto Galera）的萨邦（Sabang）。尤比奥·迪松主任和博物馆文保人员一起，评估了龙骨的现状，并采集了真菌和细菌样本进行下一步的实验室检测。随后一块脱位并暴露在恶劣环境中的木板被进行了化学处理（Dizon 1990）。两块比较大的龙骨碎片被绑在摩托艇旁边，在摩托艇的牵引下"漂浮"到了萨邦。在到达指定地点后，龙骨被沉到大约6米深的沙质海床上，并放置在一块巨大的珊瑚之下以固定。

（四）"恩卡纳西翁"号（1649 年）沉船

"恩卡纳西翁"号是从墨西哥阿卡普尔科港驶来的大帆船，最终沉没于菲律宾索索贡（Sorsogo）海岸。以寻找其准确位置为目的的水下考古工作只进行了一次，时间是 1985 年 12 月至 1986 年 1 月。菲律宾国家博物馆水下考古部（UAU）3 名工作人员与一个协助调查的私人团队在记载中该船的沉没地点进行了减压潜水。

该地点距离索索贡港布兰（Bulan）地区西海岸约 4.5 公里，深 49 米，海面下水流湍急。在用气升抽淤设备除去近一米的沙子后，船板就暴露出来了，船板之上还发现有压舱石。受恶劣天气影响，此次考古工作没有完成。

（五）"圣何塞"号（1694 年）沉船

"圣何塞"号是当时西班牙最大的帆船，长达 60 米。据记载，该船于 1694 年 7 月 3 日在西民都洛省卢邦（Lubang）群岛西海岸遇到风暴沉没（Schurz 1985，Alba 1986，Fish 2011）。据推测，该船在触礁时船体遭到了严重破坏，三根桅杆和方向舵都发生断裂。该船船体残骸散落范围极广，可能达 1 平方公里，但主要堆积分布在约 300 平方米的范围内（Oceaneering International，Inc. 1987）。

"圣何塞"号建造于甲米地造船厂，只用了九个月时间。在建造过程中，造船工人昼夜不停地工作，甚至在宗教节日期间也未停止。于是当这艘船失事时，神职人员立即将这场灾难归咎于对教会的不尊重。据记载，船上 400 余人全部遇难，另外还有 12000 件货物损失（Schurz 1985，Fish 2011）。

菲律宾国家博物馆水下考古部与弗兰克·戈迪奥带领的"环球第一"探险队合作，在卡布拉尔（Cabral）岛和卢邦岛西北部之间的海域开始了寻找"圣何塞"号沉船的调查。在塔巴克湾（Tagbac Cove）附近用磁力仪进行探测时，检测到两处地点有异常（Alba 1986）。

在检测到可疑地点所在的海滩地区，发现了近 1000 多片高质量的中国青花瓷片，同时在离岸深 10 米的地方发现了一些与沉船有关的考古遗存（Alba 1986，Oceaneering International，Inc. 1987，Conese 1989）。其中包括中国青花瓷片和其他陶瓷器碎片、炮弹、被认为是火枪弹药的铅球以及其他金属制品如大锤、长钉和铜条等。其他比较重要的发现还有金链条、银器、玻璃纽扣、铜环、念珠残件、胸针、剑柄的金银构件等（Cuevas 1990，Conese 1990）。

尽管没有找到完整的船体，但在一个特定区域内发现有船只的木制残骸，很可能就是"圣何塞"号所在。其中一块木板宽约 8 米，上面还附带着一片 30×25 厘米大小的甲板残片，在木板的中轴上还留有突出的钉子。值得注意的是，在该区域还发现了与岸边相似的同类型的青花瓷片。

经过三周的调查，研究人员确认该地点就是"圣何塞"号遇难处。许多遗物仍然遗留在此地，但大多被珊瑚所覆盖。由于该地区地形环境复杂，且大量文物被埋藏在珊瑚下面，1987 年国际海洋工程公司在该地点采用磁力仪、测深仪以及自携式潜水调查等多种手段，以探索发掘该遗址的最佳方法（Oceaneering International，Inc. 1987）。

（六）"圣克里斯托·德·布尔戈斯"号（1726 年）沉船

"圣克里斯托·德·布尔戈斯"号是一艘从菲律宾出发的马尼拉大帆船，由海军总司令弗朗西斯科·桑切斯·德·塔格尔（Francisco Sanchez de Tagle）指挥。该船于 1726 年 7 月 8 日从甲米地港起航（Fish 2011）。1726 年 7 月 23 日，它正停泊在索索贡港和马斯巴特岛之间的蒂考（Ticao）岛东南海岸，等待顺风，一场突如其来的风暴将此船卷入浅礁并使其损毁。据报道，在沉没时这艘船的船尾在浅水区，而船头则面向蒂考山口。这艘船也是当时最大船只之一，重约 4000 吨，载有 52 门铜炮和铁炮（Alba 2004）。在其遇难时满载着运往阿卡普尔科的货物，其中可能包括香料、海产品、林产品、丝绸和瓷器等。

蒂考岛是马斯巴特群岛的三个主要岛屿之一，该岛对大帆船贸易的重要之处在于其地处大帆船航线沿线，同时是大帆船在完成穿越圣贝纳迪诺海峡并驶向太平洋进而前往阿卡普尔科的漫长而艰苦的旅程之前，能够补给水、粮食和搭载违禁品的最后一站。能够证明该岛重要性的考古发现包括来自中国、越南和泰国的古代外来陶瓷，以及在墓葬和居住遗址中发现的玻璃珠和古钱币（Alba 2004）。

对这艘沉船的寻找始于对西班牙塞维利亚贸易局的档案的研究。档案记载表明，"圣克里斯托·德·布尔戈斯"号于 1726 年 7 月 23 日在马斯巴特省蒂考岛圣费尔南多市以北附近的东南海岸沉没。

为了找到"圣克里斯托·德·布尔戈斯"号真正的沉没地点，沿着蒂考岛海岸的遗址现场调查随后进行。调查在沿蒂考岛东海岸从北向南延伸 28 公里、面积 127.19 平方公里的范围内进行。菲律宾国家博物馆还与"环球第一"探险队合作，进行了水深测量、磁力仪探测以及潜水调查，以确定是否存在异常之处，或是有其他与沉船相关的物品，如陶瓷器和压舱石等的存在。此次调查发现了来自中国的青花瓷和彩绘瓷、青釉罐以及来自泰国的陶器残片等，最有趣的发现是一个贝壳勺，它与马斯巴特地区的"圣何塞"号沉船遗址发现的贝壳勺非常相似。研究人员认为，以上遗物正是来自"圣克里斯托·德·布尔戈斯"号沉船。

尽管进行了非常彻底的调查，但"圣克里斯托·德·布尔戈斯"号船体本身，及其主要装载物，特别是那 52 门大炮，都没有被找到。这可能是由于沉没在浅水区，"圣克里斯托·德·布尔戈斯"号在当年就被彻底打捞过。同时还有证据表明，这艘船在该地区搁浅的原因与压舱石有关。在调查结果出来后，菲律宾国家博物馆和"环球第一"探险队决定终止寻找"圣克里斯托·德·布尔戈斯"号沉船的项目。

（七）"圣安德鲁斯"号（1798 年）沉船

"圣安德鲁斯"号是一艘开往阿卡普尔科的大帆船，由曼努埃尔·莱科拉兹（Manuel Lecoraz）将军指挥。据称该船在圣贝纳迪诺海峡入口处与摩洛（Moro）海盗相遇并交战。在前进过程中，由于风力突然停止，船长失去了对船的控制，使其任由海浪的摆布而飘荡。船上人员全部获救，但据称货物都丢失了。

菲律宾国家博物馆水下考古部和远东航海考古基金会（FEFNA）利用水下机器人（ROV）和多波束声呐在纳兰霍群岛附近海域进行了水下考古调查，该地区的强洋流使水下调查进行得极其艰难。

对"圣安德鲁斯"号沉船的搜寻始于 2000 年，在纳兰霍群岛附近海域进行，其调查面积为 30.44 平方公里；2004 年和 2005 年调查的总面积为 67 平方公里；2008 年和 2014 年，国家博物馆水下考古部和远东航海考古基金会再次进行调查，总调查面积为 138.59 平方公里，调查区域覆盖了纳兰霍群岛和卡普尔岛之间的水域。

四、总结

　　菲律宾的群岛性使原住民发展并遗留下丰富的海洋文化遗产，这是因为无论是生计、移徙、战争、交流还是贸易等活动都需要用到各种各样的船只。合适的原材料和良好的港湾也为熟练造船工人的发展以及随之而来的造船传统提供了必要的先决条件。东南亚史前本地船〔武端（Butuan）船〕就是这一造船传统的早期实证。在殖民时代早期，来自殖民地的关于菲律宾造船技术的第一手资料进一步证实了建造大型适航性船只离不开拥有熟练技术的菲律宾造船工匠的事实（Clark，Vosmer and Santiago 1993）。

　　历史资料中记载，一些马尼拉大帆船正是在菲律宾制造的（Schurz 1985，Fish 2011）。在比科尔地区索索贡省发现的造船场也证实了这一点，一些大帆船可能就是在该地制造、修理和改装的（Bolunia 2014）。因恶劣天气、人为因素或两者共同原因导致马尼拉—阿卡普尔科大帆船贸易过程中在菲律宾地区发生多起沉船事故（表1）。作为法律授权的能够合法开展水下考古工作的机构，菲律宾国家博物馆已与一些私人研究团队合作，对其中一些沉船进行了寻找。到目前为止，"圣何塞"号、"生命圣母"号、"圣克里斯托·德·布尔戈斯"号以及"圣迭戈"号沉船所在位置已经探明，这些船只全部经过了考古发掘，但由于它们中大部分沉没在浅水区，使得无论是船体结构还是货物都已遭到严重破坏。历史记载中还提到一些船只在沉没后很快被打捞出来，尽管如此，但相关大帆船贸易货物的一些重要信息还是得到了系统收集。

表1　菲律宾马尼拉大帆船失事船只名单[1]

大帆船船名	失事时间	失事地点	备注
Espiritu Santo "圣埃斯皮里图"号	1576	卡坦端内斯岛	自菲律宾出发驶向外国
Two unknown ships 两艘未知帆船	1589	甲米地港	沉没时部分装载了运往阿卡普尔科的货物
San Diego "圣迭戈"号	1600.12.14	八打雁财富岛	一艘被改装成战舰的商船，在与荷兰战舰毛里求斯号进行海战时沉没
San Geronimo "圣杰洛尼摩"号	1601	卡坦端内斯岛	自菲律宾出发驶向外国
Santo Tomas "圣托马斯"号	1601	卡坦端内斯岛	自菲律宾出发驶向外国
Nuestra Señora de la Vida "生命圣母"号	1620	佛得岛	自菲律宾出发驶向外国
Santa Maria de Magdalena "圣玛丽亚·马格达雷纳"号	1631	甲米地港	自菲律宾驶出，在港内即沉没，原因可能是船舶本身的不适航性或货物装载不当
San Luis "圣路易斯"号	1646	卡加延	被困在卡加延海岸的大帆船上的船员和船货最终被平安救起
Buen Jesus "布恩耶稣"号	1648	兰蓬（比南格南）？	由于害怕被荷兰人袭击和俘获，船长焚毁了这艘船

续表

大帆船船名	失事时间	失事地点	备注
Nuestra Señora de la Encarnacion "恩卡纳西翁"号	1649	索索贡省布兰	自菲律宾出发驶向外国
San Francisco Javier "圣方济·沙勿略"号	1653	菲律宾	此船搭载了洛伦佐·德·乌加尔德将军
San Diego "圣迭戈"号	1654	马尼拉湾	此船沉没后货物被抢救出来，且没有造成人员伤亡
San Jose "圣何塞"号	1694	卢邦岛	自菲律宾出发驶向外国
Santo Cristo de Burgos "圣克里斯托·德·布尔戈斯"号	1726.7.23	马斯巴特省的蒂考岛	自菲律宾出发驶向外国
Nuestra Señora del Pilar "皮拉尔圣母"号	1750	马尼拉湾附近	自菲律宾出发驶向外国，此船的残骸、尸体和货物被冲到吕宋岛海岸
San Pedro/El Caviteño "圣佩德罗"号	1782	北吕宋	自菲律宾驶出，在沉没时此船正试图通过一条新的北向航线沿着吕宋岛海岸航行到太平洋，而非驶向圣贝纳迪诺海峡
San Andres "圣安德鲁斯"号	1798	圣贝纳迪诺海峡附近纳兰霍岛	自菲律宾出发驶向外国
San Fernando "圣费尔南多"号	1799	索索贡	自菲律宾驶出，这次航行在索索贡被中断，货物被转移到"圣拉菲尔"号（San Rafael）船上，之后返回甲米地

"圣迭戈"号沉船是个例外，因为它被发现时还保存着原始装载状态，可以算作是菲律宾殖民时代某个特定时期的一个名副其实的时间胶囊。"圣迭戈"号沉船船体与船货不仅揭示了为与荷兰战舰毛里求斯号进行海战，"圣迭戈"号如何被改变结构和装载物以完成从贸易船到战舰的转变，同时还体现了当时船上生活的状况、饮食、武器配备以及不同人群的存在等（如日本武士的武器和财宝、外国珠宝、威尼斯眼镜、源于西方的银器）。

本文总结了迄今为止对马尼拉大帆船进行的考古研究。虽然该研究还有待继续深入，但目前工作已为阐释菲律宾殖民时期的海洋史提供了重要资料。通过对这些物证的研究，我们得以一窥历史上不同种族和不同文化背景下的人群在特定时期通过海上贸易路线接触和融合的过程。

注释

［1］资料来源较复杂，其中许多并没有经过考古工作证实。

参考文献

Alba, Larry L. 1992. *A Report on the 1991 Underwater Survey and Exploration of Southern Catanduanes (Calolbon, Cabugao and Locot Bays)*. Unpublished Manuscript, Manila: National Museum of the Philippines.

Alba, Larry L. 1993. *Preliminary Analysis of the San Diego Stoneware Jars*. Unpublished Manuscript, Manila: National Museum of the Philippines.

Alba, Larry L. 1986. *Preliminary Report on the San Jose Excavation-Lubang Island*. Unpublished Manuscript,

Manila: National Museum of the Philippines.

Alba, Larry L., Eduardo Conese, and V. Secuya. 1993. *Fortune Island Underwater Archaeological Excavations: A 2nd Preliminary Report*. Unpublished Manuscript, Manila: National Museum of the Philippines.

Alba, Larry. 2004. *Santo Cristo Underwater Archaeological Exploration Project*. Unpublished Manuscript, Manila: National Museum of the Philippines.

Alba, Larry. 1984. *The Genesis of Underwater Archaeology in the Philippines*. Unpublished Manuscript, Manila: National Museum of the Philippines.

Bolunia, Mary Jane Louise. 2014. "Astilleros: The Spanish Shipyards of Sorsogon." *Proceedings of the 2nd Asia-Pacific Regional Conference on Underwater Cultural Heritage*. Honolulu.

Conese, Eduardo E. 1987. *Field Report on the Official Travel Conducted in Verde Island, Batangas City (March 21-27, 1987)*. Unpublished Manuscript, Manila: National Museum of the Philippines.

Conese, Eduardo E. 1990. *Report on the Sharing of Artifacts Retrieved from the San Jose Wreck Excavation*. Unpublished Manuscript, Manila: National Museum of the Philippines.

Conese, Eduardo E. 1989. *Underwater Archaeology in the Philippines*. Unpublished Manuscript, Manila: National Museum of the Philippines.

Cuevas, Maharlika. 1992. *Fortune Island Underwater Archaeological Excavations: A Preliminary Report*. Unpublished Manuscript, Manila: National Museum of the Philippines.

Cuevas, Maharlika. 1990. *Report on the Sharing of Artifacts Retrieved From the San Jose Wreck Excavations*. Unpublished Manuscript, Manila: National Museum of the Philippines.

De San Agustin, Gaspar. n. d. *Conquistas de las Islas Filipinas (The Conquest of the Philippine Islands)* 1565-1615.

Desroches, Jean-Paul, Gabriel Casal, and Franck (Eds). Goddio. 1995. *Treasures of the San Diego*. Paris: World Wide First.

Dizon, Eusebio. 1990. *Accomplishment Report on the Transfer of the Keel of the Nuestra Señora dela Vida Galleon From Boquete Island to Sabang, Puerto Galera*. Unpublished Manuscript, Manila: National Museum of the Philippines.

Fajardo, Fernando. 2018. "CEBU DAILY NEWS." *cebudailynews. inquirer. net*. 26 July. Accessed August 12, 2018. http://cebudailynews.inquirer.net/186343/galleon-trade-killed-cebu-entrepot.

Fish, Shirley. 2011. *The Manila-Acapulco Galleons: The Treasure Ships of the Pacific*. United Kingdom: Authorhouse U.K. Ltd.

Goddio, Franck. 1994. "San Diego: An Account of Adventure, Deceit and Intrigue." *National Geographic* 37-57.

INQUIRER.net US Bureau. 2017. "Globalization started with Asia-Spanish America trade links, says DC panel." *INQUIRER.NET*. 12 September. Accessed August 12, 2018. http://usa.inquirer.net/6618/globalization-started-asia-spanish-america-trade-links-says-dc-panel.

Jago-on, Sheldon Clyde Bianet. 2002. *Brief Field Report on the Survey Off Locot Bay, Catanduanes*. Unpublished Manuscript, Manila: National Museum of the Philippines.

Jago-on, Sheldon Clyde Bianet. 2008. *Brief Field Report on the Underwater Archaeological Exploration Off the Coast of the Island of Catanduanes*. Unpublished Manuscript, Manila: National Museum of the Philippines.

L'Hour, M. 1996. Naval Construction. In *Treasures of the San Diego*, by Jean-Paul Desroches, Gabriel Casal and Franck Goddio (Eds.). Paris: Association Francaise d'Action Artistique.

Malones, Jr., Antonio. 1986. *The "Encarnacion"*. Unpublished Manuscript, Manila: National Museum of the Philippines.

Nicolas, Norman. 1986. *A Brief Report on the Sampling Done Among the Timber Remains of a Shipwreck in Isla Verde (April 29 to May 9, 1986)*. Unpublished Manuscript, Manila: National Museum of the Philippines.

Oceaneering International, Inc. 1987. *Survey Report. China Pacific Explorations LTD. Salvage Feasibility Study Near Tagbac, Lubang Island, Philippines*. Unpublished Manuscript, Manila: National Museum of the Philippines.

Orillaneda, Bobby C., and Antonio L. Peñalosa. 2008. *The Catanduanes Underwater Exploration Project: A Brief Field Report (June 25-July 23 2008)*. Unpublished Manuscript, Manila: National Museum of the Philippines.

Orillaneda, Bobby C., and Antonio L. Peñalosa. 2008. *The Catanduanes Underwater Exploration Project: A Brief Field Report (September 17-October 15 2008)*. Unpublished Manuscript, Manila: National Museum of the Philippines.

Orillaneda, Bobby C., and Eduardo Bersamira. 2007. *A Brief Field Report on the Catanduanes Underwater Archaeological Survey: The Search for the San Geronimo Galleon*. Unpublished Manuscript, Manila: National Museum of the Philippines.

Orillaneda, Bobby. 2000. *Carasanan Underwater Archaeological Project*. Unpublished Manuscript, Manila: National Museum of the Philippines.

Pastells, S.J. 1925. "Pablo: 'Historia General de las Islas Filipinas'."

Pigafetta, Antonio. 1969. *Magellan's Voyage: A Narrative Account of the First Circumnavigation*. New Haven and London: Yale University Press.

Ronquillo, Wilfredo P. 1989. The Butuan Archaeological Finds: Profound Implications for Philippine and Southeast Asian Pre-history. In *Guangdong Ceramics from Butuan and Other Philippine Sites*, by Roxanna Brown (Ed.), 60-70. Manila: Oriental Ceramics Soceity of the Philippines/Oxford University Press.

Schurz, William Lytle. 1985. *The Manila Galleon*. New York: E.P. Dutton and Co.

World Wide First (WWF). 1985. *Preliminary Summary Report of the "Nuestra Señora dela Vida" Wreck*. Unpublished Manuscript, Manila: National Museum of the Philippines.

台湾与澳门出土的克拉克瓷及其相关 17 世纪国际陶瓷贸易

卢泰康

（台南艺术大学艺术史学系）

台湾与澳门相继发现了一系列克拉克贸易瓷，与马尼拉大帆船贸易有直接的具体联系。本文拟探讨 17 世纪前半荷兰东印度公司（VOC）在澎湖（1622—1624 年）与台湾南部（1624—1661 年）的陶瓷转口贸易，以及上述地区所发现的中国克拉克瓷；讨论西班牙占领台湾北部短暂期间（1626—1642 年）的贸易活动及其出土文物，分析台湾出土的 17 世纪后半克拉克风格日本肥前瓷器，借以探讨台湾郑氏所经营的陶瓷转口贸易，透过马尼拉与横跨太平洋的大帆船航线，转口销售亚洲贸易陶瓷的历史；以澳门岗顶山坡圣奥斯定（St. Augustine）修道院遗址出土的克拉克瓷为例，探讨澳门所发现的中国贸易瓷。这些台湾与澳门所发现的克拉克贸易瓷实物及其相关史料纪录，清楚地揭示了 17 世纪东亚、东南亚，甚至横跨太平洋所形成的复杂物质贸易交流网络，以及多边文化交流与互动。

一、前言

台湾是靠近亚洲大陆东南岸的一个海岛。台湾位于太平洋西侧沿岸"花彩列岛"的中枢，北临日本与琉球群岛，西以平均宽度 200 公里的台湾海峡与中国大陆福建省相望，南缘巴士海峡，与菲律宾相距 350 公里，东临广大的太平洋，在东亚海上航路中，扮演了太平洋西侧链接之枢纽，位置十分重要（图 1）。

15 世纪晚期以后，欧洲人透过大规模的海上探险活动，发现了通往亚洲的航路，葡萄牙、西班牙与荷兰等国，相继在亚洲地区设立殖民地与贸易据点。伊比利亚半岛的葡萄牙人首先在 16 世纪初占领了印度果阿与东南亚的马六甲，并于 16 世纪中期在中国广东珠江口的澳门岛，建立了可以直接与中国贸易的据点。

至于西班牙人则透过世界另一头的海上探险，发现了通往东方的航路，他们发现了美洲，并从那里航越太平洋抵达菲律宾群岛，接着在 1571 年以马尼拉为据点，开始收购由中国福建南部的漳州航来的中国帆船所载运的大量中国物资。

荷兰人在亚洲地区的活动，始于 16 世纪末期。公元 1602 年荷兰联合东印度公司成立，开始有计划地在亚洲地区进行贸易活动。1619 年，荷兰人虽然在印度尼西亚地巴达维亚建立基地，但距离中国过远，荷人必须在东南亚的万丹（Bantam）、大泥（Patani）、巴达维亚（Batavia）等地，坐待华商运送中国货物远道来贩。为了解决此一问题，荷兰人在中国沿海积极寻找可以贸易据点，而台湾

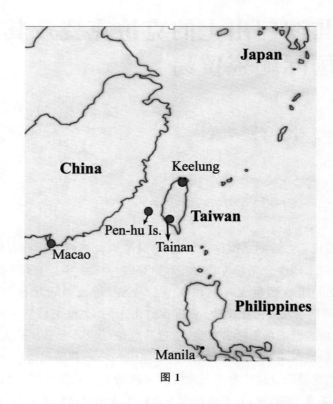

图 1

便成为最佳的选择。荷兰人首先在 1622 年占领了台湾海峡上的澎湖群岛。两年后的 1624 年，由于遭到大陆明朝海防军队的驱逐，荷兰人便移往邻近的台湾。荷兰人在这个面积较大，且资源较为丰富的台湾岛南部，建立了大规模的城堡与商馆，展开了长达 38 年的殖民统治。西班牙则是在 1626 至 1642 年间占领台湾北部的基隆与淡水，与荷兰人分庭抗礼。

二、荷兰东印度公司在澎湖与台湾南部的陶瓷转口贸易

荷兰东印度公司在 1622 年至 1624 年占领澎湖期间，在该群岛南端的风柜尾修筑了城堡。到了 1624 年荷兰人被明朝军队驱逐，离开澎湖来到台湾南部，修建了热兰遮城与普罗民西亚城，台湾就此成为 VOC 在亚洲地区的重要贸易转口港，各种中国、日本、东南亚或本地物产，透过荷兰所属船只，转运各地贩卖。荷兰人所贸易的各种中国货物中，陶瓷亦为获利的重要商品，如在 1638 年底，存放在台湾的台南安平要送往荷兰与印度的中国瓷器，总数高达 89 万件（T. Volker 1971:42）。另根据笔者过去统计相关文献记录，光是 1626 年至 1654 年的 28 年间，从台湾转口输出的陶瓷总数就超过 460 万件，数量相当惊人，输出的地区包括了欧洲、西亚、印度与东南亚地区（卢泰康 2006:89-132）。

17 世纪前半荷兰人在台湾积极订购瓷货，并主动提供各式瓷器样品，使其所订购瓷器之纹饰与造型，能更加符合海外各地市场的需要与特定品位。此时的台湾已成为荷兰东印度公司各地瓷器需求样品的集中地，包含欧洲荷兰本国、东南亚、西亚与印度等地的木制模型样品，皆透过位于台湾台南的大员商馆交给中国瓷商，然后携入大陆景德镇瓷器生产区依样制作。例如 1635 年 10 月

23 日,在台湾的荷兰长官写给阿姆斯特丹议会的信中就提到:

> 华商们答应在下一个季风期带来大量各种精美瓷器,而且有鉴于此,他给了他们大碟、大碗、瓶、冷却器(凉盆,cooler)、大壶、餐碟、大杯子(beaker)、盐尊(盐罐,salt-cellar)、杯子、芥末壶(mustard-pot)、水罐,以及折沿餐盘,还有洗涤盆及其注壶,所有皆为木制,大部分绘有各种中国人物,华商们声称能够复制,并能在下一个季风期送来(T. Volker 1971:37)。

"克拉克瓷"(Kraak Porcelain),是 16 世纪晚期至 17 世纪前半,相当具有代表性的一种中国外销青花瓷,其装饰特色是以复数开光的多元题材装饰为代表。目前在澎湖与台湾南部所发现的克拉克瓷,几乎皆发现于荷兰城堡附近,是荷兰人从台湾转口输出的主要瓷器类型。这些中国青花瓷的产地来源有二,一种是质量精致的江西景德镇窑瓷器,另一种是较为粗劣的福建南部漳州窑制品。景德镇窑生产的克拉克瓷,即荷兰文献记录中所谓"精细(精美)瓷器"(fine porcelain),胎质细白,施釉及底,圈足切修细致,足内施釉,釉下青料发色普遍良好。台湾所发现的克拉克青花瓷以盘形器为主,另有少数瓶形器。而盘形器大致可分为四类。

第一类克拉克盘:盘径约 20 公分,盘心纹饰为鹿纹间饰以树石瑞草,根据其器壁与折沿部分装饰手法之不同,可分为 A、B 两式。

A 式盘:器壁无纹饰,折沿部分饰以连续纹饰带,内容为雁鸭芦苇纹(图 2;彩版一二:1)。相同之海外遗物,见于美国东岸加州 Drake Bay 出土品,该地所见鹿纹盘,年代可明确上溯至 16 世纪晚期之两次历史事件,一为 1579 年 Francis Drake 公爵搭乘之 Golden Hind 号登岸留下之物,一为 1595 年西班牙船只 San Agustin 号失事沉没于 Drake Bay 之遗存(Clarence Shangraw and Edward P. Von der Porten 1981)。另外,在中美洲墨西哥市国家皇宫的考古出土遗物中,亦可见类似的青花鹿纹盘(George Kuwayama 1997:53)。

B 式盘:口沿至器壁为开光分隔花草纹,纹饰以单线勾绘(图 3;彩版一二:2),相同之海外出土品,遍见于 17 世纪前半各地沉船遗物,如 1601 年沉没于马里亚纳群岛 Rota 岛环礁的西班牙 Santa Margrita 号(Jake Harbeston 2003:12),1613 年沉没于南大西洋的荷兰东印度公司 Witte Leeuw 号(C. L. van der Pijl-Ketel 1989:139),发现于马来西亚西部海岸,年代约为 1620 年代中期的万历号沉船(中国嘉德编 2005:104-106),以及 1643 年左右沉没于南中国海的 Hatcher 号沉船(Colin Sheaf and Richard Kilburn 1988:47)。

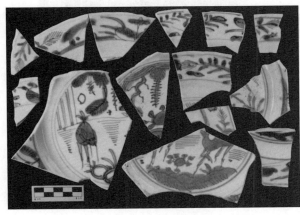

图 2

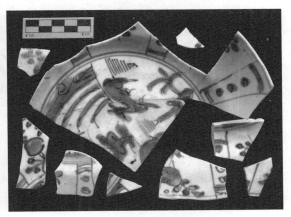

图 3

有关上述克拉克青花盘的年代，过去多被判定为明代后期，属嘉靖朝晚期至隆庆、万历朝初期（16世纪第三个四分年），或万历朝前期之物（Daisy Lion-Goldschmidt 1984：38-39；Maura Rinaldi 1989：78-79；Regina Krahl 1986：694）。而根据考古数据显示，A、B两式青花鹿纹盘在17世纪初期曾经同时输出海外，例如1600年沉没于菲律宾吕宋岛之西班牙San Diego号（Jean Paul Desroches and Albert Giordan ed 1996：314-355）、1606年从印度Cochin满载东方货物归航却不幸沉没于里斯本Tagus河口的葡萄牙Nossa Senhora dos Mártires号（Sara Brigadier and Anthony Randolph 2002：14，25，42-43，149-151）、日本东京大学本乡构内之江户时期遗迹所出土的两式鹿纹青花盘，透过相关文献考证，可知其年代约在1630年代（堀内秀树1991：194）。而澎湖风柜尾出土的 I 类克拉克瓷，年代可定于1622—1624年（卢泰康2001：129），可作为本类青花盘的标准断年器。

第二类克拉克盘：口沿为开光花草纹，纹饰勾绘较第一类复杂，制作也较为精细（图4；彩版一二：3）。本类青花盘是17世纪前半最有代表性克拉克瓷，同类瓷器可见于1600年San Diego号沉船（Jean Paul Desroches and Albert Giordan ed 1996：343-349），以及1613年沉没于南大西洋圣赫勒拿岛（St. Helena Island）之荷兰东印度公司Witte Leeuw号沉船（C. L. van der Pijl-Ketel 1982：53-79）。而中国本土纪年墓所见类似的克拉克瓷盘，则以江西南城出土万历三十一年（1603年）墓（游学华等2002：图106）、江西广昌出土天启元年（1621年）吴念虚夫妇墓为代表（江西广昌县博物馆1993：77-82）。

第三类克拉克盘：口沿装饰圆形开光克拉克瓷盘，盘心纹饰应为多角弧状，本类青花瓷仅见于台湾南部热兰遮城出土（谢明良等2003：26-27；傅朝卿、刘益昌等2003：图版59），而未见于澎湖风柜尾，应属荷兰人占据台湾后新输入之克拉克瓷类型，类似遗物可见于1613年Witte Leeuw号沉船（C. L. van der Pijl-Ketel 1982：88-103）、马来西亚海域万历号沉船（中国嘉德编2005：5-10、85-89；Sten Sjostrand and Sharipah Lok Syed Idrus 2007）。

图4　　　　　　　　　　　　　　　　　　　　图5

第四类克拉克瓷盘：出土于台湾南部热兰遮城周边地点的三信合作社建筑基地（卢泰康2006：134），尽管标本过于残破，其口沿开光部分仍可辨识出原应有荷兰"郁金香纹"，盘心外圈则有连续石榴花纹带（图5；彩版一二：4）。类似作品可见于土耳其Topkapi Saray博物馆（图6；Regina Krahl 1986：803，fig. 1606），以及荷兰阿姆斯特丹Rijks博物馆收藏（Christiaan J. A. Jörg and Jan van Campen 1997:60，fig. 41）。此类青花盘亦未见于澎湖，应属荷兰人在台湾订烧的中国瓷器，依照荷人文献记载内容，可能即为 1636 年以后输入大员的"新型的（新种类的）"精细瓷器（江树生译注 2000:223、229）。荷兰人认为该年输入的中国瓷器中，有部分造型或纹饰完全不同于以往，所以用了"新""旧"二字，来区别其间差异。这种外观上的变化，可能显示出一种新艺术风格的中国陶瓷："转换期瓷器"（Transitional wares，又称"明清交替瓷"），开始大量输出海外。这类景德镇窑创新生产的"转换期瓷器"，有别于先前的中国外销瓷（如典型克拉克瓷），不仅能满足欧洲市场的需要，又能适应国内消费的需求。其在纹饰题材上，除了出现荷兰市场所热衷的"郁金香"纹，同时大量援引了中国人物故事、山水画、小说戏曲的版画插图，并将诗、书、画、印结合为一。"转换期瓷器"与典型外销克拉克瓷，在 17 世纪 30 年代后半至 40 年代，同时大量向海外输出，其相关水下考古出土实例，可见 1641 年沉没于中美洲多米尼加北部海域之西班牙 Galleon 船 Nuestra Senōra de la pura y Limpia Concepciòn 号（Tracy Bowder 1996:90-105），以及 1643 年失事于南海的"哈彻"沉船（Hatcher Junk）（Colin Sheaf and Richard Kilburn 1985:161-173）。荷兰文献所载台湾出现"新型"瓷器的时间为 1636 年，明显早于上述三艘沉船，或可为该风格兴起的时间上限，提供可能的年代依据。

　　台湾所发现的青花瓶形器克拉克瓷数量不多，目前仅见两种，一种是 Kendi（荷兰文称 gor-grelet），Kendi 语源自梵文之 Kundi 或 Kundika，为一种无柄之带流注器，原为印度教与佛教仪式用礼器，之后广泛被使用于东南亚与中东地区（Khoo Joo Ee 1991:1-4）。澎湖所发现之青花军持标本过于残破，仅存流嘴部分（图 7、图 8）。类似青花军持可见于 1613 年 Witte Leeuw 号沉船（C. L. van der Pijl-Ketel 1982:130-131）、1643 年 Hatcher 沉船（Colin Sheaf and Richard Kilburn 1985:pl.48）。另一种青花瓶形器，仅见器腹部分，原可能为长颈瓶或蒜头瓶（图 9；彩版一二:5）。

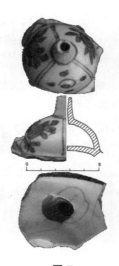

图 6　　　　　　　　　　　　　图 7　　　　　　　　　　　　　图 8

　　台湾出土另一种克拉克瓷，过去被称为"汕头窑"器，近年已确认是福建南部漳州窑制品。这种瓷器的质量较差，透明釉色透明度较差，普遍呈现灰白、灰青 色或灰黄色，甚至有釉面未熟之生烧品，至于釉下青料也多是蓝中带灰的。在制作工艺上，圈足的修整相当粗放，且施釉至底足，为了避免沾黏窑具，所以直接置于耐火窑砂上烧成，故圈足或盘底 釉汁会沾黏大量窑砂，应该就是荷兰人中所称之"粗糙瓷器"（coarse porcelain）。最有代表性的漳州窑克拉克风格青花瓷，口径为 30 余公分的大盘，仿景德镇窑克拉克瓷开光纹饰，盘心有花鸟或山水纹（图 10；彩版一二:7）。相同器可见于 1613 年 Witte Leeuw 号沉船（C. L. van der Pijl-Ketel 1982：198-199）、越南中部沉没之明末
Binh Thuan 号沉船（Christie's 2005：64，66）。

另一种澎湖发现的漳州窑青花盘纹，口径约为 40 公分，口沿开光内可见中国文字—"月"字，复
原后应为"日月光明四时美景"八字，盘心内圈为水景亭台楼阁（图 11；彩版一二：8）。相同器可见
于东南亚、日本、荷兰博物馆收藏。

图 9　　　　　　　　　　　图 10　　　　　　　　　　　图 11

三、西班牙在北台湾的中国陶瓷贸易

随着 1624 年荷兰人占领台湾南部，西班牙人也随即在 1626 年从菲律宾出兵台湾，占领了台湾
北部的基隆与淡水。西班牙人的企图，除了希望此举能保护马尼拉往来福建的航路（Josè E. Borao
Mateo et al 2003：327），同时可联合马尼拉与澳门的军队，形成"马尼拉—澳门—台湾"战略三角
（图 12），以葡萄牙与西班牙在东亚所组织的"Union of Arms"，去对抗台湾的荷兰军力（Josè E.
Borao Mateo et al 2005：226-228）。此外，西班牙人从经济战略上的重要性来考虑，台湾同时亦可
作为他们商业活动的货物集散地。

西班牙人在台湾活动的时间不长，只待了 16 年，便在 1646 年被台湾南部的荷兰人所赶走，尽
管如此，他们已经在这段时间里在台湾北部的基隆与淡水，分别建立了圣萨尔瓦多城（fort San Sal-
vador）、圣多明各城（fort Santo Domingo；今称红毛城）这两座城堡。他们一方面打算出兵将荷兰
人逐出台湾，一方面则希望打开另一条与中国贸易的管道。而对于福建地区的中国海商而言，西班
牙人来到台湾北部，提供了海外贸易的新商机。崇祯十二年（1639 年），给事中傅元初《请开洋禁
疏》云：

> 吕宋佛朗机之夷，见我海禁，亦时时私至淡水、鸡笼之地，与奸民阑出者市货，其地一日可
> 至台湾，官府即知之而不能禁，禁之而不能绝，徒使沿海将领奸民，坐享洋利……（顾炎武
> 1966：33）。

事实上，西班牙人在台湾北部的贸易规模远不如南部的荷兰人，西班牙人的贸易资金大抵是透
过每年从菲律宾航来的运补舰队送来的。1628 年，来自马尼拉的西班牙船只 Rosario 号，首度用很
低的价钱，向来到鸡笼（基隆）的中国商人收购了大量的商品（Josè E. Borao Mateo et al 2001：

图 12

136）。此一贸易成果，反映出了鸡笼贸易的高度商业潜力。到了 1629 年，马尼拉对鸡笼的第一梯次运补航行时，就吸引了一批马尼拉商人携带了高达 200,000 披索的现钱，前往台湾采购中国来的商品与丝货（Josè E. Borao Mateo et al 2003：329）。台湾北部就此被纳入了西班牙的"大帆船 Galeón 贸易"中，分润均沾了美洲白银带来的商机，从而也相对提升了台湾北部在东亚海域中的贸易地位（陈宗仁 2005：208）。

西班牙人在鸡笼的贸易，大体以收购丝织品为主，陶瓷货品的交易实不多见。其中较为明确的中国陶瓷交易记录，倒是可从荷兰人所探听的情报中得知。例如 1628 年，荷兰人打探鸡笼、淡水消息中便提到："有人违禁自福州前去贸易，另有人自中国北部地区运去许多瓷器"（程绍刚 2000：90）。另见 1633 年 3 月，荷兰人捕获了一艘要从台湾北部的鸡笼，前往菲律宾马尼拉的中国帆船，经盘问该船船长与舵手后得知：

> 他们是于去年，在没有通行证的情况下航离福州前往鸡笼（基隆），从鸡笼前往马尼拉，又从马尼拉乘风再往鸡笼，在那里装载订购的货物，即那些用西班牙字母标示的货物，主要是面粉、小麦、一些瓷器和其他杂物。由于该戎克船及那些人都是属于一个西班牙人的，所载的货物也大部分是西班牙人的，我们的世仇，因此决定予以没收……（江树生译注 2000：85）。

上述中国式帆船所载瓷货共有 1560 件，其类型分别为：

> 120 个精美瓷器，有半圆形和三角形的餐盘，1000 个粗糙的奶油碟，440 个有彩绘的及白色的粗糙的小骆驼头【形状的】小杯子（江树生译注 2000：85）。

根据笔者过去分析荷兰相关记录与台湾出土贸易瓷实物之对应关系可知（卢泰康 2006：72-

74），这艘船只从鸡笼转口运往马尼拉的"精美瓷器"，应为质量较高的江西景德镇窑青花瓷器，而
"粗糙的奶油碟、粗糙的彩绘与白色小骆驼头小杯子"，则可能是福建漳州窑所烧造较为粗质的
瓷器。

尽管台湾北部鸡笼转口马尼拉的贸易日趋热络，但西班牙人始终无法克服资金不足的窘境。
曾经于1635—1636年在鸡笼担任长官的Alonso Garcia Romero就明确提及：鸡笼的贸易相当繁
荣，"可以交易价值300,000披索的织品与生丝"。但因为"缺乏现钱，大量生丝、染布、天鹅绒与其
他货种必须被运回中国"（Josè E. Borao Mateo et al 2003:332;Ibid 2001:258）。西班牙在北台转
口贸易的问题，并非中国商人不愿供应货物，因为尽管明朝官方不允许西班牙人至中国贸易，但中
国商人却可透过正常管道或走私，将货物运来鸡笼、淡水。故其根本性原因，在于驻守鸡笼的西班
牙人经常没有充足的白银来购买商品，才迫使中国商人要赔本运回货物（陈宗仁2005:243）。

另一方面，西班牙人在鸡笼的转口贸易，实与每年例行的马尼拉运补船次息息相关，透过1636
年3月14日在大员的荷兰人打听到的状况，可使吾人更能清楚理解鸡笼的贸易模式及其限制：

> 通常从马尼拉一年派四艘小船、快艇（fregats）或大帆船（galleon）去鸡笼，其中两艘于5月
> 间抵达，另外两艘于8月底达；于这些船只抵达时，在那里跟中国人交易[大部分交易少数量的
> 生丝，丝质布料，大批cangan布、麻纱（kennepe lijwaeten）、lankins与其他货物]，但这些船只
> 离开以后，因已无现款，（从中国）运来的货物就很少了，那些大帆船通常停留三个星期或一个
> 月，然后就回去马尼拉，都不留在那里（江树生译注2000:225）。

西班牙人在鸡笼与淡水的据点，始终以军事防卫功能为主，故从未成为类似台南荷兰人所经营
的大规模商务转运站。若与荷兰人在大员转运瓷器的状况做一比较，据守鸡笼的西班牙人在诸多
贸易条件上皆属不利，例如：每年的运输船次与规模、资金之储备、瓷货预先订购，以及大量瓷货堆
栈能力，皆完全无法与占领台湾南部的荷兰人相提并论。尽管如此，近年在淡水红毛城与基隆社寮
岛（和平岛）的考古发掘，仍然发现了一些相关实物遗存，可明确反映出17世纪前半西班牙人在台
湾北部进行陶瓷贸易的实况。例如在淡水红毛城所发现的江西景德镇窑克拉克瓷青花盘（图13；
彩版一二:6;涂勤慧2007:24-41），类似器物可见于1640年代Hatcher号沉船出水遗物（Colin
Sheaf and Richard Kilburn 1985:pl. 47），可以确定其属于江西景德镇窑克拉克风格青花盘。这些
西班牙人在台湾北部所购买的中国贸易瓷，在运回菲律宾马尼拉之后，成为西班牙大帆船所载运的
大量中国货物之一，会再被转运至美洲、欧洲各地。

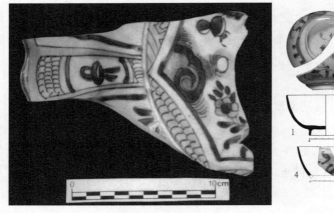

图 13

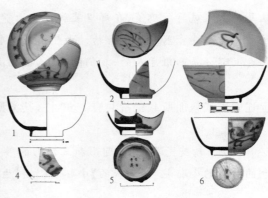

图 14

四、17 世纪后半期台湾的日本肥前陶瓷贸易

1661 年郑成功驱逐荷兰人，居台拥明王室以抗清。郑成功之子郑经，于 1662 年嗣立藩主后，持续与满洲对抗，为了筹措抗清战争所需之庞大军费，除经营台湾各项发展，更积极开展海外贸易：

> 别遣商船前往各港，多价购船料，载到台湾，兴造洋船，鸟船，装白糖、鹿皮等物。上通日本，制造铜熕、倭刀、盔甲，并铸永历钱；下贩暹罗、交趾、东京各处以富国。从此台湾日盛，田畴市肆不让内地。（江日升 1984：237）

17 世纪中期以后的中国陶瓷外销，受到中国沿海战乱的影响，输出数量受到影响，加上清廷在沿海地区实施海禁迁界，陶瓷对外输出更形困难。日本九州岛地区的肥前窑业适时兴起，取代了部分中国贸易瓷在海外的原有市场。而长期与日本保持密集贸易的郑氏海商，在面临中国货源短缺的情况下，当然也将日本的肥前瓷器视为重要贸易物资之一，成为台湾明郑从事陶瓷转口贸易的商品。有关郑氏海上贸易集团从事日本肥前陶瓷国际贸易，明确见于史料者，例见 1664 年位于暹罗的荷兰东印度公司商馆报告，捕获一艘载有大量日本瓷器的台湾郑氏商船：

> 一艘发航自日本属于中国人的戎克船，被捕获载有 3090 捆日本瓷器、一箱与一小草捆日本瓷杯。该戎克船的船长必定是一个"长发"中国人，一个国姓爷的人，有别于称臣满州政权而"薙发"的中国人……。国姓爷的戎克船被视为公司的敌人，且必将不会得到此地极为必要之公司通行证。（T. Volker 1971：206）

此外，根据菲律宾的西班牙海关纪录，从 1664 年至 1884 年的二十年间，也不断有台湾船只转口包含日本制品在内的各式瓷器，运抵菲律宾的马尼拉港。

就目前台湾、澎湖、金门地区出土的明郑时期贸易瓷遗物来看，已经被辨识出来的日本肥前瓷器包含各种纹饰的碗（图 14；彩版一二：9）、盘、杯等器，其以模仿中国晚明景德镇窑开光纹青花瓷的日本肥前瓷器为代表，最能反映郑氏海商集团主动求取商机，经营东亚多边转口贸易网络的实际状况（野上建纪等 a 2005：6-10；卢泰康、野上建纪 2009：1-11）。出土实物例见台南社内遗址出土的克拉克风格日本青花瓷（图 15；彩版一二：10），以及澎湖群岛所发现的多种类型日本克拉克青瓷（图 16；彩版一二：11），日人称这种瓷器为"芙蓉手"，应为日本九州岛肥前地区的有田町诸窑所烧制，窑址出土品见于内山诸窑、外尾山窑迹、赤绘町窑迹、长吉古窑迹、柿右卫门窑迹等地点（图 17），[1] 制作年代约公元 1660—1670 年代。同类海外出土遗物，可见于印度尼西亚爪哇岛万丹遗址（大桥康二、坂井隆 1999：71）、爪哇岛巴达维亚 Jalan Kopi 遗址（大桥康二 1990：122、图 265）、菲律宾马尼拉市西班牙时期 Intramuos 城（野上建纪等 b 2005：1-5），甚至是中美洲墨西哥市（野上建纪等 b 2005：4），以及危地马拉 Antigua 之圣多明各修道院等地（George Kuwayama and Anthony Pasinski 2002：30、fig. 8）。上述各地考古数据显示，具有相同克拉克风格特征的日本肥前瓷器，不仅发现于东南亚地区，甚至在中美洲地区也有不少出土案例。台湾台南与澎湖所发现的日本肥前瓷器，包含多种带有各类纹饰的青花碗、盘、瓶等器，年代皆属 17 世纪后半之物，其中带有克拉克装

饰风格的肥前青花瓷，为西方市场所需之典型外销瓷，相同遗物可同时见于台湾与马尼拉，可完全
对应于明郑台湾船只将日本瓷器，转口运至菲律宾贩卖的西班牙史料纪录（表1）。而相同开光纹
青花盘在中美洲的发现，更显示了这类由台湾转口输出的贸易瓷，已经透过西班牙的大帆船贸易系
统，远销至太平洋彼端的美洲市场（野上建纪等 2006：88-105）。

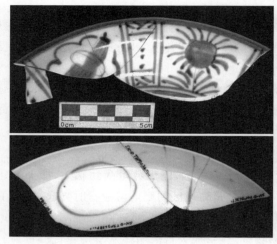

图 15　　　　　　　　　　　　　　　　图 16

图 17　　　　　　　　　图 18　　　　　　　　　图 19

表 1　1664—1684 马尼拉海关纪录中台湾船输往菲律宾陶瓷名称与数量表

抵菲日期	陶瓷种类及数量	抵菲日期	陶瓷种类及数量
1665.4.18	茶壶	1681.1.8	4500 个精致盘子、7500 个小碗
1666.4.2	日本盘子	1682.4.15	20 捆大碗
1668.4.5	盘子	1683.4.11	1800 个精致盘子
1672.4.19	碗	1684.1.31	500 个碗
		1684.3.4	2000 个盛汤用的碗

注：本表摘录自方真真：《明郑时代台湾与菲律宾的贸易关系——以马尼拉海关纪录为中心》，《台湾文献》，第
54 卷第 3 期，南投："国史馆"台湾文献馆，2003 年，表 11。

五、澳门的中国陶瓷贸易

16 世纪中期以后,葡萄牙人寄居澳门,透过此地蓬勃发展的中葡贸易活动,澳门成为中国陶瓷持续对外输出的重要出口地,以 1994 年澳门岗顶前地-圣奥斯定教堂(Largo de Santo Agostinho)下方山坡龙嵩街(Rua Central)出土的 3000 余片明清贸易瓷为例,实为具体反映"大航海时代"中葡贸易历程的重要文物,同时也揭示了澳门是中国陶瓷大规模输出地点的史实(卢泰康 2013:151-176)。上述陶瓷遗物主要可被区分为三个时期,分别是 16 世纪后半叶至 17 世纪前半叶、17 世纪后半叶、18 世纪至 19 世纪共三个阶段,其中以第一期所见瓷器标本数量最多,质量最精,所属年代直接对应了葡萄牙在澳门贸易的黄金时期。本期以江西景德镇民窑所烧造的高质量瓷器占绝大多数,而专门用于外销的克拉克风格瓷器,器形包含了盘、碗、瓶、罐、盒、军持等多种类型,部分尺寸硕大的大盘(图 18、图 19;彩版一二:12)、大碗(图 20、图 21;彩版一二:13),多为克拉克风格的青花瓷器,保存堪称完整,经过拼对修复后,可完整呈现其原来面貌。

至于其他具备克拉克瓷纹饰的器类,也相当多样繁复,其中尚发现了时代风格较早,罕见于考古资料的"早期"克拉克瓷碗(图 22;彩版一二:14)。该碗器壁内、外之青花纹饰,虽已运用了"单线分隔"的克拉克瓷装饰手法,但其花草湖石之勾绘,却跨越开光之外,甚至重叠覆盖隔线,显示典型「开光」装饰分割纹饰母题的概念,尚未发展成熟。目前考古出土资料中此类早期克拉克瓷的案例不多,目前仅见美国加州海岸西班牙 San Felipe 号沉船中发现的几件凤纹青花碗,该地学者考证该船所属年代应在 1576 年(图 23;Edward P. Von Der Porten 2001:57-61;Ibid 2009)。至于现存流传于世的完整器收藏,见于土耳其 Topkapi Saray 博物馆藏品(图 24;Regina Krahl 1986:745)。

笔者曾经讨论"克拉克风格"瓷器开始出现的时间,应在 1560 至 1570 年代中期的十余年间,也就是明世宗嘉靖末至明神宗万历初年(卢泰康 2012:236-252)。这段时间正好是中国对外海上贸易发展的关键时期,一方面是隆庆元年(1567 年)明朝政府在福建漳州的月港开放海禁,民间"准贩东西二洋"(张燮 2000:132-133),中国陶瓷的出口量与海外供货需求大增。另一方面,1570 年代由西班牙建立的"月港—马尼拉"航线正式运作,使得中国陶瓷的销售市场更随之扩大,不仅透过大帆船航线拓展至太平洋彼岸的美洲,甚至经由大西洋航路输往欧洲。至此,以江西景德镇为首的中国陶瓷产业,就在瓷器销售量提高的同时,也及时响应了海外消费市场的品位与需求,快速发展出具有中国特色之分格开光纹饰的新产品——"克拉克瓷"。而龙嵩街所出土的早期克拉克风格瓷碗,则证明在澳门从事对华贸易的葡萄牙人,同时亦已开始购买到此类新出现的中国瓷货。

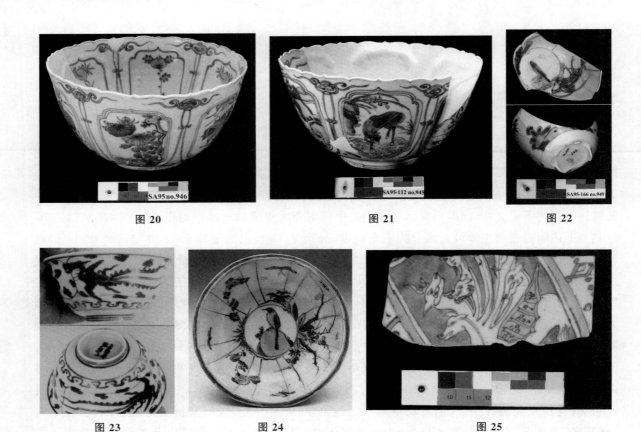

图 20　　　　　　　　　　　图 21　　　　　　　　　　　图 22

图 23　　　　　　　　　　　图 24　　　　　　　　　　　图 25

　　至于葡萄牙或澳门所属教会神职人员订烧中国外销瓷的实物，也在岗顶山坡龙嵩街出土陶瓷中发现重要案例，标本 SA95 No.587 青花瓷盘心装饰罕见的"Hydra"盾徽（图 25；彩版一二：15）。所谓"Hydra"为希腊古典神话中的九头海蛇怪，头被斩去后仍会生出。目前所见传世的本类完整青花瓷盘心 Hydra 盾徽，龙身带翼，仅有七头，其中五个兽形，两个人形，盾徽两侧拉丁铭文滚动条为谚语"对智者来说天下没有新鲜事"（*Sapienti nihil novum*），所属年代约在 1575 至 1585 年，应为荷兰人介入中国贸易以前，葡萄牙赞助者在华订烧之物（图；Basil Gray 1960：81-83）。具有相同纹饰的完整青花碗、盘，可见于葡萄牙 Santos 宫殿（图 26；Daisy Lion-Goldschmidt 1984：44）、美国 Peabody Essex 博物馆（Teresa Canepa 2009：61-78），以及伦敦大英博物馆等传世收藏（Jessica Harrison-Hall 2001：300-301）。而相当类似的题材，亦可见于 16 世纪末由耶稣会所创建，著名于世的澳门圣保罗教堂（St. Paul）正立面，其石刻浮雕 Hydra 纹同样为七头翼龙，中立头像为狰狞的带角人面，两侧各分三个鸟喙兽头，兽顶有圣母立像，旁刻汉文"圣母踏龙头"（图 27）。澳门圣奥斯定会修道院（the Convent of St. Augustine），葡文称 Convento de St. Agostinho，又名龙松庙或龙嵩庙，清代《澳门记略》称："龙松庙者，在澳西北，初庙就圮，或覆之以薲，髯松如髯龙，后庙钟不击自鸣，众神之，恢崇其制，仍呼为龙松庙"（印光任、张汝霖 1992：150）。

图 26   图 27

六、结语

　　大航海时代的台湾与澳门，在当时中国贸易陶瓷的对外输出，扮演了相当关键的角色。17 世纪前半台湾所进口的中国克拉克瓷，透过了荷兰人与西班牙人，大量转口销售至亚洲、欧洲与世界其他地区；而 17 世纪后半台湾明郑所转口交易的日本肥前窑克拉克瓷，除了销售于东南亚各地之外，也在输入菲律宾马尼拉的同时，透过西班牙大帆船贸易被运往美洲与欧洲。至于葡萄牙人在澳门所经营的中葡贸易，始于 16 世纪中期左右，大量高质量的中国景德镇民窑克拉克瓷，透过葡萄牙海上航运的贸易网络，被输往亚洲与欧洲各地。上述中国与日本陶瓷多元输出与转口贸易的重要现象，不仅显示了东方陶瓷在当时国际海上贸易的重要性，同时也反映出 17 世纪亚洲与世界其他大陆繁荣的物质文化交流。

注释

[1]笔者 2010 年于九州陶磁文化馆所见有田窑址调查出土标本实物。

参考文献

大桥康二，《东南アジアにされた输出肥前陶磁》，收于《「海を渡った肥前のやきもの」展》，佐贺县：佐贺县立九州陶磁文化馆，1990 年。

大桥康二、坂井隆，《インドネシア・バンテン遗跡出土の陶磁器》，《国立历史民俗博物馆研究报告》，No. 82，1999 年。

中国嘉德编，《中国嘉德四季拍卖会 明万历号、清迪沙如号海捞陶瓷》，北京：中国嘉德国际拍卖有限公司，2005 年。

方真真，《明郑时代台湾与菲律宾的贸易关系——以马尼拉海关纪录为中心》，《台湾文献》，第 54 卷第 3 期，南投："国史馆"台湾文献馆，2003 年，页 59-105。

印光任、张汝霖原著，赵春晨校著，《澳门记略校注》，澳门：澳门文化司署，1992年。

（清）江日升，《台湾外记》，台北：台湾大通书局，1984年。

江西广昌县博物馆，《明代布政使吴念虚夫妇合葬墓清理简报》，《文物》，1993年第2期，页77-82。

江树生译注，《热兰遮城日志》，第一册，台南：台南市政府，2000年。

西田宏子，《明磁の西方輸出》，收于《世界陶瓷全集14明》，东京：小学馆，1993年，页293-304。

何芳川，《澳门与葡萄牙大商帆——葡萄牙与近代早期太平洋贸易网的形成》，北京：北京大学出版社，1996年。

长崎市教育委员会，《出岛和兰商馆跡－道路及び力ピタン别荘跡発掘调查报告书》，长崎市：长崎市教育委员会，2002年。

施白蒂，《澳门编年史》，澳门：澳门基金会，1995年。

涂勤慧，《史博馆近年发现之台湾考古出土贸易陶瓷》，《历史文物月刊》，2007年，No.168，页24-41。

马锦强，《从澳门收集的瓷片看中国出口瓷》，《文化杂志（中文版）》，第74期，2010年，页143-162。

堀内秀树，《东京都江户遗跡出土的明末清初的陶磁器－东京大学本乡构内的遗跡出土遗物を中心に－》，《贸易陶磁研究》，No.11，1991年。

张天泽著；姚楠、钱江译，《中葡早期通商史》，香港：中华书局香港分局，1988年。

（明）张燮，《东西洋考》，北京：中华书局，2000年。

野上建纪、Alfredo B. Orogo、田中和彦、洪晓纯，《マニラ出土的肥前磁器》，《金大考古》，No.48，2005年，页1-5。

野上建纪、Eladio Terreros、George Kuwayama、Jose Alvaro Barrera、Alicia Islas Dominguez、田中和彦，《太平洋を渡った陶磁器－メキシコ发见肥前磁器を中心に》，《水中考古学研究》，第2号，2006年，页88-105。

野上建纪、李匡悌、卢泰康、洪晓纯，《台南出土的肥前磁器》，《金大考古》，第48号，2005年，页6-10。

陈宗仁，《鸡笼山与淡水洋——东亚海域与台湾早期研究1400—1700》，台北：联经出版社，2005年。

傅朝卿、刘益昌等，《第一级古迹台湾城残迹（原热兰遮城）城址初步研究计划成果报告书》，台南：台南市政府，2003年。

游学华等，《江西元明青花瓷》，江西：江西省博物馆；香港：香港中文大学博物馆，2002年。

汤开建，《澳门开埠初期史研究》，北京：中华书局，1999年。

程绍刚，《荷兰人在福尔摩沙》，台北：联经出版社，2000年，页90。

刘朝晖，《澳门发现的克拉克瓷》，收于《陶瓷下西洋——早期中葡贸易中的外销瓷》，香港：香港城市大学出版社，2010年，页14-32。

澳门日报编辑部，《明清陶瓷碎片三千件市民捐赠澳门博物馆》，《澳门日报》，1996年6月20日。

澳门杂志编辑部，《澳门博物馆将展近古史文物三千明清瓷器岗顶出土文物始末》，《澳门杂志》，第3期，1997年12月，页6-11。

卢泰康，《明代陶瓷中国陶瓷外销的历程与分期》，收于《2012'海上丝绸之路——中国古代瓷器输出及文化影响国际学术研讨会论文集》，杭州：浙江人民美术出版社，2013年，页401-414。

卢泰康，《从台湾与海外出土的贸易瓷看明末清初中国陶瓷的外销》，《逐波泛海——十六至十七世纪中国陶瓷外销与物质文明扩散国际学术研讨会论文集》，香港：香港城市大学中国文化中心，2012年，页236-252。

卢泰康，《澎湖风柜尾荷据时期陶瓷遗物之考证》，《故宫文物月刊》，第221期，2001年，页116-134。

卢泰康，〈澳门岗顶山坡出土陶瓷研究〉，《文化杂志》中文版，第86期，2013年，页151-176。

卢泰康，〈十七世纪台湾外来陶瓷研究——透过陶瓷探索明末清初的台湾〉，成功大学历史学研究所博士论文，2006年。

卢泰康、野上建纪，《澎湖群岛、金门岛发见の肥前磁器》，《金澤大學考古學紀要》，第三十期，2009年，页1-11。

龙思泰著，吴义雄、郭德焱、沈正邦译，《早期澳门史》，北京：东方出版社，1997年。

薛启善，《マカオの肥前陶磁》，收于《世界に輸出された肥前磁器》，九州：九州近世陶磁学会，2010年，页76-85。

谢明良、刘益昌、颜廷仔、王淑津（谢明良等），《热兰遮城考古发掘的出土遗物及其意义》，《热兰遮城考古计划通讯月刊》，2003年第6期。

（清）顾炎武，《天下郡国利病书》，第十册（原编第二十六册）"福建"，台北：台湾商务印书馆，1966年。

Mateo，Borao José Eugenio et al. *Spaniard in Taiwan* I.（Taipei：SMC Publishing，2001）.

Mateo，Borao José Eugenio，"Fleet，Relief Ships and Trade：Fleets，Relief and Trade：Communications between Manila and Jilong，1626-1642，"in *Around and About Formosa：Essays in Honor of Professor Ts'ao Yung-ho*.（Taipei：The Ts'ao Yung-ho Foundation for Culture and Education，2003）pp. 307-336.

Mateo，Borao José Eugenio，"Intelligence-gathering Episodes in the' Manila-Macao-Taiwan Triangle' during the Dutch Wars，"in *Macao-Philippines，Historicai Relations*.（University of Macao ＆ CEPESA，2005）pp. 226-247.

Bowden，Tracy."Gleaning Treasure from the Silver Bank，"*National Geographic*，Vol. 190，No.1，1996.

Brigadier，Sara R.*The Artifact Assemblage from The Pepper Wreck：An Early Seventeenth Century Portuguese East-Indiaman that Wrecked in the Tagus River*.（Texas A＆M University，MA thesis，2002）.

Brown，Roxanna M. ＆ Sten Sjostrand. *Maritime Archaeology and Shipwreck Ceramics in Malaysia*.（Kulala Lumpur：Department of Museums ＆ Antiquities，2001）.

Canepa，Teresa."The Portuguese and Spanish Trade in Kraak Porcelain in the Late 16th and 17th Centuries，" *Transactions of the Oriental Ceramic Society*，No. 73（2008-2009），2009，pp. 61-78.

Castro，Filipe Vieira de，*The Pepper Wreck：A Portuguese Indiaman at the Mouth of the Tagus River*.（College Station：Texas A＆M University Press，2005）.

Christie's，*The Binh Thuan Shipwreck*.（Australia：Christie's Australia Pty Ltd.，2005）.

Christie's.*The Binh Thuan Shipwreck*.（Australia：Christie's Australia Pty Ltd，2005）.

Desroches，Jean-Paul，Gabriel Casal ＆ Franck Goddio，eds. *Treasures of the San Diego*.（Paris：Association Francaise d'Action Artistique and ELF，1996）.

Ee，Khoo Joo.*Kendi：Pouring Vessels in the University of Malaya Collection*.（New York：Oxford University Press，1991）.

Gray，Basil."A Chinese Blue and White bowl with Western Emblems，"*The British Museum Quarterly*，XXII，1960，pp.81-83.

Harrison-Hall，Jessica. *Catalogue of Late Yuan and Ming Ceramics in the British Museum*.（London：The British Museum Press，2001）.

Harrisson，Barbara. *SWATOW in Het Princessehof*.（Leeuwarden，The Netherlands：Gemeentelijk Museum Het Princessehof，1979）.

Jörg，Christiaan J. A. and Campen，Jan van. *Chinese Ceramics in the Collection of the Rijksmuseum，Amsterdam：The Ming and Qing Dynasties*.（Amsterdam：Rijksmuseum ＆ London：Philip Wilson Publishers Limited，1997）.

Krahl，Regina. *Chinese Ceramics in the Topkapi Saray Museum Istanbul II*.（London：Sotheby's Publication，1986）.

Kuwayama，George and Anthony Pasinski，Chinese Ceramics in the Audiencia of Guatemala，*Oriental Art*，Vol. XLVIII，No. 4，2002.

Kuwayama，George. *Chinese Ceramics in Colonial Mexico*.（Los Angeles：Los Angeles County Museum of Art，1997）.

Lion-Goldschmidt，Daisy."Les porcelaines chinoises du palais de Santos，"*Arts Asiatiques*，XXXIX 1984，pp.3-72.

Lion-Goldschmidt，Daisy."Ming Porcelains in the Santos Palace Collection，Lisbon，"*Transactions of the Oriental Ceramic Society*，No. 49（1984-85），1986，pp.79-93.

Lion-Goldschmidt，Daisy. "Les Porcelaines Chinoises du Palais de Santos"，*Arts Asiatiques* 34，1984，pp. 3-72.

Lion-Goldschmidt，Daisy. "*Ming* Porcelains in the Santos Palace Collection，Lisbon". *Transactions of the Oriental Ceramic，Society* 49，1986，pp.79-93.

Pijl-Ketel，C. L. van der.*The Ceramic Load of the"Witte Leeuw."*（Amsterdam：Rijksmuseum，1982）.

Porten, Edward P. Von Der. "Manila Galleon Porcelains on the American West Coast," *TAOCI*, No. 2, 2001, pp.57-61.

Porten, Edward P. Von Der. *Early Wanli Porcelains from the* 1576 *Manila Galleon San Felipe*. (San Francisco, 2009).

Rinaldi, Maura. *Kraak Porcelain: A Moment in the History of Trade*. (London: Bamboo Publishing Ltd., 1989).

Santos, Paulo Cesar. "The Chinese Porcelain of Santa Clara-a-Velha, Coimbra: Fragment of a Collection," *Oriental Art*, Vol. XLIX, No. 3, 2003/4, pp. 24-31.

Shangraw, Clarence and Von der Porten, Edward P. *The Drake and Cermeño Expeditions' Chinese Porcelains at Drakes Bay, California* 1579 *and* 1595. (California: Santa Rosa Junior College; Drake Navigator Guild, 1981).

Sheaf, Colin & Richard Kilburn. *The Hatcher Porcelain Cargoes*. (Oxford: Phaidon Christie's Limited, 1988).

Sheaf, Colin and Kilburn, Richard. *The Hatcher Porcelain Cargoes*. (Oxford: Phaidon, Christie's Ltd, 1988).

Sjostrand, Sten & Sharipah Lok Syed Idrus. *The Wanli Shipwreck and Its Ceramic Cargo*. (Kuala Lumpur: Department of Museums Malaysia, 2007).

Vinhais, Luísa & Jorge Welsh. *Kraak Porcelain: The Rise of a Global Trade in the Late* 16th *and Early* 17th *Centuries*. (London: Jorge Welsh, 2008).

Volker, T. *Porcelain and The Dutch East India Company*. (Leiden: E. J. Brill, 1971).

C9　日本长崎发现的大帆船贸易陶瓷

［日］宫田悦子（Etsuko Miyata）

（日本庆应大学日本科学促进会，Japan Society for Promotion of Science，Keio University，Japan）

吴春明　译　刘　淼　校

　　长崎是近代亚洲重要的港口之一。1639 年日本闭关锁国之前，从 1570 年到 1639 年间马尼拉和长崎之间维持了一段短暂的贸易关系。尽管长崎与马尼拉曾存在诸如移民、长崎艺术与日本陶瓷通过马尼拉影响与外销新西班牙等重要历史，但长崎并不是马尼拉主要的往来港口（Reid, Anthony 1993）。

　　本文重点探讨长崎与中国商人的瓷器贸易关系，并与墨西哥中部城市兹卡罗（Zócalo）发现的 16 世纪至 18 世纪的贸易瓷器做一比较（Kuwayama, George 1997）。通过这一比较研究，考察长崎与马尼拉帆船贸易的直接关系，还可以看到长崎作为中国商人重要消费地而成为一个亚洲港市的历史。

一、长崎海港的建设和发展

　　长崎港最初是 1570 由大村纯忠（Omura Sumitada）建造的，他是一位受过基督教洗礼的武士，建港的目的是从澳门引进葡萄牙贸易船只。1590 年大村将长崎港捐赠给耶稣教会。长崎的一些重要城区，如建于 1624 年的光善町（Kozencho）已于 20 世纪 80 年代发掘出来，樱町（Sakuramachi）、万叶町（Manzaicho）、唐人屋敷（Tojin yashiki，意即中国人的居住区建于 1689 年）一直到最近才被发掘出来（图 1）。

　　该港口最初的功能是引进中国丝绸和纺织品，以换取从石见（Iwami）矿藏开采的日本白银。耶稣会士也参与这项跨国贸易，以维持他们在日本的传教活动。当然，居住在长崎的日本商人也从事对外贸易，如著名的原田喜左蒙（Harada Kizaemon）就以从事长崎—马尼拉贸易而闻名，他在西班牙档案中出现的名字为费尔南多（Firando）。

　　长崎港口和城市因与许多其他亚洲和东南亚港口如暹罗、帕塔尼（Patani）、科钦、巴达维亚、万丹等的贸易往来而繁荣。长崎与马尼拉的贸易是获取中国丝绸和其他商品的重要途径之一，尽管在圣菲利普（San Felipe）号沉船和随后的方济各教会殉难事件之后，日本逐渐限制了与荷兰和中国的贸易，并于 1639 年完全关闭了国门。

　　万叶町是 1571 年建造的六个城区之一，属于该城区的封建武士高岛茂治（Takashima Shige-

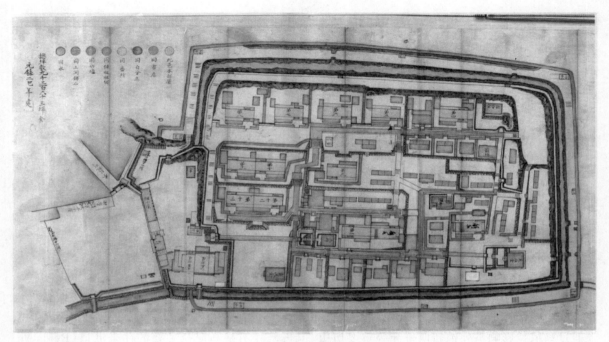

图 1　长崎唐人屋敷旧地图

haru）所有，他接受了洗礼并皈依天主教。在这个遗址上发现了几件文物，其中包括由锡和铁制成的十字架和木制念珠。

　　光善町由天主教商人末次孝善（Suetsugu Kozen）建造，他经常前往厦门进行贸易。据说，在对日贸易禁令期间，他受到了著名的和光万智（Wako Wanzhi）的指导。他是末次平藏（Suetsugu Heizo）的父亲，末次平藏拥有一艘商船，是"朱印船贸易"（red seal trade）中的一位强势海商。在路易斯·弗洛伊斯（Luis Frois）的《日本历史》中，末次孝善被称为 16 世纪末的"美容孝善（Cosme Kozen）"。在这个遗址上，挖掘出了几件与墨西哥城佐卡罗地区瓷器相似或相同的瓷器。大部分作品都是 16 世纪末至 17、18 世纪的产品。

二、长崎出土与马尼拉帆船有关的贸易瓷器

　　长崎出土了山水图案的景德镇青花瓷（图 2；彩版一三：1）。同类型的青花瓷可以在加利福尼亚州的德雷克（Drake）湾和墨西哥的佐卡罗地区找到（Kuwayama，George 1997），这类青花瓷从 16 世纪的后七八十年到 17 世纪初，存在了相当长的时间（Rinaldi，Maura 1990）。

　　一件口沿装饰一圈花草、盘底装饰松树纹的漳州窑青花瓷大盘（图 3；彩版一三：10）。这种大盘是福建生产的，深受日本人的喜爱。这些盘子的用法不得而知，但可能用在一种称为"hare no ba"的往往邀请很多重要客人参加的隆重节庆中。

　　克拉克（Kraak）瓷深腹碗和青花"古染付"（Kosmetsuke）盘（图 4；彩版一三：2），由于其明亮的色彩以及与白狮（Witte Leeuw）号沉船瓷器相同的形态，其年代被断定为 1610 至 1630 年代。所谓的"古染付"类型瓷器，被认为仅供日本茶道中使用的专供产品，出现于明代晚期。这说明当时景德镇的产品可以外销日本市场，但数量不多。"古染付"青花瓷器严格限于享受茶道的日本上层社会

图 2　长崎发现的景德镇青花瓷器

图 3　长崎发现的漳州窑青花瓷大盘

的需要，因此不是日常使用，装饰图案非常简单，有时装饰人物和动物形象。

图 4　长崎发现的景德镇青花瓷与"古染付"盘

漳州窑生产的克拉克瓷青花大盘，盘内壁饰开光纹样，内底绘水草游鹅图案（图5；彩版一三：13）。这个大盘也是为重要节庆准备的，很可能是婚礼、新年派对和季节性派对等聚会场合。这些大盘不是一般用具，是居住在光善町城区的富商购买的。

图 5　长崎发现的漳州窑青花开光装饰大盘

口沿装饰有缠枝和几何图案的漳州窑青花瓷大盘，中间绘有松树和竹子（图 6；彩版一三：11）。这种缠枝纹更接近西方风格，可以追溯到 16 世纪末至 17 世纪上半叶。这也是日本江户时代用于仪式或聚会的典型盘子。

图 6　长崎发现的漳州窑青花瓷大盘

另一件漳州窑青花瓷大盘，饰有宝塔图案。这些大型青花瓷盘的发现，再次证明光善町城区是富商的居住区（图 7；彩版一三：12）。

图 7　长崎发现的漳州窑青花大盘

景德镇窑的克拉克瓷青花盘（图 8；彩版一三：3）是一种广泛出现在马尼拉、墨西哥和阿姆斯特丹等消费性城市遗址的典型克拉克瓷器型。

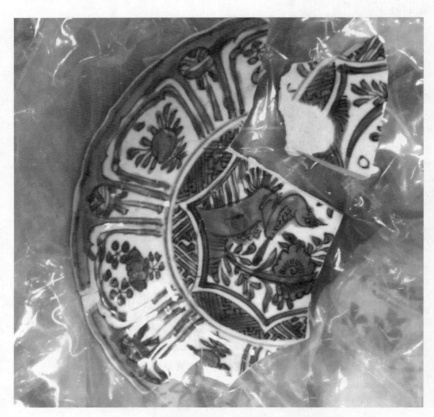

图 8　长崎发现的景德镇窑克拉克瓷器

从这些漳州窑青花瓷大盘可以看出，日本是中国商人的特定市场。当然，长崎也有对一些日常用瓷如装饰山水图案的青花瓷盘等的需求，这些日常用瓷在其他许多消费遗址中往往和克拉克大盘同出。从出土的陶瓷可以看出，长崎与福建有着密切的联系，考虑到末次孝善曾去过厦门，这一点非常令人信服。前往菲律宾销售商品的中国商人，可能也与日闽贸易有关。另一方面，长崎与当时的许多其他消费性城市和港口一样，景德镇窑的克拉克瓷器和其他瓷器是常见的类型，可以在佐卡罗找到，也可能有一些是通过朱印船贸易从马尼拉带来的。同时，许多来自福建的大碗的存在表明了这一时期与福建的联系。

唐人屋敷是于 1689 年根据长崎的官方命令建造，旨在将长崎的中国人口集中隔离居住。访问长崎的中国商人只允许在这一地区停留，主楼可容纳 2000 人。他们的所有随身物品都被带进了这里，不允许将任何其他物品留在港口附近的仓库。

然而，有趣的是，遗址发现了大量同款的瓷器，合理推测它们可能是被秘密出售的瓷器货物。这些大量出现的中国瓷器并不是商人的随身物品，因为这里同时发现了九州地区有田（Arita）窑、现川（Utsutsugawa）窑、肥前（Hizen）窑等生产的一些作为日常用具的劣质瓷器。这意味着，这里发现的景德镇窑和福建窑瓷器是用于私人销售的商品（肥前窑既生产高品质瓷器，也生产普通陶瓷）。

有一种口沿装饰几何纹样的德化窑小碗，是一种重要的贸易瓷类型（图 9；彩版一三：14）。同类型的碗在墨西哥城发现不少，但长崎出的是小碗，而墨西哥出的碗比较高。

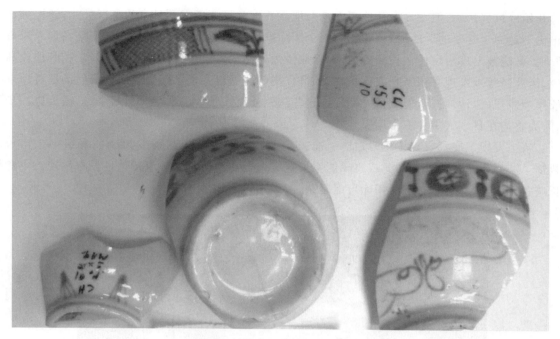

图 9 长崎发现的德化窑小瓷碗

根据地层关系,口沿装饰圆圈纹图案的德化窑小瓷碗,略晚于口沿装饰几何纹样的德化窑小碗出现,但两者共存了相当长的一段时间。这种新的类型也可以在墨西哥城的佐卡罗地区找到(Ku-wayama,George 1997)。

福建窑和宜兴窑的陶瓷汤匙(图 10)最晚发现于 1737 年的文化层。16 世纪 60 年代,中国陶瓷

图 10 长崎发现的福建和宜兴窑汤匙

汤匙开始出口到长崎,但在日本其他考古挖掘地点并不常见。考虑到日本的烹饪文化,汤匙到目前为止仍不是完全必要的。然而,长崎作为一个国际港口,汤匙经常被发现。陶瓷汤匙在唐人屋敷大量发现,可能被出售给居住在长崎的中国人,或由福建商人再出口到其他亚洲港口。在其他亚洲文化中,汤匙经常被发现并用来吃液体食物,如汤。墨西哥城也发现了陶瓷汤匙。虽然汤匙可用来喝汤或作为沙司(酱汁)餐具,但数量并不多。这些陶瓷汤匙在长崎的发现仍然是个谜,需要进一步研究,因为它们在日本人中并不常用。

长崎也发现了底部有雍正年(1725—1735 年)款的景德镇窑青花小碗(图 11;彩版一三:4),器身装饰了淡描青花技法绘画的龙或飞凤图案。这类瓷器在墨西哥的佐卡罗遗址没有发现。小瓷杯是长崎常见的器型之一,它们的用途可能是茶杯,但不得而知。

图 11　景德镇窑"雍正"款的青瓷瓷碗

长崎发现的器物内外都装饰有菊花图案的景德镇窑青花大碗(图 12;彩版一三:5,6),也可以在墨西哥城大神庙(Templo Mayor)遗址找到,年代早到 1730 年代。同类瓷器经常在东南亚地区发现,如作为荷兰东方公司货物仓储地的爪哇万丹遗址(Ohashi,Koji 2004)。

图 12　景德镇窑青花花卉图案

带青花"梵"字或所谓的键盘图案(图 13;彩版一三:8,9)的青花瓷非常常见,景德镇窑产品和福建产品同时出现。这些碗可以追溯到 18 世纪中叶,在亚洲和墨西哥的许多地方都可以找到。

图 13　福建窑的青花及"梵"字款瓷碗

还发现了装饰花篮图案的德化窑青花瓷碗(图 14;彩版一三:15),相同装饰和器型的瓷器在景德镇窑和德化窑都有,但德化的作品似乎更常见于长崎的遗址中,年代为 18 世纪中叶。

图 14　长崎发现的德化窑青花瓷盘

装饰山水图案的景德镇窑青花带把杯出土于 1780 年的文化层(图 15;彩版一三:7)。这类青花杯与碟子一起曾大量出口到欧洲。然而,在唐人屋敷没有发现与这些杯子一起使用的茶托(碟子),中国人很可能在长崎出售这些没有茶托的杯子。这种杯子在墨西哥并不常见。

通过分析长崎出土的部分陶瓷,尤其是光善町和唐人屋敷出土的陶瓷可知,光善町从漳州窑进口了一些特定类型的陶瓷,因此可以认为长崎与福建有着密切的联系。16 世纪末至 17 世纪上半叶的马尼拉帆船贸易并无福建的因素,在墨西哥佐卡罗地区发现的大多数贸易瓷都是景德镇生产的(Miyata 2017a、2017b)。

图15　景德镇窑青花带把杯

　　从1689年建造的唐人屋敷开始，发现了许多景德镇瓷器，尽管福建瓷器尤其是德化瓷器也相当丰富。大多数福建瓷器与墨西哥佐卡罗地区出土的瓷器相匹配。这意味着，福建商人并没有针对特定市场生产，而是销售窑口生产的任何产品。景德镇的情况可能也是如此，但只有一个例外，茶杯、咖啡杯和巧克力杯之间是可以区分的。在长崎没有发现巧克力杯，取而代之的是，发现了许多带有把手的茶杯或咖啡杯。巧克力杯是专门为拉丁美洲市场生产的，中国人也知道它的用法。

三、连接长崎、马尼拉和福建的福建商人

　　长崎作为一个近代港口城市，在最初的几十年里，似乎与马尼拉帆船贸易没有直接关系。然而，许多日本屏风、漆器和其他工艺品确实是经由马尼拉送往阿卡普尔科的。是谁把这些产品带到马尼拉的？当我们看到从长崎和墨西哥出土的陶瓷时，似乎这两个遗址出土的福建陶瓷与这些带有花篮图案的青花瓷碗和盘子是匹配。这意味着福建产品在贸易中的比重越来越大，并出口到许多其他国家的消费地，尤其是1684年清朝废除贸易禁令后。正是福建商人将陶瓷带到了长崎和马

尼拉,并可能在 17 世纪和 18 世纪在长崎和马尼拉之间进行商品交易。然后,日本的货物就被转运到阿卡普尔科(Chia,Lucille 2006)。

　　福建商人游弋于东亚和东南亚各地,促进了商品的流通。长崎和马尼拉肯定在这个贸易圈内,货物从长崎流向马尼拉或福建,反之亦然。福建商人将陶瓷和其他商品从中国出口到长崎,许多日本产品由福建商人从长崎运往马尼拉或长崎运往中国,尤其是从 17 世纪末开始。

　　长崎与马尼拉帆船贸易的联系关键在于福建商人,他们将长崎、马尼拉与福建联系在一起,这就是为什么我们在长崎发现了这么多福建商品。如果没有福建商人,长崎发现的景德镇的瓷器数量和种类一定比福建的瓷器多。很可能是福建商人把日本产品带到马尼拉,卖给马尼拉的墨西哥商人,然后出口到新西班牙,最终分销给整个拉丁美洲社会。

参考文献

Blair，Emma Helen and Robertson，James Alexander(ed.)，1904-1909，*The Philippine Islands 1492-1898*，Cleveland，the Arthur H. Clark Company.

Chia，Lucille，2006，*The Butcher，the Baker，and the Carpenter：Chinese Sojourners in the Spanish Philippines and their Impact on Southern Fujian（Sixteenth-Eighteenth Centuries）*，*Journal of the Economic and Social History of the Orient*，VOl.49，No.4，Maritime Diasporas in the Indian Ocean and East and Southeast Asia，pp.509-534.

Kuwayama，George 1997，*Chinese Ceramics in Colonial Mexico*，Hawaii University Press.

Ohashi，Koji，1987，Seiki niokeru Nihon Shutsudo no Chugoku Tojikinitsuite，*Okazaki Takashi sensei Taikan Kinen Ronbunshuu：Higashi Asia no Kouko to Rekishi*，pp. 16-17.

Ohashi，Koji，2004，*A Study of the Ceramic Trade at the Tirtayasa Site，Banten，Indonesia：The Strategic Point through the Ocean Silk Road*，*Bulletin of the Research Center for Silk Roadology*，Vol，20.

Miyata，Etsuko，2017a，*Portuguese Intervention in the Manila Galleon Trade*，Archaeo Press.

Miyata，Etsuko，2017b，*Manila Galleon Trade-Chugokutoji no Taiheiyoukouekiken*，Keio Gijukudaigaku Shuppankai

Pijl-Keter，P.L van der，1982，*The Ceramic Load of the Witte Leeuw*，Amsterdam，Rijksmuseum.

Reid，Anthony，1993，*Southeast Asia in the Age of Commerce 1450-1680*，Volume Two：*Expansion and Crisis*，Yale University Press.

Rinaldi，Maura，1990，*Kraak Porcelain，A Moment in the History of Trade*，Bamboo Publishing.

Takase，Koichiro，1977，Kirishitan Kyokai no Boueki Katsudo-Tokuni Kiito Igai no Shouhinnitsuite，*The Socio Economic History Society*，Vol，43.

Yuste，Carmen，1984，*El Comercio de Nueva España con Filipinas 1590-1785*，Instituto Nacional de Antropología e Historia.

The Binh Thuan Shipwreck，Christie's Australia，2004.

The Fort San Sebastian Wreck：A 16th century Portuguese Wreck off the Island of Mozanbique，Christie's Amsterdam，2004.

Nossa Senhora dos Mártires' The Last Voyage，Verbo，1998.

Saga of San Diego，National Museum of the Philippines，1993.

日本千叶海岸马尼拉帆船"旧金山"号（1609）沉址的考古调查

［日］木村淳(Jun Kimura)

（日本东海大学海洋科技学院海洋文明系，Department of Maritime Civilizations, School of Marine Science and Technology, Tokai University, Japan）

吴春明　译

马尼拉大帆船沉址是亚太地区西班牙殖民地港市遗存相关的学术焦点，也是马尼拉—阿卡普尔科海洋贸易的重要景观。环太平洋国家的考古学者们正兴起一场对马尼拉—阿卡普尔科贸易网络研究越来越浓厚的兴趣(Robert 2016，Wu 2016)。这一课题涉及对日本出口贸易陶瓷的考古学研究，如日本有田窑瓷器经马尼拉大帆船销售、传播到美洲的研究(Nogami 2013)。日本历史上一直处于大帆船贸易网络的边缘位置，但地理位置上始终处于大帆船东行美洲航路的沿线。根据有关历史文献，官方曾积极地考虑将日本列岛纳入大帆船贸易网络的可能性，即在日本海岸的某个地方建立一个供返航的大帆船停靠的港口。这是"旧金山"号大帆船失事前，两国的领导人日本的德川家康(Ieyasu Tokugawa)和西班牙的菲利普三世(Felipe III)之间进行的重要外交活动的一部分。据报道，"旧金山"号是一艘开往阿卡普尔科的西班牙大帆船，于1609年在现在的千叶(Chiba)县御宿(Onjuku)镇附近沉没(图1)。日本和西班牙的学者已经翻译和研究了与该沉船事件相关的历史文献(Gil 1991，Uchmany 1993，Murakami 1966)。尽管有不少关于这艘船失事的历史记录，但几乎没有从考古上找到该沉船的相关材料。我们也曾在幸存者可能上岸地点的近岸浅水中搜寻，但也未能发现这艘沉船的确切残骸。自2016年以来，我们启动了一个厘清"旧金山"号沉船的详细失事过程的海洋考古项目，以确定失事船只的位置。本文拟概述该调查项目的内容，该项目旨在是利用遥感调查设备和水下搜寻的办法，在离岸水域搜索"旧金山"号沉船残骸的可能位置。

一、马尼拉大帆船的亚洲航路及日本的角色

马尼拉曾为东亚和东南亚港口间重要的贸易枢纽，是这些港口向美洲和欧洲市场出口货物的集散地。威廉·莱特尔·舒尔茨(William Lytle Schurz)是第一个率先对马尼拉大帆船历史进行研究的欧洲学者，他盛赞西班牙的商业扩张活动及其与亚洲国家的关系(Schurz 1939)。最近，环境历史学家的研究开始重视西班牙大帆船曾经遭遇的风险，主要关注风暴和台风造成的巨大损失(Warren 2012)。返回阿卡普尔科的大帆船，在利用夏季季风和黑潮水流的同时，也伴随着实质的风险。回程在很大程度上依赖于洋流的季节性模式，这一洋流在夏季最为强大，这也是太平洋东北部台风最活跃的季节。返航的马尼拉—阿卡普尔科帆船必须在台风季节开始之前或风暴之间向北

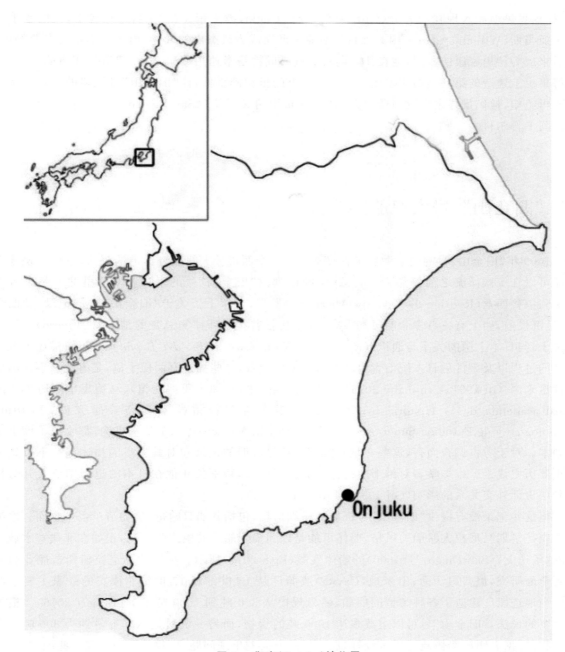

图 1　御宿(Onjuku)镇位置

航行,以顺应洋流沿线的南方季风,但台风出没的时间往往难于预测。大帆船向北航行到日本房総(Boso)半岛一带的航程相当遥远,其航程几乎与到达日本群岛的台风带重叠。

资料记载第一艘在日本海域失事的马尼拉大帆船是"圣·菲利普"(San Felipe)号,该船于1596 年 7 月中旬离开马尼拉,两个月后在日本南部土佐(Tosa,即现在的高知 Kochi)附近失事。这一沉船事件有完整的历史记录,包括船只沉没后,根据当时的日本统治者丰臣秀吉(Toyotomi Hideyoshi)的命令抢救船货的行动。此时恰逢历史上基督教入侵日本的动荡时期,这一事件再次激起了秀吉对基督教的反感。

1600 年统一日本的德川家康对在日本海岸遇险沉船的外国船员表现出更为宽容的政策。1600 年,遭遇风暴摧残的荷兰船只"利芙德"(Liefde)号在经历了一次令人不快的跨越太平洋远航后,摇摇晃晃地驶入现在的大分(Oita)县的臼杵(Usuki)湾一带。在 24 名幸存者中,英国水手威廉·亚当斯(William Adams)因其独特的职业生涯而成为最杰出的人物,由于他丰富的专业经历,他后来成为德川家康的顾问,他在任职期间的重要成就是奉德川家康之命,建造欧式帆船,这是日本海事史上建造的第一艘西式木船。这一历史上的里程碑事件,让"旧金山"号沉船的西班牙幸存者不再绝望,他们最终乘坐亚当斯建造的"圣·布埃纳文图拉"(San Buenaventura)号穿越太平洋返回阿卡普尔科。

二、"旧金山"号大帆船的沉没

1609 年"旧金山"号的失事激发了在日本建立一个西班牙大帆船补给港的想法,以使西班牙大帆船可以在等候洋流之前停靠、补给。建港的谈判由"旧金山"号的幸存者罗德里戈·德·维韦罗·阿伯鲁西亚(Rodrigo de Viveroy Aberrucia)发起,也留下了关于"旧金山"号的记录。"旧金山"号沉没前,船上有三百多名船员和乘客,其中包括曾担任菲律宾总督的维韦罗(Vivero)。维韦罗关于《与日本王国的关系与通讯》(*Relación y Noticeiadel Reino del Japón*)的记录,描述了沉船事件的过程以及事件后日本统治者对幸存者的妥善处置,这些描述有两份手稿,是有关该事件的重要信息来源(Gil 1991,Uchimany 2016)。包括大英图书馆(原大英博物馆)、马德里皇家历史学院(Real academia de la Historia in Madrid)和墨西哥蒙特雷技术和高等研究院(Instituto Tecnológico y de Estudios Superiores de Monterrey in Mexico)等三个学术机构,都收藏了该手稿的副本。对于考古调查而言,这些文献对"旧金山"号沉船的记录和对其失事的描述都是不可忽视的重要历史线索。许多学者对维韦罗的记录进行了研究,特别关注他在日本的逗留细节及其对日本和西班牙外交关系的影响(Gil 1991,Murakami 1966)。

但这些记录没有提供"旧金山"号沉船的详细信息,包括其船只建造,货物清单也不全面。推测该船应是早期马尼拉大帆船的风格,船体可能是以葡萄牙船厂的模式建造的,正如在菲律宾水域发现的"圣迭戈"(San Diego)号(1600)的船体残骸(Fish 2011)所示。早期的马尼拉帆船造船业尚未得到全面研究,但普遍认为,甲米地(Cavite)造船厂是 16 世纪和 17 世纪菲律宾的一家主要造船厂。当地造船厂建造了各种类型的船舶,船只规模从 300 吨到 1000 吨不等(Robert 2016)。根据维韦罗的说法,"旧金山"号可以运载多达 1000 吨的货物,而另一资料显示其容量约为 300 吨。此外,现有证据表明该船体建造质量较好,但该船的方向舵出现问题,导致其转向出现一些困难。

除了维韦罗记录的副本外,调查项目组还查阅了印度档案馆(Archivo General de Indias)收藏的"旧金山"号沉船的官方调查报告《"旧金山"号:没有船长的损失》(*San Francisco, Relación de la pérdida de la naocapitana*)(Gil 2015)。这是一份收在其他文件中的手写稿,内容包括 1610 年 10 月 20 日新西班牙总督给西班牙国王的信。报告的作者、地点和日期是明确的,但它可能是由"旧金山"号沉船的一名幸存者抄写的,他在沉船事件发生近一年后返回墨西哥(Fushimi 2019)。

文献部分记录了"旧金山"号大帆船的灾难旅程,沉船报告是了解旧金山号沉没原因的最重要的原始资料。此外,根据对《国王布恩戈维耶诺的规划与项目》(*Abisos y proyectos para el buengovierno de la Monar*)一书第 44 章中所录的维韦罗记录两份副本的研究,"旧金山"号的航行和失事的情况可以大致如下:该船队由胡安·德·埃兹奎拉(Juan de Ezquerra)统帅,他已经 70 多岁,即将退役。1609 年 7 月 25 日,该船队由旗舰"圣安东尼奥"(San Antonio)号、"圣安娜"(Santa

Ana)号[据沉船报告为"圣安德烈斯·德尔秘鲁"(San Andres del Peru)号而不是维韦罗所记录的"圣安娜"号]和"旧金山"号三艘组成,从甲米地启航。8 月 10 日,所有三艘船在洛斯拉德罗内斯(Los Ladrones)群岛(今北马里亚纳群岛)周围遭遇风暴,只有"圣安东尼奥"号(或"圣安德烈斯·德尔秘鲁"号)成功完成航程并抵达阿卡普尔科。由塞巴斯蒂安·德·阿吉拉尔(Sebastian De Aguilar)驾驶的"圣安娜"号摇摇晃晃地驶向了班戈[Bungo 现在的大分(Oita)县],但已几乎被完全摧毁。维韦罗强调,在船离开甲米地后的 65 天航程中,他们经历的风暴是他一生中遇到的最强大的旋风。

这场风暴引发了一系列后果,船体触礁并遭受持续的破坏,最终导致了"旧金山"号的沉没。自从船队离开菲律宾后,船体漏水一直是个烦恼的问题。风暴来临时,船首斜桅受损,船员在胡安·塞维科斯(Juan Cevicos)指挥下不得不卸掉主桅,但船体漏水越发严重,他们最终决定尝试漂流到日本海岸。他们估算当时"旧金山"号正行驶在日本最南端的某个地方向北航行[似乎是现在千叶县房总半岛尽头的野岛崎(Noshimazaki)]。遗憾的是,船员错误计算了船只所在的维度,该船的实际位置至少在更偏北一度,在北纬 33.5 度左右的位置。1609 年 9 月 30 日晚上 10 点左右,他们看到了四分之一里格(Leagues)[1]外的陆地,且船体突然撞上了弓田菜(Yubanda,很可能是千叶县御宿町的岩和田 Iwawada)附近距海岸约两里格的礁石。维韦罗和其他船员都撤退到船尾部分,最终船只解体,船头下沉。幸运的是,相当多的人在这一沉船事件中幸存下来。虽然有 56 人溺水,但一些人会游泳,而其他人则紧紧抓住漂浮的船板,还有一些人留在"旧金山"号残存的船尾。第二天早上,幸存者们成功上岸,他们试图在一个有人居住的岛屿上岸,而没有登陆日本本土。几名水手不久就在岛上不远的内陆发现了稻田,见到了岛上当地人。幸存者发现,村民来自约 1.5 里格外的弓田菜村(日本称为岩河田),所有幸存者似乎都被救到了村子里。

没过多久,当地人发现被救的维韦罗原来是菲律宾的卸任总督,并被德川家康召见,这次见面是在前述维韦罗担任菲律宾总督两年期间与日本书面交流之后进行的。在日本会晤期间,双方进行了外交谈判,在西班牙和日本之间建立了新的贸易关系。在威廉·亚当斯(William Adams)的指导下建造全新的"圣·布埃纳文图拉"(San Buenaventura)号帆船,在日本停留将近一年后,维韦罗与其他幸存者驾驶这条新船返回新西班牙,于 1610 年 8 月 1 日离开日本,于 1610 年 11 月 13 日在阿卡普尔科进港下锚。

三、沉船事件的后续影响和物证

如前所述,"旧金山"号意外失事导致"圣·布埃纳文图拉"号成功航行至新西班牙,这艘船被认为是日本制造的第一艘横渡太平洋的船只。船上有 23 名日本人,他们是第一批正式抵达美洲的日本人。"圣·布埃纳文图拉"号的最终命运尚不完全清楚,但她曾向西航行前往菲律宾的甲米地,所以有两次跨越太平洋的航程经历(Gil 1991)。"圣·布埃纳文图拉"号的更多文献值得在未来继续研究。

1611 年,墨西哥总督派遣出塞巴斯蒂安·维齐亚诺(Sebastián Vizcaino)率领西班牙代表团出访日本,调查在该国开采金属矿藏的商业前景。维齐亚诺带来了西班牙国王菲利普三世送给德川家康(Ieyasu Tokugawa)的许多礼物,这些礼物现在陈列在纪念德川家康的久野东照宫(Kuno Toshogu)博物馆,其中一个时钟现在仍在博物馆收藏中(图 2)。它是重要的文化和历史资产,也是日本现存最古老的西方时钟，这一 17 世纪的时钟内部机制仍然是完好的。

图 2　久野东照宫藏西班牙国王菲利普三世赠送给德川家族的时钟

尽管记录"旧金山"号失事的有关文献资料已得到充分研究，沉船事件后续的影响也已得到评估，但沉船的考古发现仍极为有限。维韦罗的历史记录表明，"旧金山"号的一些船货如纺织品和蜂蜡曾被抢救上岸，当地村民抢走了冲上岸的部分船货。19 世纪的明治（Meiji）年间，曾在御宿（Onjuku）海岸展开了最初的调查并尝试打捞沉船货物，但除了一个来历不明的金属罐和陶瓷器外，当时没有找到任何与这艘沉船有关的文物。2006 年的一项调查证实，现在的御宿镇岩和田一带已不存在任何船货残骸（Kimura & Sasaki 2006），其间作者还勘察了御宿最古老的房屋之一的屋顶梁，据说这些房屋的构件是从"旧金山"号沉船漂流到岸的木材建造的。但最终没有发现与这一说法有关的明确证据，从其中一根横梁上切下的样本上进行的木材种类鉴定表明，这些房屋的木构件都是日本本土树种（Kimura & Sasaki 2006）。2009 年，作为"旧金山"号船员获救 400 周年纪念活动的一部分，御宿市政府再次调查、寻访了该镇居民是否仍保存拥有该沉船的任何文物，最终也没有任何发现。当然，今天的御宿当地人仍然津津乐道与这起历史性沉船事件的关联，镇上仍建有墨西哥和西班牙的纪念塔。据说，现代田尻（Tajiri）海滩曾是幸存者的登陆地，已被指定为历史遗迹。

四、"旧金山"号沉船的考古探索

2016 年，新一项针对"旧金山"号沉船的确切位置、沉没海域与海岸和水下物证的海洋考古项目再次得以实施。这次水下考古调查包括遥感调查和潜水搜索，水下搜索中使用金属探测器以寻找沉船上的任何金属物品。结果还是没有从沉船中打捞大型像锚或大炮一类的金属器物。菲律宾"圣迭戈"号沉船和塞班岛"努斯特拉·塞诺拉·康塞普恩"（Nuestra Señora de la Concepción）号（1638 年）上发现的青铜大炮和铁锚显示了马尼拉大帆船上存在的铁器和其他金属物品的潜在可能。就"旧金山"号而言，被腐蚀的金属物体仍可能保存海底，其保存状态也与海底的沉积条件有关。传说"旧金山"号幸存者登陆地的田尻海滩附近的海底沉积物，主要是裸露的基岩，而现在御宿镇向北延伸的海岸悬崖也都暴露在汹涌的波浪中（图3）。

图3　御宿（Onjuku）海岸崖壁

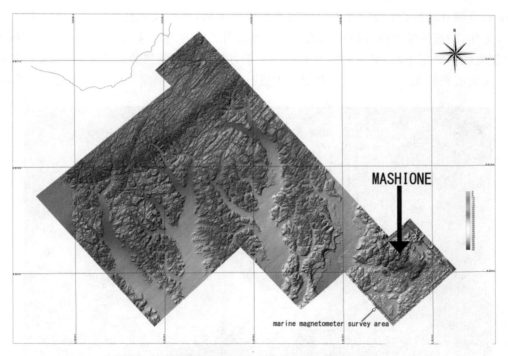

图4　多波束声呐探测到的田尻（Tajiri）海域海底地貌

田尻海滩据说是"旧金山"沉船幸存者的登陆地，水下考古搜索的区域是基于维韦罗的历史记录，该记录提供了一些与该沉船位置有关的可能线索：

——受损的船体撞上礁石后，除了船尾一部分，船体大部分解体并被海水冲走。

——有关沉船位置主要有两个争议的看法：(1)沉船报告《"旧金山"号：没有船长的损失》(*San Francisco，Relación de la pérdida de la naocapitana*)，载明沉船距海岸约四分之一里格；(2)维韦罗斯的记录显示，沉船距离海岸约 6 至 8 公里(约相当于西班牙单位为 2 里格)。

——有 300 多名幸存者紧紧抓住散落的船板，漂到了岸边。

我们对田尻海岸外一个 6×6 平方公里的网格区域作为预定的调查、探测对象，覆盖相对较浅的水域，深度从 3 米到 50 米，距离海岸 10 公里以内。在这个探测区域内，有一些礁石突出海底。在 2016 年和 2017 年两个工作季度中，使用了多波束声呐进行了海底地形勘测，调查共进行了十四天，勘测了约 3.5×2.1 平方公里的范围。多波束声呐记录揭示了复杂的海底地貌、众多的海沟(图 4)。2016 年，通过分析多波束勘测的海底地形数据，在可能造成海难的包括几个突出海底的礁石区域展开了初步的潜水搜索。海底海沟的基岩被许多大海带(Ecklonia cava)广泛覆盖，海水能见度低，海面水流和海底浪涌湍急，都限制了金属探测器的工作效率，海带的覆盖和水的低能见度又使我们无法进行有效的水下循环和直线搜索。在填满了粗海砂的海沟，使用水下金属探测器有效地帮助我们找到了一些沙层下埋藏的被腐蚀的铁质文物，但后来这些文物被确认为来自英国制造的"MV 鲁本斯"(MV Rubens)号沉船上的金属管、板和铆钉，该船于 20 世纪 50 年代在该地区沉没。

2017 年，在完成海底地形勘测后，还利用铯光泵海洋磁计(cesium-vapor marine magnetometer)技术展开遥感调查，以检测海底可能存在的铁质残留物。我们已经注意到，在靠近海岸的浅水区，会有更多与英国"MV 鲁本斯"号沉船和其他现代铁质物(如人工礁)有关的金属场异常。2017—2018 年的调查季节中，我们选择距离海岸约 6 公里的一处称为马希奥尼(Mashione)的离岸礁石前展开勘测(图 5)。详细的海底地形数据表明，两块大型直立岩石构成了这里的离岸海底礁盘主体，勘测的海洋强计测量的线性横断面由南北向的四十条线和东西向垂直的四十条线组成，每根测线相隔二十米，覆盖面积为 1.4×1.2 平方公里。检测到的一些异常点，似乎与海底地形变化和海底沉积物无关。通过对这些异常点进行了潜水搜索，但除了检测到现代碎片外，海床上

图 5　遗址采集的石弹

还没有发现与"旧金山"号相关的铁质遗存的明确证据。在礁盘南侧约 40 米深处的一个异常区域，发现了一块椭圆形火山石石块，该圆形石块的表面被藤壶等海洋生物所覆盖，重量约为 2.8kg，直径为 13mm。这是一种安山岩火山石，内含辉石、橄榄岩和长石。这块石头的细粒度和火山成因与御宿当地的地质条件不符，但也难与"旧金山"号沉船挂钩。

五、讨论

水下遥感勘测和潜水搜索已经检验了马乔内(Mashione)礁周围的浅水或离岸海域是否如文献档案记录的那样，是"旧金山"号沉船可能的出事海域。根据沉船报告的描述，沉船的可能位置仍被认为位于海岸附近相对较浅的水域。同时，从岩石海床上采捞鲍鱼、藻类和头巾贝类的 Ama 公司的潜水员，在该地区进行了广泛和深入的潜水作业。在 1970 年代 Ama 公司捕鱼的全盛时期，有 400 多名 Ama 潜水员在相关水域潜水，我们对 Ama 的老年潜水员以及村里的居民进行了反复的采访，都没有关于任何人工制品发现的信息。海洋地球物理调查发现浅水区异常点，但浅水区有剧烈的海岸洋流和波浪，很可能将沉船残骸材料推入海底海沟的底部沙层中，寻找英国"MV 鲁本斯"号沉船残骸的在水下金属探测器搜索证实了这一点。海沟底部的泥沙沉积速率相对较高，沉船残骸碎片更有可能被粗砂厚层覆盖。

所以，未来需要在马乔内礁附近的离岸海域的沙质海床区域开展进一步的水下考古调查，以寻找"旧金山"号沉船文物。需要评估所有可能与沉船铁质残骸有关的遥感异常点，为了确定现场的环境和范围，将由潜水员和遥控车辆进行非破坏性水下调查。礁石的最高点不到 14 米高，这意味着我们不能完全确定这艘船是否撞上礁石而造成严重损坏，因为帆船的吃水深度不够。因此，需要进一步调查，以便对遗址的形成过程进行合理解释。

六、结语

马尼拉—阿卡普尔科贸易使太平洋成为一个贸易网络，不再是一个海洋的边缘地带，它将太平洋沿岸的海港广泛连接起来。这些航路依靠强大海流和季风，维持着北半球最遥远港口之间的联系网络。然而，夏季台风季节的航行极其危险，尤其是向北航行到房総半岛的纬度时，在马尼拉—阿卡普尔科贸易中，西班牙大帆船沉没的损失是惨重的。正如许多历史学家所分析的那样，1609 年的"旧金山"号沉船事件导致了当时日本和西班牙统治者之间外交关系的新阶段，正是在这一时期，开始酝酿、谈判与马尼拉帆船贸易有关的新海洋政策，包括可能为返航美洲的大帆船贸易商建立一个补给性的港口。

直到最近才开始尝试对"旧金山"号沉船进行科学的调查，此次水下考古调查的目的是回答一个问题，即为什么沉船上没有任何实物遗存保留下来。本文介绍了一种新的调查方法，以搜寻离岸沉船遗址的位置。从考古学的角度来看，通过使用海洋地球物理勘测设备和在深水中进行潜水搜索，可对引发古代船只触礁的潜在危险进行了调查和分析，这次调查已经成功地揭示了海底及其海沟的复杂地形，发现了一件可能与"旧金山"号沉船有关的文物。因此，值得进行进一步的考古调查，重点是检测其他文物，包括沉船中的铁器和其他金属物品。这些考古成果将有助于了解菲律宾和墨西哥的港口历史，并将成为研究亚洲和拉丁美洲地区之间广泛贸易网络的重要组成部分。

[致谢：该项目由日本科学促进会资助。我想感谢 Windy Network 在记录海底地形方面提供的支持。我要感谢鲍勃·谢帕德（Bob Sheppard）、伊恩·麦肯（Ian McCann）和谢尔顿·克莱德（Sheldon Clyde）对水下考古研究的贡献。]

注释

[1]西班牙航海距离单位，1 里格相当于 3.18 海里。

References

Fish，S. 2011.*The Manila-Acapulco Galleons：The Treasure Ships of the Pacific With an Annotated List of the Transpacific Galleons*，1565-1815. Authoro House，Central Milton Keynes.

Fushimi，T. 2019.*Some Considerations on the Spanish Written Sources About the Shipwreck of the Nao "San Francisco."*，Archaeological Study of the San Francisco and Manila Galleon，Tokai University Press [in print].

Gil，J. 1991. Hidarogos Y Samurai：*Espana Y Japon En Los Siglos XVI Y XVII*. Alianza Editorial S. A，Madrid. [In Spanish with Japanese translation.]

Kimura，J.，and R. Sasaki. 2006. A Brief Report about Surveying the Manila Galleon San Franisco Sunken off Onjuku，Chiba. *Journal of Underwater Archaeological Studies 2*，78-87.

Murakami，N. 1966. *Don Roderigo Nihon kenbunroku Vizcaino Kingin Tanken Hokoku. Sonansha*，Tokyo. [In Japanese.]

Nogami，T. 2013. Gareon Boeki to Hizenjiki. *Toyotoji*（*Oriental Ceramics*）vol.42，141-176

Robert，J. 2016. On a Manila Galleon of the 16th Century：ANautical Perspective. In Chunming Wu（ed.），*Early Navigation in the Asia-Pacific Region*，103-113. Springer，Singapore.

Schurz，W. L. 1939.*The Manila Galleon*. E. P. Dutton，New York.

Uchmany，E. A. 1993 Vida y tiempos de don Rodrigo de Vivero y Aberruza，Conde del Valle de Orizaba，1564-1636. In J. T. Nanbei Gakujutsu Chosa Purojeckuto（ed.），91-116. Nihon kenbunroku. [In Spanish with Japanese translation.]

Uchimany，E.A. 2016. Relacio'n y avisos del reinode Japo'n y la Nueva Espan'ain，Pasta blanda

Warren，J.F. 2012. Weather，History and Empire：The Typhoon Factor and the Manila Galleon Trade，1565-1815. In Geoff Wade and Li Tana（eds.），*Anthony Reid and the Study of the Southeast Asian Past*，183-220. ISEAS Publishing，Singapore.

Wu，C.（ed.）. 2016. *Early Navigation in the Asia-Pacific Region：A Maritime Archaeological Perspective*. Springer，Singapore.

下编:驶向阿卡普尔科——美国与墨西哥海岸发现的"马尼拉帆船"遗存

C11 关岛乌玛塔克城市发展史：马尼拉—阿卡普尔科贸易航路的遗产记忆

［美］约瑟夫·奎纳塔（Joseph Quinata）

（美国关岛保护基金会，Guam Preservation Trust，Guam，USA）

吴春明 译

马尼拉帆船贸易航线是西班牙和菲律宾之间在太平洋地区的第一个也是最强大的全球化经贸实践。长达250余年的贸易最初受命于菲利普·德·萨尔塞多（Felipe de Salcedo），安德烈斯·德·乌尔达内塔（Andres de Urdaneta）驾驶第一艘马尼拉大帆船"圣巴勃罗"（San Pablo）号，满载香料等船货，成功地从马尼拉跨越太平洋返回新西班牙（现墨西哥）。自1565年至1815年间，西班牙大帆船在新西班牙的阿卡普尔科和菲律宾群岛的马尼拉之间的太平洋上持续航行（图1）。

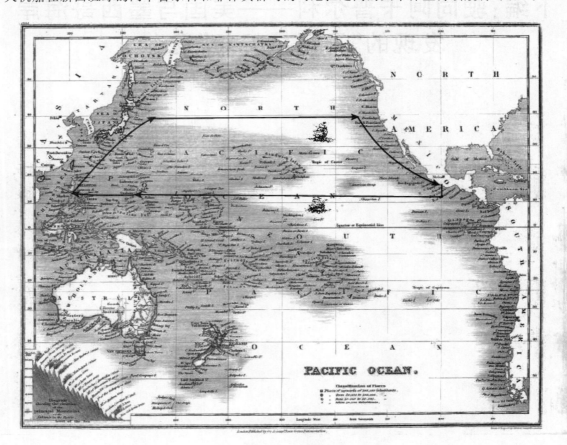

图1 马尼拉大帆船航路

图 2　乌玛塔克港口景观

　　当时被称为"海盗岛"(Las Islas de los Ladrones)的马里亚纳群岛，是新西班牙和亚洲之间航海的主要补给站。来自关岛的查莫鲁(Chamoru)商人用食物、水和其他物品交换西班牙商船上的铁制品。查莫罗人会划着独木舟靠近大帆船，选择在离岛海上与西班牙人开展交易。

一、乌玛塔克(Humatak)聚落：马尼拉帆船的一个港口

　　1565 年，米格尔·洛佩兹·德·雷加皮(Miguel Lopez de Legazpi)的帆船驶入乌玛塔克港湾乌玛塔克(Umatac)，并宣布关岛是西班牙的领土，随后，该港湾成为西班牙帆船从新西班牙阿卡普尔科驶往菲律宾途中的主要停泊港口(图 2)。

　　1680 年至 1810 年间乌玛塔克城市聚落的发展包括了一系列建筑工程，修建的第一座防御工事是号称贝特利亚卡门夫人酒店(Bateria de Nuestra Senora del Carmen)的防御建筑，然后是位于海湾入口处一块巨大的天然岩石上修建的圣天使堡(1756 年)。第三座建筑圣何塞堡(Fort San Jose)建于 1805 年左右，位于聚落北部的一座小山上，之后于 1810 年修建了努埃斯特拉·塞诺拉·德拉索莱达堡(Fort Nuestra Senora de la Soledad)或简称索莱达堡(Fort Soledad)。

　　1690 年，西班牙总督达米安·德·埃斯普拉纳(Damian de Esplana)下令修建总督府的夏宫，作为其在乌玛塔克的住所，在此等待大帆船运来政府和天主教使团所需的补给物资。

二、文化交流与碰撞

马尼拉大帆船不仅承担了贸易货物的运输，还运来带有不同家乡文化背景的人群。士兵、传教士、商人和熟练劳工等都通过墨西哥和菲律宾之间的大帆船贸易航路，被带到马里亚纳群岛。

随着长期住泊的常态化，文化交流也随之发生。1668年，耶稣会传教士迪亚哥·路易斯·德·圣·维多利士（Diego Luis de San Vitores）神父获得资金支持和皇室许可，在马里亚纳建立了第一个天主教会。

为了控制马里亚纳群岛的土著居民，群岛北部岛屿的查莫鲁人被强行迁往关岛，即著名的"迁岛"（reducción），随后引入了新的政治和社会制度。

西班牙总督（gobernadors）是这些岛屿的行政主管，"小总督"（gobenadorcillos）和来自西班牙、菲律宾和墨西哥的士兵维持着日常秩序。天主教会取代了传统的祖先崇拜，成为聚落社会生活的中心。查莫罗斯人不再被允许建造或驾驶他们民族神奇而灵活的边架艇独木舟，他们继续开展海洋捕捞，但也在城市聚落主体外祖传土地上的牧场（lanchos）上种植新的食物，如玉米。

建筑风格发生了变化，岛屿周围修建了石质堡垒、桥梁和用著名的垒砌（mampostería）技术建造的房屋，并在不同的社区和村落间修建了连接到乌玛塔克首都行政中心的多条道路（图3）。

查莫罗女性与来自西班牙、菲律宾和墨西哥男性的通婚也影响了岛民的习俗、传统、语言和社会组织。母系氏族的权力被削弱，取而代之的是父系继承权，而土地则被西班牙政府征用用于公共用途。

传统的神灵马卡纳（makahna）在基督教信仰面前失去了既有的影响力，但某种以植物草药治病的信仰苏鲁哈努（suruhanu）和苏鲁哈纳（suruhana）重新活跃。祭祀祖先头颅的祖先崇拜被削弱，取而代之的是天主教偶像崇拜和信仰。

西班牙对查莫鲁人文化施加影响的过程中，虽然没有迫使他们完全放弃自己的生活方式，而是秉持尊重、合作和互惠的文化价值观，保持着社会和家庭关系的重要性。查莫鲁女性是文化的守护者，在查莫鲁社会中拥有重要的权力。

图3　西班牙人到来后的"新建筑"

三、马尼拉帆船贸易的终结

到 1813 年，发生在阿卡普尔科的暴动导致西班牙失去对墨西哥的控制，从而影响了马尼拉大帆船航路的运作。原有的货物和邮件运输只得寻求其他替代航路和私人货船，但马里亚纳群岛并不在这些新的贸易航路上，群岛与世界其他地区更加隔绝。1815 年，最后一批通过马里亚纳群岛的马尼拉大帆船是"雷·费尔南多"（Ray Fernando）号和"马加连"（Magallanes）号。马里亚纳群岛失去了新的财政来源以支持原有的殖民地或天主教教会的事务。

19 世纪 20 年代，美国捕鲸船开始定期停靠关岛，以补给淡水和粮食，成为重建并取代马尼拉大帆船时代曾经强大的关岛经济的新起点。富有文化可塑性的查莫鲁人再次遭遇着新的族群、新的思想、新的习俗和新的文化影响。

四、结论：我们的历史我们的遗产

"大帆船贸易不仅仅是货物和信仰的单向流动，它也是从亚洲到西班牙及其殖民地的源源不断输送物产和东方思想的稳定源泉……[还提供了]一个反映东西方文化碰撞融合的绝佳案例。讲西班牙语的菲律宾人和查莫罗斯人，或者在墨西哥和西班牙穿着亚洲丝绸的西班牙人，都是这一文化融合的最好象征。菲律宾、墨西哥和马里亚纳群岛的西班牙殖民地反映了族群的混合、文化混合和社会形态混合，这些社会形态沿着自身的演化路径，形成了具有多样习性和语言的独特民族，并可以追溯到他们的亚洲、太平洋和欧洲的多元根基。"引自查莫鲁学者罗伯特·安德伍德（Robert Underwood）博士。

查莫鲁人将他们与西班牙的历史视为世代相传的遗产。查莫鲁人唱西班牙歌曲，习惯西班牙美食食谱，并学习西班牙生活方式。在关岛人民创造更好的未来的过程中，我们传承、保存他们的历史。

参考文献

Del Carmen，Aniceto Ibanez，1976，*Chronicle of the Mariana Islands*，Vol. No.5，Micronesian Area Research Center.

Driver，Marjorie G. Cross，1988，*Sword，and Silver：The Nascent Spanish Colony in the Mariana Islands*，No.3，Micronesian Area Research Center.

Madrid，Carlos，2006，*Beyond Distances Governance，Politics and Deportation in the Mariana Islands from 1870 to 1877*，Spanish Program for Cultural Cooperation.

Reinman，Fred R，1977，*An Archaeological Survey and Preliminary Test Excavations on the Island of Guam，Mariana Islands*，1965-1966，Vol. No.1，Micronesian Area Research Center.

De Viana，Augusto V. *In the Far Islands：The Role of Natives from the Philupines in the Conquest，Colonization and Repopulation of the Mariana Islands* 1668-1903，España，Manila：University of Santo Tomas Publishing House.

Driver，Marjorie G. and Francis X. Hezel，2004，*S.J. El Palacio：The Spanish Palace in Agana* 1668-1898，Educational Series No. 26. Mangilao，GU：University of Guam Richard F. Taitano Micronesian Area Research Center.

Le Gobien，Charles，1700，*Histories des Isles Marianes*，Paris. A manuscript translated into English is available at the University of Guam Richard F. Taitano Micronesian Area Research Center.

Levesque，Rodrigue，comp. and ed，1992，*History of Micronesia：A Collection of Source Document*，Vols. 1-13. Gatineau，Quebec：Levesque Publications.

Risco，Alberto，1970，*The Apostle of the Marianas：The Life，Labors and Martyrdom of Venerable Diego Luis de San Vitores*，1627-1672，Translated by Juan M. H. Ledesma. [Hagåtña?]：Diocese of Agana.

Rogers，Robert. 1995，*Destiny's Landfall：A History of Guam*，Honolulu：University of Hawaii Press.

Stephenson，Rebecca A. and Hiro Kurashina，eds.，1989，*Umatac by the Sea ：A Village in Transition*，Educational Series No. 3. Mangilao，GU：University of Guam Richard F. Taitano Micronesian Area Research Center.

Underwood，Robert. 1998，*Commerce and Culture of the Manila Galleon：Linking the Philippines，Guam，the Americas，and Spain*，Asian Pacific American Federal Foreign Affairs Council Conference on US-Philippine Relations. 13 May 1998，Washington DC. Internet. http://1997-2001. state. gov/www/dept/openforum/proceedings/apaffac/1998/r_underwood.html.

墨西哥下加利福尼亚巴哈（Baja）1570 年代后期大帆船沉址所见国际贸易因素

[美]爱德华·冯·德·伯顿（Edward Von der Porten）

（美国加利福尼亚州旧金山市春田大道 143 号，143 Springfield Drive，San Francisco，CA 94132-1456，USA）

张子珂　译　刘　淼　校

1999 年以来，墨西哥-美国探险队一直在墨西哥的下加利福尼亚巴哈半岛（Baja California）西海岸调查马尼拉帆船贸易中的沉船遗址。这艘船很可能是 1578 年沉没的"圣朱利奥"（San Juanillo）号。包括船体、货物、武器以及船上人员的个人物品在内的遗存，使我们可以洞察这些物质遗存的来源以及在马尼拉大帆船贸易早期的贸易模式。

一、导言

我们的沉船遗址调查工作一开始就遵循了国际合作的路线。洛杉矶艺术博物馆亚洲艺术策展人、日裔美国学者乔治·库瓦亚马（George Kuwayama）撰写了《墨西哥殖民地出土的中国陶瓷》一书，该书描述了从墨西哥的阿卡普尔科贸易集散地到美洲新大陆诸多西班牙遗址中出土的中国瓷器。在他 1997 年夏天出版的这本书中，有四页瓷片的照片出土于"加利福尼亚海岸一处未公开的遗址"（图 1）。这些器物照片指引我们找到了最初发现遗址的人，他们是一群上加利福尼亚海滩的寻宝人。通过他们，我们进一步找到了该沉船遗址点。从出土的瓷器照片看，它们属于一艘 16 世纪末期向东航行的马尼拉大帆船的遗存。

研究 16 世纪造船业的美国学者雷蒙德·阿克尔（Raymond Aker），为我们展示了一艘完美复原的大帆船结构[1]（图 2）。复原船船长约 30 米，载重量为四五百吨，挂有 6 张风帆，这让它可以以平均每小时 3 海里（5 公里）的速度在海上航行。船上可搭乘一百多人，正如搭载的手工制品所揭示的一样，里面混杂了来自西班牙、墨西哥、菲律宾以及其他国家和地区的不同人员。

1999 年 6 月，我们组织了由不同学科专家组成的调查团队，在海滩寻宝者的带领下乘坐快艇抵达了下加利福尼亚西海岸一处非常偏僻的遗址点（图 3）。在一个未知的海滩登陆之后，开始对其进行调查。这个地方有低矮的沙丘、被贝壳覆盖的低地，还有高达 15 米的沙丘并有低地散布其间（图 4）。在这种环境下，周围 11 公里的距离内，都分布有瓷片（图 5）。

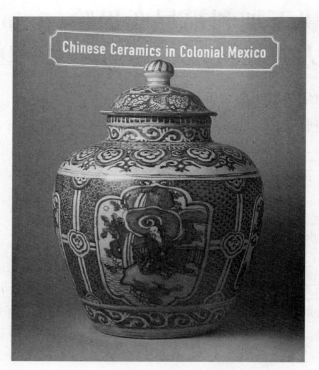

图 1　乔治·库瓦亚马的新书《墨西哥殖民地出土的中国陶瓷》

图 2　雷蒙德·阿克尔复原的 16 世纪大帆船

图 3　1999 年对下加利福尼亚西海岸偏远遗址点的调查

图 4　沙滩上的低矮沙丘和散布贝壳的海滩

图 5　沙滩上的瓷片在四天内就会被沙层覆盖 10 厘米深

二、断代

事实上，确定瓷器的年代非常容易。几年前，我和旧金山亚洲艺术博物馆的高级馆长克拉伦斯·尚格劳（Clarance Shangraw）曾根据早些年发现的沉船瓷器的年代排序，绘制了一张克拉克瓷盘边缘设计演变的图表。这张图表成为16世纪70年代末到17世纪40年代克拉克瓷器装饰演变的序列表。[2] 根据沙滩上采集瓷片的特征，推断这艘沉船的时代应为16世纪70年代中后期。同时，结合文献的研究，我们推断该沉船最有可能为"圣朱利奥"号或称"圣胡安"（San Juan）号，该船于1578年夏天，在胡安·德·里贝拉（Juan de Ribera）船长的带领下从马尼拉启航后便消失得无影无踪。[3]

三、伊比利亚半岛和西班牙殖民地

金属探测器的使用为我们带来多种多样发现的可能，使我们能够确认在马尼拉大帆船贸易开始的第一个十年中船货、武器和帆船装备的来源。装载着中国货物的马尼拉大帆船于1573年成功完成了第一次航行。

这艘船上的物资部分来源于西班牙本土及其所在的欧洲贸易网络。我们发现了带有铁钉头的铅板（图6）。只有葡萄牙和西班牙的远洋贸易船的水线以下才有用铁钉加固的铅护套结构，目的是防止船蛆接触啃噬船板，以及海草、藤壶等植物附着在船体上减缓其速度。[4]

图6　具有西班牙和葡萄牙远洋贸易船特征的带有铁钉头的铅护板

西属殖民地银币推动了跨太平洋的马尼拉帆船贸易,并很快成为世界范围内的货币体系,它上面往往标有银的来源地。我们发现的西属殖民地银币上都包裹着沙子和绿锈(图7),其中包括一个 1 里尔、六个 2 里尔、两个 4 里尔以及一个 8 里尔的银币。它们又被称为比索、八里亚尔币、大银币,以及后来的元。一个 8 里尔币大约重 1 盎司,也就是 28 克左右。我们发现的西属银币可以确定属于西班牙国王菲利普二世时期的第二阶段的设计风格,这一阶段的银币于 1572 年在墨西哥城铸币厂、1574 年在波托西和上秘鲁的铸币厂开始铸造[5](图8)。它们均采用新的设计风格,这种设计风格银币的发现可以用格雷欣法则(Gresham's Law)来解释:劣币驱逐良币,即良币退藏,劣币充斥的现象。在这种情况下,船员们从菲律宾返回墨西哥时保留了当时的硬币,但在菲律宾却用旧银币和银条购买亚洲商品。到目前为止,我们能明确解读发现的 10 枚硬币中的 4 枚,其余的需要再保护研究。一个 4 里尔和两个 2 里尔的银币是在墨西哥城铸币厂制造的,带有官方标记"O"。那枚 8 里尔的硬币则来自波多西铸币厂。这枚银币提供给我们的线索是该沉船的时代不可能早于 1575 年,因为我们得留出一年时间,因为波托西铸币厂生产的这枚银币经过利玛的铸币厂生产、到达卡亚俄(秘鲁西部港市)、阿卡普尔科、马尼拉以致最后被遗落在下加利福尼亚海滩还需要一个时间过程。

图 7 沙子和锈蚀包裹的西属殖民地银币

图 8 8 里尔面值银币,重约 1 盎司即 28 克,分别于 1572 年在墨西哥城和 1574 年在秘鲁北部的波托西开始生产

　　还发现了两个与航海有关的设备。这艘船的测深锤是欧洲造型，它几乎可以在西班牙人活动的任何地方铸造，甚至可以在大帆船上铸造而成[6]（图9）。还发现一块小铅渣，在用熔融的铅液铸造铅丸或其他铅质物体后，将坩埚中剩下的铅熔液倒在坚硬的表面上就会形成这种不规则飞溅物（图10）。铅液被倒出来以备将来之用。这种铅渣的存在，表明铅铸件应当是由炼金师在船上铸造完成的。

图 9　遗址出土的欧洲造型的测深锤

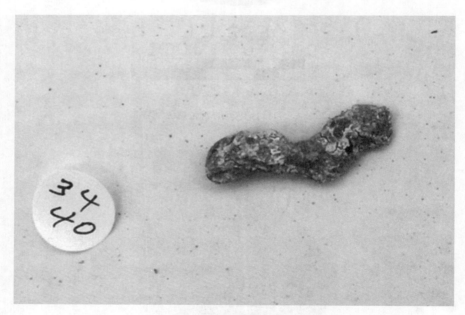

图 10　遗址出土的铅渣

　　遗址发现的罗盘的平衡环，与英国、巴斯克地区（Basque）沉船中，以及一处1545至1596年间与荷兰探险家相关的遗址中出土的其他五个罗盘的平衡环非常相似[7]（图11）。它们之间的相似性说明很可能产自同一个地区，例如安特卫普或是阿姆斯特丹。它们属于欧洲航海界的贸易物品。

其他一些罗盘上还残存木质结构,所以能够复原做出罗盘和测深锤的复制品(图12)。

图 11　遗址发现的和其他相关地点出土的非常相似的罗盘平衡环

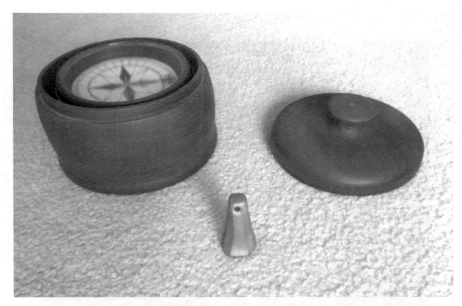

图 12　木质罗盘仿制品

　　该沉船遗址发现的武器很少,大部分为小型铅弹。关于这些铅弹的来源很难确定,除非通过微量元素检测来确定这些铅的开采地点。最大的一颗铅弹直径有22毫米,在对其一侧的腐蚀区域仔细观察之前,它看起来很普通,很难辨别。当敲打时,有沙子从铅弹中间的孔洞掉出来(图13)。后来发现它是一颗铁芯铅弹,铁已经锈蚀了。这种形制的子弹在16世纪的欧洲非常常见。[8]

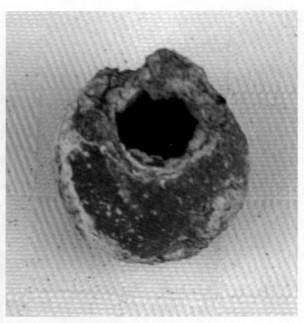

图13　铁芯铅弹是16世纪欧洲常见的形制

　　还有一片来自伊比利亚半岛的陶片，它可能为盘、浅腹碗或杯的器底，已经确认为橙色夹云母陶器，属于西伊比利亚半岛特别是葡萄牙地区常见的陶器类型。但在1550—1650时期的西班牙遗址中也有发现[9]（图14）。推测它可能属于船员的私人物品。

图14　确定为西伊比利亚半岛类型的陶片

　　伊比利亚半岛的"橄榄罐"起源于古代的双耳细颈瓶。虽然欧洲船只上已普遍使用木桶，但西班牙人仍然使用橄榄罐。在该沉船遗址点，我们只采集到一件颈部和三件腹壁残片[10]（图15）。虽然如此，它们和伊比利亚陶器一样，体现了从塞维利亚到墨西哥或巴拿马，经陆路后跨越太平洋，再到阿卡普尔科，然后到达马尼拉，再回到大洋彼岸的非凡旅程。在太平洋地区，西班牙人很快改用中国和东南亚地区生产的马达班罐（Martaban Jar），取代了木桶以及其他西班牙容器。

图 15　伊比利亚地区传统细颈双耳罐演变来的"橄榄罐"，西班牙人至今仍在航海中使用

四、东南亚地区

　　有些遗物一眼就可辨认为东南亚的物产。马尼拉大帆船的货物中经常出现蜂蜡，因为新大陆没有本土的制蜡蜜蜂，所以大帆船常常载有用以制作蜡烛或其他用处的菲律宾蜂蜡（图 12、16）。然而，当对两个样本进行花粉分析时，发现这些蜂蜡来自印度尼西亚，这表明菲律宾生产的蜂蜡不足以满足贸易需求。[11] 我们这艘沉船出的蜂蜡是否来自同一个地方还未确定。

　　该船货物中绝大多数的马达班罐来自常见的四个产地中的三个地区（图 17；彩版一四：13）。有一类为中国南方地区生产的灰色的贴塑龙纹罐，还有来自泰国拉昌邦（Bang Rachan）区的两种非常相似的类型，还有一种来自缅甸马达班（Martaban）的类型。只有越南窑址生产的类型没出现在这艘沉船上。[12] 在我们的采集器物中，还有十余件非常小的储藏罐残片，可辨认的信息非常少，已经很难判断其来源产地。

图 16 遗址发现的蜂蜡遗存

图 17 遗址出土的马达班罐残片

五、中国与海外华人

中国瓷器占据我们搜集器物的大宗,共 2666 件遗物中有 1862 件是中国瓷器,可分为 123 种不同的类型。这些资料在之前的几次会议及出版物中已有报道。[13] 在即将出版的新书《下加利福尼亚马尼拉大帆船沉船遗址出土的明朝瓷器》中也将会做详细介绍。[14] 其中一些瓷器体现了 16 世纪晚期明确的贸易模式。

图 18　漳州窑瓷器

下加利福尼亚大帆船的货物中包含了经常销往东南亚地区的早期漳州窑产品(图 18;彩版一四:1)。这些器物上的绘画风格都很疏朗,很明显是 16 世纪 70 年代的特征。一个不太常见且具有跨学科意义的例子是一件漳州窑大盘上描绘的琵鹭图案(图 19)。一位东方鸟类研究专家经过鉴定指出,这种鸟目前在中国大陆地区已经灭绝,但在台湾地区还可以见到。很显然,它在 16 世纪的中国大陆地区还能够见到,这也给鸟类学者以启示。

来自景德镇地区的瓷器通常适用于东南亚地区的多种贸易,我们很难判断它们的明确的消费地区。有一些产品的质量也是非常差的,特别是那些大量出现的凤纹大盘(图 20;彩版一四:2)。相比之下,多数景德镇产品的质量还是非常高的,值得注意的是其中包括一件生烧盘(图 21;彩版一四:3,4),说明即使是不太完美的产品也没有被丢弃依旧销往海外。

图 19　漳州窑瓷器

图 20　景德镇生产的粗瓷产品

图 21　景德镇生产的优质瓷器(左)和生烧瓷盘(右)

　　描绘着中国民间故事的瓷碗的消费地显而易见是海外华人市场(图22;彩版一四:5)。这件瓷器上的纹饰描绘的是很传统的一个场景,即西王母的后花园,花园里有栏杆、风格化的桃树,还有一棵牡丹花。故事背景是围绕两只猴子展开的:一只调皮的跳到空中以分散众神的注意力,而他的同伴则偷偷爬上树去偷取据说吃了会长生不老的桃子。两旁的树上挂着类似蜂巢的东西,可能是为了威慑偷桃的人。

图 22　绘有西王母题材的青花瓷碗

六、长期国际化的风格

　　带有中国山水楼阁风景纹样的青花瓷碗具有非凡的历史意义。在16世纪70年代,这种题材可能才从卷轴画引用到瓷器装饰上来不久(图23;彩版一四:6)。这件青花瓷碗是这类题材早期纹样的代表,该题材纹样在近二百年的时间里经历被复制、衰落、复兴、改良到再次被复制的完整历程,直到 18 世纪晚期,这一题材被一位英国的陶艺师固定下来,成为在全世界各地被不断复制的范式,一直流行到现代,也就是现在所称的"蓝柳"纹样。

图 23　引入了卷轴画上山水风景题材的青花瓷碗

七、对日贸易

从船货中我们还可以看出,一些瓷器风格很明显是与中国和日本的贸易有关,多为彩绘的碗、盘,有一些装饰非常艳丽,也有一些则朴素自然(图 24,图 25;彩版一四:10,11)。一些盘为釉下青花和釉上彩绘的结合(图 26;彩版一四:12)。也有一些青花瓷很明显是为了日本市场生产的,例如饰网格状底纹背景下的鱼塘纹盘(图 27),还有绘画特别精细的饰有不对称自然主义风格竹纹的小碗(图 28)。

图 24～26　对日贸易的陶瓷器

图 27～28　专门销往日本市场的陶瓷器

八、欧洲贸易

开光装饰瓷器，又被称为"克拉克瓷"，是 16 世纪 80 年代至 17 世纪 40 年代销往西班牙和葡萄牙，以及荷兰和英国的标准贸易瓷器。这艘船上有少量器物代表了克拉克瓷发展的早期形态。一些单线分隔装饰区间的胎体比较厚重的大碗（图 29），还有一些用双线分隔装饰区间的胎体比较薄或是模制的碗（图 30,31;彩版一四:8,9），都已经完全符合"克拉克瓷"的定义了。

图 29～31　不同装饰风格的"克拉克瓷"

还发现一些和欧洲贸易有关的小物件或是属于金属碎片的制品。有一件黄铜构件的残片，可能来自欧洲关于马尼拉贸易记载中提到的中国家具上的构件[15]（图 32）。其他的一些金属器可能属于船货清单中所提到的漆盒。在沉船发生时，一件黄铜牌上安装的铰链部分已经断裂（图 33），但另一件装饰性铜牌上的固定钉还能见到（图 34）。带有两个黄铜环的青铜插销（图 35）以及两个黄铜钥匙（图 36;彩版一四:14），可能都为漆盒上的构件。

图 32　中国的小金属构件

图 33、34　中国的小金属构件

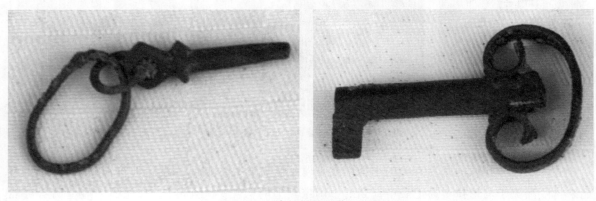

图 35、36　青铜插销和黄铜钥匙

对于拥有镀银玻璃镜的欧洲人来说，两枚中国铜镜无疑是最具异国情调的（图 37；彩版一四：15）。还有一件薄青铜圆板的用途未知（图 38），或许它是一枚简单的铜镜，中间孔的位置取代原来标准铜镜的镜纽？

图 37、38　中国铜镜和圆盘

　　来自中国或东南亚地区的火绳枪上的黄铜扳机,是否为 1574 年中国海盗袭击马尼拉时的遗留物,我们现在已经无法获知[16](图 39)。当质量精良的武器装备留在菲律宾以防卫马尼拉时,用低级别的武器来装备东行的马尼拉帆船还是很有意义的。

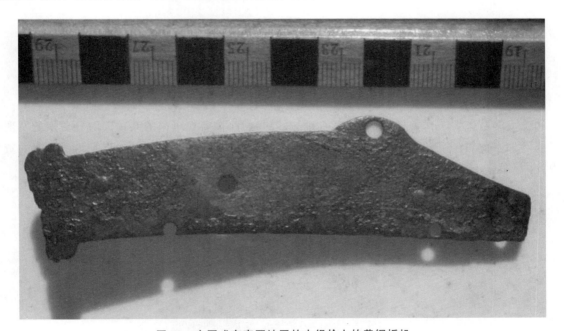

图 39　中国或东南亚地区的火绳枪上的黄铜扳机

　　景泰蓝在中国对西班牙的贸易中并不常见,可能因为它在阿卡普尔科的贸易中并不能带来足够多的利润(图 40)。彩绘瓷器在马尼拉大帆船贸易中的消失,可能也是基于同样的原因。

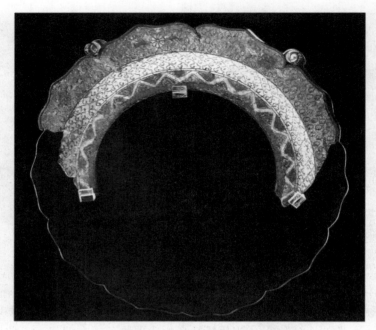

图 40　中国与西班牙贸易中并不常见的景泰蓝产品

九、待解之谜

　　和绝大多数考古工作一样,有一些具有挑战性的残片,需要在未来的某一天随着更多的发现来解读。例如一件彩色雕塑的残件,我们现在只能说它是某个塑像的一部分,并且是为了特定的贸易而设计的(图 41)。

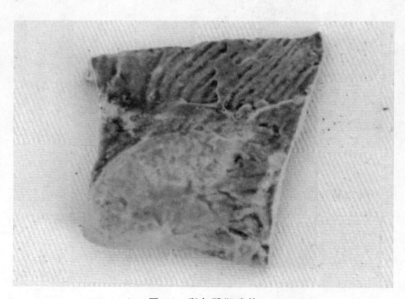

图 41　彩色雕塑残片

书写文字款的碗,也还是一个谜团。绝大多数书写得都比较随意,很难辨认。在 22 件标本中,只有 1 件上的书法可以辨认出一些字体(图 42;彩版一四:7)。它们是为了谁而生产的? 肯定不是为了那些识字的消费者。在欧洲贸易背景下,这些产品说明 16 世纪 70 年代马尼拉大帆船贸易中的船货还处于尝试探索阶段,这里面会出现一些完全不适合新贸易的商品。但是很快,这些商品在未来几年中又被当作具有异国情调的物品而被西班牙人接受。

图 42 能辨认出一些文字的书法文字纹碗

到目前为止,我们还不知道最独特的一件瓷盘的消费市场,这件盘具有中国、佛教以及穆斯林等多种文化因素,饰有青花杂宝包袱图案。

还有一枚单个的中国铜钱(图 43)。它是一件篮子或其他容器上的饰品,还是一件纪念品,或曾属于某个中国船员的物品?

图 43 中国铜钱

佛教诵经钵的存在是否意味着船上有中国船员? 又或者这是早期贸易中的另一种异域风格的物品(图 44)?

图 44 佛教徒的诵经钵

同样的问题也发生在佛教铜守护雄狮上,其爪子搭在一个镂空绣球上,狮嘴张开,尖牙毕露(图45)。雄狮端坐在香炉盖上,烟气会从狮子的嘴巴里徐徐冒出。

图 45 青铜佛教守卫雄狮

十、展望

　　每年,我们都会从海滩上眺望"圣朱利奥"号悲剧的发生地点(图 46),它一如既往地孤独着。这些沙地上散落着我们的"幽灵帆船"的遗骸。一名垂死的船员驾驶着它来到了这片下加利福尼亚海滩,它曾经完好无损地停留于此一年或更久的时间,最终还是被一场罕见的风暴摧毁。

图 46　关于"幽灵大帆船""圣朱利奥"号的故事

注释

[1]雷蒙德·阿克尔(Raymond Aker)的复原图,见于笔者(Edward Von der Porten)《一艘早期的马尼拉帆船》(An Early Manila Galleon)一文。

[2]克拉克瓷盘编年序列。见笔者著(2016)《美国西海岸 16 世纪马尼拉帆船船货与克拉克瓷器编年研究》(Sixteenth-Century Manila Galleon Cargos on the American West Coast and A Kraak Plate Chronology)一文,收录于 Chunming Wu editor, *Early Navigation in Asia-Pacific Region——A Maritime Archaeological Perspective*, Springer.

[3]Antonio de Morga, Sucesos de las Islas Filipinas, p. 62.

[4]关于铅护套还没有进行分析和发表相关资料。

[5]鉴别西属殖民地银币的关键书目是加布里埃尔·卡尔贝托·德·格劳(Gabriel Calbeto de Grau)的 *Compendio de Las Piezas de Ocho Reales* 一书图录。更多关于新世界的矿山、银的加工、墨西哥城和波托西铸

币厂、铸造技术和银币的详细信息都在艾伦·K.克雷格（Alan K. Craig）的《佛罗里达收藏的西属殖民地银币》（*Spanish Colonial Silver Coins in the Florida Collection*）一书中可以看到。

[6]测深锤的比较资料，见于 Julie Gardiner 编《桅杆之前："玛丽露丝"号的生与死》（*Before the Mast：Life and Death Aboard the Mary Rose*），第 277-279 页。

[7]罗盘平衡环的资料见于笔者《罗盘平衡环》（The Compass Gimbals）一文。有关 16 世纪航海技术的标准论述，见 David W. Waters 著《英国、伊比利亚与早期斯图尔特的航海艺术》（*The Art of Navigation in England in Elizabethan and Early Stuart Times* ）一书，其中第 20-30 页"罗盘"部分。另有 Alan Gurney 著《罗盘》（*Compass*）。"玛丽露丝"（Mary Rose）号沉船的罗盘研究，见于 Julie Gardiner 编《桅杆之前："玛丽露丝"号的生与死》（*Before the Mast：Life and Death Aboard the Mary Rose*），第 267-271 页。"圣朱利奥"（San Juan）号大帆船的罗盘研究见于 Robert Grenier，Marc-André Bernier，and Willis Stevens 合编《红湾水下考古》（*The Underwater Archaeology of Red Bay*），Vol. 4，第 150-151 页。"诺瓦·森伯拉"（Nova Zembla）号罗盘研究，见于 J. Braat 等著 *Behouden uit het Behouden Huis*，第 161-163 页。

[8]"玛丽露丝"号沉船铅弹的研究见于 Alexzandra Hildred 著《战争武器》（*Weapons of Warre* ）一书，第一部分，第 348-358 页。

[9]这些陶片的研究见 Marco Meniketti 博士的书《伊比利亚的硬陶》（*The Iberian Earthenware Sherd*）。

[10]准确的报告见 Mitchell Marken 写的《西班牙沉船（1500—1800）上的陶器遗存》（Pottery from Spanish Shipwrecks 1500-1800）。加州巴哈沉船的橄榄罐发现于 2016 年，资料尚未发表。

[11]Laura White 和 Staci Willis 合著的《蜂蜡遗存中的孢粉》（*The Pollens in the Beeswax*），描述了这些蜂蜡中的孢粉成分。

[12]所见硬陶器见于 John Schlagheck 著《东方硬陶》（*The Oriental Stonewares*）。

[13]出版比较早的资料最全的专著是《下加利福尼亚被确认为是 1576 年的西班牙帆船"圣菲利普"（San Felipe）号的沉船出土的万历早期瓷器》及其增刊。这艘沉船一直被认为是"圣菲利普"号，直到新的资料记录证明它应为 1578 年沉没的"圣朱利奥"号。

[14]本书由笔者编写，下面描述的所有瓷器也都在这本待版书中公布。

[15]这里面有一些小的金属物件是最近才发现的，因此它们还没有经过分析和公开发表，

[16]铜扳机及铅弹的资料见笔者著《火绳枪的扳机与铅弹》（The Matchlock Lock Plate and Lead Ball）一文。

参考文献

Braat，J.，J. H. G. Gawronski，J. B. Kist，A. E. D. M. van de Put，and J. P. Sigmond，1998. Behouden uit het Behouden Huis(Catalog of the finds from the 1596 Barents expedition in Nova Zembla). Amsterdam：De Bataafsche Leeuw.

Calbeto de Grau，Gabriel，1970. Compendio de las Piezas de Ocho Reales，2 volumes. San Juan，Puerto Rico：Ediciones Juan Ponce de Leon.

Craig，Alan K，2000. Spanish Colonial Silver Coins in the Florida Collection. Gainesville：University Press of Florida.

Gardiner，Julie，2005. Before the Mast：Life and Death Aboard the Mary Rose. Portsmouth：The Mary Rose Trust Ltd.

Grenier，Robert，Marc-André Bernier，and Willis Stevens，2007. The Underwater Archaeology of Red Bay. Five volumes. Ottawa：Parks Canada.

Gurney，Alan. Compass，2004. New York and London：W. W. Norton & Company.

Hildred，Alexzandra，2011. Weapons of Wars：The Armaments of the Mary Rose. Portsmouth：The Mary Rose Trust Ltd.

Kuwayama，George，1997. Chinese Ceramics in Colonial Mexico. Los Angeles County Museum of Art.

Marken，Mitchell，1994. Pottery from Spanish Shipwrecks 1500-1800. Gainesville：University Press of Florida.

Meniketti，Dr. Marco. "The Iberian Earthenware Sherd." Chapter for a forthcoming book about the Baja California finds.

Morga，Antonio de，1971. Sucesos de las Islas Filipinas. Translated and edited by J. S. Cummins. Cambridge：Published for the Hakluyt Society，at the University Press.

Schlagheck，John. "The Oriental Stonewares." Chapter for a forthcoming book about the Baja California finds.

Shangraw，Clarence，and Edward P. Von der Porten，1997. Kraak Plate Design Sequence，1550-1655. San Francisco：Drake Navigators Guild. This chronology was revised in 2007 to ca. 1570-1655.

Von der Porten，Edward. "The Compass Gimbals." Chapter for a forthcoming book about the Baja California finds.

——2008. "An Early Manila Galleon." Ships in Scale XX：1，44-58，and XX：2(March/April 2008)，51-54.

——2011. The Early Wanli Ming Porcelains from the Baja California Shipwreck Identified as the 1576 Manila Galleon San Felipe. San Francisco. Note that the ship was identified as the San Felipe until new documentation proved otherwise.

——2012. The Early Wanli Ming Porcelains from the Baja California Shipwreck Identified as the 1576 Manila Galleon San Felipe. A Supplement. San Francisco.

——Forthcoming. with Analysis of the Marks by Sheila Keppel and Descriptions of the Porcelain Industry by Dr. Li Min and Ellen Hsieh. The Ming Porcelains from the Manila Galleon Wreck found in Baja California. Forthcoming from the Instituto Nacional de Antropología e Historia，Mexico City.

Von der Porten，Peter，forthcoming. "The Matchlock Lock Plate and Lead Ball." Chapter for a forthcoming book about the Baja California finds.

Waters，David W.1958. The Art of Navigation in England in Elizabethan and Early Stuart Times. London：Hollis and Carter.

White，Laura，and Staci Willis. forthcoming. "The Pollens in the Beeswax." Chapter for a forthcoming book about the Baja California finds.

C13 墨西哥考古发现的中国古代陶瓷

［墨］帕特丽夏·帆尼尔（Patricia Fournier）[1]
［墨］罗伯特·詹可·桑切斯（Roberto Junco Sanchez）[2]

［1，墨西哥国家人类学与历史学研究所人类学与历史学院，Escuela Nacional de Antropología e Historia（ENAH），Instituto Nacional de Antropología e Historia（INAH），México；2，墨西哥国家人类学与历史学研究所水下考古部，Subdirección de Arqueología Subacuática（SAS），Instituto Nacional de Antropología e Historia（INAH），México］

邓涵菲 译 刘 森 校

麦哲伦横渡太平洋抵达东南亚，将美洲大陆与古海上丝绸之路连接起来，实现了哥伦布到达中国的梦想。但之后的几次海上探险，最终还是无法横穿太平洋返回美洲。1565 年，黎牙实比（Legazpi）远征队成功从菲律宾返回新西班牙（今天的墨西哥），并于 1574 年开启了持续 240 多年的马尼拉帆船贸易。新西班牙开始进口大量亚洲商品，如香料、丝绸和瓷器。瓷器成为炙手可热的商品，甚至当地的陶瓷也模仿中国传统的青花瓷蓝白相间的颜色。本文主要介绍几个墨西哥古代遗址考古调查和发掘出土的中国瓷器的情况，以证明中国瓷器在墨西哥的广泛分布。在墨西哥城和阿卡普尔科都发现了大量的中国陶瓷器、陈设品和雕塑。我们的调查研究表明，中国的商品在整个新西班牙殖民地城乡各地销售和使用，成为当时社会地位和全球化品位的象征。

一、历史背景

作为一个殖民主义的实体，西班牙是一个重商主义大国，其发展基础是卡斯蒂利亚（Castile）王国和阿拉贡（Aragon）王国联姻形成的共主联邦地缘政治霸权。天主教君主们通过新航路的开辟，发现并统治了当时拉丁美洲的广大殖民地，使得版图不断扩张。其后，在哈布斯堡（Habsburg）王朝的推动下进一步向亚洲扩张（Schwartz 2012：148-149，161）。

西班牙热衷于在复杂的、经济和政治发达的前殖民地地区建立机构设置（总督辖区），其特点是建立人口密度高的城市驻地、有国家级社会组织以及建立在强制劳动制度上的等级经济。以墨西哥为例，哥伦布发现美洲之前，墨西哥的发展已经满足重商主义的目标要求，不需要过多改变原有的经济结构就可以利用依赖本土的劳动力获取资源（Lange et al. 2006：1418）。重商主义在很大程度上依赖于政府对经济的直接干预，建立对外贸易的国家垄断机制，通过王室财产的殖民统治体现它至高无上的权力并以此致富。还将加强军备,同时通过推行限制性商业贸易政策来促进和保护西班牙的本土生产;事实上,殖民地只能同宗主国进行贸易,并且许多商品只能从伊比利亚半岛获取(Frieden 2012:18)。当政者利用国家权力建立起贸易垄断,并赋予特定商业团体一定的特权,垄断殖民地的贸易(Lange et al. 2006:1416)。

从本质上讲,重商主义将经济精英和国家精英联合起来,将资源集中在了少数人手中。因此,重商主义经济模式促进了严格的等级社会的发展。在该等级社会中,绝大多数人口依赖少数精英阶层而生存。事实上,奢侈品的消费是意识形态和社会黏合剂的一部分,它弥合了社会等级结构和剩余生产的矛盾。此外,长距离的商业贸易将世界体系下的精英们联合起来,使其成为重商主义模式下发展起来的世界经济的重要组成部分(Frank 1990:183)。

墨西哥的殖民地时期,通常是从 1521 年埃尔南·科尔特斯(Hernan Cortes)带领的西班牙征服者占领阿兹特克帝国(Aztec Empire)的首都特诺奇蒂特兰(Tenochtitlan)的市中心(现在墨西哥城的历史街区一带)起算的,直到 1821 年脱离西班牙独立为止。事实上,对墨西哥其他地区的完全征服直到很久以后才实现。然而,墨西哥城因为拥有大量可供剥削的人口,和已经建立起来的包括广泛的贸易和纳贡制度在内的复杂的政治体系,使其在被占领的 300 年间,成为西班牙君主制下新西班牙总督辖区统治的中心。

西班牙对美洲新西班牙地区的开发主要是为了其帝国本身的利益,最终由新西班牙地区为其提供了君主制下每年税收来源的一半以上。然而,新西班牙地区的出口仅限于西班牙感兴趣的少数几样物品。也许其中最重要的便是来自帕丘卡(Pachuca)和雷亚尔德尔蒙特(Real del Monte)附近的伊达尔戈(Hidalgo),以及圣路易斯波托西(San Luis Potosí)的萨卡特卡斯(Zacatecas)和瓜纳华托(Guanajuato)等地区的银矿(e.g. Brown 2012;Garner 1988)。这些地方都有路直接通往新西班牙的统治中心,位于墨西哥城阿兹特克市中心的总督府即首都所在地。

一旦意识到新西班牙并不是遍地黄金,白银的开采就成为西班牙殖民者最感兴趣的事情(Brown 2012;Couturier 2003)。新大陆西班牙殖民帝国的银矿开采,支持了其对亚洲的开发和统治,并将美洲、欧洲和亚洲的经济体卷入一个更广泛的全球海上贸易网络。也就是说,现代世界体系的雏形已经出现。事实上,西班牙及其殖民地融入了亚洲早已存在的一个广泛而复杂的本土商业网络中(Brown 2012:11-14),受到了来自中国式的"世界体系"下的文化和经济模式的双重影响,而在这一过程中跨太平洋的马尼拉帆船贸易在其中发挥了重要作用。西班牙殖民者将在殖民地开采和生产的白银用以支付来自中国的商品,并将其从马尼拉运往新西班牙的阿卡普尔科(Brook 2008:161-162);据估计,在新西班牙开采的白银中有 20%用于购买了亚洲商品,而世界上 50%的贵金属都是在西班牙殖民地开采的(Clunas 2004:131-132)。

1521 年,当科尔特斯征服阿兹特克人时,费迪南德·麦哲伦向西航行穿越太平洋,发现了后来的马里亚纳群岛(Mariana Islands)和菲律宾,并将其归入西班牙版图(Trechuelo 2001:53;Sala-Boza 2008:244-245)。1565 年向东成功返回新大陆的航线开辟后,1574 年左右稳定的马尼拉大帆船贸易开始持续进行(Fomento 1877:297)。跨太平洋的新航路的开辟,可以使西班牙船避免向西行驶而不得不停靠其他欧洲国家控制下的中东和非洲港口,以及在通过已开通的西行航线返回欧洲途中遇到海盗的风险(Galvin 1999:33,39;Gruber 2012:424-425)。

这条海上航线在明朝万历皇帝在位期间已正式通航,这也正是发现的瓷器底部年款记录的时间,这种年款也体现了对产品独创性的保护(Schäfer 2011:252)。当时,对外贸易的主要港口大多位于福建省,例如漳州(外销瓷的重要产地)、泉州和福州,以及浙江的港口宁波(Tan 2007;Wen-Chin 1988:150)。

　　根据马尼拉当局写给西班牙王室的报告，直到16世纪末期，西班牙人还愚蠢地认为，只要等到时机成熟他们就最终可以在军事和思想上征服中国。信函中指出，"中国是拥有最美妙商品的王国：丝绸、棉花、麝香、蜂蜜和蜂蜡、珠宝、各种昂贵的木材和香水，所有这些都是由良好统治下的心灵手巧、勤奋努力的人们生产创造出来的"（Colin 1900-1902：438-444）。事实上当欧洲向亚洲扩张时，中国无疑已经是当时世界上面积最大、人口最多、集权度最高、组织最复杂严密的帝国（Ollé 2002：10）。

　　自1582年阿卡普尔科被官方正式指定为西班牙大帆船在新大陆的登陆港，直到1810年，利润丰厚的马尼拉大帆船贸易将大量白银从墨西哥和秘鲁运往马尼拉，在当地西班牙人控制的贸易中交换中国商人带来的丝绸、香料、象牙、漆器和瓷器等（Schurz 1939；Fournier 2014：558）。尽管秘鲁总督在早期一直参与这项贸易，但在1604年西班牙撤销了其贸易特权（Suárez 2015：103；Schurz 1918：391）。墨西哥最初只有两个港口，即西边的阿卡普尔科港和东边的韦拉克鲁斯港（Veracruz），用以与西班牙等在内其他地区的对外贸易。大帆船通常运载300到560吨亚洲货物，其总价值最初限制在250,000比索，但后来高达500,000比索。事实上超量运载是当时非常常见的做法，18世纪的两个案例说明很少有人遵守规定，这些大帆船装载的货物甚至重达2000吨。亚洲货物在阿卡普尔科卸载后，经陆路穿越墨西哥城到达东部的韦拉克鲁斯港。西班牙的珍宝船队在此再将这些贸易货物和更多的白银，以及在欧洲备受欢迎的胭脂虫红染料和鞣制皮革运往西班牙。送回西班牙的其他有价值的商品之一便是中国瓷器，以餐具和陈设品最具代表（Escudier 2007：90；Cushner 1960：546，548；Pleguezuelo 2003：140）。

　　大帆船贸易促进了新西班牙商人的资本积累。贵金属的分销是在作为商业交易中心的总督辖区的首府进行的，这里汇集了殖民地最富裕的人群。城乡差异体现在对进口和本地消费品的获取的不同上。金币和银币的使用促成了殖民地贵族阶层的形成，也就是那些渴望在日常生活中拥有奢侈品和优雅物品的人群，他们会使用中国陶瓷来装饰餐厅、房间以及家中的其他空间，作为特权阶层身份的象征对外展示（Henry 1991：10）。很多时候，中国瓷器是作为珍贵的陈设品而被购买并出现在精英阶层住宅的展示柜或展示橱窗里，它们很少被用作餐具或盛装食品的实用器皿（Pierson 2012：18；Prieto 1976：198）。

　　在马尼拉大帆船贸易持续推进的同时，西班牙的政局也在发生变化。西班牙国王查理二世（Charles II）去世后没有子嗣继承王位，导致王位被波旁王室的人继承。菲利普五世（Philip V）在法国长大，他在位期间西班牙对法国开放了贸易，至少相对于欧洲其他国家来说是这样（Lockhart and Schwartz 1983：363，362-368）。1765年，西班牙国王查理三世（Charles III）在位时采取放宽贸易垄断的政策，允许西班牙和新大陆的不同港口参与国外的商业活动。1776年至1785年，西班牙的军舰通过加的斯（Cadiz）和马尼拉直接贸易；1778年西班牙国王（和西印度）签署了自由贸易条例；到1785年，皇家菲律宾公司（the Royal Company of Philippines）拥有了从西班牙经好望角（Cape of Good Hope）或合恩角（Cape Horn）到马尼拉贸易的商业垄断权；在新西班牙，圣布拉斯（San Blas）港正式成为马尼拉帆船贸易航路的一部分（Escudier 2007：99，100-101）。

　　波旁改革打破了本土与美洲以及总督辖区之间的贸易壁垒，赋予西班牙港口与世界其他西班牙统治地区的港口进行贸易的权利，承认众多走私行为的合法性并将其纳入管理（Lockhart and Schwartz 1983：363，362-368）。因为缺乏有效的国民卫队或其他的能够控制或保证这些贸易持续进行的有效手段，所以后来这一贸易系统逐渐瓦解。随着英国、美国以及法国在新大陆的殖民地开始生产大量的资源，贸易开始在它们之间进行。从17世纪初开始，西班牙的殖民地之间的贸易就一直受到限制，以避免与西班牙的商业活动产生竞争从而保护伊比利亚半岛的商品生产（López-

Cano 2006:109；Russell 2010:88）。虽然贸易不是在西班牙船只上进行就被认为是违法的，但实际上西班牙已经逐渐失去了控制权。

1810 年，新西班牙地区开始了一场全面的独立解放战争。1821 年，墨西哥脱离西班牙获得独立。随着欧洲制瓷业的出现，且随着新兴国家摆脱了西班牙帝国的控制，马尼拉大帆船在新兴国家逐渐失去了其经济和商业意义。在墨西哥，上流社会在物质生活上也正在接受新的观念和风尚，法国瓷器逐渐取代中国瓷器成为奢侈品。

二、墨西哥发现中国瓷器的研究进展

从考古学视角来看，1521 年中国瓷器如洪水一般涌入了作为西班牙海上帝国重要组成部分的总督管辖的绝大部分地区。考古发掘工作中经常会发现亚洲商品大量出土的现象，其中大多数为精美的瓷器。丰富的银矿的开采以及白银被铸造成"比索"币后，进一步推动了贸易的进行。白银成为交换中国大量商品的重要物资。

16 世纪 50 年代，随着新西班牙北部，特别是萨卡特卡斯地区发现了储量丰富的银矿资源，皇家内陆贸易大干线（Camino Real）逐渐建立起来，向北延伸至新墨西哥的圣达菲（Santa Fe）的更多的领土被发现并划为殖民地。这条路线也被称为"白银大道"（El Camino de la Plata），因为它连接了采矿城镇与墨西哥城。这条贸易路线穿越了克雷塔罗城（Querétaro）、圣路易斯德拉巴斯（San Luis de la Paz）、圣费利佩（San Felipe）（今天的圣菲利赔·托雷斯·莫查斯，San Felipe Torres Mochas）和萨卡特卡斯；后来，这条路线改为经过阿瓜斯卡连特斯（Aguascalientes）、萨卡特卡斯、弗雷斯尼约（Fresnillo）、松布雷雷特（Sombrerete）、农布雷·德迪奥斯（Nombre de Dios）、杜兰戈（Durango）、帕拉尔（Parral）和华雷斯城（El Paso del Norte）到达新墨西哥州（e.g. Fournier 1999）。到达阿卡普尔科的亚洲瓷器被骡队运往新百班牙各地，并经过普埃布拉（Puebla）最终到达位于墨西哥湾的著名港口韦拉克鲁斯，在那里亚洲商品和当地商品一起被运往西班牙并进入帝国市场。

新西班牙与亚洲之间的商业联系常常被历史学家简单地描述为西班牙为社会上层精英获取其喜爱的外国奢侈品的途径。然而，我们的研究却显示了在墨西哥各地无论是城市还是乡村，精细和粗糙的瓷器都有一个非常广的消费市场。

尽管艺术史学家的一些作品中都提到过关于博物馆或私人收藏中的中国瓷瓶和带有纹章纹饰的餐具等器物（e.g. Pezuela 2008），但墨西哥考古发现中最早出土中国陶瓷的资料，要归功于美国学者约翰·高金（John M. Goggin，1968）在普埃布拉市附近的阿古斯蒂尼安·胡约津戈（Agustinian Huejotzingo）修道院开展工作期间发现的瓷片。此外，墨西哥城地铁的修建工程也引发了人们对包括中国瓷器在内的殖民地陶瓷的兴趣。冈萨洛·洛佩斯·塞万提斯（Gonzalo López Cervantes，1976-1977）对抢救性考古工作出土的文物标本进行研究，对其中亚洲瓷器进行了著录和简要描述，成为墨西哥国家人类学和历史研究所最早关注这一重要陶瓷资料的墨西哥考古学家。从 1980 年起，笔者之一帕特丽夏·帆尼尔（Patricia Fournier）花费大量时间从位于墨西哥城市中心的圣赫罗尼莫（San Jerónimo）前修道院遗址收集了丰富的中国瓷器资料。1985 年，她完成了考古学学士论文。她的研究在对进口陶瓷感兴趣的同行中颇受欢迎。1990 年，她发表了关于亚洲商品的重要研究，里面首次对粗陶罐进行了探讨（Fournier 1990）。这本书中将中国陶瓷按风格和时代进行分类，建立起了类型学和明确的年代学的框架体系，为考古调查出土资料进行比较研究提供了便利，为整个拉丁美洲以及加勒比地区中国陶瓷的深入研究奠定了基础。在这项开创性的研究之后，考古学家们还对这些瓷器进行了分类研究，并产生了许多描述性成果，尽管绝大多数只是简单地提到了考古出土品中中国瓷器的存在，没有进行深入的分析（e.g. García 2010；Pons 2000；Velasquez 2015b）。然而，这些具体的调查工作有助于我们更好地了解当时的贸易网络（Guriérrez 2010；Fournier and Bracamontes；Junco 2006；Junco and Fournier 2008）、走私活动（Junco 2006）、作为商品的瓷器价格（Fournier 1997）以及从风格和象征的角度探讨中国瓷器上的青花图案（Fournier 2013；Terreros 2012）。此外，还探讨了亚洲图像艺术对新西班牙制造的包括器皿和砖瓦在内的马约利卡（majolica）器的影响（Cárdenas 2013，2015）。

如今，随着墨西哥考古学家们对马尼拉大帆船贸易路线、沉船出水瓷器，以及近年在太平洋上的阿卡普尔科港圣地亚哥（San Diego）城堡的考古工作中出土了销往新墨西哥的各种陶瓷器，对中国瓷器的研究逐渐成为一个充满活力的新课题。

三、新西班牙区域考古发现的中国瓷器

我们有必要总体展示、分析 16 世纪末至 19 世纪早期新西班牙独立为止这一时间段内，考古出土中国瓷器的分布情况。陶瓷器的空间分布反映了亚洲商品贸易和消费的全球化模式（e.g. Li 2014）。对于沉船上的器物组合，虽然其作为时间胶囊具有重要的研究意义，但在本研究中对这些资料并没有详细展开讨论，因为我们的兴趣点主要集中在对消费趋势上的探讨。水下遗存可以证明贸易的存在，但这些陶瓷资料随着船只的沉没而消失，并未到达消费者手中，尽管货物的目的地是市场并最终供消费者使用。

我们面临的一个问题是，墨西哥的历史时期考古长期以来被负责考古遗产的政府机构国家人类学与历史研究所（INAH）严重忽视。1972 年以后，墨西哥颁布了一项保护考古遗产的法律。从那时起，大多数研究项目都集中在哥伦布到来之前的遗址上。虽然在城市遗址调查过程中通常会发现历史时期的内容，但人们的关注点主要集中在地面建筑遗产上，因此对于殖民地时期的陶瓷遗存的研究并不像对西班牙统治历史之前的器物研究一样受到关注（e.g. Fournier and Velasquez 2014）。法律中虽然明确规定考古学家在他们的报告中要纳入那些能体现被占领后的历史文化遗产。但是研究殖民地时期文物考古的学者们的兴趣和专业水平，都无法与那些致力于研究早期文化如阿兹特克人（Aztec）或玛雅人（Maya）及其宏伟的文化成就（例如纪念性建筑、雕塑、墓葬、祭品和彩陶）的学者相比。因此，中国瓷器的发现只是被简单提及，或将其与法国瓷器与亚洲瓷片混淆在一起。于是，我们决定利用可获得的信息资料制作一份清晰可见的中国瓷器分布图（图 1），并提供一份包含各个遗址在内的详细清单（本清单不包含那些在考古报告和出版物中已有详细论述的遗存）。

考古数据可从城市中心进行的大量发掘中获得，主要来自墨西哥城的考古遗址，还有一些来自普埃布拉市，以及一项已公开发表的瓦哈卡州（Oaxaca）的研究，一项针对库埃纳瓦卡（Cuernavaca）的研究，还有一项针对韦拉克鲁斯港口几个地点的研究。这些工作都是由墨西哥国家人类学与历史研究所的考古工作者完成的，包括了抢救性考古工作，以及对殖民建筑的加固工程（e.g. Charlton and Fournier 1993：213）。在农村地区发现的考古数据则极为有限。包括大都会、新兴市镇以及主要港口遗址等在内的所有发现亚洲商品的地点和地区，都可以通过复杂的道路网络连接起来（e.g. Brown and Fournier 2014）。

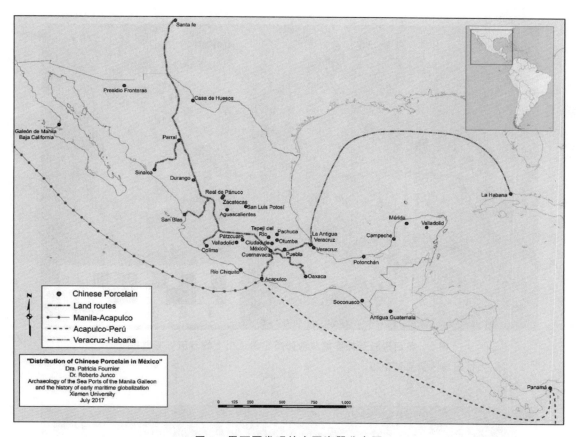

图 1 墨西哥发现的中国瓷器分布图

如前所述,笔者之一帕特丽夏·帆尼尔对 1585 年修建的圣赫罗尼莫前修道院遗址考古发掘出土的 18000 多件亚洲餐具、陈设器和雕塑碎片进行了系统研究。这批资料可能是拉丁美洲有史以来做过研究的数量最大的样本群。所有器物和碎片都是从建筑堆积中发现的,与修女的生活方式没有明确的联系。然而,基于对墨西哥湖考古地层形成过程的研究,我们认为它们代表了 16 世纪末到 19 世纪初新西班牙首都地区的总体消费趋势。

属于明代晚期和清代的瓷器标本大量涌现。克拉克瓷类型的碗、盘、碟和小盒等器型最为丰富。五彩装饰的大瓶、器盖(图 2;彩版一五:1)、碗和杯子也很常见。可以辨认出的漳州窑(过去所称的汕头器或地区性瓷器产品)产品有青花和五彩装饰的碗、盘、碟等器型(图 3;彩版一五:2)。还有所谓过渡期风格类型的瓷器,主要为青花盘、碟、碗、杯子等(图 4;彩版一五:4)。清代的所有五彩和彩绘瓷器也都是造型相似的产品。质量精良的青花盘、碟、碗、杯子、瓶以及大瓶都很常见。纹章瓷虽然数量不多,但也占据了一定比例。同样还见一些装饰南京和广州样式的清代瓷器碎片(图 5;彩版一五:5),其时代从 17 世纪晚期持续至 19 世纪初期(e.g. Madsen and White 2011)。还见到一件绿釉的"福狗"造型的瓷塑。

在对中部高地奥通巴(Otumba)河谷的几个农村牧场和大庄园进行调查时,发现了一些很有趣的瓷片。我们经过系统研究后认为,在距离城市遗址不远的地方,人们也可以接触到不同风格的瓷器,尽管数量很少。我们能辨认出来的有可追溯到万历时期的克拉克青花瓷和五彩瓷、装饰有树枝和梅花浮雕图案的德化白釉瓷杯、可能为清康熙时期的青花瓷器、乾隆时期的青花瓷、1662—1730年的"绿色家族"风格的五彩瓷器(图 6;彩版一五:3),还有乾隆时期的纹章瓷或外销瓷(Chine de Commande)(Fournier and Charlton 2015:52-53)。

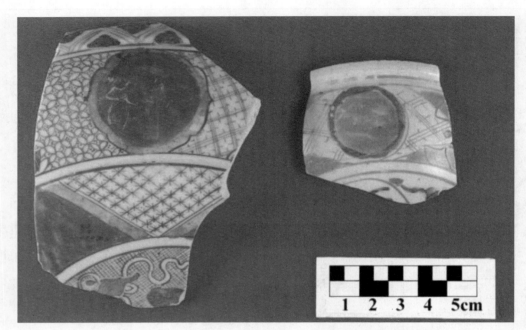

图 2　墨西哥城圣热罗尼莫前修道院遗址出土的万历五彩器盖

注：帕特丽夏·帆尼尔拍摄。

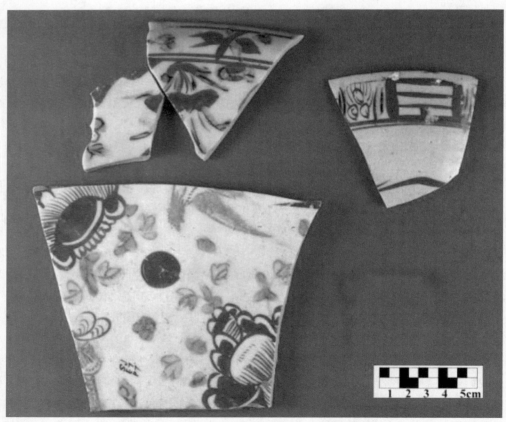

图 3　圣赫罗尼莫前修道院遗址出土的漳州五彩盘

注：帕特丽夏·帆尼尔拍摄。

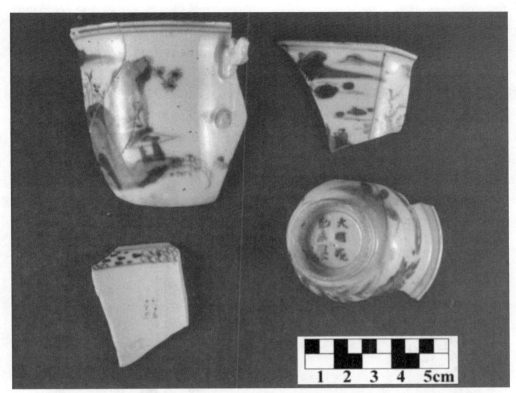

图 4　圣热罗尼莫前修道院遗址出土的过渡期风格的青花瓷

注:帕特丽夏·帆尼尔拍摄。

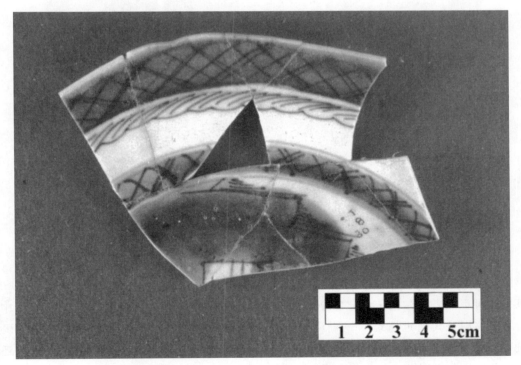

图 5　圣热罗尼莫前修道院遗址出土的广东式样的青花瓷盘边沿(1785—1821 年)

注:帕特丽夏·帆尼尔拍摄。

和多数情况类似，在萨尔托坎（Xaltocan）的一个小村庄发现了两片中国瓷器，但见不到任何详细的资料（Rodríguez-Alegría et al. 2013：401）。墨西哥中部的一个采矿城镇帕丘卡（Pachuca）也存在同样的问题，只是在资料中简单提到在市中心遗址发掘过程中发现有 16 至 17 世纪的瓷器（Abascal 1978：197）。

距帕丘卡西南约 55 公里处，在伊达尔戈州（Hidalgo）特佩希·德尔里奥（Tepeji del Rio）镇的一个方济会修道院遗址中，发现了一些康熙时期的青花碗和盘的残片（Saucedo 2011：293）。

普埃布拉是位于高地地区的仅次于墨西哥城的最重要的城市中心，对其发掘工作显示克拉克瓷器是出土器物组合中的一部分，同时还出土有清代的瓷器标本（Carrera 1999；Ortega 1998；Hernández and Reynoso 1999）。康诺斯·麦奎德（Connors MacQuade）（2005：49）指出，亚洲瓷器还会出现在当地的遗嘱认证清单中。在普埃布拉附近的乔鲁拉（Cholula）的发掘记录中也出现了克拉克瓷器和康熙时期的瓷器（Serdio 2004：119-120）。

图 6　奥通巴地区出土的康熙时期"绿色家族"风格五彩瓷盘边沿
注：帕特丽夏·帆尼尔拍摄。

以墨西哥征服者埃尔南·科尔特斯曾短期定居的库埃纳瓦卡（Cuernavaca）为例，在市中心的科尔斯特的宫殿及其附近遗址的发掘中共出土 103 片 16 世纪晚期至 18 世纪晚期的中国瓷片（Fournier and Charlton 2011：149）。出土瓷器中包括同时期的万历青花瓷和漳州窑瓷器，还发现了一些明代晚期的五彩或日本古伊万里"金襕手"（kinrande）风格装饰的瓷片。

到目前为止，对墨西哥西部殖民地遗址出土陶瓷感兴趣的考古学家还非常少，而墨西哥国家人类学和历史研究所也长期被阻止考古发掘工作的建筑学者所掌控。但是，在现在的米却肯州

（Michoacán）的帕茨夸罗（Pátzcuaro），我们在对一座18世纪的住宅进行调查时发现了万历时期的青花瓷片（Fournier and Guerrero 2014：321-322）。

历史资料也为了解远离新西班牙首都的亚洲商品的分布情况提供了更多的信息。在帕茨夸罗东北约100公里处，一份17世纪的遗嘱认证清单提供了有价值的信息。这份遗嘱属于一位富有的庄园主，他于1688年在位于富裕农业区阿坎巴罗（Acámbaro）的住所去世。他的财产中包括带有银饰的中国瓷罐、几个大而昂贵的瓷瓶、一个华丽的瓷碗、一个大盘子和四只能"驱除邪恶力量"的小福狗（每只价值1比索）（Curiel 2015：112，114，115，116，119）。

在帕茨夸罗东北约50公里处的巴利亚多利德市［Valladolid，今天的莫雷利亚（Morelia）］，一个富裕商人的所有财产的历史记录和清单中列出了中国的瓷盘和瓷碗，同时还有法国瓷器（"撒克森瓷器"Saxon wares，指的是欧洲生产的硬质瓷，带有1700年代使用的标签）和英国制作的精美炻器（e.g. Mandujano 2014：41），以及18世纪末至19世纪初的精致豪宅中比较常见的一些有趣商品，在这一时期亚洲商品正在逐渐被欧洲商品取代。

韦拉克鲁斯是欧洲货物的入境口岸，也是一座潮湿、缺乏淡水且气候不佳的城市，并不宜居。因此它在历史上主要作为一个停靠港，也是抵御海盗和外国入侵的防御哨所，直到18世纪中叶还是一座简陋的小镇。到目前为止，在此已经发现克拉克瓷器（Aranda 2017）。笔者之一罗伯特·詹可·桑切斯最近在巴约·奥尔诺斯（Bajo Hornos）礁附近进行水下考古调查时发现了5件瓷器，其中包括2片康熙时期瓷碗残片。

要塞城市坎佩切（Campeche）位于墨西哥湾韦拉克鲁斯港南部和新西班牙南部边缘地带，是热带木材和染料的主要产地。这座城市由征服者弗朗西斯科·德·蒙特霍（Francisco de Montejo）于1540年建立了圣弗朗西斯科·德坎佩切（San Francisco de Campeche）。在当代市中心地区出土了清代瓷器，但更多细节不清（Velasquez et al. 2015b：64，101）。在一个庄园遗址，发掘出土了一些1700年之后的瓷片，详细情况未知（Velasquez et al. 2015：41）。在坎佩切州的波通钱（Potonchán），出土了克拉克瓷器（Jiménez 2007：232）。

蒙特霍于1542年建立了尤卡坦州（Yucatán），在其最重要的城市中心梅里达（Merida）进行的考古发掘中，也发现了一些克拉克瓷器碎片（Villanueva 1995：73）。西尔勒（Siller）和阿布迪斯·卡纳莱斯（Abundis Canales，1985）在蒙特霍的住所进行了考古发掘，该住所修建于1549年，位于梅里达的历史街区。一直到1828年，蒙特霍的后代都拥有该住所的所有权。之后，该建筑被一系列业主进行过重新设计和改造（Kalisch 2008：18-19）。根据我们对出土陶瓷器的多年研究，发现几个带有欧洲图案装饰的中国订制瓷的彩绘瓷器碎片。

新西班牙的南部地区，在安特克拉（Antequer）殖民城市瓦哈卡（Oaxaca）的圣多明各（Santo Domingo）修道院遗址中发掘出土了亚洲商品，克拉克瓷器和清朝瓷器见于报道（Serafín 1994）。索科努斯科（Soconusco）地区资源丰富，特别是可可的种植和生产。加斯科（Gasco）根据当地的遗嘱认证清单（1992：85）找到了不少18世纪使用中国瓷器的例子。再往南，原为新西班牙领土一部分并最终成为西班牙统治下的另一个包括建于1543年的危地马拉旧首都安提瓜危地马拉（Antigua Guatemala）在内的总督辖区。在其他的圣多明各修道院遗址的考古工作中发现了克拉克瓷器、明代和直到乾隆时期的清代瓷器、五彩瓷器和伊万里瓷器的遗存（Kuwayama and Pasinski 2002；Pasinski 2004）。

萨卡特卡斯的历史考古还有很多的工作需要开展。这座北方城市原本是一座采矿小镇。在整个殖民时期，随着萨卡特卡斯矿区银开采数量的激增和附近庄园的迅速发展，该地区逐渐发展成为新西班牙最重要的矿区之一。我们在帕奴可（Panuco）的旧炼油庄园遗址的调查中发现了明代万历时期和清代的青花瓷片（Fournier and Blackman 2010:331-332）。

以位于太平洋沿岸曼萨尼约（Manzanillo）的科利马（Colima）为例，根据1580年的遗嘱认证清单提供的线索，中国瓷器是重要的传家宝（Solís 2005:252）。

纳亚里特州（Nayarit）的圣布拉斯（San Blas）港也位于太平洋上，1531年设立在马坦琴（Matanchén）湾，1768年迁至附近并作为海军基地和造船厂。随着波旁自由贸易政策的颁布，圣布拉斯逐渐成为马尼拉大帆船航线的一部分，也是船只在前往阿卡普尔科的途中登陆以获取补给和卸载违禁品的港口。作为博士论文内容里的一部分，胡安·布拉卡蒙泰斯·古铁雷斯（Juan JG Bracamontes Gutiérrez）对马坦琴和圣布拉斯海湾以及港口附近18世纪海关建筑群遗址进行了调查（Gutiérrez 2013）。他发现了一件万历时期的青花瓷片，还有几件属于18世纪后期带有桃子和蕨类植物装饰纹样的瓷片，以及乾隆（1736—1795年）、嘉庆（1796—1820年）和道光（1821—1850年）时期的一些南京式样和广东式样装饰风格的瓷盘残片（Fournier and Bracamontes 2010）。

再向北，靠近海岸的锡那罗亚镇（Sinaloa），也就是今天的德莱瓦 de Leyva）建于1500年代后期。那里的耶稣会教堂遗址的考古发掘中发现了一些万历时期的青花瓷碗、盘残片，以及清代的纹章瓷盘残片（Ramírez 2014:141）。在该地区的一个小牧场遗址中，还发现了青花瓷和德化白瓷片（López 2015:104，109，158）。

在索诺拉-亚利桑那沙漠中，17世纪后期建立了许多牧场、传教所和城堡。我们对包括弗龙特拉斯要塞（Presidio Fronteras）在内的多个地点出土的器物进行研究后发现，在新西班牙西北边缘地区也可以买到各种各样的瓷器。我们能够识别出来的瓷器有18世纪清朝的青花瓷器、日本"金襕手"风格的瓷片、巴达维亚瓷（café au lait，Batavian brown）、粉红色以及粉彩瓷器标本（Fournier 1989a:33-36）。

奇瓦瓦（Chihuahua）是殖民时期北部纽瓦·维斯卡亚省（Nueva Vizcaya）的一部分，面积广阔，大部分被沙漠覆盖，但在该地发现了丰富的矿脉并建立了不少矿区。其中一个矿区以帕拉尔（Parral）为中心。对当地考古发掘的结果很少见于报道，只是提到了有中国瓷器的存在而没有提供任何细节（Hernández Pons 2000）。然而当地的遗嘱认证清单显示，中国瓷器是居住在帕拉尔的富人所拥有的商品的一部分，清代器物往往被列入他们的珍贵财产清单中。其中一个遗嘱清单中描述得非常详细，以至于我们能够识别出乾隆时期的粉彩器（Fournier 1989b，1997；Fournier and Zavala 2014）。此外，在一个据说由于印第安人的叛乱而在1680年之前被废弃的名为"骨头之家"（Casa de Huesos）的牧场遗址中，发现了属于18世纪的康熙时期的青花瓷片（Brown and Fournier 2008）。

奇瓦瓦以北曾经是西班牙人未知之地的唐胡安·德·欧纳特（Don Juan de Oñate）被发现后，1599年新墨西哥省的第一个定居点和首府在圣加布里埃尔·德尔云克（San Gabriel del Yunque）建立，但在1610年圣达菲成为新首都时被废弃。"金襕手"风格的瓷器在圣加布里埃尔·德尔云克遗址中有发现；在圣达菲总督的宫殿遗址，发掘出土了克拉克瓷器、过渡期风格瓷器以及五彩瓷器（Shulsky 1994）。据报道，从一个小牧场遗址中（LA-20000）也发现了过渡期风格瓷器（Trigg 2005:113）。圣达菲以南，在皇家大道旁的一个名为圣地亚哥之地（Paraje de San Diego）的露营地，我们发现了五彩瓷器（Fournier 1999）。

自1999年以来，人们一直在太平洋沿岸的下加利福尼亚海域对16世纪后期失事的马尼拉大帆船进行调查研究。墨西哥国家人类学与历史研究所的水下考古部（SAS）（Junco 2011）在11公里长的海滩上采集了1700多件瓷片。这个项目名为"下加利福尼亚地区马尼拉帆船调查研究"，由笔者之一罗伯特·詹可·桑切斯博士和爱德华·冯德·伯顿主持。这项研究很有意思，因为它出土的瓷器代表了特定年份的跨太平洋的瓷器贸易情况。目前正在以数字格式编制一份详细的出土品目录。这个沉船的器物组合中包含几个凤纹盘、飞龙纹碗以及大量的彩绘瓷碗。类似器物也见于广东地区发现的南澳一号沉船遗址（Liu 2016:197）。

目前最有趣的关于东方陶瓷的研究项目正在阿卡普尔科港进行。该项目为笔者之一罗伯特·詹可·桑切斯博士主持的"阿卡普尔科港海洋考古项目"（Proyecto de Arqueología Marítima del Puerto de Acapulco，PAMPA）。目前正在圣地亚哥堡和当地政府在阿卡普尔科市中心发起的基础设施项目中进行发掘，同时也要在海湾地区进行水下考古发掘。

该项目自2016年开始，由琼科、曼萨尼亚（Manzanilla）和埃斯特拉达（Estrada）发掘了圣地亚哥堡外墙外的一个垃圾坑（目前考古发掘报告正在汇编待出版）。用了一周时间挖了一条2米×1米的探沟，探沟中出土了大量的中国瓷器碎片和亚洲陶瓷器、墨西哥的马约利卡陶器、英国的陶瓷器、玻璃、骨头、金属和其他考古遗存。显然阿卡普尔科在历史时期考古学和亚洲商业贸易研究方面具有巨大的潜力，因为该港口自16世纪起就被西班牙当局指定为官方正式贸易港口。这次发掘出土的中国陶瓷没有地层学上的价值，因为不同时期的器物被混杂在了一起。然而，可以辨认出来的有明代瓷器，以及万历时期到18世纪末和19世纪初的纹章瓷，其中一块徽章碎片上刻有西班牙最后一位统治新西班牙直到1821年获得独立的国王费迪南七世（Ferdinand VII）的名字字母组合。几件17世纪的克拉克瓷器很具有代表性，还有一些盘子上装饰着具有广东和南京式样的风景图案，两个汤匙为19世纪产品。

项目启动以后，2017年又开始了下一个阶段的田野发掘工作。萨卡特卡斯理工大学（University of Zacatecas）的本科生参与了2017年度的考古发掘。在城堡内布了三个探方，第一个探方靠近2016年挖掘的探沟，另外两个探方则位于不同地方。发掘出土器物非常相似，除了靠近探沟的那个探方出土器物较丰富，其他两个探方发现标本数量较少。这次发掘中还发现了一些其他的物品，如波旁晚期的两枚硬币以及铅弹等。尽管如此，野外工作最有趣的部分是市政当局在阿卡普尔科市中心为铺设一条供应淡水的大管道并挖了一条沟渠。这条沟渠长14米，宽1.5米，深2米，沿着大教堂的西侧延伸。沟渠中发现了数千件瓷器碎片，但看不到明确的地层早晚叠压关系，这可能是由于之前安装电力、电话和下水道等活动时对该遗址的地层堆积已经进行了破坏。

目前对已经收集的5000多件亚洲陶瓷片正在进行研究，它们为了解马尼拉大帆船在整个殖民时期运往新西班牙的陶瓷类型以及19世纪港口衰落之后的商业情况打开了一扇窗。大量克拉克瓷器被登记出土，特别是一种被称为"乌鸦杯"（crow cup）的式样。还有一大类包括了早期的以鹿纹为题材的公园或森林背景下的克拉克瓷盘（图7；彩版一五:6）。有意思的是，这类装饰最早可见于16世纪70年代马尼拉大帆船贸易航线早期开通阶段，从高质量的景德镇瓷器产品到17世纪早期比较粗的福建窑口产品上都有发现。此外，还出土了一些德化人物塑像和瓷杯、三彩器、五彩瓷器和巴达维亚瓷。

市政工程沟渠管道的清理出土了更多具有相似特性的资料。到目前为止，水下考古发掘出土的资料中已经发现了19世纪的欧洲陶瓷。期待在海湾地区于2018和2019年开展的下一步水下考古发掘工作中，能发现更多殖民时期的材料。

图7　阿卡普尔科市中心出土明万历装饰"公园里的鹿"纹样的景德镇窑青花瓷盘
注：罗伯特·詹可·桑切斯拍摄。

四、结语

在新西班牙地区的殖民时期，居住在城市的富人将中国进口的陶瓷作为奢侈品；在农村地区，一些牧场主、庄园主或他们的管理者也能够买得起其中的一些商品。国际贸易使承担得起昂贵的餐具或陈设器的人能够获得这些器物。那些制造成本低、质量低劣的粗瓷产品也被运往新西班牙，令痴迷于带有异国情调的亚洲瓷器的消费者们欣喜若狂(e.g. Junker 1994:241)。

因此，新西班牙地区农村的农业发达地区、矿区周边与现代世界经济的商业资本主义的衔接是成功的。与核心城市的中心相比，远离新西班牙首都的农村生活条件非常严峻。如果我们将农村发现的亚洲陶瓷器组合的类型和形式变化与墨西哥城周边农村发现的亚洲陶瓷器的组合进行比较，会发现节制（降级）消费是所有这些城市外围地区的共同特征。这些进口的陶瓷器作为声望的象征，被视为社会地位和国际品位的代表。

亚洲瓷器代表了较为宽泛的风格分类标准。墨西哥城作为新世界西班牙最重要领地的首府，与新西班牙其他地方相比，其出土瓷器风格变化差异更大。在农村地区的调查结果并不理想，没有发现可修复的较为完整的器物，这是遗址现场被扰动过的体现。但有趣的地方在于，亚洲瓷器发现的数量虽然很少，但在大多数情况下，这些瓷器都是发现在远离首都的牧场、小村庄和庄园。瓷器价格昂贵且非常珍贵，在农村无疑属于稀缺品，但它们还是出现在了土著和非土著家庭中。说明可能无论是在农村还是城市，人们都会像城市精英一样使用物质文化来体现权力和身份地位。

基于墨西哥城圣赫罗尼莫前修道院遗址出土的器物分析可知,尽管亚洲瓷器在墨西哥的考古遗址中分布广泛,我们必须指出与出土的清朝器物相比,明代晚期的器物类型和装饰非常丰富,特别是万历时期的实用器和陈设品,天启和崇祯时期的器物则较少。考虑到在中国,除了白银之外,一般不需要新西班牙制造或交易的其他商品。上述考古材料早于 17 世纪所谓的经济危机的发生时间,最新的研究显示,17 世纪经济危机发生之前,白银这种贵金属在总督领地内被大量使用。随之而来的是运往西班牙的白银数量减少,以及与亚洲的贸易强度的降低。无论是圣赫罗尼莫修道院遗址出土的陶瓷器,还是已经出版的资料中或是我们研究过的陶瓷器,其中至少有 50% 的瓷片属于明代万历时期。不同时期考古标本数量上的变化也体现了世界体系经济发生变化的过程(e.g. Vries 2009)。

在某种程度上来看,近 240 年来中国瓷器一直都是新西班牙家庭中常见的事物,特别是在有钱人居住的地方。根据不同家庭的经济实力和购买力,他们能够买到质量精良或粗劣的瓷器。质量最好的瓷器则对应于那些最杰出贵族和精英,基于等级制度的社会规范,他们也是那些在社会金字塔中享有崇尚地位的人(Curiel 2007;Machuca 2012:95)。亚洲物品不仅在社会精英家的住宅中常见,而且在商人、富裕的矿主、皇室官员和贵族的家中也很常见。

1572 年,在墨西哥生活了 5 年的英国商人亨利·霍克斯(Henry Hawks)在报告中说,从马尼拉运往阿卡普尔科的瓷器餐具和杯子非常珍贵和稀缺,"(它们)如此精美,以至于每个能拥有它们的人都愿意给出同重量的银子来交换"(García-Abásolo 1982:71)。从价值上看,如果我们将一件中国瓷器与新西班牙制造的陶瓷进行比较会发现,早期的亚洲瓷器通常是被珍藏在商店的库房中、出现在遗嘱认证的清单中以及作为嫁妆的贵重物品清单中。历史文献记载中也提到,新西班牙当地的工匠制作的罐子的价格非常低,而亚洲器物的价格要高得多(Pezuela 2008;Cárdenas 2013;Fournier 1997)。

据进出口档案的记载,18 和 19 世纪每箱西班牙马约利卡陶器的价格比普埃布拉马约利卡陶器贵两到三倍,每箱中国瓷器的价格约为普埃布拉马约利卡陶器的十倍,而每箱欧洲瓷器(最有可能是法国瓷器)的价格是普埃布拉马约利卡陶器的三倍半到九倍(Fournier 1997:54)。一些本土精英阶层也会模仿欧洲后裔的消费行为以及他们对亚洲商品的品位,来购买成套瓷餐具(Machuca 2012:95)。

除了成本之外,需要强调的是,一些个人试图通过购买和消费某些他人无法获得的商品来加强个人身份认定和社会阶层的建构,成为一种新的社会需求。因此,社会群体的身份认定通过拥有各种物品来表达。亚洲商品特别是我们研究的中国瓷器作为物质文化的一部分,成为具有社会属性的产品,它们是意义象征和知识的承载者,并通过个人日常生活中的一些行为构建起社会体系。因此,这种物质文化在协调社交关系中具有了重要意义(Dellino-Musgrave 2006)。

亚洲商品因其美学价值而在欧洲和新西班牙等西班牙领域产生了巨大影响,它们来自遥远的国度,那里生产精美的产品,富有收藏价值又能融入日常生活。它们还代表了与外面广阔世界的密切联系,以及使用者本身的财力指数。事实上,昂贵的瓷器往往也象征着和权力的密切关系(Brook 2008:82)。这些陶瓷是文化和经济交流的一种形式,在这个过程中参与者能够体验另一种文化的存在,这同时也是一个更好的自我认知和外在认知成长的过程(Pierson 2012:12)。

我们可以得出结论,亚洲商品是地位和全球化品位的象征。我们的考古证据反映了那些富裕人群以及假装富裕的人群的炫耀性消费行为。在一定程度上,也反映了新西班牙社会的所有成员的一种消费行为,这些社会成员因为级别、社会阶层、血统和肤色等原因而出现严重的分化。

参考文献

Abascal，R.(1978). Restos prehispánicos en la Plaza Independencia，Pachuca，Hgo. In Historiografía Hidalguense II，Teotlalpan，Memorias del Segundo Simposio(pp. 193-201).México：Centro Hidalguense de Investigaciones Históricas，A.C.，FONAPAS，num. 10，11 and 12. Mexico：Pachuca，Hgo.

Allende Carrera，A.(1999). Informe técnico de excavación y análisis de materiales del Rescate Arqueológico en la Parroquia del Santo Ángel Custodio de Analco. Unpublished report. Mexico：Instituto Nacional de Antropología e Historia，Archivo de la Coordinación Nacional de Arqueología.

Bonta de la Pezuela，M.(2008). Porcelana china de exportación para el mercado novohispano：la colección del Museo del Virreinato. México：Instituto de Investigaciones Estéticas，Universidad Nacional Autónoma de México.

Bracamontes，J. J. G.(2013). De Matanchén a San Blas：Breve ensayo sobre arqueología histórica. Unpublished Doctoral Dissertation in Archaeology. Mexico：Escuela Nacional de Antropología e Historia.

Brook，T.(2008). Vermeer's Hat. The Seventeenth Century and the Dawn of the Global World. New York and London：Bloomsbury Press.

Brown，K. W.(2012). A History of Mining in Latin America. From the Colonial Era to the Present. Albuquerque：University of New Mexico Press.

Brown，R. B. and Fournier，P.(2008). The Archaeology of Colonization：The Camino Real de Tierra Adentro. Unpublished paper presented at the Society for Historical Archaeology Annual Meeting. New Mexico：Albuquerque.

Brown，R. B. and Fournier，P.(2014). Forts and transport archaeology in New Spain. In C. Smith(Ed.)，Encyclopedia of Global Archaeology. New York：Springer，pp. 5269-5279.

Burgos Villanueva，F. R.(1995). El Olimpo：Un Predio Colonial en el Lado Poniente de la Plaza Mayor de Mérida，Yucatán，y Análisis Cerámico Comparativo. Colección Científica 261. México：Instituto Nacional de Antropología e Historia.

Castillo Cárdenas，K.(2013). La influencia de la porcelana oriental en la mayólica novohispana：su valor simbólico y su papel en la construcción de identidad. In L. Chen(Hsiao-Chuan Chen)and A. Saladino García(Eds.)，La Nueva Nao：De Formosa a América Latina. Bicentenario del Nombramiento de Simón Bolívar como Libertador. Taipei：Universidad de Tamkang，pp. 41-60.

Castillo Cárdenas，K.(2015). La influencia de la porcelana china en el azulejo novohispano. In L. Chen(Hsiao-Chuan Chen)and A. Saladino García(Eds.)，La Nueva Nao：De Formosa a América Latina. Reflexiones en torno a la globalización desde la era de la navegación hasta la actualidad. Taipei：Universidad de Tamkang，pp. 31-42.

Castellanos Escudier，A.(2007). El comercio con Filipinas. Los últimos años del Galeón de Manila. Cuadernos Monográficos del Instituto de Historia y Cultura Naval，52，85-107.

Castro Saucedo，E. and Castro Saucedo，V.(2011). Investigación arqueológica del exconvento San Francisco，Tepeji del Río de Ocampo，estado de Hidalgo. Estudio de los materiales arqueológicos y sus implicaciones históricas-culturales. Unpublished Bachelor's thesis in Archaeology. Mexico：Escuela Nacional de Antropología e Historia.

Cedillo Ortega，C.(1998). Proyecto arqueológico，arquitectónico e histórico del"Estanque de los Pescaditos". In E. Fernández and S. Gómez Serafín(Eds.)，Primer Congreso Nacional de Arqueología Histórica. Memoria. Mexico，D.F. Consejo Nacional para la Cultura y las Artes，Instituto Nacional de Antropología e Historia，pp. 282-293.

Charlton，T. H. and Fournier，P.(1993). Urban and rural dimensions of the contact period：Central México，1521-1620. In J.D. Rogers and S.M. Wilson(Eds.)，Ethnohistory and Archaeology. Approaches to Postcontact Change in the Americas. New York and London：Plenum Press，pp. 201-220.

Chávez Jiménez，U.(2007).Potonchán y Santa María de la Victoria：una propuesta geomorfológico/arqueológica a un problema histórico. Estudios de Cultura Maya，29，103-139.

Clunas，C.(2004). Superfluous Things：Material Culture and Social Status in Early Modern China. Honolulu：University of Hawai'i Press.

Colin, F. S. J. (1900-1902). Labor evangélica, ministerios apostólicos de los obreros de la Compañía de Jesús. Fundación, y progressos de su provincia en las Islas Filipinas [Joseph Fernandez de Buendia, Madrid, 1663], Nueva edición ilustrada con copia de notas y documentos para la crítica de la historia general de la soberanía de España en Filipinas por el P. Pablo Pastells, S. J. Vol. 1. Barcelona: Imprenta y litografía de Henrich y Compañía.

Connors MacQuade, M. E. (2005). Loza Poblana: The Emergence of a Mexican Ceramic Tradition. Unpublished doctoral dissertation, New York: The City University of New York.

Curiel, G. (2015). Urbs in rure. La casa del hacendado don Antonio Sedano y Mendoza en Acámbaro (1688). In Martínez López Cano, M. del P. (Ed.), De la historia económica a la historia social y cultural. Homenaje a Gisela von Wobeser. México, D.F.: Universidad Nacional Autónoma de México, Instituto de Investigaciones Estéticas, pp. 105-135.

Cushner, N. P. (1960). Manila-Andalucia Trade Rivalry in the Early Bourbon Period. Philippine Studies, 8(3), 544-556.

Curiel, G. (2007). "Al remedo de la China": el lenguaje "achinado" y la formación de un gusto dentro de las casas no-vohispanas. In G. Curiel (Ed.), Orientes-occidentes. El arte y la mirada del otro. México: Universidad Nacional Autónoma de México, Instituto de Investigaciones Estéticas, pp. 299-317.

Dellino-Musgrave, V. E. (2006). Maritime Archaeology and Social Relations. British Action in the Southern Hemisphere. New York: Springer Science+Business Media, LLC.

Díaz-Trechuelo, L. (2001). Filipinas. La gran desconocida (1565-1898). Pamplona, España: Eunsa.

Fournier, P. (1989a). Materiales históricos de misiones, presidios, reales, rancherías y haciendas de la región Pima-Opata de Sonora. In P. Fournier, M. de L. Fournier and E. Silva (authors), Tres estudios sobre cerámica histórica. Cuaderno de Trabajo 7.

México: Dirección de Arqueología, Instituto Nacional de Antropología e Historia, pp. 7-61.

Fournier, P. (1989b). Cultura Material en el Real de Parral en el siglo XVIII. In Actas del Primer Congreso de Historia Regional Comparada. Chihuahua, Mexico: Universidad Autónoma de Ciudad Juárez, Chihuahua, pp. 63-76.

Fournier, P. (1990). Evidencias arqueológicas de la importación de cerámica en México con base en los materiales del Ex-convento de San Jerónimo. Colección Científica 213, Serie Arqueológica. Mexico D.F.: Instituto Nacional de Antropología e Historia

Fournier, P. (1997). Tendencias de consumo en México durante los periodos colonial e independiente. In J. Gasco, G. C. Smith and P. Fournier (Eds.), Approaches to the Historical Archaeology of Mexico, Central and South America. Monograph 38. Los Angeles: The Institute of Archaeology, University of California, pp. 49-58.

Fournier, P. (1999). Ceramic Production and Trade on the Camino Real. In G.G. Palmer and S. Fosberg (Eds.), El Camino Real de Tierra Adentro, Volume Two. Cultural Resources Series No. 13. New Mexico: Bureau of Land Management, New Mexico State Office, pp. 153-176.

Fournier, P. (2013). De lo religioso a su representación en medios seculares: Simbolismo budista y daoísta en la porcelana de la China imperial tardía de consumo en la Nueva España. In L. Chen (Hsiao-Chuan Chen) and A. Saladino García (Eds.), La Nueva Nao: De Formosa a América Latina. Bicentenario del Nombramiento de Simón Bolívar como Libertador. Taipei: Universidad de Tamkang, pp. 65-79.

Fournier, P. and Charlton, T. H. (2011). Arqueología histórica de Cuauhnahuac-Cuernavaca. In P. Fournier and W. Wiesheu (Eds.), Perspectivas de la investigación arqueológica. Volume 5. México: Escuela Nacional de Antropología e Historia, Instituto Nacional de Antropología e Historia, pp. 129-164.

Fournier, P. and Blackman, M. J. (2010). Recorridos a lo largo del Camino de la Plata: El Real de Minas de Pánuco y la Hacienda del Buen Suceso, Zacatecas. In P. Fournier and F. López (Eds.), Patrimonio, identidad y complejidad social. México: Consejo Nacional para la Cultura y las Artes, Escuela Nacional de Antropología e Historia, Instituto Nacional de Antropología e Historia, Programa del Mejoramiento del Profesorado, pp. 309-340.

Fournier, P. and Bracamontes, J. J. G. (2010). Matanchel, San Blas y el comercio transpacífico en Nueva Galicia: perspectivas desde la arqueología histórica. In L. Chen(Hsiao-Chuan Chen)and A. Saladino García(Eds.), La Nueva Nao: De Formosa a América Latina. Interacción cultural entre Asia y América: Reflexiones en torno al Bicentenario de las Independencias Latinoamericanas. Taipei: Universidad de Tamkang, pp. 333-350.

Fournier, P. and Guerrero Rivero, S. A.(2014). Retrospectiva y perspectivas en torno al quehacer de la arqueología histórica en Michoacán. In C. Espejel Carbajal(Ed.), La investigación arqueológica en Michoacán. Avances, problemas y perspectivas. Zamora, Mexico: El Colegio de Michoacán, pp. 305-350.

Fournier, P. and Otis Charlton, C.(2015). De China a la cuenca de México: consumo suntuario de porcelanas de las dinastías Ming y Qing en ranchos y haciendas del área de Otumba. In L. Chen(Hsiao-Chuan Chen)and A. Saladino García(Eds.), La Nueva Nao: De Formosa a América Latina. Reflexiones en torno a la globalización desde la era de la navegación hasta la actualidad. Taipei: Universidad de Tamkang, pp. 43-57.

Fournier, P. and Velasquez S.H., V.(2014). Historical Archaeology of Mexico. In C. Smith(Ed.), Encyclopedia of Global Archaeology. New York: Springer, pp. 4850-4863.

Fournier, P. and Zavala M., B. M.(2014). Bienes de consumo cotidiano, cultura material e identidad a lo largo del Camino Real en el norte de México. Revista Xihmai, IX(18), 33-55.

Frieden, J. A.(2012). The Modern Capitalist World Economy: A Historical Overview. In Mueller, D. C.(Ed.), The Oxford Handbook of Capitalism. Oxford, New York: Oxford University Press, pp. 17-37.

Frank, A. G.(1990). A Theoretical Introduction to 5,000 Years of World System History. Review(Fernand Braudel Center), 13(2), pp. 155-248.

Galvin, R. P. (1999). Patterns of Pillage: A Geography of Caribbean-based Piracy in Spanish America, 1536-1718. New York: Peter Lang Publishing.

García-Abásolo, A. F.(1982). La expansión mexicana hacia el Pacífico: La primera colonización de Filipinas(1570-1580). Historia Mexicana, 32(1), pp. 55-88.

Gasco, J.(1992). Documentary and archaeological evidence for household differentiation in colonial Socunusco, New Spain. In B. Little(Ed.), Text-aided archaeology. Boca Raton, Florida: CRC Press, pp. 83-94.

Goggin, J. M.(1968). Spanish Majolica in the New World. New Haven: Yale University Press.

Gómez Serafín, S.(1994). Porcelanas orientales en Santo Domingo de Guzmán, Oaxaca. Cuadernos del Sur, 6-7, 5-23.

Gruber, I. D.(2012). Atlantic Warfare: 1440-1763. In N. Canny and P. Morgan(Eds.), The Oxford Handbook of the Atlantic World: 1450-1850. Oxford and New York: Oxford University Press, pp. 418-433.

Henry, S. L.(1991). Consumers, Commodities, and Choices: A General Model of Consumer Behavior. Historical Archaeology, 25(2), 3-14.

Hernández Aranda, J.(2017). Veracruz, Ciudad Amurallada: Seguridad Imaginaria. Unpublished Doctoral dissertation in Anthropology. México: Escuela Nacional de Antropología.

Hernández Pons, E.(2000). La arqueología del Valle de Allende. In J. de la C. Pacheco and J.P. Sánchez(Eds.), Memorias del Coloquio Internacional El Camino Real de Tierra Adentro. Mexico: Instituto Nacional de Antropología e Historia, pp. 29-39.

Hernández Sánchez, H. and Reynoso, C. (1999). Rescate Arqueológico Sears 3 Poniente No.109. Unpublished report. Mexico: Archivo de la Coordinación Nacional de Arqueología, Instituto Nacional de Antropología e Historia.

Junco, R.(2006). Periplo de la porcelana china en Nueva España: Arqueología histórica y arqueometría en la Costa Grande de Guerrero. Unpublished MA thesis in Archaeology. Mexico: Escuela Nacional de Antropología e Historia.

Junco, R.(2011). The archaeology of Manila Galleons. In Proceedings on the Asia-Pacific Regional Conference on

Underwater Cultural Heritage. Manila, Philippines: Asian Academy for Heritage Management, pp. 877-886.

Junco, R. and Fournier, P.(2008). Del Celeste Imperio a la Nueva España: importación, distribución y consumo de la loza de la China del periodo Ming tardío en el México virreinal. In L. Chen(Hsiao-Chuan Chen)and A. Saladino García(Eds.), La Nueva Nao: De Formosa a América Latina. Intercambios culturales, económicos y políticos entre vecinos distantes. Taipei: Universidad de Tamkang, pp. 3-21.

Junker, L. L.(1994). Trade Competition, Conflict, and Political Transformations in Sixth-to Sixteenth-Century Philippine Chiefdoms. Asian Perspectives, 33(2), 229-260.

Kuwayama, G. and Pasinski, T.(2002). Chinese ceramics in the Audiencia of Guatemala. Oriental Art, XLV(4), 25-35.

Lange, M., Mahoney, J. and Hau, M. vom(2006). Colonialism and Development: A Comparative Analysis of Spanish and British Colonies. American Journal of Sociology, 111(5), 1412-1462.

Li, M.(2014). Fragments of Globalization: Archaeological Porcelain and the Early Colonial Dynamics in the Philippines. Asian Perspectives, 52(1), 43-74.

Liu, M.(2016). Early Maritime Cultural Interaction Between East and West: A Preliminary Study on the Shipwrecks of 16th-17th Century Investigated in East Asia. In W. Chunming(Ed.), Early Navigation in the Asia-Pacific Region: A Maritime Archaeological Perspective. Singapore: Springer, pp. 195-207.

Lockhart, J. and Schwartz, S. B.(1983). Early Latin America. A History of Colonial Spanish America and Brazil. Cambridge, London, New York: Cambridge University Press.

López Cervantes, G.(1976-1977). Porcelana Oriental en la Nueva España. Anales del Instituto Nacional de Antropología e Historia, Epoca 8a., 1, 65-82.

Machuca, P.(2012). De porcelanas chinas y otros menesteres. Cultura material de origen asiático en Colima, siglos XVI-XVII. Relaciones. Estudios de historia y sociedad, 33(131), 77-134.

Madsen, A. D. and White, C. L.(2011). Chinese Export Porcelains. Walnut Creek, California: Left Coast Press, Inc.

Martínez López Cano, M. del P.(2006). Los mercaderes de la ciudad de México en el siglo XVI y el comercio con el exterior. Revista Complutense de Historia de América, 32, 103-125.

Ministerio de Fomento.(1877). Cartas de Indias. Madrid, España: Imprenta de Manuel G. Hernández.

Nebot García, E.(2010). La vajilla y el banquete: sociedad y alimentación virreinal según un estudio de caso. Boletín de Monumentos Históricos, 20, 165-186.

Ollé, M.(2002). La empresa de China. De la Armada Invencible al Galeón de Manila. Barcelona: Acantilado.

Pasinski, T.(2004). Proyecto Arqueológico Ex-Convento de Santo Domingo La Antigua Guatemala. Informe sobre la Cerámica de Importación Siglos XVI al XVIII. Tomo I: Resumen del Estudio. Unpublished Report, available in academia.edu https://www.academia.edu/2023085/imported_ceramics_found_at_santo_domingo_antigua_guatemala_introduction

Pierson, S.(2012). The Movement of Chinese Ceramics: Appropriation in Global History. Journal of World History, 23(1), 9-39.

Pleguezuelo, A.(2003)."Regalos del Galeón". Las porcelanas y las lozas ibéricas de la Edad Moderna. In A.J. Morales(Ed.), Filipinas. Puerta de Oriente: de Legazpi a Malaspina. Madrid: Sociedad Estatal para la Acción Cultural Exterior, Lunwerg Editores, pp. 131-146.

Prieto, G.(1976). Memorias de mis tiempos. Mexico, D.F.: Editorial Patria, S.A.

Rodríguez-Alegría, E., Millhauser, J. and Stoner, W. D.(2013). Trade, tribute, and neutron activation: The colonial political economy of Xaltocan, Mexico. Journal of Anthropological Archaeology, 32, 397-414.

Román Kalisch, M. A.(2008). Restauración de la portada de la casa del Adelantado Francisco Montejo en Mérida, Yucatán. Boletín de Monumentos Históricos, 13, 16-26.

Romero de Solís, J. M.(2005). Archivo de la Villa de Colima de la Nueva España. Siglo XVI. Tomo II. México: Archivo Histórico del Municipio de Colima, Colima.

Russell, P. L.(2010).The History of Mexico. From Pre-Conquest to Present. New York, Oxon: Routledge.

Sáenz Serdio, M. A.(2004). Vida cural doméstica en la parroquia de San Andrés Cholula durante los siglos XVII y XVIII: estudio de caso de arqueología histórica. Unpublished BA thesis in Anthropology. Mexico: Universidad de las Américas, Cholula.

Sala-Boza, A.(2008). The Sword and the Sto. Niño: Señor Sto. Niño de Cebu History Revisited. Philippine Quarterly of Culture and Society, 36(4), 243-280.

Santos Ramírez, V. J.(2014). La Iglesia de la Villa de Sinaloa. Arqueología histórica. México: Instituto Nacional de Antropología Historia.

Schäfer, D.(2011). Inscribing the Artifact and Inspiring Trust: The Changing Role of Markings in the Ming Era. East Asian Science, Technology and Society: An International Journal, 5(2), 239-265.

Schurz, W. L.(1918). Mexico, Peru, and the Manila Galleon. The Hispanic American Historical Review, 1(4), 389-402.

Schurz, W. L.(1939). The Manila Galleon. New York: E. P. Dutton & Company, Inc.

Schwartz, S. B.(2012). The Iberian Atlantic to 1650. In Nicholas Canny and Philip Morgan(Eds.), The Oxford Handbook of the Atlantic World: 1450-1850. Oxford and New York: Oxford University Press, pp. 148-165.

Shulsky, L. R.(1994). Chinese porcelain in New Mexico. Vormen uit Vuur, 3, 13-18.

Siller, Juan Antonio and Abundis Canales, J.(1985). La casa de adelantado.

Francisco de Montejo en Mérida. Cuadernos de Arquitectura Virreinal, 1, 24-47.

Silva Mandujano, G.(2014). La mansión de Isidro Huarte en la antigua Valladolid a Michoacán, 1775-1824. In Bernal Astorga, Y. and Gutiérrez López, M. A.(Eds.), Valladolid-Morelia, escenarios cambiantes. Siglos XVIII-XX. Morelia, Michoacán: Universidad Michoacana de San Nicolás de Hidalgo, pp. 25-51.

Suárez, M.(2015). Sedas, rasos y damascos: Lima y el cierre del comercio triangular con México y Manila en la primera mitad del siglo XVII. América Latina en la Historia Económica 22(2), 101-134.

Tan, R. C.(2007). Zhangzhou Ware found in the Philippines."Swatow"Export Ceramics from Fujian 16th-17th Century. Malasya, Yuchengco Museum: The Oriental Ceramic Society of the Philippines, Art Post Asia Pte Ltd.

Terreros Espinosa, E.(2012). Motivos simbólicos representados en la porcelana oriental, siglos XVI y XVII. Centro Histórico de la Ciudad de México. Boletín del Gabinete de Arqueología, 9(9).

Trigg, H. B.(2005). From Household to Empire: Society and Economy in Early Colonial New Mexico. Tucson: The University of Arizona Press.

Velasquez S. H., V., Sánchez Ku, O. D. and Moo Yah, R. M.(2015a). Introducción al estudio de las Haciendas del Camino Real de Campeche. Campeche, San Francisco de Campeche: Gobierno del Estado de Campeche.

Velasquez S. H., V., Sánchez Ku, O. D. and Moo Yah, R. M.(2015b). Cerámica y Comercio en San Francisco de Campeche, Siglos XVI al XIX. Campeche, San Francisco de Campeche: Gobierno del Estado de Campeche.

Vicente López, J. C.(2015). La Ocupación Prehispánica y Protohistórica en la Provincia de Sinaloa: Del Siglo VI al XVIII. Unpublished BA thesis in Archaeology. Mexico: Escuela Nacional de Antropología e Historia.

Vries, J. de(2009). The Economic Crisis of the Seventeenth Century after Fifty Years. Journal of Interdisciplinary History, 40(2), 151-194.

Wen-Chin, H.(1988). Social and Economic Factors in the Chinese Porcelain Industry in Jingdezhen during the Late Ming and Early Qing Period, ca. 1620-1683. Journal of the Royal Asiatic Society of Great Britain and Ireland, 1, 135-159.

C14　墨西哥圣布拉斯港发现的中国贸易陶瓷

［墨］罗伯特·詹可·桑切斯（Roberto Junco Sanchez）[1]

［墨］喀达洛普·平松（Guadalupe Pinzón）[2]

［日］宫田悦子（Etsuko Miyata）[3]

［1，墨西哥国家人类学与历史学研究所，National Institute of Anthropology and History（SAS-INAH），Mexico；2，墨西哥国立自治大学，Universidad Autonoma de Mexico（UNAM），Mexico；3，日本庆应大学，Keio University，Japan］

陈　慧　译　刘　淼　孙雨桐　校

　　本文对墨西哥国家人类学和历史学研究所水下考古部（SAS-INAH）、墨西哥国立自治大学（UNA）和日本立教大学（Rikkyo University）对墨西哥纳亚里特州（Nayarit）圣布拉斯（San Blas）港出土中国瓷器的合作研究做一个概述。2016 年 8 月至 2017 年 8 月，墨西哥国家人类学和历史研究所对圣布拉斯港进行了考古调查和勘探，发现了一批与跨太平洋贸易有关的中国瓷片。位于墨西哥太平洋沿岸的圣布拉斯港口的历史十分有趣——从官方的角度来看，它仅仅在 18 世纪的短短几年内作为活跃和重要的贸易港口而存在。此外，它也是马尼拉大帆船从菲律宾的马尼拉出发，航行到终点阿尔卡普科港之前的一个停靠点。考古发现瓷器的年代远远超出了人们认知中的该遗址年代范围。值得注意的是，这说明圣布拉斯港贸易的活跃年代，超出了 18 世纪新西班牙在此设立官方海事部门的时间段。

一、圣布拉斯港的历史

　　在整个 18 世纪，新西班牙殖民地在其太平洋沿岸的海上商业活动有了一系列不同的发展，特别是在 18 世纪下半叶起总督府在太平洋北部沿海对贸易活动的组织管理。这是波旁王朝在西班牙帝国逐步实施的政治、军事、海事和经济结构调整的结果，同时也影响到了殖民地的港口设施，并反映在许多措施中，例如在古巴建立哈瓦那（Havana）造船厂、寻找其他可以建造船舶的海湾［如墨西哥的阿尔瓦拉多（Alvarado）和科萨科尔科斯（Coatzacoalcos）］、港口要塞［墨西哥的韦拉克鲁斯（Veracruz）、坎佩切（Campeche）和阿卡普尔科］的重组以及圣布拉斯海事局的成立（Lynch 1991：88-116；Walker 1979：131；Valdez 2011：198-218）。

　　这里提到的最后一个机构圣布拉斯海事局，在 1768 年由国王的总督何塞·德·加尔维斯

（José de Gálvez）下令建立，其成立的首要目的是使其成为北太平洋航行的沟通点。从这里开始，对美洲大陆西部和西北部海岸线的探索和防御被组织起来，以应对该地区不断出现的俄罗斯和英国势力的威胁。此外，该地点还将成为上加利福尼亚新聚落和下加利福尼亚传教士（耶稣会士在前一年被驱逐出该地）的联络点和定期供给点。圣布拉斯作为一个海事部门，其职能原则上主要体现在严格的军事方面，因此该港口禁止商业交易。然而，这种状况基于各种原因不得不改变，并且其在很大程度上归因于马尼拉大帆船的跨太平洋航行。

自 16 世纪以来，新西班牙是唯一一处被允许与菲律宾保持商业关系的总督辖区。这些关系最初是为了帮助和扶持菲律宾定居据点而建立的，因此不完全依赖每年从墨西哥运来的白银。然而，亚洲风尚导致的美洲市场的巨大需求和品位发展，使得阿卡普尔科成为唯一获得大帆船贸易许可的港口，可以获得持续并不断增加的供应（Yuste 2007：45-47）。这种情况一直到 18 世纪下半叶，随着圣布拉斯的成立才有所改变。马尼拉大帆船原则上不允许停留在圣布拉斯，但从 17 世纪 80 年代起，它们因维修船只的需求而开始在此停靠。这是因为圣布拉斯有一个造船厂，用来建造探索北美大陆的一些船只，此外该地还有木工、填缝工和其他从事此类工作的专业技术工人。另一方面，阿卡普尔科缺乏能修理和准备大帆船返回菲律宾所需准备工作的人员和物资。此外，圣布拉斯海事局正处于跨太平洋贸易的航线上，因此人们很快便考虑到在大帆船艰难地穿越太平洋，并于 17 世纪 20 年代开始在下加利福尼亚州的圣何塞·德尔卡波（San Jose del Cabo）停靠之后，如果大帆船在航行过程中有所损坏，最好在抵达阿卡普尔科之前在圣布拉斯进行维修（Pinzon 2008：250-265）。由此带来的问题是，这些船上的官员会提出通过出售船上的一些货物来支付船只修理费，但这在法律上是不允许的，因为人们认为如果圣布拉斯有商业活动的话，将偏离其探索和防御的最初职能。还有一个现实原因就是皇家财政部并没有在此地设立能够监督货物装卸和销售的海关税收官员。新西班牙当局和墨西哥商人领事馆的商人辩称，这种停靠将会助长走私行为，尤其是北部地区还是银币的主要产区（Cardenas 1968：129）。

尽管如此，私自停靠的做法也并不少见。从瓜达拉哈拉（Guadalajara）和特皮克市（Tepic）（通过圣布拉斯附近的马坦切尔）运到下加利福尼亚州耶稣会传教团的商品，最初主要是来自加利福尼亚州、索诺拉州和锡那罗亚州的食物或必要工具等基本物资，但渐渐地商品中也包括了制成品，并建立起通常没有在地方当局注册的初期交易所；在圣地亚哥（San Diego）和蒙特雷（Monterrey）成立后，这些交易扩展到上加利福尼亚州，并且这些贸易据点很快通过圣布拉斯同抵达美国西北部的外国人以及与其他总督辖区发展起了定期交易。由于新西班牙西部地区经济的蓬勃发展，除了通过海上向北部据点运送越来越多的货物外，还导致了这些地区出现直接接收亚洲货物的需求，而不必等待它们再从阿卡普尔科经陆路辗转运来。基于这个原因，瓜达拉哈拉的商人们不断施压，要求将圣布拉斯变为商业港口和马尼拉大帆船的停靠站。另一方面，在整个太平洋地区逐渐蔓延扩散的其他欧洲国家势力，促使圣布拉斯也参与到了新西班牙和菲律宾地区之间的交流。1779 年西班牙和英国之间爆发战争时，圣布拉斯海事局的一些船只被派去陪同和保护马尼拉大帆船（1780年），并向菲律宾当局发去了信函（1779 年、1783 年和 1785 年）。船只返回时搭载的官员或船员都携带了大量的亚洲货物，这一情况也迫使当局要想办法处理这些货物，理论上来说它们不能在海事局进行交易，因此这些货物应当被送往有海关人员存在的瓜达拉哈拉。然而，随着这种情况的不断出现，也促使当局对该港口进一步加强监管和规范（Pinzón 2011：337-359）。此外，1789 年随着西班牙帝国各港口的商业逐步开放，新西班牙的所有主要和次要港口也都被下令向长途贸易商船开放。于是，圣布拉斯开始作为商业港口运营（Olveda 2006：143；Trejo 2006：11）。

这一转变发生的同时，1765 年菲律宾和西班牙通过好望角建立起了直接的贸易关系，并于

1785年成立了菲律宾贸易公司,用以将亚洲货物带到美洲除阿卡普尔科(唯一被授权停靠马尼拉大帆船的地方)以外的其他港口,由此,跨太平洋航线上开始产生了竞争(Olveda 2006:143;Alfonso and Shaw 2013:307-339)。这一背景下,圣布拉斯能够更频繁地接收到亚洲货物,这种联系持续发展,且通常由瓜达拉哈拉和特皮克的商人协调,由他们支付货物的费用,接收货物并将其分配到西部,甚至是北部采矿区(Ibarra 2000:117)。在何塞·玛丽亚·莫雷洛斯(José María Morelos)指挥的墨西哥独立军占领阿卡普尔科期间,圣布拉斯甚至曾一度成为马尼拉大帆船贸易的大本营。当独立军在1815年离开后,圣布拉斯港继续接收到来的私人船只,使其与亚洲市场保持联系。直到后来,随着马萨特兰(Mazatlan)、瓜伊马斯(Guaymas)和旧金山(San Francisco)等其他港口的发展,圣布拉斯才变得不那么重要。

二、圣布拉斯港遗址考古出土的陶瓷器

自1999年以来,墨西哥国家人类学和历史研究所一直致力于马尼拉大帆船考古,包括对与跨太平洋贸易有关的所有地点和材料以及其他主题的考古研究(Junco 2011)。在2016年和2017年期间,墨西哥国家人类学和历史研究所的考古学家到访圣布拉斯,并在康塔杜里亚海关建筑遗址(Contaduria complex)进行了一系列调查并采集了不少中国瓷片,再加上考古学者布拉卡蒙特斯(Bracamontes)为其硕士学位论文收集的十几块瓷器碎片,共收集了287片瓷片(Fournier and Bracamontes 2010)。其他如英国陶瓷和墨西哥马约利卡(majolica)陶器等材料也有记录,并在进一步研究中。康塔杜里亚是港口防御的主要区域,位于俯瞰港口河流的山顶上,该建筑群包括一座供奉罗萨里奥圣母(Virgin of El Rosario)的教堂、一所医院、几座保留了一些墙壁的石屋。在调查期间,人们采集了一些考古标本,并用GPS进行了定位。在实验室里,对这些考古资料进行了分类研究,其中一组是中国陶瓷。这项调查也是探索一个以海洋考古为重点、陆地和水下发掘并行的港口考古项目的初步尝试。

从圣布拉斯收集的瓷器中,中国瓷器的数量和种类并不多,这并不意味着未来的考古工作将会增加标本数量以使人们对港口的生活和商业有更多的了解。迄今为止,这批瓷器器物中最常见的是装饰山水风景图案,后来发展为"柳树"纹样,器型主要为景德镇生产的盘子,在18世纪世界上很多地方都有发现。第二种主要类型是景德镇的青花瓷,第三种主要类型是饰有釉上红彩装饰的碗,其余便是我们所说的各种形制的"广彩瓷(Guanzai)"。能辨认出来的瓷器类型时代范围从17世纪到19世纪都有,这意味着在圣布拉斯海事局成立之前,就已经有了某种亚洲风尚的流行。

1.圣布拉斯发现的中国瓷器中时代最早的是克拉克瓷器。"克拉克"风格器物造型多样,一般器壁分为八到十个开光装饰的分区,分区之间以点、花、流苏等分隔,中间主题图案有鹿、昆虫和花卉等。这些瓷片的年代可追溯至17世纪上半叶(图1;彩版一五:9)。

2.釉上饰有黑白彩绘的青瓷盘。这是中心饰有花卉纹的一类大盘,在日本被称为"饼花手(mochibanade)",在茶道中备受欢迎。它的年代可追溯到17世纪上半叶,产地为福建漳州(图2;彩版一五:13)。

3.彩绘碗。主要为釉上红彩,其年代最晚为17世纪中期,红色略暗沉,是万历晚期的典型特征(图3;彩版一五:11)。

4.景德镇青花瓷盘。其图案轮廓清晰,但青料似有磨损。其年代可追溯至17世纪中期,通常

被称为"过渡期风格瓷器"，其在 1640 年代到 1660 年代期间曾大量出口到荷兰。我们可以在 1640 年代沉没的"哈彻船货"（Hatcher Cargo）中看到很好的例子（图 4）。

5. 一件饰有"硬笔素描"风格凤鸟纹的青花瓷碗。此类器物曾在亚洲地区先后发现，其存续年代大约为 17 世纪中后期（图 5；彩版一五：10）。

6. 青花瓷碗，其中心饰有花卉纹，外底带有叶纹或某种款识，高圈足，是清代尤其是 17 世纪末的典型特征。（图 6）。

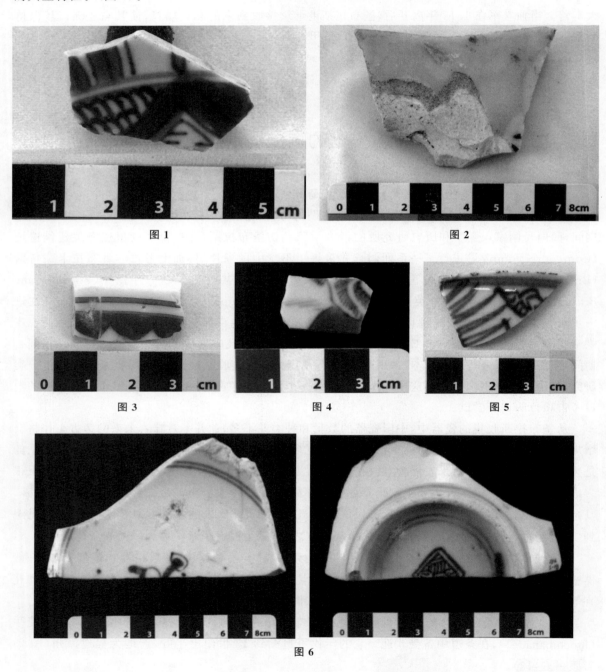

图 1

图 2

图 3   图 4   图 5

图 6

7. 青花瓷碗残片，内饰花叶纹，产地为漳州，其外底有一无法辨认的青花款识。漳州所产瓷器中带有款识的并不多，且基本皆难以辨识其内容，这意味着绘画的工匠并不知道他们写的是什么。从年代序列上来看，这一类器物属于 17 世纪末到 18 世纪（图 7；彩版一五：7）。

8.青花瓷碗,饰有花卉纹和曲线纹(变体灵芝纹)。这一类器物很可能产于福建漳州(译校者注:应为福建德化、安溪等闽南地区窑址产品),其产量很大,在亚洲各地以及其他国家中均广泛出土。其年代从17世纪下半叶一直延续到18世纪(图8)。

9.青花瓷盘,饰有圆圈纹和点纹,这些圆圈其实是花朵的组成部分。这一类器物于17世纪末至18世纪产于景德镇,在亚洲的许多地区均有出土,如万丹(爪哇)等地(图9;彩版一五:8)。

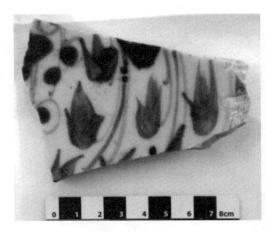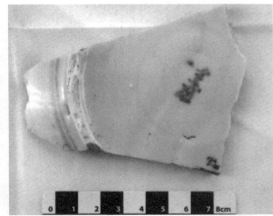

图 7

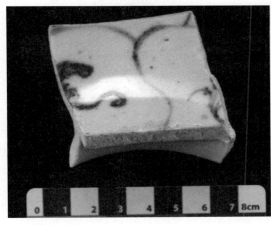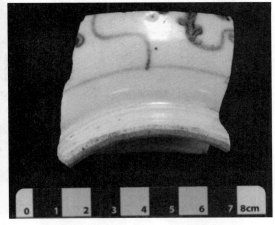

图 8

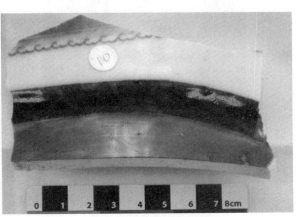

图 9　　　　　　　　　　　　　　　　　图 10

10. 边饰带有几何图案的青花大盘。这一类型的瓷器在圣布拉斯发现的瓷器中数量最多,其中心饰有山水风景图案,它可能是18世纪英国瓷器中"柳树"纹样的原型,时代更早。其中一些可能早到17世纪末至18世纪中叶(图10)。

11. 红绿彩巧克力瓷杯。从胎土和颜料特征可以看出,其应该来源于德化。德化作为一个陶瓷产地,在18世纪开始生产这种瓷杯(图11;彩版一五:12)。

12. 青花瓷汤匙,饰有弯曲的线条图案。这类汤匙的年代为18世纪中叶(1760年代至1770年代),类似器物在长崎的华人区大量发现(图12)。

13. 青花瓷碗,饰有变体"寿"字纹(含义为"幸运"或者"祝福")。这类装饰在英语世界被称为"琴键"(key frets)纹。这一类器物产量很大,在亚洲的许多遗址中都有出土。从其胎土和发色较深的青料来看,产地可能为漳州(图13)。

14. 饰有房屋和阁楼等建筑图案的青花碗,平底略凸。这类器物口很小,通常被用作墨水瓶。这件瓷器内壁还绘有璎珞图案。它应该是一件17世纪末至18世纪初产于漳州或者广东的器型,同样的图案在许多类型的器物中都可见到,如将军罐(图14)。

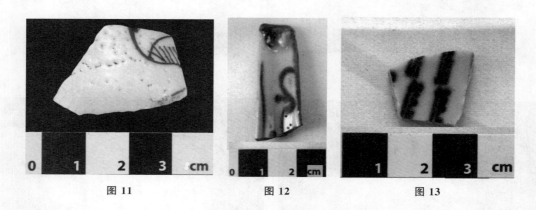

图 11　　　　　　　　图 12　　　　　　　　图 13

15. 青花瓷盘残片。与这件器物共出的还有带西方图案的瓶和器盖,其年代应属18世纪中期到19世纪初,它们是饰有蓝彩、红彩和金彩图案的瓷盘。在圣布拉斯还发现了三个杯把,可能是属于小茶杯或咖啡杯的部件(图15)。

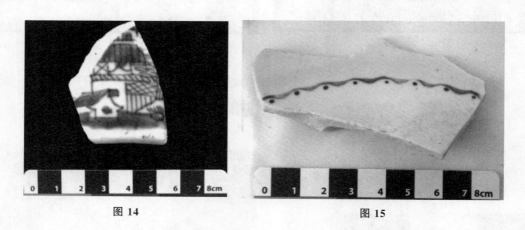

图 14　　　　　　　　　　　　图 15

16. 红釉瓷残片,它属于一件18世纪末至19世纪的瓷碗。这种红色釉被称为"牛血红",常出现在清朝的皇室用品中。然而,并非所有红色器物都是皇家瓷器,这无疑是一件质量上等的出口瓷器(图16)。

17. 青瓷瓶口沿,内部施褐釉。可能于 18 世纪产于华南的窑场(图 17;彩版一五:14)。

 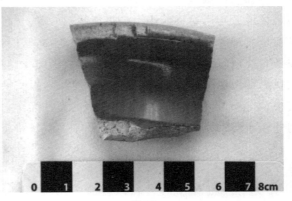

图 16　　　　　　　　　　　　　　　　　图 17

三、结语

圣布拉斯发现的大多数瓷器的年代属于 18 世纪 40 年代到 18 世纪 80 年代,与圣布拉斯海事局的设立时间非常吻合。瓷器中有 113 件来自景德镇,16 件来自漳州,2 件来自德化。结合墨西哥城出土的陶瓷器比例来看,圣布拉斯出土瓷器中的景德镇和漳州窑产品比例也完全吻合(Miyata 2016)。相较于在墨西哥城发现的大量产自德化的杯子和雕像而言,圣布拉斯发现的 18 世纪的德化瓷杯数量有些偏少。另一方面,我们还可以看到陶瓷器上出现的西方化的现象。有一类带有西方图案、被称为"广彩"的彩绘瓷器,在景德镇烧成素坯后运至广州,在广州绘上西方风格的订烧纹样。此外,还有一类被称为"柳树纹"式样的器物的早期原型大盘,以及一类带有蒸汽孔的器物(图 18),是专门销往拉丁美洲和欧洲市场的。

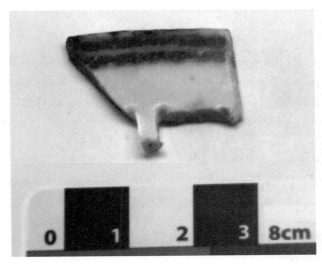

图 18

　　有趣的是，圣布拉斯出土的陶瓷器中发现一件中国的汤匙。这类型器物从 18 世纪开始出现在长崎等亚洲港口城市，产地来源不同。在圣布拉斯，我们发现了一个产自漳州的瓷汤匙，关于它在新西班牙地区的用途目前还不是很清楚。

　　遗址发现的克拉克瓷片皆为 17 世纪产物，它们当中有红褐彩咖啡杯，其余均为青花瓷器，且并不在圣布拉斯海事局设立的时期范围内。因此我们可以认为，圣布拉斯优越的地理位置使得马尼拉大帆船在到达阿卡普尔科之前会在此停靠，以交换货物并可以逃税，以及换取新鲜食物。在不久的将来，对圣布拉斯港口将会开展更多的考古工作，其考古潜力是巨大的，这项工作有助于研究中国陶瓷在新西班牙的分布情况，也有助于了解圣布拉斯本身的历史。

参考文献

Alfonso，Marina and Martínez Shaw，Carlos

　　2013，"La ruta del Cabo y el comercio español con Filipinas"，in Salvador Bernabeuand Carlos Martínez Shaw（eds.），*Un océano de seda y plata：el universo económico del Galeón de Manila*，CSIC，Sevilla.

Bonta de la Pezuela，María

　　2008，*Porcelana china de exportación para el mercado novohispano：la colección del Museo Nacional de Virreinato*，UNAM，México.

Cárdenas de la Peña，Enrique

　　1968，*San Blas de Nayarit*，Secretaria de Marina，México.

Fournier，Patricia and Bracamontes，Juan José

　　2010，Matanchel，San Blas y el comercio transpacificoen Nueva Galici：perspectivas desde la arqueolo' giahisotrica"，in Lucia Chen（hsiao-ChuanChen）and Alberto Saladino García（eds.），*La Nueva Nao：De Formosa a America Latina. Interacción cultural entre Asia y America：reflexiones en torno al bicentenario de las Independencias Latinoamericanas*，Universidad de Tamkang，Taipei.

Ibarra，Antonio

　　2000，*La organización regional del mercado interno novohispano. La economía colonial de Guadalajara 1770-1804*. BUAP，UNAM，México.

Junco，Roberto

　　2011，"The Archaeology of Manila Galleons"，in *Proceedings on the Asia-Pacific Regional Conference on Underwater Cultural Heritage*，Manila.

Junco，Roberto，Patricia Fournier

　　2008，"Del Celeste Imperio a la Nueva España：importación，distribución y consumo de la loza de la China del periodo Ming tardío en el México virreinal"，in Lucía Chen（Hsiao-Chuan Chen）y Alberto Saladino García（eds.），*La Nueva Nao：De Formosa a América Latina. Intercambios culturales，económicos y políticos entre vecinos distantes*，Universidad de Tamkang，Taipei.

León，María del Carmen

　　2009，"Cartografías de los ingenieros militares en Nueva España，segunda mitad del siglo XVIII"，in Héctor Mendoza，y Carla Lois（eds.）*Historias de la Cartografía Iberoamericana. Nuevos caminos，viejos problemas*，UNAM，México.

Lynch，John

　　1991，*El siglo XVIII. Historia de España*，Crítica，Barcelona.

Miyata，Etsuko

　　2016，*Portuguese Intervention in the Manila Galleon Trade*，Arqueopress，Cambridge.

Moncada，Omar

  1993，*Ingenieros militares en Nueva España. Inventario de su labor científica y espacial. Siglos XVI al XVIII*，UNAM，México.

Olveda，Jaime

  2006，*Guadalajara. Abasto，religión y empresarios*，*Zapopan*，El Colegio de Jalisco，Guadalajara.

Pickford，Nigel. Hatcher，Michael

  2000，*The Legacy of the Tek Sing. Chinas Titanic*，*Its Tragedy*，*Its Treasure*. Granta Editions.

Pinzón Ríos，Guadalupe

  2011，"Nuevas realidades y nuevos derroteros. Los contactos marítimos entre San Blas y las Islas del Poniente"，in Miguel Luque Talaván y Martha Manchado（eds.），*Fronteras del mundo hispánico*：*Filipinas en el contexto de las regiones liminares novohispanas*. Universidad de Córdoba，Córdoba.

  2008，*Acciones y reacciones en los puertos del Mar del Sur. Desarollo portuartio del Pacifcio novohispano*（1713-1789），Instituto Mora.

Sánchez Santiró，Ernest

  2010，"Una modernización conservadora：el reformismo borbónico y su impacto sobre la economía，la fiscalidad y las instituciones"in Clara García Ayluardo（eds.），*Las reformas borbónicas*，1750-1808，FCE，CIDE，Conaculta，INEHRM，México.

Trejo，Dení

  1999，*Espacio y economía en la península de California* 1785-1860，UABCS，México.

  2006，"El puerto de San Blas，el contrabando y el inicio de la internacionalización del comercio en el Pacífico noroeste"，in Tzintzun. *Revista de Estudios Históricos*. Vol. 44，julio-diciembre，pp. 11-36.

Valdéz，Iván

  2011，*Poder naval y modernización del Estado：política de construcción naval española*（*siglos XVI-XVIII*），UNAM，México.

Walker，Geoffrey

  1979，*Política española y comercio colonial* 1700-1789，Ariel，España.

Yuste，Carmen

  2007，*Emporios transpacíficos. Comerciantes mexicanos en Manila* 1710-1815，UNAM，México.

［美］卡利梅·加斯蒂洛（Karime Castillo）[1]
［墨］帕特丽夏·帆尼尔（Patricia Fournier）[2]

［1，美国加州大学洛杉矶分校扣岑考古研究所，UCLA-Cotsen Institute of Archaeology，USA；2，墨西哥国家人类学与历史学研究所人类学与历史学院，Escuela Nacional de Antropología e Historia（ENAH），Instituto Nacional de Antropología e Historia（INAH），México］

曹心悦　孙雨桐　译　刘　淼　校

满载东方商品的马尼拉大帆船往来新西班牙超两个多世纪。大帆船到达新西班牙后再经阿卡普尔科（Acapulco）到韦拉克鲁斯（Veracruz），然后继续运往西班牙，在这一过程中有很多商品作为精英阶层的奢侈品被留在了沿途的城镇，并对当地的手工业生产产生了深远影响。中国瓷器是新西班牙马约利卡（majolica）陶工最重要的灵感来源之一。本文主要探讨中国瓷器对墨西哥殖民时期马约利卡制陶业的影响，重点关注反映器物外观及纹样的"装饰"这一范畴。通过分析中国器物的装饰内容被殖民地陶工吸收、采纳并改造成他们自己独特的装饰风格，探讨新西班牙马约利卡陶器装饰元素的跨文化交流，考察这些元素所反映的马约利卡陶器融入早期现代世界的全球化网络的过程，特别是其中一些元素是如何演变成今天被认为是墨西哥马约利卡陶瓷传统文化特征的一部分。

一、导言

在殖民时期的大部分时间里，中国瓷器通过马尼拉大帆船被运往新西班牙。这种精致的瓷器也成为墨西哥殖民时期创造马约利卡陶器装饰形态的最重要的灵感来源之一。詹姆斯·特里林（James Trilling，2003：28）曾提到：装饰艺术的发展是一个长年累月的漫长过程，它涉及审美的变化、经济的发展、新材料和技术的发现、复兴以及由贸易、移民和征服所导致的多重文化交流及影响。这一过程在墨西哥殖民时期的马约利卡陶瓷中表现得十分显著，伊斯兰、欧洲、东方和本土的装饰因素相互交织，共同对这一过程产生影响。本文重点探讨中国瓷器对墨西哥殖民时期马约利卡陶瓷的影响，尤其是对反映器表形态及其纹样图案的"装饰"的影响（Hay 2016：62）。通过分析中国器物的装饰形态被殖民地陶工采用并改造成他们自己风格的独特方式，探讨新西班牙马约利卡装饰元素的跨文化交流，特别是其中一些元素是如何演变成现代所谓的墨西哥马约利卡陶瓷传统文化特征的一部分。

二、马尼拉大帆船贸易

　　两个多世纪以来,马尼拉大帆船往返于新西班牙的阿卡普尔科与菲律宾的马尼拉之间,运输着珍贵的商品,以满足人们对奢侈品和贵金属的需求,而这些需求对于早期现代世界来说尤为重要。1521 年,即阿兹特克(Aztec)帝国首都特诺奇蒂特兰(Tenochtitlan)沦陷的那一年,斐迪南·麦哲伦(Ferdinand Magellan)在菲律宾登陆,建立了一条连接美洲和亚洲的西行航路。1565 年,乌尔达内塔(Andrés de Urdaneta)又发现了一条东向返航美洲的路线,为 1587 年正式开启的马尼拉大帆船开辟了一条年度往返航线(Fournier and Charlton 2015:45-46；Junco and Fournier 2008:5；Fournier 2014:558；Kuwayama 1997:11；Legarda 1955:345；Schurz 1985:181)。该航线的开辟将西班牙帝国纳入了一个已经存续了几个世纪的复杂的亚洲本土商业网络之中(Finlay 1998:152,161；Little 1996:47；Skowronek 1998:48),同时也成为西班牙及其殖民地直接获得大量外国物品的途径,其中的许多物品也成为高贵地位、优雅和财富的象征,如丝绸以及其他华贵的织物、象牙、漆器和瓷器(Fournier and Bracamontes 2010:339；Junco and Fournier 2008:3)。从墨西哥和秘鲁的矿场开采出的白银使得横跨太平洋的贸易在西班牙的控制下得以蓬勃发展,这一局面大约从 1573 年第一艘满载亚洲货物的大帆船到达新西班牙的海岸开始形成,直到 1815 年,最后一艘马尼拉大帆船向西航行结束后而停止(Fournier and Bracamontes 2010:339,347；Fournier and Charlton 2015:46；Kuwayama 1997:11,13)。

　　1582 年阿卡普尔科成为马尼拉大帆船的官方许可入境港,但在抵达最终目的地之前,大帆船会停靠在纳亚里特州(Nayarit)的圣布拉斯港(San Blas),并在那里留下一部分被转运到特皮克(Tepic)和瓜达拉哈拉(Guadalajara)地区的商品。18 世纪期间,它也会在前往阿卡普尔科的途中停靠在加州的蒙特雷(Monterrey)(Schurz 1985:299；Stampa 1953:330)。每年马尼拉大帆船到达后(通常是在一月和二月),都会举办一个持续二十天到两个月之间的进口商品集市,总督各辖区的商人们都汇聚于集市,购买大帆船所带来的商品。这些商品会被骡子和驴从阿卡普尔科驮运到韦拉克鲁斯港,然后在那里被装船运至西班牙(Stampa 1953:330)。在从阿尔卡普科运送到韦拉克鲁斯、前往西班牙的途中,这些商品中有很多被遗留在了沿途的城镇,为精英阶层提供了一部分外来奢侈品,并影响当地手工业(Carswell 2000:142；McQuade 1999:91；Pleguezuelo 2007:31)。

　　在从亚洲跨越太平洋到达新西班牙的多种产品中,瓷器因其对殖民时期陶瓷业的深远影响而脱颖而出。几个世纪以来,亚洲瓷器坚硬且透亮的外观都让中东和欧洲的人们为之着迷,并为许多发明创造提供了灵感,为陶器施不透明白色的锡釉就是其中一例(Fournier 1990:130；Gavin 2003:2)。在被穆斯林占领的八百年里,西班牙形成了强势的锡釉陶器传统,也被称为马约利卡陶器,这种工艺在殖民时代早期被传入美洲(Gavin 2003:6)。新西班牙的马约利卡陶器深受马尼拉大帆船带来的瓷器影响,且这种影响在当地的技术传统中非常深远,以至于在今天的墨西哥马约利卡陶瓷生产中仍可见。

三、新西班牙出土的中国瓷器

销售到墨西哥殖民地的瓷器中，明晚期万历年间（1573—1620 年）、过渡期时期（1620—1683 年）和清朝前期康熙年间（1662—1722 年）生产的青花瓷占绝大多数（Fournier 1990：269；Lister and Lister 2001：83）。虽然青花瓷占据主导地位，但其他种类的陶瓷器在墨西哥的考古发掘中也有发现（e.g.，Paredes et al. 2000；Fournier 1990；Fournier 1997；Fournier and Bracamontes 2010；Serafín 1994；Rul 1988；Junco and Fournier 2008；Olvera 2016；Ramos 2004；Terreros and Morales 2011），其中包括五彩瓷、粉彩瓷、墨地五彩瓷、日本伊万里风格的瓷器，以及描绘家族徽章、历史场景或宗教符号的纹章瓷（armorial porcelain）或定制瓷（Chine de Commande）（Fournier 1990：159）。

殖民时期有两种类型的青花瓷被销往新西班牙，即克拉克瓷和漳州窑瓷器（Junco and Fournier 2008：12-13）。漳州窑瓷器以前也被称为"汕头器"（Canepa 2006；Tan 2007）。明代晚期至 1640 年克拉克瓷在景德镇地区生产，备受葡萄牙和荷兰商人的青睐，其产品特征表现在质量上具有很大的差异性，同时具有创新性的设计。这些设计中一部分风格与伊斯兰风格的西班牙锡釉陶器（Hispano-Moresque wares）有相似之处，例如有一个中心主题图案，周围则是不同设计图案的开光装饰技法（Canepa 2008：17，28，48；Kuwayama 1997：17）。福建生产的漳州窑青花瓷则主要供应亚洲市场，并且似乎是在明朝末期和清朝时期才开始被运往新西班牙。它通常比景德镇生产的瓷器更粗率，表面不光洁，器底黏沙，并且常出现一些大胆的、独特的图案绘制在器壁的开光区间内（Kuwayama 1997：18；Tan 2007：14-15）。

四、墨西哥殖民时期的陶瓷生产

马约利卡是一种锡釉陶器，在早期殖民时期由西班牙人引入墨西哥。这种陶器往往需要二次烧成，第一次先将素坯烧制成型，然后上铅釉烧第二次。阿兹特克的首都特诺奇提特兰被征服之后不久，普埃布拉（Puebla）和墨西哥城（Mexico City）便建立起生产马约利卡陶瓷的作坊，西班牙陶工在这里生产着他们在国内所熟悉的陶器。西班牙的马约利卡陶器本身受到伊斯兰陶瓷传统、中国瓷器以及文艺复兴时期的意大利马约利卡陶瓷等多种因素的共同影响（Lister and Lister 2001：21），这些影响又渗透到在新世界发展的、新兴的马约利卡陶器传统之中。从一开始，墨西哥殖民时期的马约利卡陶瓷无论在装饰方面还是在物质层面，都已经融入早期现代世界的全球化网络之中。生产过程中所需的大量氧化物在美洲都是稀缺或者无法获得的，例如那些需要从欧洲带来的锡和钴（Pleguezuelo 2007：28；Lister and Lister 2001：81）。

在新西班牙，马尼拉大帆船运销的瓷器和其他亚洲商品是财富和高贵社会地位的象征。对于新西班牙的精英阶层来说，通过物质文化和适当的行为来展示他们的荣誉、威望和财富是非常重要的（Toscano 2005：325）。中国瓷器代表着与大多数人无法抵达的遥远国度的联系，与其他陶瓷器相比,它高昂的价格也确保了仅有少数人能够负担得起,因此成了威望和身份的象征(Cárdenas 2013:50-53;Fournier 2013:69;Fournier and Charlton:2015:47-48;Slack 2012:106)。这推动西班牙陶工在殖民时期的墨西哥生产锡釉马约利卡陶器的时候,模仿中国瓷器(Lister and Lister 1972:22)。

五、中国对墨西哥殖民时期陶瓷业的影响

对于殖民地陶工,尤其是那些普埃布拉市的陶工(那里的陶工协会在法令中规定,仿照中国瓷器生产的陶瓷是最高等级的陶瓷产品)而言,通过马尼拉大帆船运销到新西班牙的瓷器是主要的模仿标准(Cervantes 1939:29)。1630 年,耶稣会信徒贝尔纳维·托博(Bernabé Cobo)提到"大约在这个时候,普埃布拉的陶工们正在制作模仿中国瓷器的马约利卡陶瓷,其设计与亚洲的器物非常相似"(McQuade 2005:110)。从对东方器型的采用、对青花装饰的偏爱以及大量的已经渗透进殖民时期马约利卡陶器的中国装饰图案中,均可以看出中国瓷器的影响(Gutiérrez 2010:336)。最能反映中国瓷器影响的陶瓷类型是被称为普埃布拉(puebla)青花瓷的产品,其年代可追溯到 1700 年至 1850 年间。这类陶瓷以白地青花装饰为特征,有时用深浅不同的两种蓝色,描绘出多种装饰图案,其中就包含许多受中国瓷器启发的图案和设计(Deagan 1987:29;Goggin 1968:194;Müller 1981:10,24)。

从中国瓷器中模仿而来的器型中,杯(在墨西哥被称为 pozuelo 或 pocillo,图 1a)、半球形的圈足碗(在西班牙被称为 tazón,图 1b)、玉壶春瓶(图 1c)以及常被制作成较大尺寸并同时用作容器和陈设器的梅瓶(tibor,图 1d)占据主导地位(Kuwayama 1997:25;Slack 2012:121)。尽管在殖民时期结束后,杯或玉壶春瓶的受欢迎程度有所下降,但半球形碗和梅瓶仍然是最常见的墨西哥马约利卡器型,至今仍然流行。

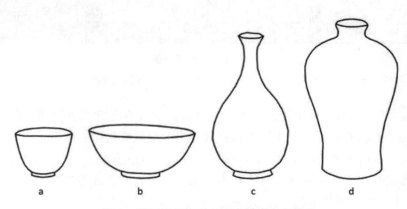

图 1　新西班牙仿制中国瓷器的主要器型

注:a,杯;b,碗;c,玉壶春瓶;d,梅瓶(改编自 Macintosh 1986:12-13)。

然而,中国影响在器物的装饰中更明显。"装饰"一词被艺术史学家用来特指覆盖器物表面的一种特殊方式,其中包括在一个限制区域或框架内绘制的图案或者规律性的纹饰(Hay 2016:62);就陶瓷器而言,器型便是它的限定或框架。这种对装饰的定义强调了这样一个事实——即装饰不仅仅单指装饰性图案,而是要包含整个器物表面,它对陶瓷器来说非常重要。殖民时期的陶工们深

受陶瓷本身美的启发。陶瓷表面平滑且有光泽，以独特和谐的方式将大量令人振奋的装饰图案覆盖其上，总督各辖区的陶工和消费者们都为之着迷。与一直以来积极尝试复制高岭土瓷胎的欧洲陶工不同，新西班牙的陶工缺乏所需的原料来做同样的事。但是细腻的瓷器胎体也确实推动了新西班牙陶工们生产更轻薄的器皿，同时通过增加锡釉的用量来改良不透明的白色釉，以形成近乎瓷器般光滑的表面（Pirouz-Moussavi 2009：143）。然而，他们并没有尝试去仿制中国瓷器特有的、温润的青白色调（Lister and Lister 2001：84）。

在构图设计方面，殖民时期的陶工们积极采用开光装饰——将装饰图案分别装饰在碗的外壁不同的开光区间，或是明清青花碗、盘中常见的用分隔线区分开的不同区间中（图 2；彩版一六：1）（Fournier 2001：55）。有趣的是，开光装饰技法可能起源于波斯的金属制品和陶器上，这也影响到元朝为迎合中东顾客需求的中国瓷器上的装饰（Canepa 2008：31）。新西班牙的陶工们也采用了云头纹（又称云肩、云头开光、垂云纹，cloud contour）作为构图装饰技法。在中国的瓷器中，这种传统的开光式设计通常以四个云头下垂的形式出现在罐的肩部。尽管数量可能不同（Macintosh 1986：160），但殖民地的陶工们采用了更为灵活的方式去运用它。在新西班牙的马约利卡陶瓷上，云头纹轮廓可以是极大的，它们可以作为拉长的垂饰（elongated medallions）出现，也可以与其他装饰元素相结合（Cortina 1997：54）。许多在中国瓷器中常见的重复性装饰图案也被模仿。这些图案包括莲瓣纹、多种形式的海浪纹、如意头以及不同形状的几何图案等。

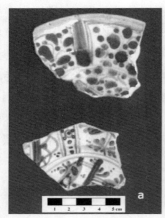 

图 2　器表装饰的开光图案
注：a，墨西哥马约利卡陶瓷（Juárez 70，墨西哥市）；b，中国瓷器（Juárez 70，墨西哥市）。

但是值得关注的是那些装饰主题的图案。一件瓷器上通常包含几种图案（图 3），每一种图案都具有特定的象征意义，有时同种元素可以根据其特征的细微变化而表达出不同的含义，比如龙爪数量的多少（Macintosh 1986：153；Rinaldi 1989：102；Wilson 1990：286）。呈现元素的丰富性也表明，瓷器中装饰呈现出来的整体含义可能相当复杂。中国人对于这些装饰主题的含义相对熟悉，而器物的装饰往往又能表明其用途（Macintosh 1986：153）。

代表长寿和荣华意义的鹿纹，在中国瓷器中通常是成对或五只一组出现，并经常与神圣的灵芝一起出现（图 4b；彩版一六：2b）（Canepa 2008：33；Macintosh 1986：153；Rinaldi 1989：79）。殖民时期的马约利卡陶器，单只鹿则可能会作为中心主题元素出现在器物上，其周围环绕着一些常见的植物（图 4a；彩版一六：2a）。马在瓷器中是坚毅和速度的象征（Macintosh 1986：128），尽管其不常出现在马约利卡陶器中，但有时也会伴随着骑手或马车出现。鸳鸯被看作是婚姻幸福和忠诚的象征，但有外销瓷器上它们经常被描绘成站在岩石上的鸟（Macintosh 1986：153；Rinaldi 1989：

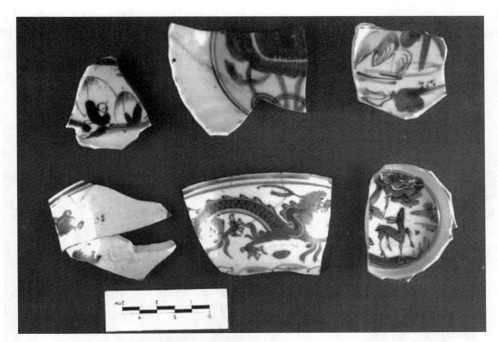

图3　展示不同装饰主题的圣杰罗姆修道院(San Jerónimo Convent)遗址瓷器

83，101)。鸳鸯图案是很典型的中国瓷器上的传统图案，它已经被大为简化，两个动物图案的细节也已经被忽略(Lister and Lister 2001：92)。虽然不同动物的象征意义和它们的表现形式已经丧失，但马约利卡陶器却复刻了中国瓷器把动物放置于浓密枝叶之中的做法(Curiel 1994：207；Lister and Lister 2001：98)。

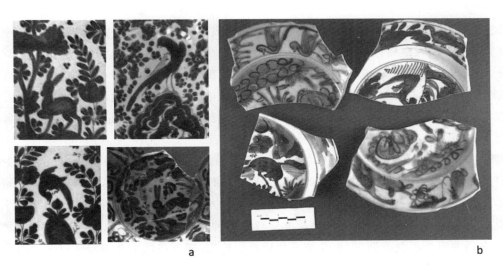

a　　　　　　　　　　　　　　　　　　b

图4　动物图案

注：a，马约利卡陶器(不同器物形式的细节)；b，中国瓷器(墨西哥城，圣杰罗姆修道院)。

瓷器中的植物和花卉都以非常精确和写实的方式呈现出来，使得人们能够区分不同的种类，每一种都具有极为特殊的含义(图5b；彩版一六：3b)。例如莲花与婚姻幸福、创造力有关联；牡丹花代表爱情、财富、女性气质和幸福；菊花则与农历、秋天和愉悦相关(Macintosh 1986：155；Rinaldi 1989：100)。在马约利卡陶器上，从其他瓷器复刻而来的花朵以及其他的植物，往往都被极大程度地进行了简化（图 5a；彩版一六：3a）。由于殖民时期的陶工们对于这些图案各自的含义了解甚少，细节因而也就被忽略。久而久之，这些图案就变成了一般的花卉图案，观赏者也再也无法赏识到其独具一格的特征（Lister and Lister 2001：97，111）。类似的情况也发生在水果图案上。象征着长寿的桃子，在中国瓷器中也逐渐演变成向日葵的图案（Macintosh 1986：155；Rinaldi 1989：100）。当这种图案使用在马约利卡陶器上时，它不再作为一种水果，而是被当作花朵。

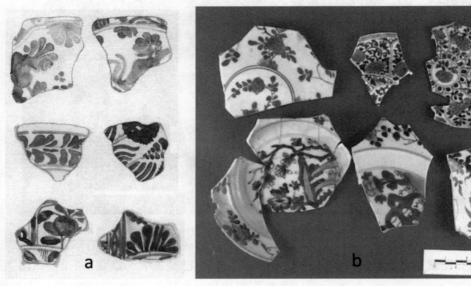

图 5　花卉图案

注：a，墨西哥马约利卡陶瓷（墨西哥城阿兹特克神庙的马约利卡上的水彩画图案残片）；

　　b，中国瓷器（墨西哥城，圣杰罗姆修道院）。

殖民时期的陶工们也将一些特定的装饰图案转化成他们更为熟悉的生物或元素。在中国瓷器中，被誉为不朽、收获、皇后以及太阳温暖的象征的凤凰（Macintosh 1986：155），变得越来越像一只长尾鸟。但值得注意的是，经常出现在马约利卡陶器上的，表现鸟儿飞行的装饰，也是来自亚洲的装饰传统（Lister and Lister 2001：92，103）。中国瓷器中象征长寿、忠诚和春天的鹤，在人们的描绘中通常站立在岩石上（Macintosh 1986：153），而在马约利卡陶器中则是站在胭脂仙人掌上或其旁边。这种仙人掌植物在墨西哥随处可见（McQuade 1999：92，Lister and Lister 2001：86，110）。

在模仿整个场景构图时，例如绘有中国建筑、篱笆和岩石的风景画题材，马约利卡陶瓷则会趋向于简化不同的元素，并且将其改编成西方化的面貌呈现出来。中国建筑，尽管有时会被简化成几条线（Lister and Lister 2001：115），大体上仍保留了东方韵味。但在某些特定情况下，其外观会呈现欧洲化。有些建筑具有一个圆屋顶以及类似教堂的钟楼，而其他的则为人字形屋顶。篱笆和岩石的主题在新西班牙广受欢迎，但也会被简化成色彩轮廓，岩石往往也会被转化成巨大的向日葵图案（Curiel 1994：207；Cortina 2002：54）。有趣的是，当描绘人物的瓷器题材被仿制到马约利卡陶器上时，以马尾辫或阳伞等刻板元素为标志的中国人物形象，往往会被刻意画成外国人的模样。中国瓷器中另一个常被模仿至马约利卡陶器上的人物题材是婴戏图（Cortina 2002：54；Lister and Lister 2001：92）。

中国瓷器的装饰中经常出现和佛教、道教有关的宗教图案。瓷器中传入西班牙的宗教图案包括八宝图（Eight Precious Things）、八吉祥图（Eight Buddhist Emblems or Eight Treasures）、八仙图（Eight Immortals）、暗八仙图（Eight Daoist Emblems）、八骏图（Eight Horses of Wang Mu）和

八卦图（Eight Trigrams）（Fournier 2013：72-75；Junco and Fournier 2008：11；Terreros 2012：55-56）。被马约利卡陶器仿制时，这些图案被扭曲成与丝带交织在一起的装饰性花卉图案，构成开光装饰的边框。因为对于新西班牙的陶工们而言，这些元素的内涵与它们精致的外在美学相比，是无关紧要的（Fournier 2013：75）。被称为艾叶（暗八仙中汉钟离的团扇——译者注，图6b）的图案就是一个很好的例子，这种图案被仿制在一些马约利卡陶盘的中心区域（图6a）。

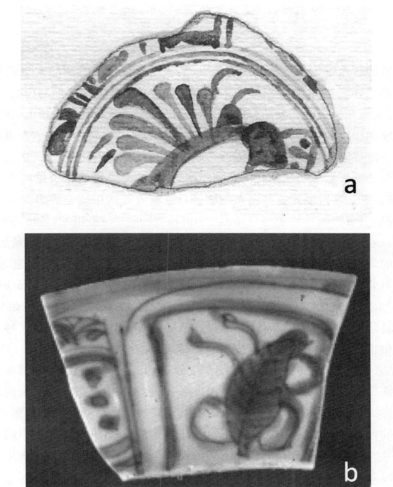

图6 艾叶图案
注：a，墨西哥马约利卡（墨西哥城阿兹特克神庙的马约利卡水墨画图案残片）；
b，中国瓷器（墨西哥城，圣杰罗姆修道院）。

对于当地社会而言没有特殊吸引力的图案很少被仿制（Lister and Lister 2001：85）。龙便是其中一例。这种生物与星星、太阳、伟人、雷雨、丰收有关联，根据其爪子数量的不同可分别代表帝王或不同的王室成员（Macintosh 1986：153；Rinaldi 1989：102；Wilson 1990：286）。虽然龙这一形象在亚洲非常受欢迎，但是在新西班牙的马约利卡陶器上却是很少出现。弗朗兹·梅耶博物馆（Franz Mayer Museum）收藏的马约利卡陶砖是其中较为罕见的一个例子（Cárdenas 2015：37）。

对于新西班牙的陶工们而言，对他们要仿制的图案背后内涵的理解并不重要。他们在仿制中国瓷器的装饰时，也不用考虑所复制的整个装饰形态的精准度。只要马约利卡陶瓷作品的整体视觉效果能够传达出亚洲印象，仿制的目的就已经达到。殖民时期的陶工们将中国瓷器的图案融合到马约利卡陶器之中，并且根据他们的审美观念对其进行适当调整，但仍保留了其东方韵味。中国风格的装饰很好地融入殖民时期的马约利卡陶器之中，以至于即使19世纪初新的风格开始流行，其中一些元素仍存续下来（Cortina 1997：84）。

六、讨论

模仿中国瓷器的新西班牙马约利卡陶器表明，某些图案被殖民时期的陶工们从原来的器物背景中提取出来并挪用，他们自由地将这些图案修改成符合总督各辖区人们品位的元素，同时不加区分地将其与摩尔、欧洲和当地的元素结合起来。在殖民时期的马约利卡陶器上，在充满东方主题的场景中发现穿着欧洲服装的人物并不奇怪。这些题材很容易就被转化和融入新颖的设计之中。这也说明装饰具有一定程度的独立性，使其能够跨越文化、时间和地理的界限。中国陶瓷的装饰图案原本是在特定的背景下被赋予明确的含义和功能的，但当其变成墨西哥殖民时期马约利卡陶器的一部分时，又能够突破这些限制。这些图案能够轻易被吸收并适用到充满多元文化影响的不同媒介中，使得人们开始对詹姆斯·特里林（James Trilling，2003：27）提出的"装饰是受文化约束的"这一观点产生怀疑。就一些特定的图案如龙来说，这个观点似乎是正确的。如上所述，龙在很大程度上是被新西班牙的陶工们所忽视掉的。这种虚构的生物在亚洲艺术中大受欢迎，强大的象征意义使它成为中国瓷器装饰中最传统的主题之一，并且无论在亚洲的哪个地方，它都与中国文化紧密相连（Wilson 1990：286，298-299）。其在亚洲艺术中广受欢迎的原因，可能正是阻碍它被墨西哥殖民地挑选成为可转化图案的原因。新西班牙殖民时期的陶工们可能很难理解这种与自然界毫无相关的生物类型。相比之下，凤凰则被频繁仿制在新西班牙的马约利卡陶器中。尽管凤凰也是一种虚构的生物，但是它和长尾鸟（如燕子）有着共同的特征，而长尾鸟在墨西哥中部地区即马约利卡陶器生产地是较为常见的，也就使得凤凰图案得以发展，成为殖民时期的马约利卡陶器中最常描绘的图案之一，至今仍受欢迎。所以尽管一些特定的装饰元素确实是会受到文化约束，但情况并不总是这样。需要强调的是，在转化过程中丢失的东西同样是非常重要的。例如，在中国瓷器中频繁出现的佛教和道教符号，被转化成寥寥几笔装饰图案出现在马约利卡陶器上时，便丧失了其原本内涵而仅仅变成了装饰图案。

新西班牙陶工们模仿中国瓷器时，他们试图追求一种衔接，即将中国瓷器的装饰和表面上的特征转变为适应锡釉陶技术以及他们自己独特偏好的东西。美国纽约大学美术史教授乔迅（Jonathan Hay，2016：65）提出的有关衔接的概念，是以一种和谐的方式将两种不同的事物融合在一起，并且有可能达到形式上的一致性。这一概念最初用于中国陶瓷的研究中，使得研究装饰与它所覆盖或补充的表面之间的连接关系成为可能。与其说装饰是一个边缘元素，也就是雅克·德里达（Jacques Derrida，1987：56）所说的附属物（parergon），不如说器物表面与其形状是衔接在一起的，而器物本身同时扮演着作品（ergon）和框架的角色。这个框架使得我们不仅需要考虑图案本身，还应该考虑到器表的特征，这对于瓷器和马约利卡陶器器物美学品质的定义来说都是至关重要的。

瓷器和马约利卡陶器被认为是乔迅（Hay 2016：66）定义的"器表景观"（surface scape），即可感知的器表的传达，它始终是有层次的。这一概念强调了艺术品的视觉和触觉品质之间的区别。无论是瓷器还是马约利卡陶器，单纯关注图案都是不切实际的，因为质地和装饰同样都需要关注。闪亮而光滑的瓷器表面更加突出了装饰图案的活力,发挥了书法特性(calligraphic character),使得装饰图案能够在光滑的釉面上灵活呈现。殖民时期马约利卡陶器的特点就是它光滑表面的质地。特别是深蓝色颜料的用量,使得装饰更加具有立体感,为光滑的表面增添了装饰层次(topography)。同时可能也强调了这一时期人们进口了足够数量的钴料来满足实现这种立体感的需求。在马约利卡陶器中,器表凹凸起伏的特征是通过光泽来强调的。虽然来自亚洲灵感的图案仍然和在瓷器上一样保留着活力,但观众的触感则是完全不同的。在瓷器中,钴料图案和覆盖在器物之上的釉面一样光滑。而在马约利卡陶器中,用于描绘凸起装饰的颜料,则改变了光滑的器物表面。当质地变成和描绘在器表之上的装饰一样重要的品质时,便为装饰图案对边界的跨越打开了一扇新的大门。使它们与器表之间的联系变得重要。这也使得传播、同化以及变换过程的发生成为可能。

　　无论是瓷器还是马约利卡陶器,其装饰图案本身所蕴含的活力,就是推动它们转化的内因。创造这些图案的自由笔触也赋予了不同图案元素以律动感。在这两种情况下,器物的装饰似乎就显得栩栩如生了。正在飞翔的长尾凤凰、燕子,似乎在画面中翱翔或下降;在植被中跳跃的鹿,几乎可以让树叶抖动起来;而鹤这一生物,无论是站在岩石上、湖泊里,还是仙人掌上,似乎随时都要展翅高飞。工匠好像是有意强调这种动态的现象,一种运动中的画面(Michaud 2004:28)。或许正是因为装饰的动态特性,才使得装饰图案具有适应性和可转化性的特点。

七、总结

　　在新西班牙的马约利卡陶器中,装饰要素超越了地理、文化以及时间的界限而传播。殖民时期的陶工们毫不犹豫地采用不同来源的装饰图案,并且将它们重新组合成新的搭配。早期现代世界的贸易网络为他们提供了丰富的素材,他们也由此发展出一种独特的审美特征。殖民时期的马约利卡陶器将不同来源的装饰融合在一起,形成了一种独特的风格,这种风格对于各种不同元素的解读又始终保留了本土特色。中国瓷器纹饰对墨西哥的马约利卡陶器影响很大,但是这些图案也获得了新的生命,使得它们既能够与欧洲、伊斯兰以及本地元素自由融合,也能够独立发展。凤凰不需要飞越过莲花或岩石,它并没有与特殊含义或背景捆绑在一起,而与器物表面有机衔接,同时邀请观赏者也这样理解。最重要的是,尽管其中的一些图案和构图安排源自国外,如飞翔的凤凰、长尾鸟、鹤,但逐渐演变成为殖民时期马约利卡陶器上常见的装饰题材。尽管源于国外,但在今天已然被认为是墨西哥马约利卡陶瓷传统的典型元素了。又或许是由于对中国瓷器和西班牙密集状装饰风格中枝叶纹、蔓藤花纹的过度简化,导致了今天墨西哥马约利卡陶器中充斥着大量点状装饰(图7)(Lister and Lister 2001:85)。事实上,中国瓷器对于一些现在仍使用传统技术生产马约利卡陶器的地区而言,影响依旧是较为明显的,如普埃布拉(Puebla)、特拉斯卡拉(Tlaxcala)、瓜纳华托(Guanajuato)和阿瓜斯卡连特斯州(Aguascalientes)地区。普埃布拉的"塔拉韦拉乌里亚特(Talavera Uriarte)"(图8)和"塔拉韦拉西利亚(Talavera Celia)"作坊生产的器物,从设计上来看,其中一些元素就是几个世纪前从中国瓷器中提取的。像凤凰/燕子、仙鹤和点状装饰一类的纹饰至今仍大受欢迎,并且成为墨西哥马约利卡陶瓷必不可少的元素,无论是在传统的还是被重新诠释的当代艺术作品上。

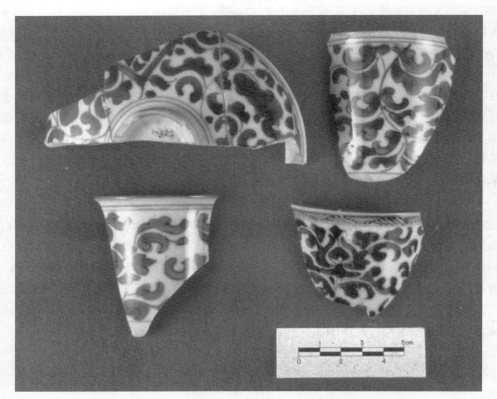

图 7　带有蔓藤花纹图案的中国瓷器（墨西哥城，圣杰罗姆修道院）

图 8　在墨西哥城普埃布拉的"塔拉韦拉乌里亚特"，艺术家正在装饰当代墨西哥的马约利卡陶器

（本文中译稿改定后，已先期刊发于《南方文物》2024 年第 6 期，第 121-128 页。）

参考文献

Canepa，T.(2006). Zhangzhou Export Ceramics：The So-called Swatow Wares. London：Jorge Welsh Books.

Canepa，T.(2008). Kraak Porcelain：The Rise of Global Trade in the Late 16th and Early 17th Centuries. In Luísa Vinhais and Jorge Welsh(eds.)，Kraak Porcelain：The Rise of Global Trade in the Late 16th and Early 17th Centuries(pp. 17-64). London：Jorge Welsh Books.

Castillo Cárdenas，K.(2013). La influencia de la porcelana oriental en la mayólica novohispana：su valor simbólico y su papel en la construcción de identidad. In Chen，L.(Hsiao-Chuan Chen)and Saladino García，A.(eds.)，La nueva Nao：De Formosa a América Latina. Bicentenario del Nombramiento de Simón Bolívar como Libertador (pp. 41-61). Taipei：Tamkang University.

Castillo Cárdenas，K.(2015). La influencia de la porcelana china en el azulejo novohispano. In Chen，L.(Hsiao-Chuan Chen)and Saladino García，A,(eds.)，La nueva Nao：De Formosa a América Latina. Reflexiones en torno a la globalización desde la era de la navegación hasta la actualidad(pp. 31-42). Taipei：Tamkang University.

Carrera Stampa，M.(1953). Las ferias novohispanas. Historia Mexicana，2(3)：319-342.

Carswell，J.(2000). Blue and White：Chinese Porcelain around the World. Chicago：Art Media Resources.

Cervantes，E. A.(1939).Loza blanca y azulejo de Puebla，Tomo Primero. México.

Connors McQuade，M.(1999). Talavera Poblana：four centuries of a Mexican ceramic tradition. New York：Americas Society Art Gallery，The Hispanic Society of America，Museo Amparo.

Connors McQuade，M.(2005). Loza Poblana：The Emergence of a Mexican Ceramic Tradition. Unpublished doctoral dissertation，New York：City University of New York.

Corona Paredes，O.，Domínguez Pérez，C.，Maldonado Servín，A.，and Mora Cabrera，G.(2000). Rescate Av. Juárez No. 70，Colonia Centro，DF. Unpublished archaeological report. México：DSA-INAH.

Cortina，L.(1997). La cerámica：usos e influencias. In Simpson，K.(ed.)，La cerámica en la ciudad de México(1325-1917)(pp. 64-95). México：Museo de la Ciudad de México，Departamento del Distrito Federal.

Cortina，L.(2002). Polvos Azules de Oriente. Artes de México 3：46-55.

Curiel，G.(1994). El ajuar domestico del tornaviaje. In Vargaslugo，E.(ed.)，México en el Mundo de las Colecciones de Arte，vol. 3，no. 1：Nueva España，(pp. 157-210). México：UNAM，CONACULTA，SRE.

Deagan，K.(1987). Artifacts of the Spanish Colonies of Florida and the Caribbean，1500 -1800. Washington D.C.：Smithsonian Institution Press.

Derrida，J.(1987). The Truth in Painting. Translated by Bennington，G. and McLeod，I. Chicago and London：University of Chicago Press.

Finlay，R.(1998). The Pilgrim Art：The Culture of Porcelain in World History. Journal of World History 9(2)：141-187.

Fournier，P.(1990). Evidencias arqueológicas de la importación de cerámica en México con base en los materiales del Ex-convento de San Jerónimo，Colección Científica 213，Serie Arqueológica. México：INAH.

Fournier，P.(1997). Tendencias de consumo en México durante los periodos Colonial e Independiente. In Gasco，J. Smith，G.C.，and Fournier，P(eds.)，Approaches to the Historical Archaeology of México，Central and South America(pp. 49-58). Institute of Archaeology Monograph No. 38. Los Angeles：University of California Los Angeles.

Fournier，P.(2001). La cerámica de la Ciudad de México：El caso de las colecciones de Mayólica del Templo Mayor de la Gran Tenochtitlan. Unpublished report. México：Archivo de la Comisión de Año Sabático del INAH.

Fournier，P.(2013). De lo religioso a su representación en medios seculares：simbolismo budistay daoísta en la porcelana de la China imperial tardía de consumo en la Nueva España. In Chen，L.(Hsiao-Chuan Chen)and Saladino García，A.(eds.)，La nueva Nao：De Formosa a América Latina(pp. 63-80). Taipei：Tamkang University.

Fournier，P.(2014). De China a la Nueva España：La comercialización y consumo de la porcelana Ming tardía en el

registro documental y el arqueológico. In López Camacho，M. L.（ed.），Las contribuciones arqueológicas en la formación de la historia colonial. Memoria del Primer Coloquio de Arqueología Histórica（pp. 557-576）. México：INAH.

Fournier，P. and Bracamontes J. J.（2010）. Matanchel，San Blas y el comercio transpacífico en Nueva Galicia：perspectivas desde la arqueología histórica. In Chen，L.（Hsiao-Chuan Chen）and Saladino García，A.（eds.），La Nueva Nao：De Formosa a América Latina. Interacción cultural entre Asia y América：Reflexiones en torno al Bicentenario de las Independencias Latinoamericanas（pp. 333-350）. Taipei：Tamkang University.

Fournier，P，and Charlton，C. O.（2015）. De China a la cuenca de México：consumo suntuario de porcelanas de las dinastías Ming y Qing en ranchos y haciendas del área de Otumba. In Chen，L.（Hsiao-Chuan Chen）and Saladino García，A.（eds.），La nueva Nao：De Formosa a América Latina. Reflexiones en torno a la globalización desde la era de la navegación hasta la actualidad（pp. 31-42）. Taipei：Tamkang University.

Gavin，R. F.（2003）. Introduction. In Gavin，R.F.，Pierce，D. and Pleguezuelo，A.（eds.），Cerámica y Cultura：The Story of Spanish and Mexican Mayólica（pp. 1-23）. Albuquerque：University of New Mexico Press.

Goggin，J. M.（1968）. Spanish Mayólica in the New World. New Haven：Yale University Press.

Gómez Serafin，S.（1994）. Porcelanas orientales en Santo Domingo de Guzmán，Oaxaca. Cuadernos del Sur 6/7：5-23.

González Rul，F.（1988）. La cerámica postclásica y colonial en algunos lugares de la ciudad de México y el area metropolitan. In Serra M.C. and Navarrete，C.（eds.）Ensayos de alfarería prehispánica e histórica de Mesoamérica：Homenaje a Eduardo Noguera Auza（pp. 387-415）. México：UNAM-IIA.

Hay，J.（2016）. The Passage of the Other：Elements for a Redefinition of Ornament. In Payne，A.（ed.），Histories ofOrnament（pp. 62-69）. Princeton：Princeton University Press.

Junco，R. and Fournier，P.（2008）. Del celeste imperio a la Nueva España：importación，distribución y consumo de la loza de la China del periodo Ming Tardío en el México virreinal. In Chen，L.（Hsiao-Chuan Chen）and Saladino García，A.（eds.），La Nueva Nao：De Formosa a América Latina. Intercambios culturales，económicos y políticos entre vecinos distantes（pp. 3-22）. Taipei：Tamkang University.

Kuwayama，G.（1997）. Chinese Ceramics in Colonial Mexico. Los Angeles：Los Angeles County Museum of Art，University of Hawaii Press.

Legarda，B.（1955）. Two and a Half Centuries of the Galleon Trade. Philippine Studies，3（4），345-372.

Lister，F. and Lister，R.（1972）. Making Majolica Pottery in Modern Mexico. El Palacio 78：21-32.

Lister，F. and Lister，R.（2001）. Maiolica Olé：Spanish and Mexican Decorative Traditions. Santa Fe：Museum of New Mexico Press，International Folk Art Foundation.

Little，S.（1996）. Economic Change in Seventeenth-Century China and Innovations at the Jingdezhen Kilns. Ars Orientalis 26，47-54.

Macintosh，D.（1986）. Chinese Blue and White Porcelain. London：Bamboo Publishing.

Martínez Olvera，F. M.（2016）. La taza de té que llego en la Nao de China. El Tlacuache 719：1-2.

Michaud，P.（2004）. Aby Warburg and the Image in Motion. Translated by Hawkes，S. New York：Zone Books.

Müller，F.（1981）. Estudio de la cerámica hispánica y moderna de Tlaxcala-Puebla. México：INAH.

Pirouz-Moussavi，F.（2009）. Fortunes and Circumstances：An Examination of the Talavera Industry of Puebla. Unpublished PhD Dissertation. St. Antony's College，Trinity，University of Oxford.

Pleguezuelo，A.（2007）. Cerámicas de ida y vuelta：Castilla，América y Asia. In Casanovas，M.A.（ed.），Talaveras de Puebla：Cerámica Colonial Mexicana Siglos XVII a XXI（pp. 26-33）. Barcelona：Museu de Ceràmica de Barcelona，Lunwerg Editores.

Reynoso Ramos，C. 2004 Consumer Behaviour and Foodways in Colonial Mexico：ArchaeologicalCase Studies Comparing Puebla and Cholula. Unpublished Masters Thesis. Department of Anthropology，University of Calgary.

Rinaldi，M.(1989). Kraak Porcelain：A Moment in the History of Trade. London：Bamboo Publishing.

Ruiz Gutiérrez，A.(2010). Influencias artísticas en las artes decorativas novohispanas. In San Ginés Aguilar，P. (ed.)，Cruce de miradas：relaciones e intercambios(pp. 333-344). Granada：Editorial Universidad de Granada.

Schurz，W. L.(1985). The Manila Galleon. Manila：Historical Conservation Society.

Skowronek，R. K. (1998). The Spanish Philippines：Archaeological Perspectives on Colonial Economics and Society. International Journal of Historical Archaeology，2(1)，45-71.

Slack，E. R.(2012). Orientalizing New Spain：Perspectives on Asian Influence in Colonial Mexico. México y la Cuenca del Pacífico,15(43)：97-127.

Tan，R. Z.(2007). Zhangzhou Ware Found in the Philippines："Swatow"Export Ceramics from Fujian 16th-17th Century. Manila：Yuchengco Museum，The Oriental Ceramic Society of the Philippines，Artpostasia.

Terreros，E. and Morales，R.(2011). Mayólica poblana azul sobre blanco，con diseños de porcelana tipo Kraak.Bulletin of Archaeology，The University of Kanazawa，32：51-56.

Trilling，J.(2003). Ornament：A Modern Perspective. Seattle：University of Washington Press.

Wilson，K.(1990). Powerful Form and Potent Symbol：The Dragon in Asia. The Bulletin of the Cleveland Museum of Art，77：286-323.

Zárate Toscano，V.(2005). Los privilegios del nombre：Los nobles novohispanos a finales de la época colonial. In Gonzalbo Aizpuru，P.(ed.). El siglo XVIII：Entre tradición y cambio(pp. 325-356). México：El Colegio de México，Fondo de Cultura Económica.

编后记

　　本书为厦门大学海洋考古学研究中心《海洋遗产与考古》辑刊（科学出版社 2012，2015）续编。本辑为"环中国海海洋文化遗产调查研究"项目国际合作研究的阶段成果，是由厦门大学海洋考古学研究中心编著、斯普林格（Springer Nature）资助出版的三本英文文选的中译文稿合集。

　　2013 年 6 月 21—22 日，在哈佛燕京学社与本中心的联合资助下，"亚太地区早期航海：海洋考古学的视野（Early Navigation in the Asia-Pacific Region：A Maritime Archaeological Perspective）"专题学术研讨会在美国哈佛大学举行，来自中国、菲律宾、英国、墨西哥、美国的 20 余名学者，从沉船考古角度，就海洋全球化初期西班牙"马尼拉帆船"（16—18 世纪）横跨太平洋航海及相关的海洋考古等问题，展示了各自最新的研究成果。会后收录 13 篇论文，2016 年由斯普林格出版社出版了同名文集《亚太地区早期航海：海洋考古学的视野》（Chunming Wu，editor，*Early Navigation in the Asia-Pacific Region：A Maritime Archaeological Perspective*）一书。本书 B 卷就是该文集各篇的中译稿。

　　2017 年 7 月 21—23 日，本中心组织的"月港、马尼拉与阿卡普尔科——全球化初期太平洋航路（16—19 世纪）港市考古新进展学术工作坊（The International Academic Workshop on Archaeology of the Seaports of Manila Galleon and the History of Early Maritime Globalization）"在厦门大学举行，实际上为 2013 年哈燕会议对沉船考古的聚焦转向港市考古的探寻。会议邀请了"马尼拉帆船航路"相关港市的考古工作者与会，聚焦 16—18 世纪月港、澳门、长崎、马尼拉、关岛阿加尼亚（Hagatna）、阿卡普尔科（Acapulco）、圣布拉斯（San Blas）等的港市考古调查发掘资料，通过大帆船沿线各国港市考古资料的观摩交流与比较研究，从港市考古角度深化这一"新海上丝绸之路"历史与文化的认识。会后收录 16 篇论文，2019 年由斯普林格出版社出版了《马尼拉帆船港市考古与早期海洋全球化》（Chunming Wu，Roberto Junco Sanchez，Miao Liu，editors，*The Archaeology of Manila Galleon Seaports and Early Maritime Globalization*）一书，本书 C 卷即为该书各篇中译文。

　　2017 年 10 月 29 日至 11 月 2 日，由本中心与美国夏威夷大学人类学系合作的"重建海上丝绸之路史前史：东亚新石器时代海洋文化景观国际学术研讨会（International Conference on Prehistoric Maritime Silk Road and the Neolithic Seascapes of East A-sia）"在厦门大学举行。会议聚焦史前海洋文化与海上丝绸之路的起源，来自中国大陆、香港、台湾，以及英国、美国、澳大利亚、新西兰、日本、菲律宾、越南等地的考古学者及相关领域的多学科专家 30 余人,围绕东亚沿海新石器至早期铁器时代的海洋文化传播、东亚陆岛间史前文化的跨海传播与航海起源等课题,展开深入的探讨。会后,收录论文 17 篇,2019 年由斯普林格出版了《东亚航海起源与史前海洋文化》(Chunming Wu,Barry V. Rolett,editors,*Prehistoric Maritime Culture and Seafaring of East Asia*)一书,本书 A 卷即为该书中译文。

上述三卷文稿,分别是由斯普林格出版的三部英文同名著作的中译本,所用图片之出处来源均同于原书,本书不再逐一标注。

环中国海洋文化遗产是一个跨时空的文化史课题,也是国际学术界共同关注的多学科领域,开展海洋文化遗产调查研究之资料、方法与看法的国际学术交流,有助于深化中华海洋文化史之考古学研究,这就是本合集编译的初衷。

彩　版

1,"重建海上丝绸之路史前史:东亚新石器时代海洋文化景观"国际学术研讨会现场

(2017 年 10 月 29 日至 11 月 2 日,厦门)

2,"重建海上丝绸之路史前史:东亚新石器时代海洋文化景观"国际学术研讨会与会学者

前排左起:邓聪,赵志军,陈仲玉,阮金容(Kim Dung Nguyen),Charles Higham,张侃,Barry Rolett,孙华,稻田孝司(Inada Takashi),木下尚子(Naoko Kinoshita),郑君雷,林公务;

中排左起:张闻捷,赵东升,李岩,郑卓,朱光骐,吴春明(厦大),Eusebio Dizon,李珍,佟珊,赵荦;

后排左起:李梦维,柴政良,Tuukka Kaikkonen,薛万琪,阮晓根,黄一哲,马婷,洪晓纯,秦岭,郭键新,吴春明(霞浦),郭素秋。

1，"亚太地区早期航海：海洋考古学的视野"国际学术研讨会现场

（2013年6月21—23日，美国哈佛燕京学社）

2，"亚太地区早期航海：海洋考古学的视野"国际学术研讨会与会学者

前排左起：Russell K.Skowronek，Scott S.Williams，Bobby C.Orillaneda，Brian Fahy，上田薰（Kaoru Ueda），Rhonda Magnusson Pickens；

中排左起：郑岩，杨清帆，邓启江，李斯颖，刘淼，卜琳，朱晓勤，Byran Averbach，Janis Calleja，吴春明，旁听者甲，旁听者乙，宋平，李里峰；

后排左起：Roberto Junco Sanchez，朴洋震，郑君雷，Elaine Witham，Edward Von der Porten，慕容杰（Robert E.Murowchick），傅罗文（Rowan Flad）。

1,"月港、马尼拉与阿卡普尔科——全球化初期太平洋航路(16—19世纪)港市考古新进展"国际会议现场

（2017 年 7 月 21—23 日，厦门大学）

2,"月港、马尼拉与阿卡普尔科——全球化初期太平洋航路(16—19世纪)港市考古新进展"国际会议与会者

前排左起：王冠宇，Nida T. Cuevas，Joseph Quinata，Roberto Junco Sanchez，宋建忠，Sheldon Clyde Jagoon，卢泰康，张侃，刘淼；

后排左起：辛光灿，Karime Castillo，王晶，邓启江，王元林，木村淳(Jun Kimura)，吴春明，周春水，张长水，张文江，林艺谋，张闻捷。

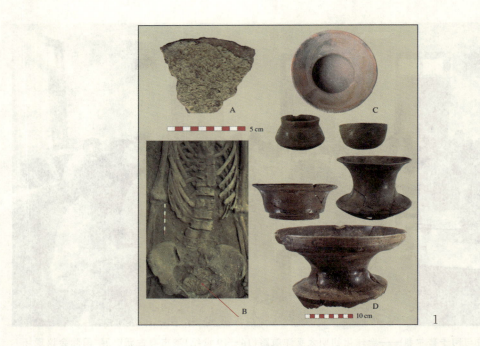

1，泰国湾科潘农迪（Khok Phanom Di）遗址的稻谷和新石器时代陶器（A，陶片上的稻谷印痕；B，M56号死者胃内食物残余稻壳、淡水鱼骨和鱼鳞；C，M11陶器的器内戳印纹；D，多种陶器上的戳印和压印纹饰）；2，广东东莞村头遗址的牙璋；3，越南长睛（Trang Kenh）玉器作坊出土的玉饰品。

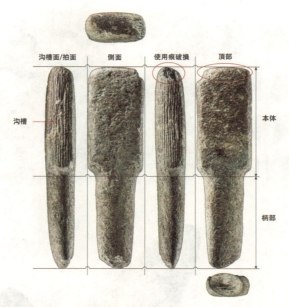

1,广东雷州半岛英利那亭村出土双肩棍棒型石拍形态描述

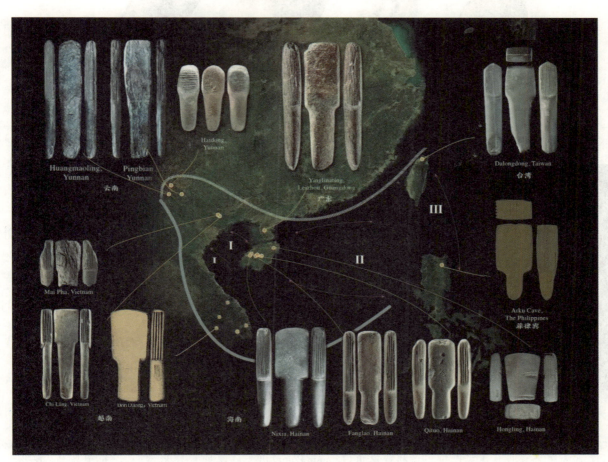

2,环南中国海双肩石拍的分布

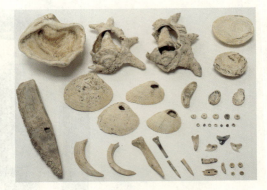

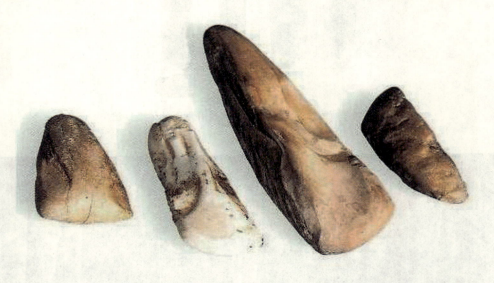

琉球与菲律宾出土的史前海洋文物

1,日本八重山群岛的石器（右下角石斧长度 11.4 厘米）;2,八重山群岛的贝器、骨器和牙制品（左下角骨器长度 20.8 厘米）;3,菲律宾巴拉望岛利普恩角（Lipuun Point）出土砗磲贝斧-锛形器;4,巴拉望岛马农古尔（Manunggul）瓮棺,5,棉兰老岛阿尤布（Ayub）洞穴陶罐;6,菲律宾出土的印度-马来女神黄金雕像。

菲律宾沉船与港市文物

1,潘达南沉船的水下发掘(照片 Gilbert Fournier);2,圣克鲁兹沉船船体和船货(照片 Christoph Gerick,Franck Goddio/HILTI 基金会);3—5,"圣迭戈"号沉船出水的硬陶罐、罐上刻符与青花瓷盘;6、7、9,马尼拉西班牙王城耶稣会女修道院遗址德化窑白釉佛狮(福狗)与青花瓷盘;8、11,宿务博约日本肥前窑青花瓷瓶与釉上彩大盘;10,宿务博约福建青花瓷盘。

1,美国俄勒冈海岸的"蜂蜡"(Beewax)沉船地尼黑勒姆海湾的俯瞰图;2,尼黑勒姆海湾出土并刻有船运符号的蜂蜡块;3—9,尼黑勒姆海湾采集青花瓷片。

1—3，广东南澳 I 号沉船遗存堆积；4、5、7，福建东山冬古沉船发现的铜铠甲、铜烟斗、铁炮弹；6，福建连江定海龙翁屿沉船"国姓府"铜铳；8，闽浙沿海发现的西班牙银币；9、10，厦门鼓浪屿西班牙船员 MANUEL DE ZESPEDES Y-CARRIAZO 墓碑（1759）。

　　1、2，浙江宁波小白礁沉船石板、瓷器堆积；3—8，小白礁沉船出水瓷器；9—11，小白礁沉船出水日本"宽永通宝"、越南"景兴通宝"、西班牙王冠盾牌双柱纹银币；12，印尼万丹苏丹国索罗索万宫（Surosowan）出土的中国瓷盘；13，万丹荷兰堡垒钻石堡（Fort Diamond）荷兰地层出土欧洲硬陶器。

广东南澳 I 号沉船出水瓷器

1—7,漳州窑器;8—18,景德镇窑器。

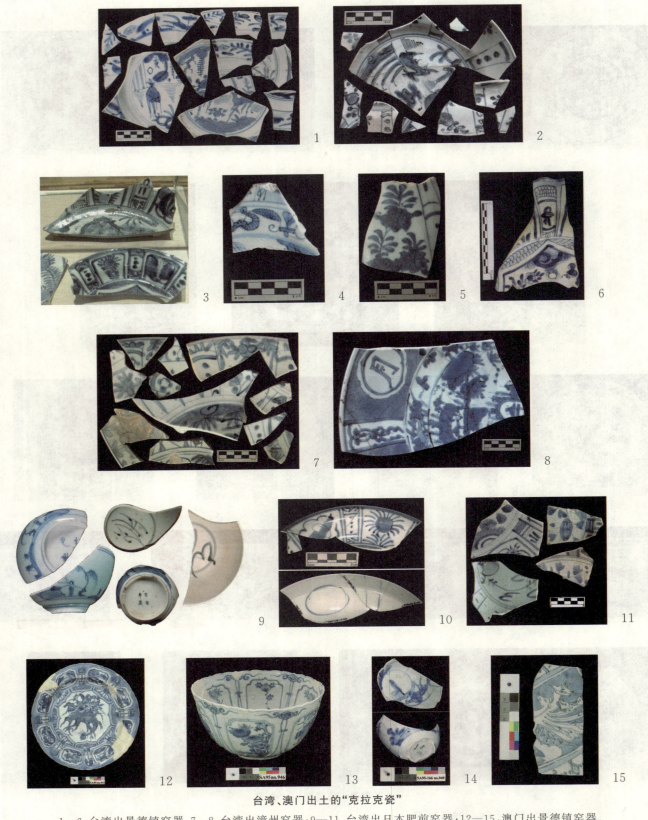

台湾、澳门出土的"克拉克瓷"

1—6,台湾出景德镇窑器;7—8,台湾出漳州窑器;9—11,台湾出日本肥前窑器;12—15,澳门出景德镇窑器。

日本长崎发现的大帆船时代赣闽青花瓷器

1—7,景德镇窑;8、9,福建窑口;10—13,漳州窑;14、15,德化窑。

墨西哥下加利福尼亚巴哈"圣朱利奥"(San Juanillo)号沉船器物

1—12,中国瓷器;13,缅甸马达班(Martaban)陶罐;14,中国铜钥匙;15,中国铜镜。